AutoCAD 2013 室内设计入门与实战

麓山 编著

人民邮电出版社
北京

图书在版编目（CIP）数据

AutoCAD 2013室内设计入门与实战 / 麓山编著. -- 北京 ：人民邮电出版社，2013.4
ISBN 978-7-115-30853-5

Ⅰ. ①A… Ⅱ. ①麓… Ⅲ. ①室内装饰设计－计算机辅助设计－AutoCAD软件－教材 Ⅳ. ①TU238-39

中国版本图书馆CIP数据核字(2013)第025079号

内 容 提 要

本书是介绍使用AutoCAD 2013中文版进行室内设计的实战教程，全书通过8个大型综合设计案例、40多套室内工程图纸、200多个课堂小案例，全面、详细、深入地讲解了使用AutoCAD 2013中文版进行室内装潢设计的方法与技巧。

全书共4篇18章。第1章～第8章为基础篇，介绍了室内设计的基础知识、AutoCAD 2013的基本功能和常用家具图形的创建方法；第9章～第11章为家装篇，分别以单身公寓、错层三居室和欧式风格别墅为例，讲解了平面、地面、顶棚、空间立面的设计和施工图的绘制方法；第12章～第15章为公装篇，介绍了现代办公空间、酒店大堂和客房、酒店大堂、中式餐厅和酒吧室内设计和施工图的绘制方法；第16章~第18章为详图与打印篇，介绍了室内装潢中的电气、水管、剖面及详图的绘制方法，以及施工图打印输出的方法和技巧。

本书附赠DVD多媒体学习光盘，为全书实例配备了233练习文件和241集高清教学视频，可提高学习兴趣和效率。

本书既可作为大中专、培训学校等相关专业的教材，也可用于渴望学习室内装潢设计知识的读者及行业从业人员自学及参考。

AutoCAD 2013 室内设计入门与实战

◆ 编　　著 麓　山
责任编辑 许曙宏
◆ 人民邮电出版社出版发行　　北京市崇文区夕照寺街 14 号
邮编 100061　　电子邮件 315@ptpress.com.cn
网址 http://www.ptpress.com.cn
大厂聚鑫印刷有限责任公司印刷
◆ 开本：787×1092　1/16
印张：31
字数：826 千字　　2013 年 4 月第 1 版
印数：1 – 3 500 册　　2013 年 4 月河北第 1 次印刷

ISBN 978-7-115-30853-5

定价：59.00 元（附光盘）

读者服务热线：(010)67132692　印装质量热线：(010)67129223
反盗版热线：(010)67171154

前 言

室内设计现状

在国内经济高速发展的大环境下，城市化建设逐步加快，各地基础建设和房地产业生机勃勃，方兴未艾，室内设计行业也迎来了高速发展的时期。国内相关专业的大学输送的人才毕业生无论从数量上还是质量上都远远满足不了市场的需要。室内装潢设计行业已成为最具潜力的朝阳产业之一，未来20~50年都处于一个高速上升的阶段，具有可持续发展的潜力。

AutoCAD软件简介

AutoCAD是美国Autodesk公司开发的专门用于计算机辅助绘图与设计的一款软件，具有界面友好、功能强大、易于掌握、使用方便和体系结构开放等特点，在室内装潢、建筑施工、园林土木等领域有着广泛的应用。作为第一个引进中国市场的CAD软件，经过20多年的发展和普及，AutoCAD已经成为国内使用最广泛的CAD应用软件。

本书内容安排

本书是一本介绍使用AutoCAD 2013中文版进行室内设计的实战教程，全书通过8个大型综合设计案例、40多套室内工程图纸、200多个课堂小案例，系统、全面、详细、深入地讲解了使用AutoCAD 2013中文版进行室内装潢设计的方法。

篇　　名	内容安排
基础篇 （第1章~第8章）	介绍了室内设计的基础知识和AutoCAD 2013基本功能的使用和常用家具图形的创建方法，使没有AutoCAD基础的读者能够快速熟悉和掌握AutoCAD 2013的使用方法和基本操作
家装篇 （第9章~第11章）	分别以单身公寓、错层三居室和欧式风格别墅完整家装设计案例，按照家庭装潢设计的流程，依次讲解了平面布置、地面、顶棚、空间立面的设计和相应施工图的绘制方法
公装篇 （第12章~第15章）	以现代办公空间、酒店大堂和客房、中式餐厅和酒吧4个案例，分别介绍了商业空间、办公空间、休闲娱乐空间的设计方法
详图与打印篇 （第16章~第18章）	介绍了室内装潢中的电气、水管布置、剖面及详图的绘制方法，以及施工图打印输出的方法和技巧

本书写作特色

总的来说，本书具有以下特色。

零点快速起步 室内设计全面掌握	本书从基本的室内装潢流程讲起，由浅入深，逐渐深入，结合室内装潢设计原理和AutoCAD软件特点，通过大量课堂小案例，使广大读者全面掌握室内装潢设计的所有知识
工程案例实战 方法原理细心解说	本书在讲解AutoCAD软件使用方法的同时，还结合各室内空间类型的特点，介绍了相应了的设计原理和方法，即使没有室内装潢设计基础的读者，也能轻松入门，快速掌握室内设计的基本方法

续表

8大工程案例 家装公装全面接触	本书各案例全部来源于已经施工的实际工程案例，包括家装和公装常见各种空间类型，贴近室内设计实际，具有很高的参考和学习价值。读者可以从中积累实际工作经验，快速适应室内设计工作
200个制作实例 绘制技能快速提升	本书详细讲解了8套家装和公装的设计过程，包括原始户型图、平面布置图、地面布置图、顶棚图、墙体立面图、剖面图、电气图和节点详图等各类室内设计图纸，各类绘制技术一网打尽，绘图技能能够得到快速提升
高清视频讲解 学习效率轻松翻倍	本书配套光盘收录长达18小时的高清教学视频，可以在家享受专家课堂式的讲解，成倍提高学习兴趣和效率

本书名词解释

2011年3月中华人民共和国住房和城乡建设部和中华人民共和国国家质量监督检验检疫总局联合发布了最新的《房屋建筑制图统一标准（GB50001—2010）》，本书严格按照该标准绘制图纸，这里就其中一些名词简称统一如下。前面为全称，后面为简称。

平面布置图：平面图。

地面铺装图：地面图。

顶棚平面图：顶棚图、顶面图。

本书创建团队

本书由麓山组织编写，具体参与编写的还有陈运炳、申玉秀、李红萍、李红艺、李红术、陈云香、陈文香、陈军云、彭斌全、林小群、陈志民、刘清平、钟睦、江凡、张洁、刘里锋、朱海涛、廖博、喻文明、易盛、陈晶、张绍华、黄柯、何凯、黄华、陈文轶、杨少波、杨芳、刘有良等。

由于编者水平有限，书中疏漏与不妥之处在所难免。在感谢您选择本书的同时，也希望您能够把对本书的意见和建议告诉我们。

联系信箱：lushanbook@qq.com

麓　山

2013年4月

视频目录

本书配套视频时长约18小时。通过视频教程，作者一方面直观地演示了所有命令操作以帮助你更简单地掌握AutoCAD的基本操作，另一方面对一些较为复杂的概念进行了形象的讲解，并对一些重点与细节进行了强调，这将有助于你更好地抓住学习要点。

所有视频都使用高清格式录制以保证最佳观赏体验。同时，视频为通用性良好的MP4文件格式，你不但可以在电脑上观看视频，也可以在你喜欢的移动设备（比如iPad、iPod、各种平板电脑、MP4播放器以及智能手机）上播放。这样你可以在任何方便的时间与地点观看与学习这些视频教程。

第3章 AutoCAD 2013基本操作

本章视频主要讲解AutoCAD 2013的基本操作，使用读者掌握图形文件、图层的创建和管理。

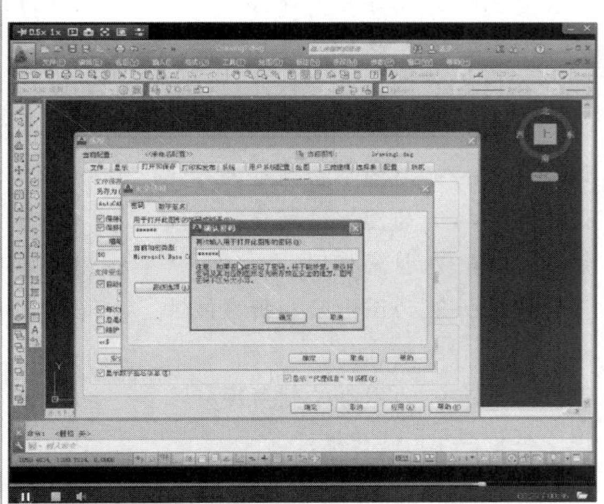

第4章 基本二维图形的绘制

本章视频为读者详细介绍了基本二维图形的绘制。二维图形的绘制是AutoCAD的绘图基础。

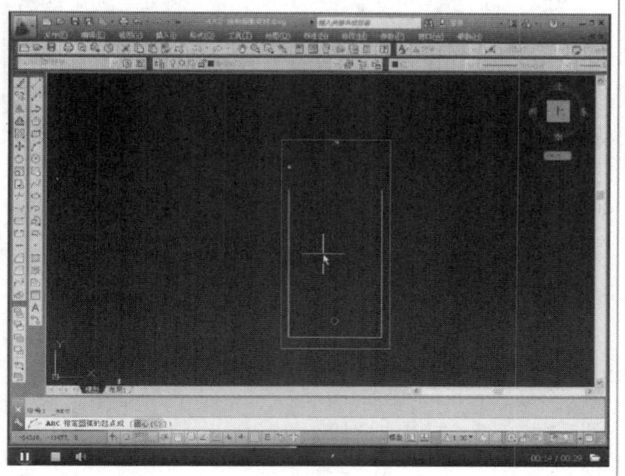

第5章 二维图形的编辑

本章视频主要介绍二维图形的编辑，即对图形对象进行移动、复制、阵列、修剪、删除等多种操作，从而快速生成复杂的图形。

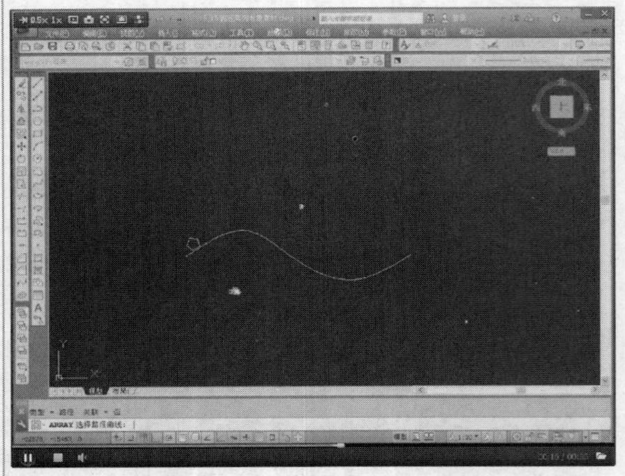

课堂举例5-1 移动对象 00:38
课堂举例5-2 使用默认旋转方式旋转图形 00:27
课堂举例5-3 使用复制旋转方式旋转图形 00:38
课堂举例5-4 复制对象 00:26
课堂举例5-5 镜像对象 00:25
课堂举例5-6 偏移对象 00:38
课堂举例5-7 矩形阵列对象 00:45
课堂举例5-8 路径阵列对象 00:30
课堂举例5-9 极轴阵列对象 00:36
课堂举例5-10 缩放对象 00:22
课堂举例5-11 拉伸对象 00:26
课堂举例5-12 修剪对象 00:36
课堂举例5-13 延伸对象 00:26
课堂举例5-14 打断对象 00:29
课堂举例5-15 打断于点 00:22
课堂举例5-16 合并对象 00:24
课堂举例5-17 光顺曲线操作 00:23
课堂举例5-18 分解对象 00:20
课堂举例5-19 倒角对象 00:33
课堂举例5-20 圆角对象 00:38
课堂举例5-21 使用夹点拉伸对象 00:38
课堂举例5-22 使用夹点旋转对象 00:35
课堂举例5-23 夹点缩放对象 00:31
课堂举例5-24 夹点镜像对象 00:41

第6章 图形标注与表格

从这一章开始熟悉图形的标注和表格的创建。通过这些视频，你就能学会如何对图形进行标注，以及如何使用表格命令、创建标题栏等。

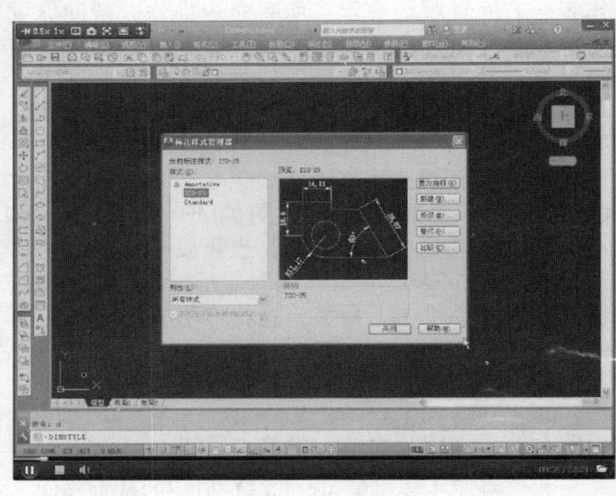

课堂举例6-1 创建标注样式 03:21
课堂举例6-2 修改标注样式 00:55
课堂举例6-3 创建线性标注 00:50
课堂举例6-4 对齐标注 00:55
课堂举例6-5 为图形绘制半径标注 00:27
课堂举例6-6 为图形绘制直径标注 00:25
课堂举例6-7 折弯标注 00:46
课堂举例6-8 为图形绘制折弯线性标注 00:49
课堂举例6-9 为图形绘制角度标注 00:38
课堂举例6-10 弧长标注 00:36
课堂举例6-11 连续标注 00:48
课堂举例6-12 基线标注 00:42
课堂举例6-13 坐标标注 00:48
课堂举例6-14 调整标注间距 00:49
课堂举例6-15 打断标注 00:38
课堂举例6-16 创建文字样式 01:09
课堂举例6-17 创建多行文字 00:51
课堂举例6-18 创建多重引线样式 01:33
课堂举例6-19 创建与修改多重引线 01:17
课堂举例6-20 添加与删除多重引线 01:00
课堂举例6-21 创建表格 00:42
课堂举例6-22 调整表格操作 01:16

第7章　图块及设计中心

本章学习AutoCAD中图块和设计中心应用。在室内设计中，使用图块和设计中心可极大地提高绘图效率。

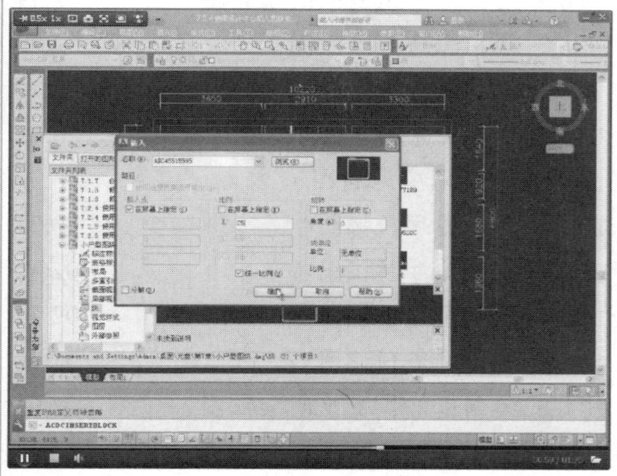

第8章　室内常用符号和家具设计

本章将为你介绍室内常用符号及家具的绘制，常用的符号主要有标高符号、剖切符号等，常用家具图主要有洗菜盆、洗衣机等。

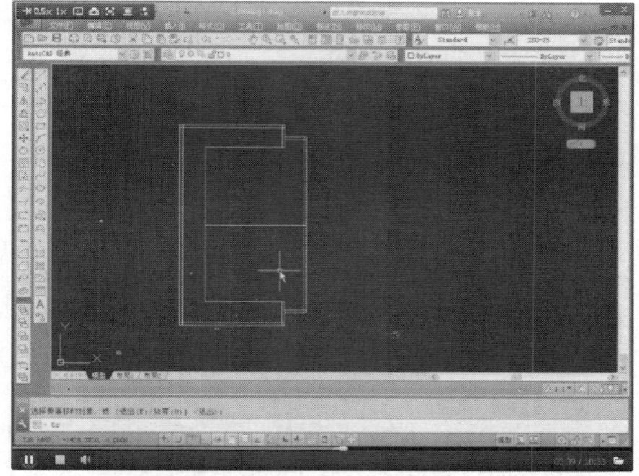

第9章　单身公寓室内设计

这一章视频介绍小户型单身公寓室内设计施工图的绘制，主要有平面布置图、地材图、顶棚图、立面图等。

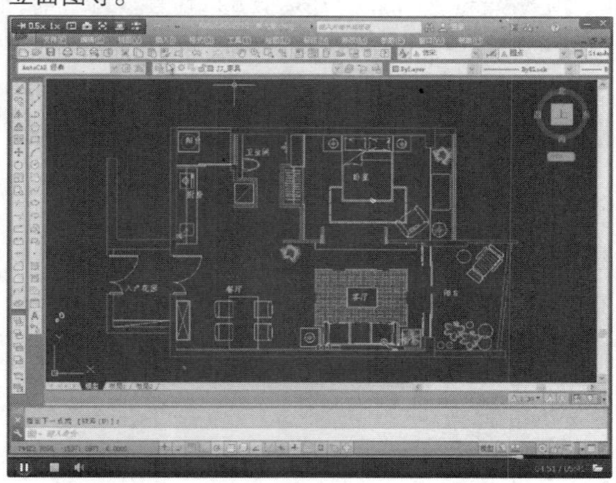

第10章 错层三居室室内设计

本章介绍错层的三居室室内设计施工图纸的绘制方法，并在视频讲解中对在三居室的设计装潢中遇到的普遍问题做一个大概的讲解，希望对读者有所帮助。

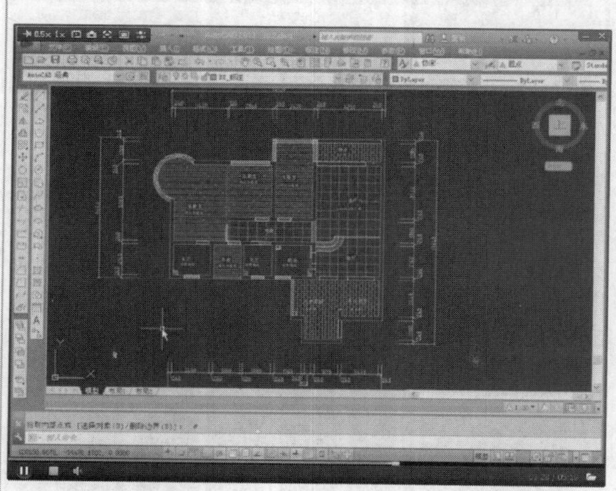

第11章 欧式风格别墅室内设计

本章介绍欧式风格别墅室内设计施工图绘制方法。欧式风格的室内设计，豪华、富丽，充满强烈的动感效果，视频讲解过程中，读者可以感受到。

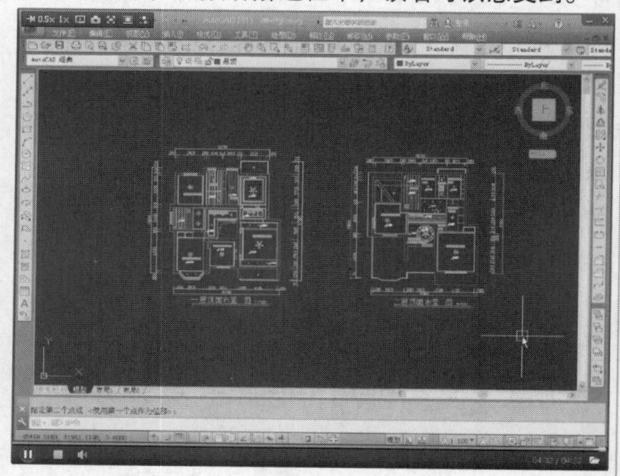

第12章 办公空间室内设计

本章讲解办公空间室内设计施工图的绘制。与居室环境室内设计相比，在对办公室的设计构想上，设计师在平面规划中自始至终遵循实用、功能需求和人性化管理充分结合的原则。在设计中，既结合办公需求和工作流程，科学合理地划分职能区域，也考虑员工与领导之间、职能区域之间的相互交流。

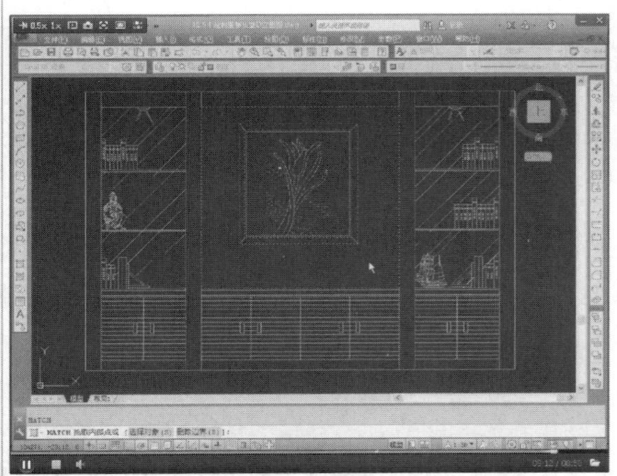

第13章 酒店大堂和客房室内设计

本章将介绍酒店大堂和客房室内设计施工图的绘制。酒店大堂是酒店在建筑内接待可客人的第一个空间，也是使客人对酒店产生第一印象的地方。大堂是酒店的经营和管理中枢，在这里，接待、结算、寄存、咨询、礼宾、安全等各项功能齐全，甚至连客房的管理好清洁工作都一并在这里办理。

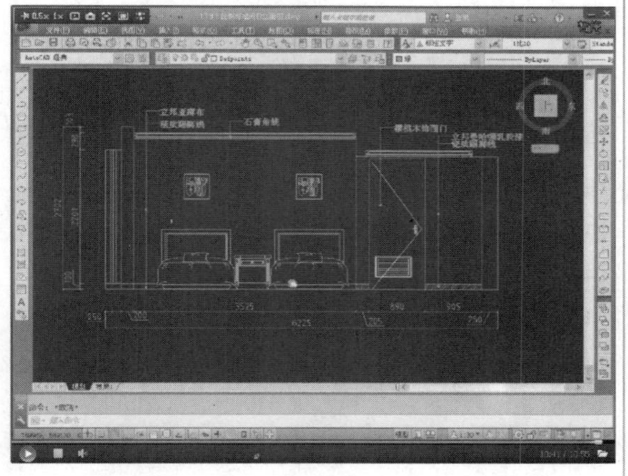

第14章　酒吧室内设计

本章将介绍酒吧室内设计施工图的绘制。酒吧不同于其他娱乐场所，当今社会越来越快的生活节奏下，酒吧已经成为一个人与人之间沟通、交谈、交友，释放压力的空间，酒吧的风格也各有不同。

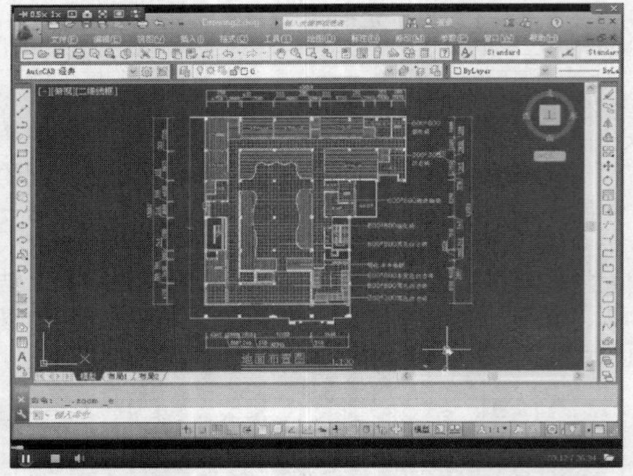

第15章　中式餐厅室内设计

本章将介绍中式餐厅室内设计施工图的绘制。中式餐厅在室内空间设计中通常运用传统形式的符号进行装饰与塑造，既可以运用藻井、宫灯、斗拱、挂落、书画、传统纹样等装饰语言组织空间或界面，也可以运用我国传统园林艺术的空间划分形式，拱桥流水，虚实相形，内外沟通等手法组织空间，以营造中国民族传统的浓郁气氛。

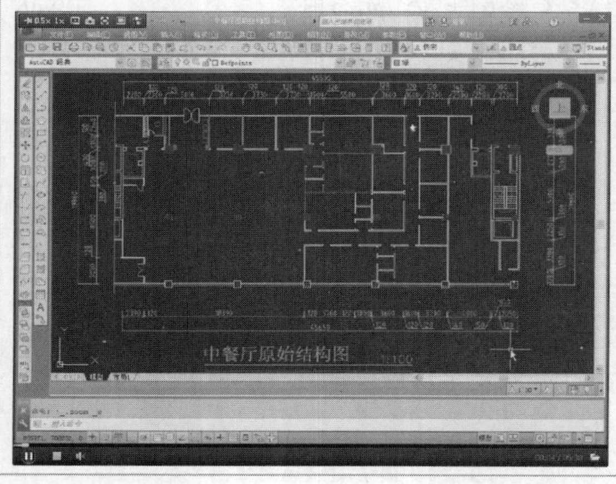

第16章　绘制电气图和冷热水管走向图

本章将讲解电气图和冷热水管走向图的绘制，电气图和冷热水管走向图属于室内设计施工图中的系统图，为居室的强电弱电系统、给水排水系统的安装提供规范。鉴于电气图和冷热水管走向图的重要性，本章将对其图例表和系统图的具体绘制进行讲解。

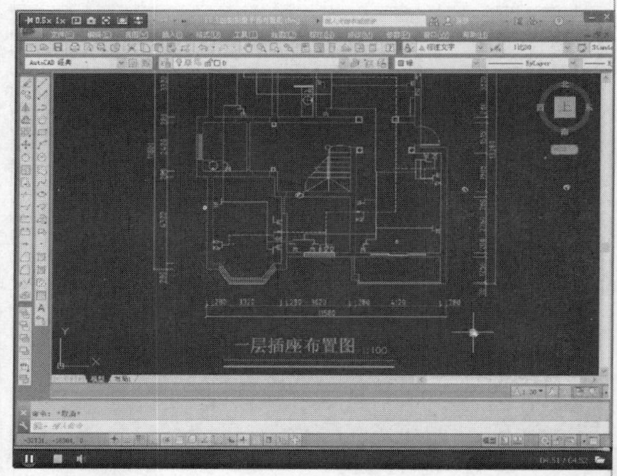

第17章 绘制室内装潢设计剖面图

在室内装潢设计中，平面图与立面图中不能完全表达工程的细部做法与材料尺寸，所以绘制剖面图与详图很有必要，本章视频将详细讲解剖面图的绘制方法。

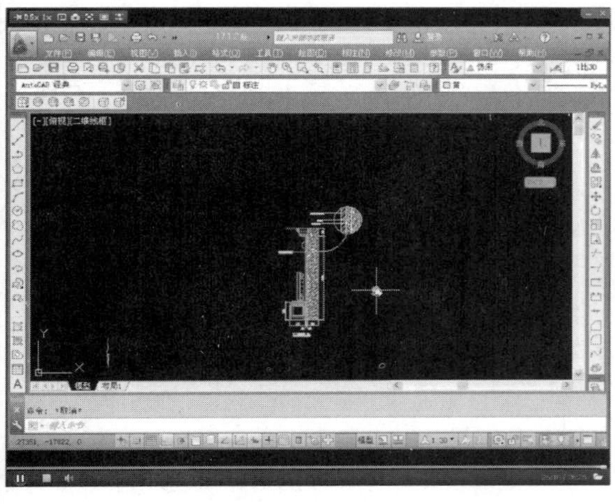

第18章 施工图打印方法与技巧

图纸绘制完成后，就需要对其进行打印输出以付诸实践施工。在AutoCAD中主要有两种打印方式，分别是模型空间打印和图纸空间打印。本章视频将详细的讲解不同情况下，如何选择打印方式及进行相关的打印设置。

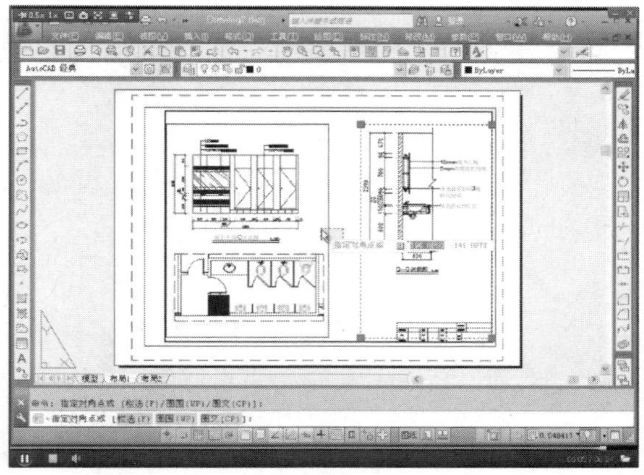

目 录

基础篇

第8章 室内常用符号和家具设计 126

家装篇

第9章 单身公寓室内设计 161

第10章 错层三居室室内设计 191

公装篇

详图与打印篇

第1章 室内装潢设计概述

室内装潢设计除了应满足室内功能要求、美化和保护建筑结构、延伸和扩展室内外环境、完善室内空间品质外，还应满足建筑防火、隔声、减噪、保温、隔热等要求。同时，要选择适宜的装修材料，并确定合理的构造。

1.1 室内装潢设计概述

室内装潢设计是建筑物内部的环境设计，是以一定建筑空间为基础，运用技术和艺术因素制造的一种人工环境，它是一种以追求室内环境多种功能的完美结合，充分满足人们生活、工作中的物质需求和精神需求为目标的设计活动。室内装潢设计是强调科学与艺术相结合，强调整体性、系统性特征的设计，是人类社会的居住文化发展到一定文明高度的产物。

1.1.1 室内装潢工程的工作流程

室内装潢工程的工作流程主要分为以下几个步骤。

1. 初步接洽

在该环节当中，主要是设计师面向客户解说设计流程，对收费计价方式进行说明并针对客户的基本需求进行讨论。

2. 客户的基本需求讨论完成

在针对客户的基本需求讨论完成后，设计师可以到现场丈量尺寸并绘制现况图。结合客户的需求，绘制初步的平面布置图。

3. 平面布置图洽谈

设计师对客户解说平面布置图，并解答客户的疑问，就设计理念和设计风格与客户进行探讨。设计师可以根据客户所处的行业或者个人特点设计居室的风格，客户也可以根据自己的喜好对设计师提出意见和建议。

4. 平面布置图定稿

在确定平面布置图后，可以着手拟定工程预算书，绘制其余的施工图纸，如有必要，可以绘制主要功能空间的效果图。在绘制图纸的过程中，设计师应与客户讨论并确定材料的使用情况，以确定最终的材料表。图1-1所示为绘制完成的平面布置图。

5. 签订合同

施工图纸绘制完成后，客户签字确认。同时，客户还需要在预算书上签字，并最终签订施工合同。

6. 施工管理

装饰公司以合同中拟定的各项条款，执行各项工程作业。同时，施工单位必须进行有条理的施工管理，以确保施工的进度和质量。

7. 施工完成

施工完毕后，客户与施工监理等有关技术人员到现场验收工程，并签订保修合同。至此，整个室内设计、施工完成。图1-2所示为施工后的效果。

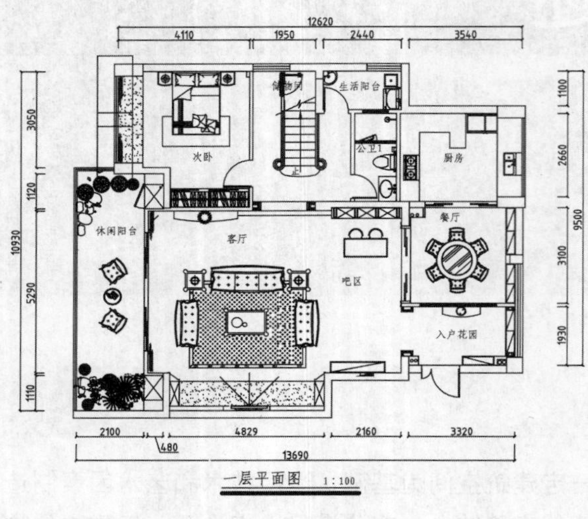

图1-1 平面布置图

图1-2 施工效果

1.1.2 室内装潢工程设计的工作流程

在室内装潢设计中，设计师担负设计任务，下面，对设计工作流程做简要概述。

1. 沟通

仔细了解客户室内功能分区的基本情况和客户的基本设计思路，与客户就未来的分区设计做充分的沟通，提出一些能够赢得客户认同和信任的设计意见。

在与客户进行初步的沟通后，可以与客户预约上门量房。

2. 签约

量房后，开始设计、绘制施工图，制作预算表，与客户充分沟通，在达到客户要求后，签订正式合同。签约时，客户应同时到总部财务部交纳合同总金额的60%首期款，签约后，设计师应在3日内将合同交至质量技术经济部审核，以便及时安排开工事宜。

3. 开工

合同签订后，可以确定开工日期，由工程部统一安排施工队，设计师、巡检、工长和客户在开工当日同时到现场交底。

4. 施工

施工队应严格按公司工程质量标准进行施工，严禁在施工工艺上偷工减料，在材料使用上以次充好，每月，公司将对施工工程进行评比，评出最好和最差的工程，奖优罚劣、重奖重罚。

5. 质检

每个在施工程，工程部每周至少进行1次巡检，认真检查工程质量、工程进度和现场文明情况，发现问题，及时处理。

6. 回访

每个在施工程，公司电话回访员每周至少电话回访1次。对于客户反馈意见应认真记录，并于当日转至工程部和质量技经部处理。

7. 投诉处理

在施工过程中，如遇客户投诉，如投诉到部门时，应由部门负责人及时处理；部门无法解决时，应将投诉及时转至客户服务部处理。

8. 中期验收

工程在进行到中期时，应由设计师、工长和客户共同到现场进行中期验收，或者，设计师也可提前约请客户到现场进行设计验收。中期验收后3日内客户应到公司财务部交纳合同总金额的35%中期款。

9. 竣工验收

工程完工当日，应由工长召集设计师、巡检人员、客户共同到现场进行竣工验收，竣工验收后3日内客户应到公司财务部交纳合同总金额的5%尾款（扣除500元的量房服务费），客户凭付款收据在客户服务部填写《客户意见反馈表》，并开具保修单。

10. 工程保修

工程竣工后，有1年的保修期：即从工程实际竣工日起算。

11. 客户维护

工程竣工后，在保修期内，电话回访员、设计师每隔一段时间，都应对客户进行电话回访，发现问题，及时协商解决，做好客户维护工作。

1.1.3 室内装潢工程施工的工作流程

在进行室内装潢施工中，有一套施工流程可以参考，下面，对施工工作流程进行介绍。

1. 准备阶段

监测居室的墙面、地面、顶面的平整度和给排水管道；监测电、煤气情况并作记录，交客户签字确认；准备施工材料，进行人员调度，及工场与现场放样。

2. 拆除工程

拆除结构性的墙体要办理相关手续，并对墙面进行修整；将拆除的垃圾及废旧物资清除出场；做好施工场地清扫工作。图1–3所示为室内装修中的拆除工程。

3. 水、电、煤气工程

进行冷热水管的排放及供水设备安装；电源、电器、电信、照明各线路排放，确定安装暗盒的位置，线箱开关插座定位安装；煤气管道和煤气器具的排放安装。图1–4所示为室内装修中的水电安装工程。

图1-3　拆除工程

图1-4　水电工程

4. 瓦工工程

砌砖、隔墙、粉刷（主要使用到的材料有水泥、沙、纸筋、石灰、801胶）、贴瓷砖。图1–5所示为室内装修中的瓦工工程。

5. 木工工程

木制品包括门窗套、护墙板、顶角线、吊顶、隔断、厨具、玄关等的制作、家具（包括衣橱、书架、电视柜、鞋箱等）的制作、铺设地板、踢脚线、玻璃制品的镶嵌配装。图1–6所示为室内装修中的木工工程。

图1-5　瓦工工程

图1-6　木工工程

6. 油漆工程

批嵌墙、顶面腻子，刷漆；木质品批嵌腻子，刷漆；地板、踢脚线刷漆；墙、顶面粉刷乳胶漆。图1–7所示为室内装修中的油漆工程。

7. 安装开关洁具

电器开关、插座面板安装，灯具及门锁、门铃的安装；卫生洁具三件套及五金配件（包括水龙头、皂缸、毛巾架、纸盒、浴缸扶手、镜面玻璃等）的安装；油烟吸排器、热水器、排气扇的安装。图1–8所示为室内装修中的安装工程。

8. 收尾工程

复查水、电及制作细节，对居室进行卫生清洁。

9. 验收工程

过程中的分项工程验收包括：清场总体验收（如需整改再进行验收），提供管线电路图和结算并签订保修合同。

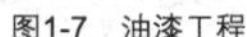
图1-7 油漆工程

图1-8 安装工程

10. 售后服务

设立家庭装潢工程档案，安排人员定期对客户进行回访。

1.1.4 室内装潢设计的基本原则

1. 功能性原则

室内装潢设计作为建筑设计的延续与完善，是一种创造性的活动。为了方便人们在居室内活动及使用，完善其功能，需要对这样的空间进行二次设计，室内装潢设计完成的就是这样的一项工作。

图1–9所示为室内装修中厨房备餐台的设置效果，充分体现了功能性原则。

2. 整体性原则

室内装潢设计既是一门相对独立的设计艺术，同时，又是依附于建筑整体的设计。室内装潢设计是基于建筑整体设计，对各种环境、空间要素的重新整合和再创造。在这一过程中，设计师个人意志的体现，个人风格的突显，个人创新的追求固然重要，但更为重要的是将设计的艺术创造性和实用舒适性相结合，将创意构思的独特性和建筑空间的完整性相融合，这是室内装潢设计整体性原则的根本要求。

图1–10所示为美式风格的客厅、餐厅一体化的设计风格。

图1-9 功能性原则

图1-10 整体性原则

3. 经济性原则

室内装潢设计方案的设计需要考虑客户的经济承受能力，要善于控制造价，要创造出实用、安全、经济、美观的室内环境，这既是现实社会的要求，也是室内装潢设计经济性原则的要求。

图1–11所示为现代风格客厅的装饰效果，简洁的顶面、墙面、地面设计，衬以适量的家具陈设，符合经济性原则。

4. **艺术审美性原则**

室内环境营造的目标之一，就是根据人们对于居住、工作、学习、交往、休闲、娱乐等行为和生活方式的要求，不仅在物质层面上满足其对实用及舒适程度的要求，同时，还要最大程度地与视觉审美方面的要求相结合，这就是室内设计的艺术审美性要求。

图1–12所示为室内装修中书房的设计效果，在满足使用功能的前提下，墙面以及顶面装饰体现了艺术审美风格。

图1-11 经济性原则

图1-12 审美性原则

5. **环保性原则**

尊重自然、关注环境、保护生态是生态环境原则的最基本内涵。使创造的室内环境能与社会经济、自然生态、环境保护统一发展，使人与自然能够和谐、健康地发展是环保性原则的核心。

图1–13所示为室内装修中卧室的设计效果，简单的墙面装饰，辅以原木家具的摆设，符合家居设计中的环保性原则。

6. **创新性原则**

创新是室内装潢设计活动的灵魂。这种创新不同于一般艺术创新的原因在于，它只有通过技术创新将委托设计方的意图与设计者的追求，以及将建筑空间的限制与空间创造的意图完美地统一起来，才是真正有价值的创新。

图1–14所示为室内装修中卫生间的设计效果，茶室与盥洗区的配套设计，为室内装修中的创新之举。

图1-13 环保性原则

图1-14 创新性原则

1.2 家居空间设计要点

在室内空间中，不同的功能分区要结合其使用人群、使用功能来进行特定的设计，以使其形式与功能达到最好的融合，从而更加符合使用需求。家居空间中主要的分区有客厅、餐厅、卧室、书房、厨房、卫生间等，在这些功能区中，既有特定的使用人群又有共同的使用人群，形式与功能的统一，是设计师所应追寻的目标和努力的方向。

1.2.1 客厅的设计

空间功能的区域划分要合理，且要协调统一，功能区的过渡要缓和，不要给人突兀的感觉。在各大功能区域的分隔上，可以没有明显的区分物，但是，在视觉效果上，还是要给人一个较为明朗的印象，这可以通过空间吊顶的走向、装饰品的摆设等进行区分。但是，要注意整个客厅空间的和谐统一，即各个功能区域的装饰格调要与全区的基调一致，以体现总体的协调性。

色彩上，应该做到整体色调要统一，不要用太多的色彩，不然会使整个空间显得很凌乱。注意用软装饰进行色彩点缀，这会达到你意想不到的效果。

采用同一材质、统一色调来装饰客厅地面，而利用铺设的不同走向、软装、吊顶走向等来区隔空间，不仅能在整体上显得统一，而且达到了分隔功能区的目的。

软装的选择与摆设，既要符合功能区的环境要求，同时也要体现自己的个性与主张。富有生气的植物给人清新、自然的感受；布艺制品的巧妙运用能使客厅的整体空间在色彩上鲜活起来，可以起到画龙点睛的作用；别致独特的小摆设也能反映主人的性情，有时也能成为空间里不可或缺的点缀品。

现代中式客厅的设计效果如图1–15所示。

1.2.2 餐厅的设计

在设计餐厅时，首先要考虑它的使用功能，要离厨房近。大多数客户喜欢用封闭式隔断或墙体将餐厅和厨房隔开，以防油烟的散发。但近年来，受美式开放式厨房观念的影响，也有将厨房开放或只用玻璃做隔断，这样比较适合复式或别墅式房型。因为卧室在二楼，不受油烟的影响。在餐厅陈设的布置上，风格样式就多了。

此外，实木餐桌椅体现自然、稳健，金属框透明玻璃充满现代感。关键是要和整体居室风格相配。餐厅灯具是营造气氛的“造型师”，应该受到重视，样式要区别于其他区域，要与餐桌的格调一致。

现代中式餐厅的设计效果如图1–16所示。

图1-15 客厅设计

图1-16 餐厅设计

1.2.3 卧室的设计

根据科学家研究，睡眠质量好坏与卧室环境带来的影响十分有关，只有在温和、闲适、愉悦、宁静的氛围下入睡，才能保证优质的睡眠。

因而，卧室内的颜色宜“静”，如米灰、淡蓝，而纯红、橘红、柠檬黄、草绿等颜色过于亮

丽，属于兴奋型颜色，都不适合在卧室内运用。卧室是居家最具私秘性的地方，窗帘应厚实，颜色略深，这样遮光性强。灯具以配有调光开关的为最好。更时尚的趋势是，衣橱不再放在卧室内，而是放在专门的衣帽间里。卧室内只放些轻便的矮橱，放些内衣裤即可。卧室内电视的尺寸要根据房子的大小配备，不能过大。因为卧室面积一般不大，其设计和陈设布置要围绕“精致”二字做文章，精致是高品质生活不可缺少的元素。

此外，卧室不宜摆放过多的植物。植物在晚间吸收氧气，释放二氧化碳，所以，容易影响人的身体健康。

现代中式卧室的设计效果如图1-17所示。

1.2.4 书房的设计

书房是收藏书籍和读书写作的地方。书房内要相对独立地划分出书写、电脑操作、藏书以及小睡的区域，以保证书房的功能性要求，同时注意营造气氛。

书房装饰要体现主人的情趣爱好，风格应以清净、幽雅为主，不宜过多地装饰。书房布置要求光线均匀、稳定，亮度适中，避免逆向投影。在学习和工作区要有特别照明。书房内一般可陈设写字台、电脑操作台、书橱、座椅、沙发等。写字台、座椅的颜色、形状要精心设计，令人坐姿正确、舒适，操作方便、自然。书房的色调一般采用冷色调，避免强烈刺激的色彩。书橱里可点缀些工艺品，墙上可挂装饰画，以打破书房里略显单调的氛围。

写字台一般与窗户成直角而设，这样的自然光线角度较为适宜。如室内多窗，则应将写字台置于北方来光的窗边。因为来自北方的光线比较柔和，光线受时间的影响小，比较稳定。除利用自然光线之外，书房还要有整体照明的设施和写字台上的辅助光源，辅助光源应均匀地分布于桌面。光源最好从左侧后方射入，以利于书写阅读等活动。在写字台位置设置的书写台灯或墙上设置的壁灯光源，也应从左后方或左前方照射过来。在写字台侧面墙壁上设置活动式支架灯具，能很好地调整光源的方向和角度。书房宜使用柔和的光线照明，所以要选择有灯罩的灯具或其他具有间接投光方式的灯具。

现代中式书房的设计效果如图1-18所示。

图1-17 卧室设计

图1-18 书房设计

1.2.5 厨房的设计

厨房设计应从三方面考虑合理安排。

（1）应有足够的操作空间。

（2）应有丰富的储存空间。

一般家庭厨房都应尽量采用组合式吊柜、吊架，组合柜厨常用下面部分储存较重、较大的瓶、罐、米、菜等物品，操作台前可设置能伸缩的，存放油、酱、糖等调味品及餐具的柜、架。煤气灶、水槽的下面都是可利用的存物空间。

（3）应有充分的活动空间。

应将3种主要设备即炉灶、冰箱和洗涤池组成一个三角形。洗涤池和炉灶间的距离调整为1.22~1.83较为合理。与厅、室相连的敞开式厨房要做好间隔，可用吊柜、立柜做隔断，装上玻璃移门，尽量使油烟不渗入厅、室。吊柜下和工作台上的照明最好用日光灯。

就餐照明用明亮的白炽灯。采用什么颜色在厨房里也很重要，淡白或白色的贴瓷墙面仍是经常使用的，这有利于清除污垢。橱柜色彩搭配现已趋于高雅、清纯。清新的果绿色、纯净的木色、精致的银灰色、高雅的紫蓝色、典雅的米白色等都是热门的选择。

厨房里其他注意事项：厨房门开启与冰箱门开启不要冲突；抽屉永远不要设置在柜子角落里；地板使用防滑及质料厚的地砖，且接口要小，不易积藏污垢，便于打扫卫生；厨房的电器很多，要多预留些电源插孔，且均需安装漏电保护装置；厨房内灯光要足够，而且照出来的灯光必须是白色的，否则影响颜色判断，以致食物是否做熟也辨别不出来。同时，要避免灯光产生阴影，所以射灯不宜使用；装修厨房前需要把厨房内的暖气片考虑进去，以防柜门、抽屉与之碰撞。

现代中式厨房的设计效果如图1-19所示。

1.2.6 卫生间的设计

卫生间装饰要讲究实用，要考虑卫生用具和整体装饰效果的协调性。

公寓或别墅的卫生间，可安装按摩浴缸、防滑浴缸、多喷嘴沐浴房、自动调温水嘴、大理石面板的梳妆台、电动吹风器、剃须器、大型浴镜、热风干手器和妇女净身器等。墙面和地面可铺设瓷砖或艺术釉面砖，地上再铺地垫。此外，还可安装恒温设备、通风和通信设施等。

普通住宅卫生间，可安装取暖、照明、排气三合一的“浴霸”、普通的浴缸、坐便器、台式洗脸盆、冷热冲洗器、浴帘、毛巾架、浴镜等。地面、墙面贴瓷砖，顶部可采用塑料板或有机玻璃吊顶。

面积小的卫生间，应注意合理利用有限的空间，沐浴器比浴缸更显经济与方便，脸盆可采用托架式的，墙体空间可利用来做些小壁橱、镜面箱等，墙上、门后可安装挂钩。卫生间的墙面和地面一般采用白色、浅绿色、玫瑰色等色彩。有时，也可以将卫生洁具作为主色调，与墙面、地面形成对比，使卫生间呈现出立体感。卫生洁具的选择应从整体性上考虑，尽量与整体布置相协调。地板落水（又称地漏、扫除器）放在卫生间的地面上，用以排除地面污水或积水，并防止垃圾流入管子，堵塞管道。地板落水的表面采用花格式漏孔板与地面平齐，中间还可有一活络孔盖。如取出活络孔盖，可插入洗衣机的排水管。

现代中式卫生间的设计效果如图1-20所示。

图1-19 厨房设计

图1-20 卫生间设计

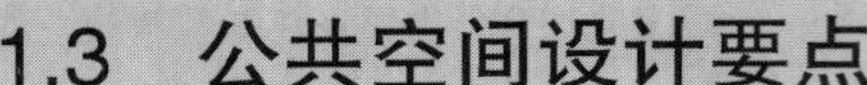

1.3 公共空间设计要点

公共空间是指具有公共形式和社会性质的室内建筑空间。公共空间设计指的是从人的社会需求、审美需求出发，设立空间主题创意，运用现代技术手段进行再度创造，赋予空间个性、灵性，并通过视觉传达方式表达出来的物化的创造活动。

1.3.1 公共空间的设计特点

公共空间的设计特点主要包括功能性、人性化、科技性和艺术性，下面，将对其进行逐一介绍。

1. 功能性

- 设计更重视高、精、尖的技术运用。
- 以人为本的设计理念代替了传统的自我意识，如图1-21所示。
- 声、光、电等现代化的科学技术为现代公共空间提供了更方便、快捷的服务。
- 安全意识、防火、防盗意识成为重要组成部分。
- 公共空间不容忽视的精神功能。

2. 人性化

现代公共空间重视人的心理和生理的体验感，重视人性化理念，如何最大限度地满足现代人的生活需求是设计师最需要解决的问题，如图1-22所示。

例如，大型超市为顾客提供的存包处、手推车、手提框；个别商场为顾客提供的孩子看管区域，及为残障人士提供的轮椅专用通道；个别场所为顾客提供的临时雨伞；其他行业为消费者提供的电子查询、网上购物、送货上门、电话预约等多种功能服务。这些都是应现代人的需求而产生的服务，体现了公共空间的人性化设计特点。

图1-21　功能性设计范例

图1-22　人性化设计范例

3. 科技性

现代科学技术的运用使现代主义设计风格应运而生，人们摒弃了传统的装饰手法和一些陈规戒律，努力寻求和社会发展相适应的设计途径。随着人性化空间思潮的回归以及文化的融合，特别是科技的发展，数字化时代的到来，设计风格趋向科学技术与传统文化的融合。图1-23所示为某酒店吊顶的设计效果。

4. 艺术性

- 建筑空间转向时空环境

现代公共空间设计从三维设计转向四维空间，体现了时间的概念，突破了以往的地域化，使得不同空间的设计元素相互融合，创造出具有现代风格的设计概念。

> 室内装饰转向室内设计

在经历了现代主义设计思潮之后，人性的回归已成为现代公共空间设计的主要方向。时尚、简约的设计方式，迎合了城里人渴望放松生活，回归自然的心态。图1-24所示为某会所的设计效果。

图1-23 科技性设计范例

图1-24 艺术性设计范例

1.3.2 公共空间设计原则

公共空间设计原则主要包括使用功能要求和精神功能要求。使用功能要求更关注人生理上的需求，而精神功能要求则更关注人心理和精神层面上的需求。

1. 使用功能要求

人之所以从事建筑活动，就是为了给自己提供一个生存和活动的理想场所。公共空间设计的目的正是为人们创造良好的公共空间环境，以满足人们在公共空间内进行学习、生活、工作、休闲的要求。不同的功能要求，提出了与之相适应的空间要求。图1-25所示为某商场为顾客提供的休息区。

例如，商场是为了购物，办公室是为了办公，剧院是为了演出，酒店客房是为了提供住宿等。设计的过程主要是处理好各个空间的关系，注意室内的物理环境，家具和陈设等整体色调的协调搭配。

2. 精神功能要求

> 室内公共空间的气氛

室内的气氛与空间的用途、性质和使用对象有关。

> 室内公共空间的感受

作为设计师，要运用各种方法去影响人们的情感、意志和行为。图1-26所示为某商场橱窗的设计效果，众所周知，橱窗展示可以刺激人们的购买欲望。

> 室内公共空间的意境

室内空间意境是室内环境所集中体现的某种构思意图和主题，是室内设计中精神功能的高度概括。

图1-25 使用功能要求设计范例

图1-26 精神功能要求设计范例

1.3.3 公共空间室内陈设设计

本节主要讲述公共空间室内陈设设计的作用和分类。

1. 公共空间室内陈设设计的作用

陈设品是室内环境中最易改变、最具生命力的元素，但是，一般人往往忽略了它的真正功效。在室内环境中，陈设品起到了画龙点睛的作用。到位的陈设设计可以让使用者心情舒畅，还可以潜移默化地培养气质，凸显生活格调。

陈设品自身的美感非常重要，它是衡量室内陈设品品位高低的关键，如图1-27所示。

2. 公共空间室内陈设设计的分类

➢ 公共陈设

公共陈设是公共空间中的重要组成部分，具有装饰性和意向性，直接影响公共空间的设计品质。例如，座椅、垃圾桶、电话亭、指示牌、时钟、广告招牌、展示橱窗等。

➢ 家具陈设

家具陈设是公共空间中陈设的主体，一为实用性；二为装饰性。家具摆放到位后，室内空间就确定了主调。

➢ 公共艺术

公共艺术包括雕塑、绘画、摄影、广告、影像、表演和音乐等，在公共空间中，起着提升文化层次的作用，如图1-28所示。

➢ 古董文物

无论是真品还是仿制品，古董文物都能引发人们心灵深处对文化的一些思考。

➢ 室内绿化

室内绿化比任何装饰更具有生机和魅力，并且能净化空气和柔化空间。

图1-27 室内陈设

图1-28 雕塑陈设

第2章

室内装潢绘图概述

室内设计装潢绘图主要表现设计师对居室的规划设计意图。图纸主要包括施工图和效果图，其中，施工图主要表现居室的平面布置、立面布置及结构细部构造的做法等，而效果图则主要表现居室施工后的装饰效果，可以给客户一个直观的视觉感受。

施工图的内容是什么？绘制方法是什么？是否有绘制标准？本章将对这类问题一一进行解答。

2.1 室内设计施工图内容

室内设计施工图主要包括居室的平面布置图、地面布置图、顶面布置图、各立面布置图、剖面图以及重点装饰部位的节点大样图，而使用3ds Max绘图软件绘制的效果图，则可以带来逼真的装饰效果。

2.1.1 施工图与效果图

施工图是表示装饰工程的总体布局，装饰物的外部形状、内部布置、结构构造、内外装修、材料作法以及设备、施工等要求的图样。施工图具有图纸齐全、表达准确、要求具体的特点，是进行工程施工、编制施工图预算和施工组织设计的依据，也是进行技术管理的重要技术文件。

图2-1所示为绘制完成的三居室平面布置图。

室内设计效果图是室内设计师表达创意构思，并通过3D效果图制作软件，将创意构思进行形象化再现的形式。它通过对物体的造型、结构、色彩、质感等诸多因素的真实表现，再现设计师的创意，从而实现设计师与观者之间视觉语言的沟通，使人们更清楚地了解设计的各项性能、构造、材料。

图2-2所示为使用3D效果图制作软件绘制的客厅效果图。

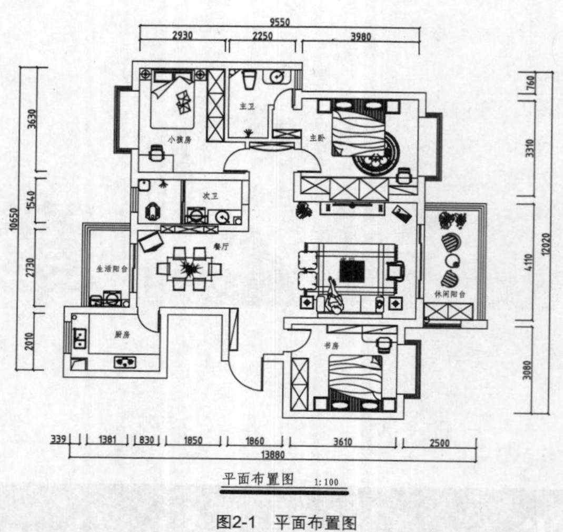

图2-1 平面布置图

图2-2 客厅效果图

2.1.2 施工图的组成

一套完整的施工图一般包括设计说明、平面布置图、地面布置图、顶面布置图、立面图、剖面图及节点大样图等专业图纸。

设计说明以文本的方式描述设计意图，施工过程中应注意的事项，及门窗的尺寸等有关于该工程项目的信息。

平面图主要提供的信息是各功能区墙体的布置及门窗布置位置等。

立面图是对墙体立面的描述，主要是体现外观上的效果。它提供给施工人员的信息主要包括门窗在立面上的标高布置及立面布置，以及立面装饰材料及凹凸变化。通常，有线的地方就有面的变化。

剖面图的作用是对无法在平面图及立面图中描述清楚的局部剖切，以体现设计师对物体内部的处理。施工人员能够在剖面图中得到更为准确的局部高低变化。

节点大样图是设计师为了更为清晰地描述装饰物各部分的做法，以便施工人员了解自己的设计意图，而对构造复杂的节点绘制大样以说明详细做法。施工人员不仅要通过节点图进一步了解设计师的构思，还要分析节点画法是否合理，能否在结构上实现。

2.2 室内设计施工图的绘制方法

室内设计施工图是按照装饰设计方案确定的空间尺度、构造做法、材料选用、施工工艺等要求，并且遵照建筑及装饰设计规范所规定的要求而编制的，用于指导装饰施工生产的技术性文件。同时，它也是进行造价管理、工程监理等工作的重要技术性文件。

本章将为读者介绍各室内设计施工图的形成和绘制方法。

2.2.1 平面图的形成与画法

平面布置图是室内设计施工图的主要图样，是根据装饰设计原理、人体工程学以及客户的需求画出的用于反映建筑平面布局、装饰空间及功能区域的划分、家具设备的布置、绿化及陈设的布局等内容的图样，是确定装饰空间平面尺度及装饰形体定位的主要依据。

平面布置图是假想用一个水平剖切平面，沿着每层的门窗洞口位置进行水平剖切，移去剖切平面以上的部分，对以下部分所做的水平正投影图。平面布置图其实是一种水平剖面图，其常用比例为1:50、1:100、1:150。

绘制平面布置图，首先要确定平面图的基本内容。

- 绘制定位轴线，以确定墙柱的具体位置、各功能分区与名称、门窗的位置和编号、门的开启方向等。
- 确定室内地面的标高。
- 确定室内固定家具、非固定家具、家用电器的位置。
- 确定装饰陈设、绿化美化等位置及绘制图例符号。
- 绘制室内立面图的内视投影符号，按顺时针从上至下在圆圈中编号。
- 确定室内现场制作家具的定形、定位尺寸。
- 绘制索引符号、图名及必要的文字说明等。

图2-3所示为绘制完成的三居室平面布置图。

2.2.2 地面图的形成与画法

地面布置图与平面布置图的形成方式一样，有区别的是地面布置图不需要绘制家具及绿化等布置，只需画出地面的装饰风格，标注地面材质、尺寸、颜色、地面标高等。

绘制地面布置图的基本内容包括。

- 地面布置图中，应包含平面布置图的基本内容。
- 根据室内地面材料的选用、颜色与分格尺寸，绘制地面铺装的填充图案，并确定地面标高等。
- 绘制地面的拼花造型。
- 绘制索引符号、图名及必要的文字说明等。

图2-4所示为绘制完成的三居室地面布置图。

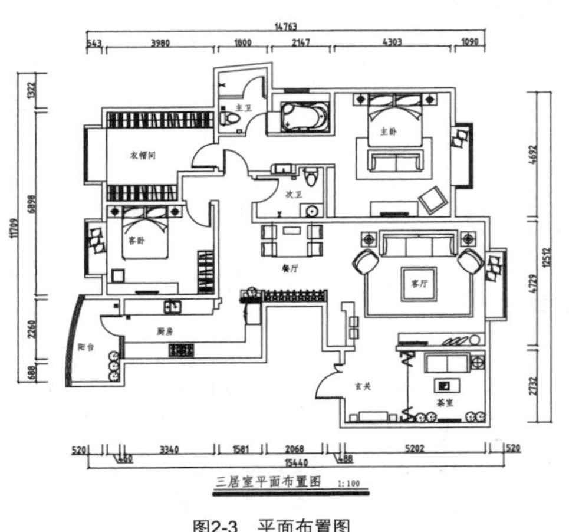

图2-3 平面布置图

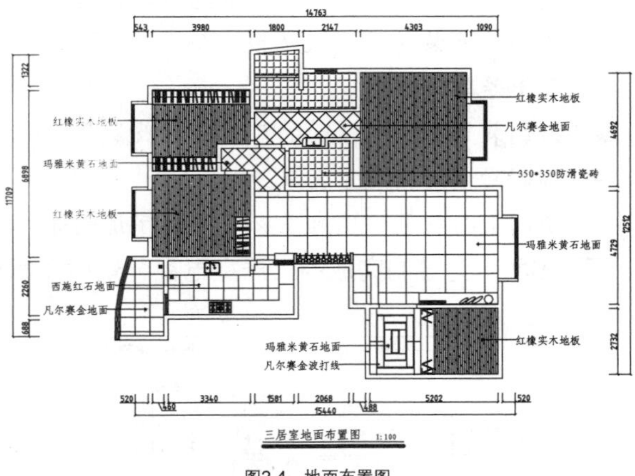

图2-4 地面布置图

2.2.3 顶面图的形成与画法

顶面平面图是以镜像投影法画出反映顶棚平面形状、灯具位置、材料选用、尺寸标高及构造做法等内容的水平镜像投影图，是装饰施工图的主要图样之一。是假想以一个水平剖切平面沿顶棚下方门窗洞口的位置进行剖切，移去下面部分后对上面的墙体、顶棚所做的镜像投影图。

顶面平面图常用的比例为1:50、1:100、1:150。在顶面平面图中剖切到的墙柱用粗实线，未剖

切到但能看到的顶棚、灯具、风口等用细实线来表示。

顶面图绘制的基本步骤如下。

- 在平面图的门洞绘制门洞边线，不需绘制门扇及开启线。
- 绘制顶棚的造型、尺寸、做法和说明，有时，可以画出顶棚的重合断面图并标注标高。
- 绘制顶棚灯具符号及具体位置，而灯具的规格、型号、安装方法则在电气施工图中反映。
- 绘制各顶棚的完成面标高，按每一层楼地面为±0.000标注顶棚装饰面标高，这是实际施工中常用的方法。
- 绘制与顶棚相接的家具、设备的位置和尺寸。
- 绘制窗帘及窗帘盒、窗帘帷幕板等。
- 确定空调送风口位置、消防自动报警系统以及与吊顶有关的音频设备的平面位置及安装位置。
- 绘制索引符号、图名及必要的文字说明等。

图2-5所示为绘制完成的三居室顶面布置图。

2.2.4 立面图的形成与画法

立面图是将房屋的室内墙面按内视投影符号的指向，向直立投影面所作的正投影图。用于反映室内空间垂直方向的装饰设计形式、尺寸与做法、材料与色彩的选用等内容，是装饰施工图中的主要图样之一，是确定墙面做法的依据。房屋室内立面图的名称，应根据平面布置图中内视投影符号的编号或字母确定，例如，②立面图、B立面图。

立面图应包括投影方向可见的室内轮廓线和装饰构造、门窗、构配件、墙面做法、固定家具、灯具等内容及必要的尺寸和标高，并需表达非固定家具、装饰构件等情况。立面图常用的比例为1:50，可用比例为1:30、1:40。

绘制立面图的主要步骤如下。

- 绘制立面轮廓线，顶棚有吊顶时要绘制吊顶、叠级、灯槽等剖切轮廓线，使用粗实线表示，墙面与吊顶的收口形式，可见灯具投影图等也需要绘制。
- 绘制墙面装饰造型及陈设，例如，壁挂、工艺品等，还包括门窗造型及分格、墙面灯具、暖气罩等装饰内容。
- 绘制装饰选材、立面的尺寸标高及做法说明。
- 绘制附墙的固定家具及造型。
- 绘制索引符号、图名及必要的文字说明等。

图2-6所示为绘制完成的三居室电视背景墙立面布置图。

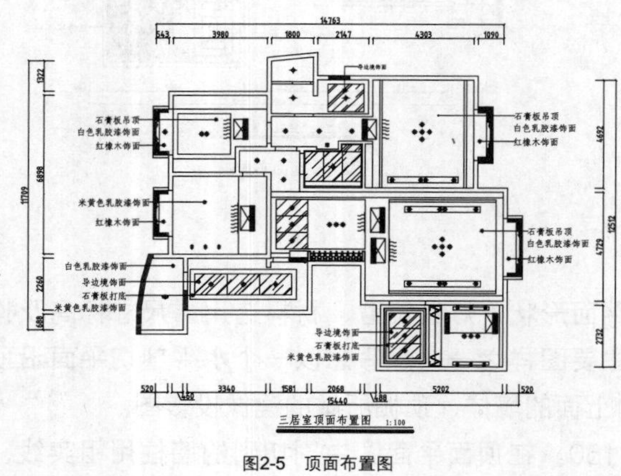

图2-5 顶面布置图

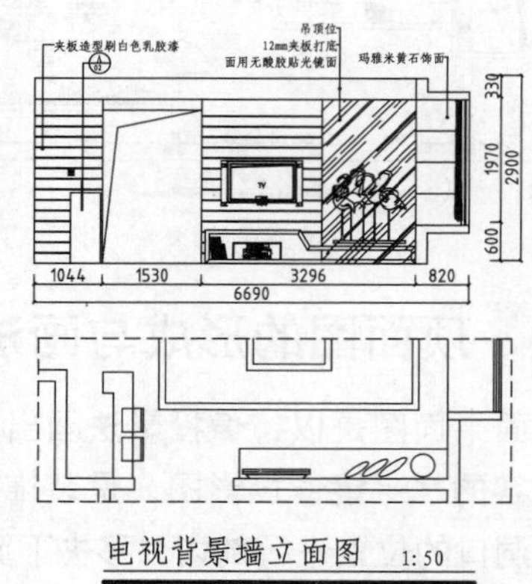

图2-6 立面图

2.2.5 剖面图的形成与画法

剖面图是指假想将建筑物剖开，使其内部构造显露出来，让看不见的形体部分变成看得见的部分，然后，用实线画出这些内部构造的投影图。

绘制剖面图的一般步骤如下。

- 选定比例、图幅。
- 绘制地面、顶面、墙面的轮廓线。
- 绘制被剖切物体的构造层次。
- 标注尺寸。
- 绘制索引符号、图名及必要的文字说明等。

图2–7所示为绘制完成的顶棚剖面图。

2.2.6 详图的内容与画法

详图的图示内容主要包括：装饰形体的建筑做法、造型样式、材料选用、尺寸标高；所依附的建筑结构材料及连接做法，例如，钢筋混凝土与木龙骨、轻钢及型钢龙骨等内部龙骨架的连接图示（剖面或者断面图），选用标准图时应加索引；装饰体基层板材的图示（剖面或者断面图），如石膏板、木工板、多层夹板、密度板、水泥压力板等用于找平的构造层次；装饰面层、胶缝及线角的图示（剖面或者断面图），复杂线角及造型等还应绘制大样图；色彩及做法说明、工艺要求等；索引符号、图名、比例等。

绘制装饰详图的一般步骤如下。

- 选定比例、图幅。
- 画墙（柱）的结构轮廓。
- 画出门套、门扇等装饰形体轮廓。
- 详细绘制各部位的构造层次及材料图例。
- 标注尺寸。
- 绘制索引符号、图名及必要的文字说明等。

图2–8所示为绘制完成的酒柜节点大样图。

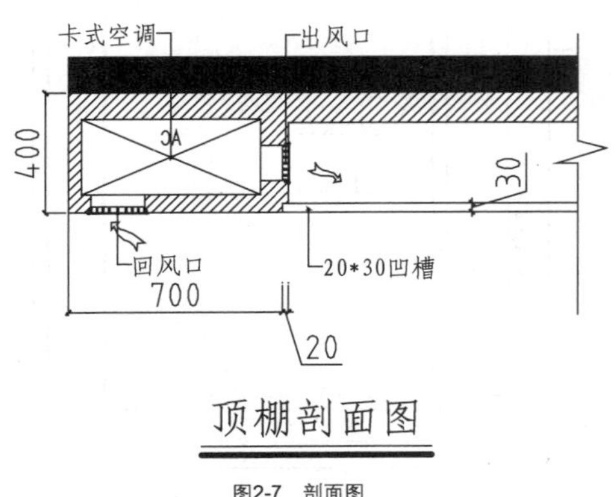

图2-7 剖面图

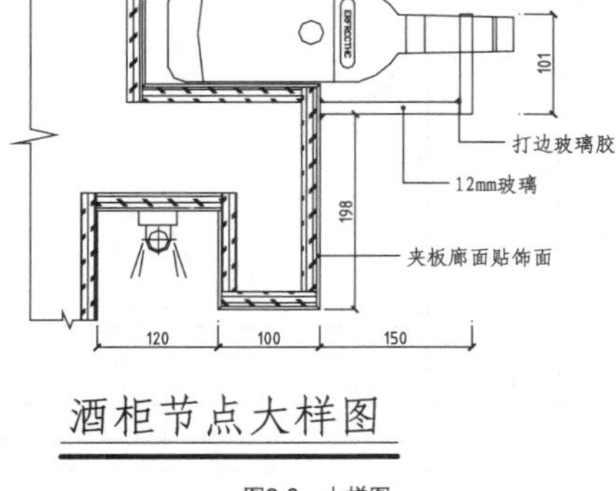

图2-8 大样图

2.3 室内设计制图国家标准

2010年8月18日中华人民共和国住房和城乡建设部和中华人民共和国国家质量监督检验检疫总局

联合发布了最新的《房屋建筑制图统一标准（GB/T50001-2010）》，该标准于2011年3月1日起实施。本节根据最新版本的制图统一标准，介绍其中有关室内绘图的一般标准。

2.3.1 图幅、图框的规定

图纸幅面及图框尺寸，应该符合表2-1以及图2-9、图2-10、图2-11和图2-12的规定。

表2-1 幅面及图框尺寸（mm）

尺寸代号 \ 幅面代号	A0	A1	A2	A3	A4
$b \times l$	841×1189	594×841	420×594	297×420	210×297
c	10			5	
a	25				

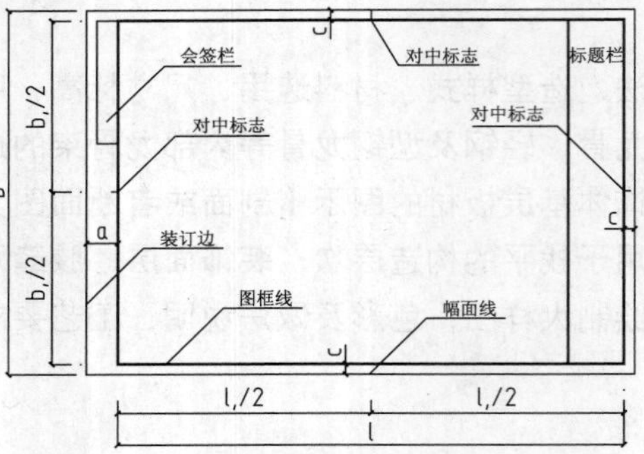

图2-9 A0—A3横式幅面（一）

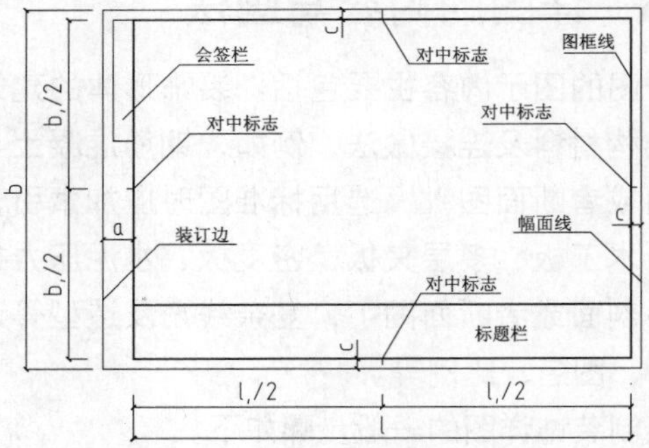

图2-10 A0—A3横式幅面（二）

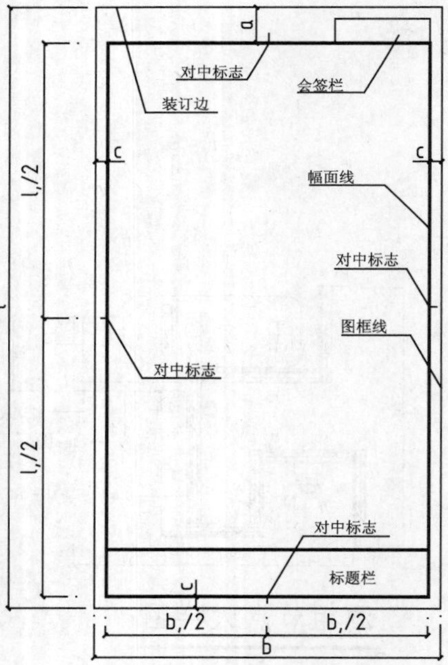

图2-11 A0—A4立式幅面（一）

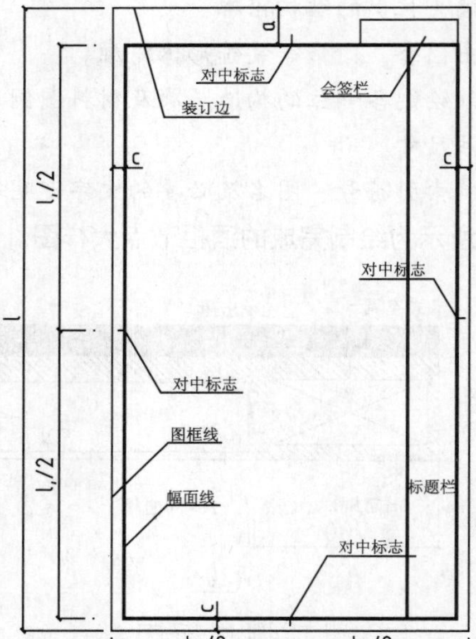

图2-12 A0—A4立式幅面（二）

图纸以短边作为垂直边应为横式，以短边作为水平边应为立式。A0—A3 图纸宜横式使用，必要时，也可立式使用。

一个工程设计中，每个专业所使用的图纸，不宜多于两种幅面，不含目录及表格所采用的 A4 幅面。

2.3.2 图层设置的规定

图层命名应符合下列规定。

➢ 图层可根据不同的用途、设计阶段、属性和使用对象等进行组织，但在工程上，应具有明确的逻辑关系，便于识别、记忆、软件操作和检索。

➢ 图层名称可使用汉字、拉丁字母、数字和连字符“—”的组合，但汉字与拉丁字母不得混用。

➢ 在同一工程中，应使用统一的图层命名格式，图层名称应自始至终保持不变，且不得同时使用中文和英文的命名格式。

图层命名格式应符合下列规定。

➢ 图层命名应采用分级形式，每个图层名称由 2~5个数据字段（代码）组成，第一级为专业代码，第二级为主代码，第三、第四级分别为次代码 1 和次代码 2，第五级为状态代码；其中，专业代码和主代码为必选项，其他数据字段为可选项；每个相邻的数据字段用连字符“—”分隔开。

➢ 专业代码用于说明专业类别。

➢ 主代码用于详细说明专业特征，主代码可以和任意的专业代码组合。

➢ 次代码1和次代码2用于进一步区分主代码的数据特征，次代码可以和任意的主代码组合。

➢ 状态代码用于区分图层中所包含的工程性质或阶段，但状态代码不能同时表示工程状态和阶段。

➢ 中文图层名称宜采用图2-13的格式，每个图层名称由2~5个数据字段组成，每个数据字段为1~3个汉字，每个相邻的数据字段用连字符“—”分隔开。

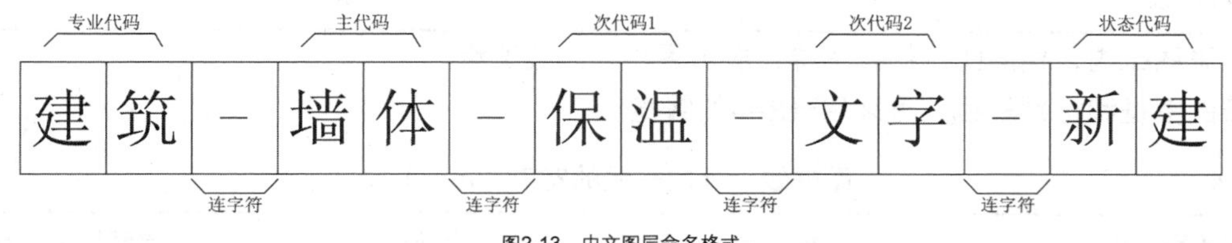

图2-13　中文图层命名格式

2.3.3 图线设置的规定

图线的宽度 *b*，宜从 1.4mm、1.0mm、0.7mm、0.5mm、0.35mm、0.25mm、0.18mm、0.13mm线宽系列中选取。图线宽度不应小于0.1mm。每个图样，应根据复杂程度与比例大小，先选定基本线宽 *b*，再选用表2-2中相应的线宽组。

表2-2　线宽组（mm）

线宽比	线宽组			
b	1.4	1.0	0.7	0.5
0.7*b*	1.0	1.7	0.5	0.35
0.5*b*	0.7	0.5	0.35	0.25
0.25*b*	0.35	0.25	0.18	0.13

注：1.需要缩微的图纸，不宜采用 0.18mm及更细的线宽。

2.同一张图纸内，各不同线宽中的细线，可统一采用较细的线宽组的细线

工程建设制图应选用表2–3所示的图线。

表2-3 图线

名称		线型	线宽比	一般用途
实线	粗		b	主要可见轮廓线
	中		$0.5b$	可见轮廓线
	细		$0.25b$	可见轮廓线、图例线
虚线	粗		b	见有关专业制图标准
	中		$0.5b$	不可见轮廓线
	细		$0.25b$	不可见轮廓线、图例线
单点长画线	粗		b	见有关专业制图标准
	中		$0.5b$	见有关专业制图标准
	细		0.25b	中心线、对称线等
双点长画线	粗		b	见有关专业制图标准
	中		$0.5b$	见有关专业制图标准
	细		$0.25b$	假想轮廓线、成型前原始轮廓线
折断线			$0.25b$	断开界线
波浪线			$0.25b$	断开界线

同一张图纸内，相同比例的各图样，应选用相同的线宽组。

图纸的图框和标题栏线，可采用表2-4的线宽。

表2-4 图框线、标题栏线的宽度（mm）

幅面代号	图框线	标题栏外框线	标题栏分格线
A0、A1	b	$0.5b$	$0.25b$
A2、A3、A4	b	$0.7b$	$0.35b$

相互平行的图例线，其净间隙或线中间隙不宜小于0.2mm。

虚线、单点长画线或双点长画线的线段长度和间隔，宜各自相等。

单点长画线或双点长画线，当在较小图形中绘制有困难时，可用实线代替。

单点长画线或双点长画线的两端，不应是点。点画线与点画线交接点或点画线与其他图线交接时，应是线段交接。

虚线与虚线交接或虚线与其他图线交接时，应是线段交接。虚线为实线的延长线时，不得与实线相接。

图线不得与文字、数字或符号重叠、混淆，当不可避免时，应首先保证文字的清晰。

2.3.4 字体的规定

图纸上所需书写的文字、数字或符号等，均应笔画清晰、字体端正、排列整齐，标点符号应清楚正确。

文字的字高，应从表2–5中选用。字高大于10mm的文字宜采用 TrueType 字体。

表2-5　　文字的字高（mm）

字体种类	中文矢量字体	TrueType 字体及非中文矢量字体
字　　高	3.5、5、7、10、14、20	3、4、6、8、10、14、20

图样及说明中的汉字，宜采用长仿宋体（矢量字体）或黑体，同一图纸内字体种类不应超过两种。长仿宋体的宽度与高度的关系应符合表2–6的规定，黑体字的宽度与高度应相同。大标题、图册封面、地形图等的汉字，也可书写成其他字体，但应易于辨认。

表2-6　　长仿宋字宽高关系（mm）

字　　高	20	14	10	7	5	3.5
字　　宽	14	10	7	5	3.5	2.5

汉字的简化字书写应符合国家有关汉字简化方案的规定。

图样及说明中的拉丁字母、阿拉伯数字与罗马数字，宜采用单线简体或 ROMAN 字体。拉丁字母、阿拉伯数字与罗马数字的书写规则，应符合表2–7的规定。

表2-7　　拉丁字母、阿拉伯数字与罗马数字的书写规则

书写格式	字　　体	窄　字　体
大写字母高度	h	h
小写字母高度(上下均无延伸)	$7/10h$	$10/14h$
小写字母伸出的头部或尾部	$3/10h$	$4/14h$
笔画宽度	$1/10h$	$1/14h$
字母间距	$2/10h$	$2/14h$
上下行基准线的最小间距	$15/10h$	$21/14h$
词间距	$6/10h$	$6/14h$

拉丁字母、阿拉伯数字与罗马数字，如需写成斜体字，其斜度应是从字的底线逆时针向上倾斜75°。斜体字的高度和宽度应与相应的直体字相等。

拉丁字母、阿拉伯数字与罗马数字的字高，不应小于2.5mm。

数量的数值注写，应采用正体阿拉伯数字。各种计量单位凡前面有量值的，均应采用国家颁布的单位符号注写。单位符号应采用正体字母。

分数、百分数和比例数的注写，应采用阿拉伯数字和数学符号。

当注写的数字小于 1 时，应写出各位的“0”，小数点应采用圆点，齐基准线书写。

长仿宋汉字、拉丁字母、阿拉伯数字与罗马数字示例应符合国家现行标准《技术制图—字体》（GB/T 14691–93）的有关规定。

2.3.5　绘图比例的规定

图样的比例，应为图形与实物相对应的线性尺寸之比。

比例的符号为“:”，比例应以阿拉伯数字表示。比例宜注写在图名的右侧，字的基准线应取平；比例的字高宜比图名的字高小一号或二号，如图2-14所示。

平面图 1:100　　⑤ 1:20

图2-14　比例的注写

绘图所用的比例应根据图样的用途与被绘对象的复杂程度，从表2-8中选用，并应优先采用表中常用比例。

表2-8　　绘图所用的比例

常用比例	1:1、1:2、1:5、1:10、1:20、1:30、1:50、1:100、1:150、1:200、1:500、1:1000、1:2000、
可用比例	1:3、1:4、1:6、1:15、1:25、1:40、1:60、1:80、1:250、1:300、1:400、1:600、1:5000、1:10000、1:20000、1:50000、1:100000、1:200000

一般情况下，一个图样应选用一种比例。根据专业制图需要，同一图样可选用两种比例。

特殊情况下，也可自选比例，这时，除应注出绘图比例外，还必须在适当位置绘制出相应的比例尺。

2.3.6　尺寸标注的规定

图样上的尺寸，包括尺寸界线、尺寸线、尺寸起止符号和尺寸数字，如图2-15所示。

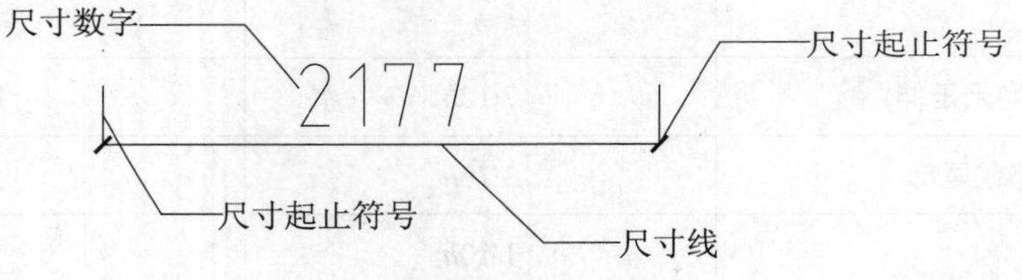

图2-15　尺寸标注

尺寸界线应用细实线绘制，一般应与被注长度垂直，其一端离图样轮廓线不应小于2mm，另一端宜超出尺寸线2～3mm。

尺寸线应用细实线绘制，应与被注长度平行。图样本身的任何图线均不得用作尺寸线。

尺寸起止符号一般用中粗斜短线绘制，其倾斜方向应与尺寸界线成顺时针 45° 角，长度宜为2～3mm。半径、直径、角度与弧长的尺寸起止符号，宜用箭头表示。

图样上的尺寸，应以尺寸数字为准，不得从图上直接量取。

图样上的尺寸单位，除标高及总平面以米为单位外，其他必须以毫米为单位。

尺寸数字一般应依据其方向注写在靠近尺寸线的上方中部。如没有足够的注写位置，最外边的尺寸数字可注写在尺寸界线的外侧，中间相邻的尺寸数字可上下错开注写，引出线端部用圆点表示标注尺寸的位置，如图2-16所示。

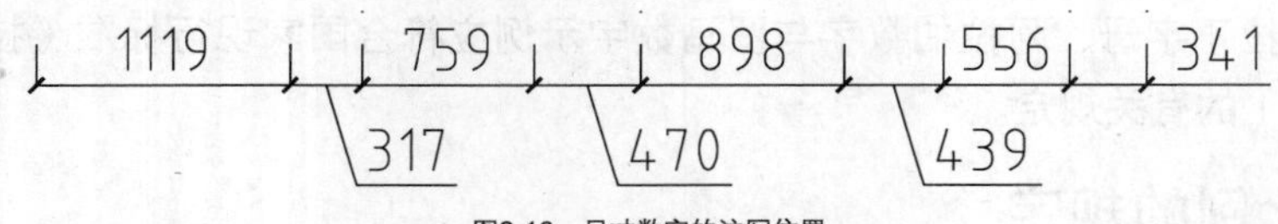

图2-16　尺寸数字的注写位置

尺寸宜标注在图样轮廓以外，不宜与图线、文字及符号等相交，如图2-17所示。

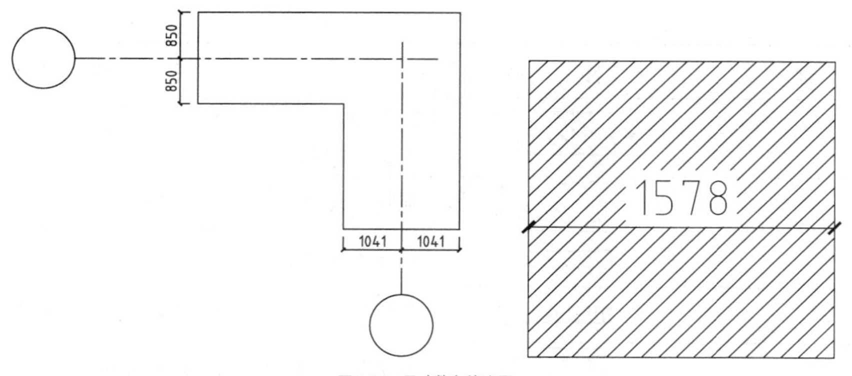

图2-17　尺寸数字的注写

互相平行的尺寸线，应从被注写的图样轮廓线由近向远整齐排列，较小尺寸应离轮廓线较近，较大尺寸应离轮廓线较远。

图样轮廓线以外的尺寸界线，距图样最外轮廓之间的距离，不宜小于10mm。平行排列的尺寸线的间距，宜为7～10mm，并应保持一致。

总尺寸的尺寸界线应靠近所指部位，中间的分尺寸的尺寸界线可稍短，但其长度应相等，如图2–18所示。

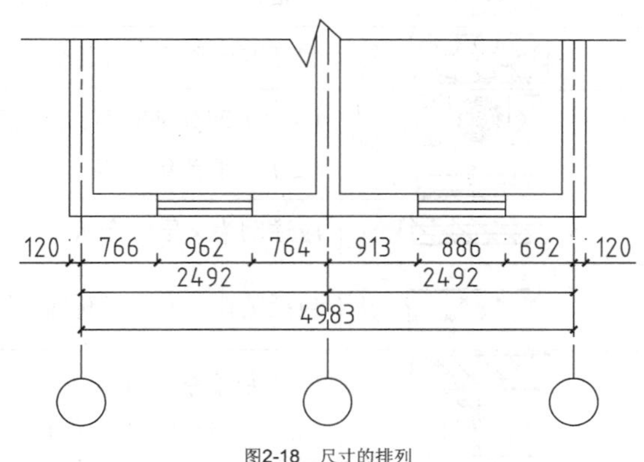

图2-18　尺寸的排列

2.3.7　常用图示标志

表2–9所示为常用的建筑材料图例。

表2-9　　**常用的图示标志**

名　　称	图　　例	备　　注
自然土壤		包括各种自然土壤
夯实土壤		
砂、灰土		靠近轮廓线绘较密的点
砂砾石、碎砖三合土		
石材		
毛石		

续表

名　称	图　例	备　注
普通砖	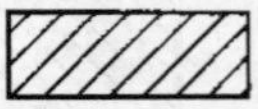	包括实心砖、多孔砖、砌块等砌体。当断面较窄不易绘出图例线时，可涂红
耐火砖		包括耐酸砖等砌体
空心砖		指非承重砖砌体
饰面砖		包括铺地砖、马赛克、陶瓷锦砖、人造大理石等
焦渣、矿渣		包括与水泥、石灰等混合而成的材料
混凝土		（1）本图例指能承重的混凝土及钢筋混凝土 （2）包括各种强度等级、骨料、添加剂的混凝土 （3）在剖面图上画出钢筋时，不画图例线 （4）断面图形小，不易画出图例线时，可涂黑
钢筋混凝土		
多孔材料		包括水泥珍珠岩、沥青珍珠岩、泡沫混凝土、非承重加气混凝土、软木、蛭石制品等
纤维材料	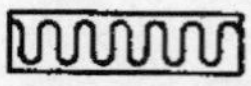	包括矿棉、岩棉、玻璃棉、麻丝、木丝板、纤维板等
泡沫塑料材料		包括聚苯乙烯、聚乙烯、聚氨酯等多孔聚合物类材料
木材		（1）上图为横断面，上左图为垫木、木砖或木龙骨 （2）下图为纵断面
胶合板		应注明为×层胶合板
石膏板		包括圆孔、方孔石膏板、防水石膏板等
金属		（1）包括各种金属 （2）图形小时，可涂黑
网状材料		（1）包括金属、塑料网状材料 （2）应注明具体材料名称
液体	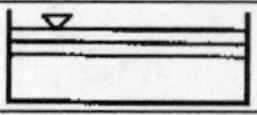	应注明具体液体名称
玻璃		包括平板玻璃、磨砂玻璃、夹丝玻璃、钢化玻璃、中空玻璃、加层玻璃、镀膜玻璃等
橡胶		
塑料		包括各种软、硬塑料及有机玻璃等
防水材料		构造层次多或比例大时，采用上面图例
粉刷		本图例采用较稀的点

第3章

AutoCAD 2013的基本操作

AutoCAD是由美国Autodesk公司开发的通用计算机辅助设计软件，使用它可以绘制二维图形和三维图形、标注尺寸、渲染图形及打印输出图纸等，具有易掌握、使用方便、体系结构开放等优点，广泛应用于机械、建筑、电子、航空等领域。
本章主要介绍中文版AutoCAD 2013的基础知识，使读者更加了解AutoCAD 2013的使用方法。

3.1　AutoCAD 2013的工作空间

为了满足不同用户的需要，中文版AutoCAD 2013提供了【草图与注释】、【三维基础】、【三维建模】和【AutoCAD经典】4种工作空间，用户可以根据绘图的需要选择相应的工作空间。AutoCAD 2013的默认工作空间为【草图与注释】工作空间。下面，分别对4种工作空间的特点、应用范围及其切换方式进行简单的讲述。

3.1.1　【AutoCAD经典】工作空间

对于习惯AutoCAD传统界面的用户来说，可以采用【AutoCAD经典】工作空间，以沿用以前的绘图习惯和操作方式。该工作界面的主要特点是显示了菜单栏和工具栏，用户可以通过选择菜单栏中的命令，或者单击工具栏中的工具按钮，来调用所需的命令，如图3-1所示。

3.1.2　【草图与注释】工作空间

【草图与注释】工作空间是AutoCAD 2013默认的工作空间，该空间用功能区替代了工具栏和菜单栏，这也是目前比较流行的一种界面形式，已经在Office 2007、SolidWorks 2012等软件中得到了广泛的应用。当需要调用某个命令时，需要先切换至功能区下的相应面板，然后，再单击面板中的按钮。【草图与注释】工作空间的功能区，包含的是最常用的二维图形的绘制、编辑和标注命令，

因此非常适合绘制和编辑二维图形时使用，如图3-2所示。

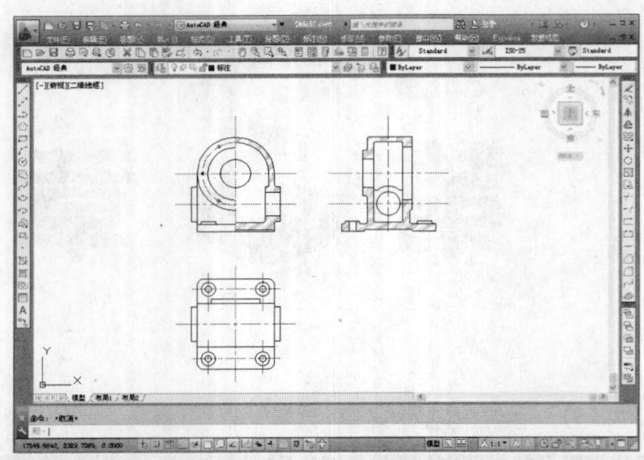
图3-1 【AutoCAD经典】工作空间

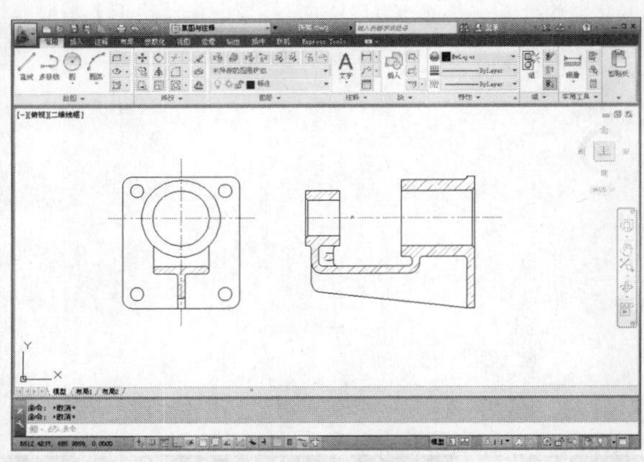
图3-2 【草图与注释】工作空间

3.1.3 【三维基础】工作空间

【三维基础】工作空间与【草图与注释】工作空间类似，主要以单击功能区面板按钮的方式调用命令。但【三维基础】工作空间的功能区包含的是基本的三维建模工具，如各种常用的三维建模、布尔运算以及三维编辑工具按钮，能够非常方便地创建简单的基本三维模型，如图3-3所示。

3.1.4 【三维建模】工作空间

【三维建模】工作空间适合创建、编辑复杂的三维模型，其功能区集成了【三维建模】、【视觉样式】、【光源】、【材质】、【渲染】和【导航】等面板，为绘制和观察三维图形、附加材质、创建动画、设置光源等操作提供了非常便利的环境，如图3-4所示。

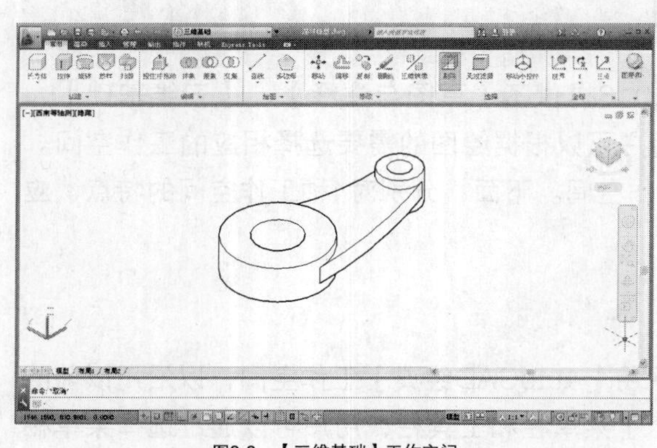
图3-3 【三维基础】工作空间

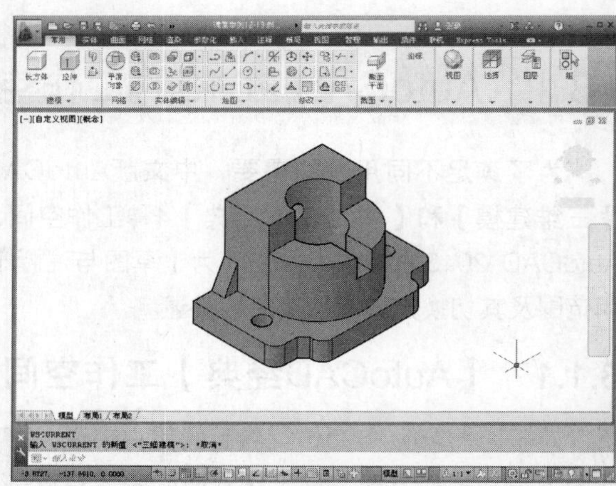
图3-4 【三维建模】工作空间

3.1.5 切换工作空间

用户可以根据绘图的需要，灵活、自由地切换相应的工作空间，具体方法有以下几种。

➢ 菜单栏：单击【工具】|【工作空间】命令，在弹出的子菜单中选择相应的命令，如图3-5所示。

➢ 状态栏：单击状态栏中的【切换工作空间】按钮，在弹出的子菜单中选择相应的命令，如图3-6所示。

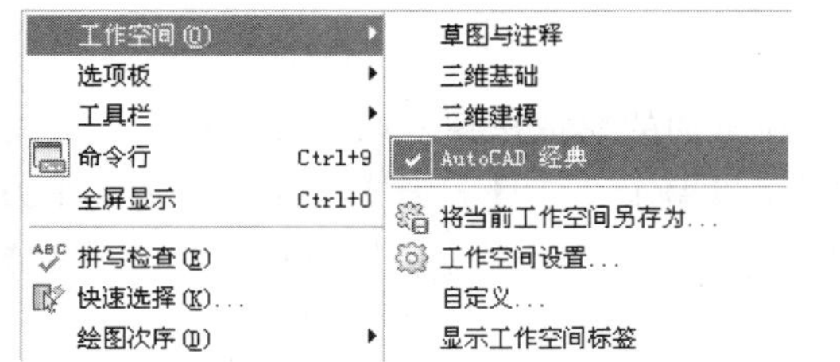

图3-5 通过菜单栏切换工作空间

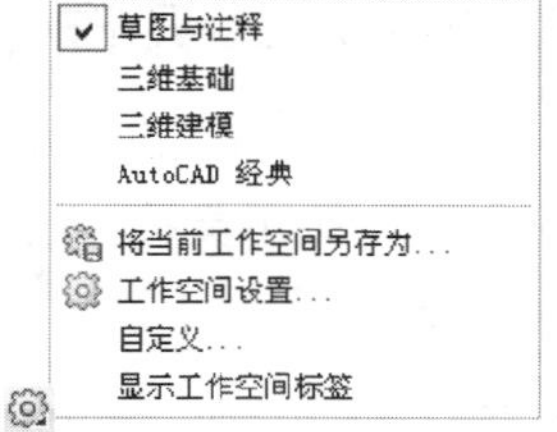

图3-6 通过【切换工作空间】按钮切换工作空间

➢ 工具栏：单击快速访问工具栏“工作空间”下拉列表框AutoCAD 经典，在弹出的下拉列表中选择所需的工作空间，如图3-7所示。

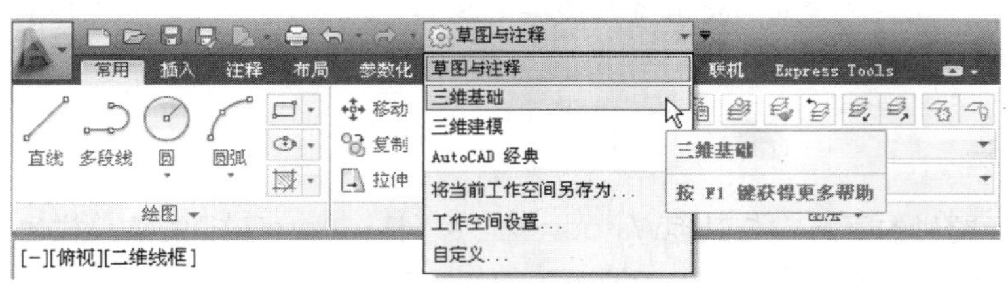

图3-7 “工作空间”列表框

3.2 AutoCAD 2013的工作界面

室内装潢设计主要使用的是AutoCAD的二维绘图功能，同时，为了照顾使用老版本的用户，本书将以【AutoCAD经典】工作空间为例进行讲解。

【AutoCAD经典】工作空间的界面如图3-8所示，主要由标题栏、快速访问工具栏、菜单栏、工具栏、绘图区、布局标签、命令行、状态栏、十字光标、坐标系图标和滚动条等元素组成。

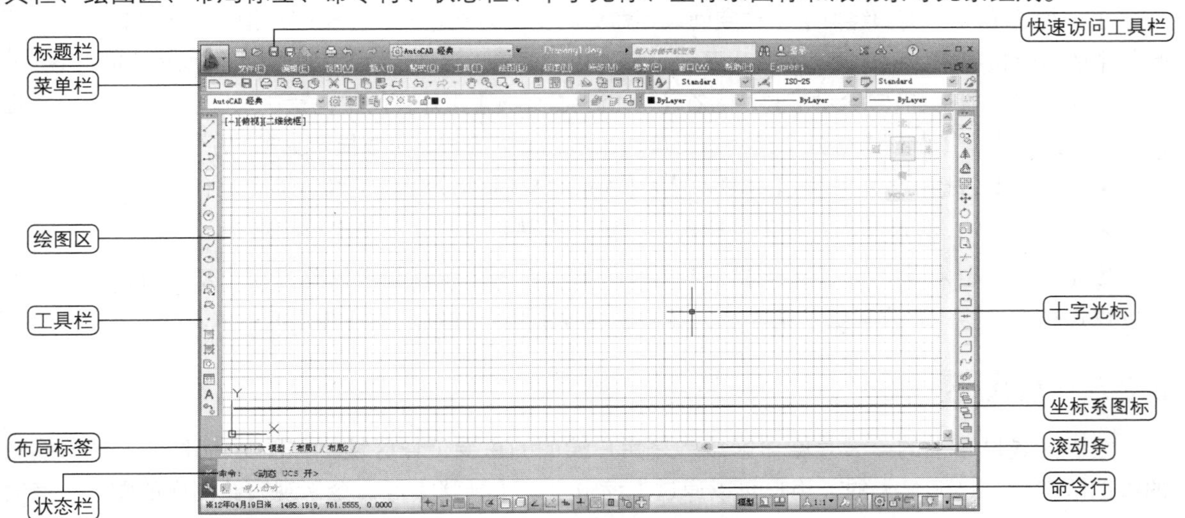

图3-8 【AutoCAD经典】空间工作的界面

3.2.1 标题栏

标题栏位于AutoCAD窗口的最上端，它显示了系统正在运行的应用程序和用户正在打开的图形文件的信息。单击标题栏右端的【最小化】、【恢复窗口大小】（或【最大化】）和【关闭】3个按钮，可以对AutoCAD窗口进行相应的操作。

3.2.2 快速访问工具栏

快速访问工具栏位于标题栏的左上角，它包含了最常用的快捷按钮，以方便用户快速调用。默认状态下，它由8个工具按钮组成，从左到右依次为：【新建】、【打开】、【保存】、【另存为】、【Cloud 选项】、【打印】、【重做】和【放弃】，如图3-9所示，工具栏右侧为“工作空间”下拉列表框。

图3-9 快速访问工具栏

提示：快速访问工具栏放置的是最常用的工具按钮，同时，用户也可以根据需要添加更多的常用工具按钮。

3.2.3 菜单栏

菜单栏位于标题栏的下方，与其他Windows程序一样，AutoCAD的菜单栏也是下拉形式的，并在下拉菜单中包含了子菜单。AutoCAD 2013的菜单栏包括了13个菜单：【文件】、【编辑】、【视图】、【插入】、【格式】、【工具】、【绘图】、【标注】、【修改】、【参数】、【窗口】、【帮助】和【Express】，几乎包含了所有的绘图命令和编辑命令。

提示：除【AutoCAD经典】工作空间外，其他3种工作空间都默认不显示菜单栏，以避免给一些操作带来不便。如果需要在这些工作空间中显示菜单栏，可以单击快速访问工具栏右侧的下拉按钮，在弹出菜单中选择【显示菜单栏】命令。

3.2.4 工具栏

工具栏是【AutoCAD经典】工作空间调用命令的主要方式之一，它是图标型工具按钮的集合，工具栏中的每个按钮图标都形象地表示出了该工具的作用。单击这些图标按钮，即可调用相应的命令。

AutoCAD 2013共有50余种工具栏，在【AutoCAD经典】工作空间中，默认只显示【标准】、【图层】、【绘图】、【编辑】等几个常用的工具栏，通过下列方法，可以显示更多的所需工具栏。

- 菜单栏：选择【工具】|【工具栏】|【AutoCAD】命令，在下级菜单中进行选择。
- 快捷菜单：在任意工具栏上单击鼠标右键，在弹出的快捷菜单中进行选择。

提示：工具栏在【草图与注释】、【三维基础】和【三维建模】工作空间中默认为隐藏状态，但可以通过在这些工作空间显示菜单栏，然后，通过上面介绍的方法将其显示出来。

3.2.5 绘图区

绘图区是屏幕上的一大片空白区域，是用户绘图的主要工作区域，如图3-10所示。图形窗口的绘图区实际上是无限大的，用户可以通过【缩放】、【平移】等命令来观察绘图区的图形。有时候，为了增大绘图空间，可以根据需要关闭其他界面元素，如工具栏和选项板等。

图形区左上角的三个快捷功能控件，可以快速地修改图形的视图方向和视觉样式。

在图形区左下角显示了一个坐标系图标，以方便绘图人员了解当前的视图方向。此外，绘图区还会显示一个十字光标，其交点为光标在当前坐标系中的位置。当移动鼠标时，光标的位置也会相应地改变。

绘图区右上角同样也有【最小化】、【最大化】和【关闭】3个按钮，在AutoCAD中同时打开多个文件时，可通过这些按钮切换和关闭图形文件。

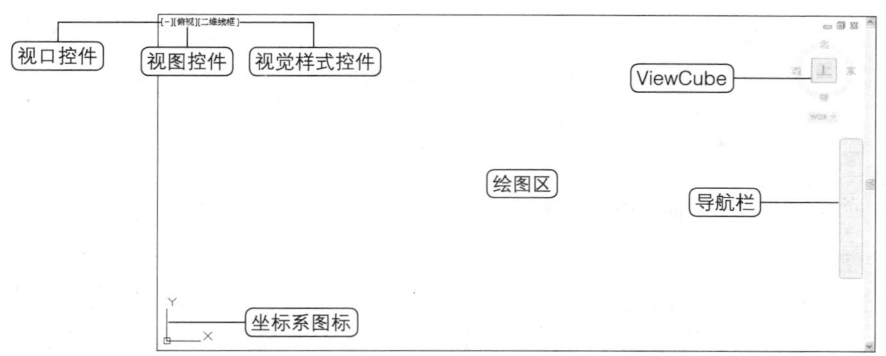

图3-10　绘图区

绘图区右侧显示ViewCube工具和导航栏，用于切换视图方向和控制视图。

3.2.6　命令行

命令行位于绘图区的底部，用于接收和输入命令，并显示AutoCAD提示信息，如图3–11所示。命令窗口中间有一条水平分界线，它将命令窗口分成两个部分：命令行和命令历史窗口。位于水平分界线下方的为命令行，它用于接收用户输入的命令，并显示AutoCAD提示信息。

位于水平分界线下方的为命令历史窗口，它含有AutoCAD启动后所用过的全部命令及提示信息，该窗口有垂直滚动条，可以上下滚动查看以前用过的命令。

提示：命令行是AutoCAD的工作界面区别于其他Windows应用程序的一个显著的特征。

命令窗口是用户和AutoCAD进行“对话”的窗口，通过该窗口发出绘图命令，与菜单和工具栏按钮操作等效。在绘图时，应特别注意这个窗口，因为，输入命令后的提示信息，如错误信息、命令选项及其提示信息将在该窗口中显示。

AutoCAD文本窗口相当于放大了的命令行，它记录了对文档进行的所有操作，包括命令操作的各种信息，如图3–12所示。

文本窗口默认不显示，调出文本窗口有以下两种方法。

- 菜单栏：选择【视图】|【显示】|【文本窗口】命令。
- 快捷键：按【F2】键。

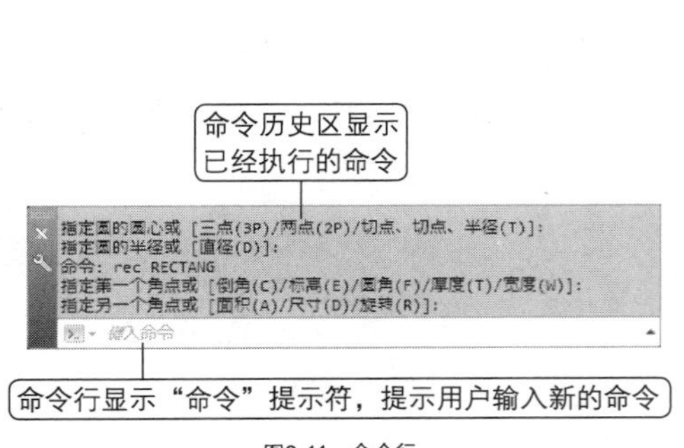

图3-11　命令行

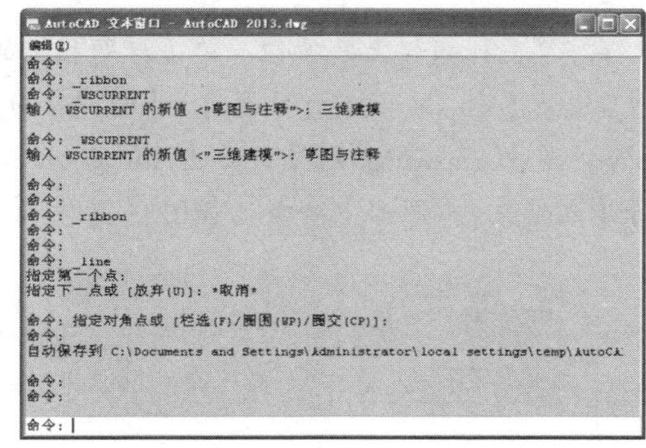

图3-12　AutoCAD文本窗口

3.2.7　状态栏

状态栏位于屏幕的底部，主要用于显示和控制AutoCAD的工作状态，由5部分组成，如图3–13所示。

图3-13 状态栏

1. 坐标值区域

坐标值区域显示了绘图区中当前光标的位置坐标。移动光标，坐标值也会随之变化。

2. 辅助工具按钮

辅助工具按钮主要用于控制绘图的状态，其中包括【推断约束】、【捕捉模式】、【栅格显示】、【正交模式】、【极轴追踪】、【对象捕捉】、【三维对象捕捉】、【对象捕捉追踪】、【允许/禁止动态UCS】、【动态输入】、【显示/隐藏线宽】、【显示/隐藏透明度】、【快捷特性】和【选择循环】等控制按钮。

3. 快速查看工具

使用其中的工具可以方便地预览打开图形，以及打开图形的模型空间与布局，并在其间进行切换。图形将以缩略图形式显示在应用程序窗口的底部。

4. 注释工具

用于显示缩放注释的若干工具。对于模型空间和图纸空间，将显示不同的工具。当图形状态栏打开后，注释工具将显示在绘图区的底部；当图形状态栏关闭时，图形状态栏上的工具移至应用程序状态栏。

5. 工作空间工具

用于切换AutoCAD 2013的工作空间，以及对工作空间进行自定义设置等操作。

3.3 图形文件的管理

在AutoCAD中，可以对图形文件进行一系列的管理，包括新建、保存、打开图形文件等。通过这些操作，可以对图形文件进行编辑修改和保存，为制图的后续工作提供参考和使用依据。

3.3.1 新建图形文件

调用【新建】命令，可以在AutoCAD中新建空白的图形文件。调用【新建】命令有以下几种方法。

➢ 快捷键：按Ctrl+N组合键。

➢ 单击标题栏上的按钮：单击标题栏上的【新建】按钮。

➢ 菜单命令：执行【文件】|【新建】命令，弹出【选择样板】对话框，如图3-14所示。

➢ 单击AutoCAD图标：单击AutoCAD工作界面左上角的AutoCAD图标，在弹出的下拉菜单中选择【新建】|【图形】命令，如图3-15所示。

图3-14 【选择样板】对话框

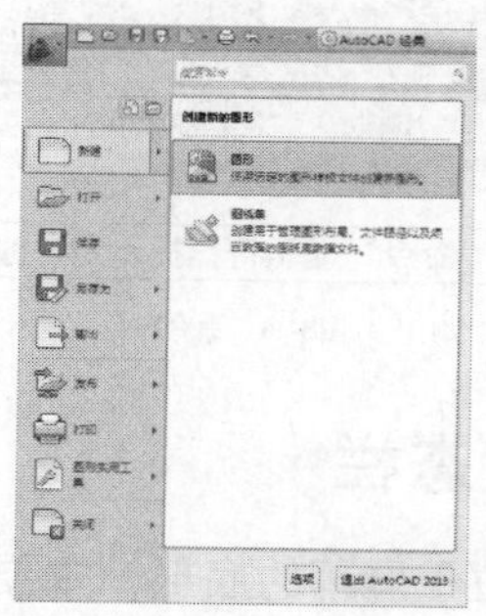

图3-15 AutoCAD图标

3.3.2 保存图形文件

调用【保存】命令，可以在AutoCAD中保存编辑后的图形文件。调用【保存】命令有以下几种方法。

➢ 快捷键：按Ctrl+S组合键。

➢ 单击标题栏上的按钮：单击标题栏上的【保存】按钮。

➢ 菜单命令：执行【文件】|【保存】命令，弹出【图形另存为】对话框，如图3-16所示。

➢ 单击AutoCAD图标：单击AutoCAD工作界面左上角的AutoCAD图标，在弹出的下拉菜单中选择【保存】命令，如图3-17所示。

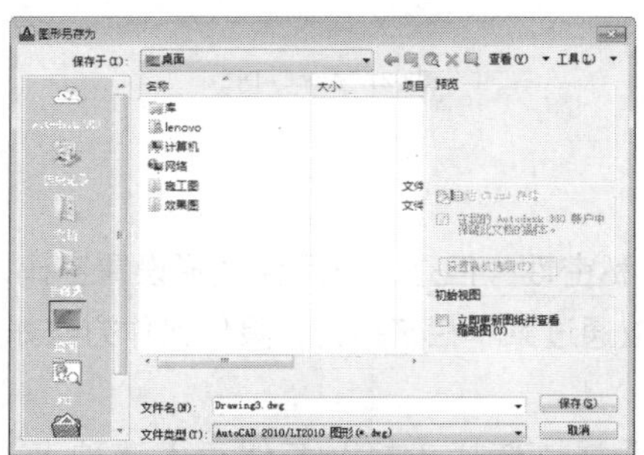

图3-16 【图形另存为】对话框

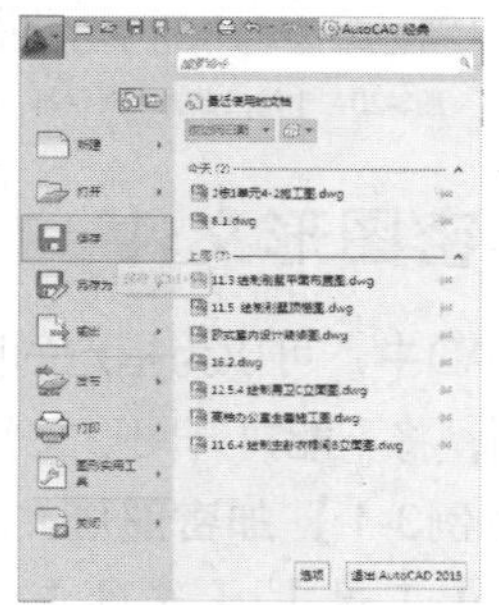

图3-17 AutoCAD图标

3.3.3 打开图形文件

调用【打开】命令，可以打开已绘制完成的AutoCAD文件并对其进行编辑。调用【打开】命令主要有以下几种方法。

➢ 快捷键：按Ctrl+O组合键。

➢ 单击标题栏上的按钮：单击标题栏上的【打开】按钮。

➢ 菜单命令：执行【文件】|【打开】命令，弹出【选择文件】对话框，如图3-18所示。

➢ 单击AutoCAD图标：单击AutoCAD工作界面左上角的AutoCAD图标，在弹出的下拉菜单中选择【打开】|【图形】命令，如图3-19所示。

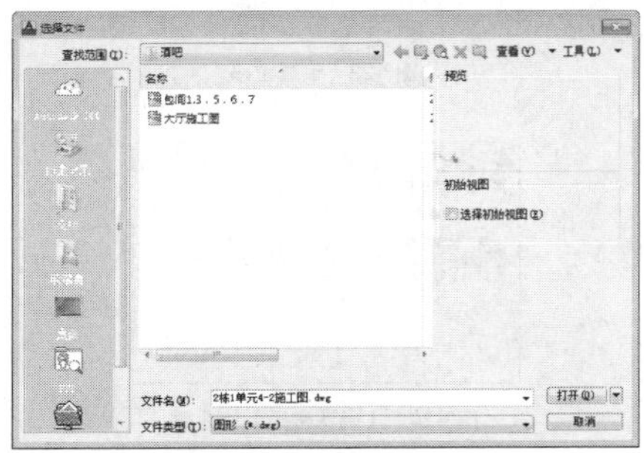

图3-18 【选择文件】对话框

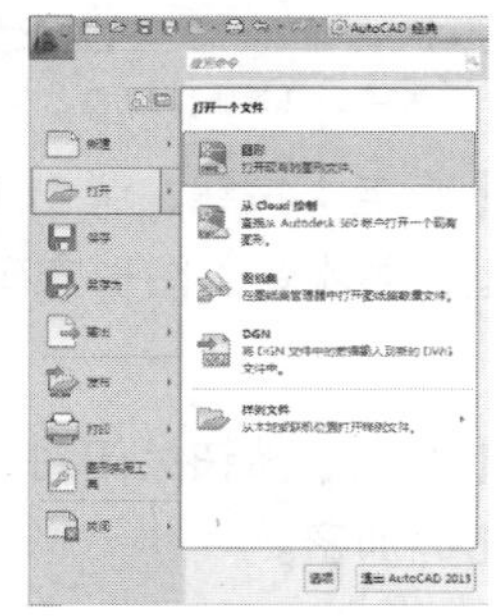

图3-19 AutoCAD图标

3.3.4 输出图形文件

调用【输出】命令，可以将所选择的图形文件输出为其他的文件类型。调用【输出】命令的方法主要有以下两种。

➢ 菜单命令：执行【文件】|【输出】命令，弹出【输出数据】对话框，如图3-20所示。

➢ 单击AutoCAD图标：单击AutoCAD工作界面左上角的AutoCAD图标，在弹出的下拉菜单中选择【输出】命令，根据实际需要选择输出文件的类型，如图3-21所示。

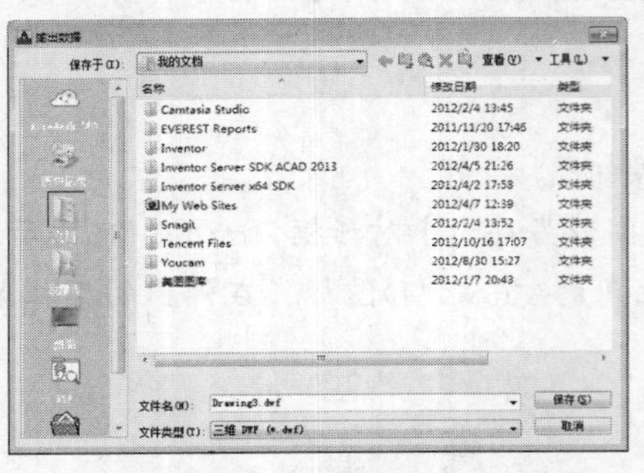

图3-20 【输出数据】对话框

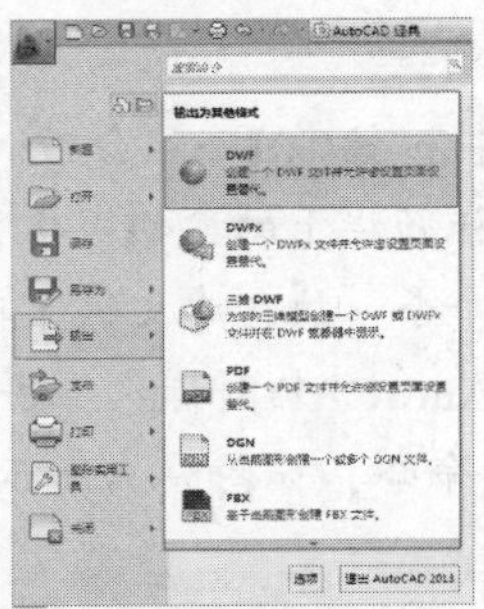

图3-21 AutoCAD图标

3.3.5 加密图形文件

在AutoCAD中，可以为指定的图形文件加密，以保证其私密性；但是，一旦为图形设置密码，便不能忘记，否则，将不能打开图形文件。为图形文件加密码可以通过菜单栏来执行，具体操作方法如下。

【课堂举例3-1】加密图形文件

01 执行【工具】|【选项】命令，打开【选项】对话框，选择【打开和保存】选项卡，如图3-22所示。

02 在对话框中单击【安全选项】选项卡，弹出【安全选项】对话框，在对话框中为图形设置密码，如图3-23所示。

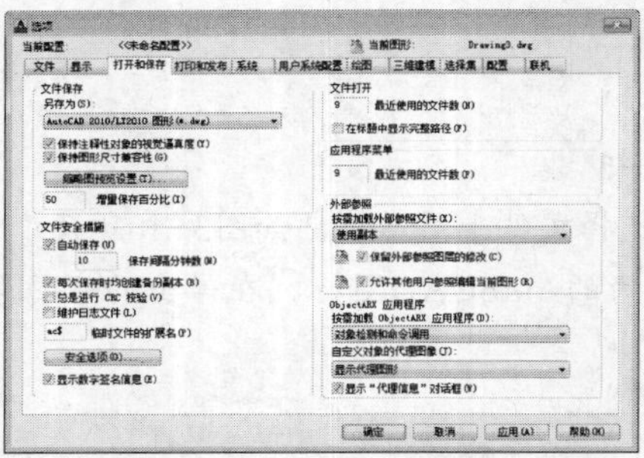

图3-22 【选项】对话框

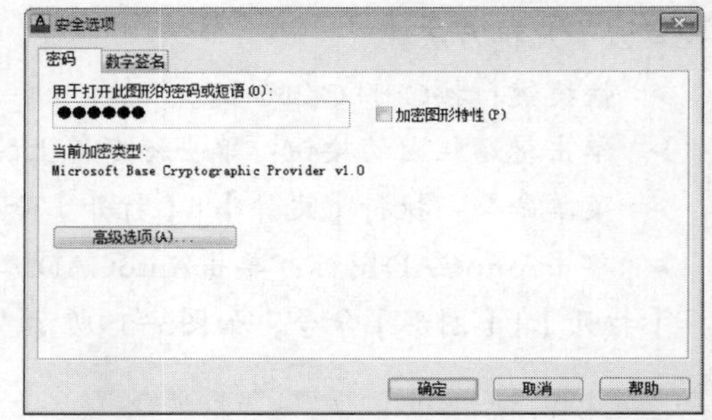

图3-23 设置密码

03 单击【确定】按钮，弹出【确认密码】对话框，再次输入图形密码，如图3-24所示。

04 单击【确定】按钮关闭对话框，完成图形的密码加密。

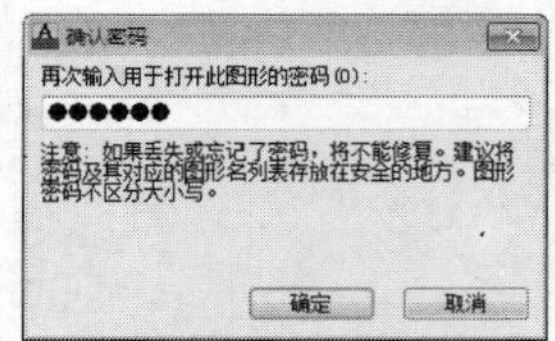

图3-24 【确认密码】对话框

3.3.6 关闭图形文件

调用【关闭】命令，可以关闭当前的图形文件。调用【关闭】命令主要有以下几种方法。

➢ 快捷键：在命令行中输入“QUIT”命令并按回车键。

➢ 单击标题栏上的按钮：单击标题栏右侧的【关闭】按钮☒，系统弹出【AutoCAD】信息对话框，如图3-25所示，单击【是】按钮，文件将被保存并关闭。

- 菜单命令：执行【文件】|【关闭】命令。
- 单击AutoCAD图标：单击AutoCAD工作界面左上角的AutoCAD图标，在弹出的下拉菜单中选择【关闭】命令，根据实际需要选择需要关闭的图形文件，如图3-26所示。

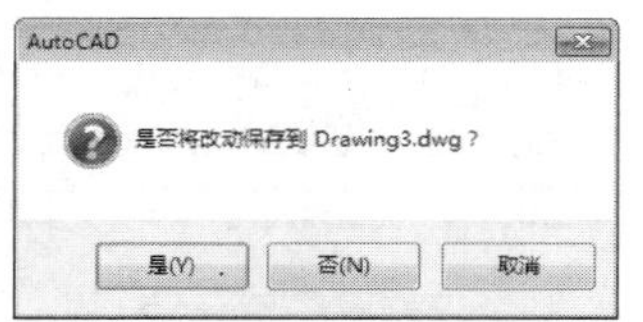

图3-25 【AutoCAD】对话框

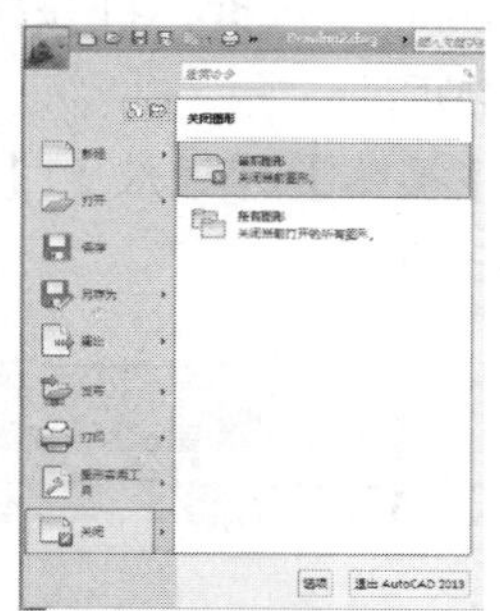

图3-26 AutoCAD图标

3.4 控制图形的显示

在使用AutoCAD绘图过程中，经常需要对视图进行平移、缩放、重生成等操作，以便观察视图并确保绘图的准确性。

执行【视图缩放】命令主要有以下几种方法。

- 菜单栏：选择【视图】|【缩放】子菜单下的各命令，如图3-27所示。
- 工具栏：单击图3-28所示的【缩放】工具栏中的各工具按钮。
- 命令行：在命令行输入“ZOOM/Z”命令。

图3-27 【缩放】子菜单

图3-28 【缩放】工具栏

执行ZOOM【缩放】命令后，命令行提示如下：

```
命令： zoom
指定窗口的角点，输入比例因子 (nX 或 nXP)，或者
[全部(A)/中心(C)/动态(D)/范围(E)/上一个(P)/比例(S)/窗口(W)/对象(O)] <实时>:
```

命令行中各选项及【缩放】工具栏中各按钮的含义如下。

3.4.1 显示全图

显示全图可以使用【全部缩放】命令，执行【视图】|【缩放】|【全部缩放】命令，可以最大

化显示整个模型空间的所有图形对象（包括绘图界限范围内和范围外的所有对象）和视觉辅助工具（例如栅格）。

【课堂举例3-2】显示全图操作

01 按Ctrl+O组合键，打开配套光盘提供的“第3章\3.3.1 显示全图.dwg” 文件，结果如图3-29所示。

02 执行【视图】|【缩放】|【全部缩放】命令，即可对图形进行全部显示的操作，操作结果如图3-30所示。

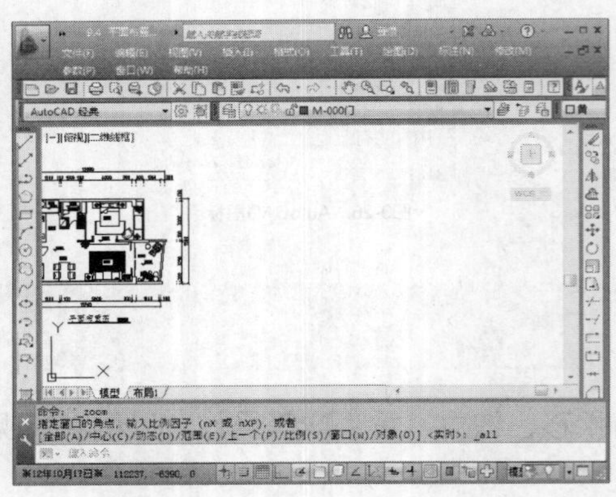
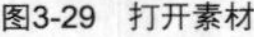

图3-29 打开素材

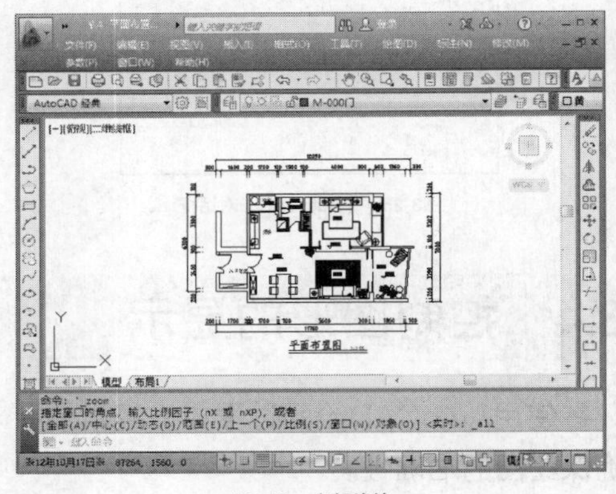

图3-30 全部缩放

提示：在【绘图区】快速双击鼠标滚轮也可完成视图【全部缩放】操作。

3.4.2 中心缩放

【中心缩放】需要首先在【绘图区】内指定一个点，然后，设定整个图形的缩放比例，而这个点在缩放之后将成为新视图的中心点。执行【视图】|【缩放】|【中心缩放】命令，命令行提示如下：

```
指定中心点:                        //指定一点作为新视图的显示中心点
输入比例或高度 <当前值>:             //输入比例或高度
```

“当前值”为当前视图的纵向高度。若输入的高度值比当前值小，则视图将放大；若输入的高度值比当前值大，则视图将缩小。其缩放系数等于“当前窗口高度/输入高度”的比值，也可以直接输入缩放系数，或后跟字母X/XP，含义同【比例缩放】选项。

3.4.3 窗口缩放

【窗口缩放】方式以矩形窗口指定的区域来缩放视图，需要移动鼠标光标在【绘图区】指定两个角点以确定一个矩形窗口，该窗口区域的图形将放大到整个视图范围。

【课堂举例3-3】窗口缩放操作

01 按Ctrl+O组合键，打开配套光盘提供的“第3章\ 3.3.3 窗口缩放.dwg”文件，结果如图3-31所示。

02 执行【视图】|【缩放】|【窗口缩放】命令，以【窗口缩放】的方式对图形进行的操作，结果如图3-32所示。

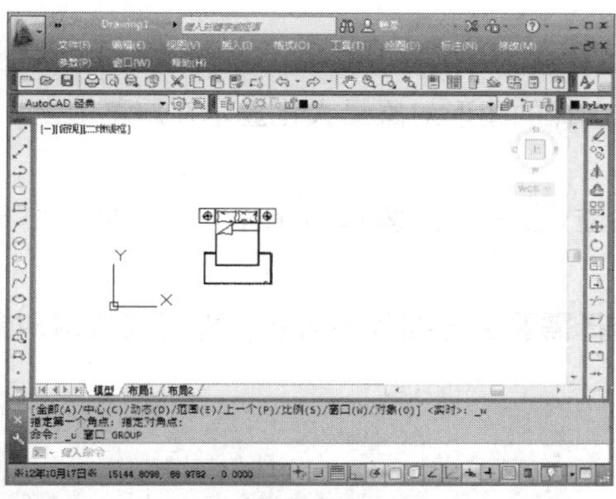

图3-31 打开素材

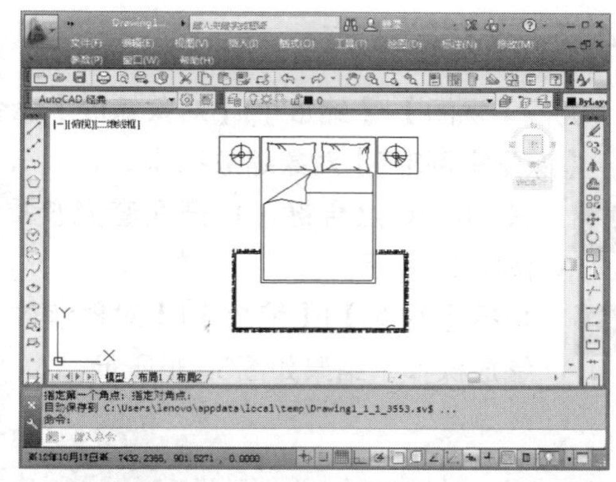

图3-32 窗口缩放

3.4.4 范围缩放

执行【视图】|【缩放】|【范围缩放】命令能使所有图形对象（不包含栅格等视觉辅助工具）最大化显示，充满整个视口。

3.4.5 返回前视图

执行【视图】|【缩放】|【上一个】命令，可以将视图状态恢复到前一个视图显示的图形状态，最多可恢复此前的10个视图。

3.4.6 比例缩放

执行【视图】|【缩放】|【比例缩放】命令，可以根据输入的值对视图进行比例缩放，共有以下3种输入方法。

- 直接输入数值，表示相对于图形界限进行缩放。
- 在数值后加X，表示相对于当前视图进行缩放。
- 在数值后加XP，表示相对于图纸空间单位进行缩放。

【课堂举例3-4】比例缩放操作

01 按Ctrl+O组合键，打开配套光盘提供的“第3章\ 3.3.6 比例缩放.dwg”文件，结果如图3-33所示。

02 执行【视图】|【缩放】|【比例缩放】命令，根据命令行的提示输入比例值为“2X”，即将当前视图放大2倍，结果如图3-34所示。

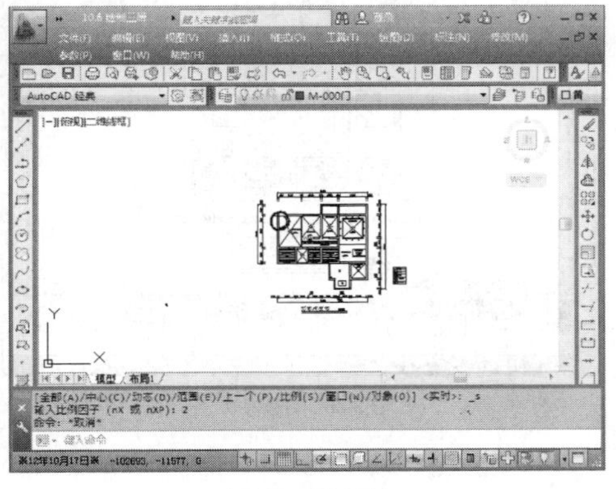

图3-33 打开素材

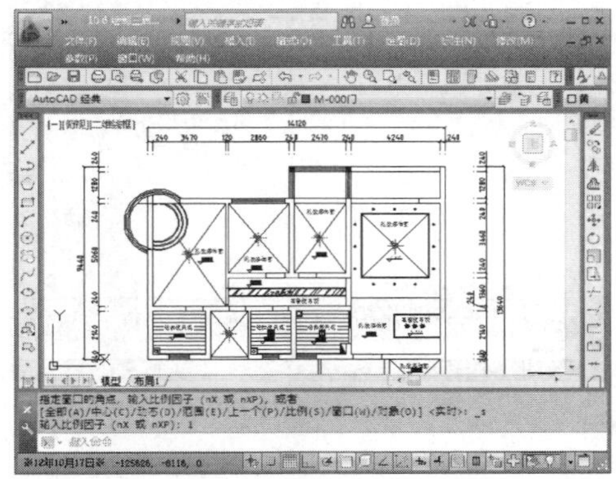

图3-34 比例缩放

3.4.7 对象缩放

执行【视图】|【缩放】|【对象缩放】命令，可以使选择的图形对象最大化显示在屏幕上。

【课堂举例3-5】对象缩放操作

01 按Ctrl+O组合键，打开配套光盘提供的“第3章\ 3.3.7 对象缩放.dwg” 文件，结果如图3-35所示。

02 执行【视图】|【缩放】|【对象缩放】命令，选择需要进行缩放的对象，即可完成对对象的缩放操作，结果如图3-36所示。

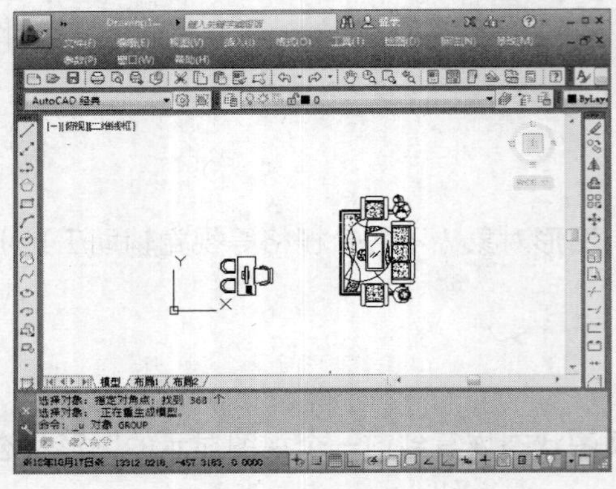

图3-35 打开素材

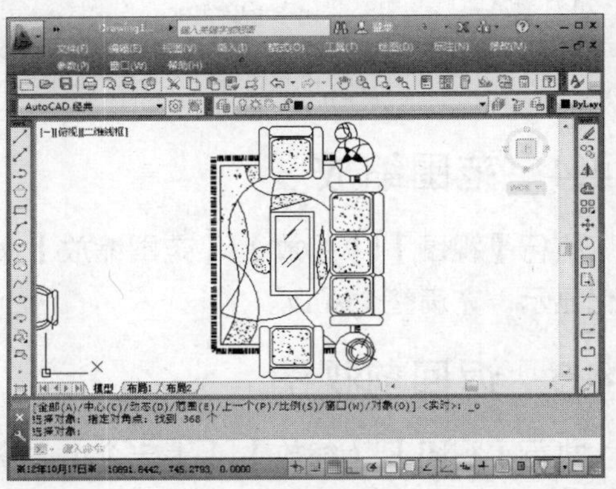

图3-36 对象缩放

3.4.8 动态缩放

执行【视图】|【缩放】|【动态缩放】命令时，绘图区将显示几个不同颜色的方框，拖动鼠标光标，将当前【视区框】移到所需位置，然后，单击鼠标左键调整方框大小，确定大小后按回车键即可将当前【视区框】内的图形最大化显示。

【课堂举例3-6】动态缩放操作

01 按Ctrl+O组合键，打开配套光盘提供的“第3章\ 3.3.8 动态缩放.dwg” 文件，结果如图3-37所示。

02 执行【视图】|【缩放】|【动态缩放】命令，根据命令行的提示移动【视区框】的位置，调整方框大小，按回车键即可将框内的图形进行最大化操作，操作结果如图3-38所示。

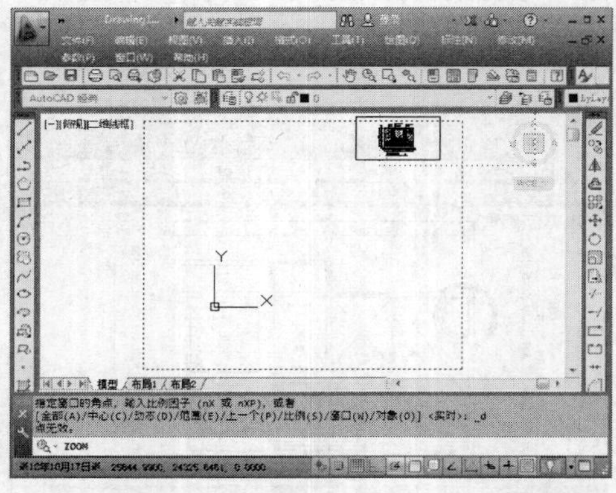

图3-37 打开素材

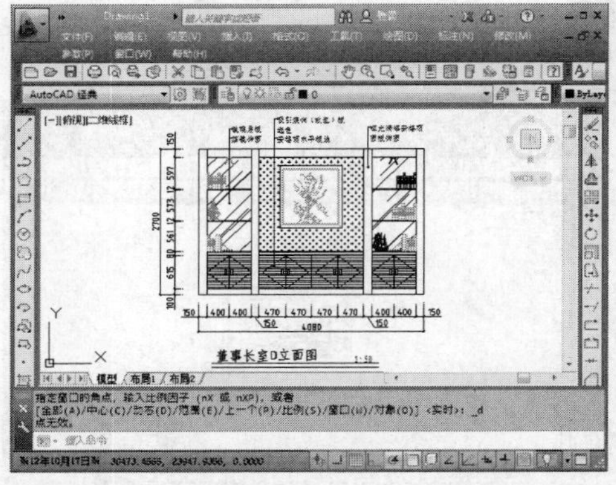

图3-38 动态缩放

3.4.9 实时缩放

执行【视图】|【缩放】|【实时缩放】命令时，在屏幕上会出现一个🔍+形状的光标，按住鼠标左键不放，向上或向下移动，则可实现图形的放大或缩小。

提示：执行ZOOM命令后，直接按回车键即可使用该选项。或者，在绘图区向前或向后滚动鼠标滚轮即可直接实现“实时缩放”功能。

3.4.10 图形平移

【视图平移】不改变视图图形的显示大小，只改变视图内显示的图形区域，以便观察图形的组成部分。

【课堂举例3-7】 图形平移操作

01 按Ctrl+O组合键，打开配套光盘提供的“第3章\ 3.3.10 图形平移.dwg”文件，结果如图3-39所示。

02 调用P【平移】命令，当鼠标光标变成手掌形状图标时，按住鼠标左键不放，即可将图形进行左右上下方向的平移，结果如图3-40所示。

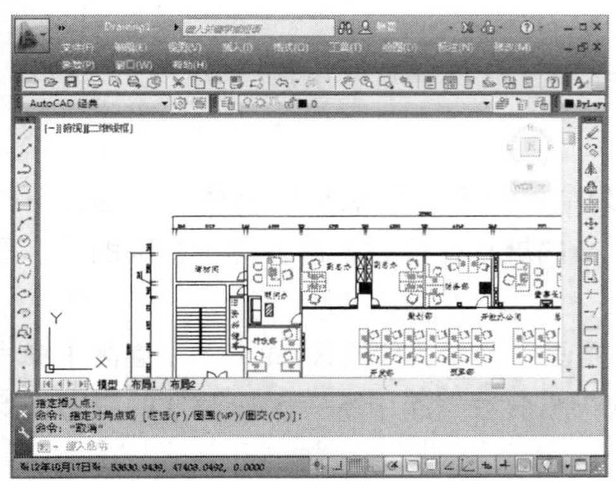

图3-39 平移前

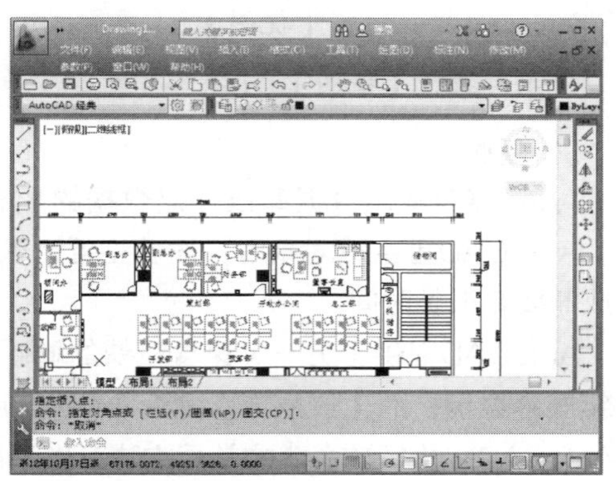

图3-40 平移后

执行平移命令的方法有以下几种。

➢ 命令行：在命令行中输入“PAN/P”并按【回车】键执行。

➢ 工具栏：在标准工具栏选项卡上选择【平移】工具，如图3-41所示。

➢ 菜单栏：执行【视图】|【平移】菜单命令，在弹出的子菜单中选择相应的命令，如图3-42所示。

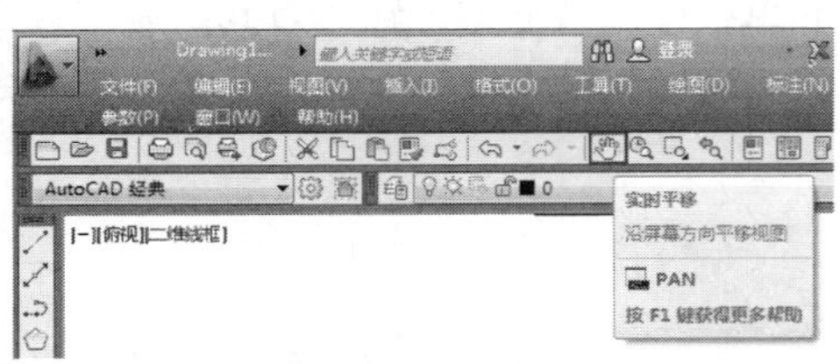

图3-41 工具栏上的平移工具

图3-42 菜单栏平移命令

提示：按住鼠标滚轮拖动，可以快速进行视图平移。而利用菜单栏执行【平移】命令时，可以看到有【实时平移】和【定点平移】两种，其区别如下：实时平移时，光标形状变为手形状，按住鼠标左键并拖动可以使图形的显示位置随鼠标向同一方向移动；定点平移时，需要分别指定平移的起始点和目标点。

3.4.11 重新生成与重画图形

在AutoCAD中，某些操作完成后，操作效果往往不会立即显示出来，或者，在屏幕上留下绘图的痕迹与标记。此时，需要通过视图刷新对当前图形进行重新生成，以观察最新的编辑效果。

视图刷新的命令主要有两个：【重生成】命令和【重画】命令。这两个命令都是AutoCAD自动完成的，不需要输入任何参数，也没有预备选项。

1. 重生成

【重生成】命令将重新计算当前视区中所有对象的屏幕坐标，并重新生成整个图形。它还将重新建立图形数据库索引，从而优化显示和强化对象选择的性能。在AutoCAD中执行该命令的常用方法有以下两种。

- 命令行：在命令行输入“RE”并按回车键执行。
- 菜单栏：执行【视图】|【重生成】菜单命令。

提示：执行【视图】|【全部重生成】命令，可以重生成视图内的所有图形。

2. 重画

AutoCAD常用数据库以浮点数据的形式储存图形对象的信息，浮点格式精度高，但计算时间长。AutoCAD重生成对象时，需要把浮点数值转换为适当的屏幕坐标。因此，对于复杂图形，重新生成需要花很长时间。

AutoCAD提供了另一个速度较快的刷新命令——【重画】命令（REDRAW）。【重画】命令只刷新屏幕显示；而【重生成】命令不仅刷新显示，还更新图形数据库中所有图形对象的屏幕坐标。在AutoCAD中执行该命令的常用方法有以下两种。

- 命令行：在命令行输入“REDRAW/R”并按回车键。
- 菜单栏：执行【视图】|【重画】菜单命令。

在进行复杂的图形处理时，应该充分考虑到【重画】和【重生成】命令的不同工作机制，并应合理使用。【重画】命令耗时比较短，可以经常使用其刷新屏幕。每隔一段较长的时间，或【重画】命令无效时，可以使用一次【重生成】命令，更新后台数据库。

3.5 AutoCAD命令的调用方法

AutoCAD调用命令的方式非常灵活，主要采用键盘和鼠标相结合的命令输入方式，通过键盘输入命令和参数，通过鼠标执行工具栏中的命令、选择对象、捕捉关键点及拾取点等。其中，命令行输入是普通Windows应用程序所不具备的。

3.5.1 使用鼠标操作

在AutoCAD中，通过鼠标左、中、右三个按键单独或是配合键盘按键使用还可以执行一些常用的命令，具体鼠标按键与其对应的功能如表3-1所示。

表3-1　　　　　　　　　　　　　　　　鼠标按键功能列表

鼠　标　键	操作方法	功　　能
左键	单击	拾取键
	双击	进入对象特性，修改对话框
右键	在绘图区右键单击	快捷菜单或者【Enter】键功能
	【Shift】+右键单击	对象捕捉快捷菜单
	在工具栏中右键单击	快捷菜单
中间滚轮	滚动轮子向前或向后	实时缩放
	按住轮子不放和拖曳	实时平移
	【Shift】+按住轮子不放和拖曳	垂直或水平的实时平移
	【Shift】+按住轮子不放和拖曳	随意式实时平移
	双击	缩放成实际范围

合理的选择执行命令的方式可以提高工作效率。对于AutoCAD初学者而言，通过使用【功能区】全面而形象的工具按钮，能较快速地熟悉相关命令的使用；而对于AutoCAD的熟练用户，通过键盘在命令行输入命令，则能大幅提高工作效率。因此，本书的附录中罗列了AutoCAD的常用命令以及相关快捷命令供大家参考。

3.5.2　使用键盘输入

无论在哪个工作空间，通过在命令行内输入对应的命令字符或是快捷命令，均可执行相应命令。

如在命令行中输入“REC/RECTANG”命令并按回车键执行，即可在绘图区中分别指定矩形的两个对角点，进行矩形的绘制，如图3-43所示。

提示： AutoCAD 2013沿袭了AutoCAD 2012的命令行自动完成命令功能，在命令行输入命令时，系统会自动显示相关的命令列表，并自动完成输入，大大降低了用户调用命令的难度。

3.5.3　使用菜单栏

在【AutoCAD经典】工作空间中还可以通过菜单栏调用命令，如要进行矩形的绘制，可以执行【绘图】|【矩形】命令，即可在绘图区根据提示进行矩形绘制，如图3-44所示。

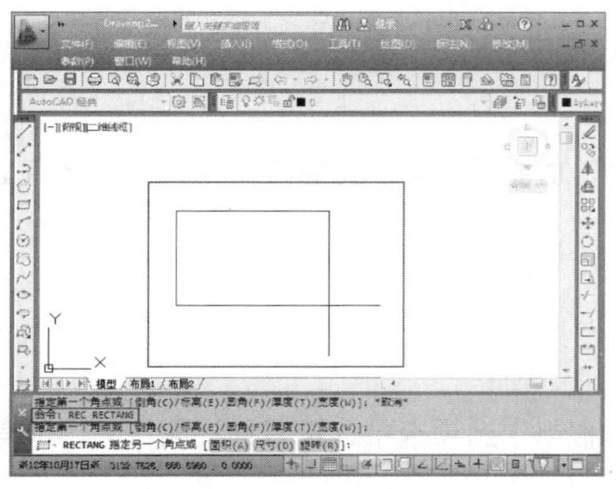

图3-43　使用键盘输入命令

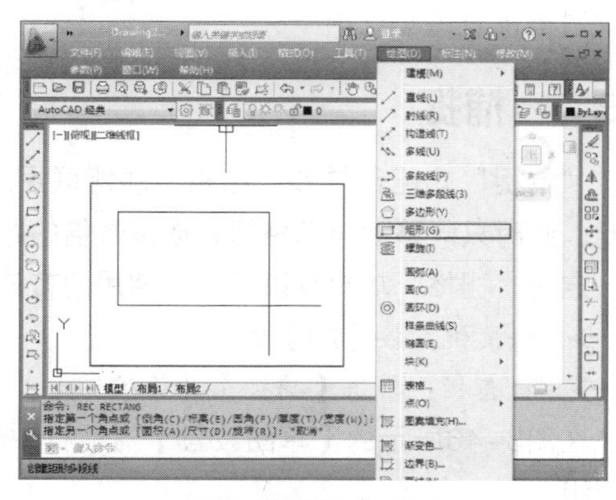

图3-44　使用菜单栏执行命令

3.5.4 使用工具栏

【AutoCAD经典】工作空间以工具栏的形式显示常用的工具按钮，单击【工具栏】上的工具按钮即可执行相关的命令，如图3-45所示。

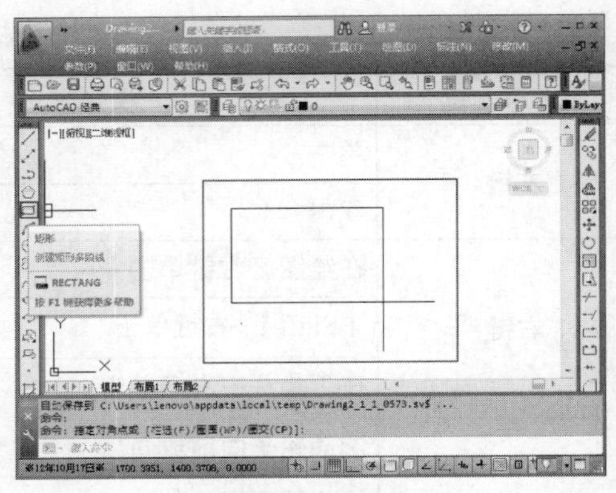

图3-45 使用工具栏执行命令

3.6 精确绘制图形

在AutoCAD 2013中，可以绘制出十分精准的图形，这主要得益于其各种辅助绘图工具，如正交、捕捉、对象捕捉、对象捕捉追踪等绘制工具。同时，灵活使用这些辅助绘图工具，能够大幅提高绘图的工作效率。

3.6.1 栅格

“栅格”如同传统纸面制图中使用的坐标纸，按照相等的间距在屏幕上设置了栅格，使用者可以通过栅格数目来确定距离，从而达到精确绘图目的。但要注意的是，屏幕中显示的栅格不是图形的一部分，打印时不会被输出。

启用“栅格”功能有以下两种方法。

➢ 快捷键：按【F7】键。

➢ 状态栏：单击【栅格】开关按钮。

栅格不但可以进行显示或隐藏，栅格的大小与间距也可以进行自定义设置，在命令行中输入“DS”并按回车键，打开【草图设置】对话框，在【栅格间距】参数组中可以自定义栅格间距，如图3-46所示。

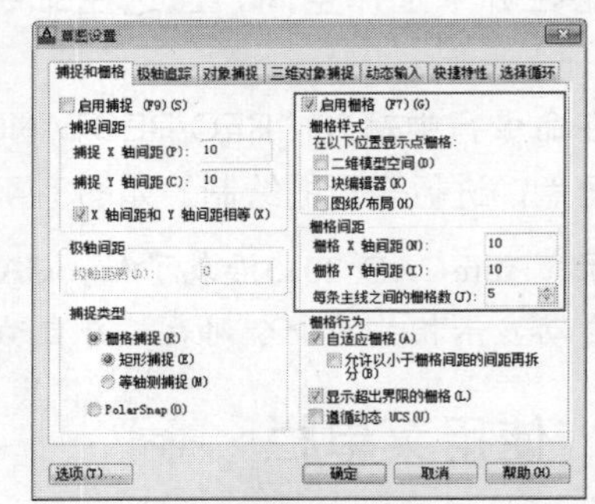

图3-46 设置栅格大小

提示： 在命令行输入“GRID”命令并按回车键，然后，根据命令行提示也可以设置栅格的间距和控制栅格的显示。

3.6.2 捕捉

“捕捉”功能经常和“栅格”功能联用。当“捕捉”功能打开时，光标只能停留在栅格点上，因此，此时只能移动与栅格间距成整数倍的距离。

启用“栅格”功能有以下两种常用的方法。

➢ 快捷键：按【F9】键。

➢ 状态栏：单击【捕捉】开关按钮。

在图3-46所示的【草图设置】对话框中的【捕捉和栅格】选项卡中，设置捕捉属性的选项有以下两组。

➢ 【捕捉间距】参数组：可以设定X方向和Y方向的捕捉间距，通常该数值设置为10。

➢ 【捕捉类型】参数组：可以选择【栅格捕捉】和【PolarSnap（极轴捕捉）】两种类型。选择前者时，光标只能停留在栅格点上。【栅格捕捉】又有【矩形捕捉】和【等轴测捕捉】两种样式。两种样式的区别在于栅格的排列方式不同。【等轴测捕捉】用于绘制轴测图。

提示：执行【工具】|【绘图设置】命令，也可打开【草图设置】对话框。

3.6.3 正交

“正交”功能可以绘制多条垂直或水平线段。打开“正交”功能，将光标限制在水平或垂直轴上，这样，就可以进行快速、准确地绘制，如图3-47所示。

启用“正交”功能有以下两种方法。

➢ 快捷键：按【F8】键。

➢ 状态栏：单击【正交】切换功能按钮。

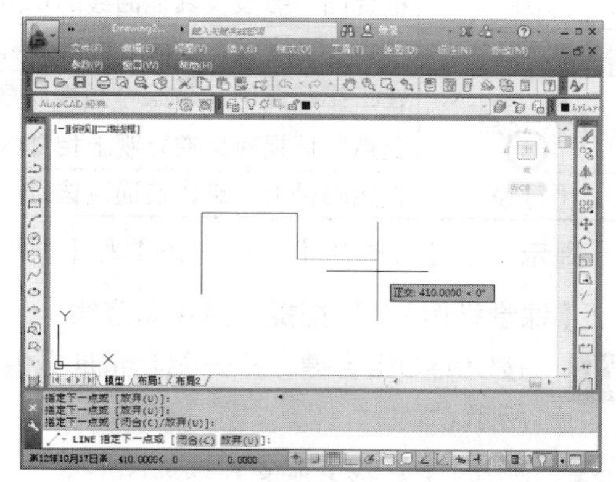

图3-47 使用正交功能绘制线段

3.6.4 对象捕捉

在绘制图形时，经常需要定位当前编辑图形的某些特征点，例如，端点、中点等，在AutoCAD 2013中开启“对象捕捉”功能，可以精确定位到图形的这些特征点，从而为精确绘图提供了方便。

启用“对象捕捉”功能有以下几种方法。

➢ 快捷键：按【F3】键。

➢ 状态栏：单击【对象捕捉】开关按钮。

➢ 命令行：如图3-48所示。在命令行中输入“DS”并按回车键，打开【草图设置】对话框，并进入【对象捕捉】选项卡。

该选项卡共列出了13种对象捕捉点和对应的捕捉标记。需要用到哪些对象捕捉点，就选中这些捕捉模式复选框即可。设置完毕后，单击【确定】按钮关闭对话框。

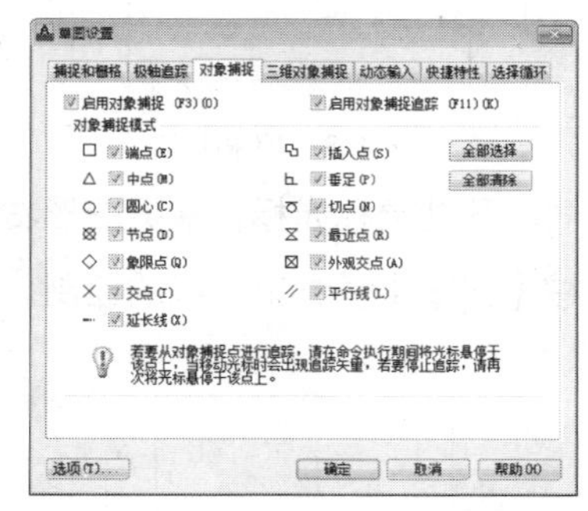

图3-48 “对象捕捉”选项卡

在开启该功能后，还需要根据捕捉的内容，进行相应的设置。以确定当探测到对象特征点时，哪些点捕捉，哪些点可以忽略，最终，准确地捕捉到目标位置。

各个对象捕捉点的含义如表3-2所示。

表3-2 对象捕捉点的含义

对象捕捉点	含 义
端点	捕捉直线或曲线的端点
中点	捕捉直线或弧段的中间点
圆心	捕捉圆、椭圆或弧段的中心点
节点	捕捉用【POINT】命令绘制的点对象

续表

对象捕捉点	含　义
象限点	捕捉位于圆、椭圆或弧段上0°、90°、180°和270°处的点
交点	捕捉两条直线或弧段的交点
延长线	捕捉直线延长线路径上的点
插入点	捕捉图块、标注对象或外部参照的插入点
垂足	捕捉从已知点到已知直线的垂线的垂足
切点	捕捉圆、弧段及其他曲线的切点
最近点	捕捉处在直线、弧段、椭圆或样条线上，而且距离光标最近的特征点
外观交点	在三维视图中，从某个角度观察两个对象可能相交，但实际并不一定相交，可以使用“外观交点”捕捉对象在外观上相交的点
平行线	选定路径上一点，使通过该点的直线与已知直线平行

提示：通过右侧的【全部选择】与【全部清除】按钮可以快速进行所有捕捉点的选择与清除。

【课堂举例3-8】捕捉端点绘制直线

01 按Ctrl+O组合键，打开配套光盘提供的“第3章\ 3.5.4 捕捉端点”素材文件，结果如图3-49所示。

02 调用L【直线】命令，捕捉图形左下角的端点，结果如图3-50所示。

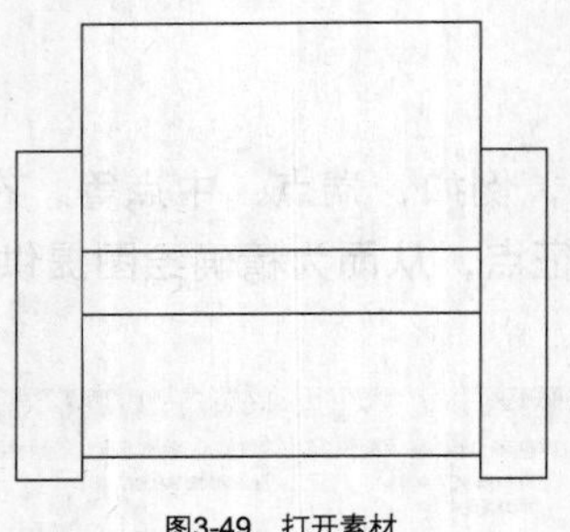

图3-49　打开素材

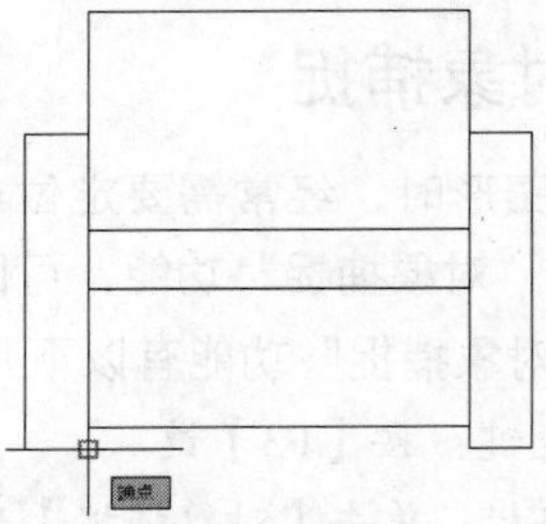

图3-50　捕捉端点

03 向右移动鼠标光标，捕捉图形右下角的端点，结果如图3-51所示。

04 按【回车】键结束直线的绘制，完成沙发立面图形的绘制，结果如图3-52所示。

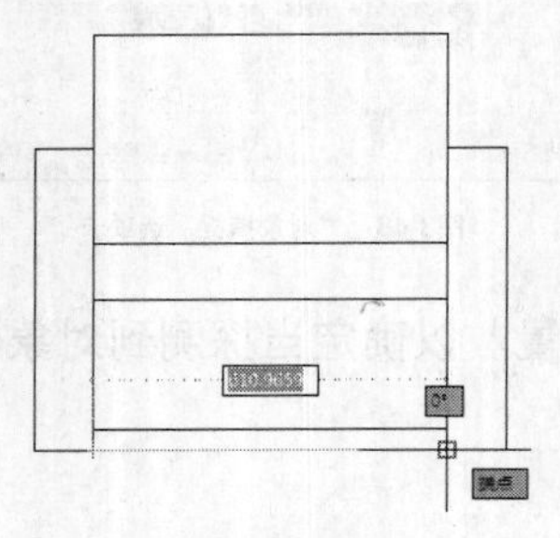

图3-51　捕捉结果

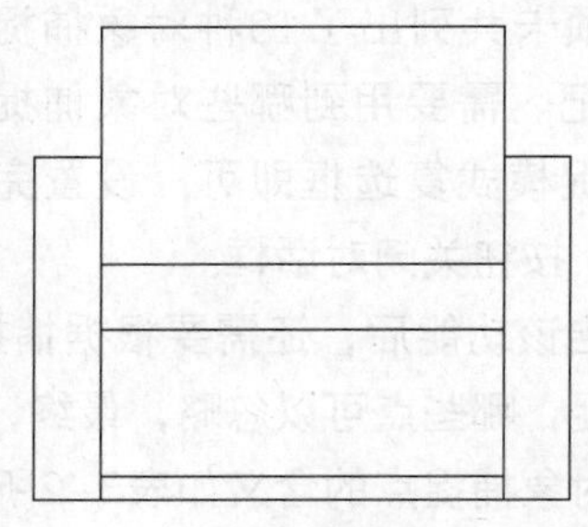

图3-52　绘制结果

【课堂举例3-9】捕捉圆心绘制圆形

01 按Ctrl+O组合键，打开配套光盘提供的“第3章\ 3.5.4 捕捉圆心”素材文件，结果如图3-53所示。

02 调用C【圆形】命令，捕捉大圆的圆心，结果如图3-54所示。

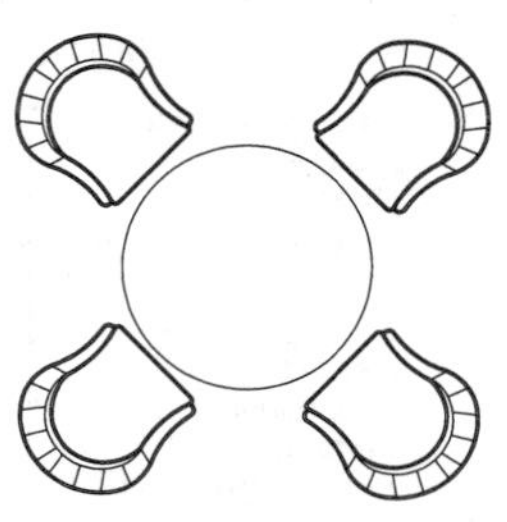

图3-53 打开素材

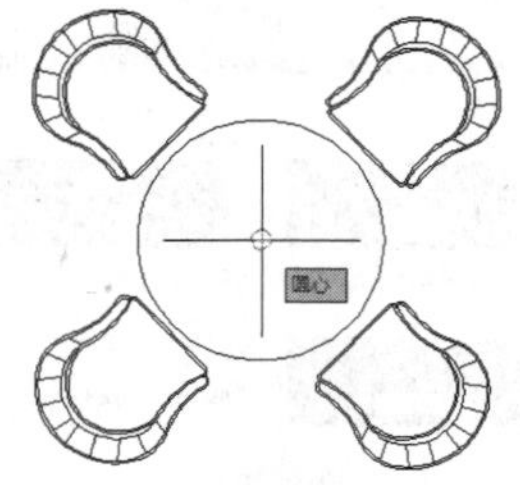

图3-54 捕捉圆心

 输入半径值为“300”，结果如图3-55所示。

04 按【回车】键结束绘制，完成圆桌的平面图形的绘制，结果如图3-56所示。

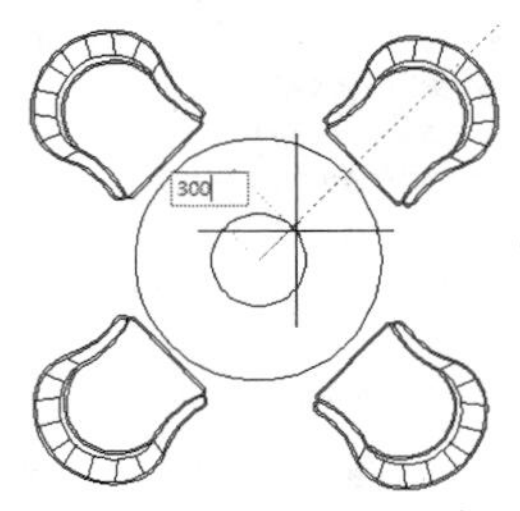

图3-55 输入参数

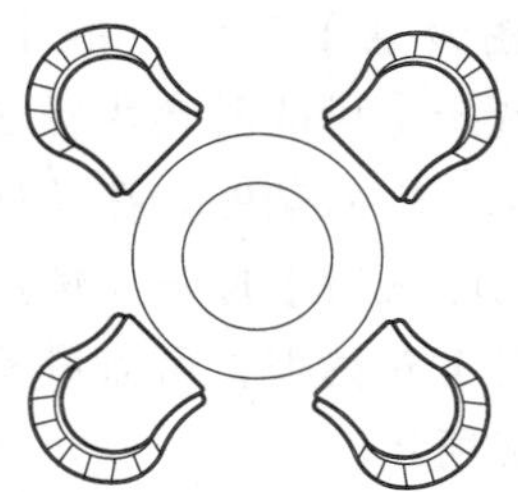

图3-56 绘制结果

3.6.5 自动追踪

“对象捕捉追踪”与“对象捕捉”功能是配合使用的。该功能可以使光标从对象捕捉点开始，沿极轴追踪路径进行追踪，并找到需要的精确位置。追踪路径是指和对象捕捉点水平对齐、垂直对齐，或者按设置的极轴追踪角度对齐的方向。

启用“对象捕捉追踪”功能有以下两种方法。

- 快捷键：按【F11】键。
- 状态栏：单击【对象捕捉追踪】开关按钮。

“对象捕捉追踪”功能开启后，在绘图时，如果捕捉到了某个特征点，当水平、垂直或按照某追踪角度进行光标的移动时，此时，会追踪出一条虚线，是进行特性关系位置的参考定位，如图3-57所示。

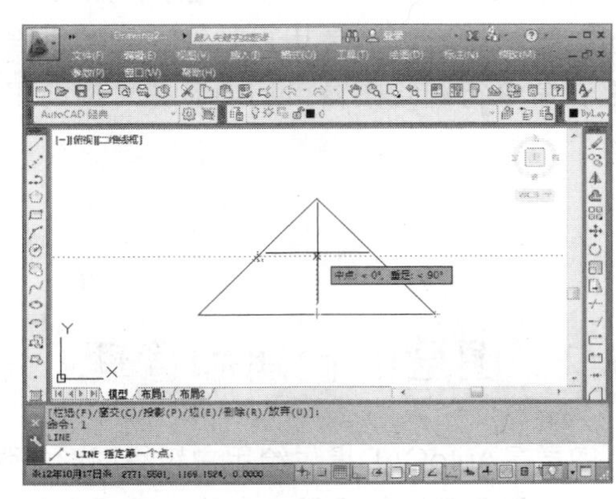

图3-57 自动追踪

3.6.6 动态输入

开启“动态输入”功能后，可以在指针位置显示标注输入和命令提示等信息，从而加快绘图速度。

“动态输入”主要有以下几种方式。

1. 启用指针输入

在命令行中输入“DS”按回车键，打开【草图设置】对话框，进入【动态输入】选项卡，选择【启用指针输入】复选框可以启用该输入功能，如图3-58所示。

可以在“指针输入”选项区域中单击【设置】按钮，在打开的【指针输入设置】对话框中设置指针的格式和可见性，如图3-59所示。

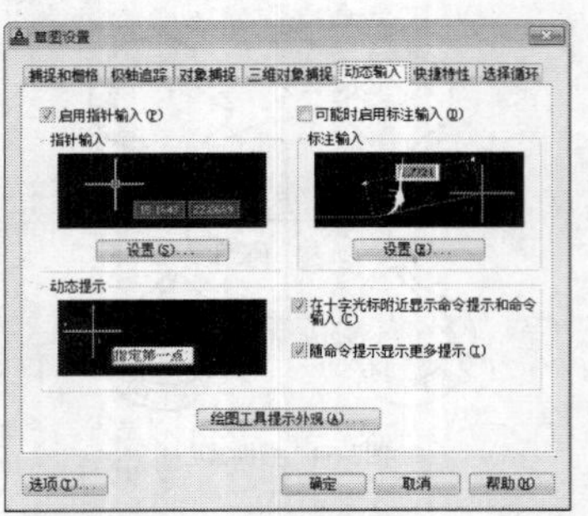

图3-58　指针输入

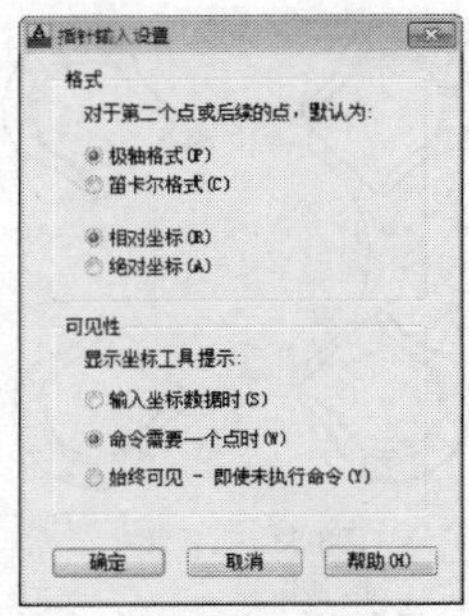

图3-59　【指针输入设置】对话框

2. 启用标注输入

在【草图设置】对话框的【动态输入】选项卡中，选择【可能时启用标注输入】复选框可以启用标注输入功能。在“标注输入”选项区域中单击【设置】按钮，使用打开的【标注输入的设置】对话框，可以设置标注的可见性，如图3-60所示。

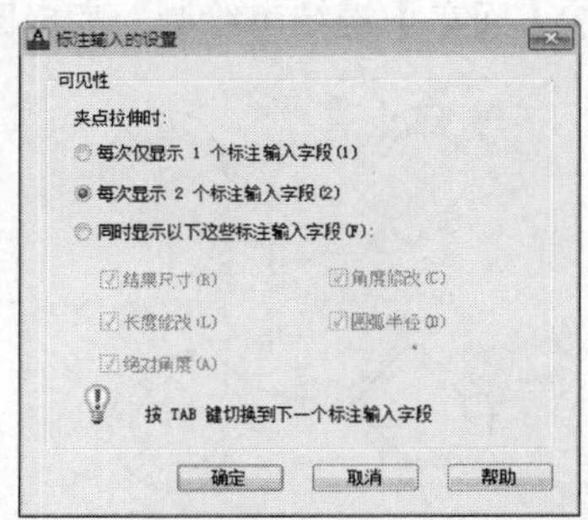

图3-60　【标注输入的设置】对话框

3. 显示动态提示

在【草图设置】对话框的【动态输入】选项卡中，选中“动态提示”选项区域中的【在十字光标附近显示命令提示和命令输入】复选框，可以在光标附近显示命令提示，如图3-61所示，这样，可以避免用户视线在绘图过程中反复在命令行和绘图窗口切换，并可提高工作效率。

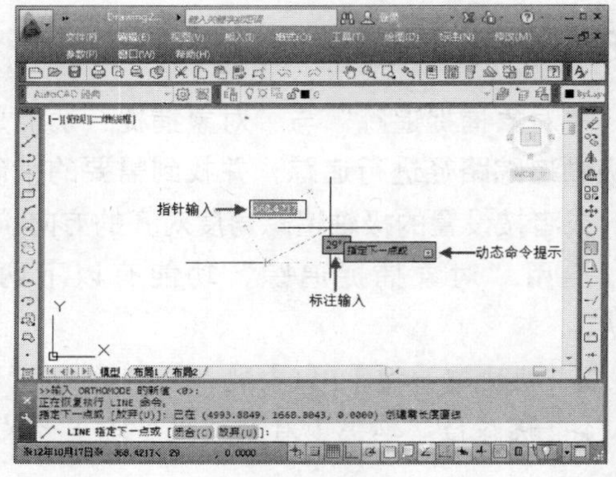

图3-61　动态输入

3.7　图层的创建和管理

图层是AutoCAD提供给用户组织图形的强有力工具。AutoCAD的图形对象必须绘制在某个图层上，它可以是默认的图层，也可以是用户自己创建的图层。利用图层的特性，如颜色、线型、线宽等，可以非常方便地区分不同的对象。此外，AutoCAD还提供了大量的图层管理功能（打开/关闭、冻结/解冻、加锁/解锁等），这些功能使用户在组织图层时非常方便。

3.7.1　创建和删除图层

创建一个新的AutoCAD文档时，AutoCAD默认只存在一个【0】层。在用户新建图层之前，所有的绘图都是在这个【0】层进行的。为了方便管理图形，用户可以根据需要创建自己的图层。

图层的创建在【图层特性管理器】选项板中进行，打开该对话框有以下几种方法。

- 菜单栏：选择【格式】|【图层】命令。
- 工具栏：单击【图层】工具栏中的【图层特性管理器】按钮。

> 命令行：在命令行中输入“LAYER/LA”命令。
> 功能区：在【常用】选项卡中，单击【图层】面板中的【图层特性】按钮。

执行上述操作之后，将打开【图层特性管理器】选项板，如图3-62所示。单击选项板左上角的【新建图层】按钮，即可新建图层。新建的图层默认以【图层1】命名，双击文本框或是选择图层之后单击鼠标右键，在弹出的快捷菜单中选择【重命名】命令，即可重命名图层，如图3-63所示。

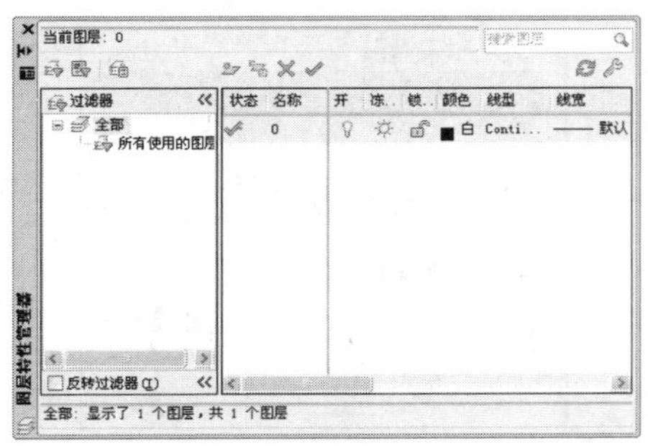
图3-62 【图层特性管理器】选项板

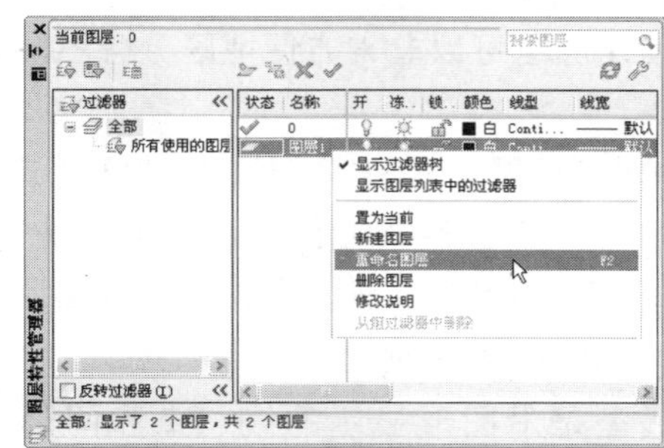
图3-63 重命名图层

及时清理图形中不需要的图层，可以简化图形。在【图层特性管理器】选项板中选择需要删除的图层，然后，单击【删除图层】按钮，即可删除选择的图层。

AutoCAD规定，以下4类图层不能被删除。

> 【0】层和【Defpoints】图层。
> 当前层。要删除当前层，可以先改变当前层到其他图层。
> 插入了外部参照的图层。要删除该层，必须先删除外部参照。
> 包含了可见图形对象的图层。要删除该层，必须先删除该层中的所有图形对象。

3.7.2 设置当前图层

当前层是当前工作状态所处的图层。当设定某一图层为当前层后，接下来所绘制的全部图形对象都将位于该图层中。如果以后需要在其他图层中绘图，就需要更改当前层设置。

在图3-62所示的【图层特性管理器】选项板中，在某图层的【状态】属性上双击，或在选定某图层后，单击上方的【置为当前】按钮，即可设置该层为当前层。在【状态】列上，当前层显示“√”符号。

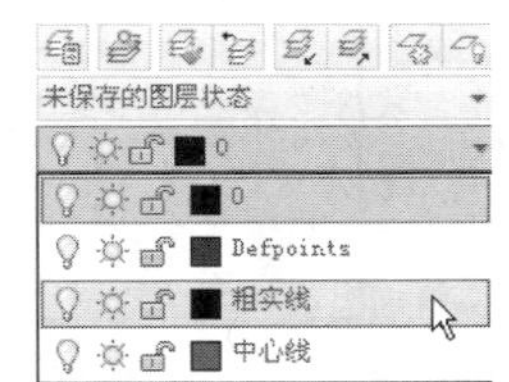
图3-64 【图层】下拉列表框

当前层也会显示在【图层】工具栏或面板中。如图3-64所示，在【图层】下拉列表框中选择某图层，也可以将该图层设为当前层。

3.7.3 切换图形所在图层

在AutoCAD 2013中，还可以十分灵活地进行图层转换，即将某一图层内的图形转换至另一个图层，同时，使其颜色、线型、线宽等特性发生改变。

如果某图形对象需要转换图层，此时，可以先选择该图形对象，然后，单击展开【图层】工具栏或者面板中的【图层】下拉列表框，选择要转换到的目标图层即可，如图3-64所示。

此外，通过【特性】和【快捷特性】选项板也可以转换图形所在图层。选择需要转换图层的图形，打开【快捷特性】或者【特性】选项板，在【图层】下拉列表框中选择目标图层即可，如图3-65所示。

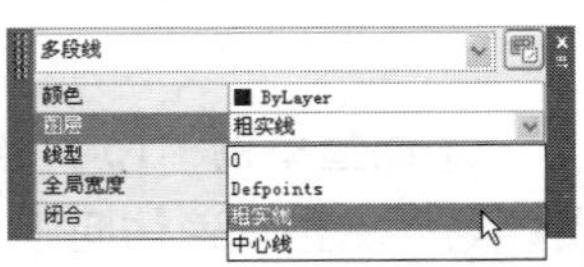
图3-65 选择目标图层

3.7.4 设置图层特性

图层特性是属于该图层的图形对象所共有的外观特性，包括层名、颜色、线型、线宽和打印样式等。设置图层特性时，在【图层特性管理器】选项板中选中某图层，然后，双击需要设置的特性项进行设置。

1. 设置图层颜色

使用颜色可以非常方便地区分各图层上的对象。

单击某图层的【颜色】属性项，打开【选择颜色】对话框，如图3-66所示。根据需要选择一种颜色之后，单击【确定】按钮即可完成颜色选择。

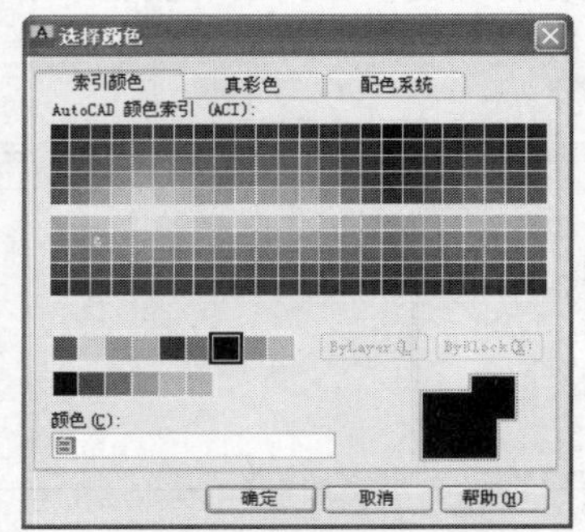

图3-66 【选择颜色】对话框

2. 设置图层线型

线型是沿图形显示的线、点和间隔（窗格）组成的图样。在绘制对象时，将对象设置为不同的线型，可以方便对象间的相互区分，也可使图形易于观看。

单击某图层的【线型】属性项，打开【选择线型】对话框，如图3-67所示。该对话框显示了目前已经加载的线型样式列表，在一个新的AutoCAD文档中仅加载了实线样式。

单击对话框中的【加载】按钮，打开【加载或重载线型】对话框，如图3-68所示。选择所需的线型，单击【确定】按钮，返回【选择线型】对话框，即可看到刚才加载的线型，从中选择所需的线型，单击【确定】按钮，关闭对话框，即可完成图层线型设置。

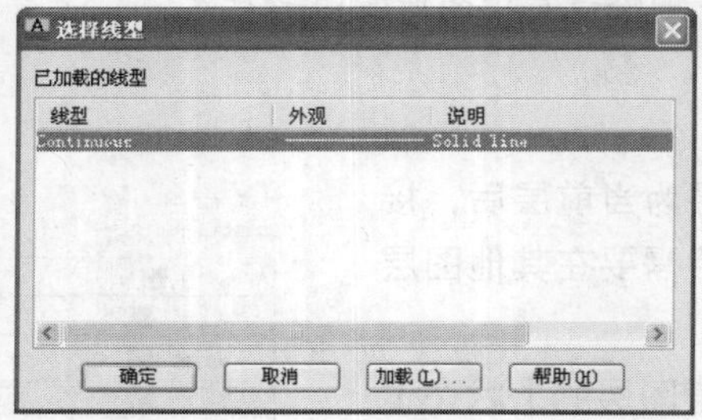

图3-67 【选择线型】对话框

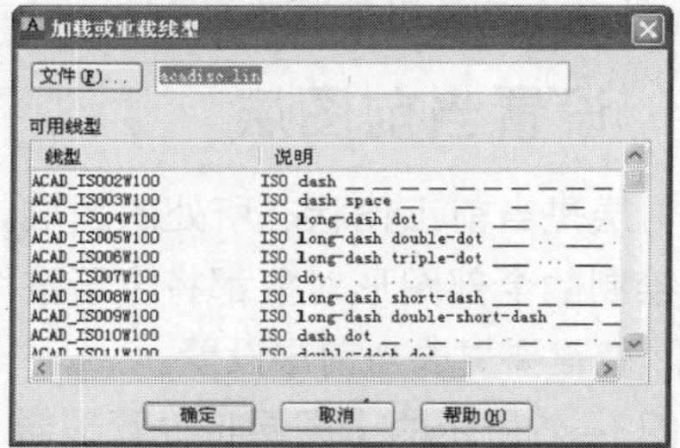

图3-68 【加载或重载线型】对话框

3. 设置图层线宽

单击某图层的【线宽】属性项，打开图3-69所示的【线宽】对话框，选择合适的线宽作为图层的线宽，然后，单击【确定】按钮。

为图层设置了线宽后，如果要在屏幕上显示出线宽，还需要打开线宽显示开关。单击状态栏中的【线宽】按钮+，可以控制线宽是否显示。

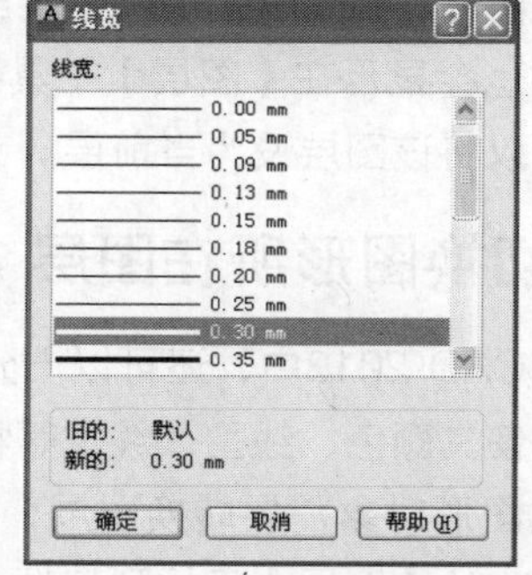

图3-69 【线宽】对话框

【课堂举例3-10】创建【中心线】图层并设置相关特性

01 单击快速访问工具栏中的【新建】按钮，新建空白文件。

02 在【常用】选项卡中，单击【图层】面板中的【图层特性】按钮，打开【图层特性管理器】选项板，如图3-70所示。

03 单击对话框左上角的【新建图层】按钮，新建一个图层，并命名为【中心线】，如图3-71所示。

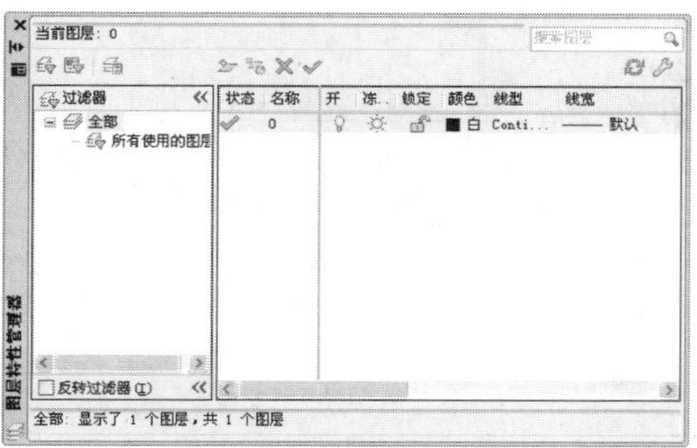

图3-70 【图层特性管理器】选项板

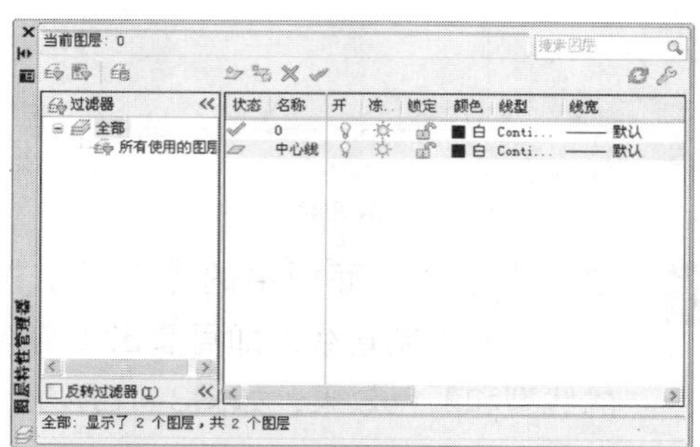

图3-71 新建【中心线】图层

04 单击【中心线】图层的【颜色】属性项，打开【选择颜色】对话框，选择【索引颜色：1】，如图3-72所示。

05 单击【确定】按钮，返回【图层特性管理器】选项板，即可看到刚才设置的图层颜色，如图3-73所示。

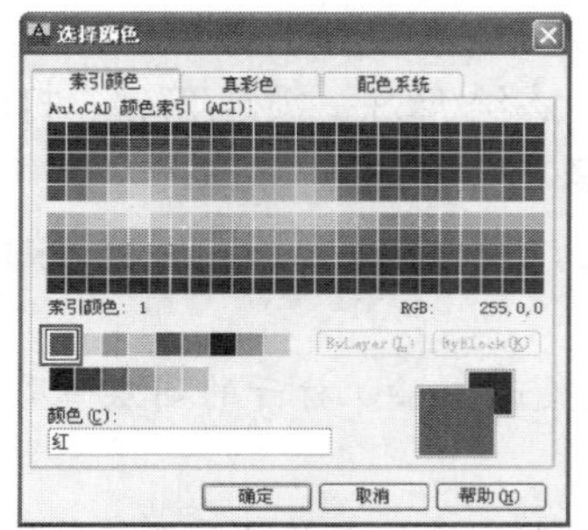

图3-72 【选择颜色】对话框

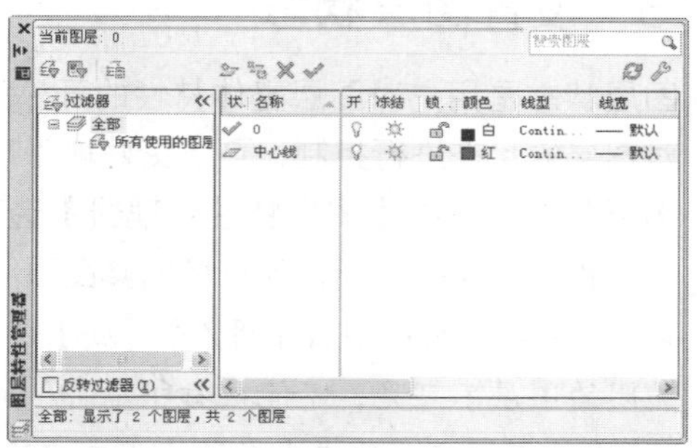

图3-73 设置图层颜色效果

06 单击【中心线】图层的【线型】属性项，打开【选择线型】对话框，单击【加载】按钮，打开【加载或重载线型】对话框，选择其中的【CENTER】线型，如图3-74所示。

07 单击【确定】按钮，返回【选择线型】对话框，在【线型】列表中选择【CENTER】线型，如图3-75所示。

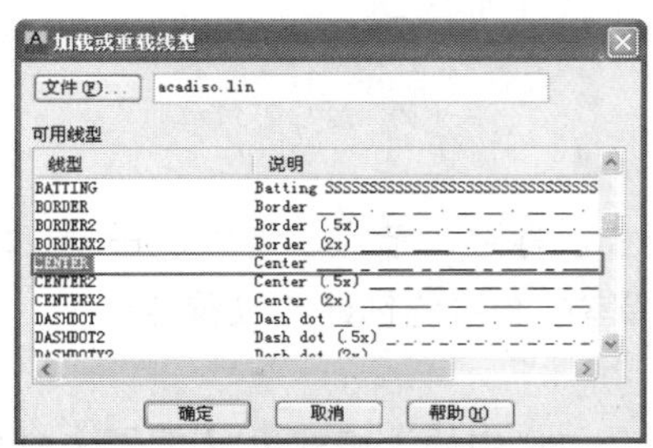

图3-74 【加载或重载线型】对话框

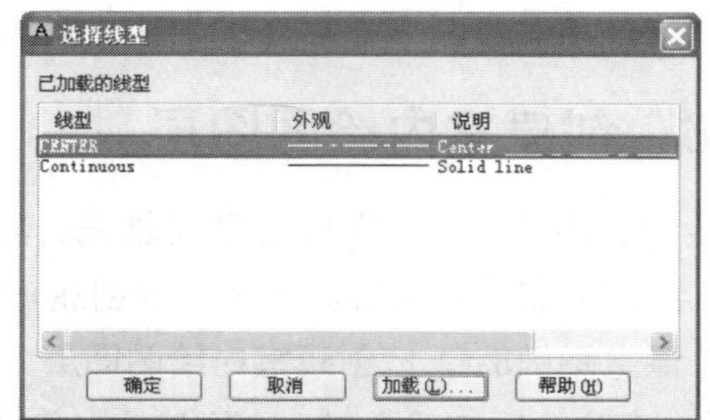

图3-75 【选择线型】对话框

08 单击【确定】按钮，关闭【选择线型】对话框。设置线型后的效果如图3-76所示。

09 双击【中心线】图层的【状态】属性项，将该图层设置为当前图层，如图3-77所示。

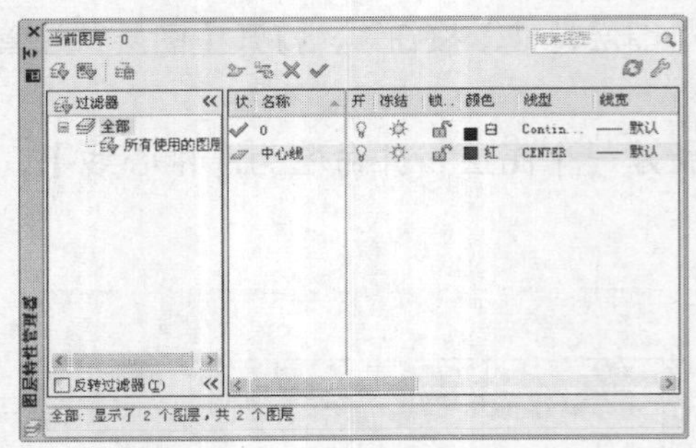

图3-76 设置图层线型效果

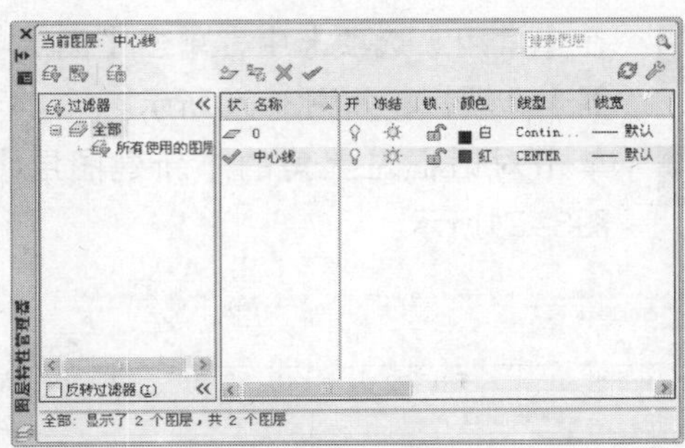

图3-77 将【中心线】图层设置为当前图层

10 单击【绘图】面板中的【直线】按钮，任意绘制直线，即可看出当前图层的线型和颜色效果，如图3-78所示。

图3-78 绘制直线

3.7.5 设置图层状态

图层状态是用户对图层整体特性的开/关设置，包括开/关、冻结/解冻、锁定/解锁、打印/不打印等。对图层的状态进行控制，可以更好地管理图层上的图形对象。

图层状态设置在【图层特性管理器】选项板中进行，首先，选择需要设置图层状态的图层，然后，单击相关的状态图标，即可控制其图层状态。

➢ 打开与关闭：单击【开/关图层】图标，即可打开或关闭图层。打开的图层可见，可被打印；关闭的图层不可见，不能被打印。

➢ 冻结与解冻：单击【在所有视口中冻结/解冻】图标，即可冻结或解冻某图层。冻结长期不需要显示的图层，可以提高系统运行速度，减少图形刷新时间。与关闭图层一样，冻结图层不能被打印。

➢ 锁定与解锁：单击【锁定/解锁图层】图标，即可锁定或解锁某图层。被锁定的图层不能被编辑、选择和删除，但该图层仍然可见，而且，可以在该图层上添加新的图形对象。

➢ 打印与不打印：单击【打印/不打印】图标，即可设置图层是否被打印。指定某图层不被打印，该图层上的图形对象仍然在图形窗口可见。

3.7.6 创建室内绘图图层

绘制室内装潢施工图需要创建轴线、墙体、门、窗、楼梯、标注、节点、电气、吊顶、地面、填充、立面和家具等图层。下面，以创建轴线图层为例，介绍室内图层的创建与设置方法。

【课堂举例3-11】创建室内绘图图层

01 在命令行中输入“LAYER/LA”并按回车键，或选择菜单栏中的【格式】|【图层】命令，打开图3-79所示【图层特性管理器】选项板。

02 单击【新建图层】按钮，创建一个新的图层，在【名称】框中输入新图层名称“ZX_轴线”，如图3-80所示。

提示：为了避免外来图层（如从其他文件中复制的图块或图形）与当前图像中的图层掺杂在一起而产生混乱，每个图层名称前面使用了字母（中文图层名的缩写）与数字的组合，同时，也可以保证新增的图层能够与其相似的图层排列在一起，从而方便查找。

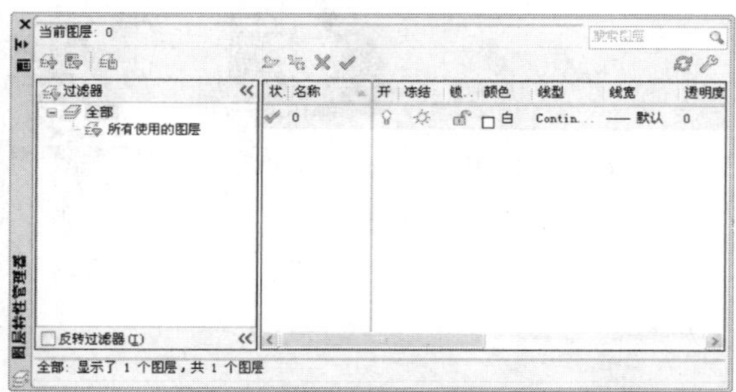

图3-79 【图层特性管理器】选项板

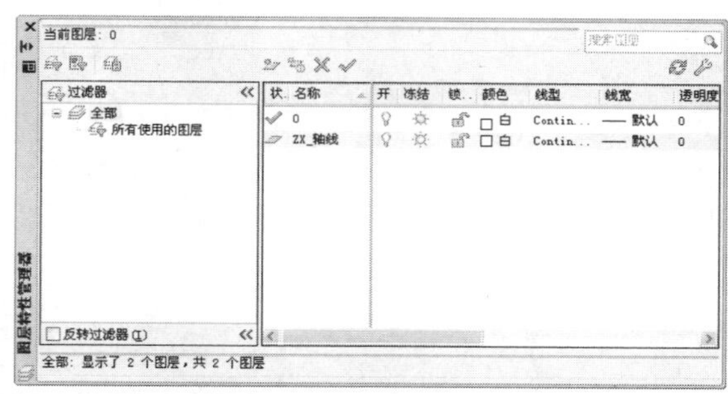

图3-80 创建【ZX_轴线】图层

03 设置图层颜色。为了区分不同图层上的图线，增加图形不同部分的对比性，可以在【图层特性管理器】线型中单击相应图层【颜色】标签下的颜色色块，打开【选择颜色】对话框，如图3-81所示，在该对话框中选择需要的颜色。

04 【ZX_轴线】图层的其他特性保持默认值，图层创建完成。使用相同的方法创建其他图层，创建完成的图层如图3-82所示。

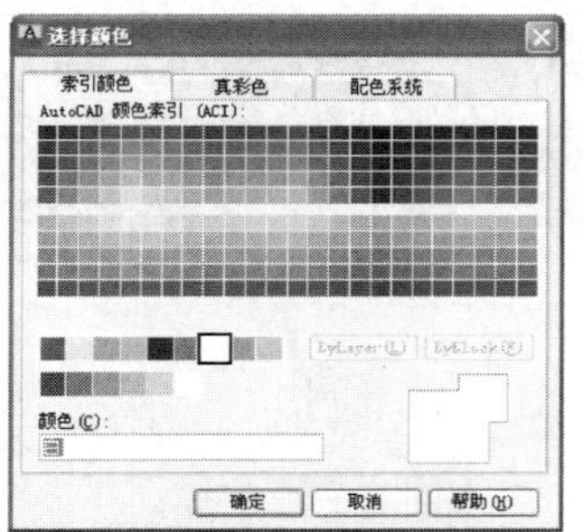

图3-81 【选择颜色】对话框

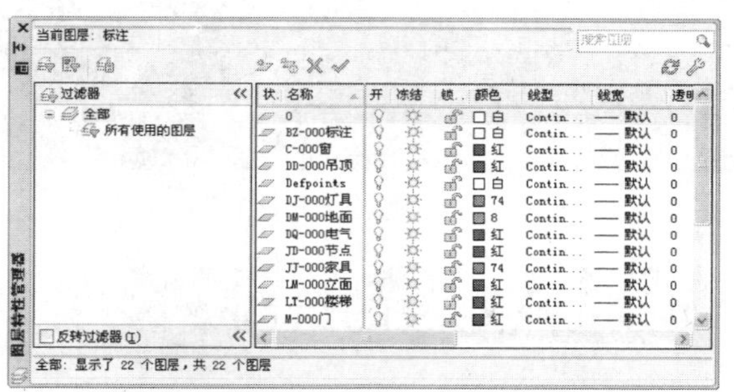

图3-82 创建其他图层

第4章

基本二维图形的绘制

在AutoCAD中，绘制二维平面图形是最为简单的绘图功能，同时也是AutoCAD的绘图基础。

在AutoCAD中，通过对二维图形的创建、编辑，能够得到更为复杂的图形，以符合实际的应用。本章将详细介绍这些基本图形的绘制方法以及技巧。

4.1 点对象的绘制

AutoCAD中的点是组成图形最基本的元素，还可以用来标识图形的某些特殊的部分，例如，绘制直线时需要确定中点，绘制矩形时需要确定两个对角点，绘制圆或圆弧时需要确定圆心等。本节介绍点对象的绘制。

4.1.1 设置点样式

AutoCAD默认下的点是没有长度和大小等属性的，在绘图区上仅仅显示为一个小圆点，如果不对其大小进行设置，几乎很难看见。

在AutoCAD中，可以将点设置为不同的显示样式以及显示大小，以便清楚地知道点的位置，方便绘图，也使单纯的点更加美观和容易辨认。

在AutoCAD中，设置点样式的方式有以下两种。

- 命令行：在命令行中输入“DDPTYPE”命令并按回车键。
- 菜单栏：执行【格式】|【点样式】命令。

执行以上任意一种操作，系统弹出【点样式】对话框，如图4-1所示。设置点的样式以及大小参数，单击【确定】按钮，保存已设置好的点样式，并关闭【点样式】对话框。

返回到绘图区域中，原来的小圆点变成了设置好的点样式效果，如图4-2所示。

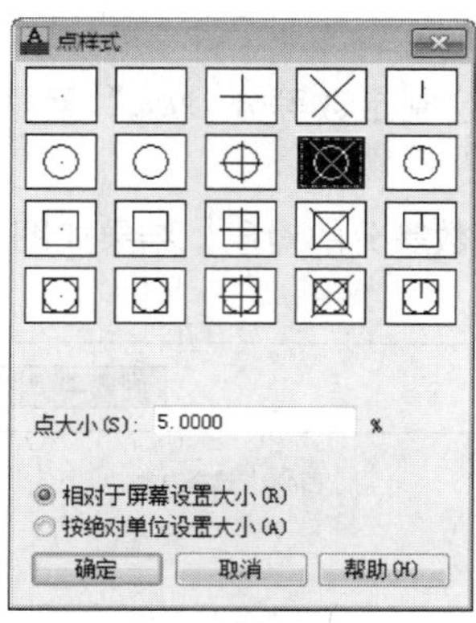

图4-1 【点样式】对话框

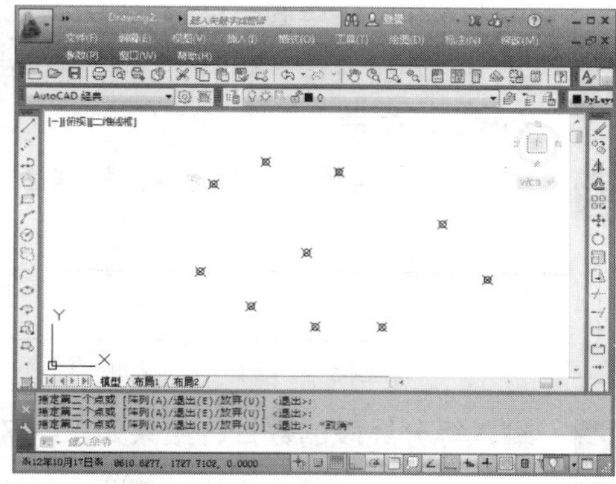

图4-2 点样式效果

4.1.2 绘制单点

【单点】命令可以按照用户的需求确定点的位置及数量以完成绘制。

在AutoCAD中，绘制单点的方式有以下两种。

➢ 命令行：在命令行中输入“POINT/PO”并按回车键。

➢ 菜单栏：执行【绘图】|【点】|【单点】命令。

执行上述任一种操作，调用【单点】命令后，在绘图区中单击，即可创建单点，结果如图4-3所示。

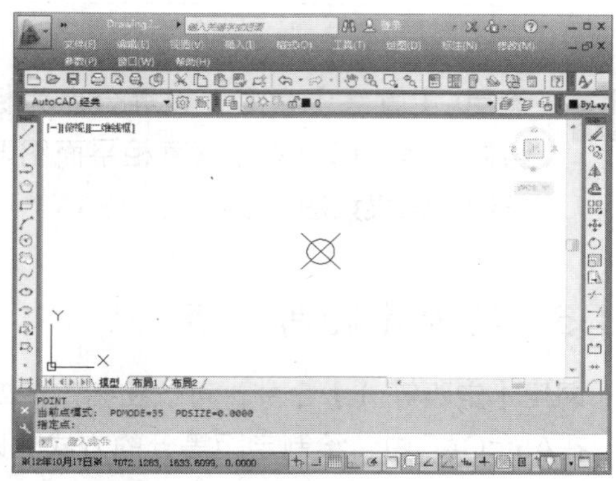

图4-3 绘制单点

4.1.3 绘制多点

调用【多点】命令后，可以在绘图区依次指定多个点，直至按【Esc】键结束多点输入状态为止。

在AutoCAD中，绘制多点的方式有一种。

➢ 菜单栏：执行【绘图】|【点】|【多点】命令。

调用【多点】命令后，在绘图区中连续单击，即可创建多点，按【Esc】键结束命令，绘制结果如图4-4所示。

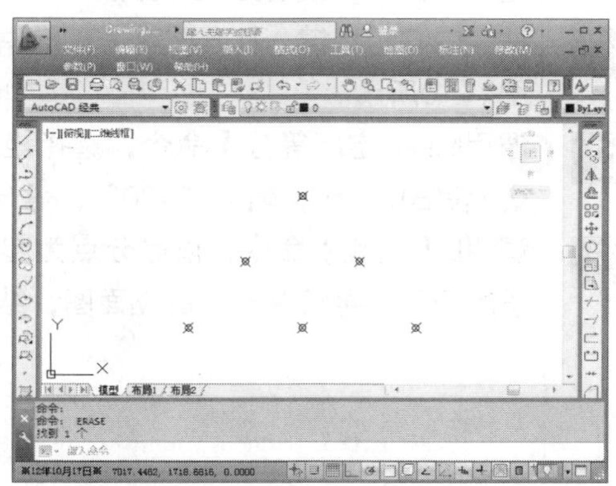

图4-4 绘制多点

4.1.4 绘制定数等分点

调用【定数等分】命令，可以在指定的图形对象上按照确定的数量进行等分。

在AutoCAD中，绘制定数等分的方式有以下两种。

➢ 命令行：在命令行中输入“DIVIDE/DIV”并按回车键。

➢ 菜单栏：执行【绘图】|【点】|【定数等分】命令。

【课堂举例4-1】 绘制定数等分点

01 按Ctrl+O组合键，打开配套光盘提供的“第4章\4.1.4 绘制定数等分.dwg”素材文件，结果如图4–5所示。

02 调用DIV【定数等分】命令，根据命令行的提示选择要定数等分的对象，结果如图4–6所示。

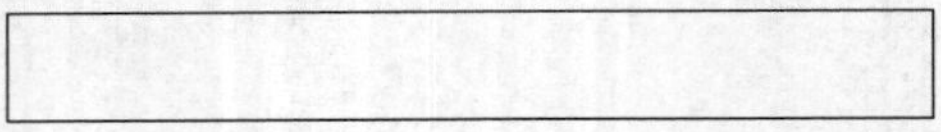

图4-5 打开素材

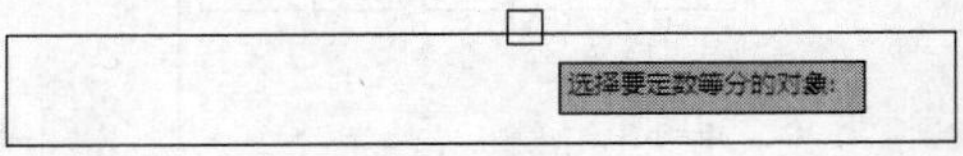

选择要定数等分的对象:

图4-6 选择对象

03 输入等分线段的数目，结果如图4–7所示。

04 按回车键，完成对物体的等分，结果如图4–8所示。

输入线段数目或 5

图4-7 输入数目

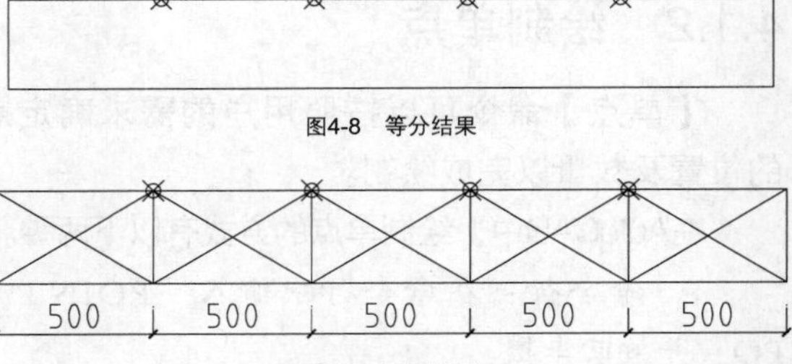

图4-8 等分结果

05 调用L【直线】命令，以等分点为标准绘制直线，即可完成储藏柜平面图形的绘制，结果如图4–9所示。

图4-9 绘制结果

4.1.5 绘制定距等分点

调用【定距等分】命令，可以在指定的对象上按照确定的长度进行等分。

在AutoCAD中，绘制定距等分的方式有以下两种。

- 命令行：在命令行中输入“MEASURE/ME”并按回车键。
- 菜单栏：执行【绘图】|【点】|【定距等分】命令。

【课堂举例4-2】 绘制定距等分点

01 按Ctrl+O组合键，打开配套光盘提供的“第4章\4.1.5绘制定距等分.dwg”素材文件，结果如图4–10所示。

02 调用ME【定距等分】命令，选择矩形的下方边为等分对象，当命令行提示“指定线段长度或 [块(B)]:”时，输入“400”，等分结果如图4–11所示。

03 调用L【直线】命令，以等分点为起点绘制直线，调用REC【矩形】命令，绘制矩形作为柜子的把手，再绘制柜子的立面图，结果如图4–12所示。

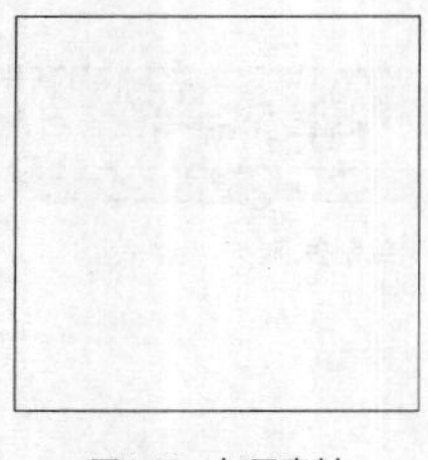

图4-10 打开素材

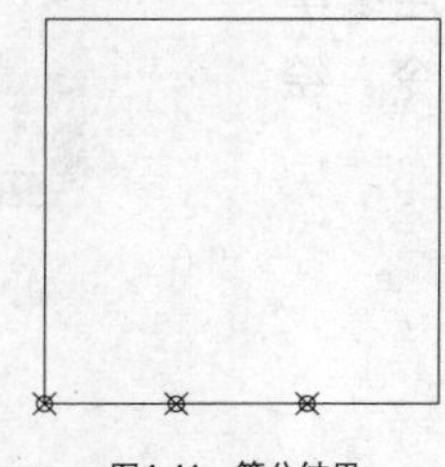

图4-11 等分结果

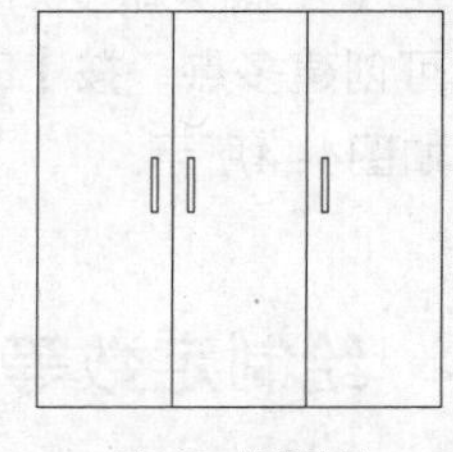

图4-12 绘制结果

4.2 直线型对象的绘制

在绘制室内设计装饰装修施工图纸的过程中，直线是最常绘制且最常用到的图形，常用来表示物体的外轮廓，如墙体、散水等。

本章介绍在AutoCAD中，绘制直线型对象的方法，包括命令的调用及图形的绘制。

4.2.1 绘制直线

调用【直线】命令，可以在绘图区指定直线的起点和终点即可绘制一条直线。

当一条直线绘制完成以后，可以继续以该线段的终点作为起点，然后，指定下一个终点，依此类推即可绘制首尾相连的图形，按【Esc】键就可以退出直线绘制状态。

在AutoCAD中，绘制直线的方式有3种。

➢ 命令行：在命令行中输入“LINE/L”并按回车键。

➢ 工具栏：单击【绘图】工具栏上【直线】按钮。

➢ 菜单栏：执行【绘图】|【直线】命令。

4.2.2 绘制射线

射线，顾名思义，即一端固定而另一端无限延长的直线。

射线常常作为辅助线出现在绘制图形的过程当中，调用【射线】命令，即可绘制射线，命令操作完成后，按【Esc】键可退出绘制状态。

在AutoCAD中，绘制射线的方式有两种。

➢ 命令行：在命令行中输入“RAY”并按回车键。

➢ 菜单栏：执行【绘图】|【射线】命令。

4.2.3 绘制构造线

构造线是指没有起点和终点，两端可以无限延长的直线。

构造线与射线相同，常常作为辅助线出现在绘制图形的过程当中。

在AutoCAD中，绘制构造线的方式有3种。

➢ 命令行：在命令行中输入“XLINE / XL”并按回车键。

➢ 菜单栏：执行【绘图】|【构造线】命令。

➢ 工具栏：单击【绘图】工具栏上的【构造线】按钮。

调用XL【构造线】命令，命令行提示如下：

```
命令：XLINE↙                                    //调用命令
指定点或 [水平(H)/垂直(V)/角度(A)/二等分(B)/偏移(O)]：
                                                //选择构造线绘制方式
指定通过点：                                    //单击鼠标左键指定构造线经过的一点
指定通过点：                                    //指定第二点
```

构造线绘制选项的含义如下。

➢ 水平（H）：输入“H”选择该项，即可绘制水平的构造线。

➢ 垂直（V）：输入“V”选择该项，即可绘制垂直的构造线。

➢ 角度（A）：输入“A”选择该项，即可按指定的角度绘制一条构造线。

➢ 二等分（B）：输入“B”选择该项，即可创建已知角的角平分线。使用该选项创建的构造线平分指定的两条线之间的夹角，而且通过该夹角的顶点。在绘制角平分线的时候，系统要求用户指定已知角的定点、起点以及终点。

➢ 偏移（O）：输入“O”选择该项，即可创建平行于另一个对象的平行线，这条平行线可以

偏移一段距离与对象平行，也可以通过指定的点与对象平行。

4.2.4 绘制和编辑多段线

多段线是指由等宽或不等宽的直线或圆弧等多条线段构成的特殊线段。

由多段线所构成的图形是一个整体，可以统一对其进行编辑修改。

在AutoCAD中，绘制多段线的方式有3种。

- 命令行：在命令行中输入"PLINE / PL"并按回车键。
- 菜单栏：执行【绘图】|【多段线】命令。
- 工具栏：单击【绘图】工具栏上的【多段线】按钮。

【课堂举例4-3】调用【多段线】命令绘制办公桌

01 按【F10】键打开极轴追踪功能，并将增量角设置为45°。

02 调用PL【多段线】命令，命令行提示如下：

```
命令: PLINE↙                                    //调用多段线命令
指定起点:                                        //指定多段线的起点
当前线宽为 0
指定下一个点或 [圆弧(A)/半宽(H)/长度(L)/放弃(U)/宽度(W)]: 760
                                                 //鼠标向下移动，输入距离参数
指定下一点或 [圆弧(A)/闭合(C)/半宽(H)/长度(L)/放弃(U)/宽度(W)]: 269
                                                 //根据极轴追踪线，向左下角移动鼠标，输入距离参数
指定下一点或 [圆弧(A)/闭合(C)/半宽(H)/长度(L)/放弃(U)/宽度(W)]: 1100
                                                 //鼠标向左移动，输入距离参数
指定下一点或 [圆弧(A)/闭合(C)/半宽(H)/长度(L)/放弃(U)/宽度(W)]: 600
                                                 //鼠标向下移动，输入距离参数
指定下一点或 [圆弧(A)/闭合(C)/半宽(H)/长度(L)/放弃(U)/宽度(W)]: 1419
                                                 //鼠标向右移动，输入距离参数
指定下一点或 [圆弧(A)/闭合(C)/半宽(H)/长度(L)/放弃(U)/宽度(W)]: 666
                                                 //根据极轴追踪线，向右上角移动鼠标，输入距离参数
指定下一点或 [圆弧(A)/闭合(C)/半宽(H)/长度(L)/放弃(U)/宽度(W)]: 1079
                                                 //鼠标向上移动，输入距离参数
指定下一点或 [圆弧(A)/闭合(C)/半宽(H)/长度(L)/放弃(U)/宽度(W)]: C
                                                 //输入C，闭合多段线。绘制办公桌的结果如图4-13所示
```

03 插入图块。按Ctrl+O组合键，打开配套光盘提供的"第4章\家具图例.dwg"文件，将其中的办公椅、电脑、电话图块复制粘贴至当前图形中，完成办公桌平面图的绘制，结果如图4-14所示。

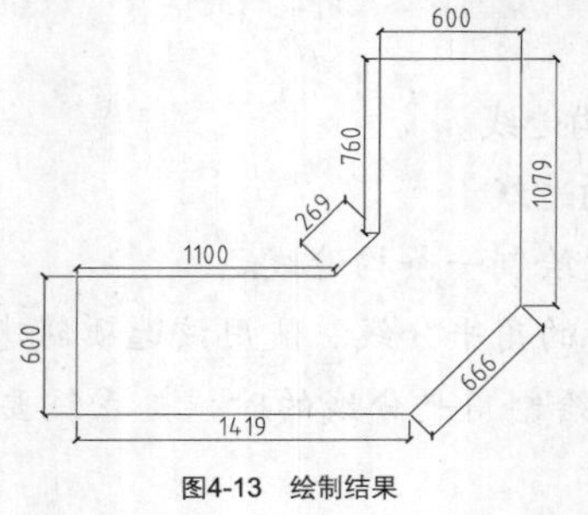

图4-13 绘制结果

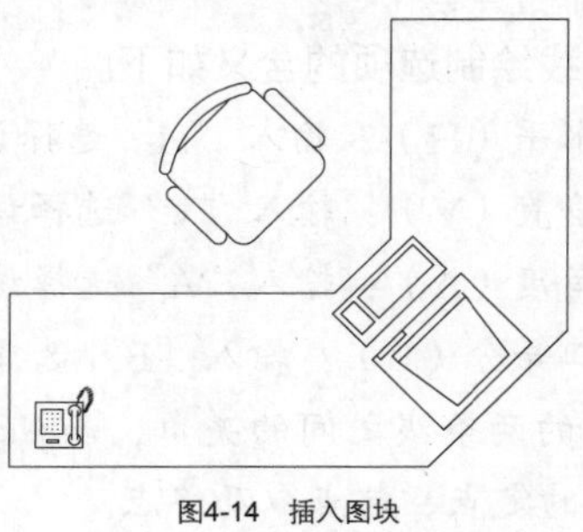

图4-14 插入图块

提示：多段线在绘制的过程中各选项的含义如下。

➢ 圆弧（A）：输入“A”选择该项，将以绘制圆弧的方式绘制多段线。

➢ 半宽（H）：输入“H”选择该项，用来指定多段线的半宽值。系统将提示用户输入多段线的起点半宽值与终点半宽值。

➢ 长度（L）：输入“L”选择该项，将绘制指定长度的多段线。系统将按照上一条线段的方向绘制这一条多段线。如果上一段是圆弧，就将绘制与此圆弧相切的线段。

➢ 放弃（U）：输入“U”选择该项，将取消上一次绘制的多段线。

➢ 宽度（W）：输入“W”选择该项，可以设置多段线的宽度值。

【课堂举例4-4】 编辑多段线

01 按Ctrl+O组合键，打开配套光盘提供的“第4章\4.2.4 编辑多段线.dwg”素材文件，结果如图4–15所示。

02 执行【修改】|【对象】|【多段线】命令，选择素材图形的外轮廓线，在弹出的快捷菜单中选择“闭合”选项，结果如图4–16所示。

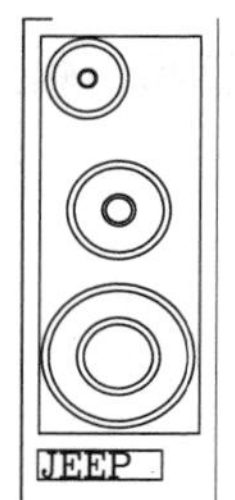

图4-15 打开素材

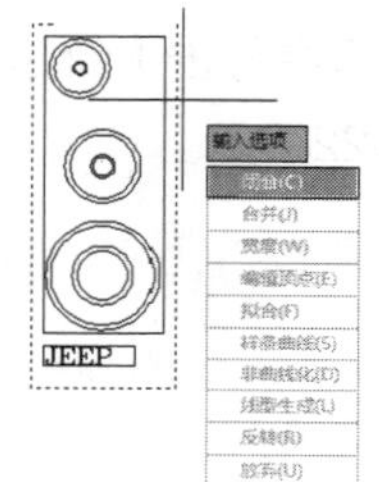

图4-16 快捷菜单

03 按回车键结束操作，完成对图形外轮廓的编辑，结果如图4–17所示。

04 执行【修改】|【对象】|【多段线】命令，选择素材图形的外轮廓线，在弹出的快捷菜单中选择“宽度”选项，结果如图4–18所示。

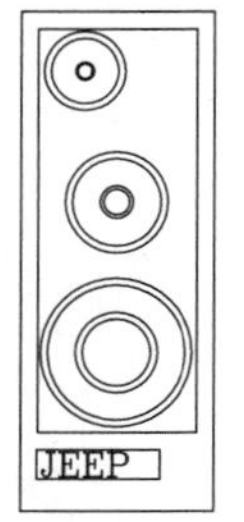

图4-17 编辑结果

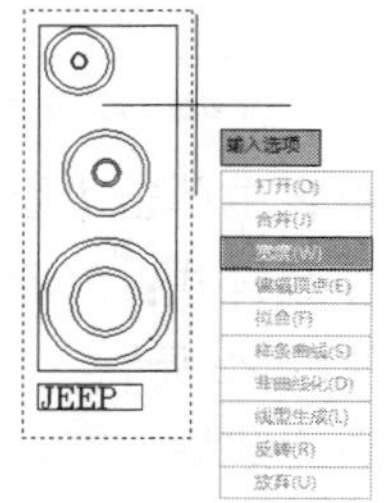

图4-18 快捷菜单

05 输入新的宽度参数，结果如图4–19所示。

06 按【Esc】键退出绘制，编辑修改结果如图4–20所示。

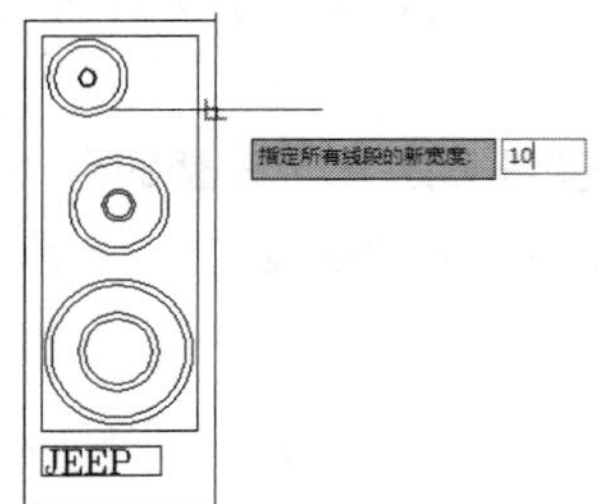

图4-19 输入参数

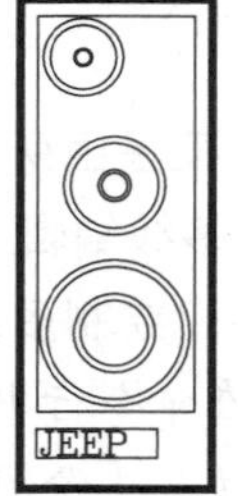

图4-20 修改结果

4.2.5 绘制多线

多线指的是一种由多条平行线组成的组合图形对象。

多线图形在绘制室内设计施工图纸中常用来绘制墙体和窗，是AutoCAD中设置项目最多、应用最复杂的直线段对象。

1. 设置多线样式

调用【多线】命令之前，可对多线的数量和每条单线的偏移距离、颜色、线型和背景填充等特性进行设置。

在AutoCAD中，设置多线样式的方式有两种。

- 命令行：在命令行中输入“MLSTYLE”并按回车键。
- 菜单栏：执行【格式】|【多线样式】命令。

【课堂举例4-5】设置多线样式

01 执行【格式】|【多线样式】命令，弹出【多线样式】对话框，如图4-21所示。

02 在对话框中单击【新建】按钮，弹出【创建新的多线样式】对话框，输入新样式名称，结果如图4-22所示。

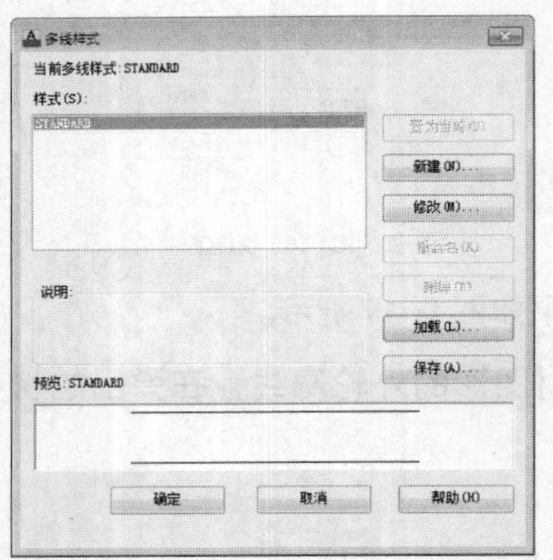

图4-21 【多线样式】对话框

图4-22 【创建新的多线样式】对话框

03 在对话框在中单击【继续】按钮，弹出【新建多线样式：外墙】对话框，设置参数如图4-23所示。

04 参数设置完成后，在对话框中单击【确定】按钮，关闭对话框，返回【多线样式】对话框，将“外墙”样式设置为当前，单击【确定】按钮，关闭【多线样式】对话框。

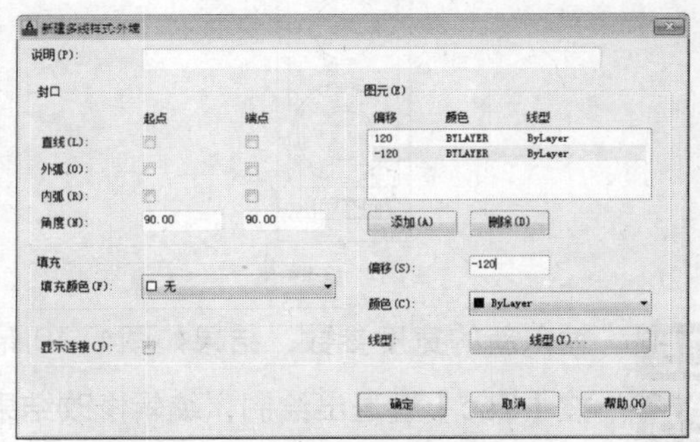

图4-23 【新建多线样式：外墙】对话框

2. 绘制多线

多线的绘制结果是由两条线型相同的平行线组成。每一条多线都是一个完整的整体，双击多线图形，即可弹出【多线编辑工具】对话框，选择其中的编辑工具，即可对多线进行编辑修改。

在AutoCAD中，绘制多线的方式有两种。

- 命令行：在命令行中输入“MLINE / ML”并按回车键。
- 菜单栏：执行【绘图】|【多线】命令。

【课堂举例4-6】调用【多线命令】绘制墙体

01 按Ctrl+O组合键，打开配套光盘提供的“第4章\4.2.5 绘制多线.dwg”素材文件，结果如图4-24所示。

02 调用ML【多线】命令，绘制墙体，命令行提示如下：

```
命令：MLINE↙                                      //调用多线命令
当前设置：对正 = 上，比例 = 1.00，样式 = 外墙
指定起点或 [对正(J)/比例(S)/样式(ST)]:  J          //输入J，选择“比例”选项
输入对正类型 [上(T)/无(Z)/下(B)] <上>:  Z          //输入Z，选择“无”选项
当前设置：对正 = 无，比例 = 1.00，样式 = 外墙
指定起点或 [对正(J)/比例(S)/样式(ST)]:             //指定多线的起点
指定下一点:
指定下一点或 [放弃(U)]:
指定下一点或 [闭合(C)/放弃(U)]:
指定下一点或 [闭合(C)/放弃(U)]:                    //绘制墙体的结果如图4-25所示
```

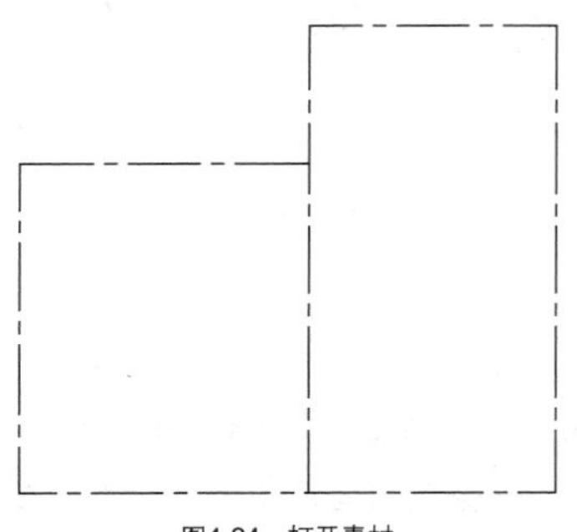
图4-24 打开素材

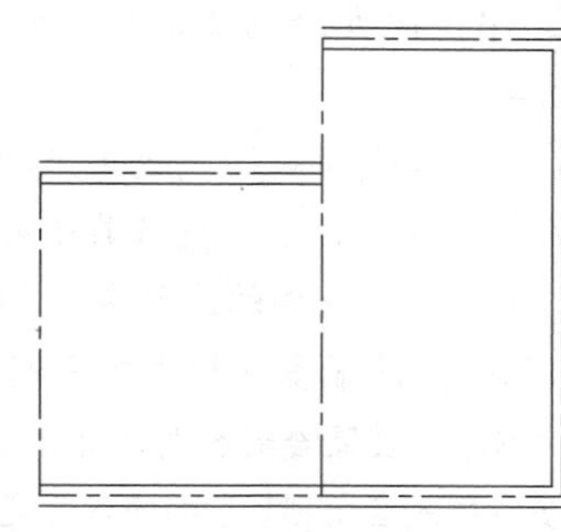
图4-25 绘制墙体

03 调用ML【多线】命令，绘制隔墙，命令行提示如下：

```
命令：MLINE↙                                      //调用多线命令
当前设置：对正 = 无，比例 = 1，样式 = 外墙
指定起点或 [对正(J)/比例(S)/样式(ST)]:  ST         //输入ST，选择“样式”选项
输入多线样式名或 [?]:  STANDARD
当前设置：对正 = 无，比例 = 120，样式 = STANDARD
指定起点或 [对正(J)/比例(S)/样式(ST)]:             //指定多线的起点
指定下一点:
指定下一点或 [放弃(U)]:  *取消*                   //绘制隔墙的结果如图4-26所示
```

04 双击绘制完成的多线，系统弹出【多线编辑工具】对话框，结果如图4-27所示。

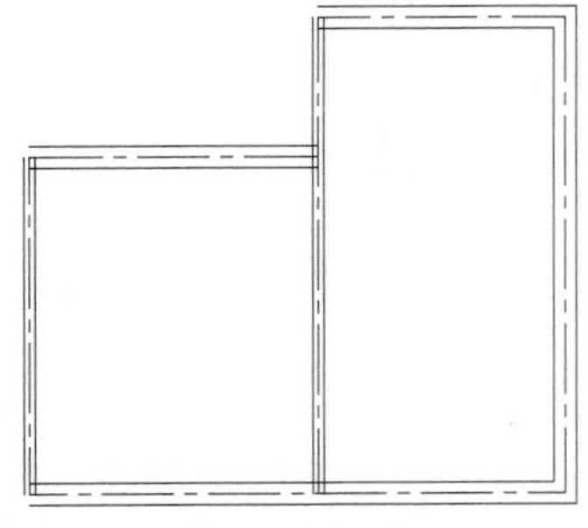
图4-26 绘制隔墙

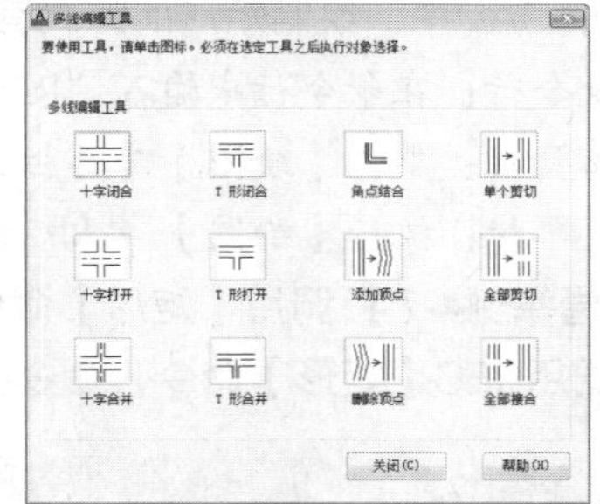

图4-27 【多线编辑工具】对话框

05 在对话框中选择“角点结合”编辑工具，在绘图区中分别选择垂直墙体和水平墙体，对墙体进行编辑修改，结果如图4-28所示。

06 在对话框中选择“T形打开”编辑工具，在绘图区中分别选择垂直墙体和水平墙体，对墙体进行编辑修改，结果如图4-29所示。

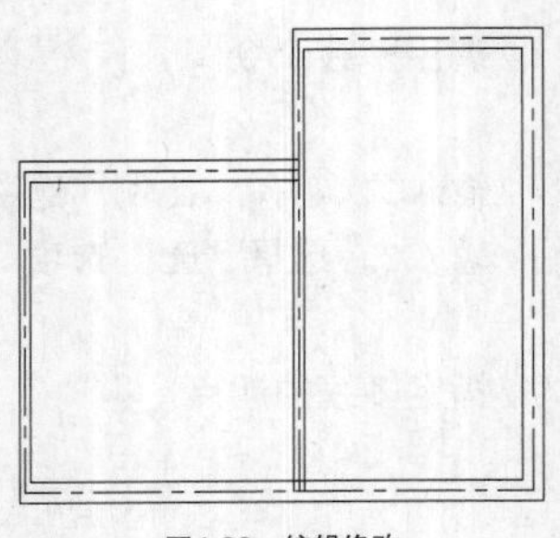

图4-28　编辑修改

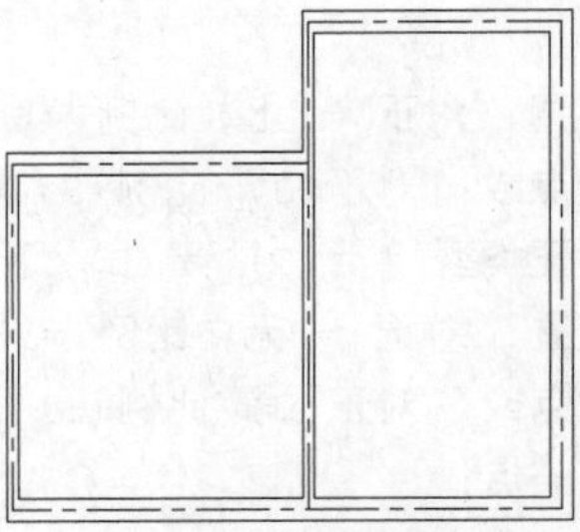

图4-29　修改结果

提示：执行【多线】命令过程中各选项的含义如下。

➢ 对正(J)：设置绘制多线时相对于输入点的偏移位置。该选项有上、无和下3个选项，各选项含义如下所示。

➢ 上(T)：多线顶端的线随着光标移动。

➢ 无(Z)：多线的中心线随着光标移动。

➢ 下(B)：多线底端的线随着光标移动。

➢ 比例(S)：设置多线样式中平行多线的宽度比例。

➢ 样式(ST)：设置绘制多线时使用的样式，默认的多线样式为STANDARD。选择该选项后，可以在提示信息“输入多线样式名或[?]”后面输入已定义的样式名，如输入“？”则会列出当前图形中所有的多线样式。

4.3　多边形对象的绘制

在AutoCAD中的多边形对象主要是指矩形、正多边形等图形对象。这些多边形对象多作为物体的瓦轮廓出现，经编辑修改后，得到我们常用的图形对象。

本节主要介绍在AutoCAD中比较常用的多边形对象，如矩形、正多边形的绘制。

4.3.1　绘制矩形

在AutoCAD中，矩形可以组成各种各样不同的图形，例如，家具类的桌椅、台柜，铺贴类的地砖、门槛石，吊顶类的石膏板等。在绘制矩形的过程中，可以通过设置倒角、圆角、宽度以及厚度值等参数，从而绘制出形态不一的矩形。

在AutoCAD中，绘制矩形的方式有3种。

➢ 命令行：在命令行中输入“RECTANG / REC”并按回车键。

➢ 工具栏：单击【绘图】工具栏上的【矩形】按钮▭。

➢ 菜单栏：执行【绘图】|【矩形】命令。

【课堂举例4-7】调用【矩形】命令绘制冰箱图形

01 调用REC【矩形】命令，命令行提示如下：

```
命令：RECTANG↙
指定第一个角点或 [倒角(C)/标高(E)/圆角(F)/厚度(T)/宽度(W)]：
```

```
                                            //指定矩形的第一个角点
指定另一个角点或 [面积(A)/尺寸(D)/旋转(R)]: D
                                            //输入D，选择“尺寸”选项
指定矩形的长度 <10>: 550
指定矩形的宽度 <10>: 480
指定另一个角点或 [面积(A)/尺寸(D)/旋转(R)]: //指定矩形的另一角点，绘制矩形的结果如图 4-30 所示
```

02 重复调用REC【矩形】命令，绘制尺寸为523×20的矩形，结果如图4-31所示。

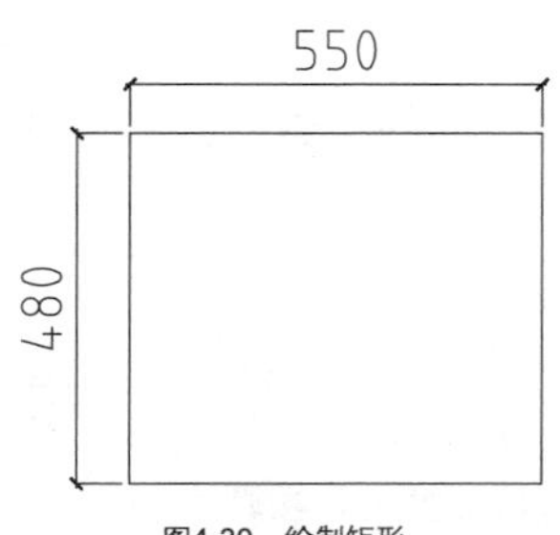

图4-30 绘制矩形

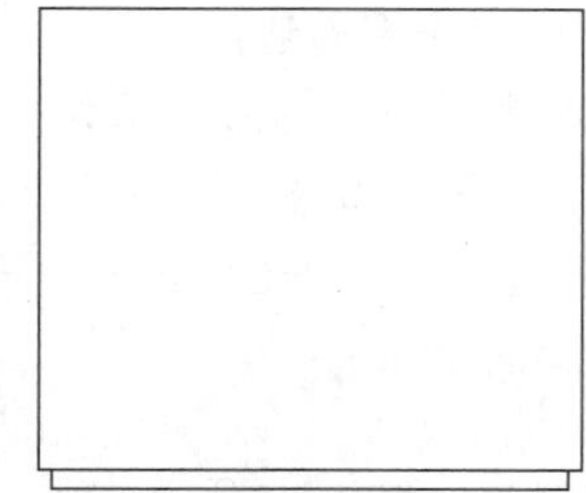

图4-31 绘制结果

03 调用REC【矩形】命令，绘制尺寸为550×50、53×19的矩形，结果如图4-32所示。

04 调用L【直线】命令，绘制对角线，结果如图4-33所示。

图4-32 绘制矩形

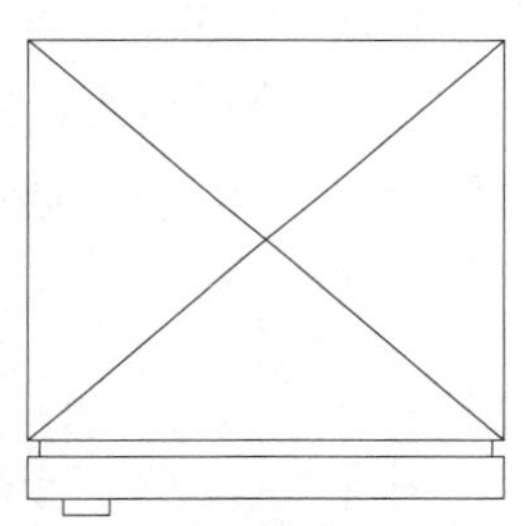

图4-33 绘制对角线

提示：执行【矩形】命令的过程中，命令行各选项的含义如下所示。

➢ 倒角（C）：设置矩形的倒角。

➢ 标高（E）：设置矩形的高度。在系统的默认情况下，矩形在X、Y平面之内。该选项一般用于三维绘图。

➢ 圆角（F）：设置矩形的圆角。

➢ 厚度（T）：设置矩形的厚度，该选项一般用于三维绘图。

➢ 宽度（W）：设置矩形的宽度。

图4-34所示为各种形态的矩形。

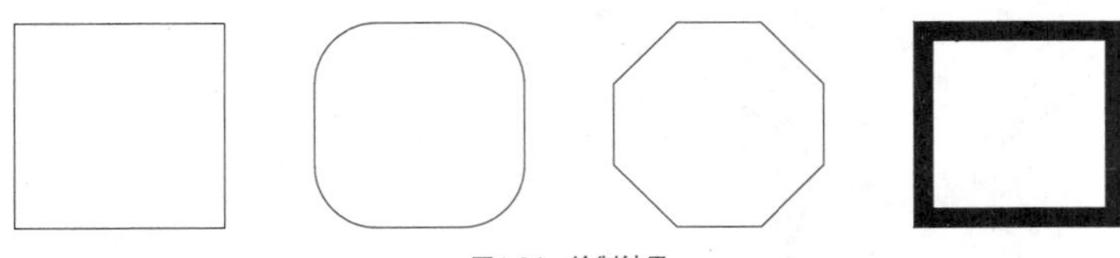

图4-34 绘制结果

4.3.2 绘制正多边形

正多边形是指由三条或者三条以上长度相等的线段首尾相接形成的闭合图形。在AutoCAD中，

正多边形的边数范围在3~1024之间。

绘制一个正多边形，需要指定其边数、位置和大小三个参数。正多边形通常有唯一的外接圆和内切圆。外接/内切圆的圆心决定了正多边形的位置。正多边形的边长或者外接/内切圆的半径决定了正多边形的大小。

在AutoCAD中，绘制正多边形的方式有3种。

- 命令行：在命令行中输入“POLYGON / POL”并按回车键。
- 工具栏：单击【绘图】工具栏上的【正多边形】按钮⬠。
- 菜单栏：执行【绘图】|【正多边形】命令。

1. 绘制内接于圆多边形

使用“内接于圆”的方法来绘制多边形，主要通过输入正多边形的边数、外接圆的圆心和半径来画正多边形，正多边形的所有顶点都在此圆周上。

绘制内接圆半径为250的正五边形，命令行的提示如下：

```
命令: POLYGON↙
输入侧面数 <4>:5                                      //输入边数
指定正多边形的中心点或 [边(E)]:                        //鼠标单击确定外接圆圆心
输入选项 [内接于圆(I)/外切于圆(C)] <I>: I              //输入I，选择“内接于圆”选项
指定圆的半径: 250                                      //指定圆半径，绘制结果如图4-35所示
```

2. 绘制外切于圆多边形

使用“外切于圆”的多边形绘制方法，主要通过输入正多边形的边数、内切圆的圆心和半径来画正多边形，内切圆的半径也为正多边形中心点到各边中点的距离。

绘制外切圆半径为250的正五边形，命令行的提示如下：

```
命令: POLYGON↙
输入侧面数 <4>:5                                      //输入边数
指定正多边形的中心点或 [边(E)]:                        //鼠标单击确定内切圆圆心
输入选项 [内接于圆(I)/外切于圆(C)] <C>: C              //输入C，选择“外切于圆”选项
指定圆的半径: 250                                      //指定圆半径，绘制结果如图4-36所示
```

3. 边长法

使用“边长法”绘制正多边形，需要指定正多边形的边长和边数。输入边数和某条边的起点和终点，AutoCAD可以自动生成所需的多边形。

绘制边长为290的正五边形，命令行的提示如下：

```
命令: POLYGON↙
输入侧面数 <5>:5                               //输入边数
指定正多边形的中心点或 [边(E)]: E              //输入E，选择“边”选项
指定边的第一个端点:                            //指定边的起点，即A点
指定边的第二个端点: 290                        //指定边的终点，即B点，绘制结果如图4-37所示
```

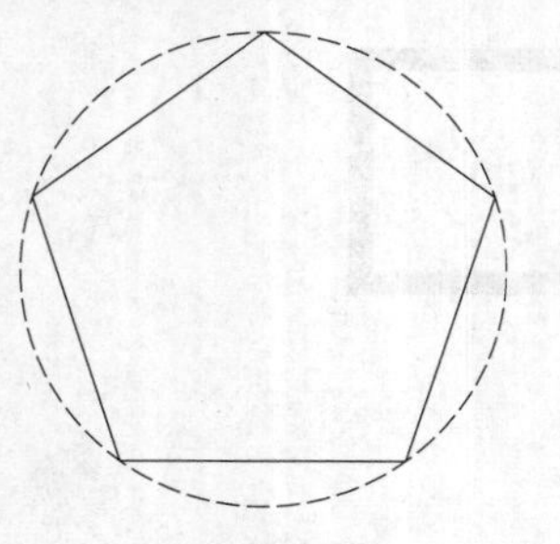

图4-35 内接于圆

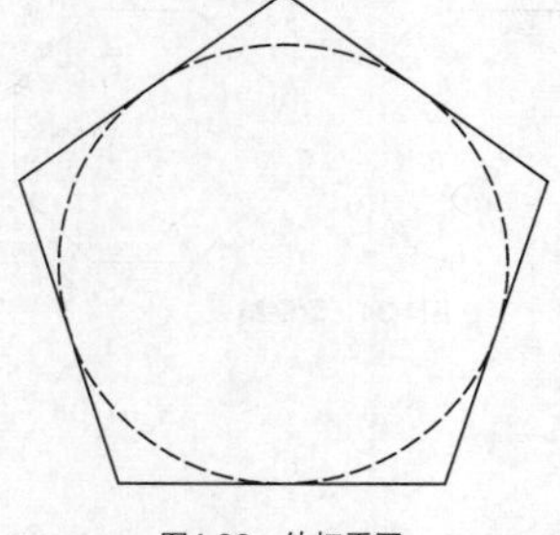

图4-36 外切于圆

290

图4-37 指定边长

4.4 曲线对象的绘制

在AutoCAD中，圆、圆弧、椭圆、椭圆弧以及圆环都属于曲线对象，在绘制方法上，相对于直线对象来说要复杂一些。

本节介绍绘制曲线对象的方法。

4.4.1 绘制样条曲线

样条曲线是指一种能够自由编辑的曲线。

在AutoCAD中，绘制样条曲线的方式有3种。

- 命令行：在命令行中输入“SPLINE / SPL”并按回车键。
- 工具栏：单击【绘图】工具栏上的【样条曲线】按钮~。
- 菜单栏：执行【绘图】|【样条曲线】命令。

【课堂举例4-8】调用【样条曲线】命令绘制钢琴外轮廓

01 按Ctrl+O组合键，打开配套光盘提供的“第4章\4.4.1 绘制样条曲线.dwg”素材文件，结果如图4-38所示。

02 调用SPL【样条曲线】命令，命令行提示如下：

```
命令： SPLINE↙
当前设置：方式=拟合    节点=弦
指定第一个点或 [方式(M)/节点(K)/对象(O)]：               //指定样条曲线的起点
输入下一个点或 [起点切向(T)/公差(L)]：                   //指定样条曲线的下一个点
输入下一个点或 [端点相切(T)/公差(L)/放弃(U)]：
输入下一个点或 [端点相切(T)/公差(L)/放弃(U)/闭合(C)]     //指定样条曲线的终点，按回车键结束
                                                          绘制；绘制结果如图4-39所示
```

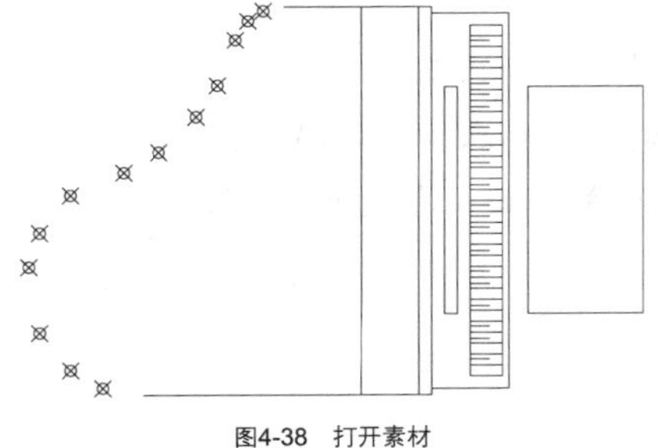

图4-38 打开素材

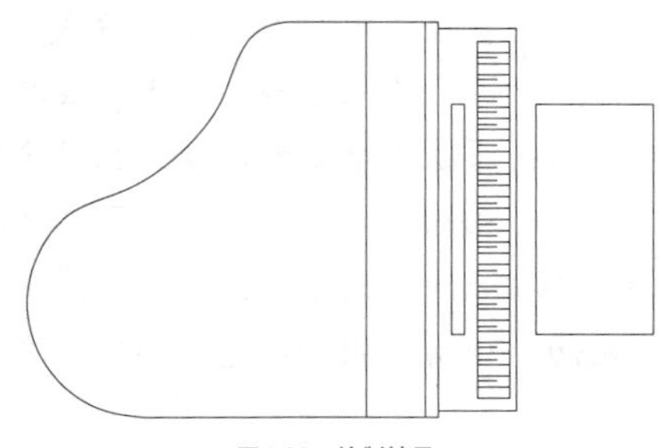

图4-39 绘制结果

提示：在选择需要编辑的样条曲线之后，曲线周围会显示控制点，用户可以根据自己的实际需要，通过调整曲线上的起点、控制点来控制曲线的形状，如图4-40所示。

图4-40 样条曲线

4.4.2 绘制圆和圆弧

本小节介绍圆和圆弧的绘制方法。

1. 绘制圆

在室内设计制图中，圆可用来表示简易绘制的椅子、灯具，以及管道的分布情况；在工程制图

中，常常用来表示柱子、孔洞、轴等基本构件。

在AutoCAD中，绘制圆的方式有3种。

- 命令行：在命令行中输入“CIRCLE／C”并按回车键。
- 工具栏：单击【绘图】工具栏上的【圆】按钮⊙。
- 菜单栏：执行【绘图】|【圆】命令。

【课堂举例4-9】调用【圆】命令完善洗脸盆图形

01 按Ctrl+O组合键，打开配套光盘提供的“第4章\4.4.2 绘制圆.dwg”素材文件，结果如图4-41所示。

02 调用C【圆】命令，命令行提示如下：

```
命令：CIRCLE↙
指定圆的圆心或 [三点(3P)/两点(2P)/切点、切点、半径(T)]： //指定圆形位置
指定圆的半径或 [直径(D)] <33>: 23        //输入半径参数，绘制圆形的结果如图4-42所示
```

03 重复调用C【圆】命令，绘制半径为16的圆形，完成洗脸盆的绘制，结果如图4-43所示。

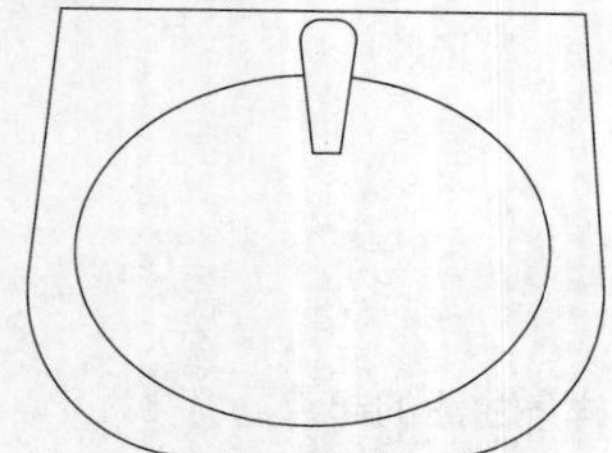

图4-41 打开素材

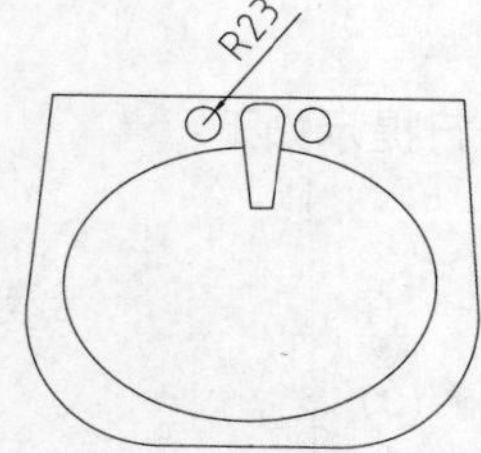

图4-42 绘制圆形

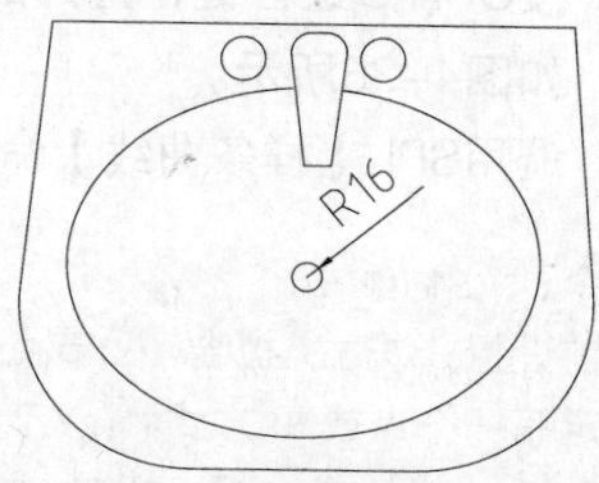

图4-43 绘制结果

提示：在AutoCAD 2013中，有6种绘制圆的方法，如图4-44所示。

- 圆心、半径：用圆心和半径方式绘制圆。
- 圆心、直径：用圆心和直径方式绘制圆。
- 三点：通过三点绘制圆，系统会提示指定第一点、第二点和第三点。
- 两点：通过两个点绘制圆，系统会提示指定圆直径的第一端点和第二端点。
- 相切、相切、半径：通过两个其他对象的切点和输入半径值来绘制圆。系统会提示指定圆的第一切线和第二切线上的点及圆的半径。
- 相切、相切、相切：通过指定三个相切对象绘制圆。

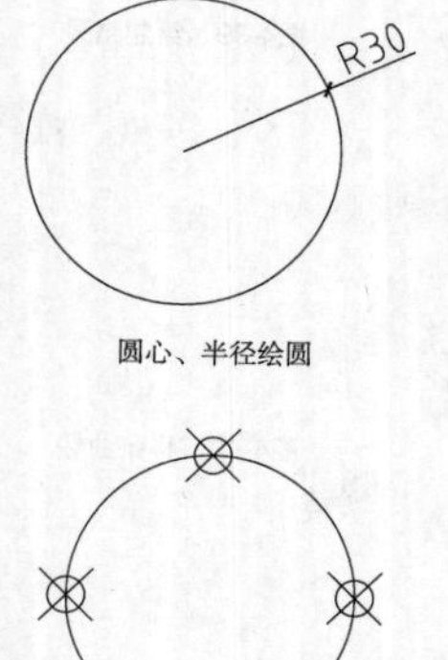

圆心、半径绘圆

φ60

圆心、直径绘圆

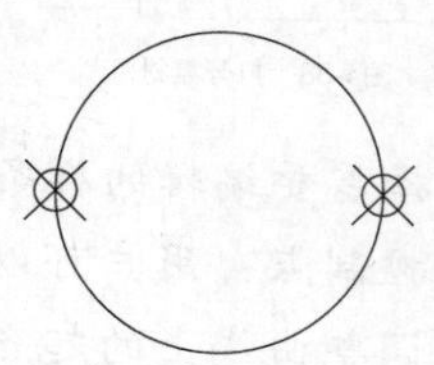

两点绘圆

三点绘圆

相切、相切、半径绘圆

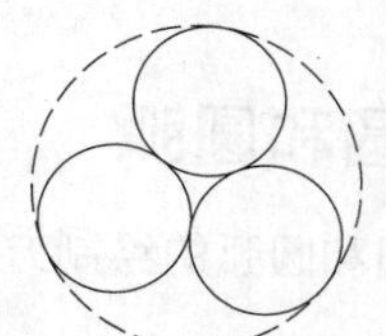

相切、相切、相切绘圆

图4-44 圆的各种绘法

2. 绘制圆弧

调用【圆弧】命令，可以通过确定三点来绘制圆弧。

在AutoCAD中，绘制圆弧的方式有3种。

- ➢ 命令行：在命令行中输入“ARC/A”并按回车键。
- ➢ 工具栏：单击【绘图】工具栏上的【圆弧】按钮。
- ➢ 菜单栏：执行【绘图】|【圆弧】命令。

【课堂举例4-10】调用【圆弧】命令完善浴缸图形

01 按Ctrl+O组合键，打开配套光盘提供的“第4章\4.4.2 绘制圆弧.dwg”素材文件，结果如图4-45所示。

02 执行【绘图】|【起点、端点、半径】命令，命令行提示如下：

```
命令：_arc
指定圆弧的起点或 [圆心(C)]:                                          //指定A点
指定圆弧的第二个点或 [圆心(C)/端点(E)]: _e
指定圆弧的端点:                                                      //指定B点
指定圆弧的圆心或 [角度(A)/方向(D)/半径(R)]: _r 指定圆弧的半径: 320    //绘制圆弧的结果如
                                                                       图4-46所示
```

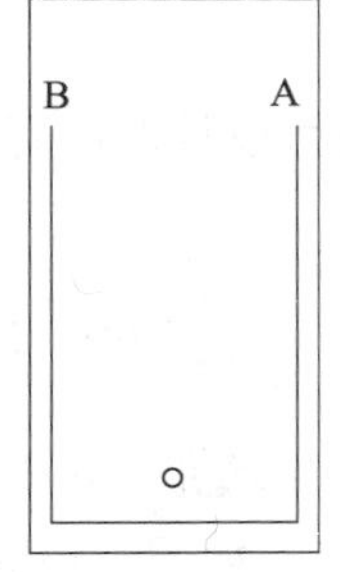

图4-45 打开素材

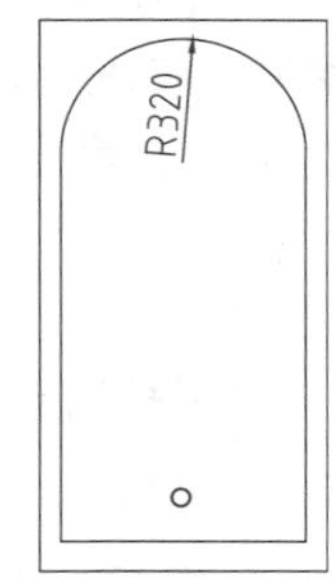

图4-46 绘制圆弧

提示：在AutoCAD 2013中，有11种绘制圆弧的方法，图4-47所示为其中的5种。

➢ 三点：通过指定圆弧上的三点绘制圆弧，需要指定圆弧的起点、通过的第二个点和端点。

➢ 起点、圆心、端点：通过指定圆弧的起点、圆心、端点绘制圆弧。

➢ 起点、圆心、角度：通过指定圆弧的起点、圆心、包含角绘制圆弧。执行此命令时，会出现“指定包含角：”的提示，在输入角度时，如果当前环境设置逆时针方向为角度正方向，且输入正的角度值，则绘制的圆弧是从起点绕圆心沿逆时针方向绘制，反之，则沿顺时针方向绘制。

➢ 起点、圆心、长度：通过指定圆弧的起点、圆心、弦长绘制圆弧。另外，在命令行提示的“指定弦长：”提示信息下，如果所输入的值为负值，则该值的绝对值将作为对应整圆的空缺部分圆弧的弦长。

➢ 起点、端点、角度：通过指定圆弧的起点、端点、包含角绘制圆弧。

➢ 起点、端点、方向：通过指定圆弧的起点、端点和圆弧的起点切向绘制圆弧。命令执行过程中会出现“指定圆弧的起点切向：”提示信息，此时，拖动鼠标动态地确定圆弧在起始点处的切线方向与水平方向的夹角。拖动鼠标时，AutoCAD会在当前光标与圆弧起始点之间形成一条线，即为圆弧在起始点处的切线。确定切线方向后，单击点按钮即可得到相应的圆弧。

➢ 起点、端点、半径：通过指定圆弧的起点、端点和圆弧半径绘制圆弧。

➢ 圆心、起点、端点：以圆弧的圆心、起点、端点方式绘制圆弧。

➢ 圆心、起点、角度：以圆弧的圆心、起点、圆心角方式绘制圆弧。

➢ 圆心、起点、长度：以圆弧的圆心、起点、弦长方式绘制圆弧。

➢ 继续：绘制其他直线或非封闭曲线后，选择【绘图】|【圆弧】|【继续】命令，系统将自动以刚才绘制的对象的终点作为即将绘制的圆弧的起点。

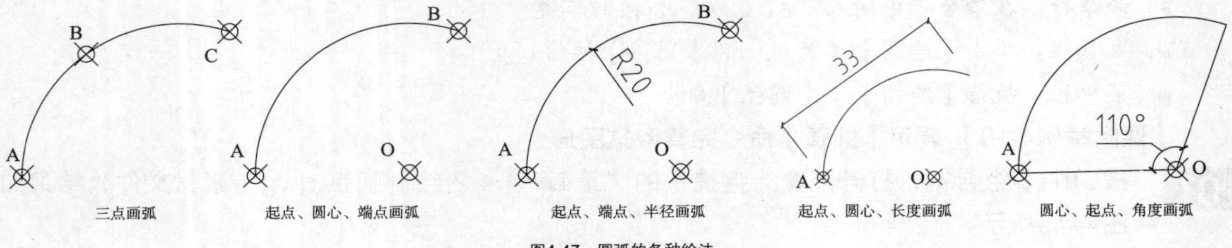

图4-47 圆弧的各种绘法

4.4.3 绘制圆环和填充圆

圆环是指由同一圆心、不同直径的两个同心圆组成的图形。

控制圆环的主要参数是圆心、内直径和外直径。如果圆环的内直径为0，则圆环为填充圆。

在AutoCAD中，绘制圆环的方式有两种。

➢ 命令行：在命令行中输入“DONUT / DO”并按回车键。

➢ 菜单栏：执行【绘图】|【圆环】命令。

在AutoCAD的默认情况下，绘制的圆环为填充的实心图形。

在绘制圆环之前，在命令行输入“FILL”命令并按回车键，则可以控制圆环或圆的填充可见性。执行【FILL】命令后，命令行提示如下：

```
命令: FILL↙
输入模式 [开(ON)/关(OFF)] <开>:
```

在命令行中输入“ON”，选择“开”模式，表示绘制的圆环和圆要填充，如图4-48所示；在命令行中输入“OFF”，选择“关”模式，表示绘制的圆环和圆不要填充，如图4-49所示。

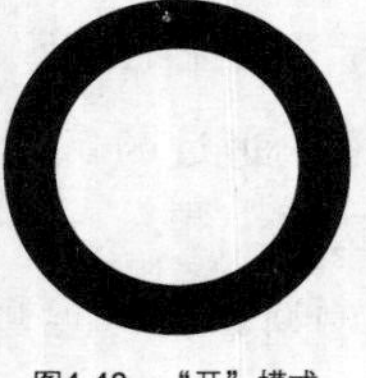

图4-48 “开”模式

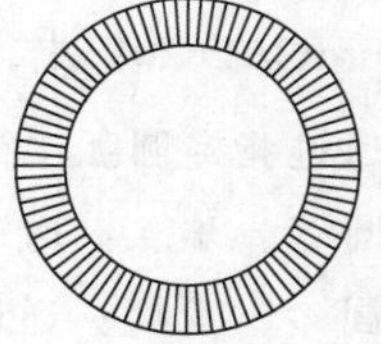

图4-49 “关”模式

4.4.4 绘制椭圆和椭圆弧

本节介绍椭圆和椭圆弧的绘制方法。

1. 绘制椭圆

椭圆是指平面上到定点距离与到指定直线间距离之比为常数的所有点的集合。

在AutoCAD中，绘制椭圆的方式有3种。

➢ 命令行：在命令行中输入“ELLIPSE / EL”并按回车键。

➢ 工具栏：单击【绘图】工具栏上的【椭圆】按钮。

➢ 菜单栏：执行【绘图】|【椭圆】命令。

下面，介绍绘制椭圆的两种方法，即指定端点和指定中心点。

➢ 指定端点绘制椭圆

【课堂举例4-11】指定端点绘制椭圆

01 按Ctrl+O组合键，打开配套光盘提供的“第4章\4.4.4 绘制椭圆.dwg”素材文件，结果如图4–50所示。

02 调用EL【椭圆】命令并按回车键，命令行提示如下：

```
命令：ELLIPSE↙
指定椭圆的轴端点或 [圆弧(A)/中心点(C)]：   //指定椭圆的起点
指定轴的另一个端点：1075                    //指定轴端点参数
指定另一条半轴长度或 [旋转(R)]：60          //指定另一条半轴长度，按回车键结束绘制，结果如图4-51
                                            所示
```

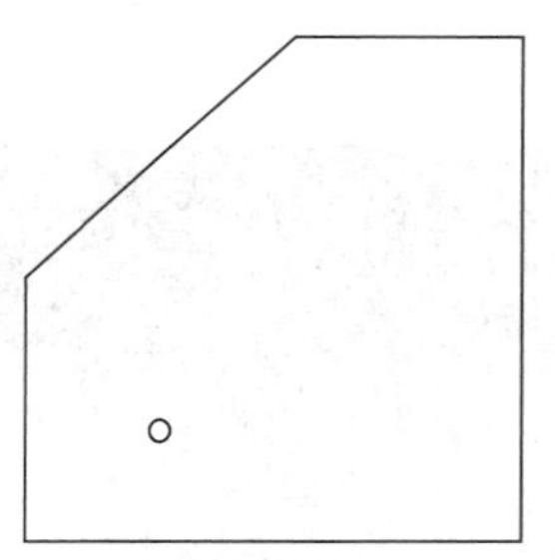
图4-50 打开素材

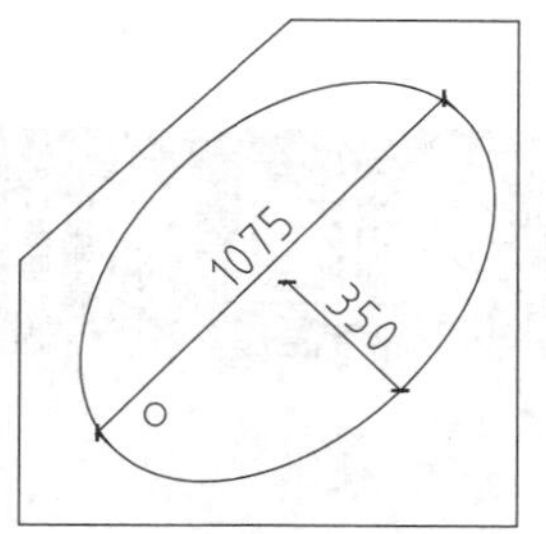

图4-51 绘制椭圆

➢ 指定中心点绘制椭圆

在命令行中输入“ELLIPSE / EL”并按回车键，绘制一个圆心坐标为（0，0），长半轴为300，短半轴为60的椭圆，命令行提示如下：

```
命令：ELLIPSE↙
指定椭圆的轴端点或 [圆弧(A)/中心点(C)]：C     //输入C，选择“中心点”选项
指定椭圆的中心点：0,0                          //指定椭圆的中心点
指定轴的端点：@300,0                           //指定轴的端点
指定另一条半轴长度或 [旋转(R)]：@0,60          //指定另一条半轴长度，绘制结果如图4-52所示
```

2. 绘制椭圆弧

绘制椭圆弧需要确定的参数有两个：椭圆弧所在椭圆的两条轴及椭圆弧的起点和终点的角度。

椭圆弧是椭圆的一部分，和椭圆不同的是，它的起点和终点没有闭合。

在AutoCAD中，绘制椭圆弧的方式有3种。

➢ 命令行：在命令行中输入“ELLIPSE / EL”并按回车键。

➢ 工具栏：单击【绘图】工具栏上的【椭圆弧】按钮。

➢ 菜单栏：执行【绘图】|【椭圆】|【圆弧】命令。

在命令行中输入“ELLIPSE / EL”并按回车键，根据命令行的提示，输入“A”，选择“圆弧”选项，在绘图区中指定椭圆弧的中心点以及起始角度和终止角度后，即可完成椭圆弧的绘制，如图4–53所示。

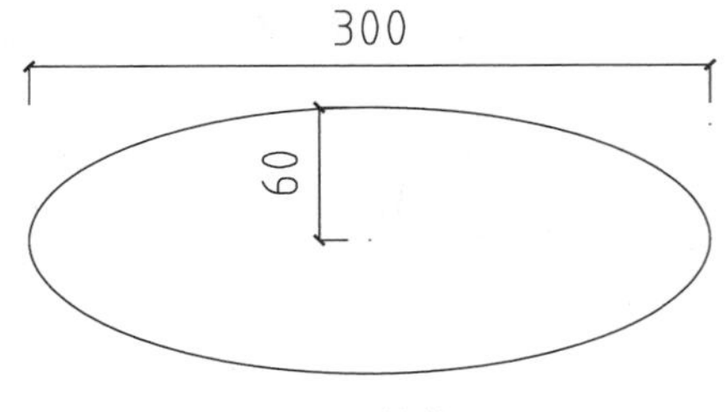

图4-52 绘制椭圆

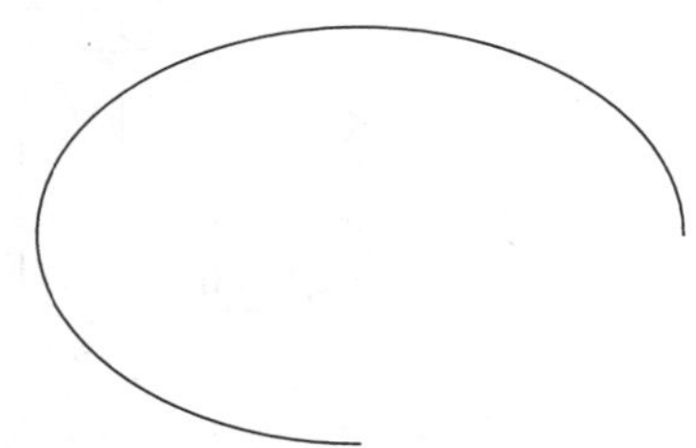
图4-53 绘制椭圆弧

第5章

二维图形的编辑

AutoCAD绘制图形是一个由简单到繁杂的过程，调用AutoCAD为用户所提供的一系列二维图形的编辑命令，可以对图形对象进行移动、复制、阵列、修剪、删除等多种操作，从而快速生成复杂的图形。

本章重点讲解二维图形3编辑命令的使用方法。

5.1 选择对象的方法

在对图形对象进行编辑修改之前，首先，要对亟待编辑的图形进行选择。在AutoCAD中，图形对象被选中后，便以虚线高亮显示，这些对象构成了选择集。选择集可以包含单个对象，也可以包含复杂的对象编组。

本节介绍在AutoCAD中常用的几种选择对象的方法。

5.1.1 直接选取

直接选取也可称为点取对象，将鼠标的拾取点移动到欲选取对象上，然后，单击即可完成选择对象的操作，如图5-1所示。

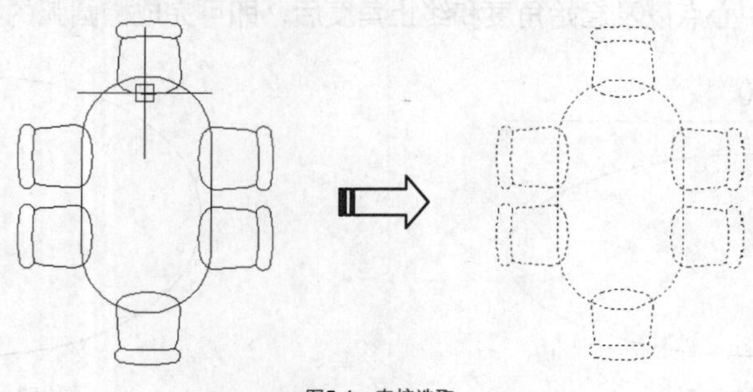

图5-1 直接选取

提示：连续单击需要选择的对象，可以同时选择多个对象。按下【Shift】键并再次单击已经选中的对象，可以将这些对象从当前选择集中删除。按【Esc】键，可以取消对当前全部选定对象的选择。

5.1.2 窗口选取

使用窗口选取对象，是以在图形上指定对角点的方式，定义矩形选取图形范围的一种选取方法。使用该方法选取图形对象时，从左往右拉出选择框，只有全部位于矩形窗口中的图形对象才会被选中，如图5-2所示。

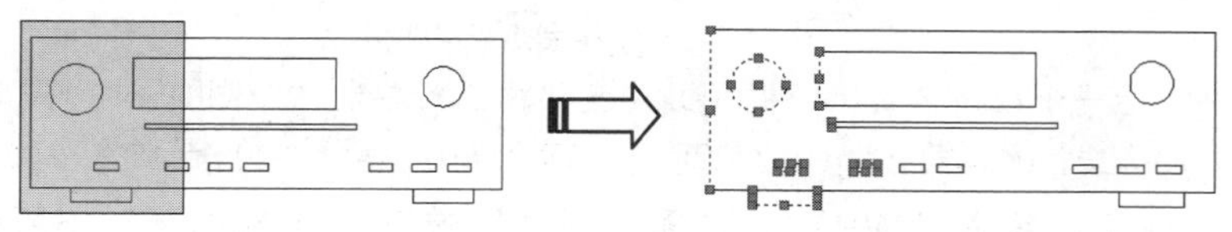

图5-2 窗口选取

5.1.3 加选和减选图形

图形对象被选中后，可能会因操作问题而导致某些需要选择的图形未被选中，而一些不需要的图形却被选中。针对此类情况，AutoCAD为用户提供了图形对象的加选和减选的方法。

在已经进行选择操作后的图形上执行加选图形的操作，需要按住【Alt】键不放，同时，单击需要加选的对象，即可将图形选中，而本来已经选中的图形则保持不变，如图5-3所示。

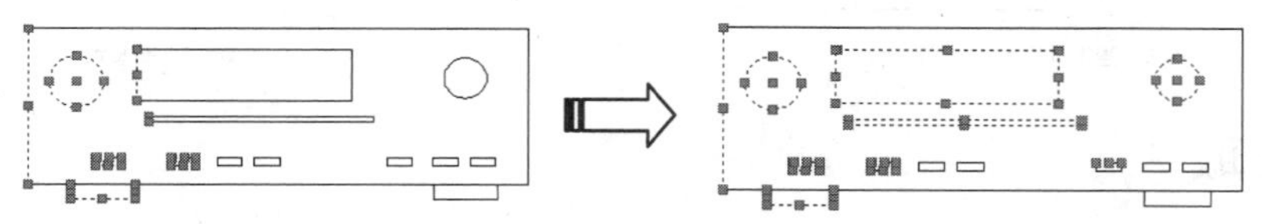

图5-3 加选图形

在已经进行选择操作后的图形上执行减选图形的操作，需要按住【Shift】键不放，同时，单击需要减选的对象，即撤销对图形的选择，而本来已经选中的图形则保持不变，如图5-4所示。

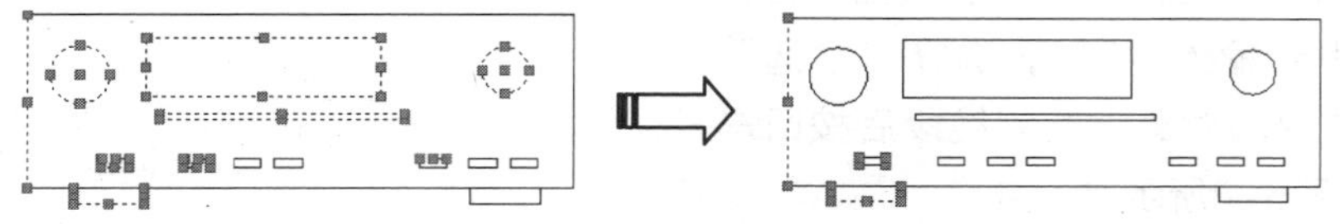

图5-4 减选图形

5.1.4 交叉窗口选取

交叉窗口选取对象的方式与窗口选取对象的方式恰好相反，该选取方法是从右往左拉出选择框，无论是全部还是部分位于选择框中的图形对象都将被选中，如图5-5所示。

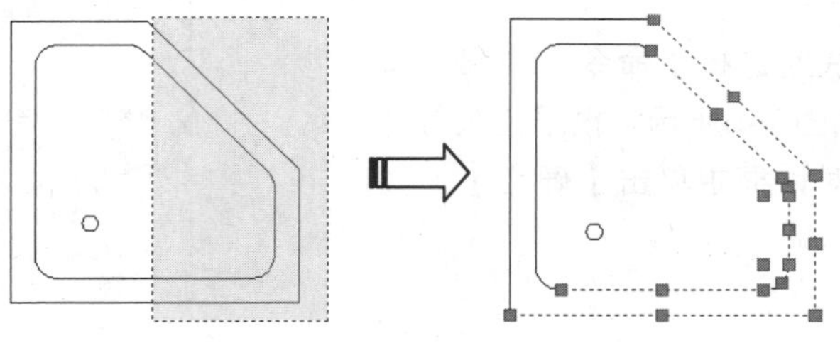

图5-5 交叉窗口选取

5.1.5 不规则窗口选取

不规则窗口的选取方式，是在图形对象上以指定若干点的方式定义不规则形状的区域来选择对象。

不规则窗口的选取包括圈围选取和圈交选取两种方式。

圈围选取是多边形窗口选择完全包含在内的对象，而圈交选取的多边形可以选择包含在内或相交的对象，相当于窗口选取和交叉窗口选取的区别。

在命令行中输入“SELECT”并按回车键，命令行提示如下：

```
命令: SELECT↙
选择对象:?                                    //在命令行中输入?
需要点或窗口(W)/上一个(L)/窗交(C)/框(BOX)/全部(ALL)/栏选(F)/圈围(WP)/圈交(CP)/编组(G)/
添加(A)/删除(R)/多个(M)/前一个(P)/放弃(U)/自动(AU)/单个(SI)/子对象(SU)/对象(O)
```

根据命令行的提示，输入“WP”，选择“圈围”选项，结果如图5-6所示；或者，输入“CP”，选择“圈交”选项，结果如图5-7所示。

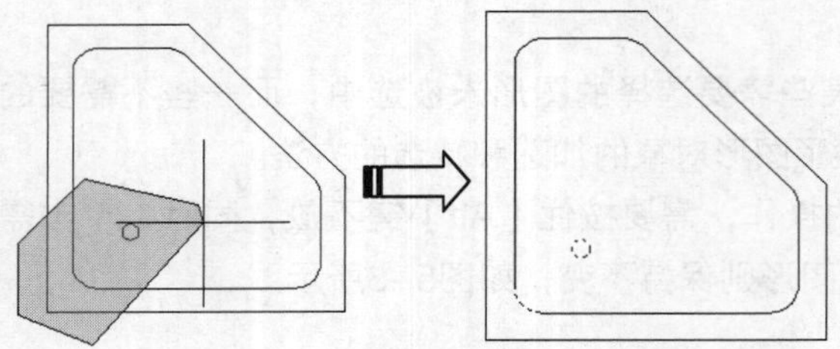

图5-6 圈围选取

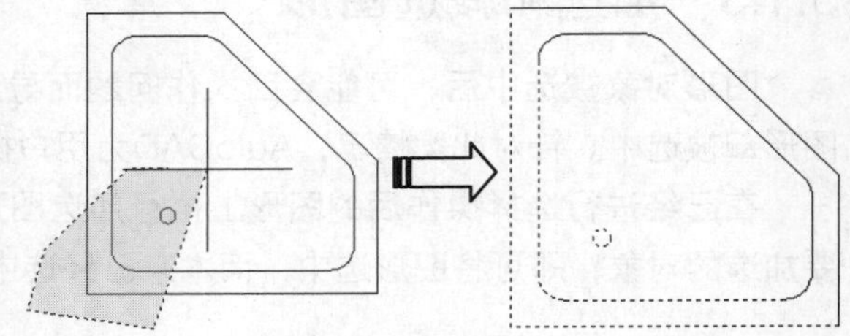

图5-7 圈交选取

5.1.6 栏选取

栏选取方式能够以画线的方式选择对象。所绘制的线可以由一段或多段直线组成，所有与其相交的对象均被选中。

在命令行中输入“SELECT”并按回车键，根据命令行的提示输入“F”，选择“栏选”选项，在需要选取的对象上绘制线段后按回车键，选取结果如图5-8所示。

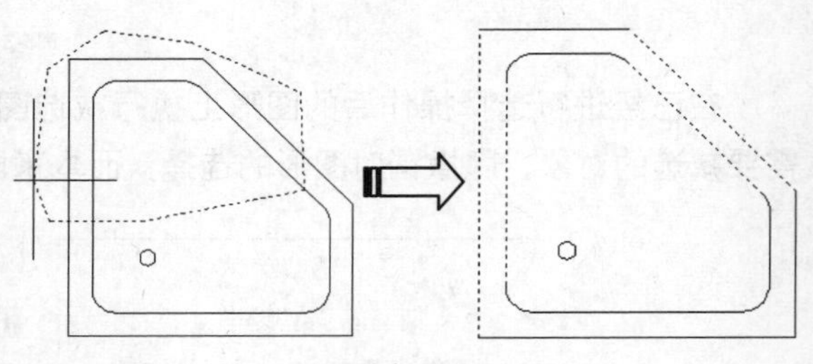

图5-8 栏选取

5.1.7 快速选择

快速选择方式可以根据图形对象的图层、线型、颜色、图案填充等特性和类型创建选择集，可以快速准确地从繁杂的图形中选择满足所需特性的图形对象。

执行【工具】|【快速选择】命令，弹出【快速选择】对话框，如图5-9所示。根据选取要求设置选择范围，在对话框中单击【确定】按钮，完成选择操作。

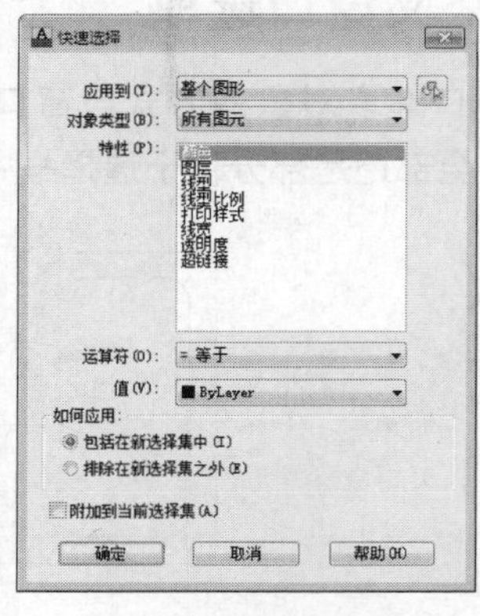

图5-9 【快速选择】对话框

5.2 移动和旋转对象

AutoCAD中的【移动】和【旋转】命令主要对图形的位置进行调整，该类工具在AutoCAD中地使用非常频繁，本节介绍【移动】命令和【旋转】命令的使用方法。

5.2.1 移动对象

【移动】命令可以在指定的方向上按指定距离移动对象。在执行命令的过程中，需要确定移动的对象，移动的基点和第二点这三个参数。

在AutoCAD中，调用【移动】命令的方式有3种。

- 命令行：在命令行中输入“MOVE / M”并按回车键。
- 工具栏：单击【修改】工具栏上【移动】按钮。
- 菜单栏：执行【修改】|【移动】命令。

【课堂举例5-1】移动对象

01 按Ctrl+O组合键，打开配套光盘提供的“第5章\5.2.1 移动对象”素材文件，结果如图5-10所示。

02 在命令行中输入“M”【移动】命令并按回车键，命令行提示如下：

```
命令： MOVE↙                                    //调用命令
选择对象： 找到 1 个                              //选择待移动的对象，如图5-11所示。
选择对象：
指定基点或 [位移(D)] <位移>:                      //指定基点，如图5-12所示。
指定第二个点或 <使用第一个点作为位移>:             //指定第二个点，如图5-13所示；完成图形的移动，结果
                                                  如图5-14所示。
```

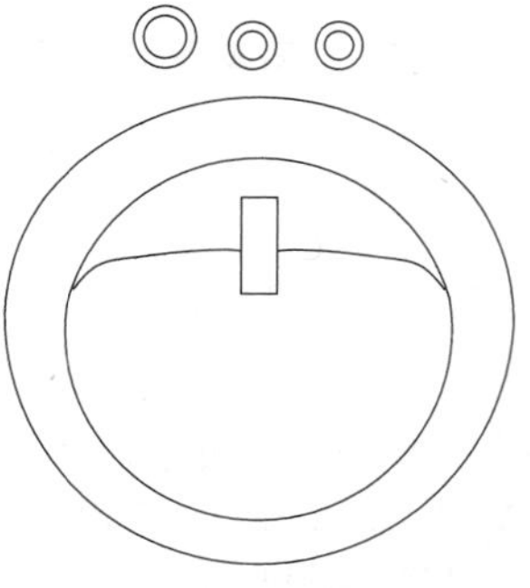

图5-10 打开素材

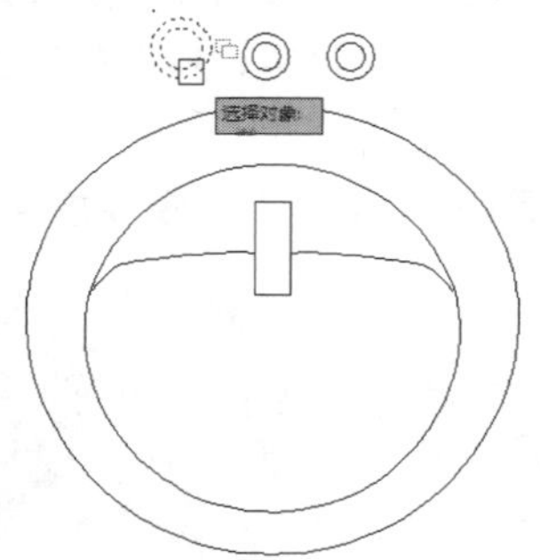

图5-11 选择对象

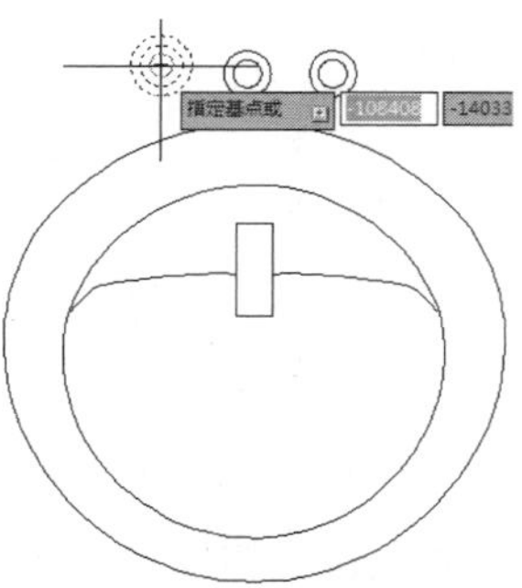

图5-12 指定基点

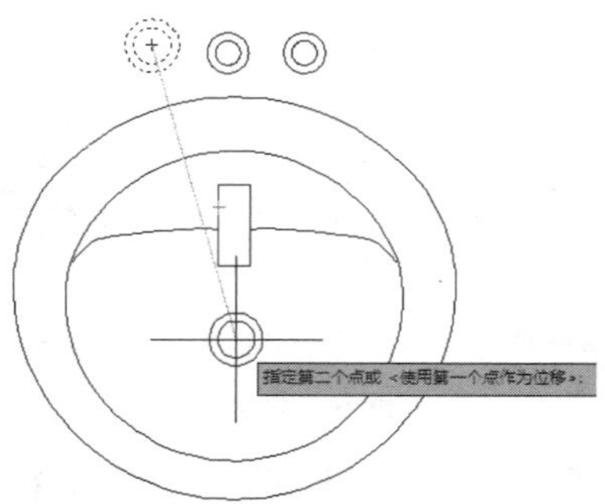

图5-13 指定第二个点

03 重复调用M【移动】命令，移动其他的图形，结果如图5-15所示。

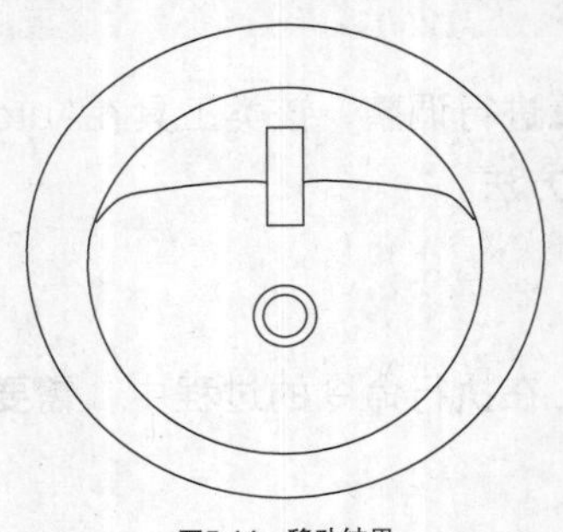
图5-14 移动结果

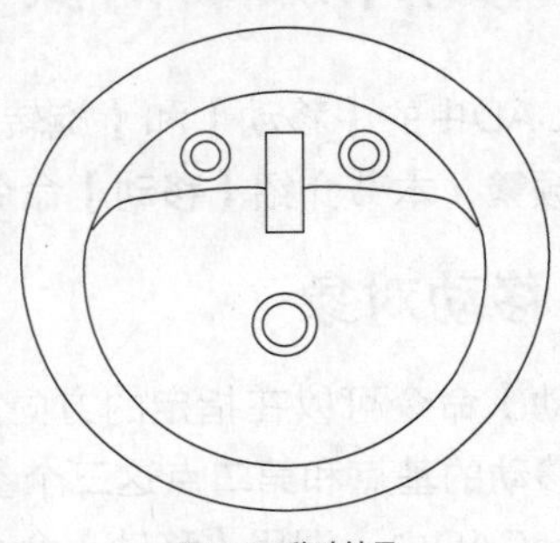
图5-15 移动结果

提示： 移动对象还可以利用输入坐标值的方式定义基点、目标的具体位置。

5.2.2 旋转对象

【旋转】命令可以将选定对象绕指定点旋转或旋转、复制任意角度，以调整图形的放置方向和位置。在AutoCAD中，调用【旋转】命令的方式有3种。

- 命令行：在命令行中输入“ROTATE / RO”并按回车键。
- 工具栏：单击【修改】工具栏上【旋转】按钮。
- 菜单栏：执行【修改】|【旋转】命令。

下面，介绍在AutoCAD中的两种旋转方法，即默认旋转和复制旋转。

1. 默认旋转

使用“默认旋转”方式旋转图形时，源对象按指定的旋转中心和旋转角度旋转至新位置，不保留对象的原始副本。

【课堂举例5-2】使用默认旋转方式旋转图形

01 按Ctrl+O组合键，打开配套光盘提供的“第5章\5.2.2 旋转对象”素材文件，结果如图5-16所示。

02 调用RO【旋转】命令并按回车键，命令行提示如下：

```
命令：ROTATE↙
UCS 当前的正角方向：  ANGDIR=逆时针  ANGBASE=0
选择对象：找到 1 个                              //选择对象，如图5-17所示
指定基点：                                       //指定旋转基点，如图5-18所示
指定旋转角度，或 [复制(C)/参照(R)] <0>： 35    //指定旋转角度，如图5-19所示；按回车键，完成
                                                  图形的旋转，结果如图5-20所示
```

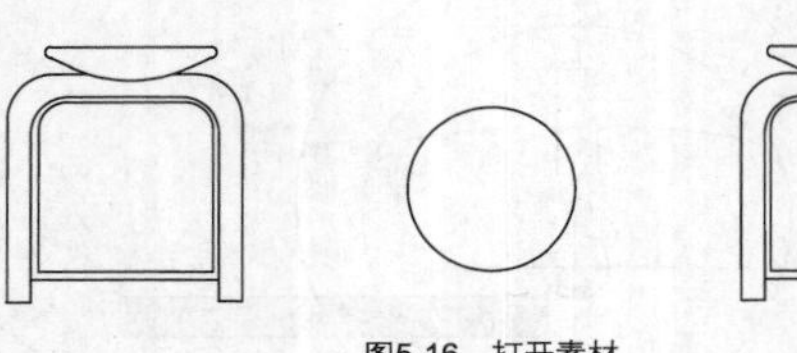
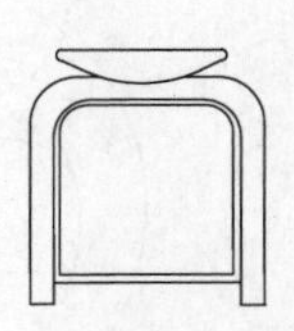
图5-16 打开素材

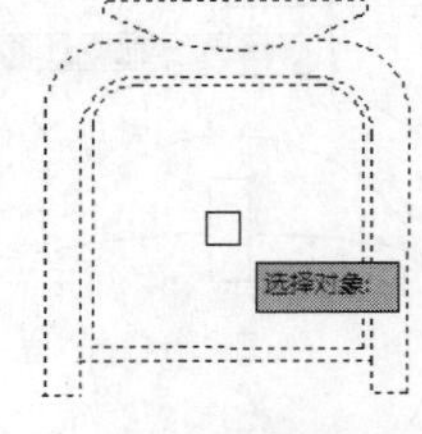

图5-17 选择对象

03 重复调用RO【旋转】命令并按回车键，对另一个椅子图形进行旋转操作，结果如图5-21所示。

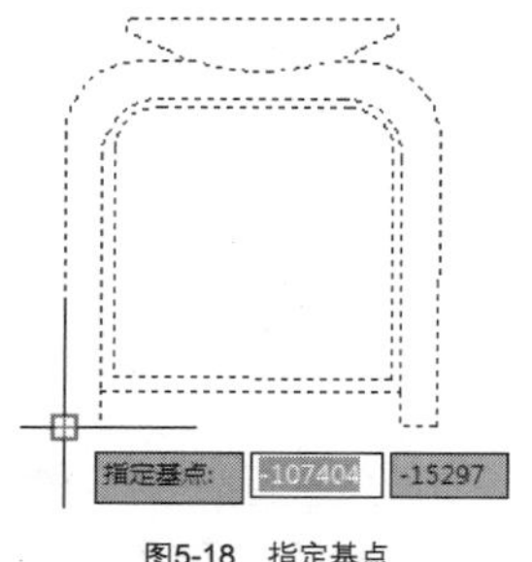

图5-18 指定基点

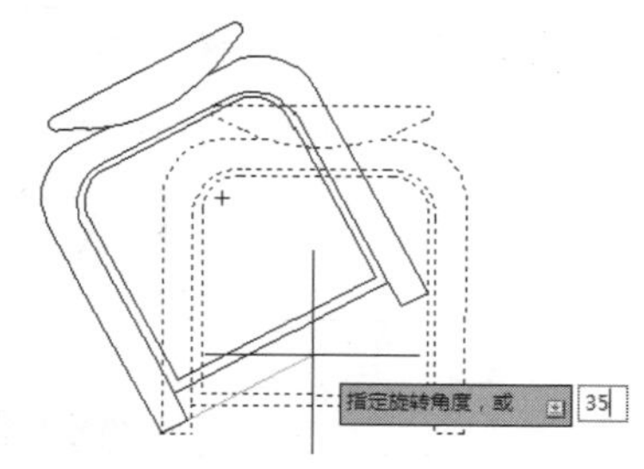

图5-19 指定旋转角度

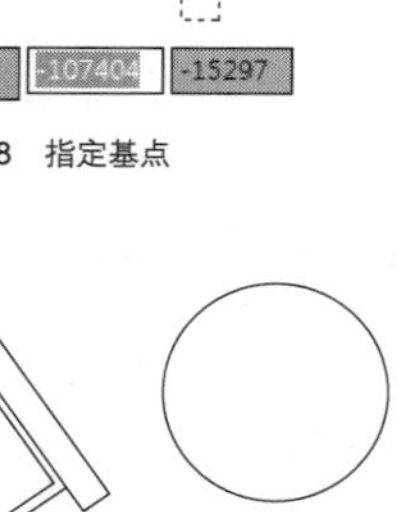

图5-20 旋转结果

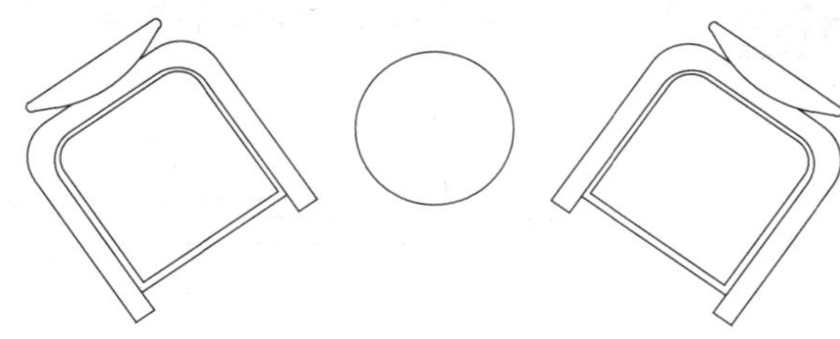

图5-21 操作结果

2. 复制旋转

使用“复制旋转”方式进行图形对象的旋转时，不仅可以将图形对象的放置方向调整一定的角度，还可以在旋转出新图形对象时保留源对象。

【课堂举例5-3】使用复制旋转方式旋转图形

01 按Ctrl+O组合键，打开配套光盘提供的“第5章\5.2.2 复制旋转对象”素材文件，结果如图5-22所示。

02 调用RO【旋转】命令并按回车键，命令行提示如下：

```
命令: ROTATE↙
UCS 当前的正角方向:  ANGDIR=逆时针   ANGBASE=0
选择对象: 找到 1 个
选择对象:                                //选择对象
指定基点:                                //指定旋转基点，如图5-23所示
指定旋转角度，或 [复制(C)/参照(R)] <270>:  C
                                         //输入C，选择“复制”选项，如图5-24所示
旋转一组选定对象。
指定旋转角度，或 [复制(C)/参照(R)] <270>:  -90
                                         //指定旋转角度，如图5-25所示；按回车键，完成图形
                                           的旋转，结果如图5-26所示
```

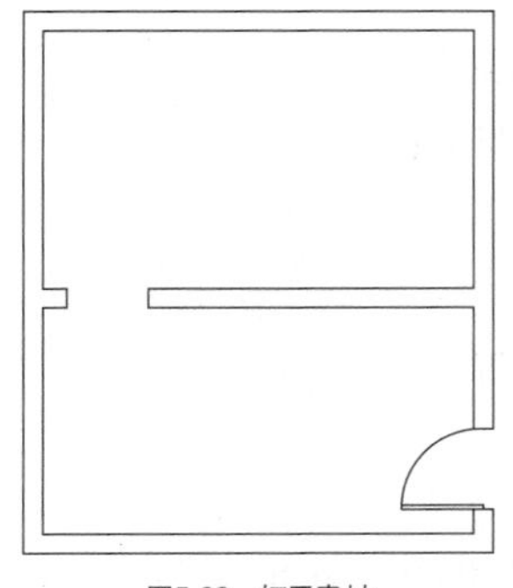

图5-22 打开素材

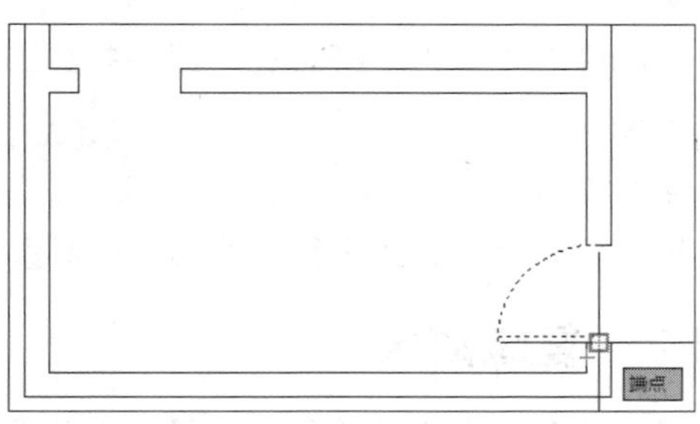

图5-23 指定旋转基点

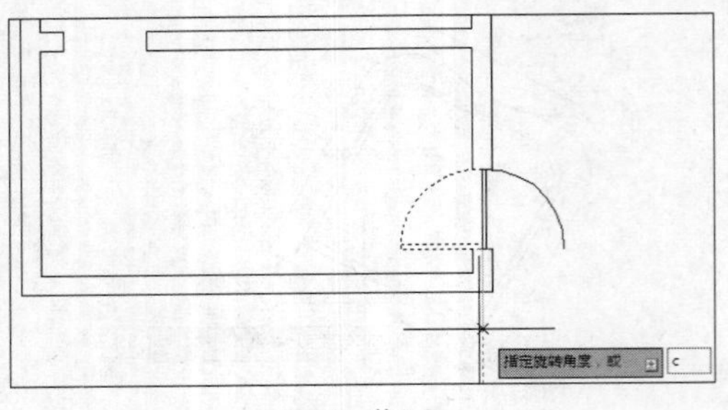

图5-24　输入C

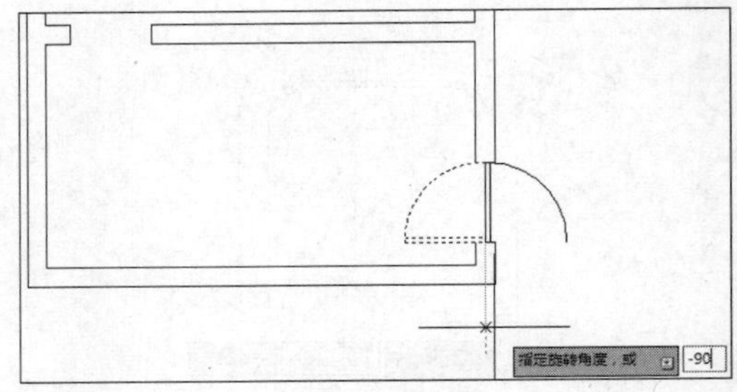

图5-25　指定角度

03 调用M【移动】命令，移动旋转后的门图形，结果如图5-27所示。

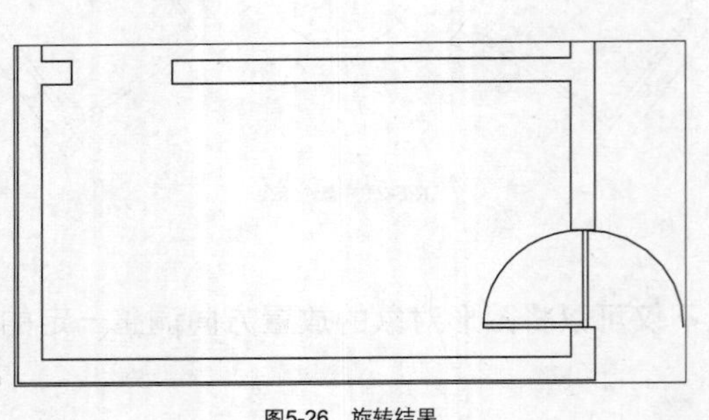

图5-26　旋转结果

图5-27　移动结果

提示：在AutoCAD中，逆时针旋转的角度为正值，顺时针旋转的角度为负值。

5.3 复制对象

AutoCAD为用户提供的复制对象命令，可以以现有图形对象为源对象，绘制出与源对象相同或相似的图形。该类命令实现了绘制图形的简捷化，在绘制具有重复性或近似性特点图形的时候，既可减少工作量，也可保证图形的准确性，以达到提高绘图效率和绘图精度的作用。

本节介绍复制对象命令的使用方法，包括删除、复制、镜像对象等命令的使用。

5.3.1 删除对象

调用【删除】命令，可以将所选择的图形对象进行删除。

在AutoCAD中，调用【删除】命令的方式有3种。

- 命令行：在命令行中输入“ERASE / E”并按回车键。
- 工具栏：单击【修改】工具栏上【删除】按钮。
- 菜单栏：执行【修改】|【删除】命令。

在命令行中输入“ERASE / E”并按回车键后，命令行提示如下：

```
命令：ERASE↙
选择对象：
```

调用命令后，选择亟待删除的图形对象，按回车键即可完成操作。

5.3.2 复制对象

调用【复制】命令，可以在不改变图形对象大小、方向的前提下，重新生成一个或多个与原对象参数相一致的图形。执行命令的过程中，需要确定复制对象、基点和第二点这三个参数。

在AutoCAD中，调用【复制】命令的方式有3种。

➢ 命令行：在命令行中输入“COPY / CO”并按回车键。

➢ 工具栏：单击【修改】工具栏上【复制】按钮。

➢ 菜单栏：执行【修改】|【复制】命令。

【课堂举例5-4】 复制对象

01 按Ctrl+O组合键，打开配套光盘提供的“第5章\5.2.3 复制对象”素材文件，结果如图5-28所示。

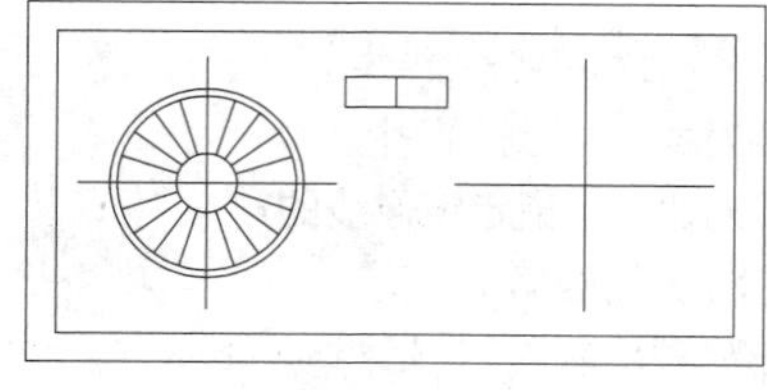

图5-28 打开素材

02 调用CO【复制】命令并按回车键，命令行提示如下：

```
命令：COPY↙
选择对象：找到 1 个                                  //选择对象，如图5-29所示
当前设置：  复制模式 = 多个
指定基点或 [位移(D)/模式(O)] <位移>:                  //指定基点，如图5-30所示
指定第二个点或 [阵列(A)] <使用第一个点作为位移>:      //指定第二个点，如图5-31所示；按回车键
                                                       结束绘制，结果如图5-32所示
```

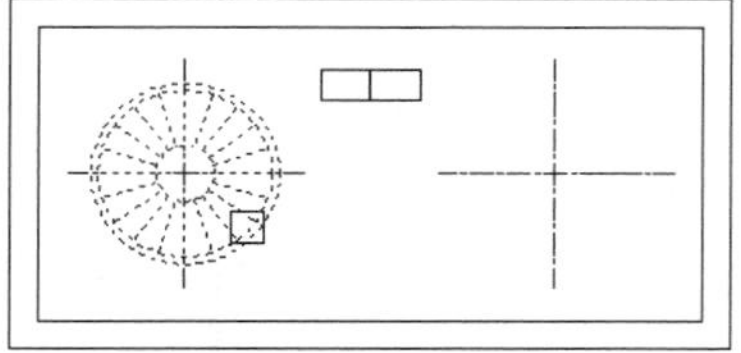

图5-29 选择对象

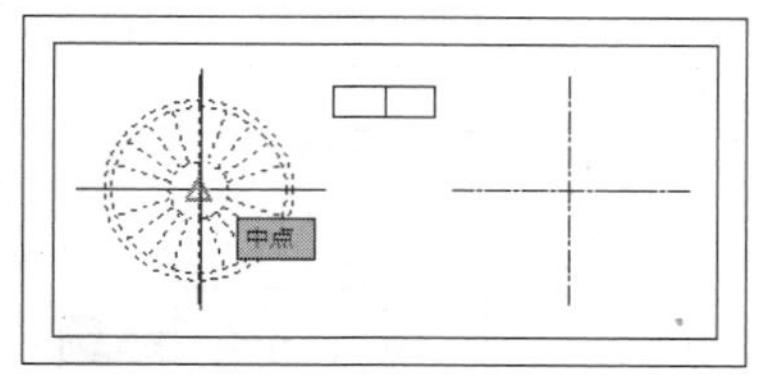

图5-30 指定基点

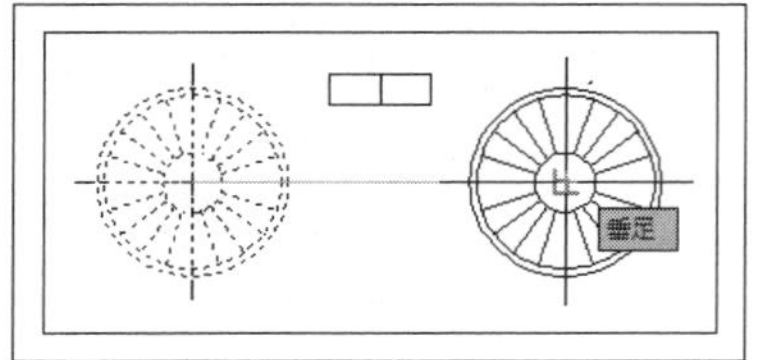

图5-31 指定第二个点

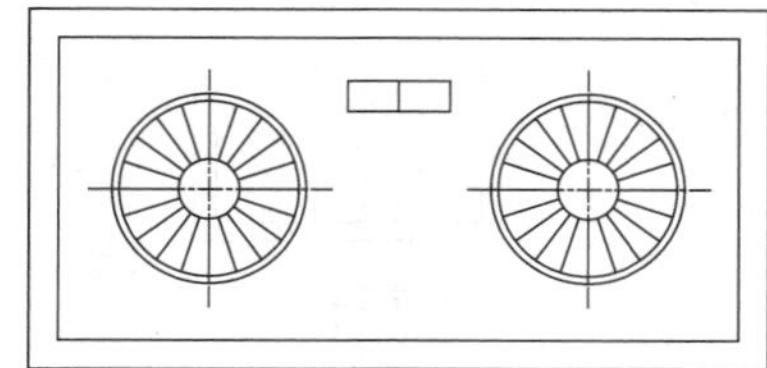

图5-32 复制结果

在AutoCAD 2013中，为【复制】命令增加了“[阵列(A)]”选项，在“指定第二个点或[阵列(A)]”命令行提示下输入“A”，即可以线性阵列的方式快速大量复制对象，从而大大提高了效率。

提示：执行【复制】命令时，AutoCAD系统默认的复制是多次复制，此时，根据命令行提示输入字母“O”，即可设置复制模式为单个或多个。

5.3.3 镜像对象

调用【镜像】命令，可以创建所选择对象的镜像副本。该命令常用于绘制结构规则且有对称特点的图形。

在AutoCAD中，调用镜像命令的方式有3种。

➢ 命令行：在命令行中输入“MIRROR/MI”并按回车键。

➢ 工具栏：单击【修改】工具栏上【镜像】按钮⚠。
➢ 菜单栏：执行【修改】|【镜像】命令。

【课堂举例5-5】镜像对象

01 按Ctrl+O组合键，打开配套光盘提供的“第5章\5.3.3 镜像对象”素材文件，结果如图5-33所示。

02 调用MI【镜像】命令并按回车键，命令行提示如下：

```
命令: MIRROR↙
选择对象: 找到 1 个                        //选择对象，如图5-34所示
选择对象:  指定镜像线的第一点:              //指定镜像线的第一点，如图5-35所示
指定镜像线的第二点:                        //指定镜像线的第二点，如图5-36所示
要删除源对象吗? [是(Y)/否(N)] <N>: N       //输入N，选择“否”选项，如图5-37所示；按回车键结
                                             束绘制，镜像复制结果如图5-38所示
```

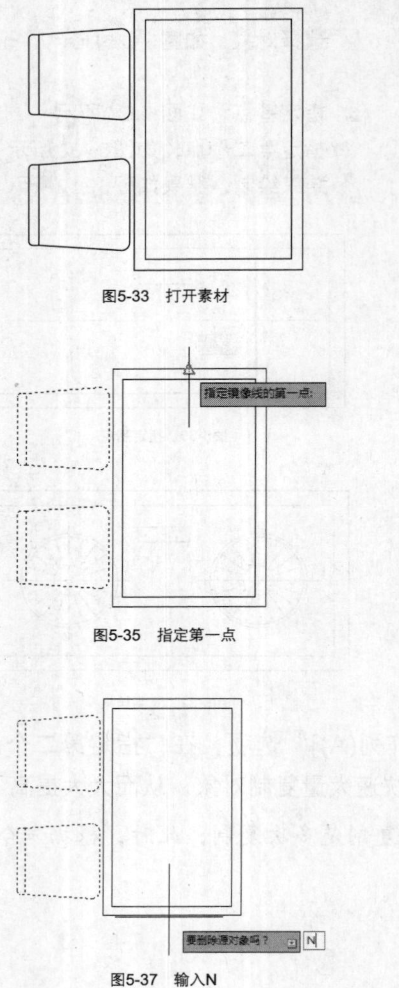

图5-33 打开素材

图5-35 指定第一点

图5-37 输入N

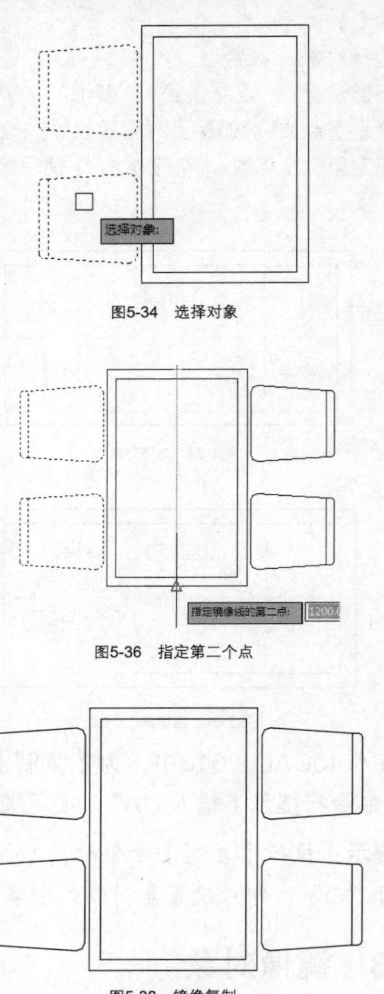

图5-34 选择对象

图5-36 指定第二个点

图5-38 镜像复制

5.3.4 偏移对象

调用【偏移】命令，可以创建与图形源对象成一定距离的形状相同或相似的新图形对象。直线、曲线、多边形、圆、弧等图形对象都可调用【偏移】命令来进行编辑修改。

在AutoCAD中，调用偏移命令的方式有3种。

- 命令行：在命令行中输入“OFFSET / O”并按回车键。
- 工具栏：单击【修改】工具栏上【偏移】按钮。
- 菜单栏：执行【修改】|【偏移】命令。

【课堂举例5-6】偏移对象

01 按Ctrl+O组合键，打开配套光盘提供的“第5章\5.3.4 偏移对象”素材文件，结果如图5-39所示。

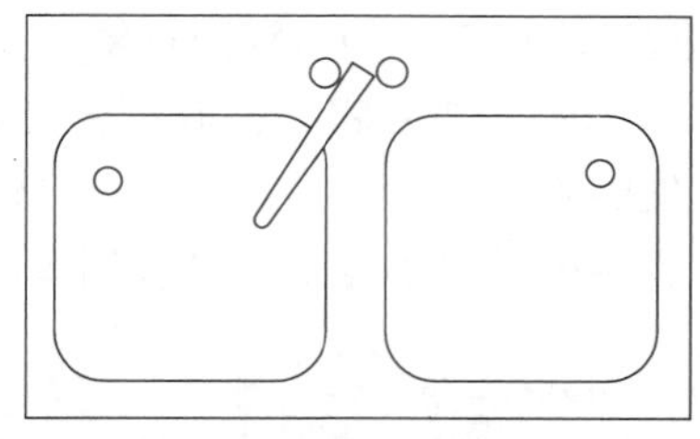

图5-39 打开素材

02 在调用O【偏移】命令并按回车键，命令行提示如下：

03 重复调用O【偏移】命令，继续绘制洗菜盆图形，结果如图5-43所示。

```
命令: OFFSET↙
当前设置: 删除源=否  图层=源  OFFSETGAPTYPE=0
指定偏移距离或 [通过(T)/删除(E)/图层(L)] <0>:   //指定偏移距离，如图5-40所示
选择要偏移的对象，或 [退出(E)/放弃(U)] <退出>:   //鼠标移至洗菜盆的外轮廓上
指定要偏移的那一侧上的点，或 [退出(E)/多个(M)/放弃(U)] <退出>:
                                              //单击洗菜盆的外轮廓，鼠标向内移动，如
                                                图5-41所示
选择要偏移的对象，或 [退出(E)/放弃(U)] <退出>:   *取消*
                                              //按Esc键退出绘制，偏移结果如图5-42所示
```

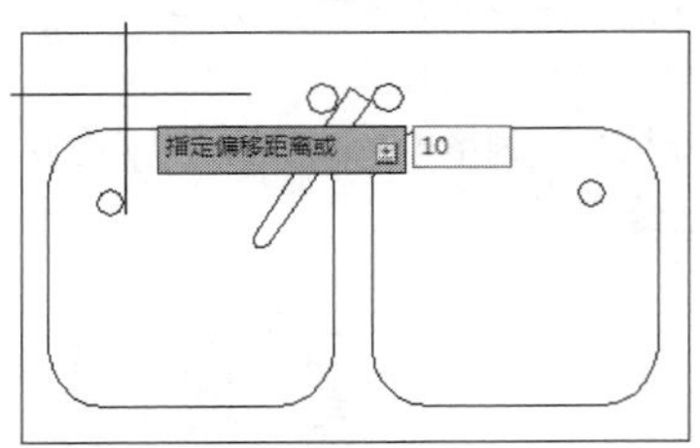

图5-40 指定偏移距离

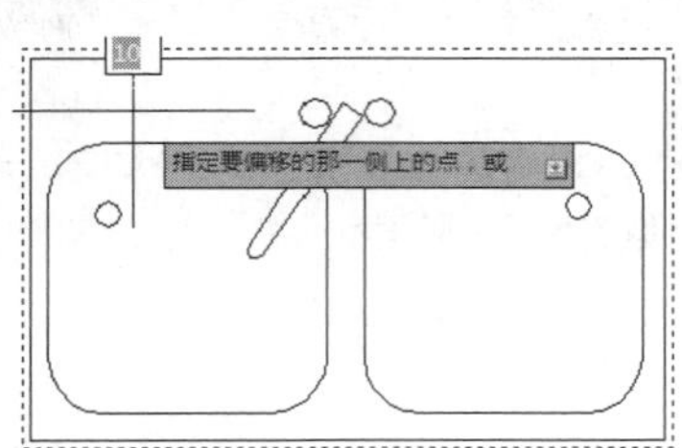

图5-41 鼠标向内移动

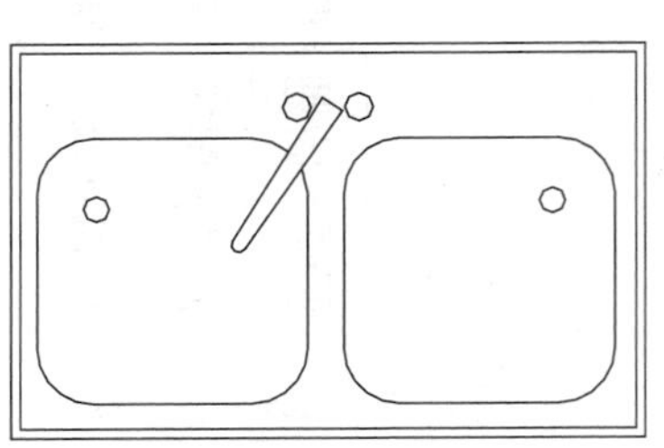

图5-42 偏移结果

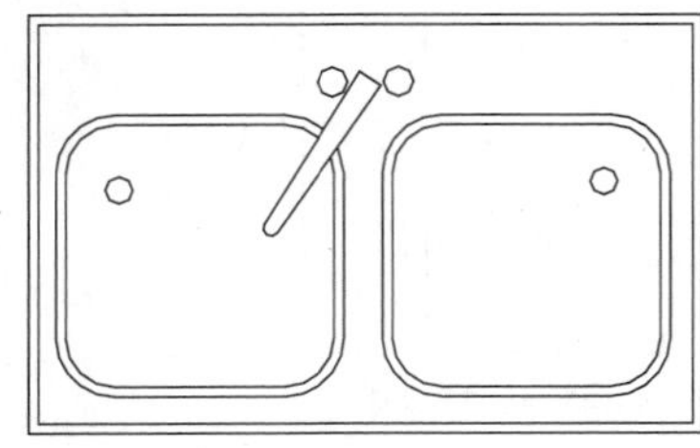

图5-43 绘制结果

5.3.5 阵列对象

AutoCAD为用户提供了3种阵列方式，分别是矩形阵列、极轴阵列、路径阵列，这3种阵列方式都按独有的阵列复制方法复制图形对象。本小节将为读者介绍这3种阵列方式的使用方法。

在AutoCAD中，调用【阵列】命令的方式有3种。

- 命令行：在命令行中输入“ARRAY/AR”并按回车键。

➢ 工具栏：单击【修改】工具栏上【阵列】按钮器。

➢ 菜单栏：执行【修改】|【阵列】命令。

1. 矩形阵列

矩形阵列命令是以控制行数、列数以及行和列之间的距离，或添加倾斜角度的方式，使选取的阵列对象成矩形方式进行阵列复制，从而创建出源对象的多个副本对象。

【课堂举例5-7】矩形阵列对象

01 按Ctrl+O组合键，打开配套光盘提供的“第5章\5.3.5 矩形阵列对象”素材文件，结果如图5-44所示。

02 调用AR【阵列】命令并按回车键，命令行提示如下：

```
命令：ARRAY↙
选择对象：找到 1 个                              //选择对象，如图5-45所示
选择对象：  输入阵列类型 [矩形(R)/路径(PA)/极轴(PO)] <矩形>：R
                                                 //输入R，选择“矩形”选项
类型 = 矩形   关联 = 是
选择夹点以编辑阵列或 [关联(AS)/基点(B)/计数(COU)/间距(S)/列数(COL)/行数(R)/层数(L)/退出(X)] <退出>：COL                    //输入COL，选择“列数”选项
输入列数数或 [表达式(E)] <4>：3
指定 列数 之间的距离或 [总计(T)/表达式(E)] <225>：390
选择夹点以编辑阵列或 [关联(AS)/基点(B)/计数(COU)/间距(S)/列数(COL)/行数(R)/层数(L)/退出(X)] <退出>：R                      //输入R，选择“行数”选项
输入行数或 [表达式(E)] <3>：2
指定 行数 之间的距离或 [总计(T)/表达式(E)] <1260>：-1010
                                                 //矩形阵列结果如图5-46所示
选择夹点以编辑阵列或 [关联(AS)/基点(B)/计数(COU)/间距(S)/列数(COL)/行数(R)/层数(L)/退出(X)] <退出>：*取消*                 //按Esc键退出绘制
```

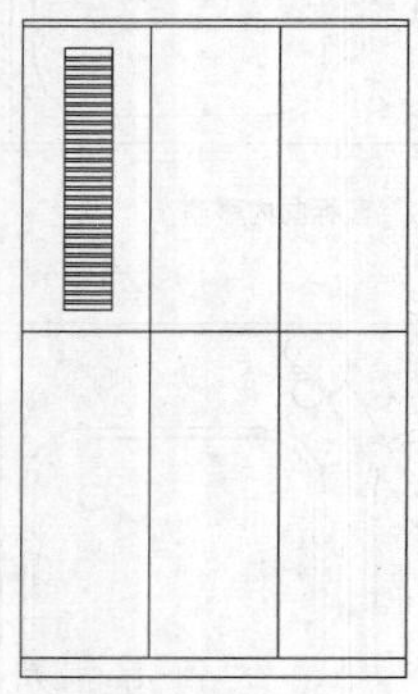

图5-44 打开素材

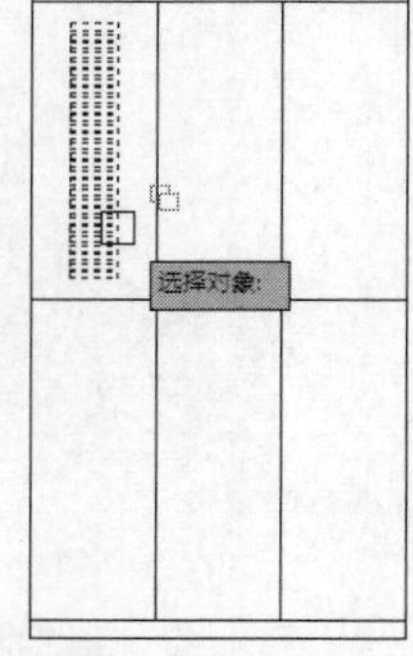

图5-45 选择对象

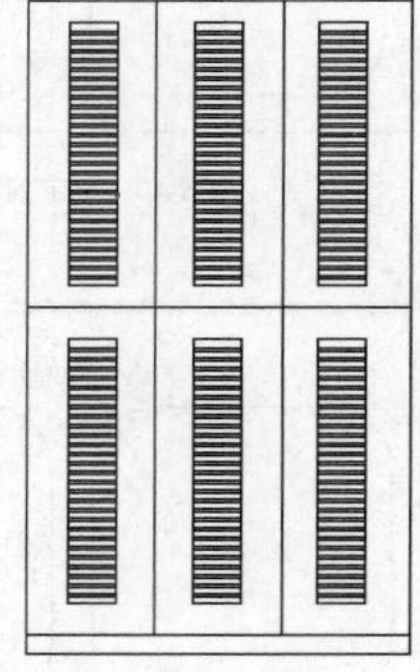

图5-46 矩形阵列

2. 路径阵列

路径阵列是沿路径或部分路径均匀分布对象副本。

【课堂举例5-8】路径阵列对象

01 按Ctrl+O组合键，打开配套光盘提供的“第5章\5.3.5 路径阵列对象”素材文件，结果如图5-47所示。

02 调用AR【阵列】命令并按回车键，命令行提示如下：

```
命令：ARRAY↙
选择对象：找到 1 个                          //选择五边形
选择对象： 输入阵列类型 [矩形(R)/路径(PA)/极轴(PO)] <路径>: PA
                                            //输入PA，选择“路径”选项
类型 = 路径  关联 = 是
选择路径曲线:                                //选择曲线
选择夹点以编辑阵列或 [关联(AS)/方法(M)/基点(B)/切向(T)/项目(I)/行(R)/层(L)/对齐项目(A)/Z 方向(Z)/退出(X)] <退出>: I       //输入I，选择“项目”选项
指定沿路径的项目之间的距离或 [表达式(E)] <189>: 250
最大项目数 = 10
指定项目数或 [填写完整路径(F)/表达式(E)] <10>: *取消*
选择夹点以编辑阵列或 [关联(AS)/方法(M)/基点(B)/切向(T)/项目(I)/行(R)/层(L)/对齐项目(A)/Z 方向(Z)/退出(X)] <退出>: *取消*    //路径阵列的结果如图5-48所示。
```

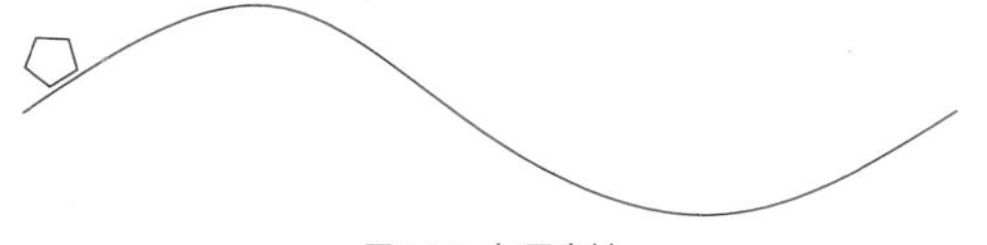
图5-47 打开素材

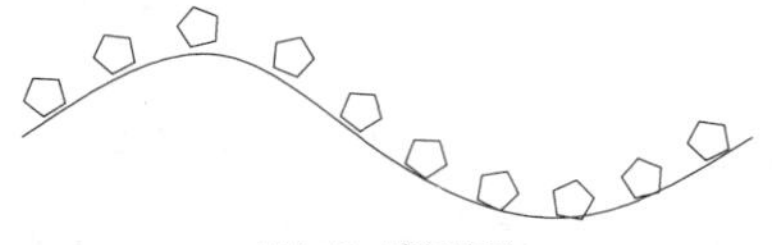
图5-48 路径阵列

3. **极轴阵列**

极轴阵列是通过围绕指定的圆心复制选定对象来创建阵列。

【课堂举例5-9】极轴阵列对象

01 按Ctrl+O组合键，打开配套光盘提供的“第5章\5.3.5 极轴阵列对象”素材文件，结果如图5-49所示。

02 调用AR【阵列】命令并按回车键，命令行提示如下：

```
命令：ARRAY↙
选择对象：找到 1 个                          //选择对象，如图5-50所示
选择对象： 输入阵列类型 [矩形(R)/路径(PA)/极轴(PO)] <路径>: PO
                                            //输入PO，选择“极轴”选项
类型 = 极轴  关联 = 是
指定阵列的中心点或 [基点(B)/旋转轴(A)]:        //指定图形的圆心为中心点
选择夹点以编辑阵列或 [关联(AS)/基点(B)/项目(I)/项目间角度(A)/填充角度(F)/行(ROW)/层(L)/旋转项目(ROT)/退出(X)] <退出>: I      //输入I，选择“项目”选项
输入阵列中的项目数或 [表达式(E)] <6>: 8       //指定阵列的项目数，阵列结果如图5-51所示
选择夹点以编辑阵列或 [关联(AS)/基点(B)/项目(I)/项目间角度(A)/填充角度(F)/行(ROW)/层(L)/旋转项目(ROT)/退出(X)] <退出>: *取消*    按Esc键退出绘制
```

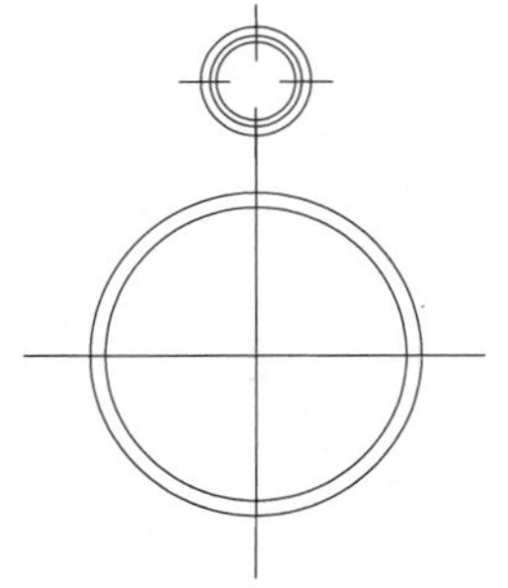
图5-49 打开素材

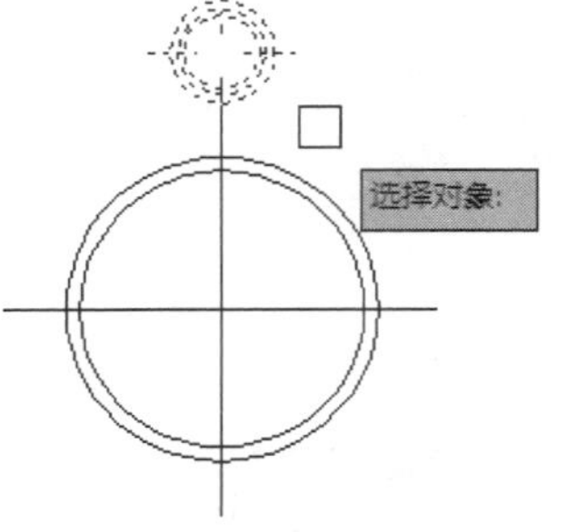

图5-50 选择对象

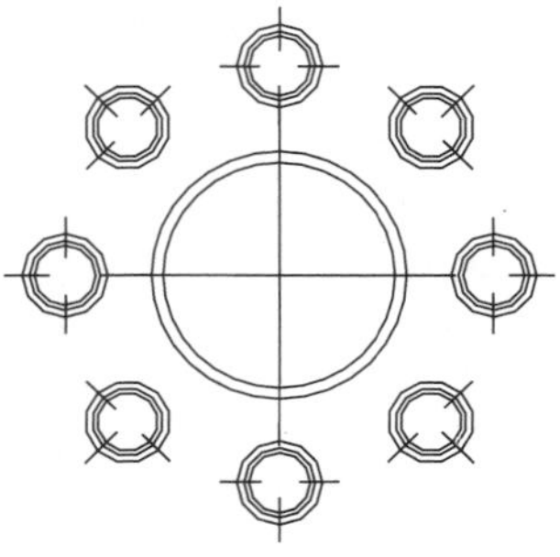
图5-51 极轴阵列

5.4 修整对象

AutoCAD为用户提供的修整图形对象的命令包括【修剪】命令、【延伸】命令、【缩放】命令、【拉伸】命令。其中，【修剪】和【延伸】命令可以剪短或延长对象，以与其他对象的边相接；【缩放】和【拉伸】命令可以在一个方向上调整对象的大小或按比例增大或缩小对象。

本节为读者介绍AutoCAD中修整图形对象命令的使用方法。

5.4.1 缩放对象

调用【缩放】命令，可以将图形对象以指定的缩放基点为缩放参照，放大或缩小一定比例，创建出与源对象成一定比例且形状相同的新图形对象。

在执行命令的过程中，需要确定缩放对象、基点和比例因子三个参数。

比例因子即缩小或放大的比例值，比例因子大于1时，缩放结果是使图形变大，反之，则使图形变小。

在AutoCAD中，调用【缩放】命令的方式有3种。

- 命令行：在命令行中输入“SCALE / SC”并按回车键。
- 工具栏：单击【修改】工具栏上【缩放】按钮。
- 菜单栏：执行【修改】|【缩放】命令。

【课堂举例5-10】缩放对象

01 按Ctrl+O组合键，打开配套光盘提供的“第5章\5.4.1 缩放对象”素材文件，结果如图5-52所示。

02 调用SC【缩放】命令并按回车键，命令行提示如下：

```
命令: SCALE↙
选择对象: 找到 1 个                          //选择对象，如图5-53所示
指定基点:                                    //指定基点，如图5-54所示
指定比例因子或 [复制(C)/参照(R)]:             //指定比例因子，如图5-55所示；缩放结果如图5-56所示
*取消*                                       //按回车键退出绘制
```

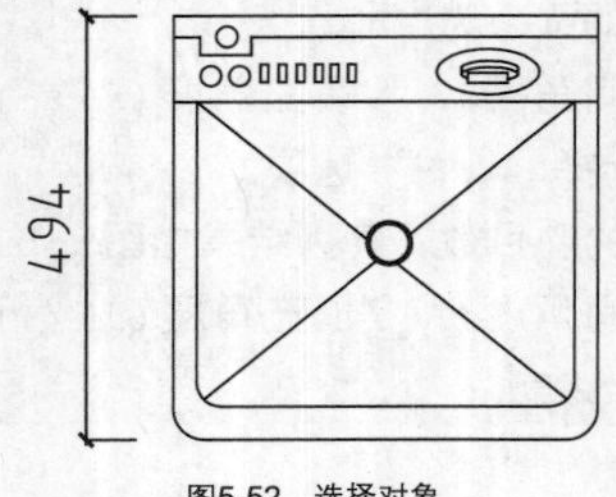

图5-52 选择对象

图5-53 选择对象

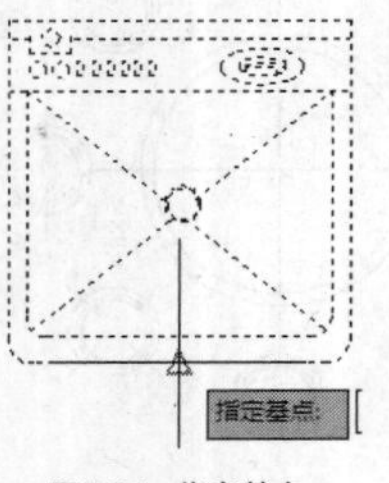

图5-54 指定基点

图5-55 指定比例因子

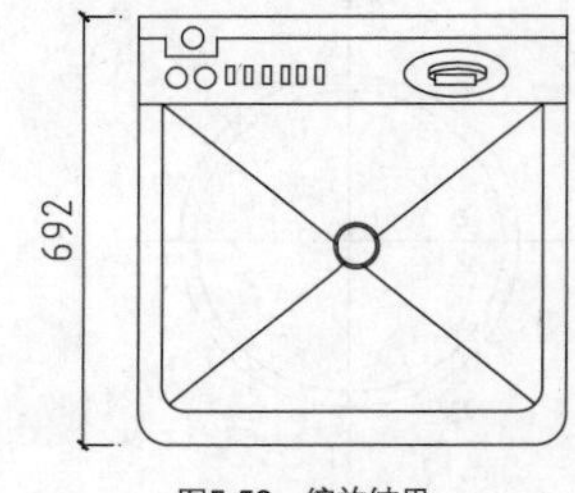

图5-56 缩放结果

5.4.2 拉伸对象

调用【拉伸】命令，通过沿拉伸路径平移图形夹点的位置，可以使图形产生拉伸变形的效果。它可以对选择的对象按规定方向和角度拉伸或缩短，并且，使对象的形状发生改变。

在AutoCAD中，调用【拉伸】命令的方式有3种。

- 命令行：在命令行中输入“STRETCH／S”并按回车键。
- 工具栏：单击【修改】工具栏上【拉伸】按钮。
- 菜单栏：执行【修改】|【拉伸】命令。

【课堂举例5-11】拉伸对象

01 按Ctrl+O组合键，打开配套光盘提供的“第5章\5.4.2 拉伸对象”素材文件，结果如图5-57所示。

02 调用S【拉伸】命令并按回车键，命令行提示如下：

```
命令：STRETCH↙
以交叉窗口或交叉多边形选择要拉伸的对象...
选择对象：指定对角点：找到 3 个                 //以交叉窗口的形式选择对象，结果如图5-58所示
指定基点或 [位移(D)] <位移>:                    //指定基点，如图5-59所示
指定第二个点或 <使用第一个点作为位移>：  700   //指定第二个点，如图5-60所示；拉伸结果如
                                                  图5-61所示
```

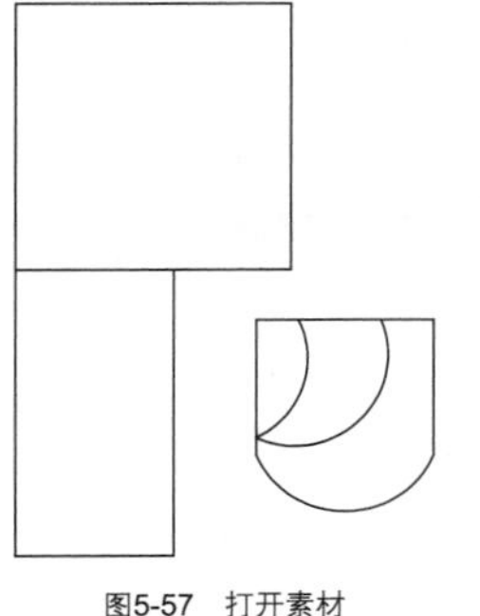

图5-57 打开素材

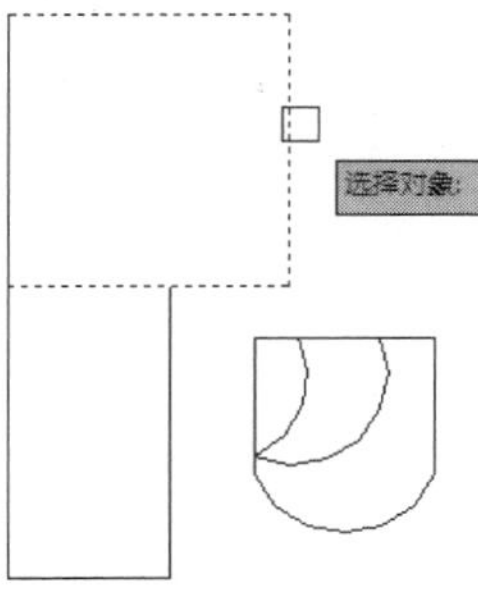

图5-58 选择对象

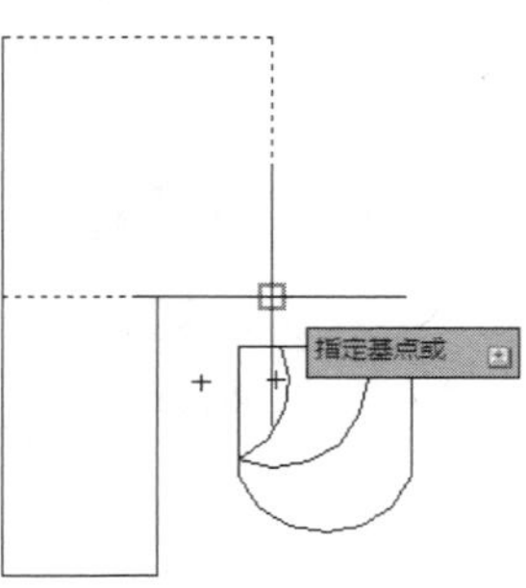

图5-59 指定基点

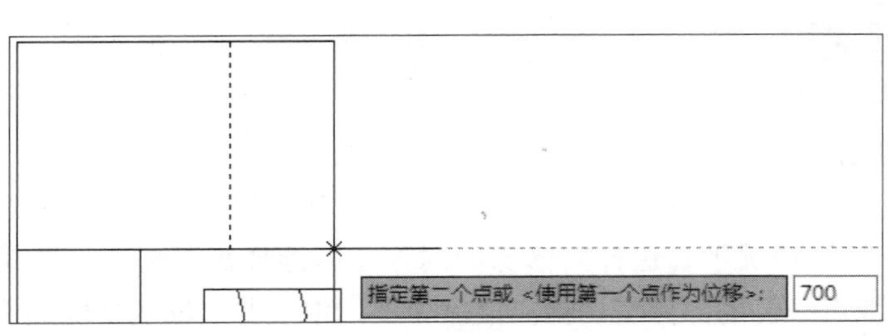

图5-60 指定第二个点

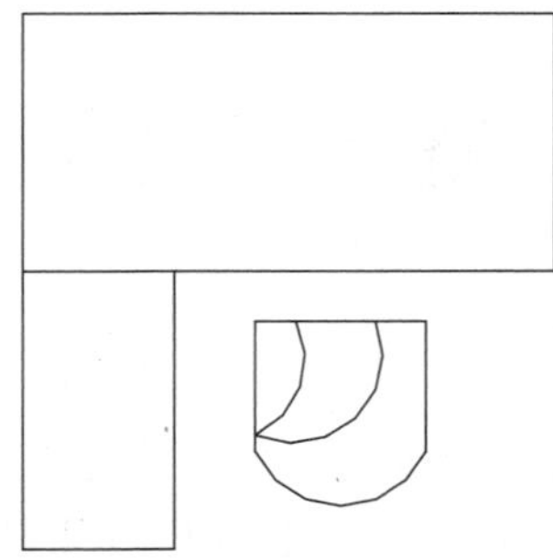

图5-61 拉伸结果

5.4.3 修剪对象

调用【修剪】命令，可以修剪线段以适应其他对象的边。

在AutoCAD中，调用修剪命令的方式有3种。

- 命令行：在命令行中输入“TRIM／TR”并按回车键。

- 工具栏：单击【修改】工具栏上【修剪】按钮。
- 菜单栏：执行【修改】|【修剪】命令。

【课堂举例5-12】修剪对象

01 按Ctrl+O组合键，打开配套光盘提供的“第5章\5.4.3 修剪对象”素材文件，结果如图5-62所示。

02 调用TR【修剪】命令并按回车键，命令行提示如下：

```
命令: TRIM↙                                              当前设置:投影=UCS, 边=无
选择剪切边...                                            //选择剪切边, 如图5-63所示
选择对象或 <全部选择>:  找到 1 个                        //选择对象, 如图5-64所示
选择对象:
选择要修剪的对象, 或按住 Shift 键选择要延伸的对象, 或
[栏选(F)/窗交(C)/投影(P)/边(E)/删除(R)/放弃(U)]:
选择要修剪的对象, 或按住 Shift 键选择要延伸的对象, 或
[栏选(F)/窗交(C)/投影(P)/边(E)/删除(R)/放弃(U)]:        //按Esc键退出绘制, 图形的修剪结果
                                                          如图5-65所示
```

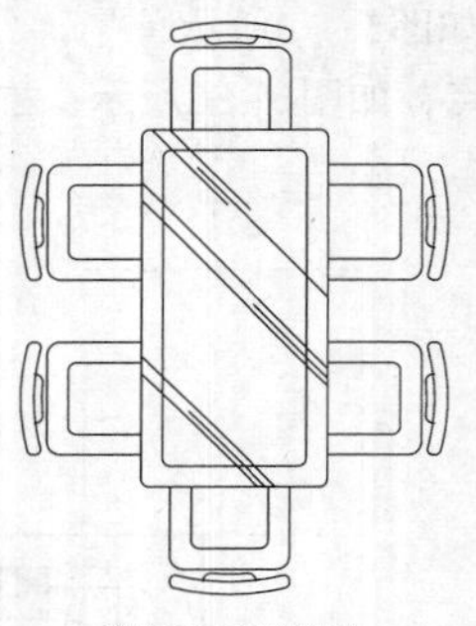

图5-62 打开素材

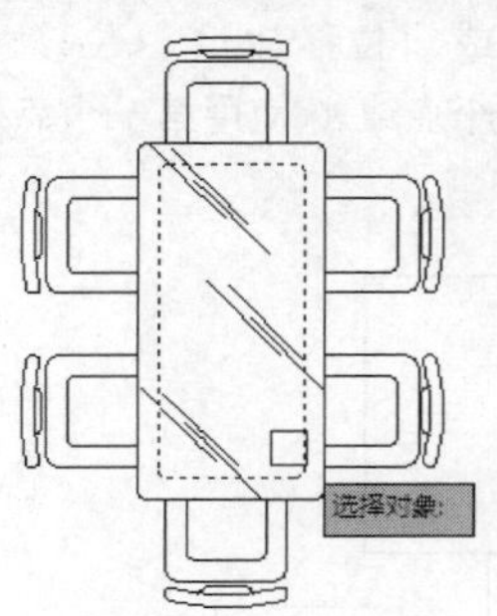

图5-63 选择剪切边

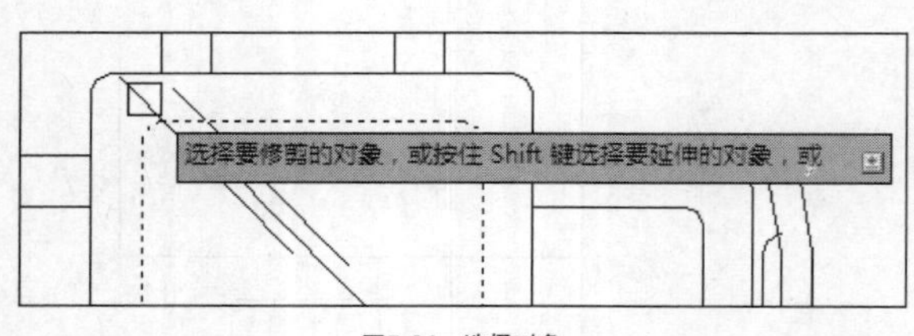

图5-64 选择对象

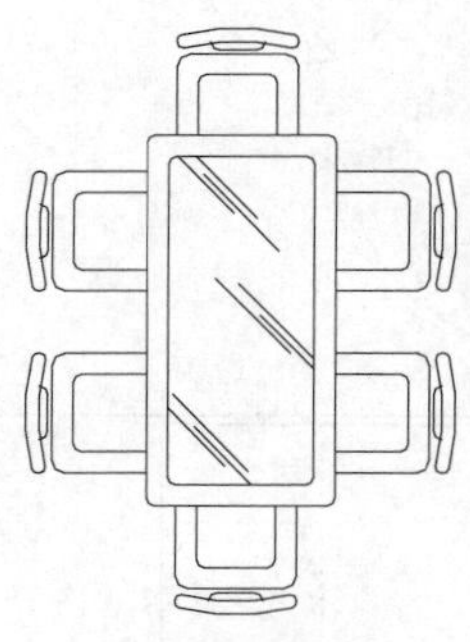

图5-65 修剪结果

剪切边也可以同时作为被剪边。默认情况下，选择要修剪的对象（即选择被剪边），系统将以剪切边为界，将被剪切对象上位于拾取点一侧的部分剪切掉。该命令提示中主要选项的功能如下。

- 投影：可以指定执行修剪的空间，主要应用于三维空间中两个对象的修剪，可将对象投影到某一平面上执行修剪操作。
- 边：选择该选项时，命令行显示“输入隐含边延伸模式 [延伸(E)/不延伸(N)] <延伸>：”提示信息。如果选择“延伸”选项，则当剪切边太短而且没有与被修剪对象相交时，可延伸修剪边，然后，进行修剪；如果选择“不延伸”选项，只有当剪切边与被修剪对象真正相交时，才能进行修剪。

➢ 放弃：取消上一次操作。

提示： 自AutoCAD 2002开始，修剪和延伸功能已经可以联用。在【修剪】命令中可以完成延伸操作，在【延伸】命令中也可以完成修剪操作。在【修剪】命令中，选择修剪对象时按住【Shift】键，可以将该对象向边界延伸；在【延伸】命令中，选择延伸对象时按住【Shift】键，可以将该对象超过边界的部分修剪、删除。

5.4.4 延伸对象

调用【延伸】命令，可以延伸线段以适应其他线段的边。

在使用【延伸】命令时，如果在按下【Shift】键的同时选择对象，则可以切换执行【修剪】命令。

在AutoCAD中，调用【延伸】命令的方式有3种。

➢ 命令行：在命令行中输入“EXTEND / EX”并按回车键。

➢ 工具栏：单击【修改】工具栏上【延伸】按钮--/。

➢ 菜单栏：执行【修改】|【延伸】命令。

【课堂举例5-13】延伸对象

01 按Ctrl+O组合键，打开配套光盘提供的“第5章\5.4.4 延伸对象”素材文件，结果如图5-66所示。

02 调用EX【延伸】命令并按回车键，命令行提示如下：

```
命令: EXTEND↙
当前设置:投影=UCS，边=无
选择边界的边...                              //选择边界的边，如图5-67所示
选择对象或 <全部选择>:   找到 1 个
选择要延伸的对象，或按住 Shift 键选择要修剪的对象，或[栏选(F)/窗交(C)/投影(P)/边(E)/放弃(U)]:
                                             //选择对象，如图5-68所示；延伸结果如图5-69所示
```

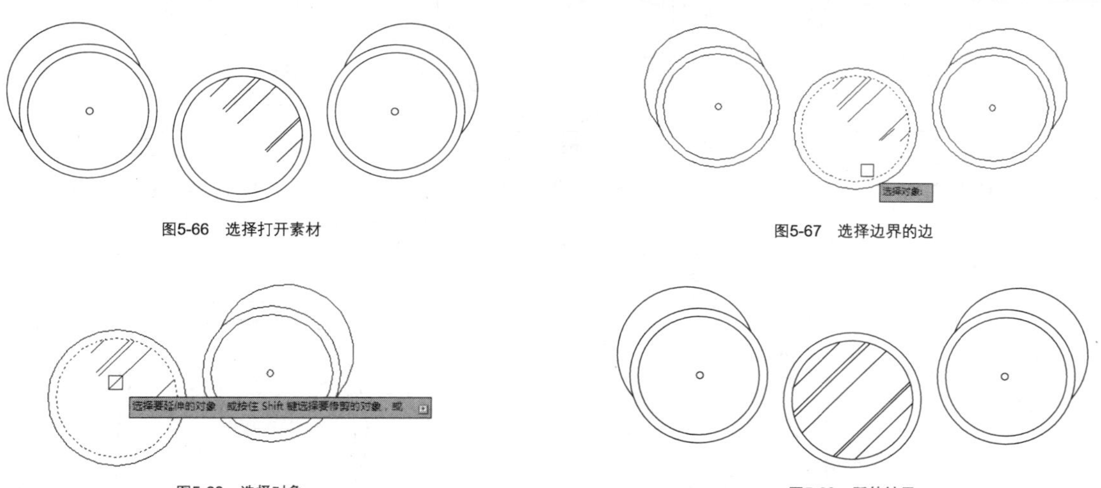

图5-66 选择打开素材

图5-67 选择边界的边

图5-68 选择对象

图5-69 延伸结果

5.5 打断、合并和分解对象

AutoCAD为用户提供了【打断】命令、【合并】命令、【光顺曲线】命令、【分解】命令，可以使图形在总体形状不变的情况下，对局部进行调整。

本节介绍这4种命令的操作方法。

5.5.1 打断对象

AutoCAD中打断对象的方式分为两种，分别是打断和打断于点。下面，介绍这两种方式的使用方法。

1. 打断

调用【打断】命令，可以在两点之间打断选定的对象。

在AutoCAD中，调用【打断】命令的方式有3种。

- 命令行：在命令行中输入“BREAK / BR”并按回车键。
- 工具栏：单击【修改】工具栏上【打断】按钮□。
- 菜单栏：执行【修改】|【打断】命令。

【课堂举例5-14】打断对象

01 按Ctrl+O组合键，打开配套光盘提供的“第5章\5.5.1 打断对象”素材文件，结果如图5-70所示。

02 调用BR【打断】命令并按回车键，命令行提示如下：

```
命令：_break↙
选择对象：                              //选择对象，如图5-71所示
指定第二个打断点 或 [第一点(F)]：F      //输入F，选择“第一点”选项
指定第一个打断点：                      //指定第一个打断点，如图5-72所示
指定第二个打断点：                      //指定第二个打断点，如图5-73所示；打断结果如图5-74
                                          所示
```

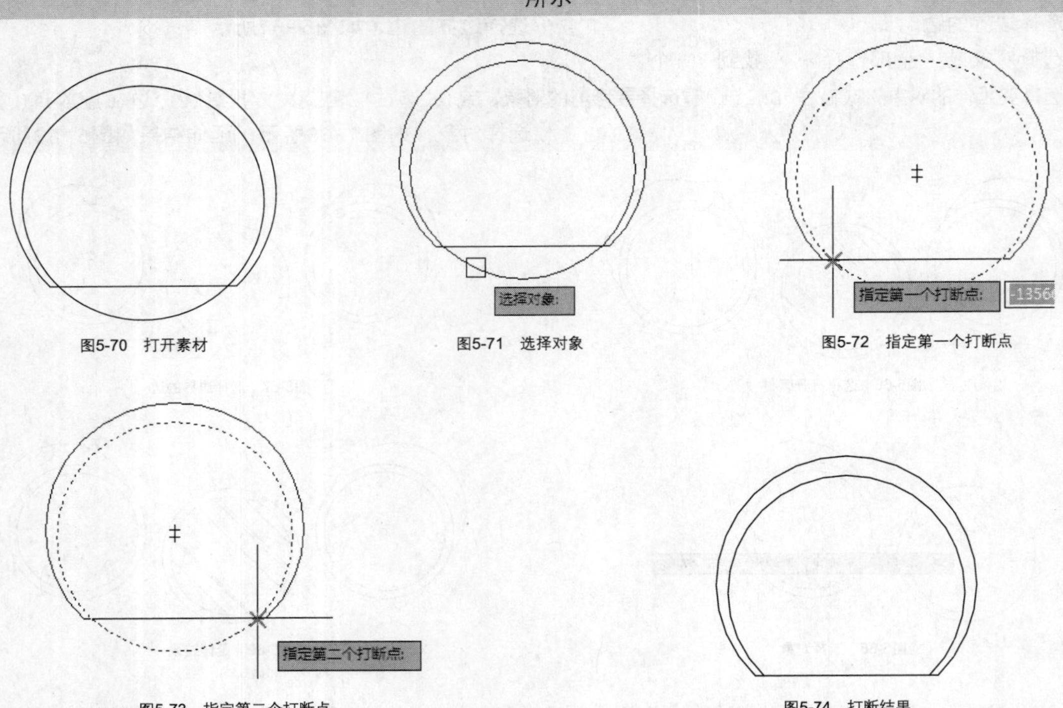

图5-70 打开素材　图5-71 选择对象　图5-72 指定第一个打断点

图5-73 指定第二个打断点　图5-74 打断结果

提示：在命令行输入字母“F”后，才能选择打断第一点。

2. 打断于点

调用【打断于点】命令，可以在一点打断选定的对象。

【课堂举例5-15】打断于点

01 按Ctrl+O组合键，打开配套光盘提供的“第5章\5.5.1 打断于点对象”素材文件，结果如图5-75所示。

02 单击【修改】工具栏上【打断于点】按钮，命令行提示如下：

```
命令：_break↙
选择对象：                      //选择对象，如图5-76所示
指定第二个打断点 或 [第一点(F)]：_f
指定第一个打断点：              //指定第一个打断点，如图5-77所示；打断结果如图5-78所示
指定第二个打断点：@
```

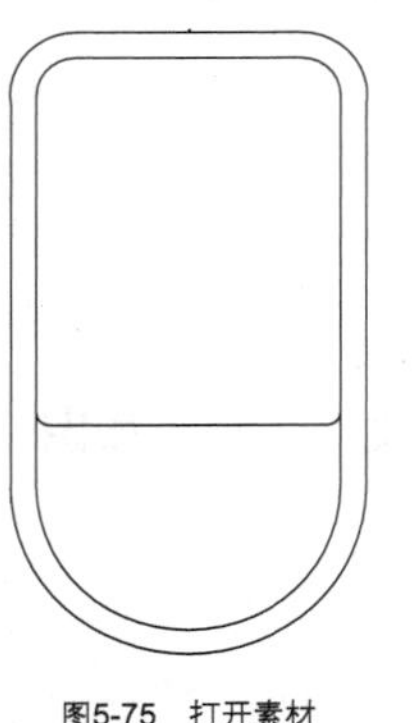

图5-75 打开素材

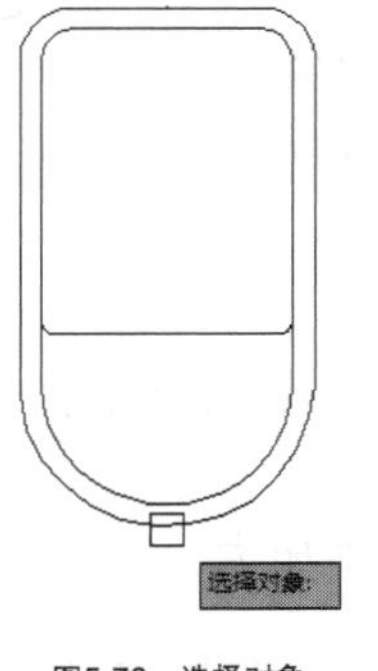

图5-76 选择对象

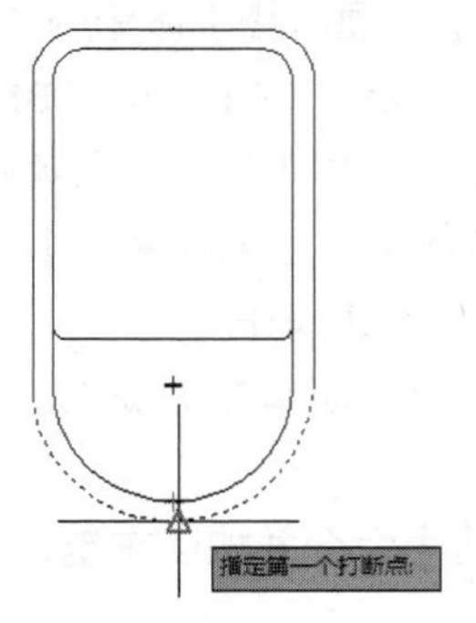

图5-77 指定第一个打断点

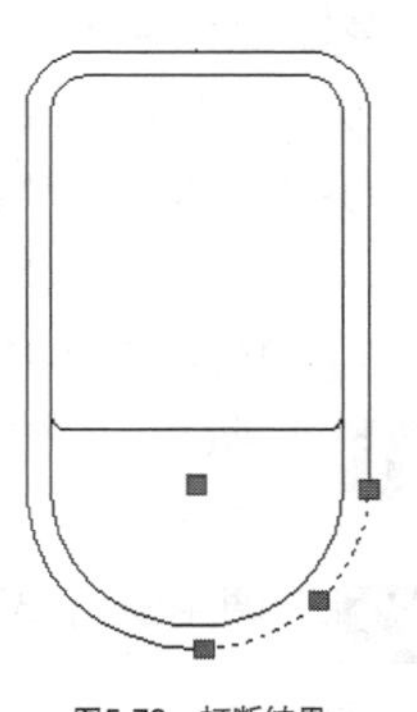

图5-78 打断结果

5.5.2 合并对象

调用【合并】命令，可以将独立的图形对象合并为一个整体。

在AutoCAD中，调用【合并】命令的方式有3种。

- 命令行：在命令行中输入“JOIN / J”并按回车键。
- 工具栏：单击【修改】工具栏上【合并】按钮。
- 菜单栏：执行【修改】|【合并】命令。

【课堂举例5-16】合并对象

01 按Ctrl+O组合键，打开配套光盘提供的“第5章\5.5.2 合并对象”素材文件，结果如图5-79所示。

02 调用J【合并】命令并按回车键，命令行提示如下：

```
命令：JOIN↙
选择源对象或要一次合并的多个对象：找到 1 个    //选择源对象，如图5-80所示
选择要合并的对象：找到 1 个，总计 2 个         //选择要合并的对象，如图5-81所示
选择要合并的对象：
2 条直线已合并为 1 条直线                      //合并结果如图5-82所示
```

图5-79 打开素材

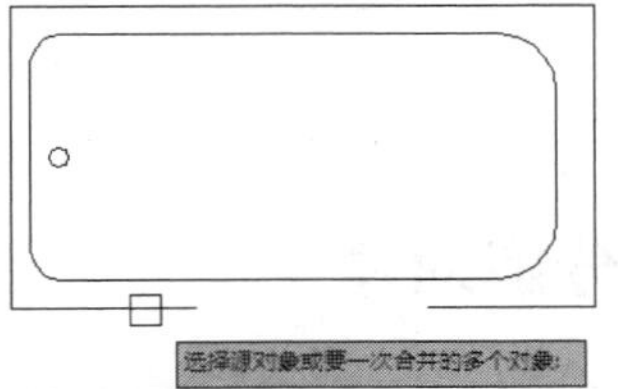

图5-80 选择源对象

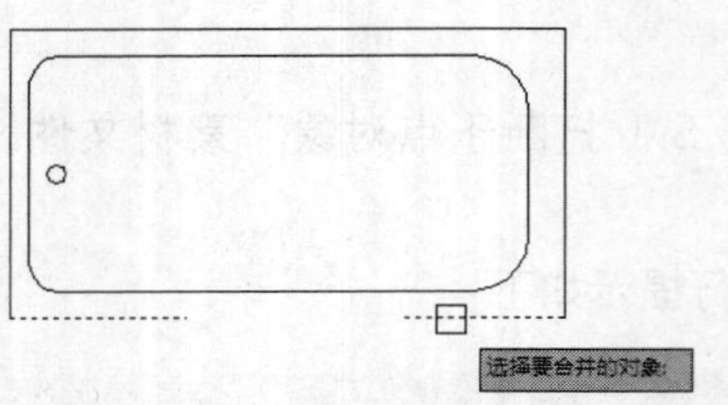

图5-81 选择要合并的对象

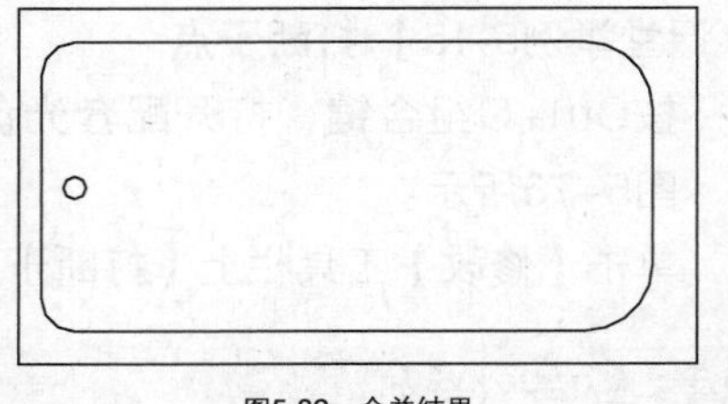
图5-82 合并结果

5.5.3 光顺曲线

调用【光顺曲线】命令，可以在两条开放曲线的端点之间创建相切或平滑的样条曲线。

在AutoCAD中，调用【光顺曲线】命令的方式有3种。

- 命令行：在命令行中输入“BLEND / BL”并按回车键。
- 工具栏：单击【修改】工具栏上【光顺曲线】按钮。
- 菜单栏：执行【修改】|【光顺曲线】命令。

【课堂举例5-17】光顺曲线操作

01 按Ctrl+O组合键，打开配套光盘提供的“第5章\5.5.3 光顺曲线”素材文件，结果如图5-83所示。

02 调用BL【光顺曲线】命令并按回车键，命令行提示如下：

```
命令: _BLEND↙
连续性 = 相切
选择第一个对象或 [连续性(CON)]:          //选择第一个对象，如图5-84所示
选择第二个点:                            //选择第二个点，如图5-85所示；绘制结果如图5-86所示
```

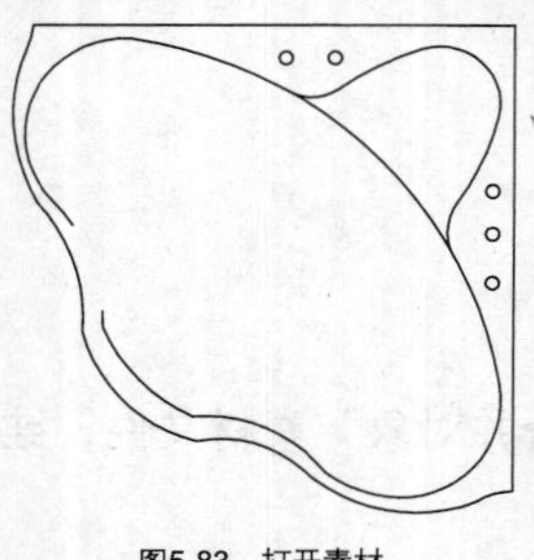
图5-83 打开素材

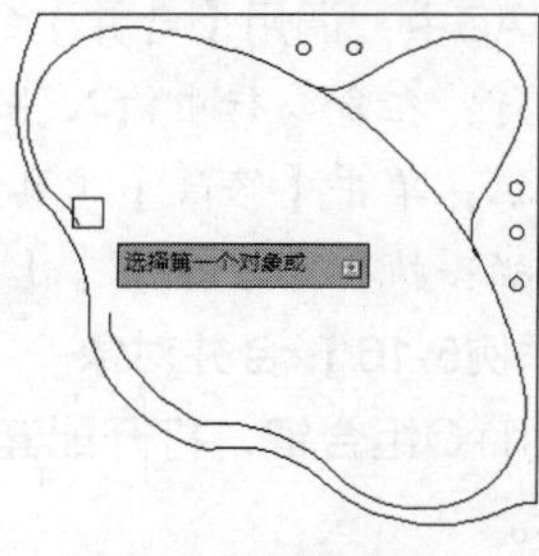

图5-84 选择第一个对象

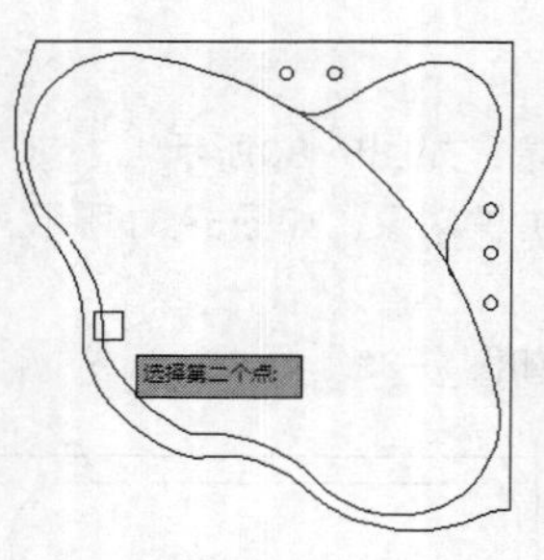

图5-85 选择第二个点

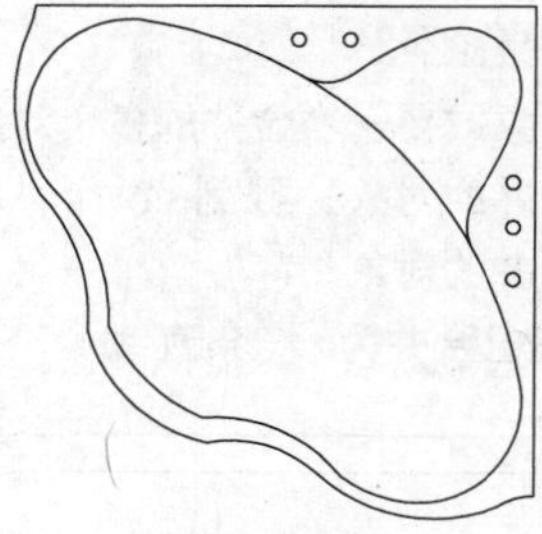
图5-86 绘制结果

5.5.4 分解对象

调用【分解】命令，将复合对象分解为其部件。

对于矩形、块、多边形以及各类尺寸标注等由多个对象组成的组合对象，如果需要对其中的单个对象进行编辑操作，就需要先利用【分解】命令将这些对象拆分为单个的图形对象，然后，再利用编辑工具进行编辑。

在AutoCAD中，调用【分解】命令的方式有3种。

- 命令行：在命令行中输入“EXPLODE／X”并按回车键。
- 工具栏：单击【修改】工具栏上【分解】按钮。
- 菜单栏：执行【修改】｜【分解】命令。

【课堂举例5-18】 分解对象

01 按Ctrl+O组合键，打开配套光盘提供的“第5章\5.5.4 分解对象”素材文件，结果如图5-87所示。

02 调用X【分解】命令并按回车键，命令行提示如下：

```
命令：EXPLODE↙
选择对象：                    //选择对象，如图5-88所示；按回车键，即可完成操作，结果如图5-89所示
```

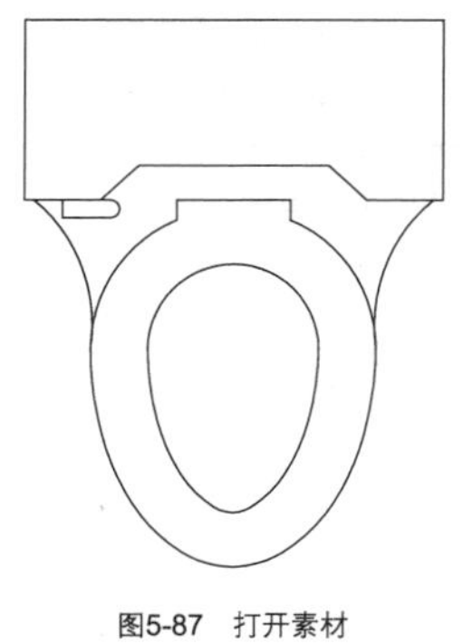
图5-87 打开素材

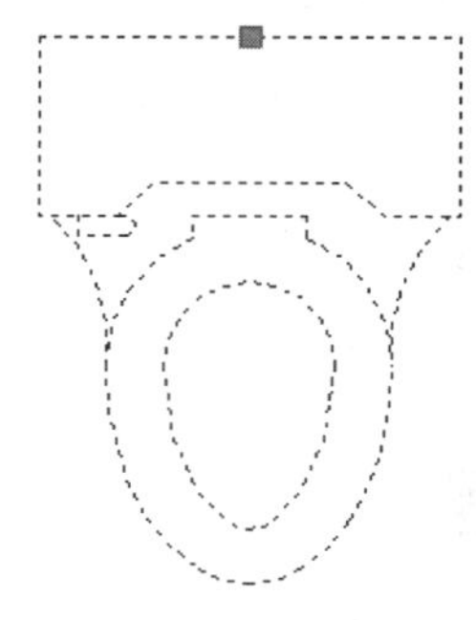
图5-88 选择对象

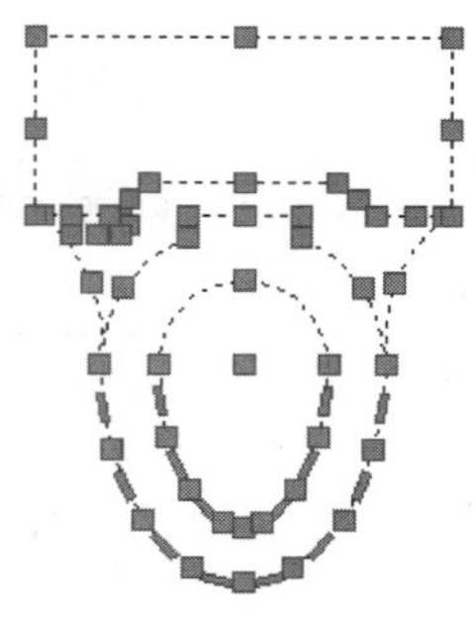
图5-89 图形分解

5.6 倒角和圆角对象

【倒角】和【圆角】命令可以使图形上的两表面在相交处以斜面或圆弧面过渡。以斜面形式过渡的称为倒角，以圆弧面形式过渡的称为圆角。在二维平面上，倒角和圆角分别用直线和圆弧过渡表示。

本节介绍【倒角】命令和【圆角】命令的操作方法。

5.6.1 倒角对象

调用【倒角】命令，可以将两条非平行直线或多段线以一斜线相连。

在AutoCAD中，调用【倒角】命令的方式有3种。

- 命令行：在命令行中输入“CHAMFER／CHA”并按回车键。
- 工具栏：单击【修改】工具栏上【倒角】按钮。
- 菜单栏：执行【修改】｜【倒角】命令。

【课堂举例5-19】 倒角对象

01 按Ctrl+O组合键，打开配套光盘提供的“第5章\5.6.1 倒角对象”素材文件，结果如图5-90所示。

02 调用CHA【倒角】命令并按回车键，命令行提示如下：

```
命令: CHAMFER↙
("修剪"模式) 当前倒角距离 1 = 700, 距离 2 = 700
选择第一条直线或 [放弃(U)/多段线(P)/距离(D)/角度(A)/修剪(T)/方式(E)/多个(M)]:  D
                                        //输入D, 选择"距离"
指定 第一个 倒角距离 <700>: 600
指定 第二个 倒角距离 <600>:
选择第一条直线或 [放弃(U)/多段线(P)/距离(D)/角度(A)/修剪(T)/方式(E)/多个(M)]:
                                        //选择第一条直线, 如图5-91所示
选择第二条直线, 或按住 Shift 键选择直线以应用角点或 [距离(D)/角度(A)/方法(M)]:
                                        //选择第二条直线, 如图5-92所示; 倒角结果如图5-93所示
```

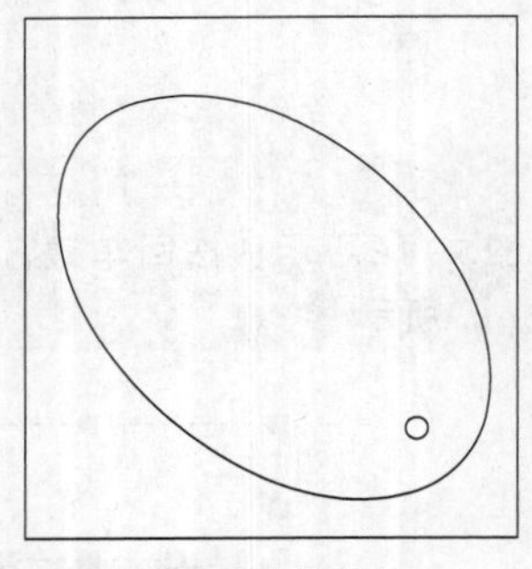

图5-90 打开素材

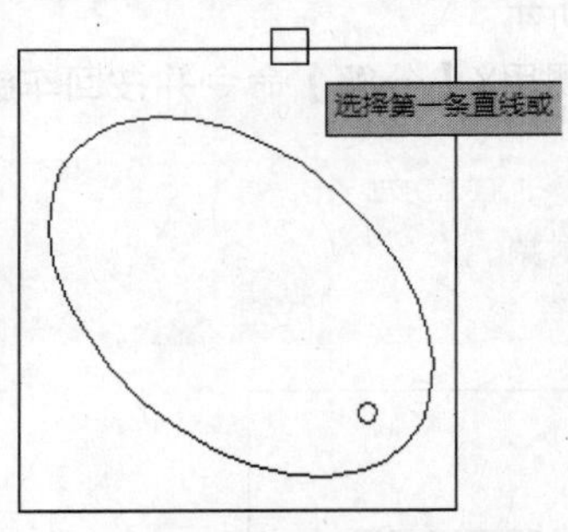

图5-91 选择第一条直线

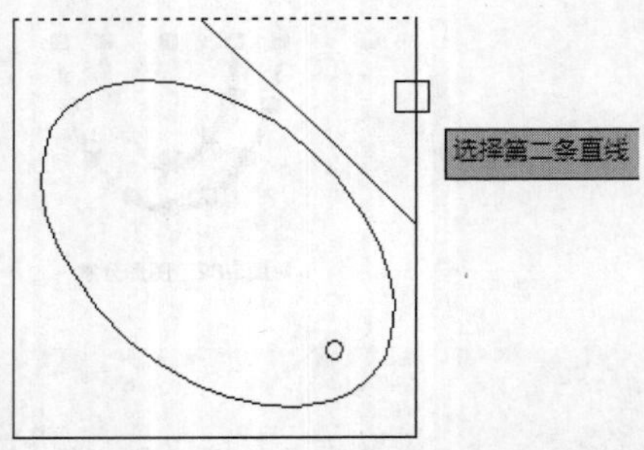

图5-92 选择第二条直线

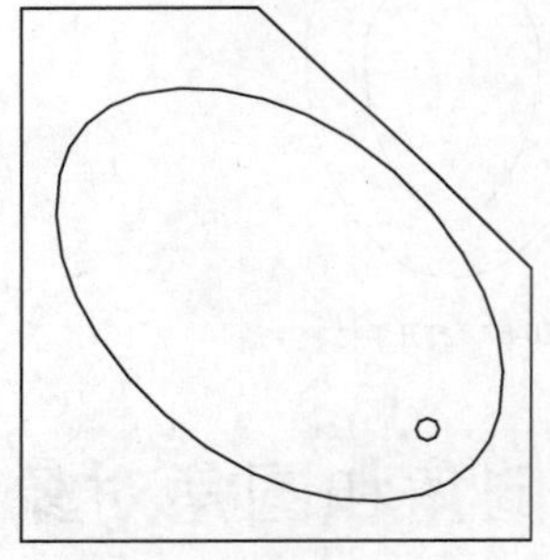

图5-93 倒角结果

该命令提示中主要选项的功能如下。

- 多段线（P）：以当前设置的倒角大小对多段线的各顶点（交点）倒角。
- 距离（D）：设置倒角距离尺寸。
- 角度（A）：根据第一个倒角距离和角度来设置倒角尺寸。
- 修剪（T）：倒角后是否保留原拐角边。
- 方式（E）：设置倒角方式，选择此选项命令行显示“输入修剪方法 [距离(D)/角度(A)] <距离>：”提示信息。选择其中一项，进行倒角。
- 多个（M）：对多个对象进行倒角。

提示： 绘制倒角时，倒角距离或倒角角度不能太大，否则倒角无效。

5.6.2 圆角对象

调用【圆角】命令可以将两条相交的直线通过一个圆弧连接起来。

在AutoCAD中，调用【圆角】命令的方式有3种。

> 命令行：在命令行中输入“FILLET / F”并按回车键。
> 工具栏：单击【修改】工具栏上【圆角】按钮□。
> 菜单栏：执行【修改】|【圆角】命令。

【课堂举例5-20】圆角对象

01 按Ctrl+O组合键，打开配套光盘提供的“第5章\5.6.2 圆角对象”素材文件，结果如图5-94所示。

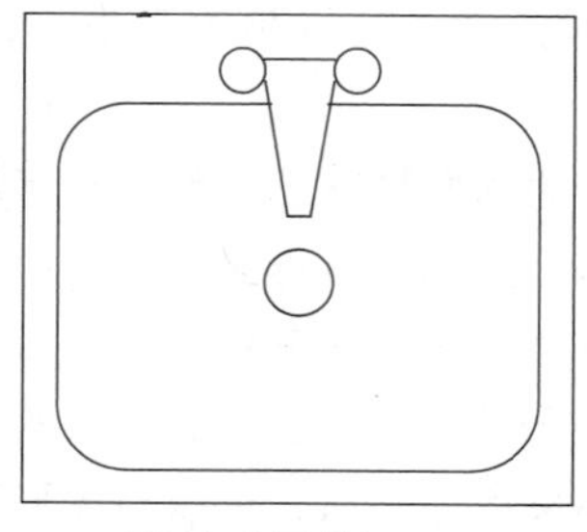

图5-94 打开素材

02 调用F【圆角】命令并按回车键，命令行提示如下：

03 重复圆角操作，完成对图形的编辑修改，结果如图5-100所示。

```
命令: FILLET↙
当前设置: 模式 = 修剪，半径 = 0.0000
选择第一个对象或 [放弃(U)/多段线(P)/半径(R)/修剪(T)/多个(M)]: R
                                    //输入R，选择“半径”选项，如图5-95所示
指定圆角半径 <0.0000>: 38           //指定圆角半径，如图5-96所示
选择第一个对象或 [放弃(U)/多段线(P)/半径(R)/修剪(T)/多个(M)]:
                                    //选择第一个对象，如图5-97所示
选择第二个对象，或按住 Shift 键选择对象以应用角点或 [半径(R)]:
                                    //选择第二个对象，如图5-98所示；倒角结果如图5-99所示
```

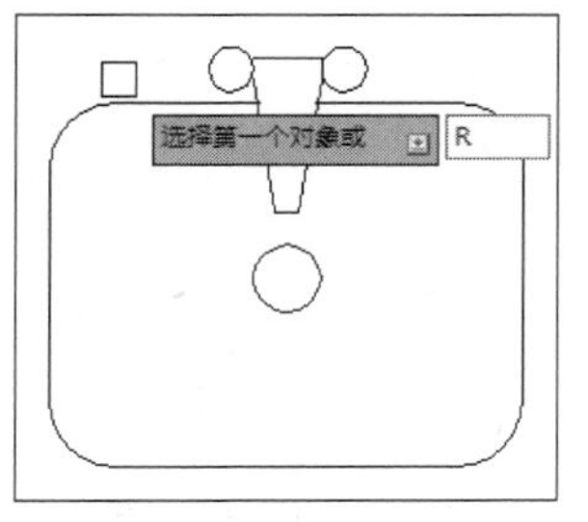

图5-95 输入R

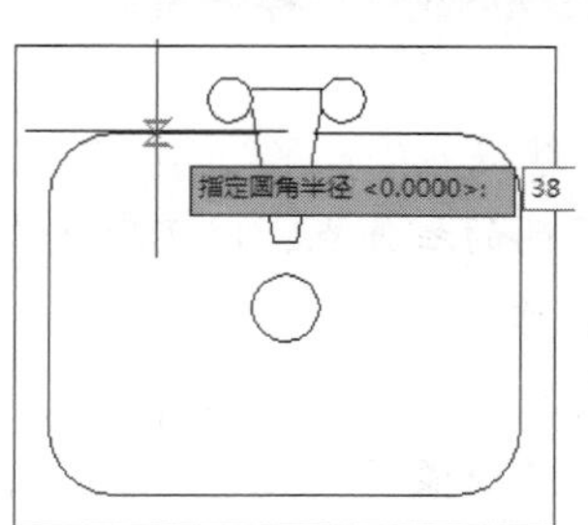

图5-96 指定圆角半径

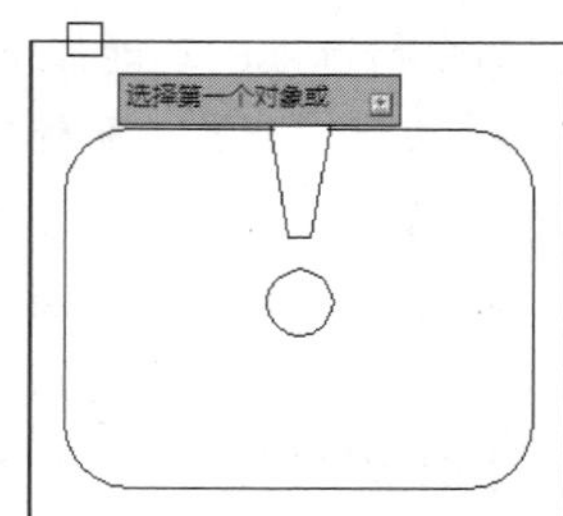

图5-97 选择第一个对象

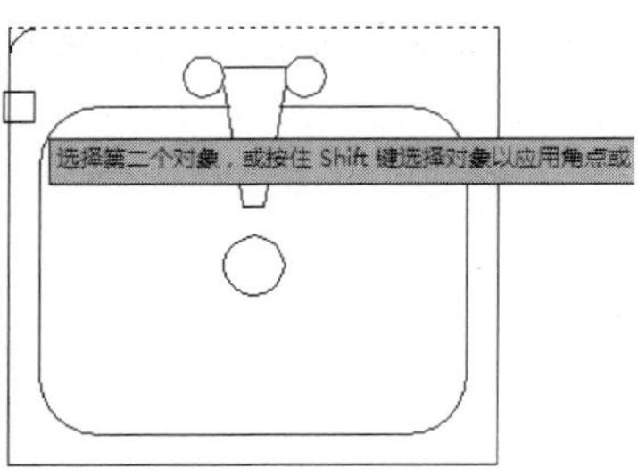

图5-98 选择第二个对象

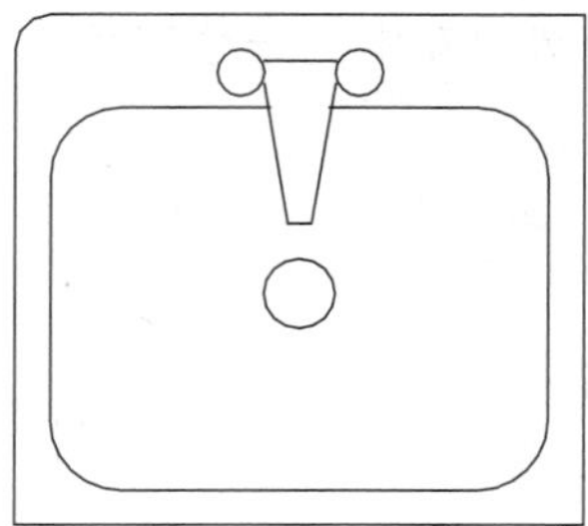

图5-99 圆角操作

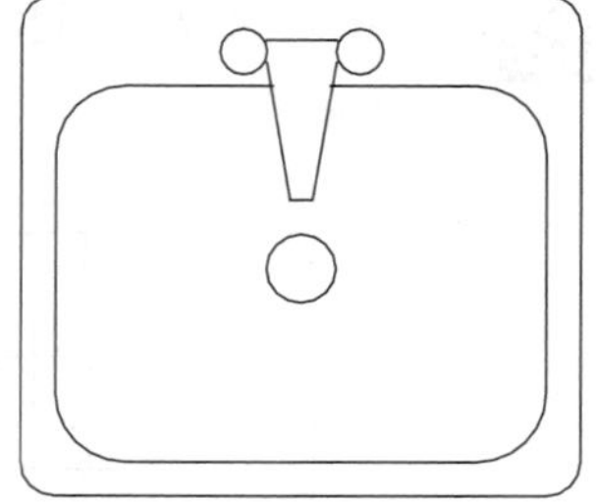

图5-100 编辑修改

5.7 使用夹点编辑对象

图形上的端点、顶点、中点、中心点等特征点，统称夹点。夹点的位置确定了图形的位置和形状。在AutoCAD中，夹点是一种集成的编辑模式，利用夹点可以编辑图形的大小、位置、方向以及

对图形进行镜像复制等操作。

5.7.1 夹点模式概述

选中图形对象后，图形对象以虚线显示，图形对象上的端点、圆心、象限点等特征点即显示为蓝色小方框，这些方框称为夹点，如图5-101所示。

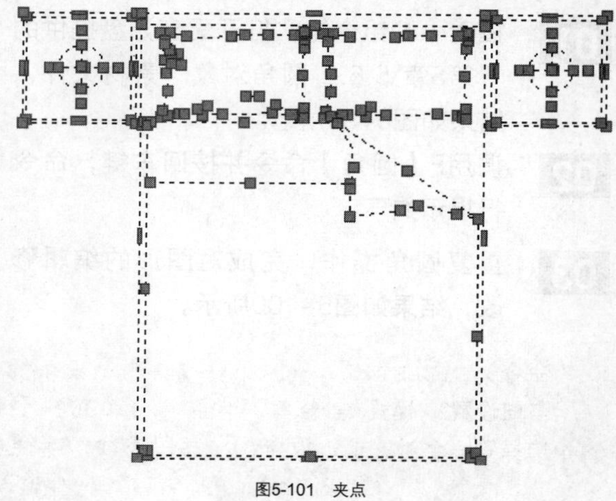

图5-101 夹点

夹点分为为两种状态，分别是未激活状态和被激活状态。蓝色小方框显示的夹点处于未激活状态，单击某个未激活夹点，该夹点以红色小方框显示，处于被激活状态。被激活的夹点称为热夹点。以热夹点为基点，可以对图形对象进行拉伸、平移、复制、缩放和镜像等操作。

提示：激活热夹点时按住【Shift】键，可以选择激活多个热夹点。

5.7.2 夹点拉伸

在不执行任何命令的情况下选择对象，将显示其夹点。单击选中其中一个夹点，进入编辑状态。AutoCAD会自动将其作为拉伸的基点，进入“拉伸”编辑模式，命令行将显示如下提示信息：

```
** 拉伸 **
指定拉伸点或 [基点(B)/复制(C)/放弃(U)/退出(X)]:
```

命令行选项的功能如下。

- 基点（B）：重新确定拉伸基点。
- 复制（C）：允许确定一系列的拉伸点，以实现多次拉伸。
- 放弃（U）：取消上一次操作。
- 退出（X）：退出当前操作。

【课堂举例5-21】使用夹点拉伸对象

01 按Ctrl+O组合键，打开配套光盘提供的“第5章\5.7.2 夹点拉伸对象”素材文件，结果如图5-102所示。

02 选择要拉伸的对象，单击选中其中的一个夹点，鼠标向右移动，输入拉伸距离，结果如图5-103所示。

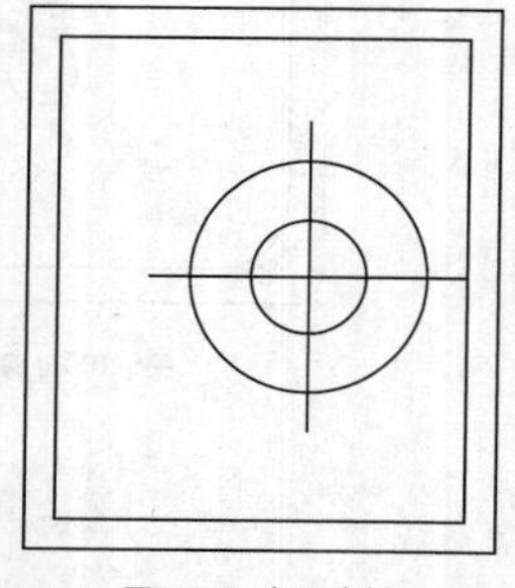

图5-102 打开素材

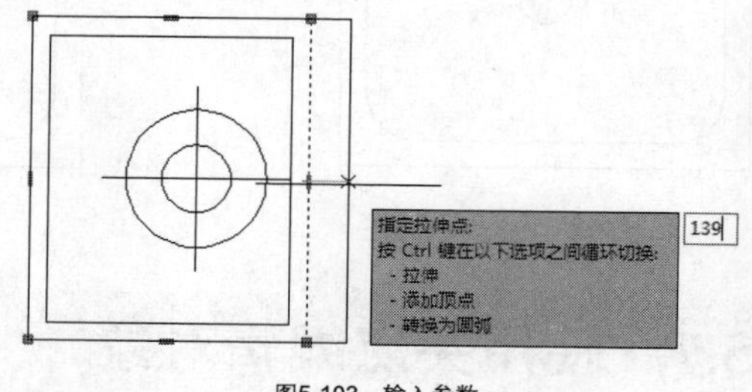

图5-103 输入参数

03 拉伸结果如图5-104所示。

04 重复夹点拉伸操作，设置拉伸距离为139，对内矩形进行拉伸操作，结果如图5-105所示。

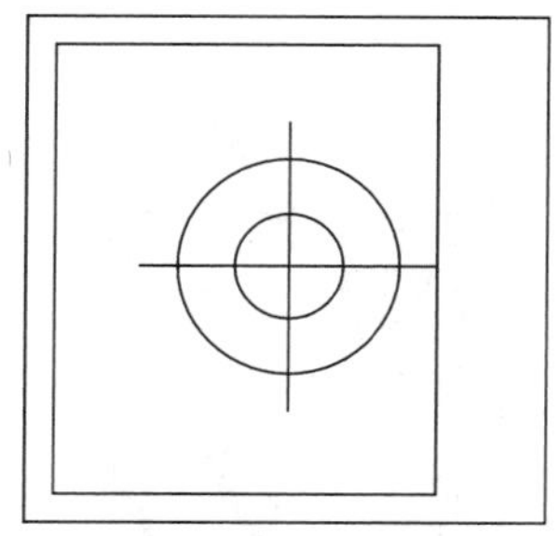
图5-104　拉伸结果

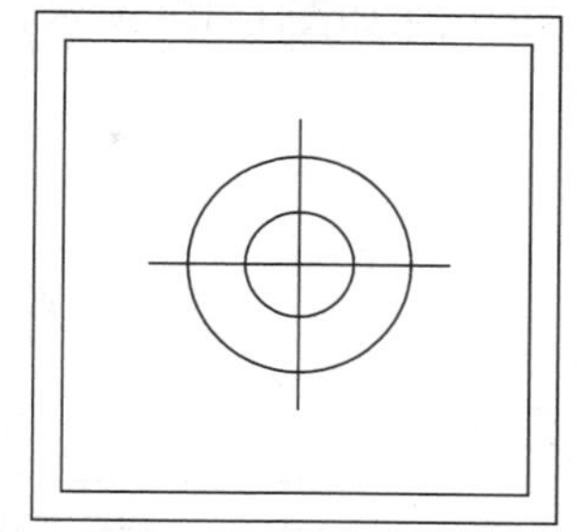
图5-105　操作结果

提示：对于某些夹点，移动时，只能移动对象而不能拉伸对象，如文字、块、直线中点、圆心、椭圆中心和点对象上的夹点。

5.7.3　夹点移动

在对热夹点进行编辑修改时，可以在命令行输入基本的修改命令，例如，S、M、CO、SC、MI等，也可以按回车键或空格键在不同的修改命令间切换。

在命令提示下输入“MO”进入“移动”模式，命令行提示如下：

```
** MOVE **
指定移动点 或 [基点(B)/复制(C)/放弃(U)/退出(X)]: *取消*
```

通过输入点的坐标或拾取点的方式来确定平移对象的目的点后，即可以基点为平移的起点，以目的点为终点将所选对象平移到新位置。

5.7.4　夹点旋转

在夹点编辑模式下确定基点后，在命令提示下输入“RO”进入“旋转”模式，命令行提示如下：

```
** 旋转 **
指定旋转角度或 [基点(B)/复制(C)/放弃(U)/参照(R)/退出(X)]:
```

默认情况下，输入旋转角度值或通过拖动方式确定旋转角度后，即可将对象绕基点旋转指定的角度。也可以选择“参照”选项，以参照方式旋转对象。

【课堂举例5-22】使用夹点旋转对象

01 按Ctrl+O组合键，打开配套光盘提供的“第5章\5.7.4 夹点旋转对象”素材文件，结果如图5-106所示。

02 选择要拉伸的对象，单击选中其中的一个夹点，输入【旋转】命令，结果如图5-107所示。

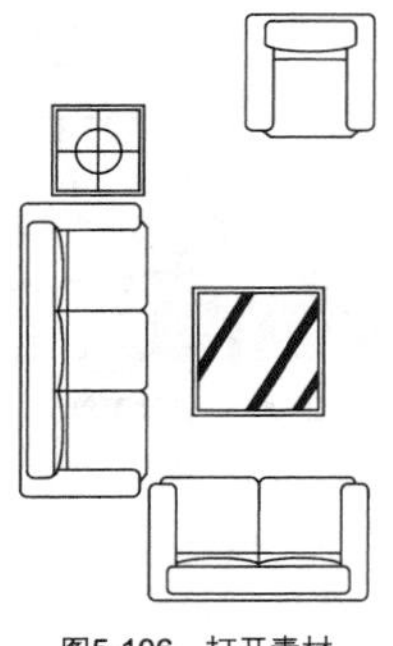
图5-106　打开素材

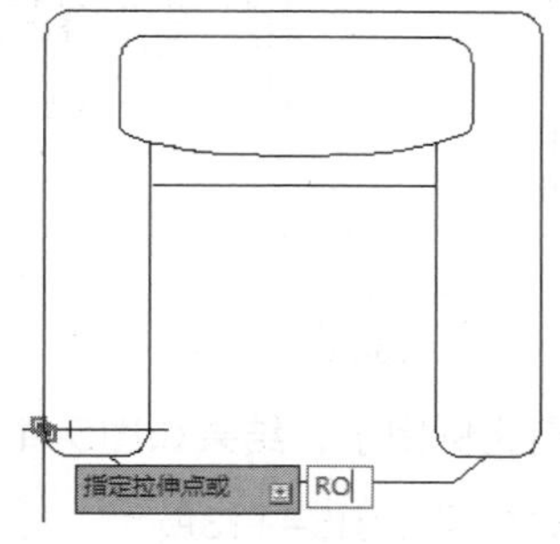

图5-107　输入命令

03 输入旋转角度参数，结果如图5-108所示。

04 旋转的结果如图5-109所示。

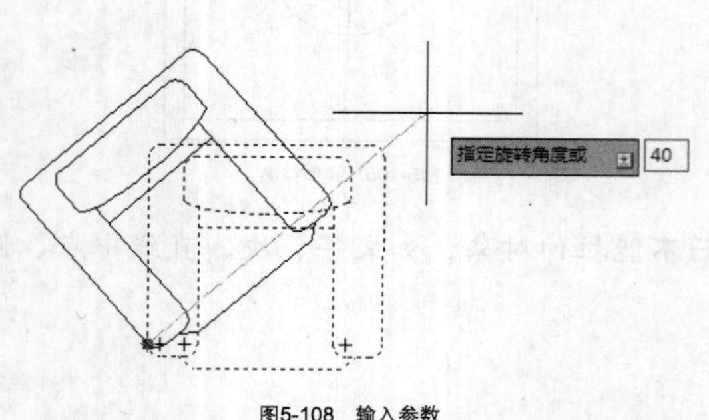

图5-108 输入参数

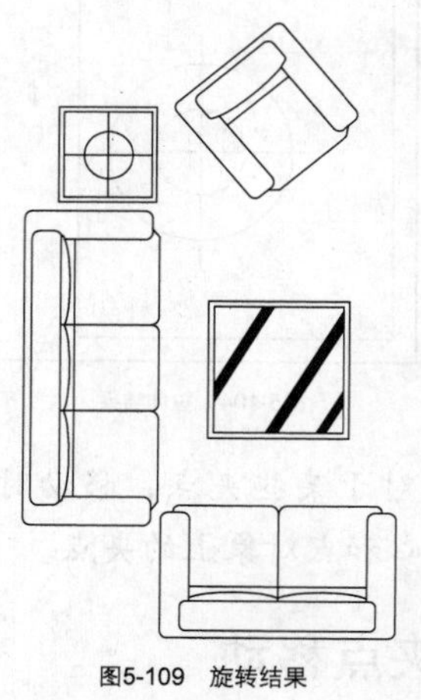
图5-109 旋转结果

5.7.5 夹点缩放

在夹点编辑模式下确定基点后，在命令提示下输入“SC”进入“缩放”模式，命令行提示如下：

```
** 比例缩放 **
指定比例因子或 [基点(B)/复制(C)/放弃(U)/参照(R)/退出(X)]:
```

默认情况下，当确定了缩放的比例因子后，AutoCAD将相对于基点进行缩放对象操作。当比例因子大于1时，放大对象；当比例因子大于0而小于1时，缩小对象。

【课堂举例5-23】夹点缩放对象

01 按Ctrl+O组合键，打开配套光盘提供的“第5章\5.7.5 夹点缩放对象”素材文件，结果如图5-110所示。

02 选择要拉伸的对象，单击选中其中的一个夹点，右击，在弹出的快捷菜单中选择【缩放】命令，如图5-111所示。

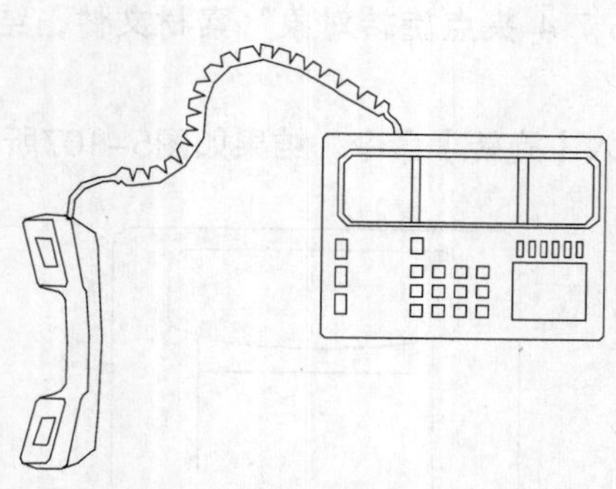
图5-110 打开素材

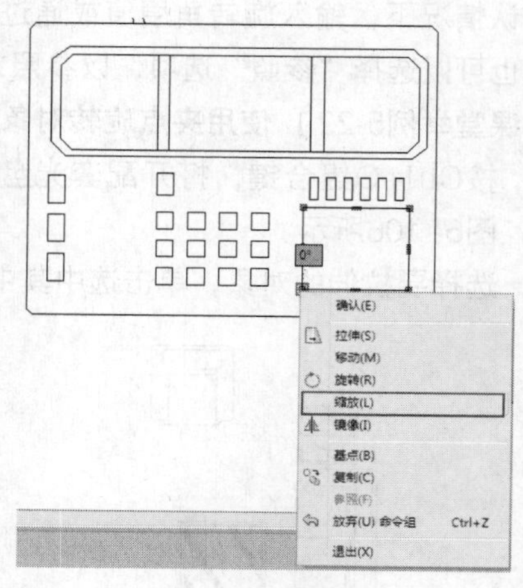

图5-111 快捷菜单

03 指定比例因子，结果如图5-112所示。

04 缩放结果如图5-113所示。

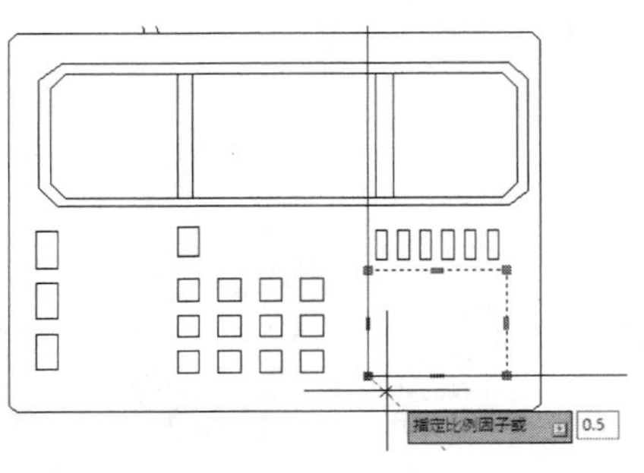

图5-112 指定比例因子

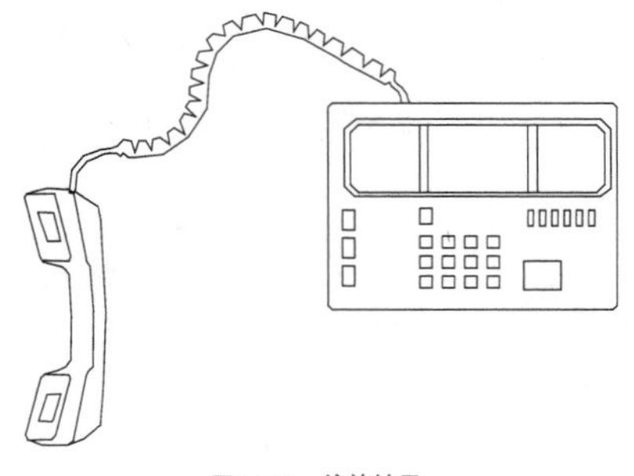
图5-113 缩放结果

5.7.6 夹点镜像

在夹点编辑模式下确定基点后，在命令提示下输入“MI”进入“镜像”模式，命令行提示如下：

```
** 镜像 **
指定第二点或 [基点(B)/复制(C)/放弃(U)/退出(X)]:
```

指定镜像线上的第二点后，AutoCAD将以基点作为镜像线上的第一点，将对象进行镜像操作并删除源对象。

【课堂举例5-24】夹点镜像对象

01 按Ctrl+O组合键，打开配套光盘提供的“第5章\5.7.6 夹点镜像对象”素材文件，结果如图5-114所示。

02 选择要镜像复制的对象，单击选中其中的一个夹点，输入【镜像】命令，结果如图5-115所示。

03 根据命令行的提示，输入“C”，选择“复制”选项，结果如图5-116所示。

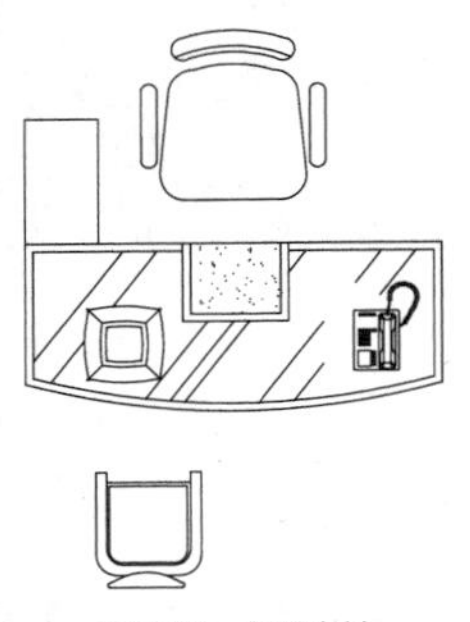
图5-114 打开素材

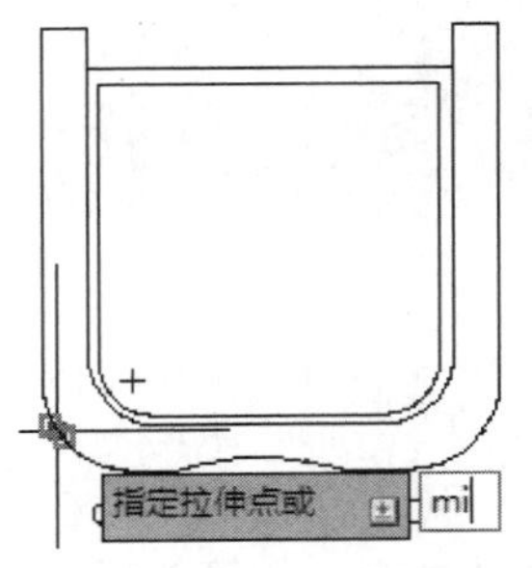

图5-115 输入命令

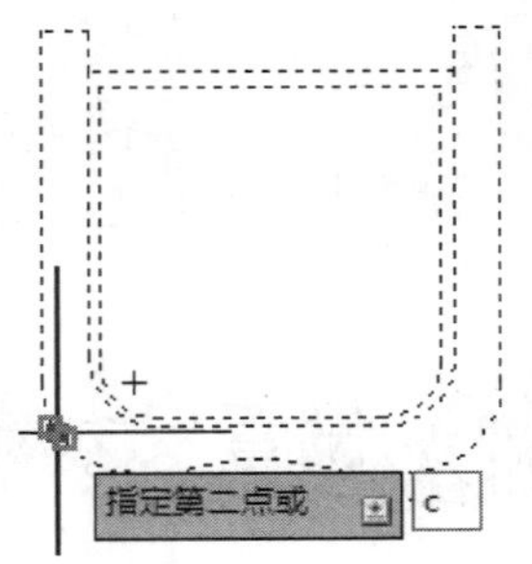

图5-116 输入C

04 指定镜像的第二点，结果如图5-117所示。

05 按回车键即可完成对象的镜像复制，调用M【移动】命令，移动镜像复制得到的图形，结果如图5-118所示。

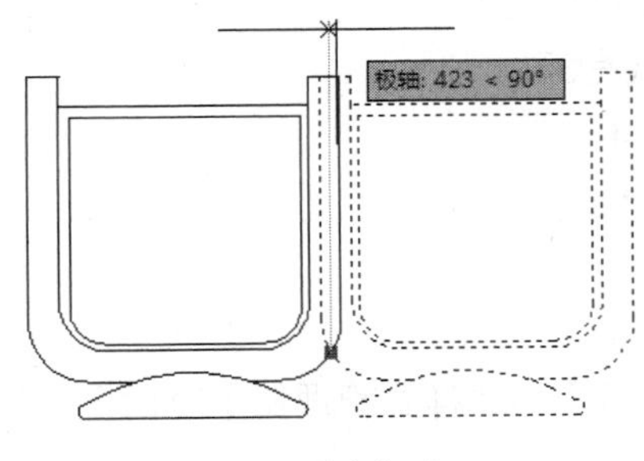

图5-117 指定第二点

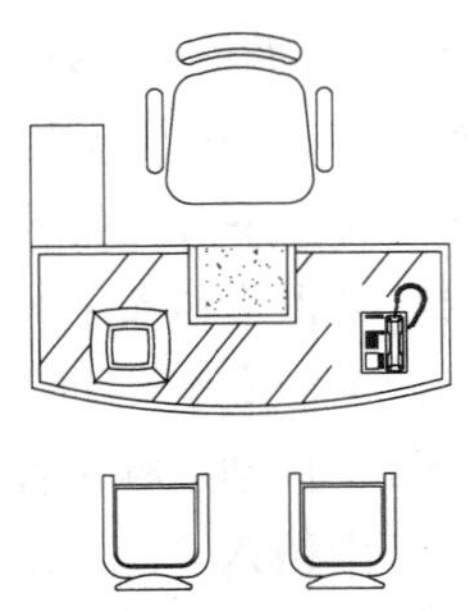
图5-118 移动结果

第6章

图形标注与表格

文字标注可以对图形中不便于表达的内容加以说明，使图形更清晰、更完整。

而尺寸标注是对图形对象形状和位置的定量化说明，AutoCAD 2013中包含了一套完整的尺寸标注命令和实用程序，可以对直径、半径、角度、直线及圆心位置等进行标注，轻松完成图纸中的尺寸标注要求。

表格则通过行与列以一种简洁清晰的形式提供信息。

本章为读者介绍在AutoCAD中对图形进行文字标注、尺寸标注的操作方法，以及创建表格的步骤。

6.1 设置尺寸标注样式

尺寸的标注样式是用来控制尺寸标注的外观，如箭头样式、文字位置和尺寸公差等。在同一个AutoCAD文档中，可以同时定义多个不同的命名样式。修改某个尺寸标注样式后，就可以自动修改所有用该标注样式所创建的对象。

6.1.1 创建标注样式

创建新的尺寸标注样式可以在【标注样式管理器】对话框中完成。

在AutoCAD中，打开【标注样式管理器】对话框的方式有3种。

- 命令行：在命令行中输入“DIMSTYLE/D”并按回车键。
- 工具栏：单击【标注】工具栏上【标注样式】按钮。
- 菜单栏：执行【格式】|【标注样式】命令。

【课堂举例6-1】 创建标注样式

01 在命令行中输入“DIMSTYLE/D”并按回车键，弹出【标注样式管理器】对话框，如图6-1所示。

02 在对话框中单击【新建】按钮，弹出【创建新标注样式】对话框，在对话框中设置新标注样式名，结果如图6-2所示。

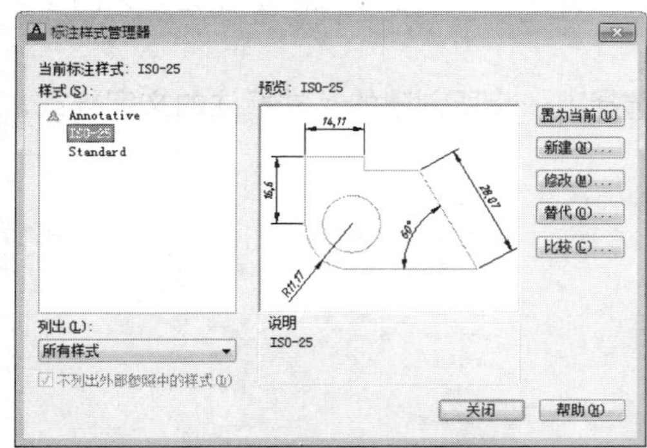

图 6-1 【标注样式管理器】对话框

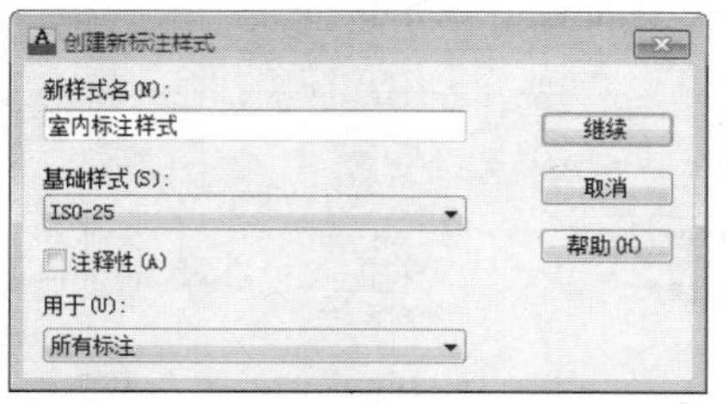

图 6-2 【创建新标注样式】对话框

03 在对话框中单击【继续】按钮，弹出【新标注样式：室内标注样式】对话框，单击其中的【线】选项卡，设置参数如图6-3所示。

04 在对话框中单击其中的【符号和箭头】选项卡，设置参数如图6-4所示。

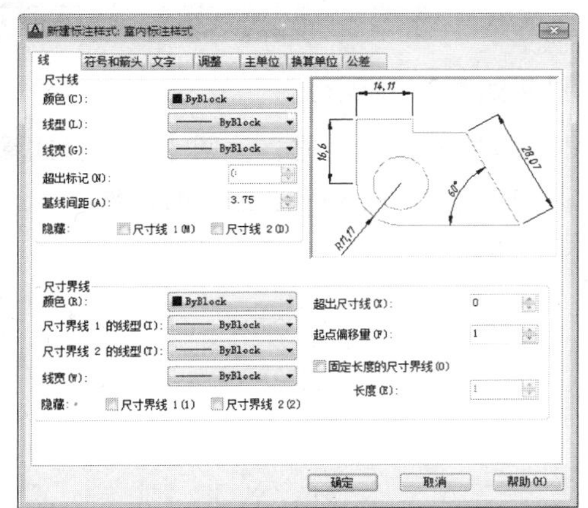

图6-3 【线】选项卡

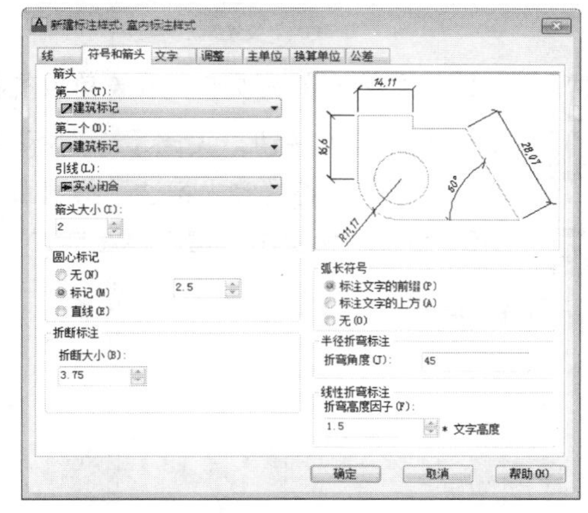

图6-4 【符号和箭头】选项卡

05 在对话框中选择【文字】选项卡，单击“文字外观”选项组中的“文字样式”选项后的▭，弹出【文字样式】对话框，如图6-5所示。

06 在对话框中单击【新建】按钮，弹出【新建文字样式】对话框，设置新样式名，结果如图6-6所示。

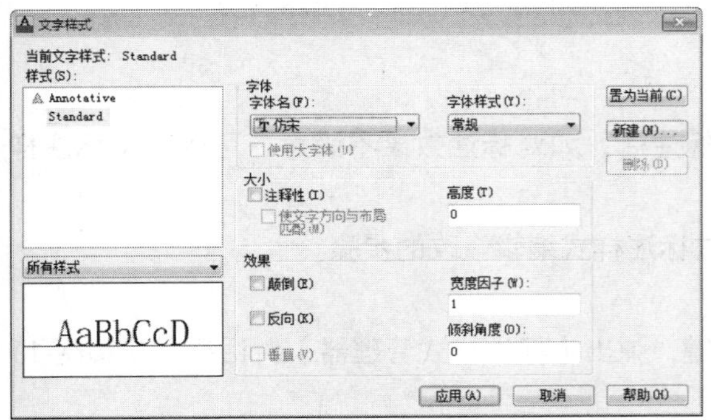

图6-5 【文字样式】对话框

图6-6 【新建文字样式】对话框

07 在对话框中单击【确定】按钮，返回【文字样式】对话框，设置标注样式的参数，结果如图6-7所示。

08 单击【应用】按钮，将设置后的标注样式设为应用并保存，单击【关闭】按钮，关闭【文字样式】对话框。

09 返回【新标注样式：室内标注样式】对话框，选择上一步所创建的尺寸标注的文字样式，结果如图6-8所示。

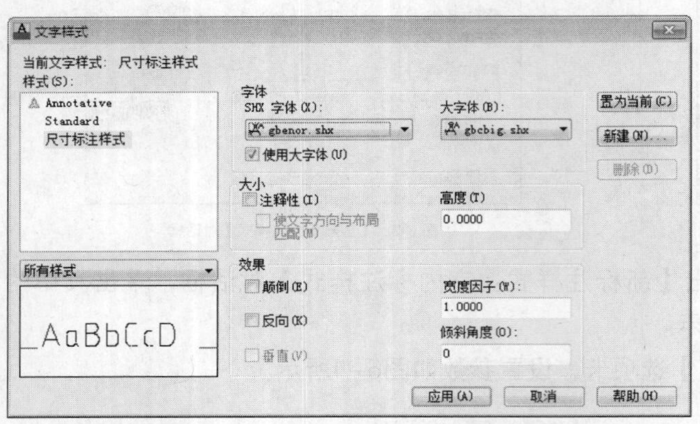

图6-7 设置参数

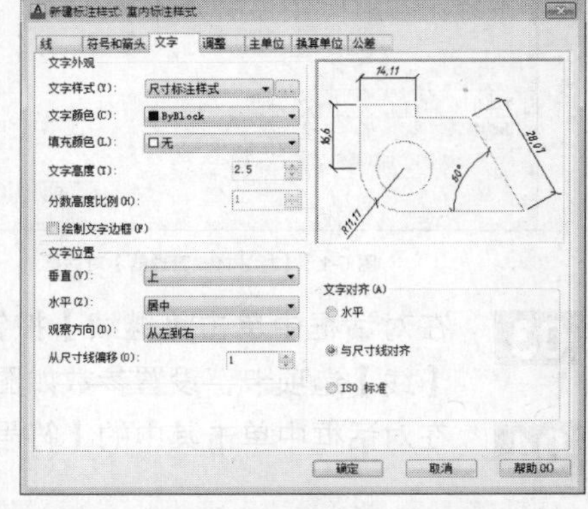

图6-8 设置结果

10 选择【主单位】选项卡，设置单位的精度参数，结果如图6-9所示。

11 单击【确定】按钮，关闭【新建标注样式：室内标注样式】对话框，返回【标注样式管理器】对话框，将“室内标注”样式置为当前样式，单击【关闭】按钮，关闭对话框。

12 图6-10所示为使用“室内标注样式”所创建的尺寸标注。

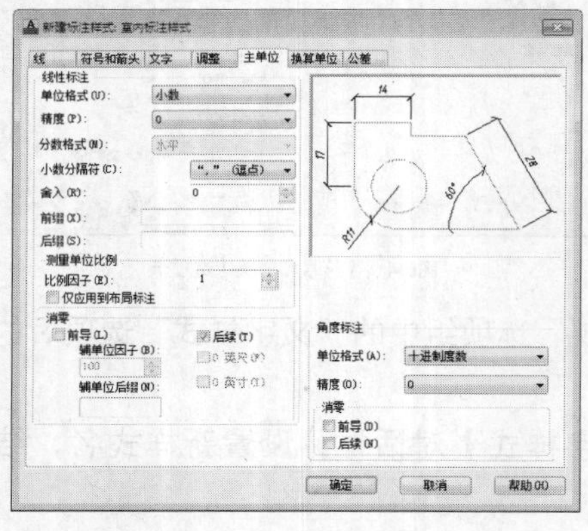

图6-9 【主单位】选项卡

图6-10 尺寸标注

6.1.2 编辑并修改标注样式

在使用所创建的尺寸标注样式进行图形的尺寸标注后，如对标注效果不满意，可以在【标注样式管理器】对话框中对其进行编辑修改。

以6.1.1所创建的室内标注样式为例，介绍对尺寸标注样式编辑修改的步骤。

【课堂举例6-2】修改标注样式

01 在命令行中输入“DIMSTYLE/D”并按回车键，弹出【标注样式管理器】对话框，如图6-11所示。

02 在对话框中单击【修改】按钮，进入【修改标注样式：室内标注样式】对话框，选择【符号和箭头】选项卡，修改箭头的大小参数，结果如图6-12所示。

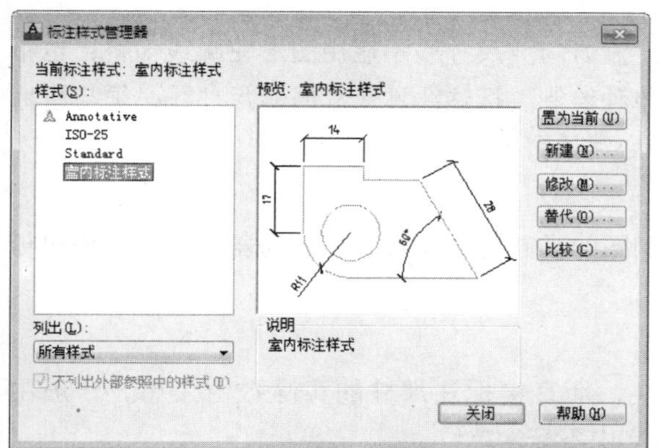

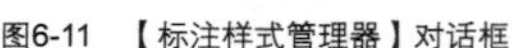
图6-11 【标注样式管理器】对话框

图6-12 修改参数

03 选择【文字】选项卡，修改文字的大小参数，结果如图6-13所示。

04 单击【确定】按钮，关闭对话框，返回【标注样式管理器】对话框，将修改后的“室内标注”样式置为当前样式，单击【关闭】按钮，关闭对话框。

05 修改后的标注样式如图6-14所示。

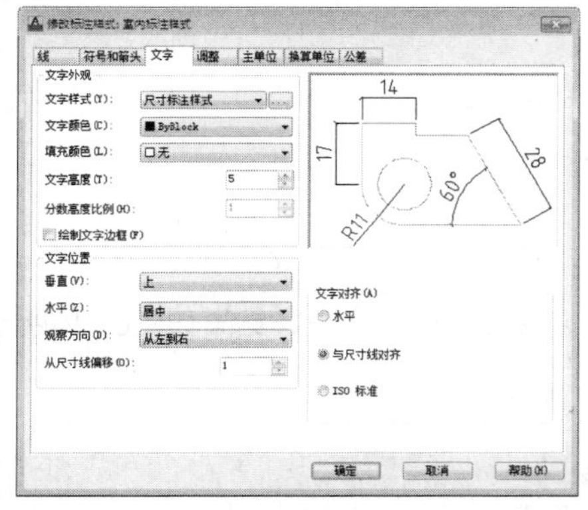

图6-13 修改文字大小

图6-14 修改结果

6.2 图形尺寸的标注和编辑

尺寸标注样式创建完成后，即可调用尺寸标注命令，对图形进行尺寸标注。本节主要介绍尺寸标注的基本组成要素，各种尺寸标注的类型和对图形进行尺寸标注的方法，以及标注完成后对尺寸标注的编辑方法。

6.2.1 尺寸标注的基本要素

一个完整的尺寸标注对象由尺寸界线、尺寸线、尺寸箭头和尺寸文字四个要素构成，如图6-15所示。

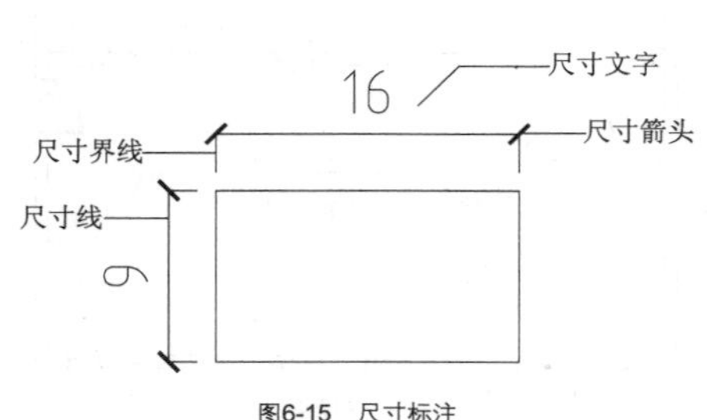

图6-15 尺寸标注

1. 尺寸界线

尺寸界线用于表示所注尺寸的起止范围。尺寸界线一般从图形的轮廓线、轴线或对称中心线处引出。

2. 尺寸线

尺寸线绘制在尺寸界线之间，用于表示尺寸的度量方向。尺寸线不能用图形轮廓线代替，也不能和其他图线重合或在其他图线的延长线上，必须单独绘制。标注线性尺寸时，尺寸线必须与所标注的线段平行。一般从图形的轮廓线、轴线或对称中心线处引出。

3. 尺寸箭头

尺寸箭头用于标识尺寸线的起点和终点。建筑制图的尺寸箭头以45° 的粗短斜线表示，而机械制图的尺寸箭头以实心三角形箭头表示。

4. 尺寸文字

尺寸文字一律不需要根据图纸的输出比例变换，而直接标注尺寸的实际数值大小，一般由AutoCAD自动测量得到。尺寸单位为mm时，尺寸文字中不标注单位。

尺寸文字包括数字形式的尺寸文字(尺寸数字)和非数字形式的尺寸文字（如注释，需要手工来输入）。

6.2.2 尺寸标注的各种类型

AutoCAD中有多种尺寸标注类型，用户可以根据自己的实际需要来选择并使用。本小节介绍各类尺寸标注类型的基本知识。

1. 线性标注

在AutoCAD中，调用【线性标注】命令的方式有3种。

- 命令行：在命令行中输入“DIMLINEAR/DLI”并按回车键。
- 工具栏：单击【标注】工具栏上【线性标注】按钮⊢。
- 菜单栏：执行【标注】|【线性标注】命令。

【课堂举例6-3】创建线性标注

01 按Ctrl+O组合键，打开配套光盘提供的“第6章\6.2.2 线性标注”素材，结果如图6-16所示。

02 在命令行中输入“DIMLINEAR/DLI”并按回车键，命令行提示如下：

```
命令：DIMLINEAR↙                                        //调用命令
指定第一个尺寸界线原点或 <选择对象>：                    //指定第一个原点
指定第二条尺寸界线原点：                                 //指定第二个原点
指定尺寸线位置或[多行文字(M)/文字(T)/角度(A)/水平(H)/垂直(V)/旋转(R)]：
                                                         //指定尺寸线位置
……                                                       //重复操作，完成线性标注的结果如图6-17所示
```

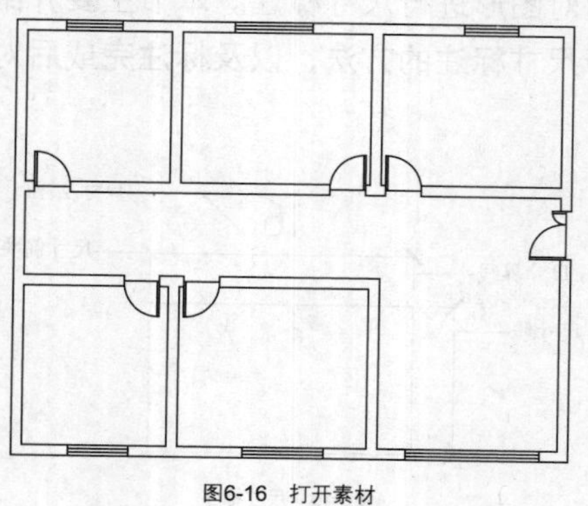

图6-16 打开素材

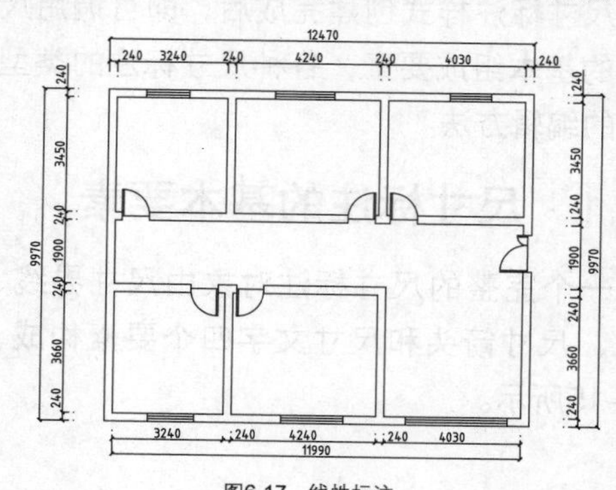

图6-17 线性标注

命令行中其他各选项的功能说明如下。

➢ 多行文字：选择该选项将进入多行文字编辑模式，可以使用【多行文字编辑器】对话框输入并设置标注文字。其中，文字输入窗口中的尖括号（<>）表示系统测量值。

➢ 文字：以单行文字形式输入尺寸文字。

➢ 角度：设置标注文字的旋转角度。

➢ 水平和垂直：标注水平尺寸和垂直尺寸。可以直接确定尺寸线的位置，也可以选择其他选项来指定标注的标注文字内容或标注文字的旋转角度。

➢ 旋转：旋转标注对象的尺寸线。

2. 对齐标注

在AutoCAD中，调用【对齐标注】命令的方式有3种。

➢ 命令行：在命令行中输入“DIMALIGNED/DAL”并按回车键。

➢ 工具栏：单击【标注】工具栏上【对齐标注】按钮。

➢ 菜单栏：执行【标注】|【对齐标注】命令。

【课堂举例6-4】对齐标注

01 按Ctrl+O组合键，打开配套光盘提供的“第6章\6.2.2对齐标注”素材，结果如图6-18所示。

02 在命令行中输入“DIMALIGNED/DAL”并按回车键，命令行提示如下：

```
命令：DIMALIGNED↙                                  //调用命令
指定第一个尺寸界线原点或 <选择对象>:               //指定第一个原点
指定第二条尺寸界线原点：                           //指定第二个原点
指定尺寸线位置或[多行文字(M)/文字(T)/角度(A)]：    //指定尺寸线位置，完成对齐标注的结果如
                                                     图6-19所示
```

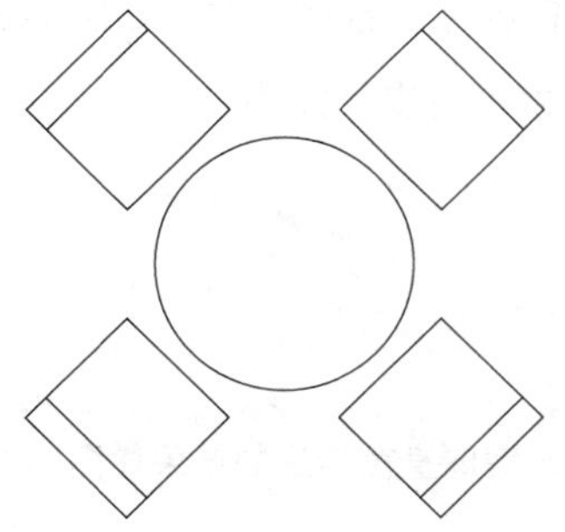

图6-18 打开素材

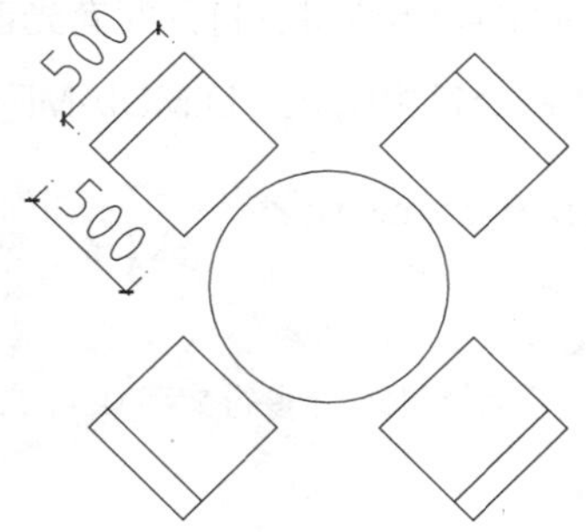

图6-19 对齐标注

3. 半径标注

调用【半径标注】命令，可以快速获得圆或圆弧的半径大小。

在AutoCAD中，调用【半径标注】命令的方式有3种。

➢ 命令行：在命令行中输入“DIMRADIUS/DRA”并按回车键。

➢ 工具栏：单击【标注】工具栏上【半径标注】按钮。

➢ 菜单栏：执行【标注】|【半径标注】命令。

【课堂举例6-5】为图形绘制半径标注

01 按Ctrl+O组合键，打开配套光盘提供的“第6章\6.2.2 半径标注”素材，结果如图6-20所示。

02 在命令行中输入“DIMRADIUS/DRA”并按回车键，命令行提示如下：

```
命令:DIMRADIUS↙                                   //调用命令
选择圆弧或圆:                                     //选择图形
标注文字 = 160
指定尺寸线位置或 [多行文字(M)/文字(T)/角度(A)]:    //指定尺寸线位置，完成半径标注的结果如
                                                    图6-21所示
```

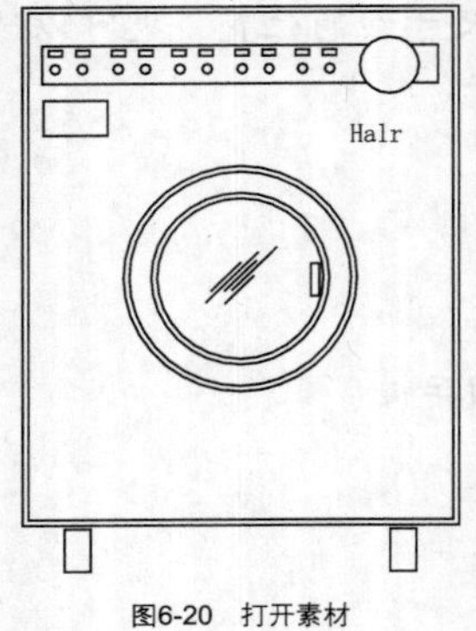

图6-20 打开素材

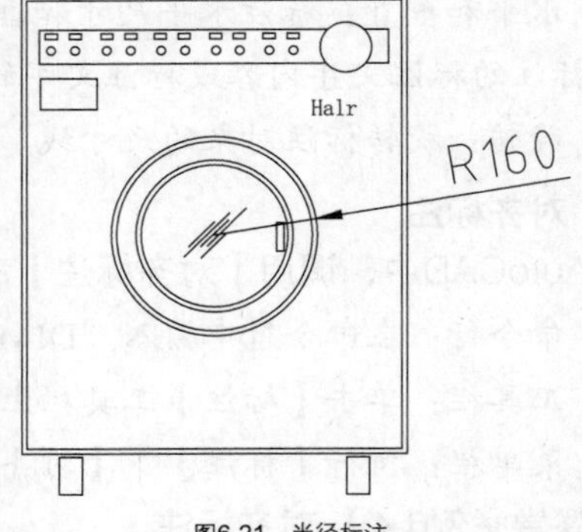

图6-21 半径标注

4. 直径标注

调用【直径标注】命令，可以快速获得圆或圆弧的直径大小。

在AutoCAD中，调用【直径标注】命令的方式有3种。

- ➢ 命令行：在命令行中输入“DIMDIAMETER/DDI”并按回车键。
- ➢ 工具栏：单击【标注】工具栏上【直径标注】按钮⃝。
- ➢ 菜单栏：执行【标注】|【直径标注】命令。

【课堂举例6-6】为图形绘制直径标注

01 按Ctrl+O组合键，打开配套光盘提供的“第6章\6.2.2 直径标注”素材，结果如图6-22所示。

02 在命令行中输入“DIMDIAMETER/DDI”并按回车键，命令行提示如下：

```
命令:DIMDIAMETER↙                       //调用命令
选择圆弧或圆:                           //选择图形
标注文字 = 526
指定尺寸线位置或 [多行文字(M)/文字(T)/角度(A)]:
                                        //指定尺寸线位置，完成直径标注的结果如图6-23所示
```

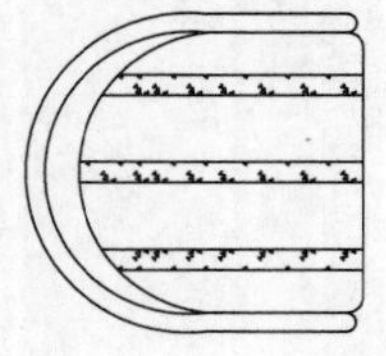 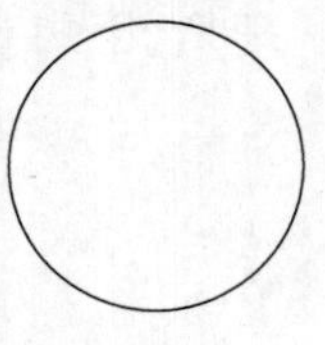 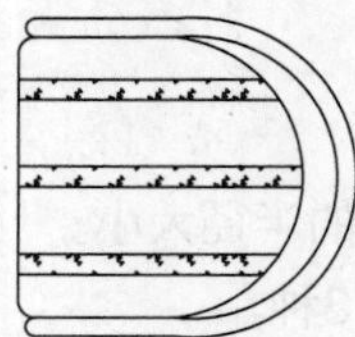

图6-22 打开素材

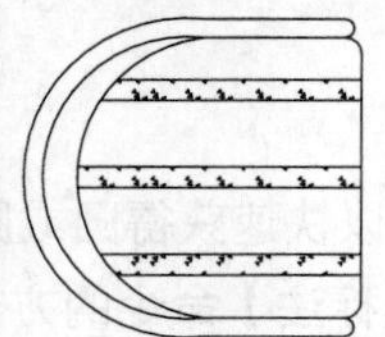 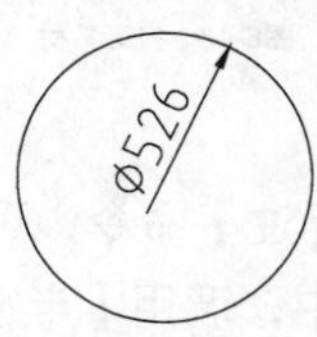

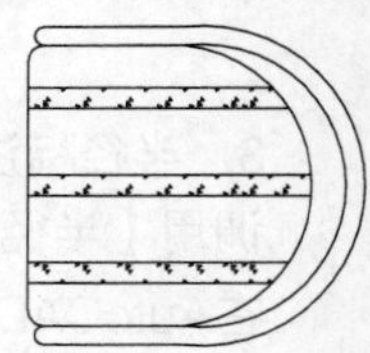

图6-23 直径标注

5. 折弯标注

调用【折弯标注】命令，可以创建圆或者圆弧的折弯标注。

在AutoCAD中，调用【折弯标注】命令的方式有3种。

- ➢ 命令行：在命令行中输入“DIMJOGGED”并按回车键。
- ➢ 工具栏：单击【标注】工具栏上【折弯标注】按钮。
- ➢ 菜单栏：执行【标注】|【折弯标注】命令。

【课堂举例6-7】折弯标注

01 按Ctrl+O组合键，打开配套光盘提供的“第6章\6.2.2 折弯标注”素材，结果如图6-24所示。

02 在命令行中输入“DIMJOGGED”并按回车键，命令行提示如下：

```
命令：DIMJOGGED↙                    //调用命令
选择圆弧或圆：                       //选择图形
指定图示中心位置：                   //指定图示中心位置
标注文字 = 15
指定尺寸线位置或 [多行文字(M)/文字(T)/角度(A)]：  //指定尺寸线位置
指定折弯位置：                       //指定尺寸的折弯位置，创建折弯尺寸的结果如图6-25所示
```

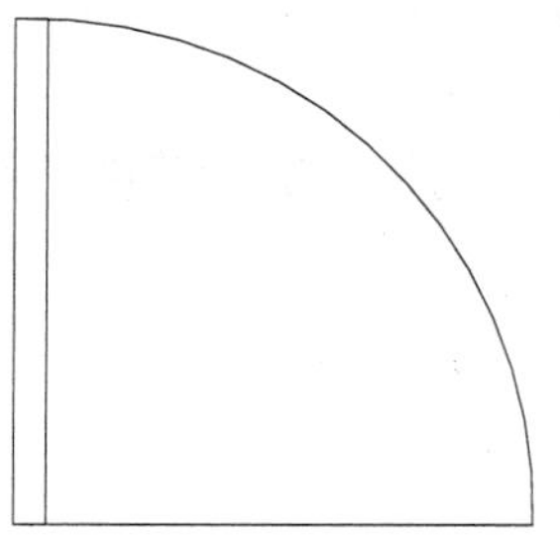

图6-24 打开素材

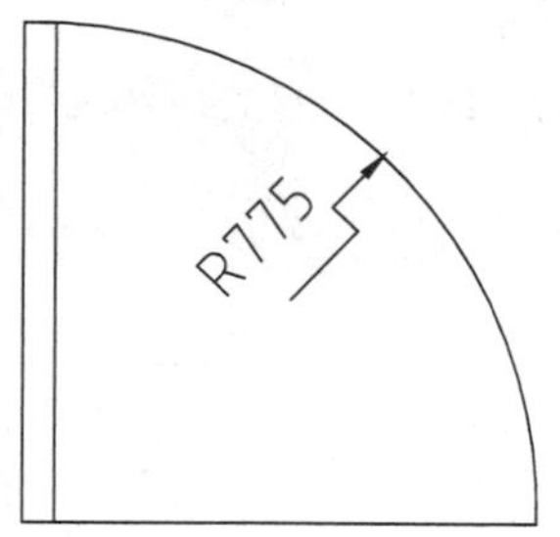

图6-25 折弯标注

6. 折弯线性标注

在AutoCAD中，调用【折弯线性标注】命令的方式有3种。

- 命令行：在命令行中输入“DIMJOGLINE”并按回车键。
- 工具栏：单击【标注】工具栏上【折弯线性标注】按钮。
- 菜单栏：执行【标注】|【折弯线性标注】命令。

【课堂举例6-8】为图形绘制折弯线性标注

01 按Ctrl+O组合键，打开配套光盘提供的“第6章\6.2.2 折弯线性标注”素材，结果如图6-26所示。

02 在命令行中输入“DIMJOGLINE”并按回车键，命令行提示如下：

```
命令：_DIMJOGLINE&                  //调用命令
选择要添加折弯的标注或 [删除(R)]：   //选择尺寸标注
指定折弯位置 (或按 ENTER 键)：      //指定折弯位置，创建折弯的线性标注的结果如图6-27所示。
```

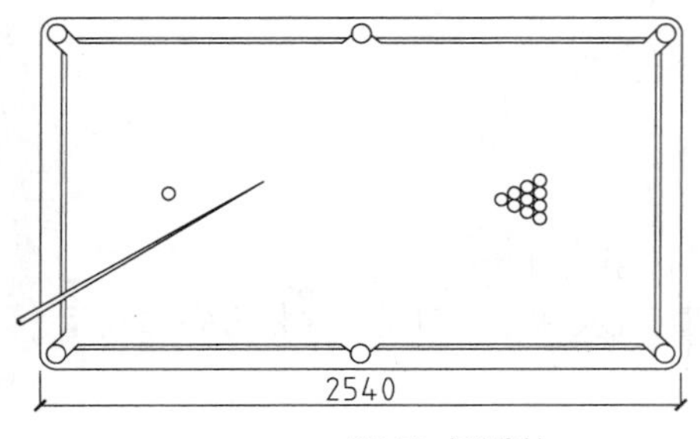

图6-26 打开素材

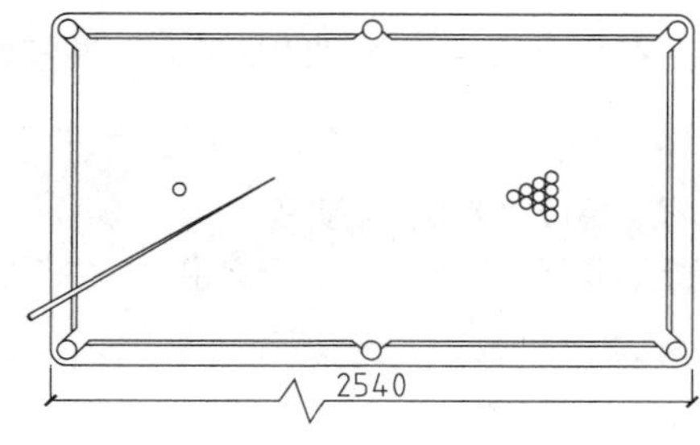

图6-27 折弯标注

7. 角度标注

调用【角度标注】命令，可以标注两条呈一定角度的直线或3个点之间的夹角，还可以标注圆弧的圆心角。

在AutoCAD中，调用【角度标注】命令的方式有3种。

➢ 命令行：在命令行中输入“DIMANGULAR/ DAN”并按回车键。

➢ 工具栏：单击【标注】工具栏上【角度标注】按钮△。

➢ 菜单栏：执行【标注】|【角度标注】命令。

【课堂举例6-9】为图形绘制角度标注

01 按Ctrl+O组合键，打开配套光盘提供的“第6章\6.2.2 角度线性标注”素材，结果如图6-28所示。

02 在命令行中输入“DIMANGULAR/ DAN”并按回车键，命令行提示如下：

```
命令: DIMANGULAR↙                          //调用命令
选择圆弧、圆、直线或 <指定顶点>:            //选择第一条直线
选择第二条直线:                             //选择第二条直线
指定标注弧线位置或 [多行文字(M)/文字(T)/角度(A)/象限点(Q)]:
                                            //指定标注弧线位置，创建角度标注的结果如图6-29所示
标注文字 = 85
```

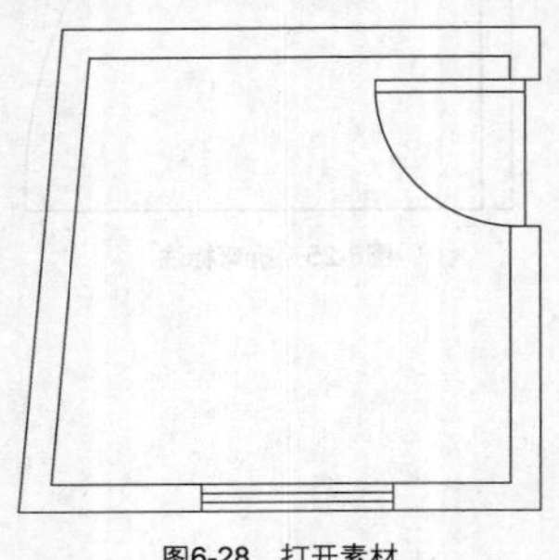

图6-28 打开素材

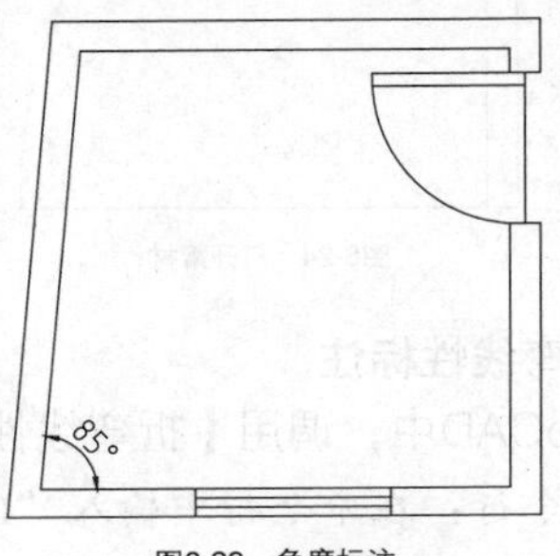

图6-29 角度标注

8. 弧长标注

调用【弧长标注】命令，可以标注圆弧、多段线圆弧或者其他弧线的长度。

在AutoCAD中，调用【弧长标注】命令的方式有3种。

➢ 命令行：在命令行中输入“DIMARC”并按回车键。

➢ 工具栏：单击【标注】工具栏上【弧长标注】按钮⌒。

➢ 菜单栏：执行【标注】|【弧长标注】命令。

【课堂举例6-10】弧长标注

01 按Ctrl+O组合键，打开配套光盘提供的“第6章\6.2.2 弧长标注”素材，结果如图6-30所示。

02 在命令行中输入“DIMARC”并按回车键，命令行提示如下：

```
命令: _DIMARC↙                             //调用命令
选择弧线段或多段线圆弧段:                   //选择圆弧
指定弧长标注位置或 [多行文字(M)/文字(T)/角度(A)/部分(P)/引线(L)]:
                                            //指定弧长标注位置，创建弧长标注的结果如图6-31所示
```

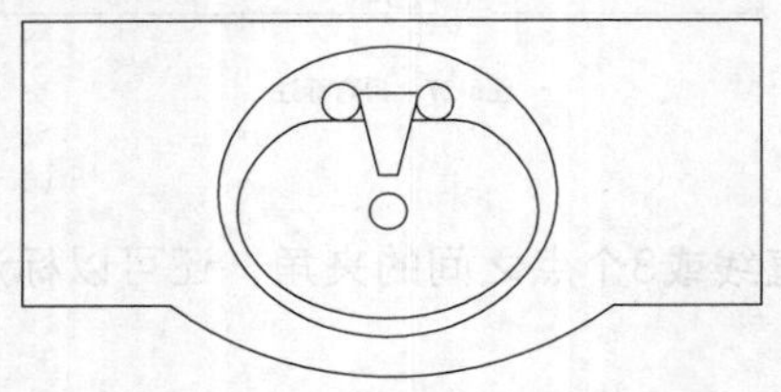

图6-30 打开素材

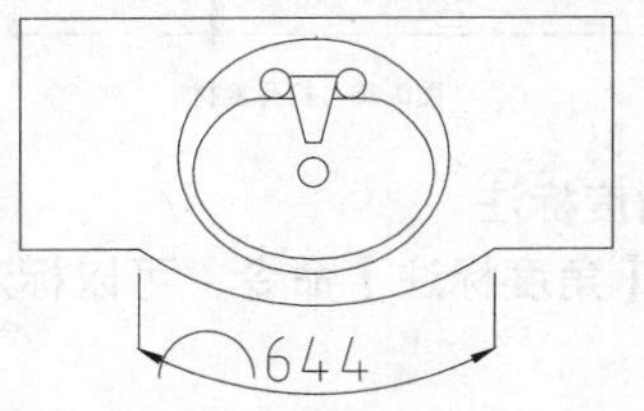

图6-31 弧长标注

9. 连续标注

连续标注是指以线性标注、坐标标注、角度标注的尺寸界线为基线进行的标注。连续标注所指定的基线仅作为与该尺寸标注相邻的连续标注尺寸的基线，依次类推，下一个尺寸标注都以前一个标注与其相邻的尺寸界线为基线进行标注。

在AutoCAD中，调用【连续标注】命令的方式有3种。

- 命令行：在命令行中输入“DIMCONTINUE/DCO”并按回车键。
- 工具栏：单击【标注】工具栏上【连续标注】按钮。
- 菜单栏：执行【标注】|【连续标注】命令。

【课堂举例6-11】连续标注

01 按Ctrl+O组合键，打开配套光盘提供的“第6章\6.2.2 连续标注”素材，结果如图6-32所示。

02 在命令行中输入“DIMCONTINUE/DCO”并按回车键，命令行提示如下：

```
命令: DIMCONTINUE↙                                          //调用命令
选择连续标注:                                                //选择标注
指定第二条尺寸界线原点或 [放弃(U)/选择(S)] <选择>:           //指定第二条尺寸界线原点
标注文字 = 670
指定第二条尺寸界线原点或 [放弃(U)/选择(S)] <选择>:
标注文字 = 80
……
指定第二条尺寸界线原点或 [放弃(U)/选择(S)] <选择>: *取消*
                                        //按回车键退出绘制，完成连续标注的结果
                                          如图6-33所示
```

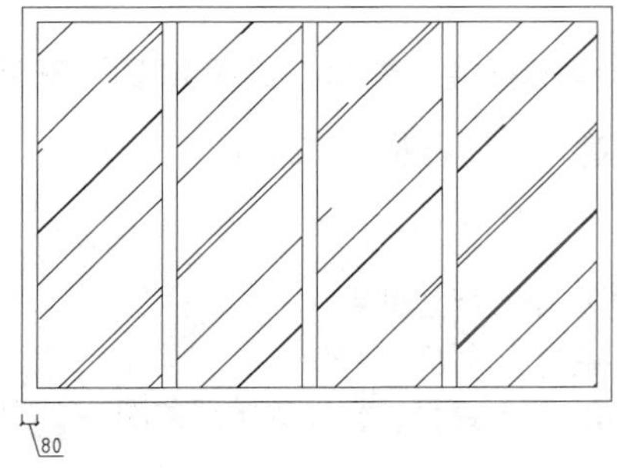

图6-32 打开素材

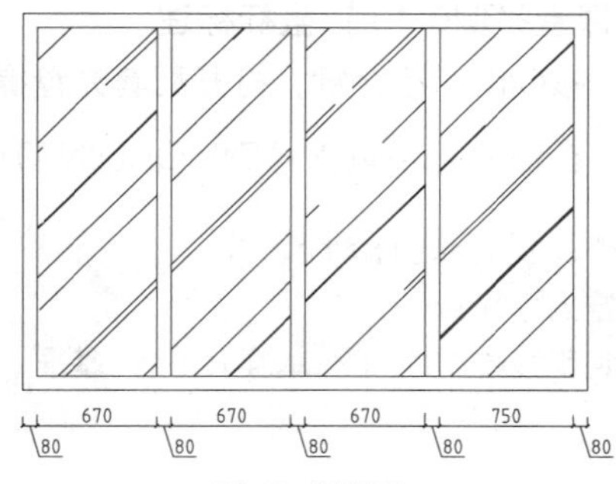

图6-33 连续标注

10. 基线标注

调用【基线标注】命令，可以创建以同一尺寸界线为基准的一系列尺寸标注，即从某一点引出的尺寸界线作为第一条尺寸界线，依次进行多个对象的尺寸标注。

在AutoCAD中，调用【基线标注】命令的方式有3种。

- 命令行：在命令行中输入“DIMBASELINE/DBA”并按回车键。
- 工具栏：单击【标注】工具栏上【基线标注】按钮。
- 菜单栏：执行【标注】|【基线标注】命令。

【课堂举例6-12】基线标注

01 按Ctrl+O组合键，打开配套光盘提供的“第6章\6.2.2 基线标注”素材，结果如图6-34所示。

02 在命令行中输入“DIMBASELINE/DBA”并按回车键，命令行提示如下：

```
命令：DIMBASELINE↙                                              //调用命令
指定第二条尺寸界线原点或 [放弃(U)/选择(S)] <选择>:               //指定第二条尺寸界线原点
标注文字 = 2178
指定第二条尺寸界线原点或 [放弃(U)/选择(S)] <选择>:
标注文字 = 3567
指定第二条尺寸界线原点或 [放弃(U)/选择(S)] <选择>: *取消*        //按回车键退出标注，创建基线
                                                                  标注的结果如图6-35所示。
```

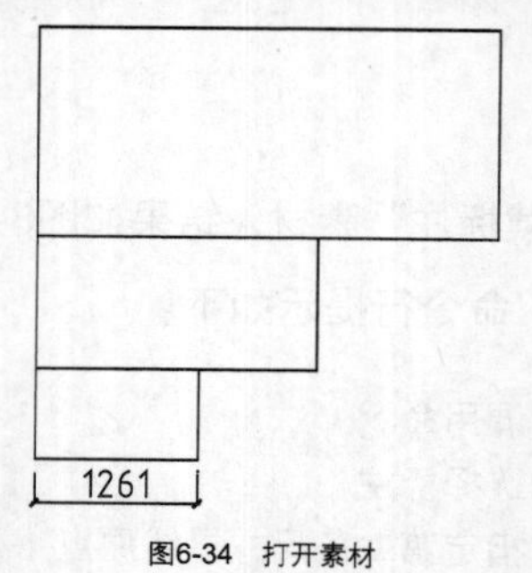

图6-34　打开素材

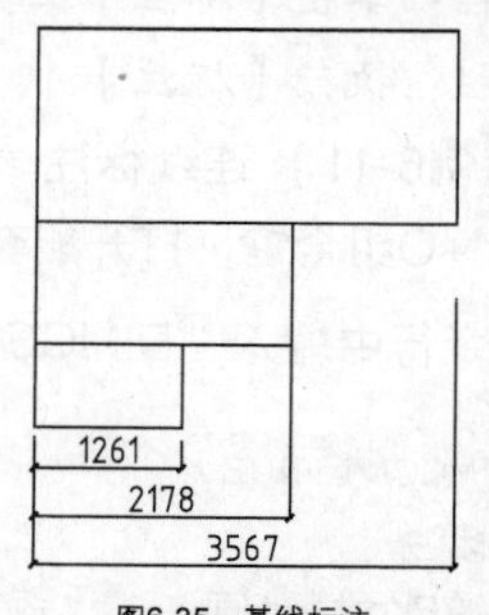

图6-35　基线标注

11. 坐标标注

坐标标注用于标注某些点相对于UCS坐标原点的X和Y坐标。

在AutoCAD中，调用【坐标标注】命令的方式有3种。

- 命令行：在命令行中输入“DIMORDINATE/DOR”并按回车键。
- 工具栏：单击【标注】工具栏上【坐标标注】按钮。
- 菜单栏：执行【标注】|【坐标标注】命令。

【课堂举例6-13】坐标标注

01 按Ctrl+O组合键，打开配套光盘提供的“第6章\6.2.2 坐标标注”素材，结果如图6-36所示。

02 在命令行中输入“DIMORDINATE/DOR”并按回车键，命令行提示如下：

```
命令：DIMORDINATE↙                          //调用命令
指定点坐标：                                 //指定需要进行坐标标注的点
指定引线端点或 [X 基准(X)/Y 基准(Y)/多行文字(M)/文字(T)/角度(A)]:
                                             //指定引线端点，创建坐标标注的结果如图6-37所示
```

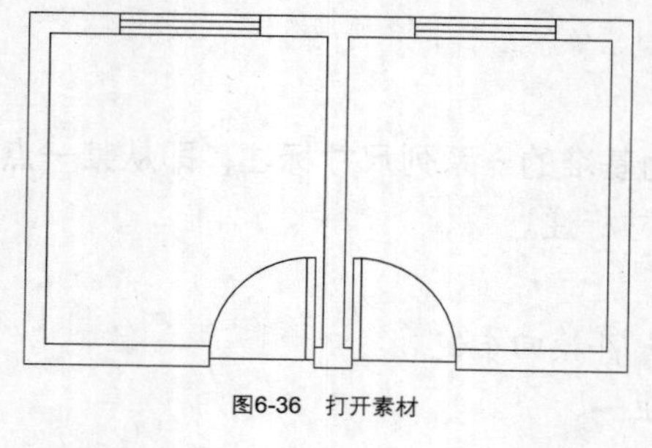

图6-36　打开素材

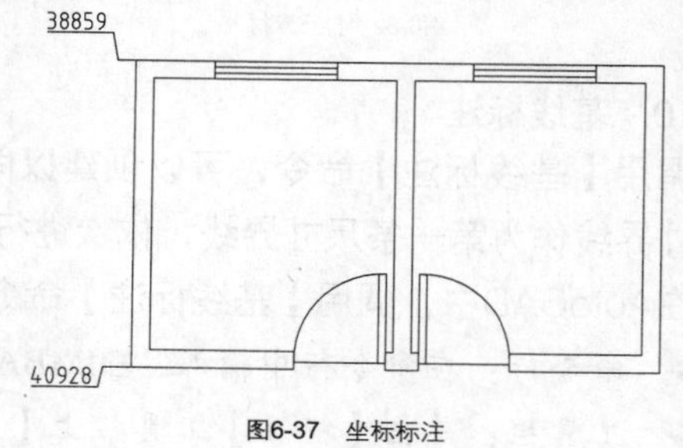

图6-37　坐标标注

6.2.3　尺寸标注的编辑方法

尺寸标注完成后，可以对尺寸标注对象进行编辑，以期更符合图形的表现要求。

1. 编辑标注

在AutoCAD中，调用【编辑标注】命令的方式有两种。

➢ 命令行：在命令行中输入“DIMEDIT/DED”并按回车键。

➢ 工具栏：单击【标注】工具栏上【编辑标注】按钮。

在命令行中输入“DIMEDIT/DED”并按回车键，命令行提示如下：

```
命令: _dimedit↙
输入标注编辑类型 [默认(H)/新建(N)/旋转(R)/倾斜(O)] <默认>:
```

提示：命令行选项的各项含义如下。

➢ 默认：选择该选项并选择尺寸对象，可以按默认位置和方向放置尺寸文字。

➢ 新建：选择该选项可以修改尺寸文字，此时，系统将显示“文字格式”工具栏和文字输入窗口。修改或输入尺寸文字后，选择需要修改的尺寸对象即可。

➢ 旋转：选择该选项可以将尺寸文字旋转一定的角度，同样是先设置角度值，然后，再选择尺寸对象。

➢ 倾斜：选择该选项可以使非角度标注的延伸线倾斜一定角度。这时，需要先选择尺寸对象，然后，设置倾斜角度值。

2. 编辑标注文字

调用【编辑标注文字】命令，可以对标注文字的位置进行更改。

在AutoCAD中，调用【编辑标注文字】命令的方式有两种。

➢ 命令行：在命令行中输入“DIMTEDIT”并按回车键。

➢ 工具栏：单击【标注】工具栏上【编辑标注文字】按钮。

在命令行中输入“DIMTEDIT”并按回车键，命令行提示如下：

```
命令: _dimtedit↙
选择标注:                                   //选择要编辑修改的标注对象
为标注文字指定新位置或 [左对齐(L)/右对齐(R)/居中(C)/默认(H)/角度(A)]:
                                            //可以通过拖动光标来确定尺寸文字的新位置，也可以输
                                              入相应的选项指定文字的新位置
```

3. 调整标注间距

调用【等距标注】命令，可根据指定的间距数值，调整尺寸线互相平行的线性尺寸或角度尺寸之间的距离，使其处于平行等距或对齐状态。

在AutoCAD中，调用【等距标注】命令的方式有两种。

➢ 命令行：在命令行中输入“DIMSPACE”并按回车键。

➢ 工具栏：单击【标注】工具栏上【等距标注】按钮。

【课堂举例6-14】调整标注间距

01 按Ctrl+O组合键，打开配套光盘提供的“第6章\6.2.3 调整标注间距”素材，结果如图6-38所示。

02 在命令行中输入“DIMSPACE”并按回车键，命令行提示如下：

```
命令: _DIMSPACE↙
选择基准标注:                                   //选择标注文字为14的尺寸标注为基准标注
选择要产生间距的标注:找到 1 个
选择要产生间距的标注:找到 1 个，总计 2 个      //选择其余两个标注对象
输入值或 [自动(A)] <自动>: A                   //输入A，选择“自动”选项，完成等距标注的结果
                                                  如图6-39所示
```

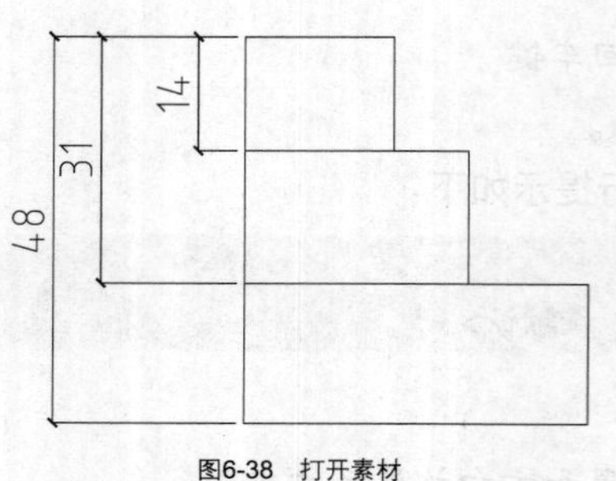

图6-38 打开素材

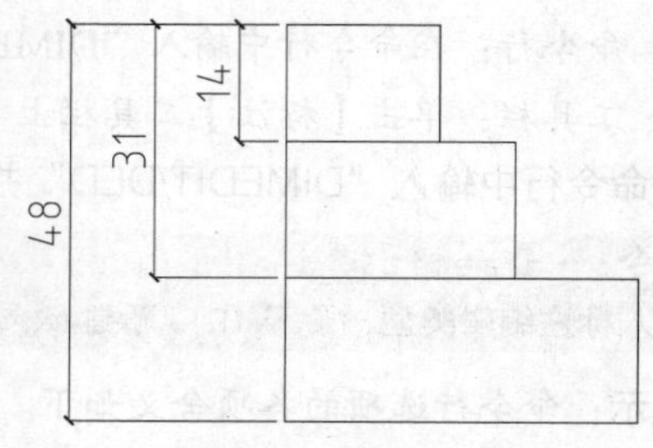

图6-39 调整结果

提示：在执行【等距标注】命令的过程中，也可以自行输入尺寸标注的间距尺寸。

4. 打断标注

调用【打断标注】命令，可以在尺寸标注的尺寸线、尺寸界限或引伸线与其他的尺寸标注或图形中线段的交点处形成隔断，可以提高尺寸标注的清晰度和准确性。

在AutoCAD中，调用【打断标注】命令的方式有两种。

➢ 命令行：在命令行中输入“DIMBREAK”并按回车键。

➢ 工具栏：单击【标注】工具栏上【打断标注】按钮。

【课堂举例6-15】打断标注

01 按Ctrl+O组合键，打开配套光盘提供的“第6章\6.2.2 打断标注”素材，结果如图6-40所示。

02 在命令行中输入“DIMBREAK”并按回车键，命令行提示如下：

```
命令：_DIMBREAK↙
选择要添加/删除折断的标注或 [多个(M)]：    //选择要进行编辑的标注
选择要折断标注的对象或 [自动(A)/手动(M)/删除(R)] <自动>:
                                   //按回车键，即可完成标注对象的更改，如图6-41所示
1 个对象已修改
```

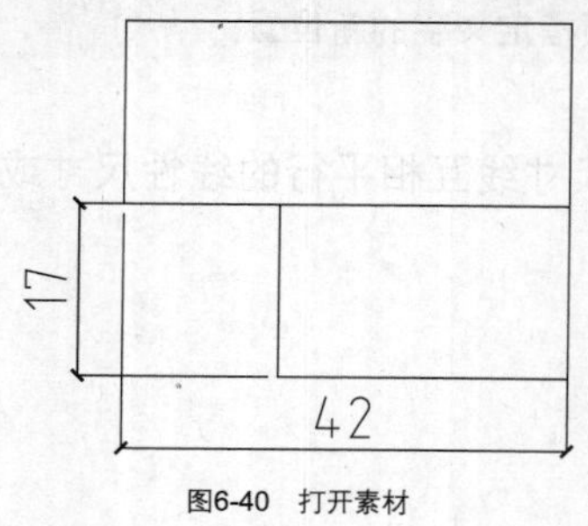

图6-40 打开素材

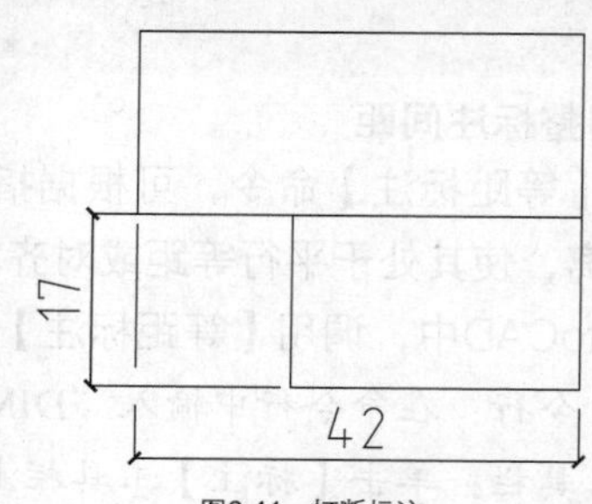

图6-41 打断标注

6.3 文字标注的创建和编辑

在绘制室内装潢施工图纸的过程中，文字是必不可少的组成部分。它可以对图形中不便于表达的内容加以说明，使图形更清晰、更完整。

本小节介绍文字样式的创建、文字标注的绘制方法以及对文字标注进行编辑的方法。

6.3.1 创建文字样式

进行文字标注前要新建文字样式，以便在绘制文字标注的过程中方便调用该文字样式，以使文字标注规范化、标准化。

在AutoCAD中，创建文字样式的方式有3种。

- 命令行：在命令行中输入“STYLE /ST”并按回车键。
- 工具栏：单击【样式】工具栏上【文字样式】按钮。
- 菜单栏：执行【格式】|【文字样式】命令。

【课堂举例6-16】创建文字样式

01 在命令行中输入“STYLE /ST”并按回车键，打开【文字样式】对话框，结果如图6-42所示。

02 在对话框中单击【新建】按钮，打开【新建文字样式】对话框，新建样式名，结果如图6-43所示。

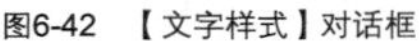

图6-42 【文字样式】对话框

图6-43 新建样式名

03 单击【确定】按钮，在【文字样式】对话框中设置文字参数，结果如图6-44所示。

04 单击【置为当前】按钮，将设置完成的文字样式置为当前，单击【关闭】按钮，关闭【文字样式】对话框。

05 图6-45所示为新建文字样式的效果。

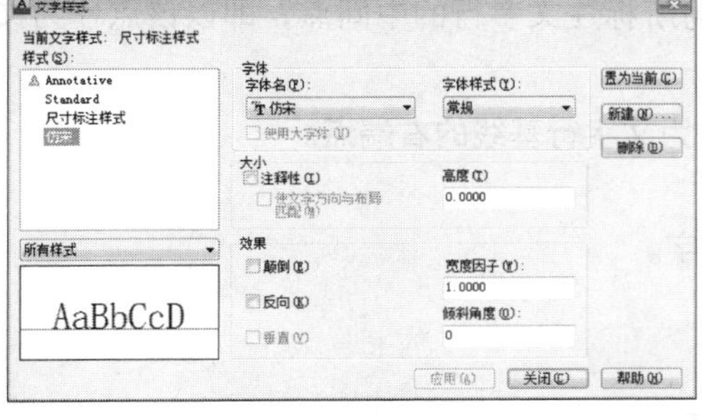

图6-44 设置参数

室内设计从入门到实践

图6-45 创建结果

6.3.2 创建单行文字

对图形进行文字标注的时候，最常调用的命令即是【单行文字】命令。

在AutoCAD中，创建单行文字的方式有3种。

- 命令行：在命令行中输入“DTEXT/DT”并按回车键。
- 工具栏：单击【文字】工具栏上的【单行文字】按钮AI。
- 菜单栏：执行【绘图】|【文字】|【单行文字】命令。

在命令行中输入“DTEXT/DT”并按回车键，命令行提示如下：

```
命令：DTEXT↙                                    //调用命令
当前文字样式：  “仿宋”   文字高度：  2.5000  注释性：  否
                                                //显示当前文字样式及相应参数
```

```
指定文字的起点或 [对正(J)/样式(S)]:        //指定文字的起点，以及文字的样式和对正方式
指定高度 <2.5000>:                        //按回车键，默认文字的高度
指定文字的旋转角度 <0>:                    //按回车键，默认文字的旋转角度，创建单行文字的结果
                                            如图6-46所示
```

在执行【单行文字】命令的命令行提示中有“指定文字的起点”、“对正”和“样式”3个选项，其含义如下。

AutoCAD2013

图6-46 单行文字

➢ 指定文字的起点

默认情况下，所指定的起点位置即是文字行基线的起点位置。在指定起点位置后，继续输入文字的旋转角度即可进行文字的输入。

在输入完成后，按两次回车键，或将鼠标移至图纸的其他任意位置并单击，然后，按【Esc】键即可结束单行文字的输入。

➢ 对正

在“指定文字的起点或[对正(J)/样式(S)]：”提示信息后输入“J”，可以设置文字的对正方式。此时，命令行显示如下提示信息：

```
输入选项 [对齐(A)/布满(F)/居中(C)/中间(M)/右对齐(R)/左上(TL)/中上(TC)/右上(TR)/左中(ML)/正中(MC)/右中(MR)/左下(BL)/中下(BC)/右下(BR)]: *取消*
```

此提示中的各选项含义如下。

对齐：要求确定所标注文字行基线的起点与终点位置。

布满：此选项要求用户确定文字行基线的起点、终点位置以及文字的高度。

居中：此选项要求确定一点，AutoCAD把该点作为所标注文字行基线的中点，即所输入文字的基线将以该点居中对齐。

中间：此选项要求确定一点，AutoCAD把该点作为所标注文字行的中间点，即以该点作为文字行在水平、垂直方向上的中点。

右对齐：此选项要求确定一点，AutoCAD把该点作为文字行基线的右端点。

左上：以指定的点作为文字的最上点并左对齐文字。

中上：以指定的点作为文字的最上点并居中对齐文字。

右上：以指定的点作为文字的最上点并右对齐文字。

左中：以指定的点作为文字的中央点并左对齐文字。

正中：以指定的点作为文字的中央点并居中对齐文字。

右中：以指定的点作为文字的中央点并右对齐文字。

左下：以指定的点作为文字的基线并左对齐文字。

中下：以指定的点作为文字的基线并居中对齐文字。

右下：以指定的点作为文字的基线并右对齐文字。

➢ 样式

在“指定文字的起点或[对正(J)/样式(S)]：”提示信息后输入“S”，可以设置当前使用的文字样式。选择该选项时，命令行显示如下提示信息：

```
输入样式名或 [?] <仿宋>: *取消*
```

可以在命令行中直接输入文字样式的名称，也可输入“?”，在“AutoCAD文本窗口”中显示当前图形已有的文字样式。

6.3.3 创建多行文字

“多行文字”又称为段落文字，是一种更易于管理的文字对象，可以由两行以上的文字组成，而且，各行文字都是作为一个整体处理。

调用【多行文字】命令，可以创建多行文字对象。

在AutoCAD中，调用【多行文字】命令的方式有3种。

- 命令行：在命令行中输入“MTEXT/MT/T”并按回车键。
- 工具栏：单击【文字】工具栏上【多行文字】按钮A。
- 菜单栏：执行【绘图】|【文字】|【多行文字】命令。

【课堂举例6-17】创建多行文字

01 在命令行中输入“MTEXT/MT/T”并按回车键，命令行提示如下：

02 在【多行文字编辑器】对话框中输入多行文字，结果如图6-48所示。

```
命令：MTEXT↙                                              //调用多行文字命令
当前文字样式："仿宋"  文字高度： 2.5  注释性： 否         //显示当前文字样式
指定第一角点：                                            //指定多行文字输入区的第一个角点
指定对角点或 [高度(H)/对正(J)/行距(L)/旋转(R)/样式(S)/宽度(W)/栏(C)]：
                                                          //指定多行文字输入区的另一个角点，如
                                                            图6-47所示
```

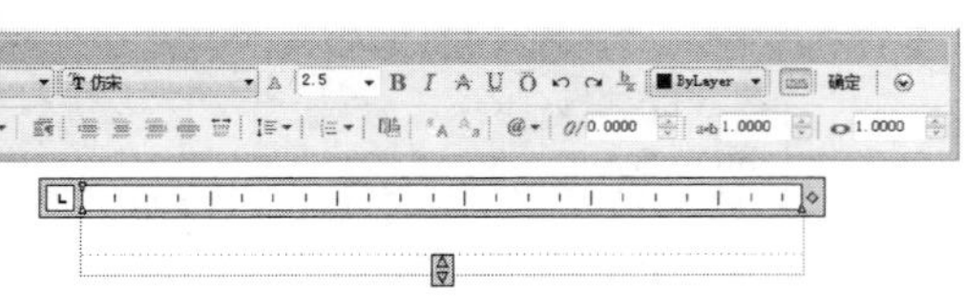

图6-47 指定对角点

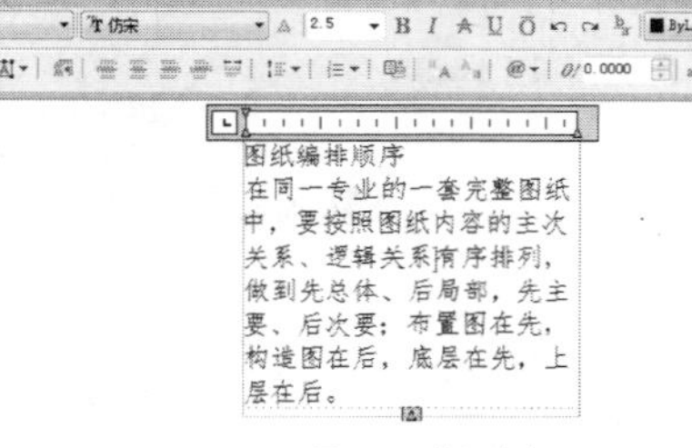

图6-48 输入文字

03 选择段落文字，改变其大小，结果如图6-49所示。

04 选择标题文字，单击对话框中的【居中】按钮，调整标题位置的结果如图6-50所示。

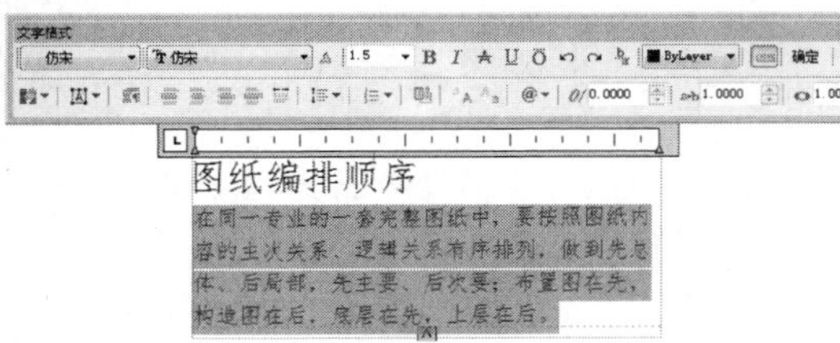

图6-49 改变大小

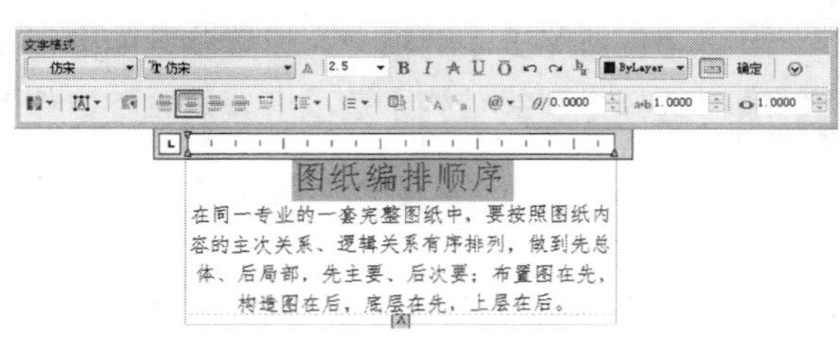

图6-50 居中显示

05 在【多行文字编辑器】对话框中单击【确定】按钮，创建多行文字的结果如图6-51所示。

图纸编排顺序

在同一专业的一套完整图纸中，要按照图纸内容的主次关系、逻辑关系有序排列，做到先总体、后局部，先主要、后次要；布置图在先，构造图在后，底层在先，上层在后。

图6-51 创建结果

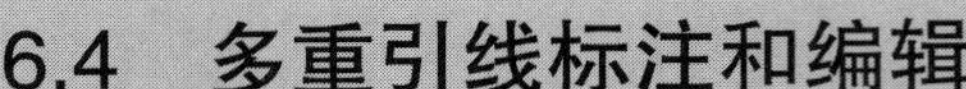

6.4 多重引线标注和编辑

调用【多重引线样式】命令，可以绘制带引线的文字标注，为图形添加注释、说明等。本小节介绍创建与编辑多重引线标注的方法。

6.4.1 创建多重引线样式

在进行多重引线标注之前，要对其样式进行设置，以便符合实际的使用需求。本小节介绍创建多重引线样式的操作方法。

在AutoCAD中，创建【多重引线样式】命令的方式有3种。

➢ 命令行：在命令行中输入“MLEADERSTYLE/MLS”并按回车键。

➢ 工具栏：单击【多重引线】工具栏上【多重引线标注】按钮。

➢ 菜单栏：执行【格式】|【多重引线样式】命令。

【课堂举例6-18】创建多重引线样式

01 执行【格式】|【多重引线样式】命令，打开【多重引线样式管理器】对话框，结果如图6-52所示。

02 在对话框中单击【新建】按钮，弹出【创建新多重引线】对话框，设置新样式名，如图6-53所示。

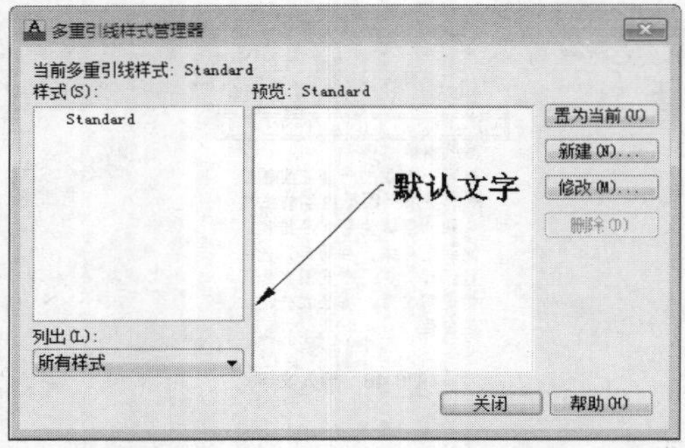

图6-52 设置参数

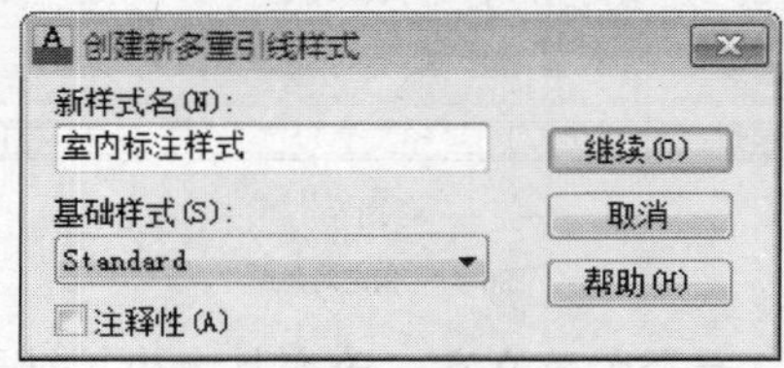

图6-53 设置结果

03 在对话框中单击【继续】按钮，弹出【修改多重引线样式：室内标注样式】对话框，选择【引线格式】选项卡，设置参数如图6-54所示。

04 选择【引线结构】选项卡，设置参数如图6-55所示。

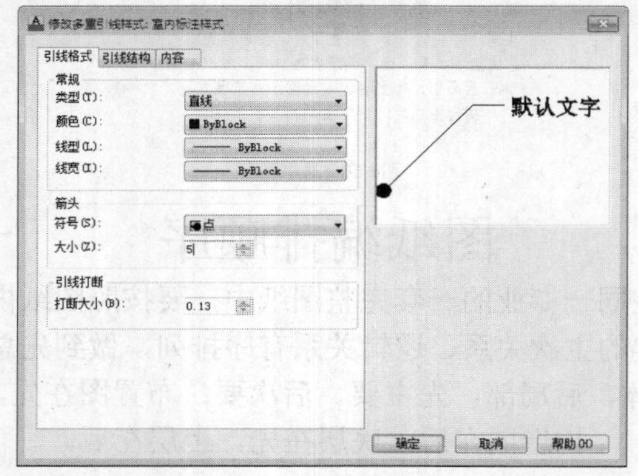

图6-54 【引线格式】选项卡

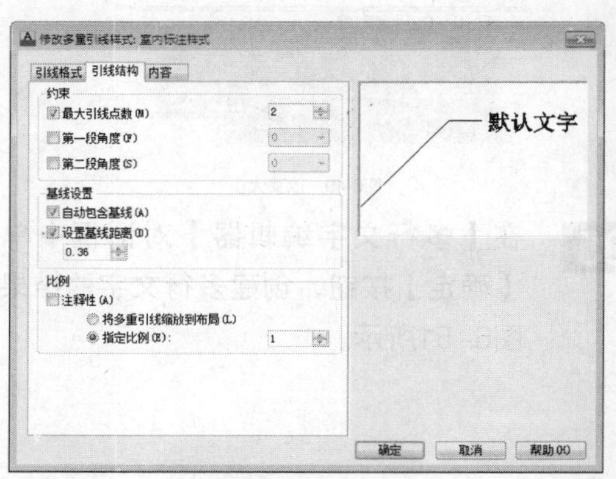

图6-55 【引线结构】选项卡

05 选择【内容】选项卡，设置参数如图6-56所示。

06 单击【确定】按钮，关闭【修改多重引线样式：室内标注样式】对话框，返回【多重引线样式管理器】对话框，将“室内标注样式”置为当前，单击【关闭】按钮，关闭【多重引线样式管理器】对话框。

07 多重引线的创建结果如图6-57所示。

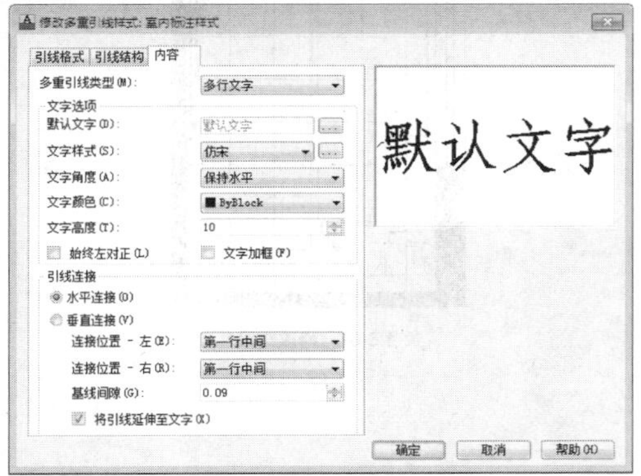

图6-56 【内容】选项卡

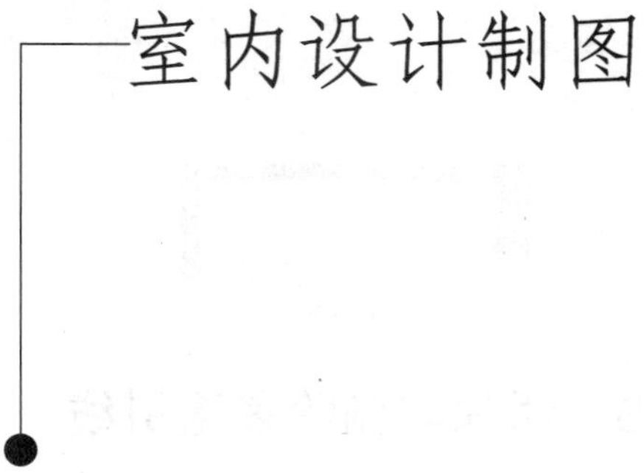

室内设计制图

图6-57 创建结果

6.4.2 创建与修改多重引线

在AutoCAD中，调用【多重引线标注】命令的方式有3种。

- 命令行：在命令行中输入“MLEADER /MLD”并按回车键。
- 工具栏：单击【多重引线】工具栏上【多重引线标注】按钮。
- 菜单栏：执行【标注】|【多重引线标注】命令。

【课堂举例6-19】创建与修改多重引线

01 按Ctrl+O组合键，打开配套光盘提供的“第6章\6.4.2 创建与修改多重引线”素材，结果如图6-58所示。

02 在命令行中输入“MLEADER /MLD”并按回车键，命令行提示如下：

```
命令：MLEADER↙                         //调用命令
指定引线箭头的位置或 [引线基线优先(L)/内容优先(C)/选项(O)] <选项>:
                                       //指定引线箭头的位置
指定引线基线的位置：                   //指定引线基线的位置，弹出【文字格式编辑器】对话框，输入文字，
                                         单击【确定】按钮；创建多重引线标注的结果如图6-59所示
```

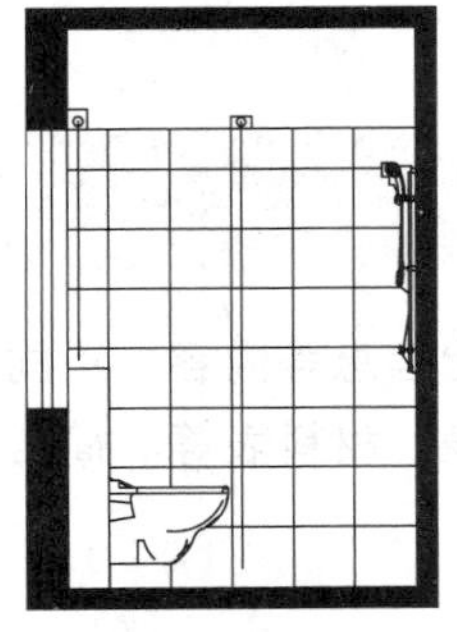

图6-58 打开素材

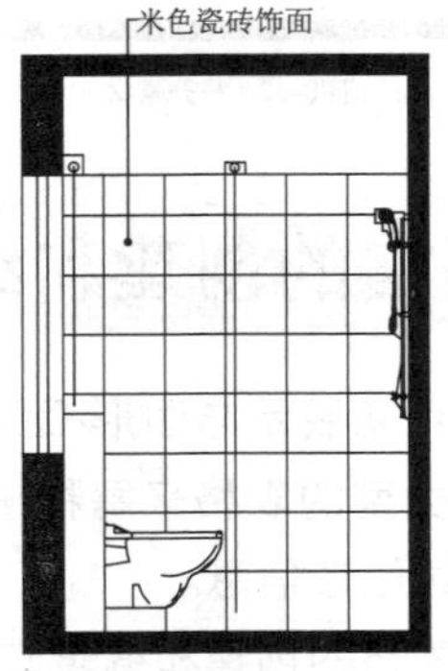

图6-59 创建结果

03 双击多重引线标注，弹出【文字格式】对话框，修改标注文字，如图6-60所示。

04 单击【确定】按钮，修改多重引线标注的结果如图6-61所示。

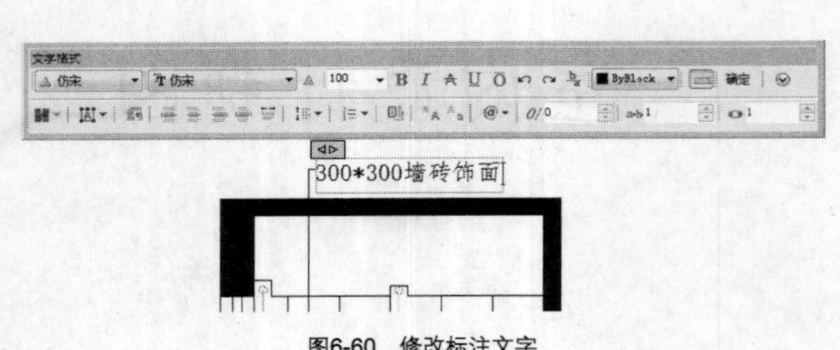

图6-60 修改标注文字

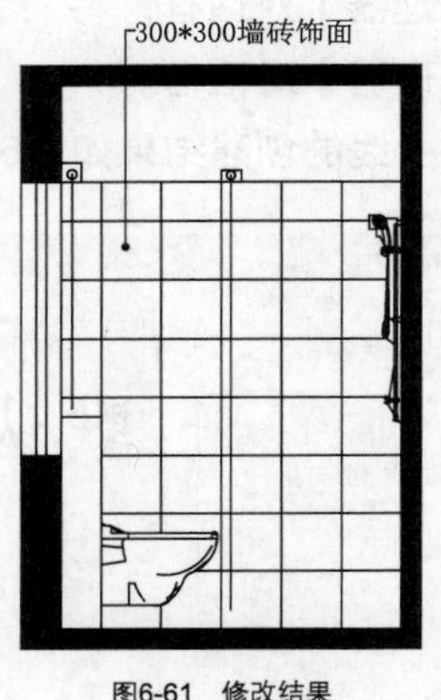

图6-61 修改结果

6.4.3 添加与删除多重引线

在AutoCAD中，可以对多重引线标注进行添加或者删除。

【课堂举例6-20】添加与删除多重引线

01 按Ctrl+O组合键，打开配套光盘提供的“第6章\6.4.2 添加与删除多重引线”素材，结果如图6-62所示。

02 单击【多重引线】工具栏上【添加引线】按钮，在绘图区中选择多重引线，指定引线箭头位置，添加引线的结果如图6-63所示。

03 单击【多重引线】工具栏上【删除引线】按钮，指定要删除的引线，可以将引线从现有的多重引线标注中删除，即可恢复素材初始打开的样子。

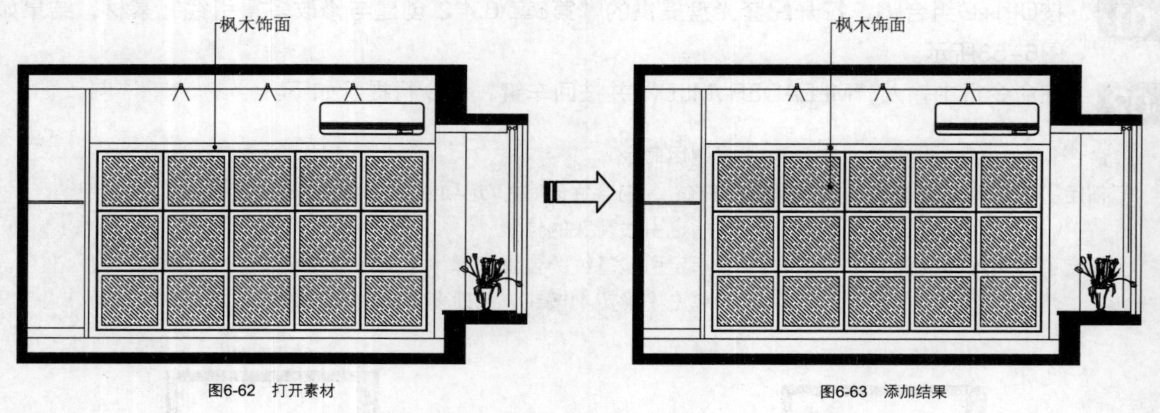

图6-62 打开素材　　图6-63 添加结果

6.5 表格的创建和编辑

表格主要用来展示与图形相关的标准、数据信息、材料和装配信息等内容。不同性质的图纸，需要制作不同类型的表格来解释说明图纸中的重要信息，如门窗表、材料表等。简洁明了的表格有助于清晰的表达图形信息。

本节介绍表格的创建和编辑方法。

6.5.1 创建表格

在AutoCAD中，创建表格的方式有3种。

➢ 命令行：在命令行中输入“TABLE/TB”并按回车键。

➢ 工具栏：单击【绘图】工具栏上【表格】按钮▦。

➢ 菜单栏：执行【绘图】|【表格】命令。

【课堂举例6-21】创建表格

01 在命令行中输入“TABLE/TB”并按回车键，弹出【插入表格】对话框，设置参数如图6-64所示。

02 在绘图区中指定表格的插入点，此时，绘图区弹出【文字表格】对话框，在其中单击【确定】按钮，即可创建表格，结果如图6-65所示。

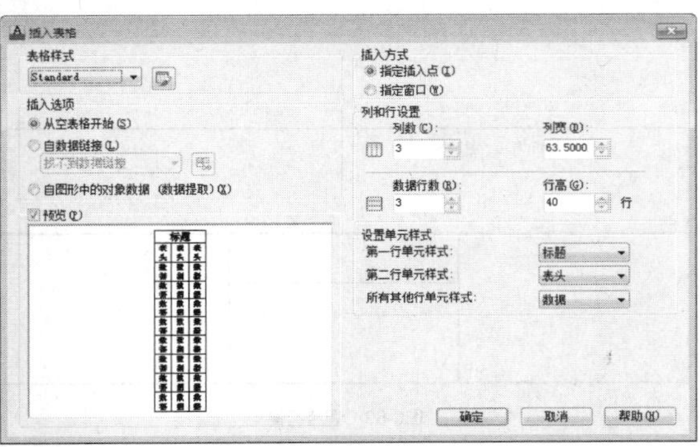

图6-64 【插入表格】对话框

图6-65 创建表格

提示： 在【插入表格】对话框中包含多个选项组和对应选项，参数对应的设置方法如下。

➢ 表格样式：在该选项组中不仅可以从【表格样式】下拉列表框中选择表格样式，也可以单击▣按钮后创建新表格样式。

➢ 插入选项：在该选项组中包含3个单选钮，其中，选中“从空表格开始”单选钮可以创建一个空的表格；选中“自数据链接”单选钮可以从外部导入数据来创建表格；选中“自图形中的对象数据（数据提取）”单选钮可以用于从可输出到表格或外部的图形中提取数据来创建表格。

➢ 插入方式：该选项组中包含两个单选钮，其中，选中“指定插入点”单选钮可以在绘图窗口中的某点插入固定大小的表格；选中“指定窗口”单选钮可以在绘图窗口中通过指定表格两对角点的方式来创建任意大小的表格。

➢ 列和行设置：在此选项区域中，可以通过改变【列数】、【列宽】、【数据行数】和【行高】文本框中的数值来调整表格的外观大小。

➢ 设置单元样式：在此选项组中可以设置【第一行单元样式】、【第二行单元样式】和【所有其他行单元样式】选项。默认情况下，系统均以【从空表格开始】方式插入表格。

6.5.2 编辑表格

表格创建完成后，可以对表格的列宽和行高进行拉伸调整，还可以输入文本信息，以完整、清晰地表达图纸信息。本小节介绍调整表格单元列宽和行高的参数以及向表格中输入信息的方法。

1. 调整表格

下面，举例说明调整表格的各项操作方法，包括表格的合并、行高的调整等。

【课堂举例6-22】调整表格操作

01 合并表格。双击表格，弹出【表格】对话框，选择要合并的单元格，在对话框中单击“合并”按钮，在其下拉菜单中选择“全部”选项，对所选的单元格进行合并，如图6-66所示。

02 重复操作，对单元格进行合并操作，结果如图6-67所示。

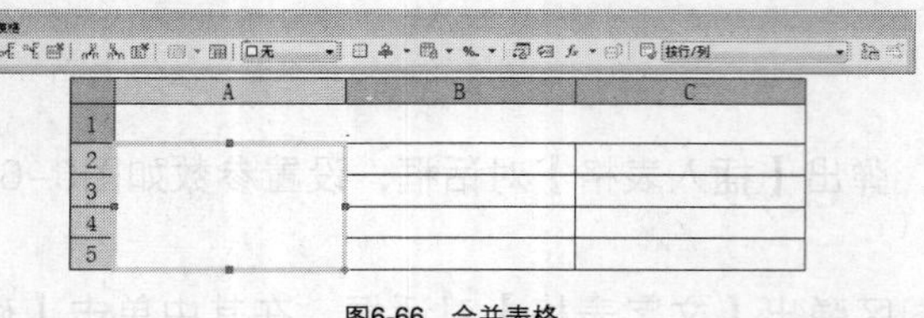

图6-66 合并表格

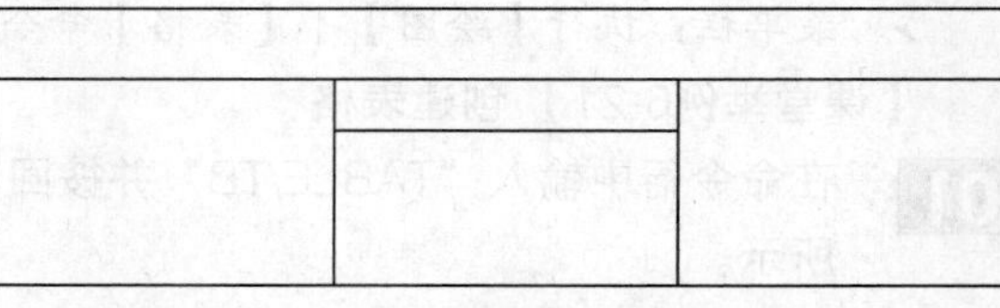

图6-67 合并结果

03 调整行高。双击表格，选择要编辑的行，激活夹点，当夹点变成红色的时候，将选择夹点向上拉伸，如图6-68所示。

04 调整行高的结果如图6-69所示。

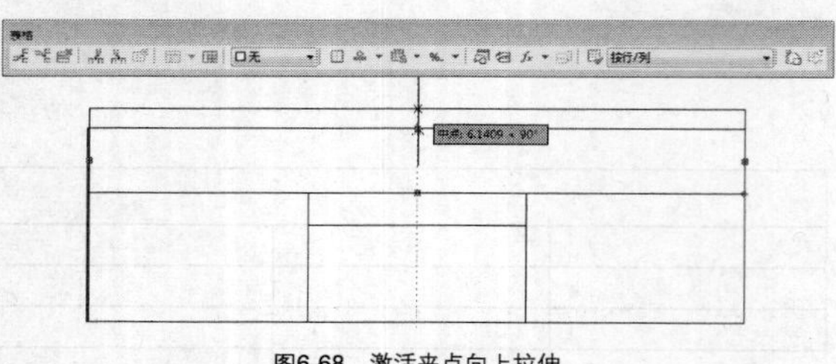

图6-68 激活夹点向上拉伸

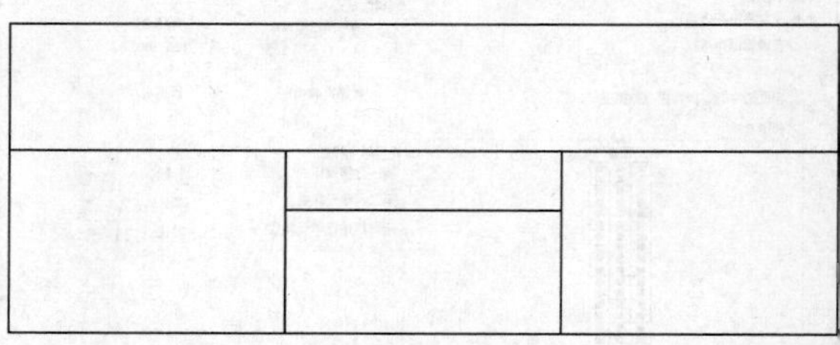

图6-69 调整行高

2. 输入文字

下面，举例介绍在表格中输入文字的操作方法。

【课堂举例6-23】输入文字

01 双击单元格，弹出【文字格式】对话框，输入文字，如图6-70所示。

02 单击【确定】按钮，关闭对话框，结果如图6-71所示。

03 重复操作，为表格输入文字，结果如图6-72所示。

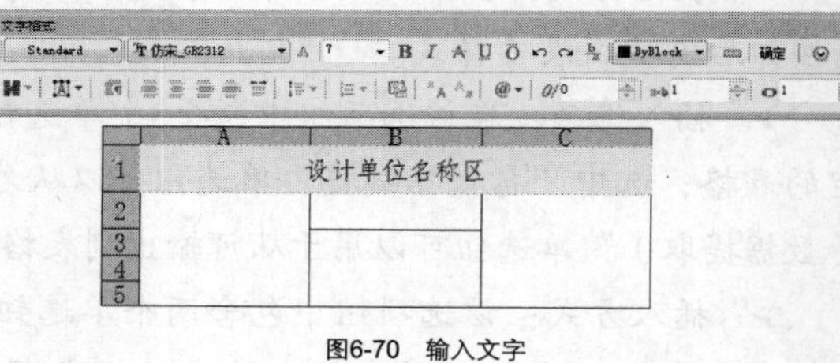

图6-70 输入文字

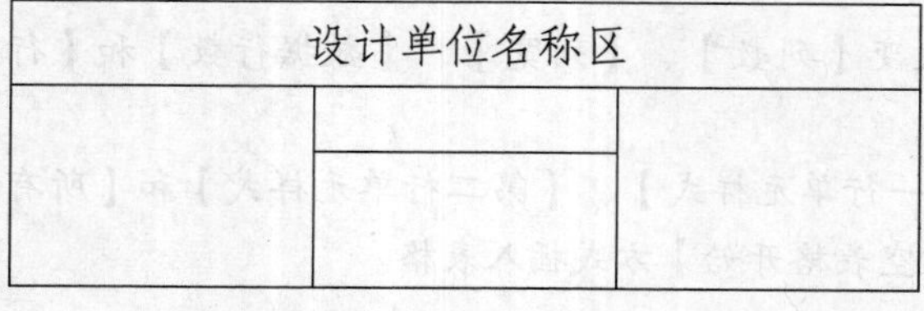

图6-71 输入结果

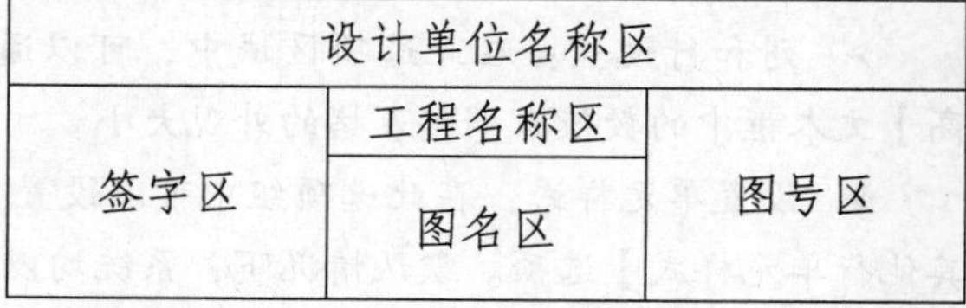

图6-72 输入结果

第7章

图块及设计中心

在绘制图形时，假如图形中有大量相同或相似的内容，或者所绘制的图形与已有的图形文件相同，则可以把要重复绘制的图形创建成块（也称为图块），并根据需要为块创建属性，指定块的名称、用途及设计者等信息，可以在需要时直接插入它们，从而提高绘图效率。

在设计过程中，需要反复调用图形文件、样式、图块、标注、线型等内容，为了提高AutoCAD系统的效率，AutoCAD提供了设计中心这一资源管理工具，对这些资源进行分门别类地管理。

本章主要介绍关于图块的知识以及设计中心的使用。

7.1 图块及其属性

图块是指一个或多个对象组成的对象集合，经常用于绘制复杂、重复的图形。将图形创建成块可以提高绘图速度、节省存储空间、便于修改图形。

本小节介绍创建块及定义属性的方法。

7.1.1 定义块

调用BLOCK【块】命令，可以将所选的图形创建成块。在执行BLOCK【块】命令之前，首先，要调用【绘图】命令和【修改】命令绘制出所有的图形对象。

在AutoCAD中，调用【块】命令的方式有3种。

- 命令行：在命令行中输入“BLOCK / B”并按回车键。即输入BLOCK或B。
- 工具栏：单击【绘图】工具栏上【创建块】按钮。
- 菜单栏：执行【绘图】|【块】|【创建】命令。

【课堂举例7-1】 将绘制完成的门图形定义成块

01 绘制门图形。调用REC【矩形】命令，绘制尺寸为800×50的矩形；调用A【圆弧】命令，绘制圆弧，结果如图7-1所示。

02 调用B【块】命令，打开【块定义】对话框，如图7-2所示。

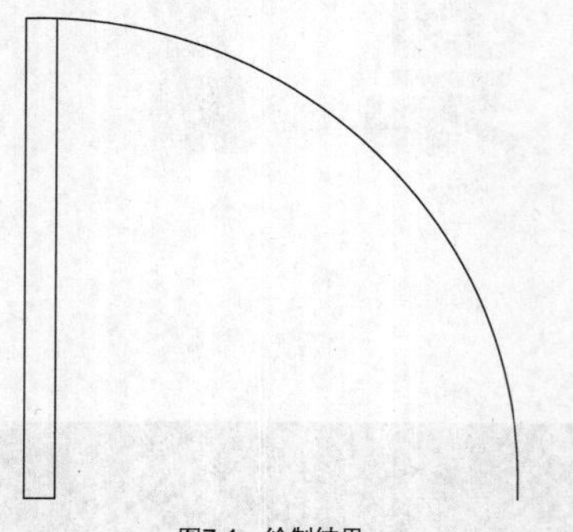

图7-1 绘制结果

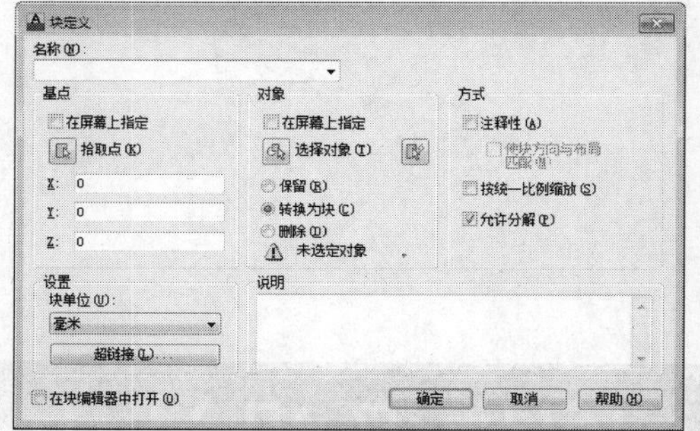

图7-2 【块定义】对话框

03 在【对象】选项组中单击【选择对象】按钮，在绘图区中框选图形对象；在【基点】选项组中单击【拾取点】按钮，单击矩形的左下角点为拾取点；返回【块定义】对话框，设置图块名称，如图7-3所示。

04 单击【确定】按钮关闭对话框，创建图块的结果如图7-4所示。

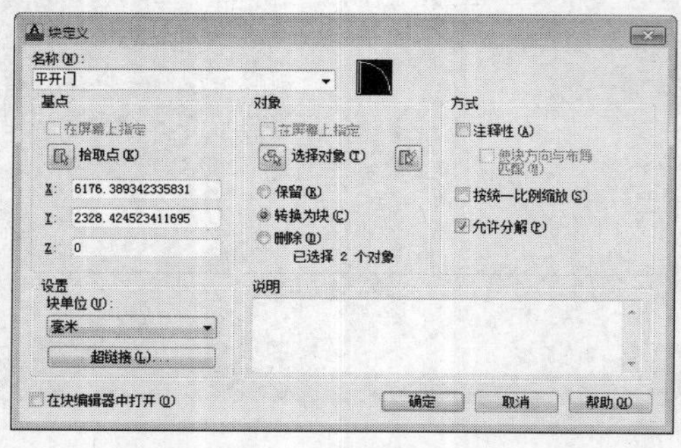

图7-3 设置参数

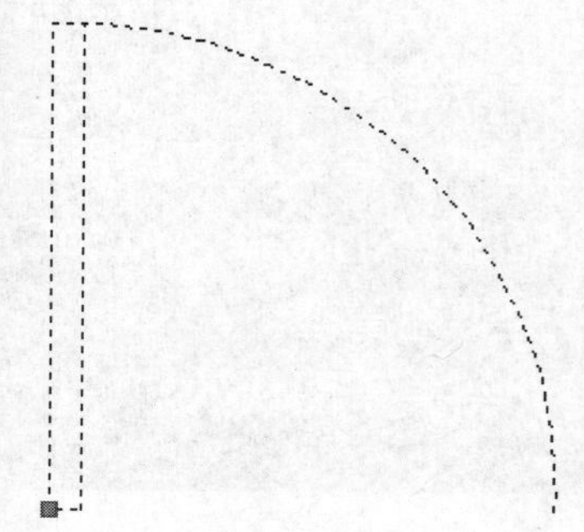

图7-4 创建图块

提示：【块定义】对话框中主要选项的功能说明如下。

➢ 【名称】文本框：输入块名称，还可以在下拉列表框中选择已有的块。

➢ 【基点】选项区：设置块的插入基点位置。用户可以直接在X、Y、Z文本框中输入，也可以单击【拾取点】按钮，切换到绘图窗口并选择基点。一般基点选在块的对称中心、左下角或其他有特征的位置。

➢ 【对象】选项区：设置组成块的对象。其中，单击【选择对象】按钮，可切换到绘图窗口选择组成块的各对象；单击【快速选择】按钮，可以使用弹出的【快速选择】对话框设置所选择对象的过滤条件；选中【保留】单选钮，创建块后仍在绘图窗口中保留组成块的各对象；选中【转换为块】单选钮，创建块后将组成块的各对象保留并把它们转换成块；选中【删除】单选钮，创建块后删除绘图窗口上组成块的原对象。

➢ 【方式】选项区：设置组成块的对象显示方式。选择【注释性】复选框，可以将对象设置成注释性对象；选择【按统一比例缩放】复选框，设置对象是否按统一的比例进行缩放；选择【允许分解】复选框，设置对象是否允许被分解。

➢ 【设置】选项区：设置块的基本属性。单击【超链接】按钮，将弹出【插入超链接】对话框，在该对话框中可以插入超链接文档。

➢ 【说明】文本框：用来输入当前块的说明部分。

7.1.2 控制图块的颜色和线型特性

在当前图层上创建图块，调用【块】命令后，即将图块中的各个对象的原图层、颜色和线型等特性信息进行保存。但是，在AutoCAD中，还可以控制图块中的对象是保留其原特性还是继承当前层的特性。

控制图块的颜色、线型和线宽特性，在定义块时有如下三种情况。

1. 完全继承当前属性

假如要使创建的图块完全继承当前图层的属性，就应该在【0】图层上绘制图形，并在【特性】工具栏上将当前层颜色、线型和线宽属性设置为“随层”(ByLayer)。

2. 单独设置块属性

假如要为图块单独设置各项属性，在定义块的时候，在【特性】工具栏上将当前层颜色、线型和线宽属性设置为“随块”(ByBlock)。

3. 保留原有属性，不从当前图层继承

假如要为图块中的对象保留属性，而不从当前图层继承，那么，在定义图块时，就要为每个对象分别设置颜色、线型和线宽属性，不应当设置为“随层”(ByLayer)或“随块”(ByBlock)。

7.1.3 插入块

调用【插入块】命令，可以在当前图形中插入块或图形。

在AutoCAD中，调用【插入块】命令的方式有3种。

➢ 命令行：在命令行中输入“INSERT/I”并按回车键。

➢ 工具栏：单击【绘图】工具栏上【插入块】按钮。

➢ 菜单栏：执行【插入】|【块】命令。

【课堂举例7-2】插入门图块

01 按Ctrl+O组合键，打开配套光盘提供的“第7章\7.1.3 插入块素材.dwg”文件，结果如图7–5所示。

02 调用I【插入】命令，打开【插入】对话框，选择“平开门”图块，结果如图7–6所示。

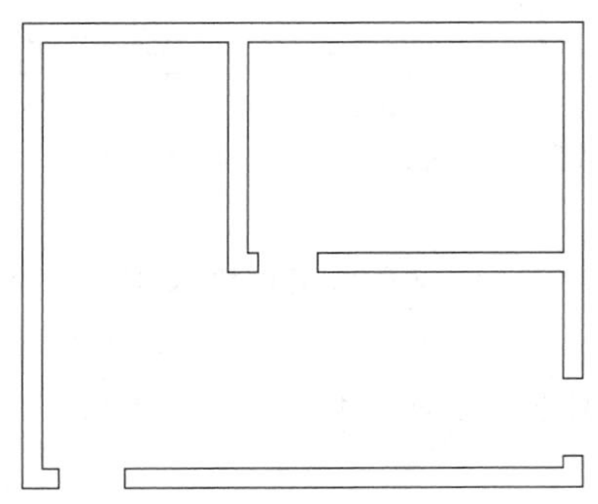

图7-5 打开素材

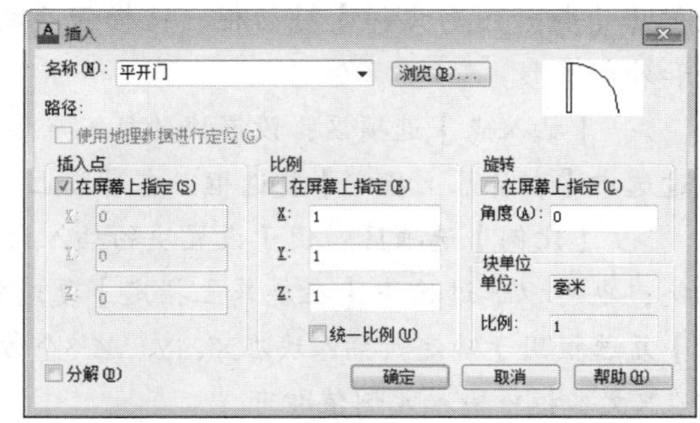

图7-6 【插入】对话框

03 单击【确定】按钮，关闭对话框，在绘图区中指定插入点，插入图块的结果如图7–7所示。

04 在【插入】对话框中的【比例】选项组中更改X、Y文本框中的比例参数，结果如图7–8所示。

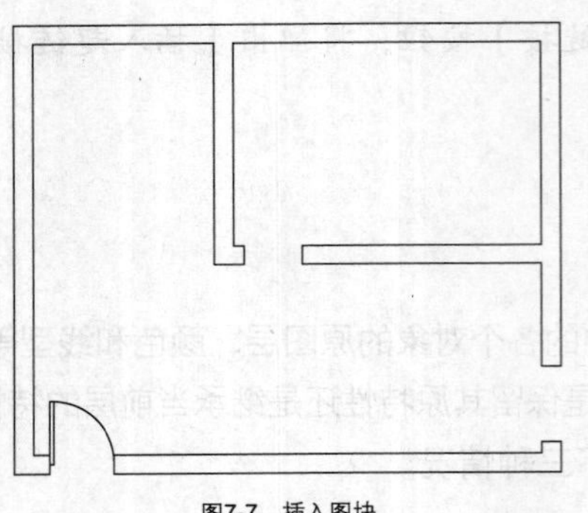

图7-7 插入图块

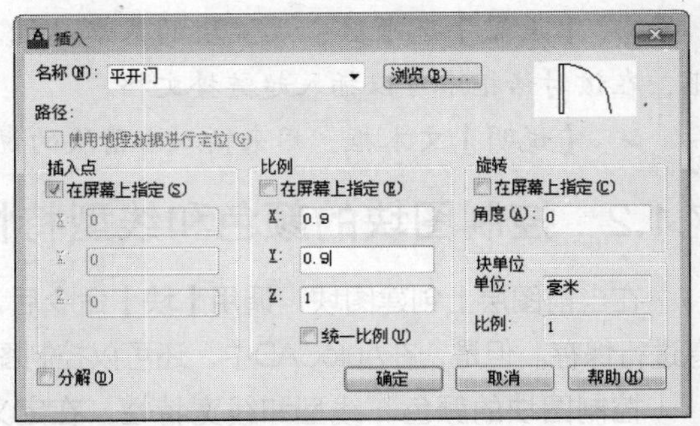

图7-8 更改比例参数

05 单击【确定】按钮，关闭对话框，在绘图区中指定插入点，插入尺寸为720的门图形，结果如图7-9所示。

06 调用I【插入】命令，打开【插入】对话框，在【比例】选项组中更改X、Y文本框中的比例参数，在【旋转】选项组中设置角度参数，结果如图7-10所示。

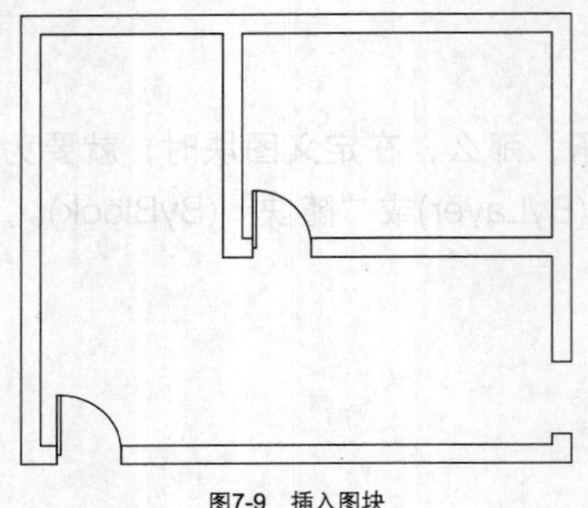

图7-9 插入图块

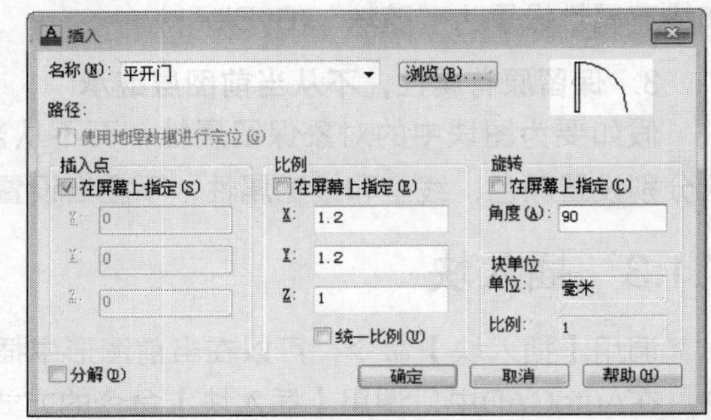

图7-10 设置参数

07 单击【确定】按钮，关闭对话框，在绘图区中指定插入点，插入尺寸为960的门图形，结果如图7-11所示。

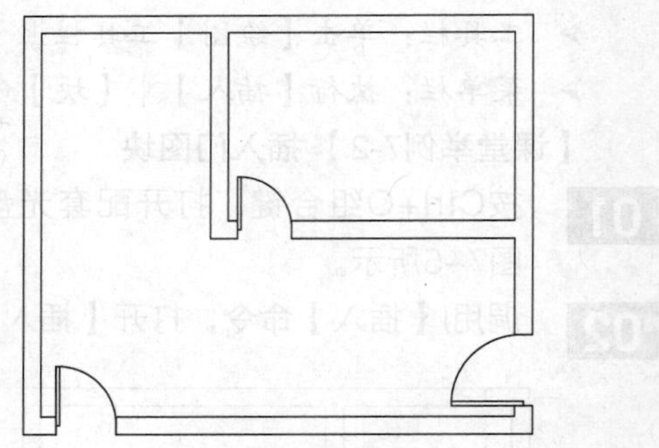

图7-11 插入图块

提示：【插入】对话框中各选项的含义如下。

➢ 【名称】下拉列表框：用于选择块或图形名称。也可以单击其后的【浏览】按钮，系统弹出【打开图形文件】对话框，选择保存的块和外部图形。

➢ 【插入点】选项区：设置块的插入点位置。用户可以直接在X、Y、Z文本框中输入，也可以通过选中【在屏幕上指定】复选框，在屏幕上指定插入点。

➢ 【比例】选项区：用于设置块的插入比例。可直接在X、Y、Z文本框中输入块在三个方向的比例；也可以通过选中【在屏幕上指定】复选框，在屏幕上指定。此外，该选项区域中的【统一比例】复选框用于确定所插入块在X、Y、Z 3个方向的插入比例是否相同，选中时，表示相同，用户只需在X文本框中输入比例值即可。

➢ 【旋转】选项区：用于设置块的旋转角度。可直接在【角度】文本框中输入角度值，也可以通过选中【在屏幕上指定】复选框，在屏幕上指定旋转角度。

➢ 【块单位】选项区：用于设置块的单位以及比例。

➢ 【分解】复选框：可以将插入的块分解成块的各基本对象。

7.1.4　写块

调用【块】命令所创建的块只能在定义该图块的文件内部使用，而【写块】命令则可以将图块让所有的AutoCAD文档共享。

写块的过程，实质上就是将图块保存为一个单独的DWG图形文件，因为DWG文件可以被其他AutoCAD文件使用。

【课堂举例7-3】对选定的图块执行【写块】命令

01 按Ctrl+O组合键，打开配套光盘提供的"第7章\7.1.4 写块素材.dwg"文件，结果如图7-12所示。

02 调用W【写块】命令，系统弹出【写块】对话框，如图7-13所示。

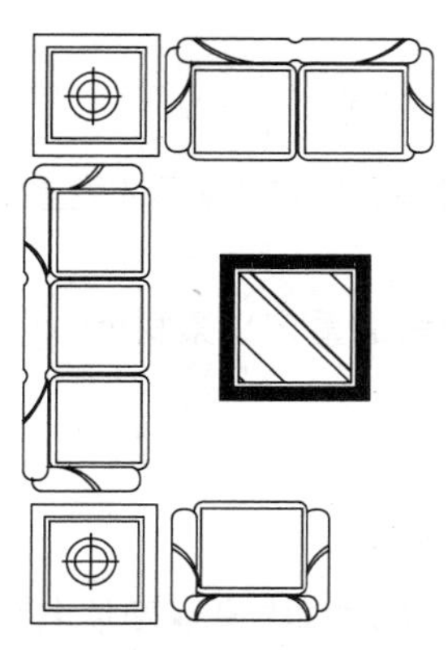

图7-12　打开素材

图7-13　【写块】对话框

03 在【对象】选项组中单击"选择对象"按钮，在绘图区中选择素材对象；在【基点】选项组中单击【拾取点】按钮，单击素材对象的左下角为拾取点。

04 在【写块】对话框中单击按钮，弹出【浏览图形文件】对话框，如图7-14所示，设置文件名称及保存路径，单击【保存】按钮，即可完成写块的操作。

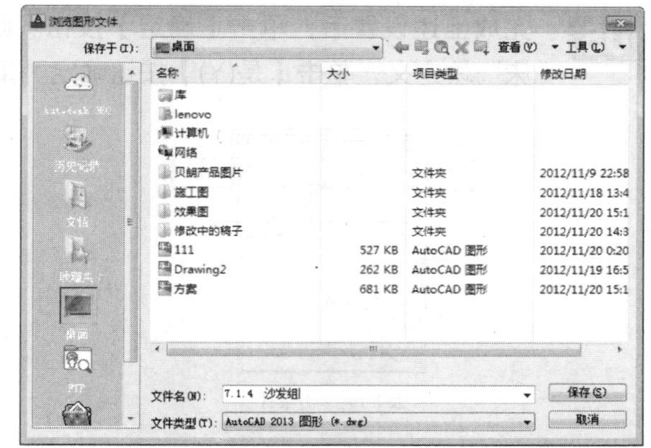

图7-14　【浏览图形文件】对话框

提示：【写块】对话框中各选项的含义如下。

- 【源】选项组：
- 块：将已经定义好的块保存，可以在下拉列表中选择已有的内部块。如果当前文件中没有定义的块，该单选钮不可用。
- 整个图形：将当前工作区中的全部图形保存为外部块。
- 对象：选择图形对象定义外部块。该项是默认选项，一般情况下选择此项即可。
- 【基点】选项组：该选项组确定插入基点。方法同块定义。
- 【对象】选项组：该选项组选择保存为块的图形对象，操作方法与定义块时相同。
- 【目标】选项组：设置写块文件的保存路径和文件名。

7.1.5　分解块

图形创建成块后不能对其进行编辑修改，假如要对图形进行编辑，必须要调用【分解】命令，将图形进行分解。

在AutoCAD中，调用【分解】命令的方式有3种。

- 命令行：在命令行中输入“EXPLODE / X”并按回车键。
- 工具栏：单击【修改】工具栏上【分解】按钮。
- 菜单栏：执行【修改】|【分解】命令。

在命令行中输入“EXPLODE / X”并按回车键，命令行提示如下：

```
命令:EXPLODE↙                                //调用命令
选择对象：指定对角点：找到 1 个                //选择待分解的图形，按回车键即可完成操作并退出命令。
```

提示：除去已创建成块的图形外，【分解】命令还可以对尺寸标注、填充区域等图形对象进行分解操作。

7.1.6 图块的重定义

要对已进行“块定义”的图形进行重新定义，必须调用【分解】命令，将其分解后才能重新进行定义。

【课堂举例7-4】 对图块进行重定义操作

01 按Ctrl+O组合键，打开配套光盘提供的“第7章\7.1.6 图块的重定义素材.dwg”文件，结果如图7−15所示。

02 调用X【分解】命令，将图块分解。

03 调用E【删除】命令，删除床头柜图形，结果如图7−16所示。

04 调用B【块】命令，弹出【块定义】对话框，在【名称】文本框中设置图块名称，选择被分解的双人床图形对象，确定插入基点。

05 完成上述设置后，单击【确定】按钮。此时，AutoCAD会提示是否替代已经存在的“双人床”块定义，单击【是(Y)】按钮确定。重定义块操作完成。

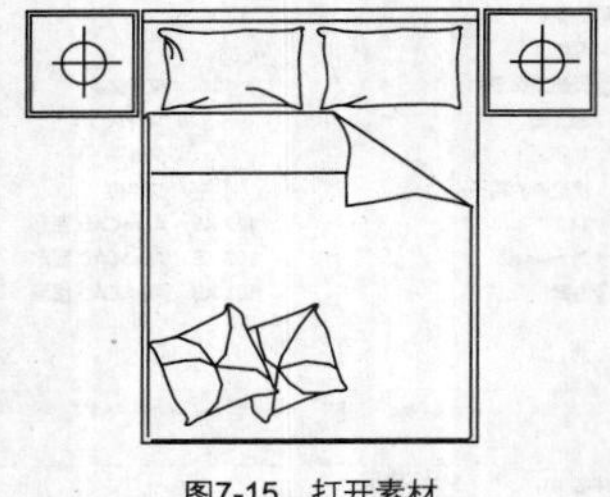

图7-15 打开素材

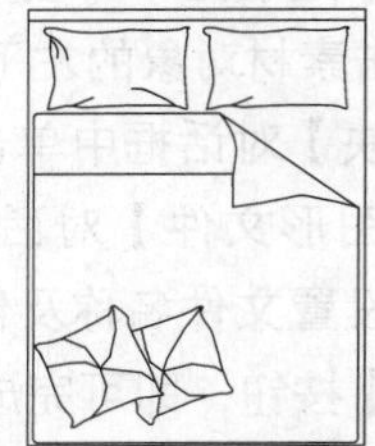

图7-16 删除结果

7.1.7 图块属性

图块包含两类信息：图形信息和非图形信息。图块属性指的是图块的非图形信息，例如图块上的编号、文字信息等。

在AutoCAD中，调用【定义属性】命令的方式有两种。

- 命令行：在命令行中输入“ATTDEF/ATT”并按回车键。
- 菜单栏：执行【绘图】|【块】|【定义属性】命令。

【课堂举例7-5】 创建图块属性

01 按Ctrl+O组合键，打开配套光盘提供的“第7章\7.1.7 创建图块属性素材.dwg”文件，结果如图7−17所示。

图7-17 打开素材

02 调用ATT【定义属性】命令，系统弹出【属性定义】对话框，设置参数如图7-18所示。

03 在对话框中单击【确定】按钮，将属性参数置于合适区域，即可完成属性定义操作，结果如图7-19所示。

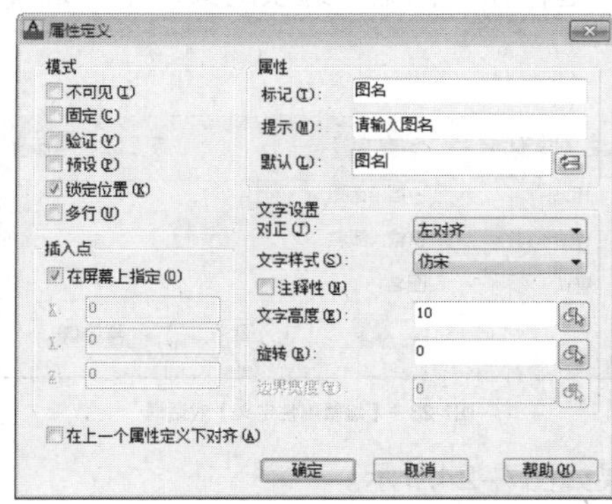

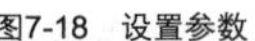
图7-18 设置参数

图7-19 属性定义

04 在【属性定义】对话框中，修改参数如图7-20所示。

05 在对话框中单击【确定】按钮，将属性参数置于合适区域，即可完成属性定义操作，结果如图7-21所示。

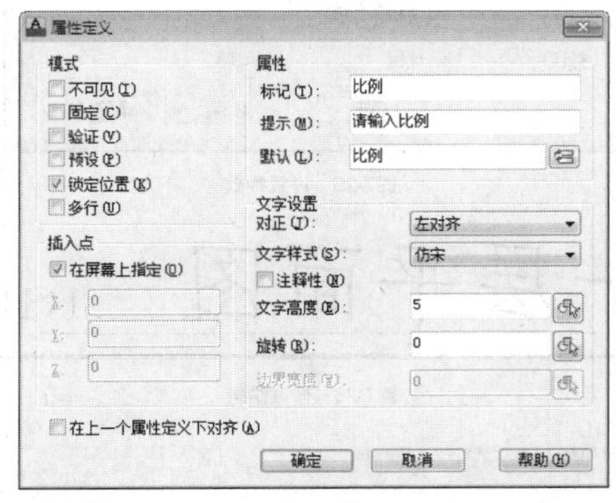

图7-20 修改参数

图7-21 定义结果

提示：【属性定义】对话框中各选项的含义如下。

➢ 模式：用于设置属性模式，其包括【不可见】、【固定】、【验证】、【预设】、【锁定位置】和【多行】6个复选框，利用复选框可设置相应的属性值。

➢ 属性：用于设置属性数据，包括【标记】、【提示】、【默认】3个文本框。

➢ 插入点：该选项组用于指定图块属性的位置，若选中【在屏幕上指定】复选框，则在绘图区中指定插入点，或者，用户可以直接在X、Y、Z文本框中输入坐标值确定插入点。

➢ 文字设置：该选项组用于设置属性文字的对正、样式、高度和旋转。其中包括【对正】、【文字样式】、【文字高度】、【旋转】和【边界宽度】5个选项。

➢ 在上一个属性定义下对齐：选择该复选框，将属性标记直接置于上一个属性定义的下面。若之前没有创建属性定义，则此项不可用。

7.1.8 修改块属性

图块定义属性后，可以对其进行编辑修改。

【课堂举例7-6】修改图块的属性

01 按Ctrl+O组合键，打开配套光盘提供的“第7章\7.1.8 修改图块属性素材.dwg”文件，结果如图7-22所示。

02 双击“图名”块属性，弹出【编辑属性定义】对话框，在“标记”选项的文本框中选择要修改的文字属性，如图7-23所示。

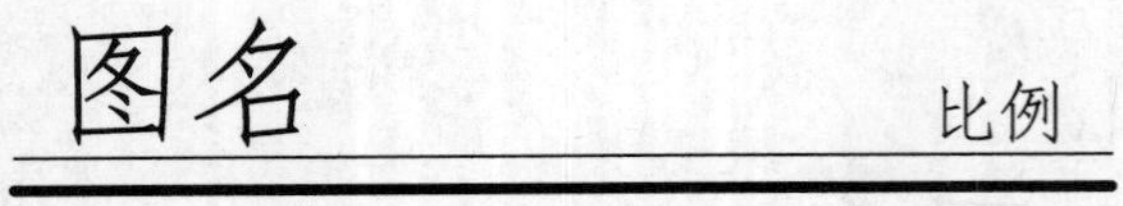

图7-22 打开素材

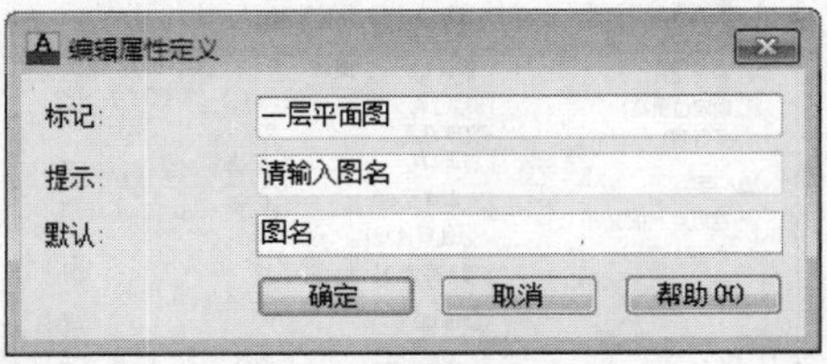

图7-23 【编辑属性定义】对话框

03 在对话框中单击【确定】按钮，修改块属性的结果如图7-24所示。

04 双击“比例”块属性，弹出【编辑属性定义】对话框，在“标记”选项的文本框中选择要修改的文字属性，如图7-25所示。

图7-24 修改结果

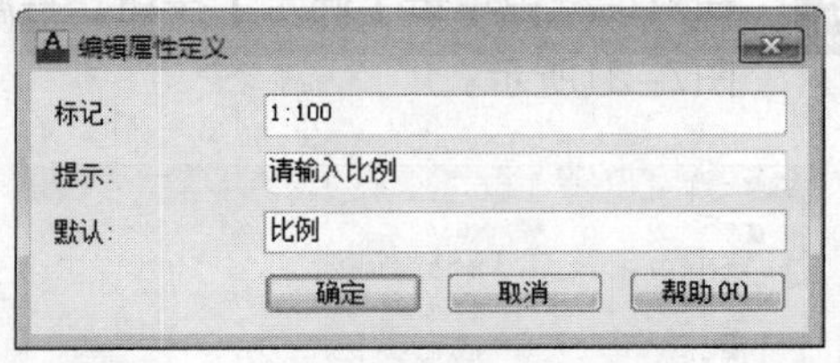

图7-25 设置参数

05 在对话框中单击【确定】按钮，修改块属性的结果如图7-26所示。

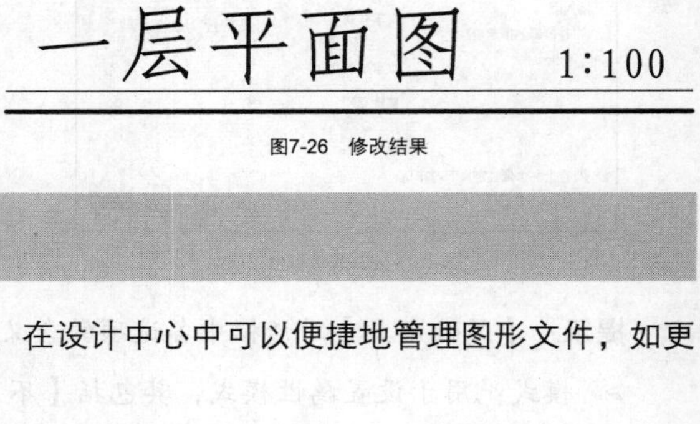

图7-26 修改结果

7.2 设计中心与工具选项板

本节介绍AutoCAD设计中心开启和使用的方法，在设计中心中可以便捷地管理图形文件，如更改图形文件信息，调用并共享图形文件等。

7.2.1 设计中心

AutoCAD设计中心类似于Windows资源管理器。用户可以浏览、查找、预览、管理、利用和共享AutoCAD图形，可执行对图形、块、图案填充和其他图形内容的访问等辅助操作，并在图形之间复制和粘贴其他内容，从而使设计者更好地管理外部参照、块参照和线型等图形内容。这种操作不仅可简化绘图过程，而且可通过网络资源共享来服务当前产品设计，从而提高了图形管理和图形设计的效率。

7.2.2 设计中心窗体

在AutoCAD中，打开设计中心窗体的方式有两种。

- 命令行：按Ctrl+2组合键。
- 工具栏：单击【标准】工具栏上的【设计中心】按钮。

按Ctrl+2组合键，打开“设计中心”窗体，结果如图7-27所示。

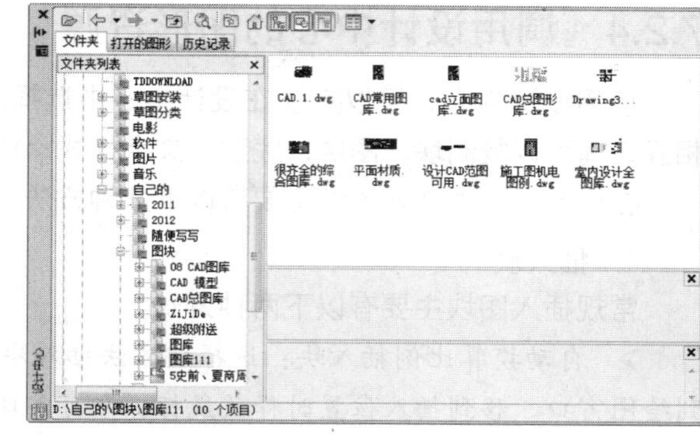

图7-27 “设计中心”窗体

提示：“设计中心”窗体中有3个选项卡，其含义分别如下。

➤【文件夹】：该选项卡显示设计中心的资源，包括显示计算机或网络驱动器中文件和文件夹的层次结构。可将设计中心内容设置为本计算机、本地计算机或网络信息。要使用该选项卡调出图形文件，可指定文件夹列表框中的文件路径（包括网络路径），右侧将显示图形信息。

➤【打开的图形】：该选项卡显示当前已打开的所有图形，并在右方的列表框中包括图形中的块、图层、线型、文字样式、标注样式和打印样式。单击某个图形文件，然后，单击列表中的一个定义表，可以将图形文件的内容加载到内容区域中。

➤【历史记录】：该选项卡中显示最近在设计中心打开的文件列表，双击列表中的某个图形文件，可以在【文件夹】选项卡的树状视图中定位此图形文件，并将其内容加载到内容区域。

7.2.3 设计中心查找功能

设计中心中的“查找”功能，可以快速查找图形、块特征、图层特征和尺寸样式等内容，并将这些资源插入当前图形，辅助当前设计。

在设计中心窗体中单击【搜索】按钮，弹出【搜索】对话框，在对话框中选择【图形】选项卡，如图7-28所示，设置搜索文字参数，单击【立即搜索】按钮，即可按照所定义的条件来搜索图形。

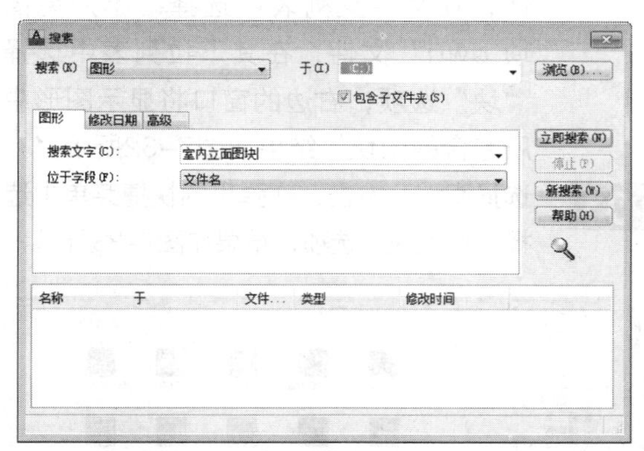

图7-28 【图形】选项卡

在对话框中单击【修改日期】选项卡，如图7-29所示，可指定图形文件创建或修改的日期范围。默认情况下不指定日期，需要在此之前指定图形修改日期。

在对话框中单击【高级】选项卡，如图7-30所示，可指定其他搜索参数

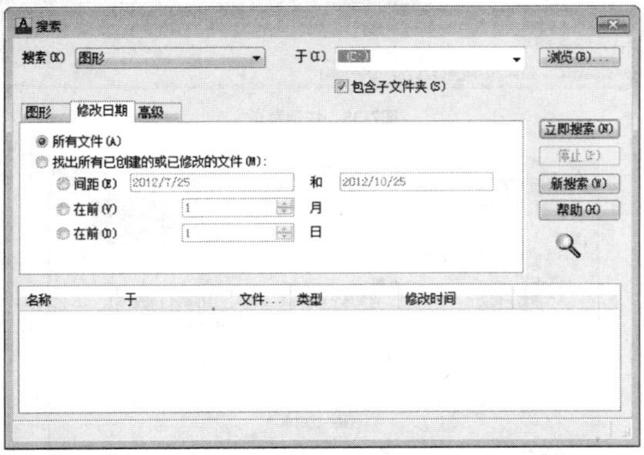

图7-29 【修改日期】选项卡

图7-30 【高级】选项卡

7.2.4 调用设计中心的图形资源

使用设计中心，可以直接在设计中心中选择图形插入到当前图形中。并且，设计中心中的图形相互之间可以复制块、图层、线型、文字样式、标注样式以及用户定义的内容等。

在设计中心中插入图块主要有以下几种方法。

1. 插入块

常规插入图块主要有以下两种方式。

➢ 自动换算比例插入块：选择该方法插入块时，可从设计中心窗口中选择要插入的块，并拖动到绘图窗口。移到插入位置时释放鼠标，即可实现块的插入操作。

➢ 常规插入块：采用插入时确定插入点、插入比例和旋转角度的方法插入块特征，可在【设计中心】对话框中选择要插入的块，右击，此时，将弹出一个快捷菜单，选择“插入块”选项，即可弹出【插入块】对话框，可按照插入块的方法确定插入点、插入比例和旋转角度，将该块插入到当前图形中。

【课堂举例7-7】使用设计中心插入图块

01 按Ctrl+O组合键，打开配套光盘提供的“第7章\7.2.4 使用设计中心插入图块素材.dwg”文件，结果如图7-31所示。

02 按Ctrl+2组合键，打开“设计中心”窗体，在文件夹列表中选择“小户型图块.dwg”文件，在其下拉列表中选择“块”选项，右边的窗口将显示图形中所包含的图块，结果如图7-32所示。

03 选择图块，右击，在弹出的快捷菜单中选择“插入块”选项，结果如图7-33所示。

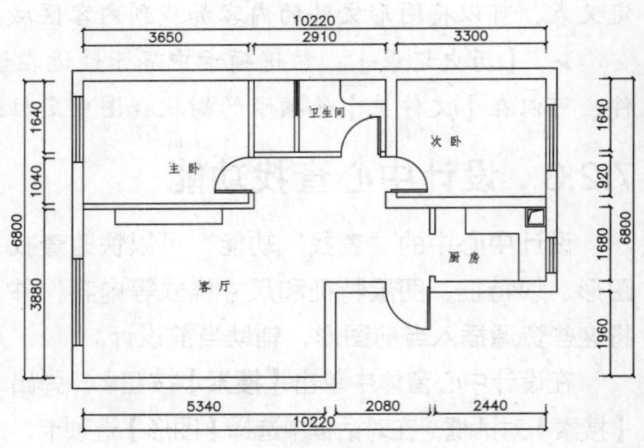

图7-31 打开素材

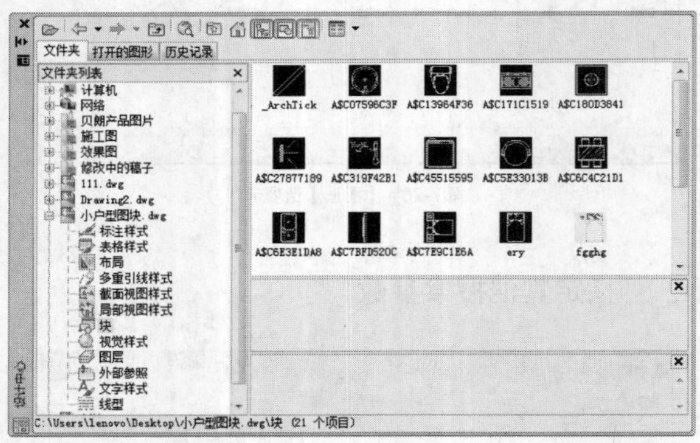
图7-32 “设计中心”窗体

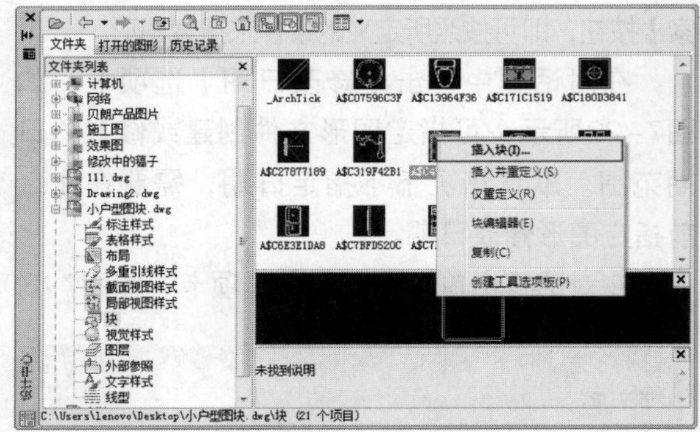

图7-33 快捷菜单

04 单击选择“插入块”选项后，系统弹出【插入】对话框，在其中设置图块的插入比例，结果如图7-34所示。

05 在绘图区中指定图块的插入点，结果如图7-35所示。

06 沿用上述方法，设置图块的插入比例和角度，完成对小户型平面图的绘制，结果如图7-36所示。

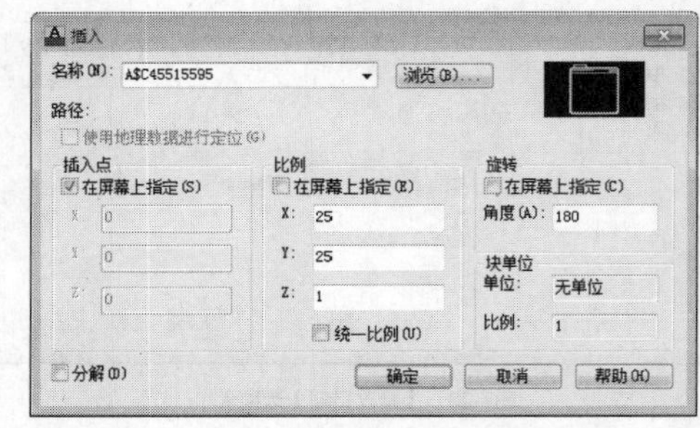

图7-34 【插入】对话框

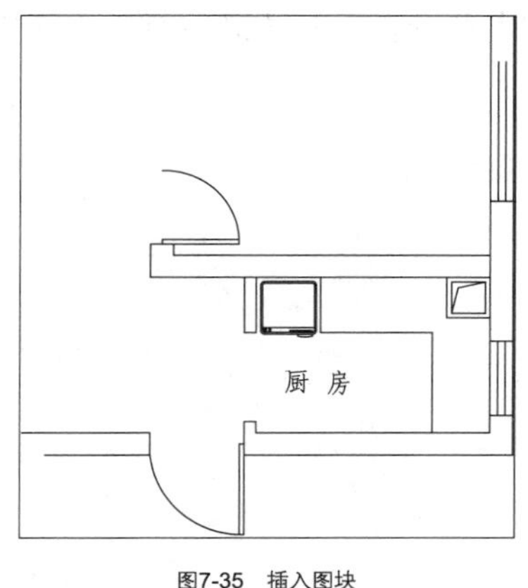

图7-35 插入图块

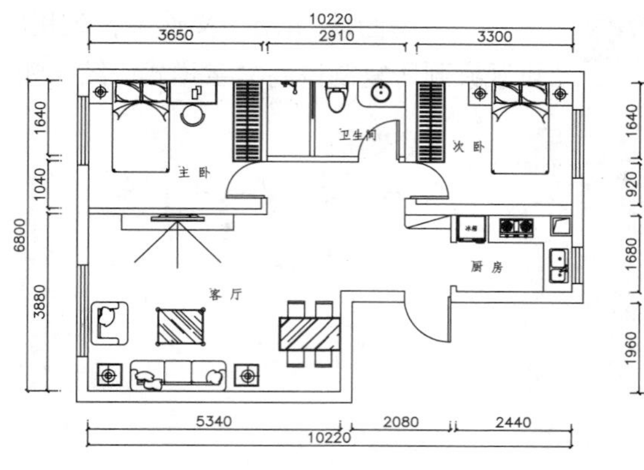

图7-36 绘制结果

2. 复制对象

在控制板中展开相应的块、图层、标注样式列表，然后，选中某个块、图层或标注样式并将其拖入到当前图形，即可获得复制对象效果。

如果按住鼠标右键将其拖入当前图形，此时，系统将弹出一个快捷菜单，通过此菜单可以进行相应地操作。

【课堂举例7-8】使用设计中心进行复制图形或样式的操作

01 按Ctrl+2组合键，打开“设计中心”窗体，在文件夹列表中选择“小户型图块.dwg”文件，在其下拉列表中选择“块”选项，右边的窗口将显示图形中所包含的图块。

02 选择要复制的图块，按住鼠标右键拖至绘图区，在弹出的快捷菜单中选择“复制到此处”选项，如图7-37所示，即可将所选图形复制。

03 打开“小户型图块.dwg”文件，调用ST【文字样式】命令，打开【文字样式】对话框，该图形中现有的文字样式如图7-38所示。

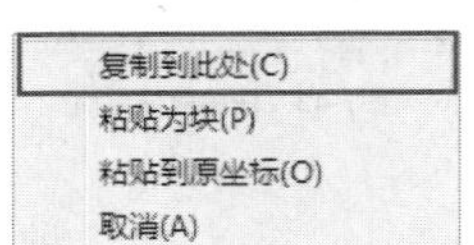

图7-37 快捷菜单

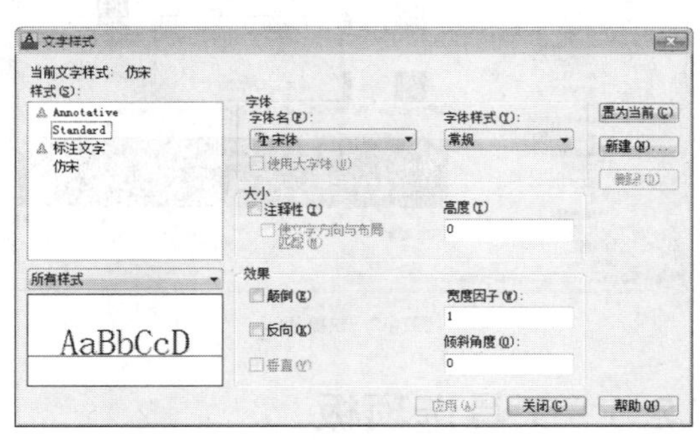

图7-38 文字样式

04 打开“设计中心”窗体，在文件夹列表中选择“新块.dwg”文件，在其下拉列表中选择“文字样式”选项，右边的窗口将显示图形中所包含的文字样式，结果如图7-39所示。

05 选中“ST”文字样式，右击，在弹出的快捷菜单中选择“添加文字样式”选项，如图7-40所示。

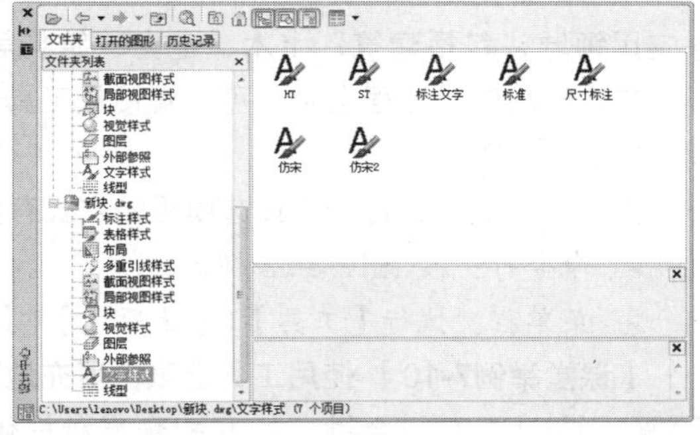

图7-39 显示结果

06 在“小户型图块.dwg”文件中，调用ST【文字样式】命令，打开【文字样式】对话框，即可观察到所复制得到文字样式，结果如图7-41所示。

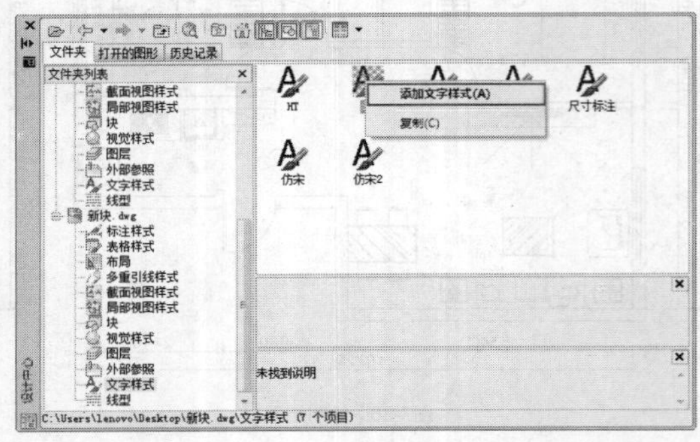

图7-40 快捷菜单

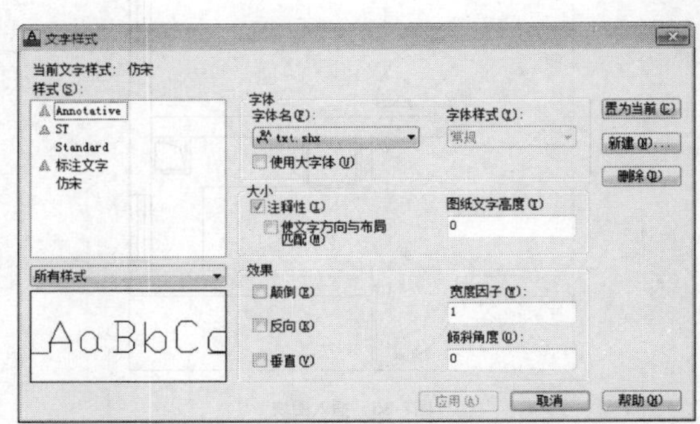

图7-41 复制结果

3. 以动态块形式插入图形文件

通过右键快捷菜单，选择“块编辑器”选项，系统将打开【块编辑器】窗口，用户可以通过该窗口将选中的图形创建为动态图块。

【课堂举例7-9】在设计中心中以动态块的形式插入图块

01 按Ctrl+2组合键，打开“设计中心”窗体，在文件夹列表中选择“小户型图块.dwg”文件，在其下拉列表中选择“块”选项，右边的窗口将显示图形中所包含的图块。

02 选择图块，右击，在弹出的快捷菜单中选择“块编辑器”选项，如图7-42所示。

03 系统弹出块编辑器界面，如图7-43所示，用户可在当中将图块创建为动态块。

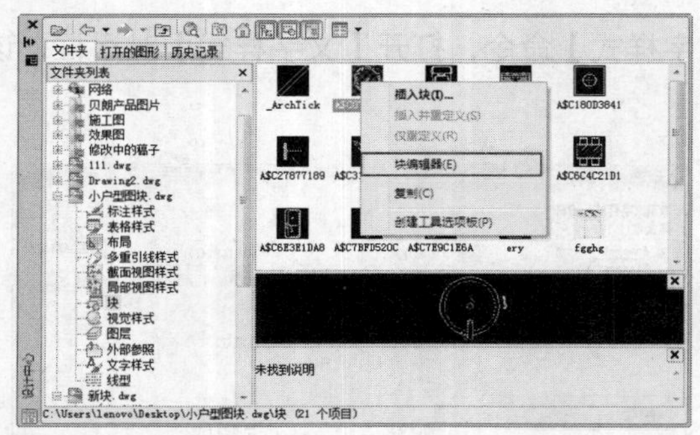

图7-42 快捷菜单

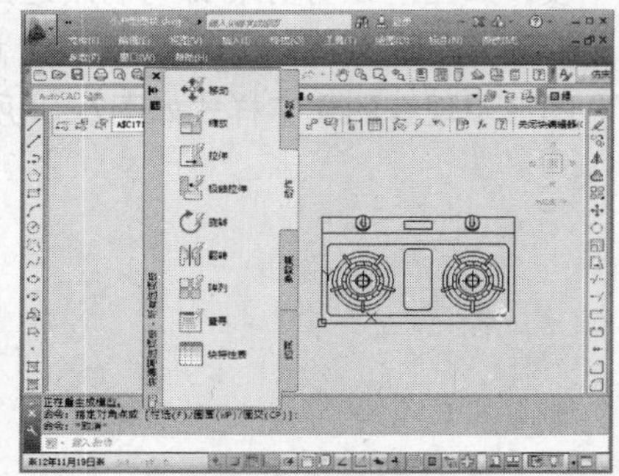

图7-43 块编辑器界面

7.2.5 工具选项板

AutoCAD的工具选项板默认在绘图区的右边，工具选项板的右边有多个选项卡，包含了AutoCAD各应用领域，包括建筑、土木、电力、结构等各方面。工具选项板提供了各个应用领域的图形图块，在绘制图形的过程当中，可以直接从工具选项板调用图形，较之I【插入】命令，使用工具选项板更方便、快捷。

在AutoCAD中，打开工具选项板的方式有两种。

- 命令行：按Ctrl+3组合键。
- 菜单栏：执行【工具】|【选项板】|【工具选项板】命令。

【课堂举例7-10】使用工具选项板填充地面图案

01 按Ctrl+O组合键，打开配套光盘提供的“第7章\7.2.5 使用工具选项板填充地面图案素材.dwg”文件，结果如图7-44所示。

02 按Ctrl+3组合键，开启工具选项板，如图7-45所示。

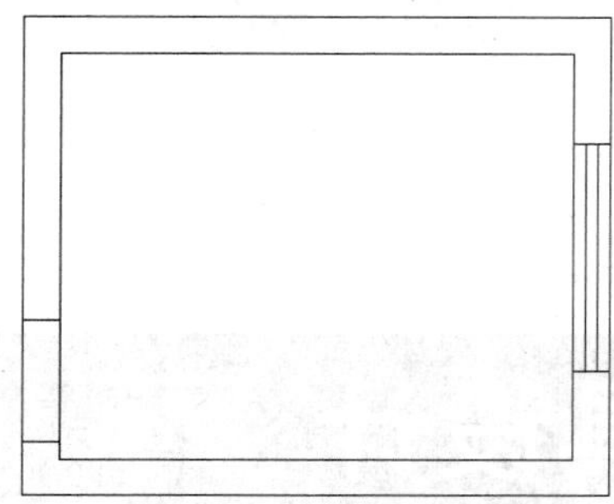
图7-44 打开素材

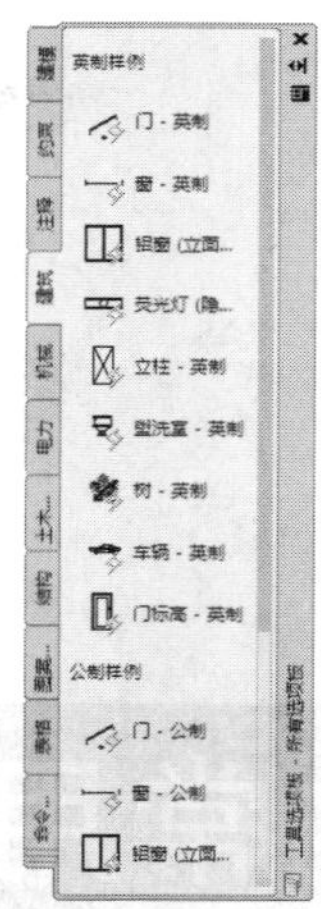
图7-45 工具选项板

03 在选项板中选择“图案填充”选项，结果如图7-46所示。

04 在选定的图案上右击，在弹出的快捷菜单中选择“特性”选项，结果如图7-47所示。

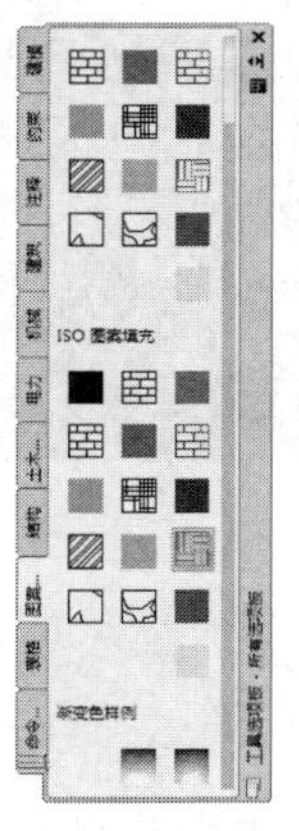
图7-46 “图案填充”选项

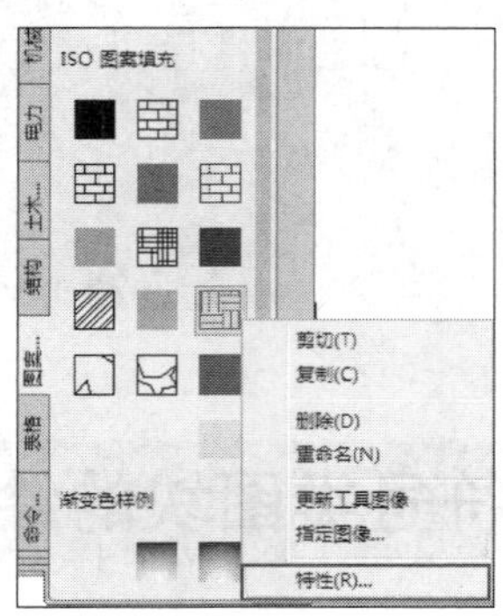

图7-47 “特性”选项

05 在弹出的【工具特性】对话框中设置填充图案的比例参数，结果如图7-48所示。

06 单击【确定】按钮，关闭【工具特性】对话框，在工具选项板上选择设置参数后的图案，按住鼠标左键不放，将图案拖曳至填充区域中，填充结果如图7-49所示。

图7-48 设置参数

图7-49 填充结果

第8章

室内常用符号和家具设计

在绘制室内设计平面图和立面图过程中，需要调用一定的符号来进行解释说明。其中包括标高符号、剖切符号、索引符号、详图符号等，这些符号有助于表达图形的含义及帮助读者读图。

绘制平、立、剖面图所需要的家具图形，皆可以通过AutoCAD进行绘制。将绘制完成的门窗图形，常用的家具平面、立面、剖面图形创建成图块，存储于计算机中，以方便后续使用。

8.1 符号类图块的绘制

符号类图块除了标高、剖切等符号外，还包括了立面索引符号、内视符号、定位轴线等。这些符号皆使用于特定的图形中，对图形进行补充说明。本节介绍符号类图块的绘制步骤和方法。

8.1.1 绘制标高图块

室内各部分或各个位置的高度主要用标高符号来表示。新出台的《房屋建筑制图统一标准（GB/T50001—2010）》中，规定了标高符号的标注方法。

➢ 标高符号应以直角等腰三角形表示。

➢ 标高符号的尖端应指至被注高度的位置。尖端宜向下，也可向上。标高数字应注写在标高符号的上侧或下侧。

➢ 标高数字应以米为单位，注写到小数点以后第三位。

➢ 零点标高应注写成±0.000，正数标高不注“+”，负数标高应注“–”，例如5.000、–0.300。

下面，介绍标高符号的各类绘制方法。

1. 设计空间的标高

在房屋建筑室内装饰装修中，设计空间应该标注标高，标高符号可以采用直角等腰三角形来表示，或者采用涂黑的三角形或90° 对顶角的圆来表示，下面，介绍具体的绘制方法。

【课堂举例8-1】 绘制标高符号

01 调用REC【矩形】命令，绘制尺寸为3×6的矩形，结果如图8-1所示。

02 调用L【直线】命令，绘制直线，结果如图8-2所示。

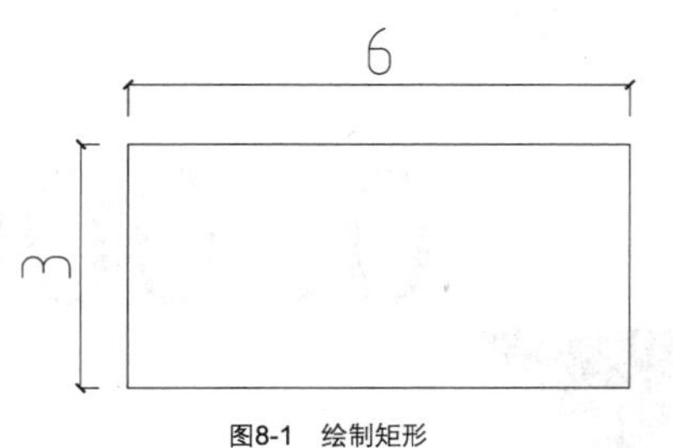

图8-1 绘制矩形

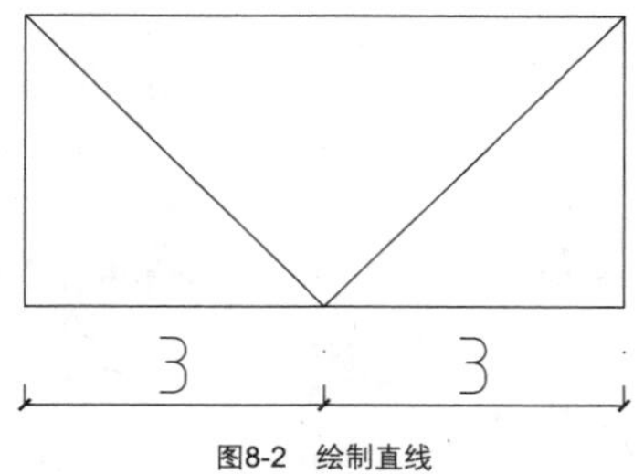

图8-2 绘制直线

03 调用TR【修剪】命令，修剪线段，结果如图8-3所示。

04 调用L【直线】命令，绘制直线，结果如图8-4所示。

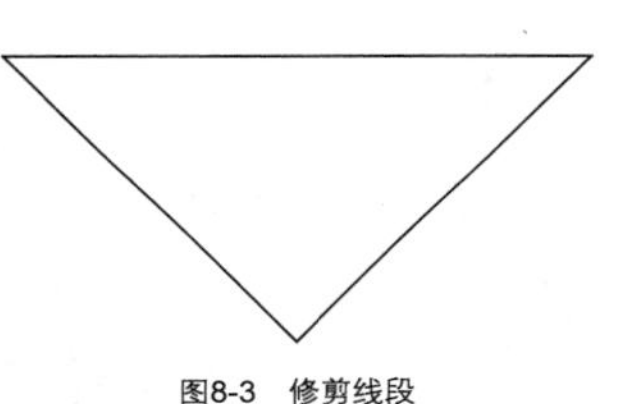
图8-3 修剪线段

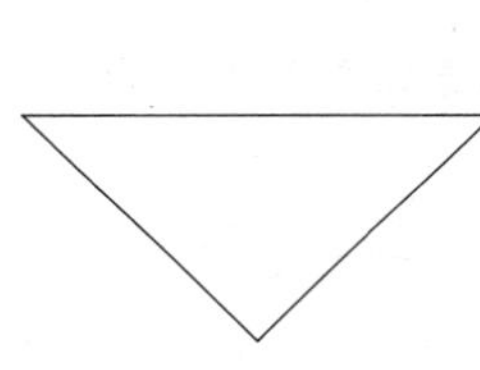
图8-4 绘制直线

05 定义属性。执行【绘图】|【块】|【定义属性】命令，打开【属性定义】对话框，设置参数如图8-5所示。

06 在对话框中单击【确定】按钮，将文字放置在前面绘制的图形上，结果如图8-6所示。

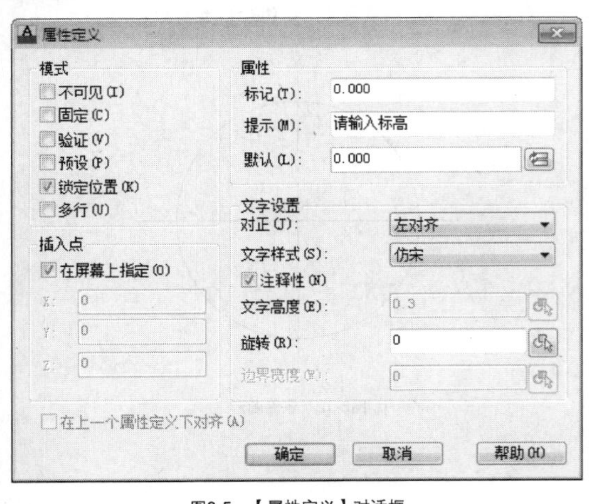

图8-5 【属性定义】对话框

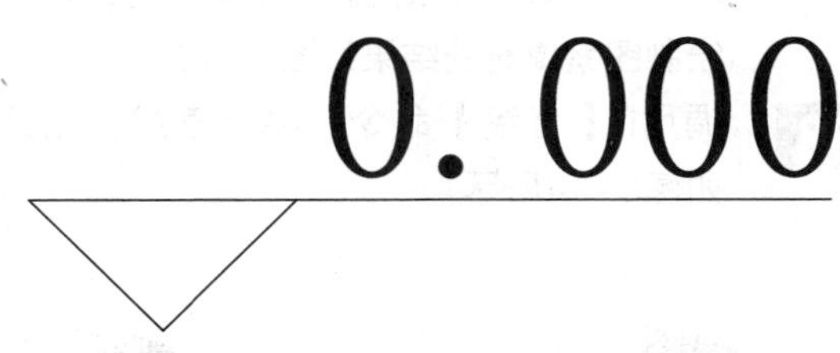

图8-6 放置结果

2. 标高符号的其他表示方法

标高符号也可采用涂黑的三角形或者90° 对顶角的圆形来表示，下面，介绍其绘制方法。

【课堂举例8-2】 绘制其他标高符号

01 填充图案。调用H【填充】命令，弹出【图案填充和渐变色】对话框，设置参数如图8-7所示。

02 在绘图区中拾取填充区域，绘制图案填充的结果如图8-8所示。

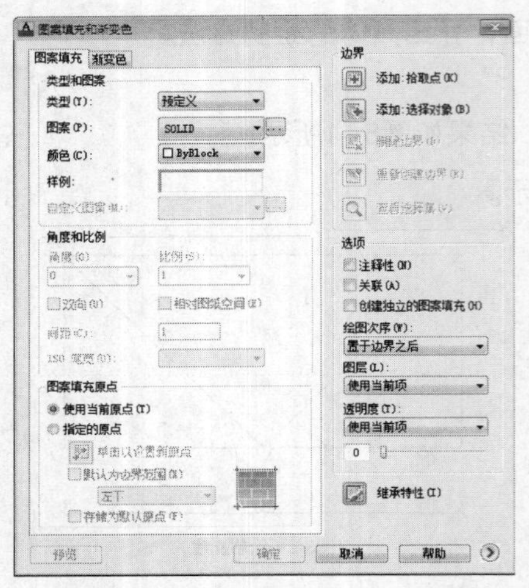

图8-7 【图案填充和渐变色】对话框

0. 000

图8-8 图案填充

03 调用C【圆】命令，绘制半径为3的圆形，结果如图8-9所示。

04 调用O【偏移】命令，往外偏移圆形，结果如图8-10所示。

05 调用L【直线】命令，绘制直线，结果如图8-11所示。

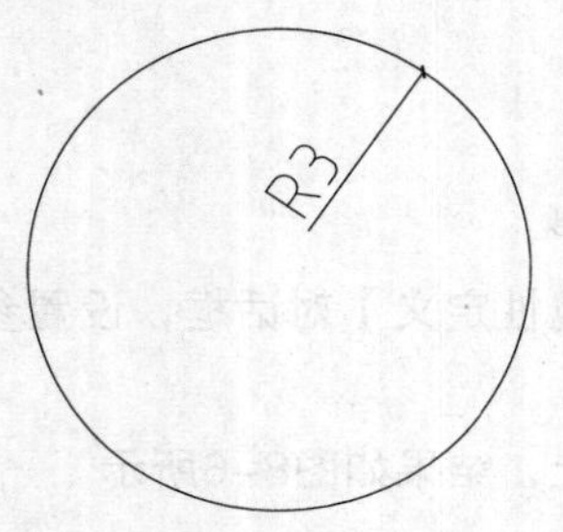

图8-9 绘制圆形

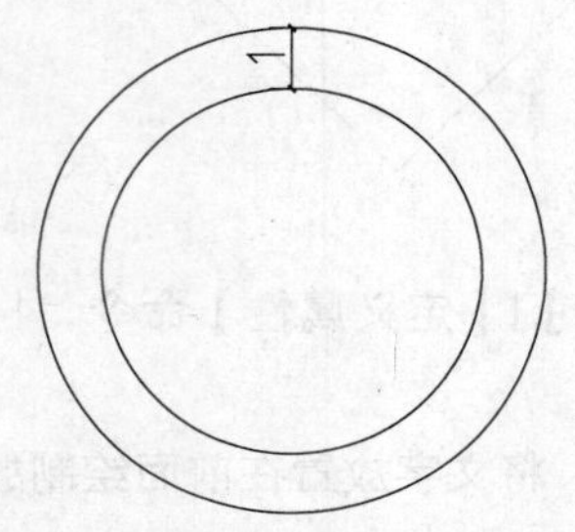

图8-10 偏移圆形

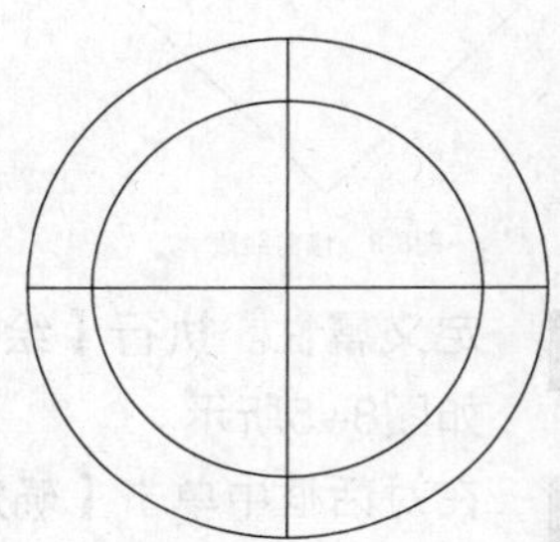
图8-11 绘制直线

06 调用E【删除】命令，删除圆形，结果如图8-12所示。

07 填充图案。调用H【填充】命令，弹出【图案填充和渐变色】对话框，选择SOLID图案，在绘图区中拾取填充区域，绘制图案填充的结果如图8-13所示。

08 调用L【直线】命令，绘制直线，结果如图8-14所示。

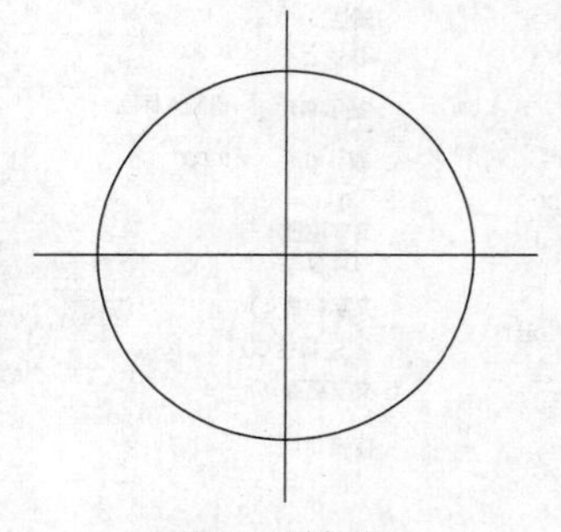
图8-12 删除圆形

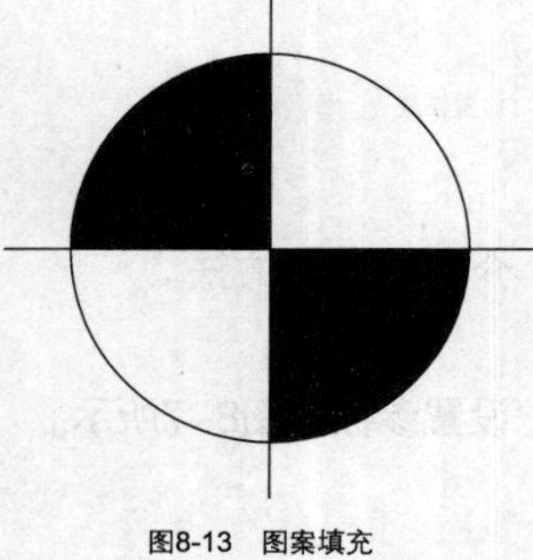
图8-13 图案填充

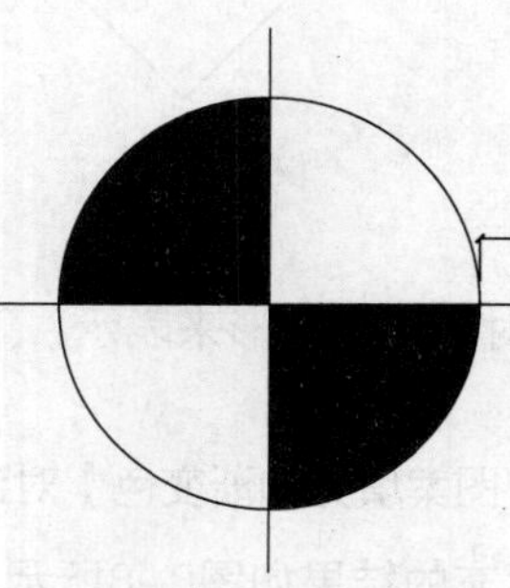

图8-14 绘制直线

09 定义属性。执行【绘图】|【块】|【定义属性】命令，打开【属性定义】对话框，沿用前面介绍的定义属性的方法，为标高图块定义属性，结果如图8-15所示。

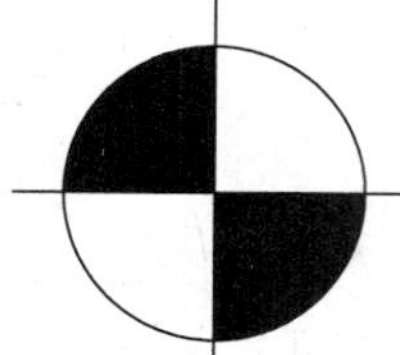

图8-15 定义属性

3. 顶棚标高符号的表示方法

【课堂举例8-3】 绘制顶棚标高符号

01 调用C【圆】命令，绘制圆；调用L【直线】命令，绘制直线；执行【绘图】|【块】|【定义属性】命令，为图块定义属性。顶棚标高图块的绘制结果如图8-16所示。

02 在命令行中输入B【块】命令并按回车键，打开【块定义】对话框，输入图块名称，结果如图8-17所示。

03 在【对象】参数栏中单击【选择对象】按钮，在图形窗口中选择标高图形，按回车键返回【块定义】对话框。

04 在【基点】参数栏中单击【拾取点】按钮，捕捉并单击三角形左上角的端点作为图块的插入点。

05 单击【确定】按钮关闭对话框，完成标高图块的创建。

图8-16 绘制结果

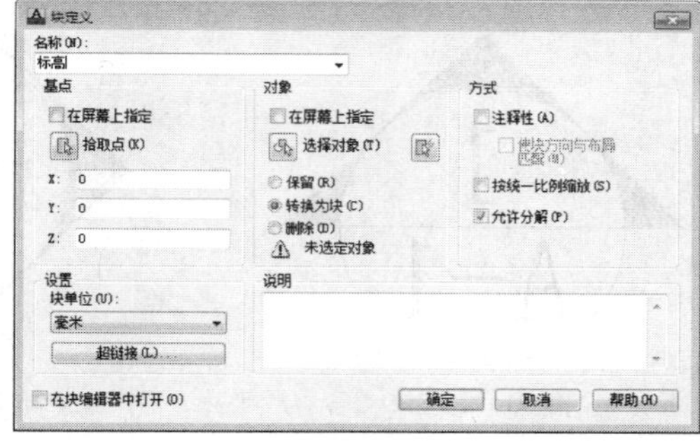

图8-17 【块定义】对话框

8.1.2 绘制剖切符号

国标中对剖视的剖切符号有下列规定。

- 剖视的剖切符号应由剖切位置线、投射方向线和索引符号组成。剖切位置线位于图样被剖切的部位，以粗实线绘制，长度宜为8～10mm；投射方向线平行于剖切位置线，由细实线绘制，一段应与索引符号相连，另一段与剖切位置线平行且长度相同。绘制时，剖视的剖切符号不应与其他图线相接触。
- 剖切位置应能够反映物体构造特征和设计需要标明部位。
- 剖切符号应标注在需要表示装饰装修剖面内容的位置上。
- 局部剖面图（不含首层）的剖切符号应标注在被剖切部位的最下面一层的平面图上。

下面，介绍绘制剖切符号的方法。

【课堂举例8-4】 绘制剖切符号

01 调用C【圆】命令，绘制半径为10的圆形，结果如图8-18所示。

02 调用L【直线】命令，绘制直线，结果如图8-19所示。

03 填充图案。调用H【填充】命令，弹出【图案填充和渐变色】对话框，选择SOLID图案，对图形进行图案填充，结果如图8-20所示。

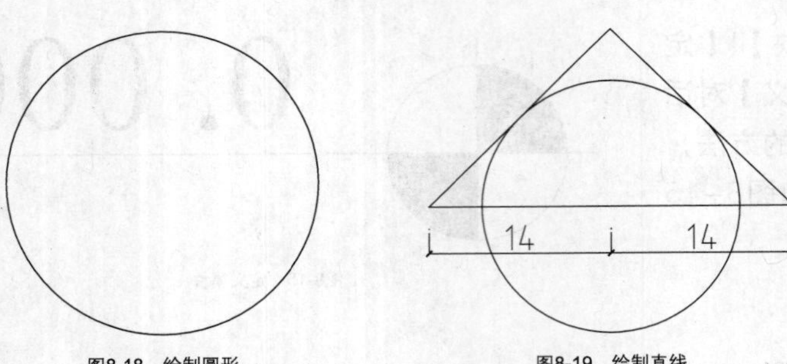

图8-18 绘制圆形　　图8-19 绘制直线

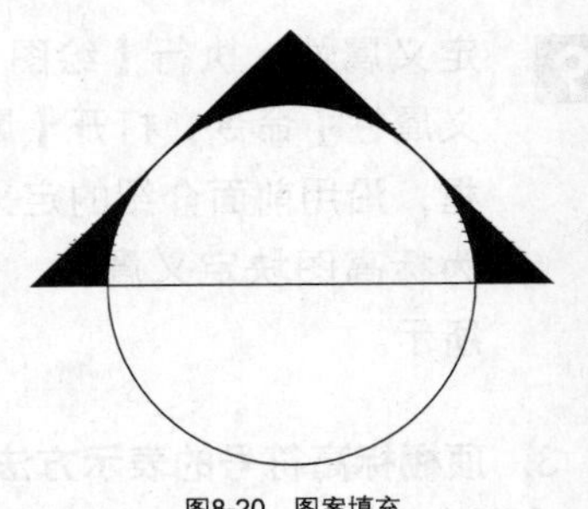

图8-20 图案填充

04 编号标注。调用MT【多行文字】命令，绘制剖切面的编号以及剖面图所在图纸的编号，结果如图8-21所示。

05 调用RO【旋转】命令，设置旋转角度为90°，对图形进行角度的旋转操作，结果如图8-22所示。

06 调用L【直线】命令，绘制直线，结果如图8-23所示。

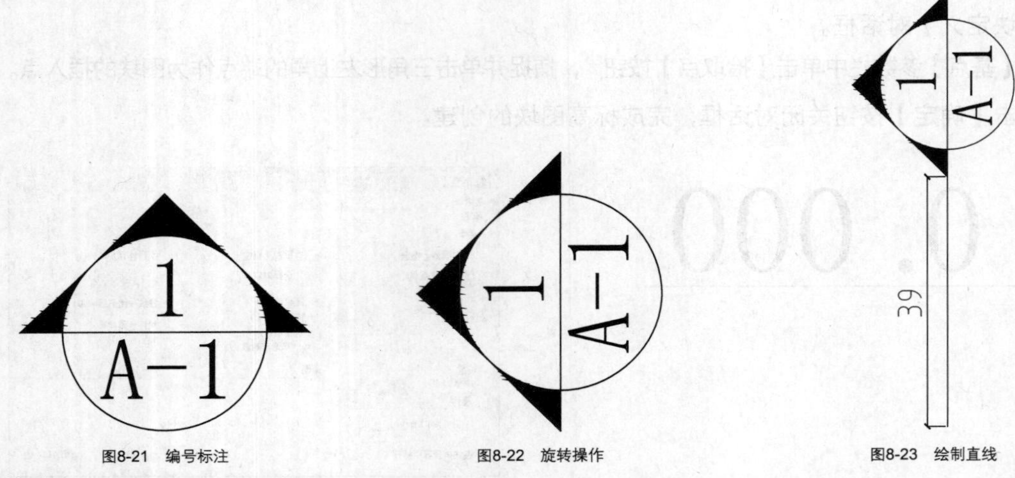

图8-21 编号标注　　图8-22 旋转操作　　图8-23 绘制直线

07 重复调用L【直线】命令，绘制直线，结果如图8-24所示。

08 调用L【直线】命令，绘制剖切位置线，并将直线的线宽设置为0.5mm，结果如图8-25所示。

09 剖视的剖切符号的另一种表示方法，如图8-26所示。

10 国际统一的和常用的剖视方法如图8-27所示。

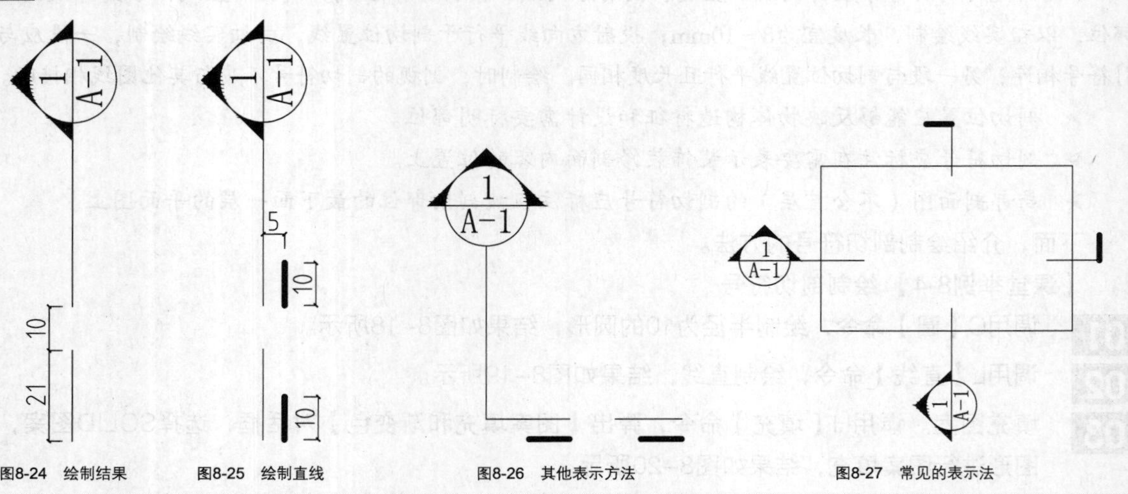

图8-24 绘制结果　　图8-25 绘制直线　　图8-26 其他表示方法　　图8-27 常见的表示法

8.1.3 索引符号与详图符号

房屋建筑室内装饰装修制图在使用索引符号时，由于有的圆内注字较多，所以索引符号中圆的直径为8～10mm；由于立面索引符号中需表示出具体的方向，所以索引符号需附有三角形箭头表示；当立面、剖面图的图纸量较少时，对应的索引符号可以仅标注图样编号，不注索引图所在页次。立面索引符号采用三角形箭头转动与数字、字母保持垂直方向不变的形式，是遵循了《建筑制图标准》GB/T50104中内视索引符号的规定；剖切索引符号采用三角形箭头与数字、字母同方向转动的形式，是遵循了《房屋建筑制图统一标准》GB/T50001中剖视的剖切符号的规定。

在房屋建筑室内装饰装修制图中，因为图样编号复杂，所以，可以出现数字和字母组合在一起编写的形式。

索引符号和详图符号的一般标准主要有。

➢ 索引符号按格局用途的不同可以分为立面索引符号、剖切索引符号、详图索引符号、设备索引符号、部品部位索引符号、材料索引符号。

➢ 如表示室内立面在平面图上的位置及立面图所在图纸编号，应在平面图上使用立面索引符号。

➢ 立面索引符号由圆、水平直线组成，圆及水平直线应以细实线绘制。根据图面比例，圆圈直径可选择8～10mm。圆圈内注明编号及索引图所在的页码。立面索引符号附以三角形箭头，三角形箭头方向同投射方向，但圆圈中水平直线、数字及字母（垂直）的方向不变。图8-28所示为立面索引符号的绘制结果。

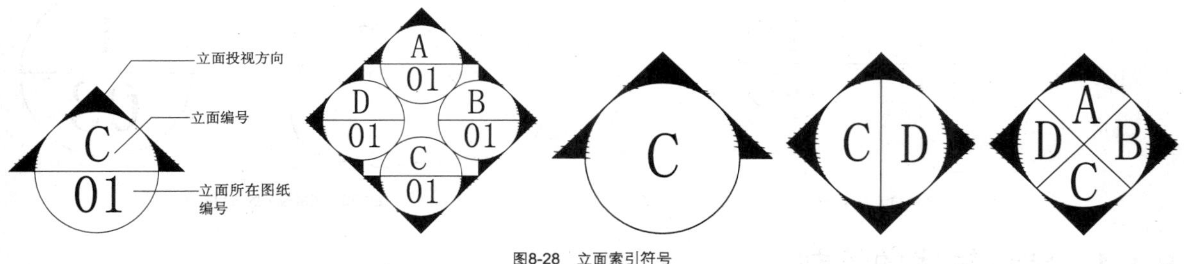

图8-28 立面索引符号

➢ 如表示剖切面在界面上的位置或图样所在图纸编号，应在被索引的界面或图样上使用剖切索引符号。

➢ 剖切索引符号由圆、水平直线组成，圆及水平直线应以细实线绘制。根据图面比例，圆圈直径可选择8～10mm。圆圈内注明编号及索引图所在的页码。剖切索引符号附以三角形箭头，三角形箭头与圆中直线、数字及字母（垂直于直线）的方向保持一致，并一起随投射方向而变。剖切索引符号的绘制结果如图8-29所示。

图8-29 剖切索引符号

➢ 如表示局部放大图样在原图上的位置及本图样所在页码，应在被索引图样上使用详图索引符号，如图8-30所示。

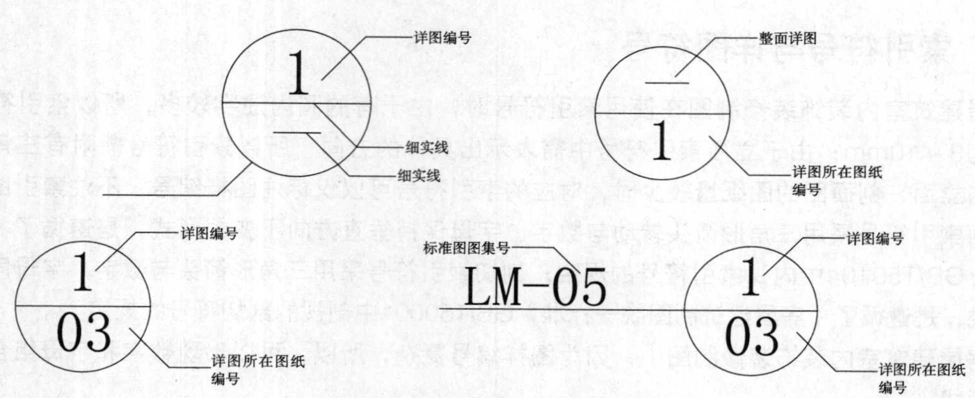

图8-30 详图索引符号

➢ 索引图样时，应以引出圈将被放大的图样范围完整圈出，并由引出线连接引出圈和详图索引符号。图样范围较小的引出圈以圆形中粗虚线绘制，如图8-31所示；范围较大的引出圈以圆弧角的矩形中粗虚线绘制，如图8-32所示；也可以云线绘制，如图8-33所示。

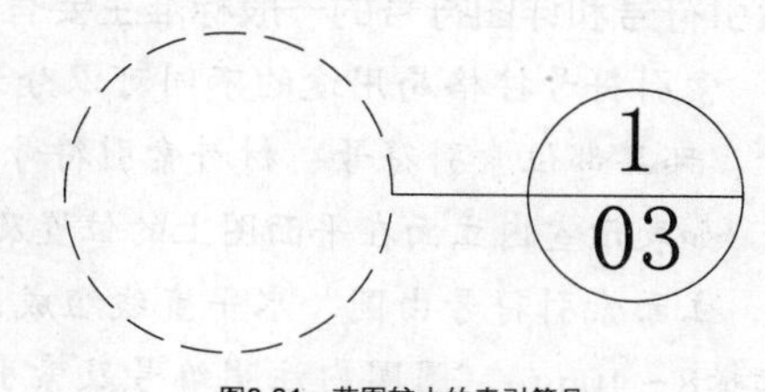

图8-31 范围较小的索引符号

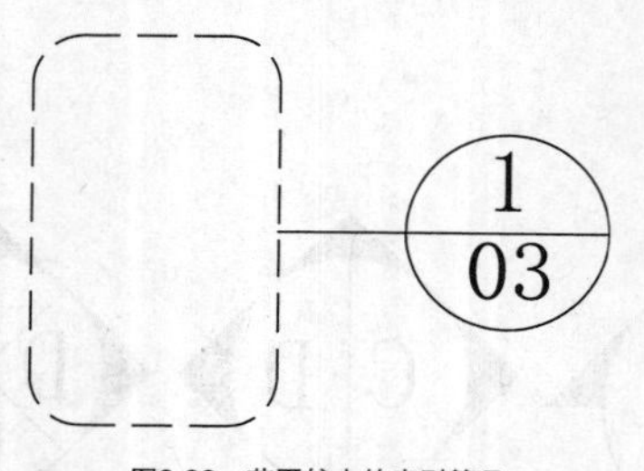

图8-32 范围较大的索引符号

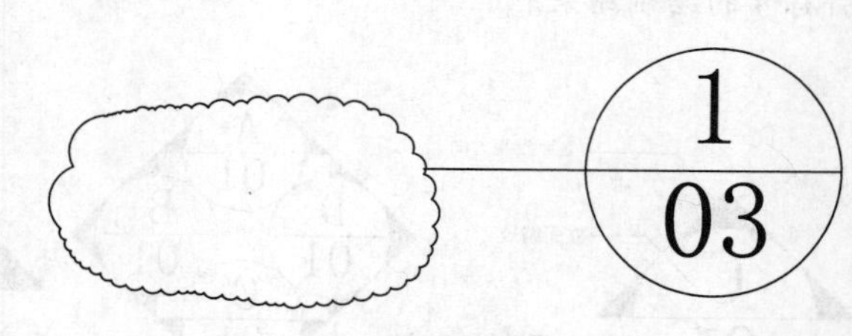

图8-33 范围较大的索引符号

8.1.4 定位轴线的绘制

确定房屋中的墙、柱、梁和屋架等主要承重构件位置的基准线，称之为定位轴线，它使房屋的平面位置简明有序。

关于定位轴线的绘制及编号，一般规定如下。

➢ 定位轴线应用细点画线绘制。

➢ 定位轴线应编号，编号应注写在轴线端部的圆内。圆应用细实线绘制，直径为8～10mm。定位轴线圆的圆心，应在定位轴线的延长线或延长线的折线上。

➢ 平面图上定位轴线的编号，宜标注在图样的下方或左侧。横向编号应用阿拉伯数字，从左至右顺序编写；竖向编号应用大写字母，从下至上顺序编写。

➢ 拉丁字母作为轴线号时，应全部采用大写字母，不应用同一字母的大小来区分轴线号。拉丁字母的I、O、Z不得用作轴线编号。如字母数量不够用，可增用双字母或单字母加数字注脚。

下面，介绍绘制常规轴线编号的方法。

【课堂举例8-5】绘制轴线编号

01 按Ctrl+O组合键，打开配套光盘提供的“8.1.4绘制轴线编号.dwg”素材文件，结果如图8-34所示。

02 调用C【圆】命令，绘制半径为10的圆形，结果如图8-35所示。

03 绘制编号。调用MT【多行文字】命令，在圆圈内绘制轴线编号，结果如图8-36所示。

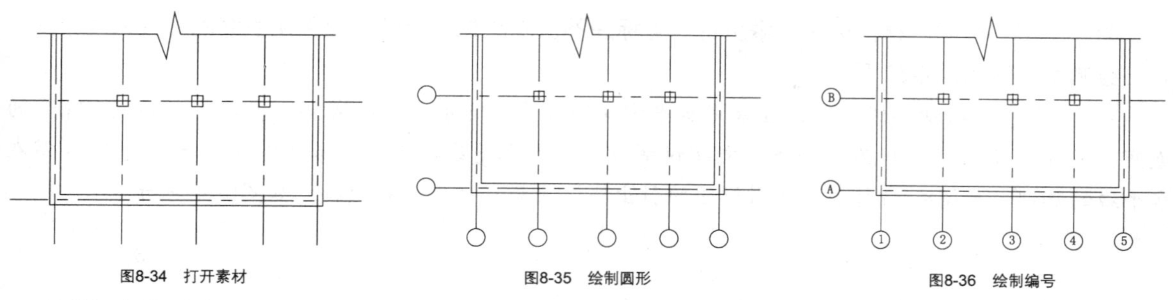

图8-34 打开素材　　图8-35 绘制圆形　　图8-36 绘制编号

附加定位轴线的编号，应以分数形式表示，并且符合以下规定。

➢ 两根轴线间的附加轴线，应以分母表示前一轴线的编号，分子表示附加轴线的编号。编号宜用阿拉伯数字顺序编写，如：

($\frac{1}{2}$)表示2号轴线之后附加的第一根轴线；

($\frac{3}{C}$)表示C号轴线之后附加的第三根轴线。

➢ 1号轴线或A号轴线之前的附加轴线的分母应以01或0A表示，如：

($\frac{1}{01}$)表示1号轴线之后附加的第一根轴线；

($\frac{3}{0A}$)表示A号轴线之后附加的第三根轴线。

详图轴线编号的规定如下。

➢ 当一个详图适用于几根轴线时，应同时注明各有关轴线的编号，如图8-37所示。

用于两根轴线时　　用于三根或三根以上轴线时　　用于三根或三根以上连续编号的轴线时

图8-37 详图的轴线编号

➢ 通用详图中的定位轴线，应只画圆，不注写轴线编号。

圆形与弧形定位轴线的绘制规定如下。

➢ 圆形与弧形平面图中的定位轴线，其径向轴线应以角度进行定位，其编号宜用阿拉伯数字表示，从左下角或–90°（若径向轴线很密，角度间隔很小）开始，按逆时针顺序编号，其环向轴线宜用大写拉丁字母来表示，从外向内顺序编写，结果如图8-38、图8-39所示。

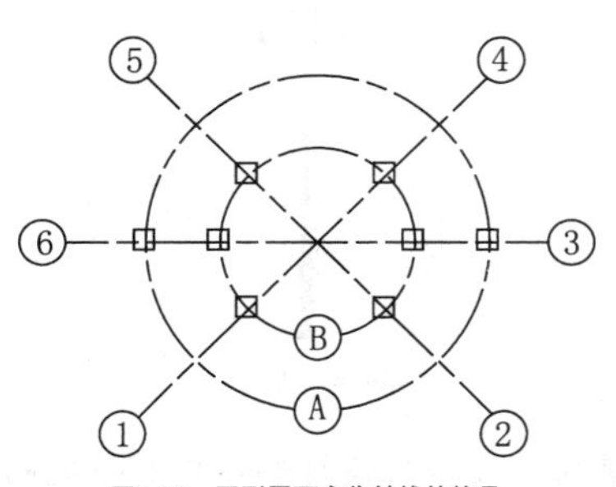

图8-38 圆形平面定位轴线的编号

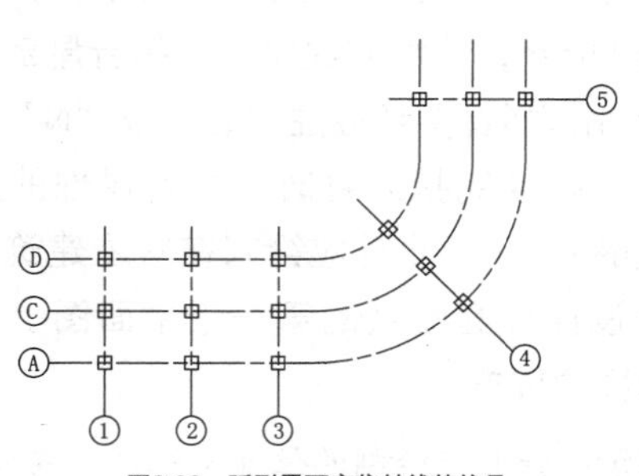

图8-39 弧形平面定位轴线的编号

8.1.5 引出线

为了使文字说明、材料标注、索引符号等标注不影响图样的清晰，应采用引线的形式来表示。绘制引出线的规定如下。

➢ 引出线应以细实线绘制，宜采用水平方向的直线，与水平方向成30°、45°、60°、90°的直线，或经上述角度再折为水平线。文字说明宜注写在水平线的上方，如图8-40所示；也可注写在水平线的端部，如图8-41所示。索引详图的引出线，应与水平直径相连接，如图8-42所示。

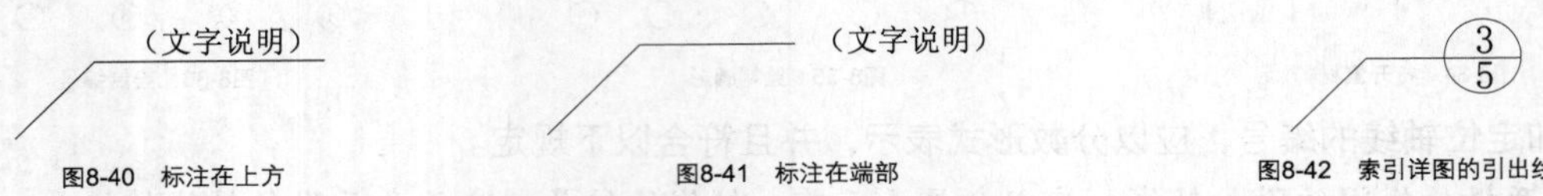

图8-40 标注在上方　图8-41 标注在端部　图8-42 索引详图的引出线

➢ 同时引出的几个相同部分的引出线，宜互相平行，如图8-43所示；也可以画成集中于一点的放射线，如图8-44所示。

图8-43 互相平行　图8-44 绘制放射线

➢ 多层构造或多个部位共用引出线，应通过被引出的各层或各部位，并用圆点示意对应位置。文字说明宜注写在水平线的上方，或注写在水平线的端部，说明的顺序应由上至下，并应与说明的层次一致，如层次为横向排序，则由上至下的说明顺序应与由左至右的层次对应一致，如图8-45所示。

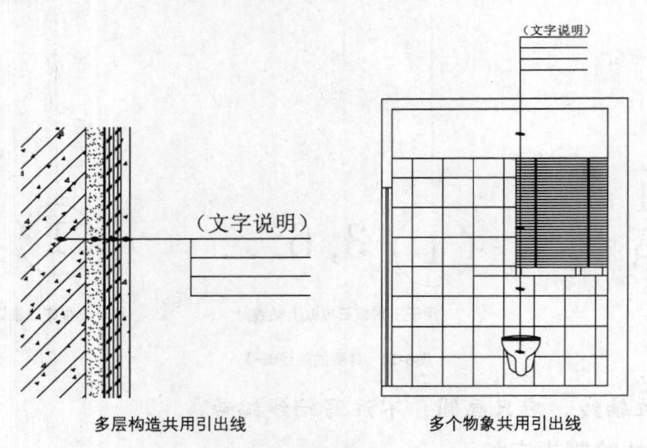

多层构造共用引出线　多个物象共用引出线

图8-45 多层共用引出线

8.1.6 绘制指北针

指北针的形状宜如图8-46所示，其圆的直径宜为24mm，用细实线绘制，指针尾部的宽度宜为3mm，指针头部应注“北”或“N”字。需用较大直径绘制指北针时，指针尾部的宽度宜为直径的1/8。指北针应绘制在房屋建筑室内装饰装修设计整套图纸的第一张平面图上，并应位于明显的位置。

图8-46 指北针

提示：指北针绘制的位置是根据国内大多数房屋建筑室内装饰装修单位设计制图中的情况而定的。

8.1.7 其他常用室内材料符号

1. 绘制对称符号

对称符号应由对称线和中分符号组成。对称线应用细单点长画线绘制；中分符号应用细实线绘制。中分符号可采用两对平行线或英文缩写。采用平行线为中分符号时，平行线用细实线绘制，其长度宜为6~10mm，每对的间隔宜为2~3mm，如图8-47（a）所示；采用英文缩写为中分符号时，大写英文字母CL置于对称线的一端，如图8-47（b）所示。

2. 绘制连接符号

连接符号应以折断线或波浪线表示需要连接的部位。两部位相距较远时，折断线或波浪线两端靠图样一侧应标注大写拉丁字母表示连接编号。两个被连接的图样应用相同的字母编号，如图8-48所示。

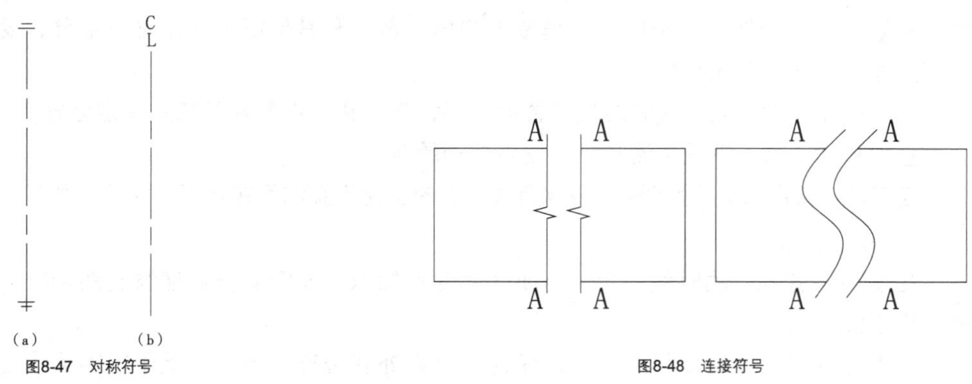

图8-47 对称符号

图8-48 连接符号

8.2 绘制门窗图形

门窗图形是施工图纸必不可少的图形之一，在图纸上表明门窗的尺寸，可为施工和设计提供现实依据。本节介绍各类门窗的绘制方法。包括门的平面图块、立面图块以及窗户的立面图块等。

8.2.1 门窗种类和相关标准

根据不同的划分标准和依据，可以得到不同的门窗种类，本节主要介绍施工图中门窗的种类以及相关标准。

1. 门的种类

依据门所用材料不同，可以分为木门、钢门、塑料门及合金材料门。

依据门扇的用料和作法不同，可以分为拼板门、镶板门、胶合板门、玻璃门、纱门、百页门等。

依据门的开启方式不同，可以分为平开门、弹簧门、推拉门、折叠门、转门、卷帘门、升降门、上翻门等。

下面，主要介绍按照开启方式的不同而划分出来的各类门类。

平开门：水平开启的门，铰链安在侧边，有单扇、双扇及向内开、向外开之分。

弹簧门：形式同平开门，唯侧边用弹簧。

推拉门：亦称扯门，在上下轨道上左右滑行。

折叠门：一般为多扇折叠，可拼合折叠推移到侧边。

转门：为三或四扇门连成风车形，在两个固定弧形门套内旋转的门。

卷帘门：用很多冲压成型的金属页片连接而成。开启时，由门洞上部的转动轴将页片卷起。

升降门：开启时，门扇沿导轨向上升起。

上翻门：在门扇的侧面有平衡装置，门的上方有导轨，开启时，门扇沿导轨向上翻起。

平开门的组成：门主要由门框、门扇、亮子窗和五金零件等组成。亮子窗又称腰头窗，在门的上方，为辅助采光和通风之用，有平开及上、中、下悬开等数种。门框是门扇及亮子窗与墙洞的连系构件，有些还有贴脸、门蹬或筒子板等辅助构件。五金零件通常有铰链、插销、门锁、风钩、拉手、门碰头等。

2. 窗的种类

窗依据开启方式不同，可以分为平开窗、固定窗、推拉窗、横式旋窗、立式转窗及百页窗等。

平开窗：侧边用铰链转动、水平开启的窗，有单扇、双扇、多扇及向内开、向外开之分。

固定窗：不能开启的窗，作采光和眺望之用，一般将玻璃直接安装在窗框上，尺寸可以较大。

推拉窗：分垂直推拉和水平推拉两种。垂直推拉窗需要滑轮和平衡设施，多用在内窗。水平推拉窗一般上下放槽轨，开启时，二扇或多启扇重叠，和其他窗相比无悬挑部分，窗扇和玻璃平面尺寸可以放大，利于采光和眺望。

横式旋窗：按转动铰链和转轴位置的不同，有上悬、中悬和下悬式旋窗之分。

立式转窗：为上下冒头设转轴，立向转动的窗。

百页窗：采用木板、塑料或玻璃条等制成，有固定百页和可转动百页两种，主要用于通风和遮阳。

3. 相关标准

在绘制门窗图形的时候，要结合所学的专业知识，作图要符合建筑制图标准，合乎建筑设计规范，构造要合理。

外墙上的门窗顶高度尽量一致，使建筑立面外观整齐，结构上便于以圈梁代过梁。门的尺寸要符合规范，例如，住宅中各种门的最小宽度，公用外门为1.2m（一般用1.5m比较适宜），入户门和起居室（厅）、卧室门0.9m，厨房门0.8m，卫生间门和单扇阳台门0.7m。门的高度最小为2.1m（不含上亮子高度），若有上亮一般为2.4~2.5m。尽量不用推拉门。

公用外门的高度为2.0m即可。宽度超过1m的门要设计成2扇，注意，一个门扇的宽度一般不超过1m。住宅楼的一层楼梯要满足入口处门的高度要求，不得小于2.0m，一层楼梯梁下的高度也不要低于2.0m。入口处门上方设雨蓬，顶层阳台上方设雨蓬。

门的开启方向、门轴位置要合理。如卧室门一般要向内开，门轴靠近墙的一侧。同一楼面的不同高度要有分界线（如卫生间、厨房、阳台的地面比相应楼层楼地面标高低0.02~0.05m），可以调用LINE【直线】命令绘制。

窗离墙的尺寸不要过小，卫生间的窗一般要设计成高窗（例如窗台高度设为1500mm，窗高900mm，则其窗上坪的高度与其他门窗一致）。卫生间一般设计有坐便器和淋浴设施，还有洗面盆（洗面盆也可以设置在卫生间以外的盥洗间）。面向室外及公共部分的外窗应避免视线干扰，当向走廊开启窗扇时，窗台距楼（地）面净高不应小于1.9m。

8.2.2 绘制门平面图块

门的平面图块主要由矩形和圆弧组成。在绘制图形的时候，可以先调用【矩形】命令绘制矩形，然后，调用【圆弧】命令绘制圆弧，即可完成门图形的创建。

【课堂举例8-6】绘制门平面

01 按Ctrl+O组合键，打开配套光盘提供的“8.2.2绘制门平面图块.dwg”素材文件，结果如图8-49所示。

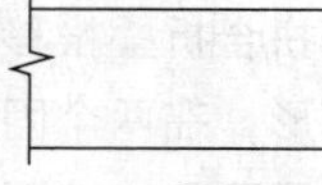

图8-49 打开素材

02 调用REC【矩形】命令，绘制尺寸为800×50的矩形，结果如图8-50所示。

03 调用A【圆弧】命令，绘制圆弧，结果如图8-51所示。

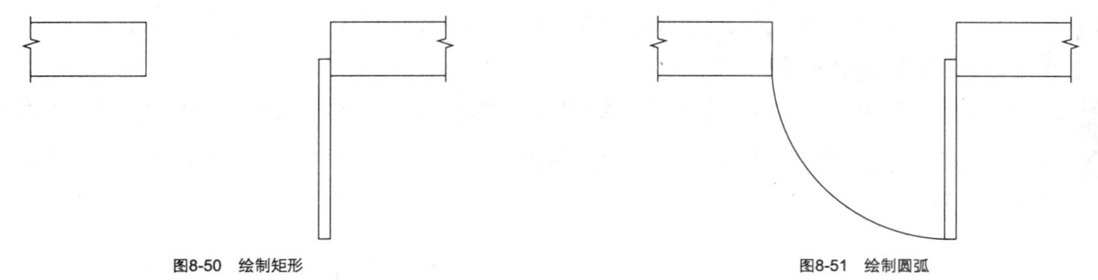

图8-50 绘制矩形　　图8-51 绘制圆弧

8.2.3 绘制门立面图块

门的立面图形主要由门套、门扇以及把手组成。门套和门扇可以调用【矩形】命令、【偏移】命令等绘制，而门把手则主要调用【圆形】命令来绘制。

【课堂举例8-7】绘制立面门

01 绘制门扇。调用REC【矩形】命令，绘制尺寸为800×2000的矩形，结果如图8-52所示。

02 绘制门套。调用X【分解】命令，分解矩形；调用O【偏移】命令，偏移矩形边，结果如图8-53所示。

03 调用F【圆角】命令，设置圆角半径为0，对偏移的矩形边进行圆角处理，结果如图8-54所示。

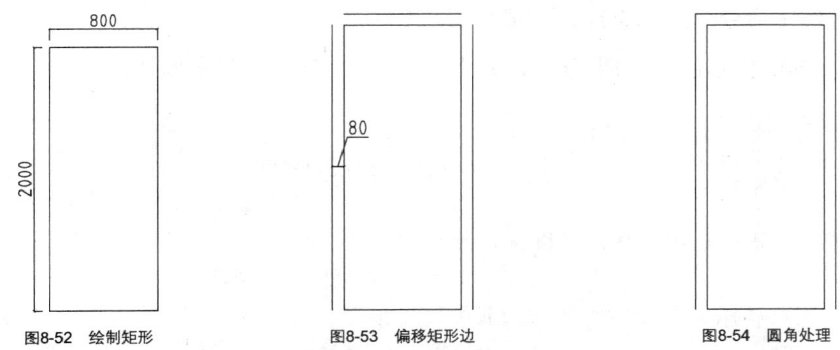

图8-52 绘制矩形　　图8-53 偏移矩形边　　图8-54 圆角处理

04 绘制把手。调用C【圆】命令，绘制半径为40的圆，结果如图8-55所示。

05 调用O【偏移】命令，设置偏移距离为25，向内偏移圆形，结果如图8-56所示。

06 调用L【直线】命令，绘制直线。

07 绘制门开启方向线。调用PL【多段线】命令，绘制折断线，结果如图8-57所示。

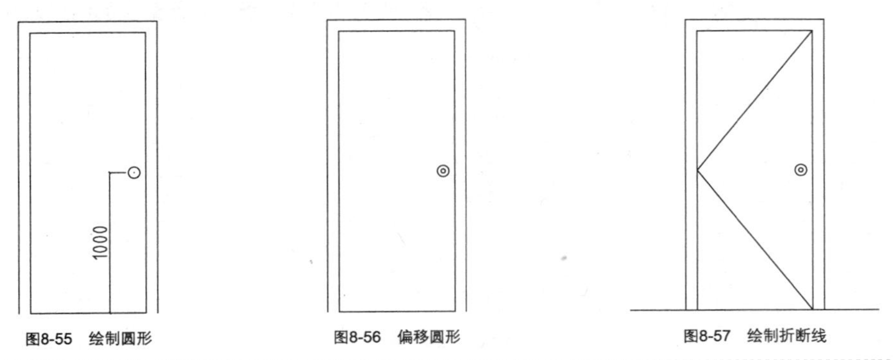

图8-55 绘制圆形　　图8-56 偏移圆形　　图8-57 绘制折断线

8.2.4 绘制卷帘门立面图块

卷帘门多用于公共空间，例如大型的商场、店面，在商场内多用防火卷帘门。绘制卷帘门主要调用【矩形】命令和【填充】命令，门的开启方向箭头则主要调用【多段线】命令来绘制。

【课堂举例8-8】绘制卷帘门

01 绘制门扇。调用REC【矩形】命令，绘制尺寸为2500×2000的矩形，结果如图8-58所示。

02 填充门扇图案。调用H【填充】命令，弹出【图案填充和渐变色】对话框，设置参数，如图8-59所示。

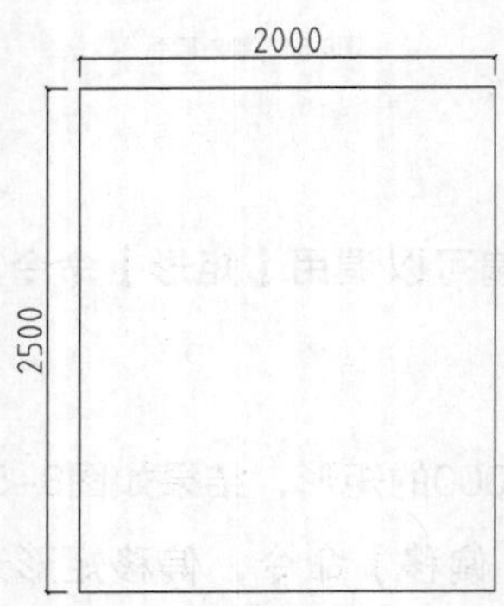

图8-58 设置参数

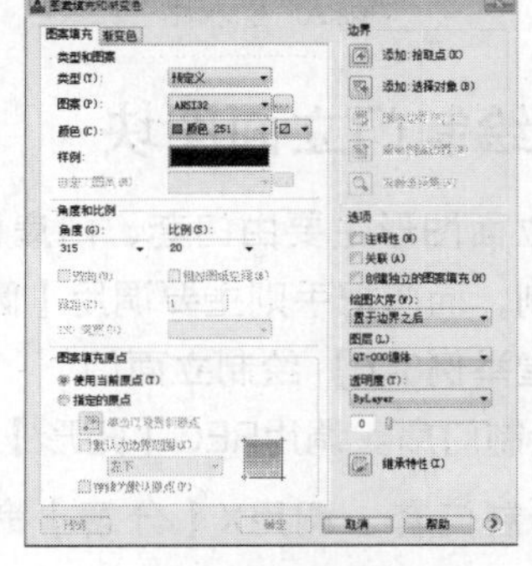

图8-59 设置参数

03 在绘图区中拾取矩形为填充区域，绘制图案填充的结果如图8-60所示。

04 调用L【直线】命令，绘制直线，结果如图8-61所示。

05 绘制拉门方向的指示箭头。调用PL【多段线】命令，命令行提示如下：

```
命令：PLINE↙
指定起点：                                  //指定多段线的起点
当前线宽为 0
指定下一个点或 [圆弧(A)/半宽(H)/长度(L)/放弃(U)/宽度(W)]：
                                            //指定多段线的下一个点
指定下一点或 [圆弧(A)/闭合(C)/半宽(H)/长度(L)/放弃(U)/宽度(W)]： W
                                            //输入W，选择"宽度"选项
指定起点宽度<0>：50
指定端点宽度<50>：0
指定下一点或 [圆弧(A)/闭合(C)/半宽(H)/长度(L)/放弃(U)/宽度(W)]：
                                            //指定箭头的起点
指定下一点或 [圆弧(A)/闭合(C)/半宽(H)/长度(L)/放弃(U)/宽度(W)]：
                                            //指定箭头的终点，绘制指示箭头的结果如图8-62所示
```

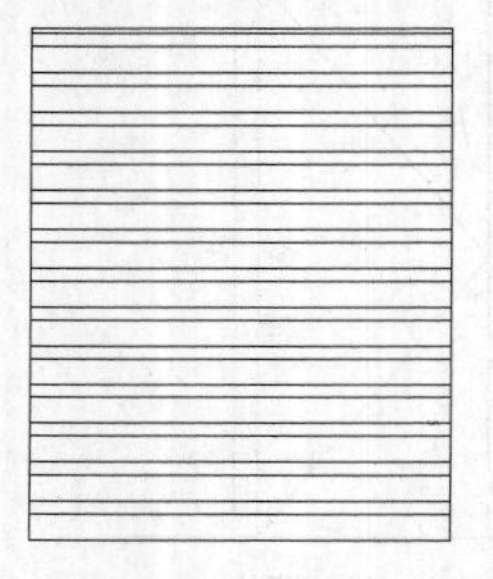

图8-60 图案填充

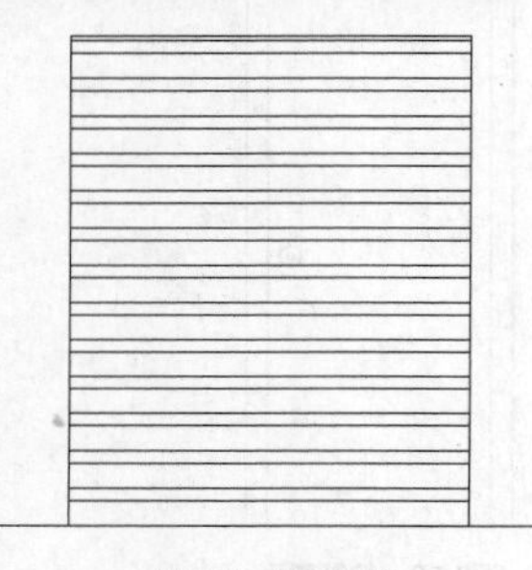

图8-61 绘制直线

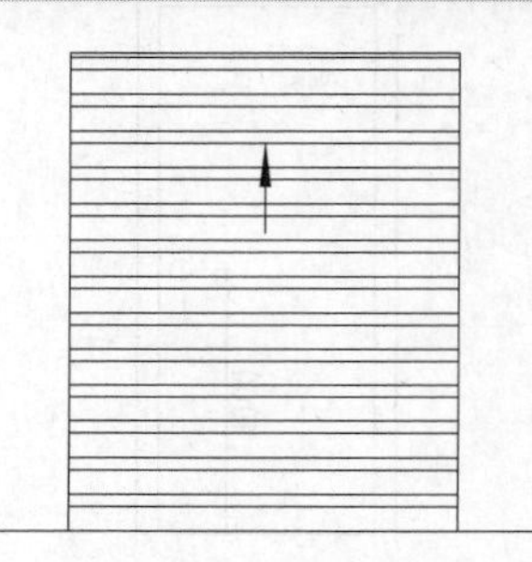

图8-62 绘制结果

8.2.5 绘制窗户立面图块

窗的立面图块主要由窗套和窗扇组成。窗的立面图形主要调用【矩形】命令、【偏移】命令来绘制，推拉窗的推拉方向指示箭头调用【多段线】命令来绘制。

【课堂举例8-9】绘制立面窗

01 绘制窗扇。调用REC【矩形】命令，绘制尺寸为1500×1200的矩形，结果如图8-63所示。

02 绘制窗套。调用O【偏移】命令，设置偏移距离为50，往外偏移矩形，结果如图8-64所示。

03 绘制窗框。调用L【直线】命令，绘制直线，结果如图8-65所示。

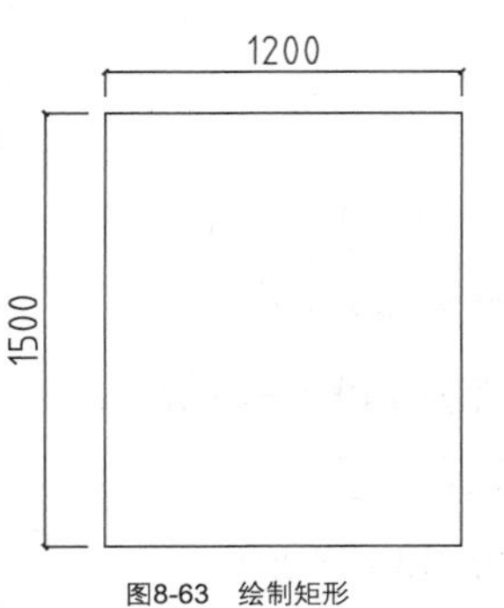

图8-63 绘制矩形

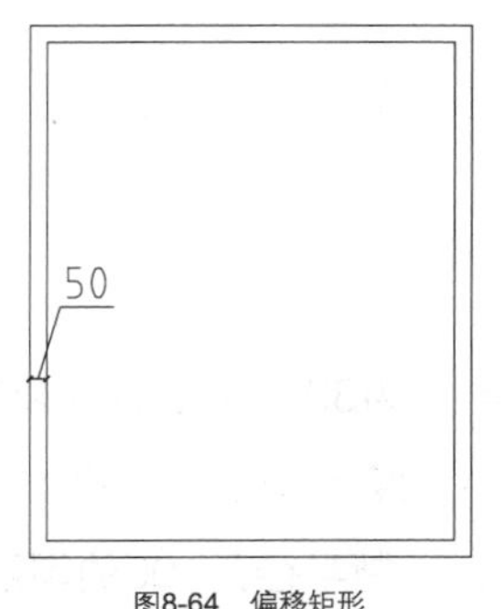

图8-64 偏移矩形

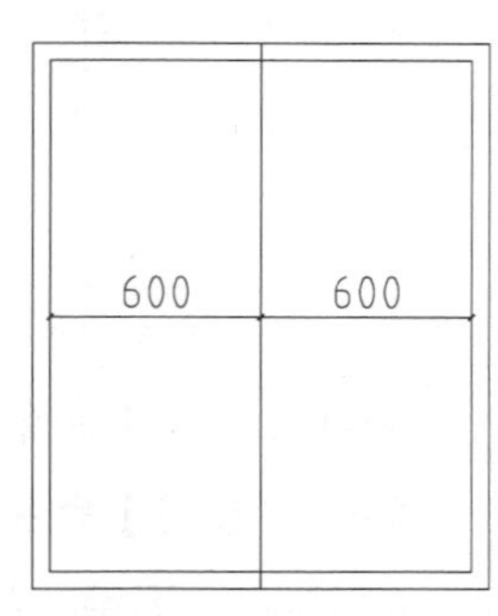

图8-65 绘制直线

04 调用O【偏移】命令，设置偏移距离为50，偏移直线，结果如图8-66所示。

05 调用TR【修剪】命令，修剪直线，结果如图8-67所示。

06 绘制窗推拉方向指示箭头。调用PL【多段线】命令，绘制指示箭头，结果如图8-68所示。

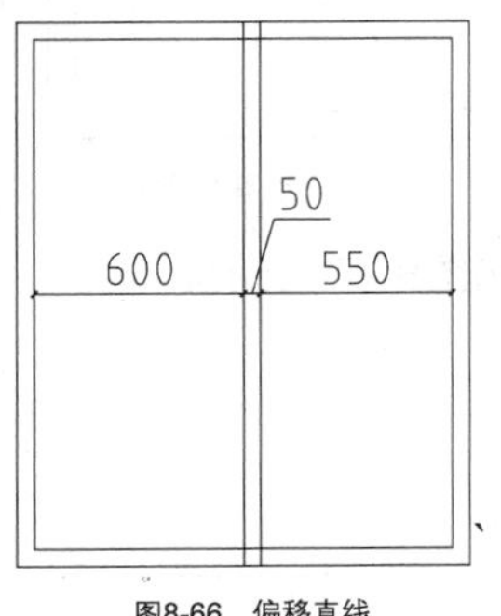

图8-66 偏移直线

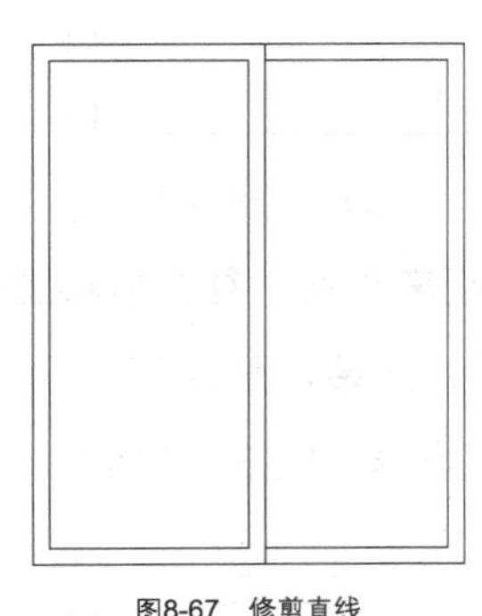
图8-67 修剪直线

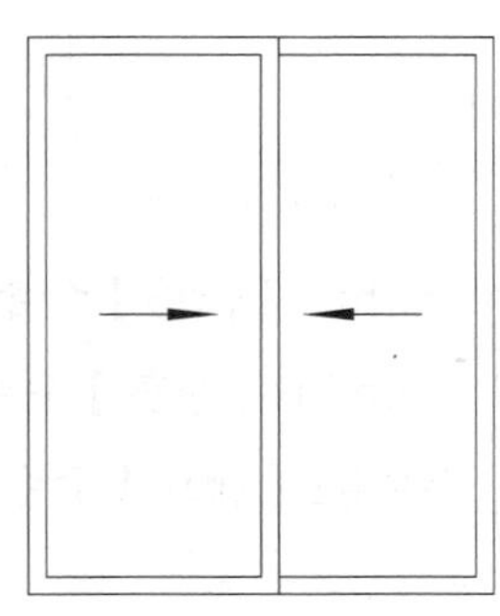
图8-68 绘制箭头

8.3 绘制室内家具陈设

室内家具陈设是室内设计中必不可少的环节，家具陈设体现了设计理念和设计风格，居室内有了家具，才有了氛围。时至今日，家具陈设画龙点睛的地位日益凸显，使得设计行业中的分工越来越细，陈设设计以及软装设计行业的发展势头迅猛。

本节介绍室内绘图中常见家具图块的绘制方法。

8.3.1 绘制双人床图块

双人床图形包括两个床头柜以及双人床。床头柜图形主要调用【矩形】命令和【偏移】命令来绘制，而床头台灯图形则主要调用【圆形】命令来绘制。双人床图形除了调用【矩形】命令之外，

还要调用【圆弧】命令和【修剪】命令来进行辅助绘制。

【课堂举例8-10】绘制双人床

01 绘制双人床外轮廓。调用REC【矩形】命令，绘制矩形，结果如图8-69所示。

02 绘制床头柜。调用O【偏移】命令，偏移矩形，结果如图8-70所示。

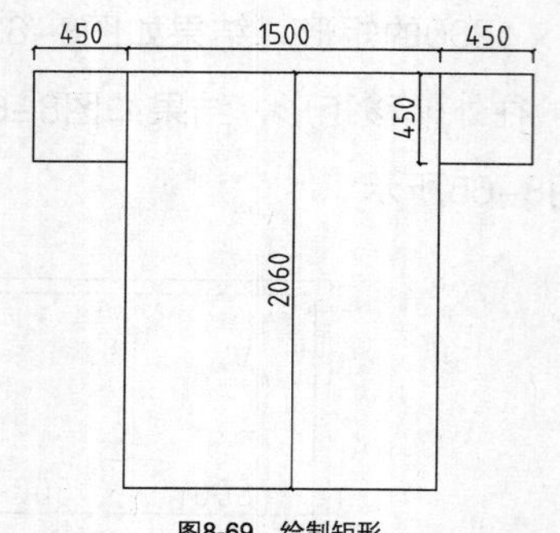

图8-69 绘制矩形

图8-70 偏移矩形

03 调用F【圆角】命令，设置圆角半径为30，对矩形进圆角处理，结果如图8-71所示。

04 调用L【直线】命令，取矩形的中点绘制直线，结果如图8-72所示。

05 绘制台灯。调用C【圆形】命令，绘制半径为100的圆形，结果如图8-73所示。

图8-71 圆角处理

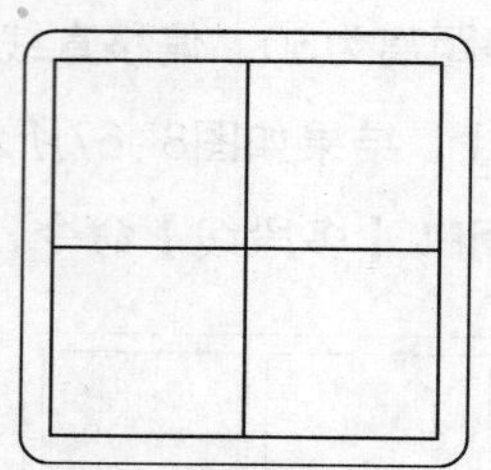

图8-72 绘制直线

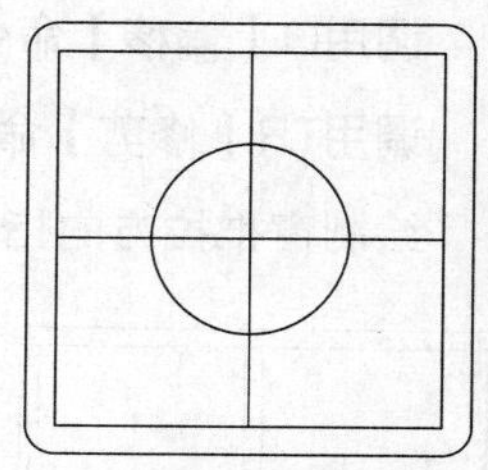

图8-73 绘制圆形

06 调用O【偏移】命令，设置偏移距离为70，往外偏移圆形，结果如图8-74所示。

07 调用TR【修剪】命令，修剪线段，结果如图8-75所示。

08 调用E【删除】命令，删除圆形，结果如图8-76所示。

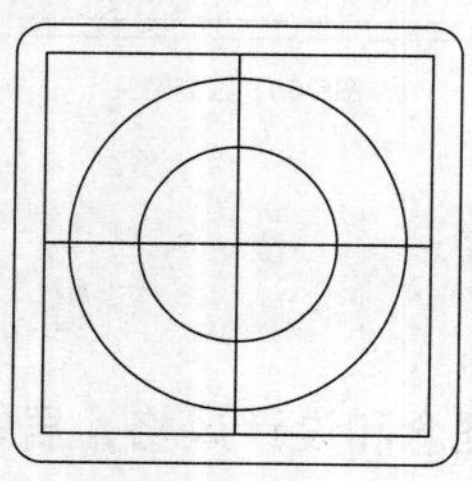

图8-74 偏移圆形

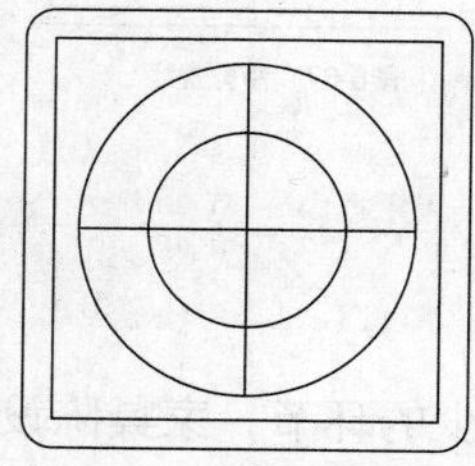

图8-75 修剪线段

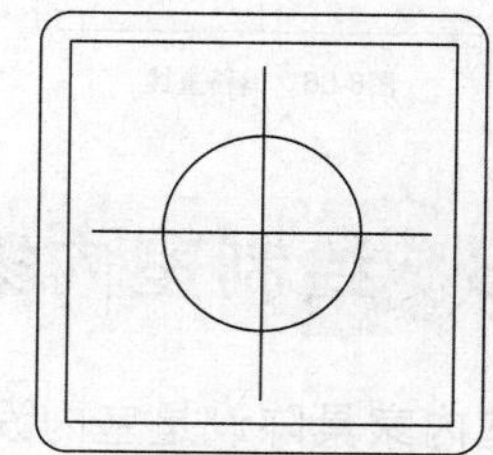

图8-76 删除圆形

09 调用MI【镜像】命令，镜像复制绘制完成的图形，结果如图8-77所示。

10 绘制枕头。调用REC【矩形】命令，绘制矩形，结果如图8-78所示。

11 调用O【偏移】命令，设置偏移距离为30，向内偏移所绘制的矩形，结果如图8-79所示。

12 调用F【圆角】命令，设置圆角半径为30，对矩形进圆角处理，结果如图8-80所示。

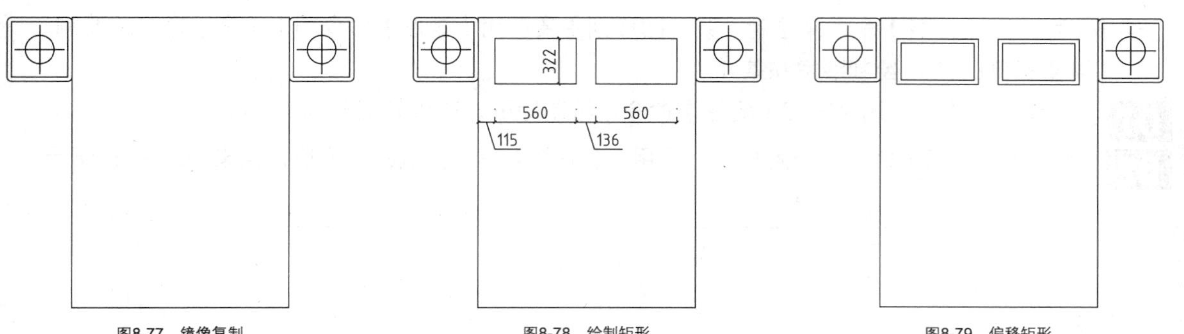

图8-77　镜像复制　　图8-78　绘制矩形　　图8-79　偏移矩形

13 绘制被子。调用O【偏移】命令，偏移线段，结果如图8-81所示。

14 绘制辅助线。调用O【偏移】命令，偏移线段，结果如图8-82所示。

15 调用O【偏移】命令，偏移线段，结果如图8-83所示。

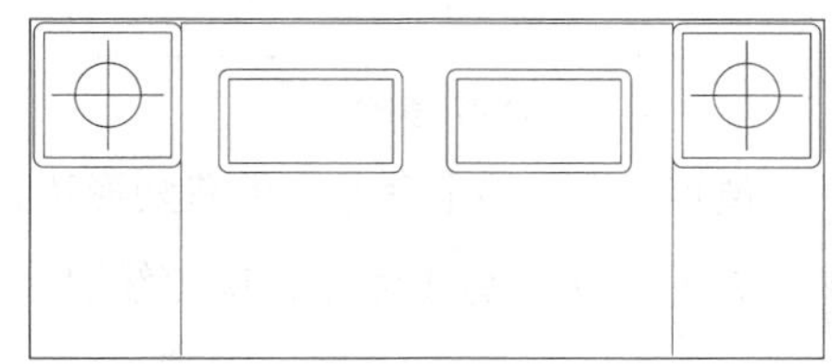

图8-80　圆角处理

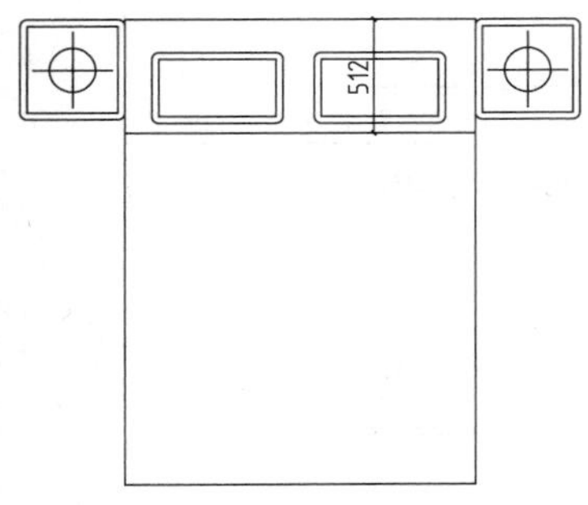

图8-81　偏移线段

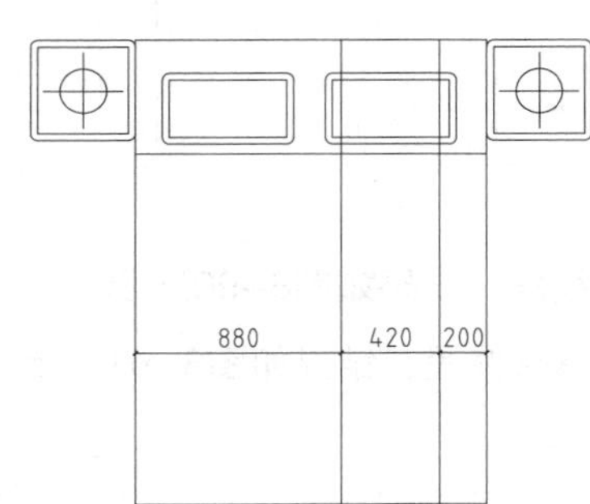

图8-82　偏移结果

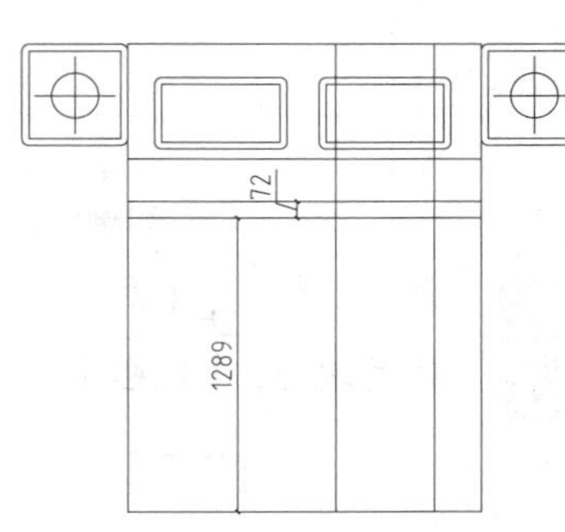

图8-83　偏移线段

16 调用A【圆弧】命令，绘制圆弧，结果如图8-84所示。

17 调用E【删除】命令，删除辅助线，结果如图8-85所示。

18 创建成块。调用B【块】命令，打开【块定义】对话框，框选绘制完成的双人床图形，设置图形名称，单击【确定】按钮，即可将图形创建成块，方便以后调用。

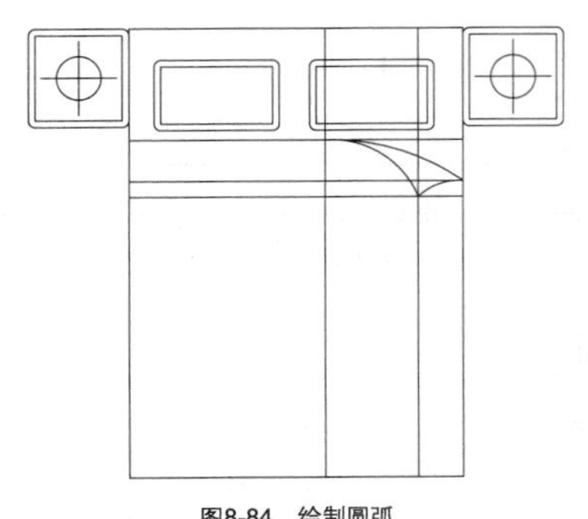

图8-84　绘制圆弧

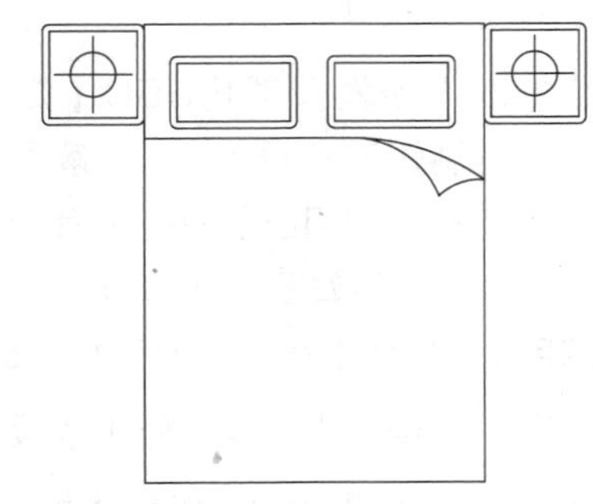

图8-85　删除辅助线

8.3.2　绘制沙发与茶几图块

组合沙发和茶几是客厅必不可少的家具。沙发图形主要调用【矩形】命令、【分解】命令、

【偏移】命令和【修剪】命令来绘制，茶几图形则主要调用【矩形】命令和【填充】命令来绘制。

【课堂举例8-11】绘制沙发和茶几

01 绘制沙发轮廓。调用REC【矩形】命令，绘制矩形，结果如图8-86所示。

02 调用X【分解】命令，分解矩形；调用O【偏移】命令，偏移矩形边，结果如图8-87所示。

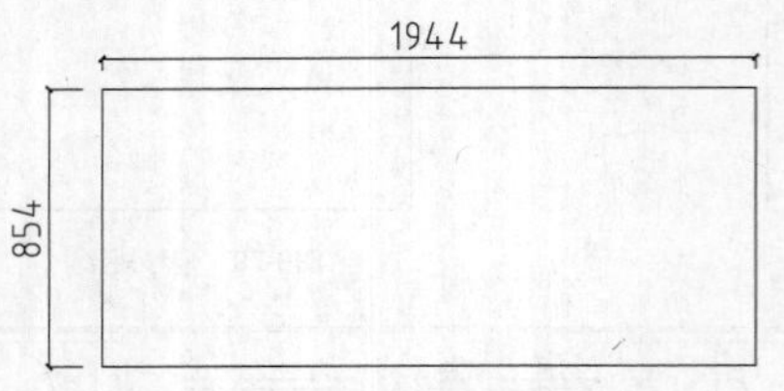

图8-86 绘制矩形

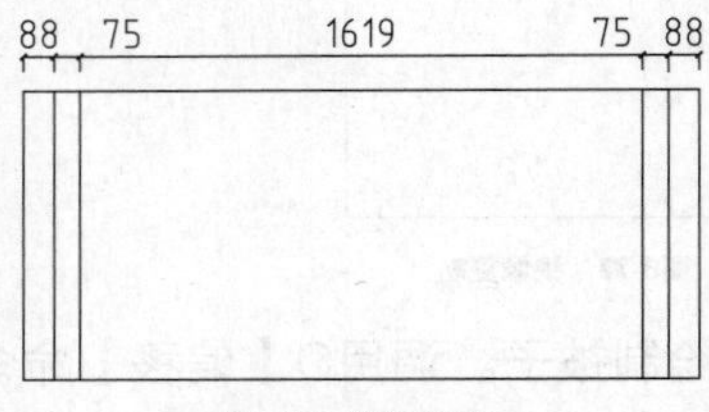

图8-87 偏移矩形边

03 调用O【偏移】命令，偏移矩形边，结果如图8-88所示。

04 调用TR【修剪】命令，修剪线段，结果如图8-89所示。

图8-88 偏移矩形边

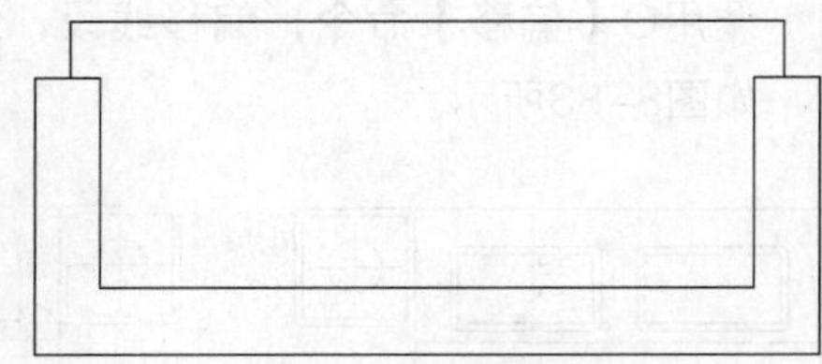
图8-89 修剪线段

05 调用O【偏移】命令，偏移线段，结果如图8-90所示。

06 重复调用O【偏移】命令，偏移线段，结果如图8-91所示。

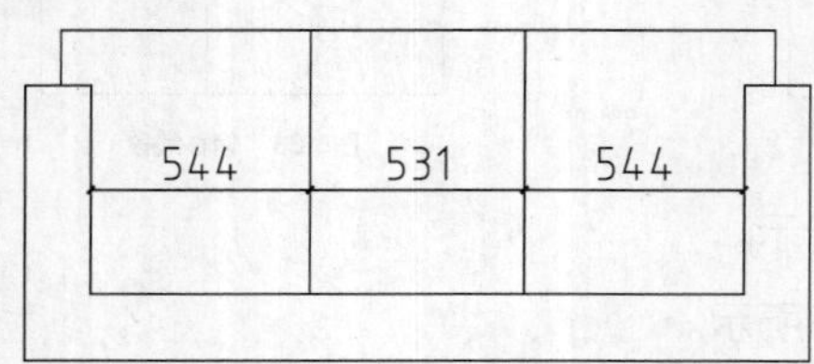

图8-90 偏移线段

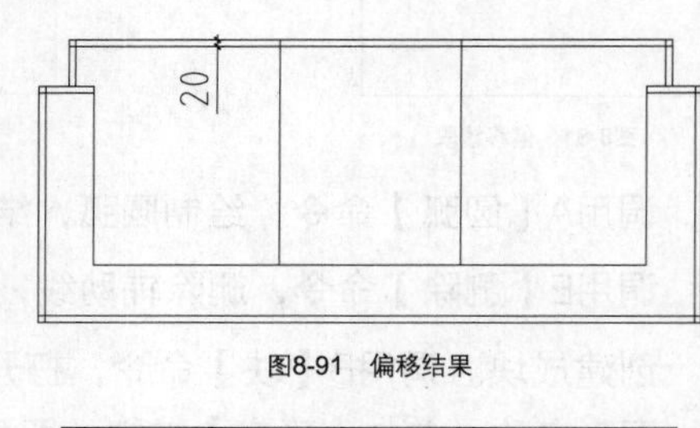

图8-91 偏移结果

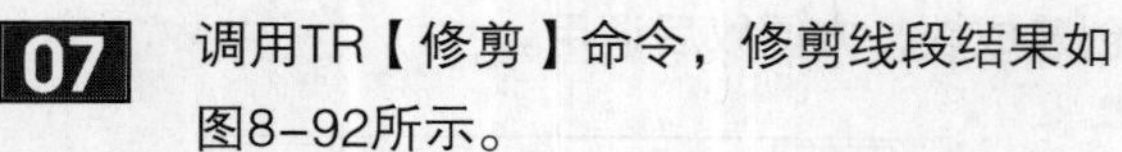

07 调用TR【修剪】命令，修剪线段结果如图8-92所示。

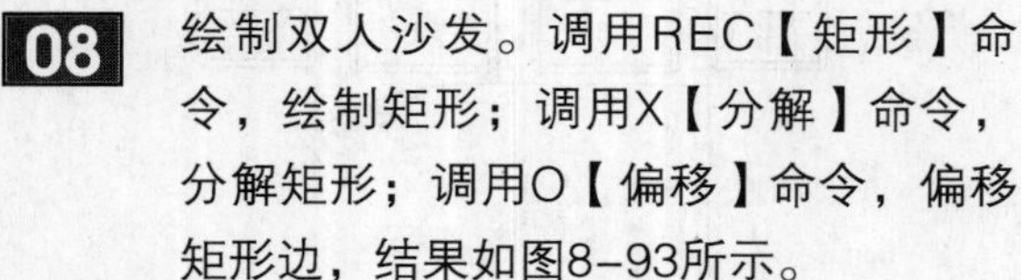

08 绘制双人沙发。调用REC【矩形】命令，绘制矩形；调用X【分解】命令，分解矩形；调用O【偏移】命令，偏移矩形边，结果如图8-93所示。

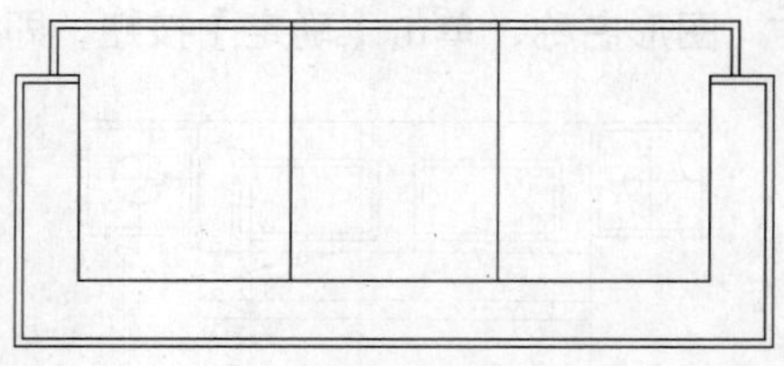
图8-92 修剪线段

09 调用O【偏移】命令，偏移矩形边，结果如图8-94所示。

10 调用TR【修剪】命令，修剪线段，结果如图8-95所示。

11 调用L【直线】命令，绘制直线，结果如图8-96所示。

12 调用O【偏移】命令，偏移线段；调用TR【修剪】命令，修剪线段，结果如图8-97所示。

13 调用A【圆弧】命令，绘制圆弧，结果如图8-98所示。

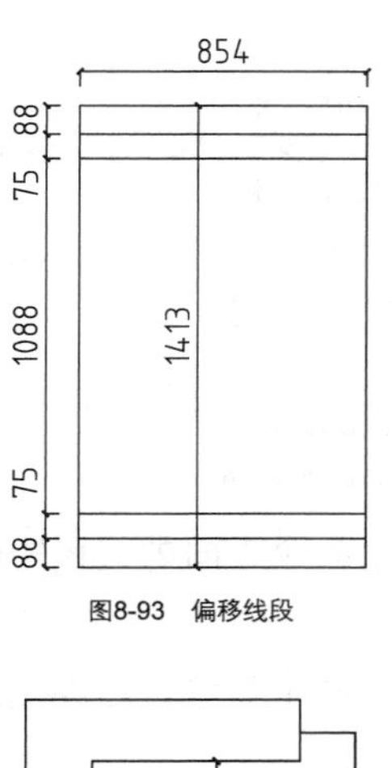

图8-93 偏移线段

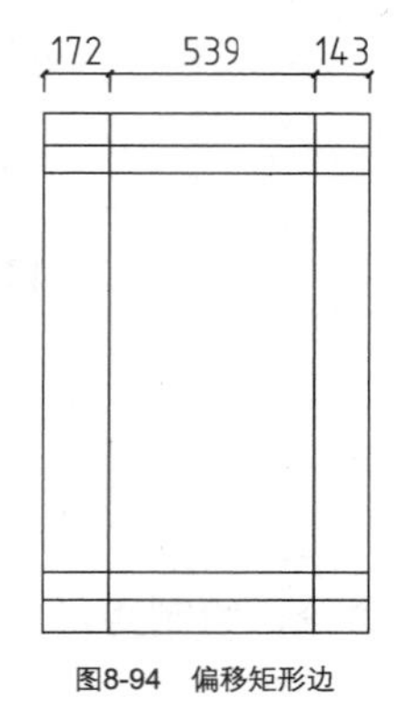

图8-94 偏移矩形边

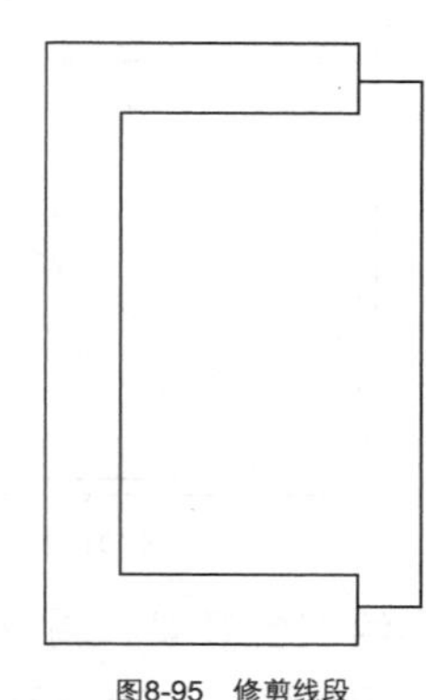

图8-95 修剪线段

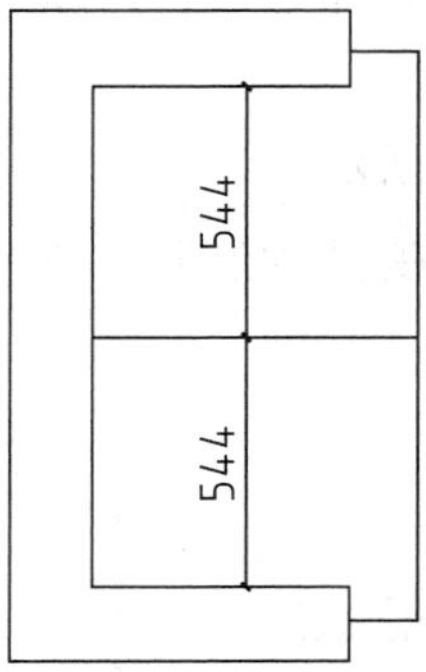

图8-96 绘制直线

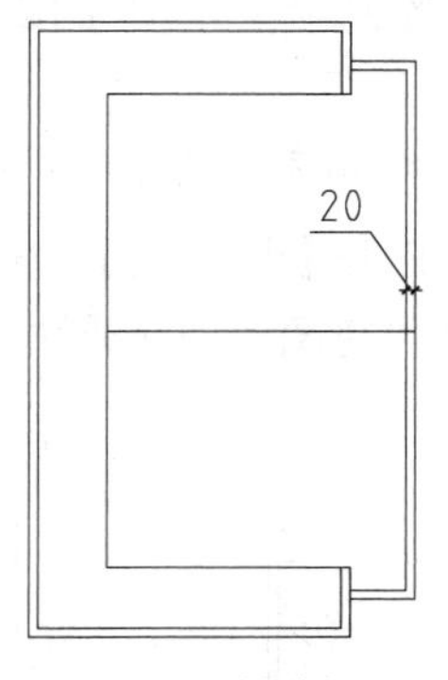

图8-97 修剪线段

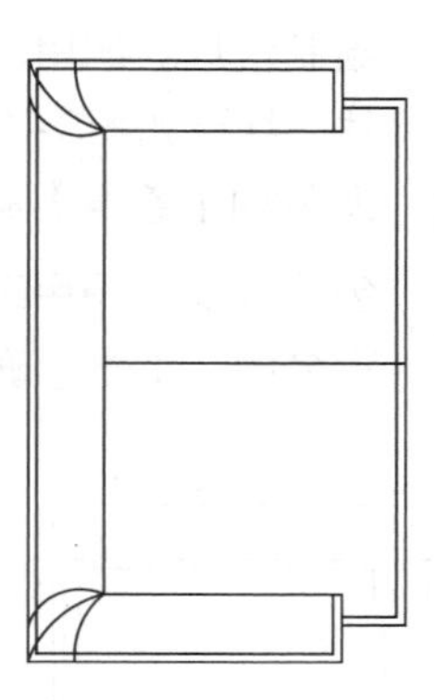

图8-98 绘制圆弧

14 绘制茶几。调用REC【矩形】命令，绘制矩形；调用O【偏移】命令，向内偏移矩形，结果如图8-99所示。

15 填充茶几表面图案。调用H【填充】命令，弹出【图案填充和渐变色】对话框，设置参数如图8-100所示。

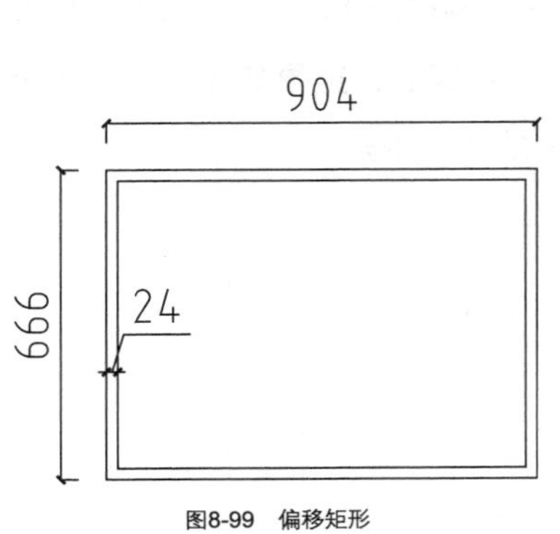

图8-99 偏移矩形

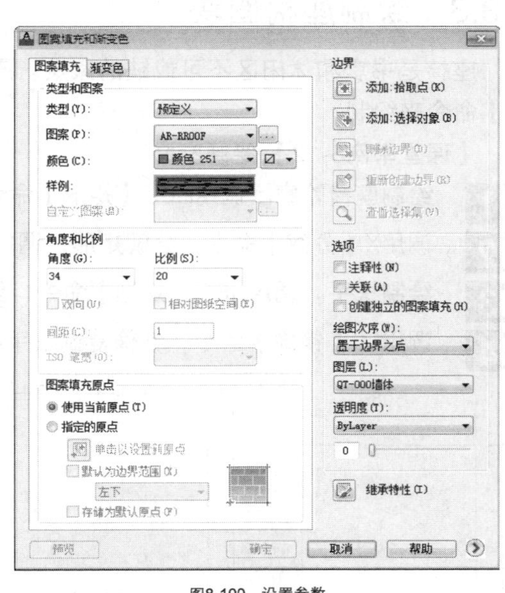

图8-100 设置参数

16 在绘图区中拾取填充区域，绘制图案填充的结果如图8-101所示。

17 调用MI【镜像】命令，镜像复制双人沙发图形，结果如图8-102所示。

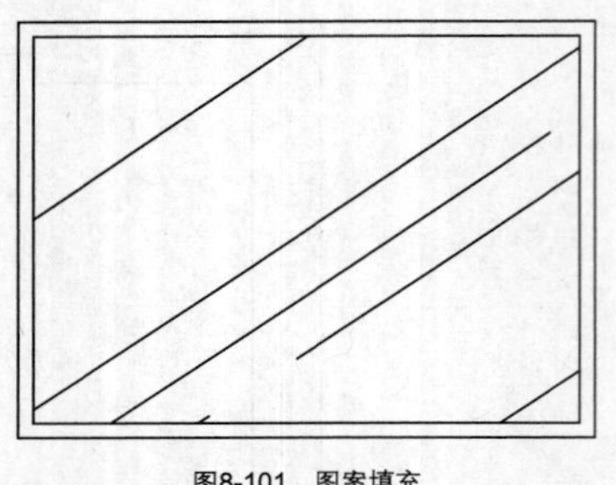

图8-101 图案填充

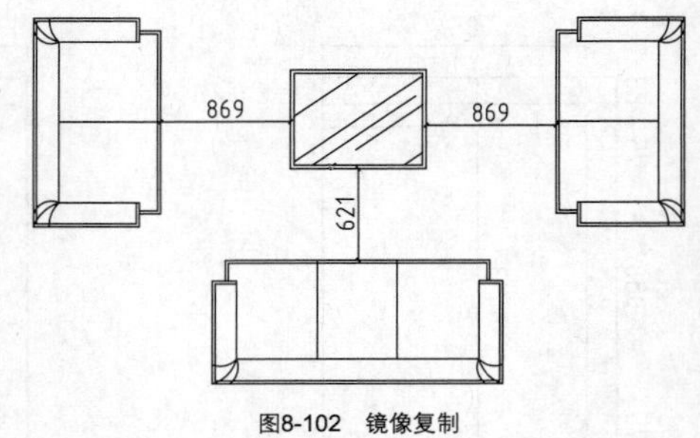

图8-102 镜像复制

18 绘制台灯架。调用REC【矩形】命令，绘制矩形；调用O【偏移】命令，向内偏移矩形，结果如图8-103所示。

19 绘制台灯。调用C【圆】命令，绘制半径为135的圆形；调用L【直线】命令，过圆心绘制直线，结果如图8-104所示。

20 调用MI【镜像】命令，镜像复制绘制完成的图形，结果如图8-105所示。

21 创建成块。调用B【块】命令，打开【块定义】对话框，框选绘制完成的沙发图形，设置图形名称，单击【确定】按钮，即可将图形创建成块，方便以后调用。

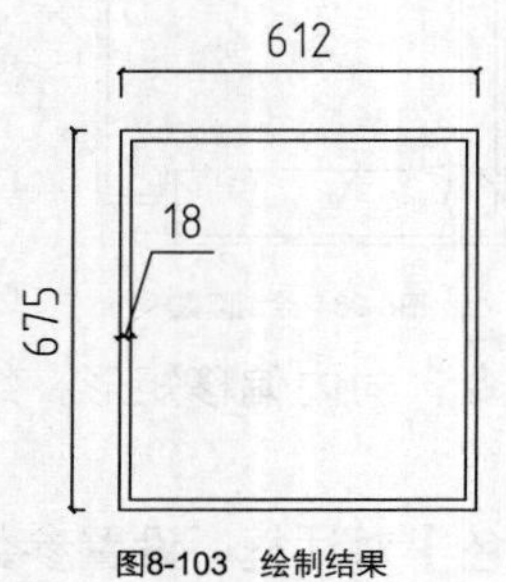

图8-103 绘制结果

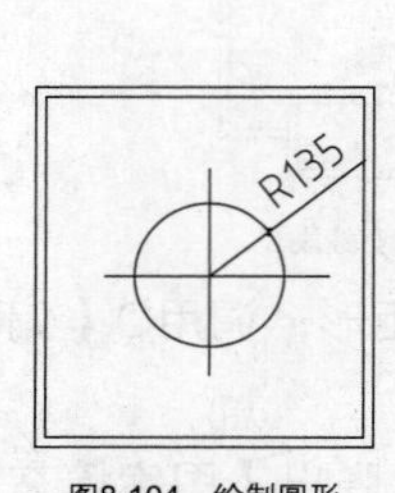

图8-104 绘制圆形

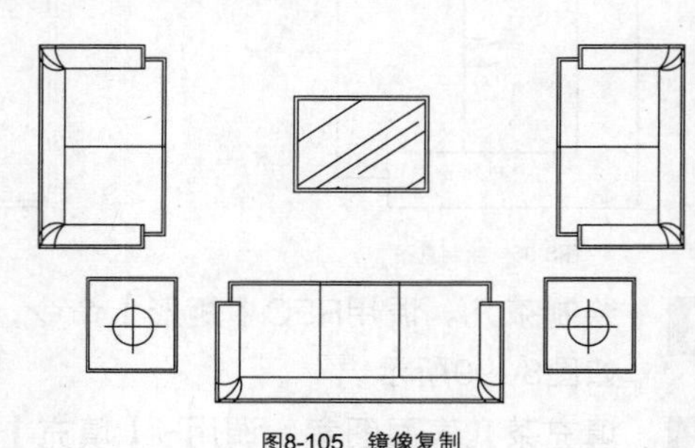

图8-105 镜像复制

8.3.3 绘制座椅图块

座椅是书房和休闲区不可或缺的家具。座椅图形主要调用【矩形】命令、【直线】命令、【镜像】命令来绘制。

【课堂举例8-12】绘制座椅

01 绘制座椅轮廓。调用REC【矩形】命令，绘制矩形，结果如图8-106所示。

02 调用X【分解】命令，分解矩形；调用O【偏移】命令，偏移矩形，结果如图8-107所示。

03 绘制扶手。调用REC【矩形】命令，绘制尺寸为546×50矩形，结果如图8-108所示。

04 调用MI【镜像】命令，镜像复制扶手图形，结果如图8-109所示。

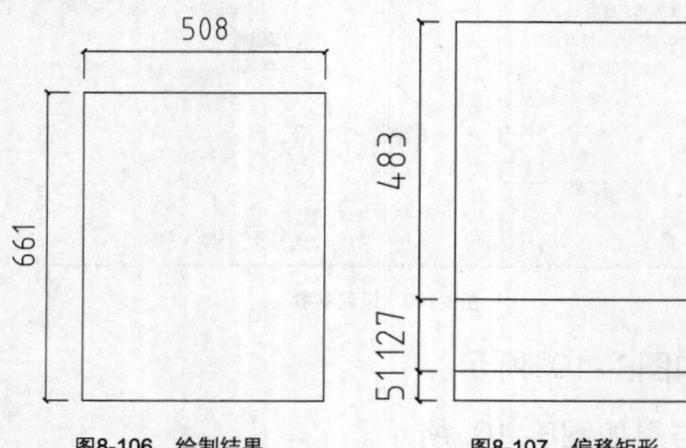

图8-106 绘制结果

图8-107 偏移矩形

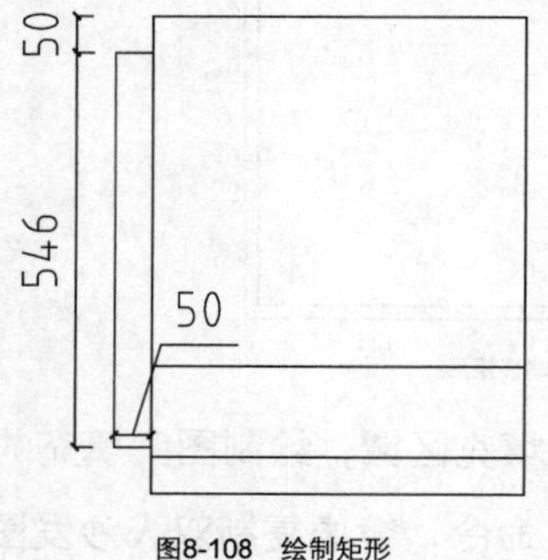

图8-108 绘制矩形

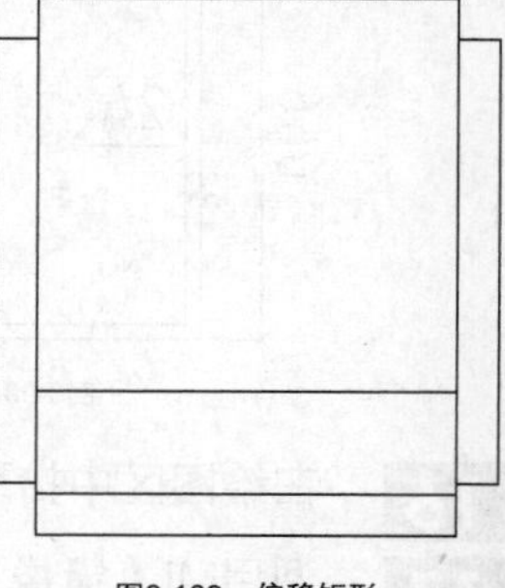

图8-109 偏移矩形

05 创建成块。调用B【块】命令，打开【块定义】对话框，框选绘制完成的座椅图形，设置图形名称，单击【确定】按钮，即可将图形创建成块，方便以后调用。

8.3.4 绘制八仙桌图块

八仙桌寓意团圆，是中国古代乃至今日都较为流行的餐桌首选类型。绘制餐桌图形主要调用【圆形】命令、【偏移】命令，而座椅的绘制则稍显繁杂，主要调用【圆弧】命令、【圆角】命令以及【修剪】命令等。

【课堂举例8-13】 绘制八仙桌

01 绘制圆桌。调用C【圆形】命令，绘制半径为600的圆形，结果如图8-110所示。

02 调用O【偏移】命令，设置偏移距离为30，向内偏移圆形，结果如图8-111所示。

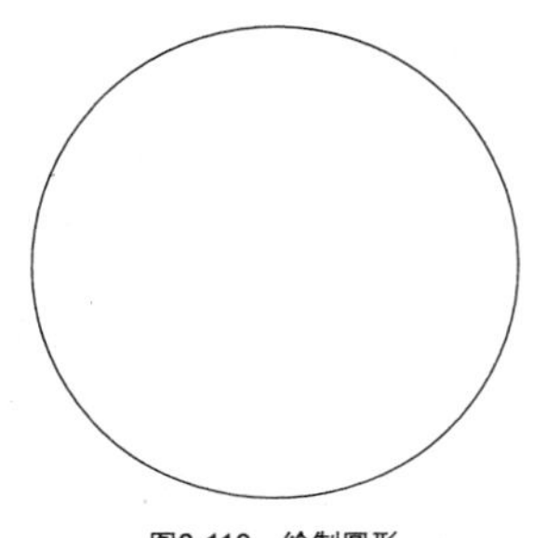
图8-110 绘制圆形

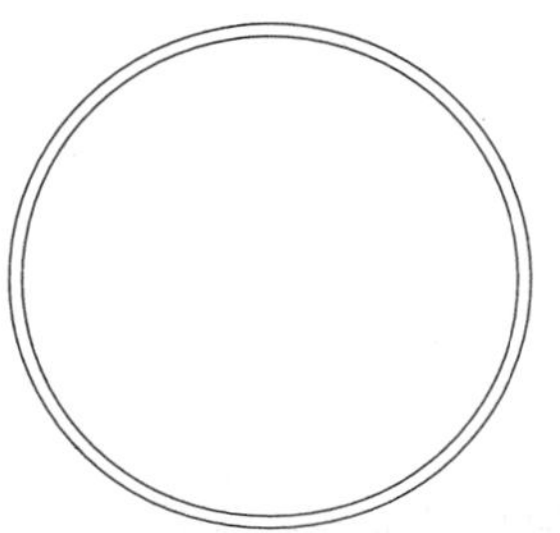
图8-111 偏移圆形

03 绘制座椅。调用REC【矩形】命令，绘制矩形，结果如图8-112所示。

04 调用X【分解】命令，分解矩形；调用O【偏移】命令，偏移矩形边，结果如图8-113所示。

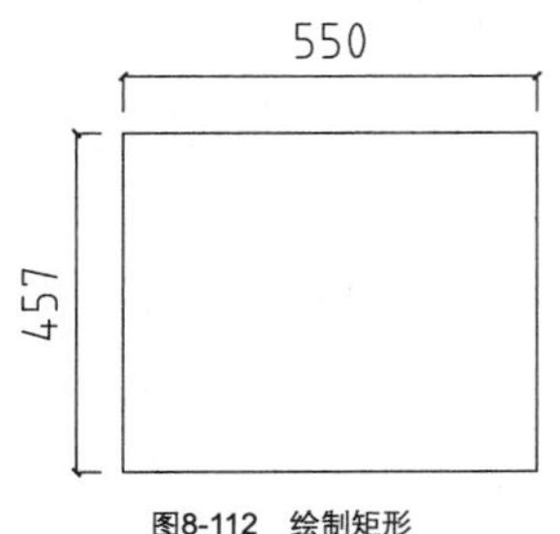

图8-112 绘制矩形

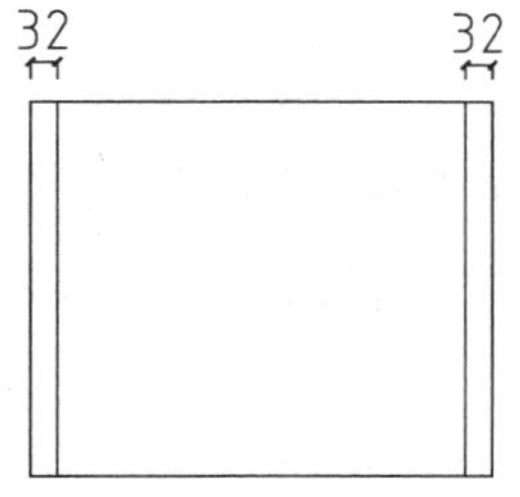

图8-113 偏移矩形边

05 调用O【偏移】命令，偏移矩形边，结果如图8-114所示。

06 调用A【圆弧】命令，绘制圆弧，结果如图8-115所示。

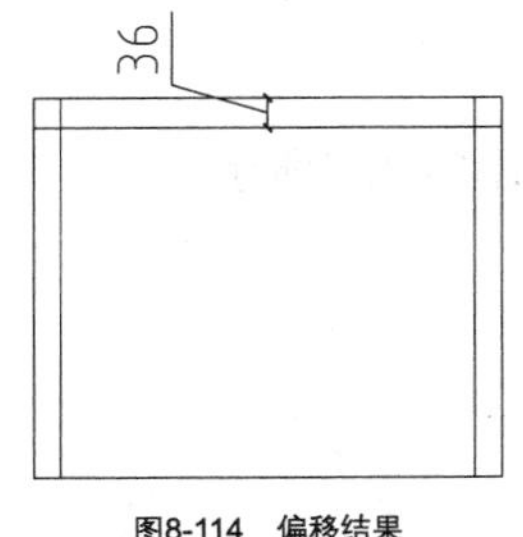

图8-114 偏移结果

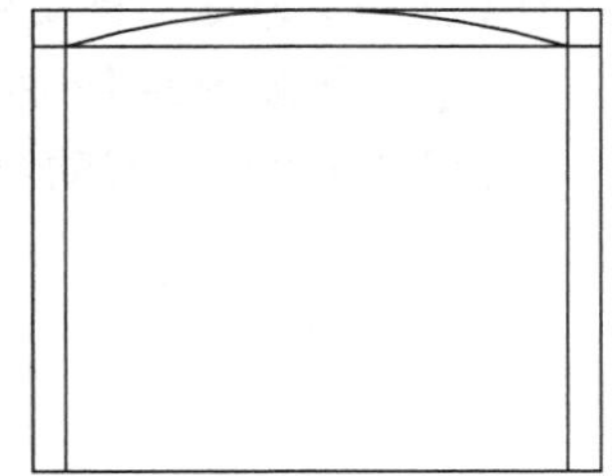
图8-115 绘制圆弧

07 调用L【直线】命令，绘制直线，结果如图8-116所示。

08 调用E【删除】命令，删除多余线段，结果如图8-117所示。

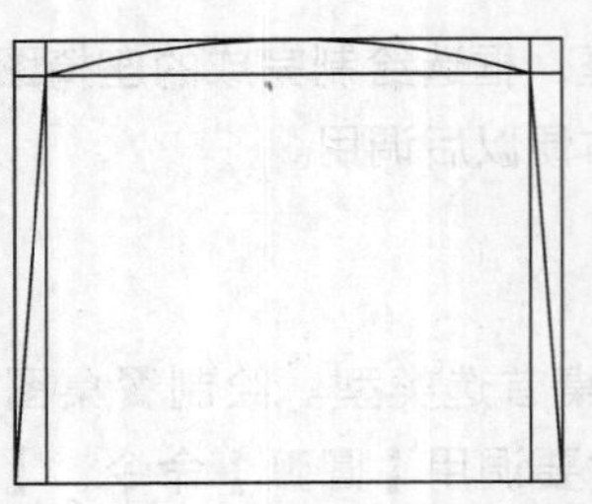
图8-116 绘制直线

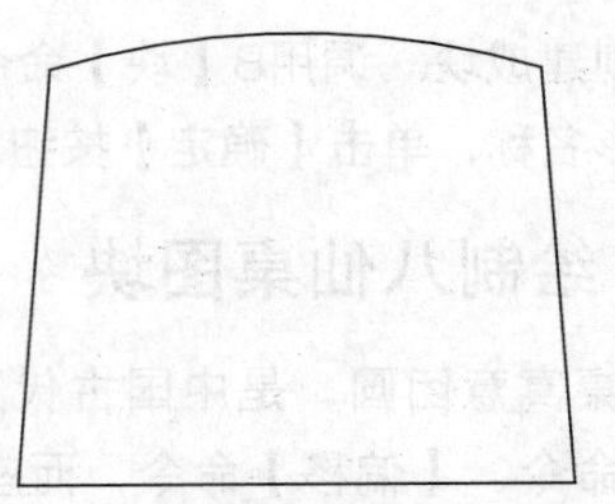
图8-117 删除线段

09 调用F【圆角】命令，设置圆角半径为30，对图形进行圆角处理，结果如图8-118所示。

10 调用F【圆角】命令，设置圆角半径为50，对图形进行圆角处理，结果如图8-119所示。

图8-118 圆角处理

图8-119 处理结果

11 绘制座椅靠背。调用REC【矩形】命令，绘制矩形，结果如图8-120所示。

12 调用X【分解】命令，分解矩形；调用O【偏移】命令，偏移矩形边，结果如图8-121所示。

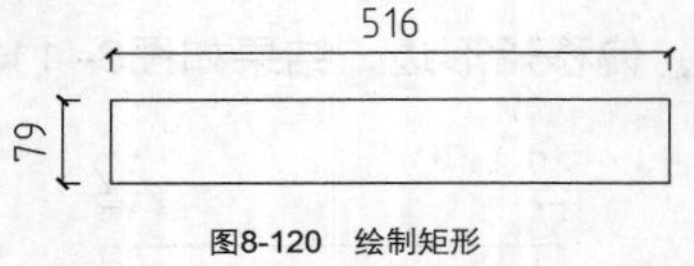

图8-120 绘制矩形

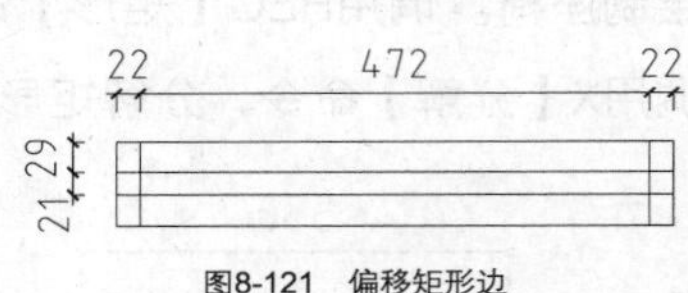

图8-121 偏移矩形边

13 调用A【圆弧】命令，绘制圆弧，结果如图8-122所示。

14 调用F【圆角】命令，设置圆角半径为30，对图形进行圆角处理，结果如图8-123所示。

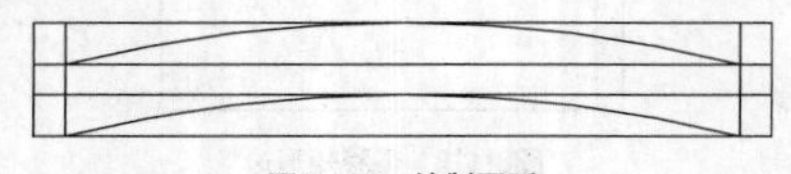
图8-122 绘制圆弧

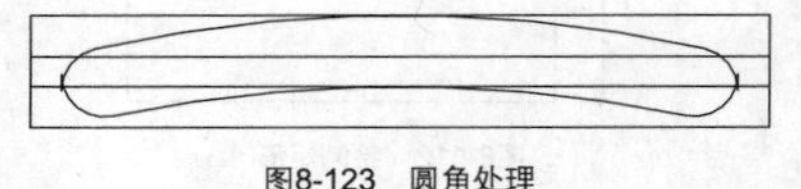
图8-123 圆角处理

15 调用E【删除】命令，删除多余线段，结果如图8-124所示。

图8-124 删除线段

16 调用M【移动】命令，移动绘制完成的扶手图形，结果如图8-125所示。

17 调用M【移动】命令，移动绘制完成的座椅图形，结果如图8-126所示。

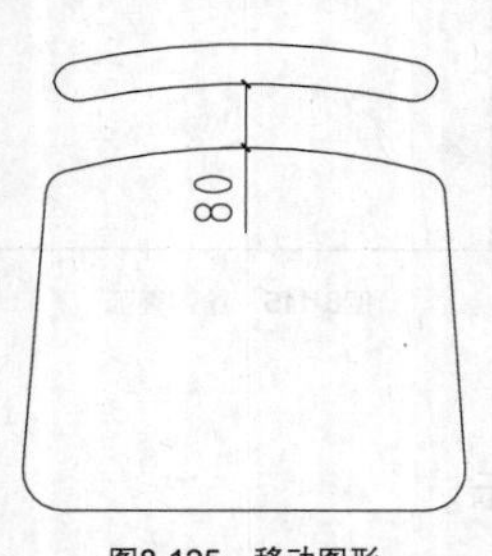

图8-125 移动图形

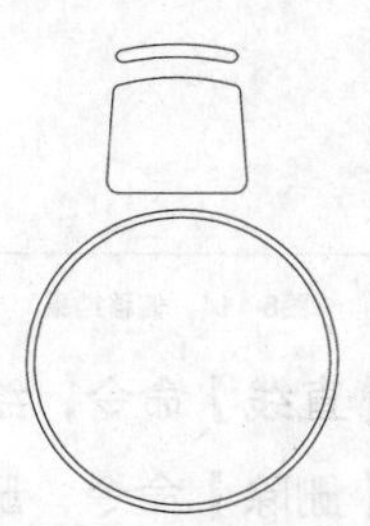
图8-126 移动结果

18 调用AR【阵列】命令，命令行提示如下：

```
命令：ARRAY↙
选择对象：指定对角点：找到 1 个              //选择座椅图形
选择对象：  输入阵列类型 [矩形(R)/路径(PA)/极轴(PO)] <路径>:PO
                                          //输入PO，选择“极轴”阵列
类型 = 极轴关联 = 是
指定阵列的中心点或 [基点(B)/旋转轴(A)]：//指定圆桌的圆心为中心点
选择夹点以编辑阵列或 [关联(AS)/基点(B)/项目(I)/项目间角度(A)/填充角度(F)/行(ROW)/层(L)/旋转项目(ROT)/退出(X)] <退出>: I
                                          //输入I，选择“项目”阵列
输入阵列中的项目数或 [表达式(E)] <6>: 8
选择夹点以编辑阵列或 [关联(AS)/基点(B)/项目(I)/项目间角度(A)/填充角度(F)/行(ROW)/层(L)/旋转项目(ROT)/退出(X)] <退出>:      //阵列复制图形的结果如图8-127所示
```

19 创建成块。调用B【块】命令，打开【块定义】对话框，框选绘制完成的八仙桌图形，设置图形名称，单击【确定】按钮，即可将图形创建成块，方便以后调用。

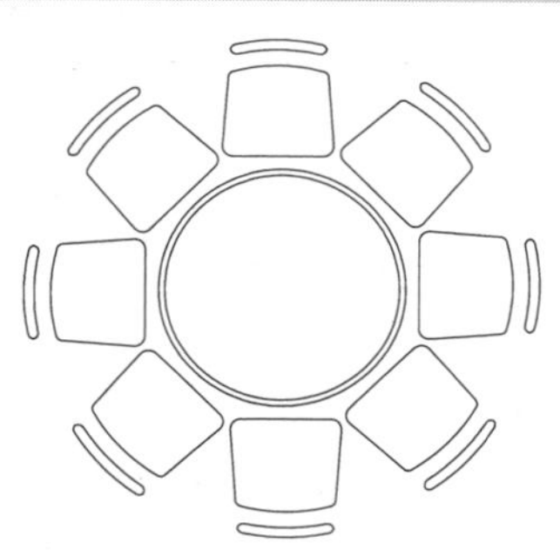
图8-127 阵列复制

8.4 绘制厨卫设备

厨卫设备是每个家庭必备的家具之一，同理，反映居室设计的施工图也不能缺少厨卫设备图形。厨卫设备主要包括燃气灶、洗菜盆、洗衣机、浴缸及座便器等图形。

本节主要介绍常用厨卫设备的绘制方法。

8.4.1 绘制烟道图块

厨房中都设有烟道，以便排除厨房的油烟，减少污染。烟道图形主要调用【矩形】命令、【偏移】命令、【填充】命令等来绘制。

【课堂举例8-14】 绘制烟道图形

01 按Ctrl+O组合键，打开配套光盘提供的“8.4.1绘制烟道平面图块.dwg”素材文件，结果如图8-128所示。

02 绘制烟道。调用REC【矩形】命令，绘制矩形，结果如图8-129所示。

03 调用X【分解】命令，分解矩形；调用O【偏移】命令，偏移矩形边，结果如图8-130所示。

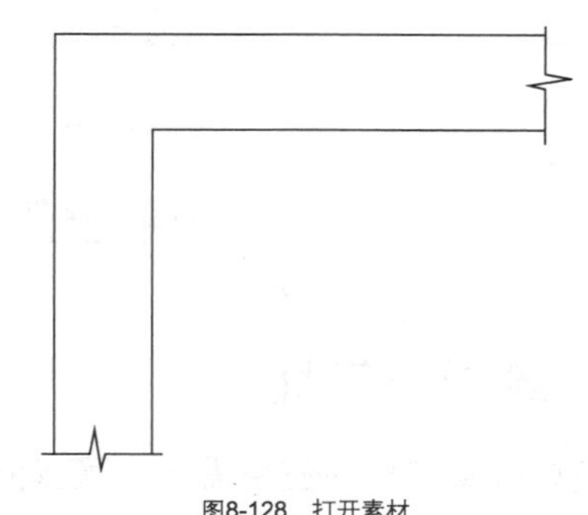
图8-128 打开素材

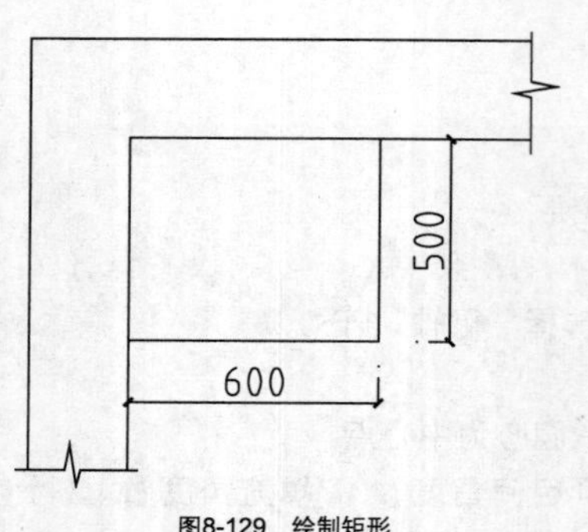

图8-129 绘制矩形

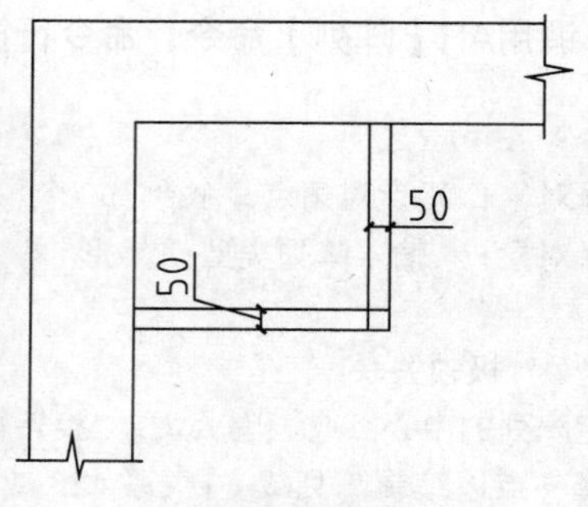

图8-130 偏移矩形边

04 调用TR【修剪】命令，修剪线段，结果如图8-131所示。

05 调用PL【多段线】命令，绘制折断线，结果如图8-132所示。

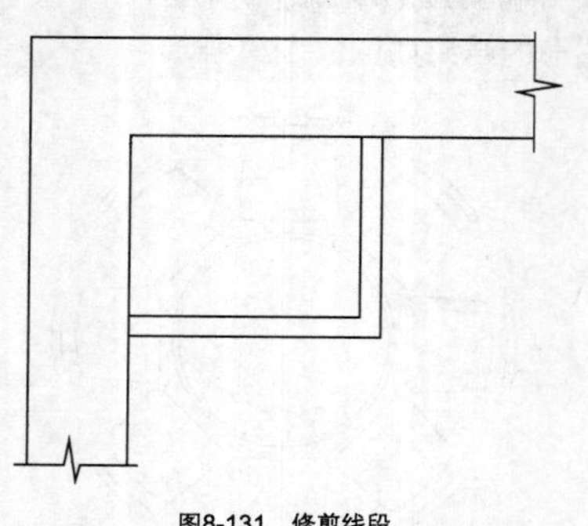
图8-131 修剪线段

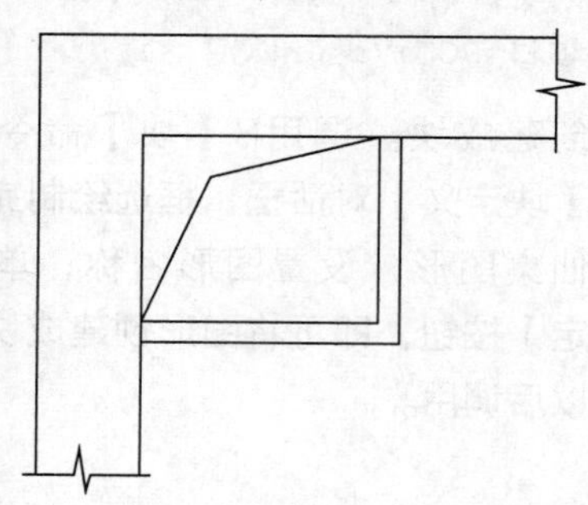
图8-132 绘制折断线

06 填充烟道图案。调用H【填充】命令，弹出【图案填充和渐变色】对话框，设置参数如图8-133所示。

07 在绘图区中拾取填充区域，绘制图案填充的结果如图8-134所示。

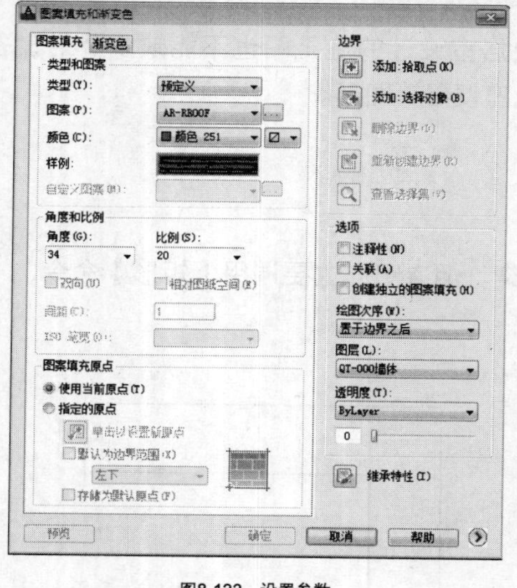

图8-133 设置参数

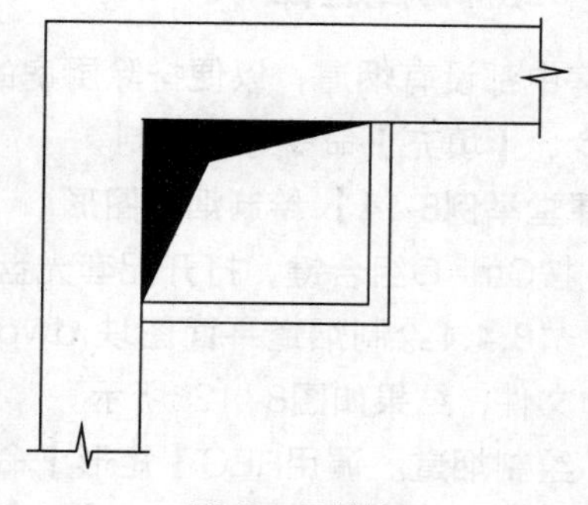
图8-134 图案填充

8.4.2 绘制燃气灶

燃气灶按照实际的使用需求，可以分为双灶、五灶等，家庭中一般使用双灶。燃气灶图形主要调用【矩形】命令、【偏移】命令、【圆形】命令来绘制。

【课堂举例8-15】绘制燃气灶

01 绘制燃气灶外轮廓。调用REC【矩形】命令，绘制矩形，结果如图8-135所示。

02 调用O【偏移】命令，向内偏移矩形，结果如图8-136所示。

03 调用X【分解】命令，分解偏移得到的矩形；调用O【偏移】命令，偏移矩形边，结果如图8-137所示。

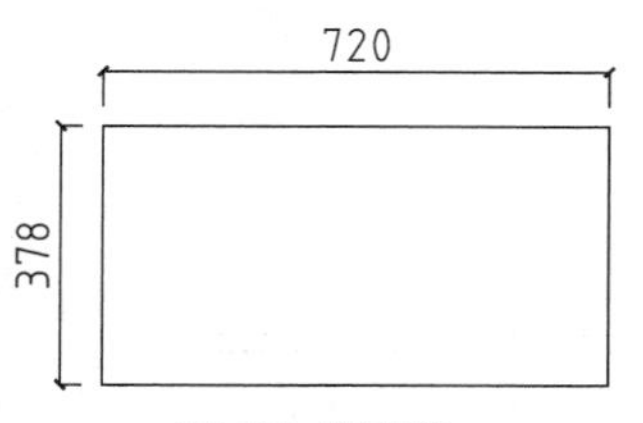

图8-135 绘制矩形

图8-136 偏移矩形

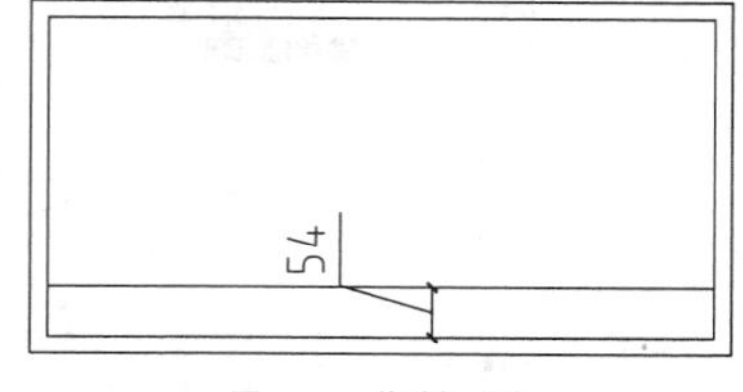

图8-137 偏移矩形边

04 绘制辅助线。调用O【偏移】命令，偏移矩形边，结果如图8-138所示。

05 调用C【圆形】命令，绘制半径为90的圆形，结果如图8-139所示。

06 调用O【偏移】命令，设置偏移距离为45，向内偏移圆形，结果如图8-140所示。

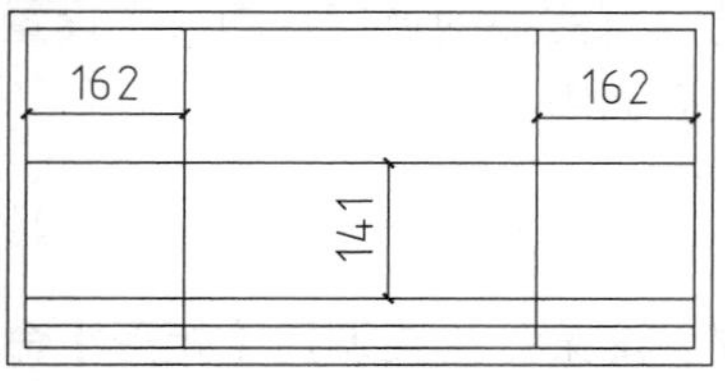

图8-138 偏移结果

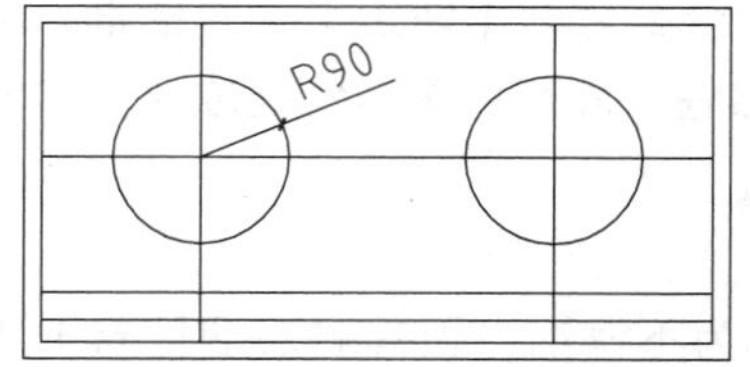

图8-139 绘制圆形

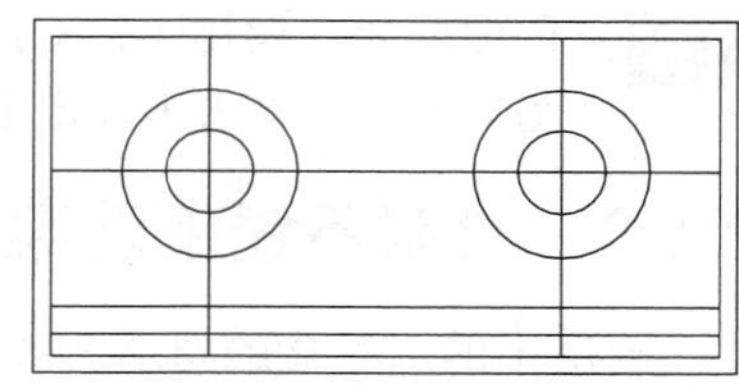
图8-140 偏移圆形

07 绘制开关。调用C【圆】命令，绘制半径为11的圆形，结果如图8-141所示。

08 调用O【偏移】命令，设置偏移距离为22，往外偏移半径为90的圆形，结果如图8-142所示。

09 调用O【偏移】命令，设置偏移距离为23，向内偏移半径为90的圆形，结果如图8-143所示。

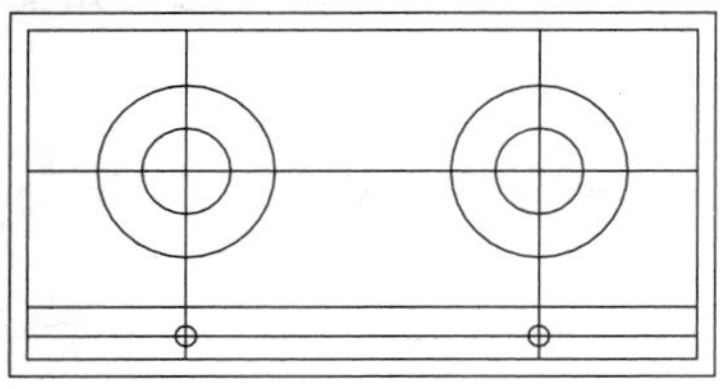
图8-141 绘制圆形

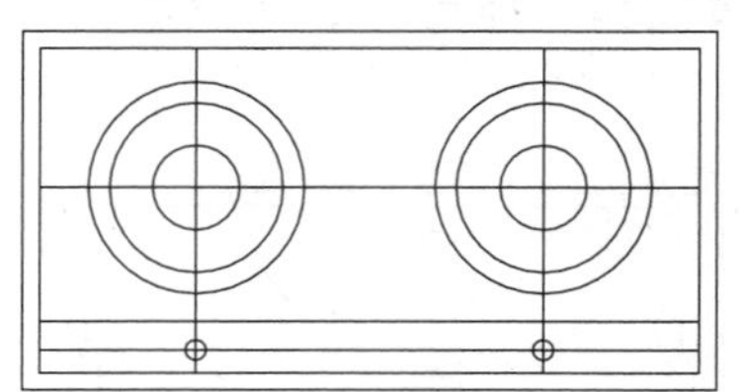
图8-142 偏移圆形

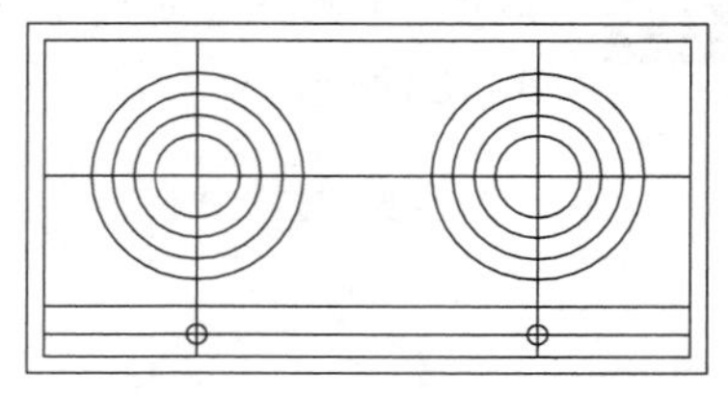
图8-143 偏移圆形

10 调用TR【修剪】命令，修剪多余线段，结果如图8-144所示。

11 调用E【删除】命令，删除多余图形，结果如图8-145所示。

12 绘制商标。调用REC【矩形】命令，绘制尺寸为171×14的矩形，结果如图8-146所示。

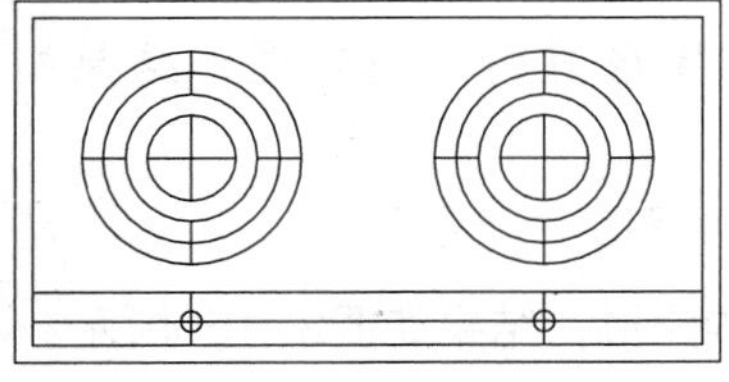
图8-144 修剪线段

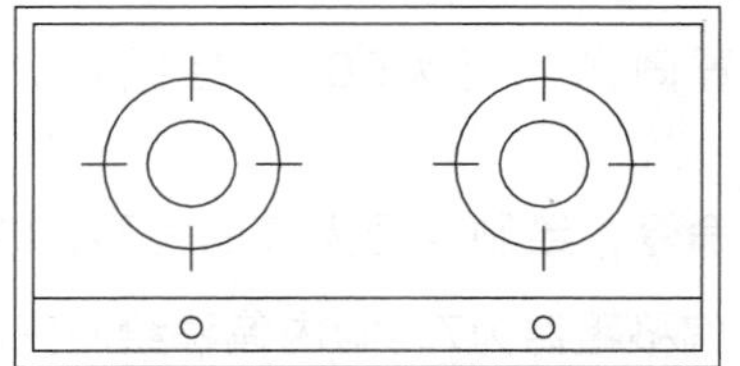
图8-145 删除结果

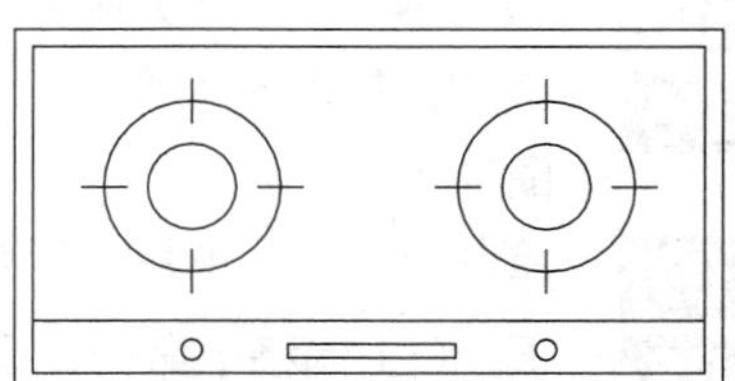
图8-146 绘制矩形

13 填充燃气灶图案。调用H【填充】命令，弹出【图案填充和渐变色】对话框，设置参数如图8-147所示。

14 在绘图区中拾取填充区域，绘制图案填充的结果如图8-148所示。

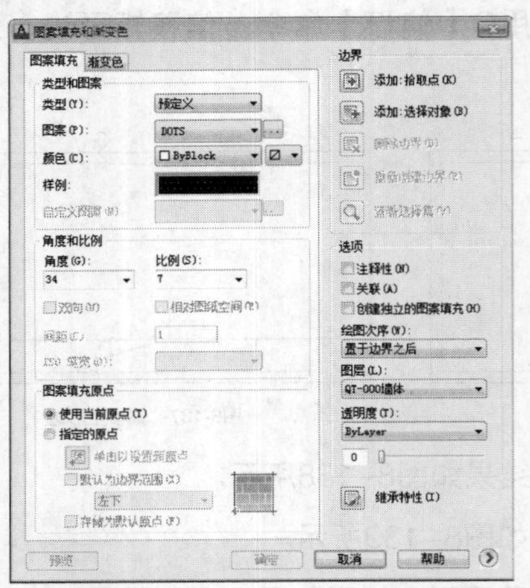

图8-147 设置参数

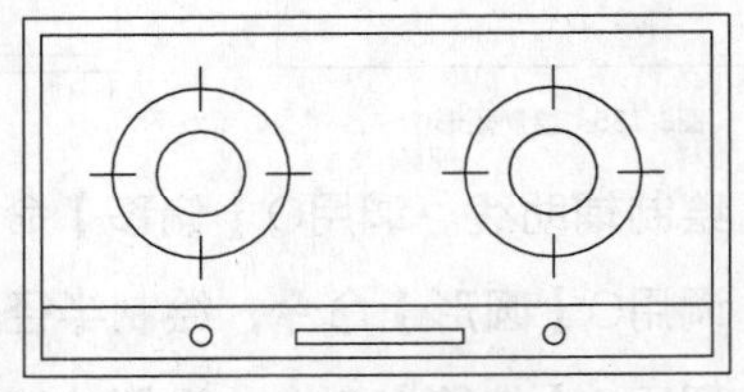
图8-148 图案填充

15 创建成块。调用B【块】命令，打开【块定义】对话框，框选绘制完成的燃气灶图形，设置图形名称，单击【确定】按钮，即可将图形创建成块，方便以后调用。

8.4.3 绘制不锈钢洗菜盆

厨房中的洗菜盆的材质一般都为不锈钢，因其耐油烟且易于清洗。洗菜盆主要调用【矩形】命令、【圆角】命令、【圆形】命令来绘制。

【课堂举例8-16】绘制洗菜盆

01 绘制洗菜盆外轮廓。调用REC【矩形】命令，绘制矩形，结果如图8-149所示。

02 调用O【偏移】命令，设置偏移距离为17，向内偏移矩形，结果如图8-150所示。

03 调用F【圆角】命令，设置圆角半径为50，对绘制完成的图形进行圆角处理，结果如图8-151所示。

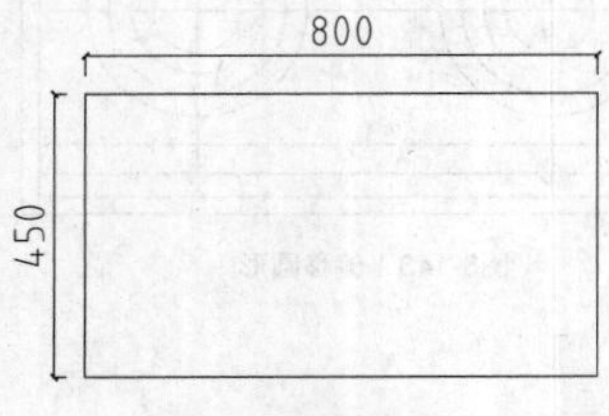

图8-149 绘制矩形

图8-150 偏移矩形

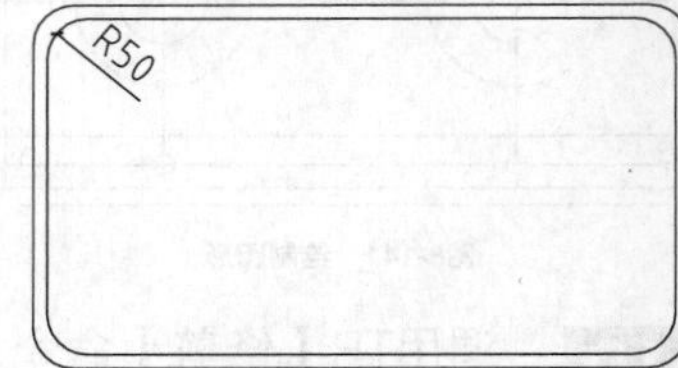

图8-151 圆角处理

04 绘制洗菜分区。调用REC【矩形】命令，绘制矩形，结果如图8-152所示。

05 调用REC【矩形】命令，绘制矩形，结果如图8-153所示。

06 调用F【圆角】命令，设置圆角半径为50，对绘制完成的图形进行圆角处理，结果如图8-154所示。

07 绘制流水口。调用C【圆】命令，绘制半径为27的圆形，结果如图8-155所示。

08 调用O【偏移】命令，设置偏移距离为7，向内偏移绘制完成的矩形，结果如图8-156所示。

09 绘制水流开关。调用C【圆】命令，绘制圆形，结果如图8-157所示。

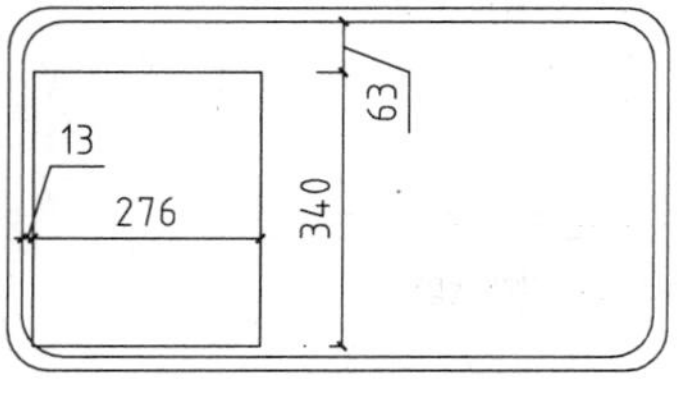

图8-152 绘制矩形

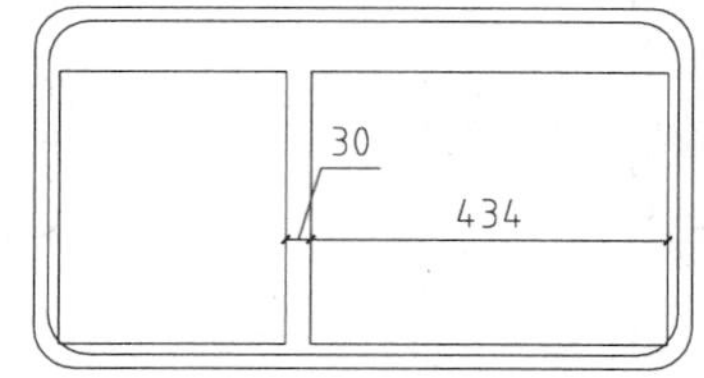

图8-153 绘制结果

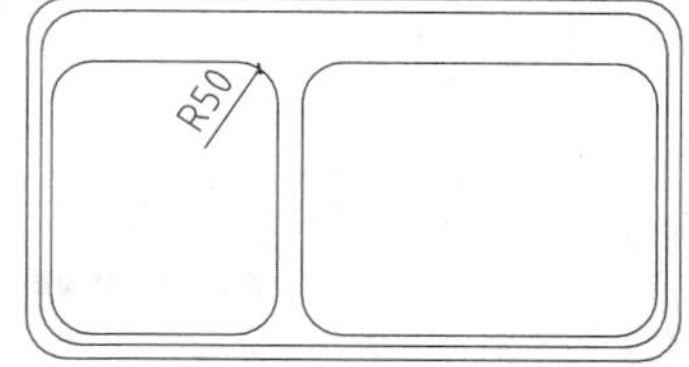

图8-154 圆角处理

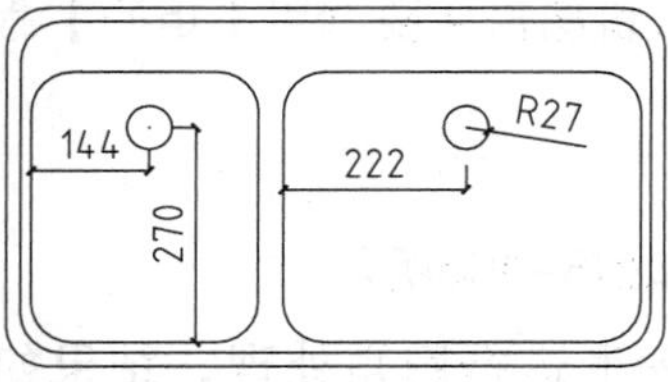

图8-155 绘制结果

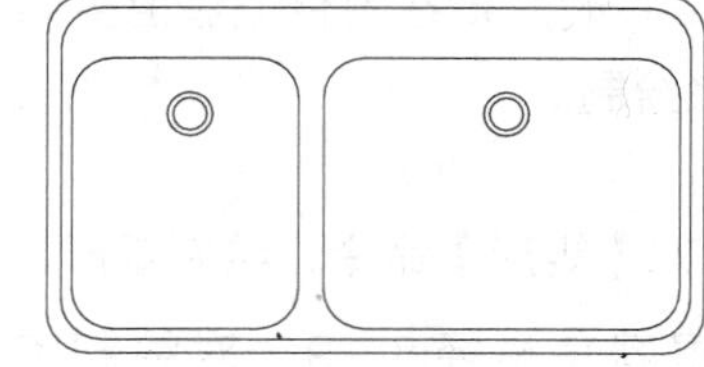
图8-156 偏移圆形

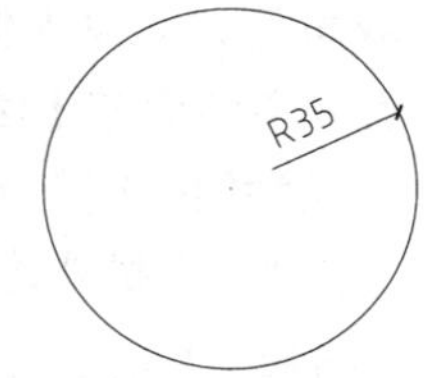

图8-157 绘制结果

10 绘制辅助线。调用L【直线】命令，绘制直线，结果如图8-158所示。

11 调用C【圆】命令，绘制半径为13的圆形，结果如图8-159所示。

12 调用L【直线】命令，绘制直线，结果如图8-160所示。

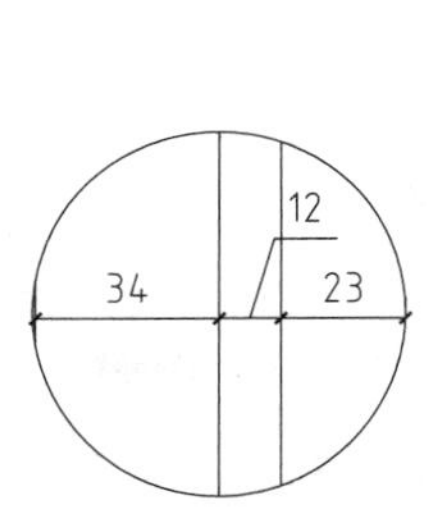

图8-158 绘制直线

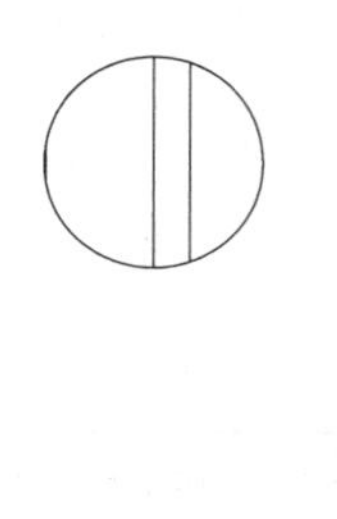
图8-159 绘制圆形

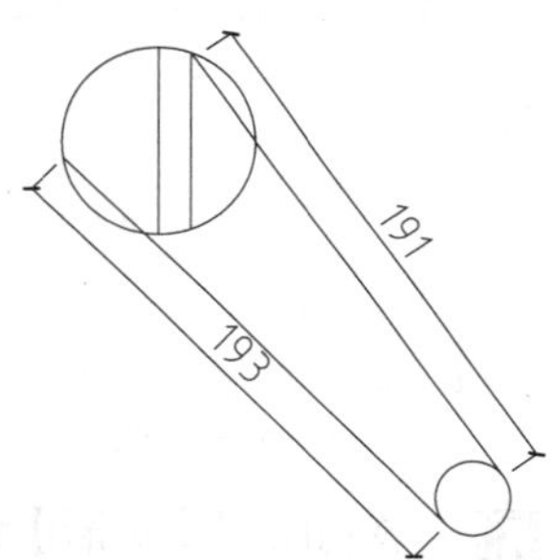

图8-160 绘制结果

13 调用TR【修剪】命令，修剪多余线段，结果如图8-161所示。

14 调用C【圆】命令，绘制半径为23的圆形，结果如图8-162所示。

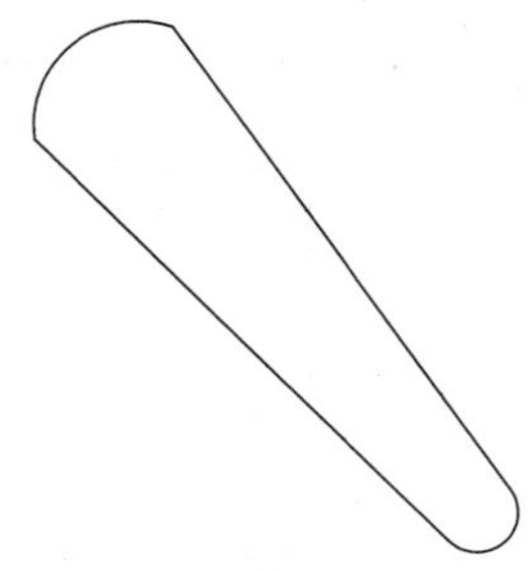
图8-161 修剪线段

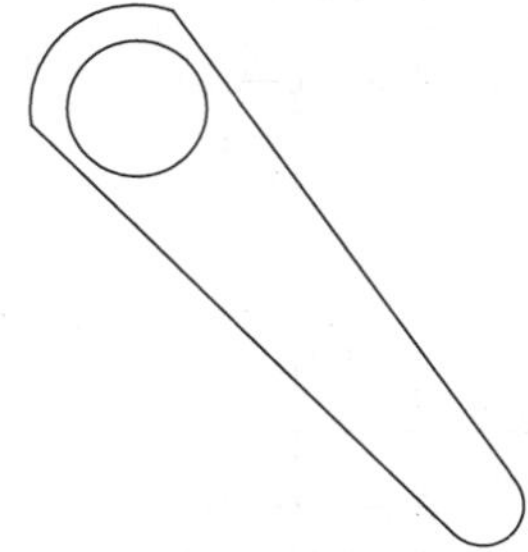
图8-162 绘制圆形

15 调用M【移动】命令，将绘制完成的图形移动至洗菜盆图形中，结果如图8-163所示。

16 调用TR【修剪】命令，修剪多余线段，结果如图8-164所示。

17 创建成块。调用B【块】命令，打开【块定义】对话框，框选绘制完成的洗菜盆图形，设置图形名称，单击【确定】按钮，即可将图形创建成块，方便以后调用。

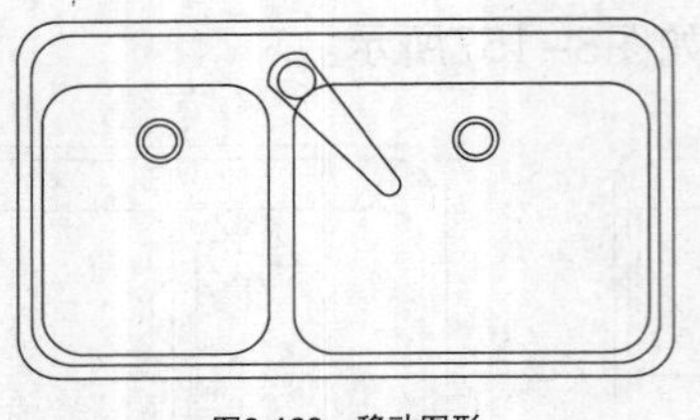
图8-163 移动图形

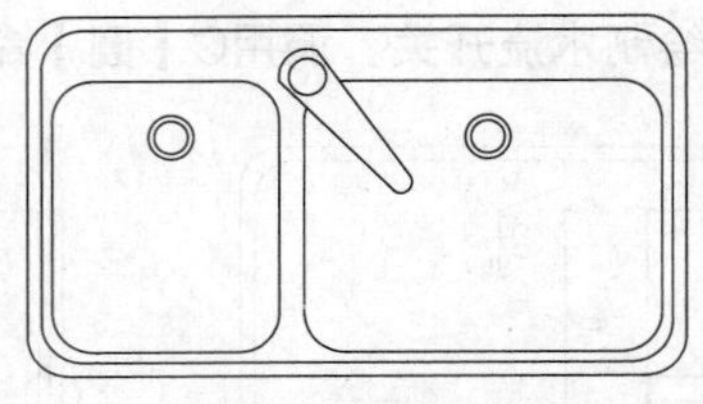
图8-164 修剪线段

8.4.4 绘制洗衣机图块

洗衣机可以减少人们的劳动量，一般放置在阳台或者卫生间。洗衣机图形主要调用【矩形】命令、【圆角】命令和【圆形】命令来绘制。

【课堂举例8-17】绘制洗衣机

01 绘制洗衣机外轮廓。调用REC【矩形】命令，绘制矩形，结果如图8-165所示。

02 调用F【圆角】命令，设置圆角半径为19，对绘制完成的图形进行圆角处理，结果如图8-166所示。

03 调用L【直线】命令，绘制直线，结果如图8-167所示。

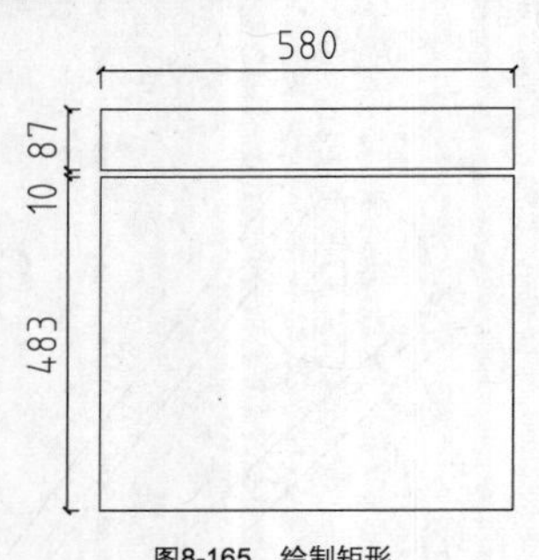

图8-165 绘制矩形

图8-166 圆角处理

图8-167 绘制直线

04 调用REC【矩形】命令，绘制尺寸为444×386矩形，结果如图8-168所示。

05 调用F【圆角】命令，设置圆角半径为19，对绘制完成的图形进行圆角处理，结果如图8-169所示。

06 绘制液晶显示屏。调用REC【矩形】命令，绘制矩形，结果如图8-170所示。

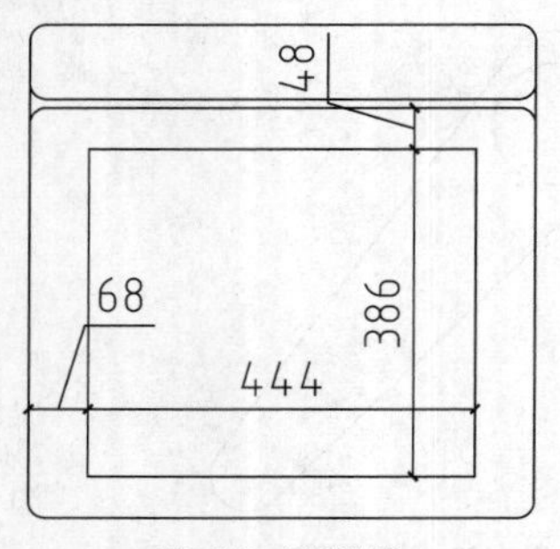

图8-168 绘制矩形

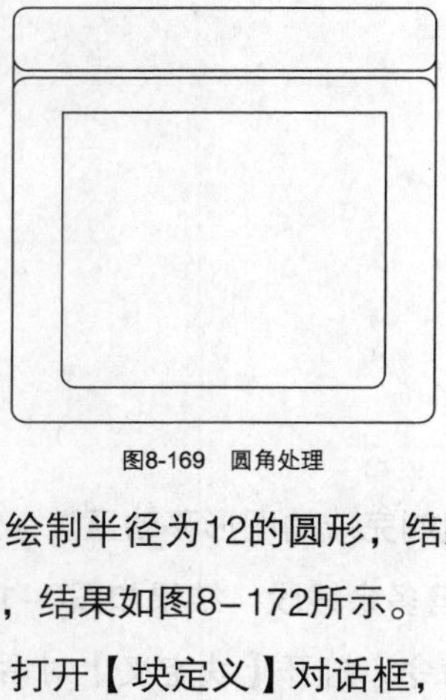

图8-169 圆角处理

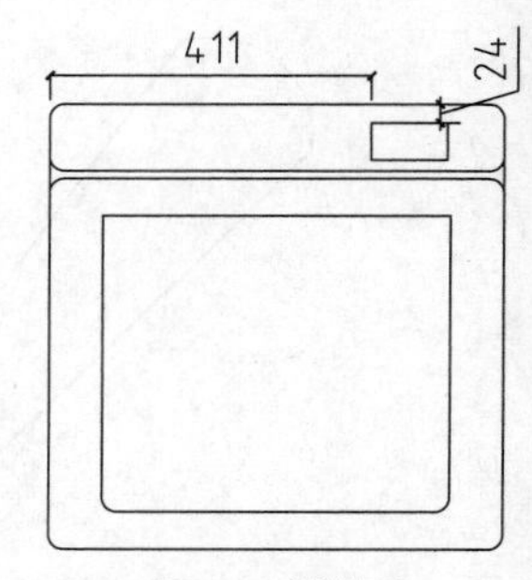

图8-170 绘制矩形

07 绘制按钮。调用C【圆】命令，绘制半径为12的圆形，结果如图8-171所示。

08 调用L【直线】命令，绘制直线，结果如图8-172所示。

09 创建成块。调用B【块】命令，打开【块定义】对话框，框选绘制完成的洗菜盆图形，设置图形名称，单击【确定】按钮，即可将图形创建成块，方便以后调用。

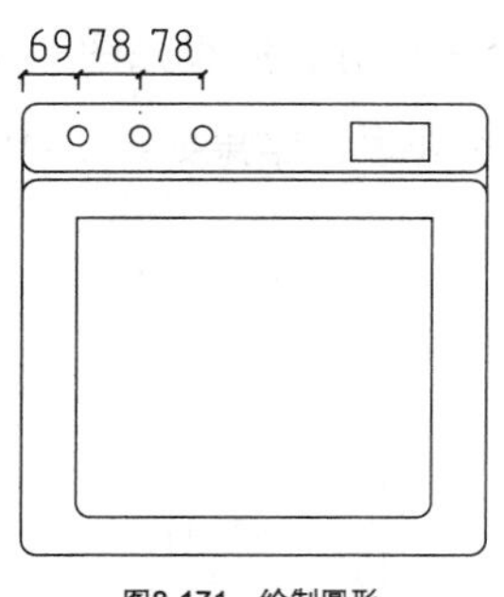

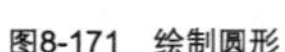
图8-171　绘制圆形

图8-172　绘制直线

8.4.5　绘制浴缸图块

一般而言，主卫生间中才会放置浴缸，在次卫生间中多使用淋浴设备。浴缸图形主要调用【圆形】命令、【偏移】命令、【圆角】命令来绘制。

【课堂举例8-18】 绘制浴缸

01 绘制浴缸外轮廓。调用REC【矩形】命令，绘制矩形，结果如图8-173所示。

02 调用X【分解】命令，分解矩形；调用O【偏移】命令，偏移矩形边，结果如图8-174所示。

03 调用F【圆角】命令，设置圆角半径为270，对图形进行圆角处理，结果如图8-175所示。

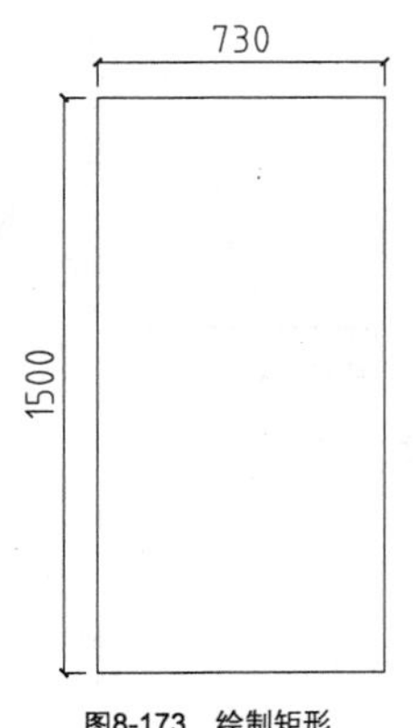

图8-173　绘制矩形

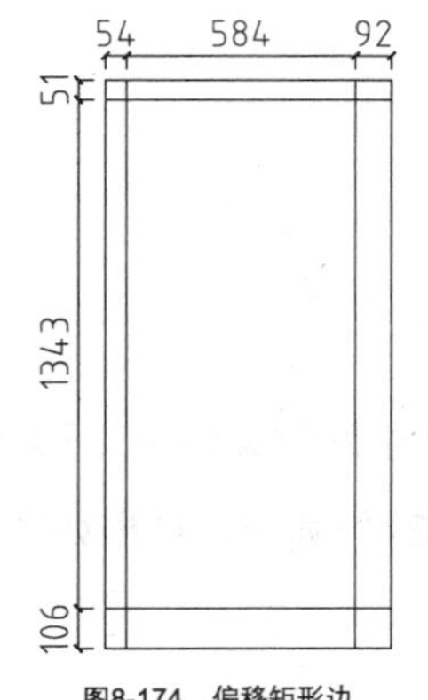

图8-174　偏移矩形边

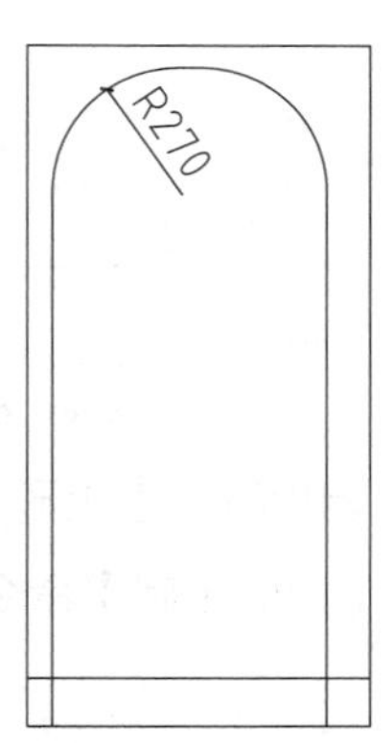

图8-175　圆角处理

04 调用F【圆角】命令，设置圆角半径为117，对图形进行圆角处理，结果如图8-176所示。

05 调用O【偏移】命令，偏移线段，结果如图8-177所示。

06 绘制辅助线。调用O【偏移】命令，偏移矩形边，结果如图8-178所示。

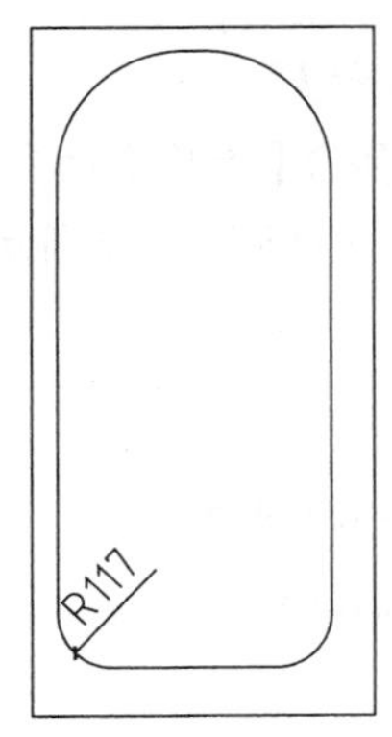

图8-176　处理结果

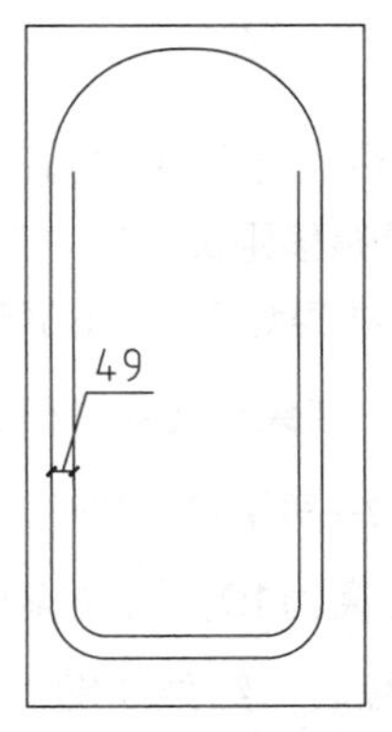

图8-177　偏移线段

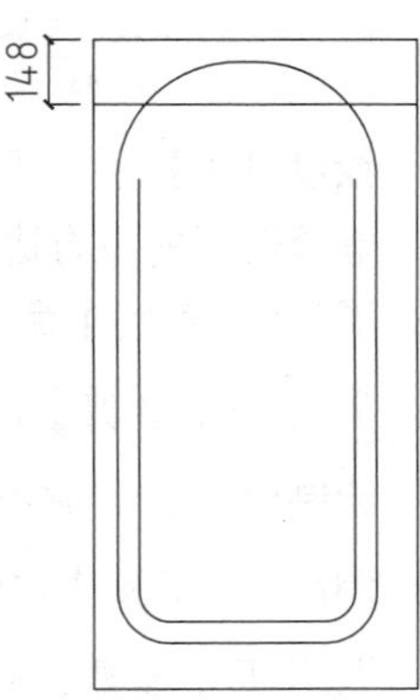

图8-178　偏移矩形边

07 调用F【圆角】命令，设置圆角半径为200，对图形进行圆角处理，结果如图8-179所示。

08 调用F【圆角】命令，设置圆角半径为29，对图形进行圆角处理，结果如图8-180所示。

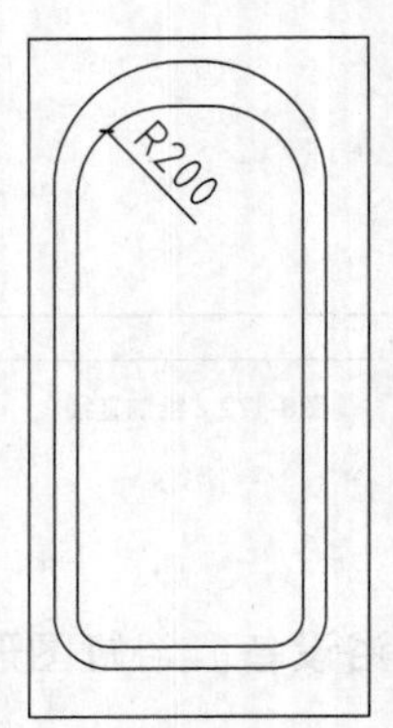

图8-179 圆角处理

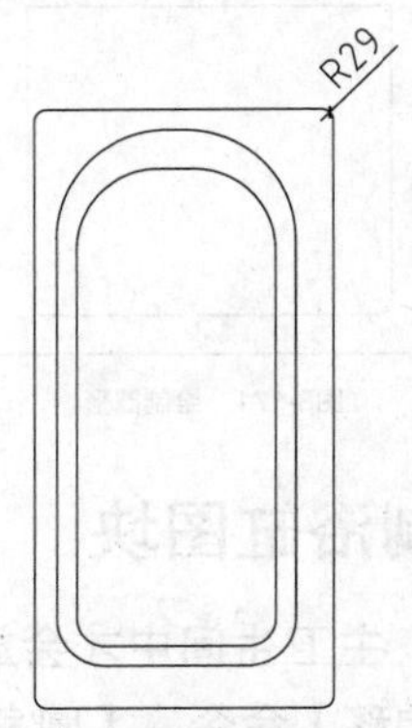

图8-180 处理结果

09 绘制水流开关。调用REC【矩形】命令，绘制尺寸为34×29的矩形，结果如图8-181所示。

10 调用REC【矩形】命令，绘制尺寸为19×19的矩形，结果如图8-182所示。

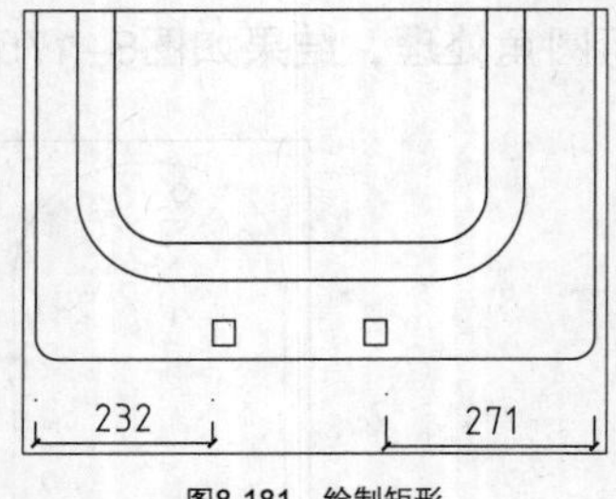

图8-181 绘制矩形

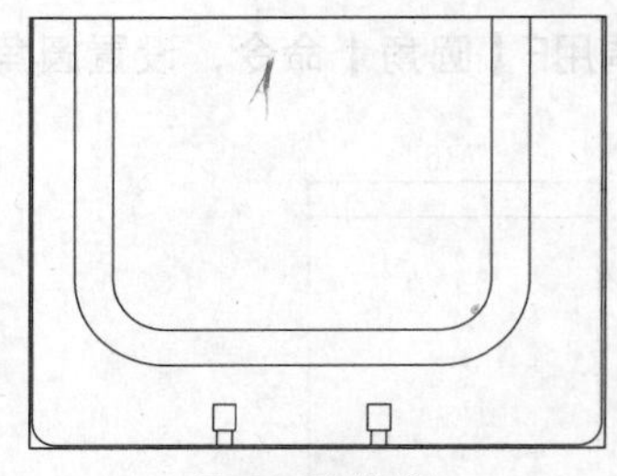
图8-182 绘制结果

11 调用REC【矩形】命令，绘制尺寸为97×19的矩形，结果如图8-183所示。

12 调用C【圆】命令，绘制半径为24的圆形，结果如图8-184所示。

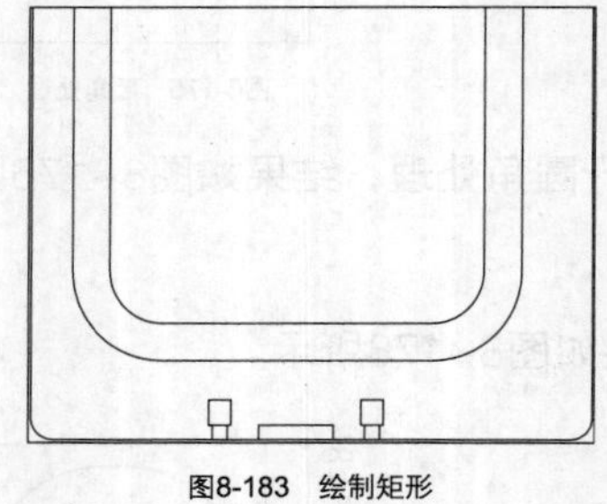
图8-183 绘制矩形

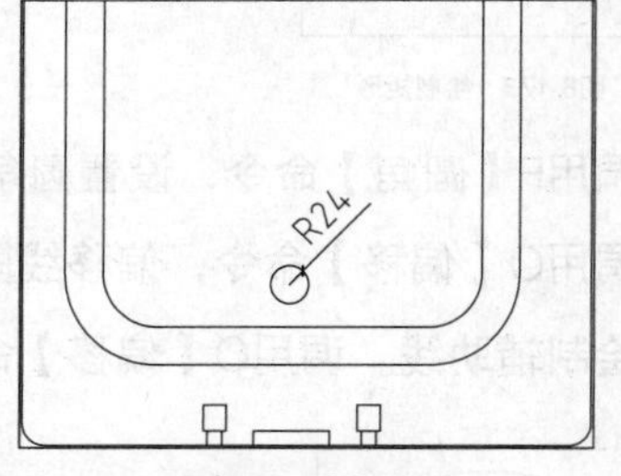

图8-184 绘制圆形

13 绘制开关把手。调用X【分解】命令，分解尺寸为97×19的矩形；调用O【偏移】命令，分别选择矩形的左方边和右方边，设置偏移距离为8，向内偏移矩形边，结果如图8-185所示。

14 调用L【直线】命令，绘制直线，结果如图8-186所示。

15 调用TR【修剪】命令，修剪图形，结果如图8-187所示。

16 绘制流水孔。调用C【圆】命令，绘制半径为39的圆形，结果如图8-188所示。

17 调用O【偏移】命令，设置偏移距离为10，向内偏移圆形，结果如图8-189所示。

18 调用TR【修剪】命令，修剪多余线段，结果如图8-190所示。

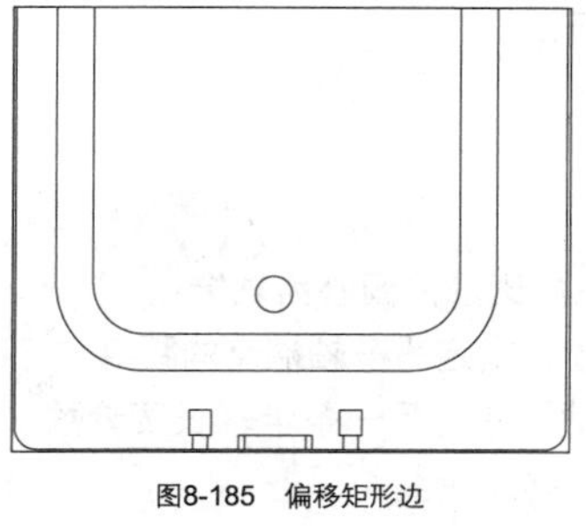
图8-185 偏移矩形边

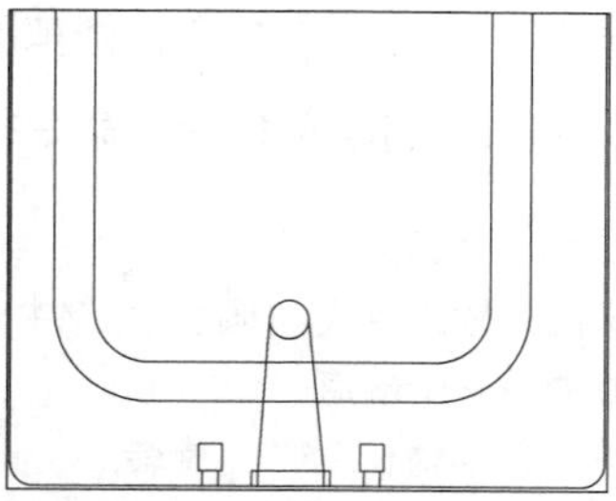

图8-186 绘制直线

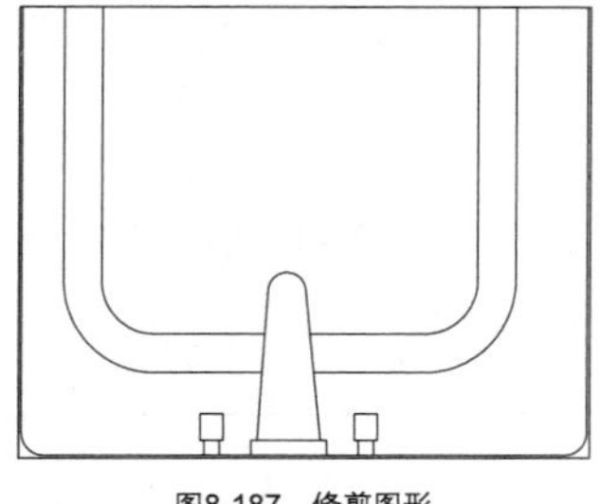
图8-187 修剪图形

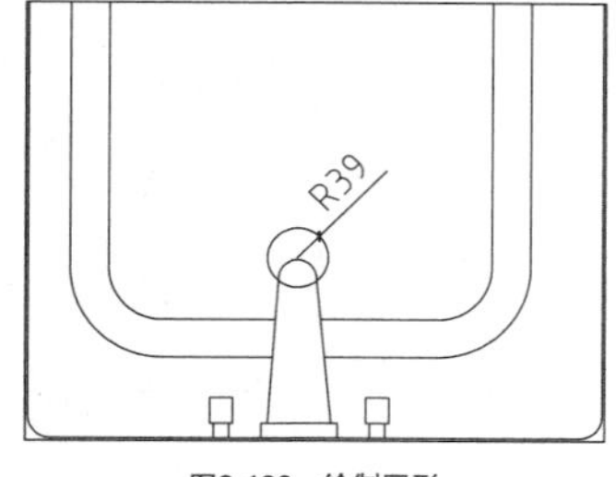

图8-188 绘制圆形

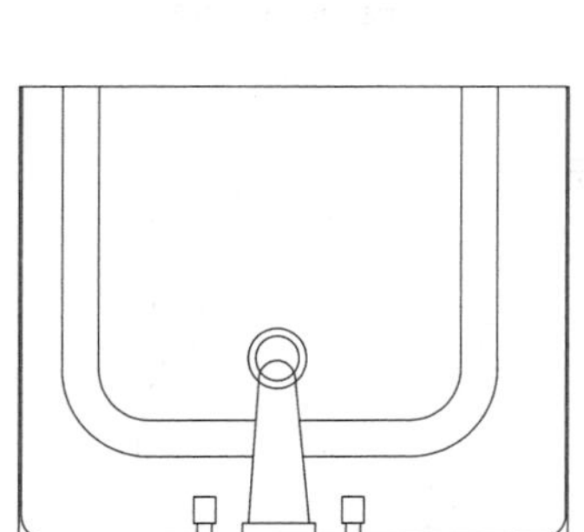
图8-189 偏移圆形

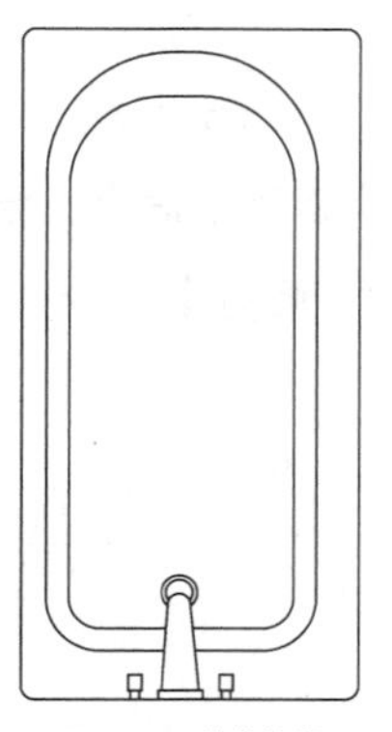
图8-190 修剪线段

19 创建成块。调用B【块】命令，打开【块定义】对话框，框选绘制完成的浴缸图形，设置图形名称，单击【确定】按钮，即可将图形创建成块，方便以后调用。

8.4.6 绘制坐便器图块

座便器是卫生间中最重要的洁具图形之一。绘制座便器图形，主要调用【矩形】命令、【圆形】命令、【椭圆】命令来绘制。

【课堂举例8-19】绘制坐便器

01 绘制座便器外轮廓。调用REC【矩形】命令，绘制矩形，结果如图8-191所示。

02 调用C【圆】命令，绘制圆形，结果如图8-192所示。

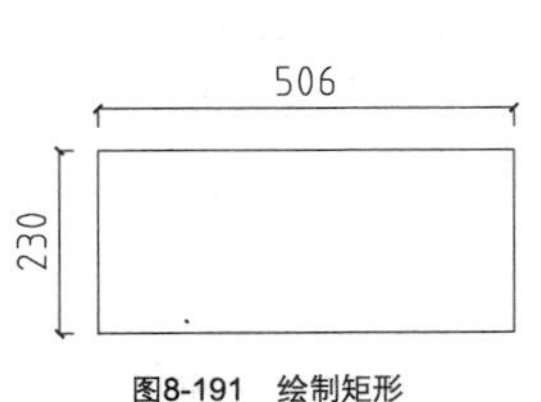

图8-191 绘制矩形

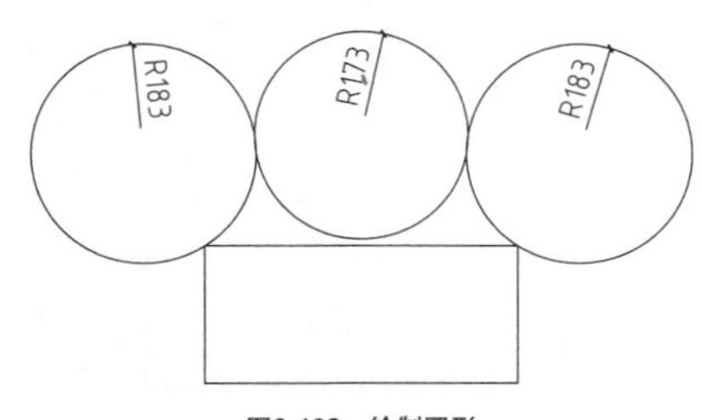

图8-192 绘制圆形

03 调用TR【修剪】命令，修剪图形，结果如图8-193所示。

04 调用EL【椭圆】命令，命令行提示如下：

```
命令：ELLIPSE↙
指定椭圆的轴端点或 [圆弧(A)/中心点(C)]：//以半径为173的圆形的圆心为轴端点
指定轴的另一个端点：276                    //鼠标向上移动，指定另一轴端点的距离
指定另一条半轴长度或 [旋转(R)]：125        //鼠标向右移动，指定另一条半轴长度参数，绘制椭圆的
                                            结果如图8-194所示。
```

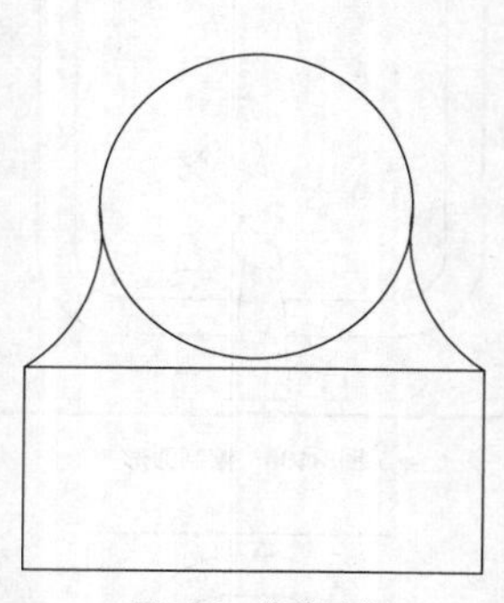

图8-193 修剪图形

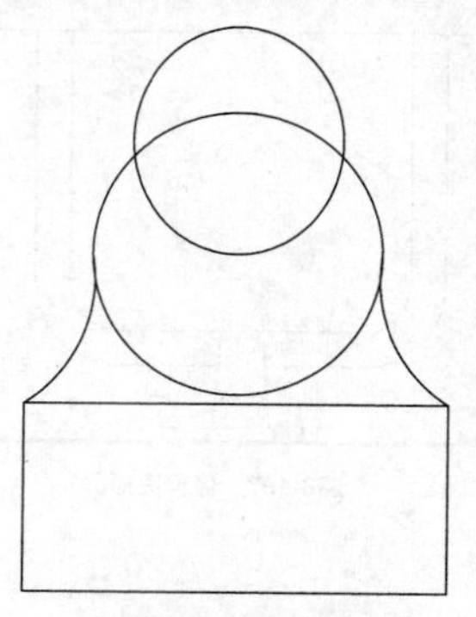

图8-194 绘制椭圆

05 调用A【圆弧】命令，绘制圆弧，结果如图8-195所示。

06 调用TR【修剪】命令，修剪图形，结果如图8-196所示。

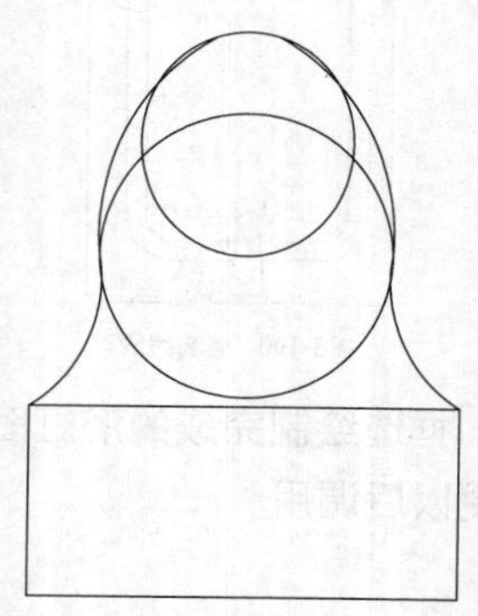

图8-195 绘制圆弧

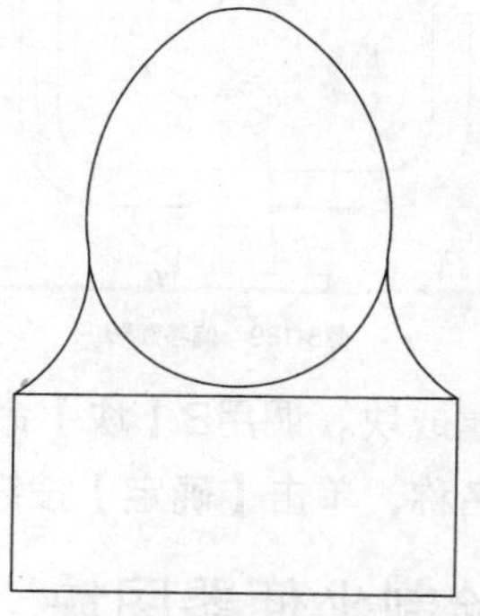

图8-196 修剪图形

07 调用C【圆】命令，绘制半径为104的圆形，结果如图8-197所示。

08 调用EL【椭圆】命令，绘制椭圆，结果如图8-198所示。

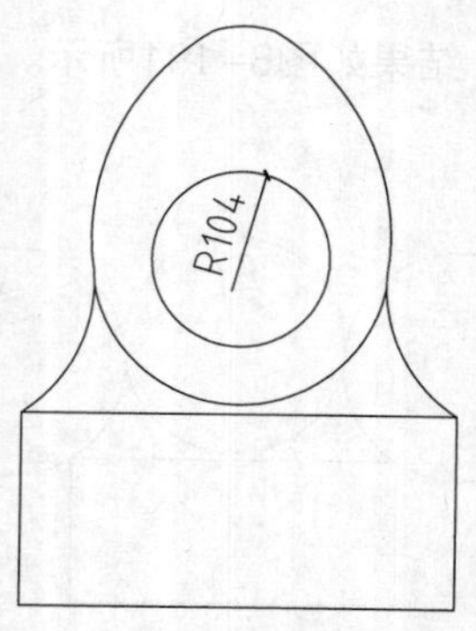

图8-197 绘制圆形

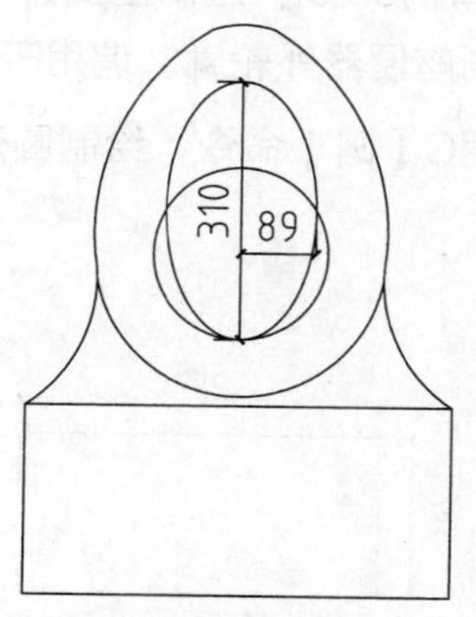

图8-198 绘制椭圆

09 调用A【圆弧】命令，绘制圆弧，结果如图8-199所示。

10 调用TR【修剪】命令，修剪图形，结果如图8-200所示。

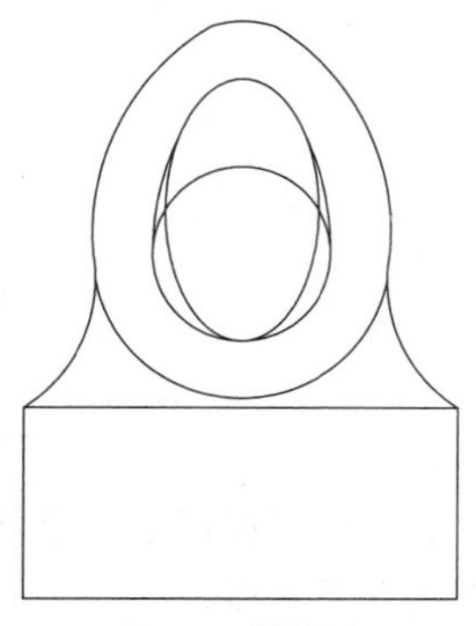
图8-199 绘制圆弧

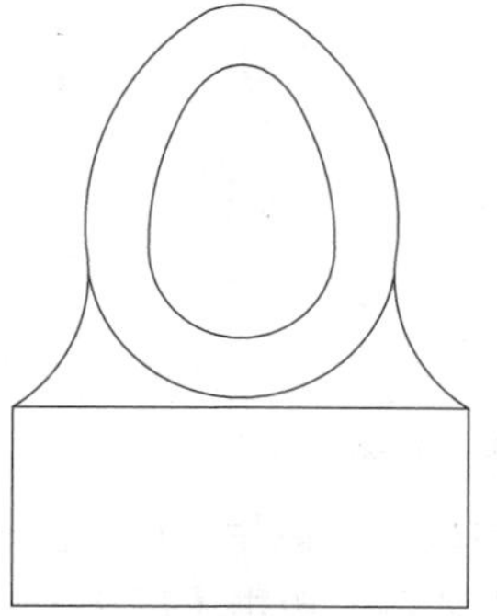
图8-200 修剪图形

11 绘制辅助线。调用O【偏移】命令，偏移线段，结果如图8-201所示。

12 调用O【偏移】命令，偏移线段，结果如图8-202所示。

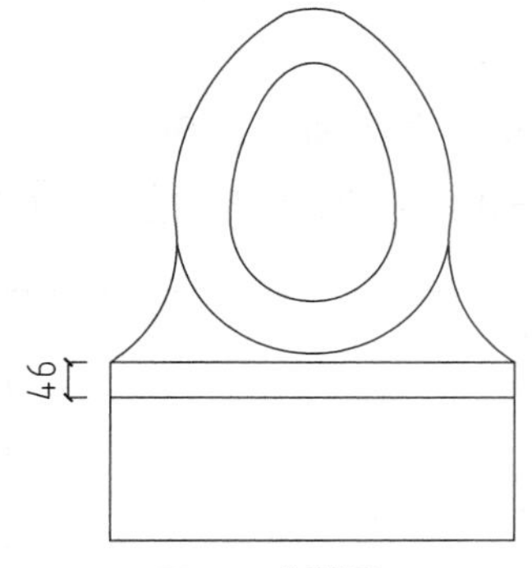

图8-201 偏移线段

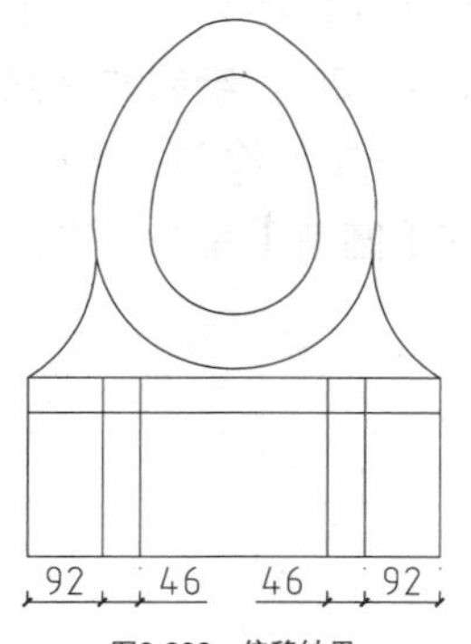

图8-202 偏移结果

13 调用L【直线】命令，绘制直线，结果如图8-203所示。

14 调用E【删除】命令，删除线段；调用TR【修剪】命令，修剪线段，结果如图8-204所示。

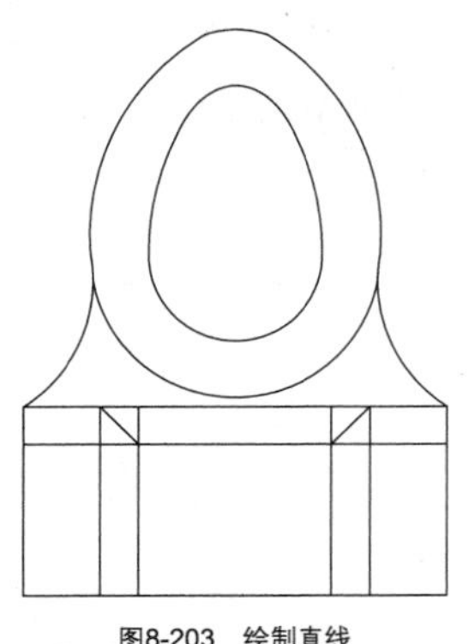
图8-203 绘制直线

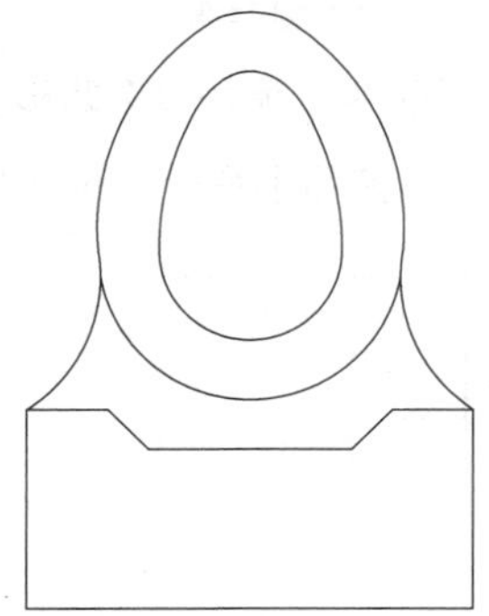
图8-204 编辑结果

15 调用REC【矩形】命令，绘制尺寸为69×23的矩形，结果如图8-205所示。

16 调用C【圆形】命令，绘制半径为12的圆形，结果如图8-206所示。

17 调用TR【修剪】命令，修剪图形，结果如图8-207所示。

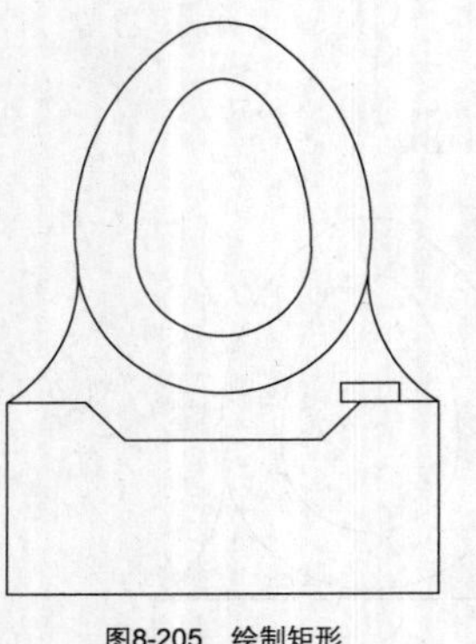

图8-205　绘制矩形

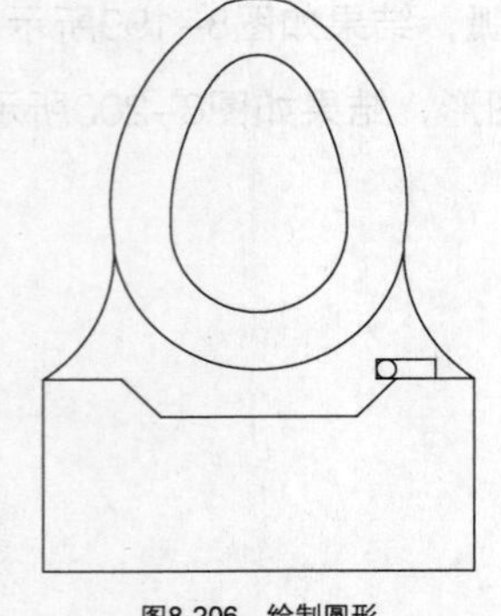

图8-206　绘制圆形

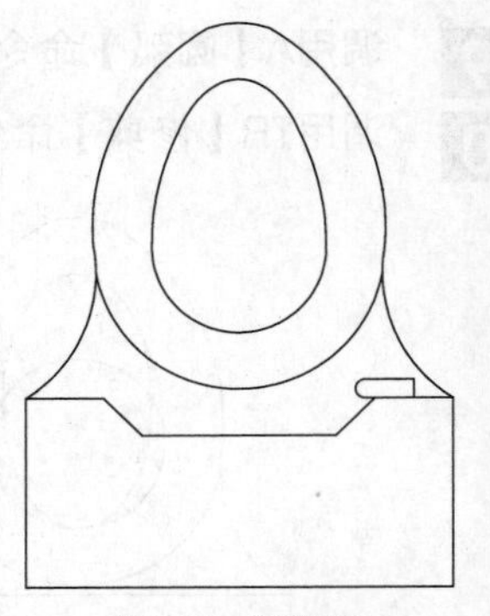

图8-207　修剪圆形

18 创建成块。调用B【块】命令，打开【块定义】对话框，框选绘制完成的座便器图形，设置图形名称，单击【确定】按钮，即可将图形创建成块，方便以后调用。

8.4.7　绘制洗手盆图块

洗手盆可以置于卫生间内，也可以自行设置盥洗区，放置洗手盆。洗手盆图形主要调用【矩形】命令、【圆角】命令、【偏移】命令来绘制。

【课堂举例8-20】绘制洗手盆

01 绘制洗手盆外轮廓。调用REC【矩形】命令，绘制矩形，结果如图8-208所示。

02 调用F【圆角】命令，设置圆角半径为282，对矩形进行圆角处理，结果如图8-209所示。

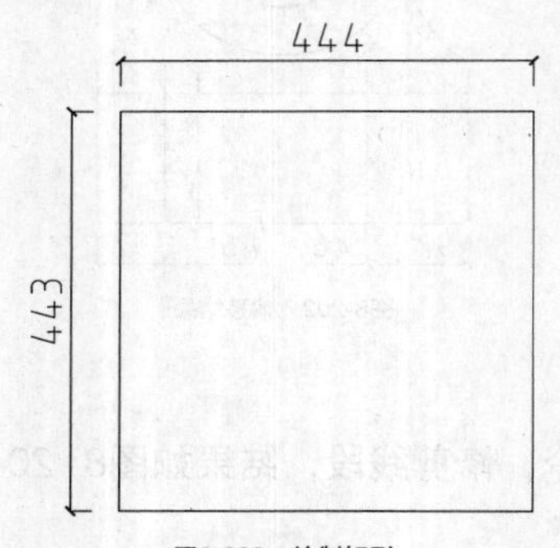

图8-208　绘制矩形

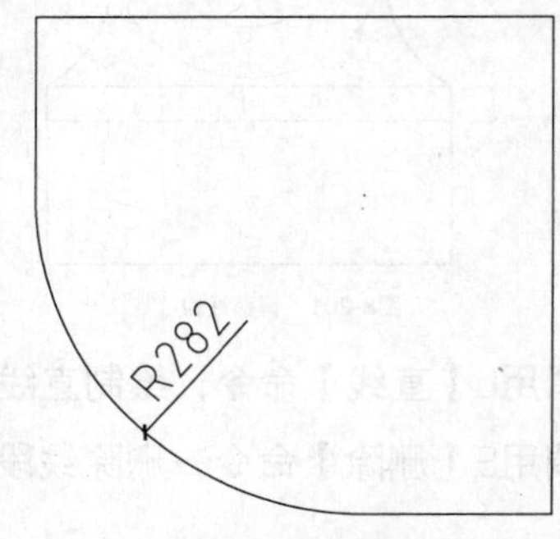

图8-209　圆角处理

03 绘制辅助线。调用O【偏移】命令，偏移矩形边，结果如图8-210所示。

04 调用O【偏移】命令，偏移矩形边，结果如图8-211所示。

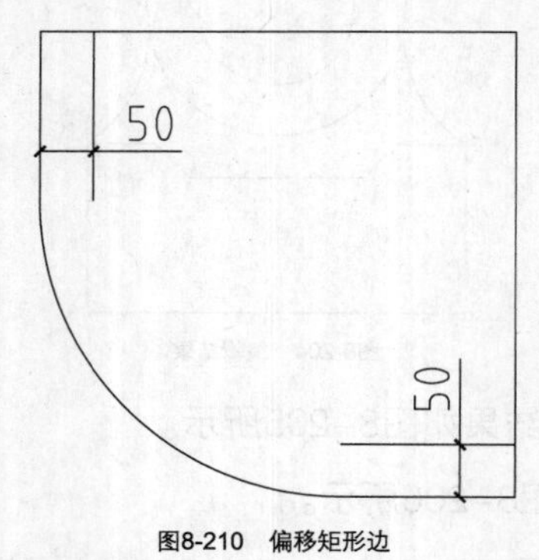

图8-210　偏移矩形边

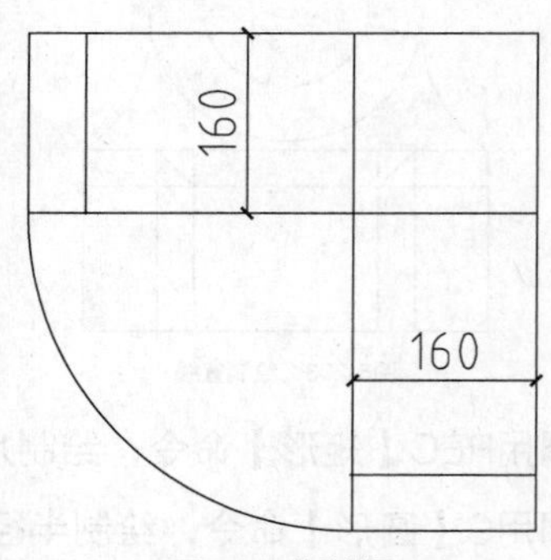

图8-211　偏移结果

05 调用A【圆弧】命令，绘制圆弧，结果如图8-212所示。

06 调用TR【修剪】命令，修剪线段，结果如图8-213所示。

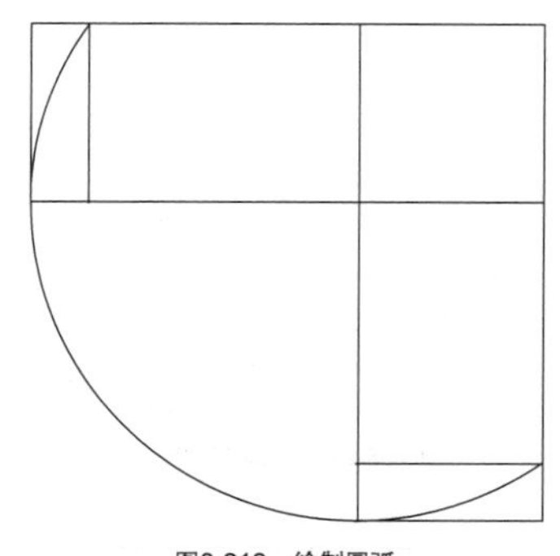
图8-212 绘制圆弧

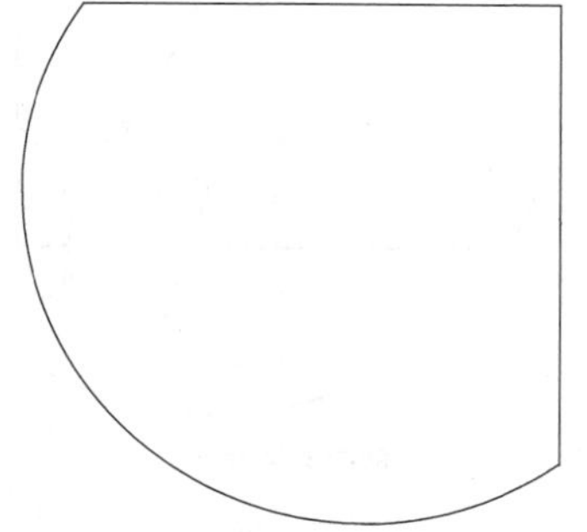
图8-213 修剪线段

07 绘制辅助线。调用O【偏移】命令，偏移矩形边，结果如图8-214所示。

08 调用O【偏移】命令，偏移矩形边，结果如图8-215所示。

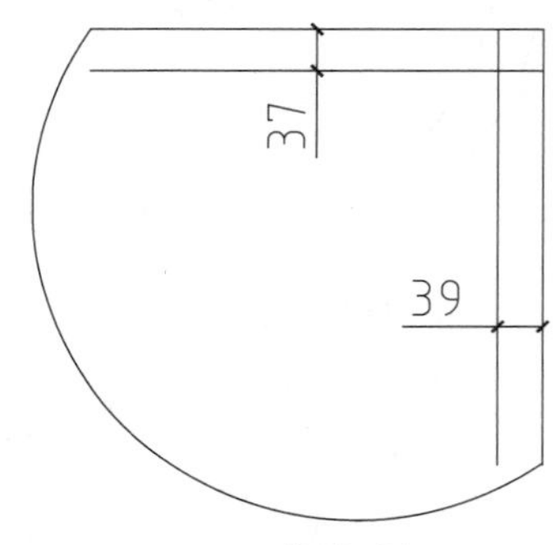

图8-214 偏移矩形边

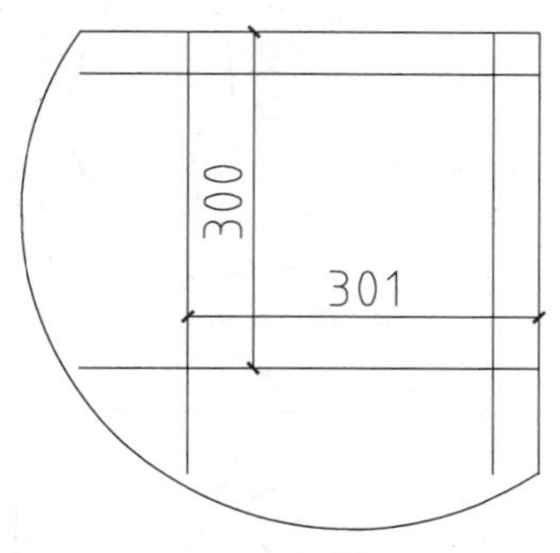

图8-215 偏移结果

09 调用A【圆弧】命令，绘制圆弧，结果如图8-216所示。

10 调用O【偏移】命令，偏移圆弧，结果如图8-217所示。

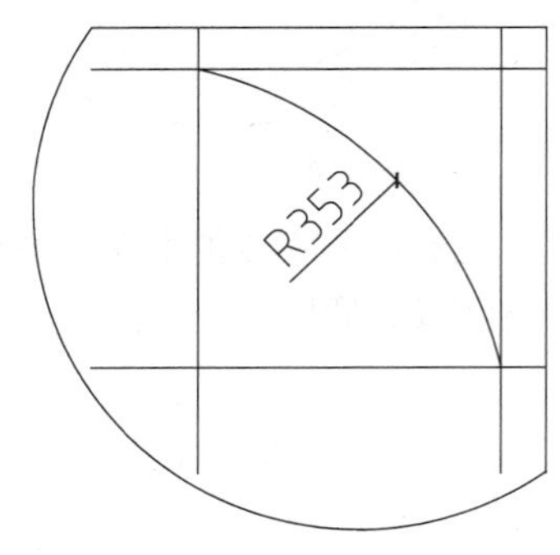

图8-216 绘制圆弧

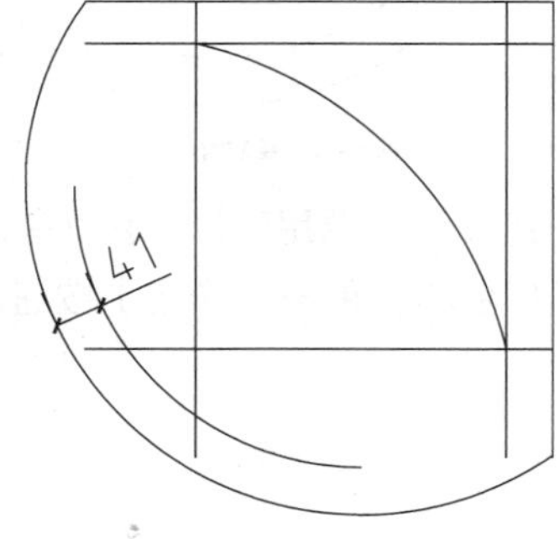

图8-217 偏移圆弧

11 调用F【圆角】命令，设置圆角半径为100，对图形进行圆角处理，结果如图8-218所示。

12 调用E【删除】命令，删除辅助线，结果如图8-219所示。

13 绘制流水孔。调用C【圆形】命令，绘制半径为35的圆形，结果如图8-220所示。

14 调用O【偏移】命令，设置偏移距离为8，向内偏移圆形，结果如图8-221所示。

15 绘制开关。调用C【圆形】命令，绘制半径为19的圆形，结果如图8-222所示。

16 调用O【偏移】命令，设置偏移距离为9，向内偏移圆形，结果如图8-223所示。

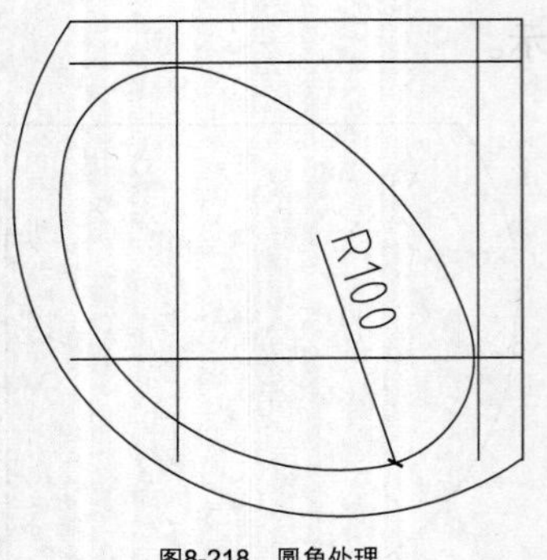

图8-218 圆角处理

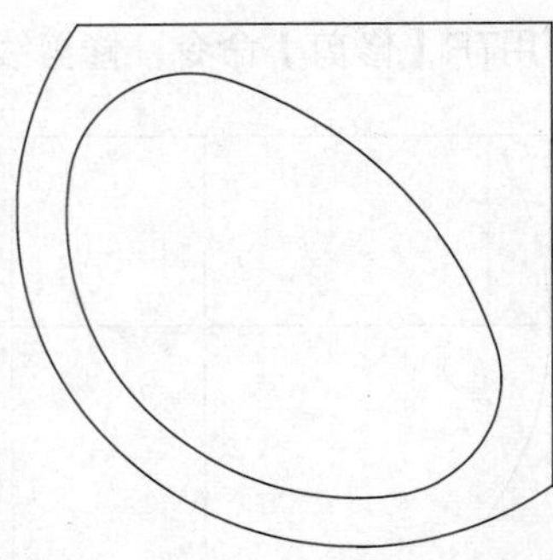
图8-219 删除辅助线

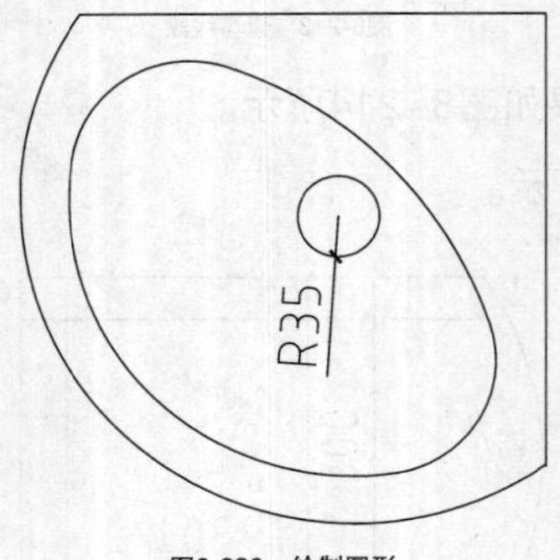

图8-220 绘制圆形

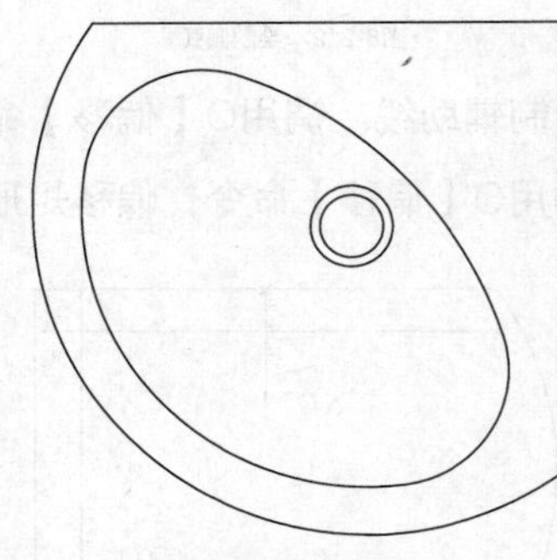
图8-221 偏移圆形

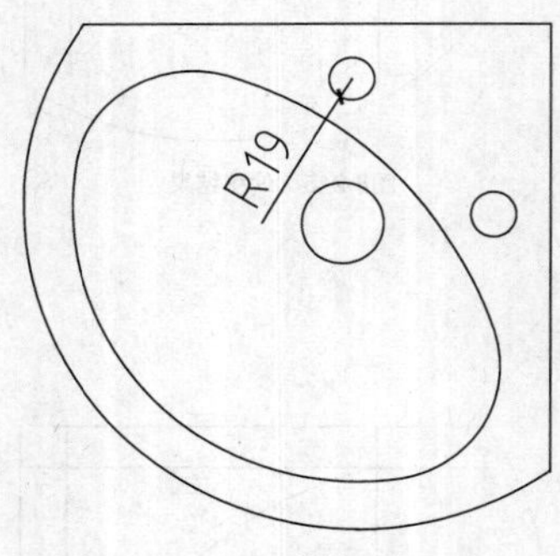

图8-222 绘制圆形

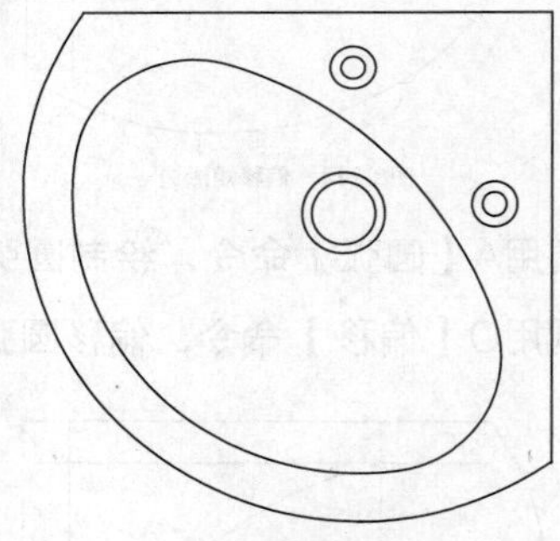
图8-223 偏移圆形

17 创建成块。调用B【块】命令，打开【块定义】对话框，框选绘制完成的洗手盆图形，设置图形名称，单击【确定】按钮，即可将图形创建成块，方便以后调用。

第9章

单身公寓室内设计

目前，随着房价的日益攀升，以小户型为主的单身公寓受到时下年轻一族的追捧。小户型以其紧凑的户型，辅以配套齐全的设施，为用户提供了便利的生活。用户也不必受高房价的压迫，在享受生活的同时又能拥有属于自己的温馨小窝。

本章主要为读者介绍小户型室内设计施工图纸的绘制。在介绍绘制图纸的过程中，书中所提到的一些设计要点，可以为读者提供参考。

9.1 单身公寓设计概论

单身公寓主要为单身人士量身定制，设计要点主要包括如下几点。

1. 开放设计

单身公寓面积一般比较小，最不可取的是围墙隔断，可以采用透明墙、透明门来隔断或直接采用开放式，这样，可以保证整个空间在视觉上的通透一体，一眼望尽家居，不用担心哪个角落藏有危险，增加了家居的安全感。

2. 家居色彩鲜活明快

色彩对人情绪的影响很大，而一个人住就更容易受环境影响了，暗淡的冷色会令人心情低迷、消沉，而明艳的色彩则可以令人精神振奋，心情愉悦。

3. 独特设计点亮生活

如果把单身公寓当成一处睡觉的居所，那生活必然是空虚无聊的；如果把你的梦想、你的喜爱、你的设计统统装进公寓里，那公寓就是一个天堂，一个任你自娱自乐的天堂。

4. 现代风格明亮简洁

单身公寓的装修风格，大多以现代风格为主。现代风格的装饰、装修设计以自然流畅的空间感

为主题，装修的色彩、结构追求明快简洁，使人与空间融为一体。而欧式、中式风格装修中采用的线、角比较繁琐，色彩沉重，一个人居住心情比较压抑。

9.2 绘制小户型原始户型图

原始户型图是指未进行设计改造前房屋的原始建筑结构形状。在对居室进行装饰设计前，需要对房屋的原始建筑尺寸进行丈量并绘制图形。在反映房屋开间、进深尺寸的原始户型图上，绘制居室的平面图、立面图、顶面图等图形，将图形交付施工，最终完成居室的装潢设计。

9.2.1 绘制轴网

在绘制原始结构图前，首先要绘制定位轴线。轴网由轴线组成，轴网用来确定居室的墙体位置以及开间的进深尺寸。

可以调用【直线】命令、【偏移】命令、【修剪】命令等来绘制轴网图形。由于绘制轴网是绘制整套施工图的前奏，因此，为了后面绘图方便，在绘制轴网之前首先要创建图层。本小节介绍创建图层与绘制轴网的方法。

01 创建图层。调用LA【图层特性管理器】命令，打开如图9-1所示的【图层特性管理器】对话框。

02 在【图层特性管理器】对话框中单击【新建图层】按钮，新建一个图层，并将其名称修改为“ZX_轴线”，结果如图9-2所示。

03 在【图层特性管理器】对话框中单击【颜色】选项组下的【颜色功能】按钮□，在打开的【选择颜色】对话框中选择“红色”，如图9-3所示，单击【确定】按钮关闭对话框。

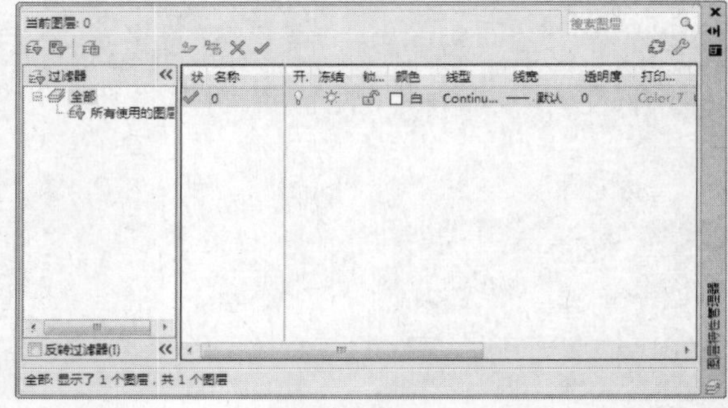

图9-1 【图层特性管理器】对话框

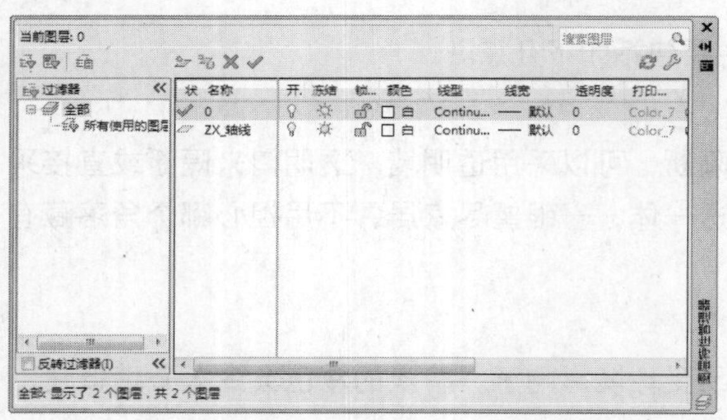

图9-2 新建图层

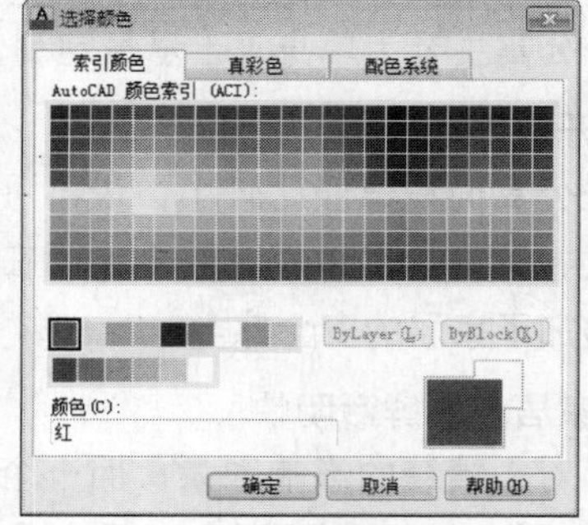

图9-3 【选择颜色】对话框

04 在【图层特性管理器】对话框中单击【线型】选项组下的【线型功能】按钮Continu...，在弹出的【选择线型】对话框中单击【加载】按钮，如图9-4所示。

05 在弹出的【加载或重载线型】对话框中选择所需线型，如图9-5所示，单击【确定】按钮关闭对话框。

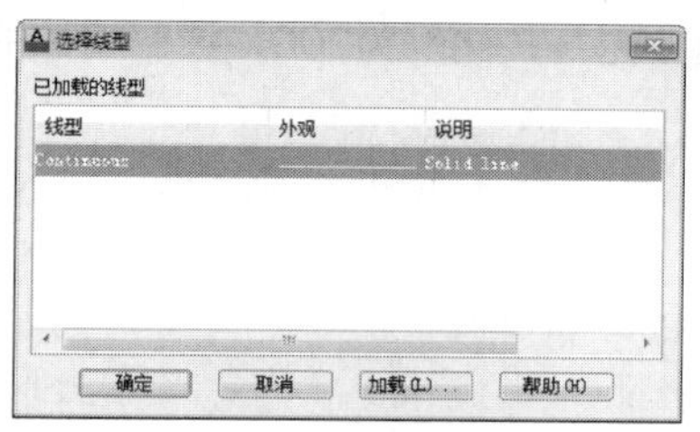

图9-4 【选择线型】对话框

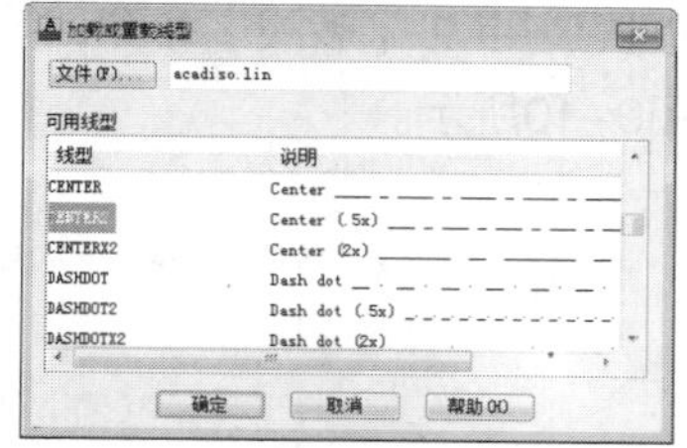

图9-5 【加载或重载线型】对话框

06 重复上述操作，设置其他相应的图层，结果如图9-6所示。

07 绘制轴网。将【ZX_轴线】图层置为当前图层。

08 调用L【直线】命令，绘制水平直线和垂直直线，结果如图9-7所示。

09 调用O【偏移】命令，沿水平方向偏移水平直线；沿垂直方向偏移垂直直线，结果如图9-8所示。

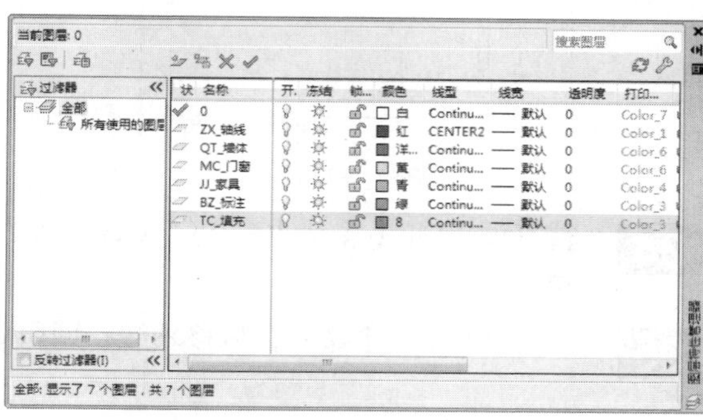

图9-6 设置图层

图9-7 绘制直线

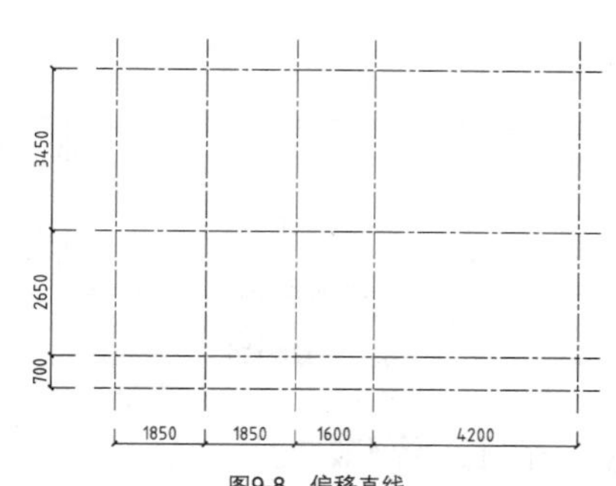

图9-8 偏移直线

9.2.2 绘制墙体

轴网绘制完成后，就可以轴网为依据来绘制墙体。绘制墙体可以调用ML【多线】命令来绘制，本小节介绍绘制墙体的方法。

01 绘制墙体。将【QT_墙体】图层置为当前图层。

02 调用ML【多线】命令，命令行提示如下：

```
命令：MLINE↙
当前设置：对正 = 上，比例 = 1.00，样式 = STANDARD
指定起点或 [对正(J)/比例(S)/样式(ST)]:  J          //输入J，选择“对正”选项
输入对正类型 [上(T)/无(Z)/下(B)] <上>:  Z           //输入Z，选择“无”选项
当前设置：对正 = 无，比例 = 1.00，样式 = STANDARD
指定起点或 [对正(J)/比例(S)/样式(ST)]:  S          //输入S，选择“比例”选项
输入多线比例<1.00>:  200                            //设置多线比例
当前设置：对正 = 无，比例 = 200.00，样式 = STANDARD
指定起点或 [对正(J)/比例(S)/样式(ST)]:             //指定多线的起点
指定下一点:                                         //指定多线的下一点
指定下一点或 [放弃(U)]:                             //按回车键结束绘制，结果如图9-9所示
```

03 重复调用ML【多线】命令，设置多线的对正方式为“无”，比例为300，绘制墙体的结果如图9-10所示。

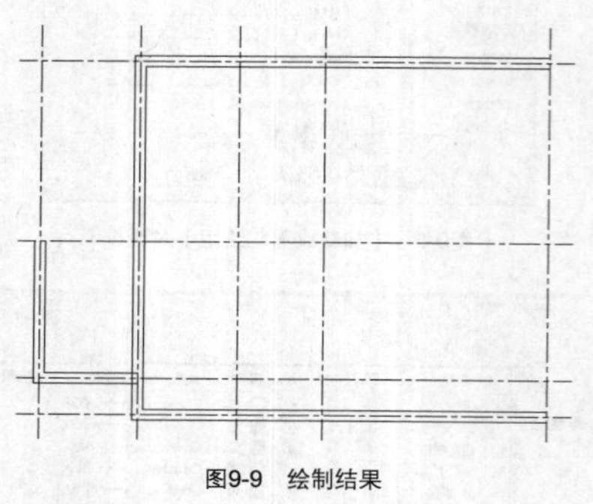

图9-9 绘制结果

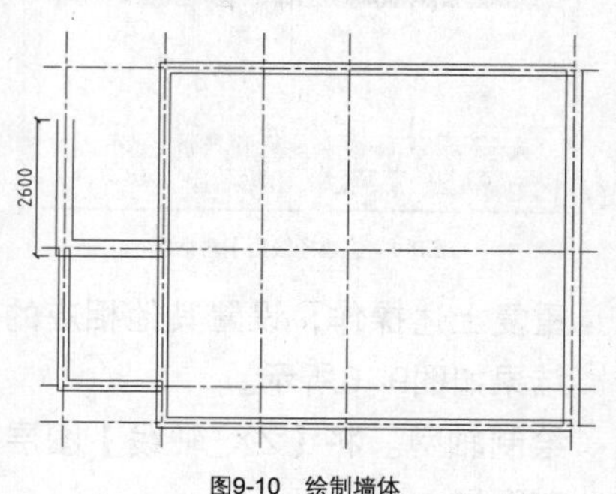

图9-10 绘制墙体

04 重复调用ML【多线】命令，设置多线的对正方式为“无”，比例为100，绘制墙体的结果如图9-11所示。

05 调用O【偏移】命令，偏移轴线；调用ML【多线】命令，绘制墙体，结果如图9-12所示。

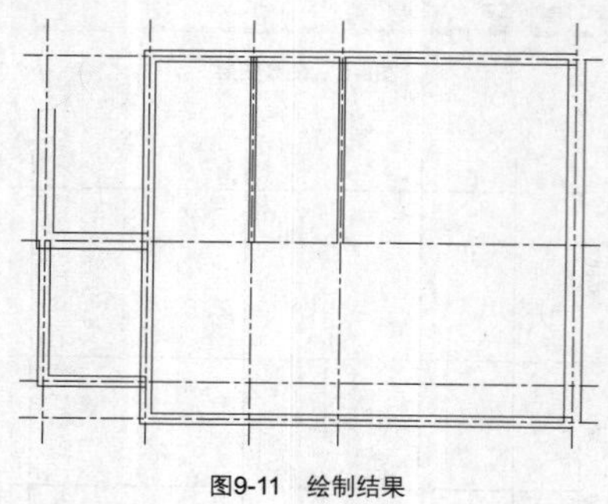

图9-11 绘制结果

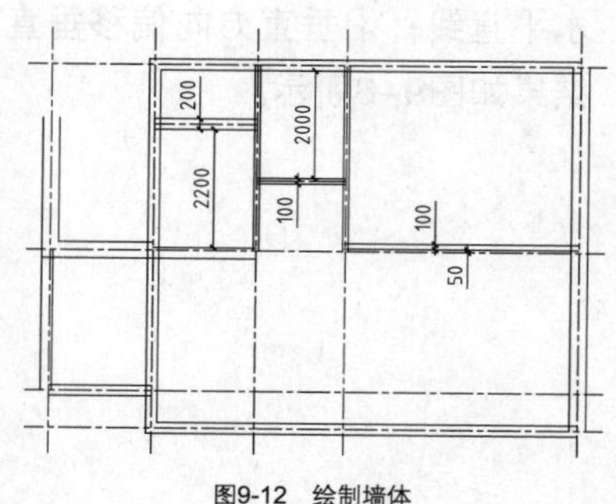

图9-12 绘制墙体

9.2.3 修剪墙体

墙体绘制完成后，要对其进行编辑修改。AutoCAD提供了专门编辑墙体的工具，即在【多线编辑工具】对话框中可以任意选择编辑工具对墙体进行编辑。本小节介绍编辑墙体的方法。

01 编辑墙体。双击墙体图形，弹出【多线编辑工具】对话框，结果如图9-13所示。

02 在对话框中选中“T形打开”编辑工具，在绘图区中分别单击水平墙体和垂直墙体，墙体的编辑结果如图9-14所示。

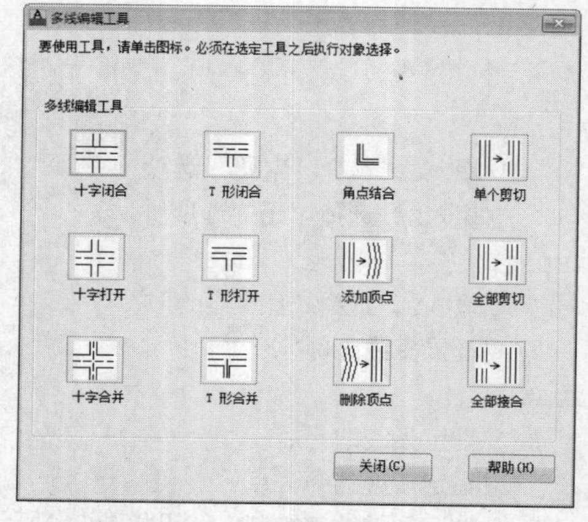

图9-13 【多线编辑工具】对话框

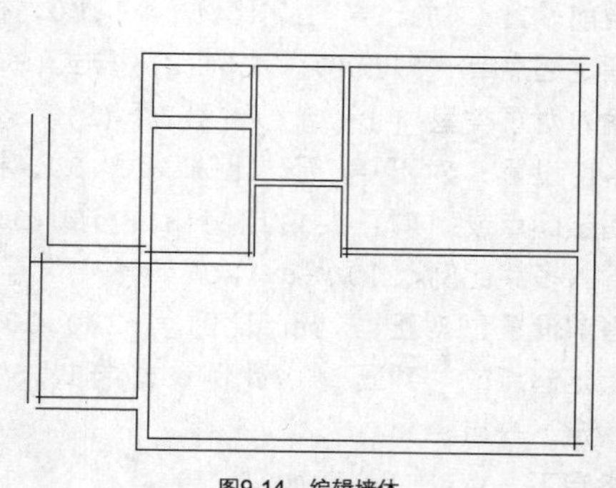

图9-14 编辑墙体

03 在对话框中选中“角点结合”编辑工具，在绘图区中分别单击垂直墙体和水平墙体，墙体的编辑结果如图9-15所示。

04 调用L【直线】命令，绘制闭合直线，沿用上述方法对墙体进编辑，结果如图9-16所示。

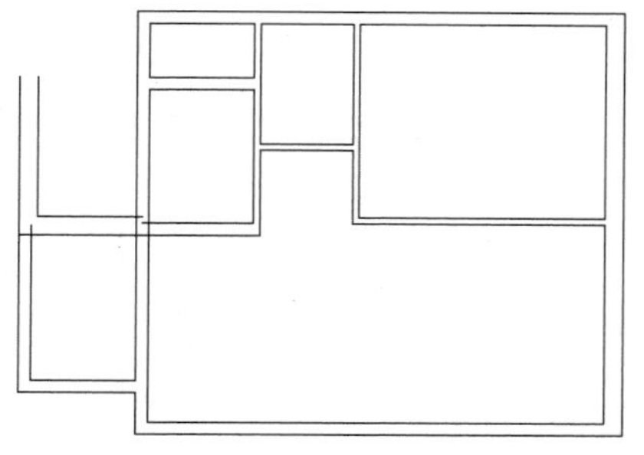
图9-15 编辑结果

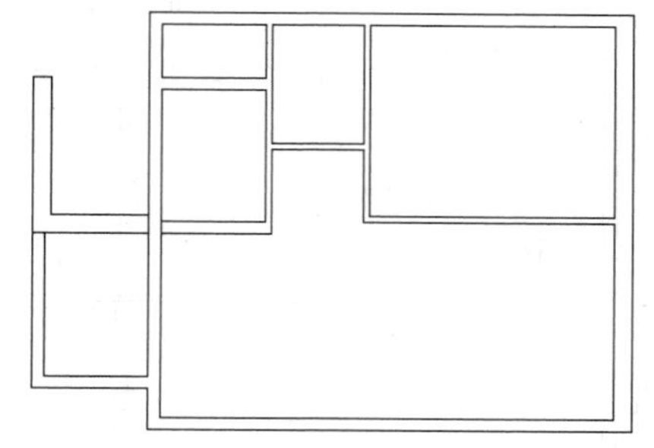
图9-16 编辑墙体

05 绘制其他墙体。调用L【直线】命令，绘制直线；调用TR【修剪】命令，修剪线段，结果如图9-17所示。

06 重复调用L【直线】命令、TR【修剪】命令，绘制阳台图形，结果如图9-18所示。

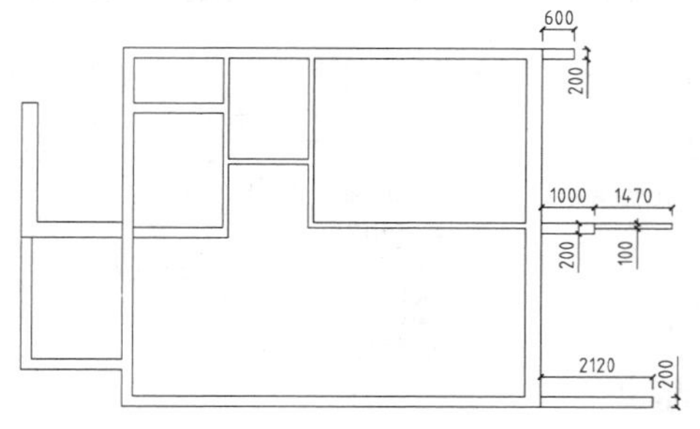

图9-17 绘制结果

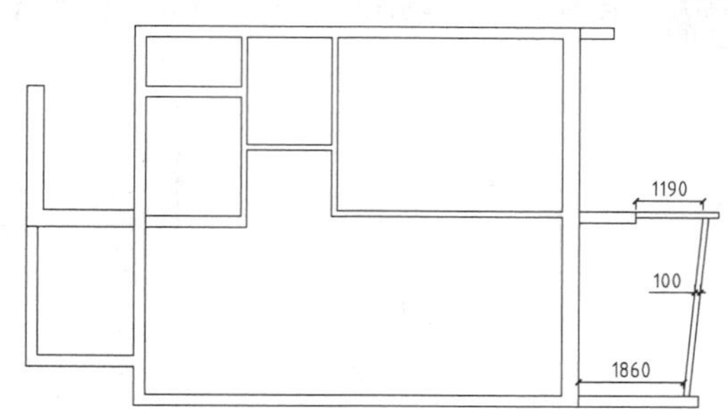

图9-18 绘制阳台

9.2.4 绘制门窗

墙体编辑修改完成之后，就要绘制门窗洞口和门窗图形。门窗洞口可以调用L【直线】命令、TR【修剪】命令来绘制，而门窗图形在绘制完成后，则可以创建成块，方便以后直接调用。

本节介绍门窗洞口和门窗图形的绘制。

01 绘制门窗洞口。调用L【直线】命令，绘制直线，结果如图9-19所示。

02 调用TR【修剪】命令，修剪墙体，门洞的绘制结果如图9-20所示。

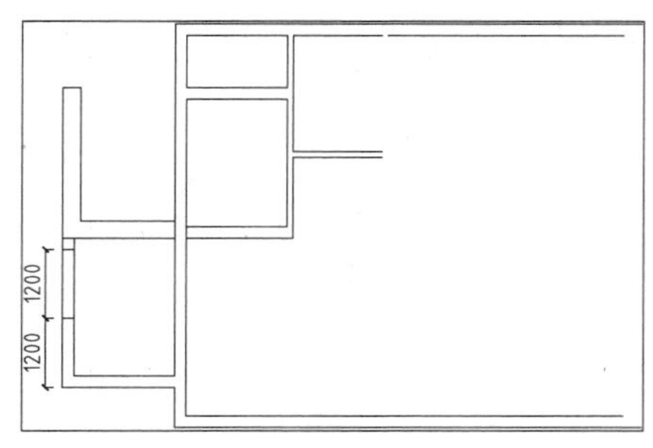

图9-19 绘制直线

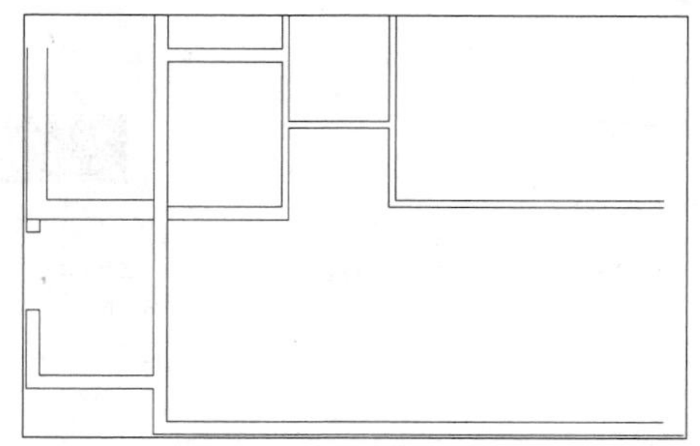
图9-20 修剪墙体

03 重复调用L【直线】命令、TR【修剪】命令，绘制门窗洞口的结果如图9-21所示。

04 绘制门图形。将【MC_门窗】图层置为当前图层。

05 绘制子母门。调用REC【矩形】命令，分别绘制尺寸为374×40、840×40的矩形，结果如图9-22所示。

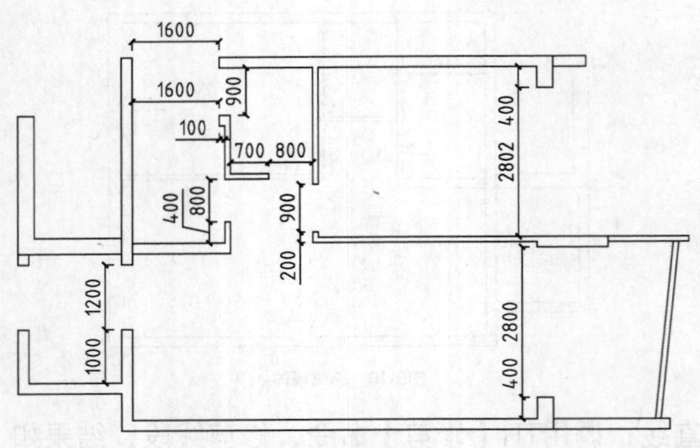

图9-21　绘制结果

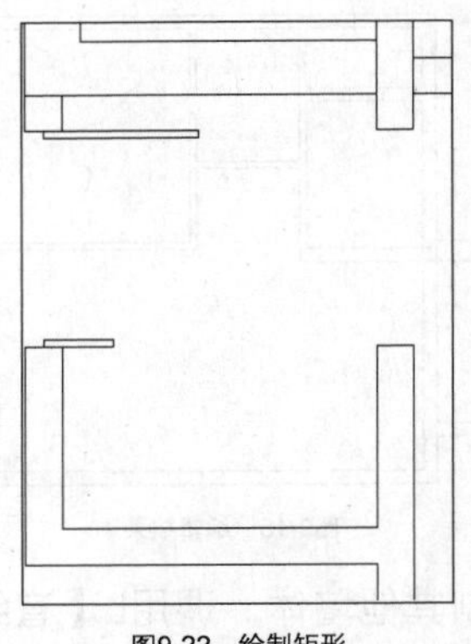
图9-22　绘制矩形

06 调用A【圆弧】命令，指定圆弧的起点和端点，绘制圆弧的结果如图9-23所示。

07 创建图块。调用B【块】命令，打开【块定义】对话框，输入块名称，结果如图9-24所示。

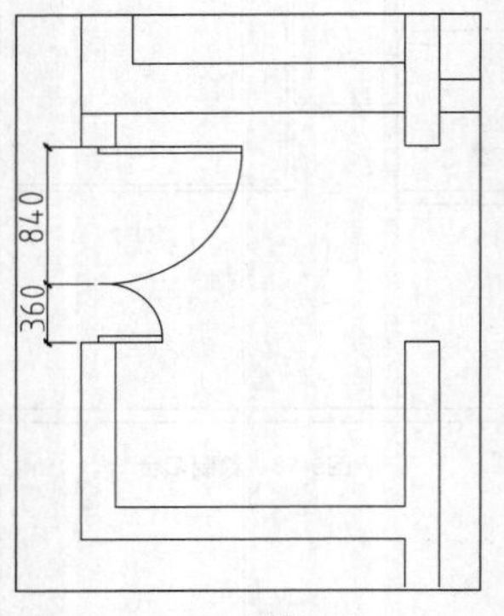

图9-23　绘制圆弧

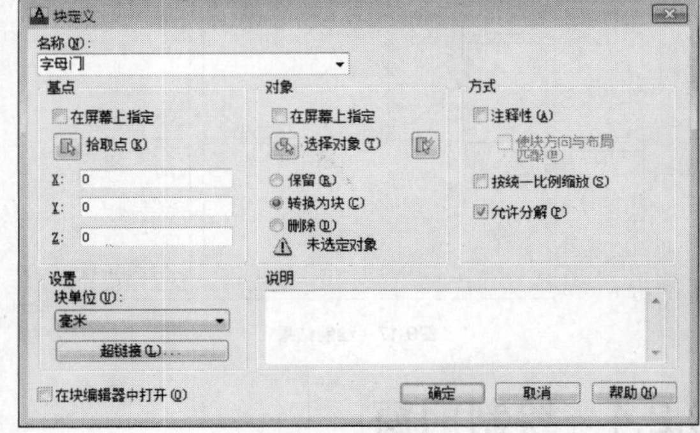

图9-24　【块定义】对话框

08 在【对象】选项组中单击【选择对象】按钮，在绘图区中选择字母门图形；在【基点】选项组中单击【拾取点】按钮，拾取尺寸为840×40的矩形的左上角点；返回【块定义】对话框，单击【确定】按钮关闭对话框。

09 插入图块。调用I【插入】命令，打开【插入】对话框，选择“子母门”图块，如图9-25所示。

10 单击【确定】按钮，关闭对话框，插入子母门图形的结果如图9-26所示。

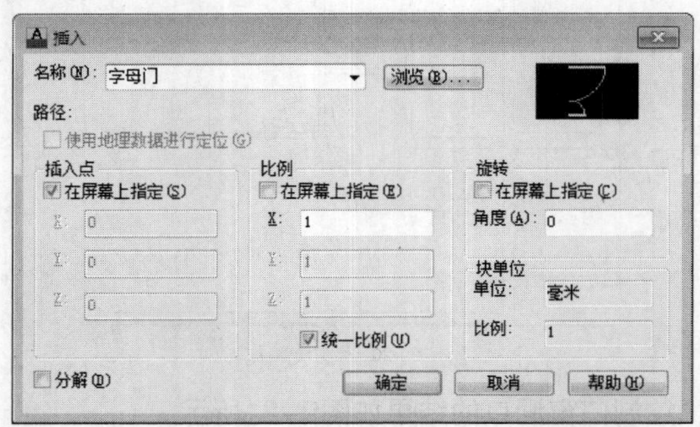

图9-25　选择图块

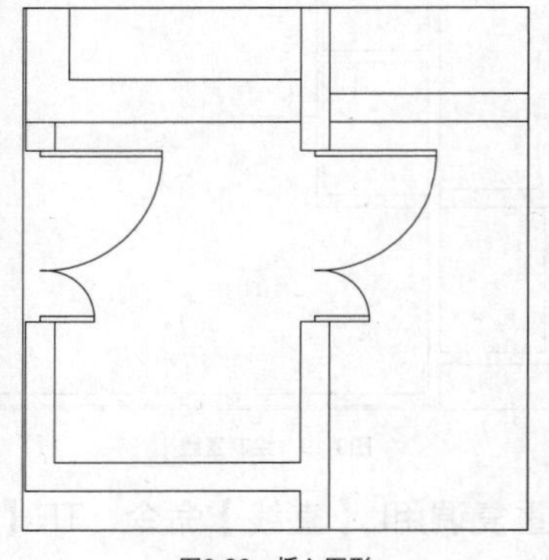
图9-26　插入图形

11 绘制平开门。调用REC【矩形】命令，绘制尺寸为837×40的矩形，结果如图9-27所示。

12 调用REC【矩形】命令，绘制尺寸为800×40的矩形，结果如图9-28所示。

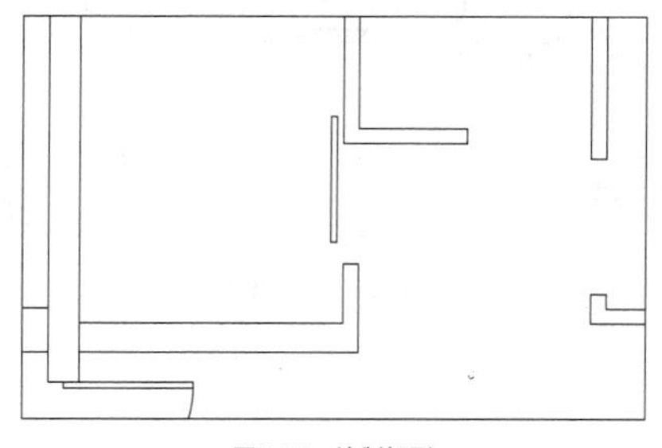
图9-27 绘制矩形

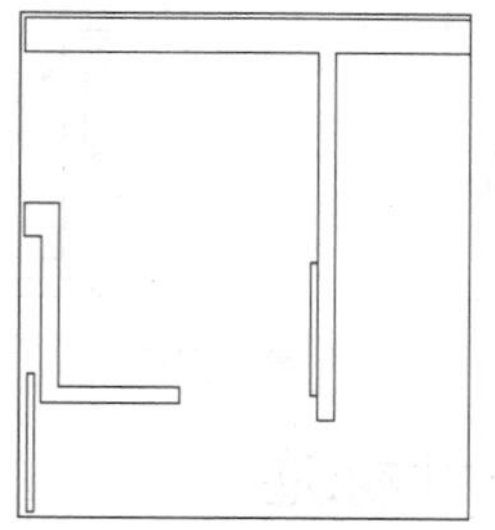
图9-28 绘制结果

13 调用A【圆弧】命令，指定圆弧的起点和端点，绘制圆弧的结果如图9-29所示。

14 重复调用REC【矩形】命令、A【圆弧】命令，绘制宽度为900的门图形，结果如图9-30所示。

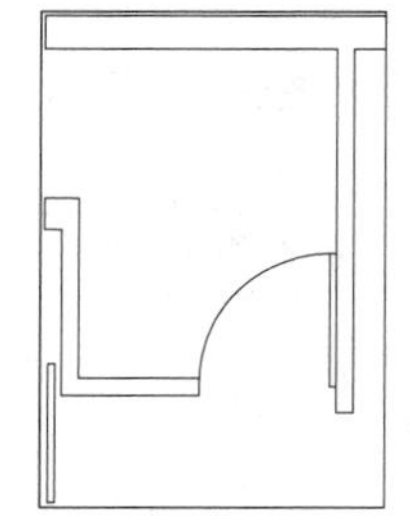
图9-29 绘制圆弧

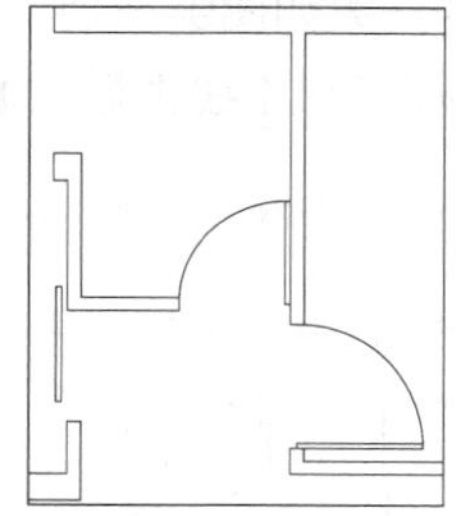
图9-30 绘制结果

15 绘制推拉门。调用REC【矩形】命令，分别绘制尺寸为600×40、700×40的矩形，结果如图9-31所示。

16 调用REC【矩形】命令，绘制尺寸为750×40的矩形，结果如图9-32所示。

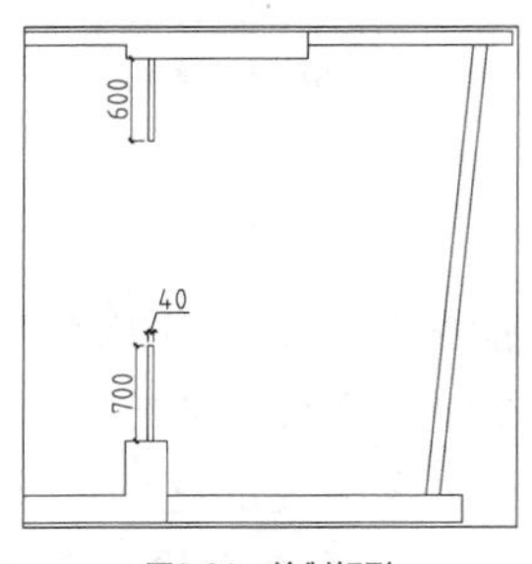

图9-31 绘制矩形

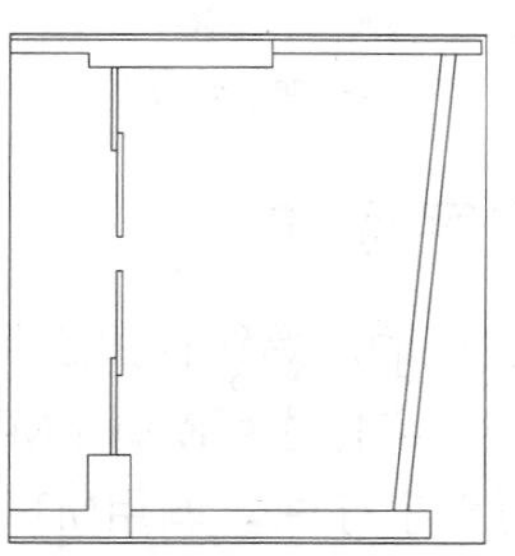
图9-32 绘制结果

17 绘制窗图形。调用L【直线】命令，绘制A直线和B直线，结果如图9-33所示。

18 调用O【偏移】命令，设置偏移距离为75，分别选择A直线和B直线向内偏移，窗图形的绘制结果如图9-34所示。

19 重复上述操作，继续绘制门窗图形，结果如图9-35所示。

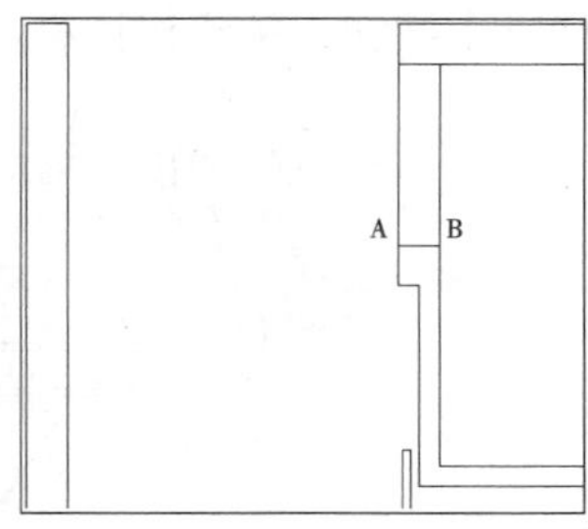

图9-33 绘制直线

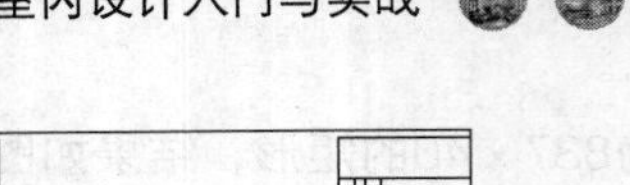

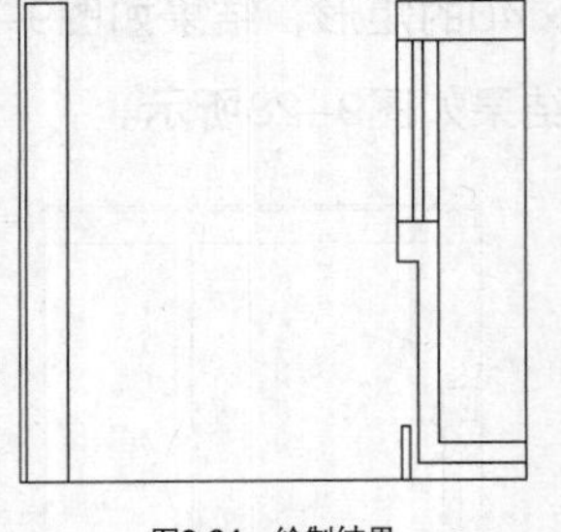

图9-34　绘制结果

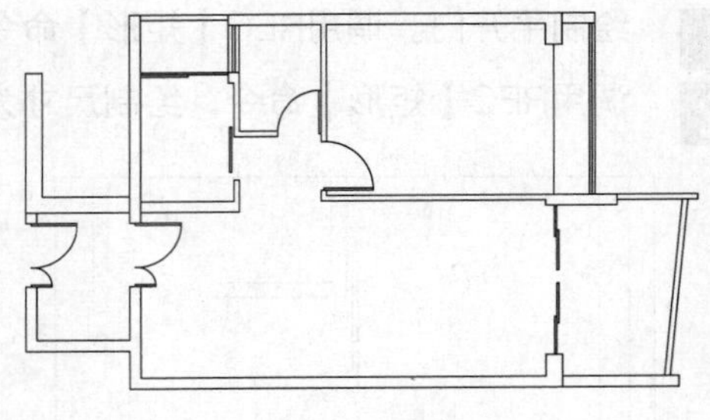

图9-35　绘制结果

9.2.5　尺寸标注

墙体、门窗图形绘制完成之后，需要对图形进行尺寸标注，以标注开间进深尺寸。尺寸标注可以调用DLI【线性标注】命令来绘制，本节介绍尺寸标注的方法。

01 尺寸标注。将【BZ_标注】图层置为当前图层。

02 调用DLI【线性标注】命令，在绘图区中分别制定第一个和第二个尺寸界线原点，绘制尺寸标注的结果如图9-36所示。

03 重复调用DLI【线性标注】命令，绘制图形的外围尺寸，结果如图9-37所示。

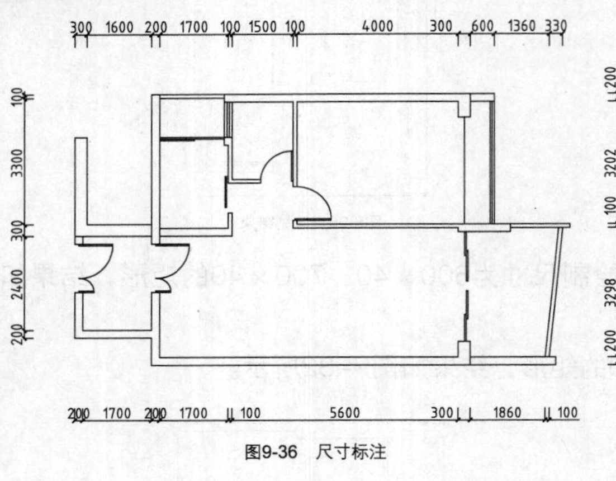

图9-36　尺寸标注

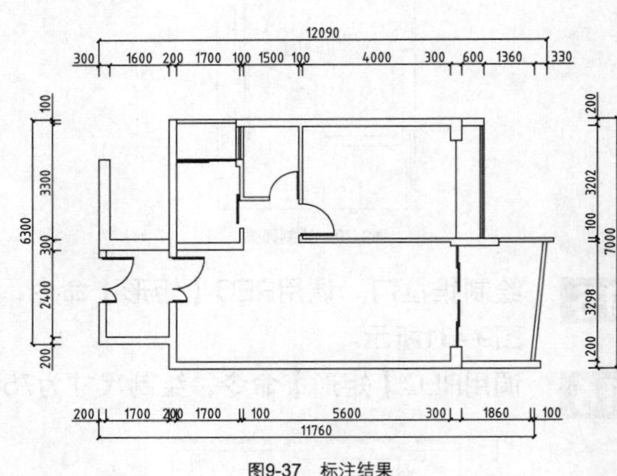

图9-37　标注结果

9.2.6　文字标注

为绘制完成的原始结构图绘制文字标注，可以明确标注各功能区的位置，为绘制平面布置图提供方便。绘制文字标注可以调用MT【多行文字】命令，本节介绍绘制文字标注的方法。

01 绘制文字标注。调用MT【多行文字】命令，在需要进行文字标注的区域指定对角点；在弹出的文字在位编辑器对话框中输入文字，如图9-38所示；在【文字格式】对话框中单击【确定】按钮，关闭对话框。

图9-38　输入文字

02 绘制文字标注的结果如图9-39所示。

03 重复调用MT【多行文字】命令，继续为其他功能区绘制文字标注，结果如图9-40所示。

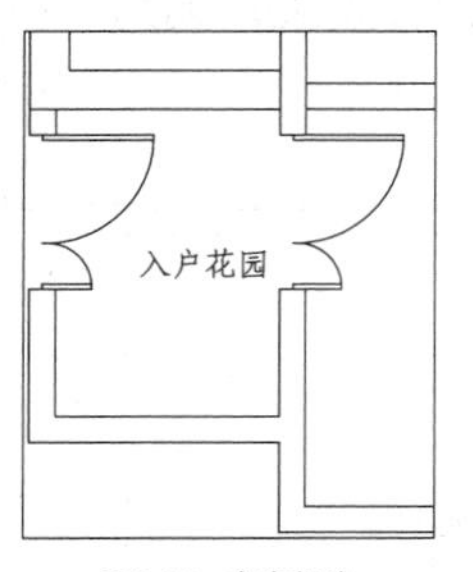

图9-39 文字标注

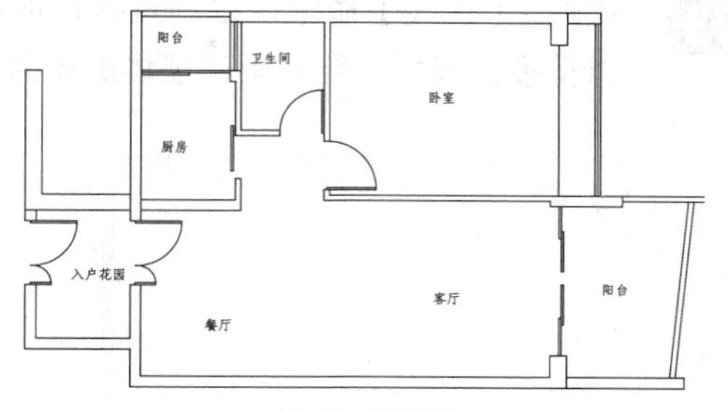

图9-40 标注结果

04 调用MT【多行文字】命令，绘制比例和图名，结果如图9-41所示。

05 调用L【直线】命令，在比例和图名下面绘制下画线，并设置其中一条直线的宽度为0.35mm，结果如图9-42所示。

原始结构图 1:100

图9-41 绘制结果

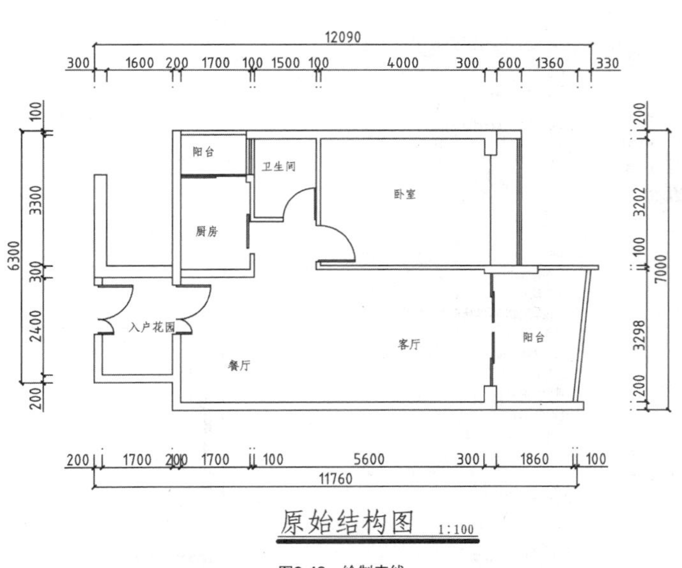

图9-42 绘制直线

9.3 小户型墙体改造

本例选用的小户型施工图纸，将厨房、卫生间和卧室的墙体进行拆除和新建，以提升室内空间，使布局更加合理和人性化。本节介绍小户型墙体改造的绘制方法。

9.3.1 改造主卧空间

新砌墙将卧室的门洞封闭，卧室靠近客厅的墙体新开门洞，设置折叠门，与卫生间相邻的墙体被制作成一个凹形，可以用来放置衣柜，室内的空间得到了充分利用。

在绘制墙体改造的过程中，需要用到的命令主要有O【偏移】命令、TR【修剪】命令、H【填充】命令等。本节介绍改造卧室空间的方法。

01 删除原墙体。调用CO【复制】命令，移动、复制一份原始结构图至一旁。

02 调用E【删除】命令，删除需要拆除的原墙体（虚线表示），结果如图9-43所示。

03 调用L【直线】命令，绘制直线；调用O【偏移】命令，偏移直线；调用TR【修剪】命令，修剪多余线段，绘制新砌墙体的结果如图9-44所示。

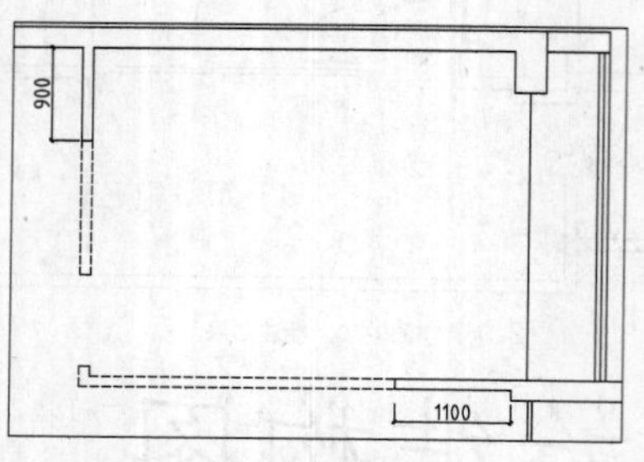

图9-43　删除原墙体

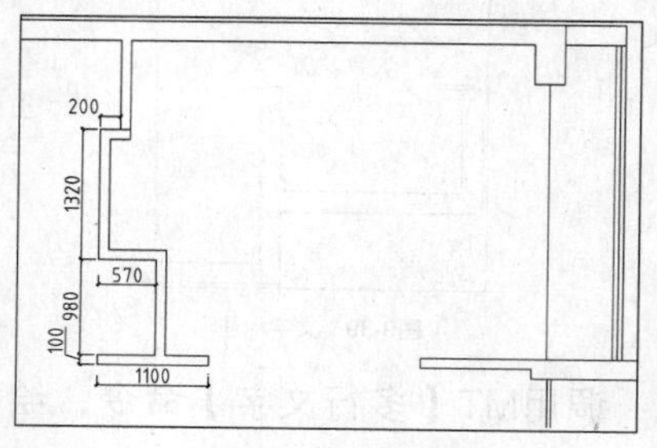

图9-44　绘制新砌墙

04 填充图案。调用H【填充】命令，在弹出的【图案填充和渐变色】对话框中设置参数，结果如图9-45所示。

05 在绘图区中拾取填充区域，填充图案的结果如图9-46所示。

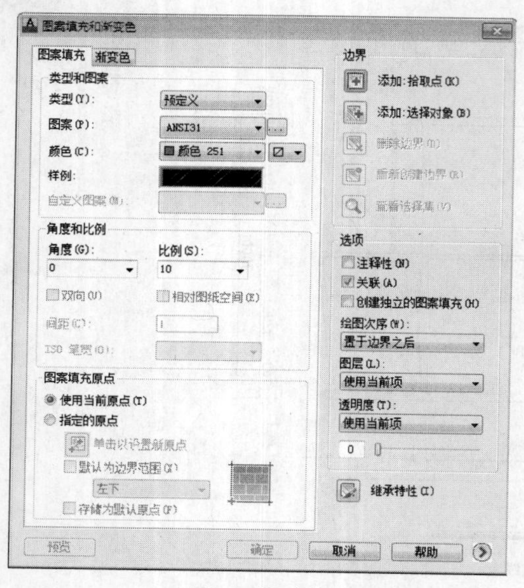

图9-45　设置参数

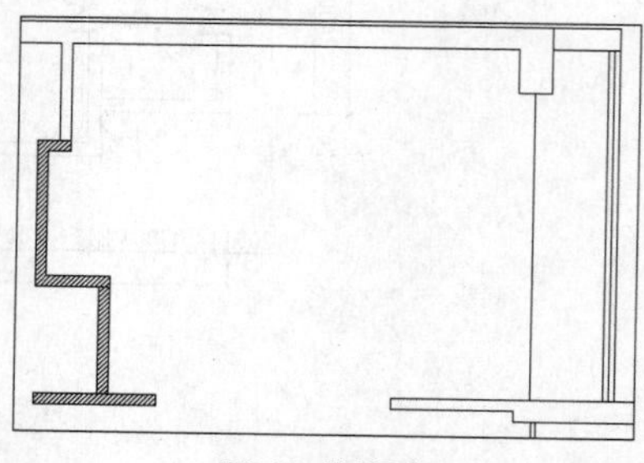

图9-46　填充图案

9.3.2　改造厨房和卫生间

厨房经过墙体改造后，由原本封闭式的格局变成了开放式的格局，设计更富现代感；卫生间经过改造后，将洗脸盆置于洗手间的外面，并增加了放置洗衣机的位置，更加合理地规划了有限的空间。

本节介绍改造卫生间和厨房墙体的方法和步骤。

01 删除原墙体。调用E【删除】命令，删除需要拆除的原墙体（虚线表示），结果如图9-47所示。

02 调用L【直线】命令，绘制直线；调用O【偏移】命令，偏移直线；调用TR【修剪】命令，修剪多余线段，绘制新砌墙体的结果如图9-48所示。

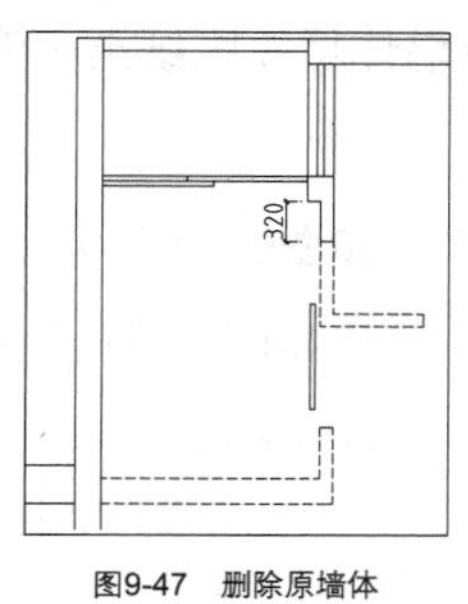

图9-47 删除原墙体

图9-48 绘制墙体

03 填充图案。调用H【填充】命令，在弹出的【图案填充和渐变色】对话框中选择ANSI31图案，设置填充比例为10。

04 在绘图区中拾取填充区域，填充图案的结果如图9-49所示。

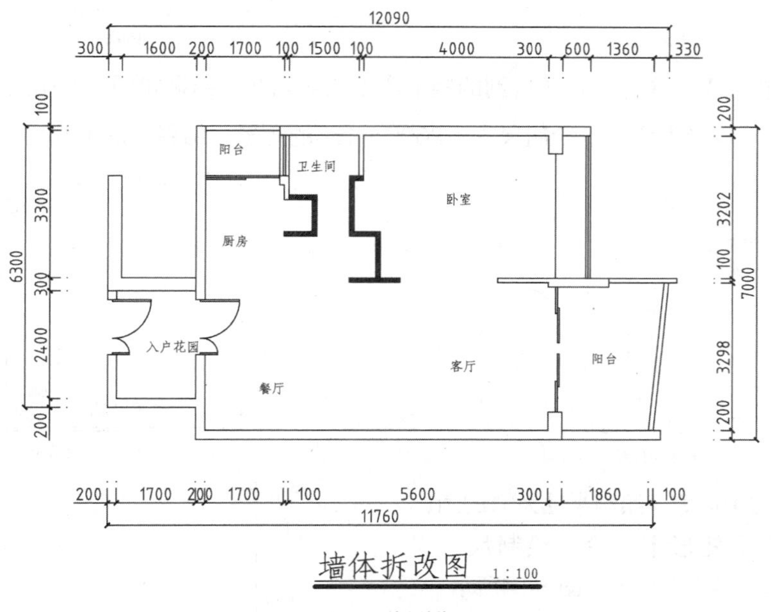

图9-49 填充墙体

9.4 绘制小户型平面布置图

小户型的平面布置图主要包括客厅平面布置图、卧室平面布置图等各功能区的平面布置图。在绘制平面布置图的过程中，涉及一些居室的设计理念，希望读者在读后对日常生活中居室的平面布置有所启发和帮助。

本节介绍小户型平面布置图的绘制方法。

9.4.1 绘制客厅和餐厅平面布置图

由于居室的空间较小，因而客厅和餐厅连成了一体。在平面布置上，基于空间的考虑，并没有摆放过多的家具，而是把装饰主要放在了墙面这一块，为墙面制作了枫木板做装饰，既丰富了空间的视觉效果，又不占用空间。

在绘制客厅和餐厅的平面布置图的过程中，主要调用L【直线】命令、O【偏移】命令等。本节介绍客餐厅平面布置图的绘制方法。

01 复制墙体拆改图。调用CO【复制】命令，移动、复制一份墙体拆改图纸至一旁。

02 绘制餐边柜。将【JJ_家具】图层置为当前图层。

03 调用REC【矩形】命令，绘制尺寸为1220×390的矩形，结果如图9-50所示。

04 调用O【偏移】命令，设置偏移距离为20，向内偏移矩形，结果如图9-51所示。

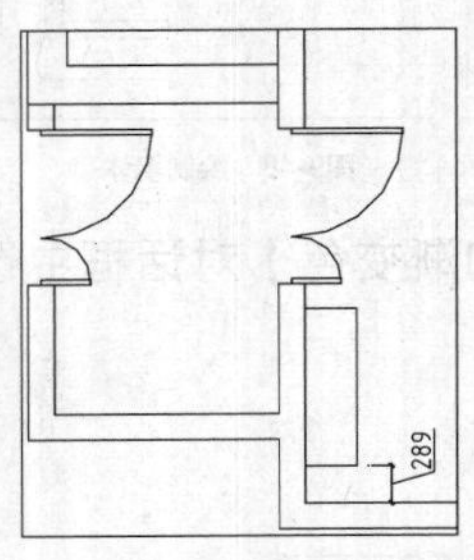

图9-50 绘制矩形

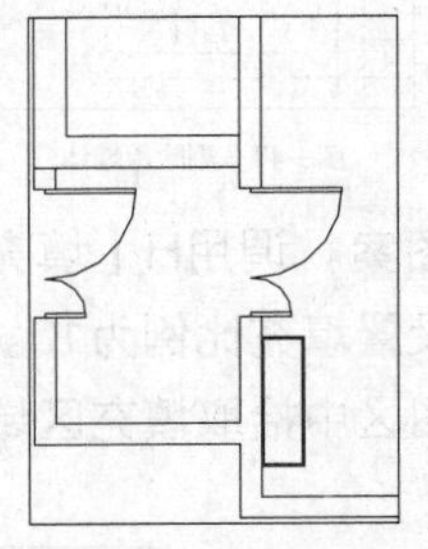
图9-51 偏移矩形

05 调用L【直线】命令，在偏移得到的矩形内绘制对角线，结果如图9-52所示。

06 调用REC【矩形】命令，绘制尺寸为2606×150的矩形，结果如图9-53所示。

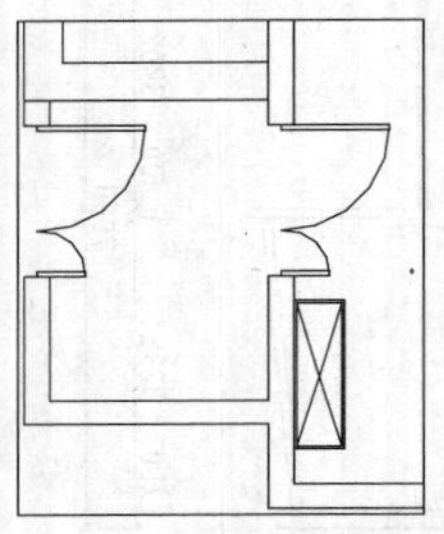
图9-52 绘制对角线

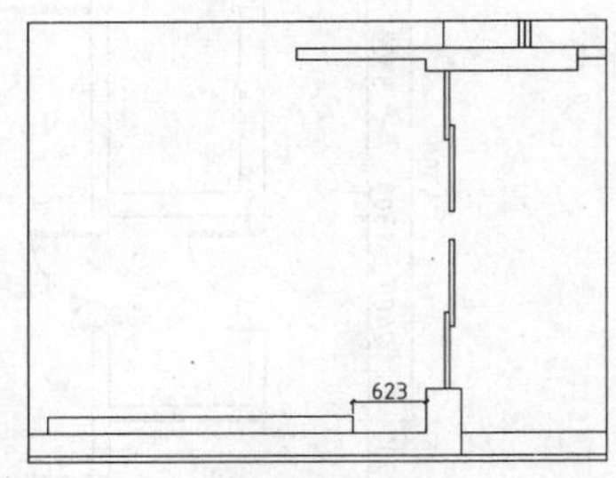

图9-53 绘制矩形

07 调用C【圆】命令，绘制半径为51的圆；调用REC【矩形】命令，绘制尺寸为265×100的矩形，结果如图9-54所示。

08 调用L【直线】命令，绘制直线；调用TR【修剪】命令，修剪多余线段，结果如图9-55所示。

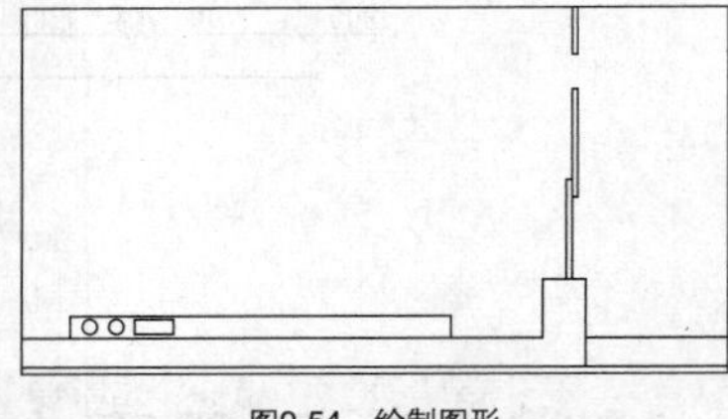
图9-54 绘制图形

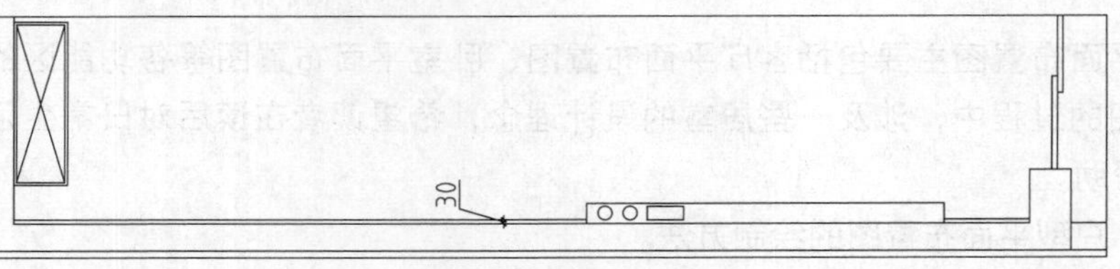

图9-55 修剪图形

09 调用L【直线】命令，绘制直线；调用TR【修剪】命令，修剪多余线段，结果如图9-56所示。

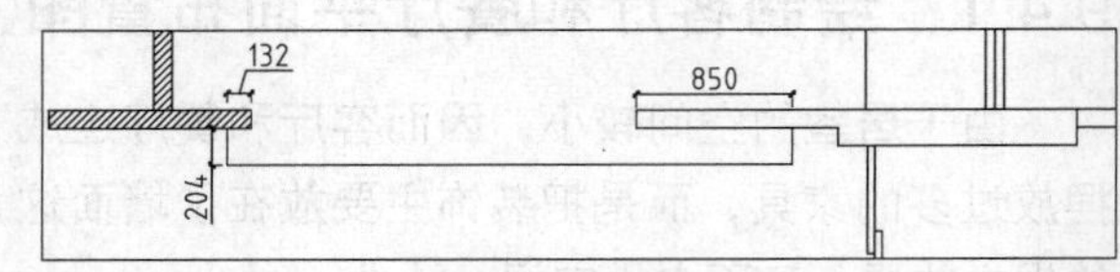

图9-56 绘制图形

10 按Ctrl+O组合键，打开配套光盘提供的“第9章\家具图例.dwg”文件，将其中组合沙发、餐桌等图形复制、粘贴至当前图形中。调用TR【修剪】命令，修剪多余线段，插入图块的结果如图9-57所示。

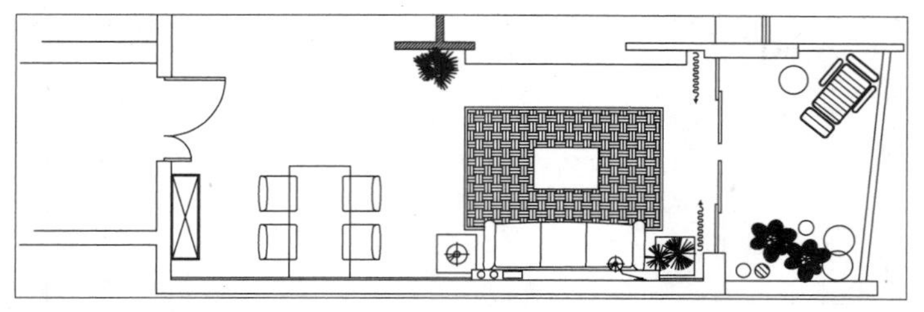

图9-57 插入图块

9.4.2 绘制主卧平面布置图

主卧室的设计要点在于，当墙体改造完成之后，外凸的墙体正好可以容纳衣柜，当墙体内放置了衣柜之后，正好与旁边的墙体平齐，不显突兀，也充分利用了空间。

在绘制主卧室平面布置图时，主要用到L【直线】命令、O【偏移】命令、TR【修剪】命令。本节介绍主卧室平面布置图的绘制方法。

01 调用L【直线】命令，绘制直线，结果如图9-58所示。

02 调用L【直线】命令，绘制直线；调用O【偏移】命令，偏移直线，结果如图9-59所示。

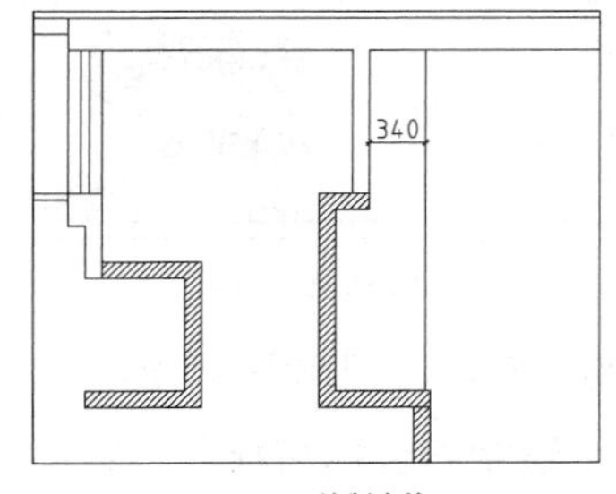

图9-58 绘制直线

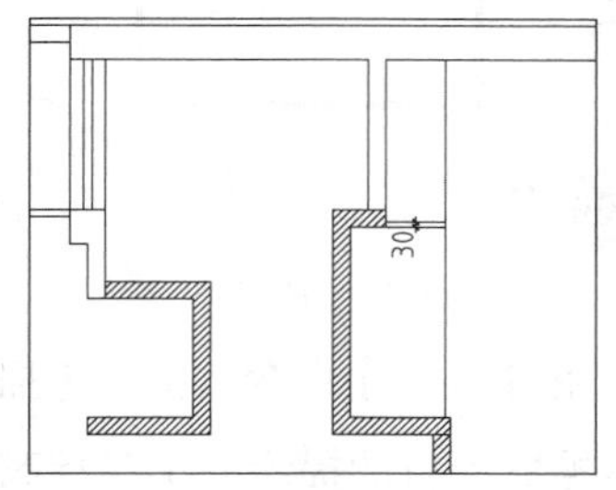

图9-59 偏移直线

03 调用L【直线】命令，绘制直线；调用O【偏移】命令，偏移直线；调用REC【矩形】命令，绘制尺寸为35×9的矩形，结果如图9-60所示。

04 调用REC【矩形】命令，分别绘制尺寸为1120×30、1100×30的矩形，结果如图9-61所示。

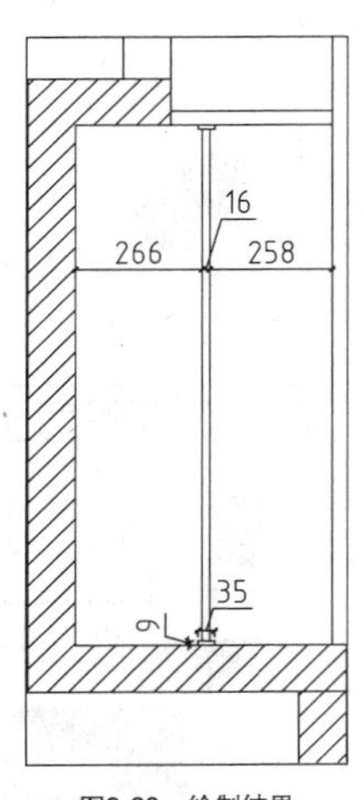

图9-60 绘制结果

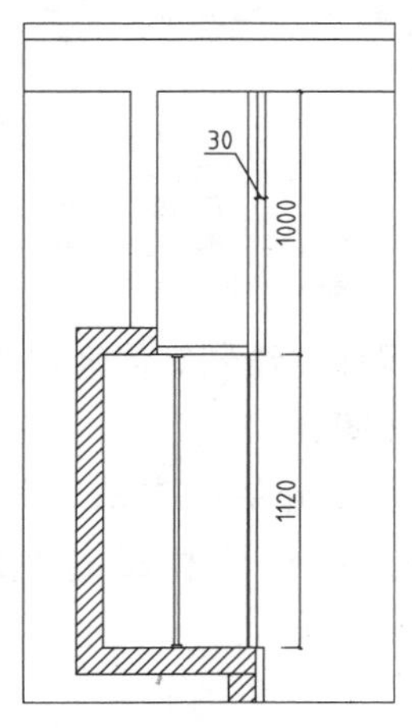

图9-61 绘制矩形

05 调用REC【矩形】命令，绘制尺寸为1094×557的矩形，结果如图9-62所示。

06 调用F【圆角】命令，设置半径值为51，对矩形进行圆角处理，结果如图9-63所示。

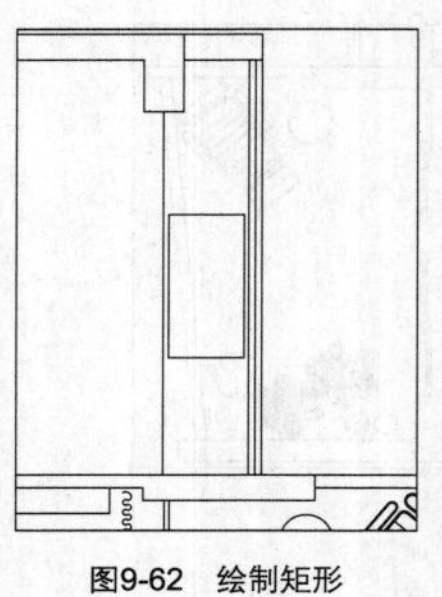

图9-62　绘制矩形

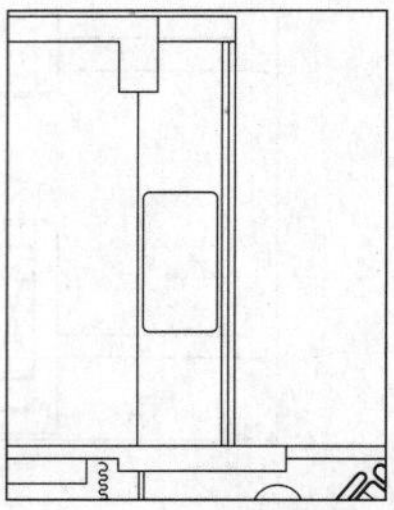

图9-63　圆角处理

07 按Ctrl+O组合键，打开配套光盘提供的“第9章\家具图例.dwg”文件，将其中双人床、椅子等图形复制、粘贴至当前图形中，插入图块的结果如图9-64所示。

08 重复操作，绘制其他功能区的平面布置图，结果如图9-65所示。

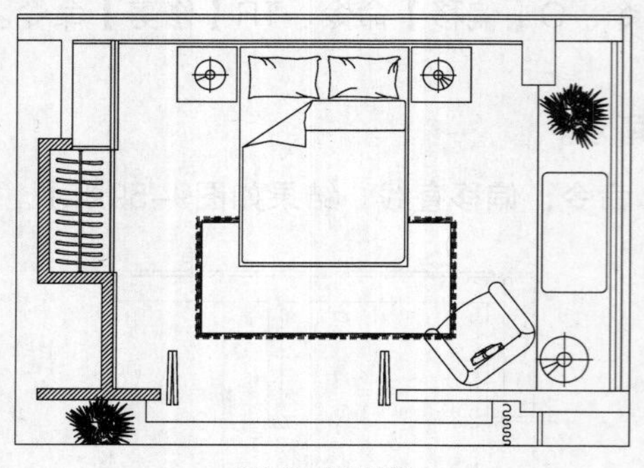

图9-64　插入图块

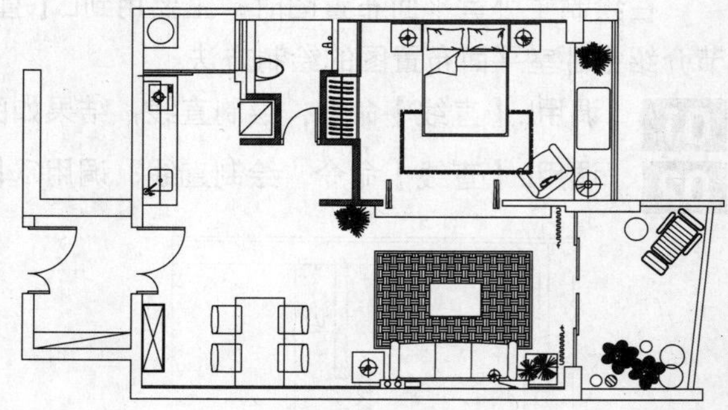

图9-65　绘制结果

09 调用【插入】命令，弹出【插入】对话框，选择“标高”图块，如图9-66所示。

10 根据命令行的提示，指定标高的插入点，输入标高值，绘制阳台标高标注的结果如图9-67所示。

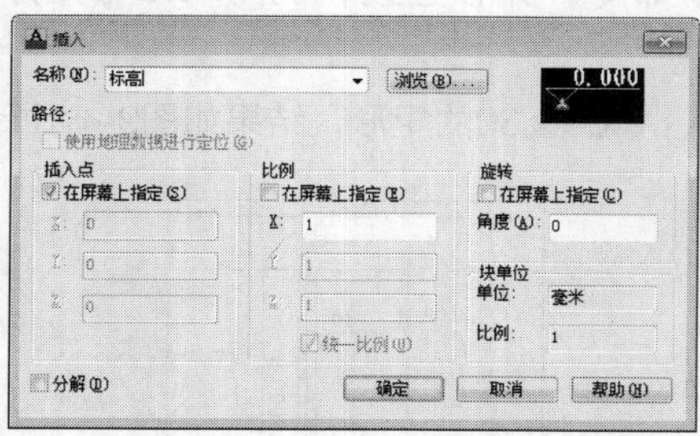

图9-66　【插入】对话框

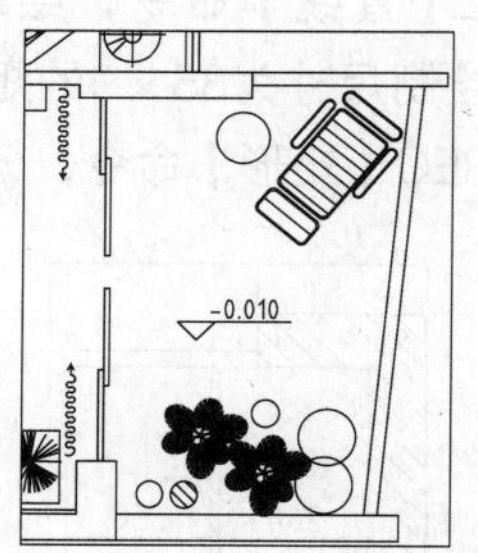

图9-67　标高标注

11 重复操作，绘制其他区域的标高标注，结果如图9-68所示。

12 沿用前面介绍的方法，为平面布置图绘制文字标注和图名标注，结果如图9-69所示。

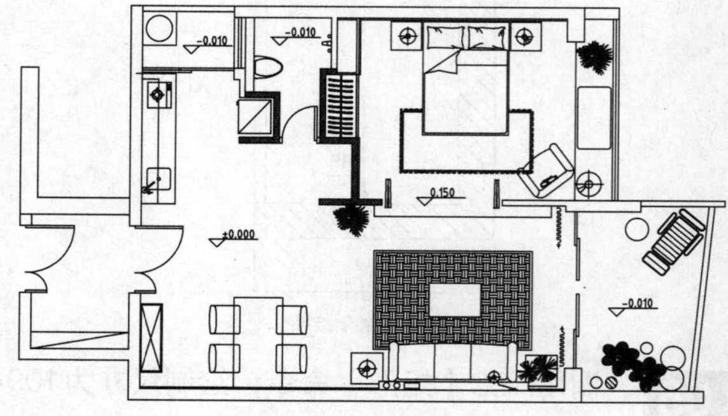

图9-68　绘制结果

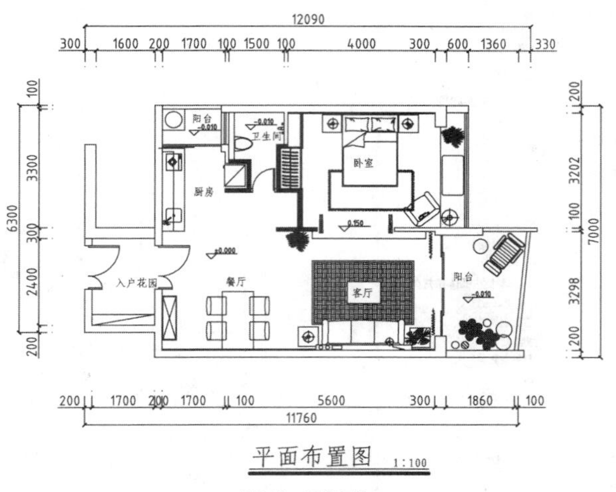

图9-69 图名标注

9.5 绘制小户型地材图

地材图表明了地面铺装材料的规格、种类，铺装方法等，各个不同的功能区可以铺贴同一种类的材料，也可以铺贴不同种类的材料。地面铺装可以用来区分不同的功能区，以弥补平面布置的不足。

绘制地材图需要调用到的主要命令有H【填充】命令、TR【修剪】命令等。

本节介绍小户型地材图的绘制方法。

01 复制平面图。调用CO【复制】命令，移动、复制一份平面布置图至一旁。

02 整理图形。调用E【删除】命令，删除平面布置图上的多余图形，结果如图9-70所示。

03 调用L【直线】命令，在门洞处绘制直线，结果如图9-71所示。

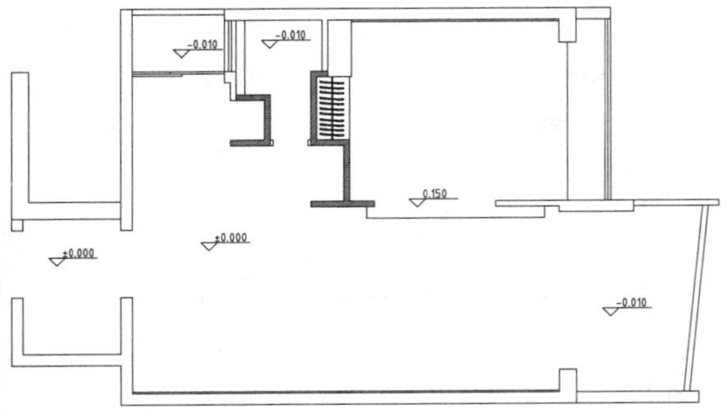
图9-70 整理图形

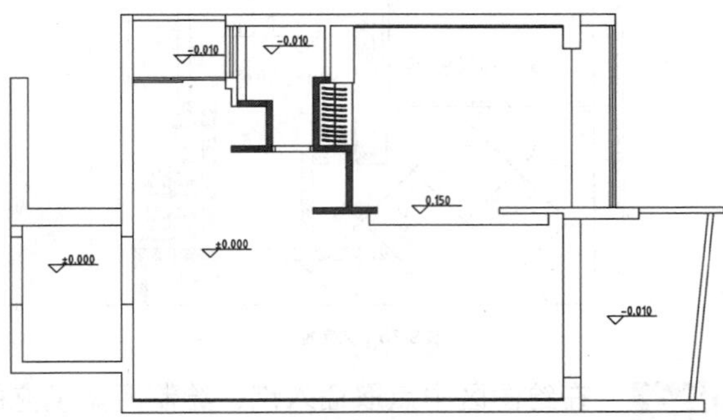
图9-71 绘制直线

04 绘制入户花园、客餐厅、厨房地面图。调用MT【多行文字】命令，绘制文字标注，结果如图9-72所示。

05 图案填充。调用H【填充】命令，弹出【图案填充和渐变色】对话框，设置参数如图9-73所示。

06 在绘图区中点取插入点，绘制图案填充的结果如图9-74所示。

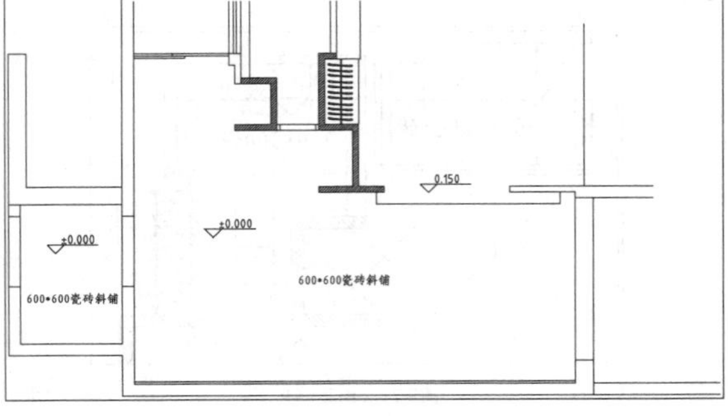

图9-72 文字标注

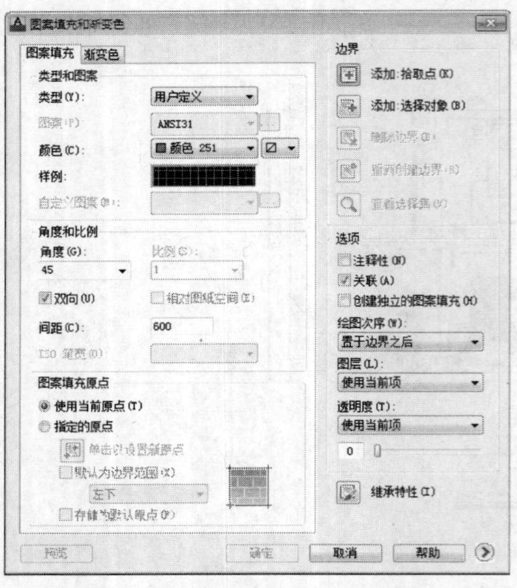
图9-73 【图案填充和渐变色】对话框

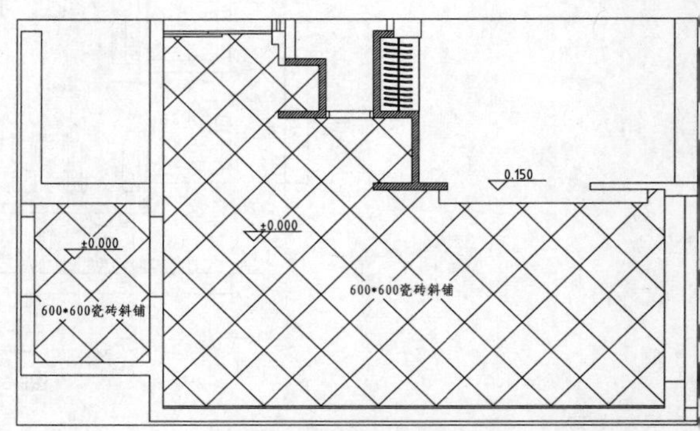

图9-74 图案填充

07 绘制卫生间、阳台地面图。调用MT【多行文字】命令，绘制文字标注，结果如图9-75所示。

08 图案填充调用H【填充】命令，弹出【图案填充和渐变色】对话框，设置参数如图9-76所示。

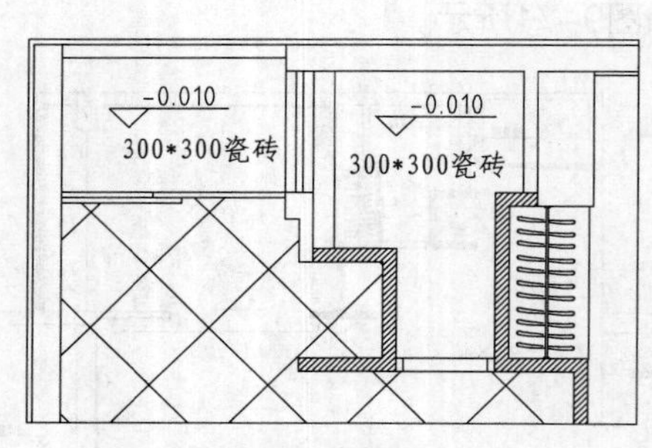

图9-75 文字标注

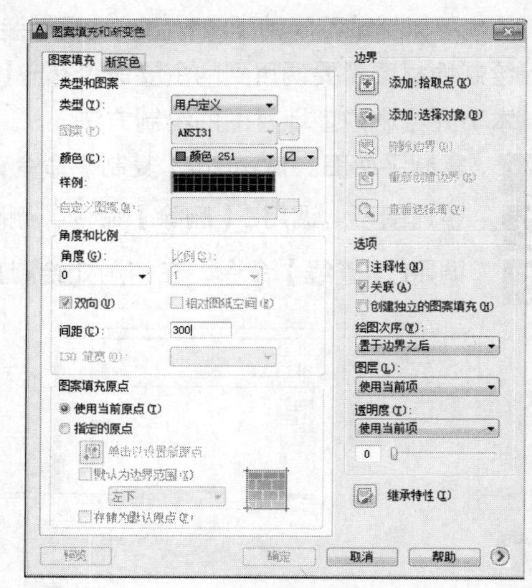
图9-76 设置参数

09 在绘图区中点取插入点，绘制图案填充的结果如图9-77所示。

10 绘制卧室地面图。调用MT【多行文字】命令，绘制文字标注，结果如图9-78所示。

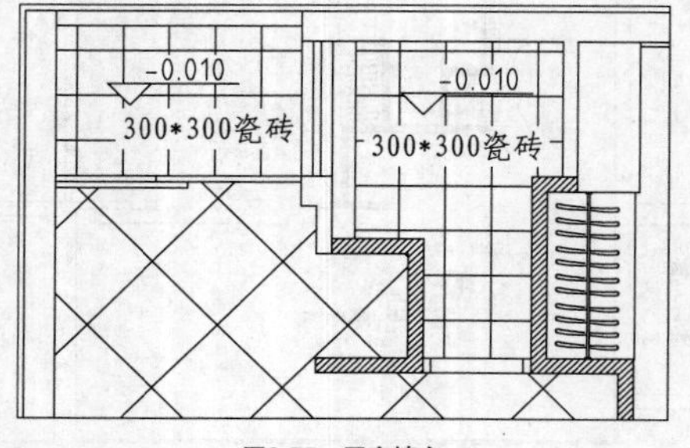

图9-77 图案填充

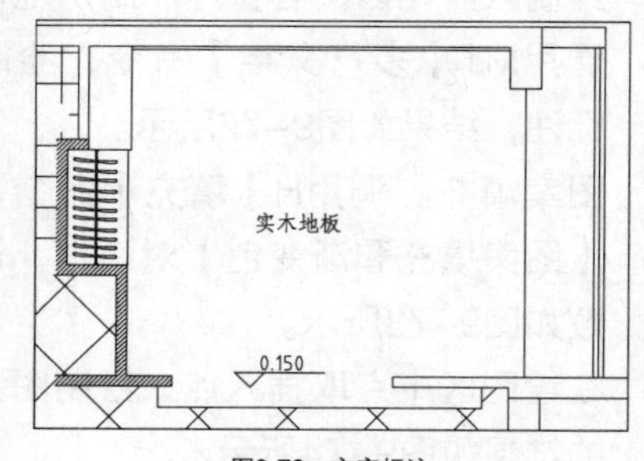

图9-78 文字标注

11 图案填充。调用H【填充】命令，弹出【图案填充和渐变色】对话框，设置参数如图9-79所示。

12 在绘图区中点取插入点，绘制图案填充的结果如图9-80所示。

图9-79　设置参数

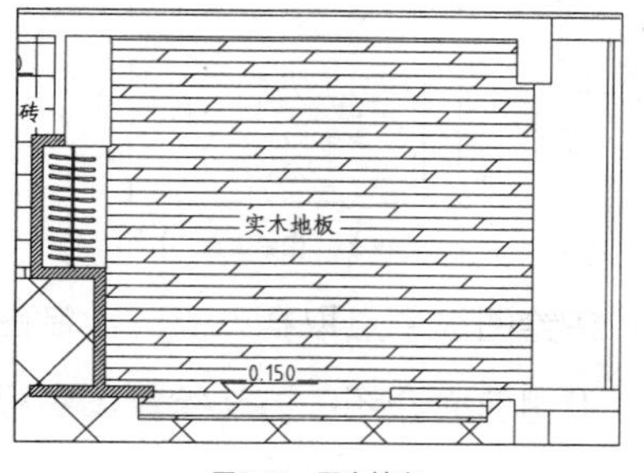

图9-80　图案填充

13 绘制阳台地面图。调用O【偏移】命令，偏移线段，结果如图9-81所示。

14 调用MT【多行文字】命令，绘制文字标注，结果如图9-82所示。

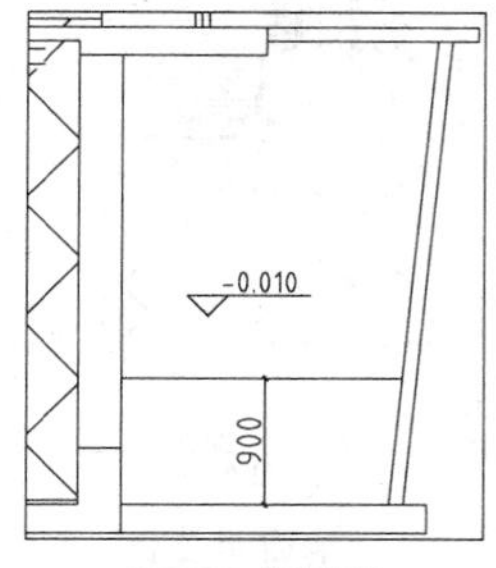

图9-81　偏移线段

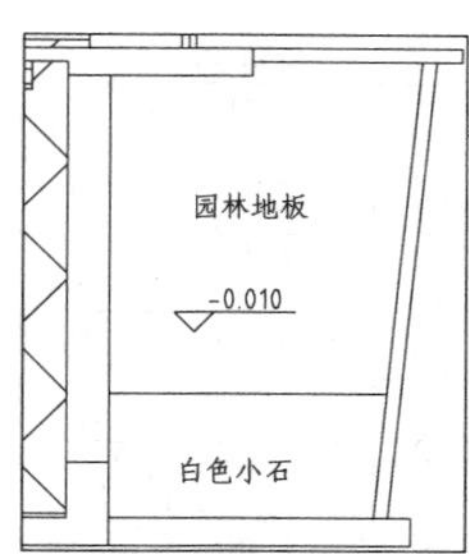

图9-82　文字标注

15 图案填充。调用H【填充】命令，弹出【图案填充和渐变色】对话框，设置参数如图9-83所示。

16 在绘图区中点取插入点，绘制图案填充的结果如图9-84所示。

17 图案填充。调用H【填充】命令，弹出【图案填充和渐变色】对话框，设置参数如图9-85所示。

图9-83　设置参数

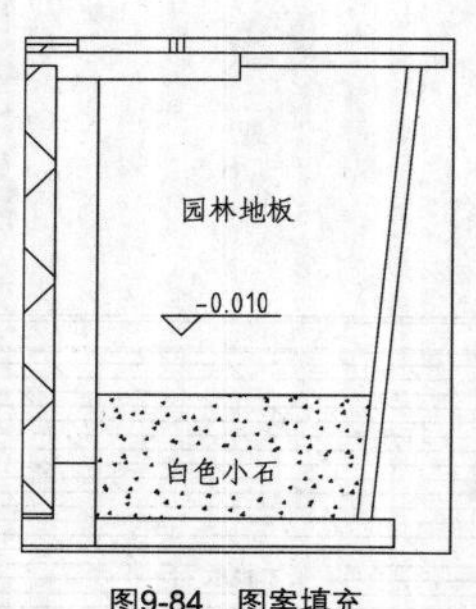

图9-84 图案填充

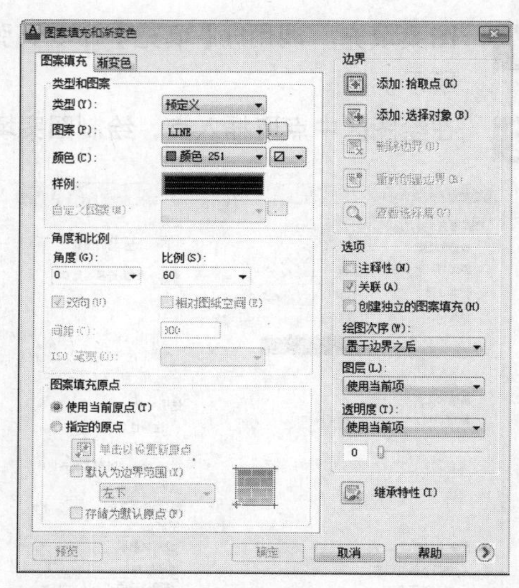

图9-85 设置参数

18 在绘图区中点取插入点，绘制图案填充的结果如图9-86所示。

19 沿用前面介绍的方法绘制图名标注，完成地面布置图的绘制结果如图9-87所示。

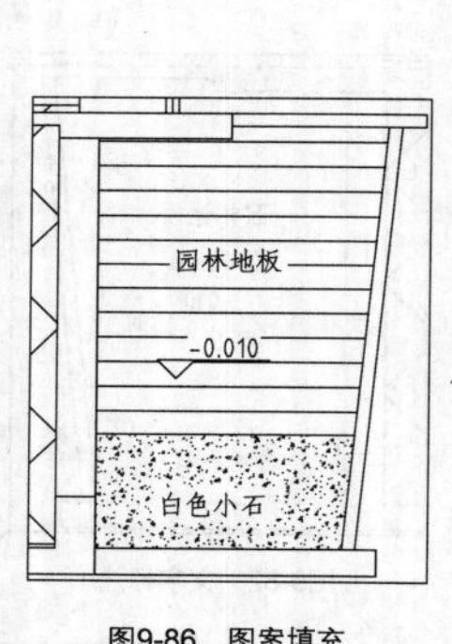

图9-86 图案填充

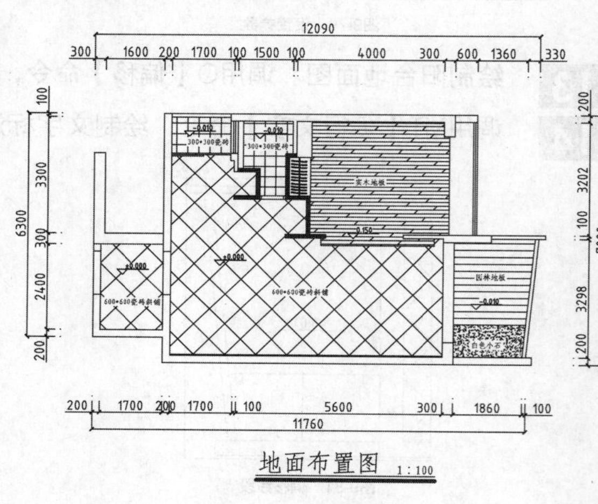

图9-87 图名标注

9.6 绘制小户型顶棚图

小户型的顶棚并没有制作过多的复杂造型，顶面多以刷白色乳胶漆做装饰，仅在入户花园的顶面做了枫木板吊顶。本节介绍小户型顶棚图的绘制，并介绍灯具的插入及安装尺寸。

绘制顶棚图主要调用到的命令有REC【矩形】命令、L【直线】命令、TR【修剪】命令。下面，介绍顶棚图的绘制方法。

01 复制地面布置图。调用CO【复制】命令，移动、复制一份地面布置图至一旁。

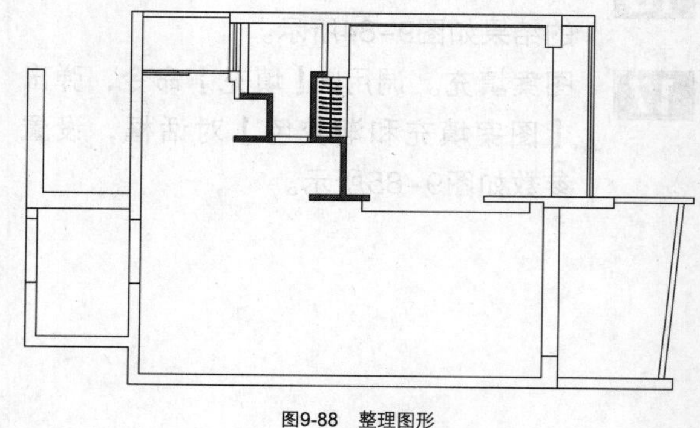

图9-88 整理图形

02 整理图形。调用E【删除】命令，删除多余图形，结果如图9-88所示。

03 绘制入户花园顶面图。调用L【直线】命令，绘制直线，结果如图9-89所示。

04 调用O【偏移】命令，偏移直线，结果如图9-90所示。

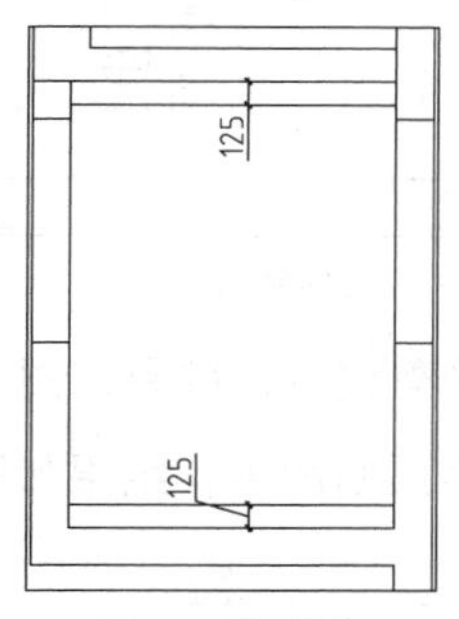

图9-89 绘制直线

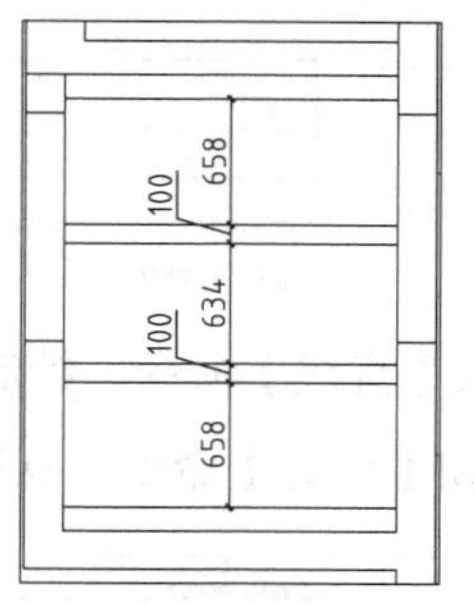

图9-90 偏移直线

05 调用M【移动】命令，从图例表中移动、复制吸顶灯图形至顶面图中，结果如图9-91所示。

06 调用MT【多行文字】命令，绘制文字标注，结果如图9-92所示。

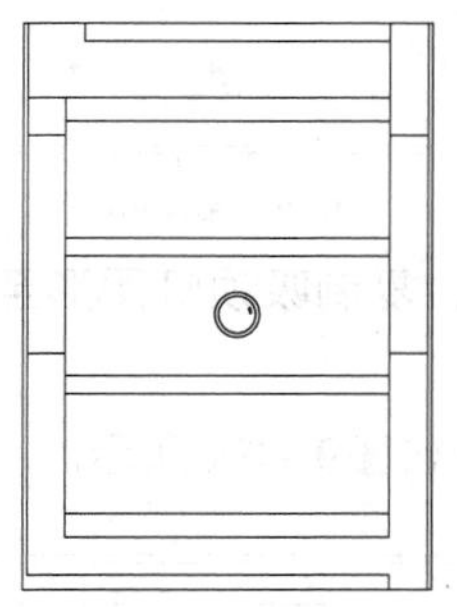
图9-91 移动图形

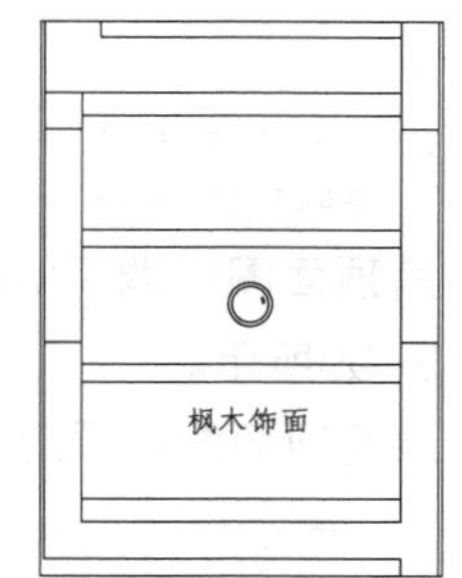

图9-92 文字标注

07 调用H【填充】命令，在弹出的【图案填充和渐变色】对话框中设置参数，结果如图9-93所示。

08 在绘图区中单击指定填充区域，图案填充的结果如图9-94所示。

图9-93 设置参数

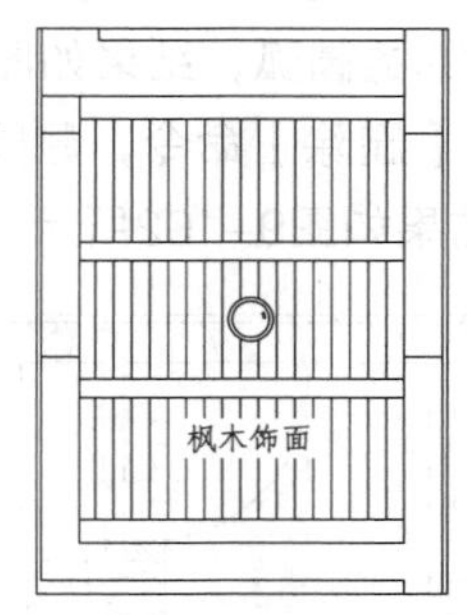

图9-94 图案填充

09 绘制客餐厅顶面图。调用 REC【矩形】命令，绘制尺寸为 1023×210 的矩形，结果如图 9-95 所示。

10 调用M【移动】命令，从图例表中移动、复制吸顶灯图形至顶面图中，结果如图9-96所示。

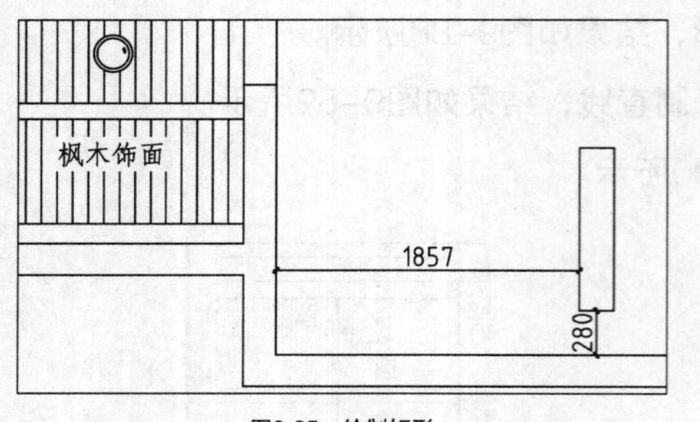

图9-95 绘制矩形

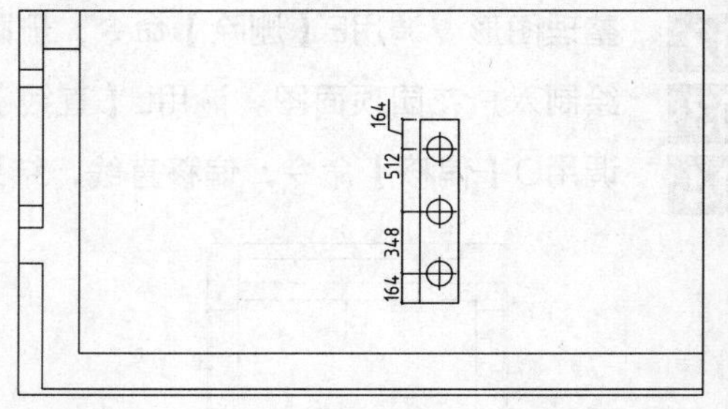

图9-96 插入灯具

11 调用L【直线】命令，绘制直线；调用TR【修剪】命令，修剪线段，结果如图9-97所示。

12 调用M【移动】命令，从图例表中移动、复制吸顶灯图形至顶面图中，结果如图9-98所示。

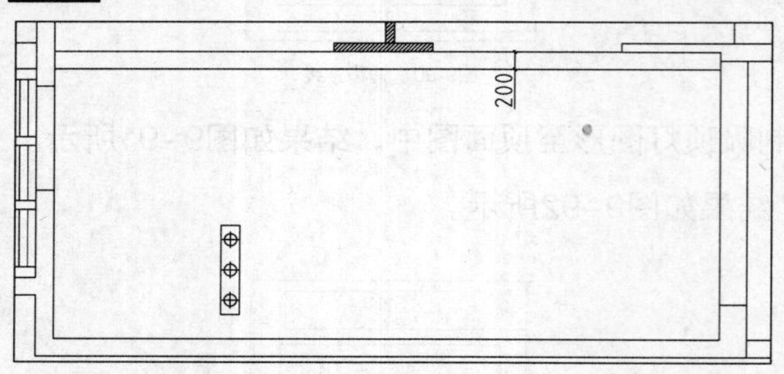

图9-97 绘制结果

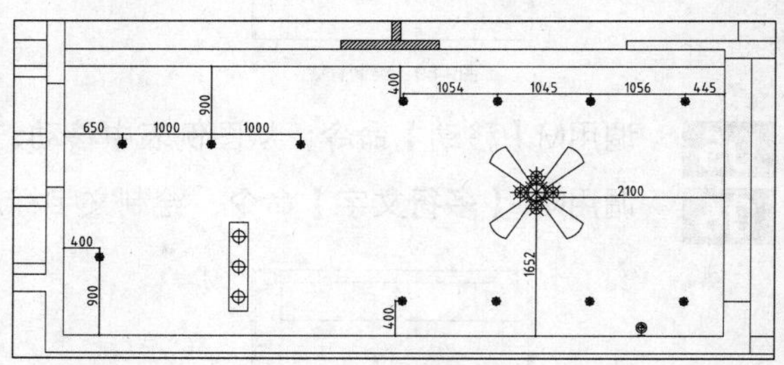

图9-98 插入图块

13 绘制厨房顶面图。调用M【移动】命令，从图例表中移动、复制吸顶灯图形至顶面图中，结果如图9-99所示。

14 绘制卫生间顶面图。调用L【直线】命令，绘制直线，结果如图9-100所示。

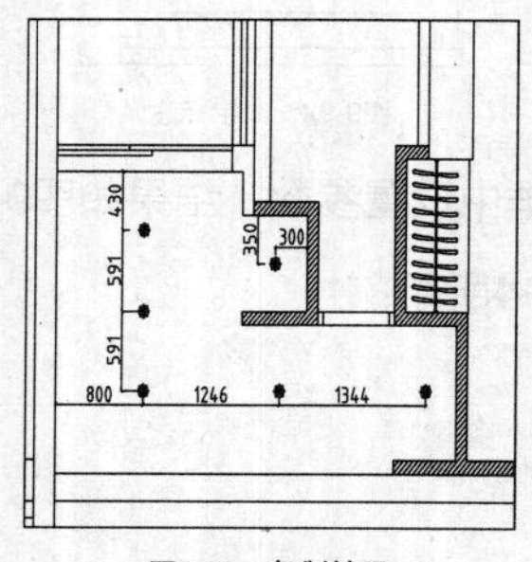

图9-99 复制结果

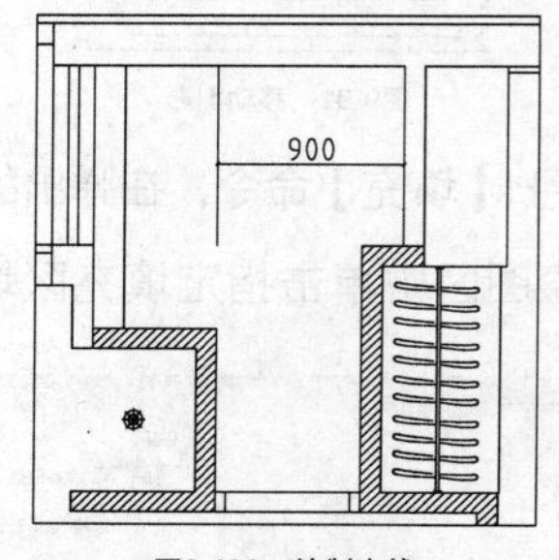

图9-100 绘制直线

15 执行【绘图】|【圆弧】|【起点、端点、半径】命令，分别指定圆弧的起点和端点，绘制半径为809的圆弧，结果如图9-101所示。

16 调用E【删除】命令，删除辅助线；调用O【偏移】命令，设置偏移距离为25，往外偏移圆弧，结果如图9-102所示。

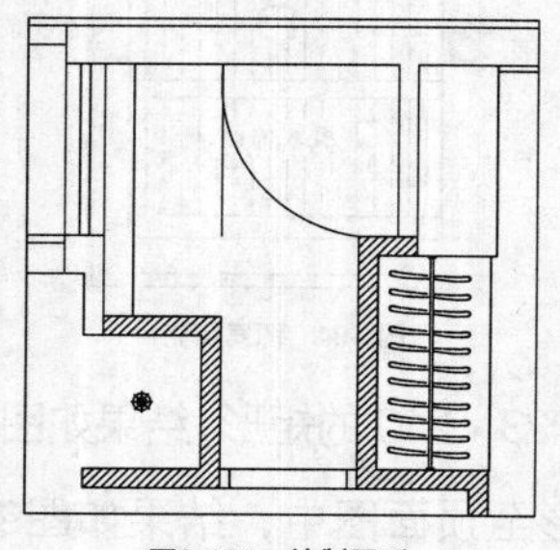

图9-101 绘制圆弧

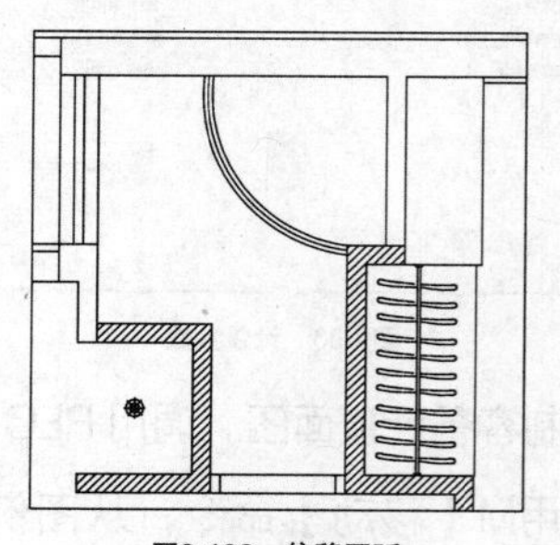

图9-102 偏移圆弧

17 调用M【移动】命令，从图例表中移动、复制吸顶灯图形至顶面图中，结果如图9-103所示。

18 绘制主卧室顶面图。调用L【直线】命令，绘制直线，窗帘盒的绘制结果如图9-104所示。

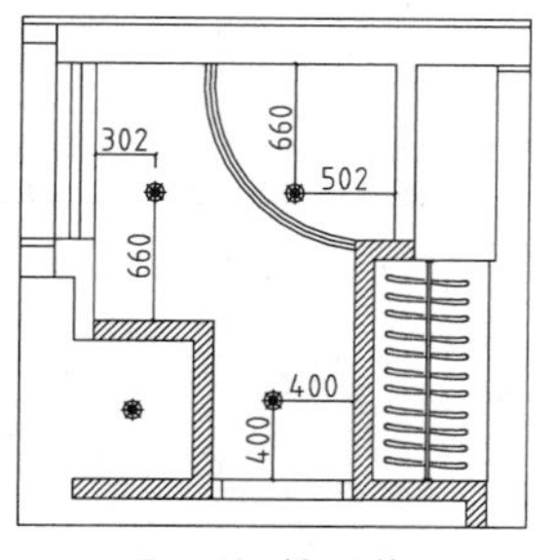

图9-103 插入图块

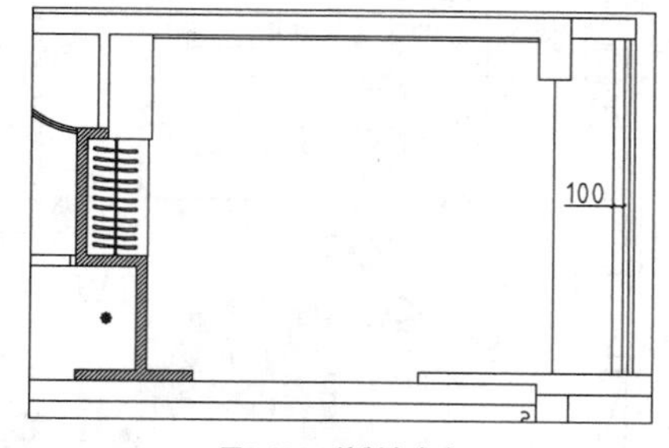

图9-104 绘制窗帘盒

19 调用M【移动】命令，从图例表中移动、复制吸顶灯图形至顶面图中，结果如图9-105所示。

20 沿用前面介绍的方法，绘制标高标注、文字标注、图名标注，完成顶面布置图的绘制结果如图9-106所示。

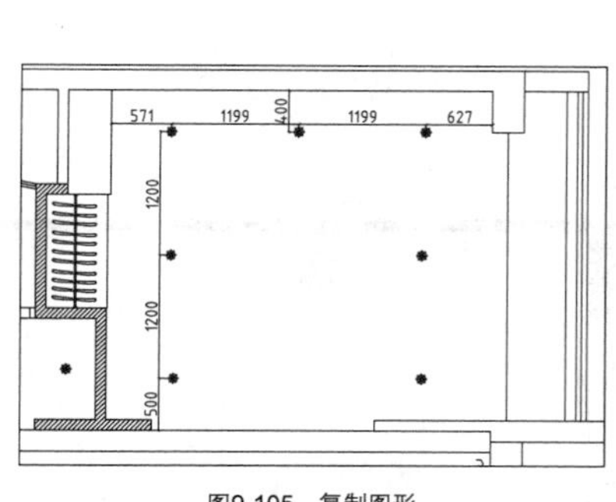

图9-105 复制图形

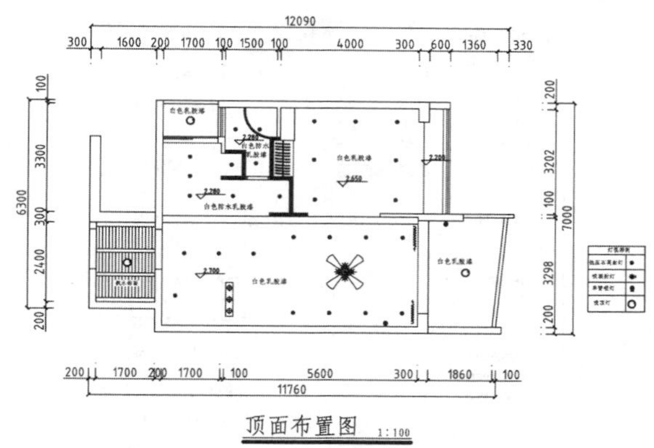

图9-106 绘制结果

9.7 绘制小户型立面图

在上面我们说到，小户型的装饰重点主要在墙面，因为既可以节省空间，又能体现装修风格。下面，我们将共同学习小户型主要立面图的绘制，而读者也可以借机认识东南亚风格的装饰特点。

本节选用客厅B立面、餐厅、厨房和阳台A立面、主卧室A立面以及卫生间A立面图，向读者介绍各个空间立面图的绘制方法。

9.7.1 绘制客厅B立面图

客厅B立面图主要表现客厅推拉门、洗手盆、厨房的冰箱以及与厨房相邻的生活阳台。在墙面装饰上，主要使用了石材和乳胶漆，富有东南亚风格的白沙米黄石材以及充满原野气息的绿色乳胶漆更好地诠释了东南亚风格。

绘制客厅B立面图主要调用L【直线】命令、O【偏移】命令、TR【修剪】命令、H【填充】等命令。下面介绍客厅B立面图的绘制方法。

01 加入立面索引符号。按Ctrl+O组合键，打开配套光盘提供的“第9章\家具图例.dwg”文件，将其中的立面索引符号复制、粘贴至平面布置图中，结果如图9-107所示。

02 绘制立面外轮廓。调用REC【矩形】命令，绘制矩形；调用X【分解】命令，分解矩形；调用O【偏移】命令，偏移矩形边；调用TR【修剪】命令，修剪线段，结果如图9-108所示。

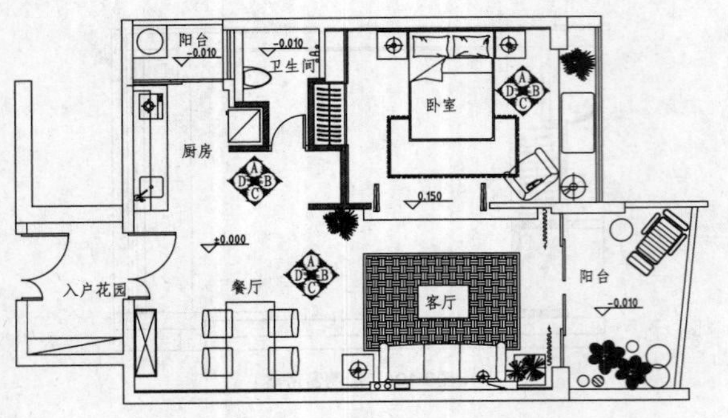

图9-107 加入立面索引符号

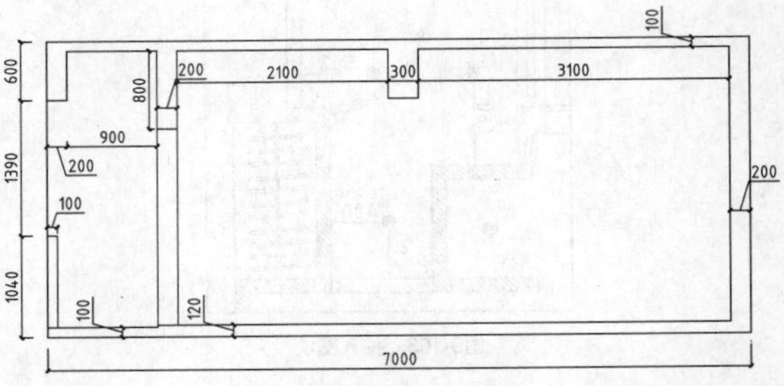

图9-108 绘制结果

03 调用H【填充】命令，打开【图案填充和渐变色】对话框，设置参数如图9-109所示。

04 在绘图区中点取填充区域，填充结果如图9-110所示。

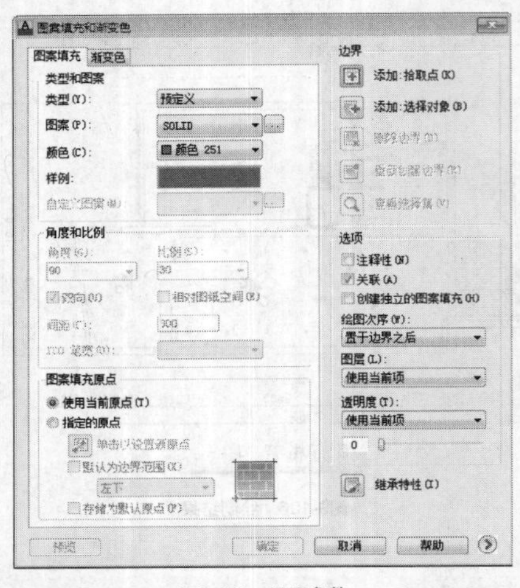

图9-109 设置参数

图9-110 填充结果

05 绘制立面窗。调用O【偏移】命令，设置偏移距离为75，偏移直线，绘制立面窗图形的结果如图9-111所示。

06 调用REC【矩形】命令，绘制矩形；调用O【偏移】命令，向内偏移矩形；调用L【直线】命令，绘制直线，图形的绘制结果如图9-112所示。

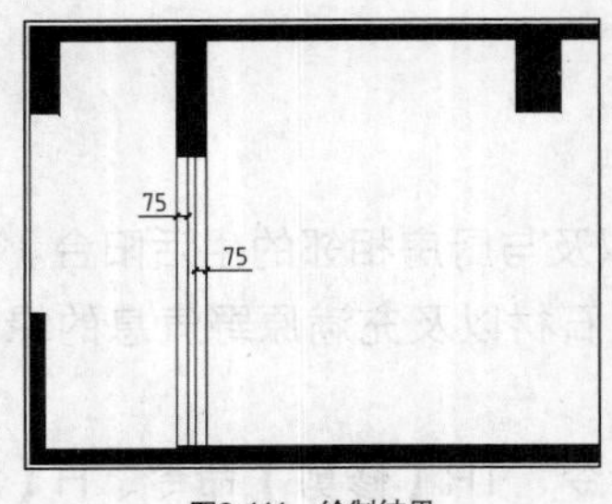

图9-111 绘制结果

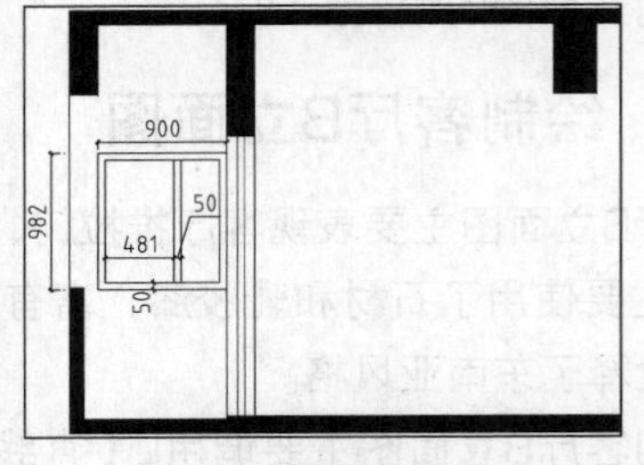

图9-112 绘制结果

07 调用O【偏移】命令，偏移线段；调用TR【修剪】命令，修剪线段，结果如图9-113所示。

08 调用O【偏移】命令、TR【修剪】命令，绘制并修剪图形，结果如图9-114所示。

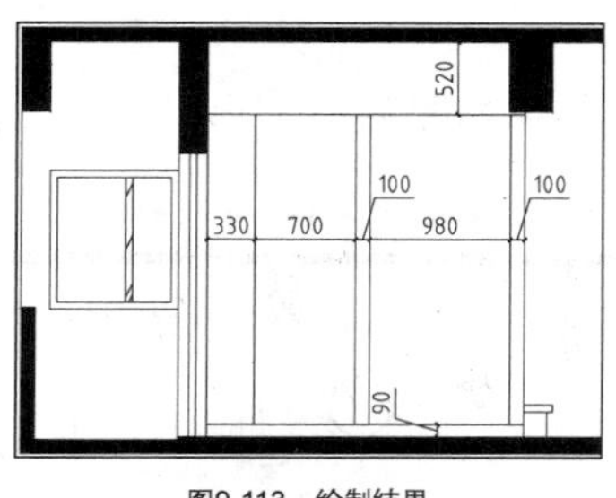

图9-113　绘制结果

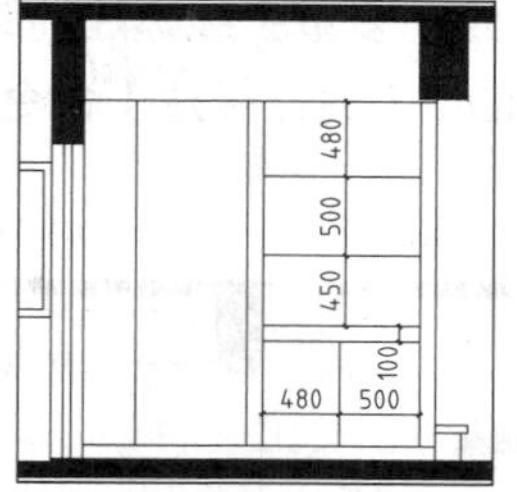

图9-114　绘制图形

09 调用L【直线】命令，绘制直线；按Ctrl+O组合键，打开配套光盘提供的“第9章\家具图例.dwg”文件，将其中窗帘图形复制、粘贴至当前图形中，插入图块的结果如图9-115所示。

10 调用L【直线】命令，绘制直线；调用O【偏移】命令，偏移直线；调用TR【修剪】命令，修剪直线，结果如图9-116所示。

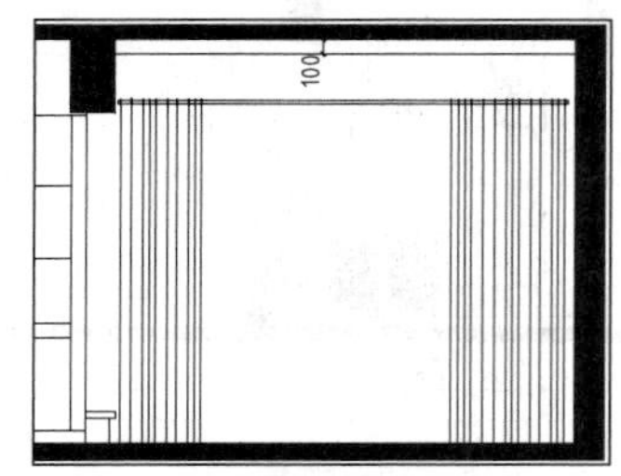

图9-115　插入图块

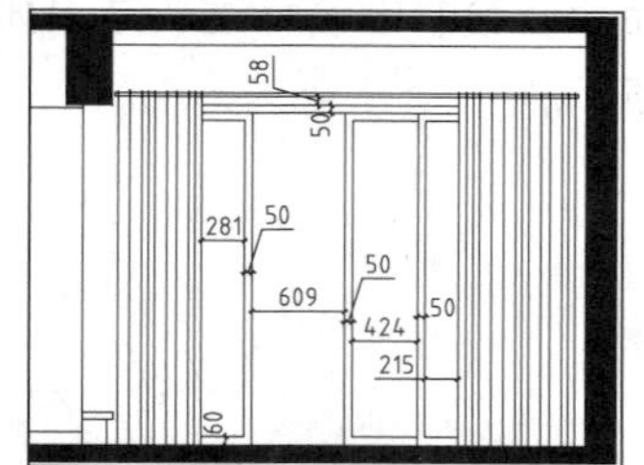

图9-116　绘制结果

11 调用H【填充】命令，在打开的【图案填充和渐变色】对话框中设置参数，结果如图9-117所示。

12 在绘图区中拾取填充区域，绘制填充图案的结果如图9-118所示。

图9-117　设置参数

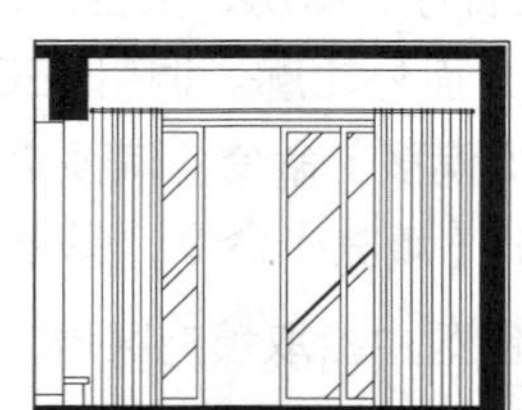
图9-118　填充结果

13 按Ctrl+O组合键，打开配套光盘提供的“第9章\家具图例.dwg”文件，将其中家具图形复制、粘贴至当前图形中，调用TR【修剪】命令，修剪多余线段，插入图块的结果如图9-119所示。

图9-119　插入图块

14 调用MLD【多重引线】标注命令，分别指定引线箭头的位置、引线基线的位置，绘制多重引线标注的结果如图9-120所示。

15 调用DLI【线性标注】命令，为立面图绘制尺寸标注，结果如图9-121所示。

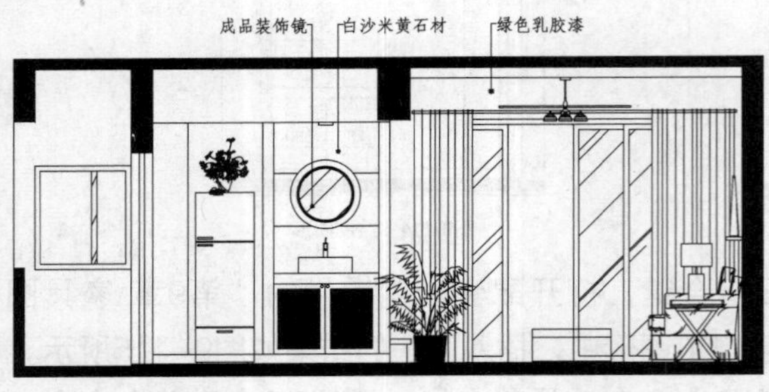

图9-120 文字标注

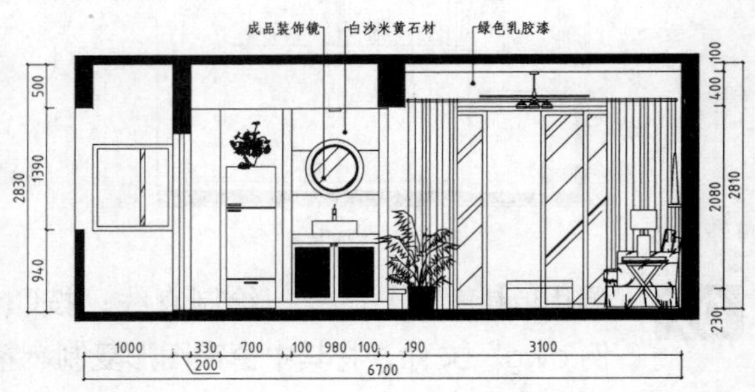

图9-121 尺寸标注

16 调用MT【多行文字】命令、L【直线】命令，绘制图名标注，结果如图9-122所示。

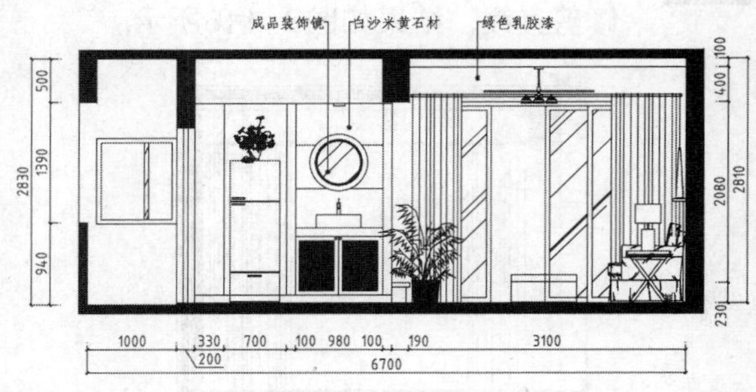

图9-122 图名标注

9.7.2 绘制餐厅、厨房和阳台D立面

餐厅、厨房、阳台的D立面图主要表现了餐厅、厨房、阳台D立面上的所有物及装饰装修情况。由于考虑到空间的问题，小户型中的厨房采取了开放式的处理方式，这样的处理结果使得居室内的视野扩大，减少了狭隘感，是小面积创造大空间的优秀案例。

绘制餐厅、厨房、阳台的D立面图主要调用的命令有L【直线】命令、O【偏移】命令、H【填充】命令等。

本节介绍餐厅、厨房、阳台的D立面图的绘制方法。

01 绘制立面外轮廓。调用REC【矩形】命令，绘制矩形；调用X【分解】命令，分解矩形；调用O【偏移】命令，偏移矩形边；调用TR【修剪】命令，修剪线段，结果如图9-123所示。

02 调用H【填充】命令，弹出【图案填充和渐变色】对话框，设置参数如图9-124所示。

03 在绘图区中拾取填充区域，绘制图案填充的结果如图9-125所示。

04 调用O【偏移】命令，偏移线段；调用TR【修剪】命令，修剪线段，结果如图9-126所示。

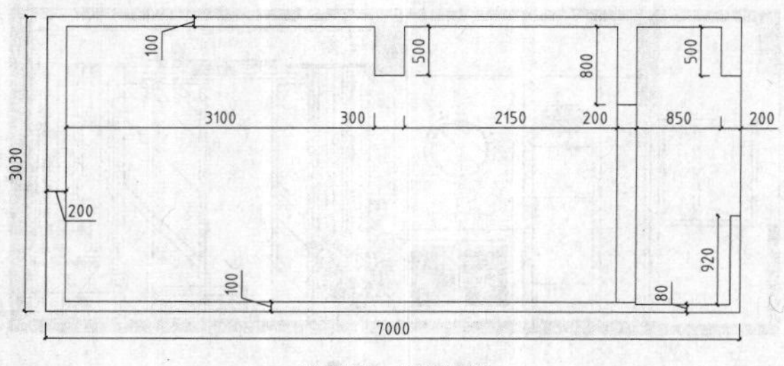

图9-123 绘制结果

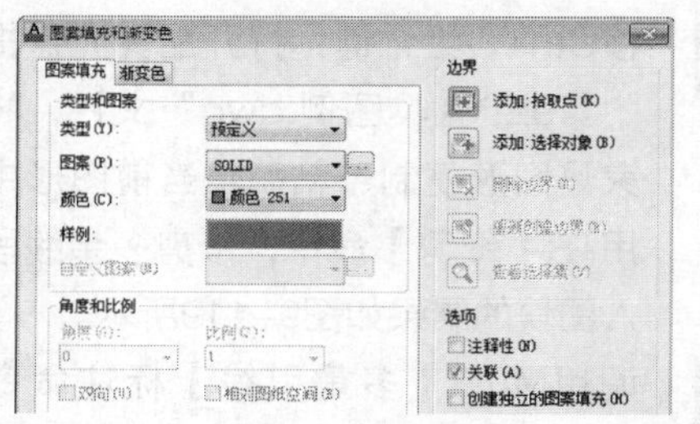

图9-124 设置参数

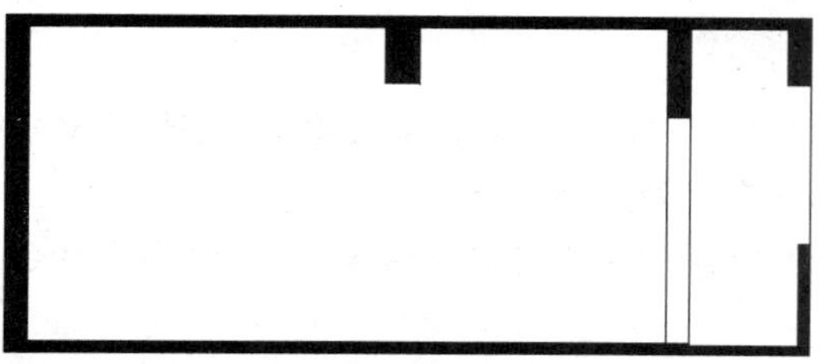
图9-125　图案填充

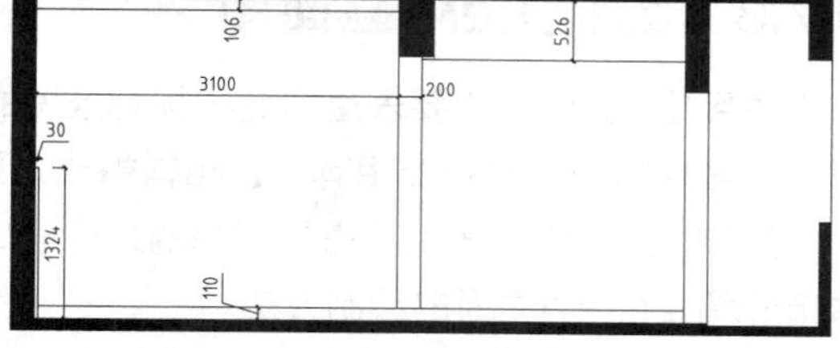

图9-126　绘制结果

05 调用L【直线】命令，绘制直线；按Ctrl+O组合键，打开配套光盘提供的“第9章\家具图例.dwg”文件，将其中厨具图形复制、粘贴至当前图形中，调用TR【修剪】命令，修剪多余线段，插入图块的结果如图9-127所示。

06 调用O【偏移】命令，偏移线段；调用TR【修剪】命令，修剪线段，结果如图9-128所示。

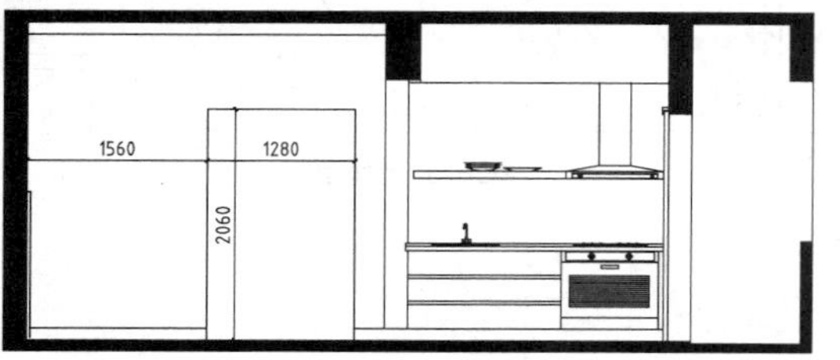

图9-127　绘制结果

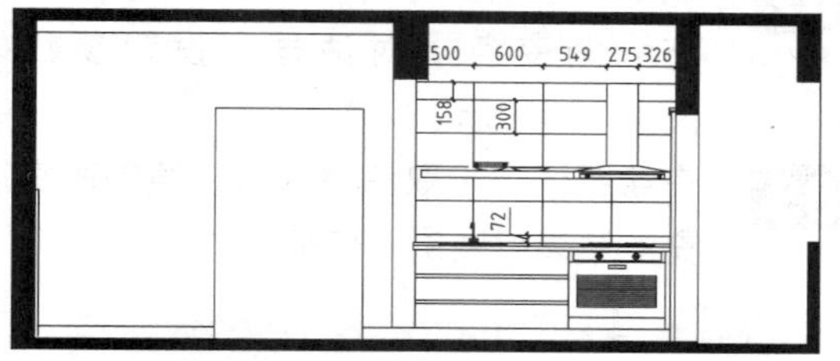

图9-128　修剪结果

07 按Ctrl+O组合键，打开配套光盘提供的“第9章\家具图例.dwg”文件，将其中家具图形复制、粘贴至当前图形中，插入图块的结果如图9-129所示。

08 调用MLD【多重引线】标注命令，分别指定引线箭头的位置、引线基线的位置，绘制多重引线标注的结果如图9-130所示。

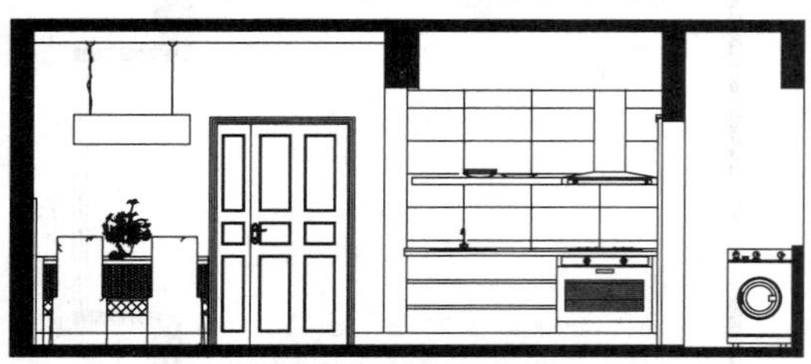
图9-129　插入图块

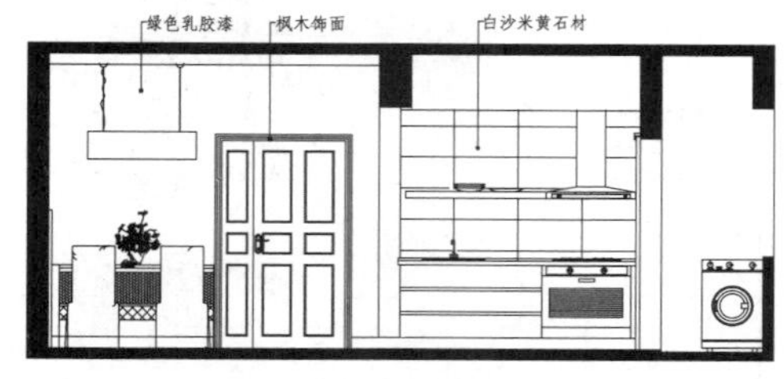

图9-130　文字标注

09 调用DLI【线性标注】命令，为立面图绘制尺寸标注，结果如图9-131所示。

10 调用MT【多行文字】命令、L【直线】命令，绘制图名标注，结果如图9-132所示。

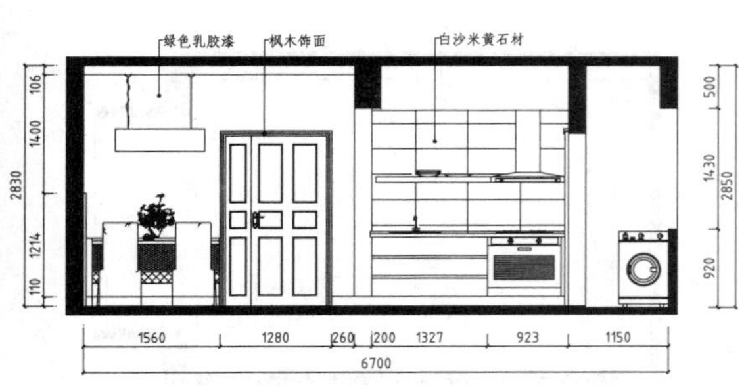

图9-131　尺寸标注

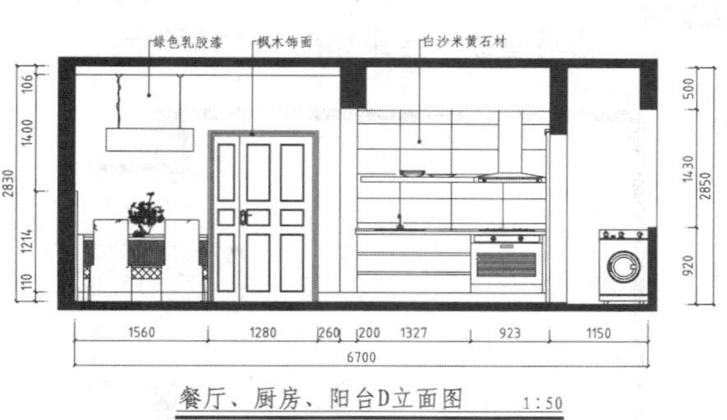

图9-132　图名标注

9.7.3 绘制主卧A立面图

主卧室A立面图主要表达的是床头背景墙的装饰材料、尺寸以及效果。床头背景墙使用了枫木饰面，与客厅的使用材料交相辉映，相辅相成，更加凸显了东南亚风格的特色。

绘制主卧室A立面主要需要调用的命令有O【偏移】命令、TR【修剪】命令、H【填充】命令。本节介绍主卧室A立面的绘制方法。

01 绘制立面轮廓。调用REC【矩形】命令，绘制矩形；调用X【分解】命令，分解矩形；调用O【偏移】命令，偏移矩形边；调用TR【修剪】命令，修剪线段，结果如图9-133所示。

02 调用H【填充】命令，弹出【图案填充和渐变色】对话框，设置参数如图9-134所示。

03 在绘图区中拾取填充区域，绘制图案填充的结果如图9-135所示。

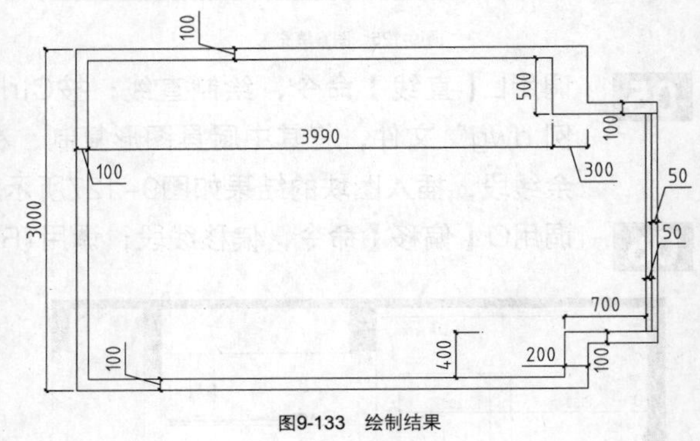

图9-133 绘制结果

图9-134 设置参数

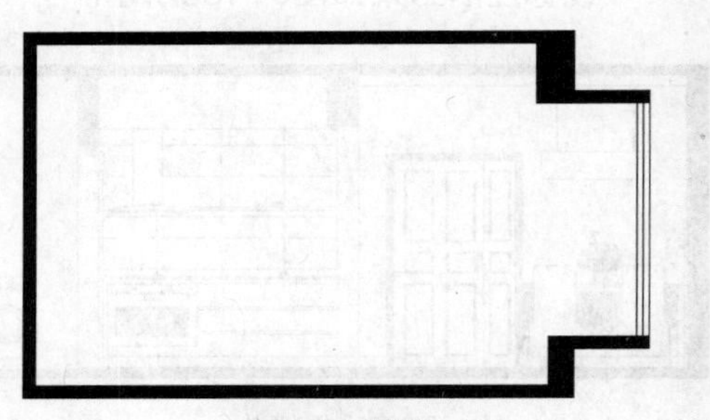
图9-135 图案填充

04 调用L【直线】命令，绘制直线；调用TR【修剪】命令，修剪线段，结果如图9-136所示。

05 调用L【直线】命令，绘制直线；调用O【偏移】命令，偏移直线；调用TR【修剪】命令，修剪直线，结果如图9-137所示。

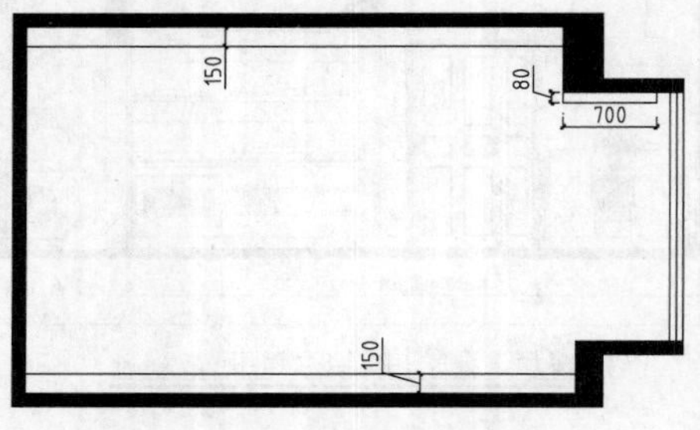

图9-136 绘制直线

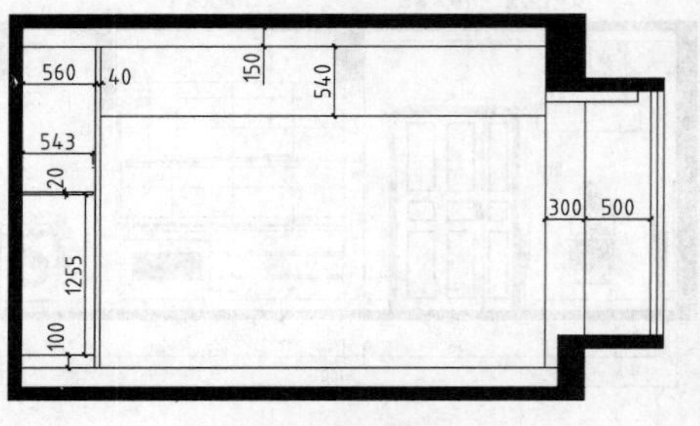

图9-137 修剪结果

06 调用O【偏移】命令，偏移直线；调用TR【修剪】命令，修剪直线；调用REC【矩形】命令，绘制矩形；调用O【偏移】命令，偏移矩形，结果如图9-138所示。

07 调用CO【复制】命令，移动、复制图形，结果如图9-139所示。

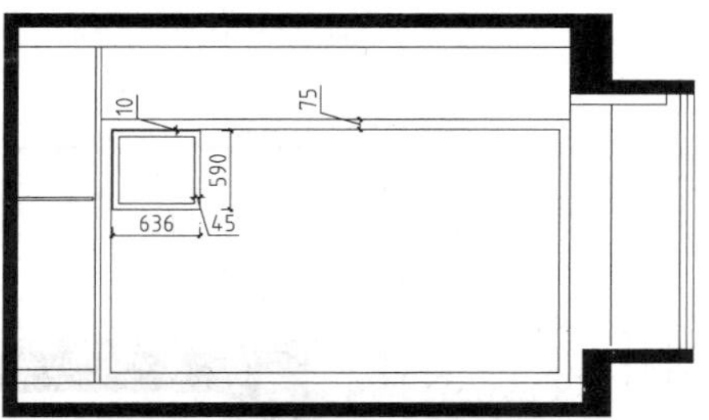

图9-138　绘制结果

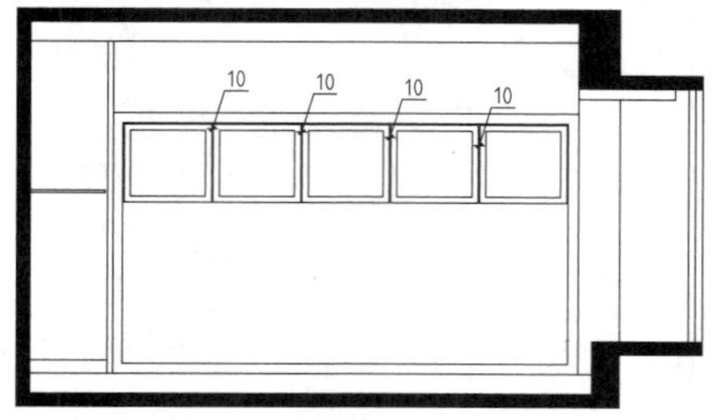

图9-139　复制结果

08 调用H【填充】命令，弹出【图案填充和渐变色】对话框，设置参数如图9-140所示。

09 在绘图区中拾取填充区域，绘制图案填充的结果如图9-141所示。

图9-140　设置参数

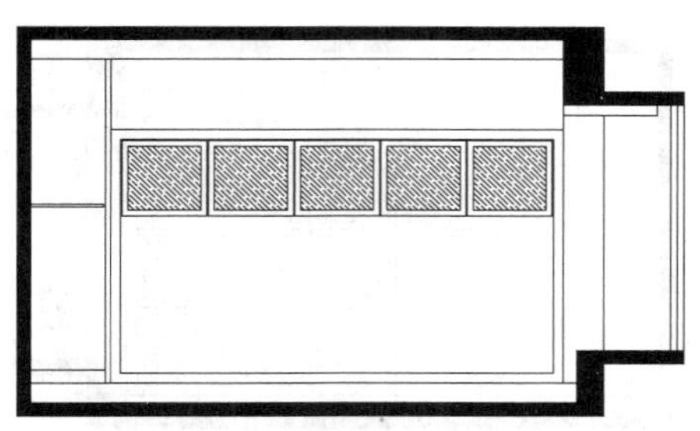
图9-141　图案填充

10 调用CO【复制】命令，移动复制绘制完成的图形，结果如图9-142所示。

11 调用REC【矩形】命令，绘制尺寸为720×30的矩形，结果如图9-143所示。

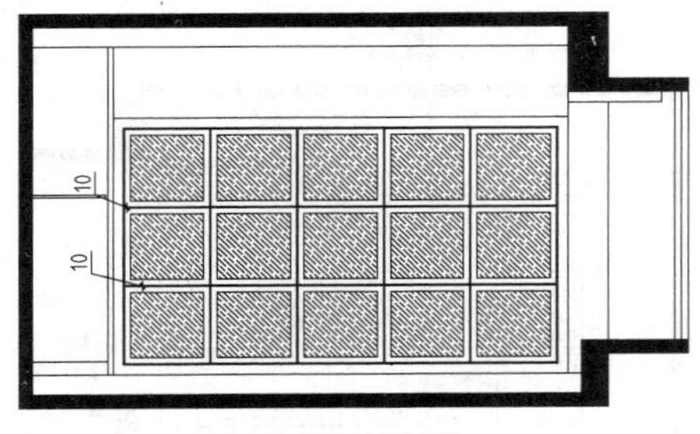

图9-142　移动复制

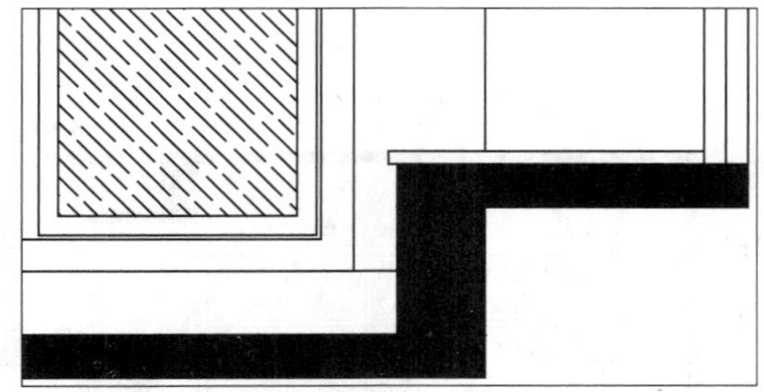
图9-143　绘制矩形

12 调用H【填充】命令，弹出【图案填充和渐变色】对话框，设置参数如图9-144所示。

13 在绘图区中拾取填充区域，绘制图案填充的结果如图9-145所示。

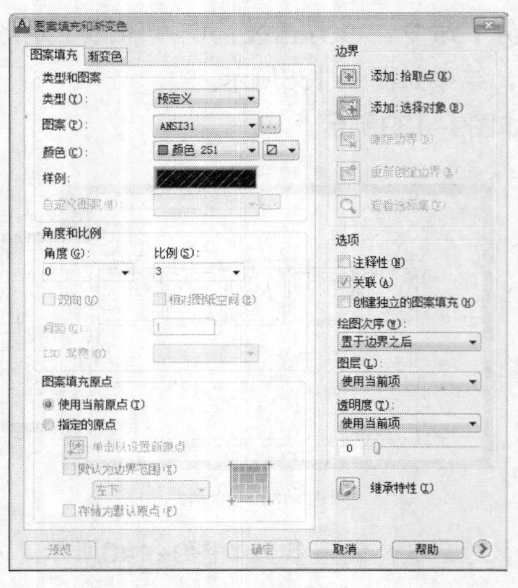

图9-144 设置参数

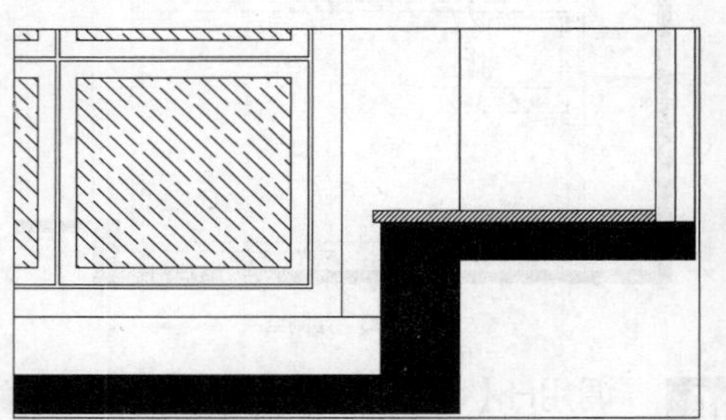
图9-145 图案填充

14 按Ctrl+O组合键，打开配套光盘提供的“第9章\家具图例.dwg”文件，将其中家具图形复制、粘贴至当前图形中，插入图块的结果如图9-146所示。

15 调用MLD【多重引线】标注命令，分别指定引线箭头的位置、引线基线的位置，绘制多重引线标注的结果如图9-147所示。

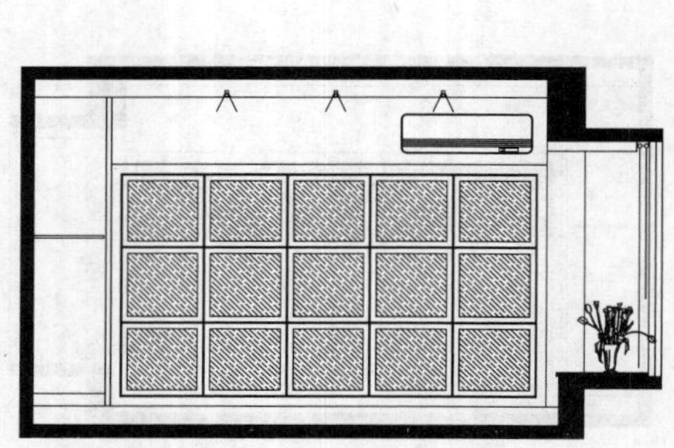
图9-146 插入图块

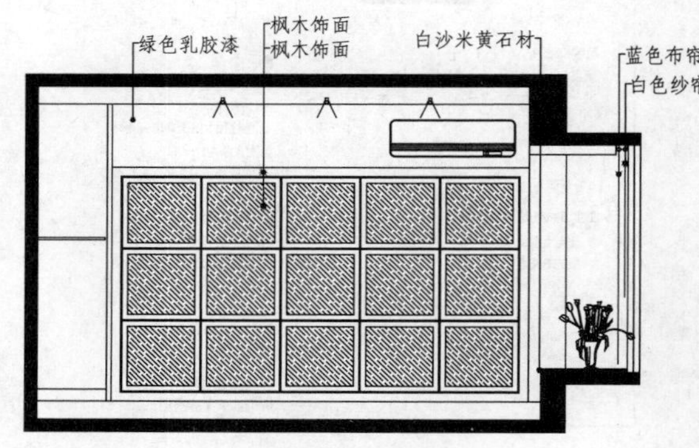

图9-147 文字标注

16 调用DLI【线性标注】命令，为立面图绘制尺寸标注，结果如图9-148所示。

17 调用MT【多行文字】命令、L【直线】命令，绘制图名标注，结果如图9-149所示。

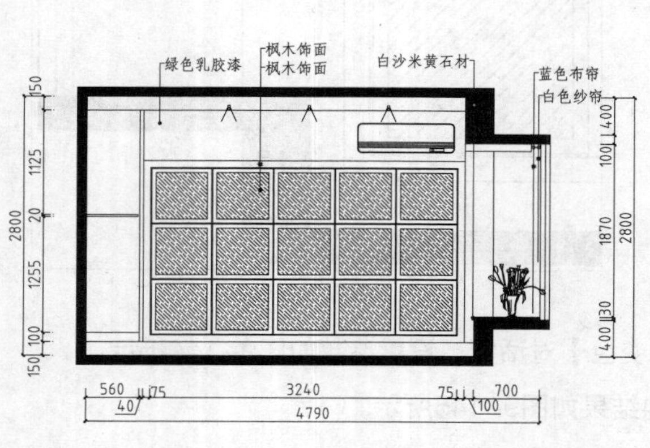

图9-148 尺寸标注

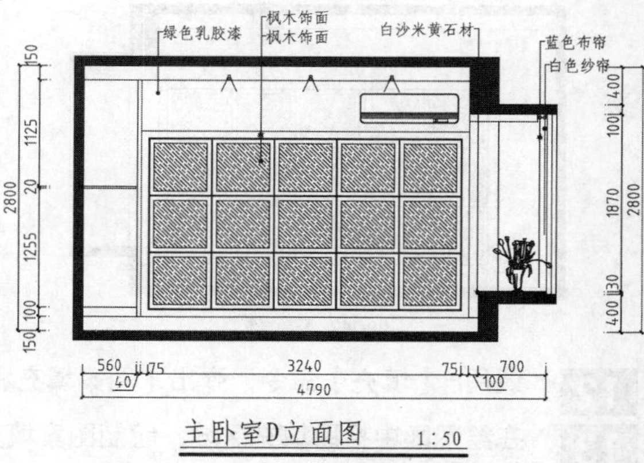

图9-149 图名标注

9.7.4 绘制卫生间A立面图

卫生间A立面图主要表达了墙面的装饰材料、洁具的安装位置及尺寸。卫生间的面积较小，所以，并没有放置浴缸和洗脸盆等图形，而是为用户设置了淋雨喷头，既节省了空间，又满足了需求。

绘制卫生间A立面图主要调用了REC【矩形】命令、O【偏移】命令、TR【修剪】命令等。本节介绍卫生间A立面图的绘制方法与步骤。

01 绘制立面外轮廓。调用REC【矩形】命令，绘制矩形；调用X【分解】命令，分解矩形；调用O【偏移】命令，偏移矩形边；调用TR【修剪】命令，修剪线段，结果如图9-150所示。

02 调用H【填充】命令，弹出【图案填充和渐变色】对话框，设置参数如图9-151所示。

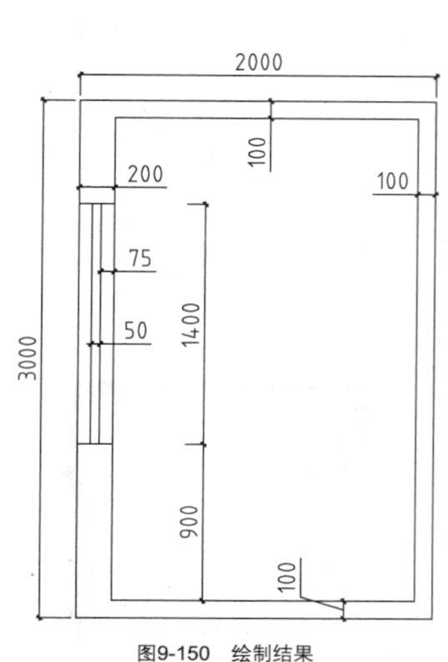

图9-150 绘制结果

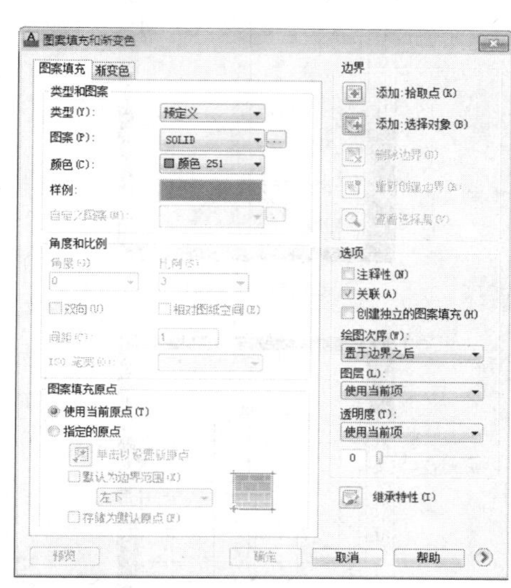

图9-151 设置参数

03 在绘图区中拾取填充区域，绘制图案填充的结果如图9-152所示。

04 调用L【直线】命令，绘制直线；调用TR【修剪】命令，修剪直线，结果如图9-153所示。

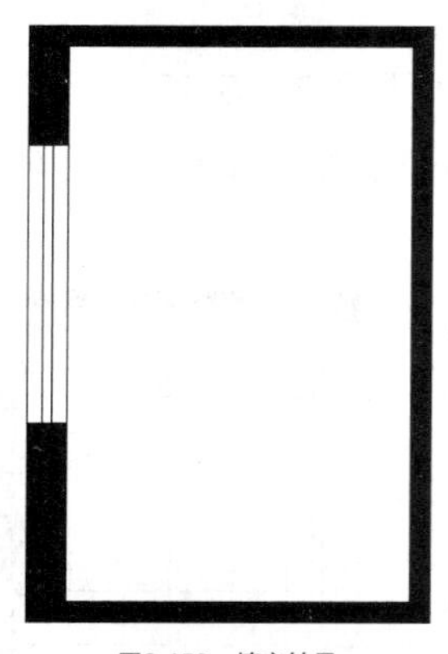
图9-152 填充结果

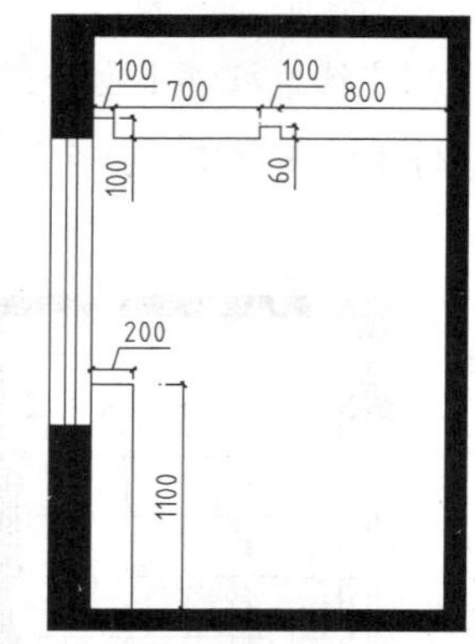

图9-153 修剪直线

05 按Ctrl+O组合键，打开配套光盘提供的“第9章\家具图例.dwg”文件，将其中洁具图形复制、粘贴至当前图形中，插入图块的结果如图9-154所示。

06 调用H【填充】命令，弹出【图案填充和渐变色】对话框，设置参数如图9-155所示。

07 在绘图区中拾取填充区域，绘制图案填充的结果如图9-156所示。

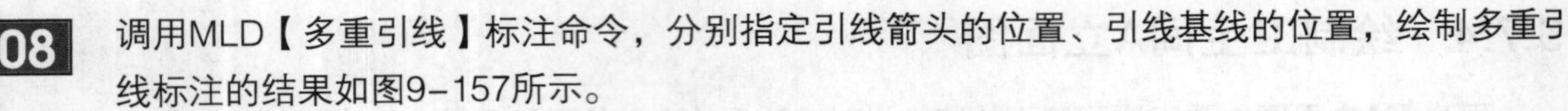

08 调用MLD【多重引线】标注命令，分别指定引线箭头的位置、引线基线的位置，绘制多重引线标注的结果如图9-157所示。

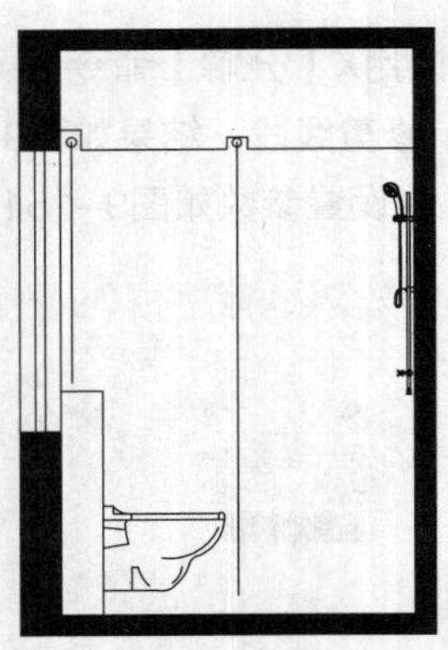

图9-154 插入图块

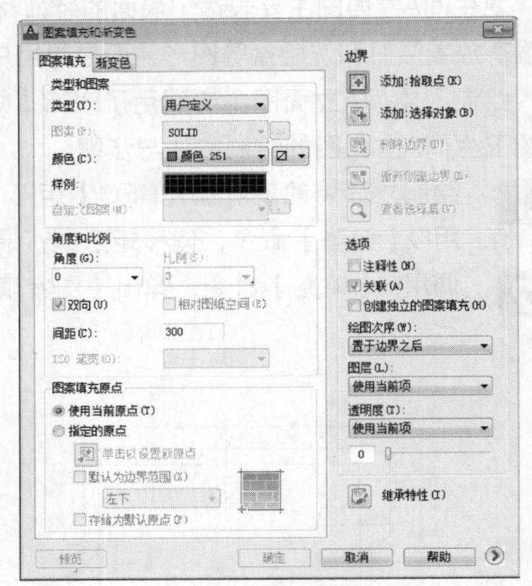

图9-155 设置参数

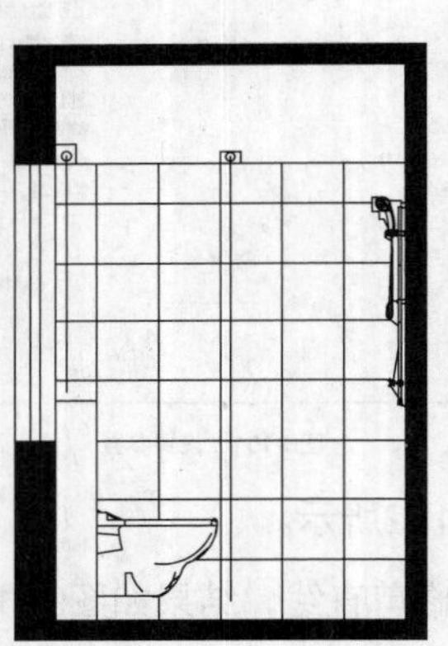

图9-156 图案填充

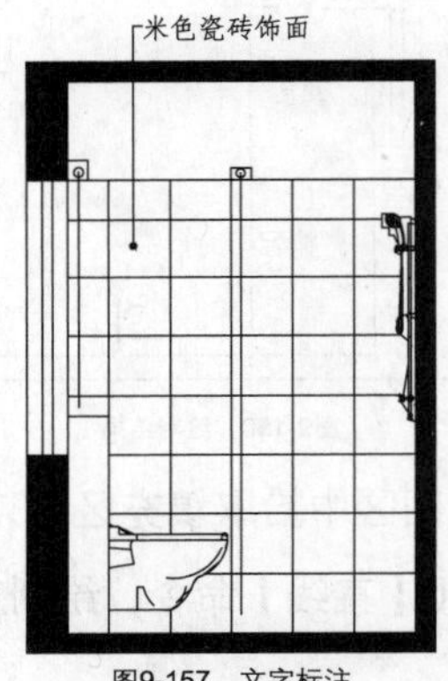

图9-157 文字标注

09 调用DLI【线性标注】命令，为立面图绘制尺寸标注，结果如图9-158所示。

10 调用MT【多行文字】命令、L【直线】命令，绘制图名标注，结果如图9-159所示。

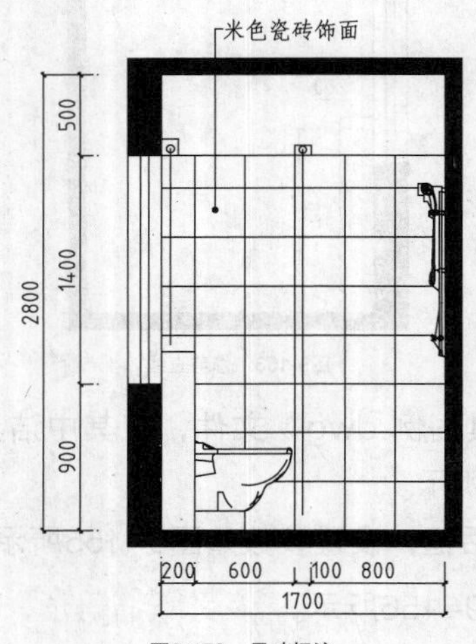

图9-158 尺寸标注

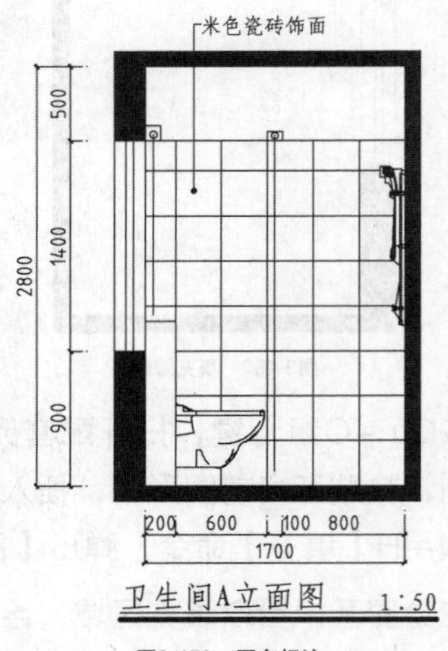

图9-159 图名标注

第10章

错层三居室室内设计

三居室主要有三室一厅、三室两厅两种结构。三居室尤其是三室两厅房，是一种相对成熟、定型的房型，一般居住时间较长，用户对功能要求较全，且审美要求也不一样，因此，装修设计时应注意的问题较多。
本章介绍错层的三居室室内设计施工图纸的绘制方法，对在三居室的设计装潢中遇到的普遍问题做一个大致的讲解，希望对读者有所帮助。

10.1 错层室内设计概述

错层住宅作为一种新的概念，是一种理念的创新，它是指每套住宅房型不同、使用功能区不在同一平面上形成多个不同标高平面的使用空间和变化的视觉效果，使住宅室内环境错落有致，极富韵律感。

错层住宅可以说是从小别墅、公寓的空间演变而来，并逐渐在多层和高层上运用和发展。其一，错层房型在居住功能上具有较好的合理性，进门通过玄关后是起居室和餐厅，二进或三进是卧室、书房，另配有卫生间和壁橱。其二，是使用功能上搭配独特，如区域布局动静分区、干湿分离。其三，是居住的私密性大大加强，起居室和卧室互不干扰，不同功能的区域完全是一个独立的空间。其四，是居住的便利性，错层住宅没有别墅中的环形楼梯，一般每进只有3～5级台阶，进出方便，来去自由。其五，是居住档次和品位得到提升，错层房型同样具有别墅的功能和感觉，比平面住宅更富有层次感，在居住区的舒适程度上有着一般住宅无法比拟的超前性和实用性。

图10-1为错层居室中客厅布置的展示。

同时，由于是平面错层，也给立面造型带来创新，使建筑物的形体塑造更加丰富多彩。

住宅是人居住和活动的空间，人们对住宅的舒适性要求非常高。因此，住宅尺度的合理设计是决定住宅设计成功的关键因素之一。

图10-1　客厅布置

通常，住宅的层高为2.8m。这个尺度能满足人们生活的各种需要，并且为人们所熟悉和接受，因此，错层的高度满足生活要求和人的心理影响的程度成为错层住宅设计的重要因素。成年男子的身高一般在1.7～1.8m，门洞的合理尺度应在2.0m以上，通道的合理尺度应在2.2m以上，否则，会使人感到压抑不适。

错层的高度不同，会给人带来不同的心理感受。如果高差太小，则起不到空间变化的效果，而且高差太小不能引起人们的注意，容易绊倒发生危险；如果高差太大，因不能看见站在上层人的全貌，给人以压力和恐惧感，同时，踏步数量较多，会影响起居空间的整体性，增加交通面积。合理舒适的高差应在0.3～0.45m之间，既能满足人们的心理要求，同时，结构上要采用后做踏步的结构方式，受力较为合理，且经济投入小，踏步位置灵活、自由。

错层住宅的结构方案有两种：一种是后做踏步的方式，楼面标高一致，仅在梁处有高差；另一种是现浇踏步，踏步与楼板整体浇筑，成为折板，住宅空间有一部分为斜向空间。对于后者，由于斜向空间的存在，住宅中高差对净高影响很小，因此与高差大小无关；对于前者，为使错层后仍能满足净高要求，高差应≥0.45m，方能满足檐口净高2.0m的要求

错层住宅虽然受到许多人的喜爱,但它也暴露出很多缺点和不足。其一，在使用功能上,由于室内有台阶,老年人或儿童在夜间行走很容易摔跤,很不安全。其二，在结构抗震方面,由于错层使建筑物整体质量、刚度不均匀、不对称，从而对抗震不利。其三，在住宅总体规划上，由于错层立面檐口有高差，从而使日照间距加大，对小区规划的容积率和通风采光有影响。其四，在经济性方面，由于错层的存在，对于结构要求较高，需增设梁柱，以提高结构的整体性，设备安装方面也增加了管线的转折，从而增加建造的成本，直接影响了商品房的售价。其五，在进深方面，前后错的户型对住宅的通风有影响。其六，错层设计应尽量用在大户型上，120m^{2}以下户型不宜使用，因为错层台阶占用一定面积，会使原本不大的户内空间显得更加拥挤。

10.2　绘制三居室原始户型图

三居室的原始户型图表达了原建筑的尺寸，包括居室的层高、墙体的厚度、高度、门窗洞口的尺寸等。原始户型图是进行装饰装潢的依据，在此基础上，才能根据设计意图完成对居室的规划设计与改造。

10.2.1　绘制轴线

在绘制原始户型图前，要先绘制定位轴线，以此来确定墙体的位置，进而绘制门窗等图形。

绘制轴线主要调用到的命令有L【直线】命令、O【偏移】命令、TR【修剪】命令等。本小节介绍轴线图形的绘制方法。

01 设置图层。调用LA【图层特性管理器】命令，打开【图层特性管理器】对话框，设置图层的结果如图10-2所示。

02 将【ZX_轴线】图层置为当前图层。

03 绘制轴线。调用L【直线】命令，绘制垂直直线和水平直线，结果如图10-3所示。

04 调用O【偏移】命令，偏移垂直直线和水平直线，结果如图10-4所示。

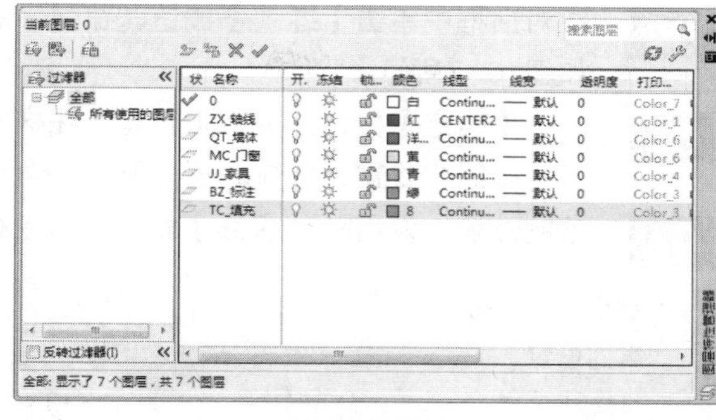

图10-2 设置图层

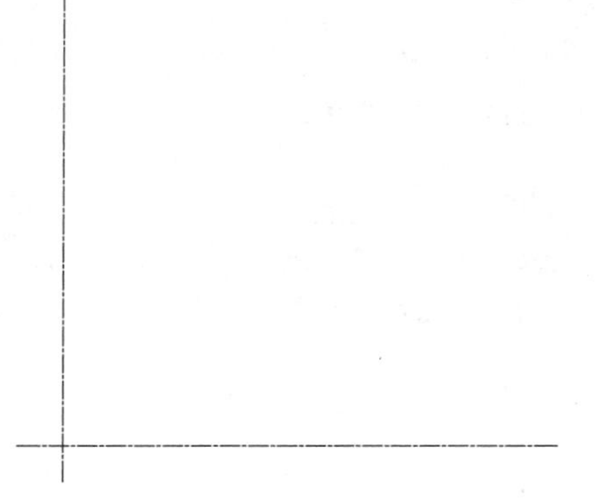

图10-3 绘制直线

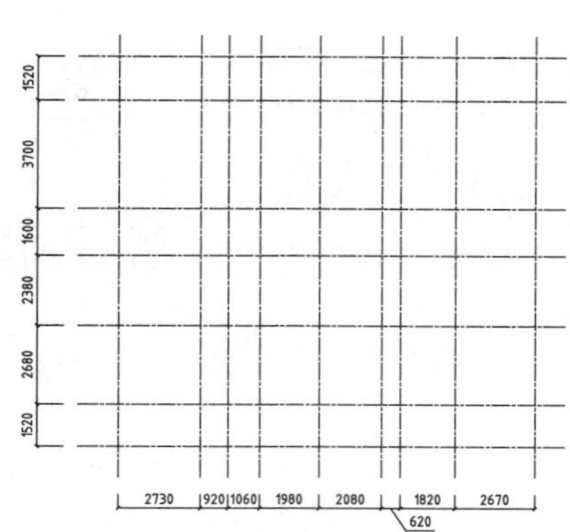

图10-4 偏移直线

10.2.2 多线绘制墙体

使用【多线】命令绘制墙体，具有无可比拟的好处。可以通过设置多线的宽度来定义墙体的宽度，绘制完成的墙体为一个整体，双击墙体图形，即可对其进行编辑修改。

绘制墙体图形主要调用PL【多线】命令，本节介绍绘制墙体的方法。

01 将【QT_墙体】图层置为当前图层。

02 设置多线样式。执行【格式】|【多线样式】命令，弹出的【多线样式】对话框，如图10-5所示。

03 在对话框中单击【确定】按钮，在弹出的【创建新的多线样式】对话框中设置参数，结果如图10-6所示。

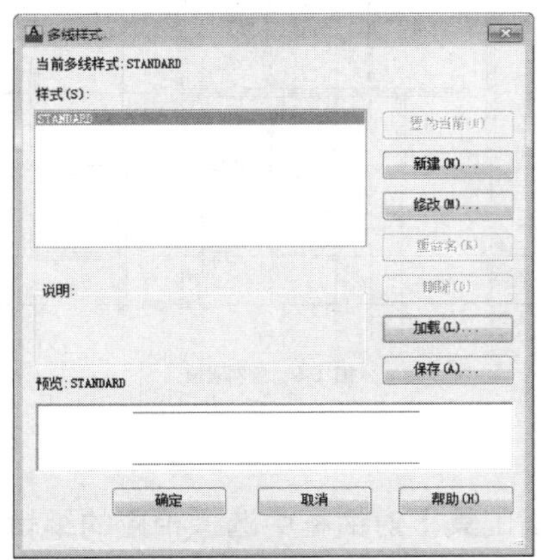

图10-5 【多线样式】对话框

图10-6 设置参数

04 在对话框中单击【继续】按钮，在弹出的【新建多线样式：外墙】对话框中设置参数，结果如图10-7所示。

05 单击【确定】按钮，关闭【新建多线样式：外墙】对话框，在【多线样式】对话框中，将新建的多线样式置为当前样式，单击【确定】按钮，关闭【多线样式】对话框。

06 绘制外墙。调用PL【多线】命令，命令行提示如下：

```
命令：MLINE↙
当前设置：对正 = 上，比例 = 200，样式 = 外墙
指定起点或 [对正(J)/比例(S)/样式(ST)]:  J          //输入J，选择“对正”选项
输入对正类型 [上(T)/无(Z)/下(B)] <无>:  Z          //输入Z，选择“无”选项

当前设置：对正 = 无，比例 = 1.00，样式 = 外墙
指定起点或 [对正(J)/比例(S)/样式(ST)]:  S          //输入S，选择“比例”选项
输入多线比例<1.00>:  1                              //设置多线比例为1
当前设置：对正 = 无，比例 = 1.00，样式 = 外墙
指定起点或 [对正(J)/比例(S)/样式(ST)]:              //指定多线的起点
指定下一点:                                         //指定多线的下一点
指定下一点或 [放弃(U)]:                             //按回车键结束绘制，结果如图10-8所示
```

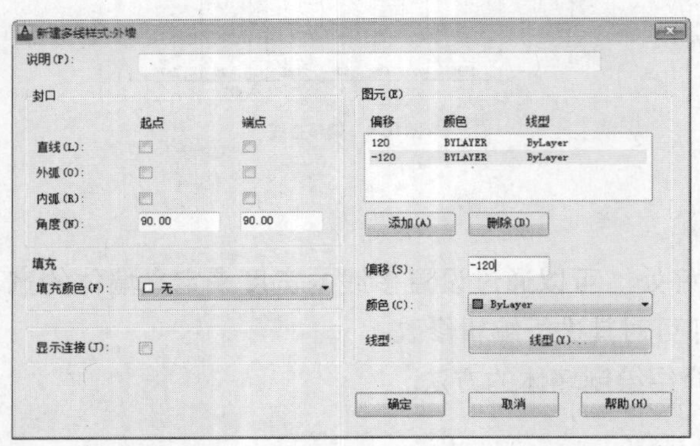

图10-7 设置参数

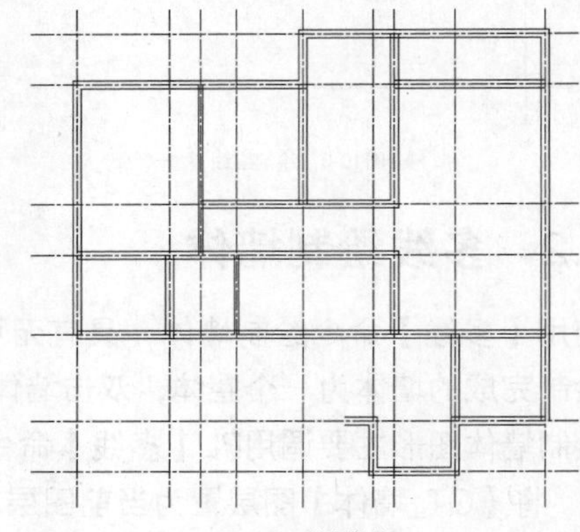
图10-8 绘制墙体

07 绘制隔墙。执行【格式】|【多线样式】命令，新建样式名称为“内墙”的多线样式，设置其偏移距离分别为60、-60，并将样式置为当前样式。

08 调用PL【多线】命令，设置对正方式为“无”，比例为1，绘制宽度为120的隔墙，结果如图10-9所示。

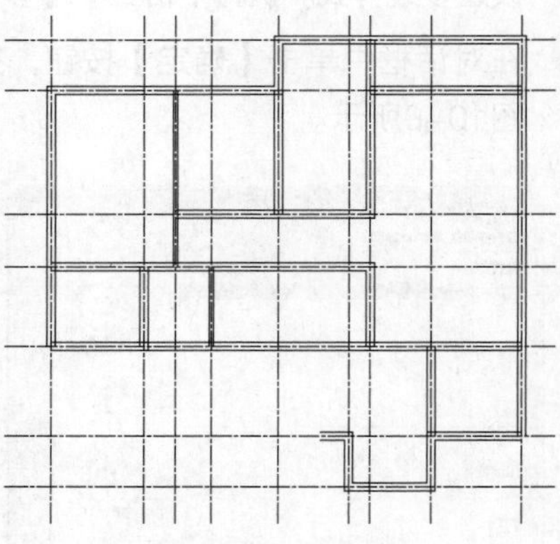

图10-9 绘制隔墙

10.2.3 修剪墙体

绘制完成的墙体可以对其进行编辑修改，在【多线编辑工具】对话框中选择相应的编辑工具，可完成对墙体的编辑修改。

本节介绍编辑修改墙体的方法。

01 编辑墙体。双击绘制完成的墙体，弹出【多线编辑工具】对话框，结果如图10–10所示。

02 在对话框中选择“T形打开”编辑工具，在绘图区中分别选择垂直墙体和水平墙体，对墙体进行编辑修改，结果如图10–11所示。

03 在对话框中选择“角点结合”编辑工具，对墙体进行编辑修改后的结果如图10–12所示。

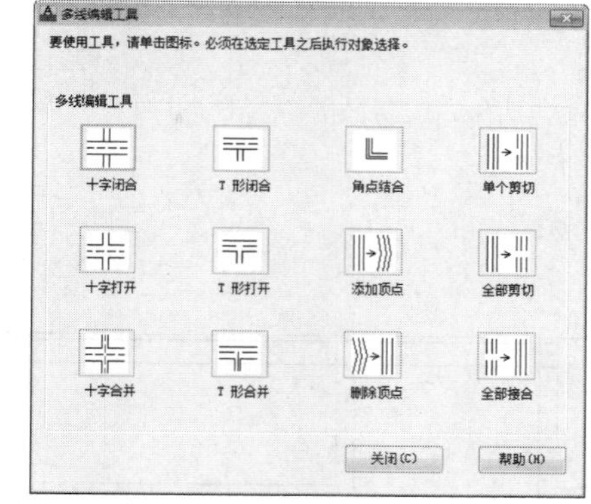

图10-10 【多线编辑工具】对话框

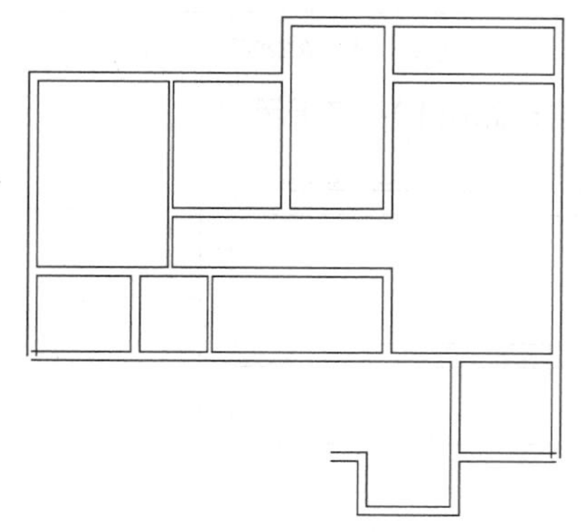
图10-11 T形打开

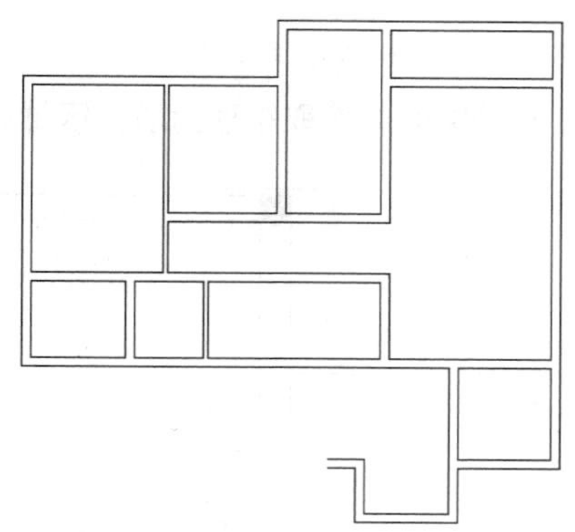
图10-12 角点结合

04 调用L【直线】命令，绘制直线，结果如图10–13所示。

05 调用X【分解】命令，将双线墙体分解；调用TR【修剪】命令，修剪直线，结果如图10–14所示。

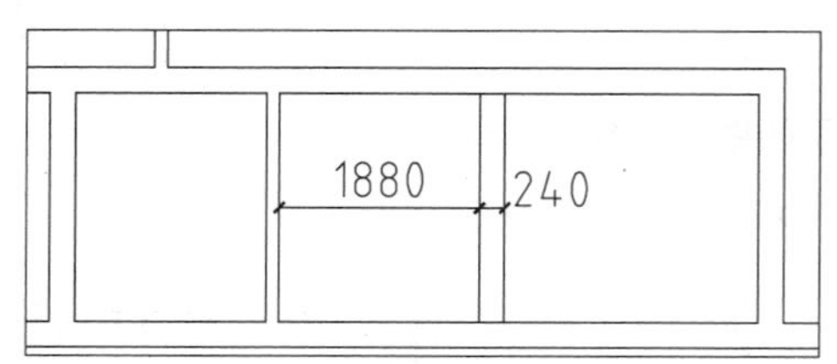

图10-13 绘制直线

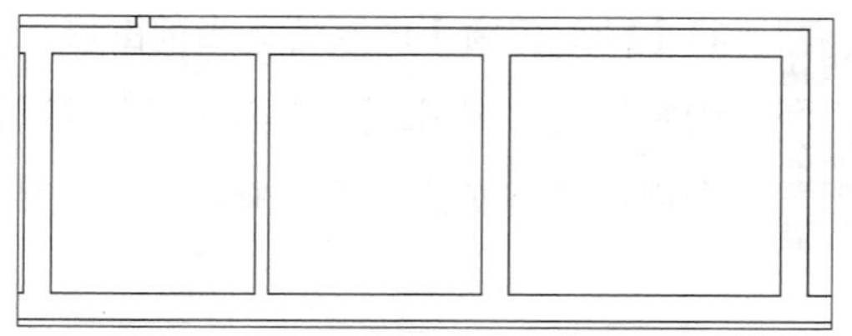
图10-14 修剪直线

10.2.4 绘制柱子

墙体编辑修改完成后，下一步就是绘制标准柱图形，标准柱图形在建筑物中起到支撑和分解受力的作用。

绘制标准柱图形主要调用到的命令有REC【矩形】命令、H【填充】命令。本节介绍绘制标准柱图形的方法。

01 调用REC【矩形】命令，绘制尺寸为240×240的矩形，结果如图10–15所示。

02 调用H【填充】命令，打开【图案填充和渐变色】对话框，设置参数如图10–16所示。

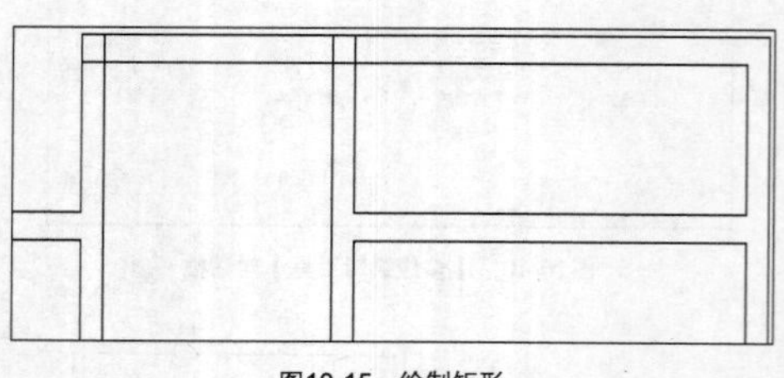

图10-15 绘制矩形

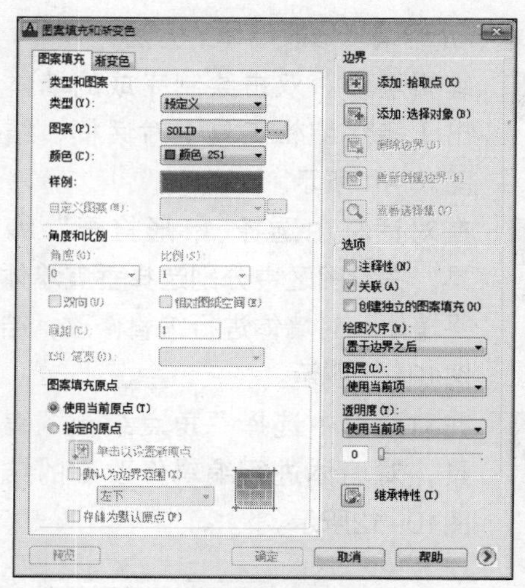

图10-16 【图案填充和渐变色】对话框

03 在绘图区中拾取矩形为填充区域，绘制图案填充的结果如图10-17所示。

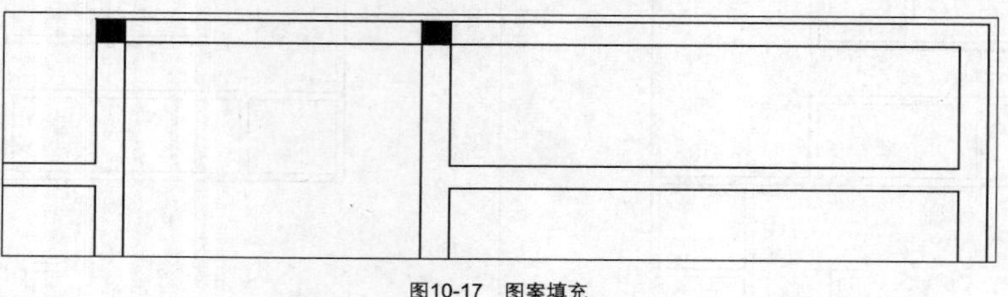

图10-17 图案填充

10.2.5 绘制门窗

在原始结构图中要绘制原建筑的门窗图形，为后面的设计改造提供参考。

绘制门窗图形主要调用到的命令有L【直线】命令、O【偏移】命令、TR【修剪】命令。本节介绍绘制门窗图形的步骤。

01 将【MC_门窗】图层置为当前图层。

02 绘制门洞。调用L【直线】命令，绘制直线，结果如图10-18所示。

03 调用TR【修剪】命令，修剪直线，结果如图10-19所示。

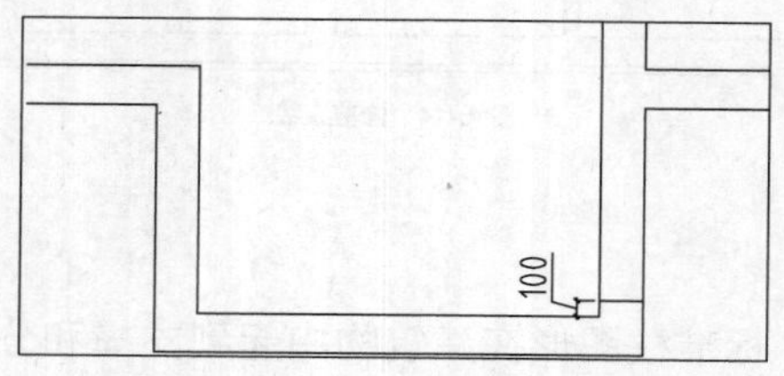

图10-18 绘制直线

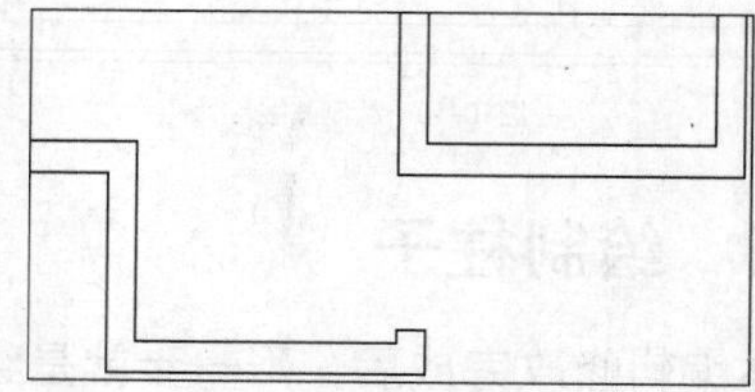

图10-19 修剪直线

04 绘制窗洞。调用L【直线】命令，绘制直线；调用O【偏移】命令，偏移直线，结果如图10-20所示。

05 绘制窗图形。调用O【偏移】命令，偏移直线，结果如图10-21所示。

06 调用TR【修剪】修剪命令，修剪线段，结果如图10-22所示。

07 重复操作，绘制其他门窗图形，结果如图10-23所示。

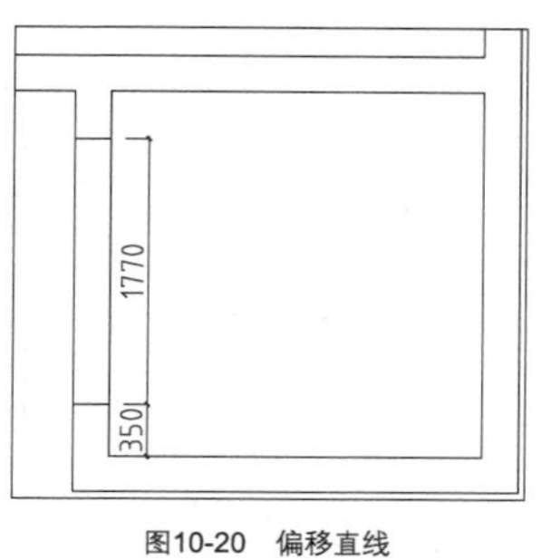

图10-20　偏移直线

图10-21　偏移直线

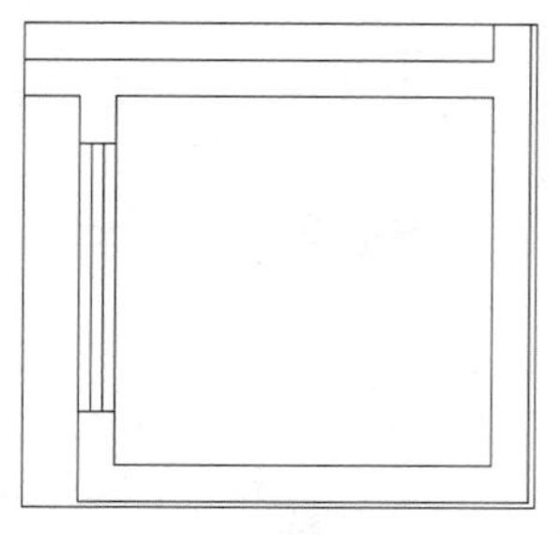
图10-22　修剪直线

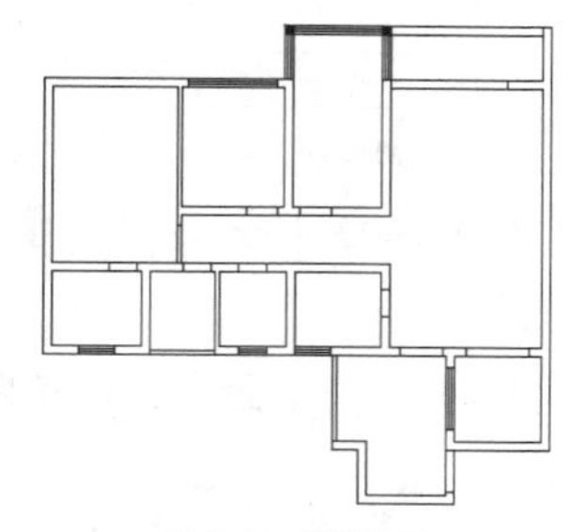
图10-23　绘制结果

08 绘制推拉门。调用REC【矩形】命令，绘制尺寸为810×40的矩形，结果如图10-24所示。

09 调用CO【复制】命令，移动、复制矩形，结果如图10-25所示。

图10-24　绘制矩形

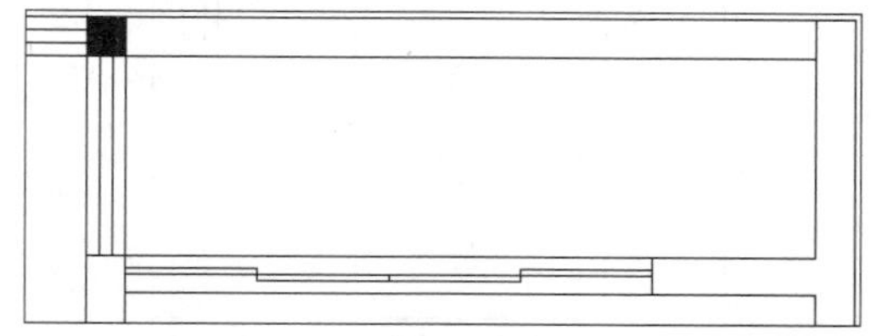
图10-25　复制矩形

10 绘制弧形窗。调用L【直线】命令，绘制直线；调用TR【修剪】命令，修剪直线，结果如图10-26所示。

11 调用L【直线】命令，绘制辅助线，结果如图10-27所示。

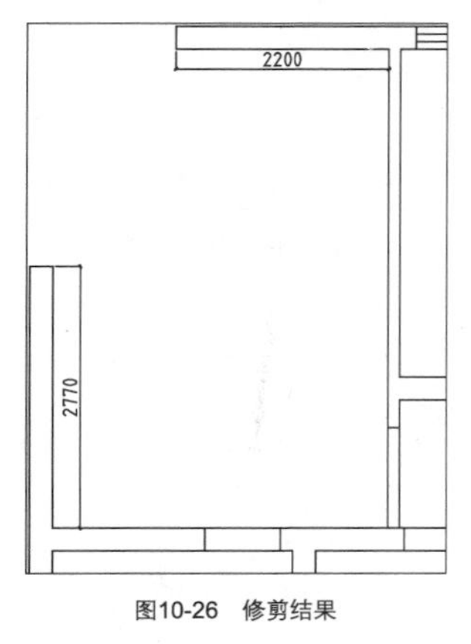

图10-26　修剪结果

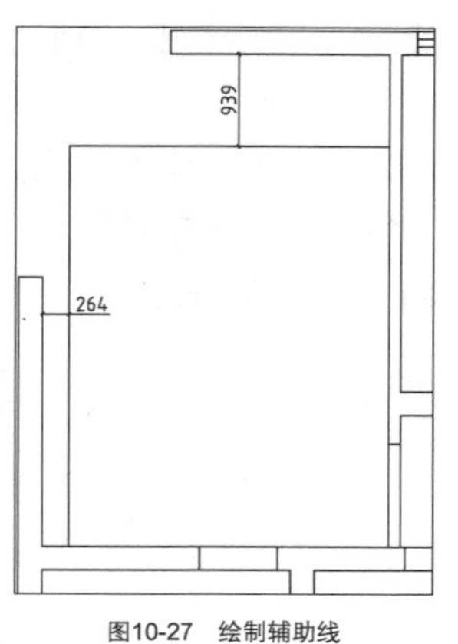

图10-27　绘制辅助线

12 调用C【圆】命令，以辅助线的交点为圆心绘制圆，结果如图10-28所示。

13 调用TR【修剪】命令，修剪图形；调用E【删除】命令，删除辅助线，结果如图10-29所示。

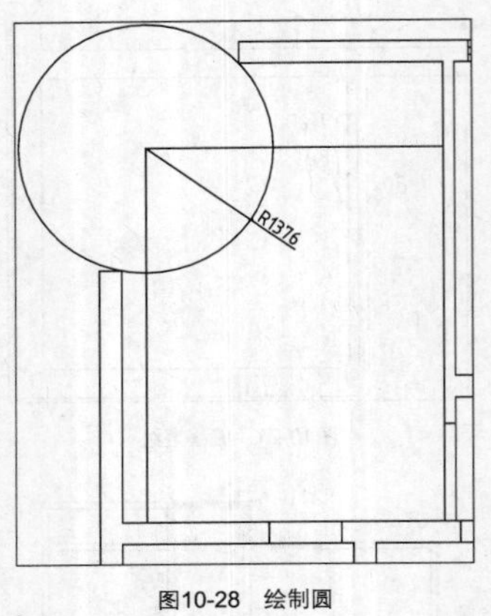

图10-28 绘制圆

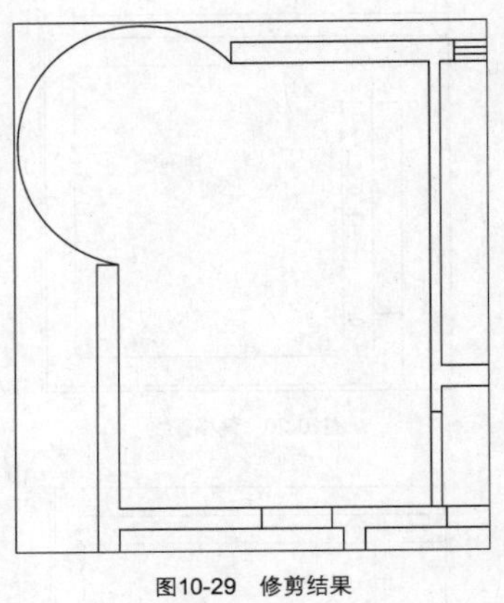
图10-29 修剪结果

14 调用O【偏移】命令，设置偏移距离为80，往外偏移修剪得到的圆弧，结果如图10-30所示。

15 调用TR【修剪】命令，修剪图形，结果如图10-31所示。

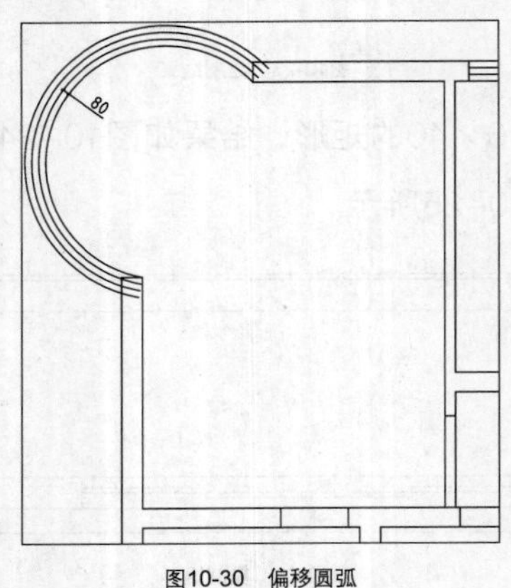

图10-30 偏移圆弧

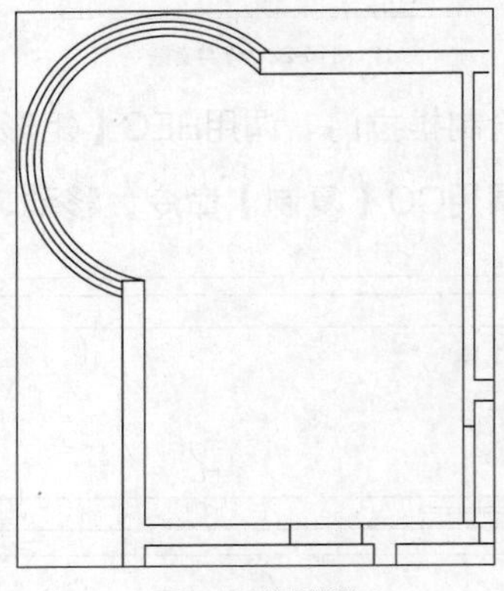
图10-31 修剪图形

16 绘制台阶。调用L【直线】命令，绘制辅助线，结果如图10-32所示。

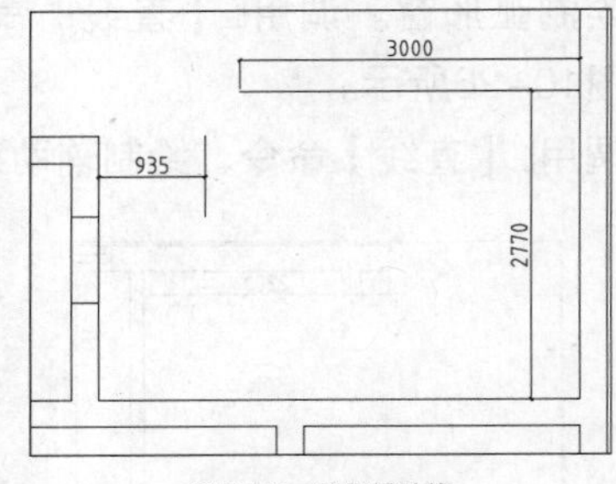

图10-32 绘制辅助线

17 调用A【圆弧】命令，绘制圆弧；调用E【删除】命令，删除辅助线，结果如图10-33所示。

18 调用O【偏移】命令，偏移直线和圆弧；调用TR【修剪】命令，修剪图形，结果如图10-34所示。

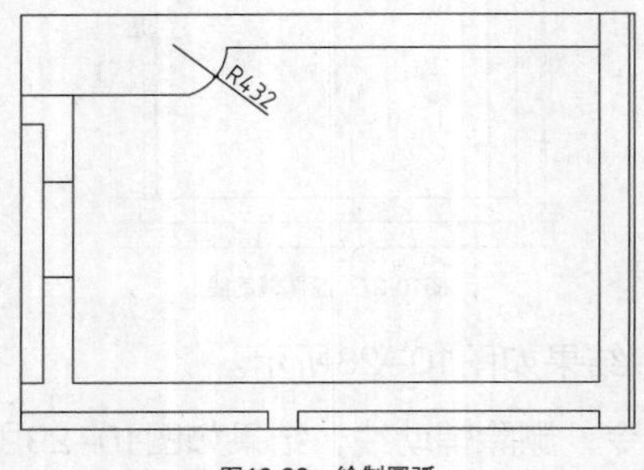

图10-33 绘制圆弧

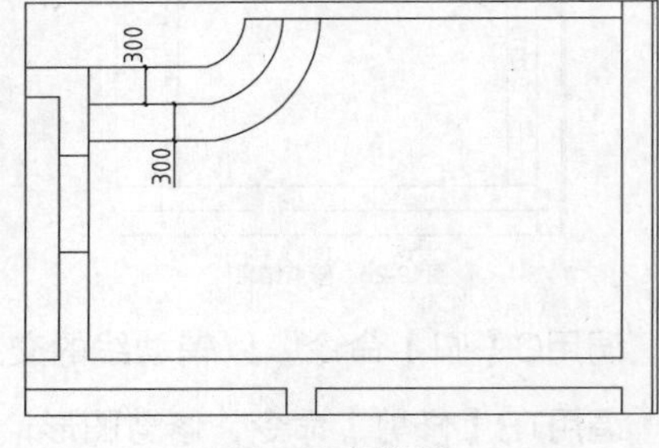

图10-34 修剪图形

10.2.6 文字标注

为图形绘制文字标注，标明各功能区的位置，使人读图时一目了然。

绘制文字标注主要调用的命令有MT【多行文字】命令，本节介绍绘制文字标注的方法。

01 将【BZ_标注】图层置为当前图层。

02 绘制文字标注。调用MT【多行文字】命令，在需要进行文字标注的区域指定对角点，在弹出的【文字格式】对话框中输入文字，如图10-35所示，在【文字格式】对话框中单击【确定】按钮，关闭对话框。

图10-35 输入文字

03 绘制文字标注的结果如图10-36所示。

04 重复操作，绘制文字标注的结果如图10-37所示。

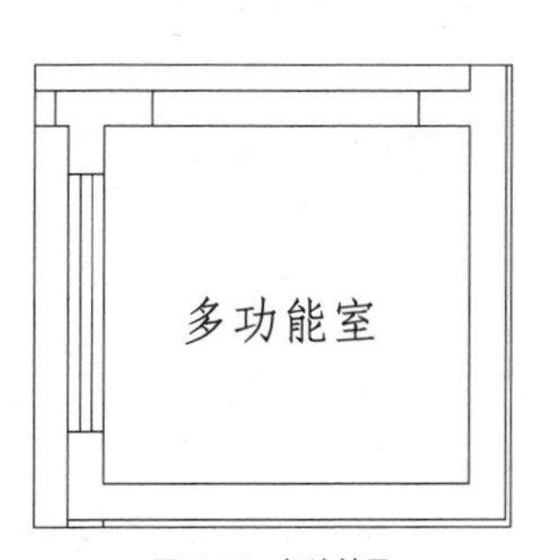

图10-36 标注结果

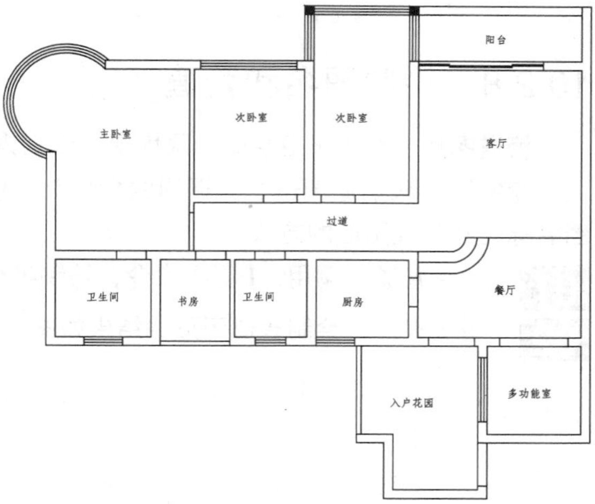

图10-37 文字标注

10.2.7 尺寸标注

尺寸标注有助于了解各功能区的长、宽尺寸以及居室的总开间和总进深尺寸。

尺寸标注主要调用到的命令有DLI【线性标注】命令，本节介绍绘制尺寸标注的方法。

01 绘制开间尺寸。调用DLI【线性标注】命令，在绘图区中分别指定第一个尺寸和第二个尺寸界线原点，绘制上开间和下开间尺寸标注的结果如图10-38所示。

02 绘制进深尺寸。继续调用DLI【线性标注】命令，绘制左进和右进的尺寸标注，结果如图10-39所示。

03 绘制外围尺寸。调用DLI【线性标注】命令，绘制外围总尺寸标注，结果如图10-40所示。

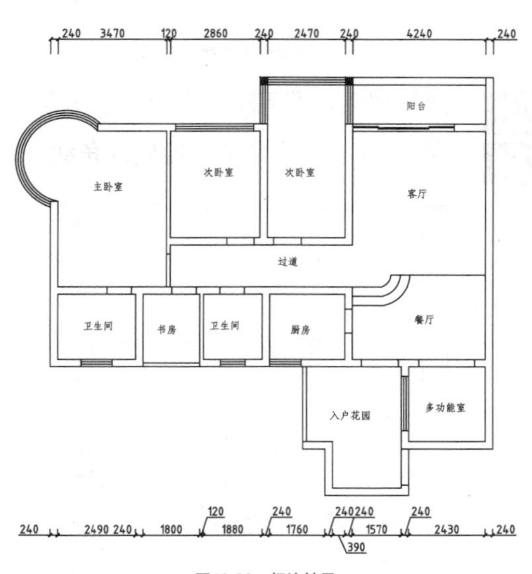

图10-38 标注结果

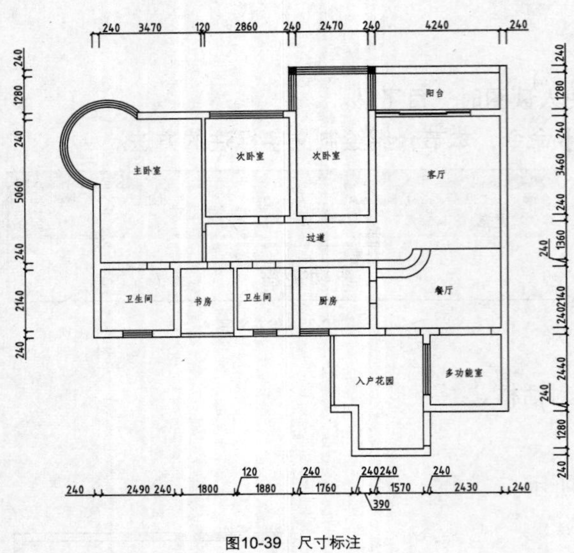

图10-39　尺寸标注

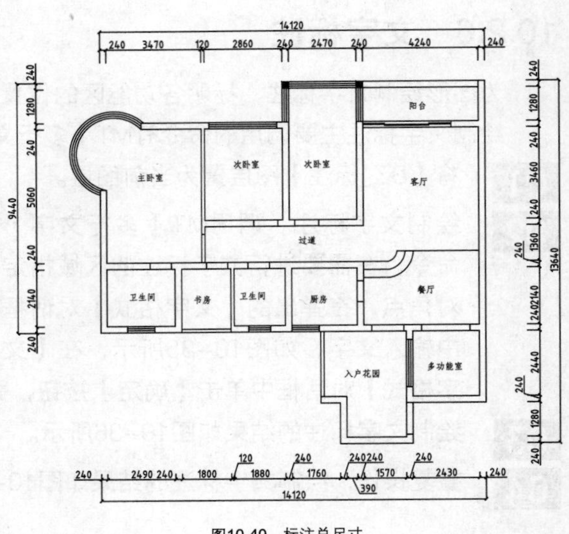

图10-40　标注总尺寸

10.2.8　绘制图名和管道

管道图形主要位于卫生间和厨房中，分别为给水管和排水管，以及厨房的烟道。

绘制图名和烟道图形主要调用的命令有C【圆】命令、MT【多行文字】命令等，本节介绍绘制图名标注和管道图形的方法。

01 绘制管道。调用C【圆】命令，绘制半径为95的圆，结果如图10-41所示。

02 重复操作，绘制管道图形的结果如图10-42所示。

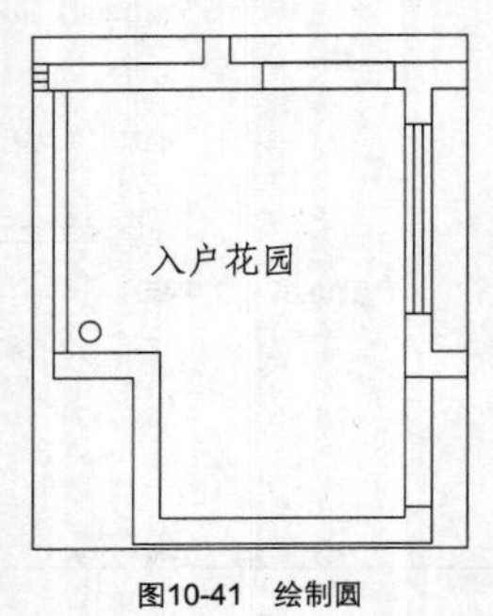

图10-41　绘制圆

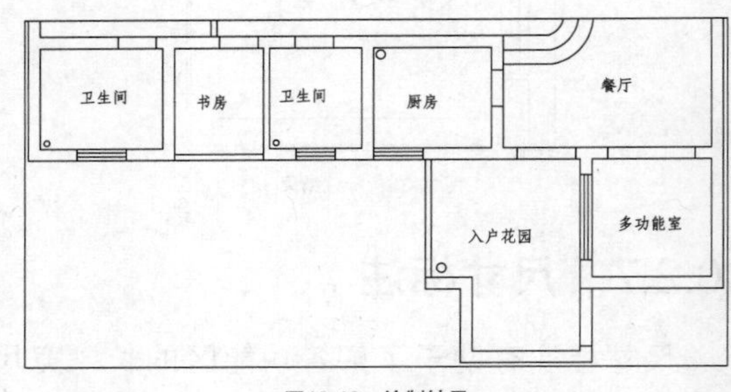

图10-42　绘制结果

03 绘制烟道。调用REC【矩形】命令，绘制尺寸为260×500的矩形，结果如图10-43所示。

04 调用L【直线】命令，绘制对角线，结果如图10-44所示。

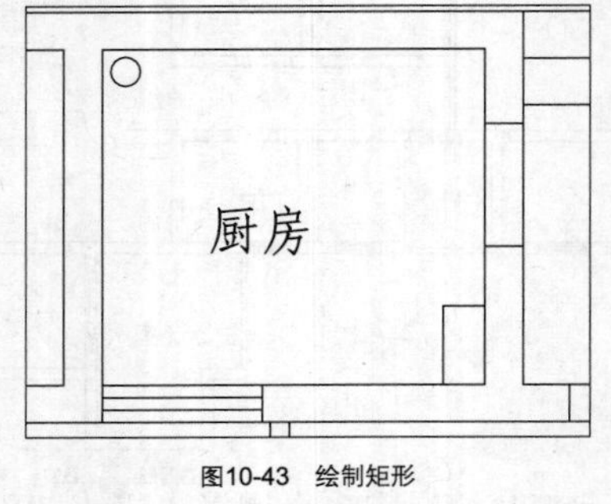

图10-43　绘制矩形

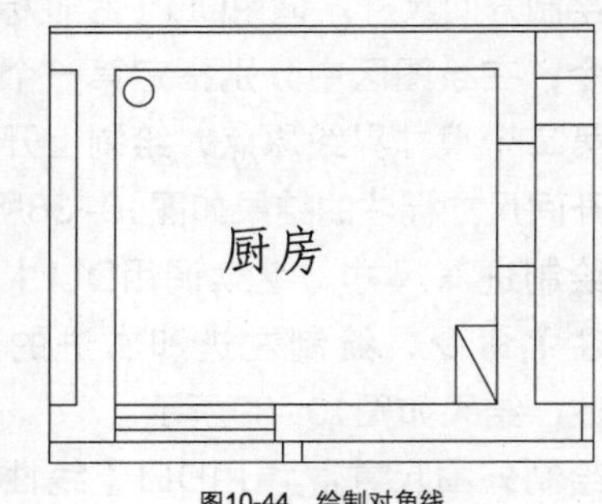

图10-44　绘制对角线

05 调用H【填充】命令，在【图案填充和渐变色】对话框中选择SOLID图案，对矩形进行图案填充，结果如图10-45所示。

06 绘制图名标注。调用MT【多行文字】命令，绘制图名和比例；调用L【直线】命令，绘制下画线，并将最下面的直线的线宽设置为0.3mm，绘制图名标注的结果如图10-46所示。

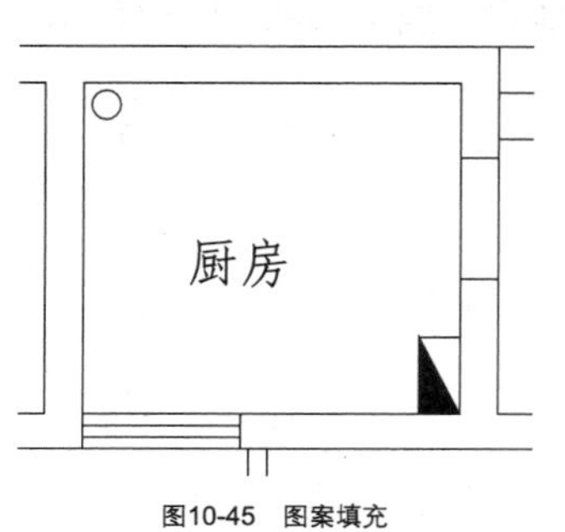

图10-45 图案填充

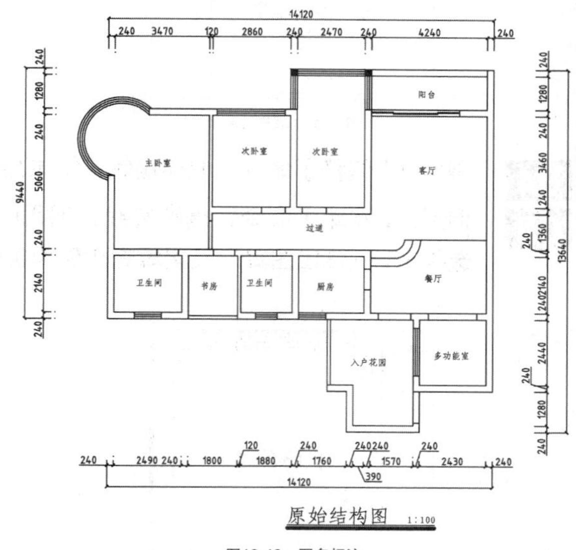

图10-46 图名标注

10.3 墙体改造

通过对墙体的改造，使某些功能区域的门洞或者面积产生了变化，或增大、或缩小，使其实际使用效果更佳。本节介绍三居室墙体改造的绘制方法。

本例中，三居室的入户花园至餐厅的门洞尺寸进行了扩大，制作了双扇推拉门；多功能室将原门洞新砌墙封闭，将原窗洞进行拓宽变为门洞，从而保证用餐区安静的环境；厨房门洞拓宽后，制作了门连窗，使室内的视野更加通透，也方便了进出；次卫生间的门洞进行了位置的更改，离书房和主卧室更远，从而离公共区域更近。

01 绘制多功能室的墙体改造。调用H【填充】命令，在弹出的【图案填充和渐变色】对话框中设置参数，结果如图10-47所示。

02 在绘图区中拾取填充区域，填充新砌墙体图形的结果如图10-48所示。

03 调用E【删除】命令，删除多功能室的窗户图形，结果如图10-49所示。

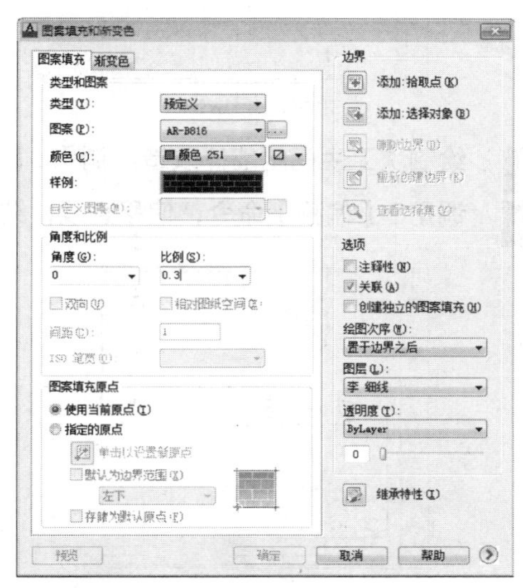

图10-47 设置参数

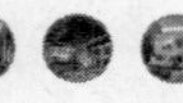

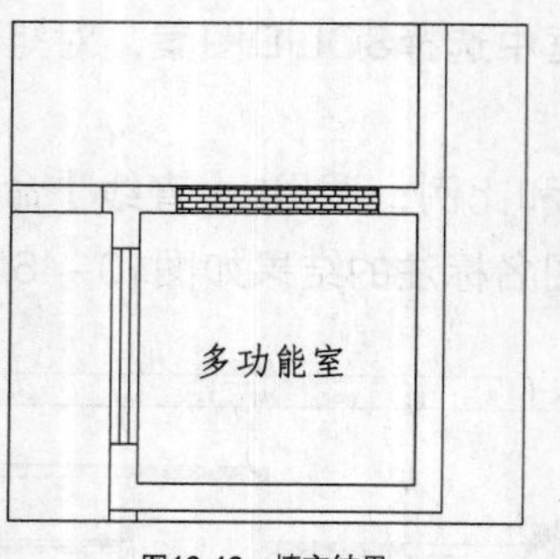

图10-48 填充结果

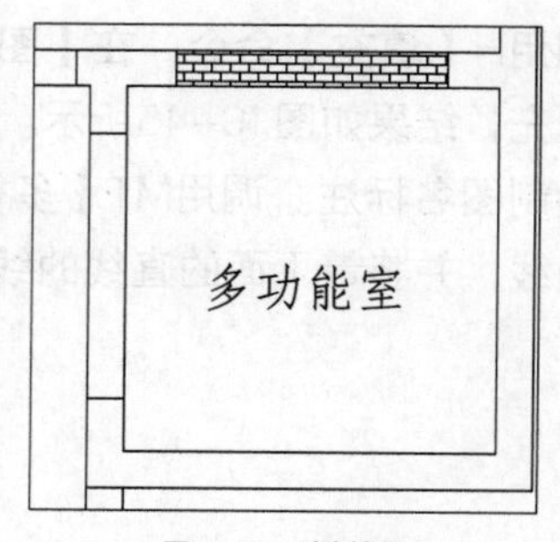

图10-49 删除结果

04 调用O【偏移】命令，偏移墙线，结果如图10-50所示。

05 调用E【删除】命令，删除直线；调用H【填充】命令，在【图案填充和渐变色】对话框中选择AR—B816图案，设置填充比例为0.3，绘制图案填充，结果如图10-51所示。

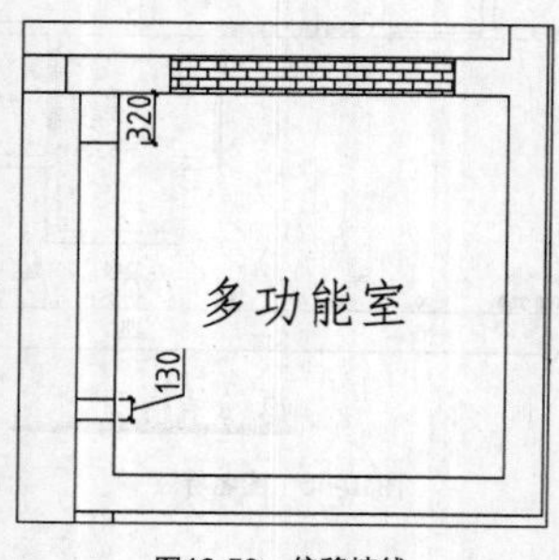

图10-50 偏移墙线

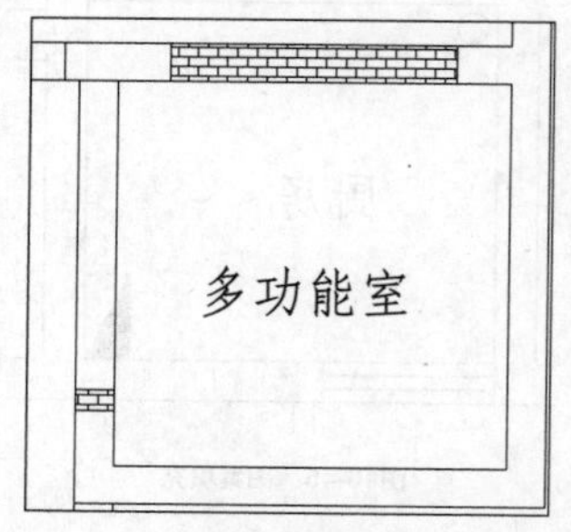

图10-51 图案填充

06 绘制入户花园墙体改造。调用L【直线】命令，绘制直线，结果如图10-52所示。

07 绘制厨房的墙体改造。调用O【偏移】命令，偏移墙线，结果如图10-53所示。

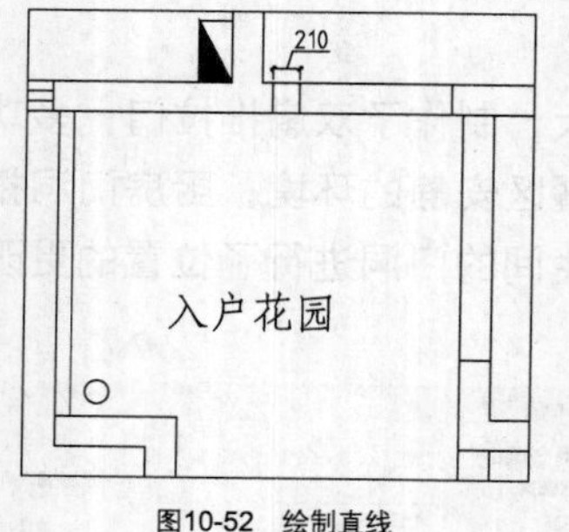

图10-52 绘制直线

图10-53 偏移墙线

08 绘制次卫生间的墙体改造。调用L【直线】命令，绘制直线，结果如图10-54所示。

09 调用O【偏移】命令，偏移直线，结果如图10-55所示。

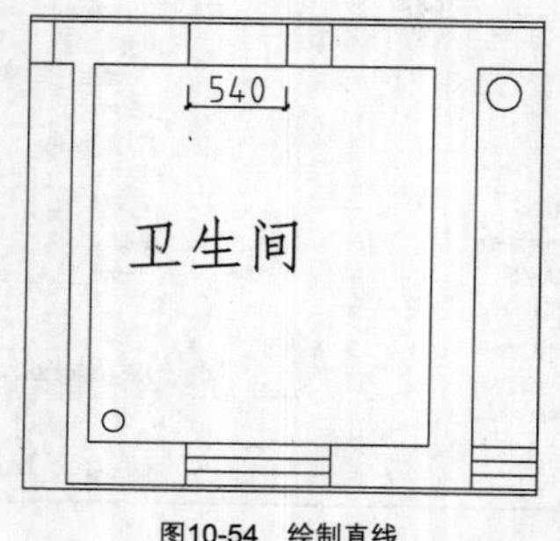

图10-54 绘制直线

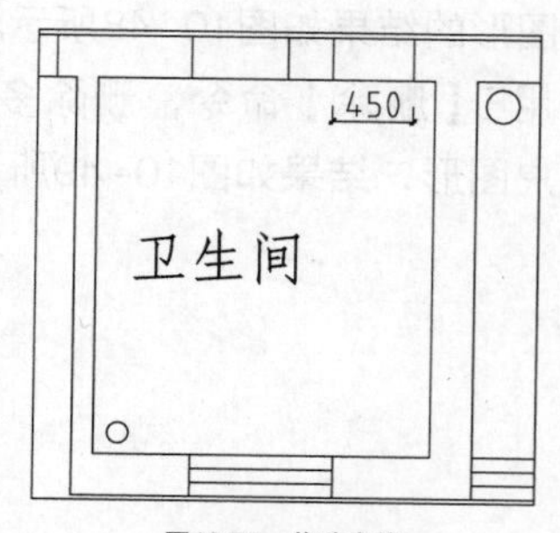

图10-55 偏移直线

10 调用E【删除】命令，删除直线；调用H【填充】命令，在【图案填充和渐变色】对话框中选择AR—B816图案，设置填充比例为0.3，绘制图案填充，结果如图10-56所示。

11 调用MT【多行文字】命令，绘制图名和比例；调用L【直线】命令，绘制下划线，并将最下面的直线的线宽设置为0.3mm，绘制图名标注的结果如图10-57所示。

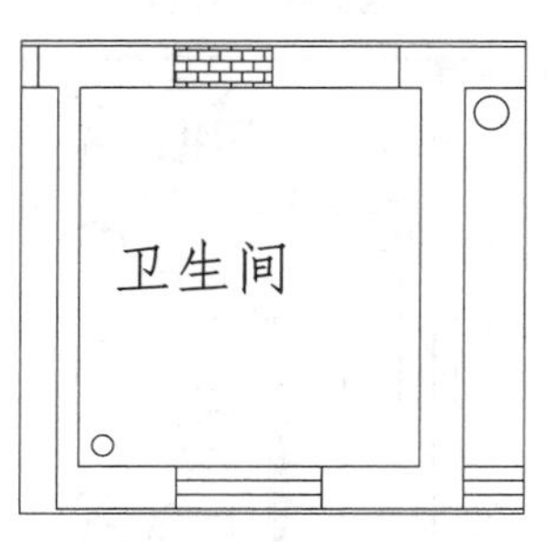

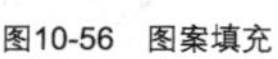

图10-56 图案填充

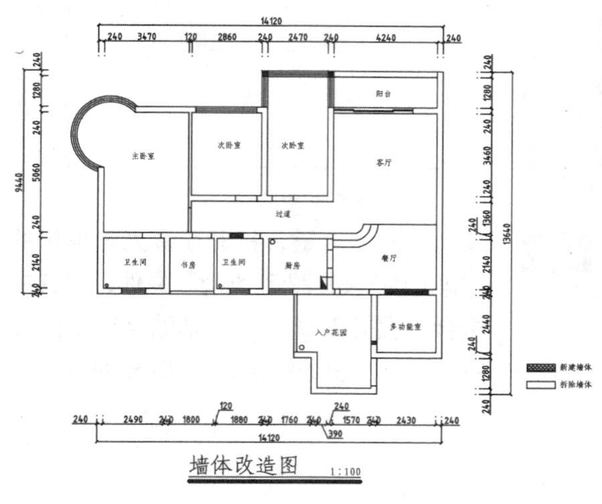

图10-57 图名标注

10.4 绘制三居室平面布置图

平面布置图表明了设计师对居室各功能区位置的具体规划，以及交通流线走向和家具、陈设等的摆放。居室的空间尺度应以人体工程学为依据来进行设计，以更符合人体的要求，提升居室的舒适度。

本节介绍三居室平面布置图的绘制方法。

10.4.1 绘制客厅平面布置图

客厅是家庭中主要的公共活动区域，也是款待亲朋好友的场所。彰显主人气质的装饰，开敞的空间，宜人的氛围，都能给人带来良好的感受。下面，介绍客厅中主要家具，即电视柜的绘制以及木制装饰的绘制方法。

绘制客厅平面布置图主要调用的命令有REC【矩形】命令、O【偏移】命令和CO【复制】命令等。

01 绘制电视柜。调用REC【矩形】命令，绘制矩形，结果如图10-58所示。

02 调用O【偏移】命令，设置偏移距离为20，向内偏移矩形，结果如图10-59所示。

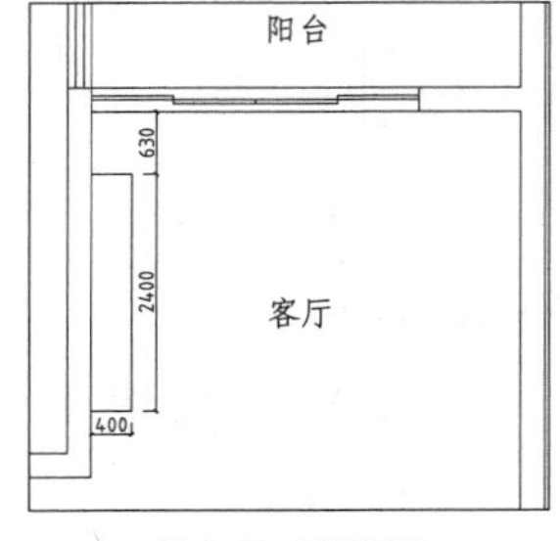

图10-58 绘制矩形

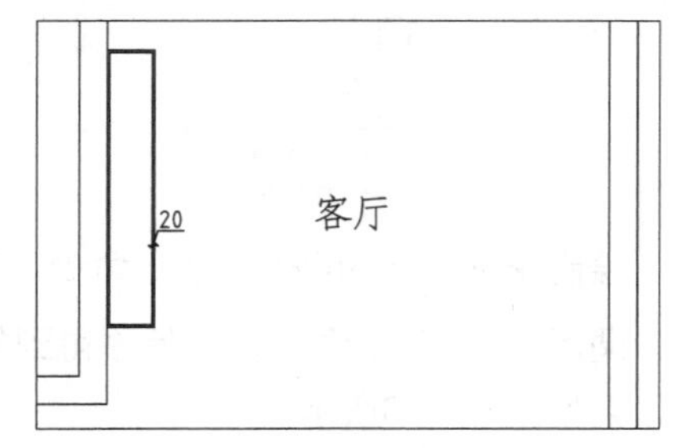

图10-59 偏移矩形

03 绘制木制装饰。调用REC【矩形】命令，绘制尺寸为150×150的矩形；调用O【偏移】命令，设置偏移距离为10，向内偏移矩形，结果如图10-60所示。

04 调用CO【复制】命令，移动、复制所绘制完成的矩形，结果如图10-61所示。

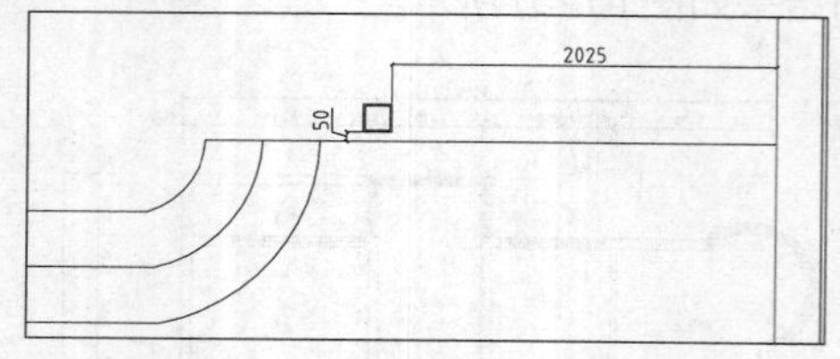

图10-60 绘制结果

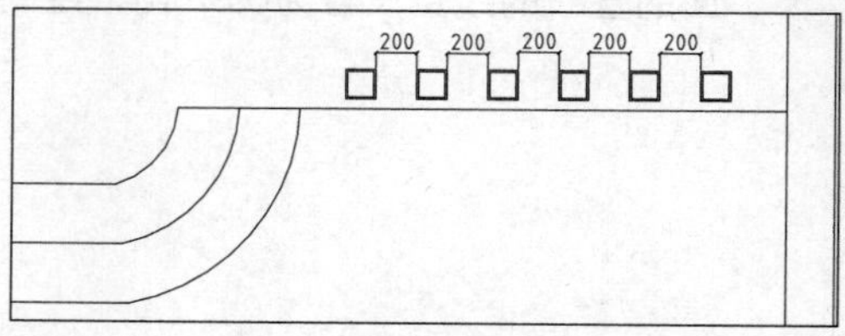

图10-61 复制结果

05 按Ctrl+O组合键，打开配套光盘提供的“第10章\家具图例.dwg”文件，将其中组合沙发等图形复制、粘贴至当前图形中，插入图块的结果如图10-62所示。

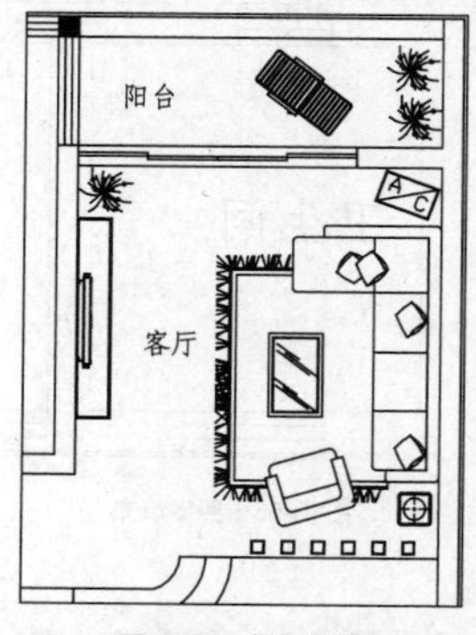

图10-62 插入图块

10.4.2 绘制入户花园平面布置图

在三居室实例中的入户花园主要有鞋柜、花圃、花台等物体，鞋柜的放置可以为生活提供便利，花圃、花台为居室增添园林气息，净化了空气。

绘制入户花园平面布置图主要调用到的命令有REC【矩形】命令、O【偏移】命令、L【直线】命令等，本节介绍绘制入户花园平面布置图的方法。

01 绘制鞋柜。调用REC【矩形】命令，绘制尺寸为1260×350的矩形；调用O【偏移】命令，设置偏移距离为20，向内偏移矩形，结果如10-63所示。

02 调用L【直线】命令，在矩形内绘制对角线，结果如图10-64所示。

图10-63 绘制矩形

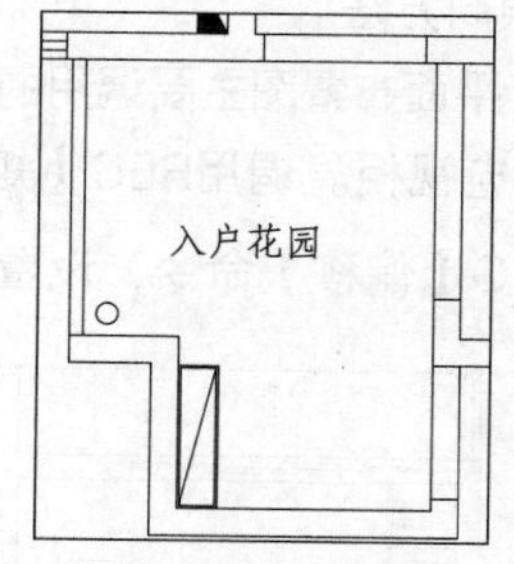

图10-64 绘制对角线

03 绘制花圃。调用O【偏移】命令，偏移墙线，结果如图10-65所示。

04 调用F【圆角】命令，对偏移得到的墙线进行圆角处理；调用L【直线】命令，绘制直线，结果如图10-66所示。

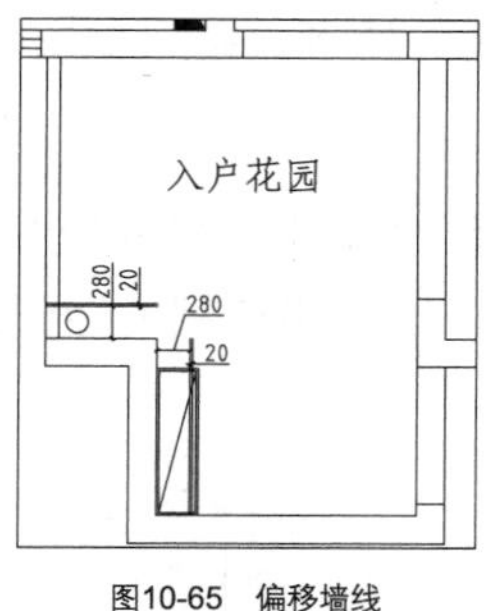

图10-65　偏移墙线

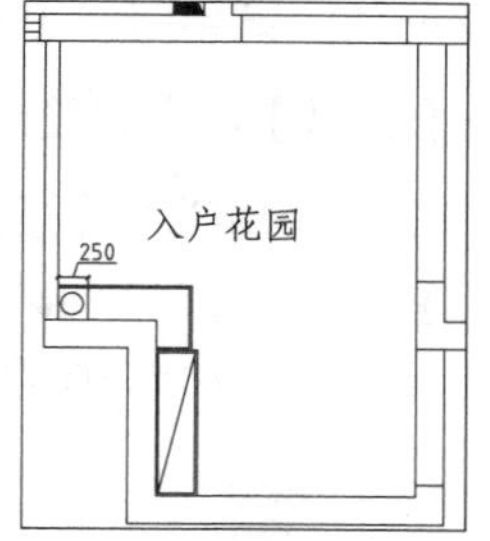

图10-66　圆角处理

05 绘制花架。调用REC【矩形】命令，绘制尺寸为1140×600的矩形，结果如图10-67所示。

06 调用H【填充】命令，打开【图案填充和渐变色】对话框，设置参数如图10-68所示。

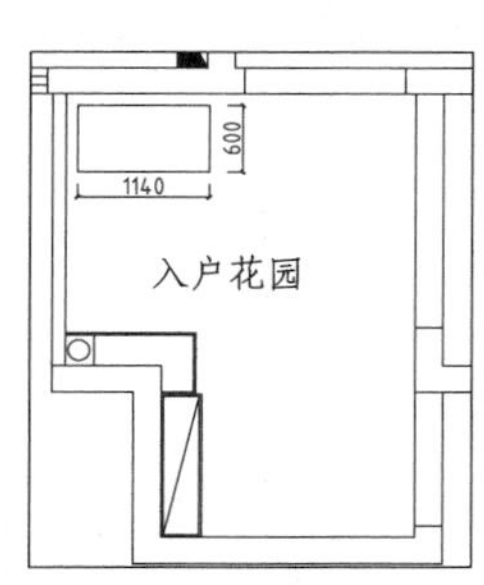

图10-67　绘制矩形

图10-68　设置参数

07 在绘图区中拾取矩形为填充区域，绘制图案填充的结果如图10-69所示。

08 按Ctrl+O组合键，打开配套光盘提供的“第10章\家具图例.dwg”文件，将其中花草图形复制、粘贴至当前图形中，插入图块的结果如图10-70所示。

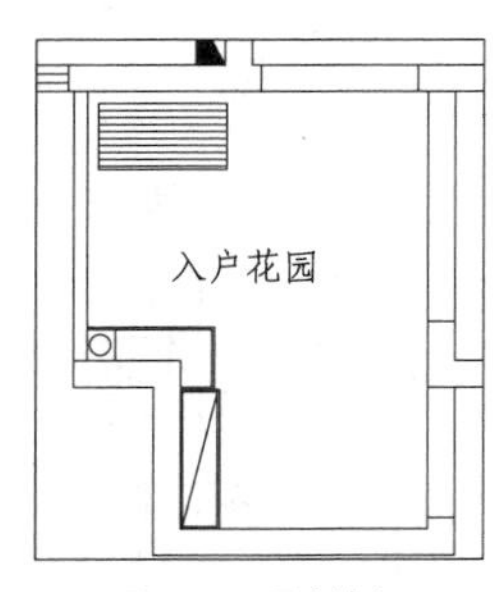

图10-69　图案填充

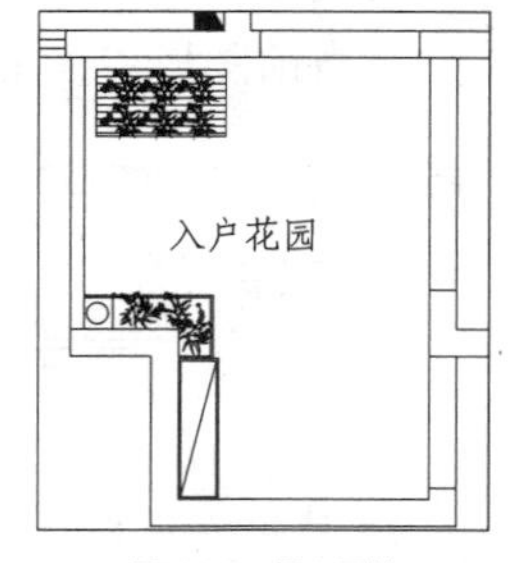

图10-70　插入图块

10.4.3　绘制次卧室平面图

次卧室作为儿童房，为儿童在窗户边设置了书桌和书柜，方便了儿童学习，也合理的利用了空间。

绘制次卧室平面图主要调用到的命令有REC【矩形】命令、L【直线】命令、F【圆角】命令等，本节介绍次卧室平面图的方法。

01 绘制平开门。调用REC【矩形】命令，绘制尺寸为880×40的矩形，结果如图10-71所示。

02 调用A【圆弧】命令，绘制圆弧，结果如图10-72所示。

03 绘制书柜。调用REC【矩形】命令，绘制尺寸为1280×350的矩形；调用O【偏移】命令，设置偏移距离为20，向内偏移矩形；调用L【直线】命令，取偏移得到的矩形左方边的中点绘制直线，结果如图10-73所示。

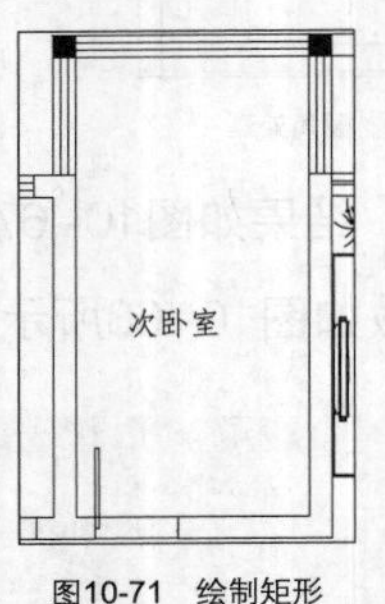

图10-71　绘制矩形

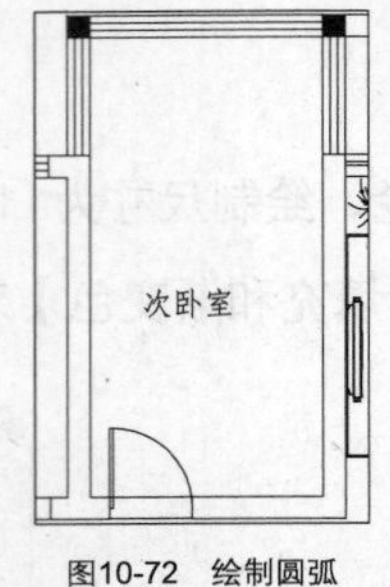

图10-72　绘制圆弧

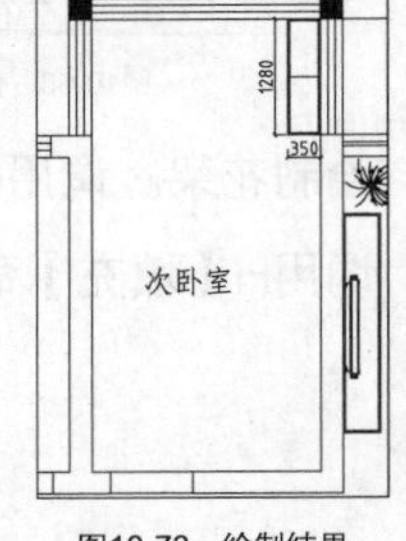

图10-73　绘制结果

04 调用L【直线】命令，绘制对角线，结果如图10-74所示。

05 绘制衣柜。调用REC【矩形】命令，绘制尺寸为1700×600的矩形；调用O【偏移】命令，设置偏移距离为20，向内偏移矩形；调用L【直线】命令，绘制对角线，结果如图10-75所示。

06 调用O【偏移】命令，偏移线段，结果如图10-76所示。

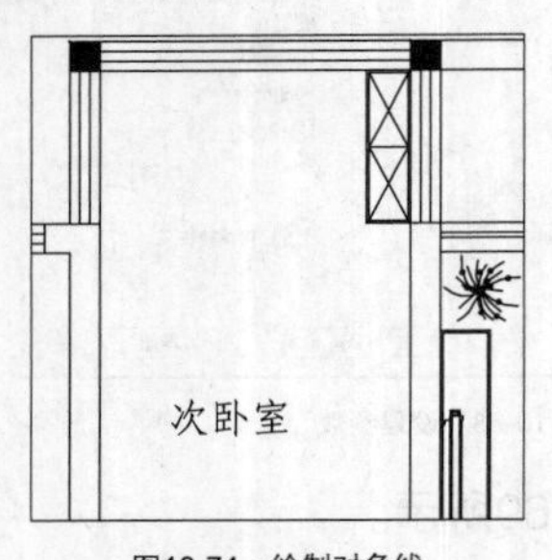

图10-74　绘制对角线

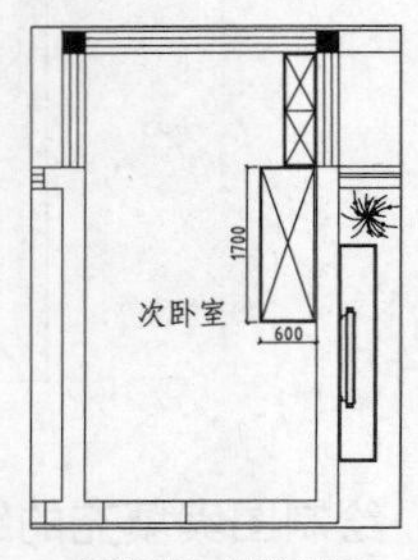

图10-75　绘制衣柜

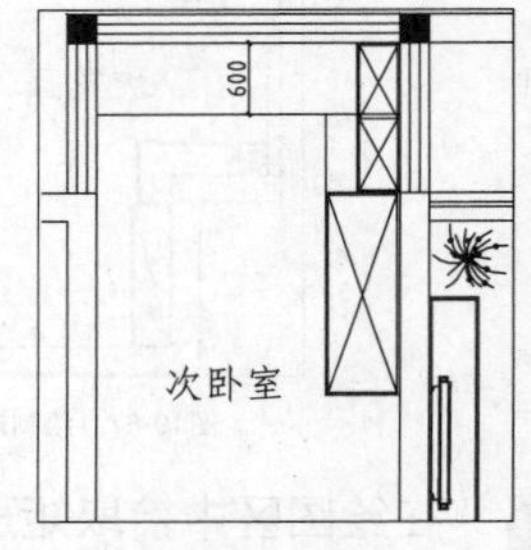

图10-76　偏移直线

07 调用F【圆角】命令，设置圆角半径为300，对线段进行圆角处理，结果如图10-77所示。

08 按Ctrl+O组合键，打开配套光盘提供的“第10章\家具图例.dwg”文件，将其中家具图形复制、粘贴至当前图形中，插入图块的结果如图10-78所示。

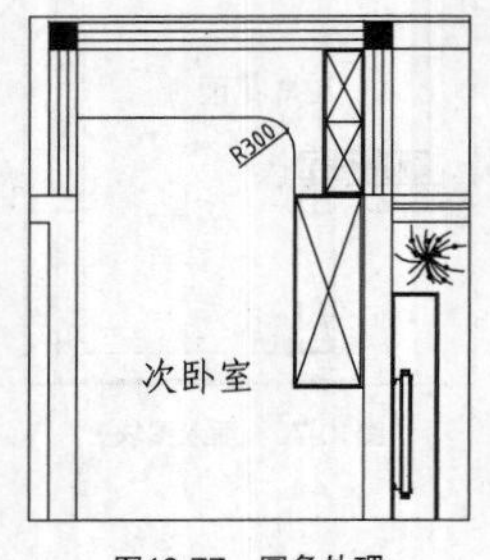

图10-77　圆角处理

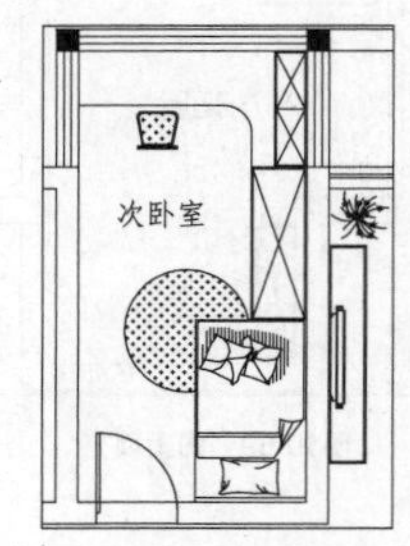

图10-78　插入图块

10.4.4　绘制厨房平面布置图

厨房设置门连窗图形，即门是活动的推拉门，窗为固定的，既增加了厨房的采光度，又阻挡了油烟。

绘制厨房平面图主要调用到的命令有O【偏移】命令、TR【修剪】命令、L【直线】命令等，本节介绍绘制厨房平面图的步骤。

01 绘制门连窗。调用O【偏移】命令，偏移直线，结果如图10-79所示。

02 调用TR【修剪】命令，修剪线段；调用L【直线】命令，绘制直线，结果如图10-80所示。

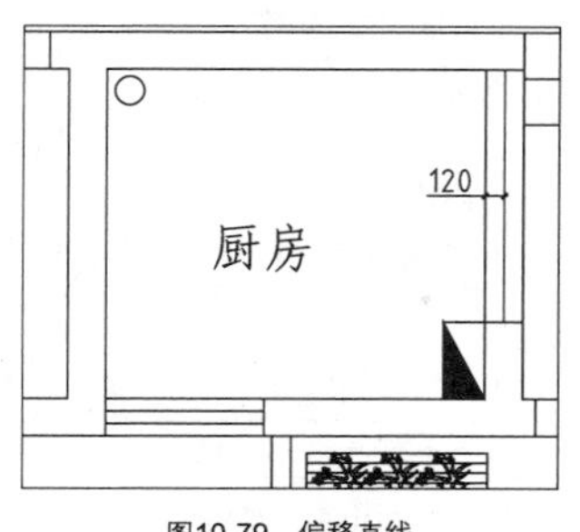

图10-79 偏移直线

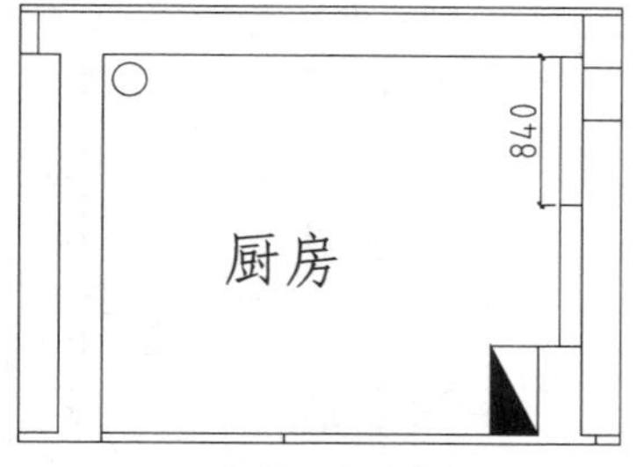

图10-80 绘制结果

03 调用O【偏移】命令，偏移直线，结果如图10-81所示。

04 调用TR【修剪】命令，修剪线段，结果如图10-82所示。

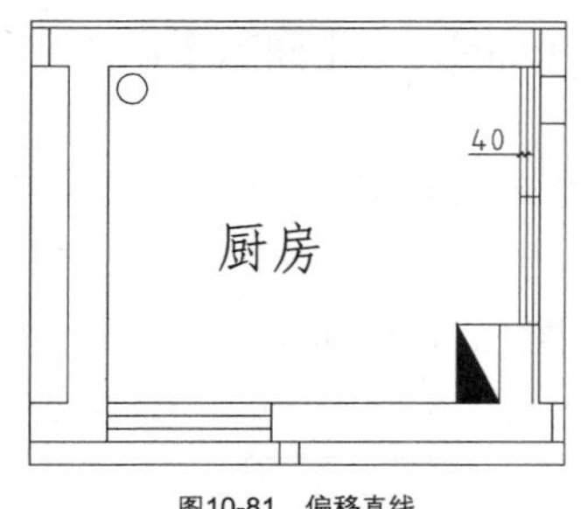

图10-81 偏移直线

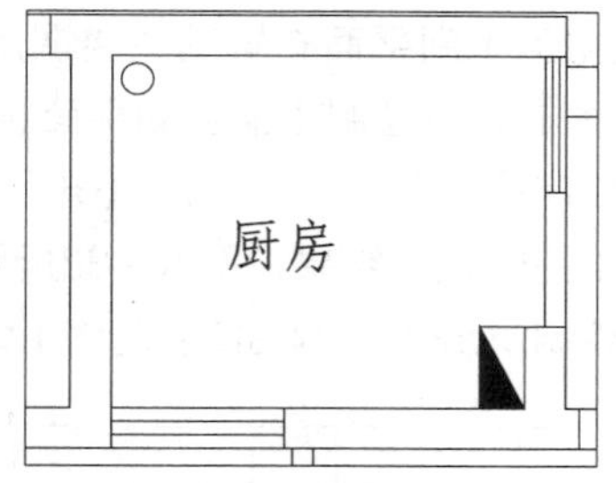

图10-82 修剪结果

05 调用REC【矩形】命令，绘制尺寸为800×40的矩形，结果如图10-83所示。

06 绘制橱柜。调用O【偏移】命令，偏移墙线，结果如图10-84所示。

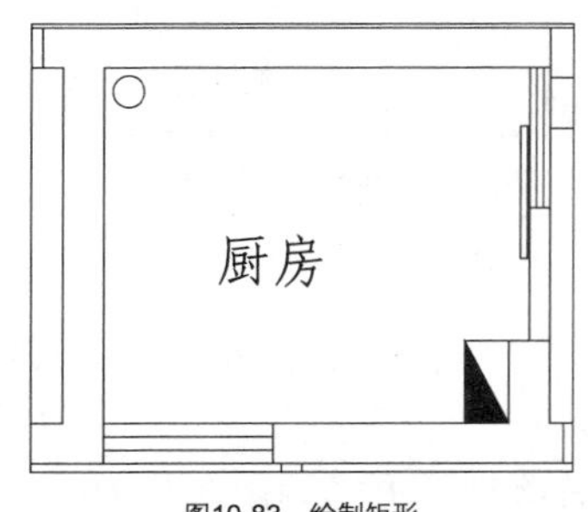

图10-83 绘制矩形

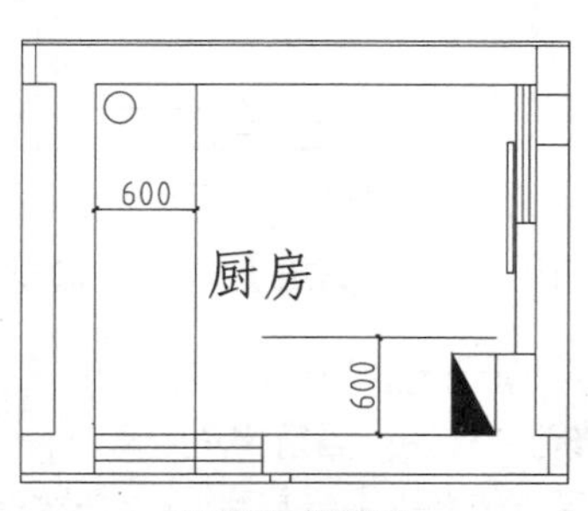

图10-84 偏移墙线

07 调用F【圆角】命令，设置圆角半径为0，对图形进行圆角处理，结果如图10-85所示。

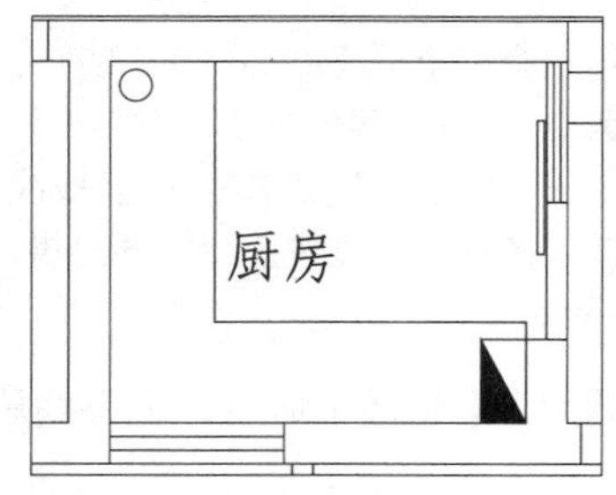

图10-85 圆角处理

08 调用L【直线】命令，绘制直线；调用TR【修剪】命令，修剪直线；调用O【偏移】命令，设置偏移距离为40，向内偏移直线，结果如图10-86所示。

09 按Ctrl+O组合键，打开配套光盘提供的“第10章\家具图例.dwg”文件，将其中厨具图形复制、粘贴至当前图形中，插入图块的结果如图10-87所示。

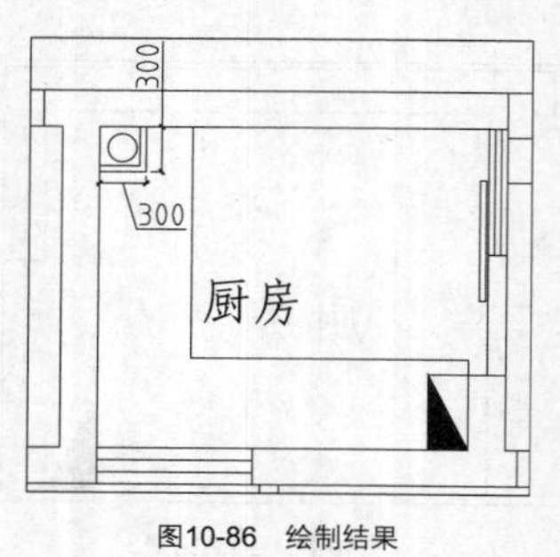

图10-86 绘制结果

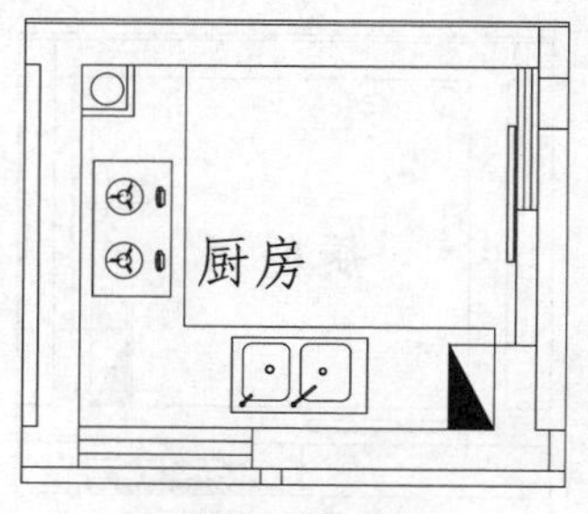

图10-87 插入图块

10.4.5 绘制卫生间平面布置图

主卫生间设置了独立的淋浴房，既没有浴缸占地大的烦恼，又满足了私密性。

绘制主卫生间平面布置图主要调用到的命令有REC【矩形】命令、A【圆弧】命令、O【偏移】命令等，本节介绍绘制主卫生间平面布置图的方法。

01 绘制平开门。调用REC【矩形】命令，绘制尺寸为780×40的矩形；调用A【圆弧】命令，绘制圆弧，结果如图10-88所示。

02 绘制淋浴房。调用O【偏移】命令，偏移墙线，结果如图10-89所示。

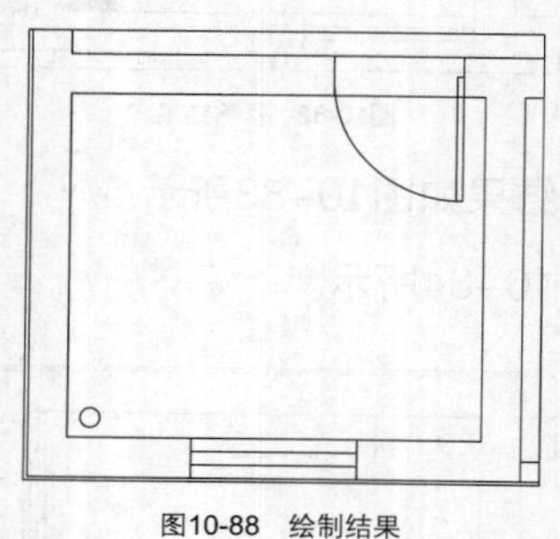
图10-88 绘制结果

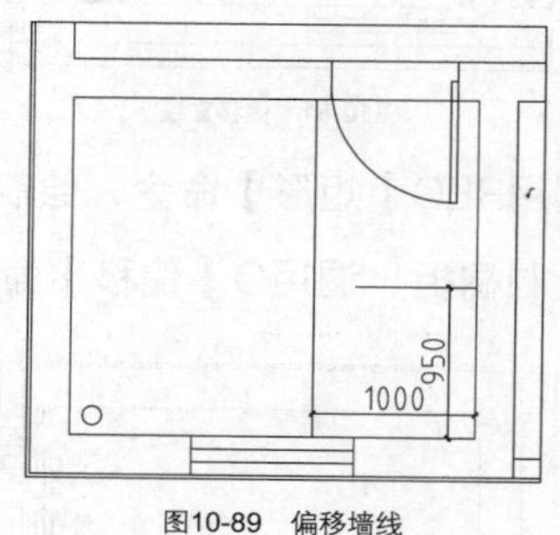

图10-89 偏移墙线

03 调用CHA【倒角】命令，命令行提示如下：

```
命令: CHAMFER↙
（“修剪”模式）当前倒角距离 1 = 500，距离 2 = 520
选择第一条直线或 [放弃(U)/多段线(P)/距离(D)/角度(A)/修剪(T)/方式(E)/多个(M)]:  D
                                        //输入D，选择“距离”选项
指定第一个倒角距离<500>: 510
指定第二个倒角距离<510>: 530
选择第一条直线或 [放弃(U)/多段线(P)/距离(D)/角度(A)/修剪(T)/方式(E)/多个(M)]:
选择第二条直线，或按住 Shift 键选择直线以应用角点或 [距离(D)/角度(A)/方法(M)]:
                                        //分别选择两根直线，倒角处理的结果如图10-90所示
```

04 调用O【偏移】命令，偏移线段，如图10-91所示。

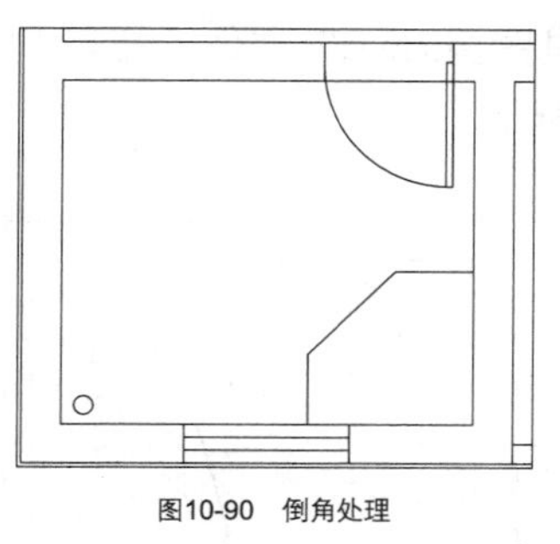
图10-90　倒角处理

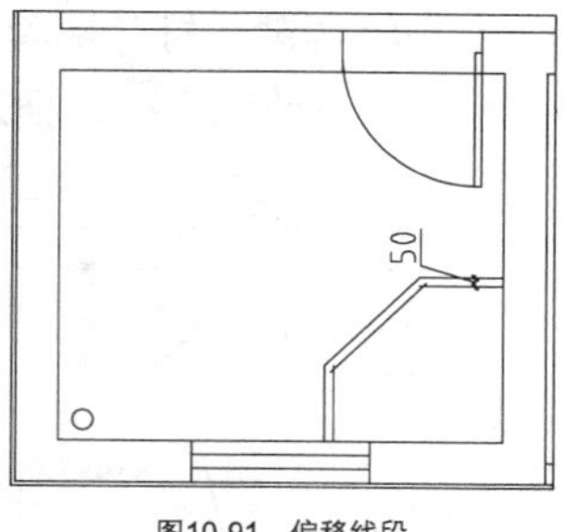

图10-91　偏移线段

05 调用O【偏移】命令，设置偏移距离分别为20、10，向内偏移线段，如图10-92所示。

06 调用TR【修剪】命令，修剪图形，结果如图10-93所示。

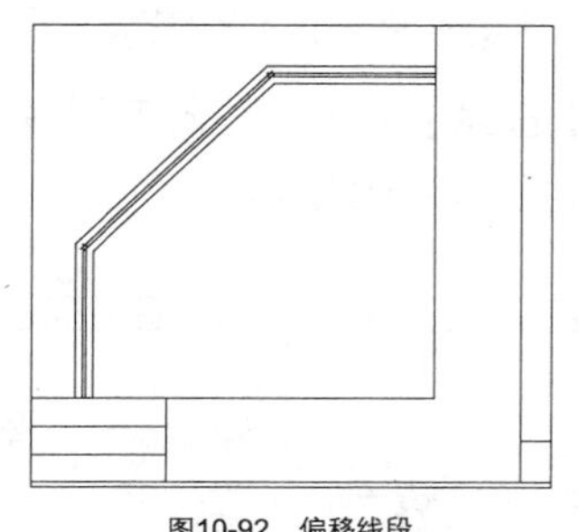
图10-92　偏移线段

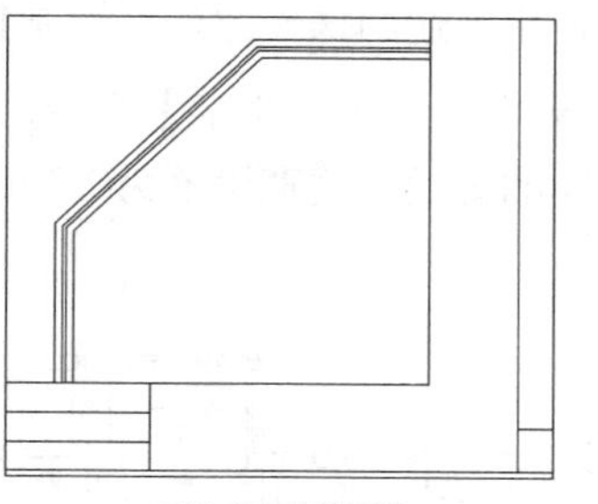
图10-93　修剪图形

07 调用L【直线】命令，绘制直线；调用TR【修剪】命令，修剪线段，结果如图10-94所示。

08 调用R【旋转】命令，设置旋转角度为30°，旋转图形的结果如图10-95所示。

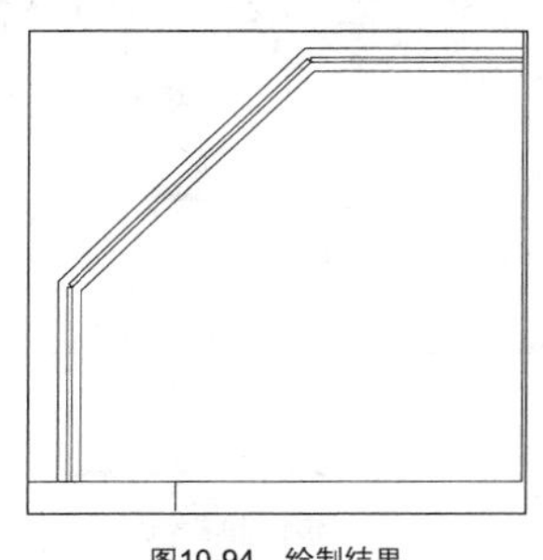
图10-94　绘制结果

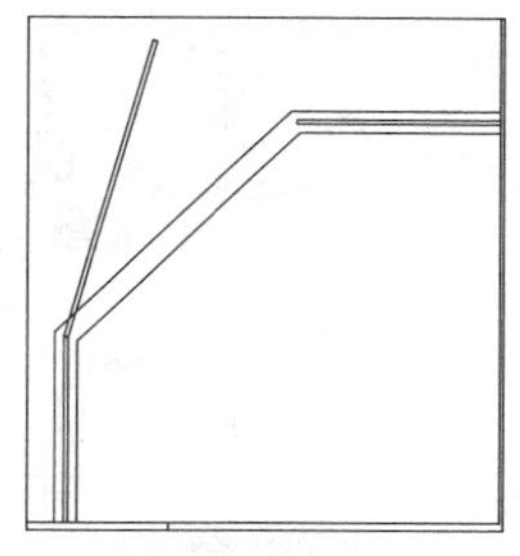
图10-95　旋转图形

09 调用A【圆弧】命令，绘制圆弧，结果如图10-96所示。

10 绘制洗手台。调用REC【矩形】命令，绘制矩形，结果如图10-97所示。

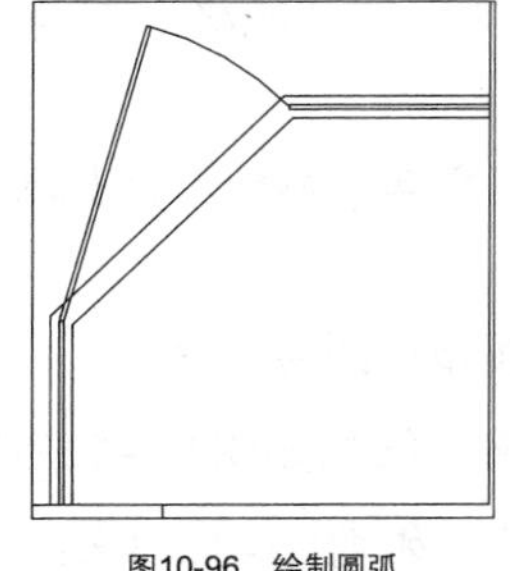
图10-96　绘制圆弧

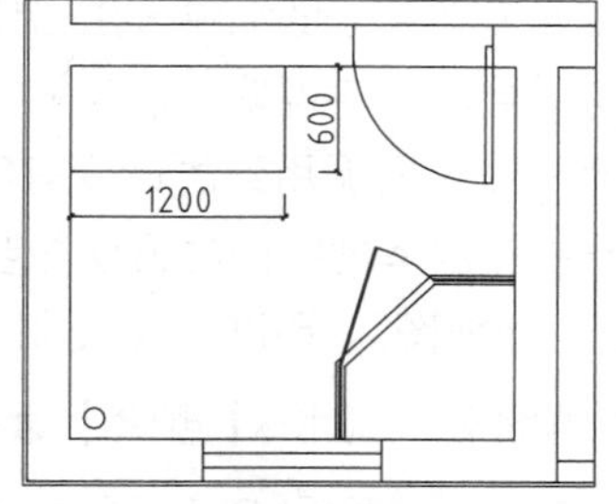

图10-97　绘制矩形

11 调用L【直线】命令，绘制直线；调用O【偏移】命令，设置偏移距离为60，向内偏移直线；调用TR【修剪】修剪命令，修剪图形，结果如图10-98所示。

12 按Ctrl+O组合键，打开配套光盘提供的“第10章\家具图例.dwg”文件，将其中洁具图形复制、粘贴至当前图形中，插入图块的结果如图10-99所示。

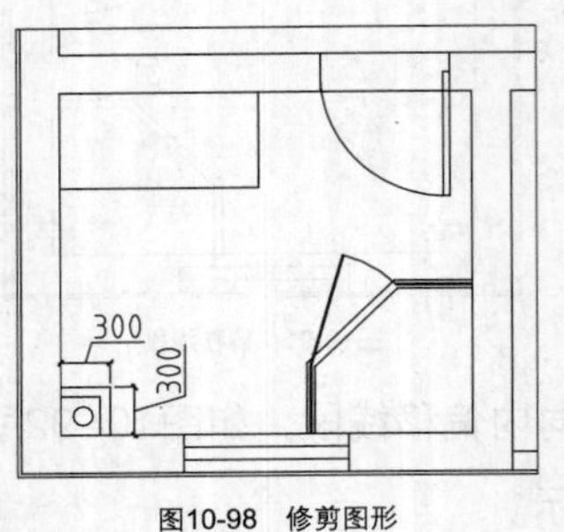

图10-98 修剪图形

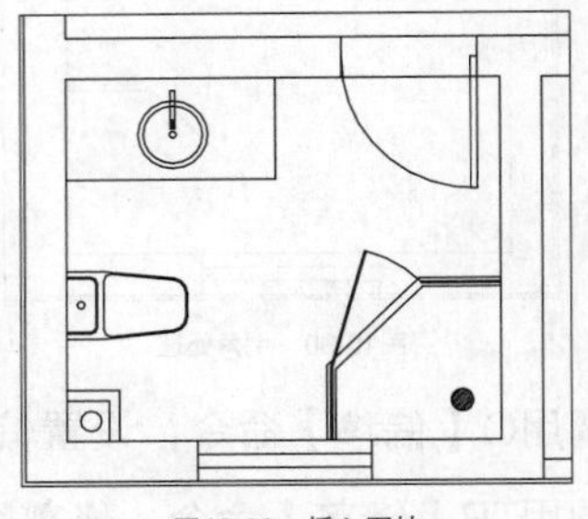

图10-99 插入图块

13 沿用上述的操作方法，绘制其他功能区的平面布置图，结果如图10-100所示。

14 调用MT【多行文字】命令，绘制图名和比例；调用L【直线】命令，绘制下划线，并将最下面的直线的线宽设置为0.3mm，绘制图名标注的结果如图10-101所示。

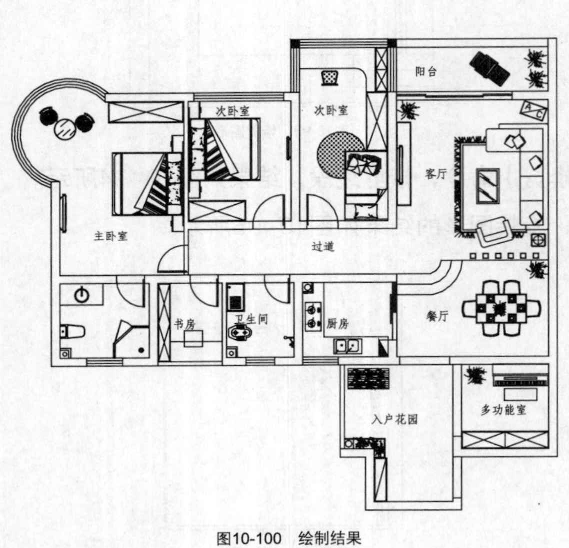

图10-100 绘制结果

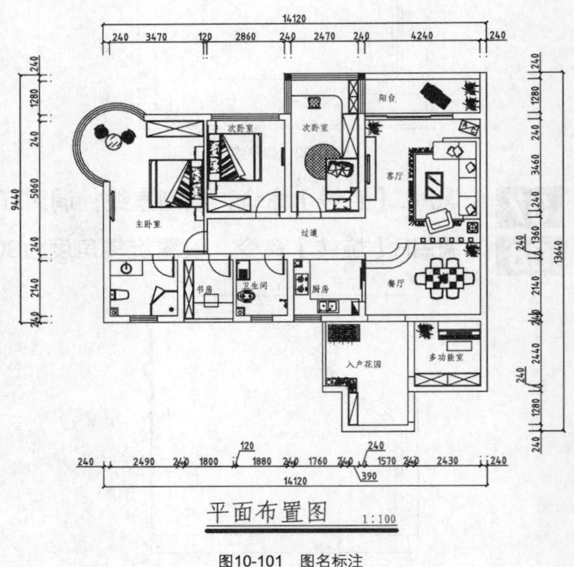

图10-101 图名标注

10.5 绘制三居室地材图

地材图是室内装潢设计中的主要图样，表达了居室地面装饰的材料和花样。要为各个功能区的地面铺装材料绘制文字说明，以表明材料的名称、规格。

绘制地材图主要调用到的命令有CO【复制】命令、MT【多行文字】命令、H【填充】命令等，本节介绍绘制三居室地材图的方法与步骤。

01 复制平面图。调用CO【复制】命令，移动、复制一份平面布置图至一旁。

02 整理图形。调用E【删除】命令，删除平面图上的多余图形，结果如图10-102所示。

03 文字标注。调用MT【多行文字】命令，绘制材料标注，结果如图10-103所示。

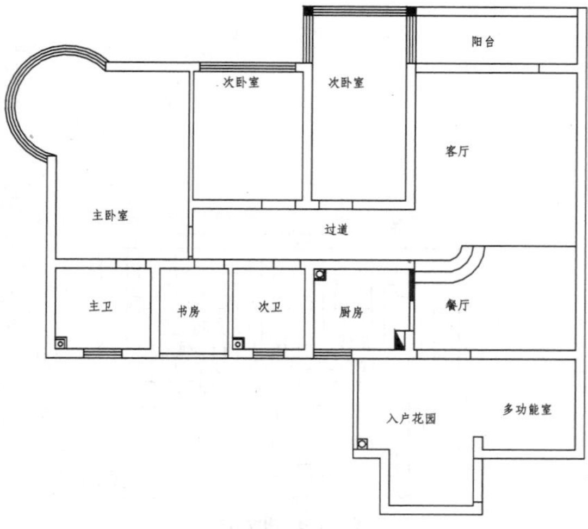

图10-102　整理图形

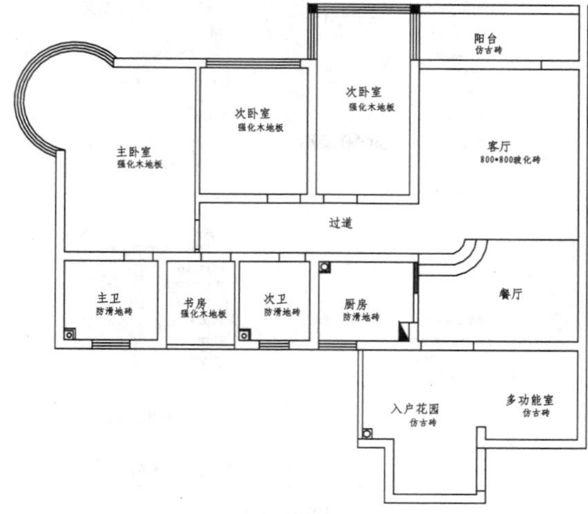

图10-103　文字标注

04 调用L【直线】命令，绘制直线；调用O【偏移】命令，偏移直线，结果如图10-104所示。

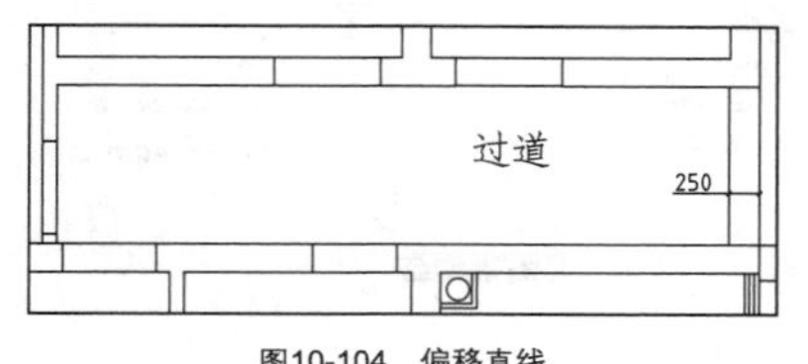

图10-104　偏移直线

05 绘制门槛石填充图案。调用H【填充】命令，打开【图案填充和渐变色】对话框，设置参数如图10-105所示。

06 在绘图区中拾取填充区域，绘制图案填充的结果如图10-106所示。

图10-105　设置参数

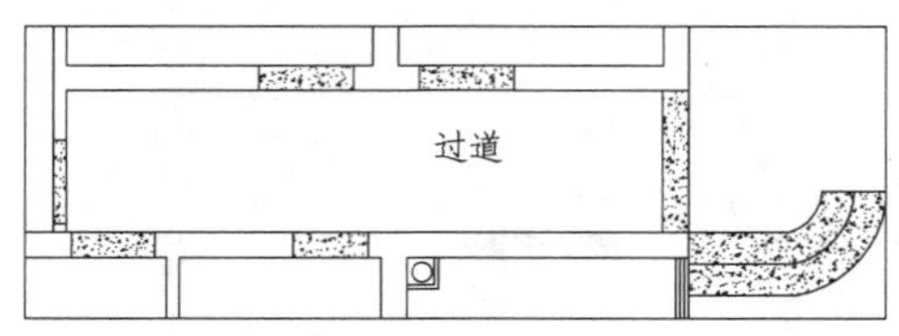

图10-106　图案填充

07 绘制入户花园、多功能室填充图案。调用H【填充】命令，打开【图案填充和渐变色】对话框，设置参数如图10-107所示。

08 在绘图区中拾取填充区域，绘制图案填充的结果如图10-108所示。

09 绘制客餐厅及过道填充图案。调用H【填充】命令，打开【图案填充和渐变色】对话框，设置参数如图10-109所示。

10 在绘图区中拾取填充区域，绘制图案填充的结果如图10-110所示。

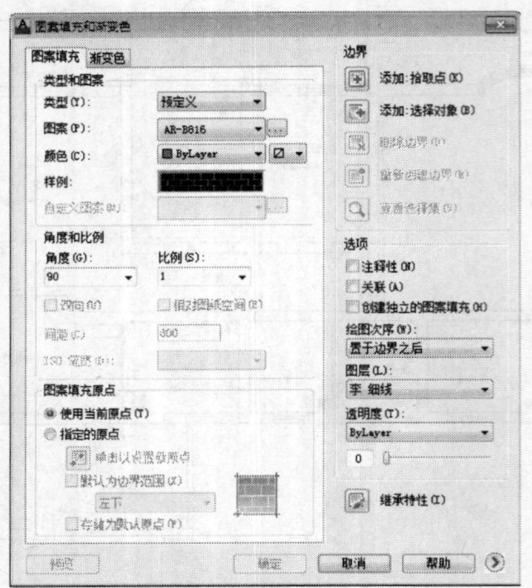

图10-107 设置参数

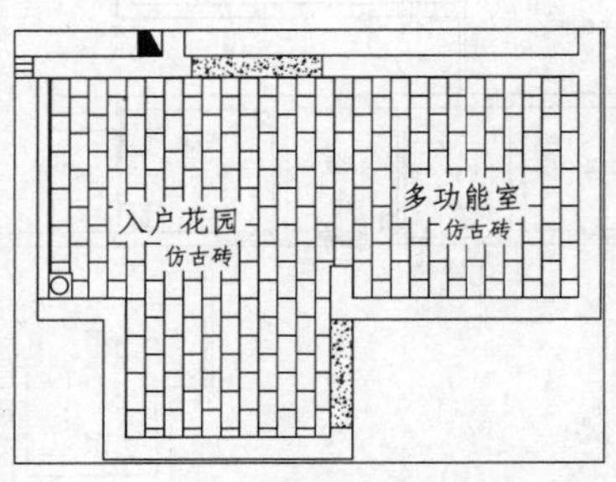

图10-108 图案填充

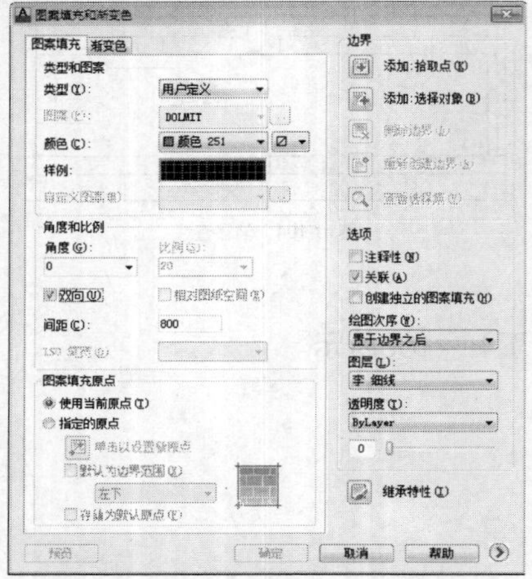

图10-109 设置参数

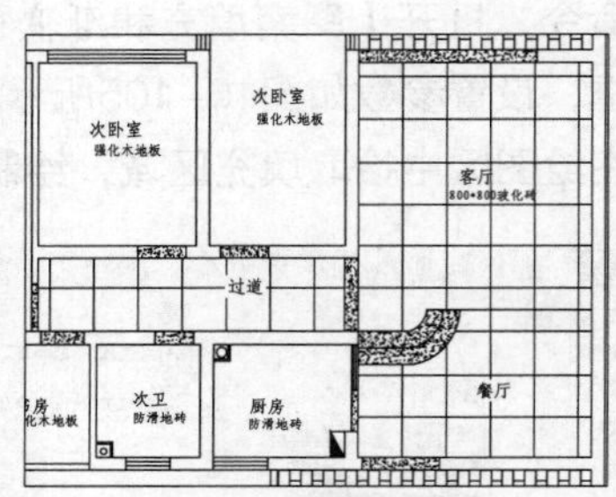

图10-110 图案填充

11 绘制主卧室填充图案。调用H【填充】命令，打开【图案填充和渐变色】对话框，设置参数如图10-111所示。

12 在绘图区中拾取填充区域，绘制图案填充的结果如图10-112所示。

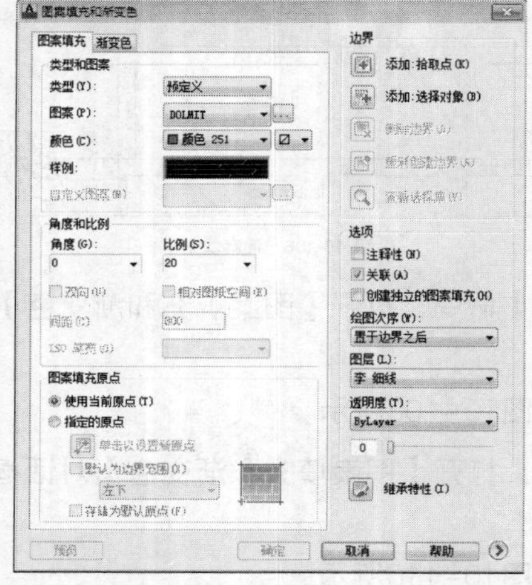

图10-111 设置参数

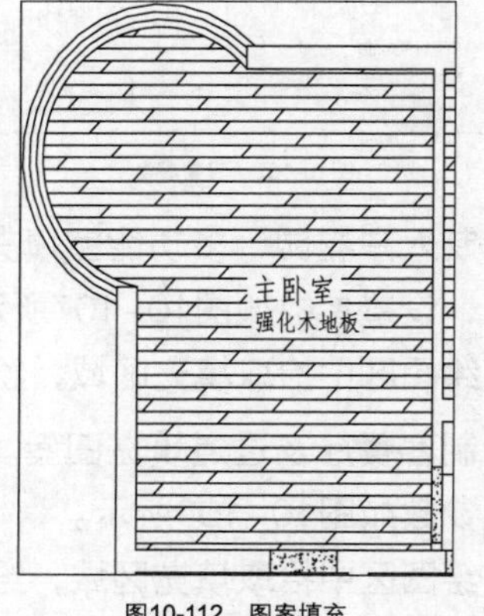

图10-112 图案填充

13 绘制厨房填充图案。调用H【填充】命令，打开【图案填充和渐变色】对话框，设置参数如图10-113所示。

14 在绘图区中拾取填充区域，绘制图案填充的结果如图10-114所示。

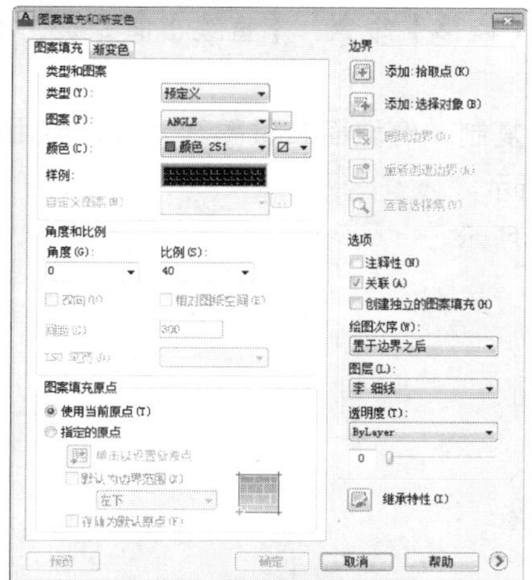

图10-113 设置参数

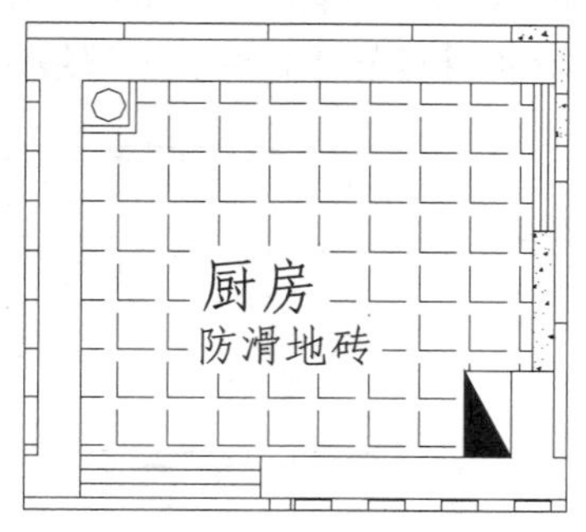

图10-114 图案填充

15 地面图的绘制结果如图10-115所示。

16 调用MT【多行文字】命令，绘制图名和比例；调用L【直线】命令，绘制下划线，并将最下面的直线的线宽设置为0.3mm，绘制图名标注的结果如图10-116所示。

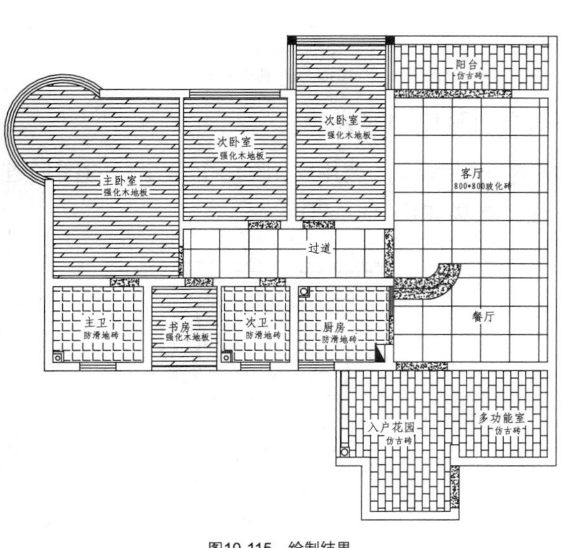

图10-115 绘制结果

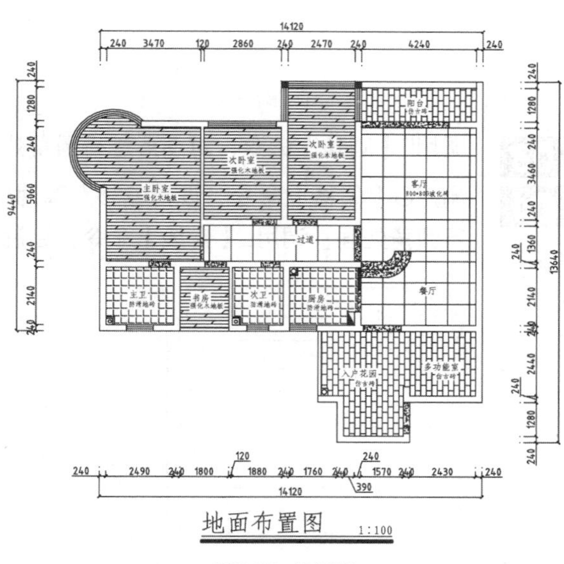

图10-116 图名标注

10.6 绘制三居室顶棚图

顶棚图表达了居室吊顶的造型、材料、尺寸等信息，是制作居室吊顶不可缺少的图样。在顶棚图中，要标明吊顶的使用材料、居室本身的层高、以及制作吊顶后的高度，为进行施工制作提供依据。

绘制顶棚图主要调用到的命令有【复制】命令、【删除】命令、【圆角】命令等，本节介绍三居室顶棚图的绘制方法。

10.6.1 绘制客厅顶棚图

客厅四周采用了石膏板吊顶，中间原顶刷白色乳胶漆。这样，既丰富了居室顶面的层次，又不会因为层高的降低而使人感到压抑。

绘制客厅顶棚图主要调用到的命令有【复制】命令、【偏移】命令、【直线】命令等，本节介绍绘制客厅顶棚图的方法。

01 复制地面布置图。调用CO【复制】命令，移动、复制一份地面布置图至一旁；调用E【删除】命令，删除不必要的图形，结果如图10-117所示。

02 调用O【偏移】命令，偏移线段，结果如图10-118所示。

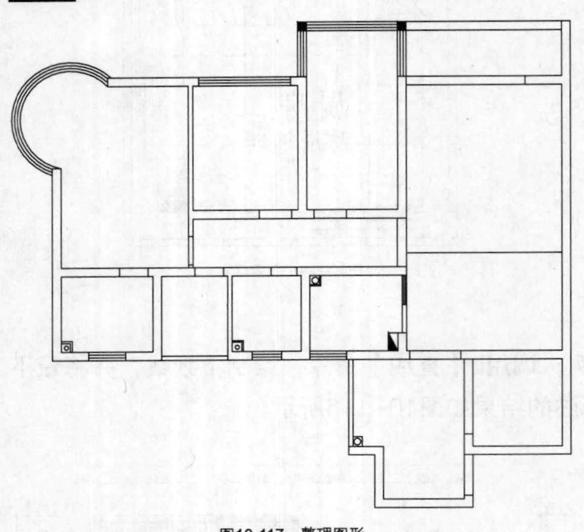

图10-117 整理图形

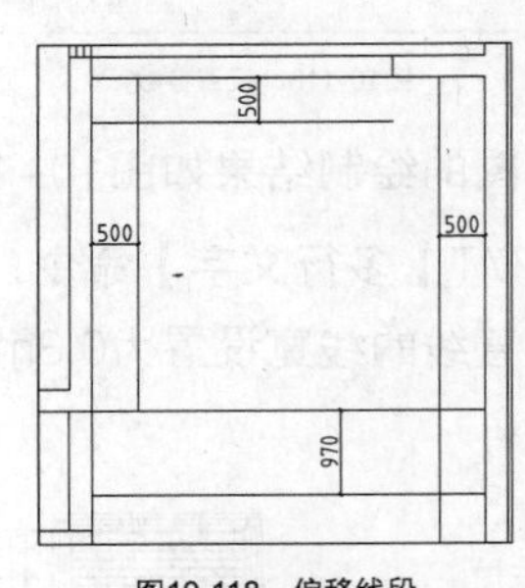

图10-118 偏移线段

03 调用F【圆角】命令，对图形进行圆角处理，结果如图10-119所示。

04 调用O【偏移】命令，设置偏移距离为50，向内偏移线段；调用F【圆角】命令，对图形进行圆角处理；调用L【直线】命令，绘制对角线，结果如图10-120所示。

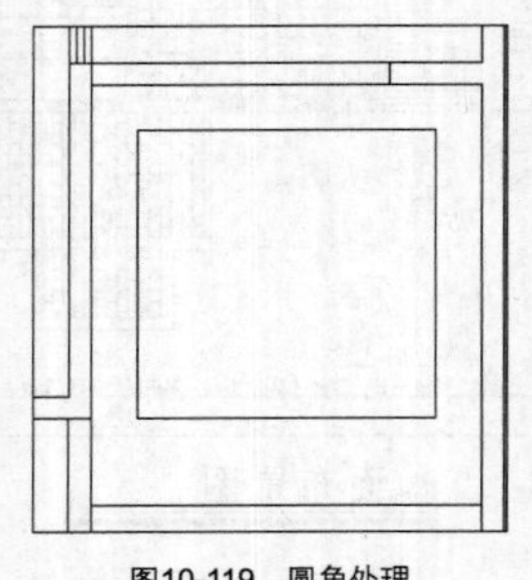

图10-119 圆角处理

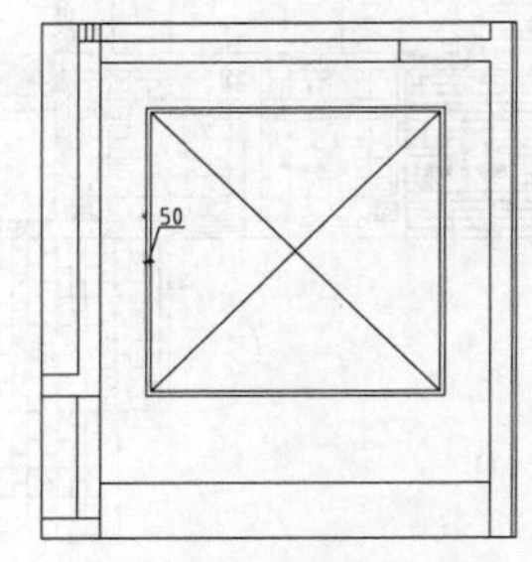

图10-120 处理结果

05 按Ctrl+O组合键，打开配套光盘提供的"第10章\家具图例.dwg"文件，将其中灯具图形复制、粘贴至当前图形中，插入图块的结果如图10-121所示。

06 调用MT【多行文字】命令，绘制材料标注，结果如图10-122所示。

07 调用I【插入】命令，弹出【插入】对话框，在其中选择"标高"图块，结果如图10-123所示。

08 根据命令行的提示，指定标高标注的插入点，输入标高参数，绘制标高标注的结果如图10-124所示。

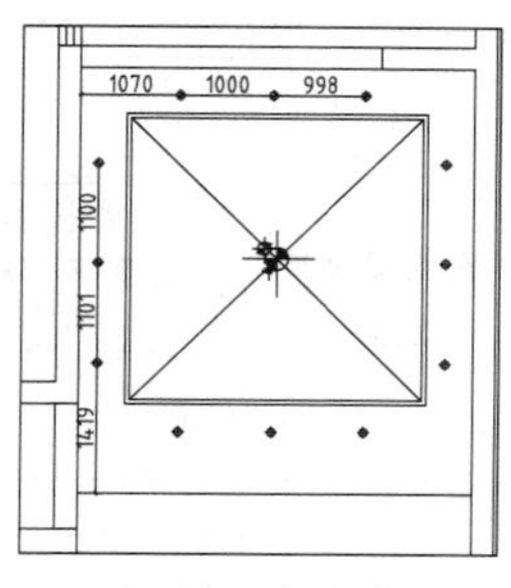

图10-121　插入图块

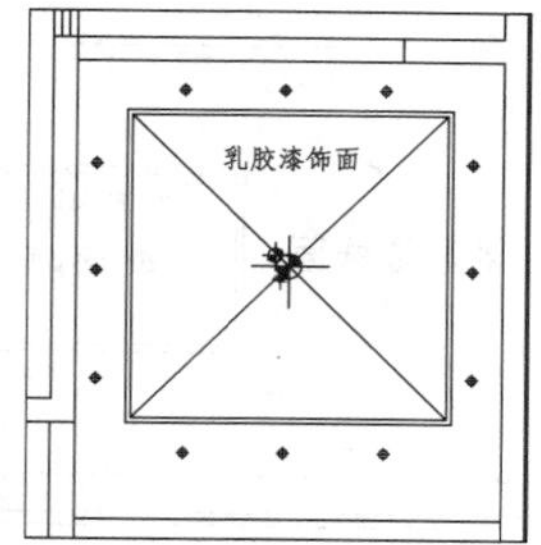

图10-122　材料标注

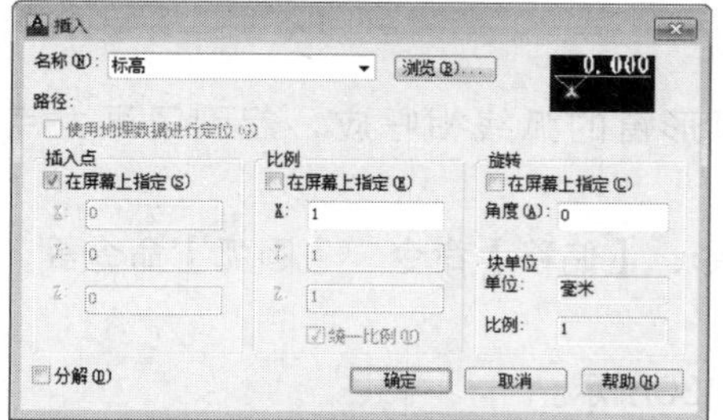

图10-123　【插入】对话框

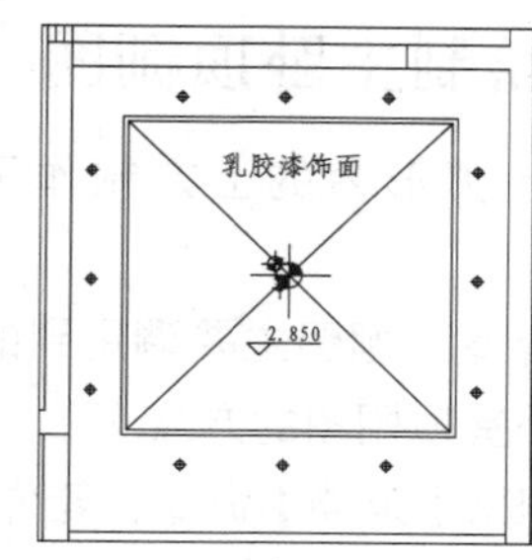

图10-124　标高标注

10.6.2　绘制餐厅顶棚图

在餐厅餐桌的上方制作了矩形的局部吊顶，与餐桌交相辉映，相辅相成。

绘制餐厅顶棚图主要调用到的命令有【矩形】命令、【偏移】命令、【延伸】命令等，本节介绍绘制餐厅顶棚图的步骤。

01 调用REC【矩形】命令，绘制矩形，结果如图10-125所示。

02 调用O【偏移】命令，向内偏移矩形；调用X【分解】命令，分解偏移得到的矩形；调用E【删除】命令，删除多余线段；调用EX【延伸】命令，延伸线段，结果如图10-126所示。

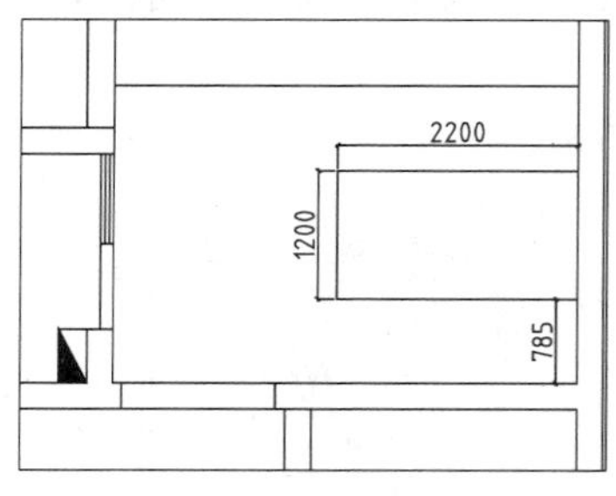

图10-125　绘制矩形

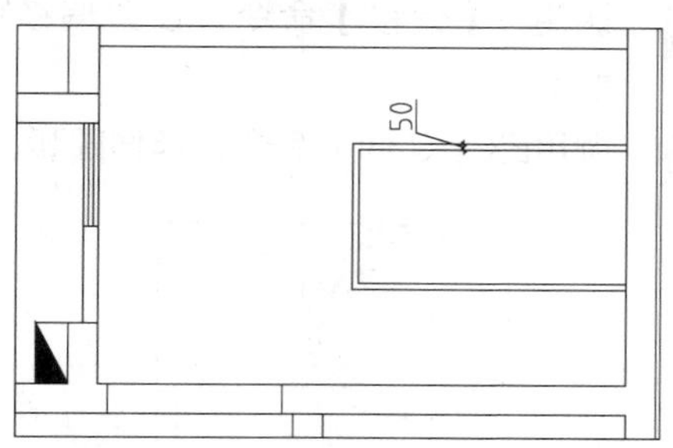

图10-126　绘制结果

03 按Ctrl+O组合键，打开配套光盘提供的“第10章\家具图例.dwg”文件，将其中灯具图形复制、粘贴至当前图形中，插入图块的结果如图10-127所示。

04 调用MT【多行文字】命令，绘制材料标注，结果如图10-128所示。

05 调用I【插入】命令，绘制标高标注，结果如图10-129所示。

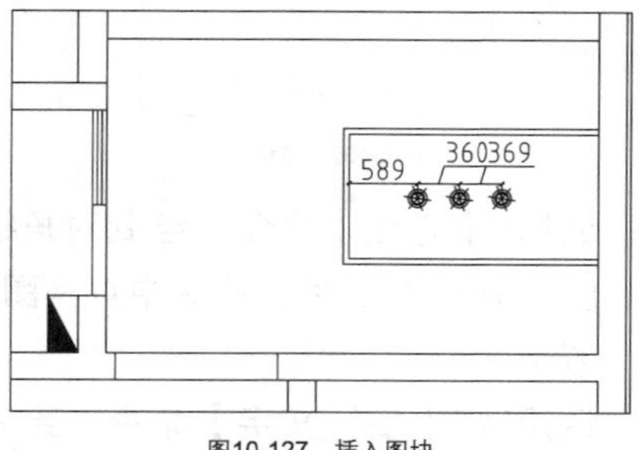

图10-127　插入图块

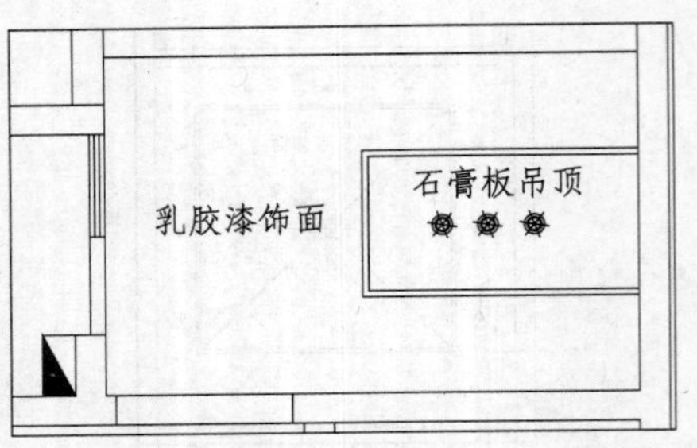

图10-128 材料标注

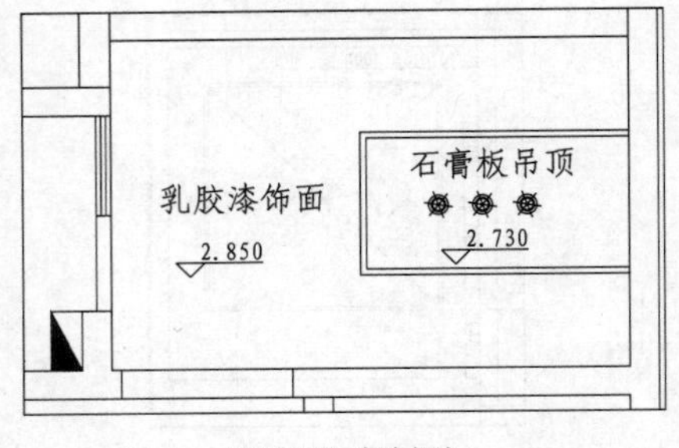

图10-129 标高标注

10.6.3 绘制主卧顶棚图

在主卧室弧形窗的上方制作了弧形的吊顶，与弧形窗的弧线相呼应，起到了画龙点睛的效果。

绘制主卧室顶棚图主要调用到的命令有【延伸】命令、【偏移】命令、【圆弧】命令等，本节介绍绘制主卧室顶棚图的方法。

01 调用EX【延伸】命令，延伸线段，结果如图10-130所示。

02 执行【绘图】|【圆弧】|【起点、端点、半径】命令，绘制圆弧，结果如图10-131所示。

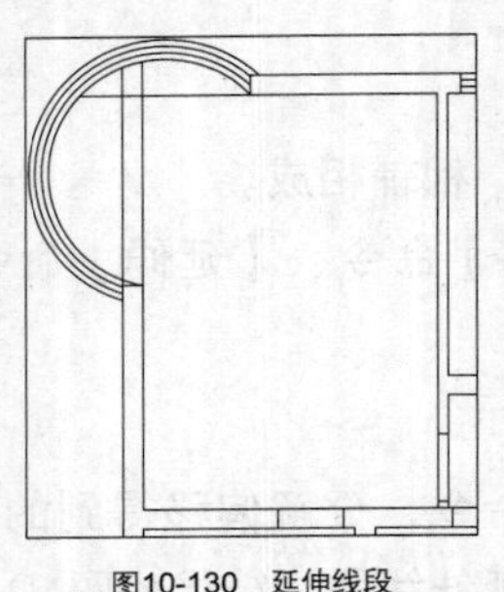
图10-130 延伸线段

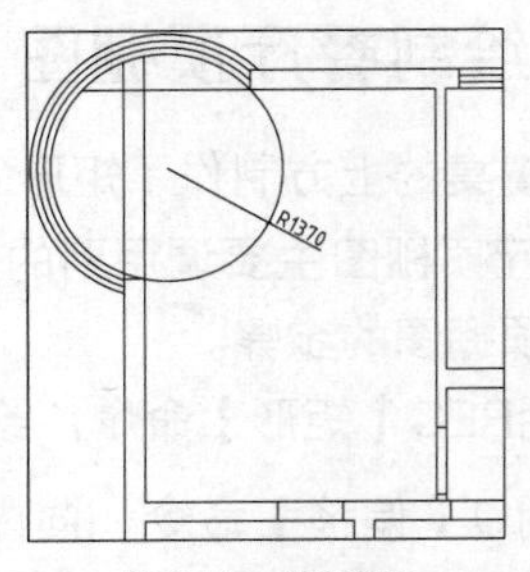

图10-131 绘制圆弧

03 调用O【偏移】命令，设置偏移距离分别为50、150，向内偏移圆弧，结果如图10-132所示。

04 调用EX【延伸】命令，延伸圆弧，结果如图10-133所示。

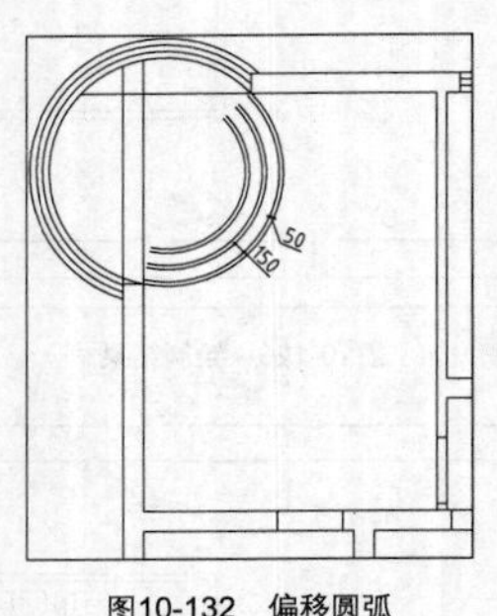

图10-132 偏移圆弧

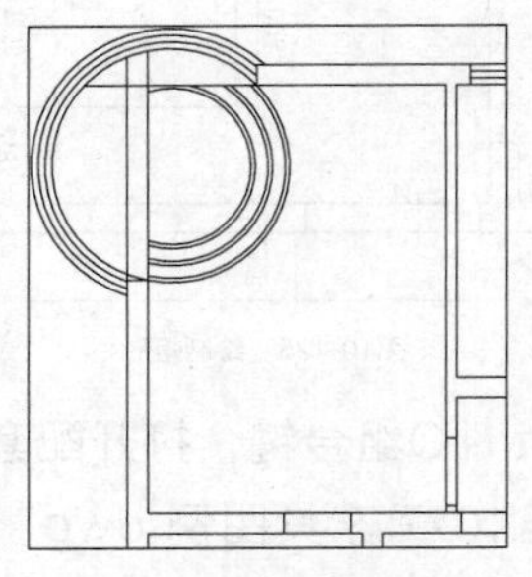
图10-133 延伸圆弧

05 调用L【直线】命令，绘制对角线；按Ctrl+O组合键，打开配套光盘提供的“第10章\家具图例.dwg”文件，将其中灯具图形复制、粘贴至当前图形中，插入图块的结果如图10-134所示。

06 调用MT【多行文字】命令，绘制材料标注；调用I【插入】命令，绘制标高标注，结果如图10-135所示。

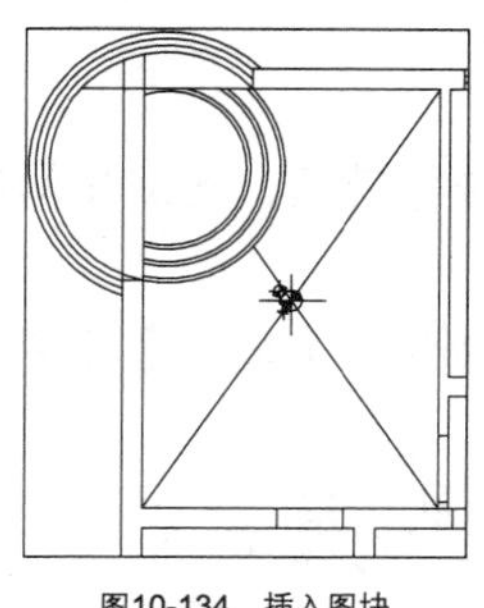
图10-134　插入图块

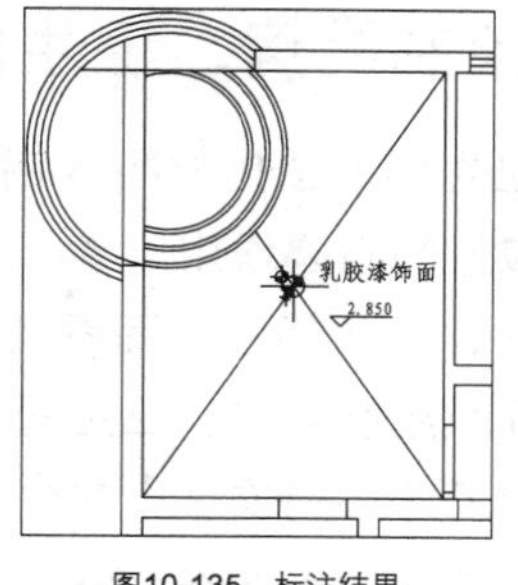

图10-135　标注结果

10.6.4　绘制过道顶棚图

过道顶棚图与其他区域不同，采用了灰镜饰面石膏板吊顶，与其他功能区相区别，成为居室装饰中的亮点。

绘制过道顶棚图主要调用到的命令有【偏移】命令、【填充】命令、【多行文字】命令等，本节介绍绘制过道顶棚图的步骤。

01 调用O【偏移】命令，偏移线段，结果如图10-136所示。

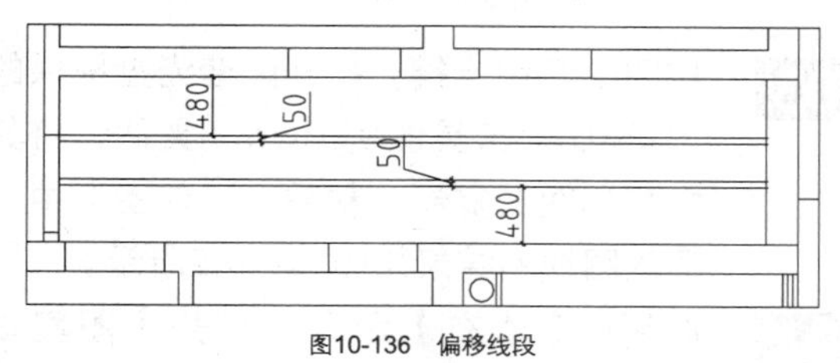

图10-136　偏移线段

02 调用H【填充】命令，打开【图案填充和渐变色】对话框，设置参数如图10-137所示。

03 在绘图区中拾取填充区域，绘制图案填充的结果如图10-138所示。

图10-137　设置参数

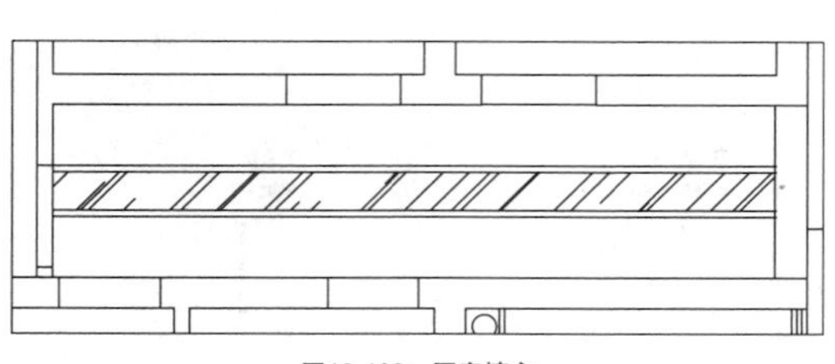
图10-138　图案填充

04 调用MT【多行文字】命令，绘制材料标注；调用I【插入】命令，绘制标高标注，结果如图10-139所示。

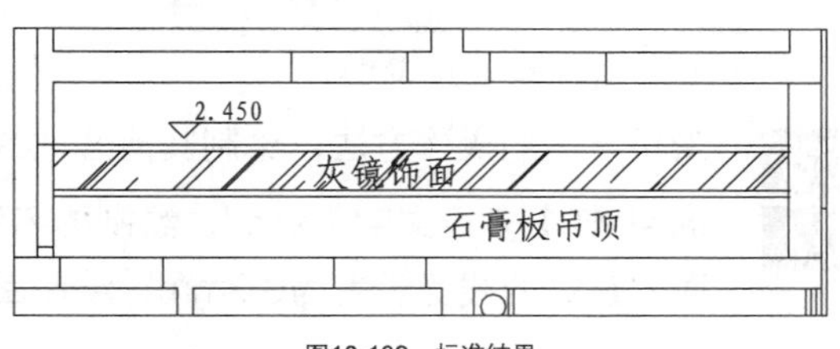

图10-139　标准结果

10.6.5　绘制厨房、卫生间顶棚图

厨房、卫生间的顶棚材料是铝扣板，因其具有防水汽、易清洗等特点，对卫生间的水汽以及厨房的油烟有较好的阻隔作用。

绘制厨房、卫生间的顶面图主要调用的命令有【多行文字】命令、【插入】命令、【填充】命令等，本节介绍绘制厨房、卫生间的顶面图的方法。

01 调用MT【多行文字】命令，绘制材料标注，结果如图10-140所示。

02 调用I【插入】命令，绘制标高标注，结果如图10-141所示。

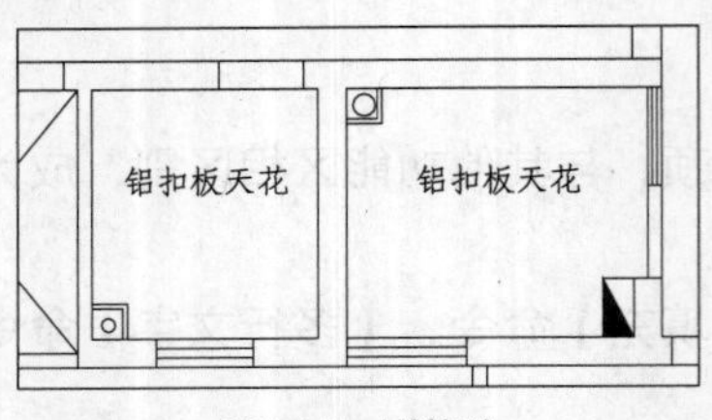

图10-140　材料标注

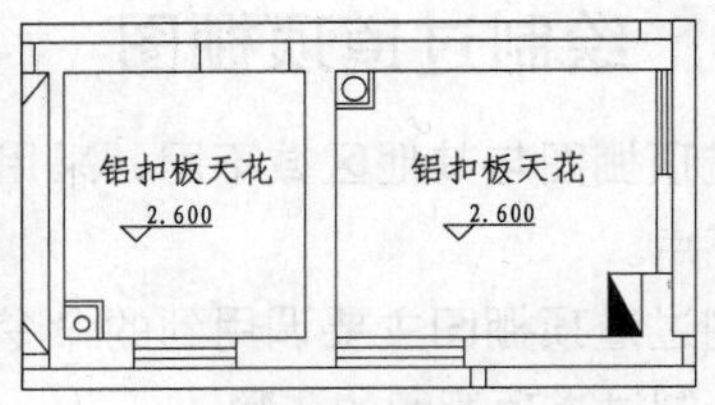

图10-141　标高标注

03 按Ctrl+O组合键，打开配套光盘提供的“第10章\家具图例.dwg”文件，将其中灯具图形复制、粘贴至当前图形中，插入图块的结果如图10-142所示。

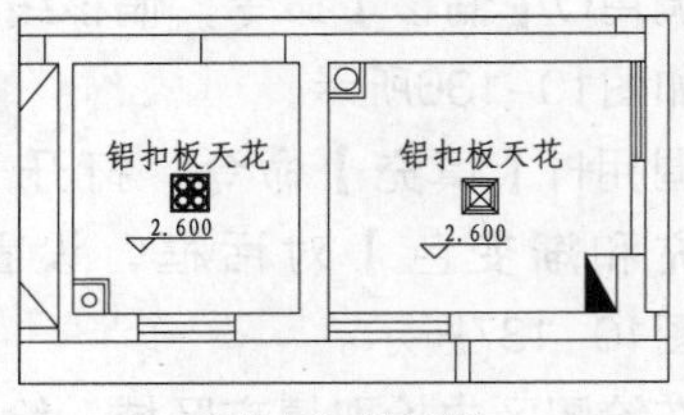

图10-142　插入图块

04 调用H【填充】命令，打开【图案填充和渐变色】对话框，设置参数如图10-143所示。

05 在绘图区中拾取填充区域，绘制图案填充的结果如图10-144所示。

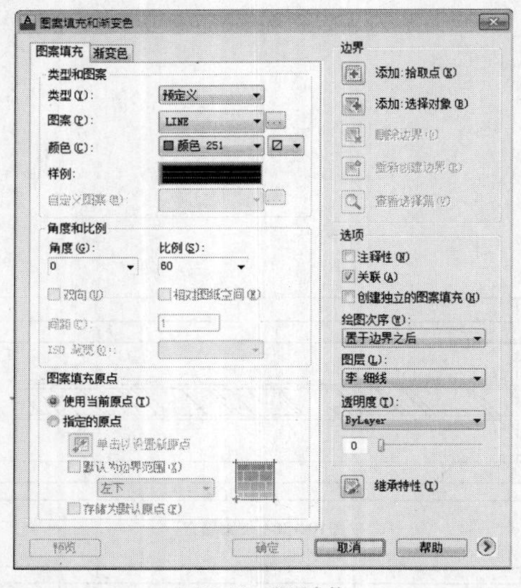

图10-143　设置参数

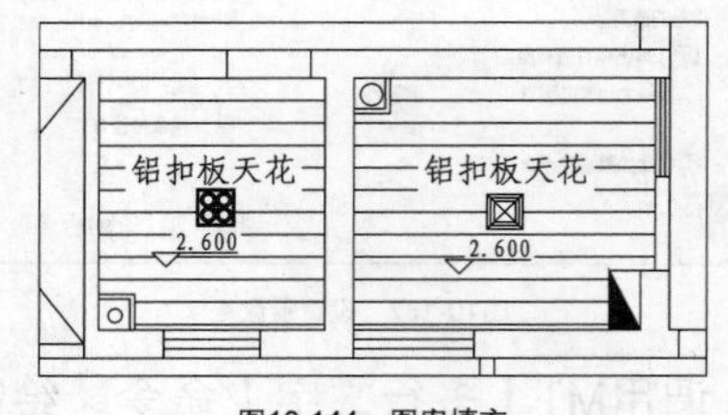

图10-144　图案填充

06 沿用上述的操作方法，绘制其他区域的顶棚图，结果如图10-145所示。

07 调用MT【多行文字】命令，绘制图名和比例；调用L【直线】命令，绘制下划线，并将最下面的直线的线宽设置为0.3mm，绘制图名标注的结果如图10-146所示。

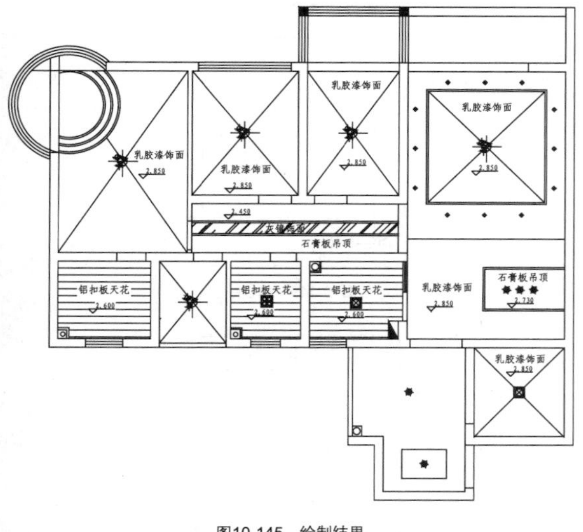

图10-145　绘制结果

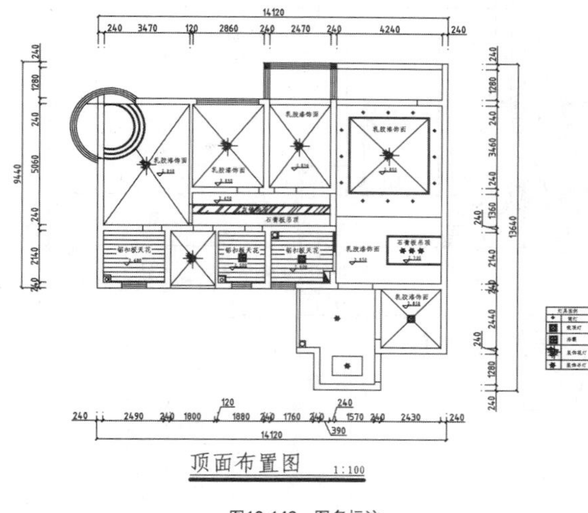

图10-146　图名标注

10.7　绘制三居室立面图

要为居室中主要立面绘制立面图，为施工提供参考依据。本节选用了客厅D立面图、餐厅、入户花园B、D立面图为例，介绍居室立面图的绘制方法。主要调用到的命令有【矩形】命令、【分解】命令、【修剪】命令等。

10.7.1　绘制客厅D立面图

客厅D立面图即电视背景墙立面图，表达了电视背景墙的装饰材料、尺寸以及与周边墙体的接合方式等信息。

绘制客厅D立面图主要调用到的命令有【矩形】命令、【分解】命令、【偏移】命令等，本节介绍绘制客厅D立面图的方法。

01 插入立面指向符号。按Ctrl+O组合键，打开配套光盘提供的“第10章\家具图例.dwg”文件，将其中立面指向符号复制、粘贴至平面布置图中，结果如图10–147所示。

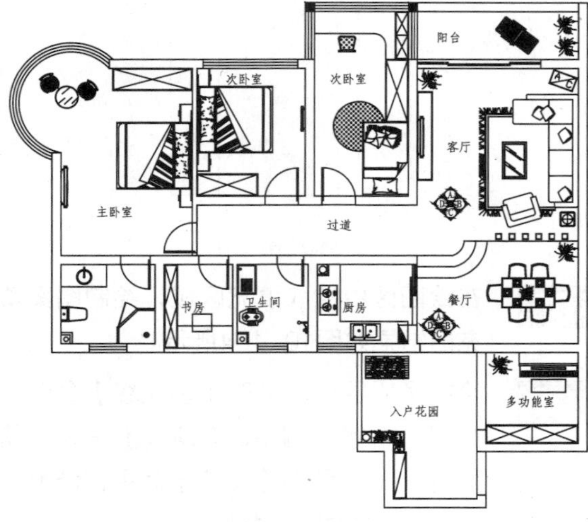

图10-147　插入立面符号

02 绘制立面轮廓。调用REC【矩形】命令，绘制矩形；调用X【分解】命令，分解矩形；调用O【偏移】命令，偏移矩形边；调用TR【修剪】命令，修剪矩形，结果如图10–148所示。

03 绘制台阶。调用O【偏移】命令，偏移线段，结果如图10–149所示。

04 调用TR【修剪】命令，修剪线段，结果如图10–150所示。

05 绘制原墙体。调用O【偏移】命令、TR【修剪】命令，绘制如图10–151所示的图形。

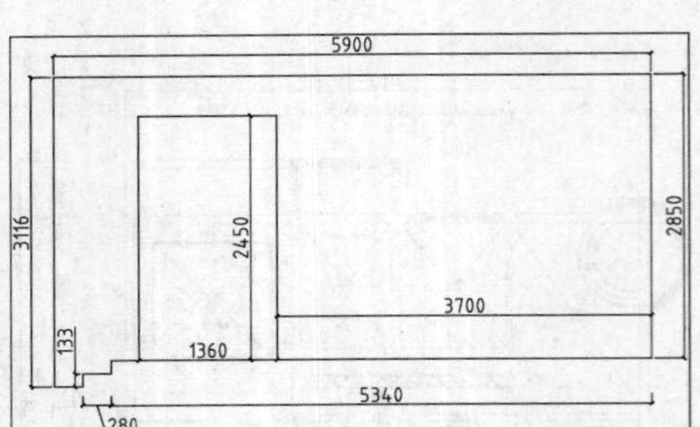

图10-148 绘制结果

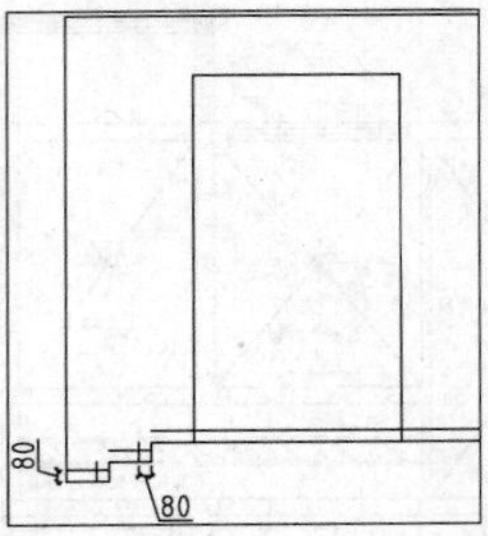

图10-149 偏移线段

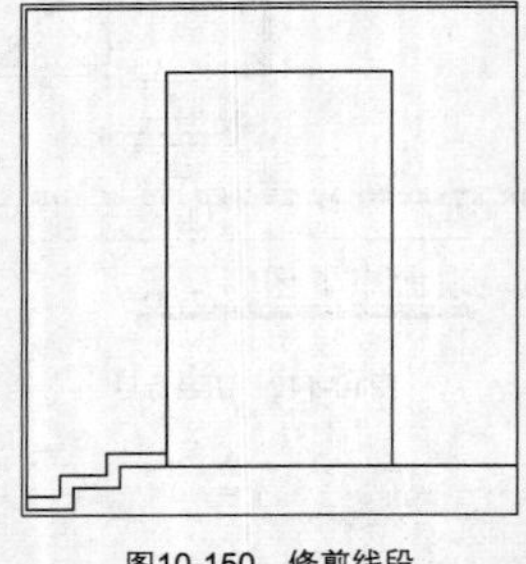
图10-150 修剪线段

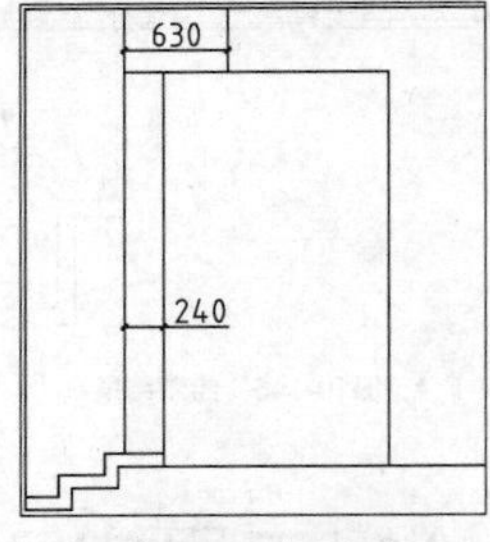

图10-151 绘制图形

06 调用EX【延伸】命令，延伸线段；调用TR【修剪】命令，修剪线段，结果如图10-152所示。

07 填充墙体和梁的图案。调用H【填充】命令，打开【图案填充和渐变色】对话框，设置参数如图10-153所示。

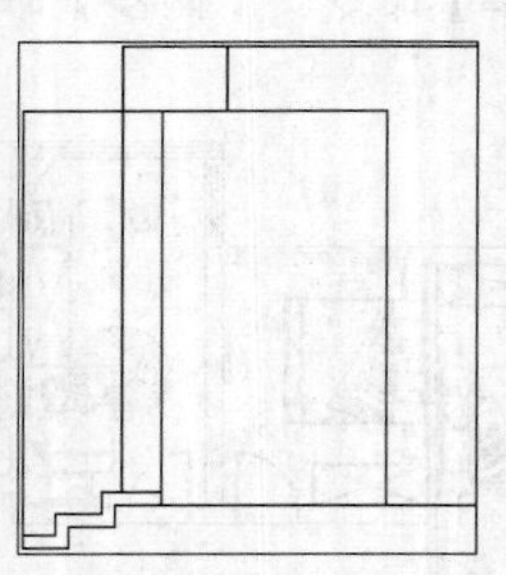
图10-152 修剪线段

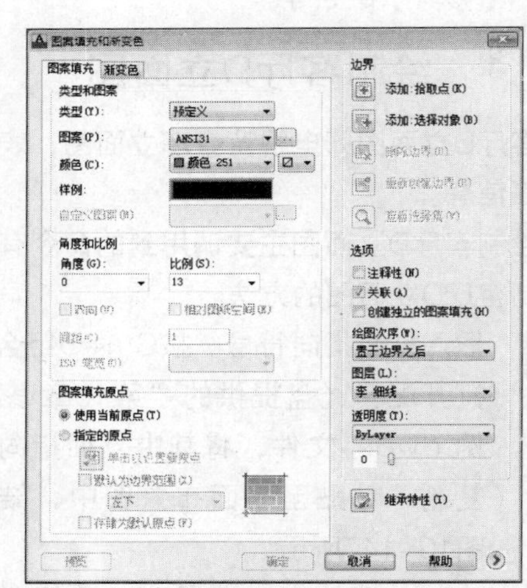

图10-153 设置参数

08 在绘图区中拾取填充区域，绘制图案填充的结果如图10-154所示。

09 绘制吊顶层。调用PL【多段线】命令，绘制折断线；调用O【偏移】命令，偏移线段；调用TR【修剪】命令，修剪线段，结果如图10-155所示。

10 绘制电视背景墙。调用O【偏移】命令，偏移线段；调用TR【修剪】命令，修剪线段，结果如图10-156所示。

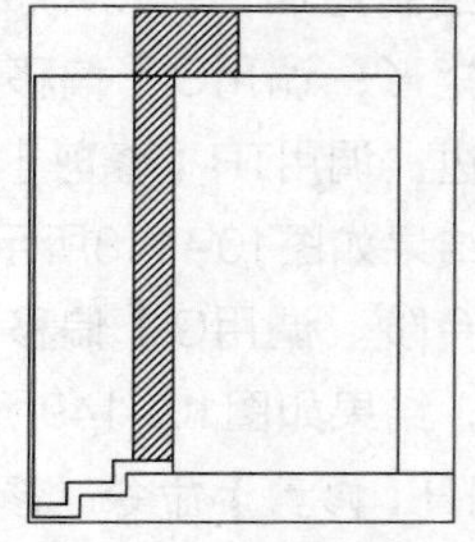
图10-154 图案填充

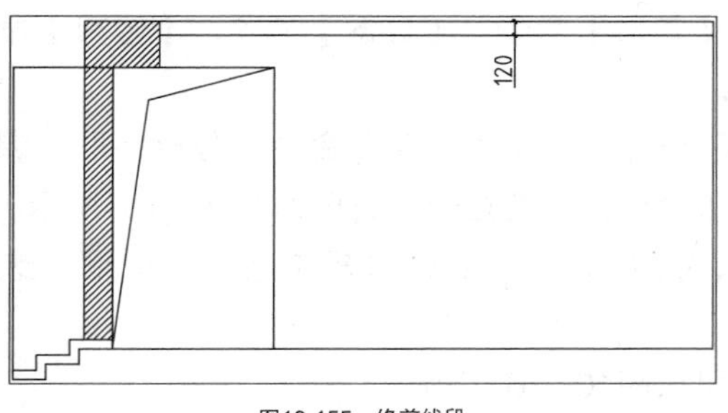

图10-155 修剪线段

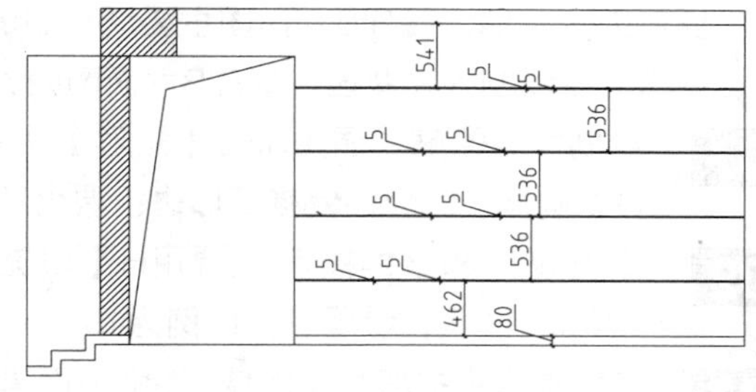

图10-156 修剪线段

11 按Ctrl+O组合键，打开配套光盘提供的“第10章\家具图例.dwg”文件，将其中立面家具图形复制、粘贴至当前图形中；调用TR【修剪】命令，修剪多余线段，插入图块的结果如图10-157所示。

12 调用MLD【多重引线】标注命令，分别指定引线箭头的位置、引线基线的位置，绘制多重引线标注的结果如图10-158所示。

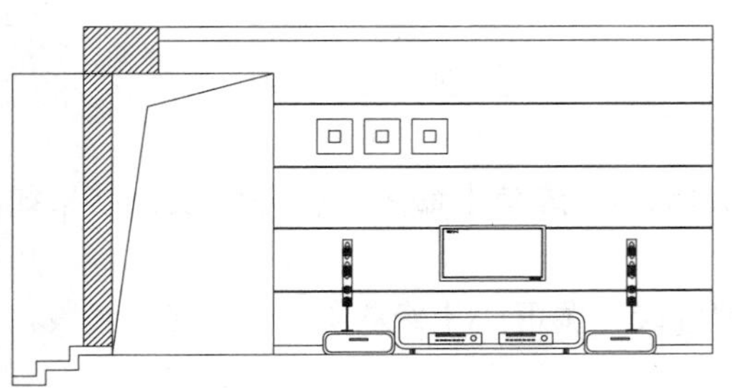

图10-157 插入图块

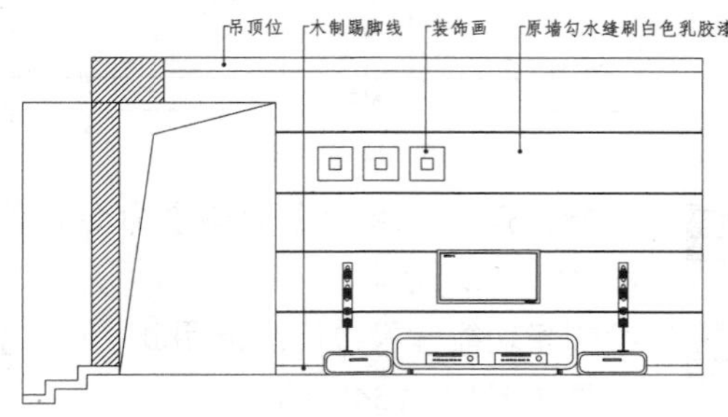

图10-158 文字标注

13 调用DLI【线性标注】命令，为立面图绘制尺寸标注，结果如图10-159所示。

14 调用MT【多行文字】命令、L【直线】命令，绘制图名标注，结果如图10-160所示。

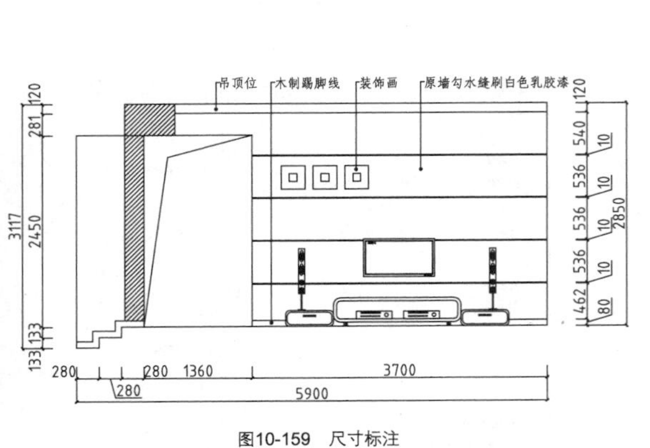

图10-159 尺寸标注

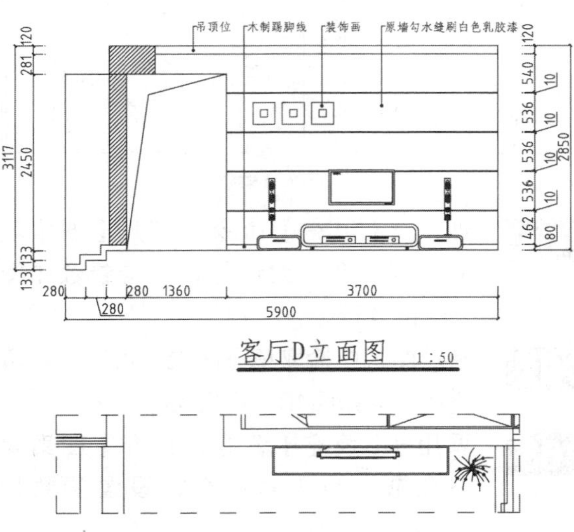

图10-160 图名标注

10.7.2 绘制入户花园、餐厅B立面图

入户花园、餐厅B立面主要表达的是餐厅立面及多功能室推拉门的绘制方法，推拉门的玻璃选用了磨砂玻璃，既透光有确保了私密性。

绘制入户花园、餐厅B立面图主要调用到的命令有【矩形】命令、【分解】命令、【修剪】命令等，本节介绍绘制入户花园、餐厅B立面图的绘制方法。

01 绘制立面轮廓。调用REC【矩形】命令，绘制矩形；调用X【分解】命令，分解矩形；调用O【偏移】命令，偏移矩形边；调用TR【修剪】命令，修剪矩形，结果如图10-161所示。

02 填充墙体和梁的图案。调用H【填充】命令，打开【图案填充和渐变色】对话框，选择ANSI31图案，设置填充比例为13。

03 在绘图区中拾取填充区域，绘制图案填充的结果如图10-162所示。

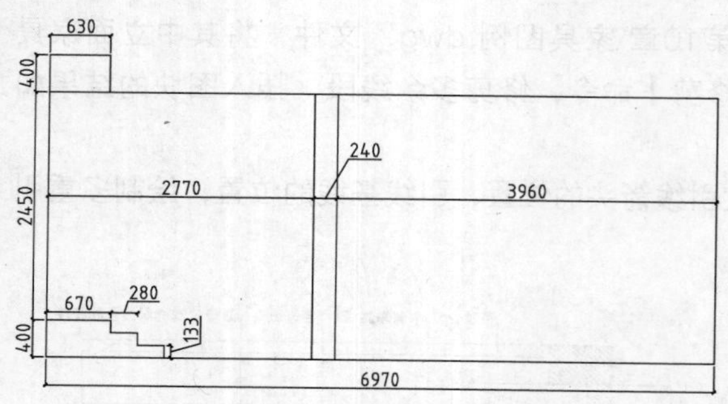

图10-161　绘制立面轮廓

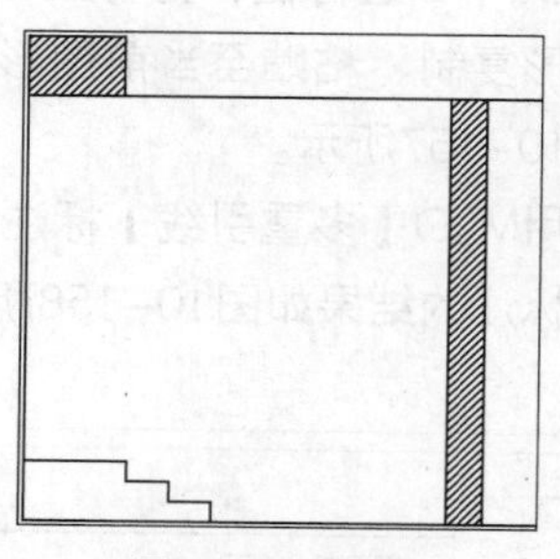
图10-162　图案填充

04 绘制门洞。调用O【偏移】命令，偏移线段；调用TR【修剪】命令，修剪线段，结果如图10-163所示。

05 绘制多功能室推拉门。调用O【偏移】命令，偏移线段；调用TR【修剪】命令，修剪线段，结果如图10-164所示。

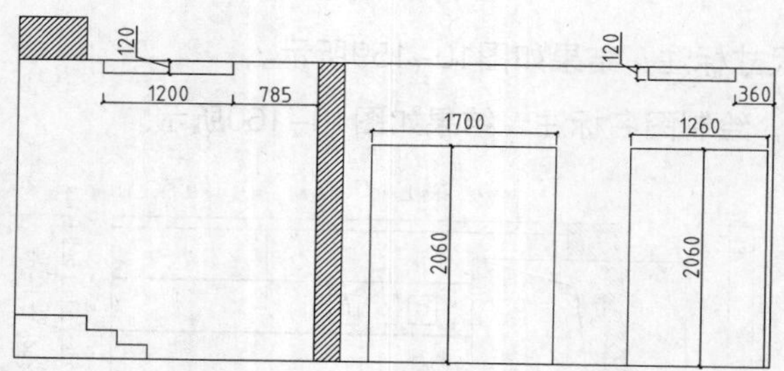

图10-163　修剪线段

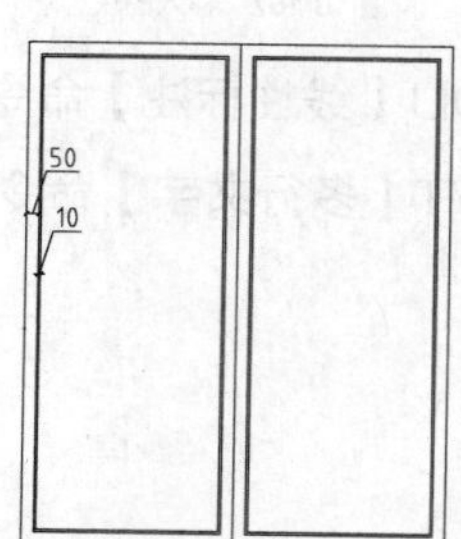

图10-164　绘制结果

06 调用H【填充】命令，打开【图案填充和渐变色】对话框，设置参数如图10-165所示。

07 在绘图区中拾取填充区域，绘制图案填充的结果如图10-166所示。

08 调用H【填充】命令，打开【图案填充和渐变色】对话框，设置参数如图10-167所示。

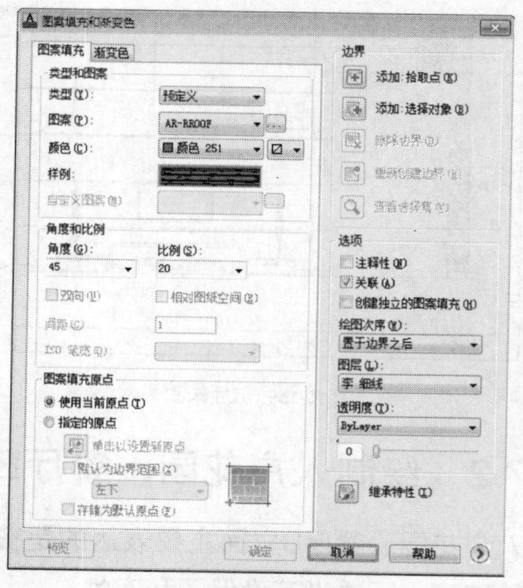

图10-165　设置参数

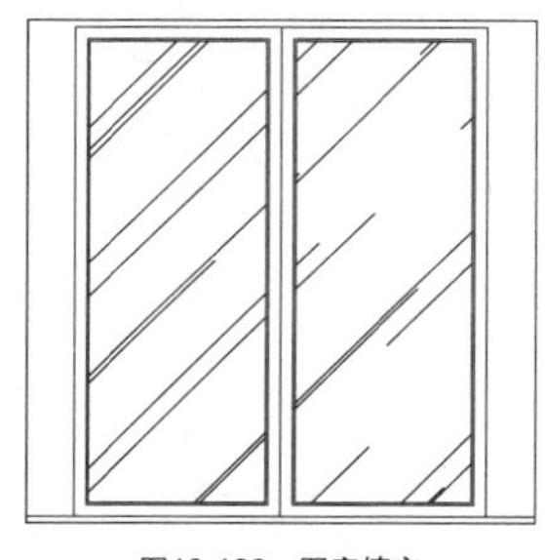

图10-166　图案填充

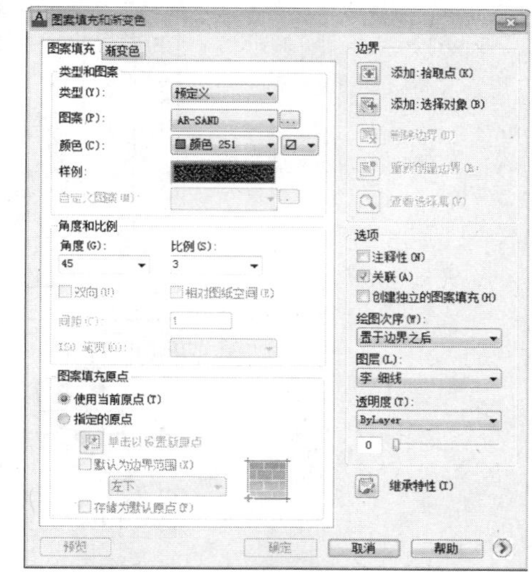

图10-167　设置参数

09 在绘图区中拾取填充区域，绘制图案填充的结果如图10-168所示。

10 按Ctrl+O组合键，打开配套光盘提供的“第10章\家具图例.dwg”文件，将其中立面家具图形复制、粘贴至当前图形中；调用TR【修剪】命令，修剪多余线段，插入图块的结果如图10-169所示。

图10-168　图案填充

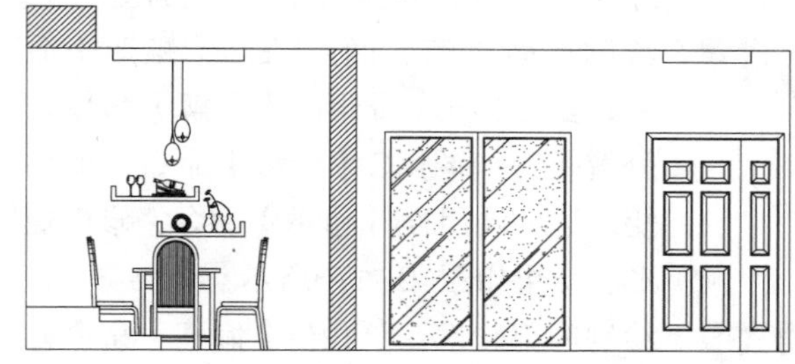

图10-169　插入图块

11 调用MLD【多重引线】标注命令，分别指定引线箭头的位置、引线基线的位置，绘制多重引线标注的结果如图10-170所示。

12 调用DLI【线性标注】命令，为立面图绘制尺寸标注，结果如图10-171所示。

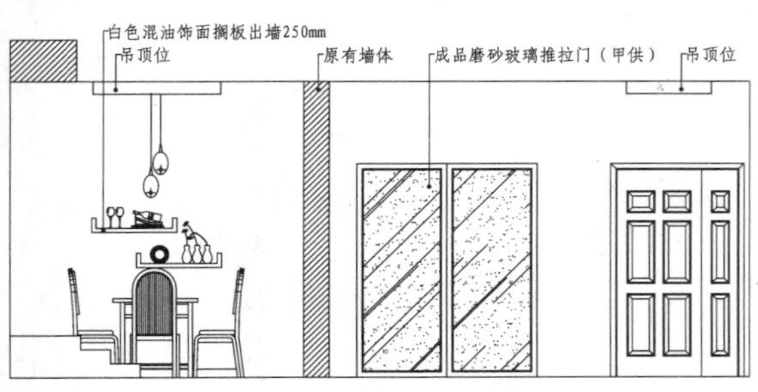

图10-170　文字标注

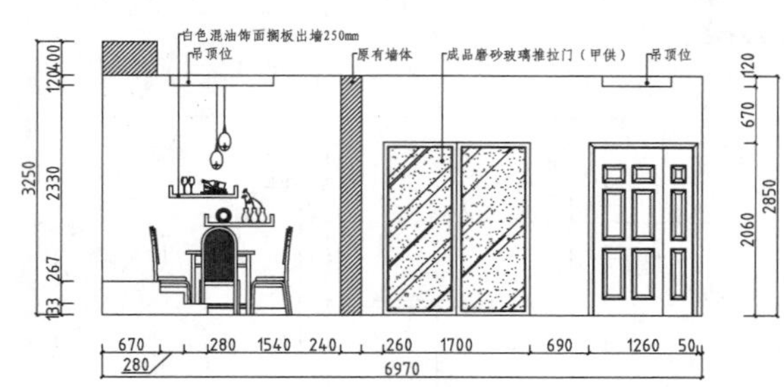

图10-171　尺寸标注

13 调用MT【多行文字】命令、L【直线】命令，绘制图名标注，结果如图10-172所示。

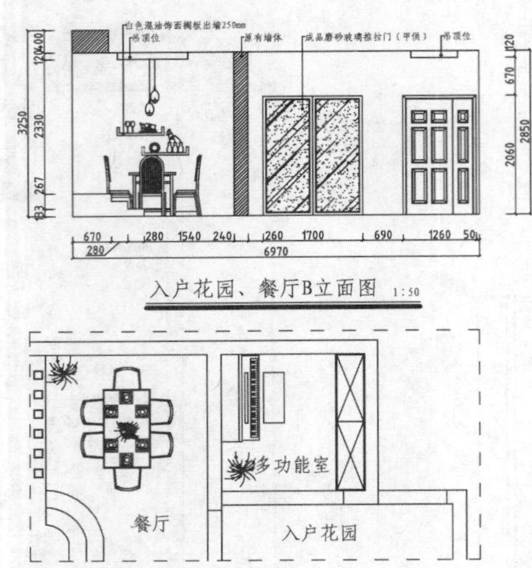

图10-172　图名标注

10.7.3　绘制入户花园、餐厅D立面图

入户花园、餐厅D立面图主要表达的是鞋柜、花台、栏杆及厨房门连窗的立面信息，悬空的花台与及地的鞋柜相邻，是稳定的力量和动荡的力量的相互映衬。

绘制入户花园、餐厅D立面图主要调用到的命令有【矩形】命令、【分解】命令、【修剪】命令等，本节介绍绘制入户花园、餐厅D立面图的步骤。

01 绘制立面轮廓。调用REC【矩形】命令，绘制矩形；调用X【分解】命令，分解矩形；调用O【偏移】命令，偏移矩形边；调用TR【修剪】命令，修剪矩形，结果如图10-173所示。

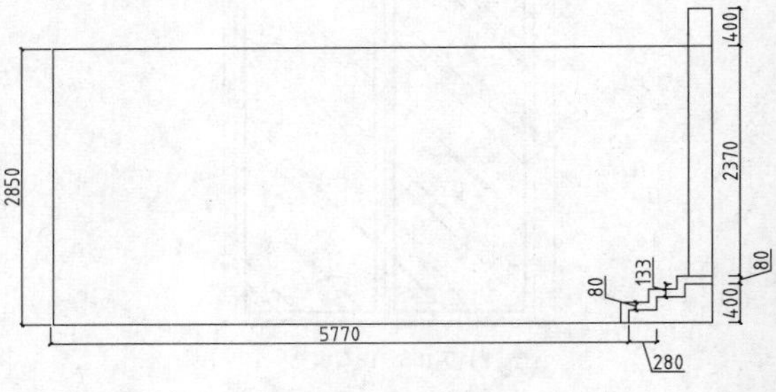

2850 400 2370 80 133 80 400 5770 280

图10-173　绘制立面轮廓

02 绘制内部轮廓。调用O【偏移】命令，偏移矩形边；调用TR【修剪】命令，修剪线段，结果如图10-174所示。

03 填充墙体和梁的图案。调用H【填充】命令，打开【图案填充和渐变色】对话框，选择ANSI31图案，设置填充比例为13。

04 在绘图区中拾取填充区域，绘制图案填充的结果如图10-175所示。

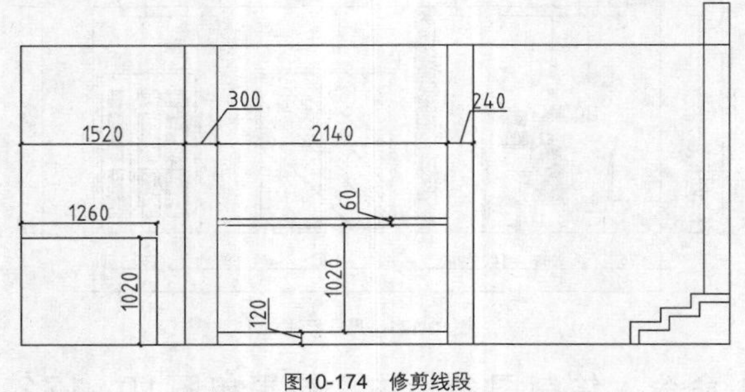

图10-174　修剪线段

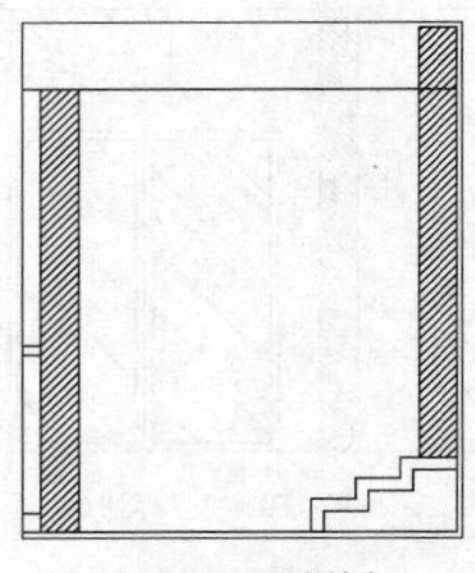

图10-175　图案填充

05 绘制鞋柜。调用O【偏移】命令，偏移线段；调用TR【修剪】命令，修剪线段，结果如图10-176所示。

06 绘制花台。调用O【偏移】命令、TR【修剪】命令，绘制如图10-177所示的图形。

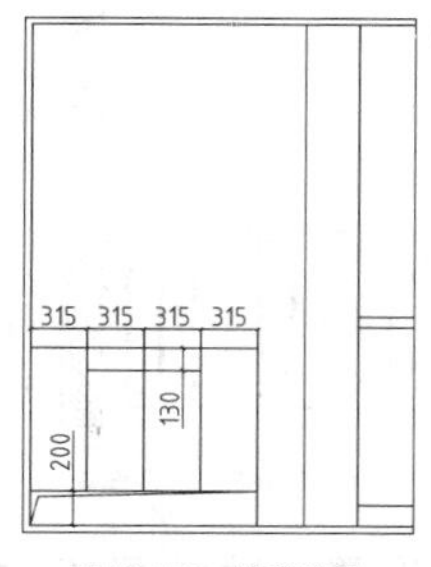

图10-176 修剪线段

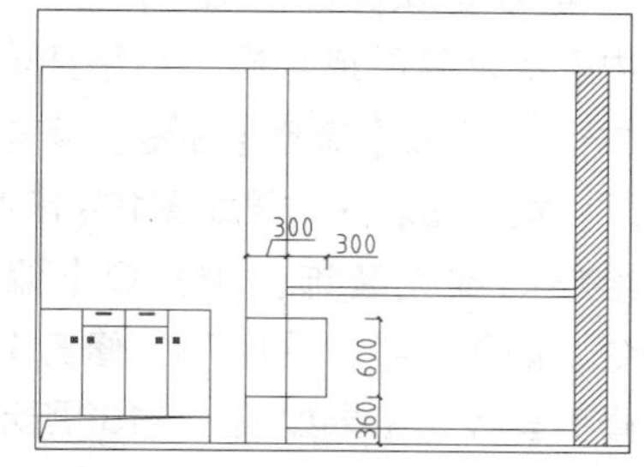

图10-177 绘制结果

07 调用H【填充】命令，打开【图案填充和渐变色】对话框，设置参数如图10-178所示。

08 在绘图区中拾取填充区域，绘制图案填充的结果如图10-179所示。

图10-178 图案填充

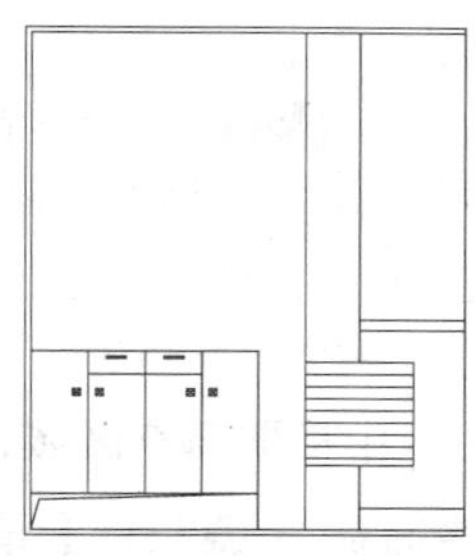

图10-179 图案填充

09 绘制栏杆。调用H【填充】命令，打开【图案填充和渐变色】对话框，设置参数如图10-180所示。

10 在绘图区中拾取填充区域，绘制图案填充的结果如图10-181所示。

图10-180 图案填充

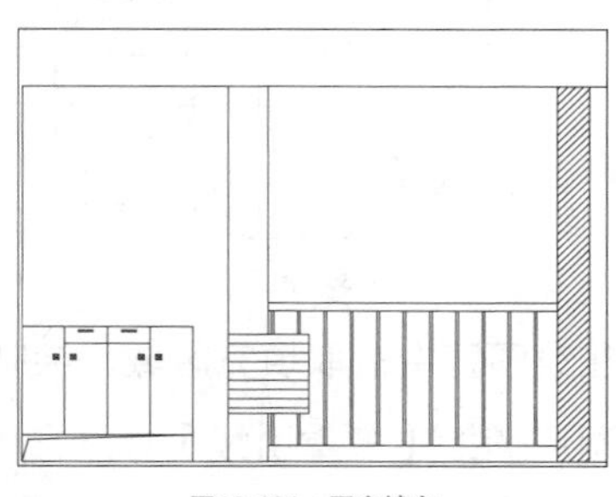

图10-181 图案填充

11 按Ctrl+O组合键，打开配套光盘提供的“第10章\家具图例.dwg”文件，将其中立面家具图形复制、粘贴至当前图形中；调用TR【修剪】命令，修剪多余线段，插入图块的结果如图10-182所示。

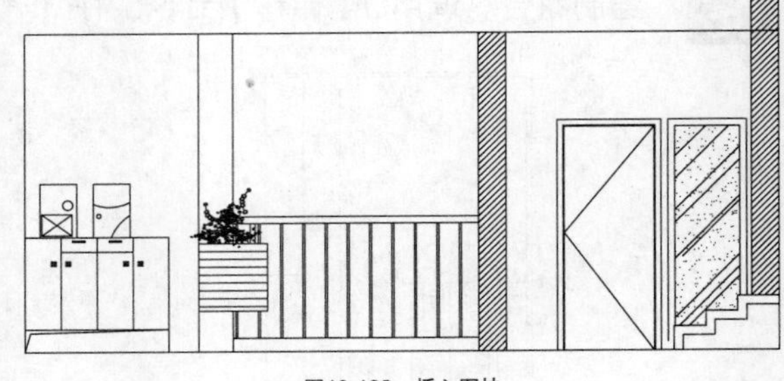

图10-182 插入图块

12 绘制马赛克装饰。调用O【偏移】命令，偏移直线；调用TR【修剪】命令，修剪直线，结果如图10-183所示。

13 调用H【填充】命令，打开【图案填充和渐变色】对话框，设置参数如图10-184所示。

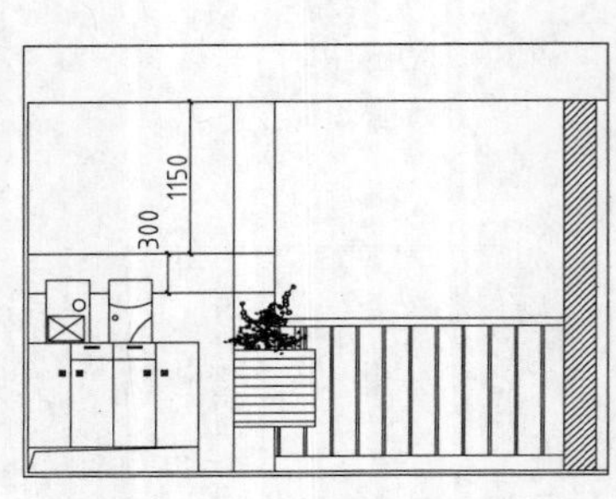

图10-183 修剪直线

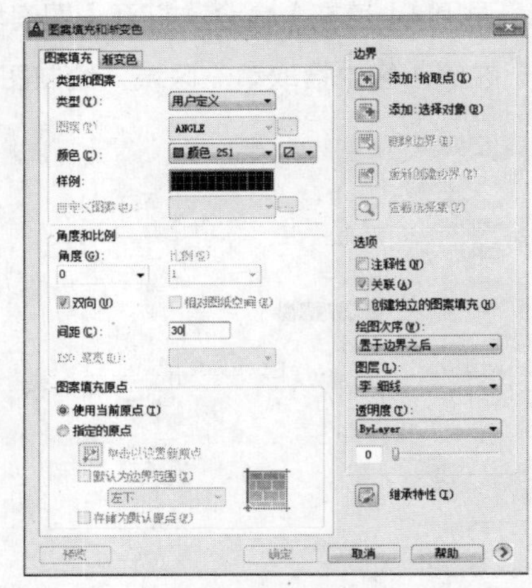

图10-184 图案填充

14 在绘图区中拾取填充区域，绘制图案填充的结果如图10-185所示。

15 绘制墙面砖。调用H【填充】命令，打开【图案填充和渐变色】对话框，设置参数如图10-186所示。

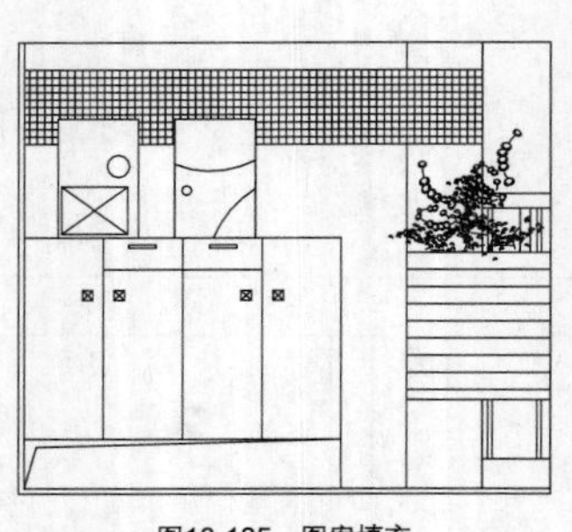

图10-185 图案填充

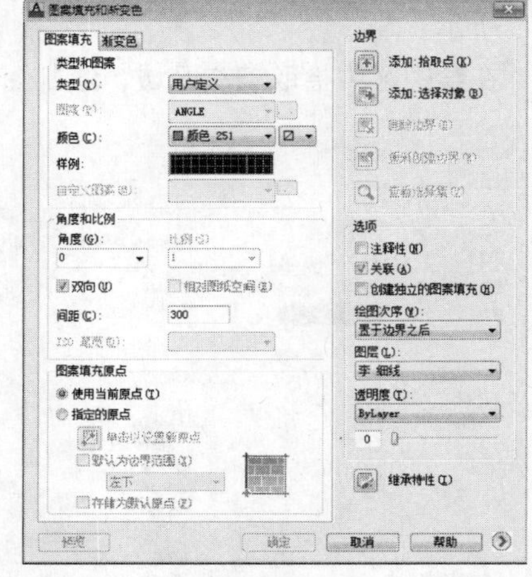

图10-186 设置参数

16 在绘图区中拾取填充区域，绘制图案填充的结果如图10-187所示。

17 调用MLD【多重引线】标注命令，分别指定引线箭头的位置、引线基线的位置，绘制多重引线标注的结果如图10-188所示。

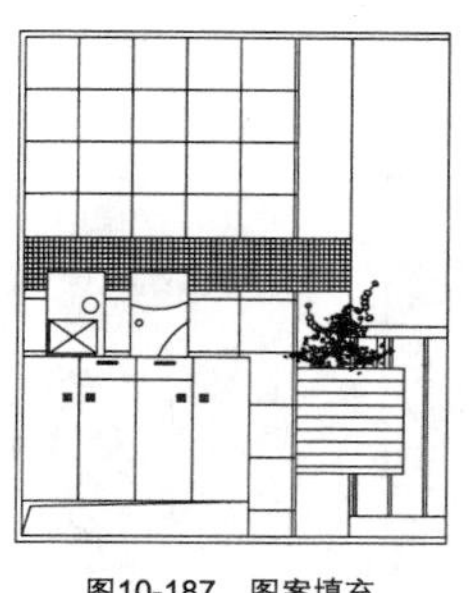

图10-187 图案填充

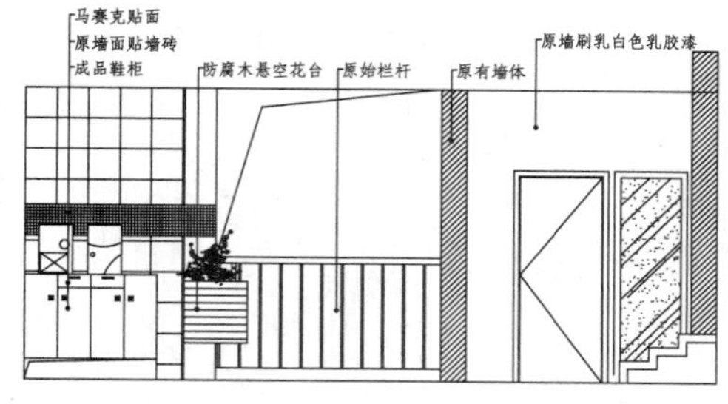

图10-188 文字标注

18 调用DLI【线性标注】命令，为立面图绘制尺寸标注，结果如图10-189所示。

19 调用MT【多行文字】命令、L【直线】命令，绘制图名标注，结果如图10-190所示。

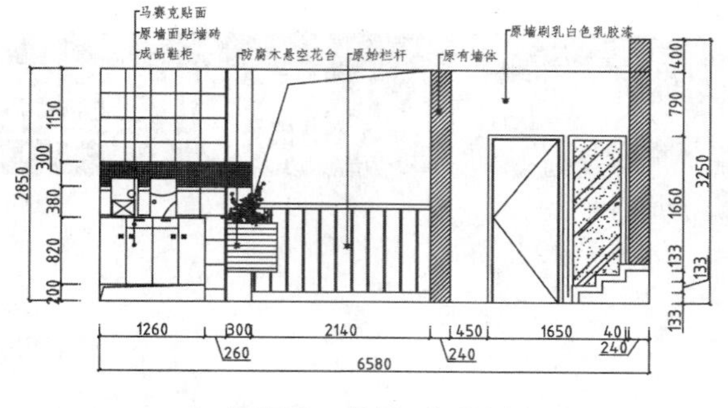

入户花园、餐厅D立面图 1:50

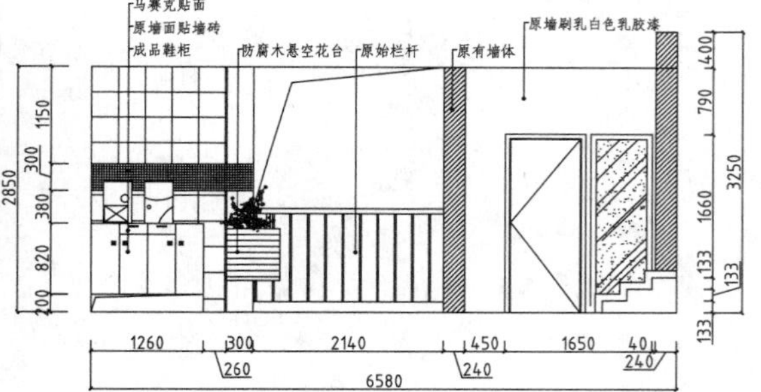

图10-189 尺寸标注

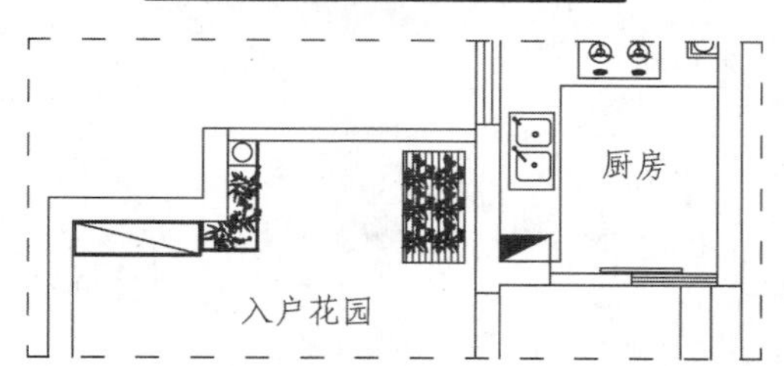

图10-190 图名标注

第11章

欧式风格别墅室内设计

欧式风格按不同的地域文化可分为北欧、简欧和传统欧式。其中的田园风格于17世纪盛行欧洲，它强调线形流动的变化，且色彩华丽。它在形式上以浪漫主义为基础，装修材料常用大理石、多彩的织物、精美的地毯，精致的法国壁挂，整个风格豪华、富丽，充满强烈的动感效果。另一种是洛可可风格，其采用轻快纤细的曲线装饰，效果典雅、亲切，欧洲的皇宫贵族都偏爱这个风格。而简欧风格则是汲取田园风格以及洛可可风格中的精华，去除了繁杂的装饰物，保留了具有欧式传统特色的壁炉、角线、挂毯、大理石等。

本章以简欧风格的别墅为例，介绍绘制欧式风格别墅室内设计施工图的方法。

11.1　别墅室内设计概述

别墅，因其独特的建筑特点，使它与一般的居家住宅设计有着明显的区别。别墅设计不但要进行室内的设计，而且要进行室外的设计，这是和一般房子设计的最大区别。

因为设计的空间范围大大增加，所以，在别墅的设计中，需要侧重的是一个整体效果。别墅设计的重点仍是对功能与风格的把握。由于别墅面积较大，很多人认为功能应该不是问题，这其实是一个误区。由于建筑设计的局限性，经常会造成别墅面积的利用率不均衡，使用频繁的空间有时候面积会局促，而有些很少有人涉及的空间反倒留了很大的面积。这时候，需要在室内设计的过程中做必要地调整，以合理的功能安排和布局，满足业主对于生活功能的要求。

别墅风格不仅取决于业主的喜好，还取决于居住的性质。有的近郊别墅是作为日常居住，有的则是度假性质。作为日常居住的别墅，考虑到日常生活的功能，不能太乡村化。而度假性质的别墅，则可以相对放松一点，营造一种与日常居家不同的感觉。

11.1.1 别墅的设计要点

别墅的设计一定要注重结构的合理运用。局部的细节设计能体现出主人的个性和优雅的生活情趣。在合理的平面布局下着重于立面的表现，注重使用玻璃、石材及质感涂料来营造现代休闲的居室环境。

在别墅的设计过程中，设计师首先要考虑整个空间的使用功能是否合理，在这基础上再去演化优雅、新颖的设计，因为有些别墅中格局的不合理性会导致整个空间的使用浪费。合理拆建墙体，利用墙体的结构更好地描述出主人的美好爱巢。尤其在别墅中，最常见的有斜顶、梁管道、柱子等结构上出现的问题，如何分析、解决出现的问题是设计过程的关键所在。

11.1.2 别墅各功能区的设计

别墅空间主要划分为五大功能区。

礼仪区：入口（玄关）、起居室、过廊、餐厅等。

交往区：早餐室、厨房、家庭室、阳光室等。

私密区：主卧、次卧、儿童房、客人房、卫生间、书房等。

功能区：洗衣间、储藏室、壁橱、步入式衣厨、车库、地下室、阁楼、健身房、佣人房等。

室外区：外立面、前院、后院、平台等。

下面，介绍各功能区的设计要点。

1. 客厅和起居室

现代的一般性住宅设计都要求“三大一小”，即大起居室、大厨房、大卫生间和小卧室，说明起居室在现代生活中的地位越来越重要。在别墅和中高档住宅中，起居室或客厅更能彰显主人的身份与文化。

面积不大的别墅和住宅的起居室与客厅是合二为一的，统称为生活起居室，作为家庭活动及会客交往的空间。

中档以上的别墅或住宅往往设有两套日常活动的空间：一套是用于会客和家庭活动的客厅，另一套是用于家庭内部生活聚会的空间——家庭起居室。

客厅或生活起居室应有充裕的空间、良好的朝向。独院住宅客厅应朝向花园，并力求使室内外环境相互渗透。

当只有一个生活起居室时，其位置多靠近门厅部位。若另有家庭活动室，则多设在靠近后面比较隐蔽的地方并接近厨房，利于家庭内部活动并方便餐饮。面积较小的住宅，为了扩大起居空间，往往把起居室与餐厅合二为一，或是二者空间相互渗透。

图11-1与图11-2所示为欧式起居室和客厅的设计效果。

图11-1 起居室

图11-2 客厅

2. 厨房和餐厅

厨房在现代住宅中的地位越来越受到重视，厨房对于中式烹饪的重要意义是不言而喻的。西餐厨房与餐厅空间的连通方式可分、可连、可合。

中餐厨房因油烟较大，一般是以分隔为好，可以用透明的橱窗或橱柜分隔。就餐空间随着住宅档次和面积的不同有多种形式。

形式一：就餐空间与厨房合二为一。

形式二：就餐空间与生活起居室合二为一，占据起居室的一个角落。

形式三：设独立的餐厅。

形式四：设两套就餐空间：一套为正式餐厅，靠近客厅，其家具摆设比较讲究；另一套为早餐室，与厨房连通，平常的家庭用餐多在此进行，以减少整理房间的麻烦。

形式五：在起居室或餐厅附近另设吧台，既可作为独立的冷热饮空间，又是室内环境一个引人注目的亮点。

图11-3与图11-4所示为欧式厨房和餐厅的设计效果。

图11-3 厨房

图11-4 餐厅

3. 卧室及卫生间

卧室主要有主卧室和次卧室，随着规模和档次的提高相应增设佣人房、客人卧室等。

大多数住宅设有3～4间卧室。如住宅是二层楼房，则卧室多设于二层。佣人房则宜设于底层，并与厨房靠近或连通。无论是否有佣人，在条件可能时，底层至少设一间卧室，既可作为客人卧室，也可供家中老人或其他成员上楼不方便时使用。

除了客厅、起居室，别墅或住宅的档次主要还反映在主卧上。主卧的面积应比较宽裕，有条件的还可在卧室中增加起居空间。主卧室一般应有独立的、设施完善的卫生间（一般包括坐式便池、洗脸台、淋浴器及浴盆四件基本设备）。浴室应力求天然采光，可采用天窗采光，也可将浴池布置在可以看到外景的地方。底层的浴室窗户可开向私人的内院。

盥洗室内往往设置化妆台，有的布置两个洗脸台，夫妇可以同时使用。

主卧室还应有较多的衣橱或衣柜，有些还带步入式衣橱。

两个或三个卧室可以共用一个卫生间，为了提高卫生间的使用效率，还可以将浴盆、洗脸台和卫生间分隔成三个空间，同时供三个人使用。

客房应有独立的卫生间，其中有浴盆、洗脸台、坐便器三件设备。佣人房也应有独立的卫生间，一般设脸盆和坐便器两件设备，或者再加一个淋浴器。

图11-5和图11-6所示分别为欧式卧室和卫生间的设计效果。

图11-5 卧室

图11-6 卫生间

4. 门厅和楼梯间

南方的小型别墅或住宅往往不单设门厅，多数是与楼梯间结合，也有的是与起居室结合。但不管是否专设门厅，均需考虑外出时外衣更换、雨具存放、拖鞋更换以及整衣镜等有关设施的安置问题。

日本及北美的一些住宅往往在进门处的室内有一小块地面低一些，供换鞋之后再上一步台阶进入干净的地面。北方地区冬季寒冷，朝北的入口应设两道门。

有的别墅或住宅设有辅助出入口，并多与厨房、佣人房、洗衣房等相连，这样一来，佣人的出入、杂务操作可避开前厅和客厅。楼梯的布置也因主人的习惯、爱好不同而有不同的模式。国外多数独立住宅的楼梯间相对独立，上下楼的客人出入不穿越客厅或起居室，可保障起居室或客厅的安宁；还有的设计是将楼梯置于起居室或客厅之中，使之成为一个亮点，别有一番情趣。

楼梯间的位置固然应考虑楼层上、下出入的交通方便，但也需注意少占朝向好的空间，保障主要房间（如起居室、主要卧室等）有良好的朝向。由于别墅或独立住宅层高多在3米左右，往往采用一跑楼梯。这样的处理，既可节省交通面积，又可从入口门厅直上到二层的中心部位，很方便地通向四周的使用房间，是采用较多的一种方式。有时还采用弧形的一跑楼梯。

图11-7和图11-8所示分别为欧式门厅和楼梯间的设计效果。

图11-7 门厅

图11-8 楼梯间

11.2 绘制别墅原始户型图

原始户型图主要表达房屋的框架架构，以及门窗洞口的位置、尺寸，房屋的开间和进深，各功能区的大概划分情况等。设计师现场量房后所绘制的原始户型图，是对房屋进行设计、改造的重要依据。墙体的拆除和重建，功能区的重新划分，门窗洞口位置以及尺寸的更改等重要信息，都需要在原始户型图上进行标识，以为施工制定依据。

11.2.1 绘制轴线

轴线为墙体定位提供了重要的依据。绘制轴线主要调用【直线】命令、【偏移】命令。

01 设置图层。调用LA【图层特性管理器】命令，打开【图层特性管理器】对话框，设置图层的结果如图11-9所示。

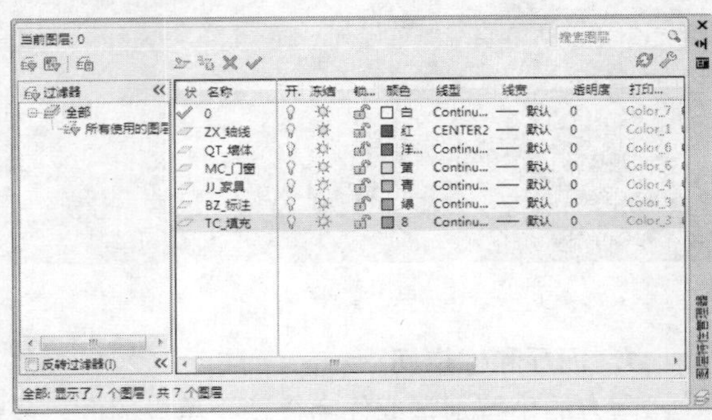

图11-9 设置图层

02 将【ZX_轴线】图层置为当前图层。

03 绘制轴线。调用L【直线】命令，绘制垂直直线和水平直线，结果如图11-10所示。

04 调用O【偏移】命令，偏移垂直直线和水平直线，结果如图11-11所示。

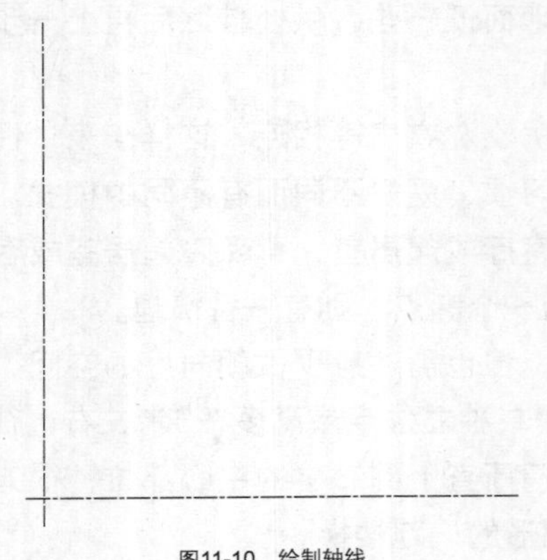

图11-10 绘制轴线

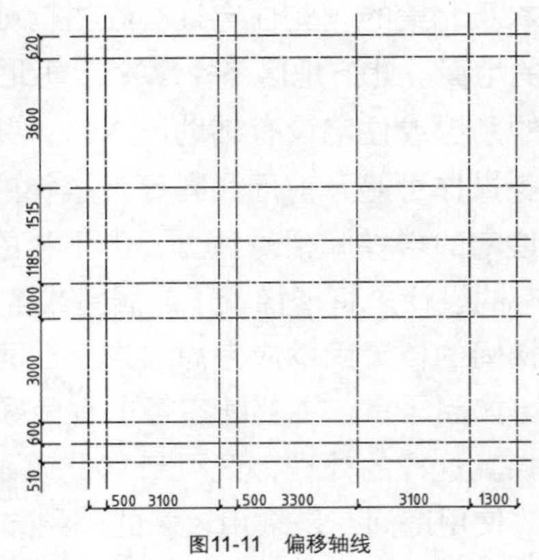

图11-11 偏移轴线

11.2.2 绘制墙体

墙体组成房屋的框架，使之具有遮风避雨的功效。绘制墙体图形，主要调用【多线】命令、【偏移】命令。

01 将【QT_墙体】图层置为当前图层。

02 调用ML【多线】命令，命令行提示如下：

```
命令：MLINE↙
当前设置：对正 = 无，比例 = 120.00，样式 = STANDARD
指定起点或 [对正(J)/比例(S)/样式(ST)]:  J        //输入J，选择“对正”选项
输入对正类型 [上(T)/无(Z)/下(B)] <无>:  Z        //输入Z，选择“无”选项
当前设置：对正 = 无，比例 = 120.00，样式 = STANDARD
指定起点或 [对正(J)/比例(S)/样式(ST)]:  S        //输入S，选择“比例”选项
输入多线比例<120.00>:  280                        //设置多线比例为1
当前设置：对正 = 无，比例 = 280.00，样式 = STANDARD
指定起点或 [对正(J)/比例(S)/样式(ST)]:             //指定多线的起点
指定下一点:                                       //指定多线的下一点
指定下一点或 [放弃(U)]:  *取消*                    //按回车键结束绘制，结果如图11-12所示
```

03 绘制隔墙。调用ML【多线】命令，设置“对正”方式为“无”，比例为200，在绘图区中分别指定多线的起点和终点，绘制墙体的结果如图11-13所示。

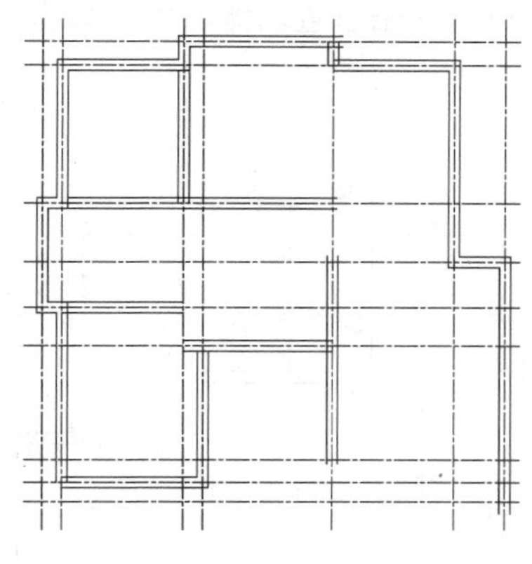
图11-12 绘制墙体

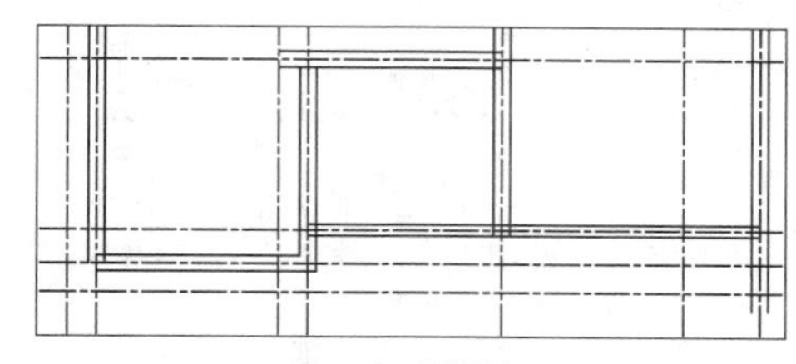
图11-13 绘制结果

04 偏移轴线。调用O【偏移】命令，偏移轴线，结果如图11-14所示。

05 绘制隔墙。调用ML【多线】命令，设置“对正”方式为“无”，比例为140，在绘图区中分别指定多线的起点和终点，绘制墙体的结果如图11-15所示。

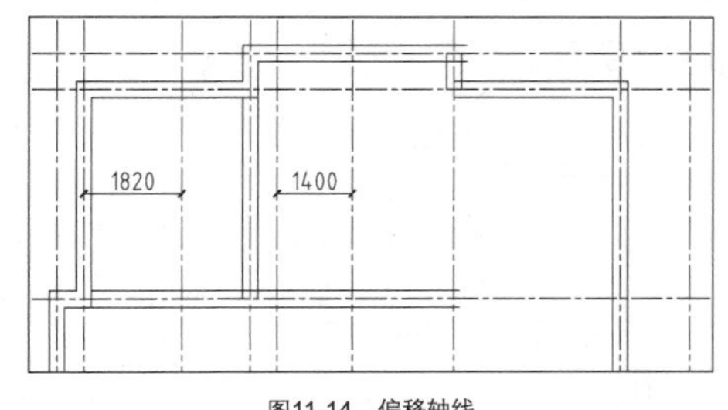

图11-14 偏移轴线

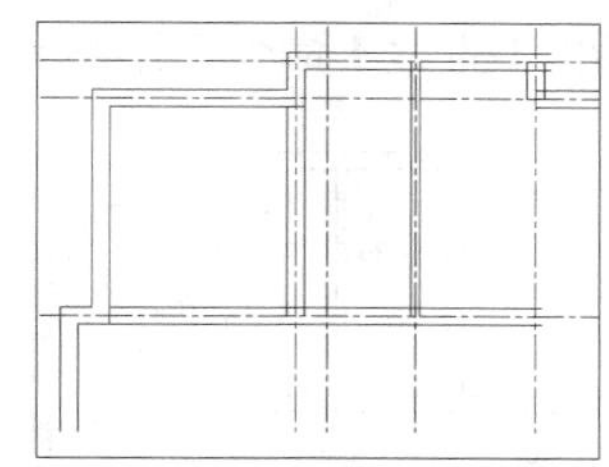
图11-15 绘制墙体

06 绘制隔墙。调用ML【多线】命令，设置“对正”方式为“无”，比例为120，在绘图区中分别指定多线的起点和终点，绘制墙体的结果如图11-16所示。

07 墙体的绘制结果如图11-17所示。

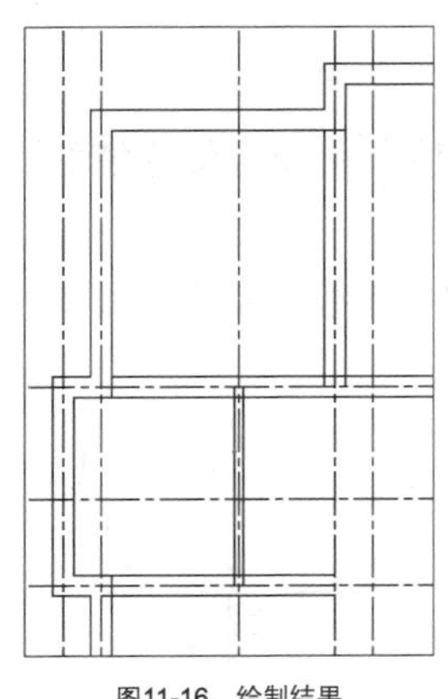
图11-16 绘制结果

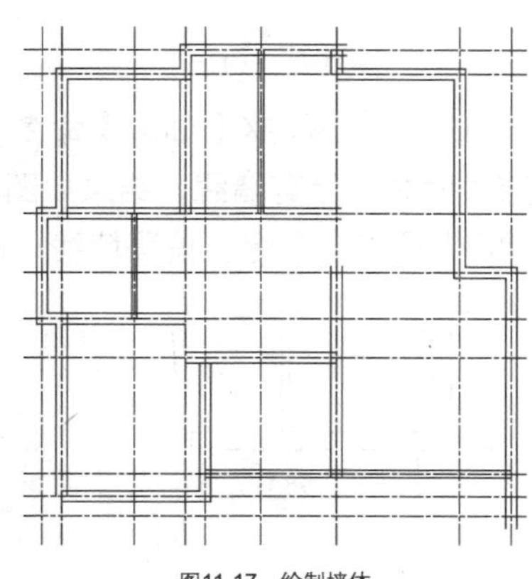
图11-17 绘制墙体

11.2.3 修剪墙体

绘制完成的墙体要经过编辑修改，才能完整地呈现房屋的轮廓。由于墙体是调用【多线】命令来绘

制的，AutoCAD配套提供了【多线编辑工具】，用户可以选择合适的编辑工具对墙体进行编辑修改。

01 编辑墙体。双击绘制完成的墙体，弹出【多线编辑工具】对话框，结果如图11-18所示。

02 在对话框中选择“角点结合”编辑工具，在绘图区中分别单击垂直墙体和水平墙体，对墙体进行编辑修改后的结果如图11-19所示。

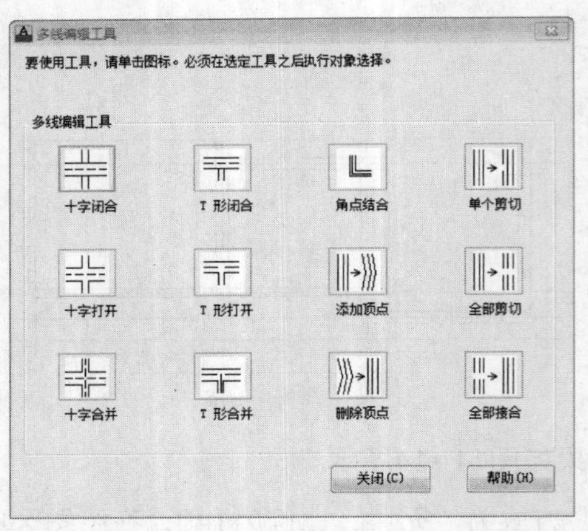

图11-18 【多线编辑工具】对话框

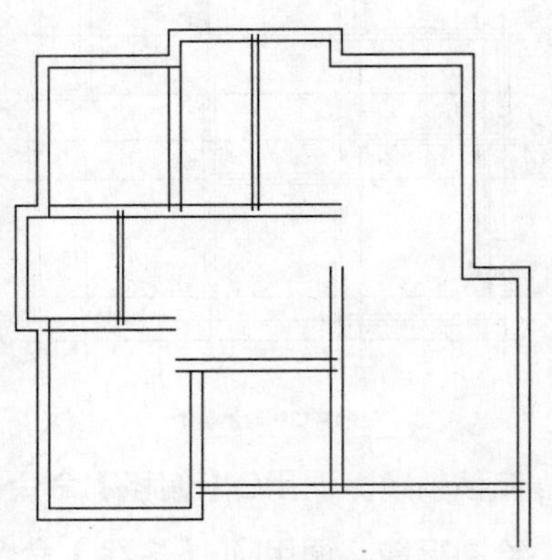

图11-19 编辑修改

03 在对话框中选择“T形打开”编辑工具，对墙体进行编辑修改，结果如图11-20所示。

04 调用L【直线】命令，绘制闭合直线，结果如图11-21所示。

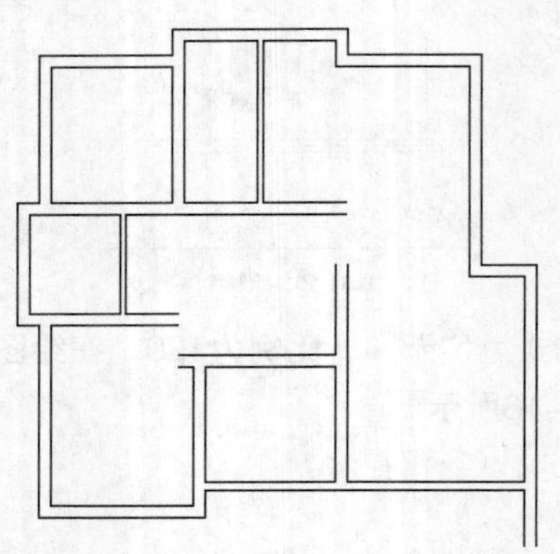

图11-20 T形打开

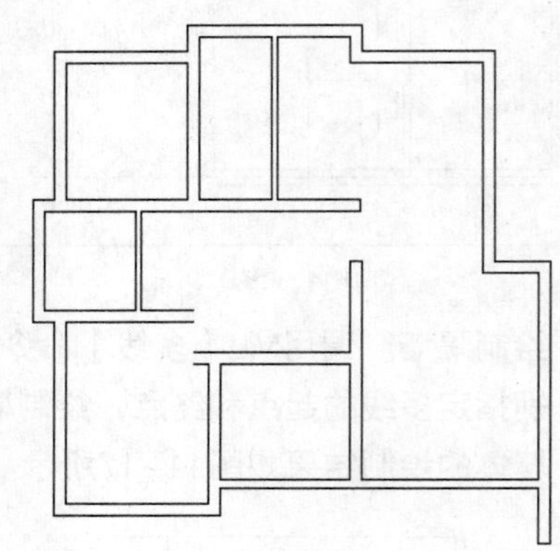

图11-21 绘制直线

05 绘制隔墙。调用X【分解】命令，分解墙体；调用O【偏移】命令，偏移墙线；调用TR【修剪】命令，修剪墙线，结果如图11-22所示。

06 用O【偏移】命令，偏移墙线；调用TR【修剪】命令，修剪墙线，结果如图11-23所示。

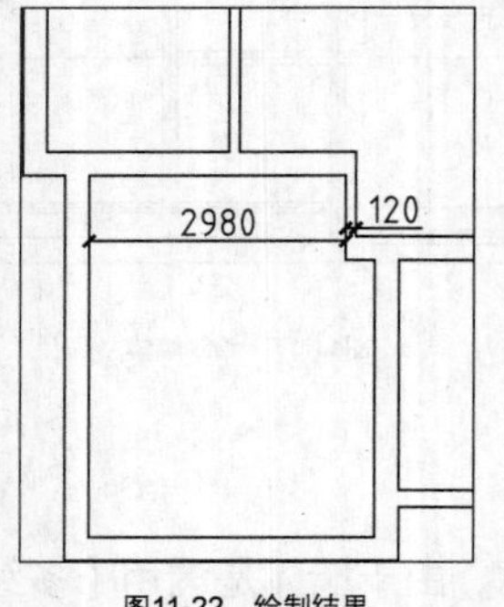

图11-22 绘制结果

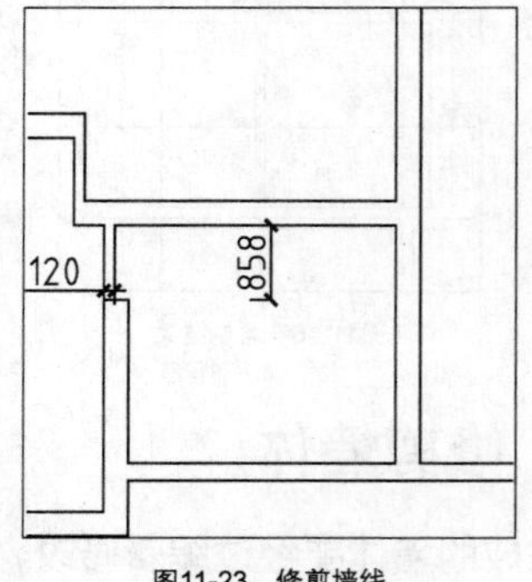

图11-23 修剪墙线

07 调用O【偏移】命令，偏移墙线；调用TR【修剪】命令，修剪墙线，结果如图11-24所示。

08 墙体编辑修改完成的最终结果如图11-25所示。

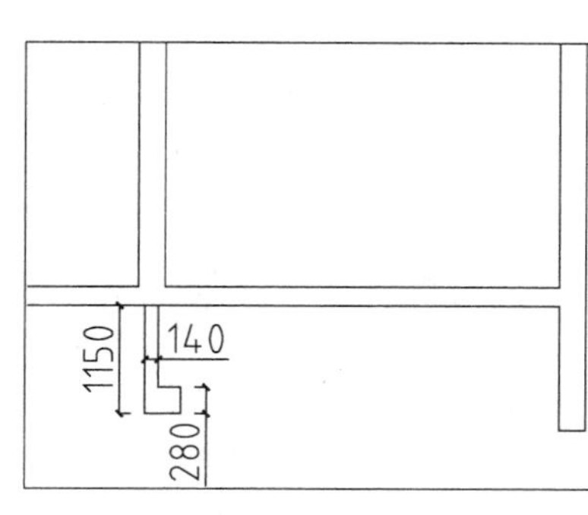

图11-24 绘制结果

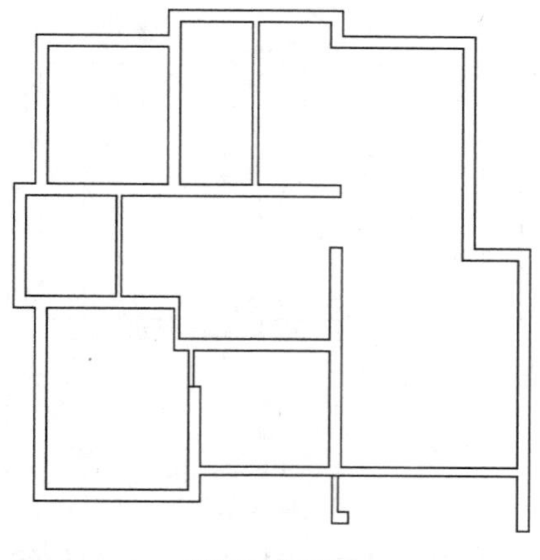
图11-25 编辑结果

11.2.4 绘制门窗

门窗是房屋采光、通风必不可少的建筑构件。绘制门窗图形，主要调用【直线】命令、【修剪】命令、【矩形】命令等来绘制。

01 将【MC_门窗】图层置为当前图层。

02 绘制门洞。调用L【直线】命令，绘制直线，结果如图11-26所示。

03 调用TR【修剪】命令，修剪墙线，结果如图11-27所示。

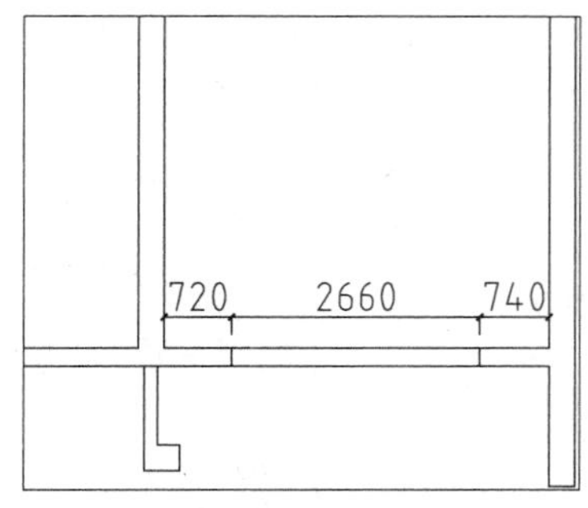

图11-26 绘制直线

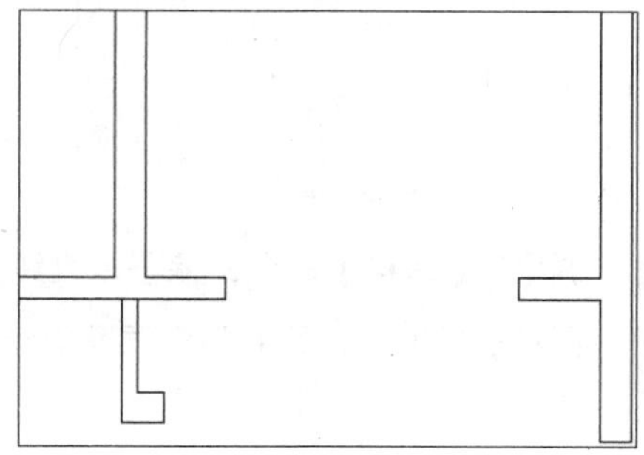
图11-27 修剪墙线

04 绘制推拉门。调用REC【矩形】命令，绘制尺寸为887×40的矩形，结果如图11-28所示。

05 调用CO【复制】命令，移动、复制绘制完成的矩形，结果如图11-29所示。

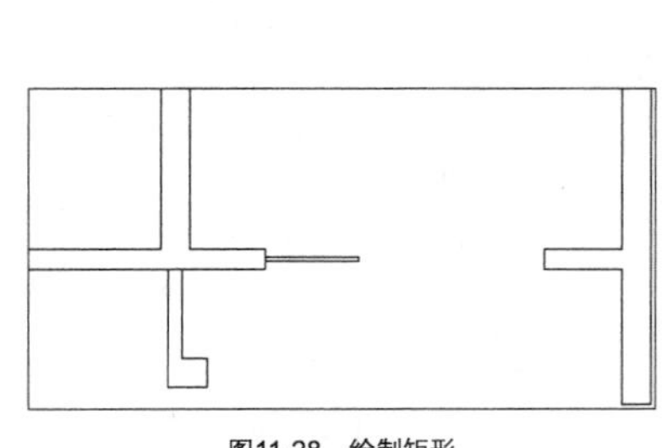
图11-28 绘制矩形

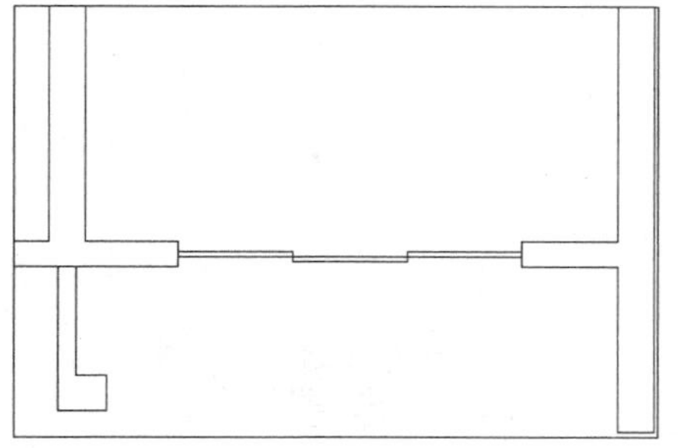
图11-29 复制矩形

06 调用L【直线】命令，绘制直线，结果如图11-30所示。

07 绘制窗洞。重复调用L【直线】命令，绘制直线，结果如图11-31所示。

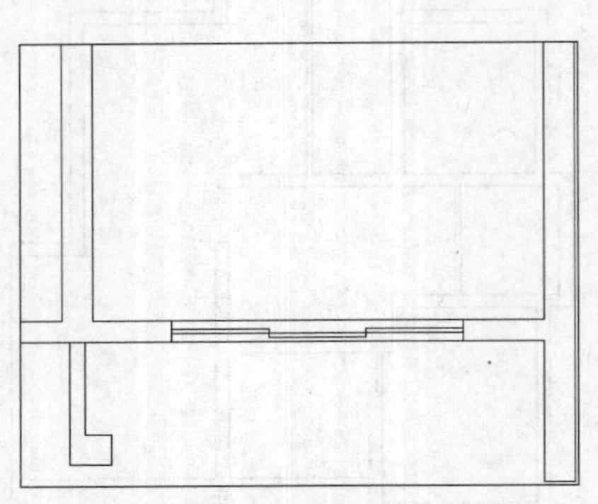
图11-30 绘制直线

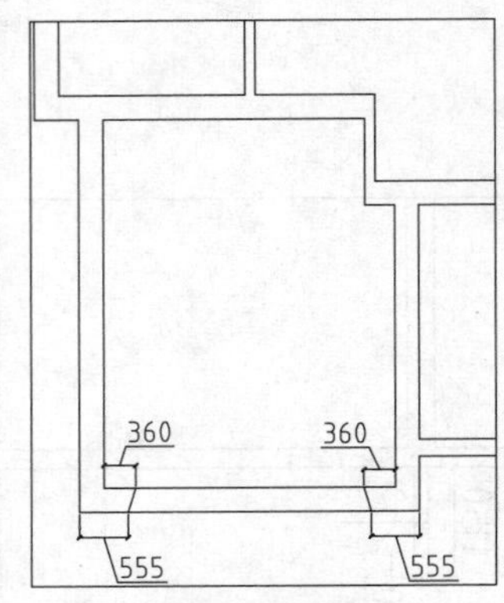

图11-31 绘制直线

08 调用TR【修剪】命令，修剪墙线，结果如图11-32所示。

09 调用PL【多段线】命令，绘制多段线，结果如图11-33所示。

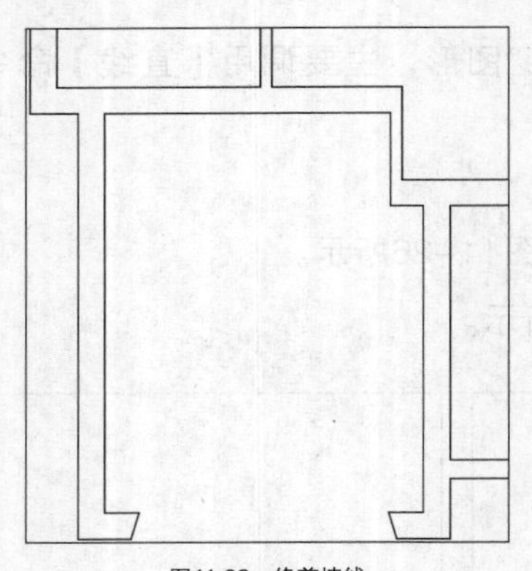
图11-32 修剪墙线

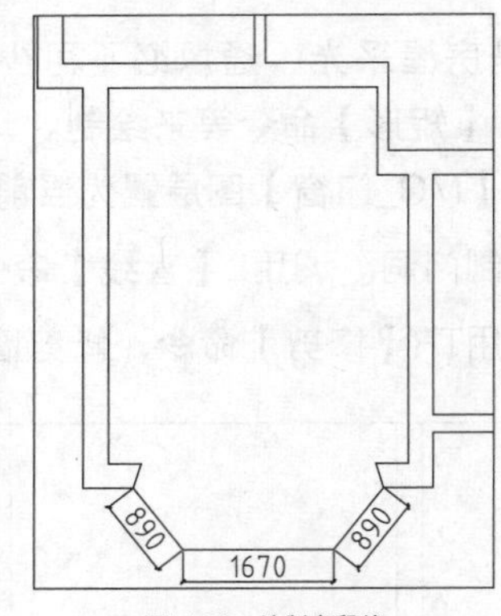

图11-33 绘制多段线

10 调用O【偏移】命令，偏移多段线，结果如图11-34所示。

11 重复上述操作，绘制门窗洞及门窗图形结果如图11-35所示。

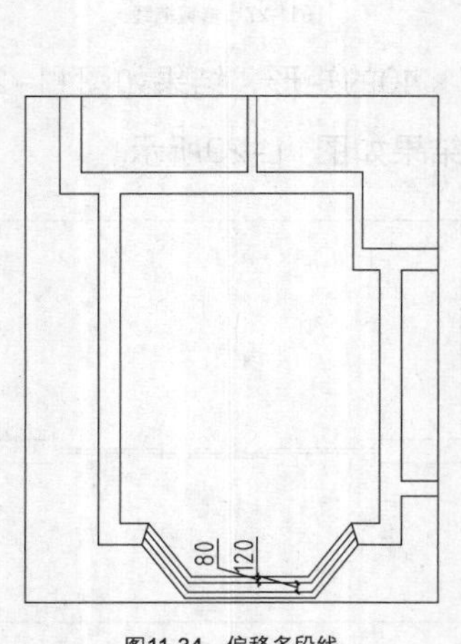

图11-34 偏移多段线

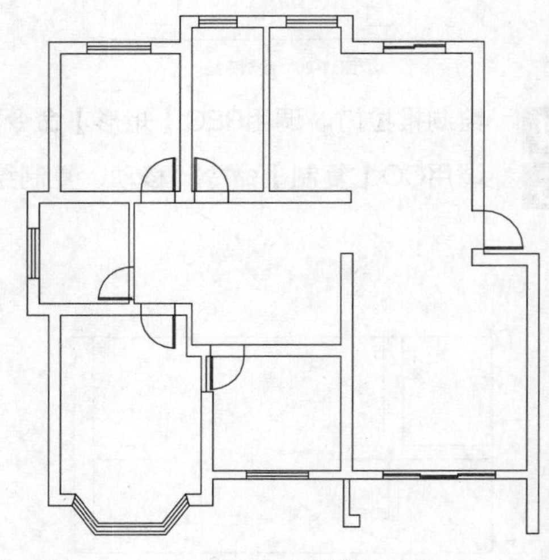
图11-35 绘制结果

11.2.5　绘制阳台

阳台是室外活动的主要场所，一般而言，房屋都会配套提供两个阳台，一个为生活阳台，另一个为景观阳台。绘制阳台主要调用【直线】命令、【偏移】命令、【修剪】命令来绘制。

01 调用L【直线】命令，绘制直线，结果如图11-36所示。

02 调用O【偏移】命令，偏移直线，阳台的绘制结果如图11-37所示。

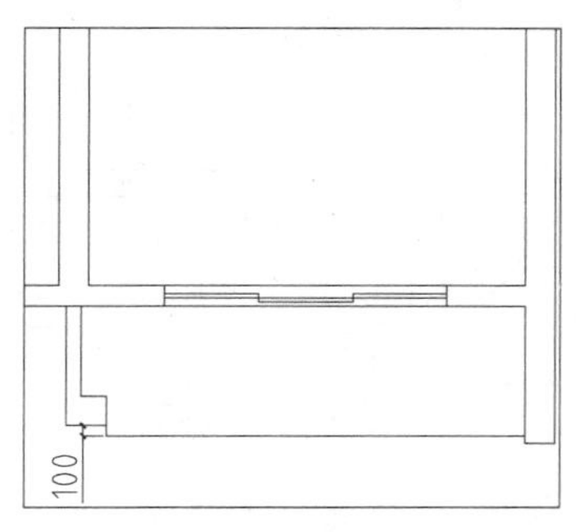

图11-36　绘制直线

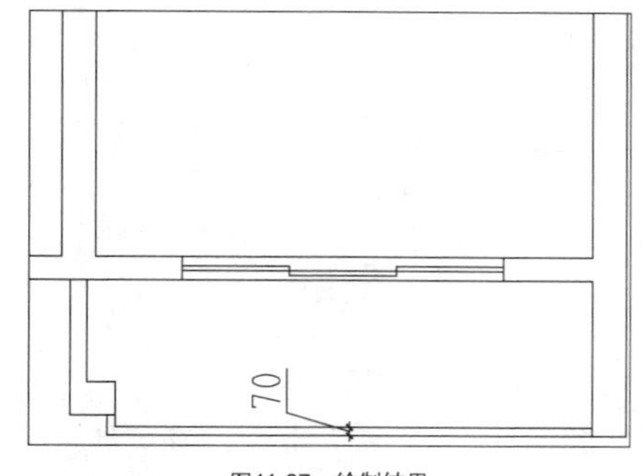

图11-37　绘制结果

03 调用O【偏移】命令，偏移墙线；调用TR【修剪】命令，修剪墙线，结果如图11-38所示。

04 调用O【偏移】命令，设置偏移距离为70，偏移墙线，结果如图11-39所示。

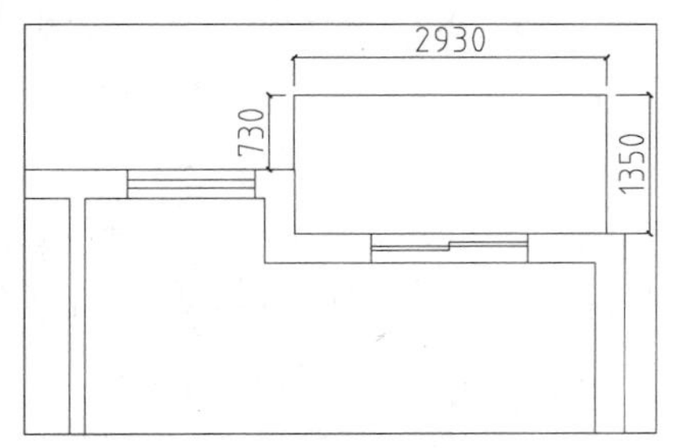

图11-38　绘制结果

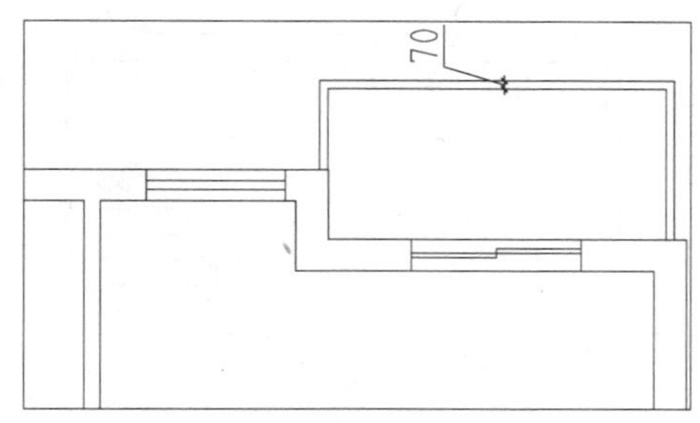

图11-39　偏移墙线

11.2.6　绘制楼梯

别墅中设置了双跑楼梯，兼有休息平台和栏杆扶手。绘制楼梯图形主要调用【偏移】命令、【修剪】命令和【多段线】等命令。

01 绘制栏杆。调用O【偏移】命令，偏移墙线，结果如图11-40所示。

02 绘制踏步。重复调用O【偏移】命令，偏移墙线，结果如图11-41所示。

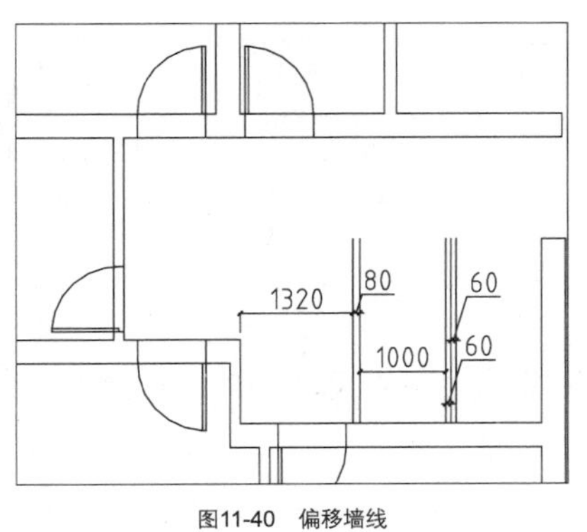

图11-40　偏移墙线

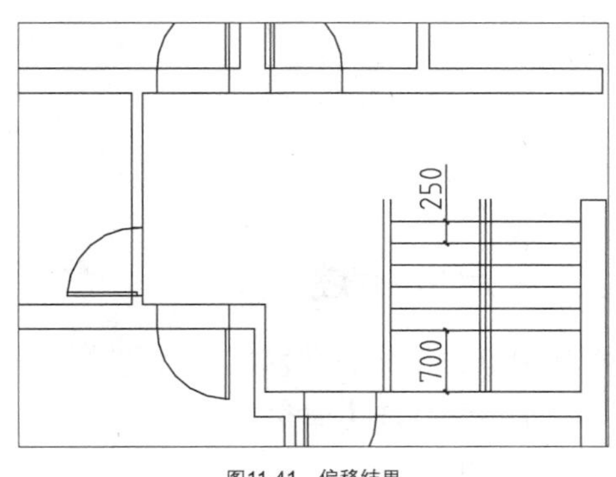

图11-41　偏移结果

03 调用TR【修剪】命令，修剪多余的线段；调用L【直线】命令，绘制直线，结果如图11-42所示。

04 调用PL【多段线】命令，绘制折断线，结果如图11-43所示。

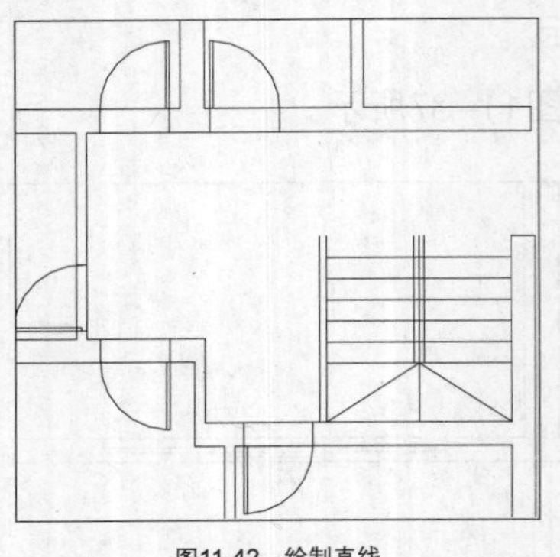

图11-42 绘制直线

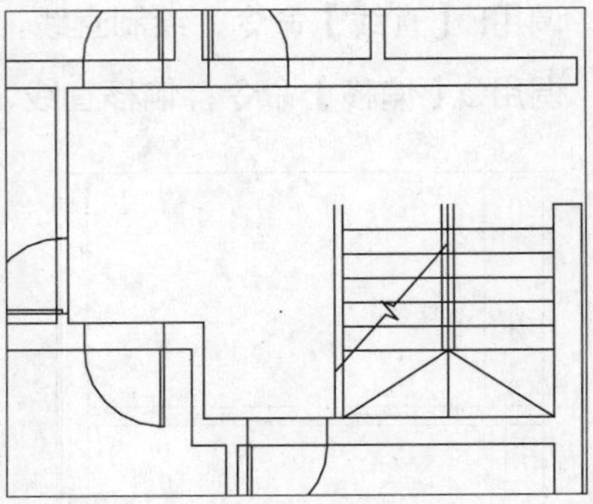

图11-43 绘制折断线

05 调用TR【修剪】命令，修剪线段，结果如图11-44所示。

06 调用C【圆】命令，绘制半径为120的圆；调用TR【修剪】命令，修剪多余线段，结果如图11-45所示。

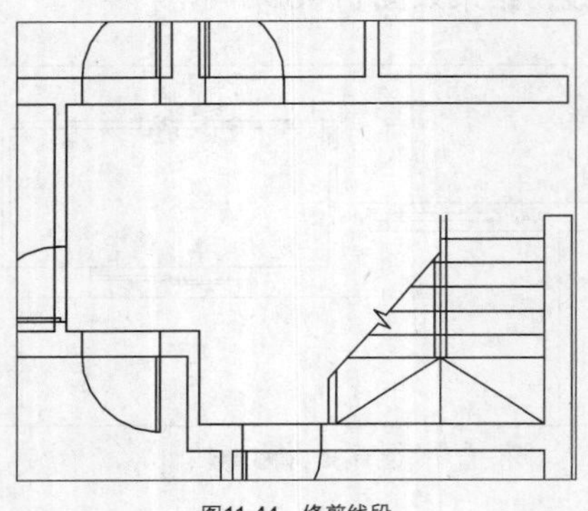

图11-44 修剪线段

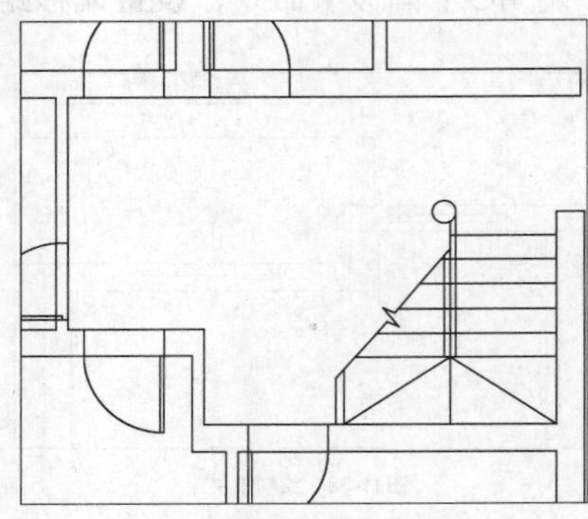

图11-45 绘制结果

07 执行【绘图】|【圆弧】|【起点、端点、半径】命令，在绘图区中分别指定圆弧的起点和端点，绘制半径为1825的圆弧，结果如图11-46所示。

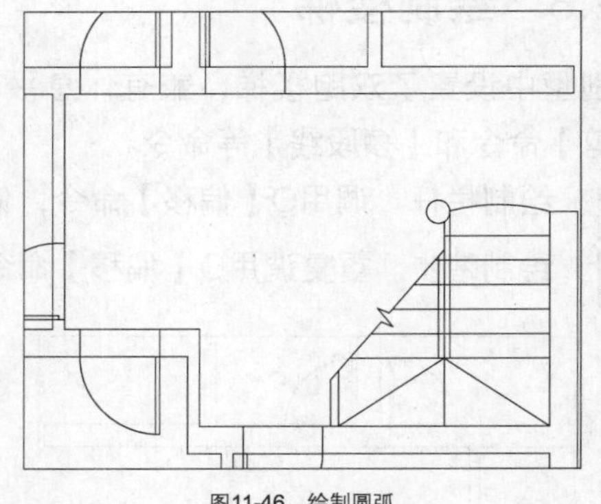

图11-46 绘制圆弧

11.2.7 尺寸标注

图形绘制完毕后，要对其进行尺寸标注，以明确表示开间、进深的尺寸。对图形进行尺寸标注主要调用【线性标注】命令。

01 绘制开间标注。调用DLI【线性标注】命令，绘制尺寸标注，结果如图11-47所示。

02 绘制进深标注。调用DLI【线性标注】命令，绘制尺寸标注，结果如图11-48所示。

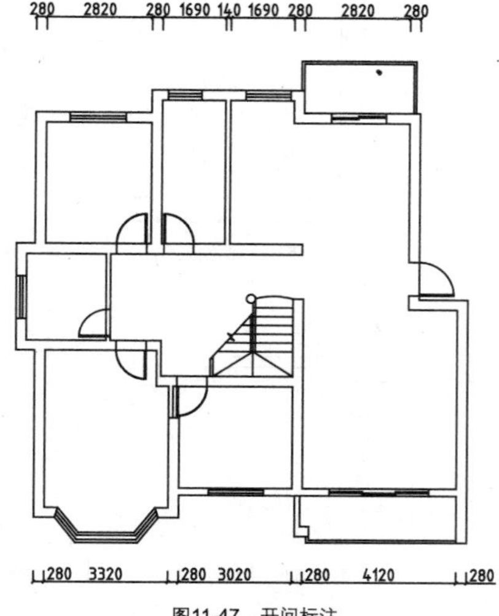

图11-47 开间标注

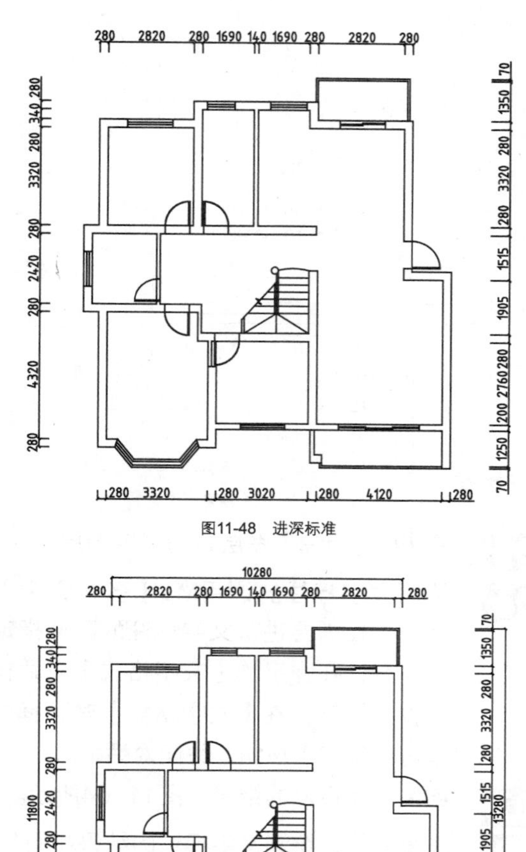

图11-48 进深标准

03 绘制外围尺寸标注。调用DLI【线性标注】命令，绘制尺寸标注，结果如图11-49所示。

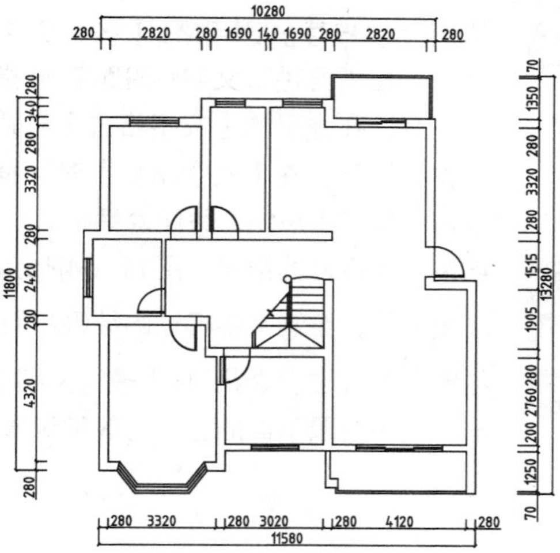

图11-49 标注结果

11.2.8 文字标注和绘制管道

文字标注为明确表示各功能区的划分，管道多位于厨房、卫生间以及阳台。文字标注主要调用【多行文字】命令。而管道图形的绘制则主要调用【圆】命令以及【矩形】命令来绘制。

01 绘制卫生间管道。调用C【圆】命令，分别绘制半径为62和41的圆形，结果如图11-50所示。

02 绘制水泥护管材质。调用REC【矩形】命令，绘制尺寸为389×160的矩形，结果如图11-51所示。

03 绘制烟道。调用L【直线】命令，绘制直线；调用O【偏移】命令，偏移直线；调用TR【修剪】命令，修剪直线，结果如图11-52所示。

04 调用PL【多段线】命令，绘制折断线，结果如图11-53所示。

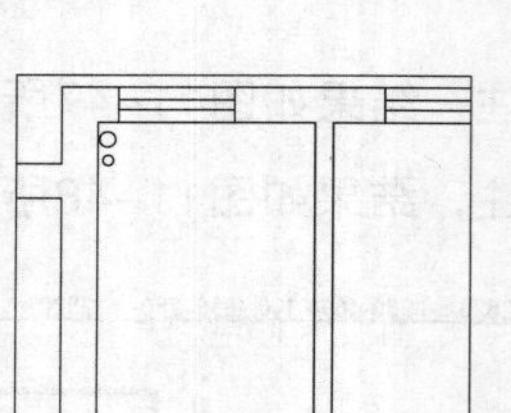

图11-50　绘制圆形

图11-51　绘制结果

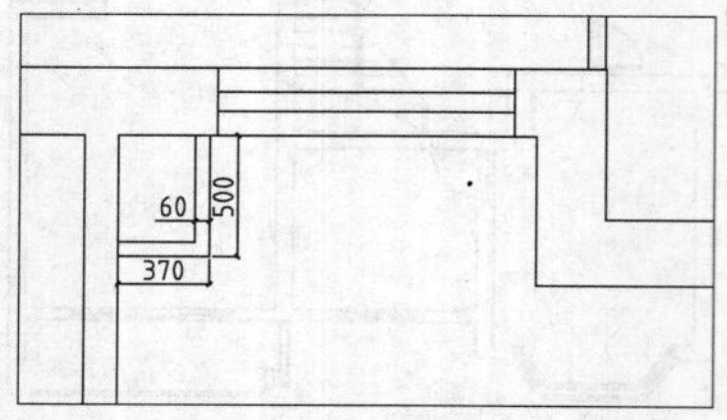

图11-52　修剪直线

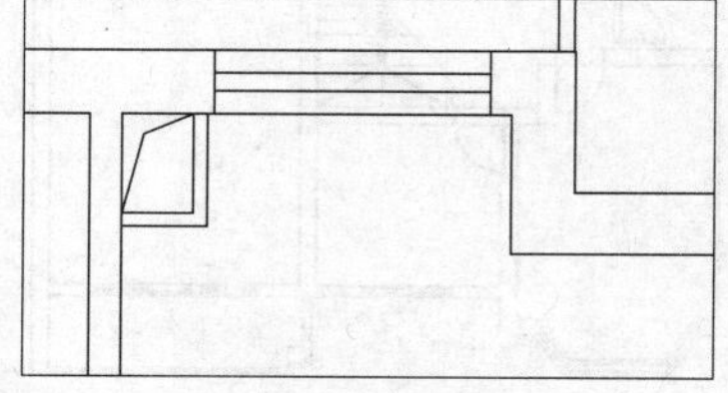

图11-53　绘制折断线

05 将【BZ_标注】图层置为当前图层。

06 绘制文字标注。调用MT【多行文字】命令，在需要进行文字标注的区域指定对角点，在弹出的【文字格式】对话框中输入文字，在【文字格式】对话框中单击【确定】按钮，关闭对话框。

07 绘制文字标注的结果如图11-54所示。

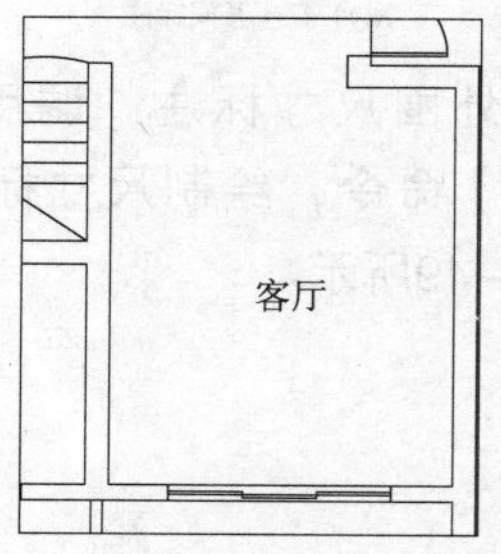

图11-54　标注结果

08 重复操作，绘制文字标注的结果如图11-55所示。

09 绘制图名标注。调用MT【多行文字】命令，绘制图名和比例；调用L【直线】命令，绘制下画线，并将最下面的直线的线宽设置为0.3mm，绘制图名标注的结果如图11-56所示。

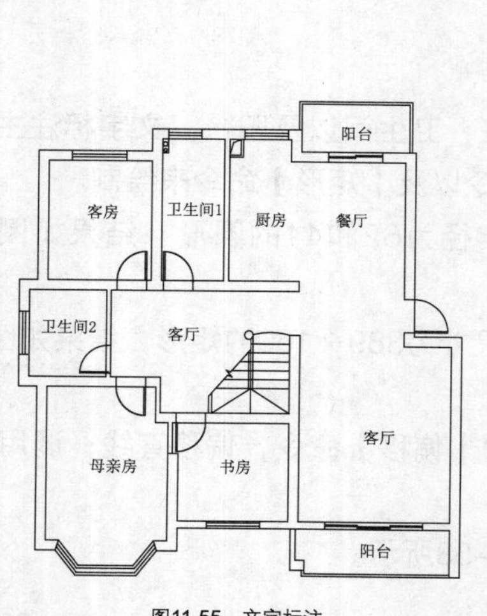

图11-55　文字标注

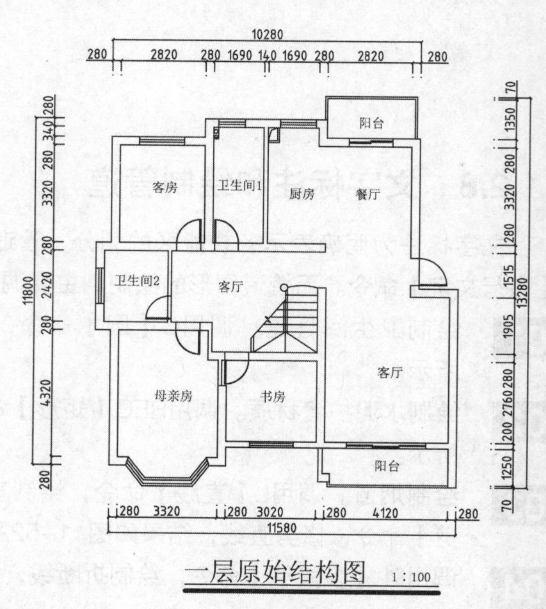

图11-56　图名标注

11.2.9 绘制二层原始户型图

绘制二层原始户型图的方法、步骤与绘制一层原始户型图相一致。都是先绘制定位轴线；然后，根据定位轴线绘制墙体图形；接下来，绘制门窗洞口以及门窗图形；最后，完成阳台、楼梯等图形绘制后进行尺寸标注以及文字标注；最终，完成户型图的绘制。

绘制二层原始户型图的结果如图11-57所示。

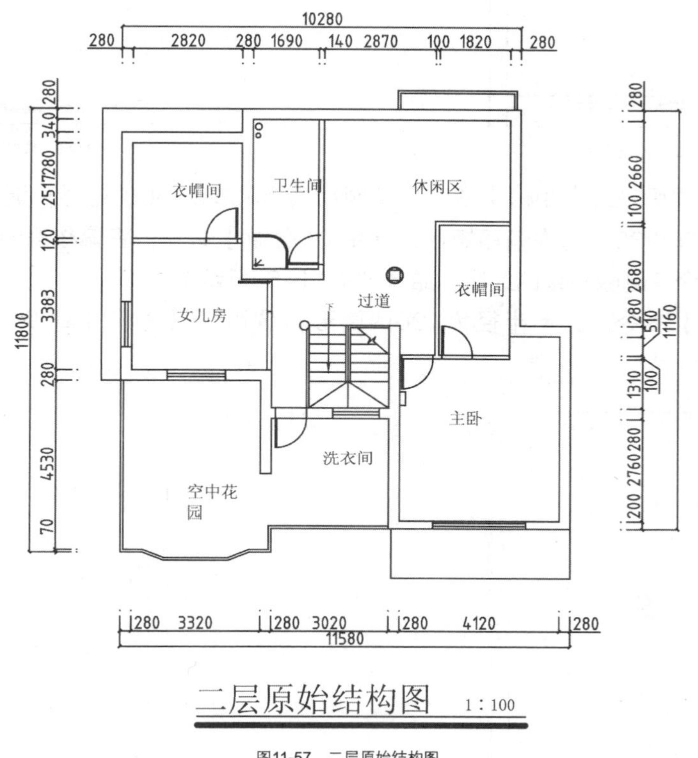

图11-57 二层原始结构图

11.3 绘制别墅平面布置图

别墅的平面布置图主要体现了设计师对房屋的重新设计规划，及对功能区的重新合理划分，达到动静分离、干湿分离，从大的规划到小的细部处理，都完整地体现了设计理念。同时，设计理念所营造的房屋氛围，也彰显了主人的气度。

本节介绍别墅平面布置图的绘制方法。

11.3.1 绘制客厅平面布置图

由于是欧式风格设计，所以，罗马柱是必不可少的装饰品。本节除了介绍一般家具平面图的绘制方法之外，还要讲解罗马柱平面图的表示方法。本节所调用的命令主要有【复制】命令、【矩形】命令以及【修剪】命令等。

01 复制原始结构图。调用CO【复制】命令，移动、复制一份平面布置图至一旁。

02 绘制电视柜。调用REC【矩形】命令，绘制矩形，结果如图11-58所示。

03 调用L【直线】命令，绘制直线；调用TR【修剪】命令，修剪线段，结果如图11-59所示。

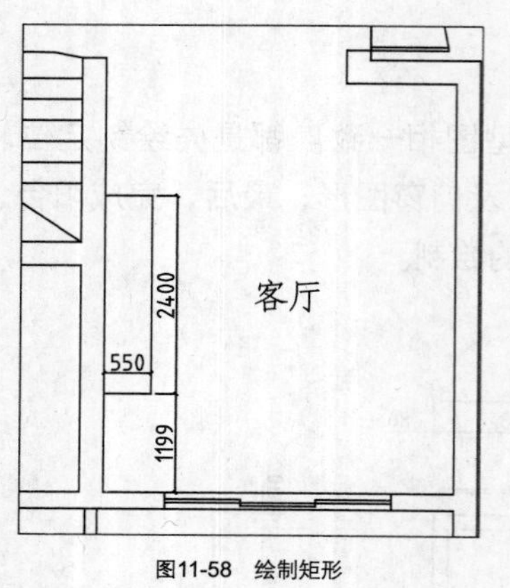

图11-58 绘制矩形

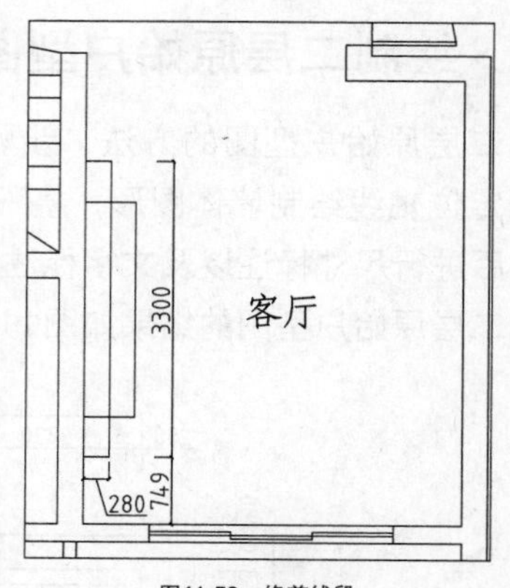

图11-59 修剪线段

04 绘制音响。调用REC【矩形】命令，绘制尺寸为300×150的矩形；调用O【偏移】命令，设置偏移距离为30，向内偏移矩形；调用X【分解】命令，将偏移得到的矩形分解；调用E【删除】命令，删除多余的线段，结果如图11-60所示。

05 调用C【圆】命令，绘制半径为120的圆形；调用TR【修剪】命令，修剪圆形，结果如图11-61所示。

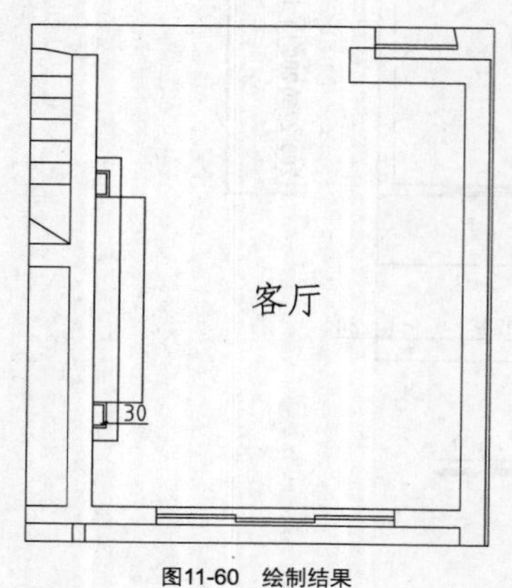

图11-60 绘制结果

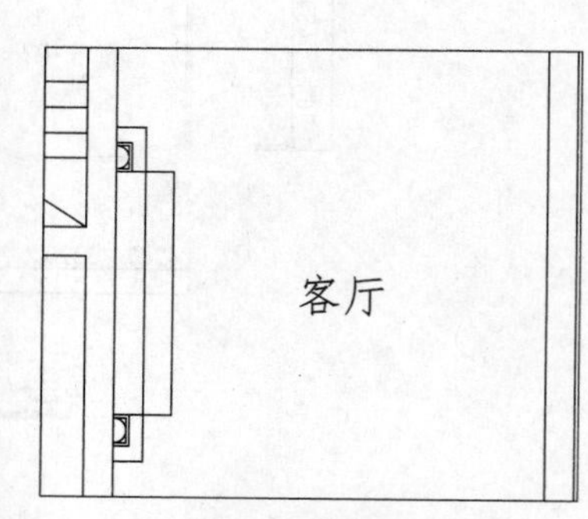

图11-61 修剪圆形

06 绘制罗马柱平面图形。调用REC【矩形】命令，绘制尺寸为300×300的矩形；调用O【偏移】命令，设置偏移距离为30，向内偏移矩形，结果如图11-62所示。

07 调用CO【复制】命令，移动、复制绘制完成的图形，结果如图11-63所示。

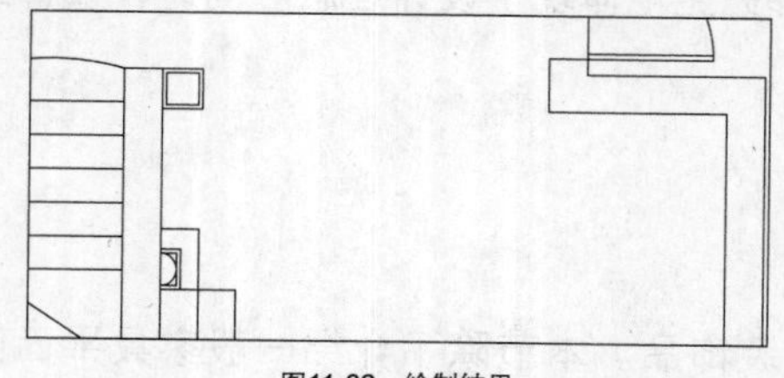
图11-62 绘制结果

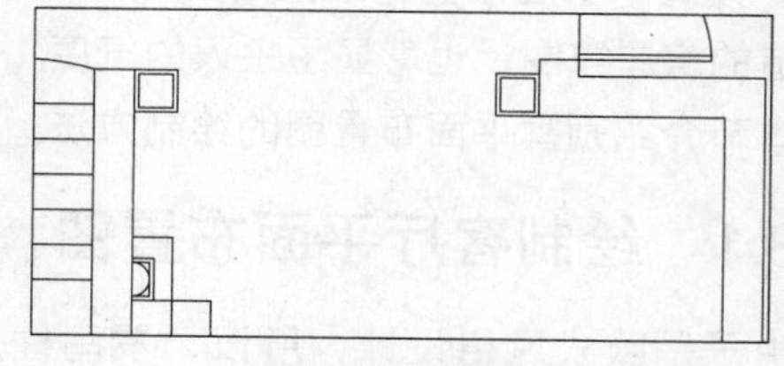
图11-63 复制图形

08 调用C【圆】命令，绘制半径为120的圆形，结果如图11-64所示。

09 绘制矮柜。调用REC【矩形】命令，绘制尺寸为450×1300的矩形；调用O【偏移】命令，设置偏移距离为10，向内偏移矩形，结果如图11-65所示。

10 按Ctrl+O组合键，打开配套光盘提供的“第11章\家具图例.dwg”文件，将其中组合沙发等图形复制粘贴至当前图形中，插入图块的结果如图11-66所示。

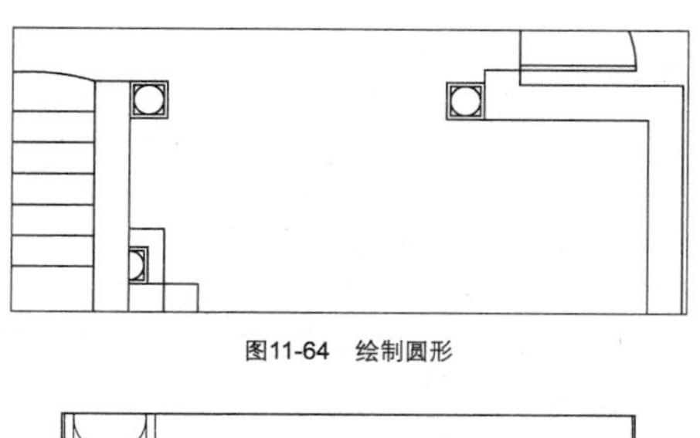
图11-64　绘制圆形

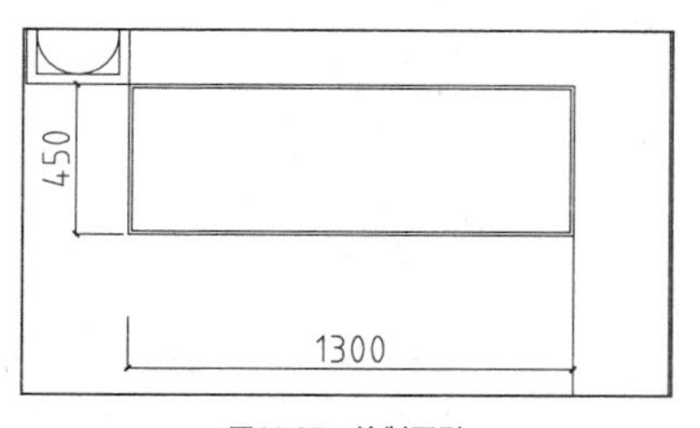

图11-65　绘制图形

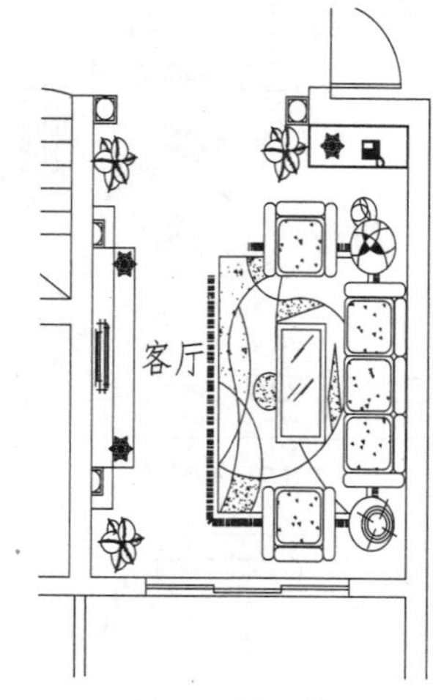

图11-66　插入图块

11.3.2　绘制餐厅和厨房平面布置图

在本例中，厨房与餐厅处在同一个空间中，中间设置玻璃推拉门作为阻挡，既通透又阻隔了油烟。餐厅设置了餐边柜，放置常用的餐具，为日常生活提供了便利。

本例主要介绍厨房吊柜的绘制、餐边柜的绘制，主要调用【矩形】命令、【偏移】命令、【直线】命令等。

01 绘制鞋柜平面图形。调用REC【矩形】命令，绘制尺寸为300×800的矩形，结果如图11-67所示。

02 绘制罗马柱平面图形。调用REC【矩形】命令，绘制尺寸为300×300的矩形；调用O【偏移】命令，设置偏移距离为30，向内偏移矩形，结果如图11-68所示。

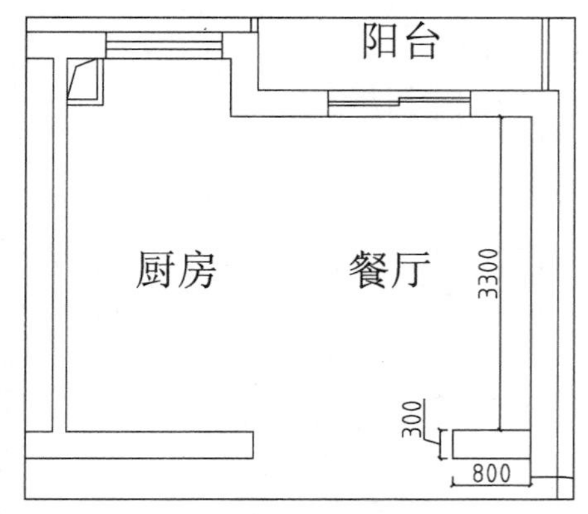

图11-67　绘制矩形

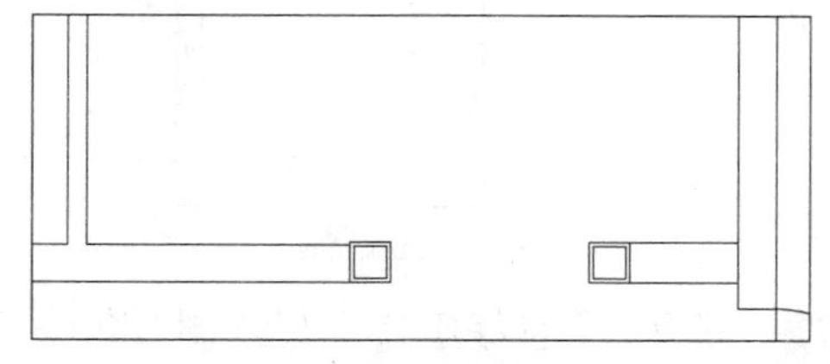
图11-68　绘制结果

03 绘制餐边柜平面图形。调用REC【矩形】命令，绘制尺寸为940×250的矩形；调用CO【复制】命令，移动、复制绘制完成的矩形，结果如图11-69所示。

04 调用O【偏移】命令，设置偏移距离为10，向内偏移矩形，结果如图11-70所示。

05 调用L【直线】命令，绘制对角线，结果如图11-71所示。

06 绘制厨房推拉门。调用REC【矩形】命令，绘制尺寸为910×70的矩形；调用CO【复制】命令，移动复制绘制完成的矩形，结果如图11-72所示。

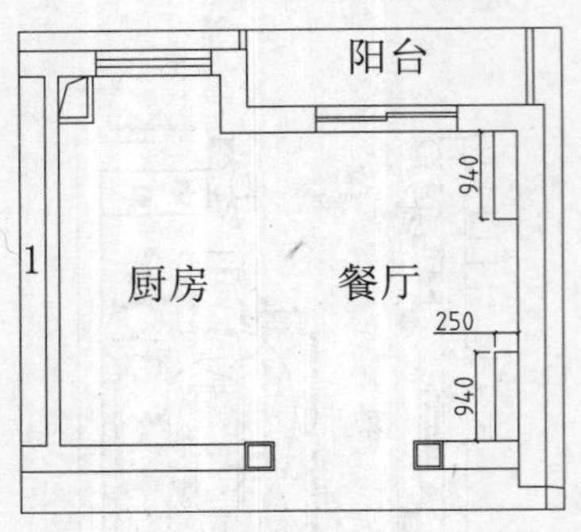

图11-69 绘制矩形

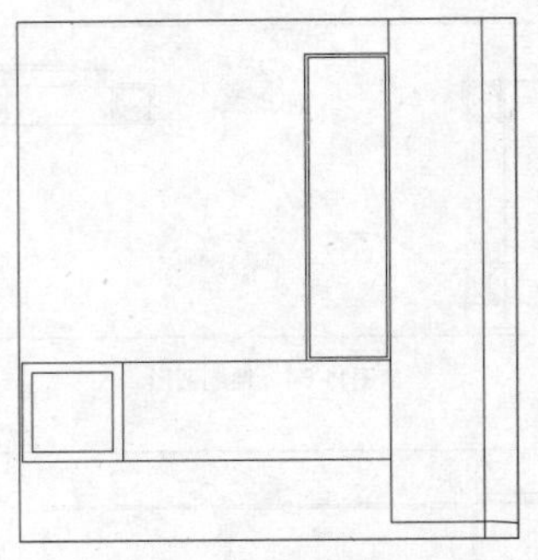
图11-70 偏移矩形

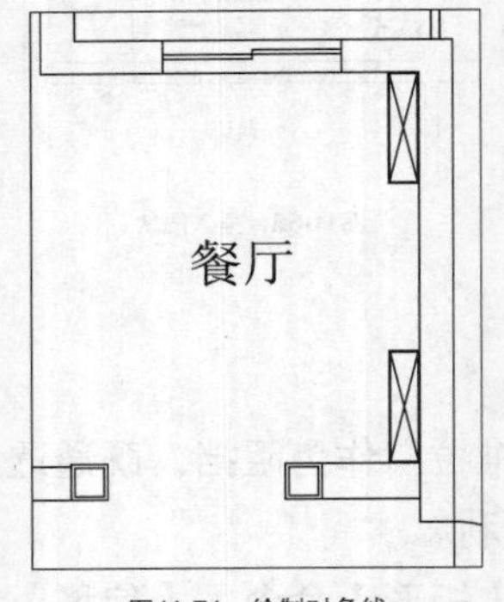

图11-71 绘制对角线

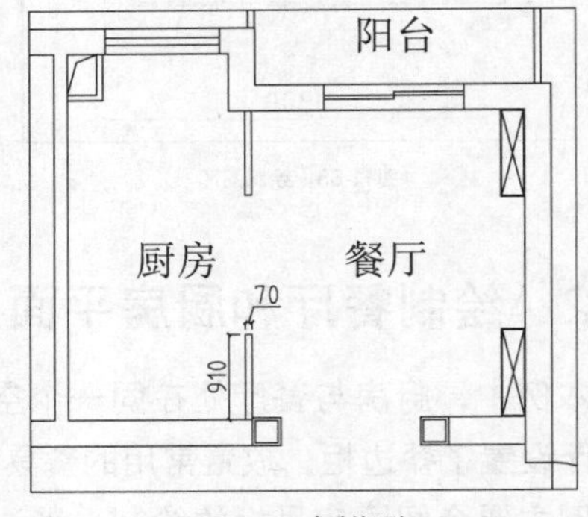

图11-72 复制矩形

07 调用REC【矩形】命令，绘制尺寸为750×40的矩形；调用CO【复制】命令，移动、复制绘制完成的矩形，结果如图11-73所示。

08 绘制吊柜。调用O【偏移】命令，偏移墙线；调用TR【修剪】命令，修剪墙线，结果如图11-74所示。

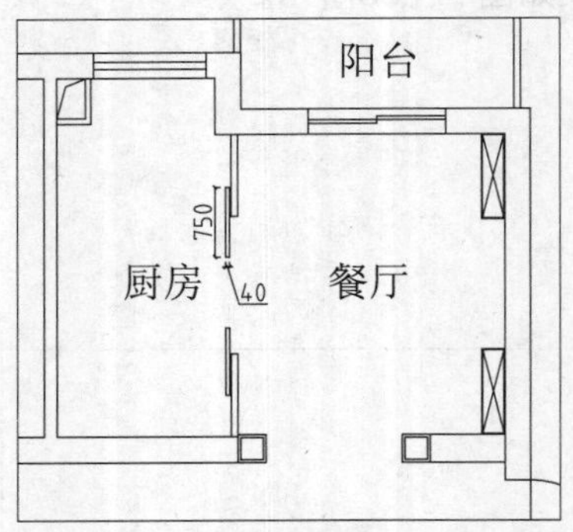

图11-73 绘制结果

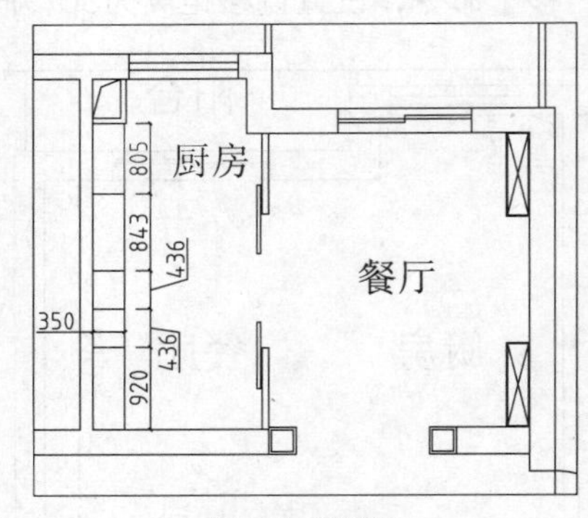

图11-74 绘制吊柜

09 调用L【直线】命令，绘制对角线，并将左下角矩形内的对角线线型设置为虚线，结果如图11-75所示。

10 绘制橱柜。调用PL【多段线】命令，绘制多段线，结果如图11-76所示。

11 按Ctrl+O组合键，打开配套光盘提供的“第11章\家具图例.dwg”文件，将其中厨具、餐桌等图形复制、粘贴至当前图形中，插入图块的结果如图11-77所示。

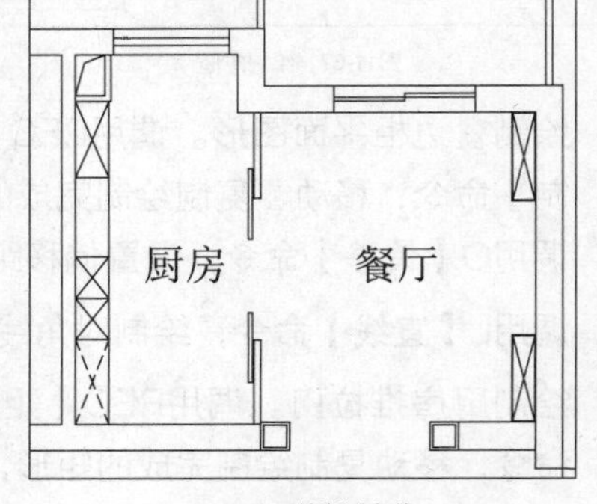

图11-75 绘制对角线

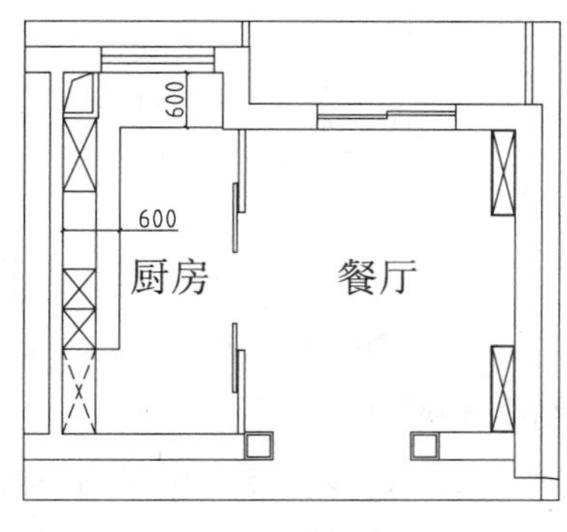

图11-76 绘制橱柜

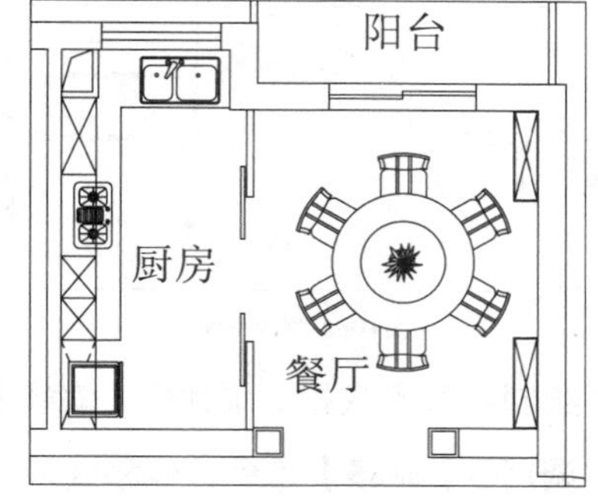

图11-77 插入图块

11.3.3 绘制主卧平面布置图

主卧室配备了独立的衣帽间，为放置衣物提供了便利，也为更换衣物提供了方便，保护了隐私。本节介绍主卧室电视柜的绘制、衣柜的绘制，主要调用【矩形】命令、【偏移】命令和【修剪】命令等。

01 绘制电视柜。调用REC【矩形】命令，绘制尺寸为600×1500的矩形；调用O【偏移】命令，设置偏移距离为20，向内偏移矩形，结果如图11-78所示。

02 绘制音响。调用REC【矩形】命令，绘制尺寸为360×150的矩形；调用CO【复制】命令，移动、复制矩形，结果如图11-79所示。

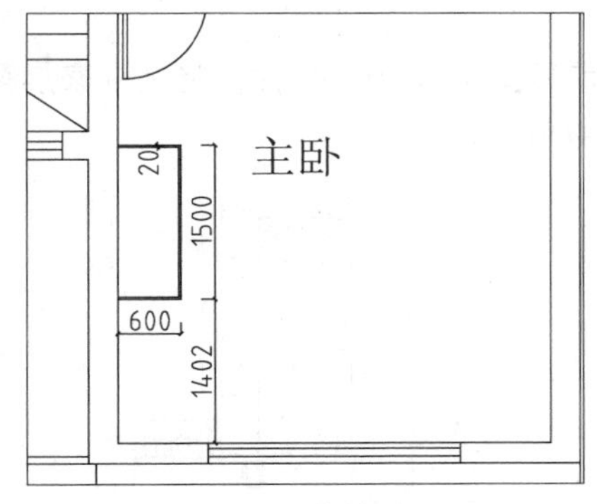

图11-78 偏移矩形

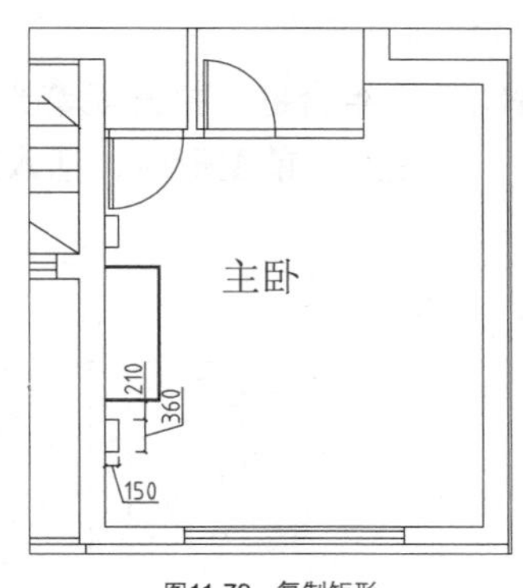

图11-79 复制矩形

03 绘制衣柜。调用O【偏移】命令，偏移墙线，结果如图11-80所示。

04 调用TR【修剪】命令，修剪墙线，结果如图11-81所示。

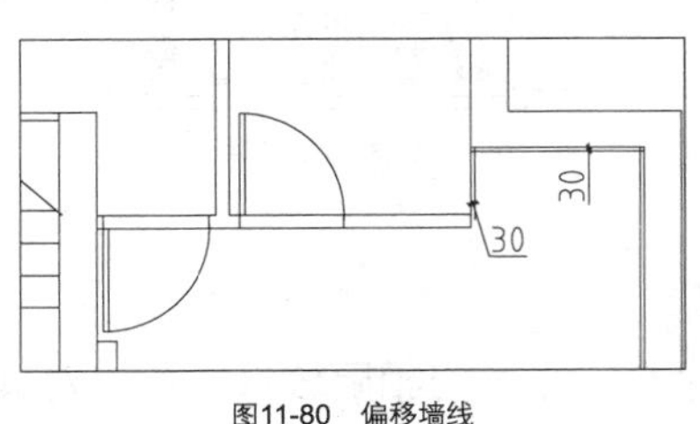

图11-80 偏移墙线

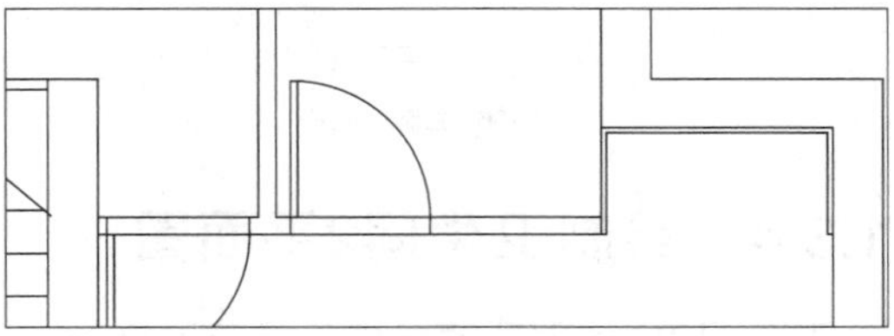

图11-81 修剪墙线

05 调用O【偏移】命令，偏移线段；调用TR【修剪】命令，修剪线段，结果如图11-82所示。

06 按Ctrl+O组合键，打开配套光盘提供的“第11章\家具图例.dwg”文件，将其中衣架图形复制、粘贴至当前图形中，插入图块的结果如图11-83所示。

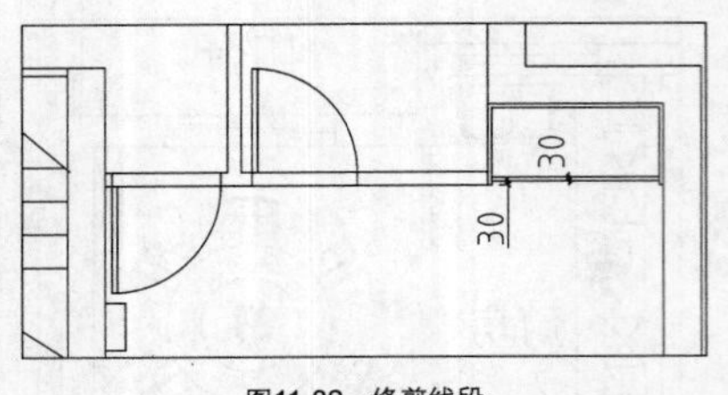

图11-82　修剪线段

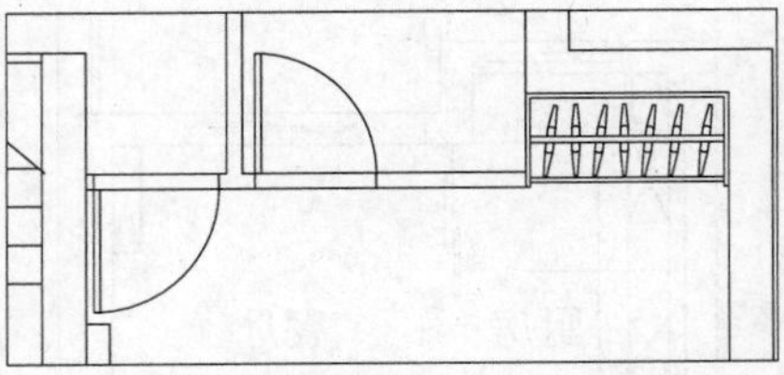

图11-83　插入图块

07 绘制衣帽间衣柜。调用O【偏移】命令，偏移墙线，结果如图11-84所示。

08 调用O【偏移】命令，偏移线段；调用TR【修剪】命令，修剪线段，结果如图11-85所示。

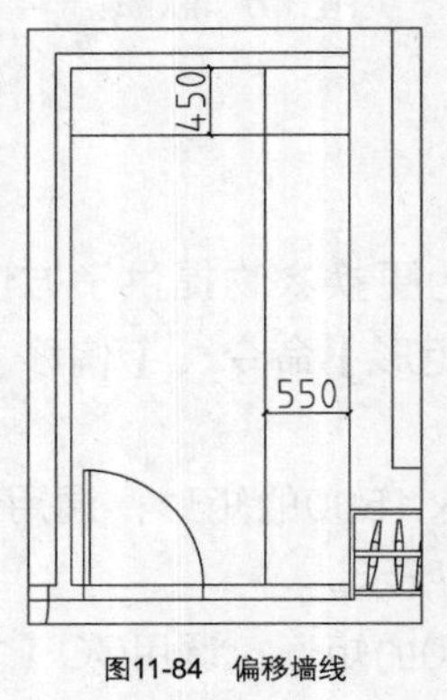

图11-84　偏移墙线

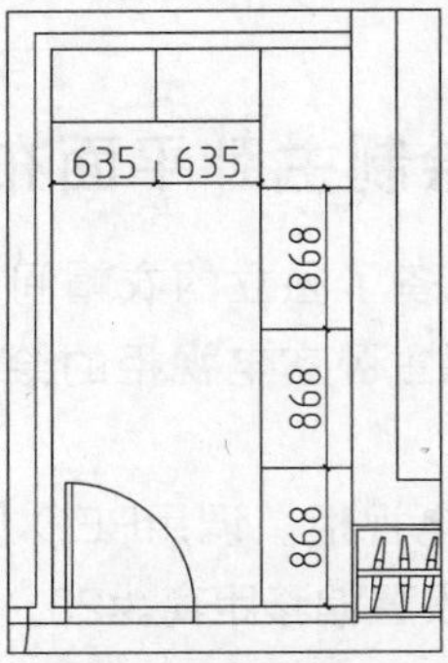

图11-85　修剪线段

09 调用L【直线】命令，绘制对角线，并将不到顶的柜子的对角线线型设置为虚线，结果如图11-86所示。

10 按Ctrl+O组合键，打开配套光盘提供的“第11章\家具图例.dwg”文件，将其中家具图形复制、粘贴至当前图形中，插入图块的结果如图11-87所示。

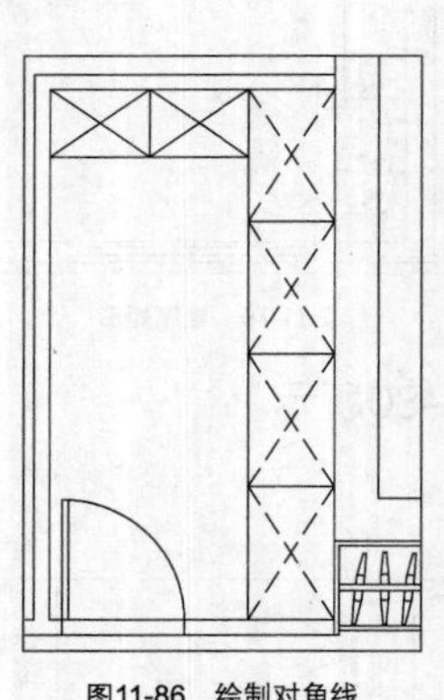

图11-86　绘制对角线

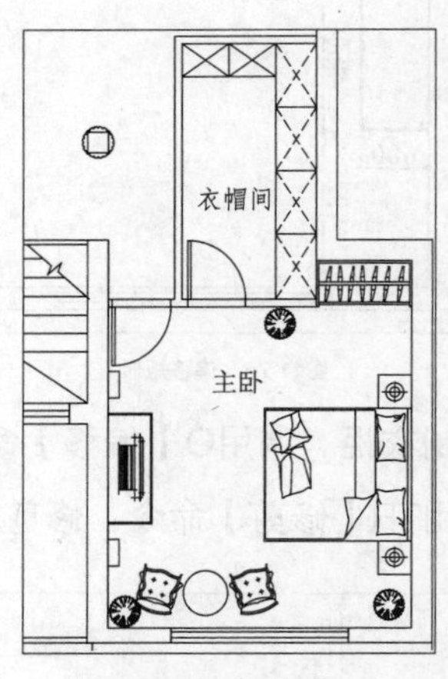

图11-87　插入图块

11.3.4　绘制卫生间2平面图

卫生间2位于别墅的一层，是公卫之一。卫生间中的洗手台与平开门相隔较近，所以对其进行了倒角处理，既最大限度地保障了使用功能，又不阻挡门的开启。另外，卫生间中还配备了独立的淋浴房，保障了卫生和私密性。

本节主要介绍平开门、洗手台、淋浴房的绘制，主要调用了【矩形】命令、【圆角】命令、【倒角】命令等。

01 绘制平开门。调用REC【矩形】命令，绘制尺寸为780×40的矩形，结果如图11-88所示。

02 调用A【圆弧】命令，绘制圆弧，结果如图11-89所示。

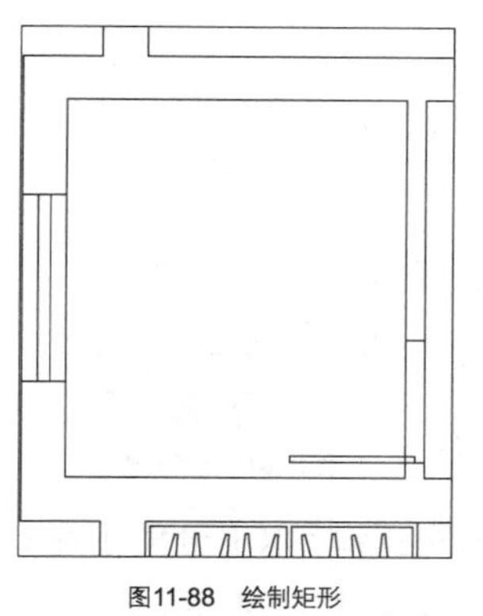

图11-88 绘制矩形

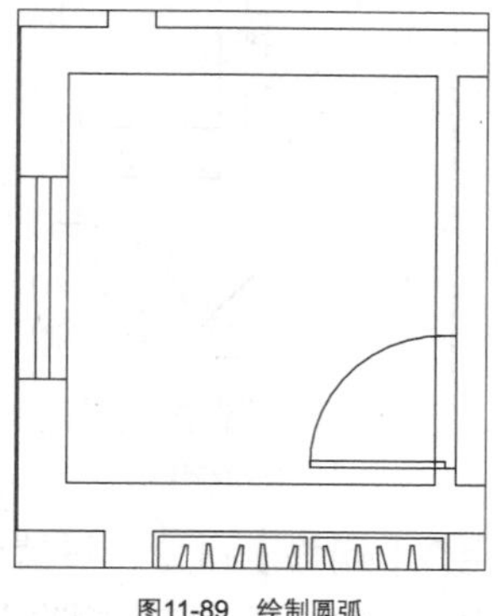

图11-89 绘制圆弧

03 绘制洗手台。调用REC【矩形】命令，绘制尺寸为780×40的矩形，结果如图11-90所示。

04 调用CHA【倒角】命令，命令行提示如下：

```
命令: CHAMFER↙
("修剪"模式) 当前倒角距离 1 = 10, 距离 2 = 10
选择第一条直线或 [放弃(U)/多段线(P)/距离(D)/角度(A)/修剪(T)/方式(E)/多个(M)]:  D
                                        //输入D，选择"距离"选项
指定第一个倒角距离<320>: 320
指定第二个倒角距离<320>: 320
选择第一条直线或 [放弃(U)/多段线(P)/距离(D)/角度(A)/修剪(T)/方式(E)/多个(M)]:
                                        //选择矩形的上方边
选择第二条直线，或按住 Shift 键选择直线以应用角点或 [距离(D)/角度(A)/方法(M)]:
                                        //选择矩形的左方边，倒角结果如图11-91所示
```

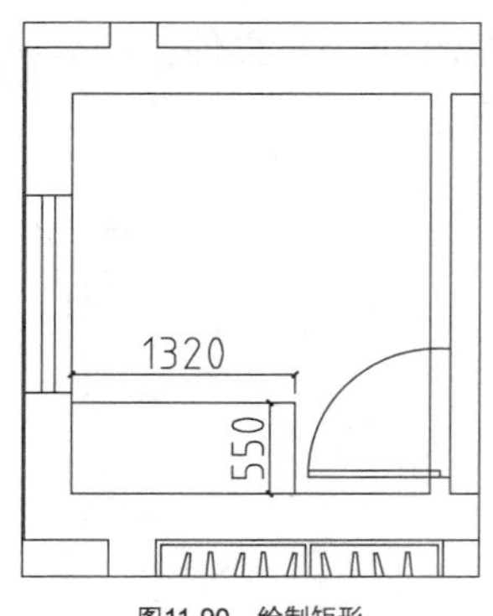

图11-90 绘制矩形

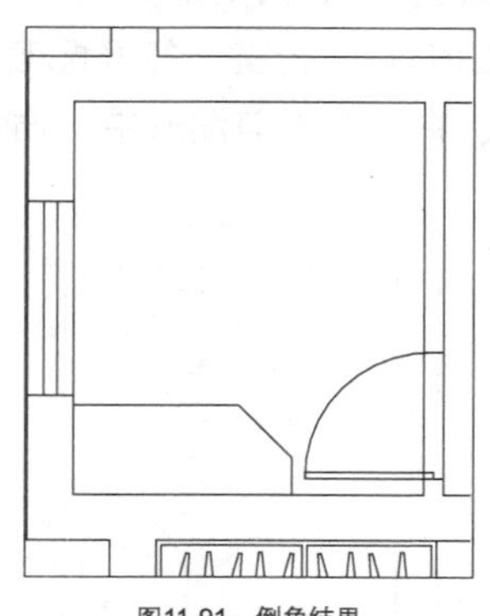

图11-91 倒角结果

05 调用O【偏移】命令，设置偏移距离为10，向内偏移修剪后的矩形，结果如图11-92所示。

06 绘制淋浴房。调用REC【矩形】命令，绘制尺寸为900×900的矩形，结果如图11-93所示。

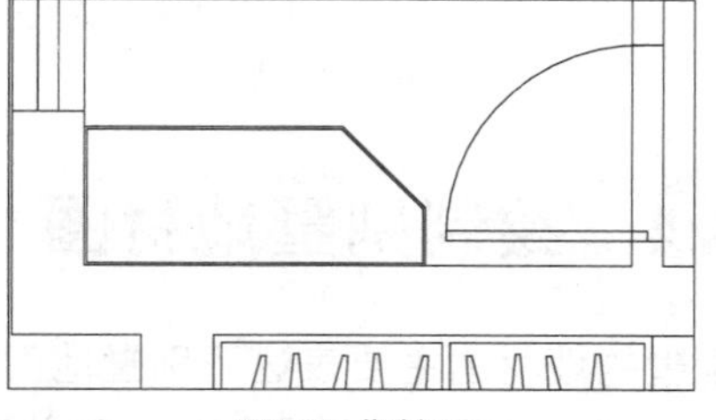

图11-92 偏移矩形

07 调用F【圆角】命令，设置圆角半径为492，对矩形进行圆角处理，结果如图11-94所示。

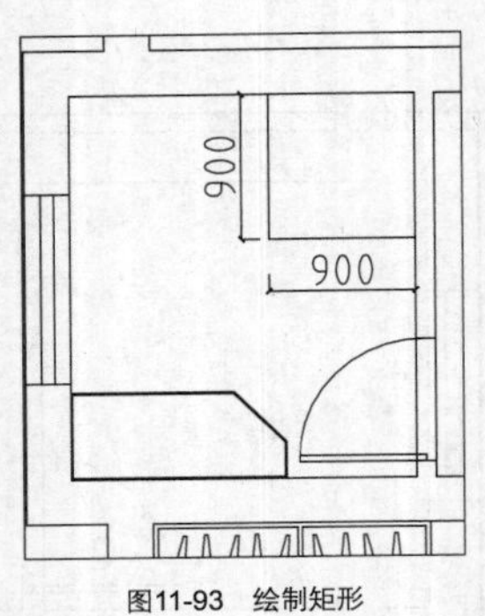

图11-93 绘制矩形

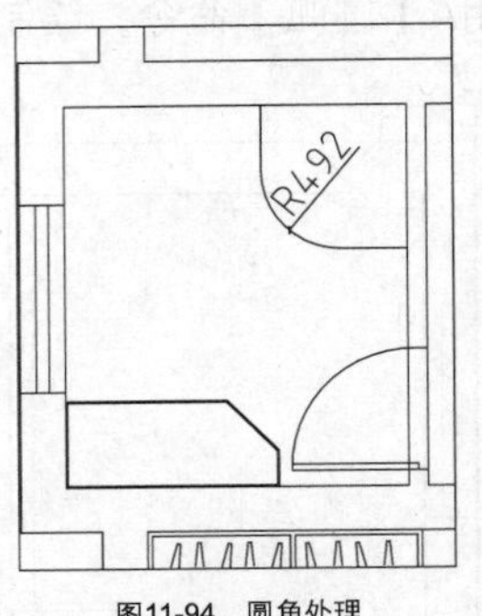

图11-94 圆角处理

08 调用O【偏移】命令，设置偏移距离为60，向内偏移图形；调用X【分解】命令，分解偏移得到的图形；调用E【删除】命令，删除多余的线段，结果如图11-95所示。

09 调用L【直线】命令，绘制直线，结果如图11-96所示。

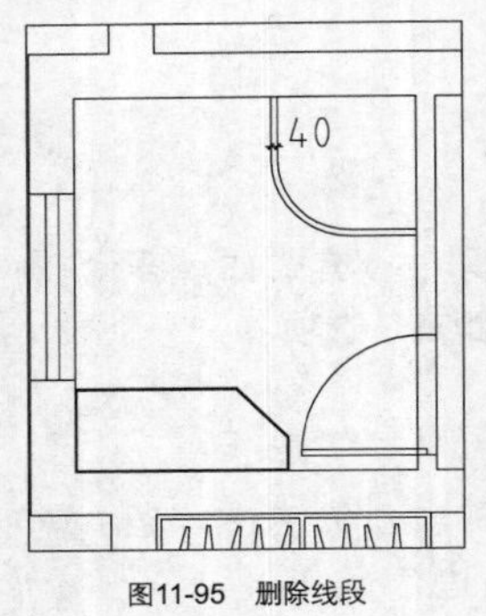

图11-95 删除线段

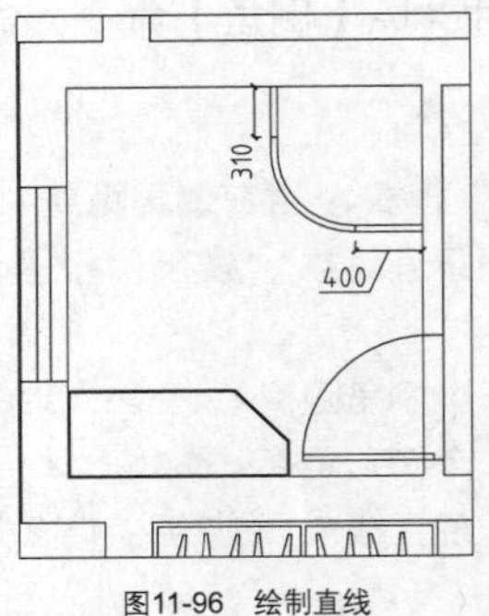

图11-96 绘制直线

10 调用O【偏移】命令，设置偏移距离为20，偏移线段；调用TR【修剪】命令，修剪线段，结果如图11-97所示。

11 按Ctrl+O组合键，打开配套光盘提供的“第11章\家具图例.dwg”文件，将其中家具图形复制、粘贴至当前图形中，插入图块的结果如图11-98所示。

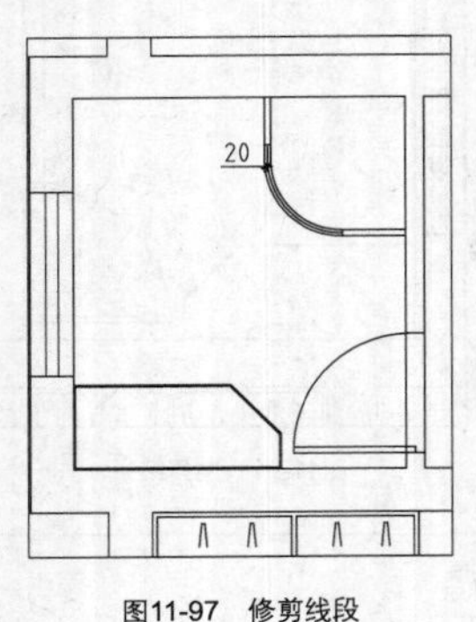

图11-97 修剪线段

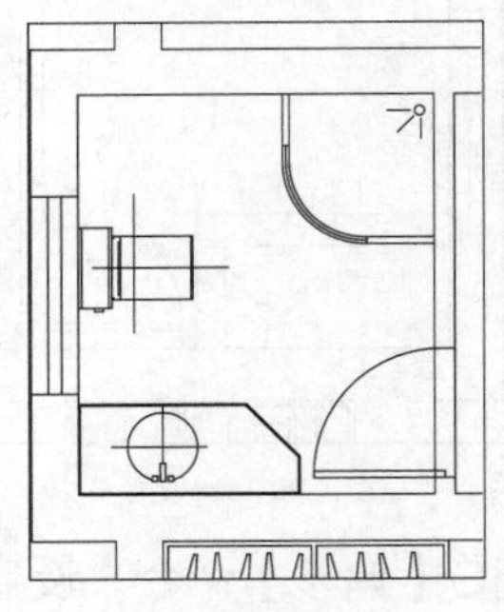

图11-98 插入图块

11.4 绘制别墅地材图

别墅的地材图主要表达了别墅地面铺装的用料、规格以及拼花图案等信息。别墅中各功能区之间都采用了门槛石来进行划分，简单又不失大气。其中，客厅、餐厅以及卧室的地面都铺设了实木地板，体现了欧式风格中追随自然的理念。卫生间、阳台等区域以瓷砖铺设，与实木地板另有区别，既兼顾了防滑功能又提高了观赏效果。

本节主要介绍各主要功能区地面图的绘制方法，主要调用【直线】命令、【填充】命令、【修剪】命令等。

01 复制平面布置图。调用CO【复制】命令，移动、复制一份平面布置图至一旁。

02 整理图形。调用E【删除】命令，删除多余的图形，结果如图11-99所示。

03 绘制门槛石。调用L【直线】命令，绘制直线，结果如图11-100所示。

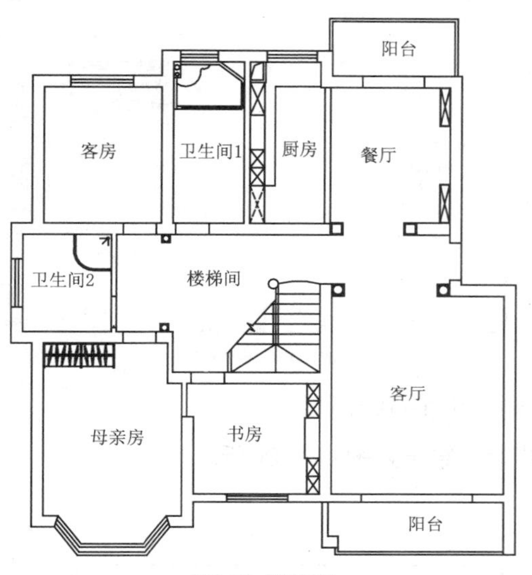

图11-99 整理图形

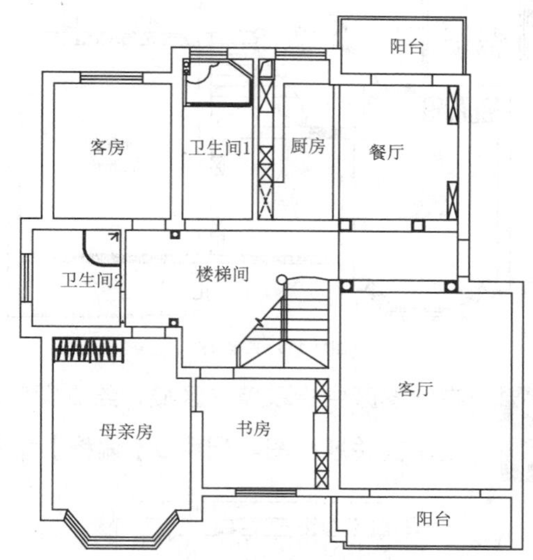

图11-100 绘制直线

04 绘制文字标注。调用MT【多行文字】命令，绘制地面的材料标注，结果如图11-101所示。

05 填充门槛石图案。调用H【填充】命令，打开【图案填充和渐变色】对话框，设置参数如图11-102所示。

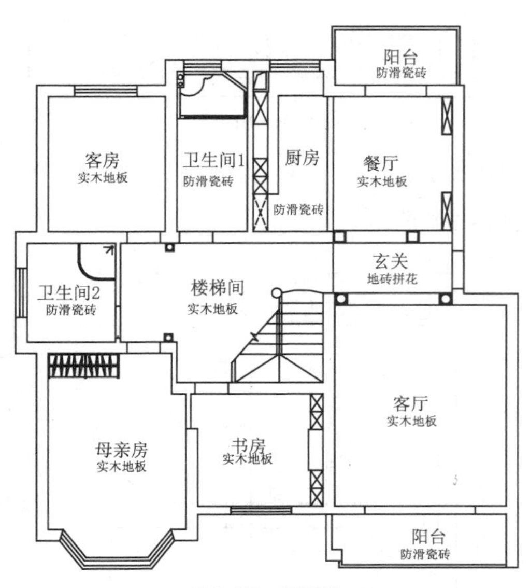

图11-101 文字标注

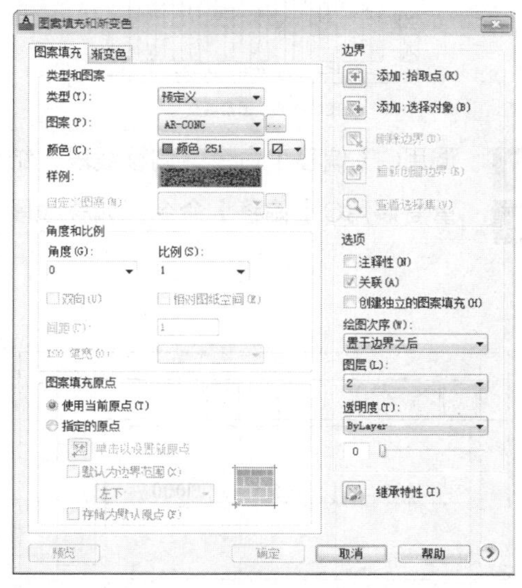

图11-102 设置参数

06 在绘图区中拾取填充区域，绘制图案填充的结果如图11-103所示。

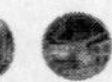

07 填充客厅地面图案。调用H【填充】命令，打开【图案填充和渐变色】对话框，设置参数如图11-104所示。

阳台
防滑瓷砖
客房
实木地板
卫生间1
防滑瓷砖
厨房
防滑瓷砖
餐厅
实木地板
玄关
地砖拼花
卫生间2
防滑瓷砖
楼梯间
实木地板
客厅
实木地板
母亲房
实木地板
书房
实木地板
阳台
防滑瓷砖

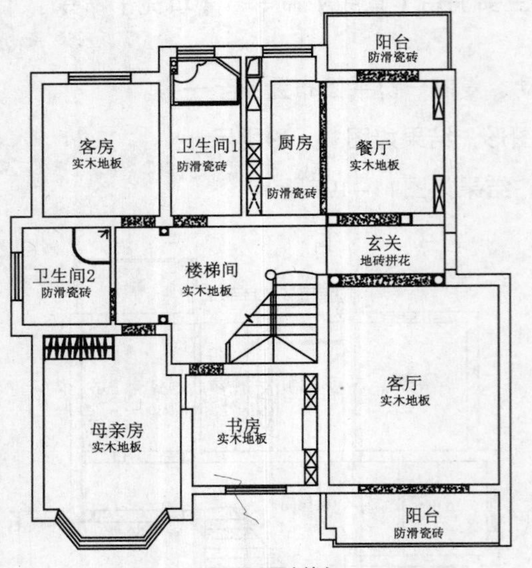

图11-103 图案填充

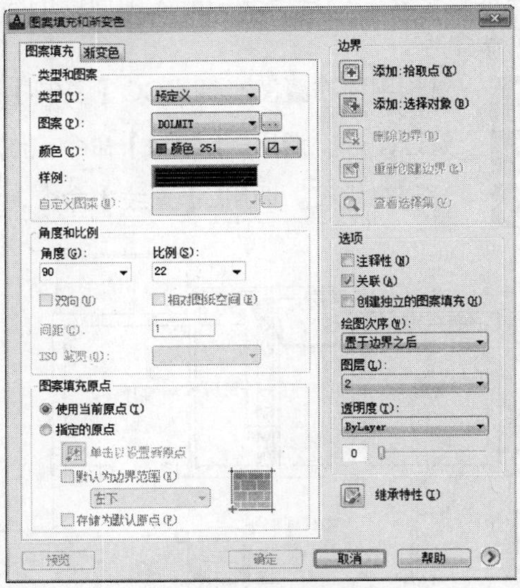

图案填充和渐变色
图案填充
渐变色
类型和图案
类型(Y):
预定义
图案(P):
DOLMIT
颜色(C):
颜色 251
样例:
自定义图案(M):
角度和比例
角度(G):
90
比例(S):
22
双向(U)
相对图纸空间(E)
间距(C):
1
ISO 笔宽(O):
图案填充原点
使用当前原点(T)
指定的原点
单击以设置新原点
默认为边界范围(X)
左下
存储为默认原点(F)
边界
添加:拾取点(K)
添加:选择对象(B)
删除边界(D)
重新创建边界(R)
查看选择集(V)
选项
注释性(N)
关联(A)
创建独立的图案填充(H)
绘图次序(W):
置于边界之后
图层(L):
2
透明度(T):
ByLayer
0
继承特性(I)
预览
确定
取消
帮助

图11-104 设置参数

08 在绘图区中拾取填充区域，绘制图案填充的结果如图11-105所示。

09 绘制玄关地材图。调用O【偏移】命令，偏移线段，结果如图11-106所示。

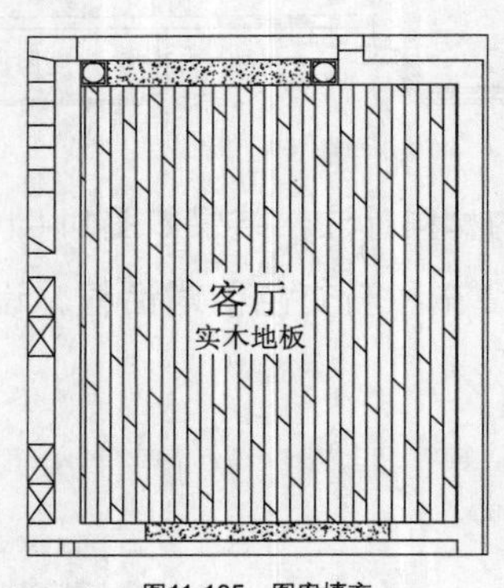

客厅
实木地板

图11-105 图案填充

53
77
77

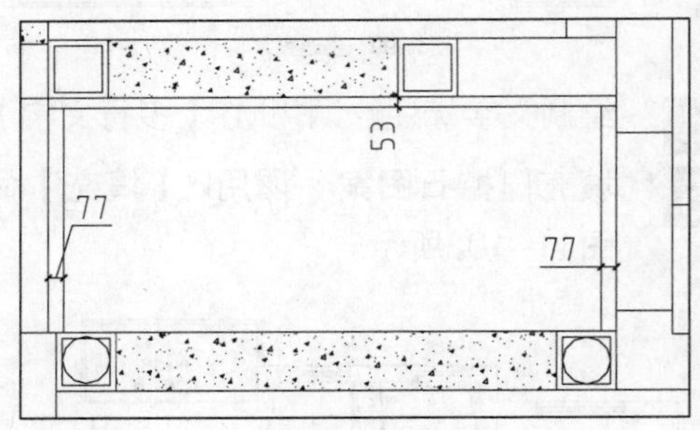

图11-106 偏移线段

10 调用O【偏移】命令，偏移线段，结果如图11-107所示。

11 重复调用O【偏移】命令，偏移线段，结果如图11-108所示。

1000
706
1000

图11-107 偏移线段

125
125
121

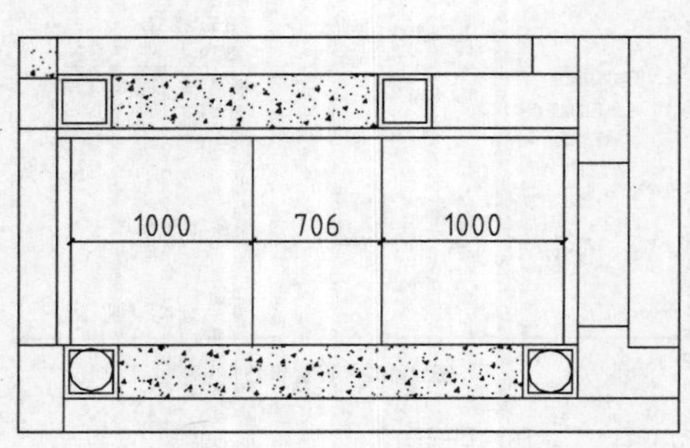

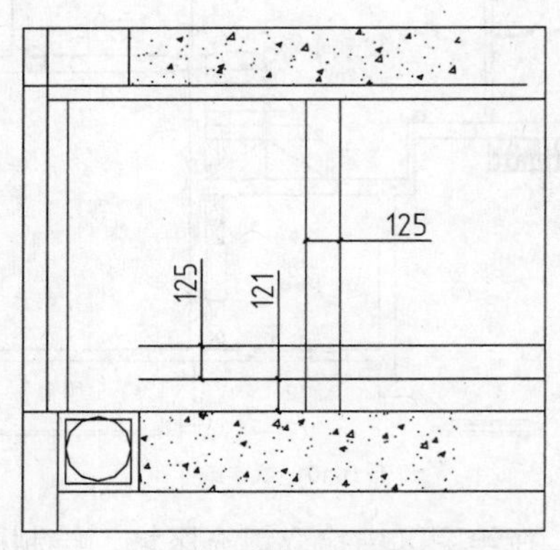

图11-108 偏移结果

12 调用L【直线】命令，绘制直线，结果如图11–109所示。

13 调用TR【修剪】命令，修剪线段，结果如图11–110所示。

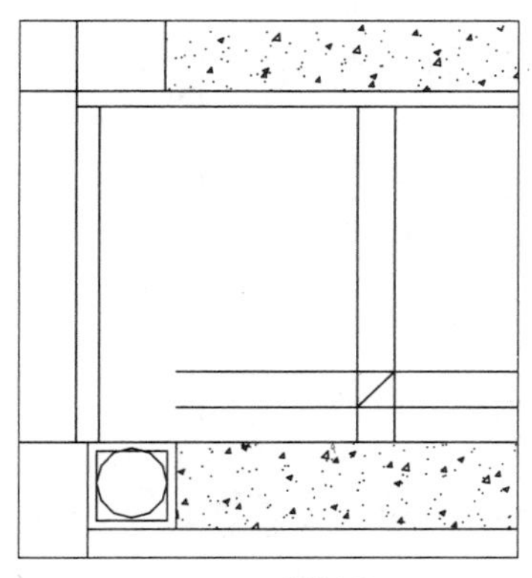

图11-109 绘制直线

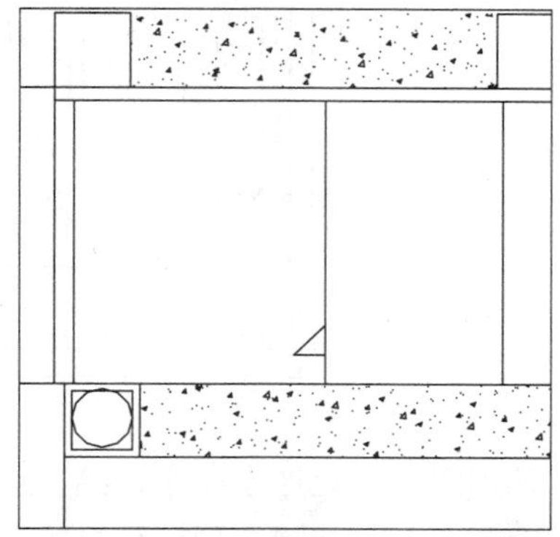

图11-110 修剪线段

14 调用MI【镜像】命令，镜像复制修剪后的图形，结果如图11–111所示。

15 调用REC【矩形】命令，绘制尺寸为900×900的矩形，结果如图11–112所示。

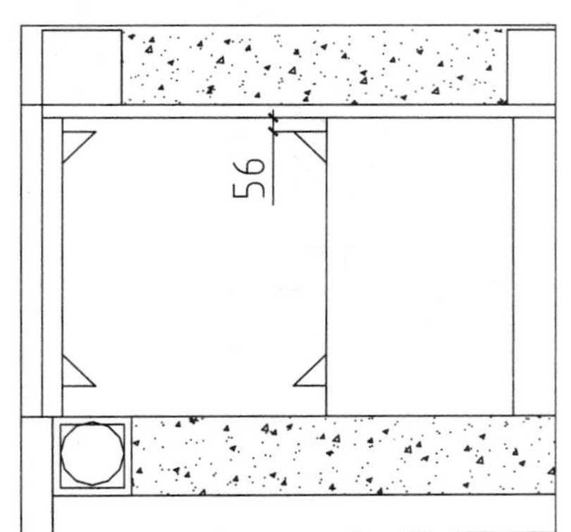

图11-111 镜像复制

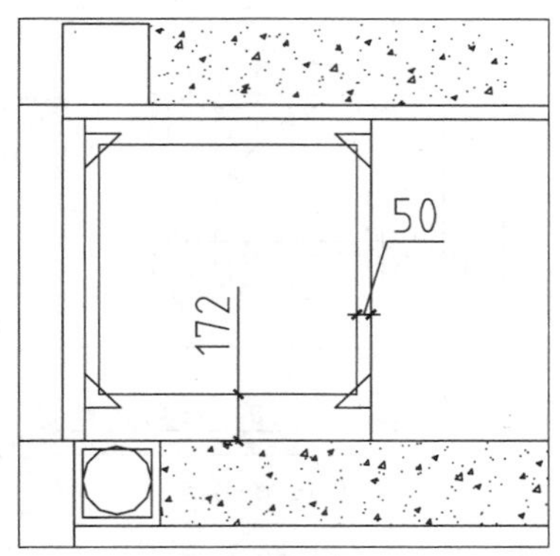

图11-112 绘制矩形

16 调用CHA【倒角】命令，分别设置第一、二个倒角距离为160，对矩形进行倒角处理，结果如图11–113所示。

17 调用O【偏移】命令，向内偏移经倒角处理后的图形，结果如图11–114所示。

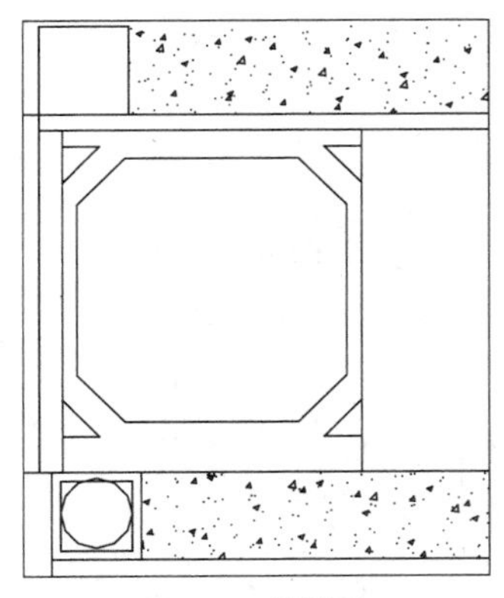

图11-113 倒角处理

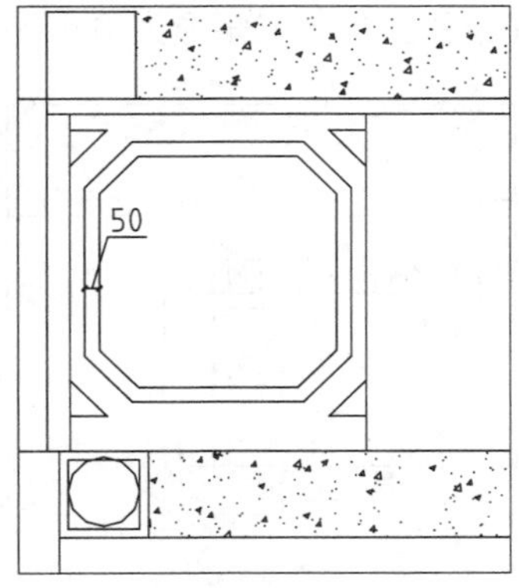

图11-114 偏移矩形

18 调用L【直线】命令，绘制直线，结果如图11–115所示。

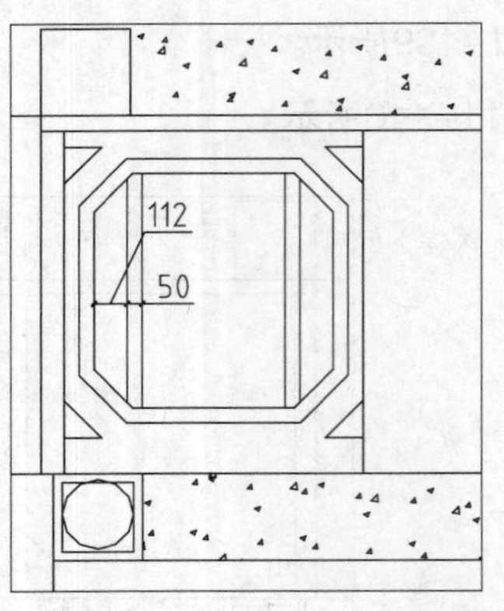

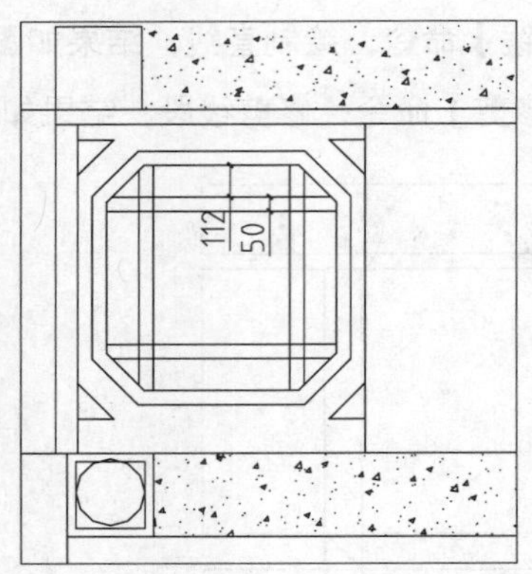

图11-115　绘制直线

19 调用REC【矩形】命令，绘制尺寸为337×337的矩形；调用RO【旋转】命令，设置旋转角度为45°，旋转矩形，结果如图11-116所示。

20 调用L【直线】命令，取旋转后的矩形各边中点绘制直线，结果如图11-117所示。

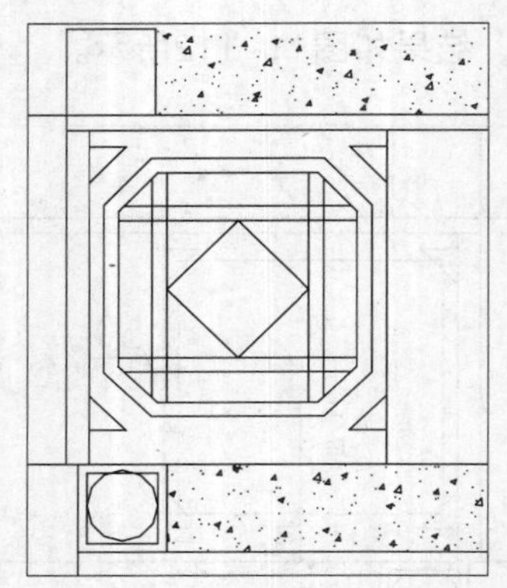

图11-116　旋转结果

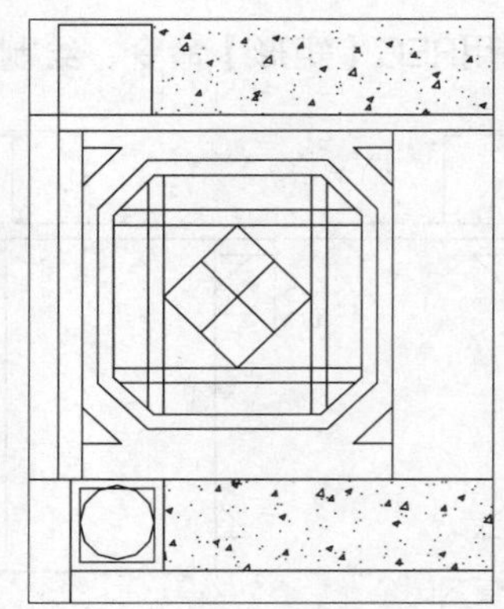

图11-117　绘制直线

21 调用REC【矩形】命令，绘制尺寸为135×135的矩形；调用TR【修剪】命令，修剪多余的直线；调用L【直线】命令，取所绘制矩形的各边中点绘制直线，结果如图11-118所示。

22 调用H【填充】命令，打开【图案填充和渐变色】对话框，选择AR-CONC图案，设置填充比例为0.3。

23 在绘图区中拾取矩形为填充区域，绘制图案填充的结果如图11-119所示。

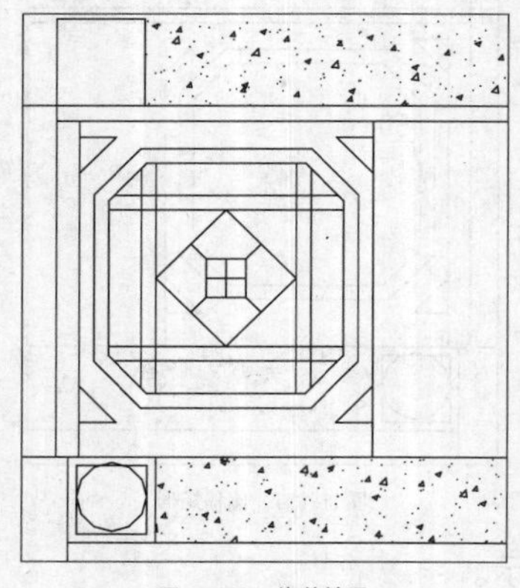

图11-118　修剪结果

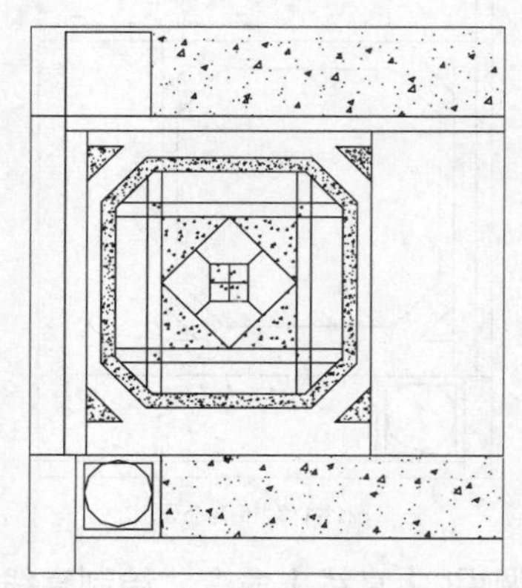

图11-119　图案填充

24 调用MI【镜像】命令，镜像复制绘制完成的图形，结果如图11-120所示。

25 调用H【填充】命令，打开【图案填充和渐变色】对话框，设置参数如图11-121所示。

26 在绘图区中拾取矩形为填充区域，绘制图案填充的结果如图11-122所示。

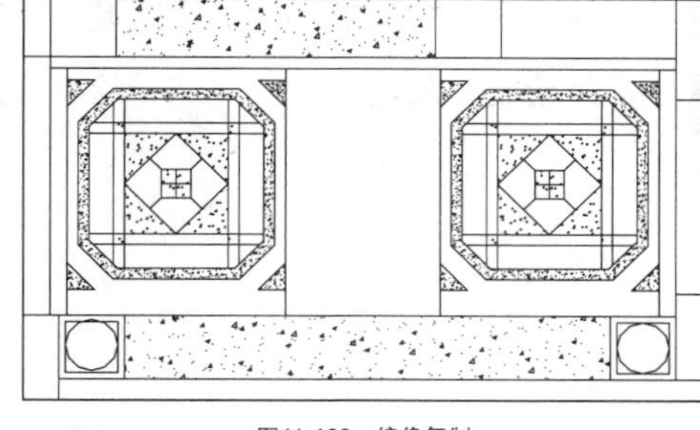
图11-120　镜像复制

图11-121　设置参数

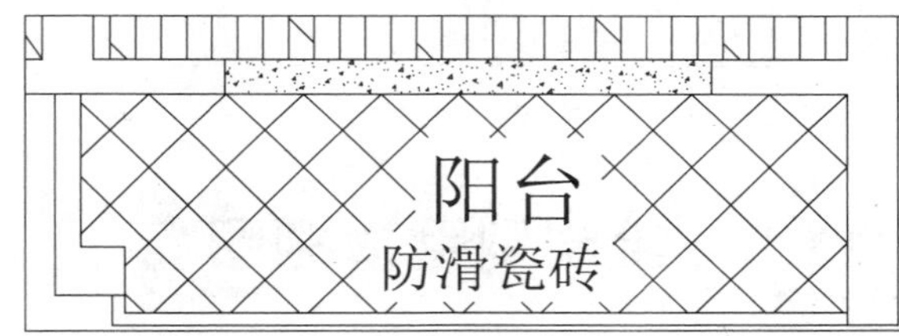

图11-122　图案填充

27 重复操作，绘制地面布置图的结果如图11-123所示。

28 绘制二层空中花园和洗衣间地材图。调用H【填充】命令，打开【图案填充和渐变色】对话框，设置参数如图11-124所示。

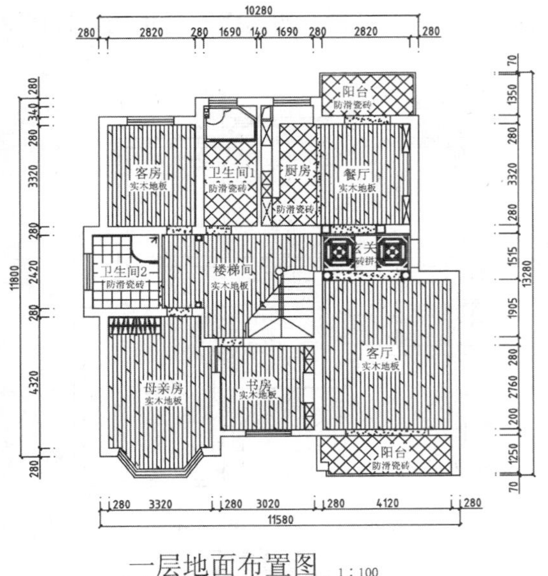

图11-123　绘制结果

图11-124　设置参数

29 在绘图区中拾取矩形为填充区域，绘制图案填充的结果如图11-125所示。

30 沿用绘制一层地材图的方法，绘制二层地材图，结果如图11-126所示。

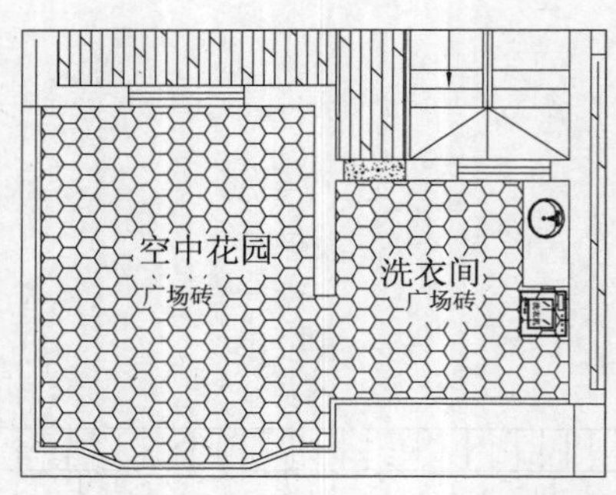

图11-125　图案填充

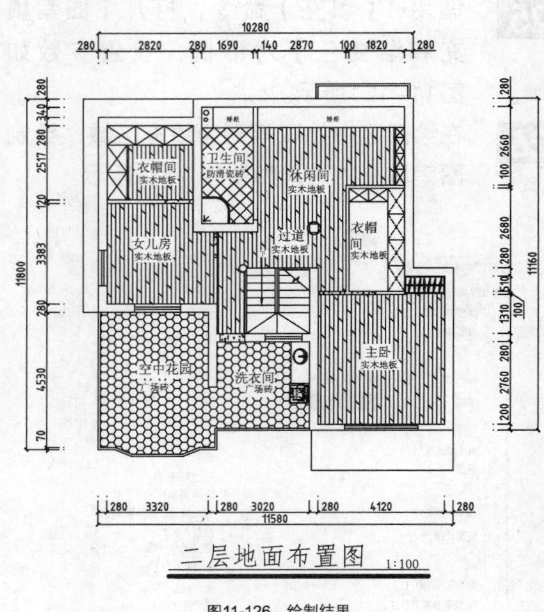

图11-126　绘制结果

11.5　绘制别墅顶棚图

除了卧室区域外，其他功能区均制作了吊顶造型。以石膏板造型吊顶为主调，辅以灰镜吊顶、杉木板打底乳胶漆刷白吊顶，显露出欧式的奢华，又不失原野的清新。

本节主要介绍各主要功能区吊顶图形的绘制方法。

11.5.1　绘制客厅顶棚图

客厅设计、制作了石膏板矩形吊顶，以白色乳胶漆饰面，暗藏灯带，四周走石膏角线，将传统欧式元素发挥得淋漓尽致。

绘制客厅吊顶图形，主要调用【复制】命令、【删除】命令以及【直线】命令等。

01 复制地面图。调用CO【复制】命令，移动、复制一份地面布置图至一旁。

02 整理图形。调用E【删除】命令，删除地面图上不必要的图形，结果如图11-127所示。

03 调用L【直线】命令，绘制直线，结果如图11-128所示。

04 绘制角线。调用O【偏移】命令，偏移墙线，结果如图11-129所示。

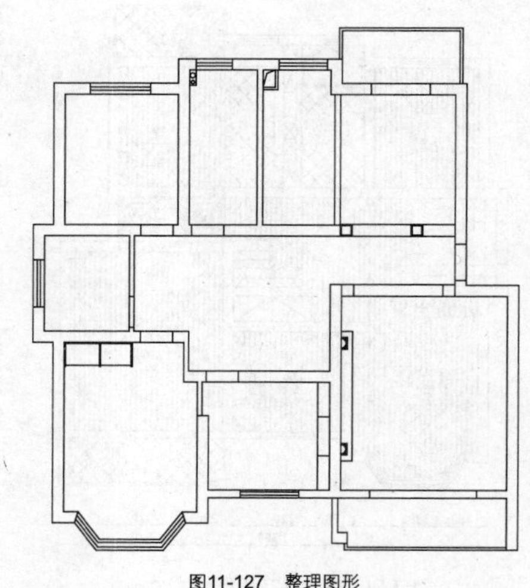

图11-127　整理图形

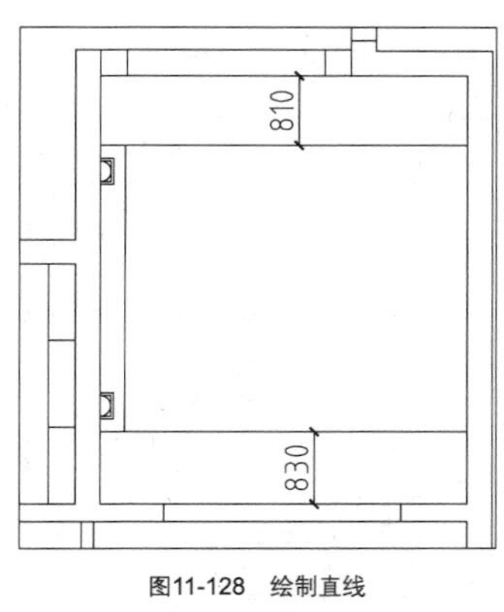

图11-128 绘制直线

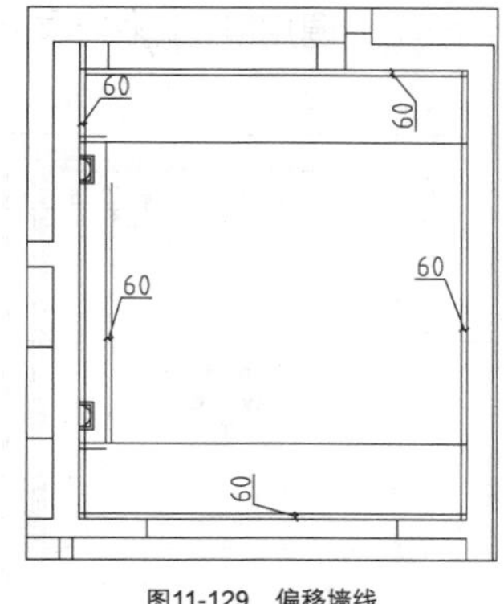

图11-129 偏移墙线

05 调用F【圆角】命令，设置圆角半径为0，对偏移的墙线进行圆角处理，结果如图11-130所示。

06 调用O【偏移】命令，设置偏移距离为30，选择圆角处理后的墙线，向内偏移两次，结果如图11-131所示。

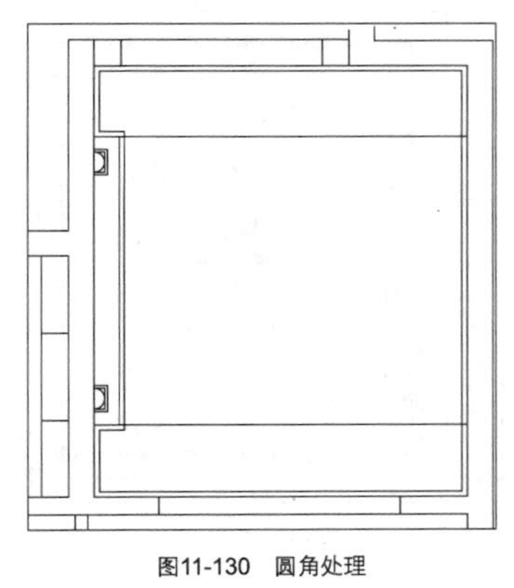
图11-130 圆角处理

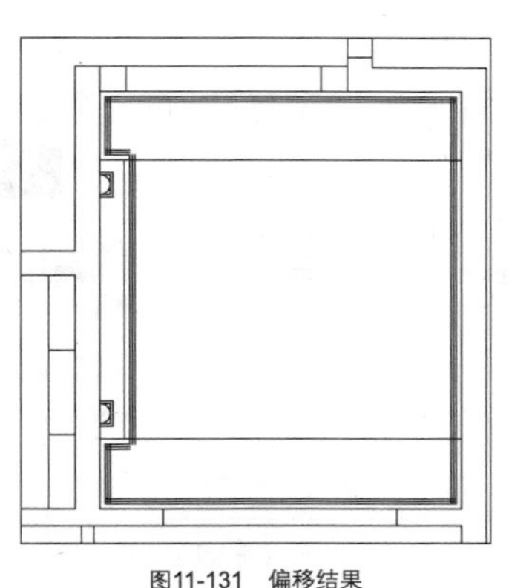
图11-131 偏移结果

07 调用F【圆角】命令，设置圆角半径为0，对偏移的墙线进行圆角处理，结果如图11-132所示。

08 绘制灯带。调用O【偏移】命令，设置偏移距离为120，偏移线段，并将偏移得到的线段的线型设置为虚线，结果如图11-133所示。

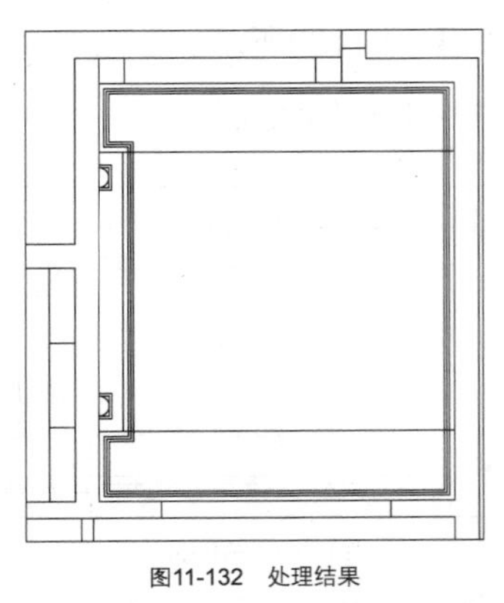
图11-132 处理结果

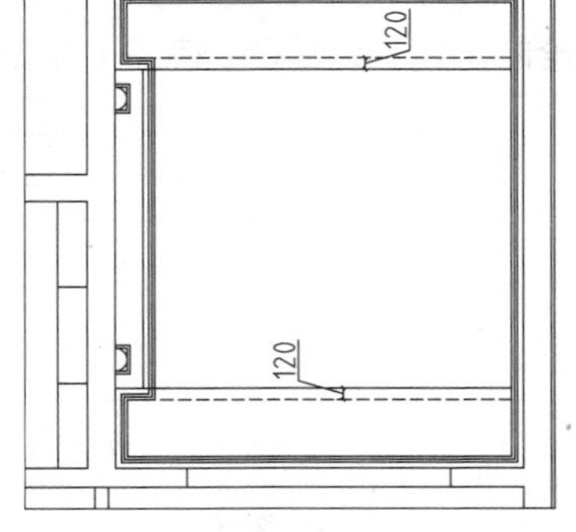

图11-133 偏移直线

09 插入图块。按Ctrl+O组合键，打开配套光盘提供的“第11章\家具图例.dwg”文件，将其中灯具图形复制、粘贴至当前图形中，插入图块的结果如图11-134所示。

10 文字标注。调用MT【多行文字】命令，绘制文字标注，结果如图11-135所示。

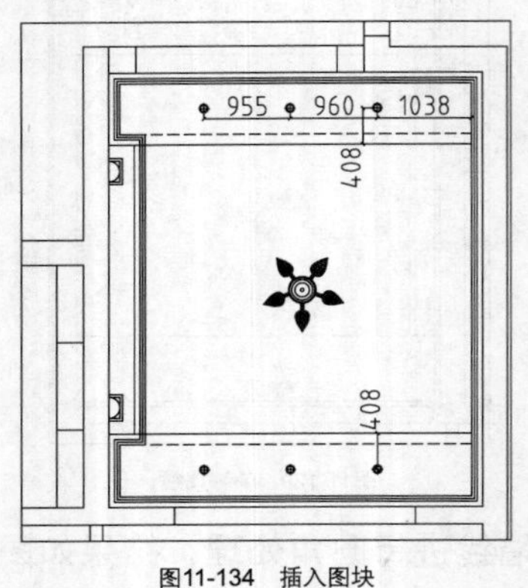

图11-134 插入图块

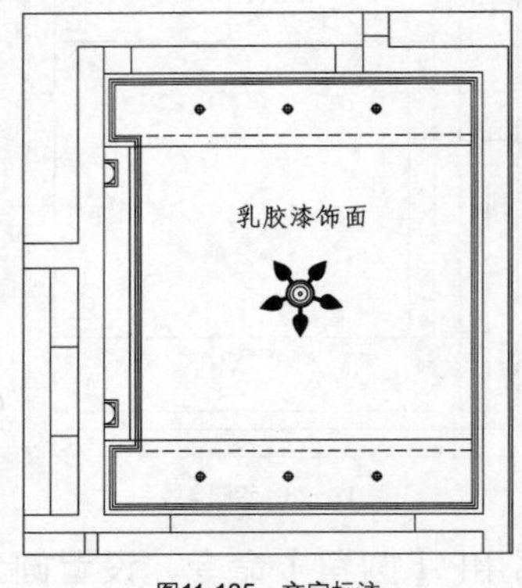

图11-135 文字标注

11 标高标注。调用I【插入】命令，在弹出的【插入】对话框中选择标高图块，如图11-136所示。

12 根据命令行的提示，指定标高插入点和输入标高参数，绘制标高标注的结果如图11-137所示。

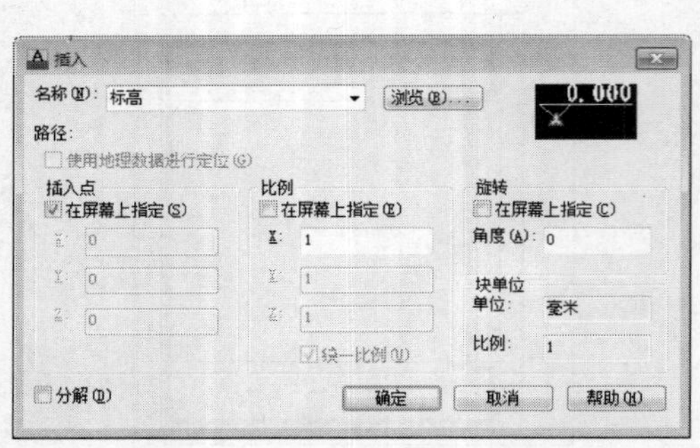

图11-136 【插入】对话框

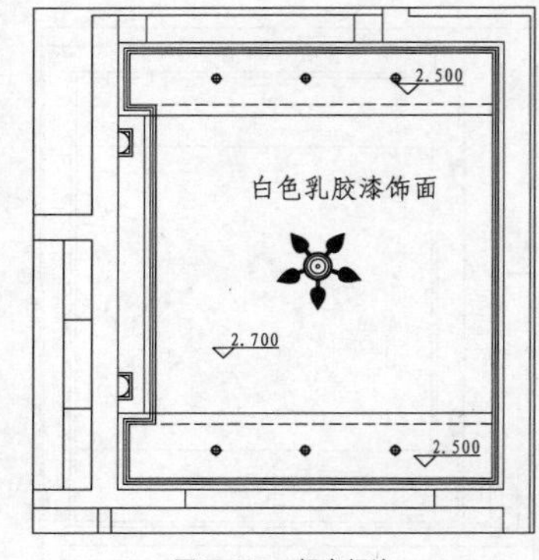

图11-137 标高标注

11.5.2 绘制玄关顶面图

玄关顶面图主要以灰镜吊顶为主，四周辅以白色石膏角线，与传统的石膏板吊顶相区分，带有现代气息。

绘制玄关顶面图，主要调用【直线】命令、【偏移】命令以及【延伸】命令等。

01 绘制顶面轮廓。调用L【直线】命令，绘制直线，结果如图11-138所示。

02 绘制角线。调用O【偏移】命令，偏移线段，结果如图11-139所示。

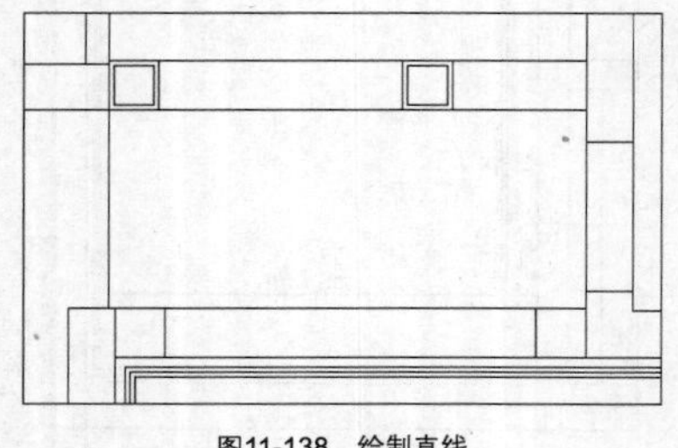
图11-138 绘制直线

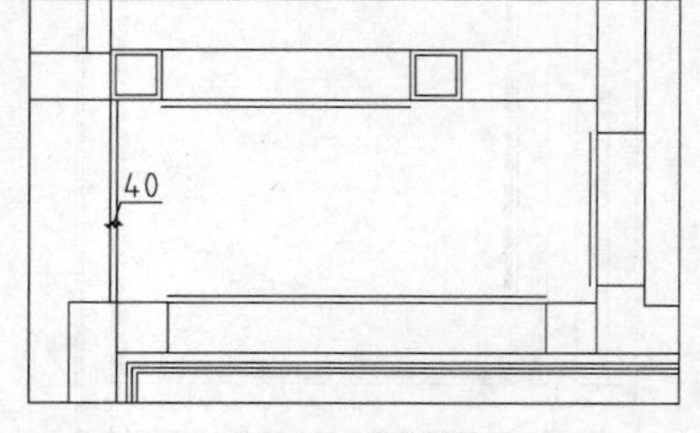

图11-139 偏移线段

03 调用EX【延伸】命令，延伸线段；调用TR【修剪】命令，修剪线段，结果如图11-140所示。

04 调用O【偏移】命令，设置偏移距离为20，选择修剪完成的线段，向内偏移两次；调用F【圆角】命令，对线段进行圆角处理，结果如图11-141所示。

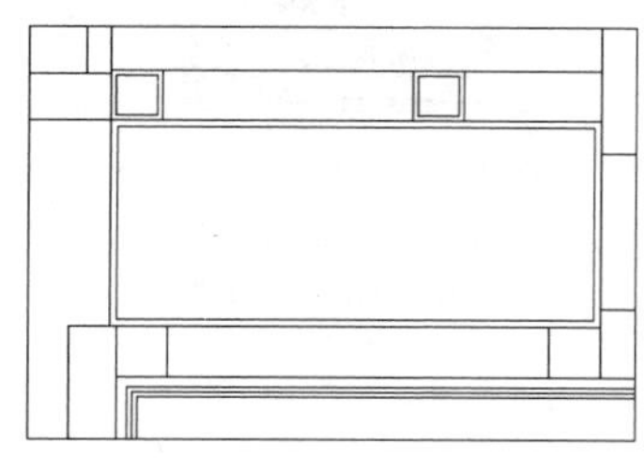
图11-140 修剪线段

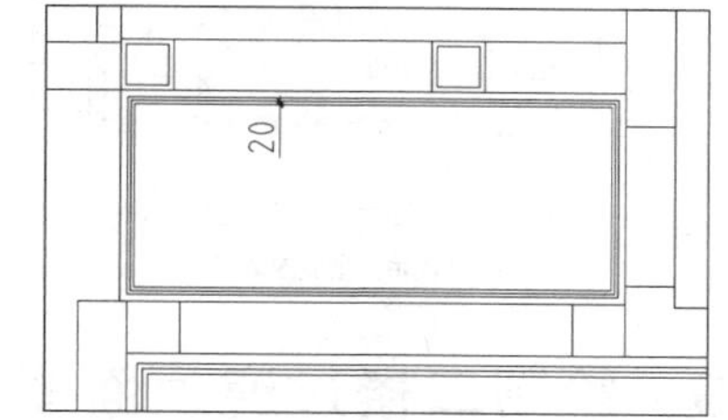

图11-141 绘制结果

05 调用L【直线】命令，绘制对角线，结果如图11-142所示。

06 绘制顶面玻璃。调用REC【矩形】命令，绘制矩形，结果如图11-143所示。

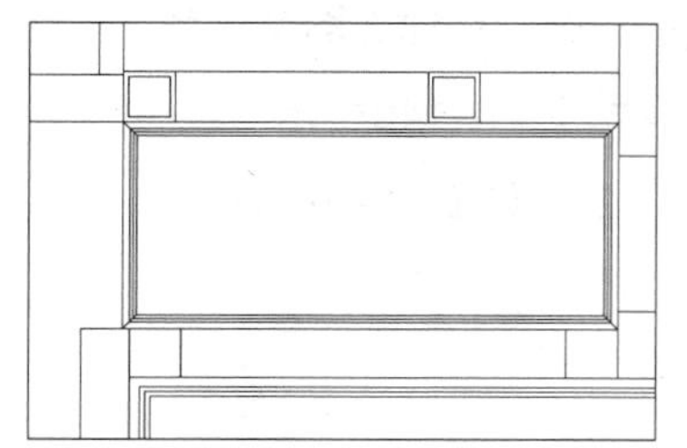
图11-142 绘制对角线

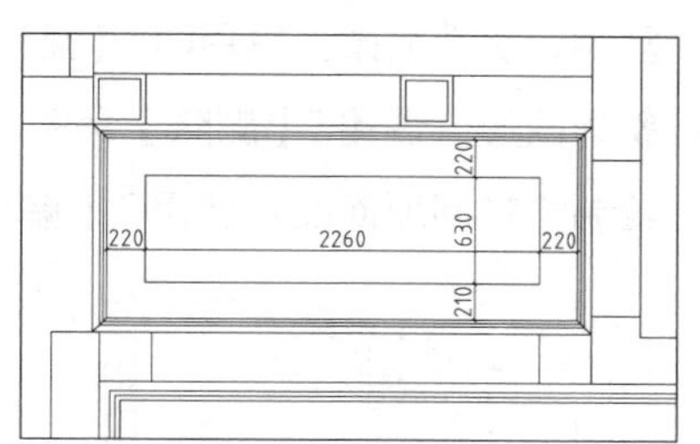

图11-143 绘制矩形

07 调用X【分解】命令，分解矩形；调用O【偏移】命令，偏移矩形边，结果如图11-144所示。

08 填充图案。调用H【填充】命令，弹出【图案填充和渐变色】对话框，设置参数如图11-145所示。

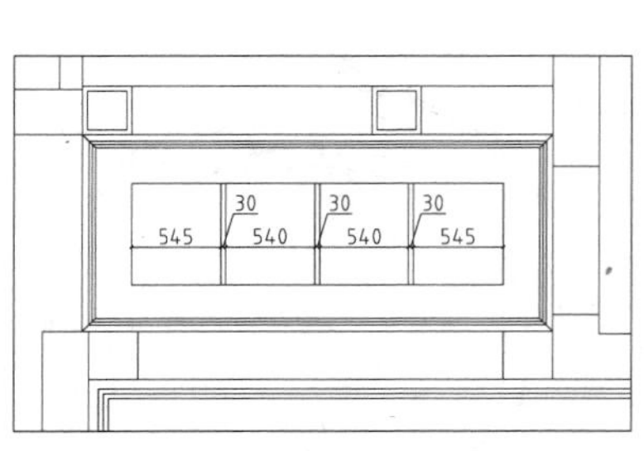

图11-144 偏移矩形边

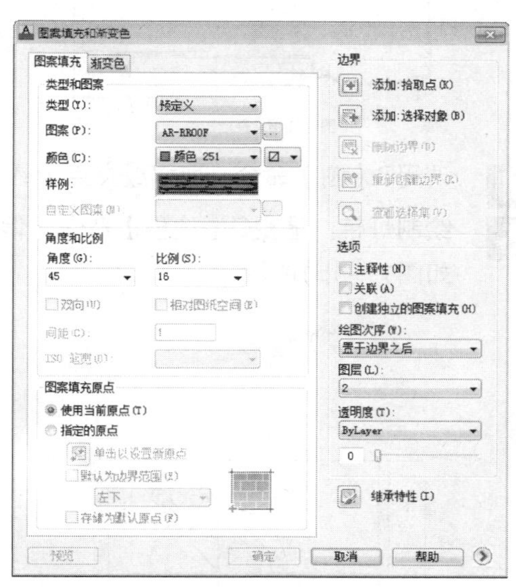

图11-145 设置参数

09 在绘图区中拾取填充区域，填充图案的结果如图11-146所示。

10 调用MT【多行文字】命令，绘制材料标注；调用I【插入】命令，绘制标高标注，结果如图11-147所示。

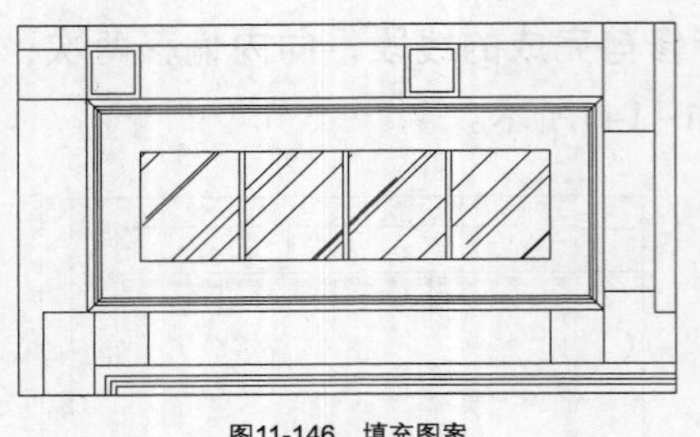
图11-146 填充图案

图11-147 标注结果

11.5.3 绘制二楼过道顶面图

二楼过道吊顶的材料是杉木板，表面饰白色乳胶漆，材料环保，且与欧式风格相和谐。楼梯间顶面制作石膏板圆形吊顶，配以弧形灯带为装饰，体现了居室的情调。

绘制过道顶面图及楼梯间顶面图，主要调用【圆】命令、【复制】命令以及【偏移】命令等。

01 复制二层地面图。调用CO【复制】命令，移动、复制一份二层地面图至一旁。

02 整理图形。调用E【删除】命令，删除多余图形，结果如图11-148所示。

03 绘制楼梯间顶面图。调用O【偏移】命令，偏移墙线，结果如图11-149所示。

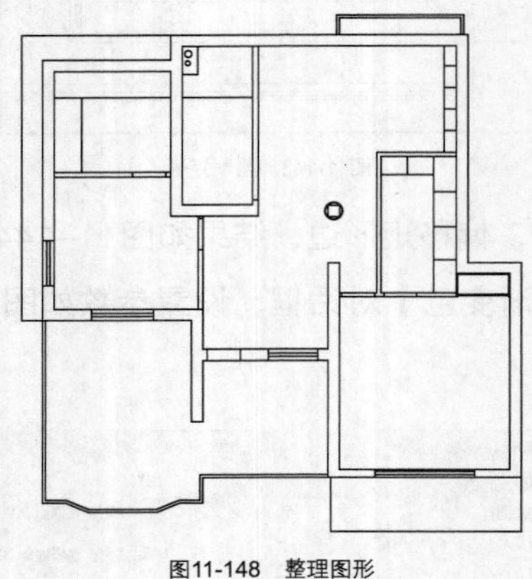
图11-148 整理图形

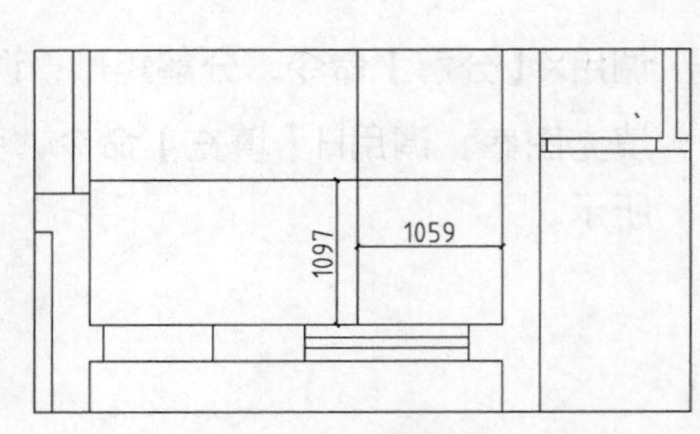

图11-149 偏移墙线

04 调用C【圆】命令，取墙线交点为圆心，绘制圆形，结果如图11-150所示。

05 绘制灯带。调用O【偏移】命令，偏移圆形，并将偏移得到的圆形的线型设置为虚线，结果如图11-151所示。

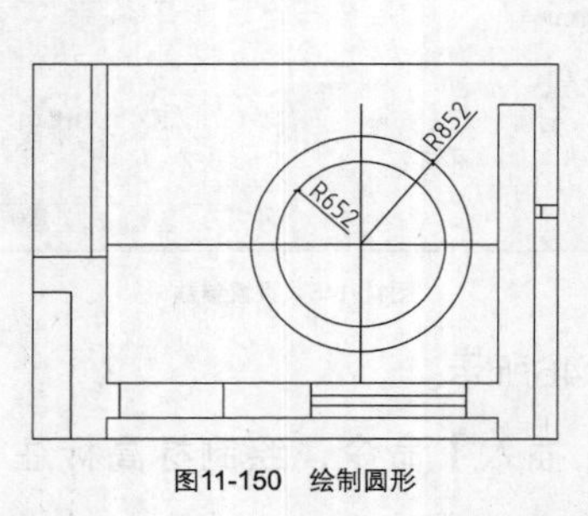

图11-150 绘制圆形

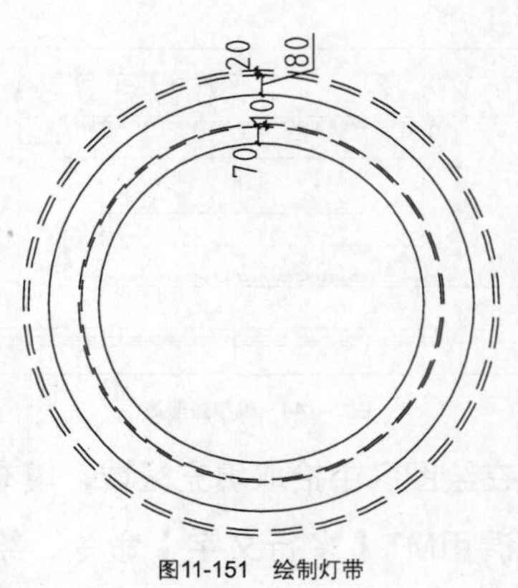

图11-151 绘制灯带

06 绘制过道顶面图。调用O【偏移】命令，偏移墙线，结果如图11-152所示。

07 绘制灯带。调用O【偏移】命令，偏移线段，并将偏移得到的线段的线型设置为虚线，结果如图11-153所示。

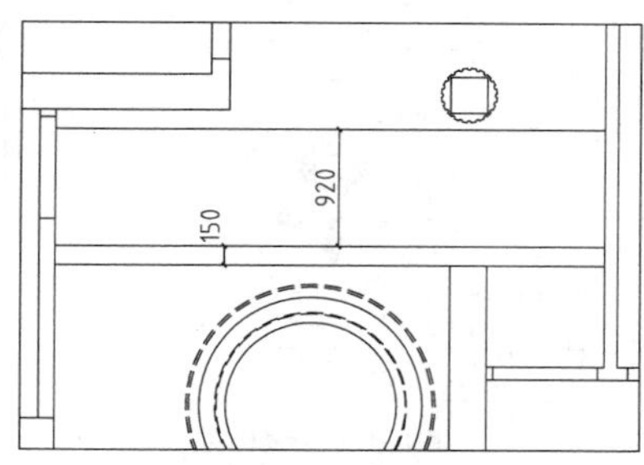

图11-152　偏移墙线

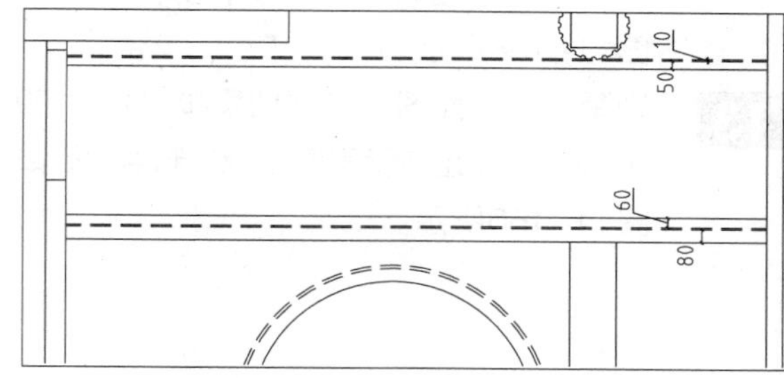

图11-153　绘制结果

08 插入图块。按Ctrl+O组合键，打开配套光盘提供的“第11章\家具图例.dwg”文件，将其中灯具图形复制、粘贴至当前图形中，插入图块的结果如图11-154所示。

09 填充图案。调用H【填充】命令，弹出【图案填充和渐变色】对话框，设置参数如图11-155所示。

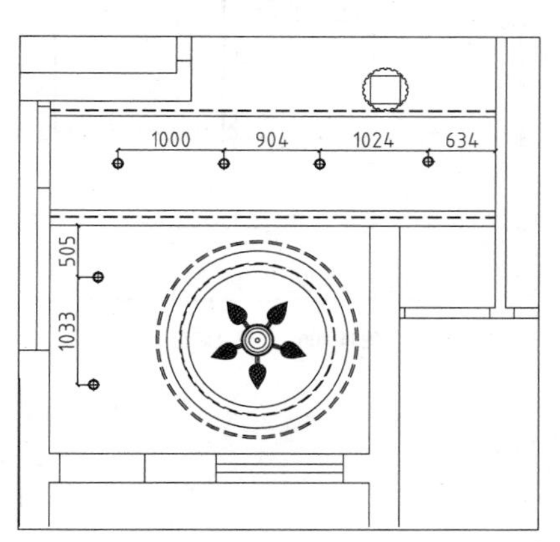

图11-154　插入图块

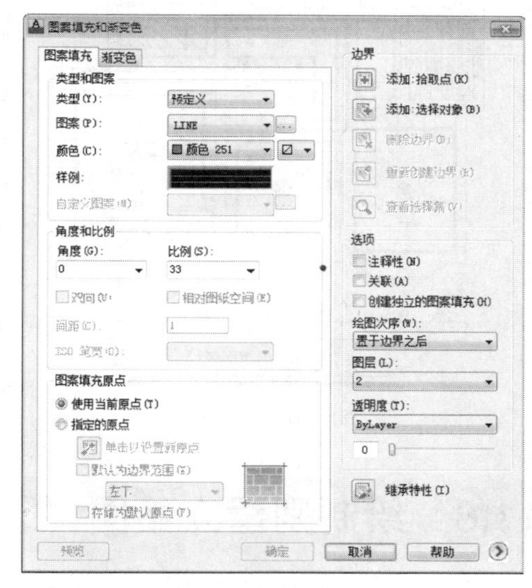

图11-155　设置参数

10 在绘图区中拾取填充区域，填充图案的结果如图11-156所示。

11 文字标注。调用MT【多行文字】命令，绘制顶面材料标注，结果如图11-157所示。

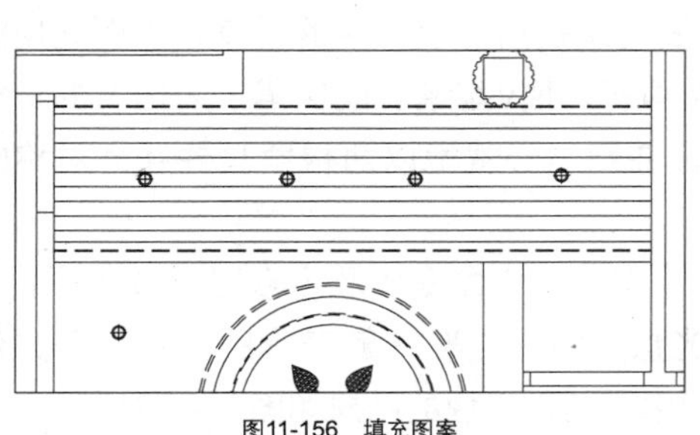

图11-156　填充图案

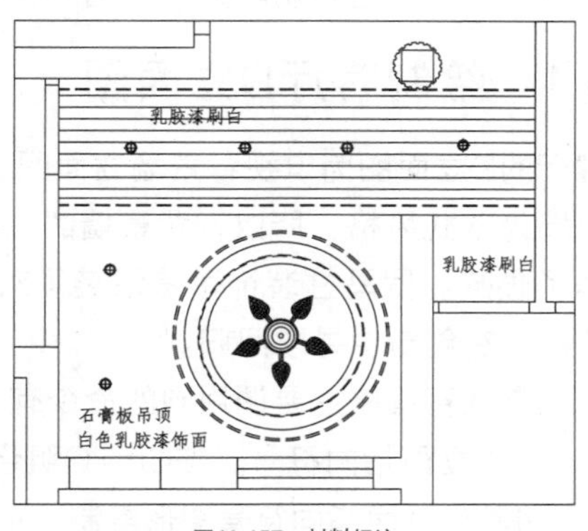

图11-157　材料标注

12 标高标注。调用I【插入】命令，在弹出的【插入】对话框中设置参数，根据命令行的提示插入标高图块，标注结果如图11-158所示。

13 别墅一层顶面图的绘制结果如图11-159所示，二层顶面图的绘制结果如图11-160所示。

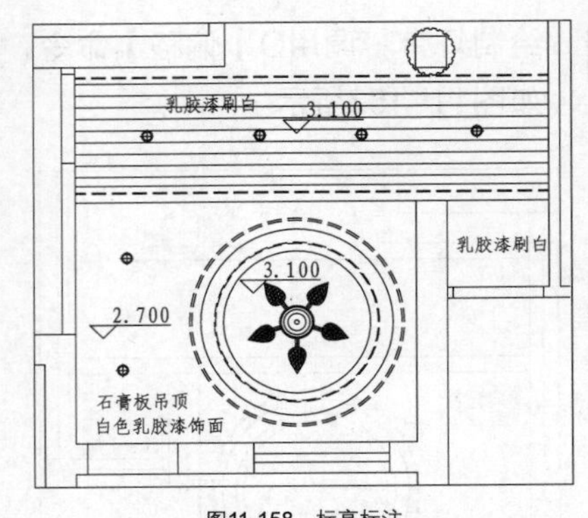

图11-158 标高标注

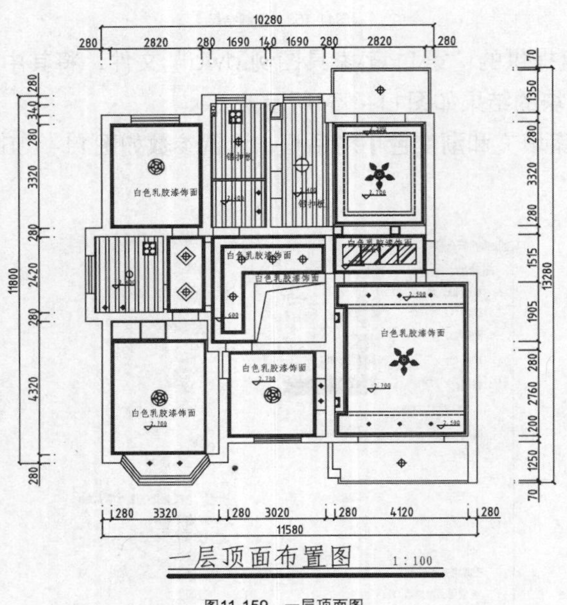

图11-159 一层顶面图

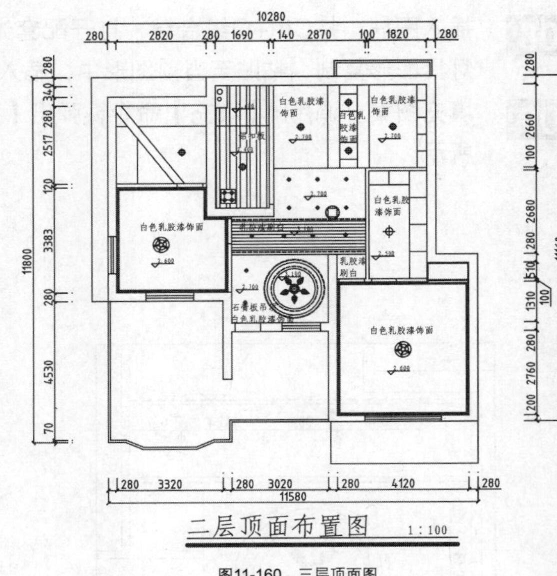

图11-160 三层顶面图

11.6 绘制别墅立面图

别墅立面图主要体现了别墅的立面装饰设计，当然，罗马柱、大理石等常见的欧式配件是必不可少的。但是，如何运用这些元素来最大限度地表达居室的风格，一直是设计界主要探讨的课题之一。

本节介绍别墅主要功能区立面图的绘制方法。

11.6.1 绘制客厅D立面图

客厅的D立面图为电视背景墙立面图。电视背景墙立面向来是居室设计中的重点，本例选用的电视背景墙为欧式风格，所以，背景墙的主要材料为米黄大理石，抽V型缝。既保留了大理石的贵气，又增添了趣味。罗马柱装饰手法沿袭了对称的装饰方法，并别出心裁地以两根罗马柱互为对称的手法来装饰，在创新中寻求回归。

绘制电视背景墙主要调用到的命令有【矩形】命令、【多段线】命令以及【修剪】命令等。

01 加入立面指向符号。按Ctrl+O组合键，打开配套光盘提供的“第11章\家具图例.dwg”文件，将其中立面指向符号图形复制、粘贴至平面布置图中，插入图块的结果如图11-161所示。

02 绘制立面轮廓。调用REC【矩形】命令，绘制矩形；调用X【分解】命令，分解矩形；调用O【偏移】命令，偏移矩形边；调用PL【多段线】命令，绘制折断线；调用TR【修剪】命令，修剪多余线段，结果如图11-162所示。

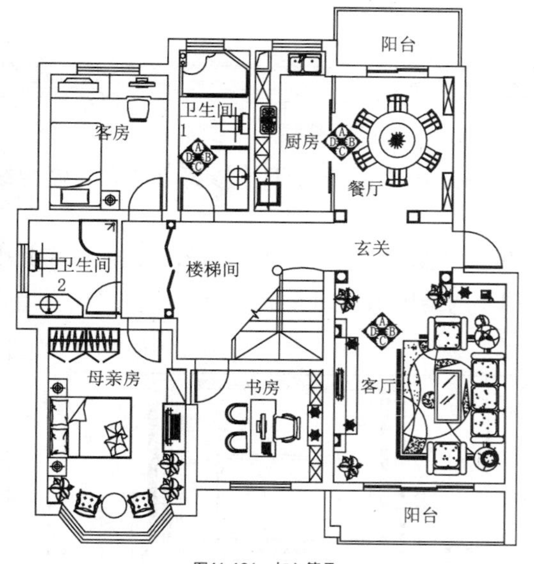

图11-161 加入符号

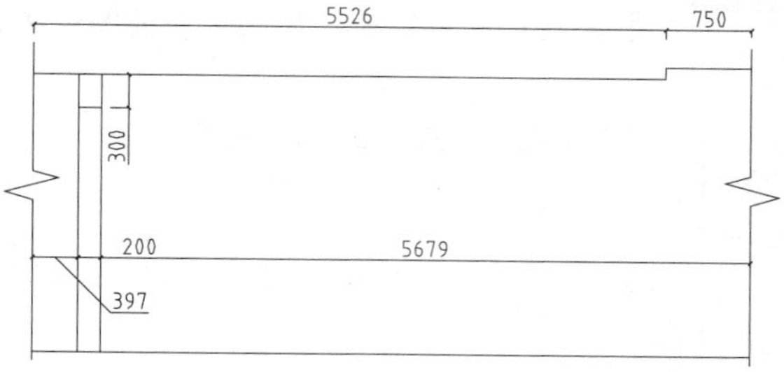

图11-162 绘制结果

03 绘制电视背景墙。调用O【偏移】命令，偏移线段，结果如图11-163所示。

04 绘制角线。调用O【偏移】命令，偏移线段；调用TR【修剪】命令，修剪多余线段，结果如图11-164所示。

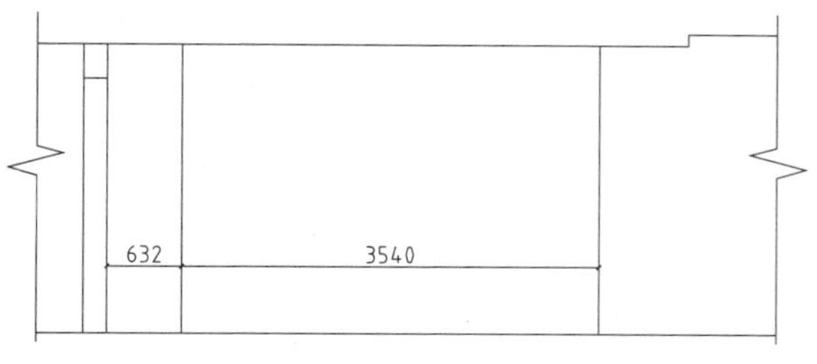

图11-163 偏移线段

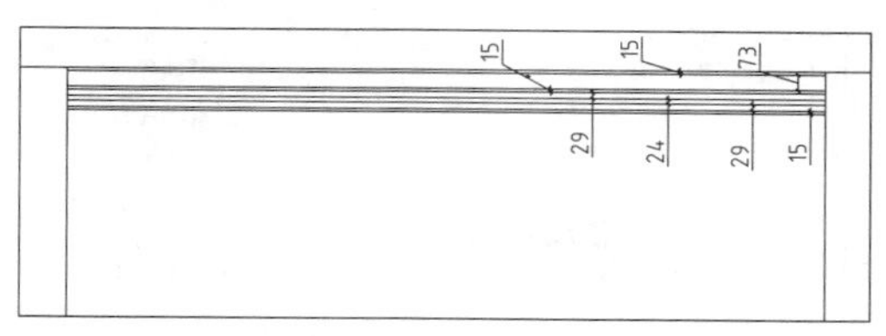

图11-164 修剪结果

05 调用L【直线】命令，绘制直线，结果如图11-165所示。

06 调用A【圆弧】命令，绘制圆弧，结果如图11-166所示。

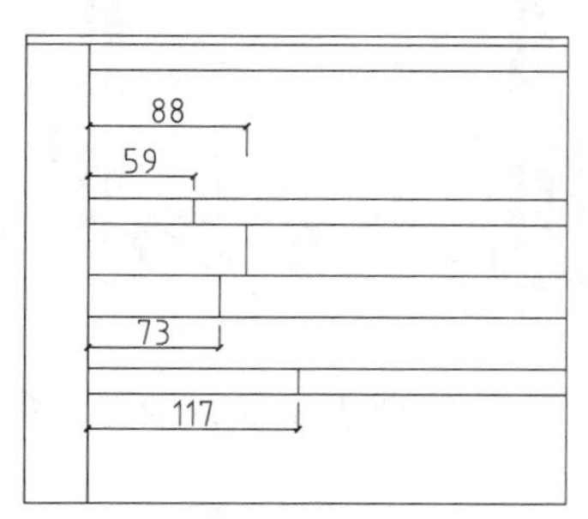

图11-165 绘制直线

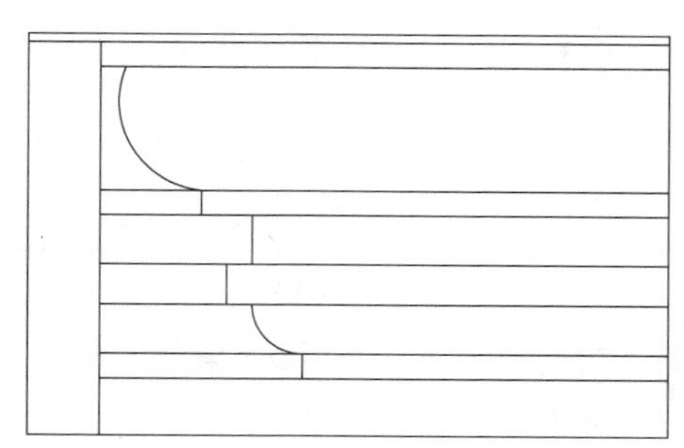

图11-166 绘制圆弧

07 调用TR【修剪】命令，修剪多余线段，结果如图11-167所示。

08 调用MI【镜像】命令，镜像复制绘制完成的图形，完成角线的绘制结果如图11-168所示。

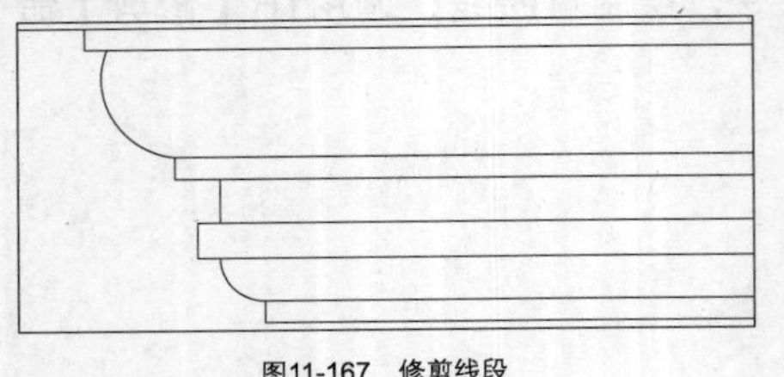

图11-167 修剪线段

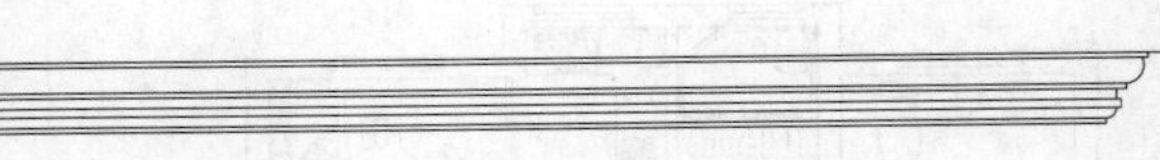

图11-168 镜像复制

09 绘制墙面大理石轮廓。调用O【偏移】命令，偏移矩形边；调用TR【修剪】命令，修剪线段，结果如图11-169所示。

10 插入图块。按Ctrl+O组合键，打开配套光盘提供的“第11章\家具图例.dwg”文件，将其中罗马柱等图形复制、粘贴至当前图形中，插入图块的结果如图11-170所示。

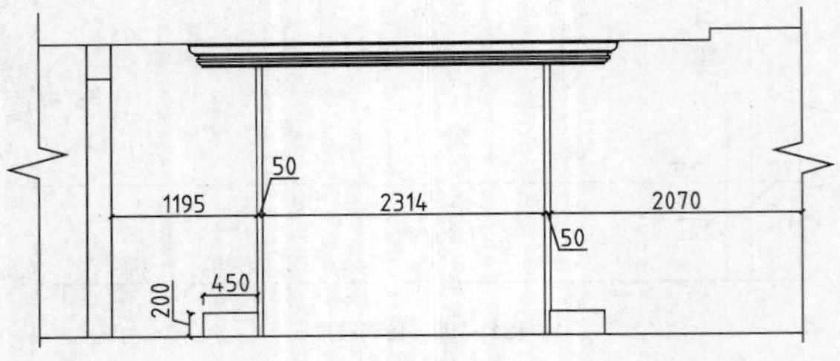

图11-169 修剪结果

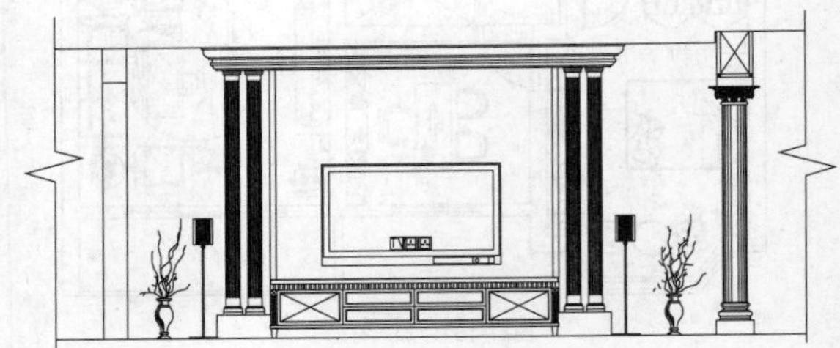

图11-170 插入图块

11 填充图案。调用H【填充】命令，弹出【图案填充和渐变色】对话框，设置参数如图11-171所示。

12 在绘图区中拾取填充区域，填充图案的结果如图11-172所示。

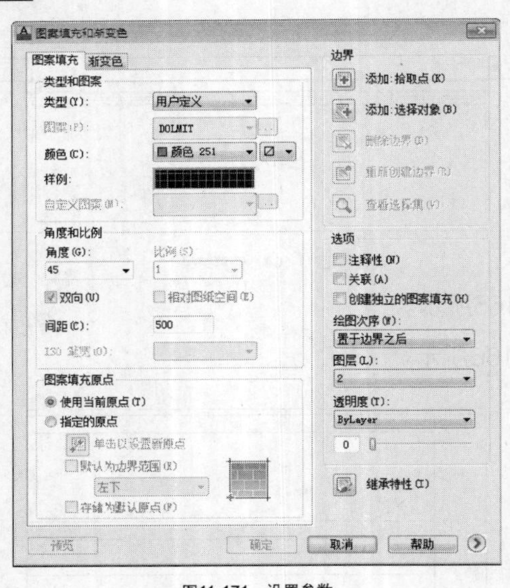

图11-171 设置参数

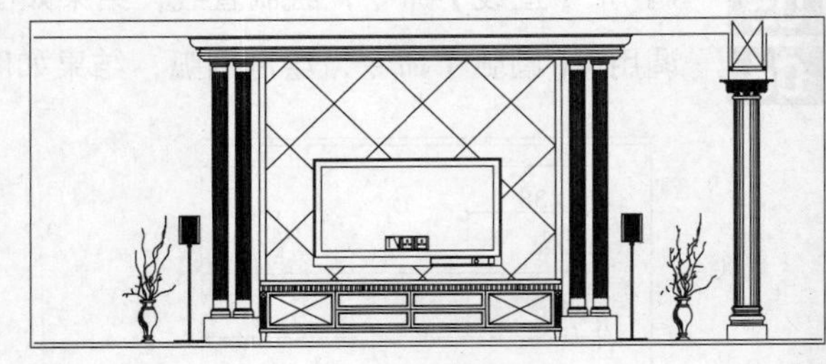

图11-172 填充图案

13 绘制踢脚线。调用O【偏移】命令，偏移矩形边；调用TR【修剪】命令，修剪多余线段，结果如图11-173所示。

14 调用MLD【多重引线】标注命令，分别指定引线箭头的位置、引线基线的位置，绘制多重引线标注的结果如图11-174所示。

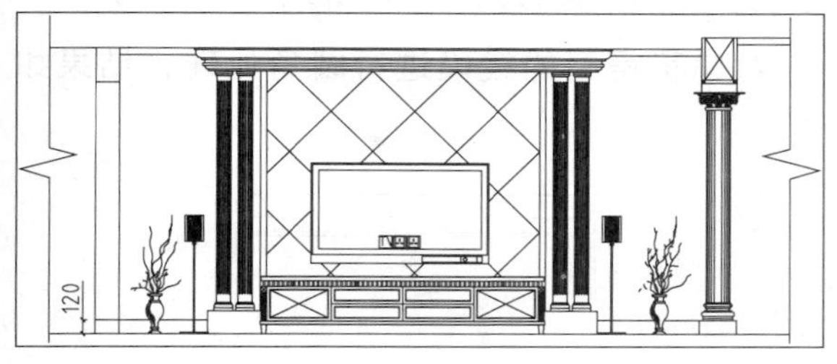

图11-173 绘制结果

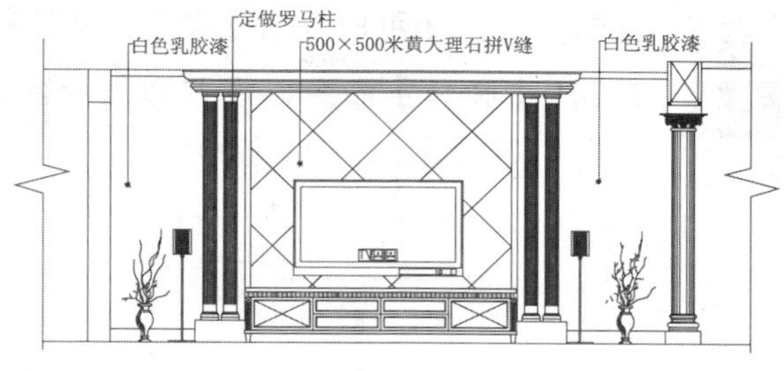

图11-174 文字标注

15 调用DLI【线性标注】命令，为立面图绘制尺寸标注，结果如图11-175所示。

16 调用MT【多行文字】命令、L【直线】命令，绘制图名标注，结果如图11-176所示。

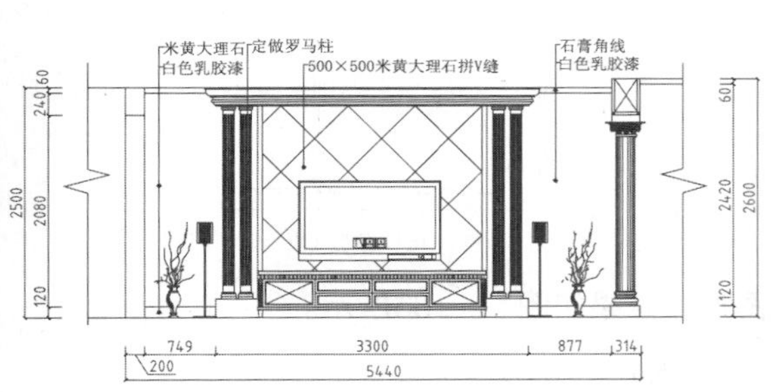

图11-175 尺寸标注

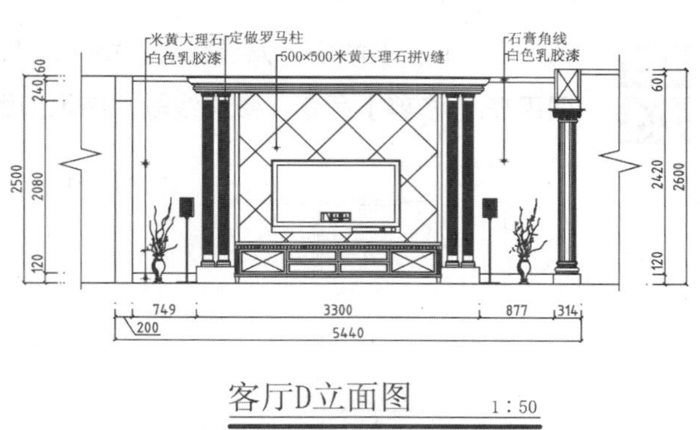

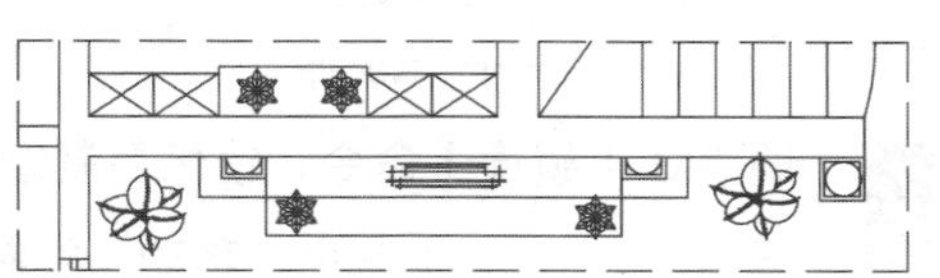

图11-176 图名标注

11.6.2 绘制餐厅B立面图

餐厅立面图中的餐边柜是亮点，欧式风格的餐边柜，在保证功能的前提下，是对欧式风格的最好诠释。本例绘制餐厅立面图主要调用到【矩形】命令、【分解】命令和【多段线】等命令。

01 绘制立面轮廓。调用REC【矩形】命令，绘制矩形；调用X【分解】命令，分解矩形；调用O【偏移】命令，偏移矩形边；调用PL【多段线】命令，绘制折断线；调用TR【修剪】命令，修剪多余线段，结果如图11-177所示。

02 绘制餐边柜图形。调用O【偏移】命令，偏移矩形边；调用TR【修剪】命令，修剪多余线段，结果如图11-178所示。

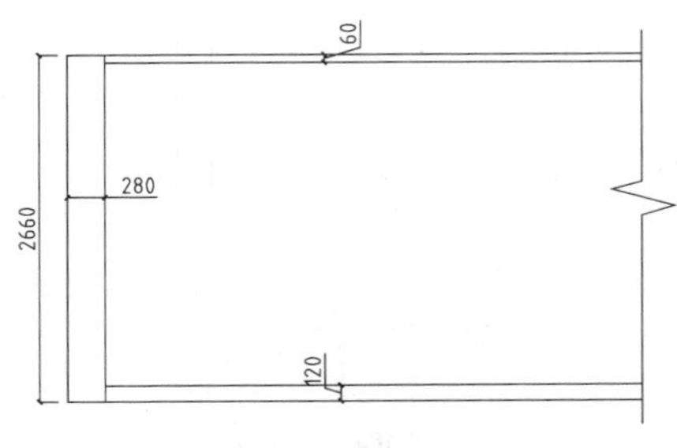

图11-177 绘制结果

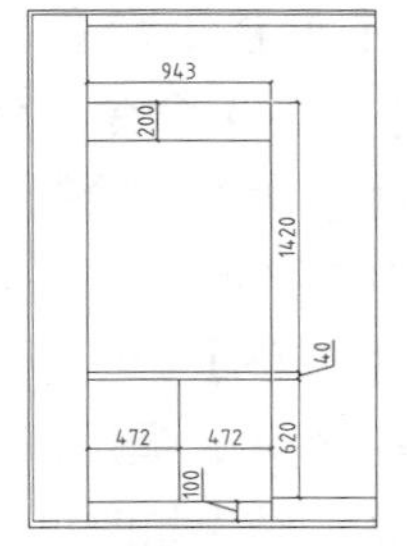

图11-178 绘制结果

03 绘制柜门。调用O【偏移】命令，设置偏移距离为10，偏移线段，结果如图11-179所示。

04 调用F【圆角】命令，设置圆角半径为0 ，对偏移得到的线段进行圆角处理，结果如图11-180所示。

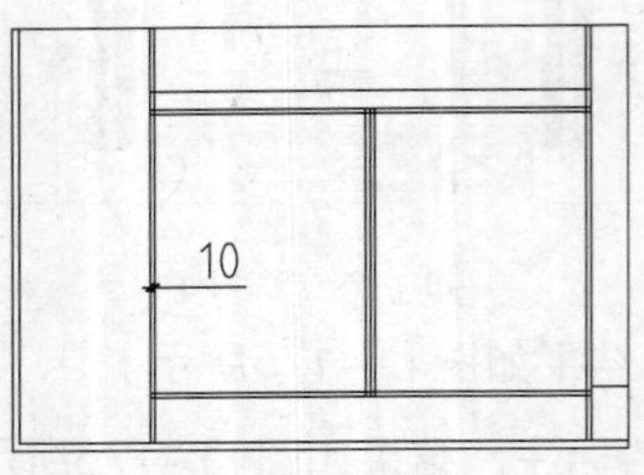

图11-179 偏移线段

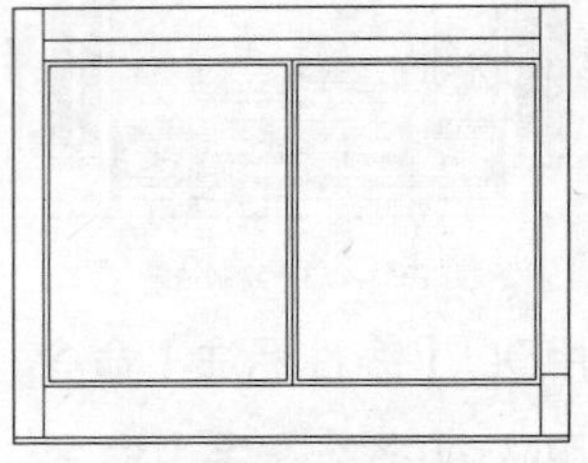
图11-180 圆角处理

05 调用O【偏移】命令，偏移线段，结果如图11-181所示。

06 调用TR【修剪】命令，修剪线段，结果如图11-182所示。

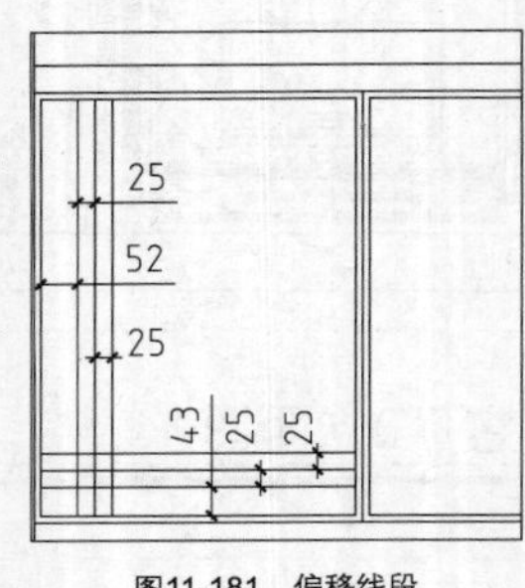

图11-181 偏移线段

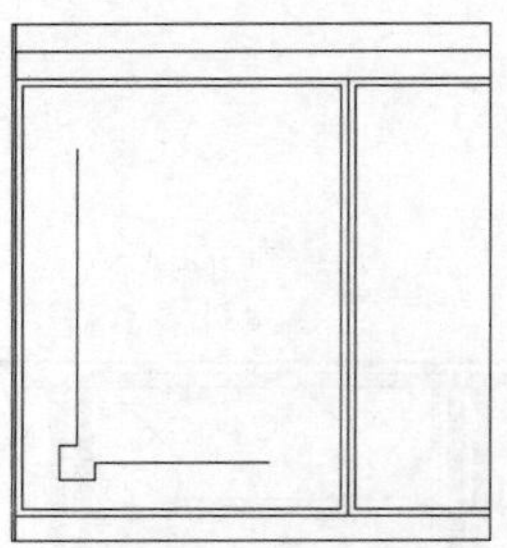
图11-182 修剪线段

07 调用MI【镜像】命令，镜像复制修剪完成的图形，结果如图11-183所示。

08 调用CO【复制】命令，移动、复制图形，结果如图11-184所示。

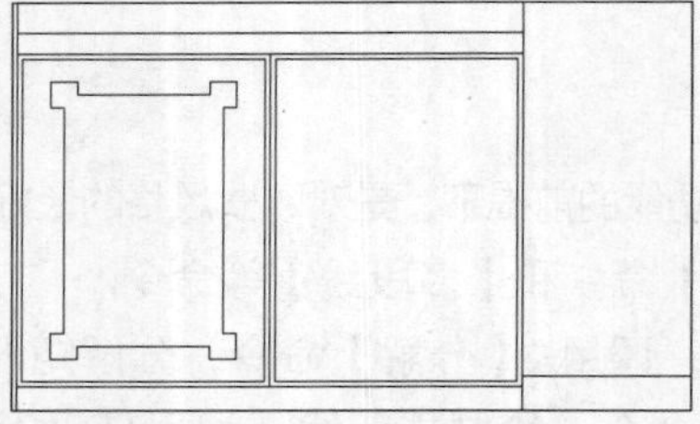
图11-183 镜像复制

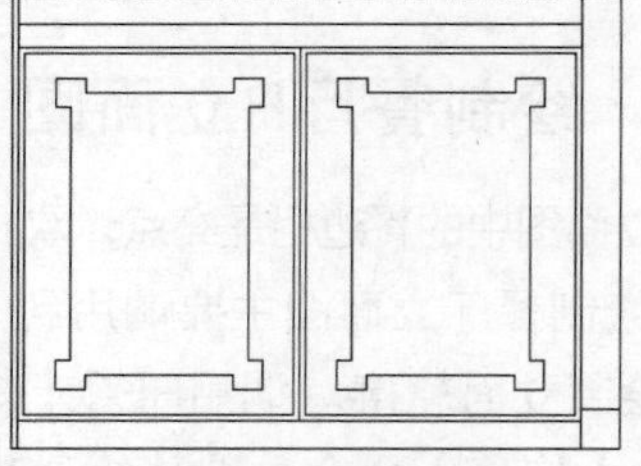
图11-184 移动复制

09 绘制柜体。调用O【偏移】命令，偏移线段；调用TR【修剪】命令，修剪线段，结果如图11-185所示。

10 调用O【偏移】命令，偏移线段；调用TR【修剪】命令，修剪线段；调用L【直线】命令，绘制对角线，结果如图11-186所示。

11 调用O【偏移】命令，设置偏移距离为20，偏移线段；调用TR【修剪】命令，修剪线段，结果如图11-187所示。

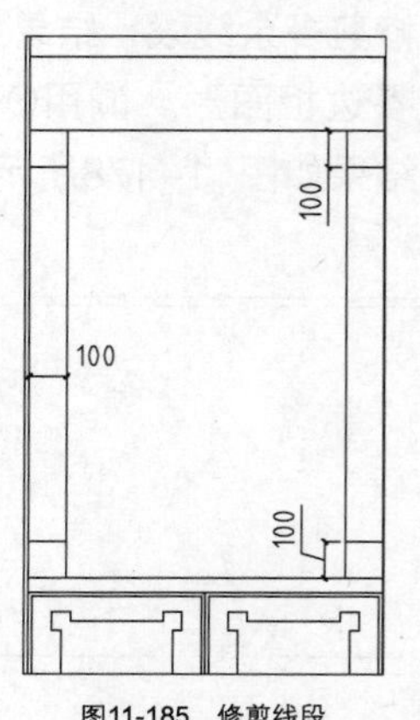

图11-185 修剪线段

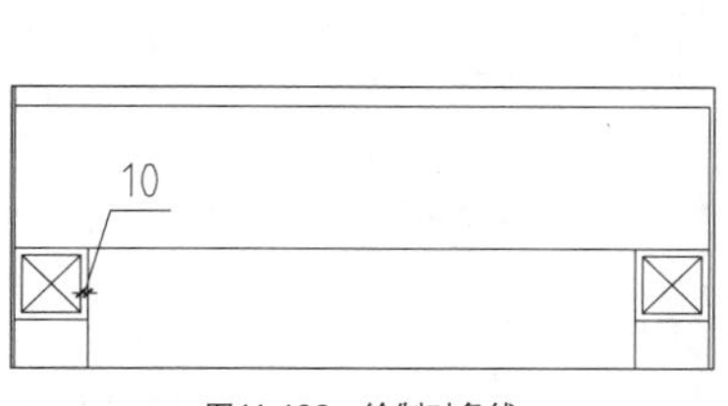

图11-186 绘制对角线

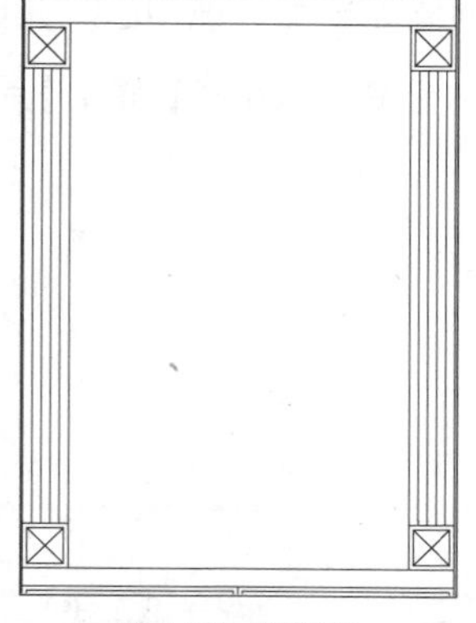
图11-187 修剪线段

12 调用O【偏移】命令，设置偏移距离为5，偏移线段；调用TR【修剪】命令，修剪线段，结果如图11-188所示。

13 绘制层板。调用O【偏移】命令，偏移线段，结果如图11-189所示。

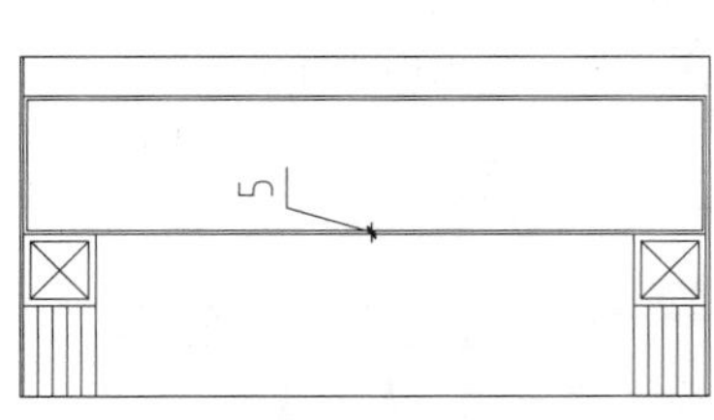

图11-188 绘制结果

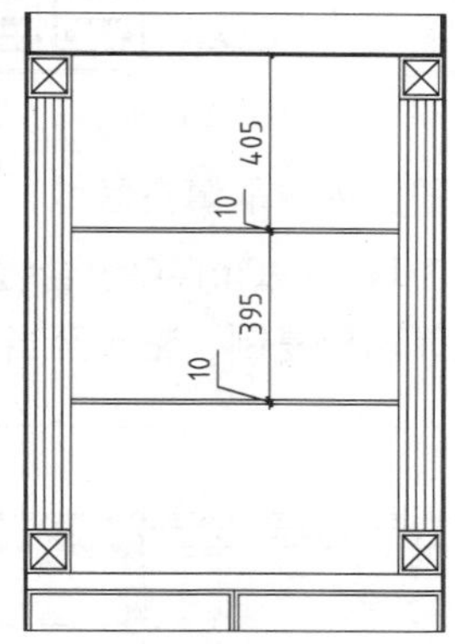

图11-189 偏移线段

14 插入图块。按Ctrl+O组合键，打开配套光盘提供的“第11章\家具图例.dwg”文件，将其中酒瓶等图形复制、粘贴至当前图形中，插入图块的结果如图11-190所示。

15 调用CO【复制】命令，移动、复制绘制完成的图形，结果如图11-191所示。

图11-190 插入图块

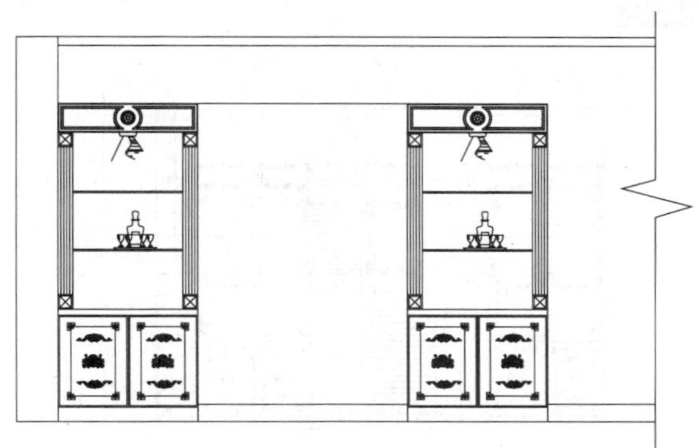
图11-191 复制结果

16 绘制墙面装饰。调用L【直线】命令，绘制直线，结果如图11-192所示。

17 填充图案。调用H【填充】命令，弹出【图案填充和渐变色】对话框，设置参数如图11-193所示。

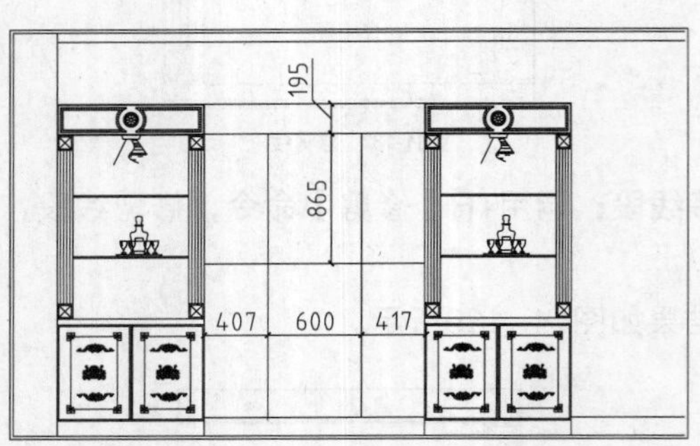

图11-192　绘制直线

图11-193　设置参数

18 在绘图区中拾取填充区域，填充图案的结果如图11-194所示。

19 插入图块。按Ctrl+O组合键，打开配套光盘提供的“第11章\家具图例.dwg”文件，将其中酒瓶等图形复制、粘贴至当前图形中，插入图块的结果如图11-195所示。

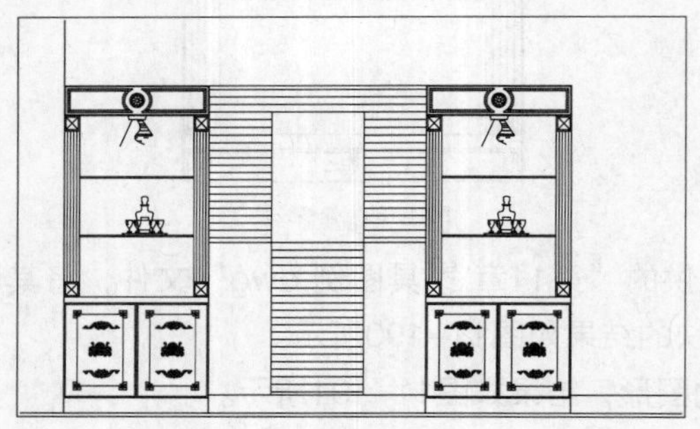

图11-194　填充图案

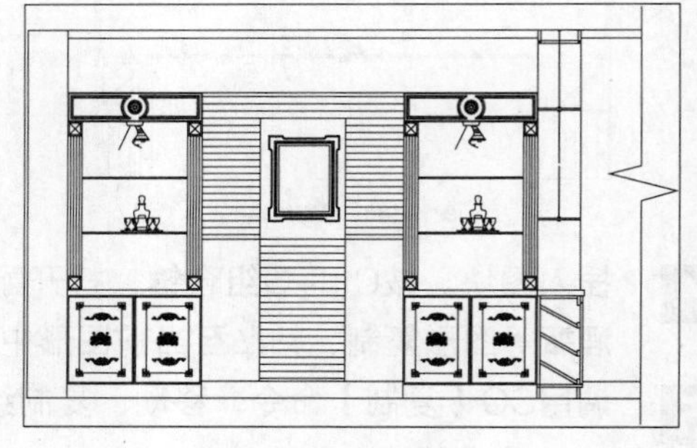

图11-195　插入图块

20 调用MLD【多重引线】标注命令，分别指定引线箭头的位置、引线基线的位置，绘制多重引线标注的结果如图11-196所示。

21 调用DLI【线性标注】命令，为立面图绘制尺寸标注，结果如图11-197所示。

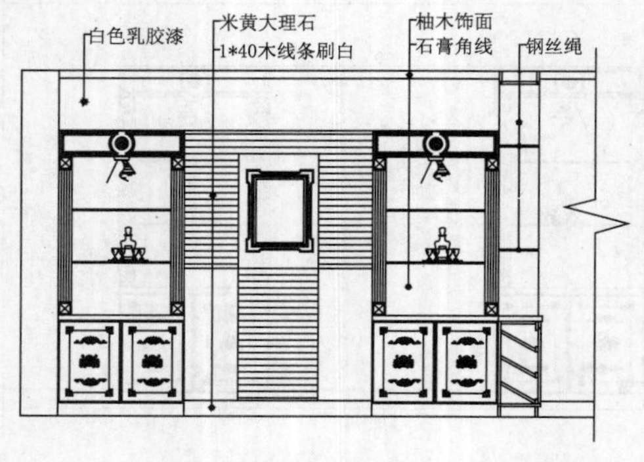

图11-196　文字标注

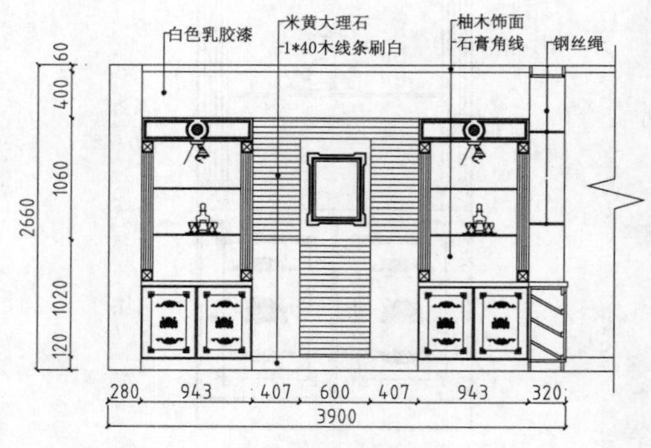

图11-197　尺寸标注

22 调用MT【多行文字】命令、L【直线】命令，绘制图名标注，结果如图11-198所示。

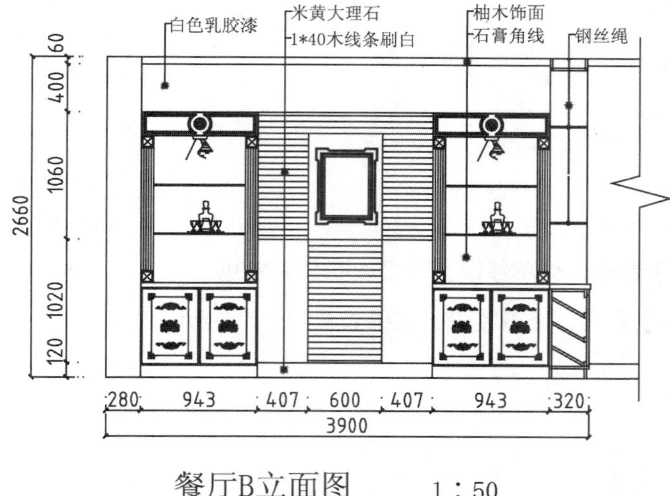

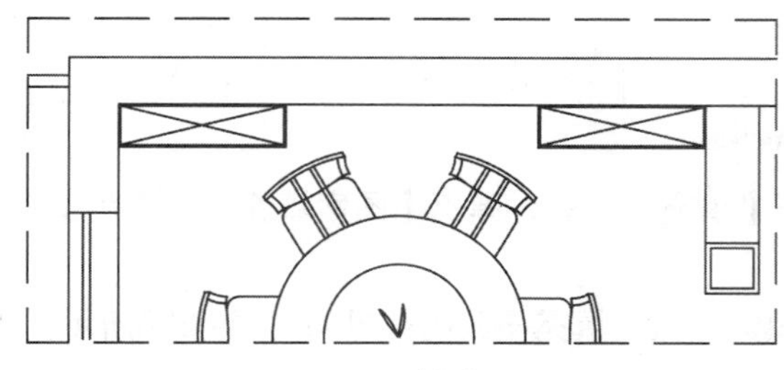

图11-198 图名标注

11.6.3 绘制卫生间1B立面图

卫生间1B立面图主要介绍淋浴房的绘制，独立淋浴房做抬高处理，与卫生间地面形成落差，保证了卫生间地面的洁净。

绘制卫生间立面图，主要调用【矩形】命令、【修剪】命令以及【偏移】等命令。

01 绘制立面轮廓。调用REC【矩形】命令，绘制矩形；调用X【分解】命令，分解矩形；调用O【偏移】命令，偏移矩形边；调用TR【修剪】命令，修剪多余线段，结果如图11-199所示。

02 绘制淋浴区。调用O【偏移】命令，偏移矩形边，结果如图11-200所示。

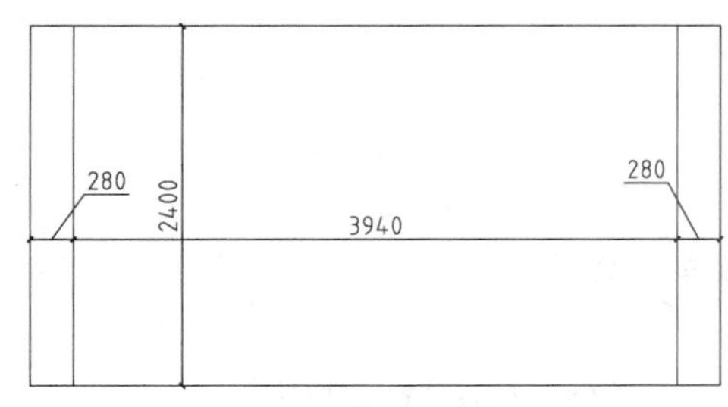

图11-199 绘制结果

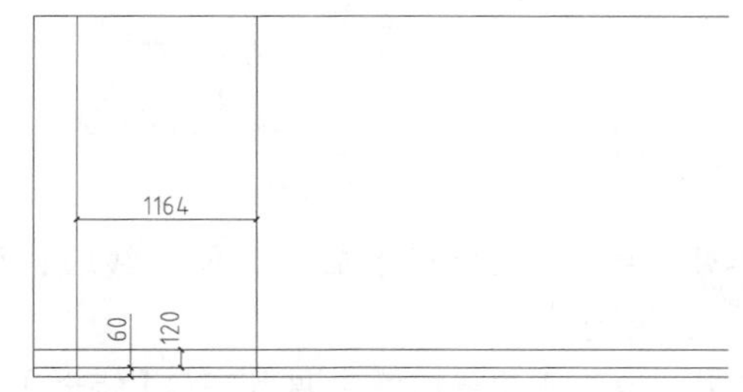

图11-200 偏移矩形边

03 调用O【偏移】命令，偏移线段；调用TR【修剪】命令，修剪线段，结果如图11-201所示。

04 调用TR【修剪】命令，修剪线段，结果如图11-202所示。

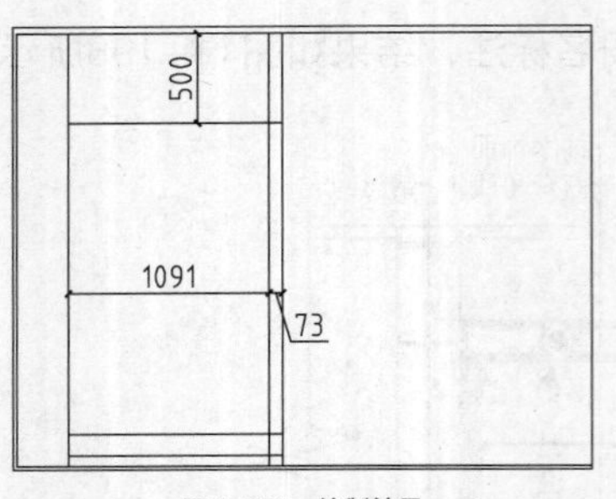

图11-201　绘制结果

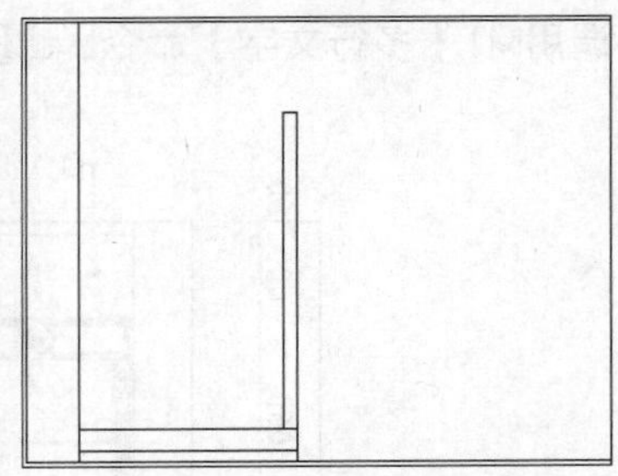

图11-202　修剪线段

05 调用O【偏移】命令，偏移线段，结果如图11-203所示。

06 调用TR【修剪】命令，修剪线段，结果如图11-204所示。

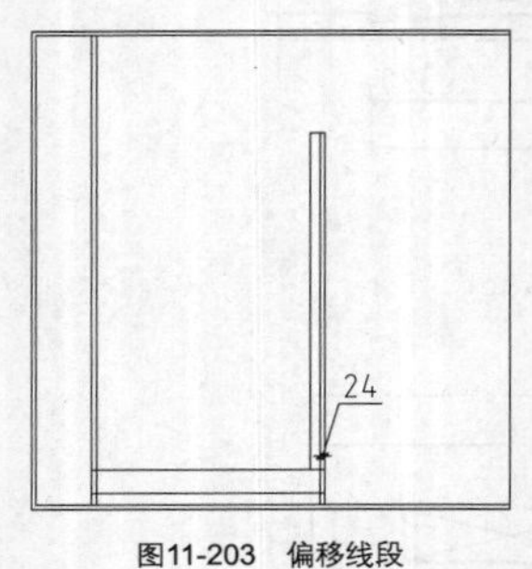

图11-203　偏移线段

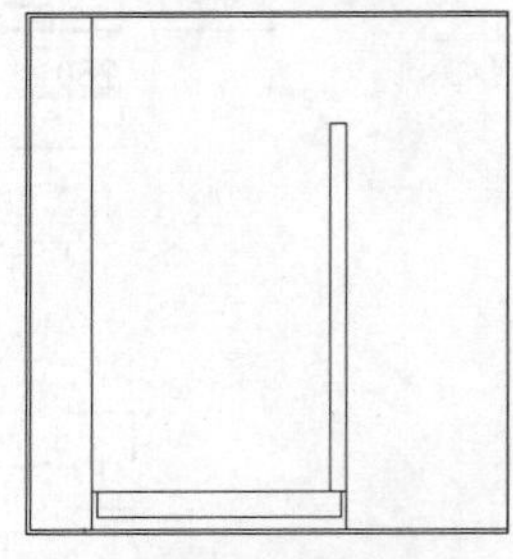

图11-204　修剪线段

07 填充图案。调用H【填充】命令，弹出【图案填充和渐变色】对话框，设置参数如图11-205所示。

08 在绘图区中拾取填充区域，填充图案的结果如图11-206所示。

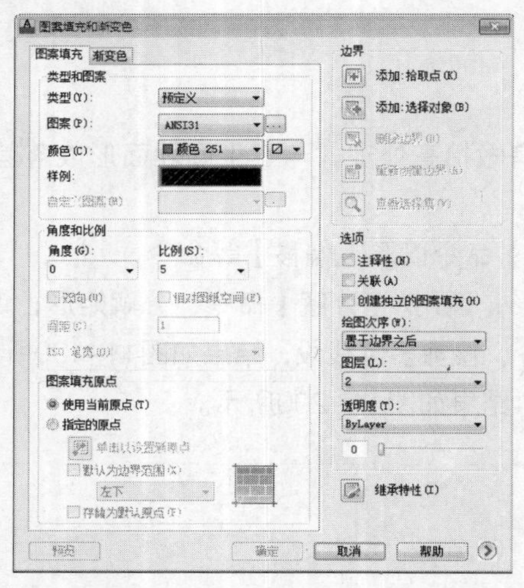

图11-205　设置参数

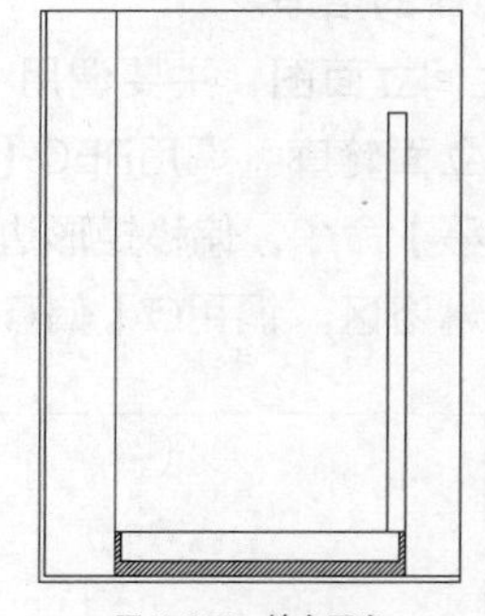

图11-206　填充图案

09 调用O【偏移】命令，偏移线段；调用TR【修剪】命令，修剪线段，结果如图11-207所示。

10 绘制座便器挡板。调用REC【矩形】命令，绘制矩形，结果如图11-208所示。

11 调用L【直线】命令，绘制直线，结果如图11-209所示。

12 绘制洗手台。调用O【偏移】命令，偏移线段；调用TR【修剪】命令，修剪线段，结果如图11-210所示。

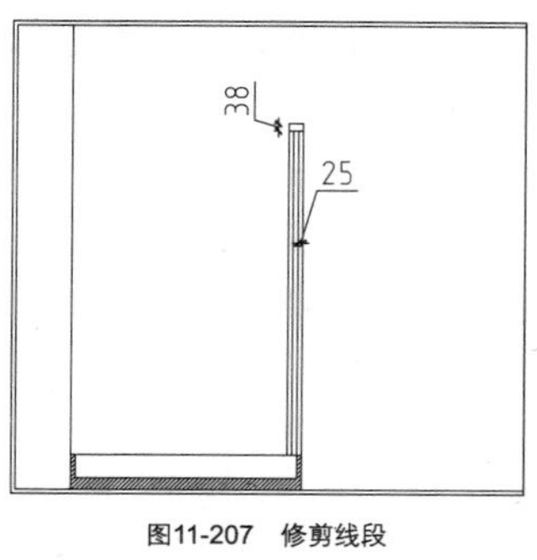

图11-207 修剪线段

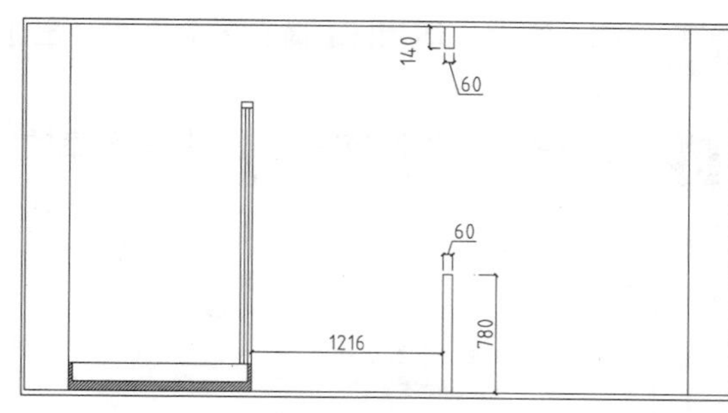

图11-208 绘制矩形

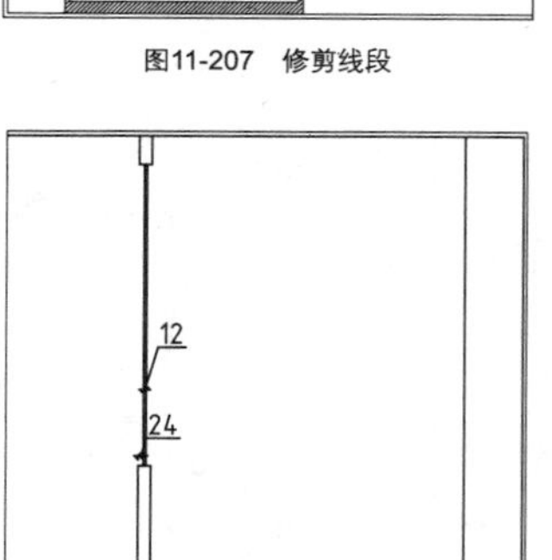

图11-209 绘制直线

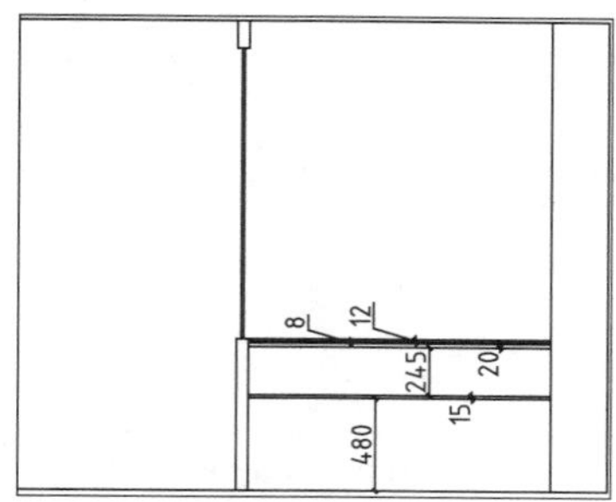

图11-210 修剪线段

13 调用REC【矩形】命令，绘制矩形，结果如图11-211所示。

14 调用O【偏移】命令，设置偏移距离分别为5、10、5，向内偏移绘制完成的矩形，结果如图11-212所示。

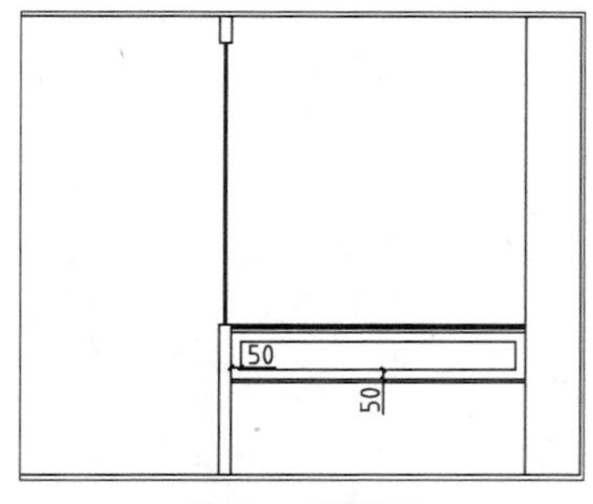

图11-211 绘制矩形

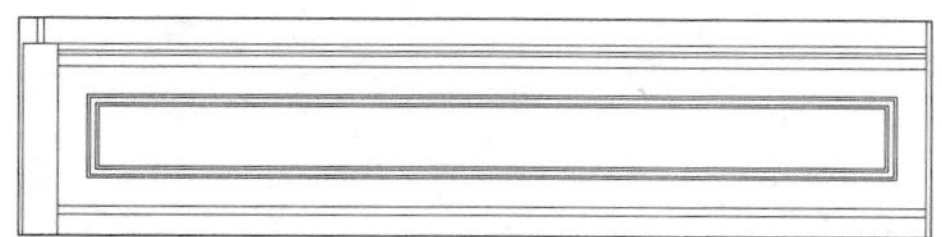
图11-212 偏移矩形

15 调用L【直线】命令，绘制对角线，结果如图11-213所示。

16 插入图块。按Ctrl+O组合键，打开配套光盘提供的“第11章\家具图例.dwg”文件，将其中洁具图形复制、粘贴至当前图形中，插入图块的结果如图11-214所示。

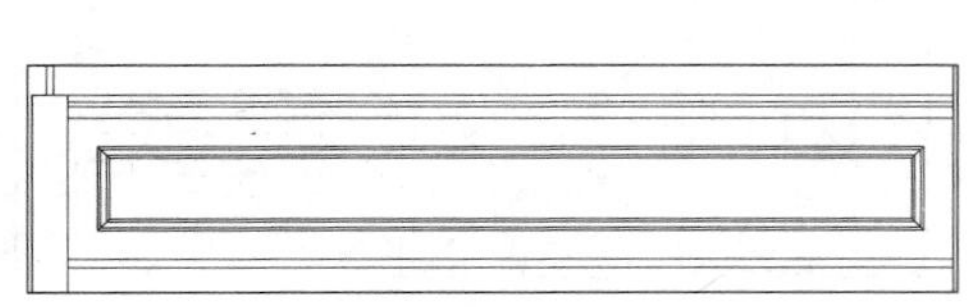
图11-213 绘制对角线

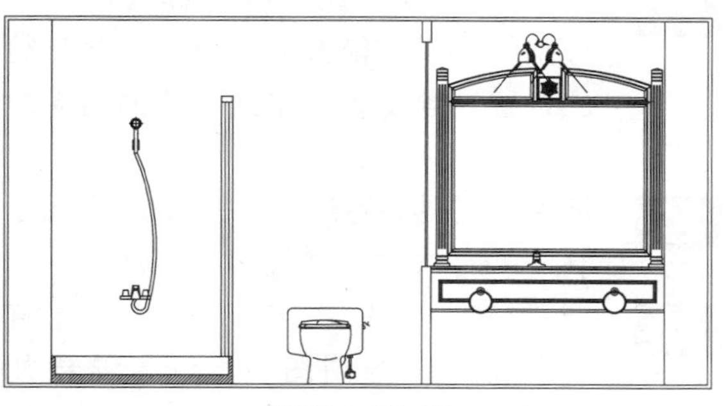
图11-214 插入图块

17 填充图案。调用H【填充】命令，弹出【图案填充和渐变色】对话框，设置参数如图11-215所示。

18 在绘图区中拾取填充区域，填充图案的结果如图11-216所示。

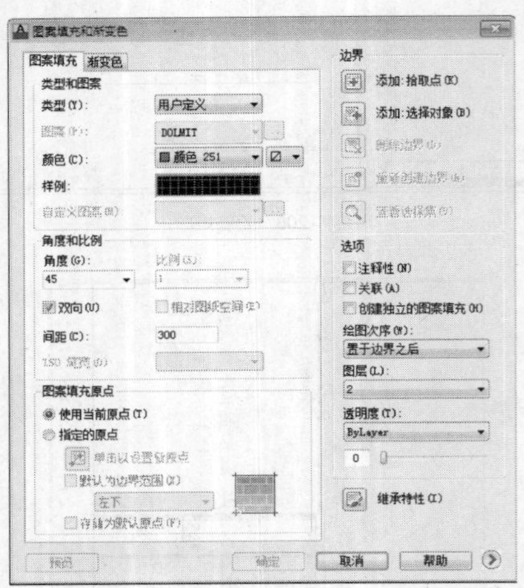

图11-215 设置参数

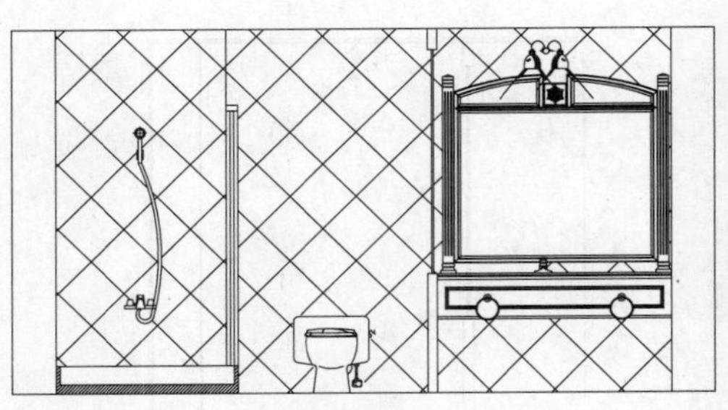

图11-216 填充图案

19 填充图案。调用H【填充】命令，弹出【图案填充和渐变色】对话框，设置参数如图11-217所示。

20 在绘图区中拾取填充区域，填充图案的结果如图11-218所示。

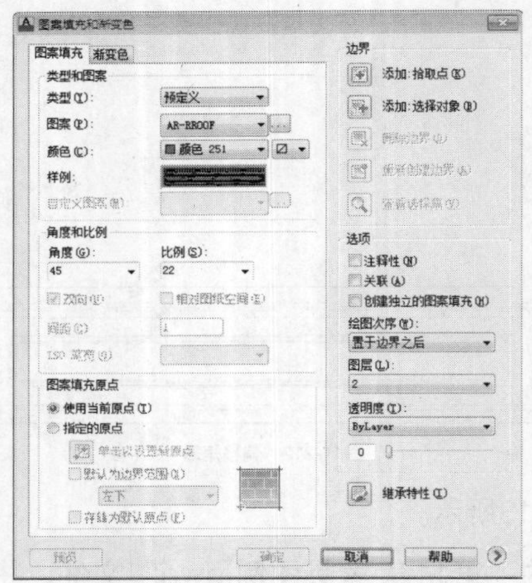

图11-217 设置参数

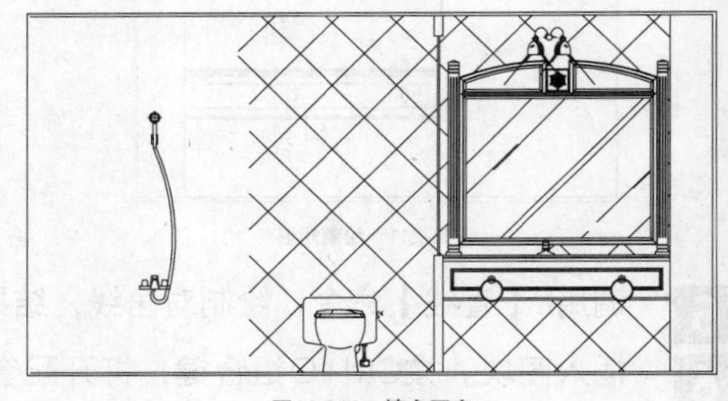

图11-218 填充图案

21 调用MLD【多重引线】标注命令，分别指定引线箭头的位置、引线基线的位置，绘制多重引线标注的结果如图11-219所示。

22 调用DLI【线性标注】命令，为立面图绘制尺寸标注，结果如图11-220所示。

23 调用MT【多行文字】命令、L【直线】命令，绘制图名标注，结果如图11-221所示。

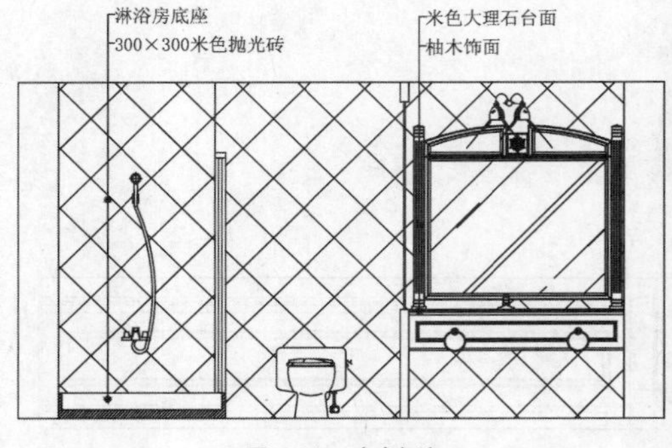

图11-219 文字标注

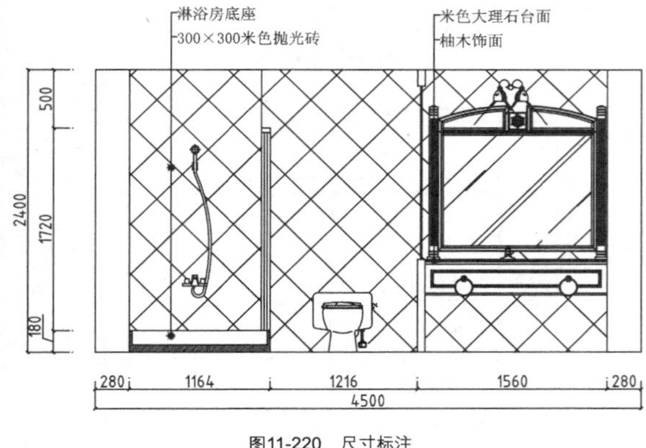

图11-220 尺寸标注

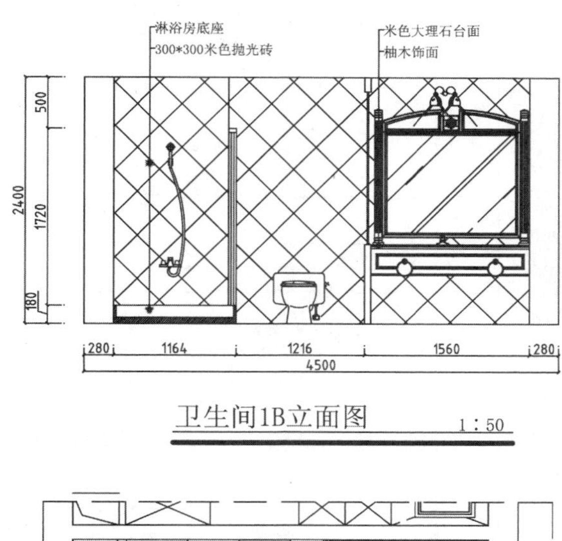

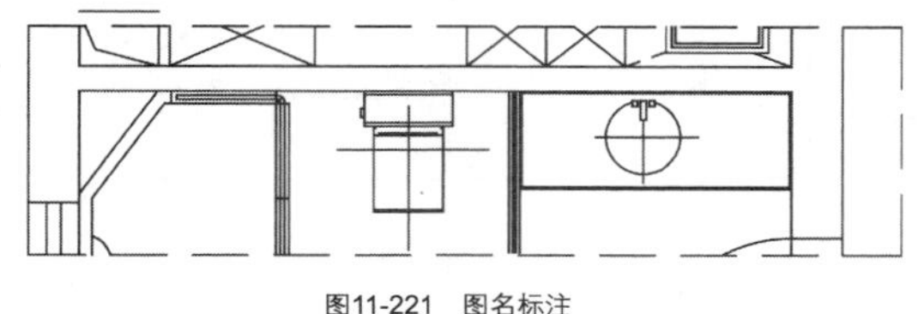
图11-221 图名标注

11.6.4 绘制主卧衣帽间B立面图

主卧衣帽间要满足两个人放置衣物的需求，所以，在规划空间的时候，要同时兼顾两个人衣物的种类以及尺寸。

绘制衣柜立面图，主要调用【矩形】命令、【修剪】命令以及【偏移】命令等。

01 绘制立面轮廓。调用REC【矩形】命令，绘制矩形；调用X【分解】命令，分解矩形；调用O【偏移】命令，偏移矩形边；调用TR【修剪】命令，修剪多余线段，结果如图11-222所示。

02 绘制衣柜竖板。调用O【偏移】命令，偏移直线；调用TR【修剪】命令，修剪直线，结果如图11-223所示。

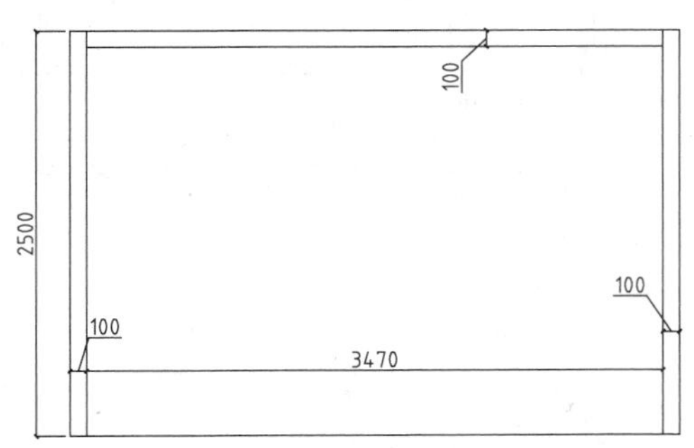

图11-222 绘制结果

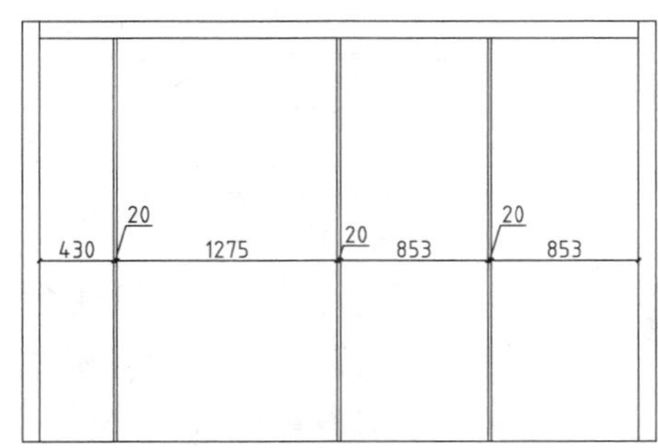

图11-223 修剪直线

03 绘制衣柜横板。调用O【偏移】命令，偏移直线；调用TR【修剪】命令，修剪直线，结果如图11-224所示。

04 调用TR【修剪】命令，修剪直线，结果如图11-225所示。

05 绘制挂衣杆。调用O【偏移】命令，偏移直线；调用TR【修剪】命令，修剪直线，结果如图11-226所示。

06 绘制抽屉。调用L【直线】命令，绘制直线，结果如图11-227所示。

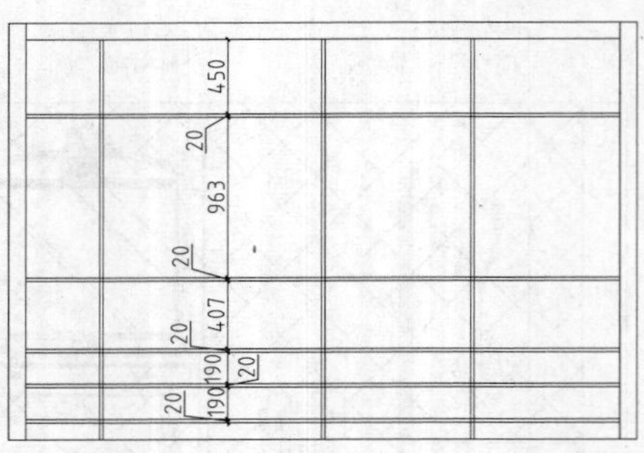

图11-224 修剪直线

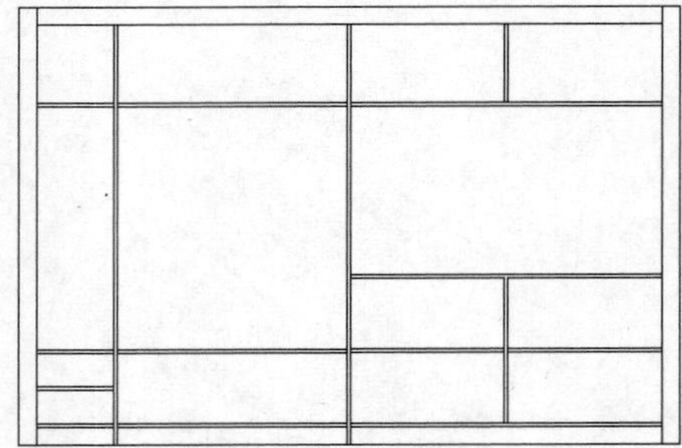
图11-225 修剪结果

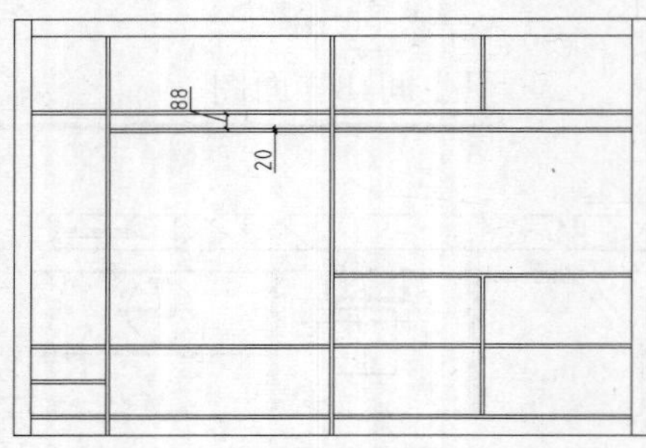

图11-226 修剪直线

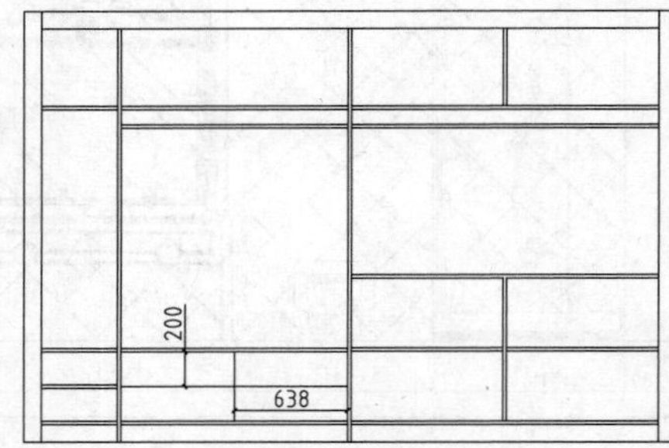

图11-227 绘制直线

07 调用O【偏移】命令，偏移直线；调用TR【修剪】命令，修剪直线，结果如图11-228所示。

08 插入图块。按Ctrl+O组合键，打开配套光盘提供的“第11章\家具图例.dwg”文件，将其中衣服等图块复制、粘贴至当前图形中，插入图块的结果如图11-229所示。

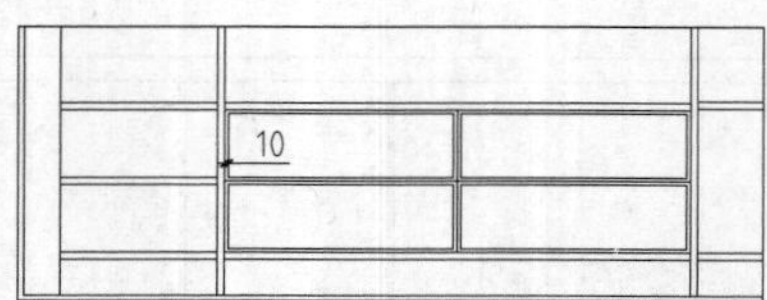

图11-228 修剪直线

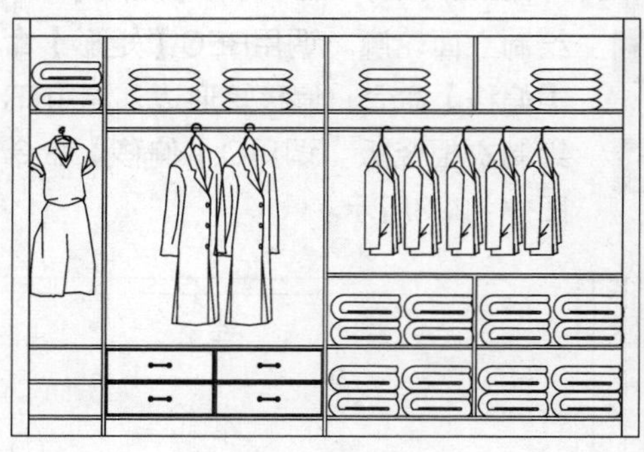
图11-229 插入图块

09 调用MLD【多重引线】标注命令，分别指定引线箭头的位置、引线基线的位置，绘制多重引线标注的结果如图11-230所示。

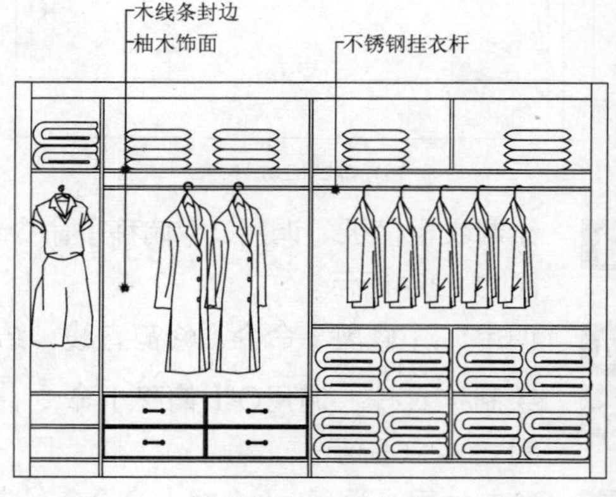

图11-230 文字标注

10 调用DLI【线性标注】命令，为立面图绘制尺寸标注，结果如图11-231所示。

11 调用MT【多行文字】命令、L【直线】命令，绘制图名标`注，结果如图11-232所示。

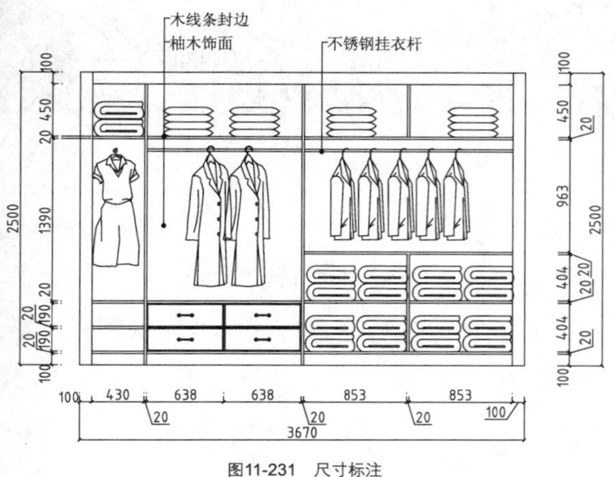

图11-231 尺寸标注

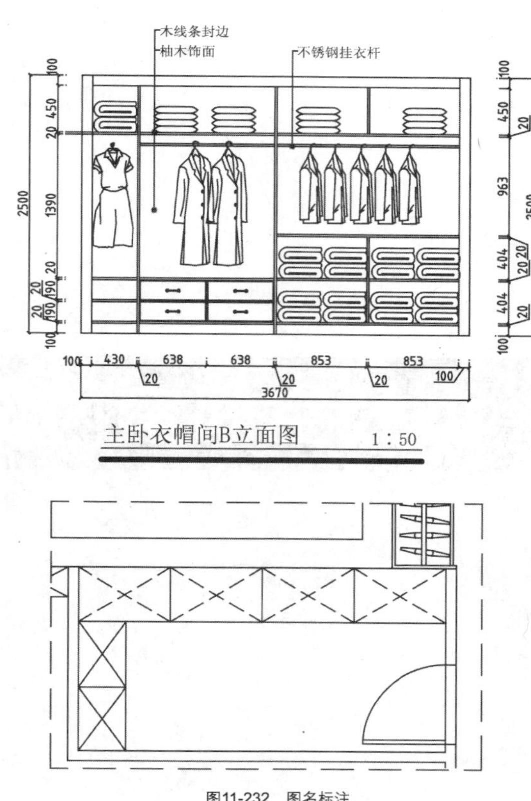

图11-232 图名标注

第12章

办公空间室内设计

与居室环境室内设计相比，在对办公室的设计构想上，设计师在平面规划中自始至终遵循实用、功能需求和人性化管理充分结合的原则。在设计中，既结合办公需求和工作流程，科学合理地划分职能区域，又考虑员工与领导之间、职能区域之间的相互交流。材料运用简洁、大方、耐磨、环保的现代材料，在照明采光上使用全局照明，能满足办公的需要。经过精心设计，在满足各种办公需要的同时，既简洁、大方、美观，又能充分体现出企业的形象与现代感。
本章介绍办公室室内设计施工图纸的绘制方法。

12.1　办公空间室内设计概述

公共空间与个人空间相比有许多不同之处，例如，个人空间要保证其私密性，而公共空间则需要创造一个能容纳大众休闲或工作的场所。鉴于此，下面，来简单介绍办公室室内设计的一些要点和值得注意的地方，仅供参考。

12.1.1　办公室的设计要点

现代办公室的装饰装修方面，从选材到装饰，都有比较严格的规定。因为，办公室环境氛围的好坏，直接影响到员工的工作情绪。

1．色彩应用

办公室装修时，色彩的选用越来越多样化，早已不再拘泥于既定的几种颜色。越来越多的色彩被用在办公室装修设计中，当然，这些颜色的选择基于各个空间预期的视觉效果和感觉而定。暖色调可以给办公室营造出一种舒适、温馨的环境，鲜艳的颜色可以给办公室营造出一种欢快的、充满活力的办公环境。颜色在很大程度上影响着办公室内办公人员的工作情绪。

2. 使用环保材料

在现代办公室装修中选材更趋向于天然环保型材料。石材、板岩以及中间色至深色的木表面越来越流行，此外，环保的、可循环利用的褐色地毯变得更常用。绿色建材越来越受青睐，室内环境的污染性物质也越来越少。

3. 灯光配饰

在现代办公室装修中，自然采光非常受设计师以及客户的青睐，但是，办公室装修同样不可能没有灯。现在，办公场所设计的趋势之一便是打开一块空间，让尽可能多的自然光线射入，同时，还配有高大的窗户、天窗、太阳能电池板和中庭。对于灯光光源，一般情况下，向上照射灯光和LED的照明在办公室装修中备受青睐，原因是它们较其他光源更节能、更耐久。

12.1.2 办公室的空间设计

办公室中有各种功能不一的功能分区，如何把握各类功能区的设计，下面进行简单介绍。

1. 关于办公室的面积

➢ 办公室内人员的使用面积为3.6～6.5 m²/人（不包括过道面积）。

➢ 普通办公室人均使用面积不应小于3m²，单间办公室净面积不宜小于10m²。

➢ 设计绘图室宜采用大房间或大空间，或用灵活隔断、家具等把大空间进行分隔。

➢ 设计绘图室，人均使用面积不应小于5m²。

2. 关于会议室的面积

➢ 会议室根据需要可分设大、中、小会议室。

➢ 中、小会议室可分散布置。小会议室使用面积宜为30 m²左右，中会议室使用面积宜为60 m²左右。中、小会议室人均使用面积：有会议桌的不应小于1.80 m²，无会议桌的不应小于0.80 m²。

➢ 大会议室应根据使用人数和桌椅设置情况确定使用面积。

➢ 作多功能使用的会议室（厅）宜有电声、放映、遮光等设施。

➢ 中心会议室客容量：会议桌边长600mm。

➢ 环式高级会议室客容量；环形内线长700～1000mm。

➢ 环式会议室服务通道宽：600～800mm。

3. 关于过道宽

最窄的走道应该是住宅中通往辅助房间的过道，其净宽不应小于0.8m，这是“单行线”，一般只允许一个人通过。规范规定住宅中通往卧室、起居室的过道净宽不宜小于1.0m的宽度。

高层住宅的外走道和公共建筑的过道净宽，一般都大于1.2m，以满足两人并行。通常，其两侧墙中距有1.5～2.4m，再宽则是兼有其他功能的过道，如学校走廊、候诊大厅等。

4. 关于办公家具的尺寸设计

➢ 办公桌：长：1200～1600mm；宽：500～650mm；高：700～800mm。

➢ 办公椅：高：400～450mm；长×宽：450×450（mm）。

➢ 沙发：宽：600～800mm；高：350～400mm；背面长：1000mm。

➢ 茶几：前置型：900（长）×400（宽）×400（高）（mm）；

➢ 中心型：900（长）×900（宽）×400（高）（mm）、700（长）×700（宽）×400（高）（mm）；左右型：600（长）×400（宽）×400（高）（mm）。

➢ 书柜：高：1800mm；宽：1200～1500mm；深：450～500mm。

➢ 书架：高：1800mm；宽：1000～1300mm；深：350～450mm。

5. 卫生洁具的数量

➤ 男厕所每40人设大便器一具，每30人设小便器一具(小便槽按每0.60m长度相当一具小便器计算)。

➤ 女厕所每20人设大便器一具。

➤ 洗手盆每40人设一具。

注：①每间厕所大便器三具以上者，其中一具宜设坐式大便器。

②设有大会议室的楼层应相应增加厕位。

③专用卫生间可只设坐式大便器、洗手盆和面镜。

6. 卫生间的设计尺寸

➤ 厕所蹲位隔板的最小宽（m）×深（m）分别为：外开门时0.9×1.2，内开门时为0.9×1.4。

➤ 厕所间隔高度应为1.50～1.80m。

➤ 并列小便的中心距不应小于0.65m。

➤ 单侧厕所隔间至对面墙面的净距，当采用内开门时，不应小于1.10m，当采用外开门时，不应小于1.30m。

➤ 单侧厕所隔间至对面小便器外治之净距，当采用内开门时，不应小于1.10m，当采用外开门时，不应小于1.30m。

图12-1、图12-2所示为封闭式办公室和开敞式办公室的设计效果。

图12-1　封闭式办公室

图12-2　开敞式办公室

12.2　绘制办公空间平面布置图

一个办公空间主要由开敞式办公室、封闭式办公室、会议室以及一些其他的辅助空间组成。处于不同岗位的人员在不同的办公室处理日常的工作，其中，既有分别又有联系。

本节介绍办公空间内各主要办公室平面布置图的绘制方法。

12.2.1　办公空间平面功能空间分析

办公空间内主要由以下几个功能空间组成。

1. 主要办公空间

是办公空间设计的核心内容，一般有小型办公空间、中型办公空间以及大型办公空间三种。

➤ 小型办公空间：其私密性和独立性较好，一般面积在40m^{2}以内，适合专业管理型的办公需求。

➤ 中型办公空间：对外联系方便，内部联系也较紧密，一般面积在40～150m^{2}左右，适合于组团型的办公方式。

➢ 大型办公空间：其内部空间既有一定的独立性又有较为紧密的联系，各部分的分区较为灵活、自由，适合于各个组团共同作业的办公方式。

2. 公共接待空间

主要是指办公室内用于聚会、展示、接待、会议等活动需求的空间。

主要分为：

➢ 小、中、大接待室或小、中、大会客室；

➢ 大、中、小会议室；

➢ 各类大小不同的展示厅、资料阅览室；

➢ 多功能厅和报告厅等。

3. 交通联系空间

主要指用于楼内交通联系的空间。

一般分为水平交通联系空间和垂直交通联系空间两种。水平交通联系空间主要指门厅、大堂、走廊、电梯厅等空间，垂直交通联系空间主要指电梯、楼梯、自动梯等。

4. 配套服务空间

主要指为主要办公空间提供信息、资料的收集，整理及存放需求的空间，以及为员工提供生活、卫生服务和后勤管理的空间。

通常指资料室、档案室、电脑机房、晒图房、员工餐厅、开水间以及卫生间、后勤管理办公室等。

5. 附属设施空间

主要指保证办公大楼正常运行的附属空间。

通常指变配电室、中央控制室、水泵房、空调机房、电梯机房、电话交换机房、锅炉房等。

12.2.2 接待区平面布置

接待区平面布置图主要包括前台以及访客休息区。绘制该平面图比较简单，主要调用【偏移】命令、【多段线】命令以及【矩形】命令等。

01 绘制原始结构图。沿用本书前面所介绍的绘制原始结构图的方法，绘制办公室的原始结构图，结构如图12-3所示。

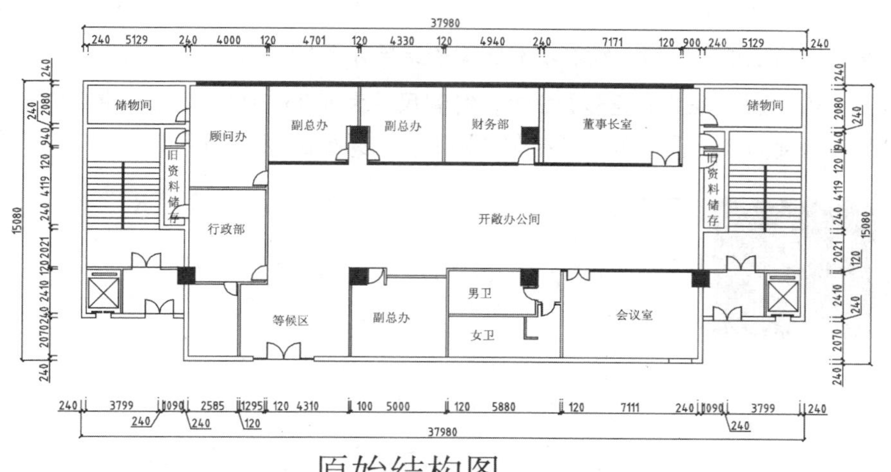

图12-3 原始结构图

02 绘制接待区墙面装饰的平面图形。调用L【直线】命令，绘制直线，结果如图12-4所示。

03 调用O【偏移】命令，偏移直线，结果如图12-5所示。

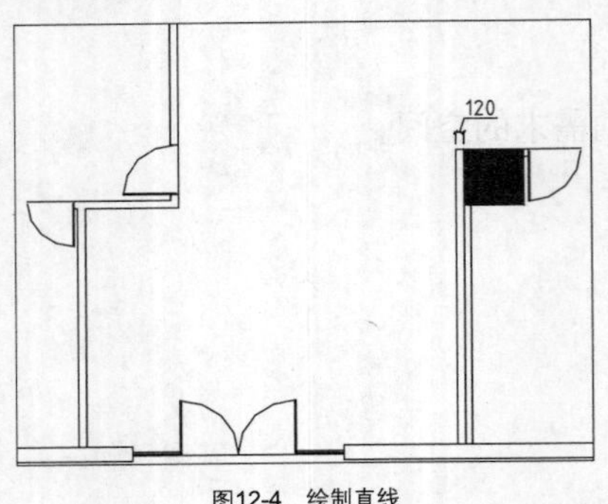

图12-4 绘制直线

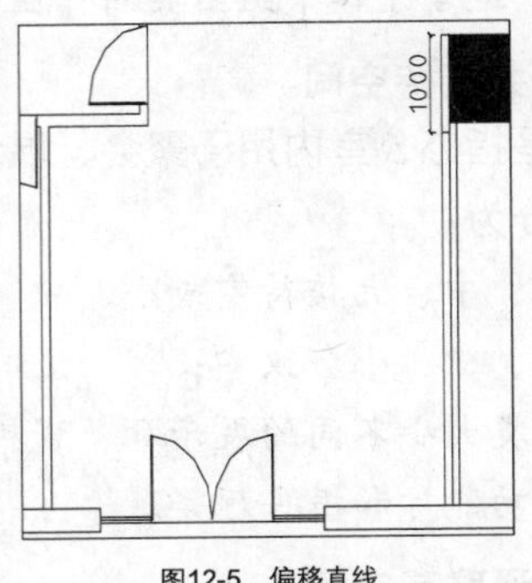

图12-5 偏移直线

04 绘制灯槽。调用PL【多段线】命令，绘制多段线，结果如图12-6所示。

05 填充石膏板图案。调用H【填充】命令，弹出【图案填充和渐变色】对话框，设置参数如图12-7所示。

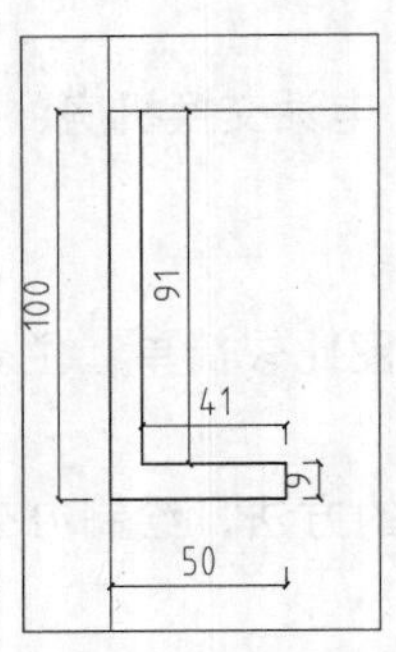

图12-6 绘制多段线

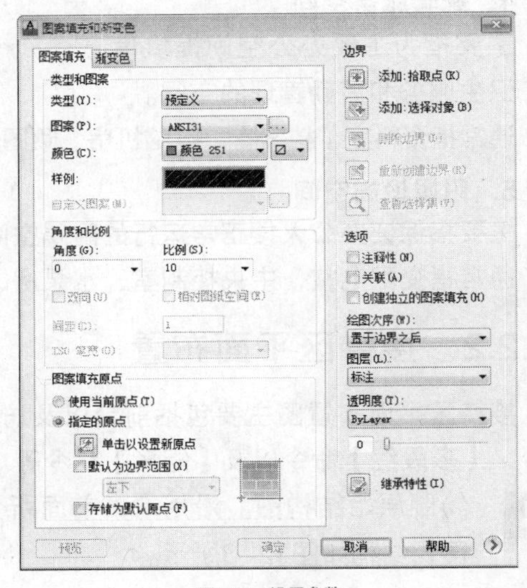

图12-7 设置参数

06 在绘图区中拾取填充区域，绘制填充图案的结果如图12-8所示。

07 绘制饮水机。调用REC【矩形】命令，绘制尺寸为300×300的矩形；调用O【偏移】命令，设置偏移距离为10，向内偏移所绘制的矩形，结果如图12-9所示。

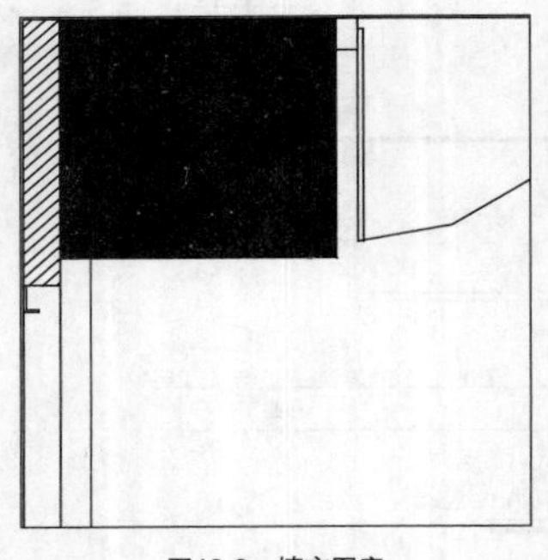

图12-8 填充图案

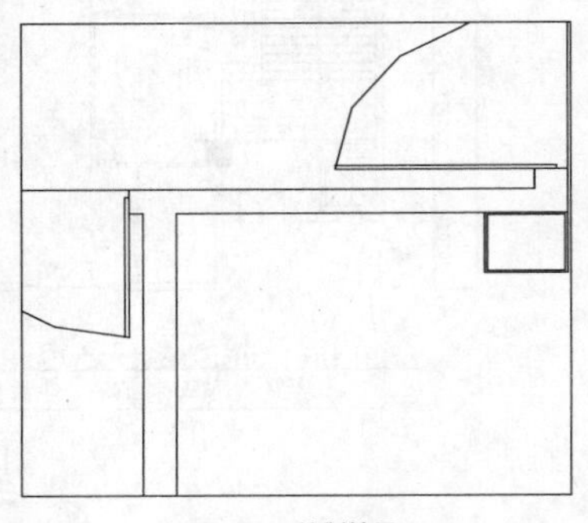

图12-9 绘制结果

08 调用REC【矩形】命令，绘制尺寸为23×8的矩形；调用CO【复制】命令，移动复制矩形，结果如图12-10所示。

09 调用C【圆】命令，绘制半径为102的圆形，结果如图12-11所示。

图12-10 移动复制矩形

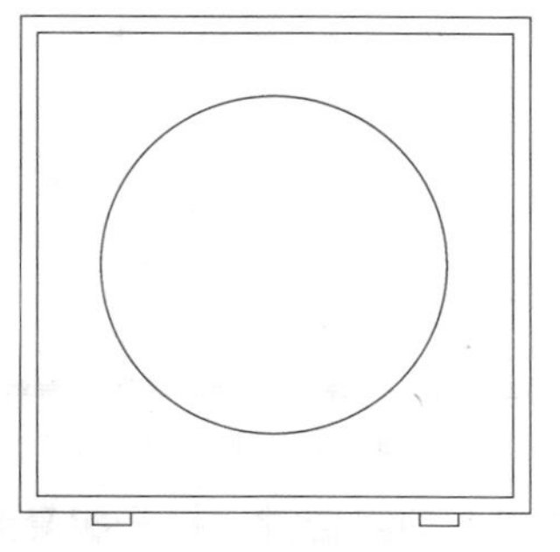
图12-11 绘制圆形

10 按Ctrl+O组合键，打开配套光盘提供的“第12章\家具图例.dwg”文件，将其中组合沙发等图形复制、粘贴至当前图形中，插入图块的结果如图12-12所示。

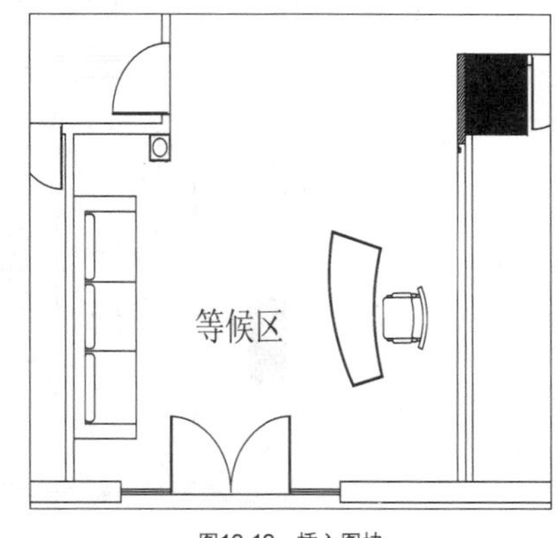

图12-12 插入图块

12.2.3 绘制董事长办公室平面图

董事长办公室配备了书柜以及电视柜、电视机等家具，整墙书柜彰显了办公室使用者人格的气度以及学识的深度，因而很有必要。

绘制董事长办公室主要调用【偏移】命令、【直线】命令以及【修剪】命令等。

01 绘制书柜。调用O【偏移】命令，偏移墙线，结果如图12-13所示。

02 调用L【直线】命令，绘制直线，结果如图12-14所示。

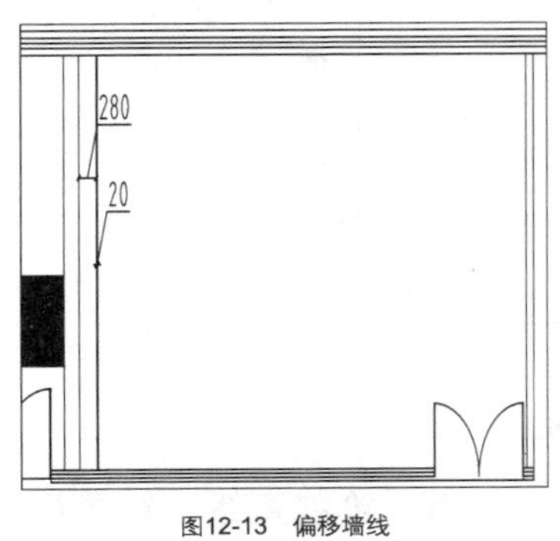

图12-13 偏移墙线

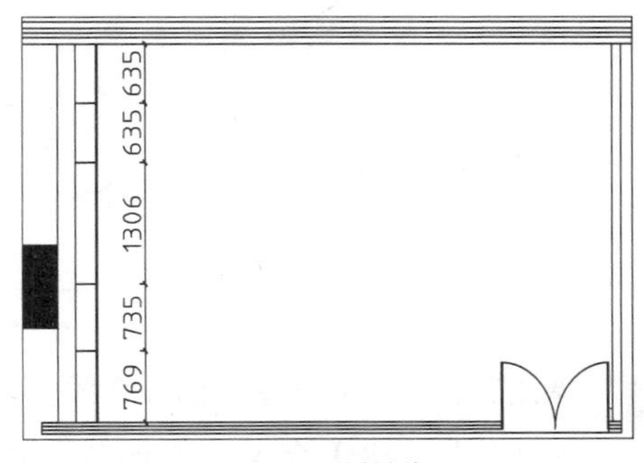

图12-14 绘制直线

03 调用L【直线】命令，绘制对角线，结果如图12-15所示。

04 绘制电视柜。调用REC【矩形】命令，绘制矩形，结果如图12-16所示。

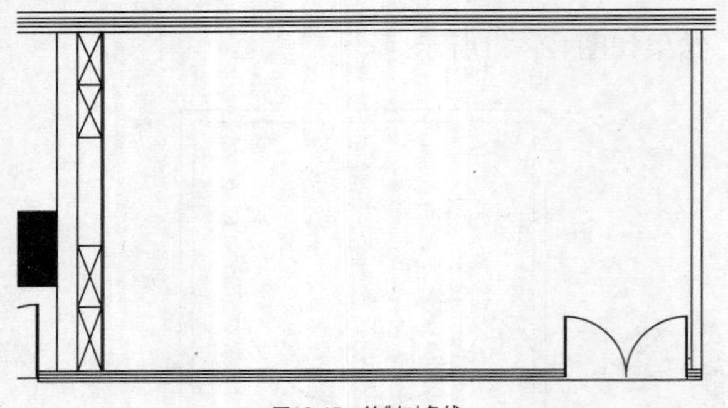
图12-15 绘制对角线

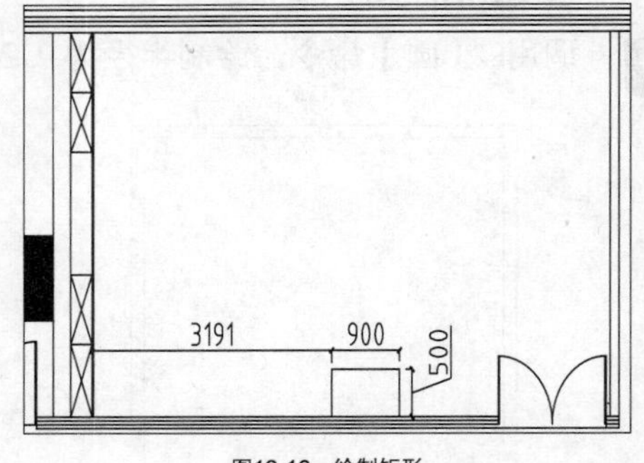

图12-16 绘制矩形

05 按Ctrl+O组合键，打开配套光盘提供的“第12章\家具图例.dwg”文件，将其中写字台等图形复制、粘贴至当前图形中，插入图块的结果如图12-17所示。

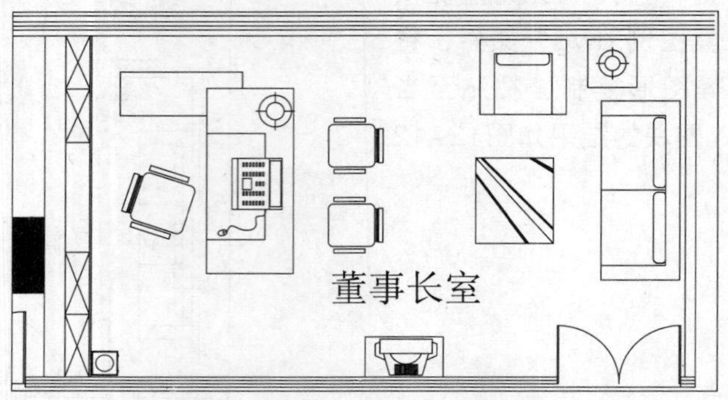

图12-17 插入图块

12.2.4 绘制副总办公室平面图

副总办公室的面积较小，所以书柜较小。绘制副总办公室主要调用【直线】命令、【偏移】命令以及【多段线】等命令。

01 绘制装饰柜。调用L【直线】命令，绘制直线，结果如图12-18所示。

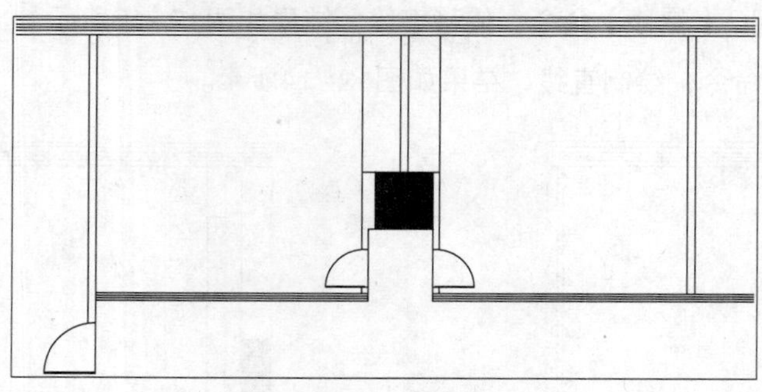
图12-18 绘制直线

02 调用O【偏移】命令，偏移直线，结果如图12-19所示。

03 调用L【直线】命令，取所偏移得到的直线的中点为起点，绘制直线，结果如图12-20所示。

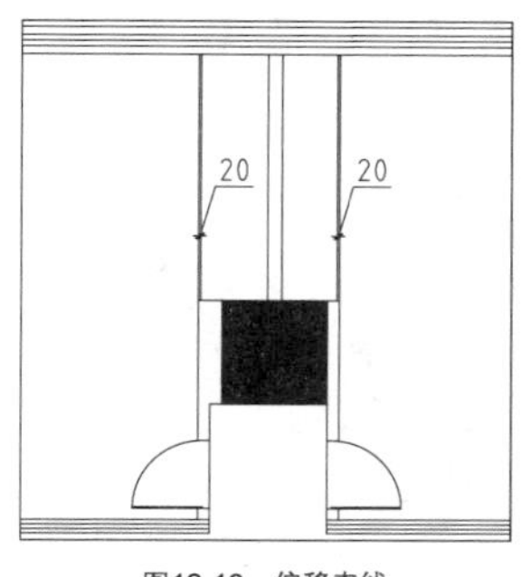

图12-19 偏移直线

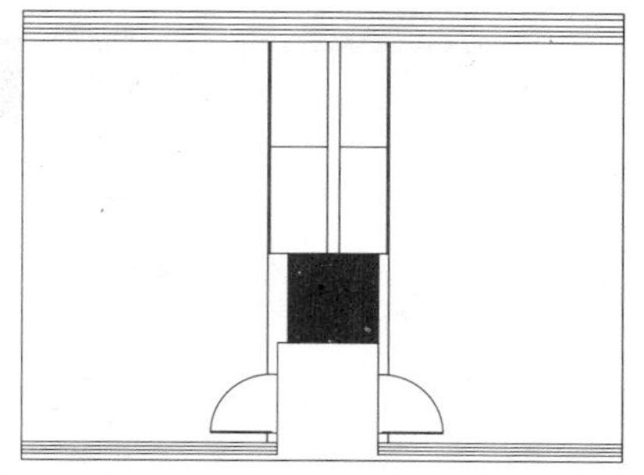
图12-20 绘制直线

04 调用PL【多段线】命令，绘制对角线，结果如图12-21所示。

05 按Ctrl+O组合键，打开配套光盘提供的“第12章\家具图例.dwg”文件，将其中写字台等图形复制、粘贴至当前图形中，插入图块的结果如图12-22所示。

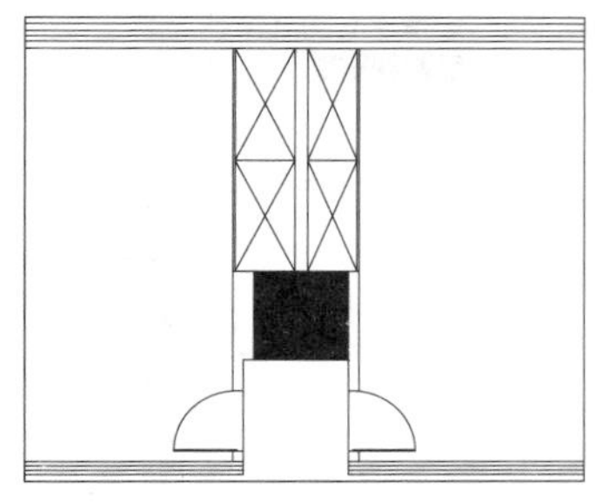
图12-21 绘制对角线

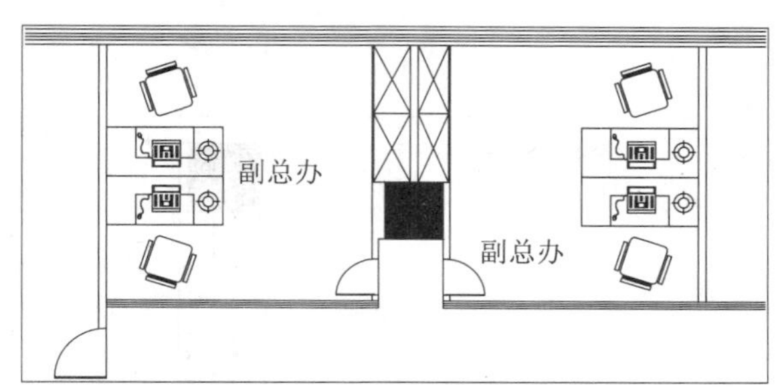

图12-22 插入图块

12.2.5 绘制会议室平面图

会议室图主要的功能为召开大小会议，对重大事件进行讨论并最终定论的空间。绘制会议室平面图主要调用【直线】命令、【修剪】命令以及【多段线】命令等。

01 绘制会议室墙面装饰的平面图形。调用O【偏移】命令，偏移墙线，结果如图12-23所示。

02 调用L【直线】命令，绘制直线，结果如图12-24所示。

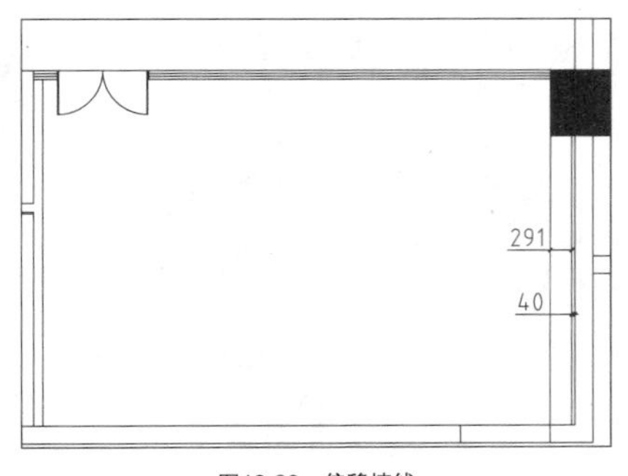

图12-23 偏移墙线

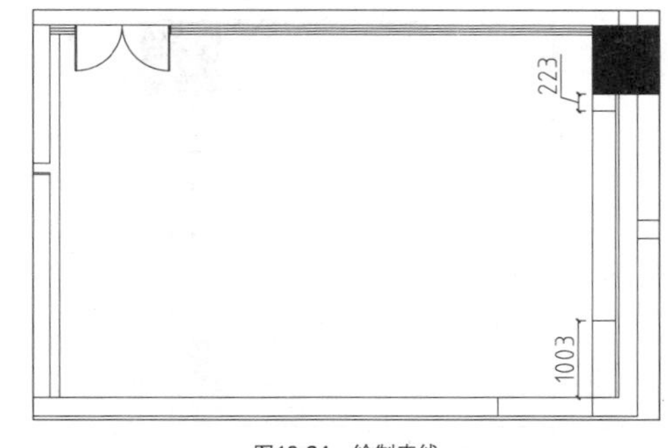

图12-24 绘制直线

03 调用TR【修剪】命令，修剪线段，结果如图12-25所示。

04 绘制灯带。调用PL【多段线】命令，绘制灯带，结果如图12-26所示。

05 调用MI【镜像】命令，镜像复制绘制完成的图形，结果如图12-27所示。

06 填充石膏板图案。调用H【填充】命令，弹出【图案填充和渐变色】对话框，设置参数如图12-28所示。

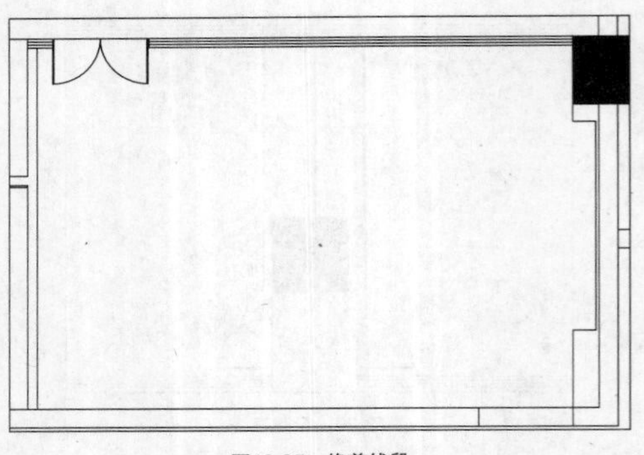

图12-25　修剪线段

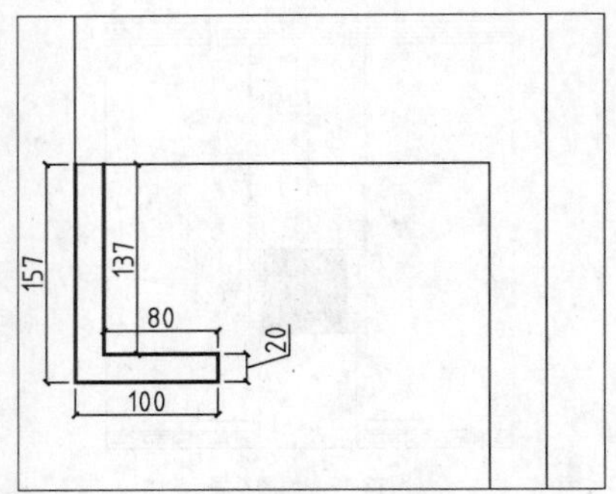

图12-26　绘制灯带

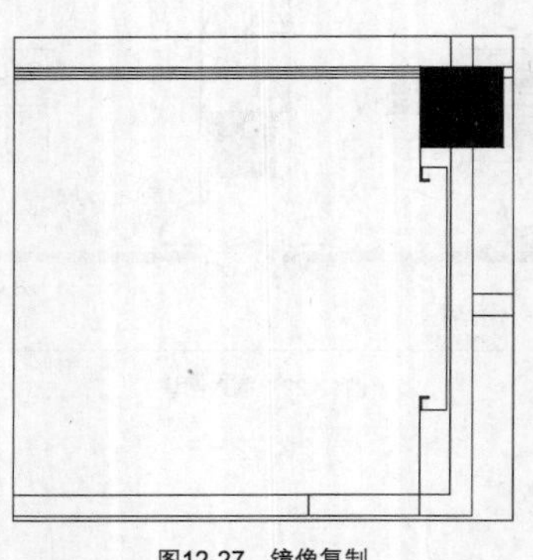

图12-27　镜像复制

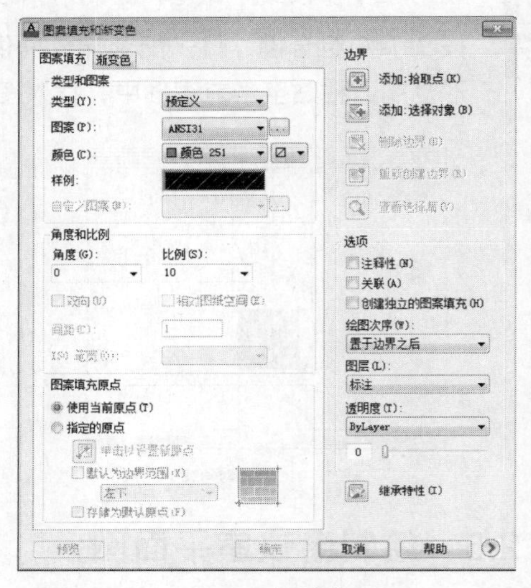

图12-28　设置参数

07 在绘图区中拾取填充区域，绘制填充图案的结果如图12-29所示。

08 按Ctrl+O组合键，打开配套光盘提供的“第12章\家具图例.dwg”文件，将其中会议桌等图形复制、粘贴至当前图形中，插入图块的结果如图12-30所示。

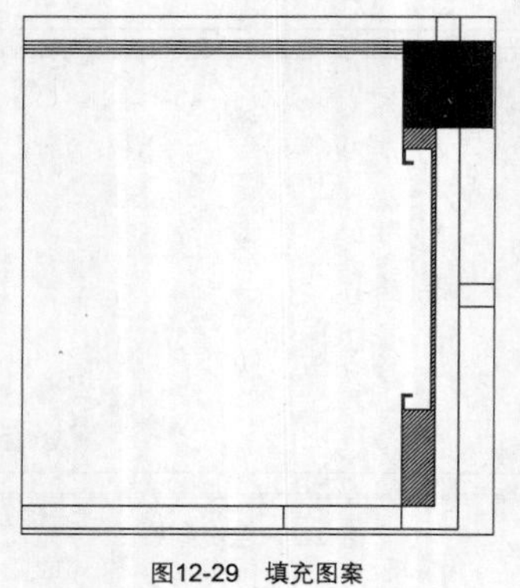

图12-29　填充图案

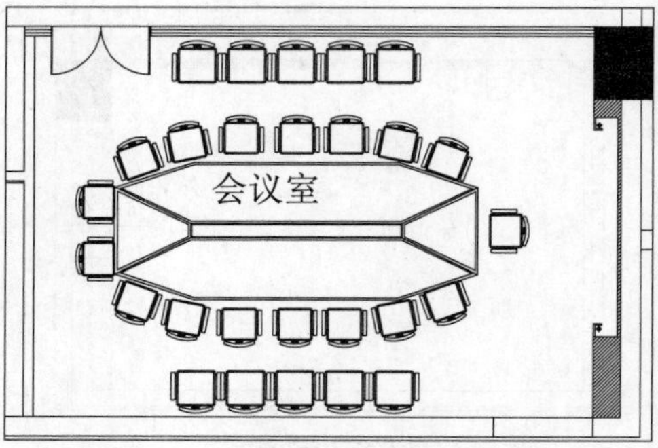

图12-30　插入图块

12.2.6　绘制开敞办公间平面图

开敞办公间主要为一般职员的办公而设置，所以，办公桌的摆放主要兼顾过道尺寸以及自身的使用尺寸即可。绘制开敞办公间平面图主要调用到的命令有【矩形】命令、【分解】命令以及【椭圆】命令等。

01 绘制装饰台。调用REC【矩形】命令，绘制尺寸为2100×180的矩形，结果如图12-31所示。

02 调用X【分解】命令，分解矩形；调用O【偏移】命令，设置偏移距离为20，向内偏移矩形边；调用TR【修剪】命令，修剪矩形边，结果如图12-32所示。

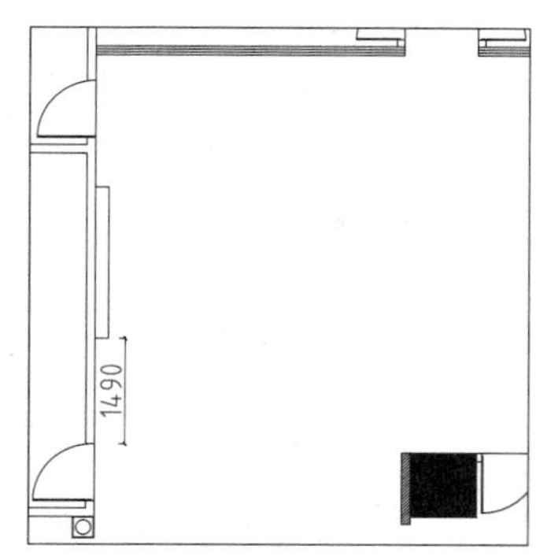

图12-31 绘制矩形

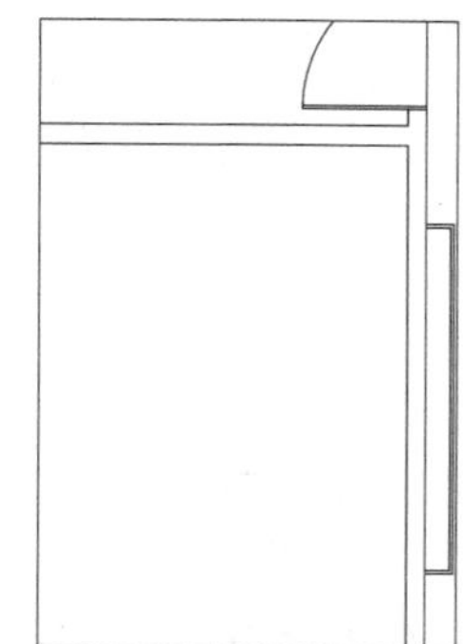
图12-32 修剪矩形边

03 调用EL【椭圆】命令，命令行提示如下：

```
命令:ELLIPSE↙
指定椭圆的轴端点或 [圆弧(A)/中心点(C)]:        //指定轴端点
指定轴的另一个端点: 189                        //输入端点参数
指定另一条半轴长度或 [旋转(R)]: 57             //指定半轴长度，绘制椭圆的结果如图12-33所示。
```

04 调用CO【复制】命令，移动、复制完成的椭圆，结果如图12-34所示。

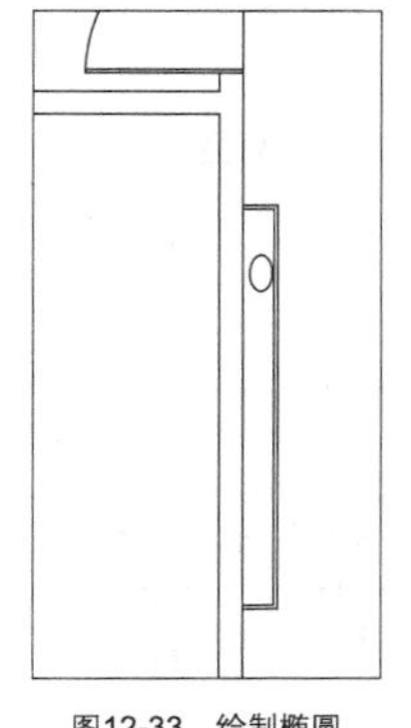
图12-33 绘制椭圆

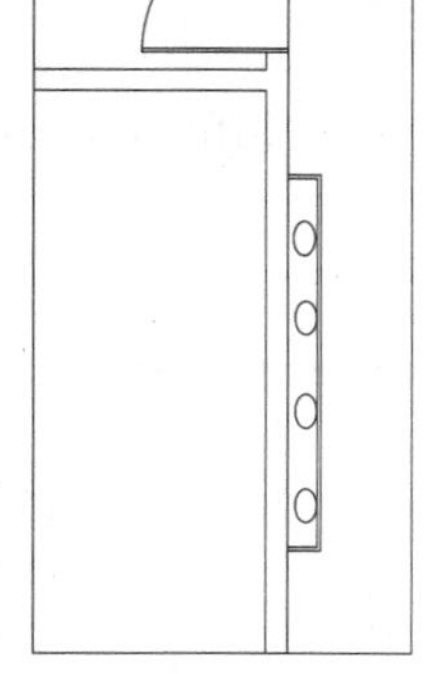
图12-34 复制椭圆

05 绘制资料柜。调用L【直线】命令，绘制直线，结果如图12-35所示

06 调用O【偏移】命令，偏移直线，结果如图12-36所示。

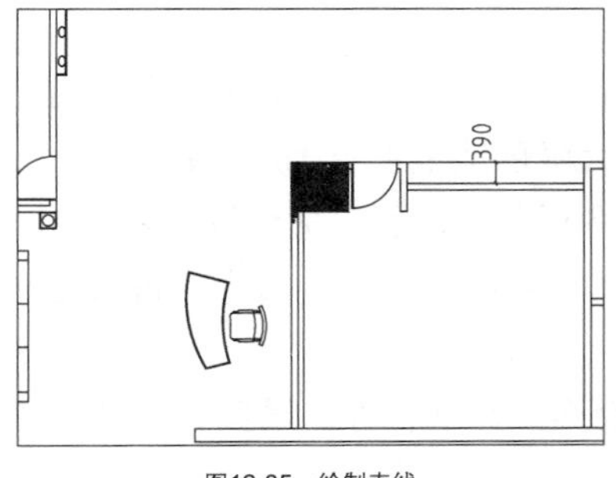

图12-35 绘制直线

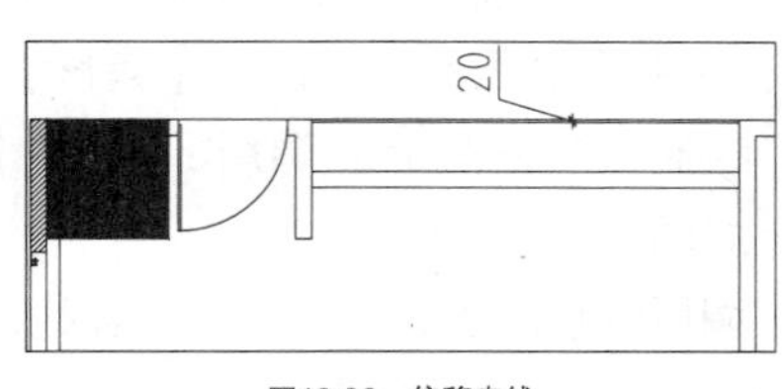

图12-36 偏移直线

07 调用L【直线】命令，绘制直线，结果如图12-37所示。

08 调用PL【多段线】命令，绘制多段线，结果如图12-38所示。

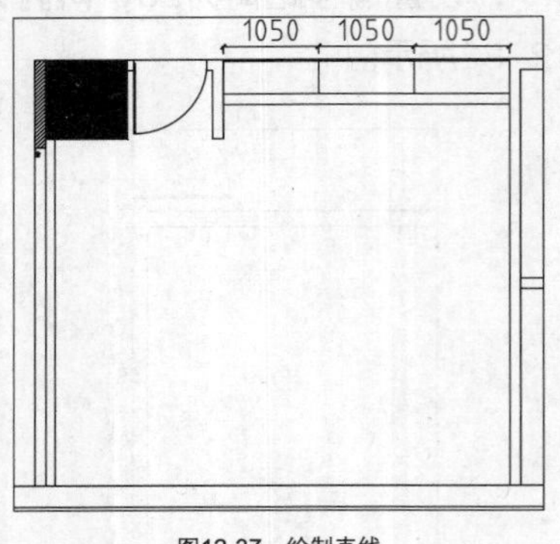

图12-37 绘制直线

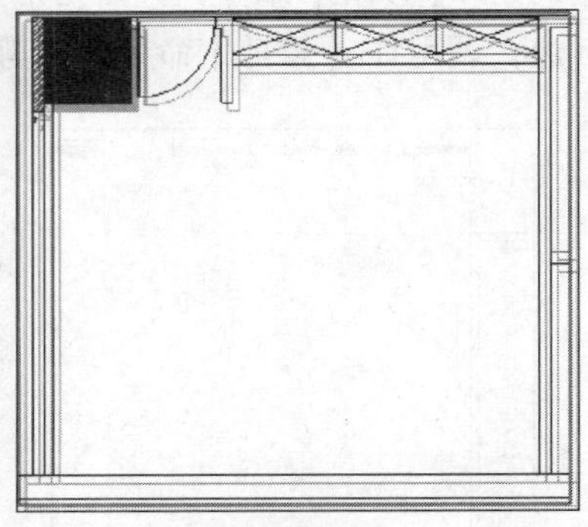

图12-38 绘制多段线

09 按Ctrl+O组合键，打开配套光盘提供的“第12章\家具图例.dwg”文件，将其中办公桌等图形复制、粘贴至当前图形中，插入图块的结果如图12-39所示。

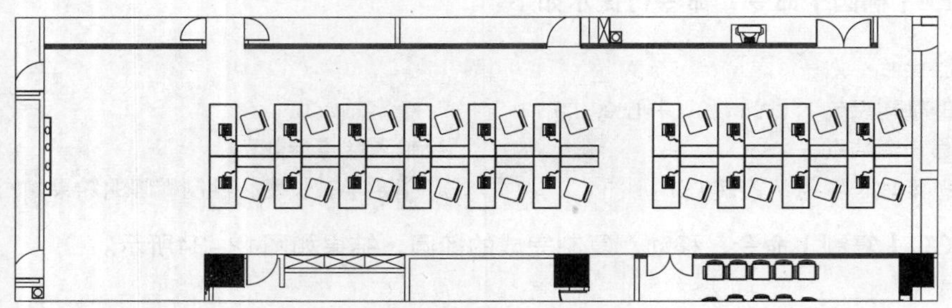

图12-39 插入图块

10 文字标注。调用MT【多行文字】命令，绘制开场办公间的区域文字标注，结果如图12-40所示。

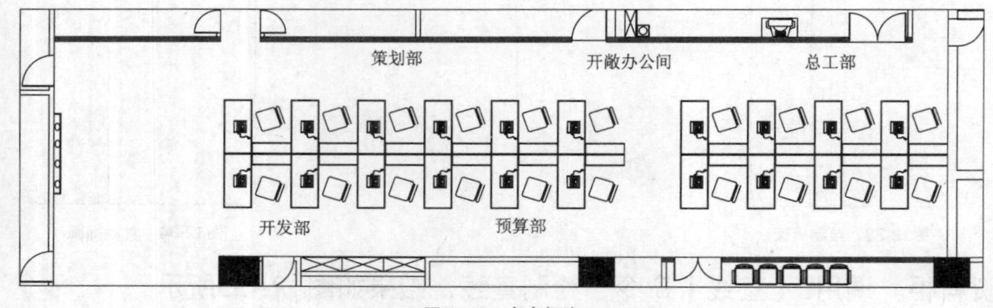

图12-40 文字标注

12.2.7 绘制卫生间平面图

卫生间主要分男卫生间和女卫生间，但是，其中的布置却大为不同。男卫生间要设置小便器，相对而言，大便器就可以减少数量；而女卫生间则需要尽最大限度地设置更多座便器。

绘制卫生间平面图主要调用【偏移】命令、【修剪】命令以及【圆弧】命令等。

01 绘制卫生间隔断。调用L【直线】命令，绘制直线；调用O【偏移】命令，偏移直线，结果如图12-41所示。

02 调用O【偏移】命令，偏移直线；调用TR【修剪】命令，修剪直线，结果如图12-42所示。

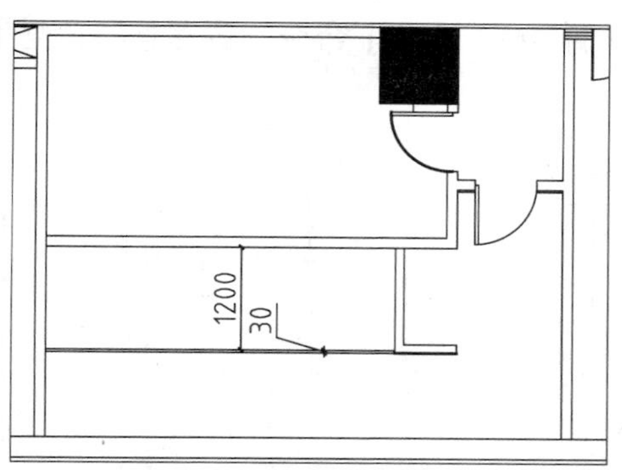

图12-41 绘制直线

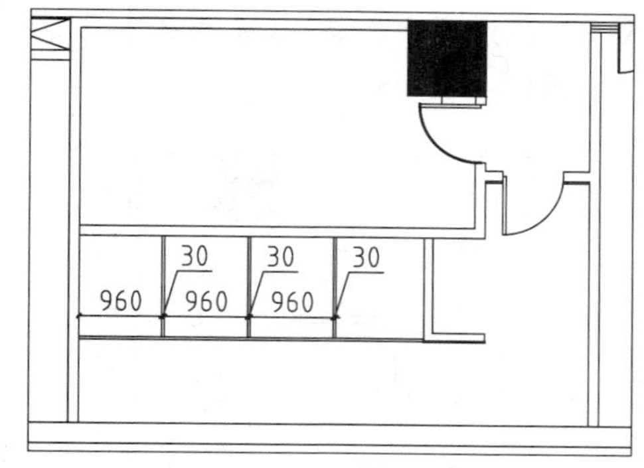

图12-42 修剪直线

03 绘制隔断门洞。调用L【直线】命令，绘制直线，结果如图12-43所示。

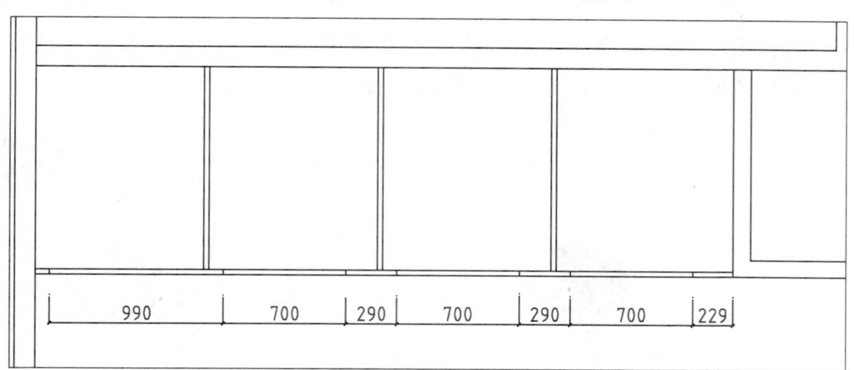

图12-43 绘制直线

04 调用TR【修剪】命令，修剪线段，结果如图12-44所示。

05 绘制隔断门。调用REC【矩形】命令，绘制尺寸为700×30的矩形；调用RO【旋转】命令，设置角度为45°，旋转矩形，结果如图12-45所示。

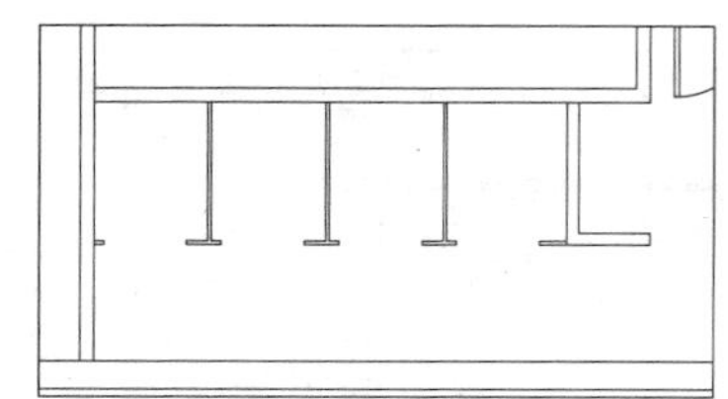

图12-44 修剪线段

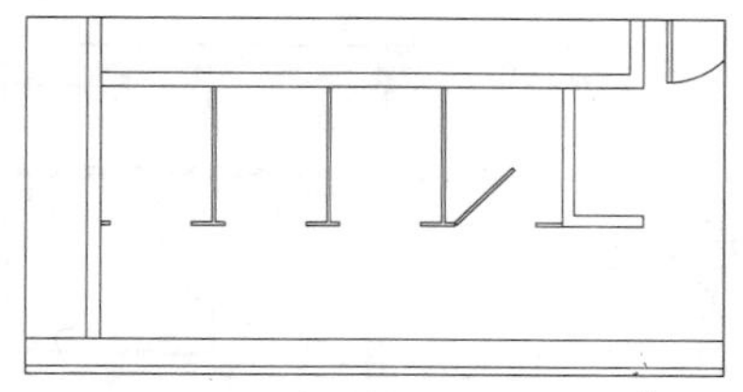

图12-45 旋转结果

06 调用A【圆弧】命令，绘制圆弧，结果如图12-46所示。

07 调用CO【复制】命令，移动、复制绘制完成的门图形，结果如图12-47所示。

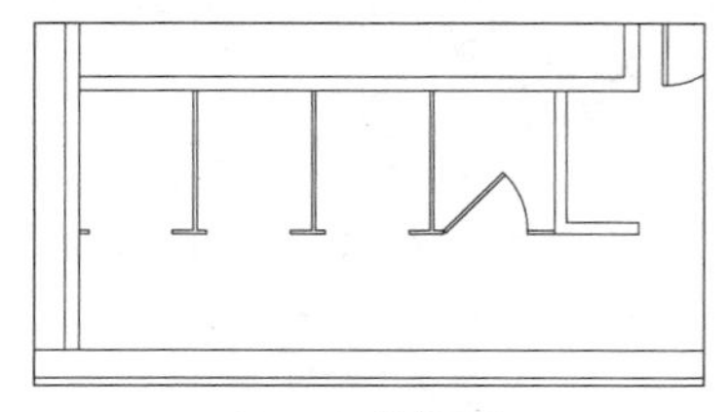

图12-46 绘制圆弧

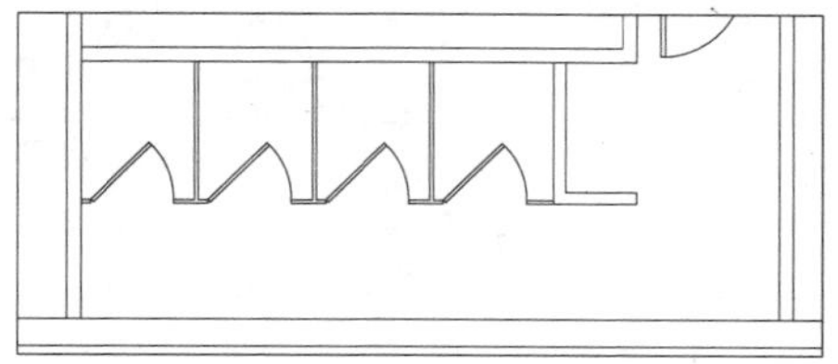

图12-47 移动复制

08 调用MI【镜像】命令，镜像复制绘制完成的门图形，结果如图12-48所示。

09 绘制洗手台。调用L【直线】命令，绘制直线；调用O【偏移】命令，偏移直线，结果如图12-49所示。

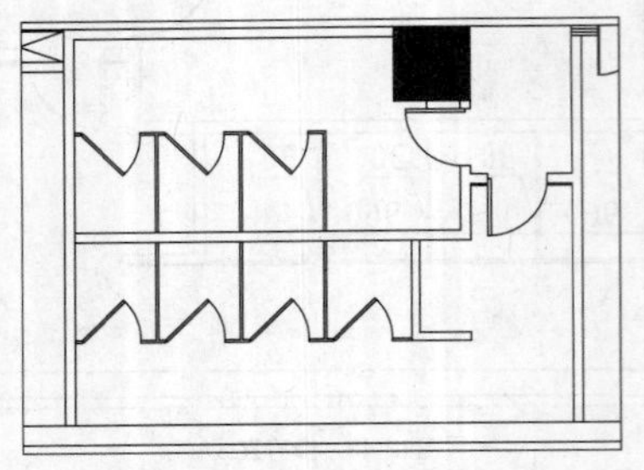

图12-48 镜像复制

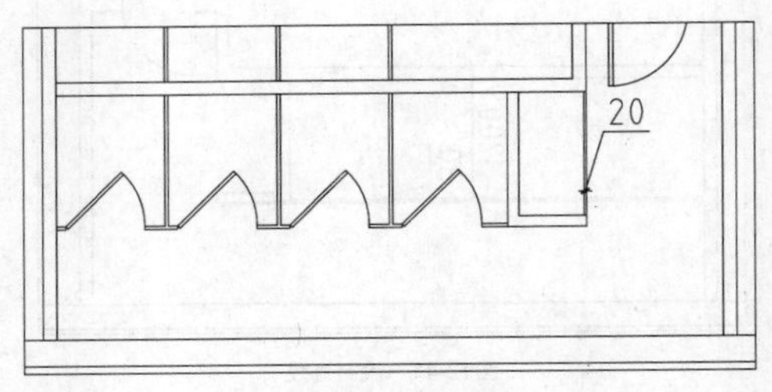

图12-49 绘制结果

10 调用L【直线】命令、O【偏移】命令，绘制并偏移直线，结果如图12-50所示。

11 按Ctrl+O组合键，打开配套光盘提供的"第12章\家具图例.dwg"文件，将其中洁具等图形复制、粘贴至当前图形中，插入图块的结果如图12-51所示。

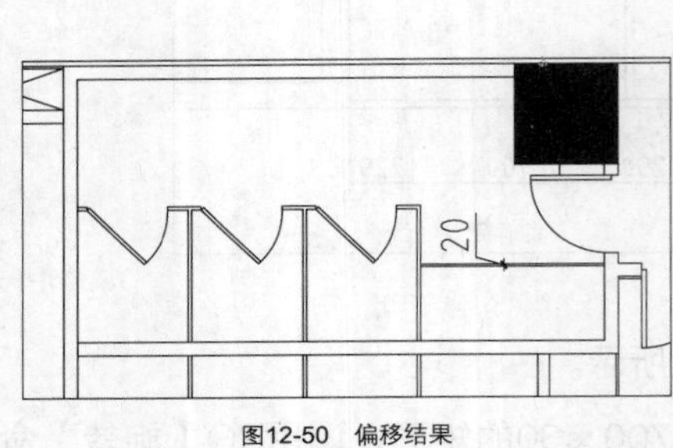

图12-50 偏移结果

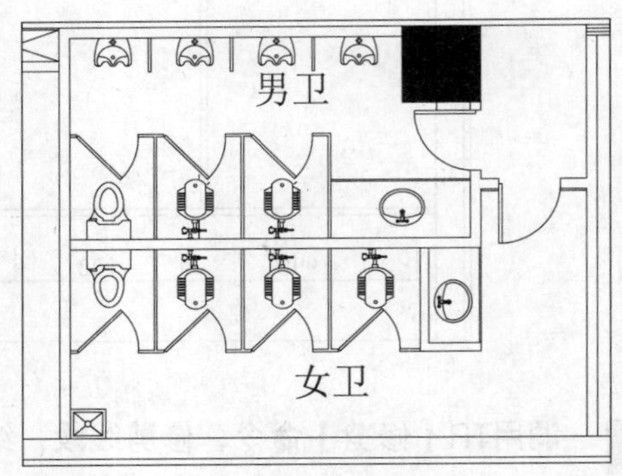

图12-51 插入图块

12 沿用前面介绍的方法，绘制其他区域的平面图，结果如图12-52所示。

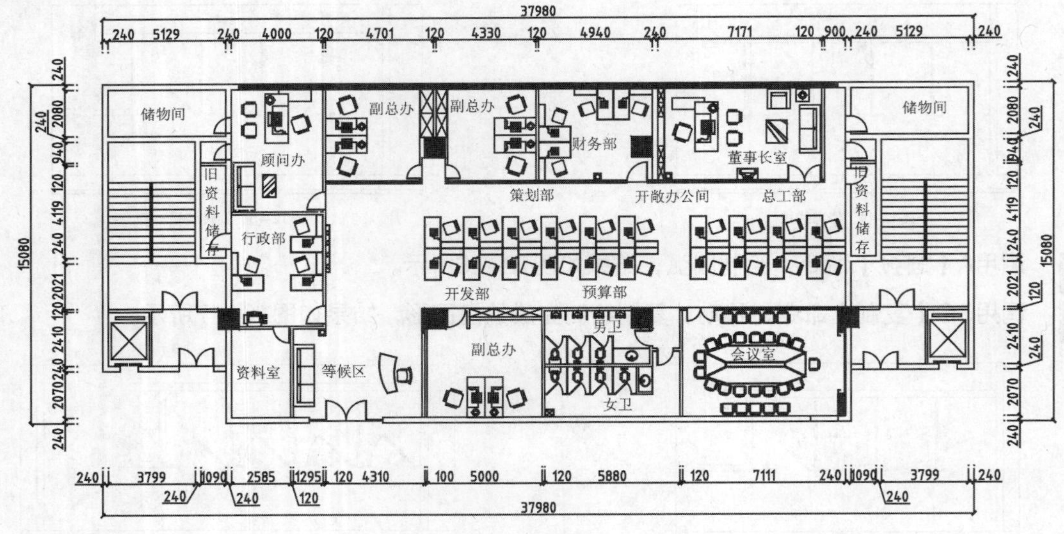

图12-52 办公室平面图

12.3 绘制办公空间地材图

办公室的地面铺设材质主要为地毯，因其具备了吸音、易清洁等功能，而且，能凸显该办公室的档次以及品味。本节主要介绍办公空间地面布置图的绘制方法。

12.3.1 复制图形

地面布置图可以在平面布置图的基础上绘制，调用CO【复制】命令，复制一份平面布置图至一旁；调用E【删除】命令，删除多余的图形，图形的整理结果如图12-53所示。

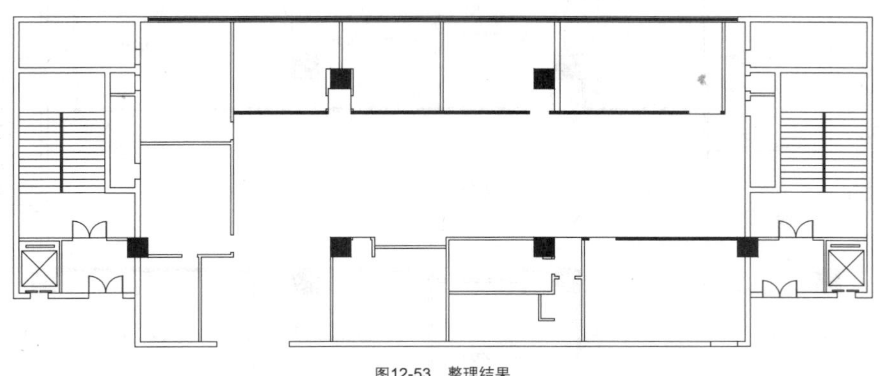

图12-53 整理结果

12.3.2 绘制门槛线

门槛线用于区别各个区域的地面填充图案，可以调用L【直线】命令来绘制，绘制结果如图12-54所示。

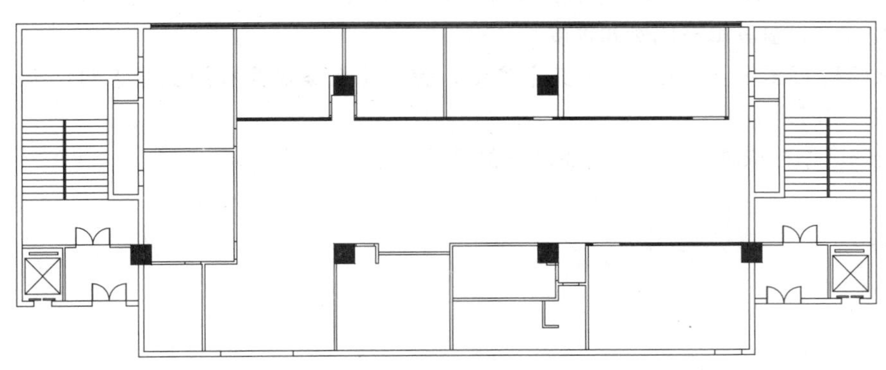

图12-54 绘制直线

12.3.3 材料注释

地面铺设材料需要对其进行文字标注，才能使读图的人员和施工的人员明白其使用的具体材料，为施工提供方便。材料注释主要调用【多行文字】命令来绘制。

01 调用MT【多行文字】命令，在需要绘制文字标注的区域指定对角点绘制矩形，在弹出的多行文字编辑器对话框中输入文字标注，如图12-55所示，单击【文字格式】对话框中的【确定】按钮，关闭对话框。

02 文字标注的结果如图12-56所示。

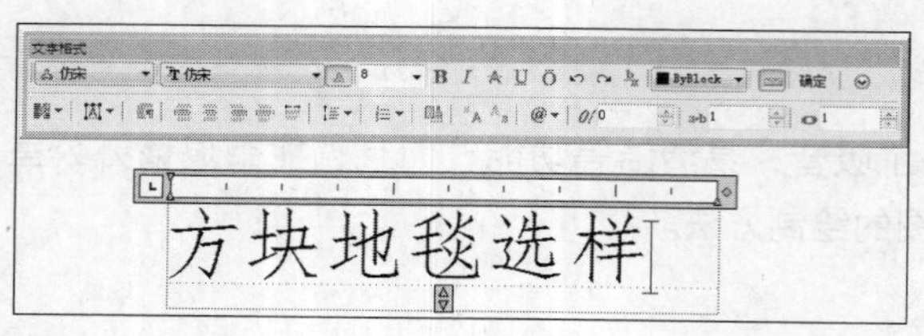

图12-55　输入文字

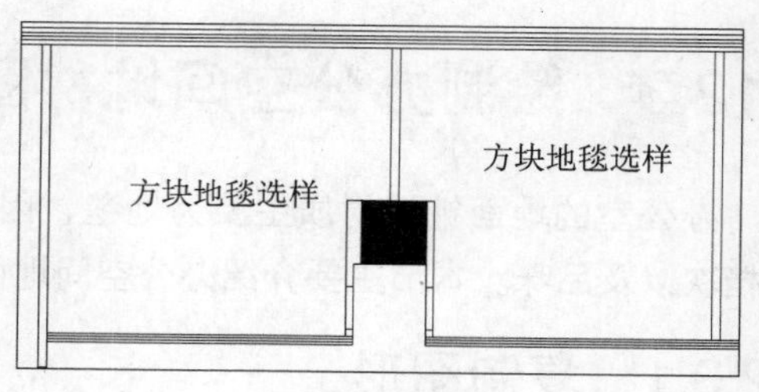

图12-56　标注结果

03 重复操作，为地面图绘制材料标注，结果如图12-57所示。

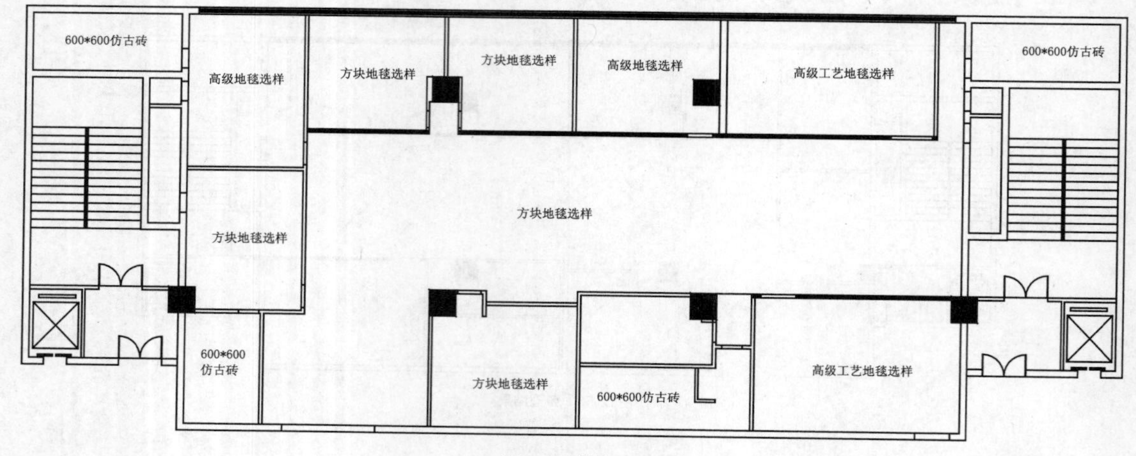

图12-57　材料标注

12.3.4　填充地面图例

地面铺装材料的绘制可以调用【填充】命令，在【图案填充和渐变色】对话框中，可以选择填充图案的类型并且设置其填充比例和角度。

01 填充门槛石图案。调用H【填充】命令，弹出【图案填充和渐变色】对话框，设置参数如图12-58所示。

02 在绘图区中拾取填充区域，图案填充的结果如图12-59所示。

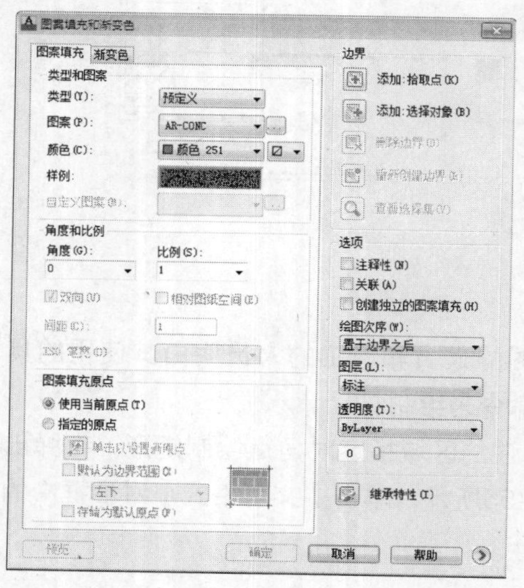

图12-58　设置参数

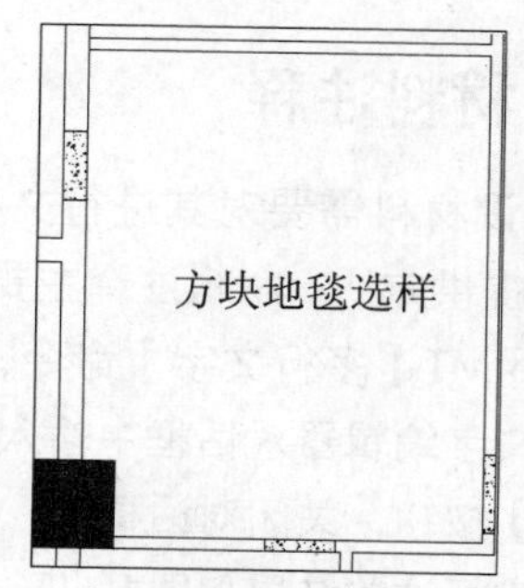

图12-59　图案填充

03 填充储藏室地面图案。调用H【填充】命令，弹出【图案填充和渐变色】对话框，设置参数如图12-60所示。

04 在绘图区中拾取填充区域，图案填充的结果如图12-61所示。

图12-60 设置参数

图12-61 图案填充

05 填充顾问办公室地面图案。调用H【填充】命令，弹出【图案填充和渐变色】对话框，设置参数如图12-62所示。

06 在绘图区中拾取填充区域，图案填充的结果如图12-63所示。

图12-62 设置参数

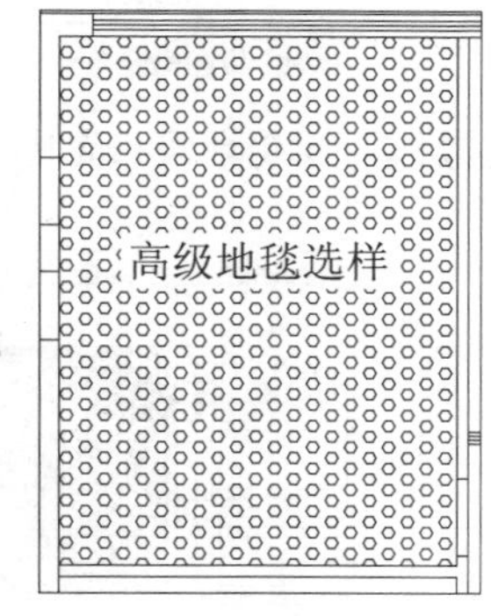

图12-63 图案填充

07 填充副总办公室地面图案。调用H【填充】命令，弹出【图案填充和渐变色】对话框，设置参数如图12-64所示。

08 在绘图区中拾取填充区域，图案填充的结果如图12-65所示。

09 填充董事长办公室地面图案。调用H【填充】命令，弹出【图案填充和渐变色】对话框，设置参数如图12-66所示。

10 在绘图区中拾取填充区域，图案填充的结果如图12-67所示。

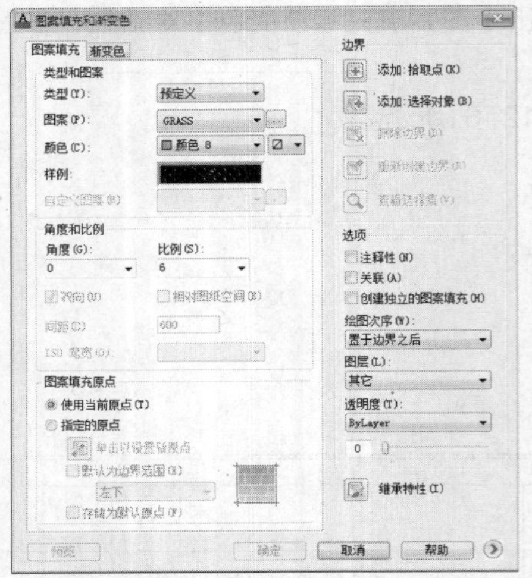

图12-64　设置参数

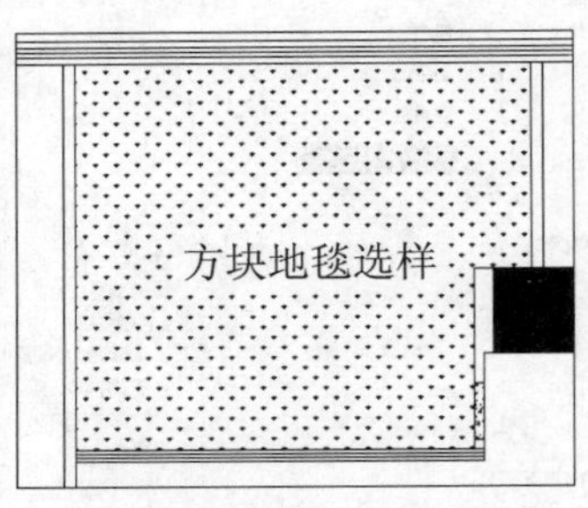

图12-65　图案填充

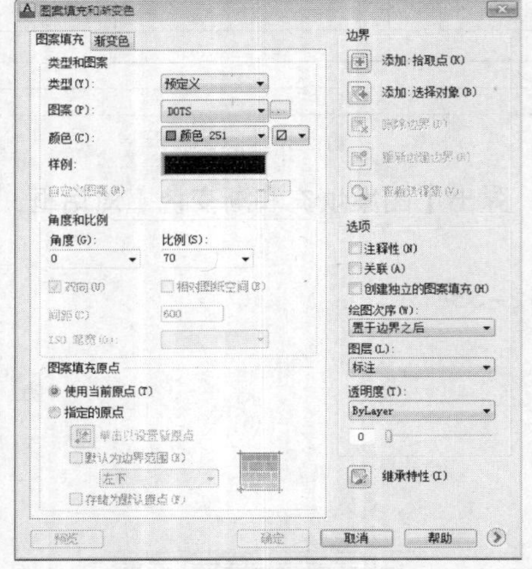

图12-66　设置参数

图12-67　图案填充

11　重复操作，绘制地面布置图的结果如图12-68所示。

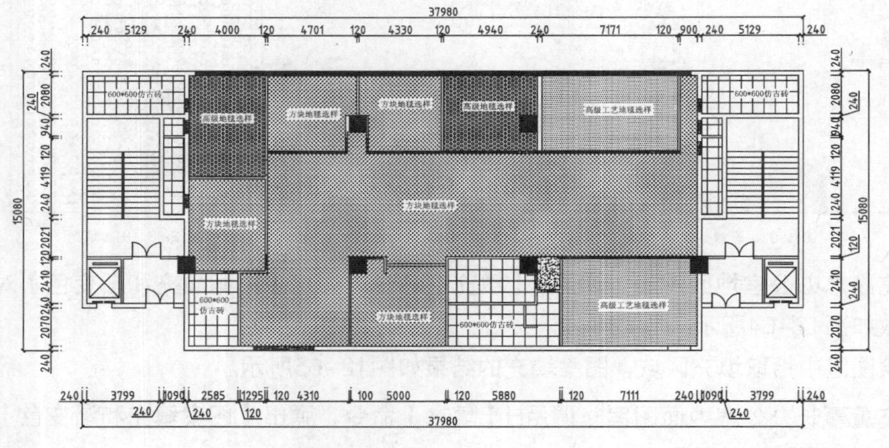

地面布置图　1：100

图12-68　绘制结果

12.4 绘制办公空间顶棚图

办公室的顶棚依各个功能区的不同而设计、制作了不同类型的吊顶，主要有石膏板吊顶、灰镜与壁纸相结合饰面的吊顶、吸音矿棉板吊顶等几种类型。

本节介绍办公空间顶棚平面图的绘制方法。

12.4.1 绘制会议室顶棚图

会议室的顶棚主要使用了三种材料，分别是石膏板、灰镜以及壁纸。三种材料交相辉映，取长补短，将现代与古典相结合发挥得淋漓尽致。

绘制会议室顶棚图主要调用到的命令有【复制】命令、【偏移】命令以及【修剪】命令等。

01 复制图形。调用CO【复制】命令，移动、复制一份平面布置图至一旁；调用E【删除】命令，删除多余图形，图形整理的结果如图12-69所示。

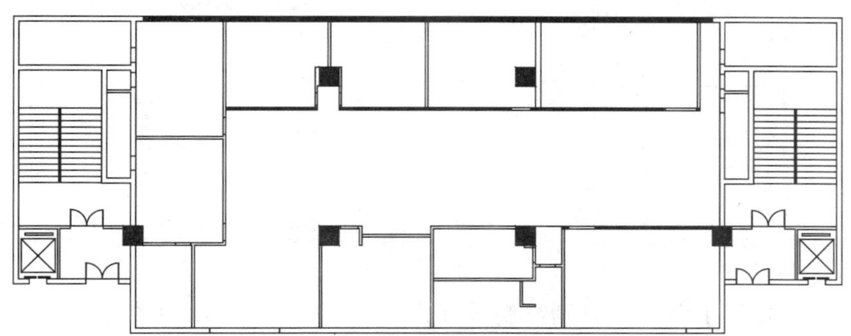

图12-69 整理结果

02 绘制顶面轮廓。调用L【直线】命令，绘制直线，结果如图12-70所示。

03 调用O【偏移】命令，偏移线段；调用TR【修剪】命令，修剪线段，结果如图12-71所示。

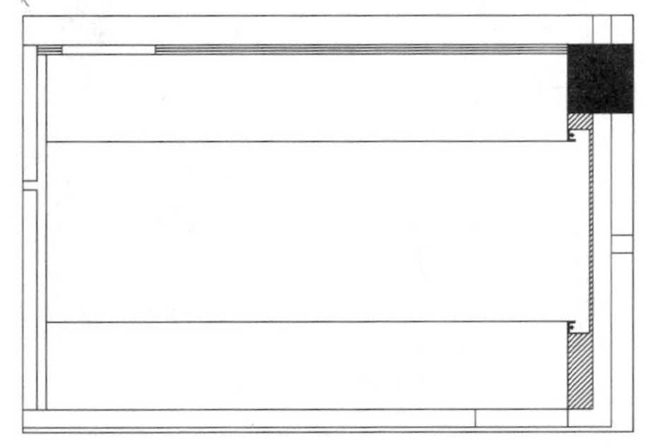

图12-70 绘制直线

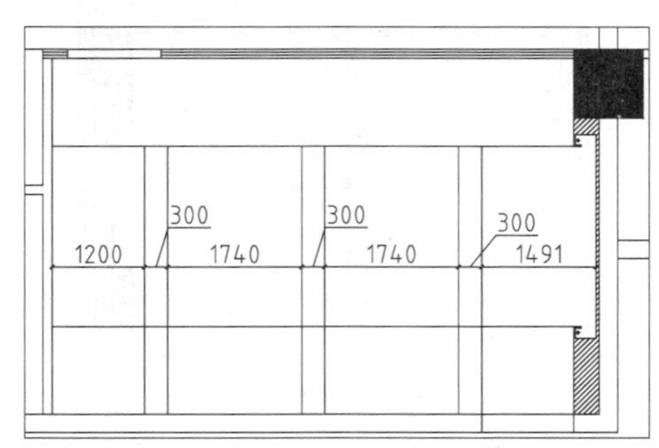

图12-71 修剪线段

04 调用TR【修剪】命令，修剪线段，结果如图12-72所示。

05 调用REC【矩形】命令，绘制尺寸为3460×200的矩形，结果如图12-73所示。

06 调用L【直线】命令，绘制直线，结果如图12-74所示。

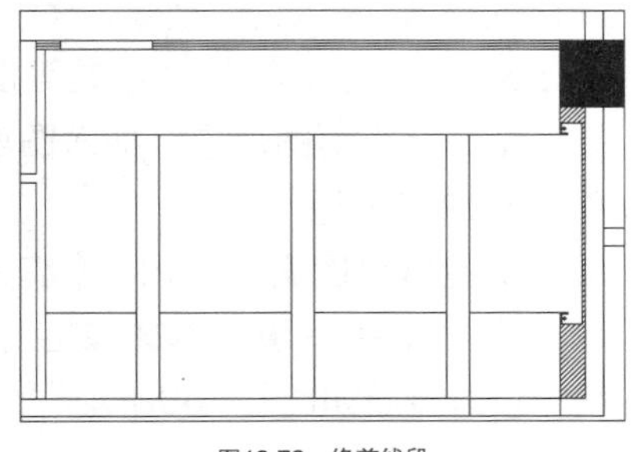

图12-72 修剪线段

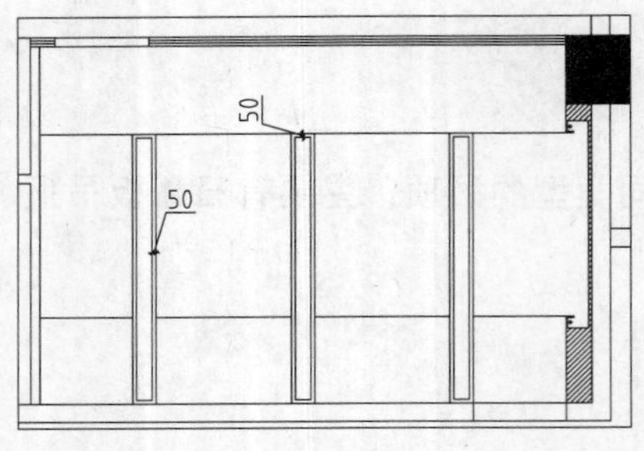

图12-73 绘制矩形

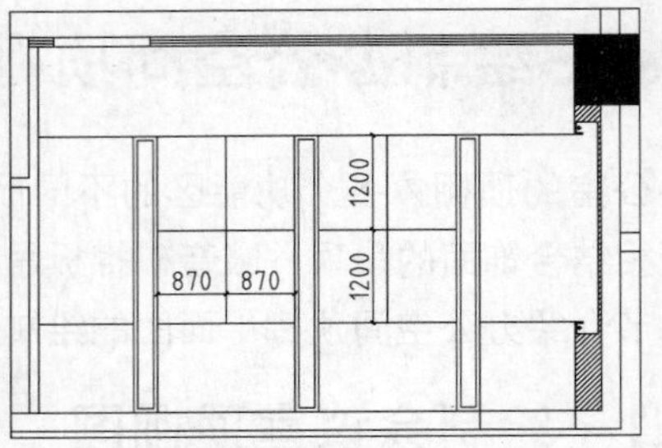

图12-74 绘制直线

07 绘制广告钉。调用C【圆】命令，绘制半径为15的圆，结果如图12-75所示。

08 调用CO【复制】命令，移动、复制圆形，结果如图12-76所示。

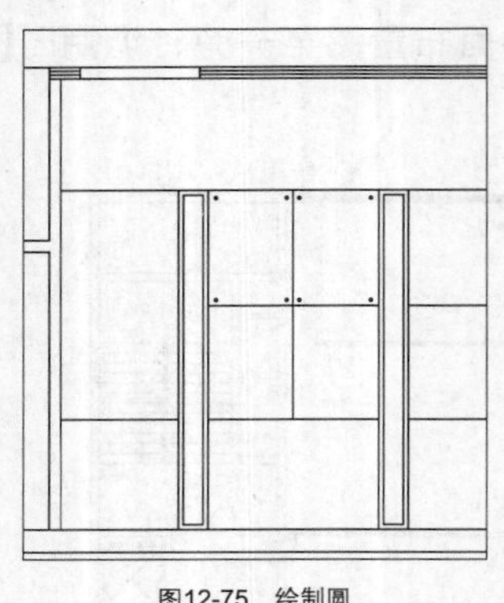
图12-75 绘制圆

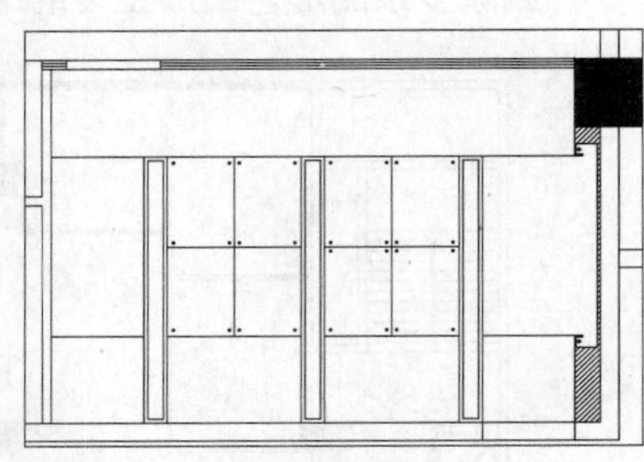
图12-76 复制结果

09 调用REC【矩形】命令，分别绘制尺寸为135×161、42×41的矩形，结果如图12-77所示。

10 调用L【直线】命令，绘制直线，并将所绘制直线的线型设置为虚线，结果如图12-78所示。

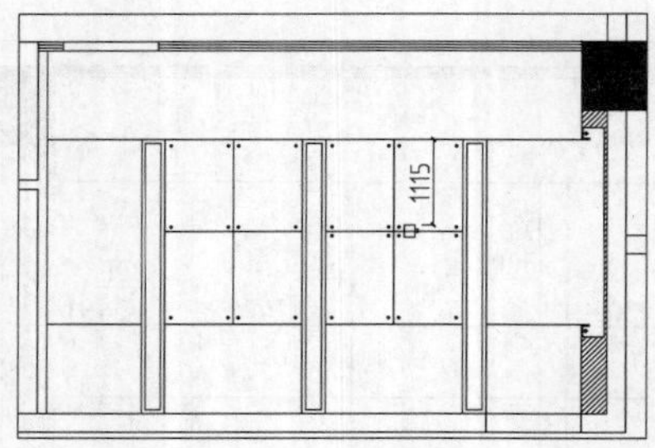

图12-77 绘制矩形

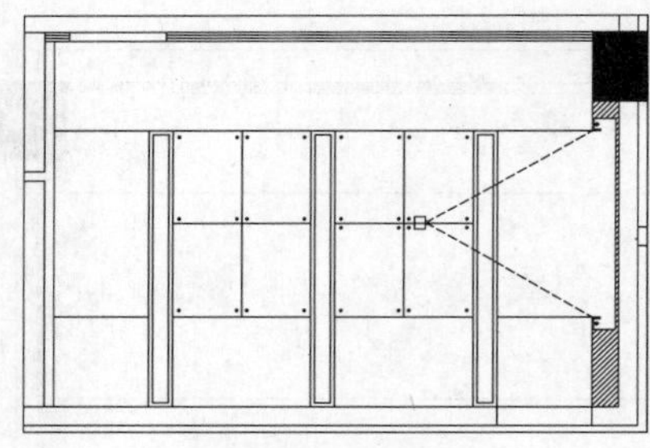
图12-78 绘制直线

11 调入灯具图块。按Ctrl+O组合键，打开配套光盘提供的“第12章\家具图例.dwg”文件，将其中灯具等图形复制、粘贴至当前图形中，插入图块的结果如图12-79所示。

12 填充灰镜材料图案。调用H【填充】命令，弹出【图案填充和渐变色】对话框，设置参数如图12-80所示。

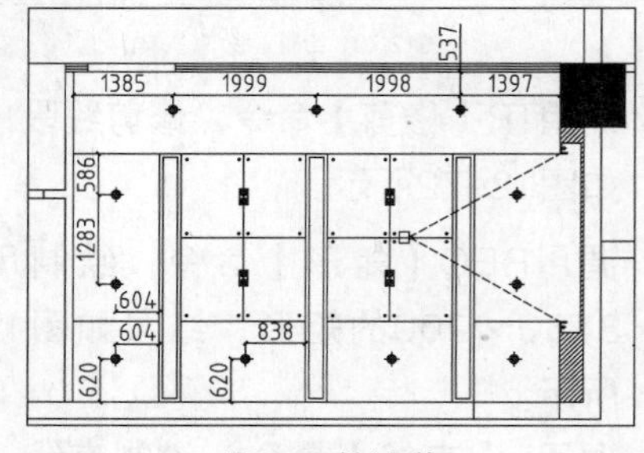

图12-79 插入图块

13 在绘图区中拾取填充区域，图案填充的结果如图12-81所示。

图12-80 设置参数

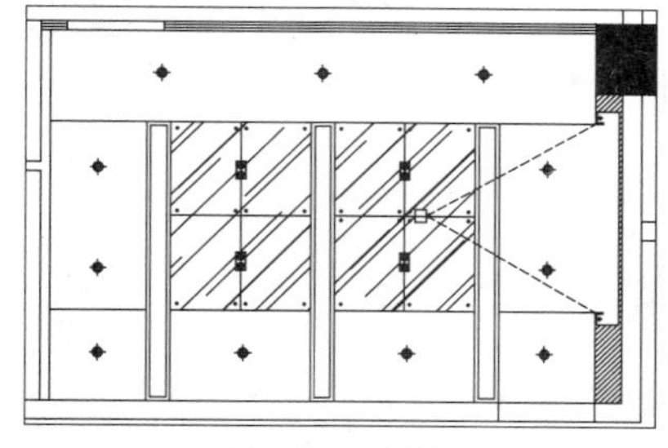

图12-81 图案填充

14 填充壁纸材料图案。调用H【填充】命令，弹出【图案填充和渐变色】对话框，设置参数如图12-82所示。

15 在绘图区中拾取填充区域，图案填充的结果如图12-83所示。

图12-82 设置参数

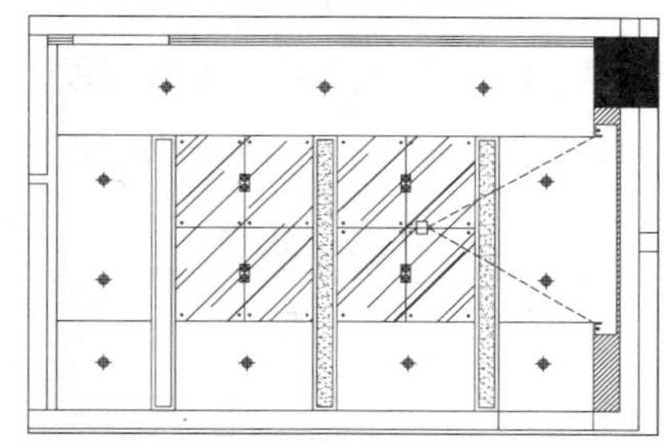

图12-83 图案填充

16 标高标注。调用I【插入】命令，在弹出的【插入】对话框中选择标高图块，根据命令行的提示选择标高点和输入标高值，绘制标高标注的结果如图12-84所示。

17 文字标注。调用MT【多行文字】命令，绘制顶面材料的文字标注，结果如图12-85所示。

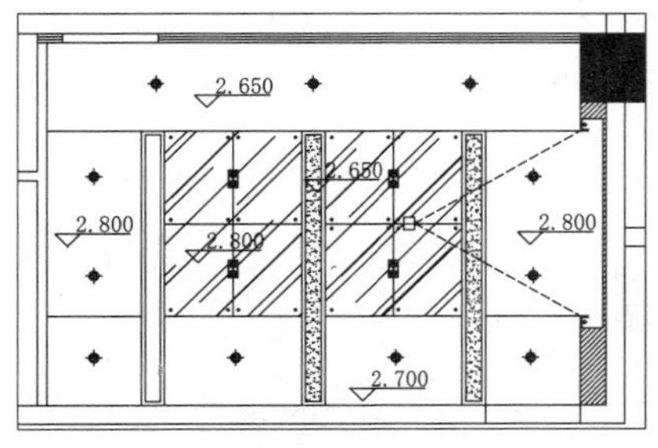

图12-84 标高标注

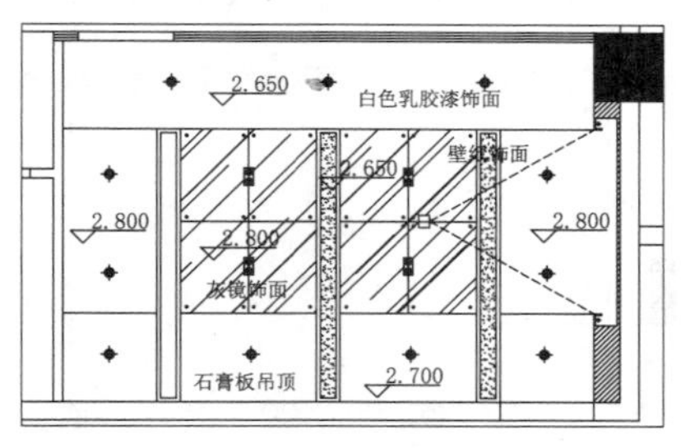

图12-85 文字标注

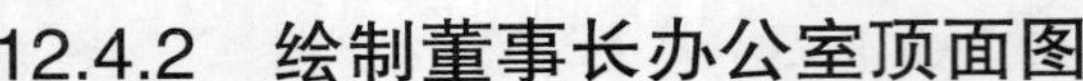

12.4.2 绘制董事长办公室顶面图

董事长办公室的顶面制作了石膏板吊顶，将办公区与会客区在顶面做区分。辅以白色乳胶漆饰面并制作了灯带，营造了一个和谐的办公氛围。

绘制董事长办公室顶面图主要调用的命令有【偏移】命令、【修剪】命令以及【矩形】命令等。

01 绘制窗帘盒及射灯区。调用O【偏移】命令，偏移墙线，结果如图12-86所示。

02 调用TR【修剪】命令，修剪线段，结果如图12-87所示。

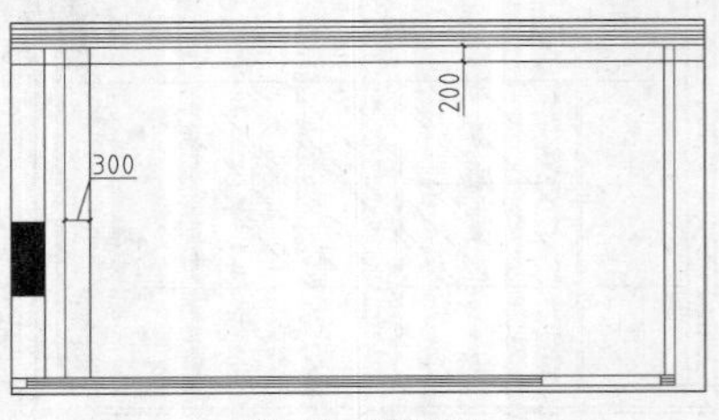

图12-86 偏移墙线

图12-87 修剪线段

03 绘制吊顶轮廓。调用O【偏移】命令，偏移线段，结果如图12-88所示。

04 调用TR【修剪】命令，修剪线段，结果如图12-89所示。

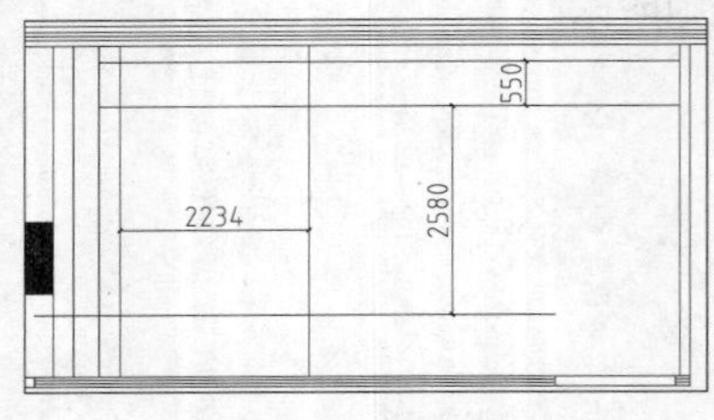

图12-88 偏移线段

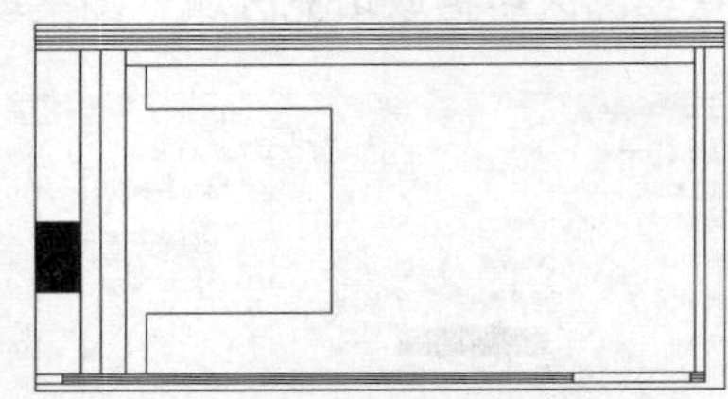

图12-89 修剪线段

05 调用O【偏移】命令，偏移线段，结果如图12-90所示。

06 调用TR【修剪】命令，修剪线段，结果如图12-91所示。

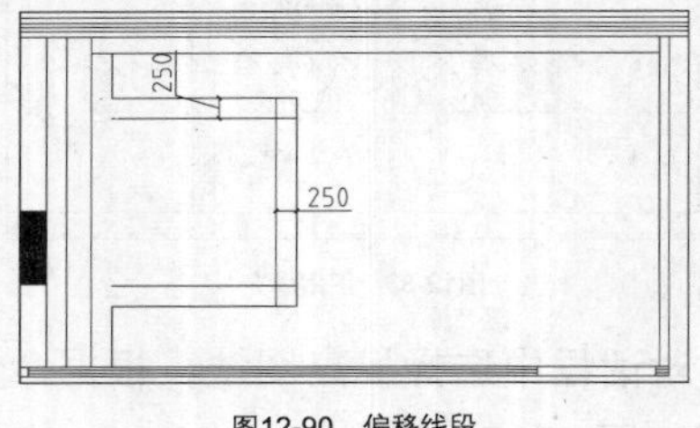

图12-90 偏移线段

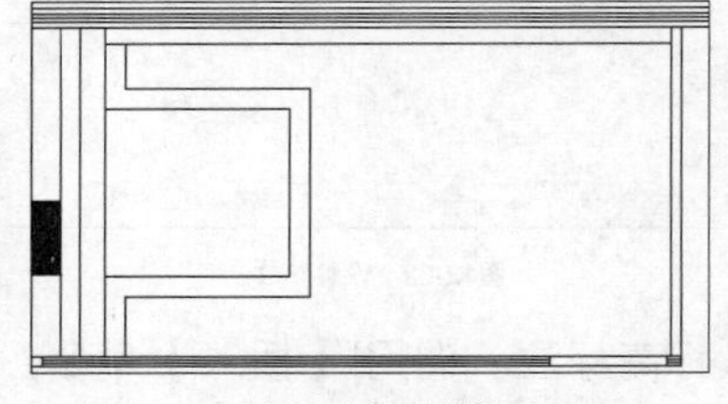

图12-91 修剪线段

07 调用O【偏移】命令、TR【修剪】命令，偏移并修剪线段，结果如图12-92所示。

08 调用REC【矩形】命令，绘制矩形，结果如图12-93所示。

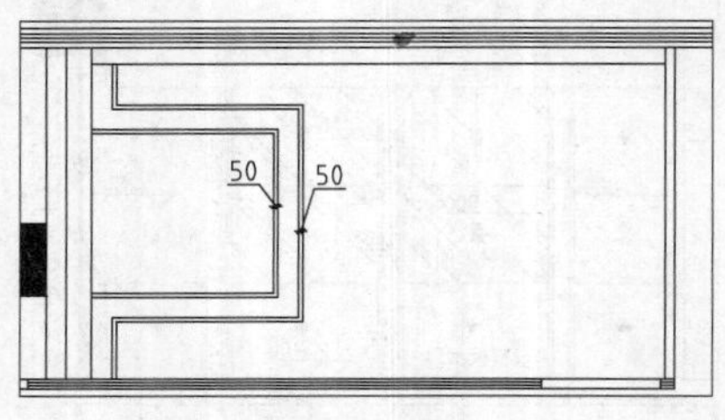

图12-92 绘制结果

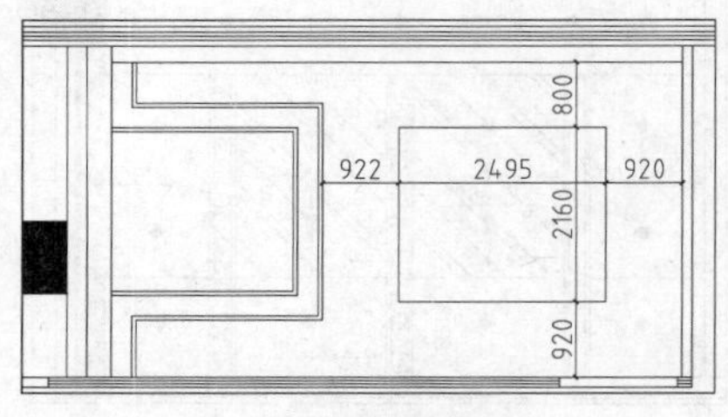

图12-93 绘制矩形

09 绘制灯带。调用O【偏移】命令，设置偏移距离为50，往外偏移矩形，并将所偏移的矩形的线型设置为虚线，结果如图12-94所示。

10 调入灯具图块。按Ctrl+O组合键，打开配套光盘提供的“第12章\家具图例.dwg”文件，将其中灯具等图形复制、粘贴至当前图形中，插入图块的结果如图12-95所示。

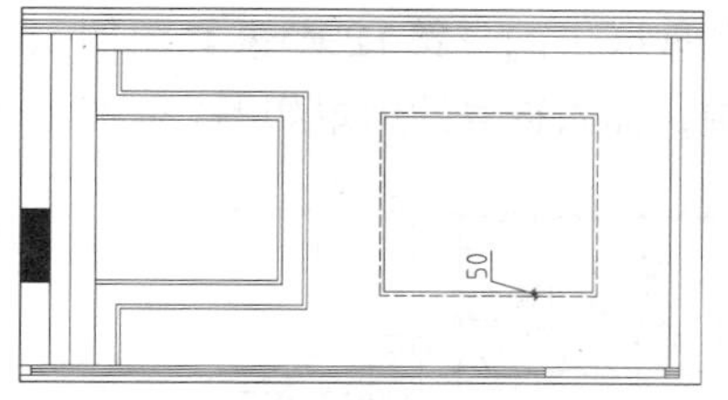

图12-94 绘制灯带

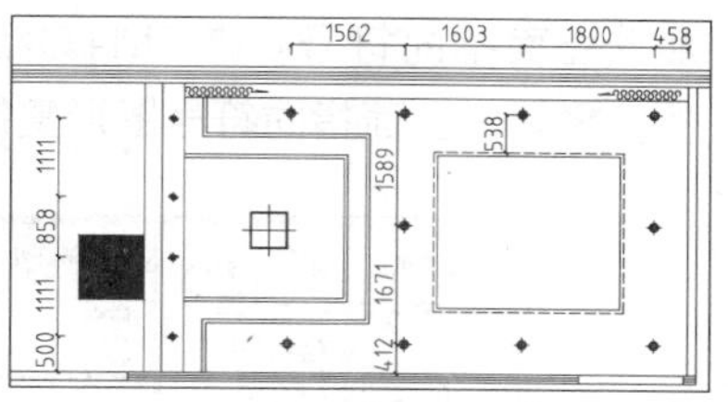

图12-95 插入图块

11 标高标注。调用I【插入】命令，在弹出的【插入】对话框中选择标高图块，根据命令行的提示选择标高点和输入标高值，绘制标高标注的结果如图12-96所示。

12 文字标注。调用MT【多行文字】命令，绘制顶面材料的文字标注，结果如图12-97所示。

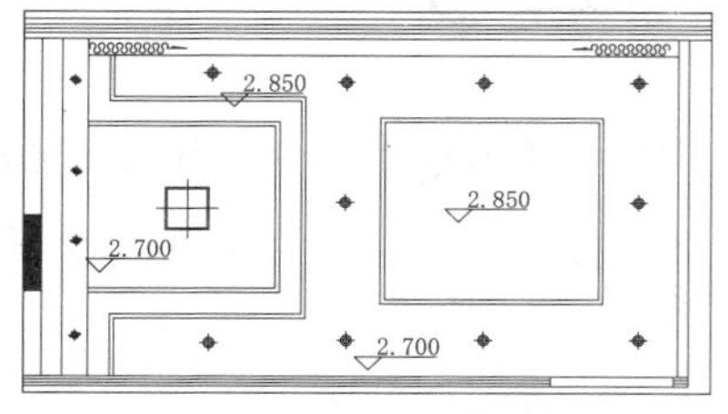

图12-96 标高标注

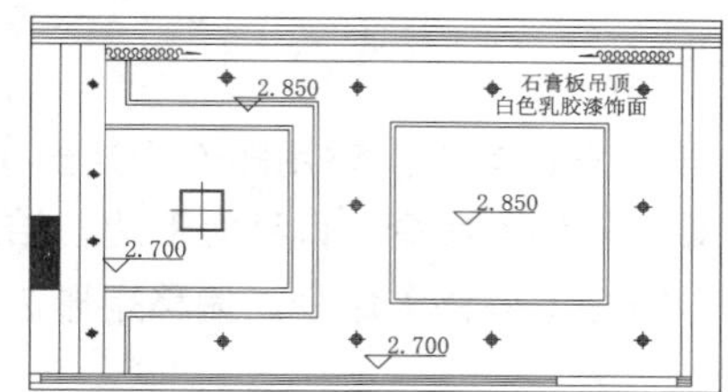

图12-97 文字标注

13 重复操作，绘制其他区域的顶面布置图，结果如图12-98所示。

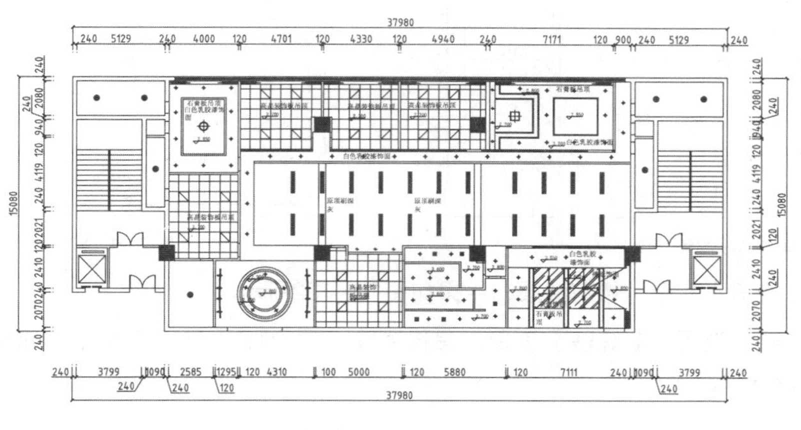

图12-98 绘制结果

12.5 绘制办公空间立面图

办公空间的立面图设计都比较简单，在满足功能性的前提下，辅以适当的装饰，即不单调，又保持了居室装潢的整体感觉。

本节介绍办公空间主要立面图的绘制方法。

12.5.1 绘制董事长室D立面图

董事长室D立面图主要指书柜立面图。书柜的制作形式为带门的底柜，两侧制作玻璃层板和玻璃推拉门，方便摆放装饰物，中间制作吸音软包，辅以装饰画。整个书柜简洁大气，富有生气。

绘制董事长室D立面图主要调用的命令有【偏移】命令、【修剪】命令以及【镜像】命令。

01 加入立面指向符号。按Ctrl+O组合键，打开配套光盘提供的“第12章\家具图例.dwg”文件，将其中立面指向符号图形复制、粘贴至平面图中，插入符号的结果如图12-99所示。

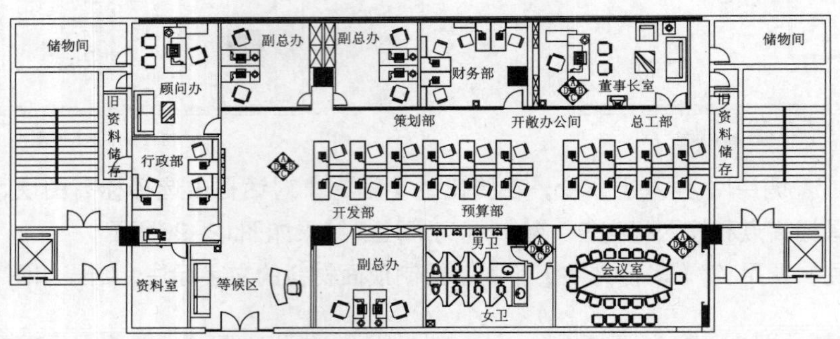

图12-99 加入立面指向符号

02 绘制立面轮廓。调用REC【矩形】命令，绘制矩形；调用X【分解】命令，分解矩形；调用O【偏移】命令，偏移矩形边，结果如图12-100所示。

03 调用O【偏移】命令，偏移矩形边，结果如图12-101所示。

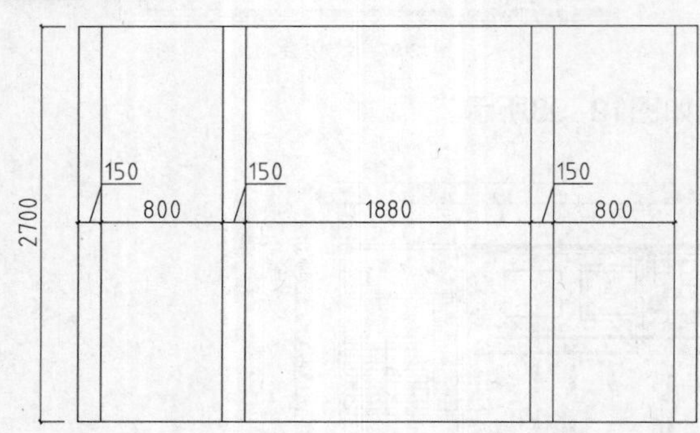

图12-100 偏移矩形边

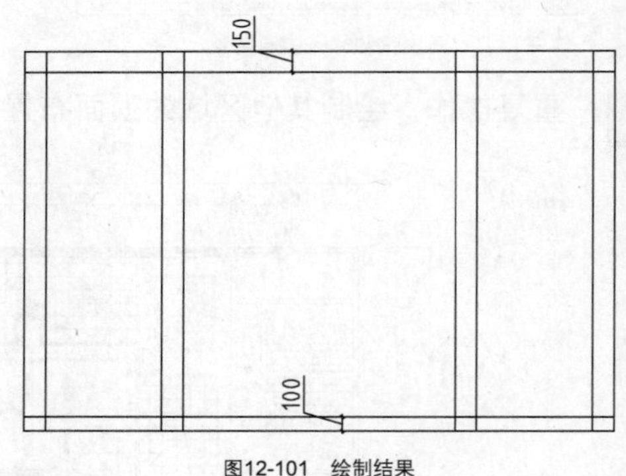

图12-101 绘制结果

04 调用TR【修剪】命令，修剪线段，结果如图12-102所示。

05 绘制装饰柜。调用O【偏移】命令，偏移线段；调用TR【修剪】命令，修剪线段，结果如图12-103所示。

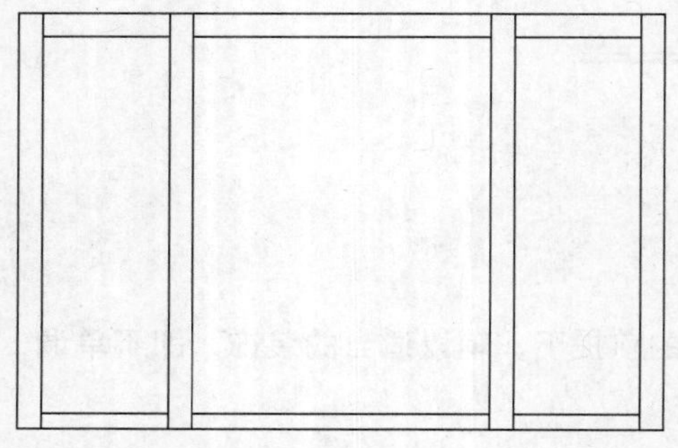

图12-102 修剪线段

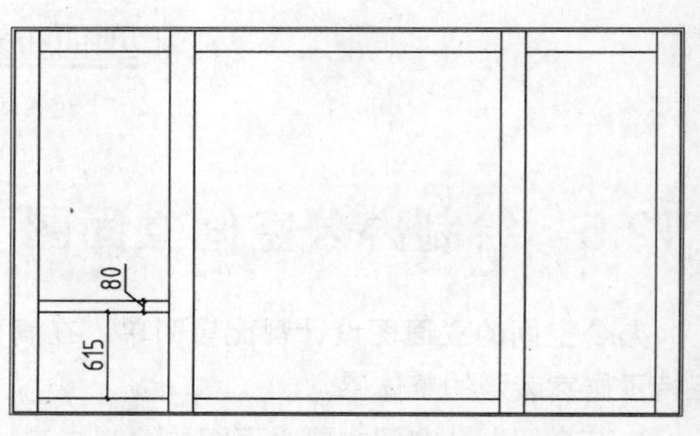

图12-103 修剪线段

06 调用O【偏移】命令、TR【修剪】命令，偏移并修剪线段，结果如图12-104所示。

07 绘制柜门、把手。调用L【直线】命令，绘制直线；调用REC【矩形】命令，绘制尺寸为103×33的矩形，结果如图12-105所示。

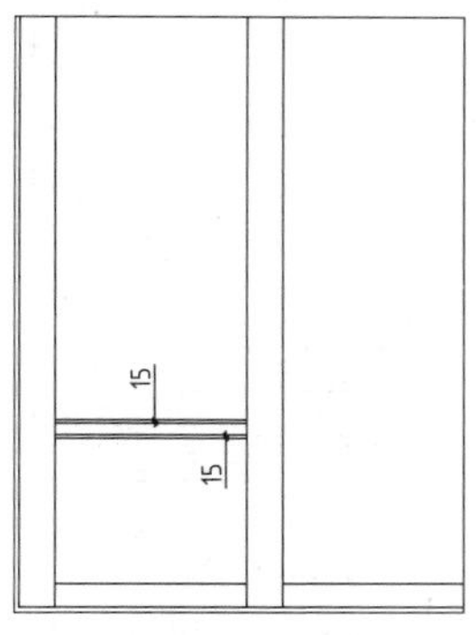

图12-104 修剪结果

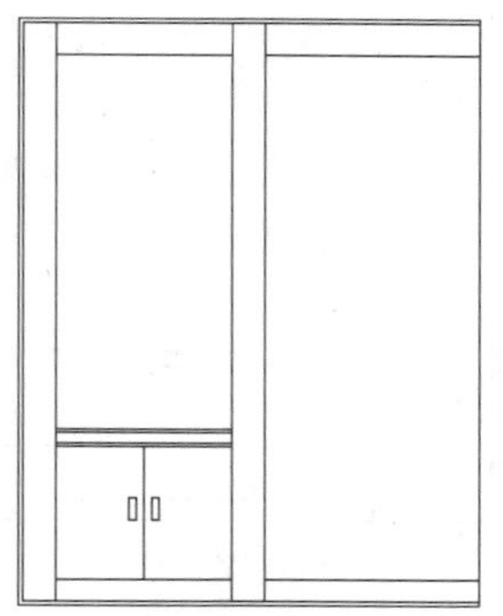

图12-105 绘制结果

08 填充柜门图案。调用H【填充】命令，弹出【图案填充和渐变色】对话框，设置参数如图12-106所示。

09 在绘图区中拾取填充区域，图案填充的结果如图12-107所示。

图12-106 设置参数

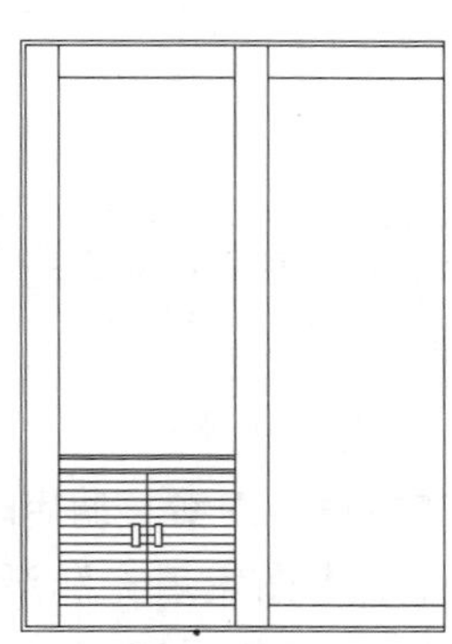

图12-107 图案填充

10 调用MI【镜像】命令，镜像复制绘制完成的图形，结果如图12-108所示。

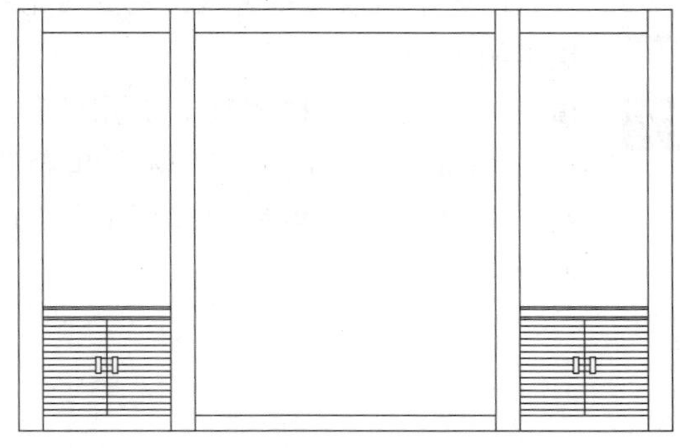

图12-108 镜像复制

11 调用L【直线】命令，绘制直线，结果如图12-109所示。

12 重复上述绘制柜门的操作，绘制门把手并填充柜门图案，结果如图12-110所示。

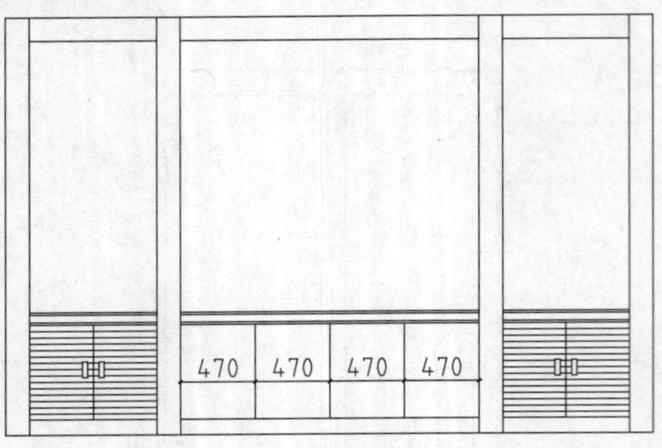

图12-109 绘制直线

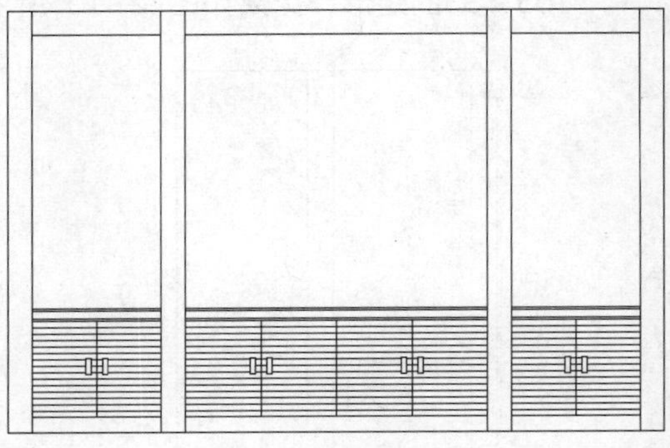

图12-110 绘制结果

13 绘制层板。调用O【偏移】命令，偏移线段；调用TR【修剪】命令，修剪线段，结果如图12-111所示。

14 调入装饰物图块。按Ctrl+O组合键，打开配套光盘提供的“第12章\家具图例.dwg”文件，将其中挂画等图形复制粘、贴至当前图形中，插入图块的结果如图12-112所示。

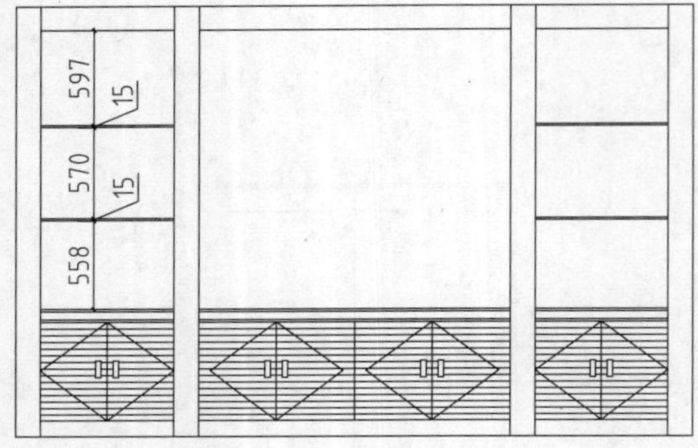

图12-111 修剪线段

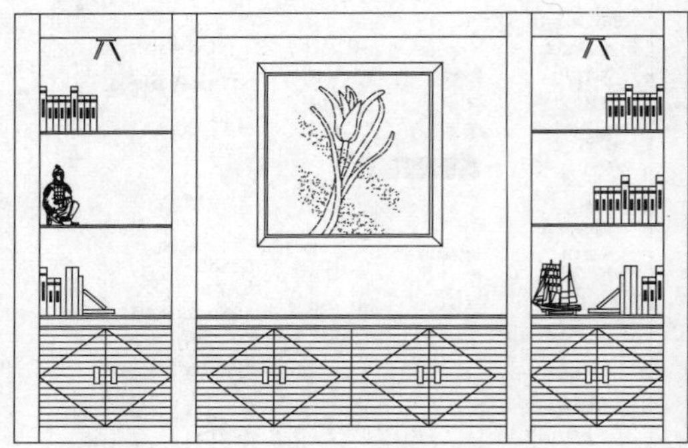

图12-112 插入图块

15 填充茶镜材料图案。调用H【填充】命令，弹出【图案填充和渐变色】对话框，设置参数如图12-113所示。

16 在绘图区中拾取填充区域，图案填充的结果如图12-114所示。

17 填充墙面软包材料图案。调用H【填充】命令，弹出【图案填充和渐变色】对话框，设置参数如图12-115所示。

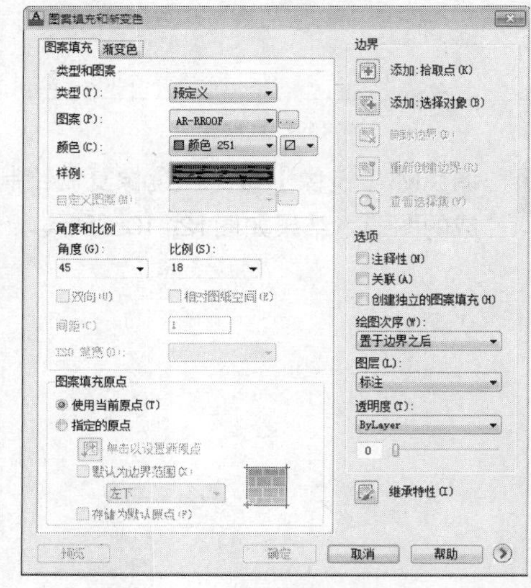

图12-113 设置参数

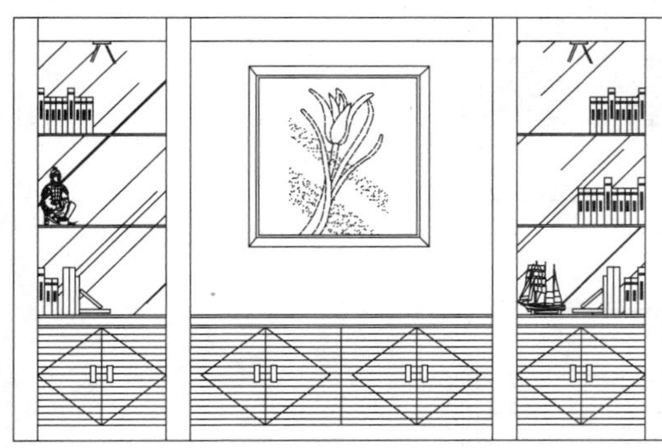

图12-114 图案填充

图12-115 设置参数

18 在绘图区中拾取填充区域，图案填充的结果如图12-116所示。

19 文字标注。调用MLD【多重引线】标注命令，分别指定引线箭头的位置、引线基线的位置，绘制多重引线标注的结果如图12-117所示。

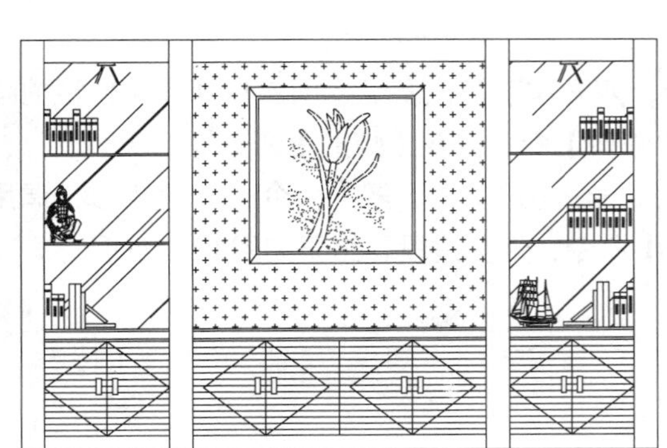

图12-116 图案填充

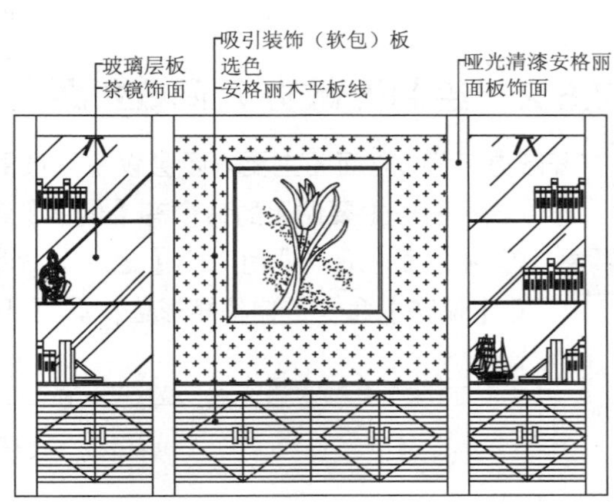

图12-117 文字标注

20 尺寸标注。调用DLI【线性标注】命令，为立面图绘制尺寸标注，结果如图12-118所示。

21 图名标注。调用MT【多行文字】命令、L【直线】命令，绘制图名标注，结果如图12-119所示。

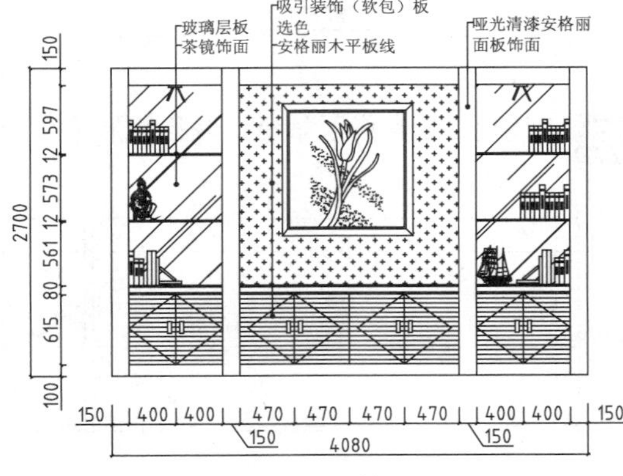

图12-118 尺寸标注

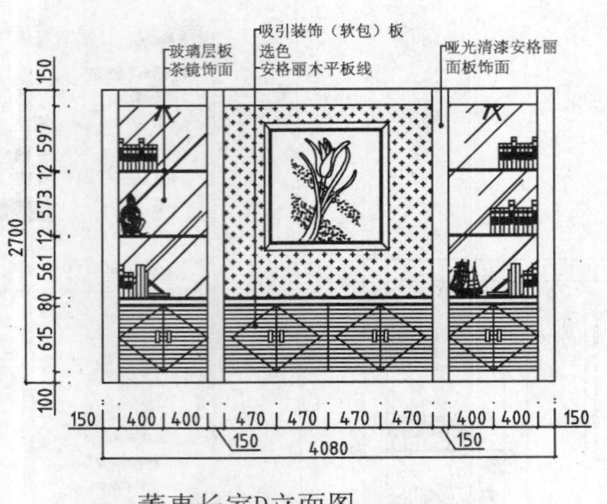

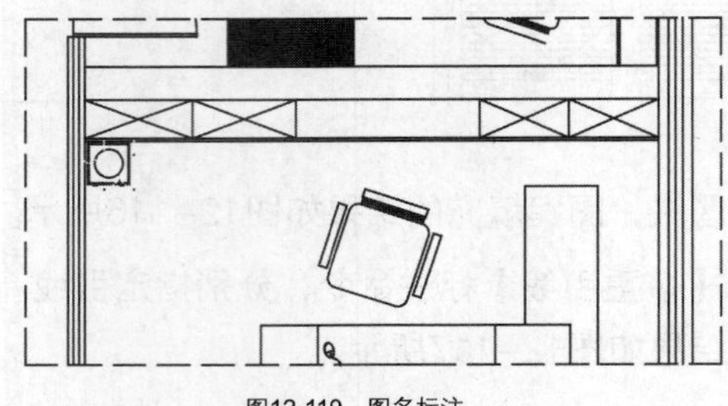

图12-119　图名标注

12.5.2　绘制开敞办公间C立面图

开敞办公间C立面图主要表示会议室双玻百叶隔断、双开玻璃门以及卫生间入口处和文件柜的画法。绘制这些图形主要调用的命令有【偏移】命令、【修剪】命令以及【矩形】命令等。

01 绘制立面轮廓。调用REC【矩形】命令，绘制矩形；调用X【分解】命令，分解矩形；调用O【偏移】命令，偏移矩形边；调用TR【修剪】命令，修剪线段，结果如图12-120所示。

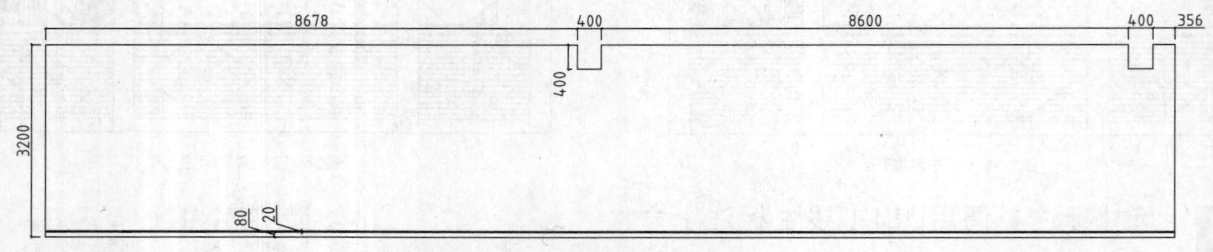

图12-120　绘制结果

02 调用O【偏移】命令，偏移矩形边，结果如图12-121所示。

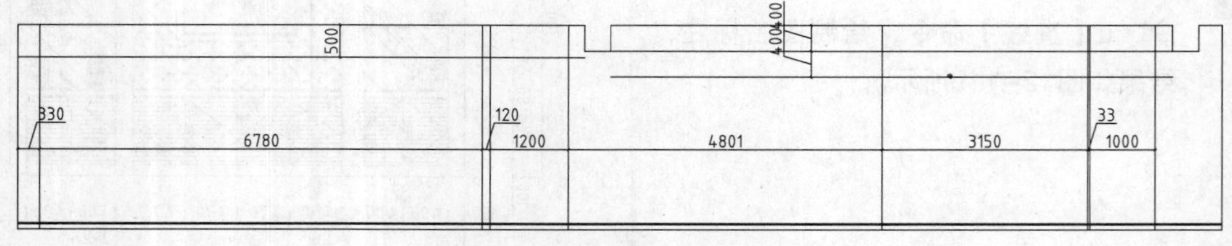

图12-121　偏移矩形边

03 调用TR【修剪】命令，修剪线段，结果如图12-122所示。

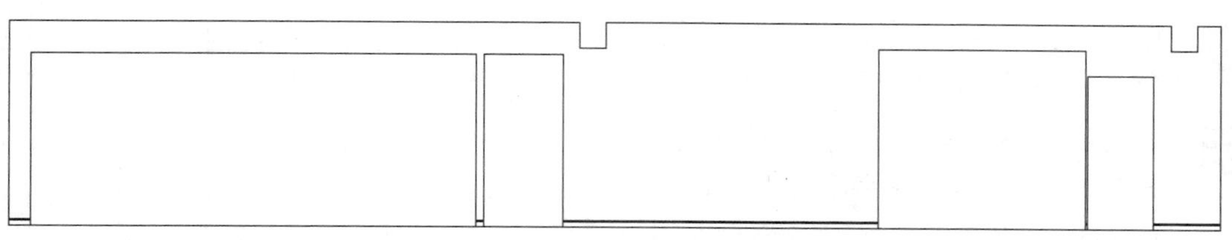

图12-122 修剪线段

04 绘制隔断。调用O【偏移】命令，偏移线段；调用TR【修剪】命令，修剪线段，结果如图12-123所示。

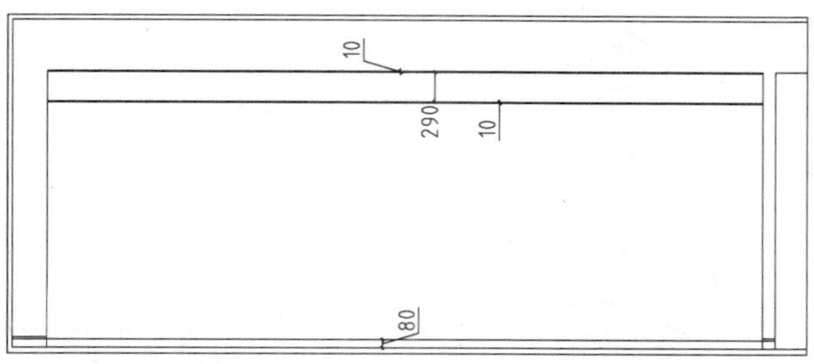

图12-123 修剪线段

05 调用O【偏移】命令，偏移线段，结果如图12-124所示。

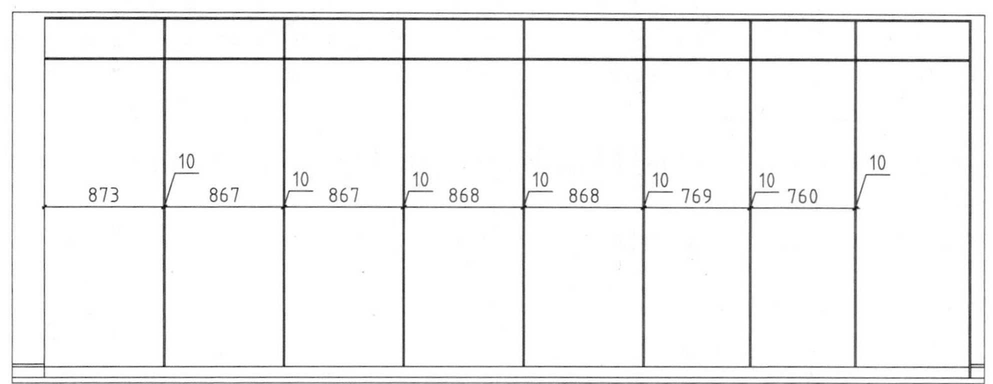

图12-124 偏移线段

06 调用TR【修剪】命令，修剪线段，结果如图12-125所示。

07 调用O【偏移】命令，偏移线段；调用TR【修剪】命令，修剪线段，结果如图12-126所示。

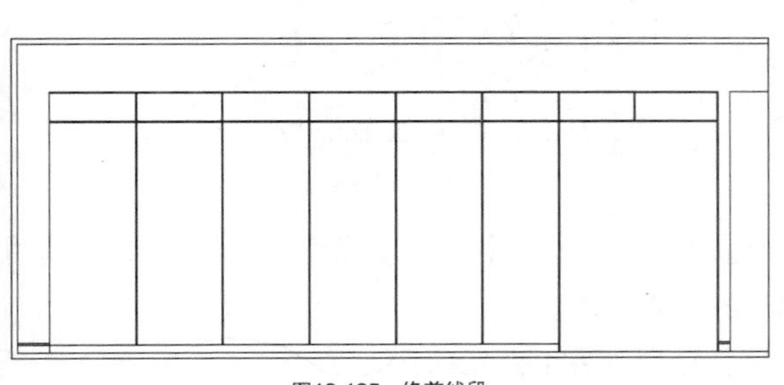

图12-125 修剪线段

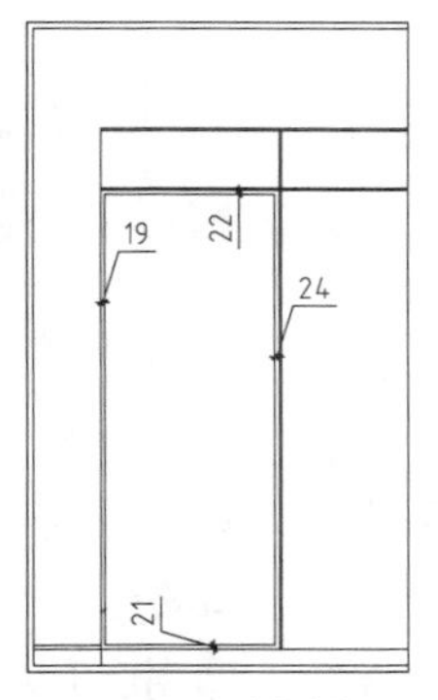

图12-126 修剪线段

第12章 办公空间室内设计

08 重复O【偏移】命令、TR【修剪】命令，绘制如图12-127所示的图形。

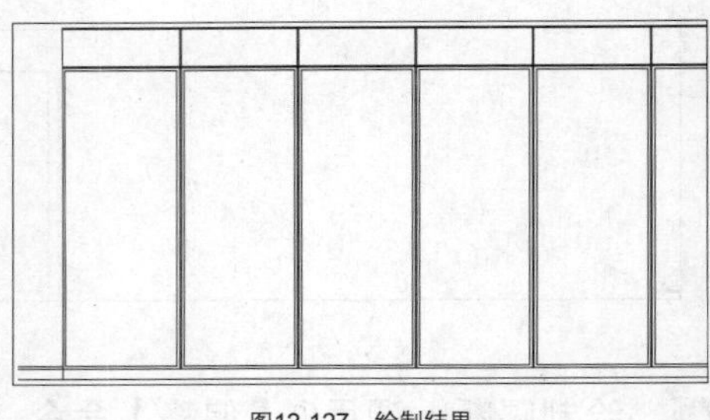

图12-127 绘制结果

09 填充百叶隔断材料图案。调用H【填充】命令，弹出【图案填充和渐变色】对话框，设置参数如图12-128所示。

10 在绘图区中拾取填充区域，图案填充的结果如图12-129所示。

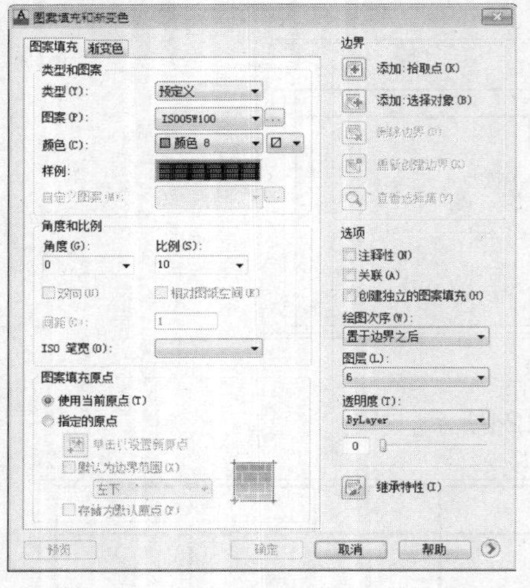

图12-128 设置参数

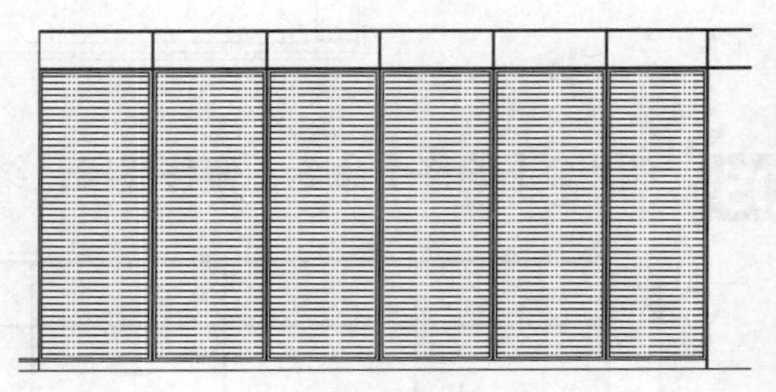

图12-129 图案填充

11 填充白玻璃材料图案。调用H【填充】命令，弹出【图案填充和渐变色】对话框，设置参数如图12-130所示。

12 在绘图区中拾取填充区域，图案填充的结果如图12-131所示。

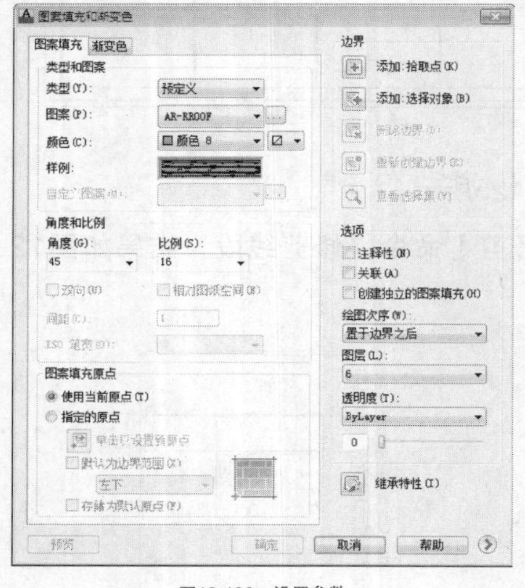

图12-130 设置参数

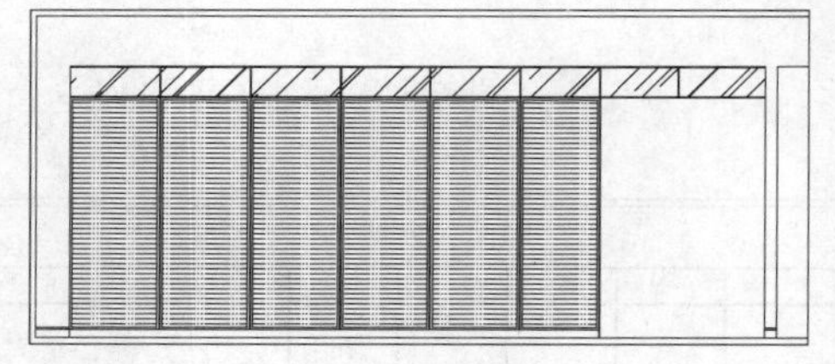

图12-131 图案填充

13 绘制卫生间入口。调用L【直线】命令，绘制直线；调用TR【修剪】命令，修剪直线；调用PL【多段线】命令,. 绘制折断线，结果如图12-132所示。

14 绘制装饰柜。调用O【偏移】命令，偏移直线，结果如图12-133所示。

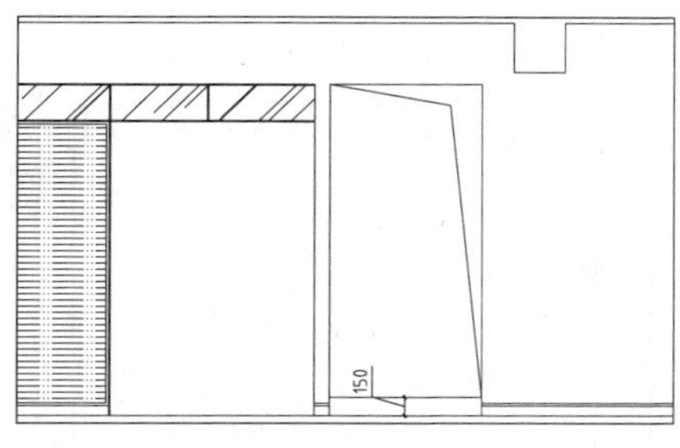

图12-132 绘制结果

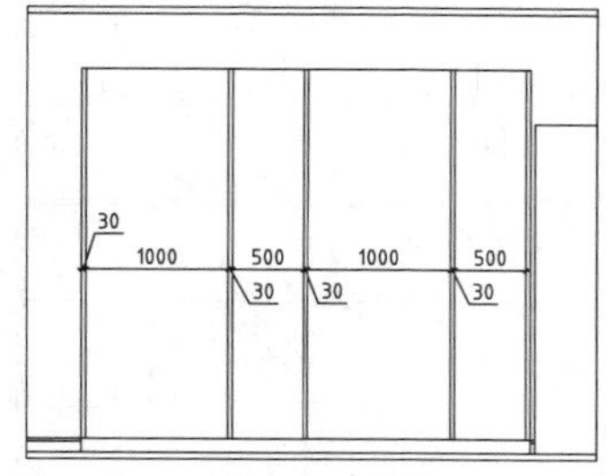

图12-133 偏移直线

15 调用O【偏移】命令，偏移直线，结果如图12-134所示。

16 调用TR【修剪】命令，修剪线段，结果如图12-135所示。

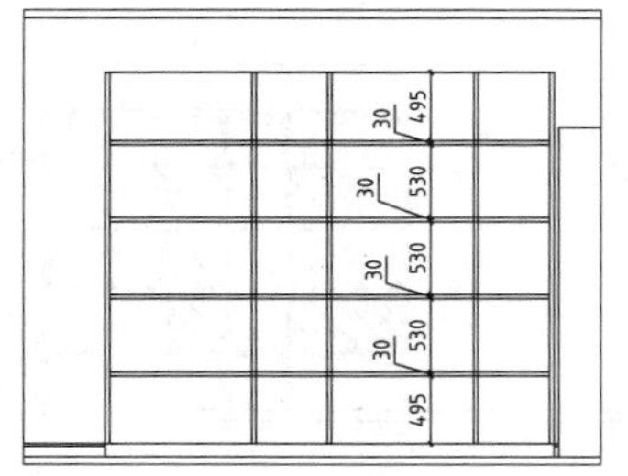

图12-134 偏移直线

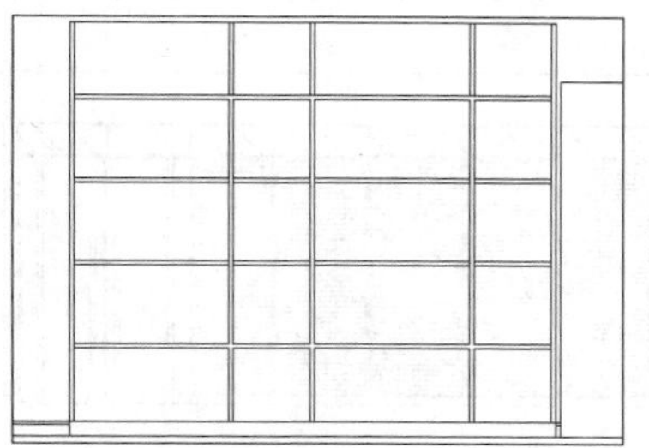
图12-135 修剪线段

17 绘制柜门。调用L【直线】命令，绘制直线，结果如图12-136所示。

18 绘制把手。调用REC【矩形】命令，绘制尺寸为168×29的矩形，结果如图12-137所示。

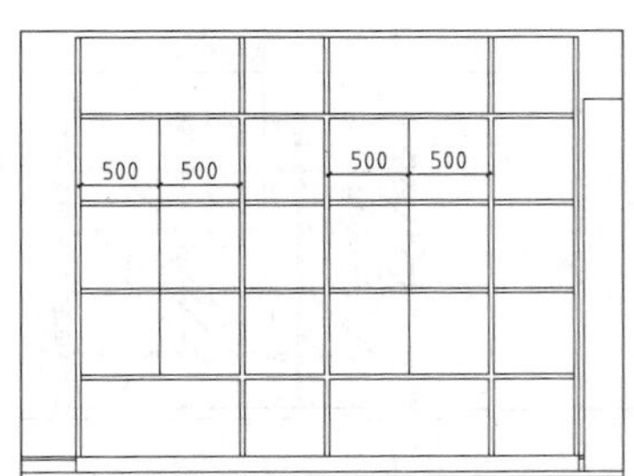

图12-136 绘制直线

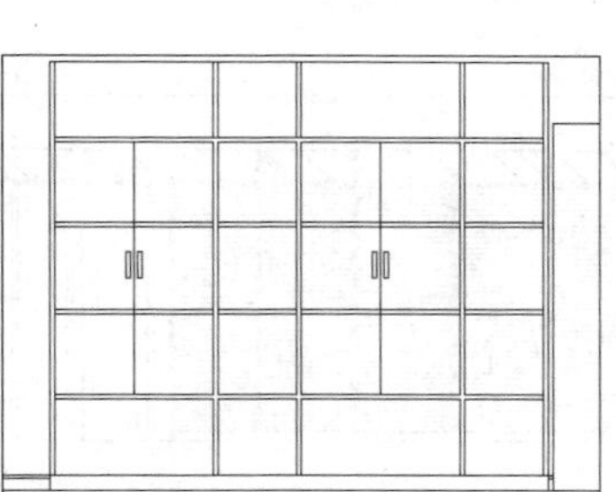
图12-137 绘制矩形

19 填充玻璃柜门图案。调用H【填充】命令，弹出【图案填充和渐变色】对话框，设置参数如图12-138所示。

20 在绘图区中拾取填充区域，图案填充的结果如图12-139所示。

21 调用PL【多段线】命令，绘制折断线，结果如图12-140所示。

图12-138 设置参数

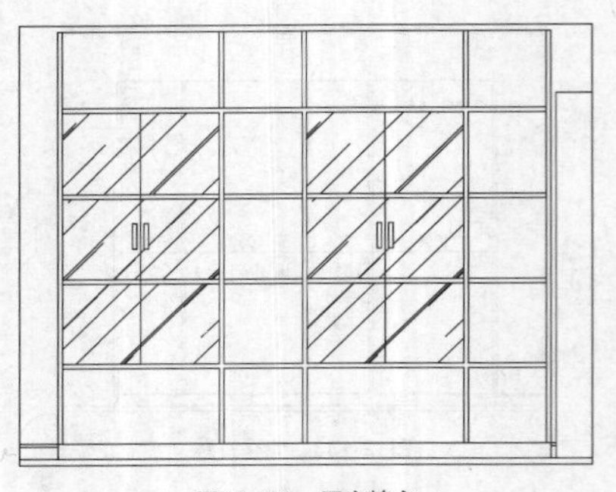

图12-139 图案填充

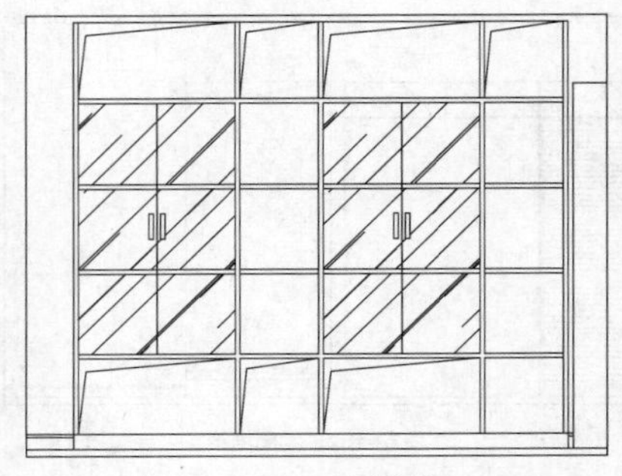

图12-140 绘制折断线

22 调入图块。按Ctrl+O组合键，打开配套光盘提供的“第12章\家具图例.dwg”文件，将其中玻璃门等图形复制、粘贴至当前图形中，插入图块的结果如图12-141所示。

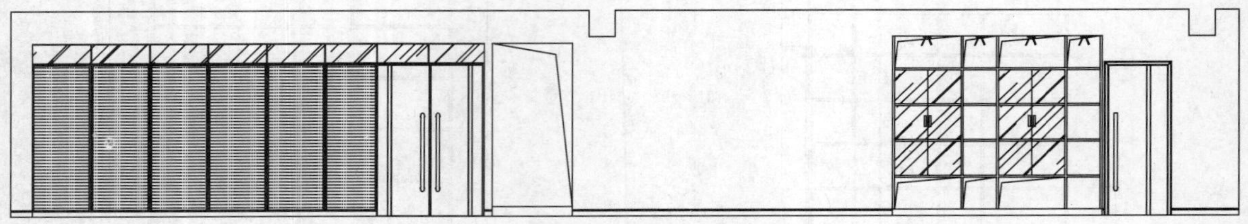

图12-141 插入图块

23 调用MLD【多重引线】标注命令，分别指定引线箭头的位置、引线基线的位置，绘制多重引线标注的结果如图12-142所示。

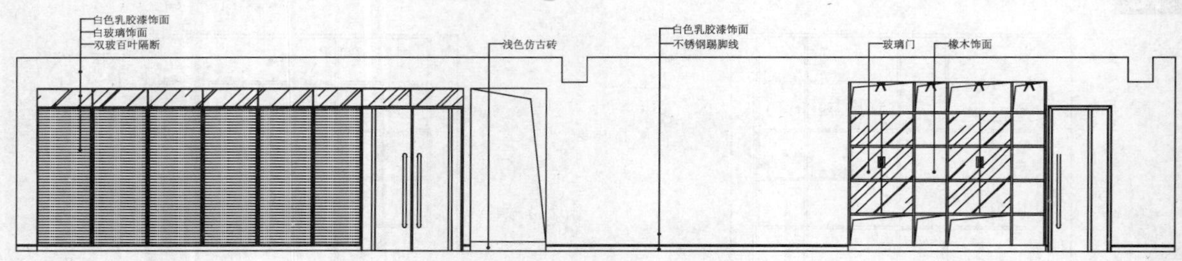

图12-142 文字标注

24 调用DLI【线性标注】命令，为立面图绘制尺寸标注，结果如图12-143所示。

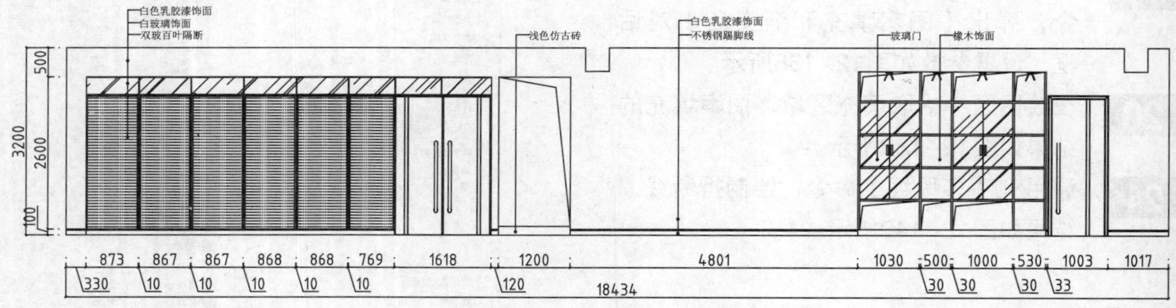

图12-143 尺寸标注

25 调用MT【多行文字】命令、L【直线】命令，绘制图名标注，结果如图12-144所示。

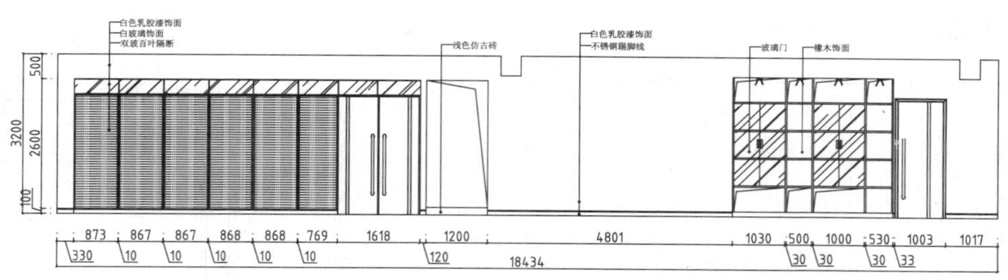

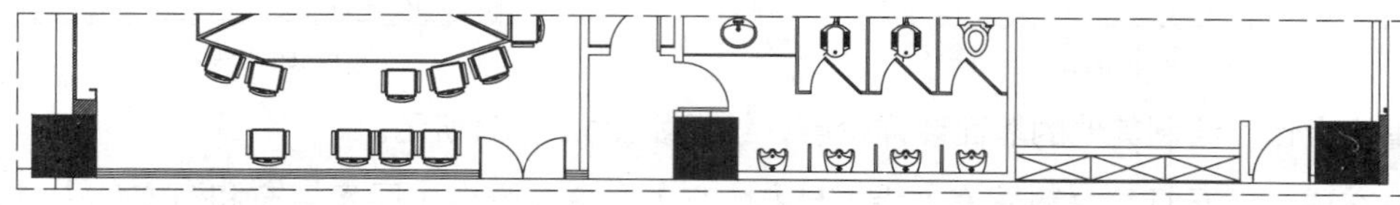

图12-144 图名标注

12.5.3 绘制会议室A立面图

由于开会必须保证私密性，所以，会议室墙面装饰要配备吸音功能，以将内部的声音隔绝。绘制会议室A立面图主要调用的命令有，【矩形】命令、【偏移】命令以及【直线】命令等。

01 绘制立面轮廓。调用REC【矩形】命令，绘制矩形；调用X【分解】命令，分解矩形；调用O【偏移】命令，偏移矩形边，结果如图12-145所示。

02 调用O【偏移】命令，偏移矩形边，结果如图12-146所示。

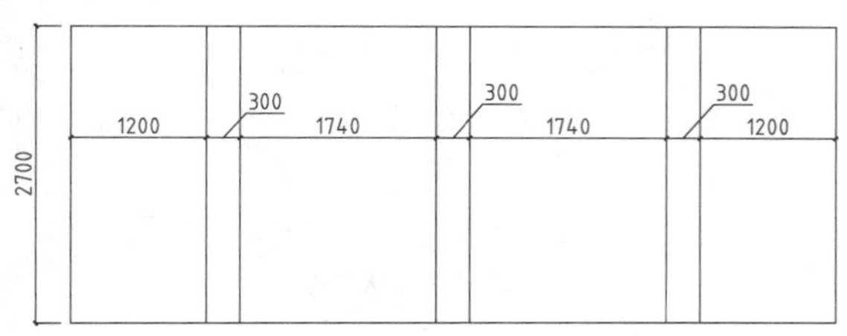

图12-145 绘制结果

图12-146 偏移矩形边

03 调用TR【修剪】命令，修剪线段，结果如图12-147所示。

04 绘制门洞。调用O【偏移】命令，偏移线段；调用TR【修剪】命令，修剪线段，结果如图12-148所示。

图12-147 修剪线段

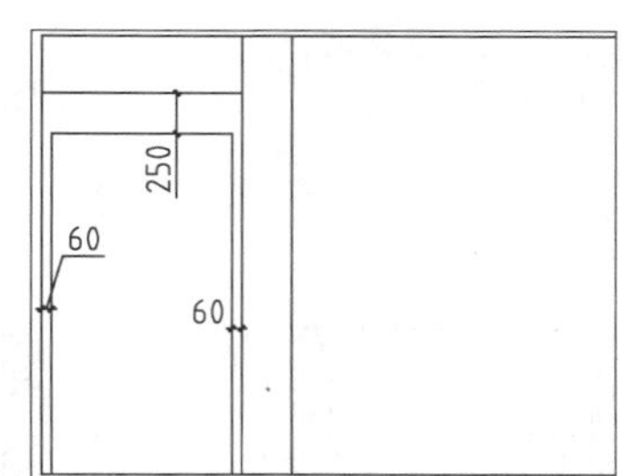

图12-148 修剪线段

05 绘制玻璃门。调用L【直线】命令，绘制直线；调用PL【多段线】命令，绘制门开启方向线，结果如图12-149所示。

06 绘制墙面装饰轮廓。调用O【偏移】命令，偏移线段；调用TR【修剪】命令，修剪线段，结果如图12-150所示。

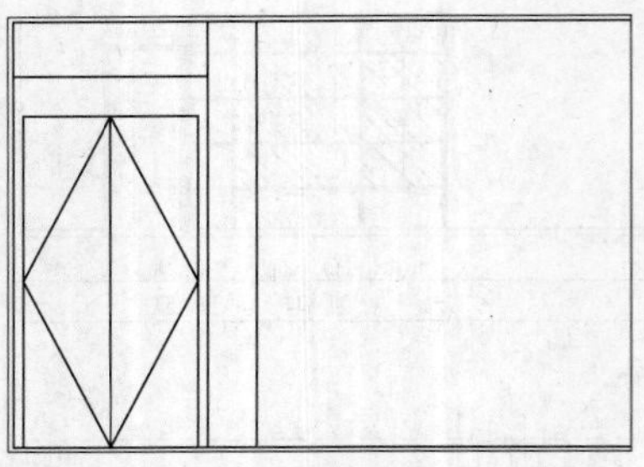
图12-149 绘制结果

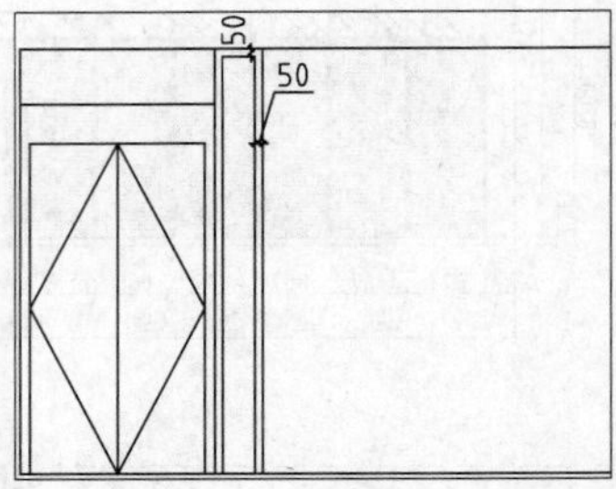

图12-150 修剪线段

07 重复操作，绘制其他的墙面装饰轮廓，结果如图12-151所示。

08 填充透光云石灯片材料图案。调用H【填充】命令，弹出【图案填充和渐变色】对话框，设置参数如图12-152所示。

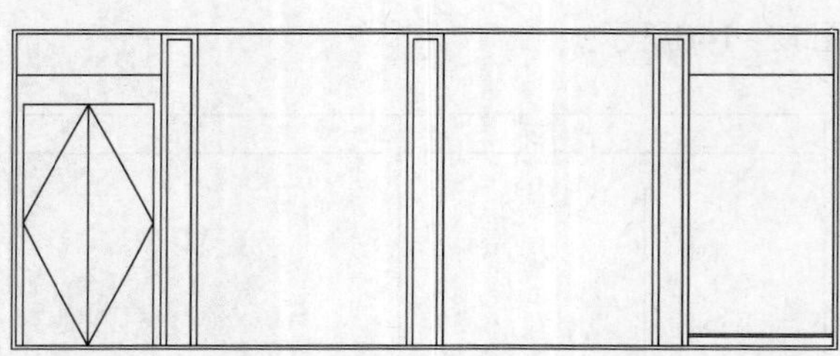
图12-151 绘制结果

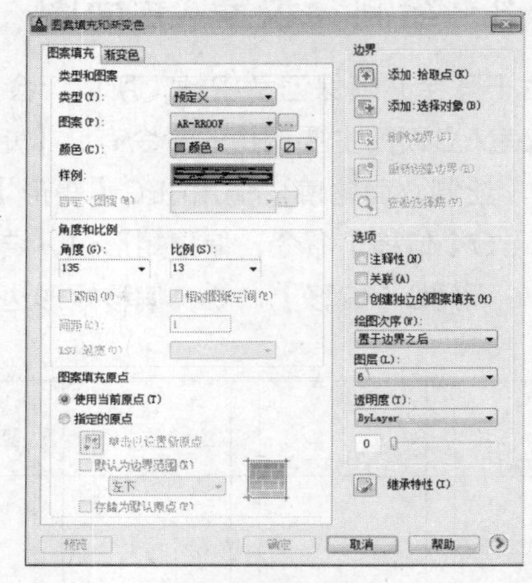
图12-152 设置参数

09 在绘图区中拾取填充区域，图案填充的结果如图12-153所示。

10 填充白色线条材料图案。调用H【填充】命令，弹出【图案填充和渐变色】对话框，设置参数如图12-154所示。

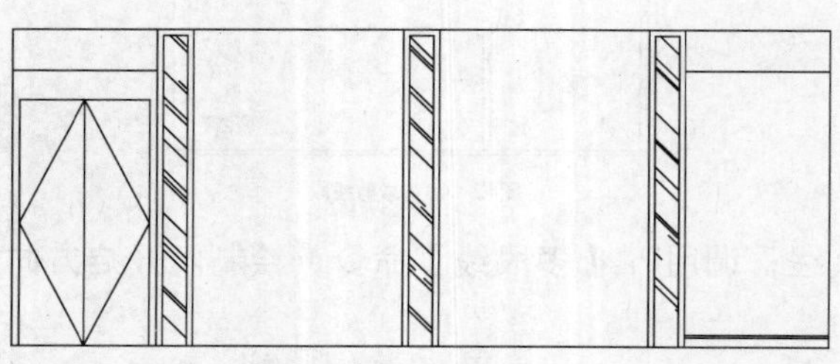
图12-153 图案填充

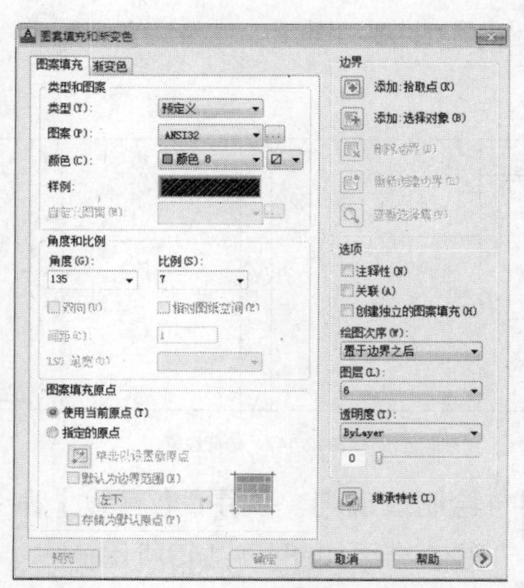
图12-154 设置参数

11 在绘图区中拾取填充区域，图案填充的结果如图12-155所示。

12 填充高级墙纸材料图案。调用H【填充】命令，弹出【图案填充和渐变色】对话框，设置参数如图12-156所示。

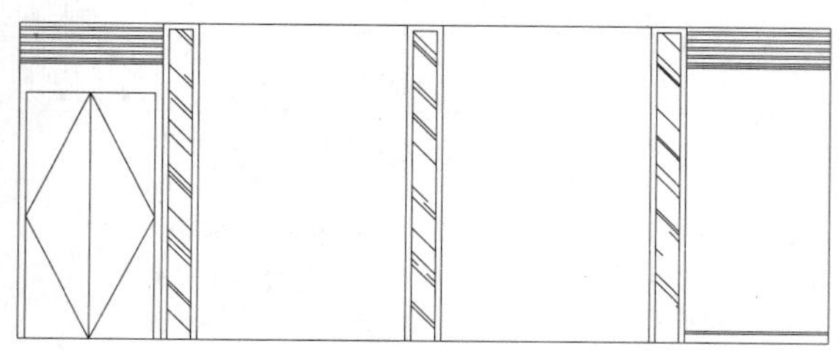

图12-155　图案填充

图12-156　设置参数

13 在绘图区中拾取填充区域，图案填充的结果如图12-157所示。

14 绘制墙面软包轮廓。调用O【偏移】命令，偏移线段；调用TR【修剪】命令，修剪线段，结果如图12-158所示。

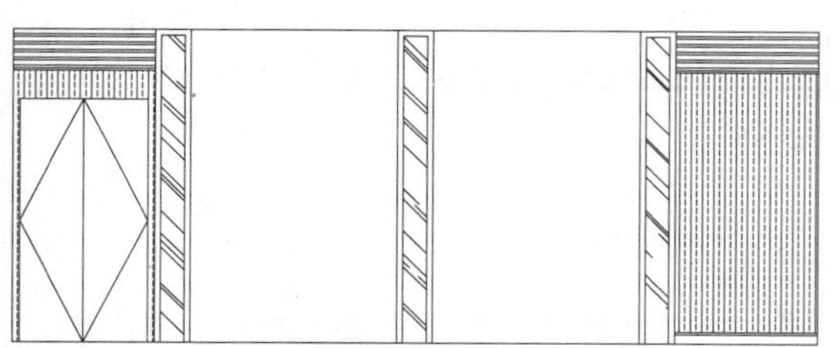

图12-157　图案填充

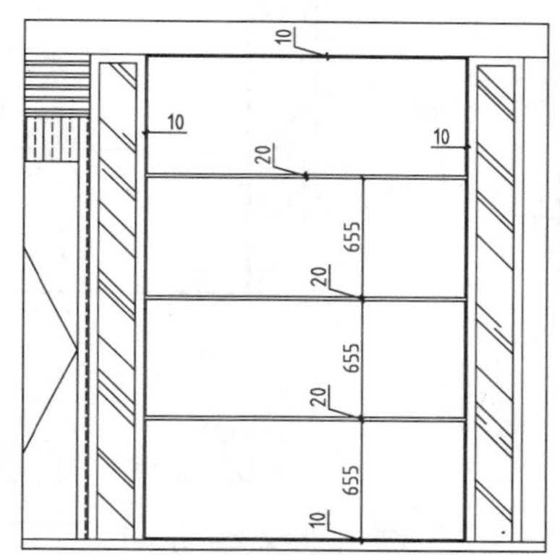

图12-158　修剪线段

15 重复操作，绘制其他的墙面软包轮廓，结果如图12-159所示。

16 填充墙面软包材料图案。调用H【填充】命令，弹出【图案填充和渐变色】对话框，设置参数如图12-160所示。

17 在绘图区中拾取填充区域，图案填充的结果如图12-161所示。

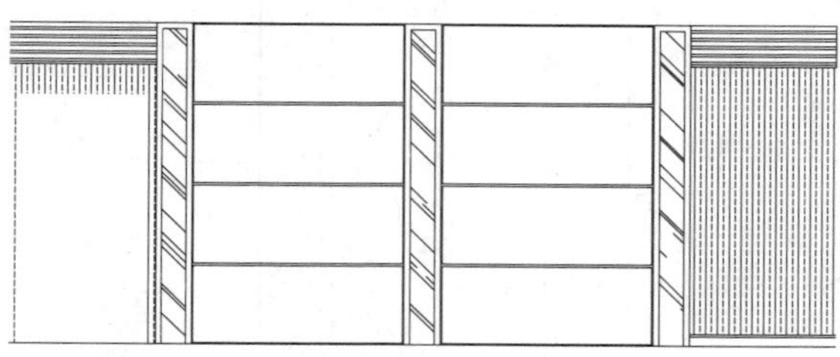

图12-159　绘制结果

18 调用MLD【多重引线】标注命令，分别指定引线箭头的位置、引线基线的位置，绘制多重引线标注的结果如图12-162所示。

19 调用DLI【线性标注】命令，为立面图绘制尺寸标注，结果如图12-163所示。

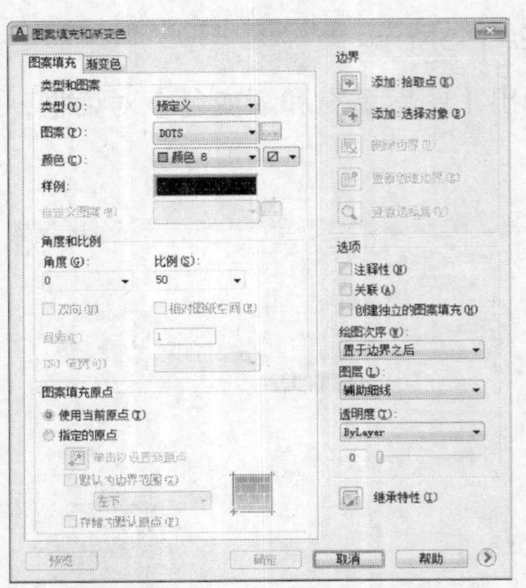

图12-160　设置参数

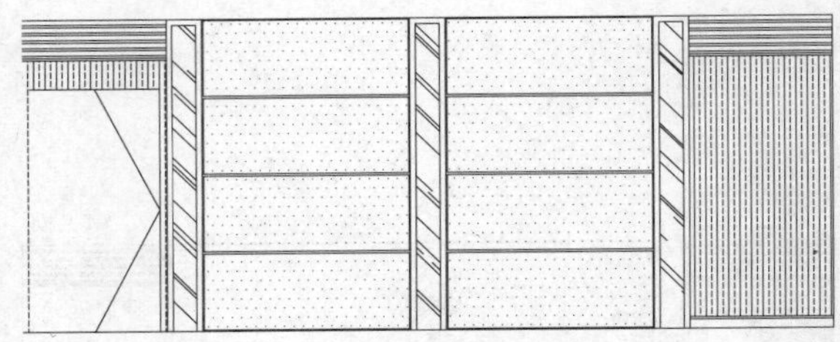

图12-161　图案填充

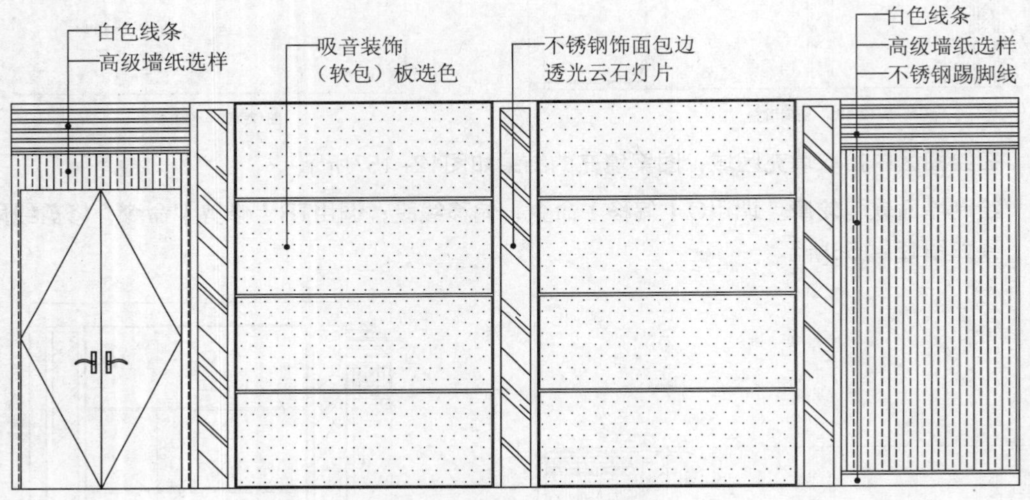

图12-162　文字标注

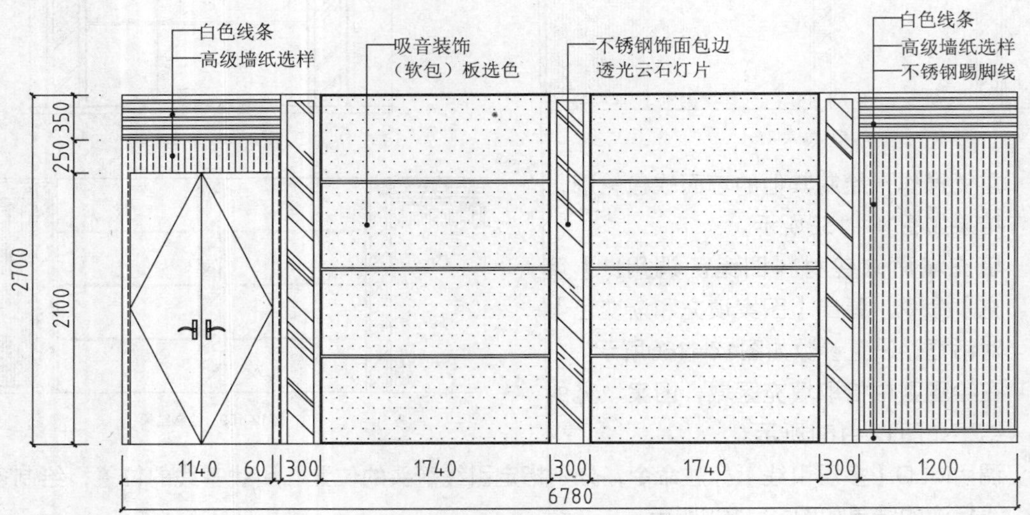

图12-163　尺寸标注

20 调用MT【多行文字】命令、L【直线】命令，绘制图名标注，结果如图12-164所示。

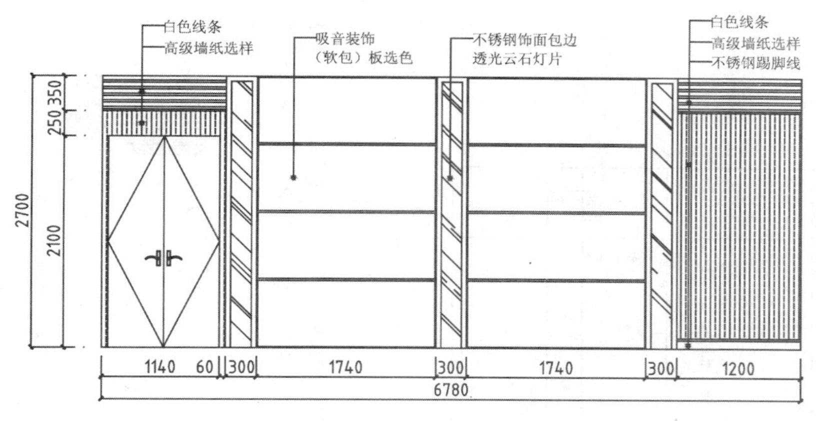

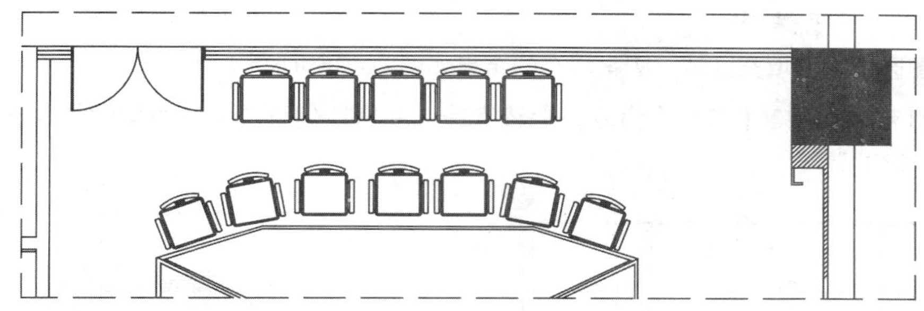

图12-164　图名标注

12.5.4　绘制男卫C立面图

男卫C立面图主要表达洗手台墙面的做法，除了必备的水银镜和洗手盆外，还在水银镜的上、下方制作了LED灯管，辅以墙面的浅色仿古砖装饰，表达了一种大气的设计概念和氛围。

绘制男卫C立面图主要调用【矩形】命令、【分解】命令以及【偏移】命令等。

01 绘制立面轮廓。调用REC【矩形】命令，绘制矩形；调用X【分解】命令，分解矩形；调用O【偏移】命令，偏移矩形边，结果如图12-165所示。

02 用O【偏移】命令，偏移矩形边，结果如图12-166所示。

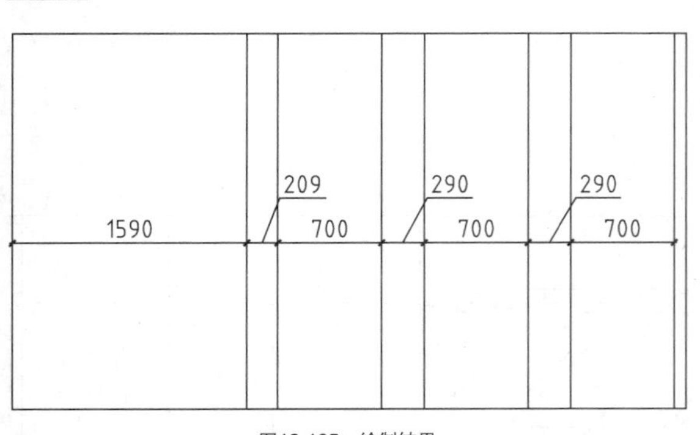

图12-165　绘制结果

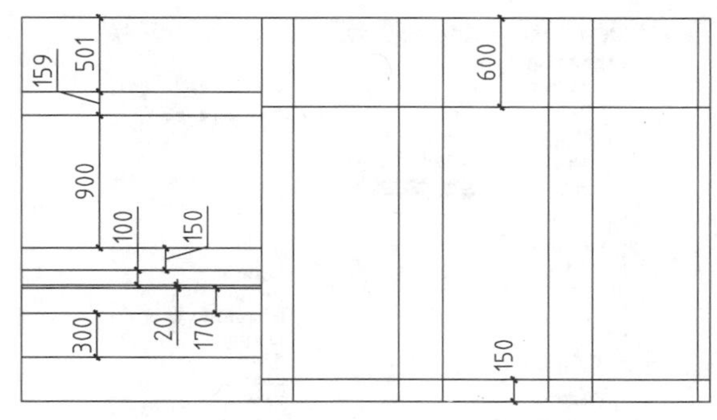

图12-166　偏移矩形边

03 调用TR【修剪】命令，修剪线段，结果如图12-167所示。

04 填充墙面装饰材料图案。调用H【填充】命令，弹出【图案填充和渐变色】对话框，设置参数如图12-168所示。

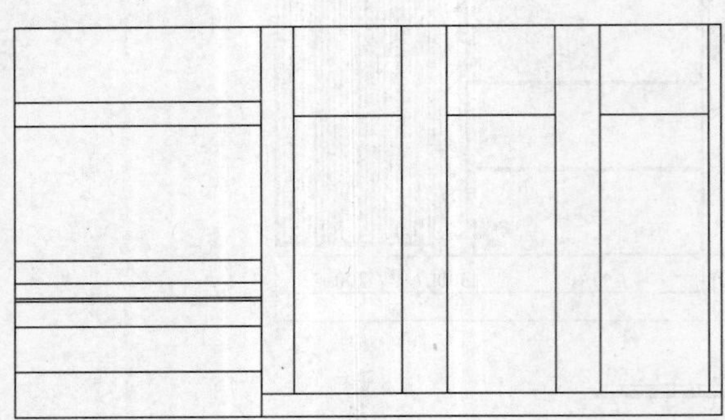

图12-167　修剪线段

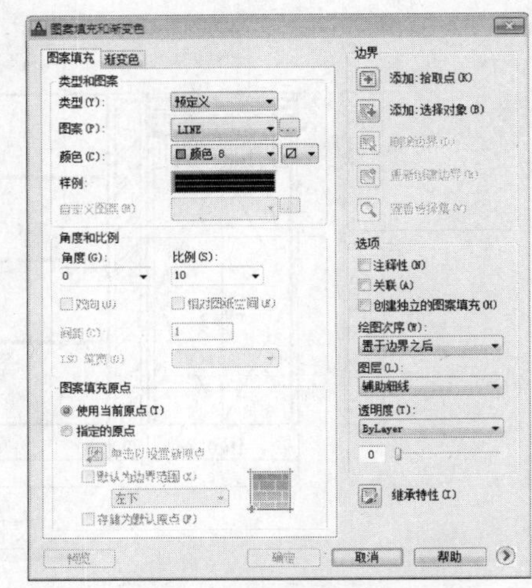

图12-168　设置参数

05 在绘图区中拾取填充区域，图案填充的结果如图12-169所示。

06 绘制灯带。调用O【偏移】命令，偏移直线，并将所偏移的直线线型设置为虚线，结果如图12-170所示。

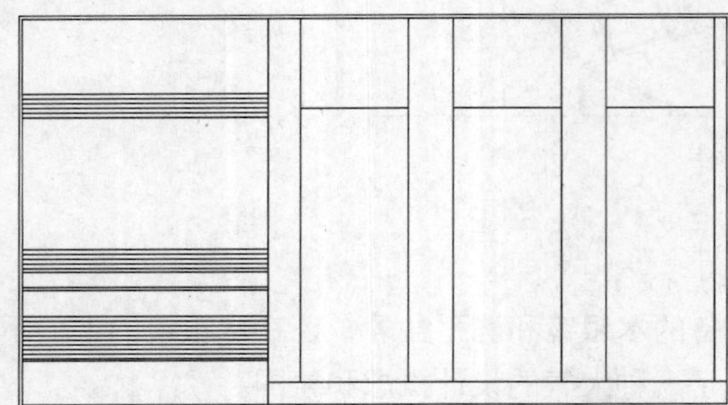

图12-169　图案填充

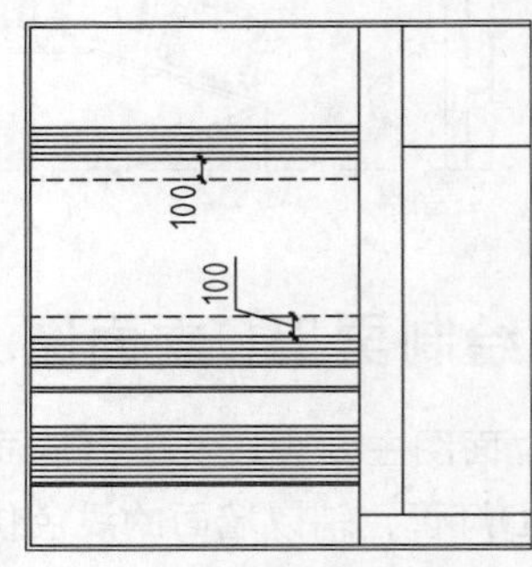

图12-170　绘制灯带

07 填充镜面材料图案。调用H【填充】命令，弹出【图案填充和渐变色】对话框，设置参数如图12-171所示。

08 在绘图区中拾取填充区域，图案填充的结果如图12-172所示。

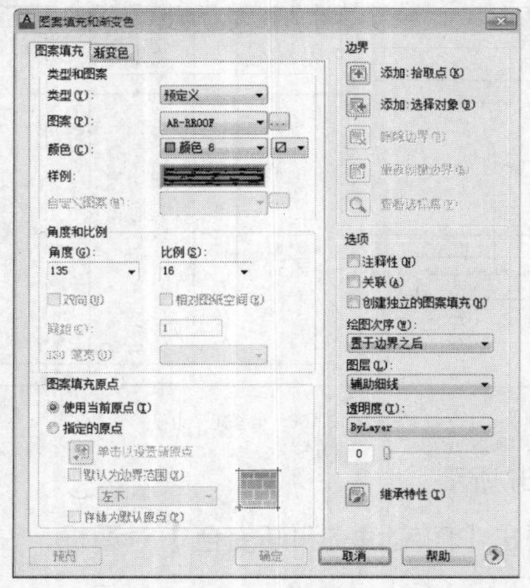

图12-171　设置参数

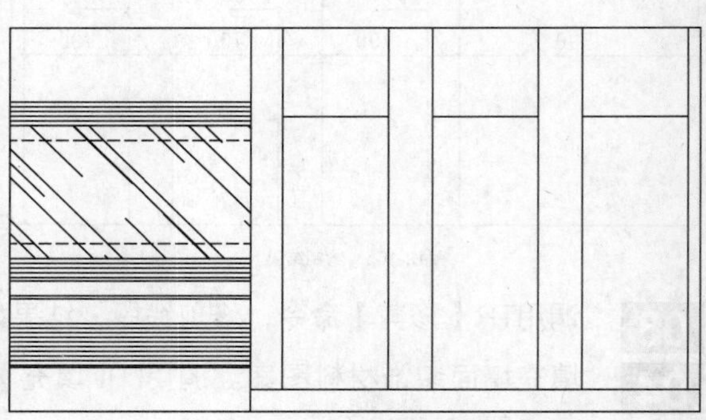

图12-172　图案填充

09 绘制广告钉。调用C【圆】命令，绘制半径为8的圆形，结果如图12-173所示。

10 绘制墙面仿古砖装饰。调用O【偏移】命令，偏移线段；调用TR【修剪】命令，修剪线段，结果如图12-174所示。

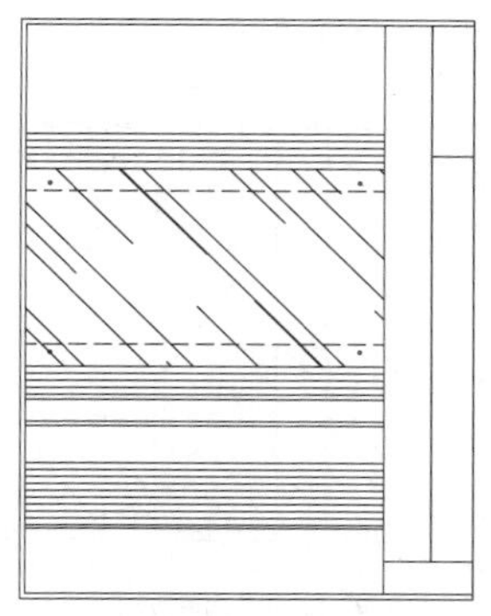
图12-173 绘制广告钉

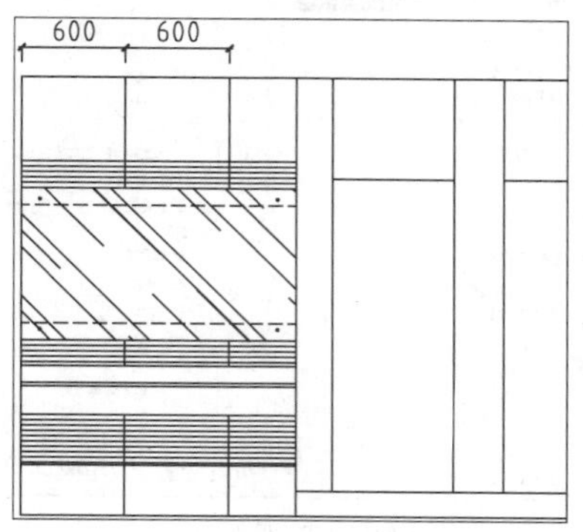

图12-174 修剪线段

11 绘制隔断门。调用O【偏移】命令，偏移直线，结果如图12-175所示。

12 调用TR【修剪】命令，修剪直线，结果如图12-176所示。

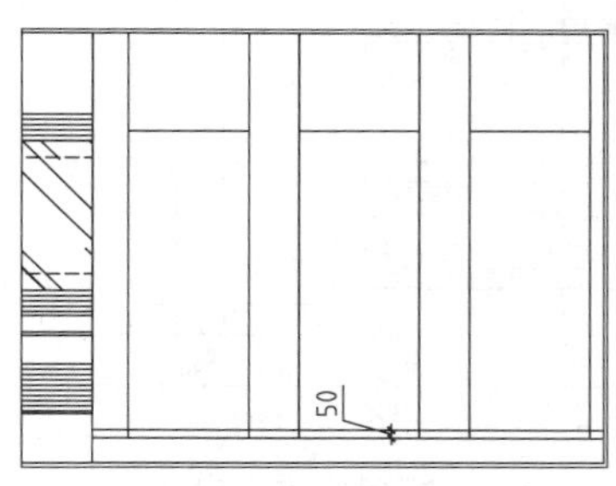

图12-175 偏移直线

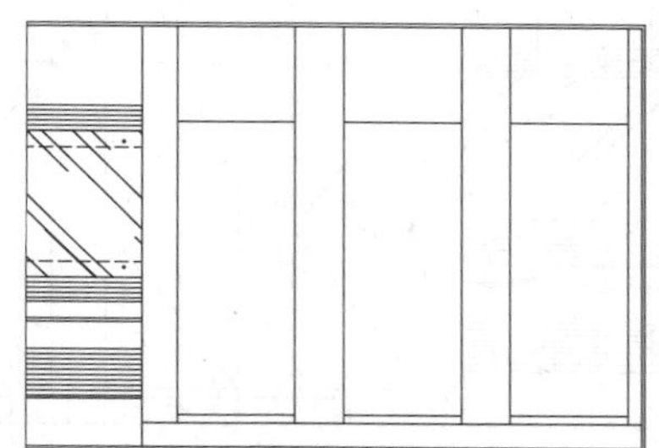
图12-176 修剪线段

13 调用PL【多段线】命令，绘制门的开启方向线，结果如图12-177所示。

14 绘制门把手。调用C【圆】命令，绘制半径为21的圆，结果如图12-178所示。

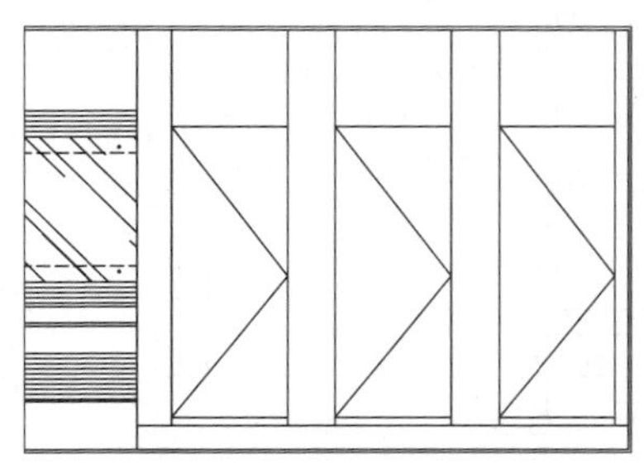
图12-177 绘制结果

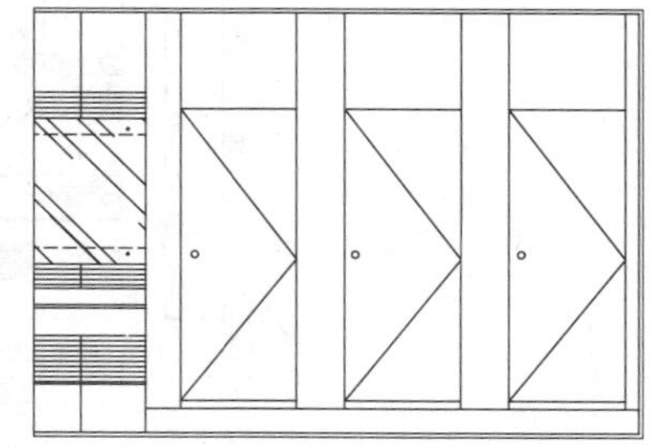
图12-178 绘制圆

15 填充地台仿古砖材料图案。调用H【填充】命令，弹出【图案填充和渐变色】对话框，设置参数如图12-179所示。

16 在绘图区中拾取填充区域，图案填充的结果如图12-180所示。

17 调用MLD【多重引线】标注命令，分别指定引线箭头的位置、引线基线的位置，绘制多重引线标注的结果如图12-181所示。

18 调用DLI【线性标注】命令，为立面图绘制尺寸标注，结果如图12-182所示。

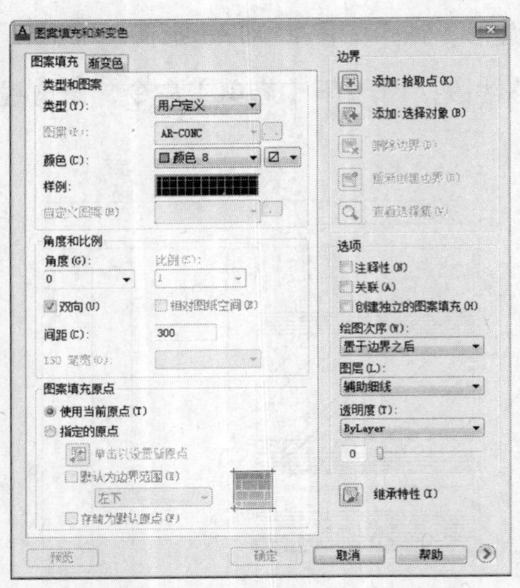

图12-179 设置参数

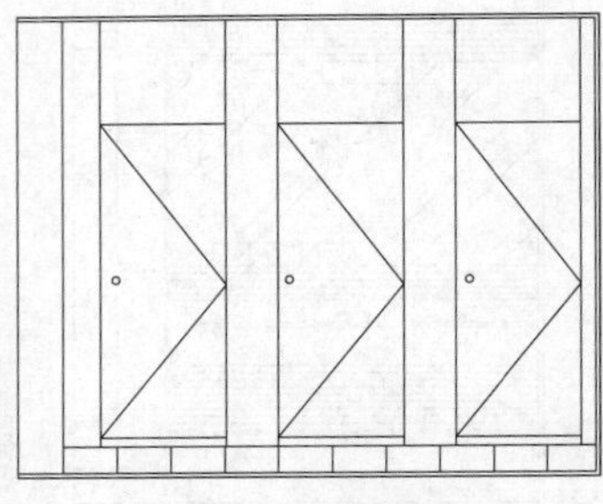

图12-180 图案填充

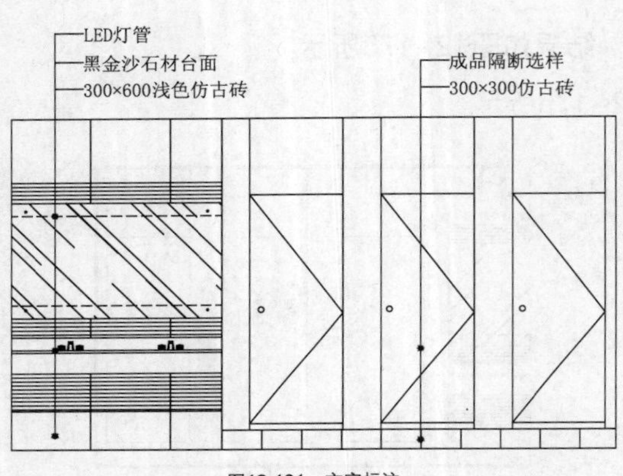

图12-181 文字标注

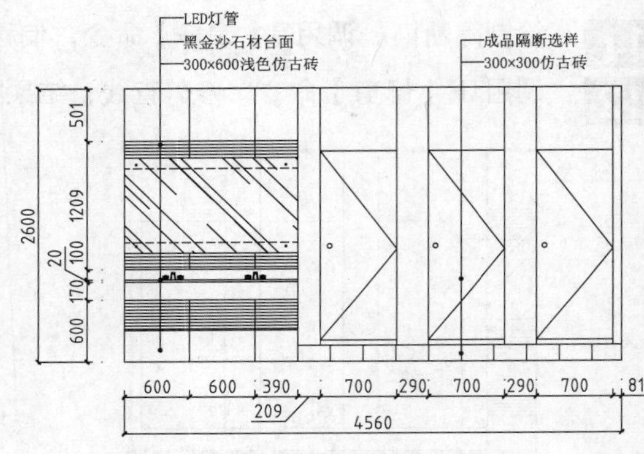

图12-182 尺寸标注

19 调用MT【多行文字】命令、L【直线】命令，绘制图名标注，结果如图12-183所示。

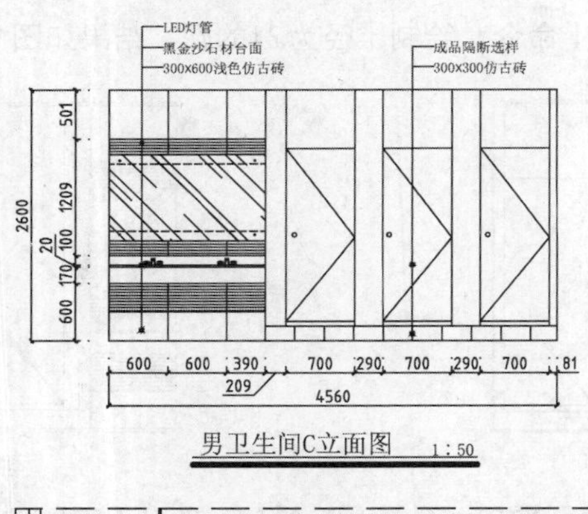

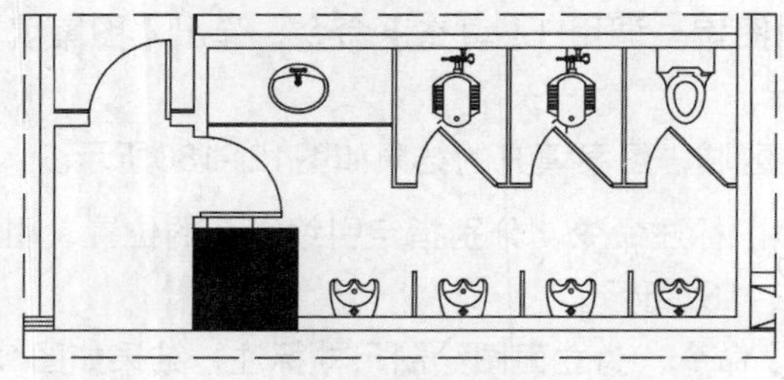

图12-183 图名标注

第13章

酒店大堂和客房室内设计

酒店大堂是酒店在建筑内接待客人的第一个空间，也是使客人对酒店产生第一印象的地方。大堂是酒店的经营和管理中枢，在这里，接待、结算、寄存、咨询、礼宾、安全等各项功能齐全，甚至连客房的管理和清洁工作都一并在这里办理。

客房是大多数酒店客人的目标场所，是酒店最核心的功能空间，也是酒店经营收益最主要的来源。

本章介绍酒店大堂和客房室内设计施工图的绘制。

13.1 酒店大堂设计概述

对酒店设计者来说，大堂可能是设计工作量最大，也是设计含金量最高的空间。这不仅仅是因为其面积大，而是因为酒店大堂里的精神和物质需求都太多，设计的潜目标也就会多。在酒店设计中，只依靠材料和装饰语言来表达设计的设计师是没有发展的，而这种错误也最容易在设计大堂的时候发生。酒店设计师应该是一种特定生活质量和现代交际环境的创造者，从这个意义上说，设计者既要不断积累大量的生活体验，又要懂得这类问题涉及的所有设计细节。在酒店大堂的设计中，功能细节之多尤其不能忽视。

大堂设计中的基本功能包括以下几方面。

1. 交通流程

- 客人步行出入口；
- 行李出入口；
- 团队会议客人独立出入口；
- 残疾人出入口；
- 通向酒店内、外花园、街市、紧邻商业点、车站、地铁、街桥或邻近另一家酒店的各个必要的出入口，以及相应的台阶、坡道、雨篷和电动滚梯；

➢ 通向店内客用电梯厅和客房区域的流程；

➢ 从主入口和电梯厅直接通向前台的流程必须宽阔、无障碍；

➢ 通向地下一层或二层“重要经营区域”的楼梯或电动滚梯；

➢ 通向大堂所有经营、租赁、休息、服务、展示区域的流程；

➢ 服务、管理人员需要的各个必要的、尽可能隐蔽的出入口、楼梯和电梯；

➢ 可能与总体布局有关的货物、设备、员工、布草、送餐与回收垃圾出运流程，这些流程不能与客人流程交叉或兼用。

2. 接待和服务功能

前台的功能：

➢ 前台是大堂活动的主要焦点，向客人提供咨询、入住登记、离店结算、兑换外币、转达信息、贵重品保存等服务；

➢ 前台的电脑要可以随时显示客人的全部资料，平均50～80间客房设立一部前台电脑；

➢ 前台可以设置为柜式（站立式），也可以设置为桌台式（坐式）。前台两端不宜完全封闭，应有不少于一人出入的宽度或更宽敞的空间，便于前台人员随时为客人提供个性化服务；

➢ 站式前台的长度与酒店的类型、规模、客源定位和风格均相关。通常每50～80间客房为一个单元，每个单元的宽度可以控制在1.8m；

➢ 坐式前台应以办理入住手续为主，同时，必须另外配置一组站式的独立结算柜台；

➢ 站立式前台的高度分为客用书写（1.05～1.10m）、服务书写（0.9m）和设备摆放3个高度标准，设备摆放高度依据实际尺寸和用途分别设定。

➢ 酒店电话总机室可以安排在前台办公室区域，更方便管理。

➢ 贵重物品保险室由前厅部人员管理，客人和工作人员分走两个入口，室内分为可视而分隔的两部分，类似银行的柜台。客人入口应尽量隐蔽，安全监控录像要安装到位。

休息区的功能：

➢ 休息区起到疏导、调节大堂人流和点缀大堂情调的作用，通常与主流程分开或部分地分开，占用大堂面积的5%～8%；

➢ 休息区是免费使用的，但却可以靠近大堂酒吧或其他商业经营区域，起到引导客人消费的作用；

➢ 高质量的家具、灯具、艺术品、陈设品和绿化盆栽相组配，可以使休息功能兼具观赏功能，以赢得客人的好感。

3. 经营

➢ 酒店大堂依据各自的条件，也可以是经营和创造收人的场所，使环境气氛更富于人性化，使客人心情愉悦并对酒店的服务产生信心；

➢ 大堂的经营内容、分区和各自所需要的面积必须根据酒店的类型、规模和档次定位精确计算后确定；

➢ 商业经营区应该与大堂主流程分离，但又要比较容易被客人看到，经营区后线的供应流程必须完全与客人视线范围隔绝；

➢ 大堂公共卫生间应该邻近餐饮经营区（如大堂酒吧）；

➢ 大堂经营内容可以包括：大堂酒吧、邮政快递服务、书报亭、银行小型精品店、旅行社及订票服务、饼店、洗印照片服务、鲜花店、商务中心、礼品店、咖啡厅，也可以根据酒店规划设计上的创意设立新的内容。

4. 广告和展示

➢ 大堂是广告媒介场所，在主流程，客人停留区、休息区和经营区内均可以设置坐地式和摆放式广告装置或宣传印刷品；

➢ 大堂广告装置宜低调，制作应精细，尺度要小，任何落地式广告或标识都必须有专门照明。

图13-1、图13-2所示为酒店大堂和客房的设计效果。

图13-1 大堂设计

图13-2 客房设计

13.2 绘制首层大堂平面布置图

酒店大堂应配备基本的功能，如接待功能、休息功能、商业功能等；本例选用的酒店大堂，兼顾了上述几种功能，并根据实际的使用情况，对大堂的流线及功能区的划分进行了合理的规划。

本节介绍酒店大堂平面图的绘制方法。

13.2.1 大堂布局分析

大堂是酒店的中心，是客人对酒店第一印象的窗口。大堂的各项接待、服务功能的分区和所需要的面积要根据酒店的类型、规模和档次定位精确计算后确定。

以下，对大堂的功能区布局做简单分析。

1. 总服务台

总台是直接为客人提供服务的窗口。总台根据大堂功能布局的实际情况，设在大堂右侧或左侧（以客人进入大堂方位而定）。总台开间8～10m长。总台设计模式应由原来的柜台封闭式站式服务改为座（沟通）式设计，客人、服务员坐下履行程序、进行沟通，更有人情味。

2. 信息区

休息区面积不要过大，象征性地设一两组沙发，提供给住店、来店消费的客人临时等候、休息即可。

3. 大堂吧结合用餐功能

大堂吧是配套服务区域，提供休息、茶水、小型洽谈室、简餐、住店客人自助早餐、中/晚自助餐等服务，基于上述服务功能，大堂吧必须配厨房，且与后台有通道相连，确保服务质量。

4. 商务中心

商务中心区域内设有洽谈室、电话间、打字间、复印、传真等服务项目，其中，洽谈室、电话间等应单独隔开。

5. 小商场、精品店

小商场是方便客人的配套区域，面积在20~50m^{2}之间，一般应与大堂其他空间隔开，出售的是

日常用品，只是方便客人而已。精品店可与小商场相通，面积不宜大，是配套项目。

6. **大堂步行梯**

二、三层是餐饮与会议消费楼层，如中餐厅、餐厅包厢等。由于客流量大，光依靠客梯运输，有时会产生拥挤现象，降低了服务档次。建议在大堂适当位置铺设步行梯供客人直接上楼消费。步行梯应位置明显、装修大气，每个台阶高度不大于150mm，台阶应具有防滑功能，扶手忌用金属材质，还设置区域照明。

7. **卫生间**

客人从飞机场、（火）汽车站等处赶往饭店时，有时还未到总台办理入住手续，就先用洗手间。洗手间如设计、管理得好，会给客人留下好印象。

洗手间的位置选择有一定的要求，位置既不要显露，也不要过于隐蔽，应恰到好处。男、女洗手间入口位置应尽量满足男左、女右的习惯设置。应设残疾人洗手间或洗手间内设残疾人厕位。洗手间内灯光采用暖色调为宜，而且应具有休息、补妆、阅读等功能。

13.2.2 绘制大堂平面布置图

大堂平面图主要介绍了其功能区的布局情况，本节介绍了大堂中主要功能区的绘制方法，例如，总服务台、门厅、吧台以及酒柜等，主要调用了【直线】命令、【圆】命令以及【修剪】命令等来绘制。

01 调用酒店一层平面图。按Ctrl+O组合键，打开配套光盘提供的“第13章\酒店一层平面图.dwg”文件，结果如图13-3所示。

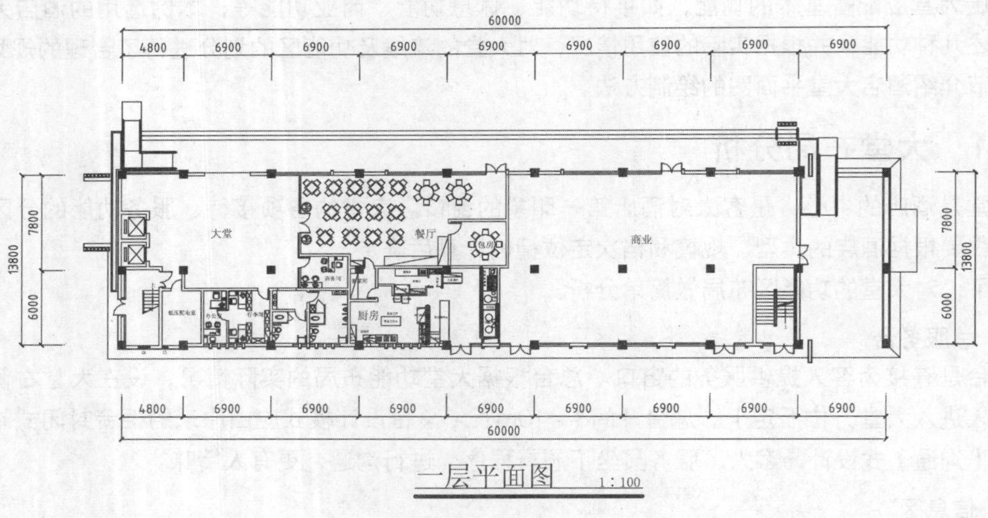

图13-3 一层平面图

02 绘制大堂平面图。

03 绘制前台平面图。

04 绘制接待台。调用L【直线】命令，绘制直线，结果如图13-4所示。

05 执行【绘图】|【圆弧】|【起点、端点、半径】命令，分别指定圆弧的起点和端点，绘制半径为14169的圆弧，结果如图13-5所示。

06 调用O【偏移】命令，设置偏移距离为400，向内偏移圆弧，结果如图13-6所示。

07 绘制墙体。调用L【直线】命令，绘制直线；调用O【偏移】命令，偏移直线，结果如图13-7所示。

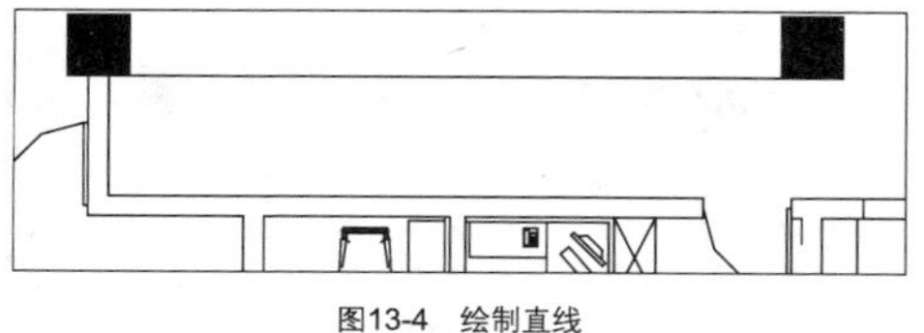
图13-4　绘制直线

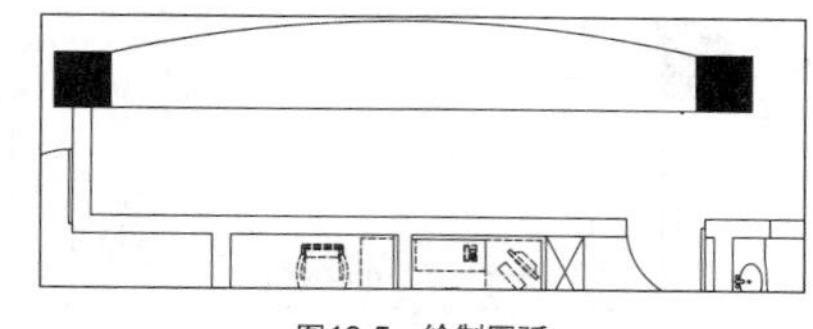
图13-5　绘制圆弧

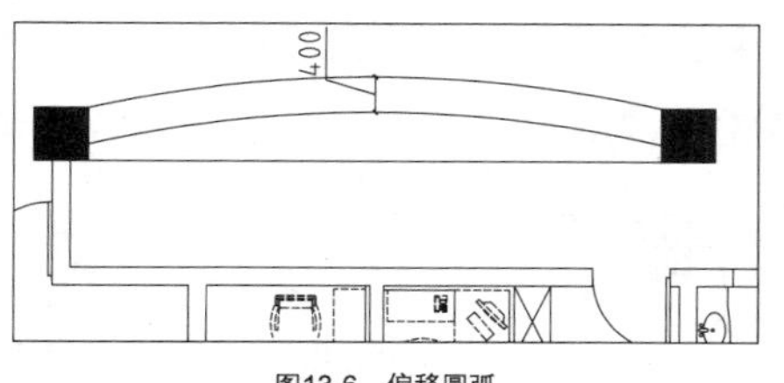

图13-6　偏移圆弧

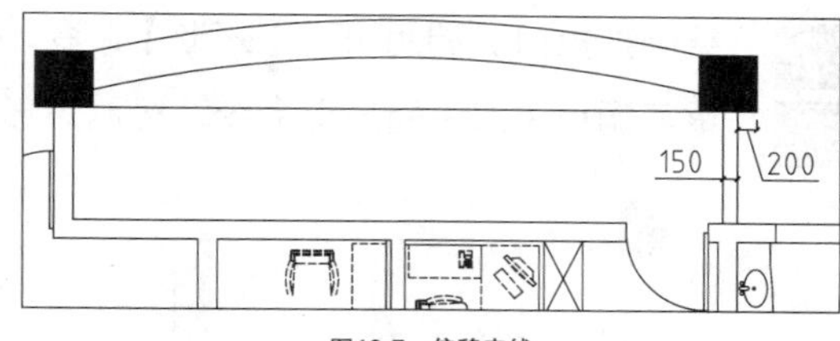

图13-7　偏移直线

08 绘制门洞。调用L【直线】命令，绘制直线，结果如图13-8所示。

09 调用TR【修剪】命令，修剪线段，结果如图13-9所示。

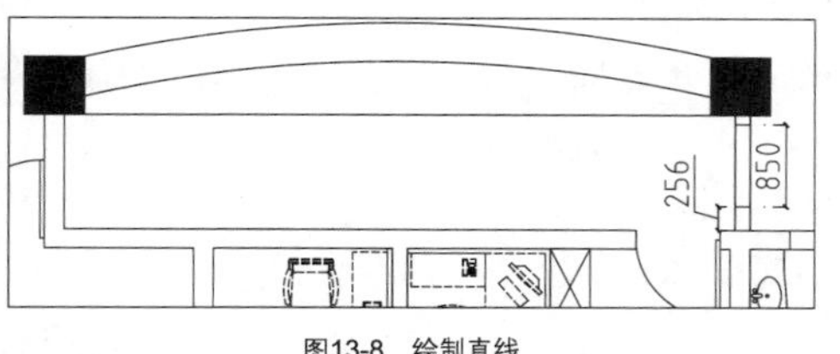

图13-8　绘制直线

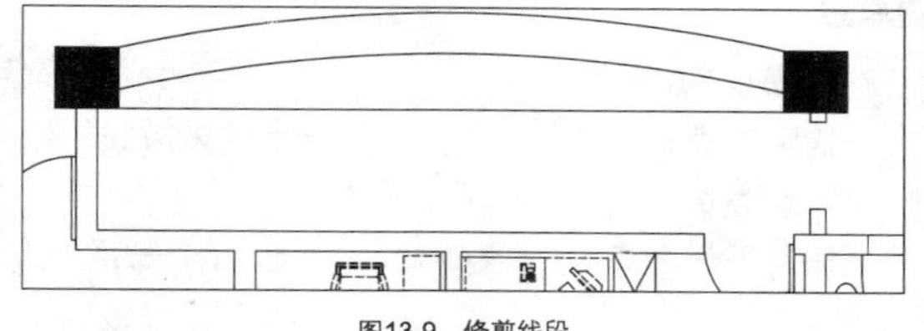
图13-9　修剪线段

10 绘制平开门。调用REC【矩形】命令，绘制尺寸为850×40的矩形，结果如图13-10所示。

11 调用A【圆弧】命令，绘制圆弧，结果如图13-11所示。

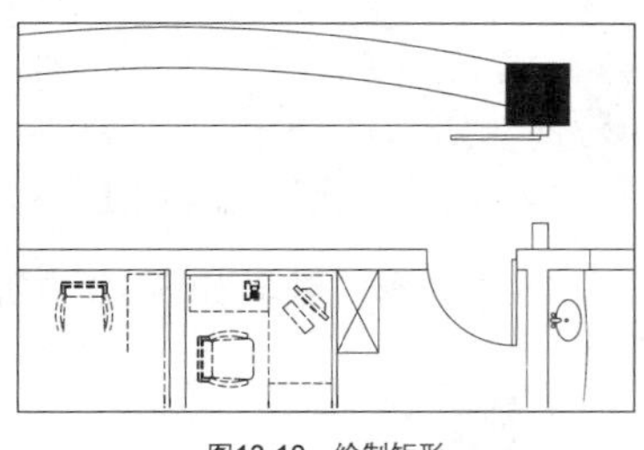
图13-10　绘制矩形

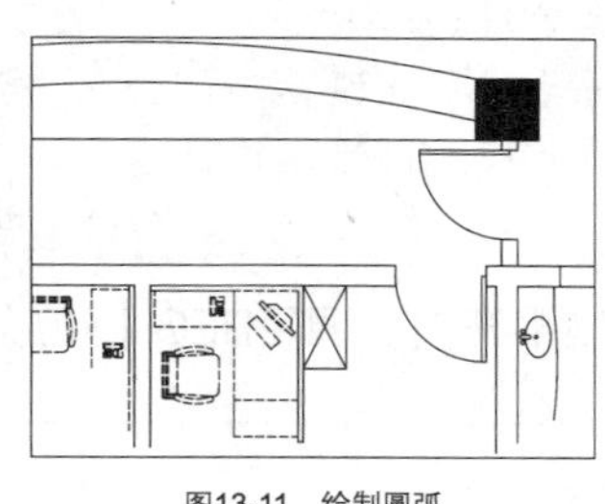
图13-11　绘制圆弧

12 前台平面图的绘制结果如图13-12所示。

13 绘制门厅平面图。

14 绘制固定窗。调用REC【矩形】命令，分别绘制尺寸为1800×150、1626×150的矩形，结果如图13-13所示。

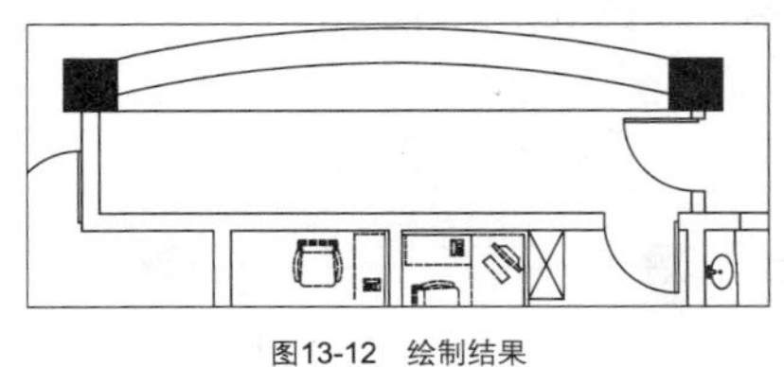
图13-12　绘制结果

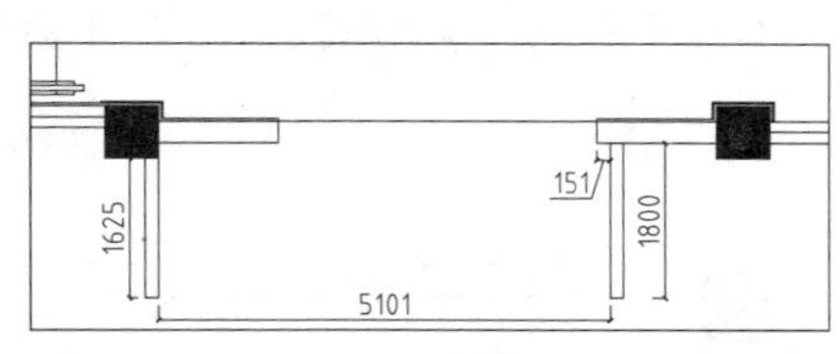

图13-13　绘制矩形

15 调用X【分解】命令，分解矩形；调用O【偏移】命令，偏移矩形边，结果如图13-14所示。

16 调用L【直线】命令，偏移直线；调用TR【修剪】命令，修剪直线，结果如图13-15所示。

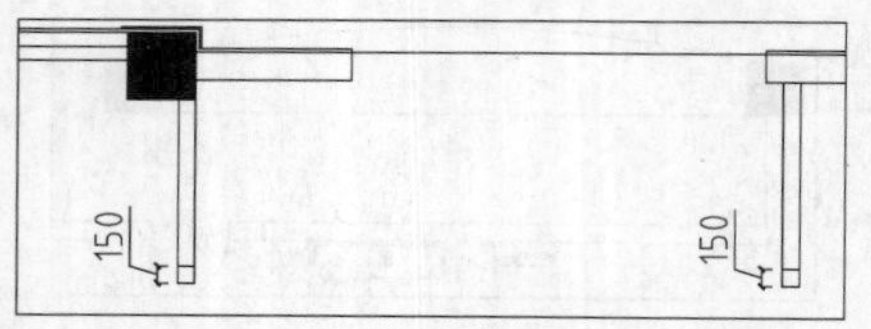

图13-14 偏移矩形边

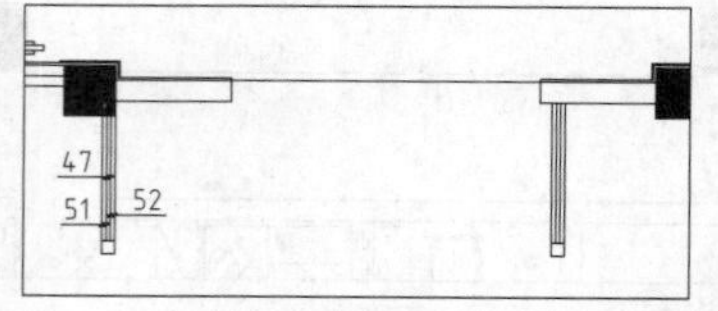

图13-15 修剪直线

17 绘制推拉门。调用REC【矩形】命令，绘制矩形，结果如图13-16所示。

18 重复调用REC【矩形】命令，绘制矩形，结果如图13-17所示。

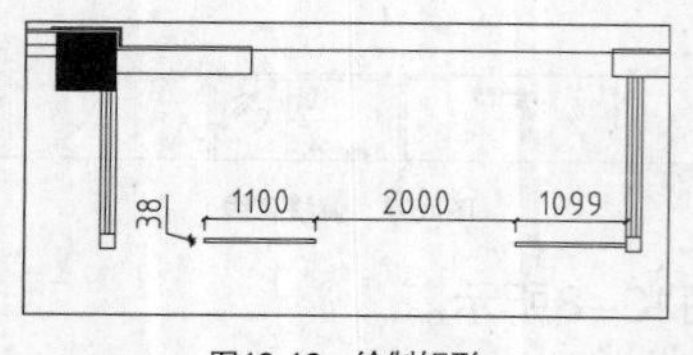

图13-16 绘制矩形

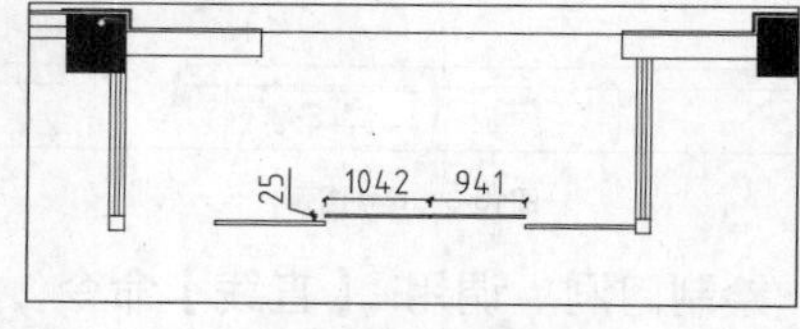

图13-17 绘制矩形

19 调用PL【多段线】命令，绘制门开启方向的指示箭头，命令行提示如下：

```
命令：PLINE↙
指定起点：                    //指定多段线的起点
当前线宽为 0
指定下一个点或 [圆弧(A)/半宽(H)/长度(L)/放弃(U)/宽度(W)]:
                              //指定多段线的下一点
指定下一点或 [圆弧(A)/闭合(C)/半宽(H)/长度(L)/放弃(U)/宽度(W)]: W
                              //输入W，选择“宽度选项”
指定起点宽度<0>: 30
指定端点宽度<30>: 0
指定下一点或 [圆弧(A)/闭合(C)/半宽(H)/长度(L)/放弃(U)/宽度(W)]:
指定下一点或 [圆弧(A)/闭合(C)/半宽(H)/长度(L)/放弃(U)/宽度(W)]: *取消*
                              //分别指定箭头的起点和终点，按回车键结束绘制，绘制结果如图13-18所示
```

20 绘制平开门。调用REC【矩形】命令，绘制尺寸为848×45的矩形，结果如图13-19所示。

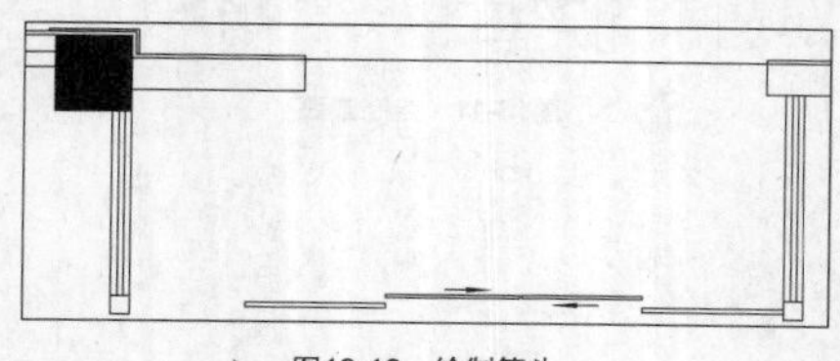
图13-18 绘制箭头

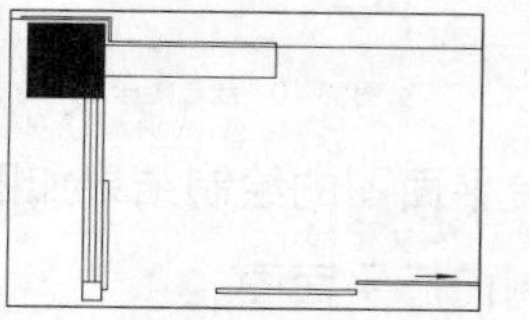

图13-19 绘制矩形

21 调用A【圆弧】命令，绘制圆弧，结果如图13-20所示。

22 绘制平开门。调用REC【矩形】命令，绘制矩形，结果如图13-21所示。

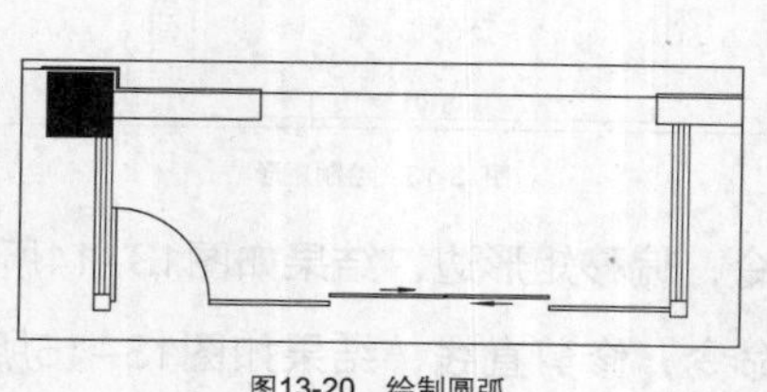
图13-20 绘制圆弧

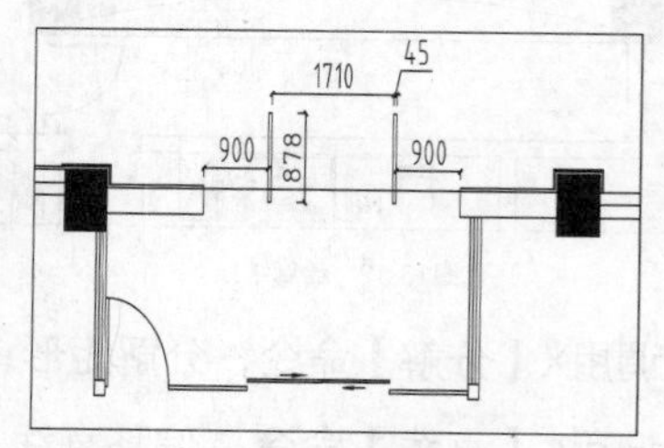

图13-21 绘制矩形

23 调用A【圆弧】命令，绘制圆弧，结果如图13-22所示。

24 重复调用REC【矩形】命令、A【圆弧】命令，绘制平开门，结果如图13-23所示。

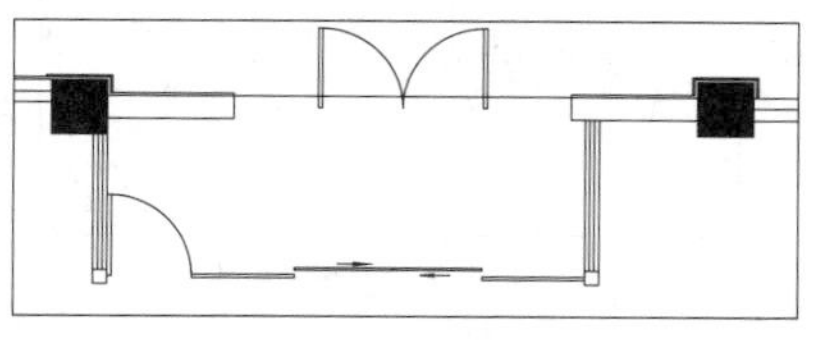

图13-22 绘制圆弧

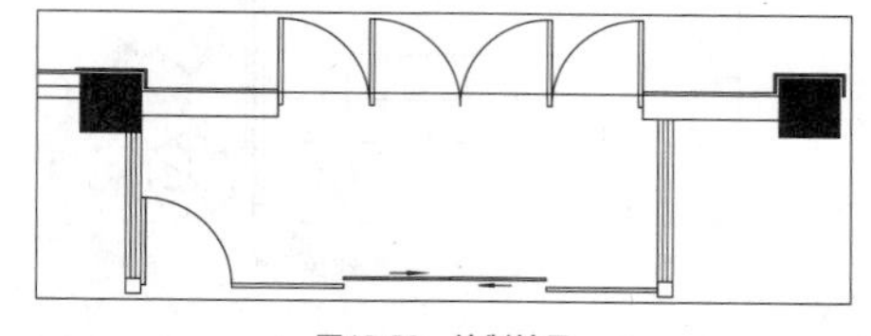

图13-23 绘制结果

25 绘制吧台平面图。

26 绘制酒柜。调用REC【矩形】命令，绘制矩形，结果如图13-24所示。

27 调用L【直线】命令，绘制直线，结果如图13-25所示。

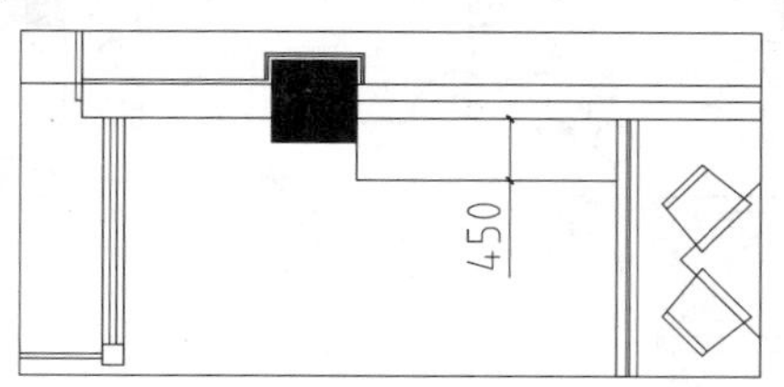

图13-24 绘制矩形

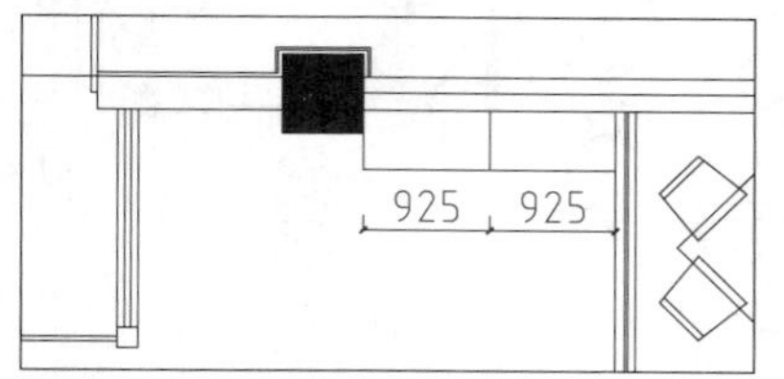

图13-25 绘制直线

28 调用PL【多段线】命令，绘制折断线，结果如图13-26所示。

29 绘制吧台。调用L【直线】命令，绘制直线；调用TR【修剪】命令，修剪线段，结果如图13-27所示。

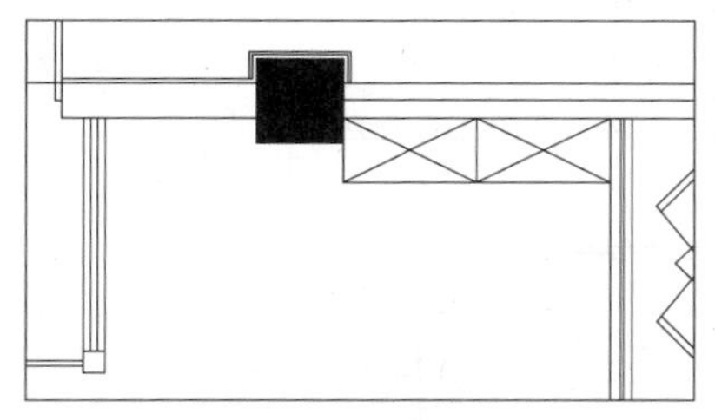

图13-26 绘制折断线

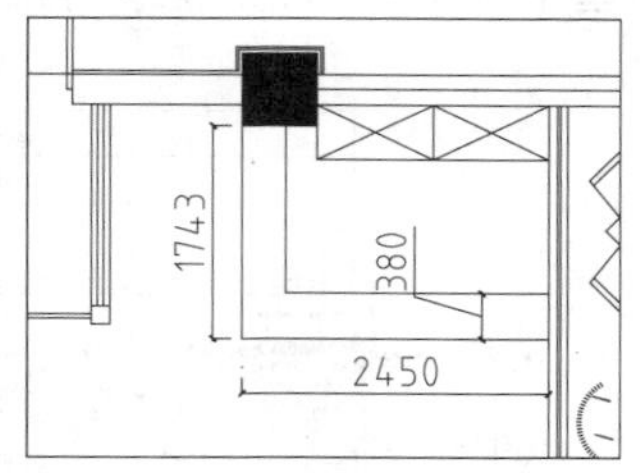

图13-27 修剪线段

30 重复调用L【直线】命令、TR【修剪】命令，绘制并修剪线段，结果如图13-28所示。

31 调用L【直线】命令，绘制直线，结果如图13-29所示。

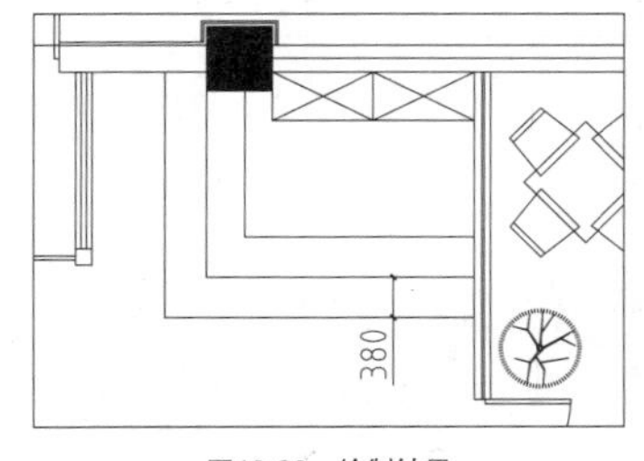

图13-28 绘制结果

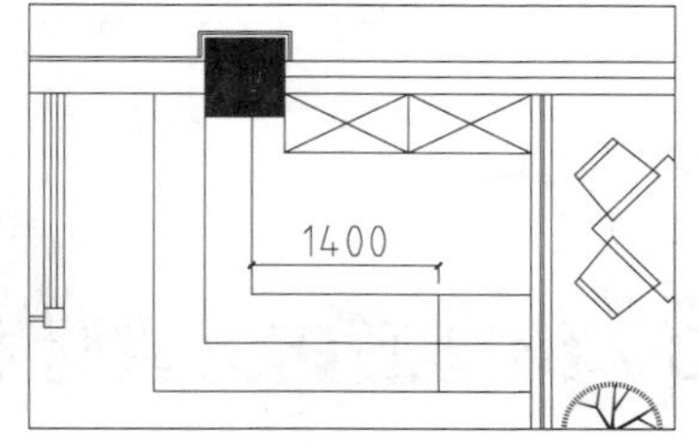

图13-29 绘制直线

32 调用TR【修剪】命令，修剪线段，结果如图13-30所示。

33 调用F【圆角】命令，对绘制完成的线段进行圆角处理，结果如图13-31所示。

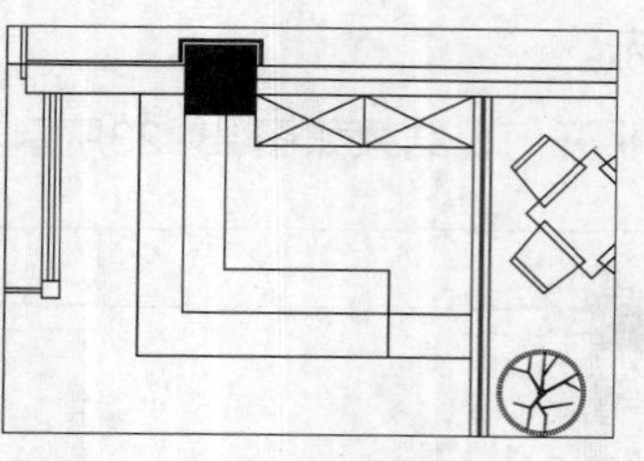
图13-30　修剪线段

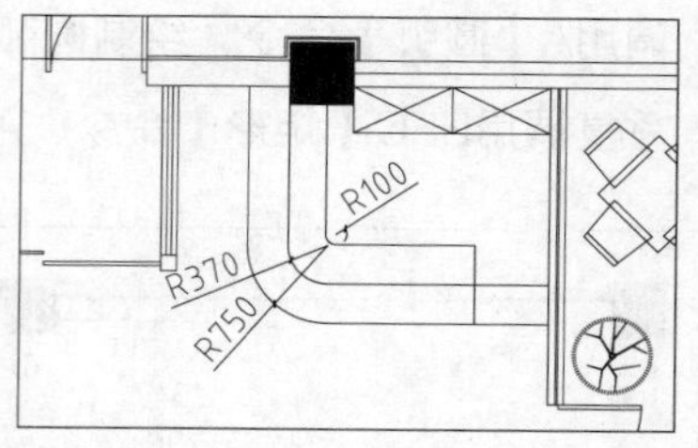

图13-31　圆角处理

34 插入图块。按Ctrl+O组合键，打开配套光盘提供的“第13章\家具图例.dwg”文件，将其中的家具图块复制、粘贴至当前图形中，结果如图13-32所示。

35 文字标注。调用MT【多行文字】命令，绘制文字标注，结果如图13-33所示。

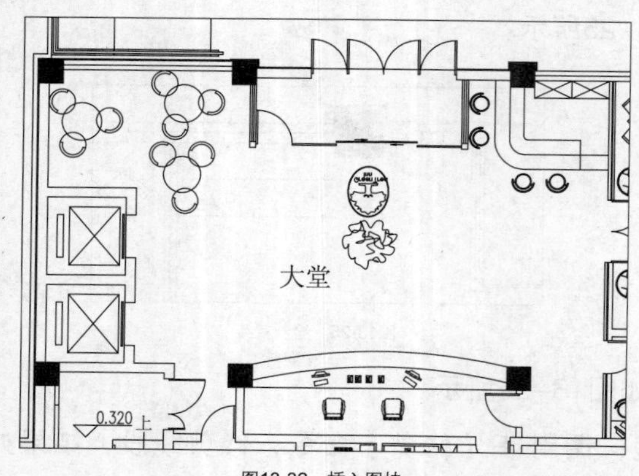

图13-32　插入图块

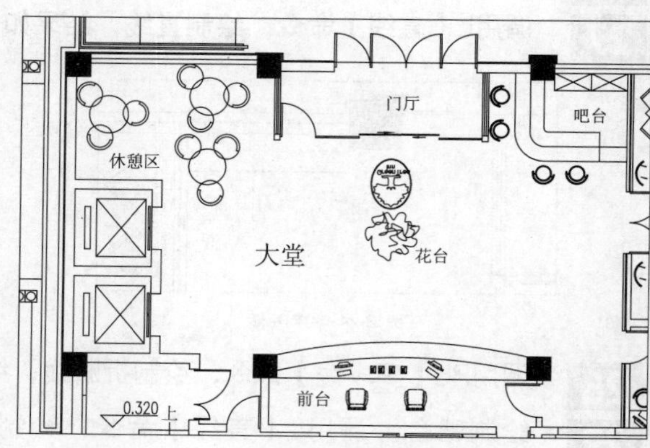

图13-33　文字标注

36 大堂平面图绘制完成后，酒店的一层平面图如图13-34所示。

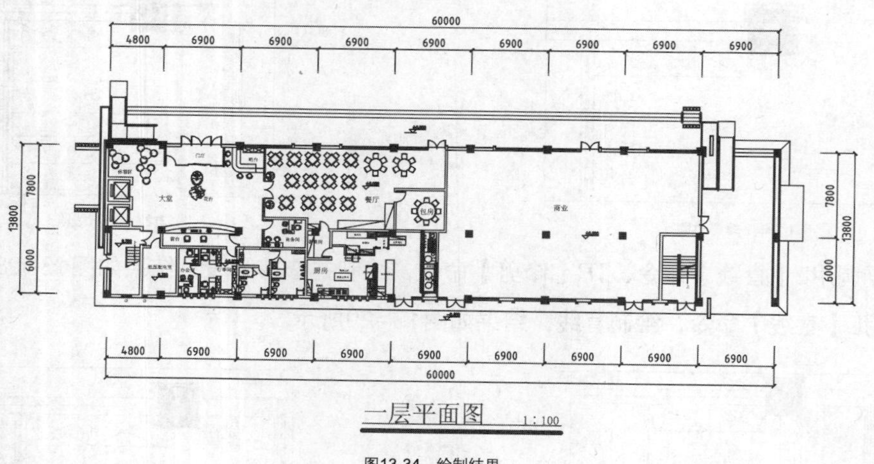

图13-34　绘制结果

13.3　绘制酒店大堂地材图

酒店大堂的地材图主要表明了大堂地面的铺设情况，本例大堂的地面主要材质为米黄色仿大理石地砖，辅以走边来做装饰，统一中意蕴另类。总服务台区域较小，所以，地面铺设的釉面砖与大堂地面砖相比规格较小。

本节介绍大堂地面图的绘制方法。

01 绘制前台地面图。

02 绘制门槛线。调用L【直线】命令，在门洞处绘制门槛线，结果如图13-35所示。

03 填充门槛石图案。调用H【填充】命令，弹出【图案填充和渐变色】对话框，设置参数如图13-36所示。

图13-35 绘制直线

图13-36 设置参数

04 在绘图区中拾取填充区域，绘制图案填充的结果如图13-37所示。

05 材料标注。调用MT【多行文字】命令，绘制地面材料的文字标注，结果如图13-38所示。

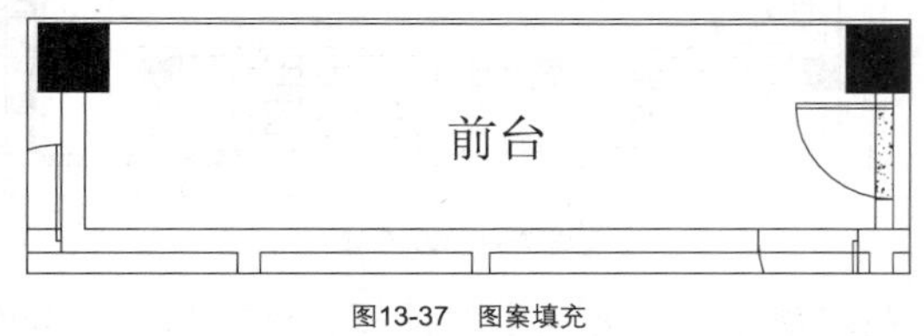

图13-37 图案填充

前台
300×300米黄色釉面砖

图13-38 材料标注

06 填充地面材料图案。调用H【填充】命令，弹出【图案填充和渐变色】对话框，设置参数如图13-39所示。

07 在绘图区中拾取填充区域，绘制图案填充的结果如图13-40所示。

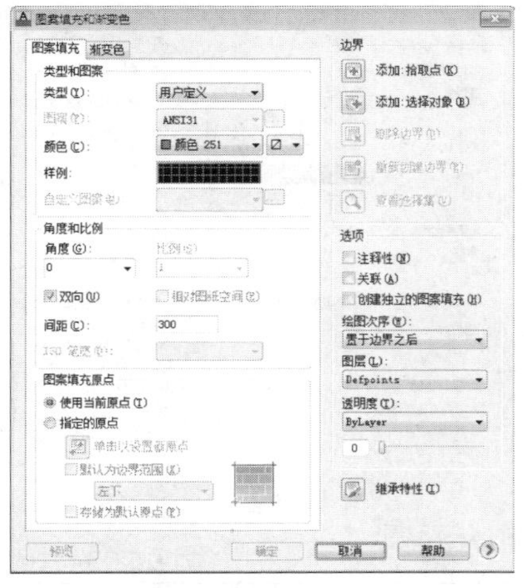
图13-39 设置参数

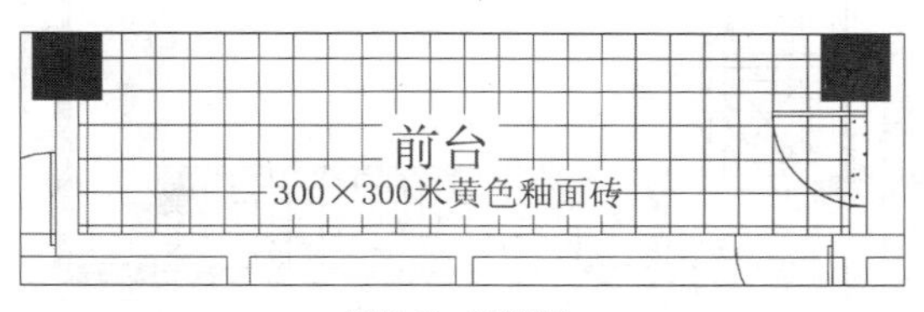

图13-40 图案填充

08 绘制门厅地面图。

09 绘制门槛线。调用L【直线】命令，在门洞处绘制门槛线，结果如图13-41所示。

10 填充门槛石图案。调用H【填充】命令，弹出【图案填充和渐变色】对话框，选择AR-CONC图案，设置填充比例为1，为门槛石填充图案，结果如图13-42所示。

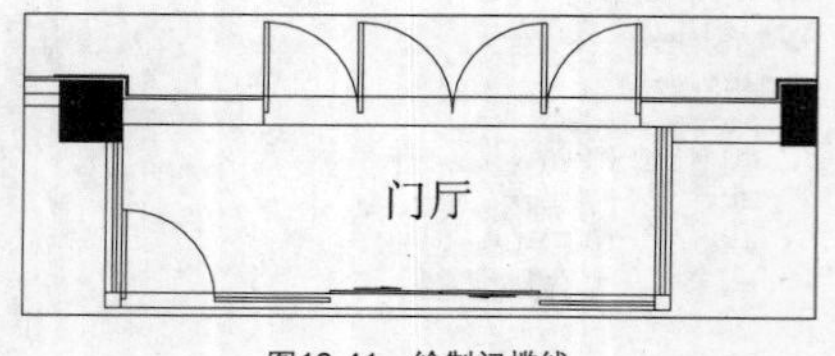

图13-41 绘制门槛线

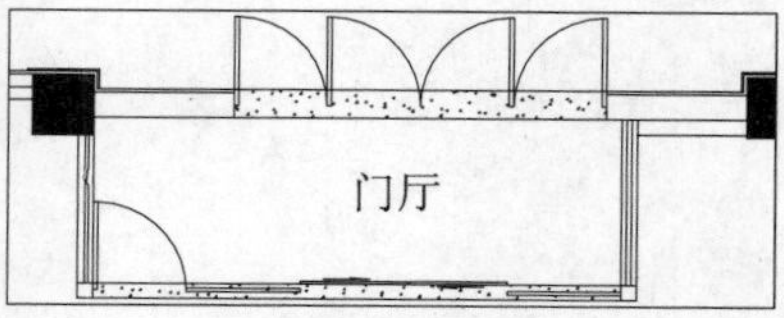

门厅

图13-42 图案填充

11 绘制大堂地面图。

12 绘制走边。调用O【偏移】命令，偏移墙线，结果如图13-43所示。

13 调用F【圆角】命令，设置圆角半径为0，对所偏移的墙线进行圆角处理，结果如图13-44所示。

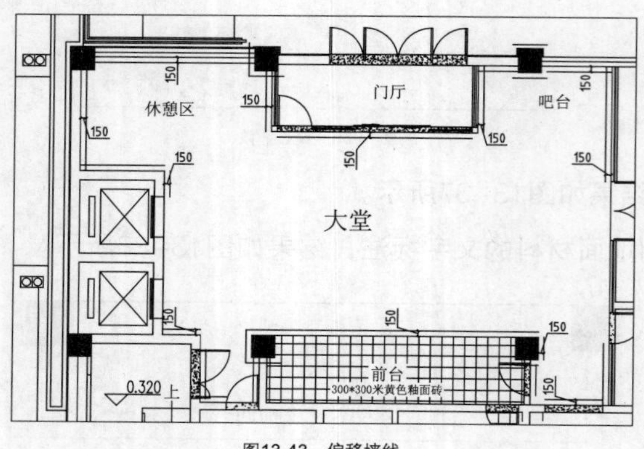

图13-43 偏移墙线

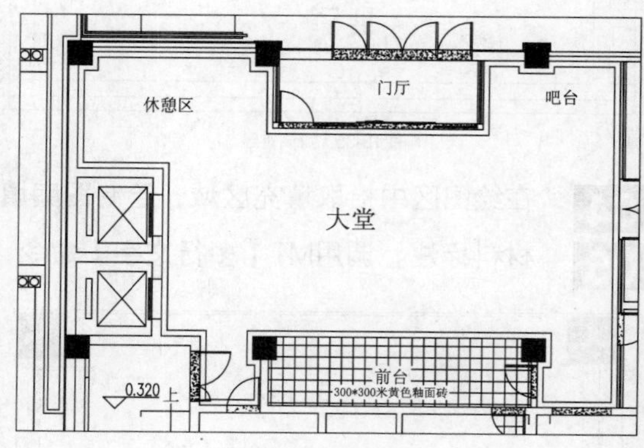

图13-44 圆角处理

14 填充走边图案。调用H【填充】命令，弹出【图案填充和渐变色】对话框，选择AR-CONC图案，设置填充比例为1，填充图案的结果如图13-45所示。

15 填充大堂地面材料图案。调用H【填充】命令，弹出【图案填充和渐变色】对话框，设置参数如图13-46所示。

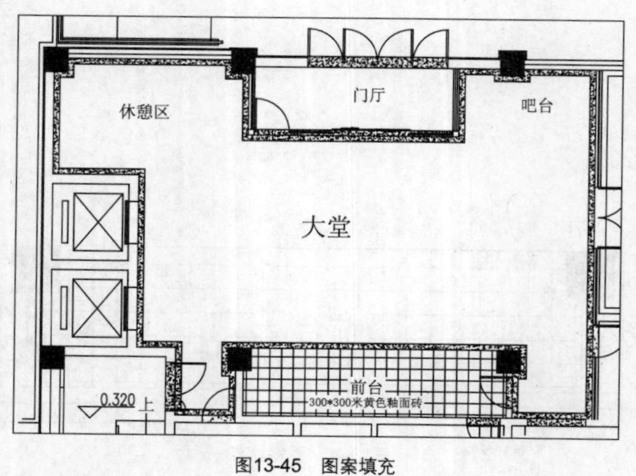

图13-45 图案填充

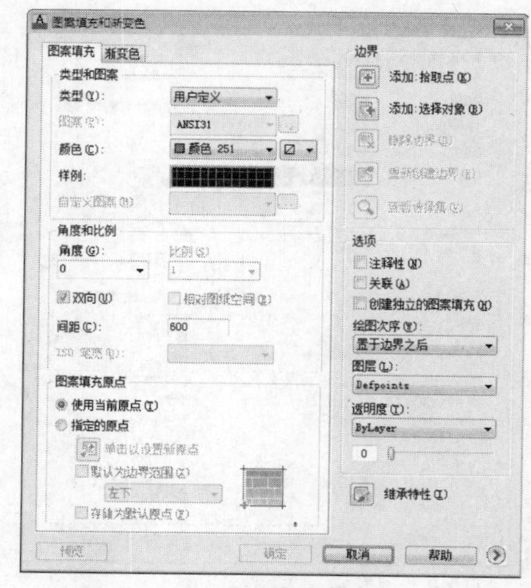

图13-46 设置参数

16 在绘图区中拾取填充区域，绘制图案填充的结果如图13-47所示。

17 材料标注。调用MLD【多重引线】命令，绘制材料标注，结果如图13-48所示。

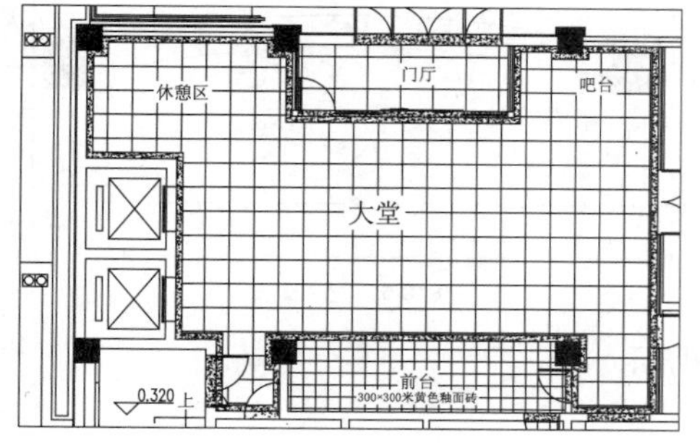

图13-47 图案填充

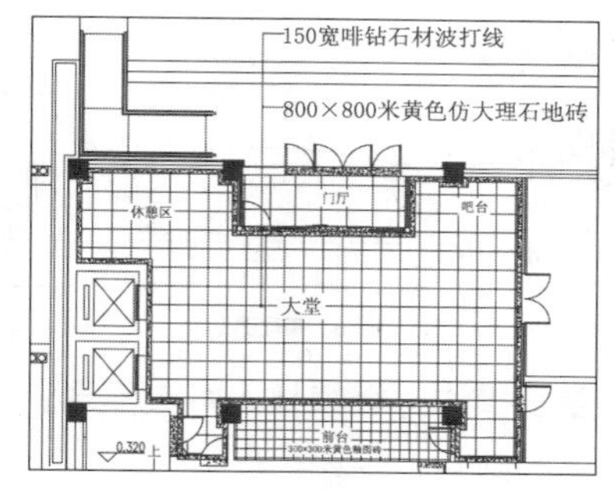

图13-48 材料标注

18 酒店一层地面布置图的绘制结果如图13-49所示。

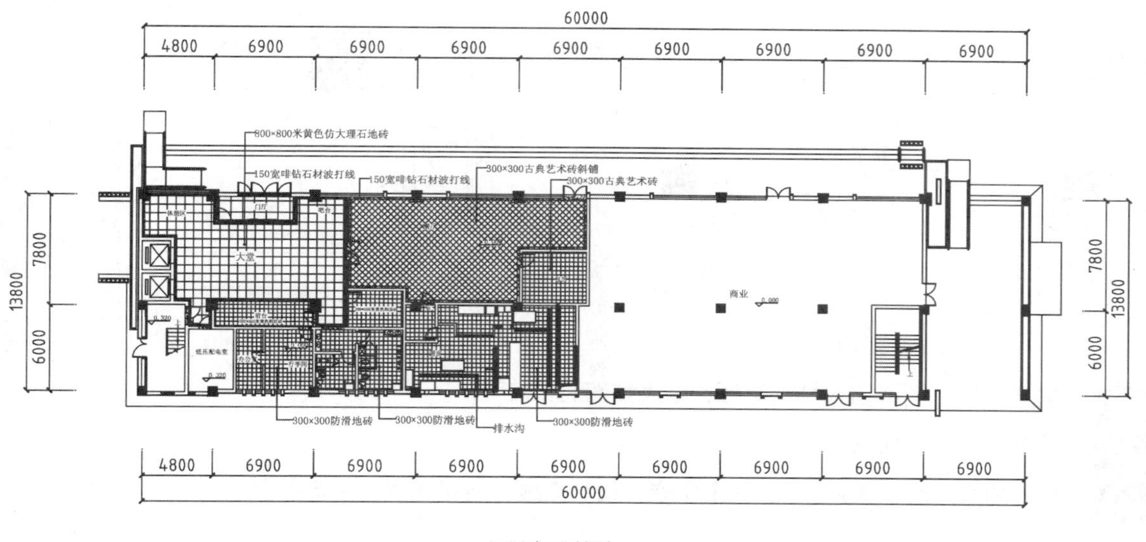

图13-49 绘制结果

13.4 绘制酒店大堂顶棚图

本例中大堂吊顶制作较为简单，仅在大堂吧上方与侯梯区上方制作矩形石膏板造型吊顶，并制作矩形灯带，其他区域均为石膏板吊平顶，无特别的装饰。该装饰手法一来符合酒店本身的经营规模，二来也要符合设计风格。

本节为读者介绍酒店大堂顶棚图的绘制方法。

01 调用平面布置图。调用CO【复制】命令，移动、复制一份平面布置图至一旁。

02 整理图形。调用E【删除】命令，删除平面图上的多余图形，结果如图13-50所示。

03 绘制前台顶面图。

04 插入图块。按Ctrl+O组合键，打开配套光盘提供的“第13章\家具图例.dwg”文件，将其中的灯具图块复制、粘贴至当前图形中，结果如图13-51所示。

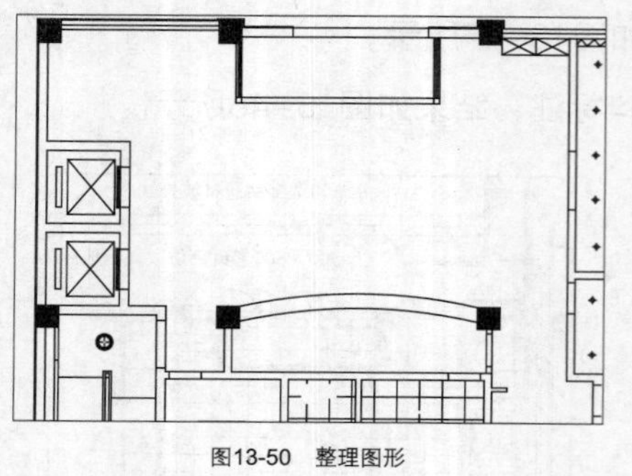

图13-50　整理图形

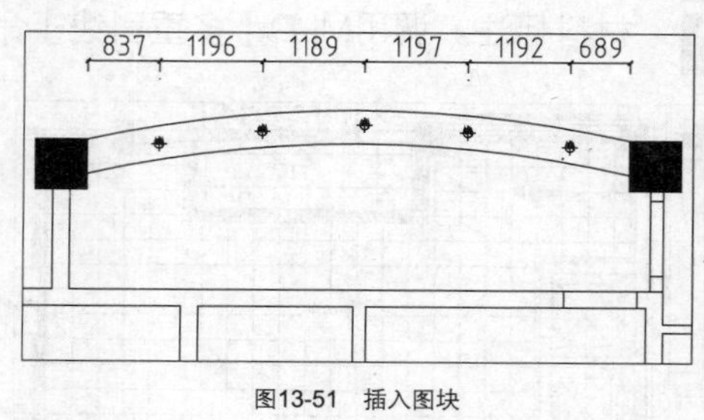

图13-51　插入图块

05 重复操作，继续插入灯具图形，结果如图13-52所示。

06 绘制吧台顶面图。

07 插入图块。按Ctrl+O组合键，打开配套光盘提供的“第13章\家具图例.dwg”文件，将其中的灯具图块复制、粘贴至当前图形中，结果如图13-53所示。

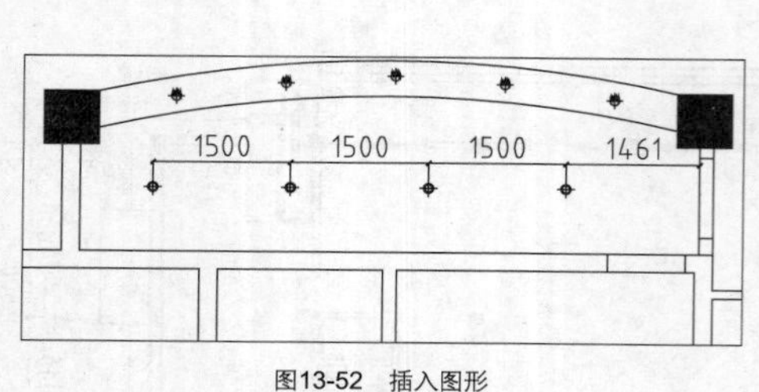

图13-52　插入图形

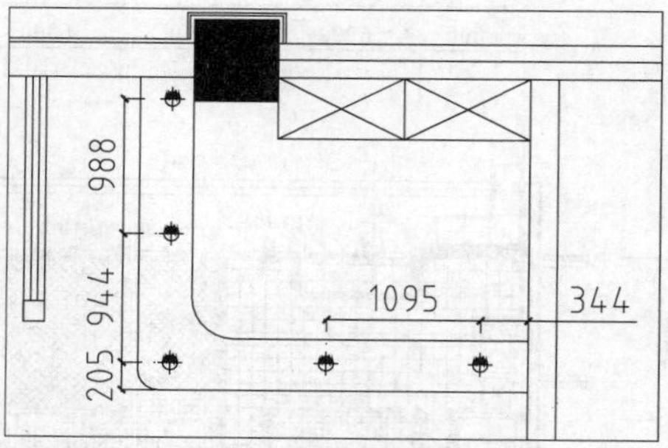

图13-53　插入图块

08 重复操作，继续插入灯具图形，结果如图13-54所示。

09 绘制候梯区顶面图。

10 绘制顶面轮廓。调用L【直线】命令，绘制直线，结果如图13-55所示。

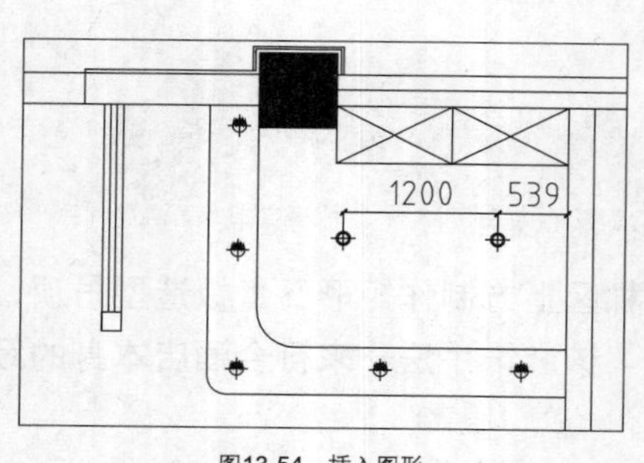

图13-54　插入图形

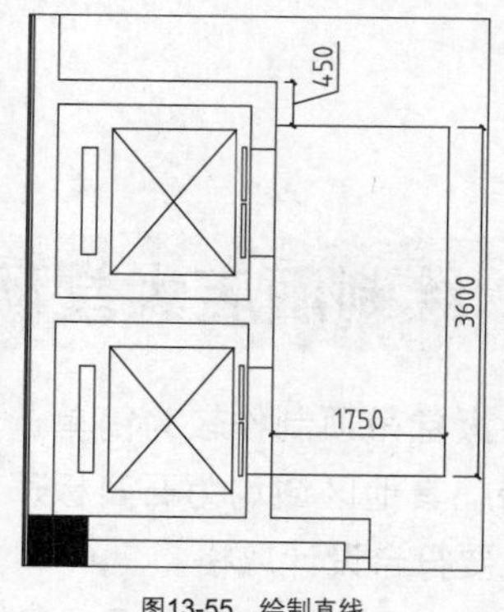

图13-55　绘制直线

11 绘制灯带。调用O【偏移】命令，偏移直线；调用TR【修剪】命令，修剪线段，并将偏移得到的线段线型设置为虚线，结果如图13-56所示。

12 绘制辅助线。调用L【直线】命令，绘制对角线，结果如图13-57所示。

13 插入图块。按Ctrl+O组合键，打开配套光盘提供的“第13章\家具图例.dwg”文件，将其中的灯具图块复制、粘贴至当前图形中，结果如图13-58所示。

14 绘制大厅顶面图。

15 绘制顶面轮廓。调用REC【矩形】命令，绘制矩形，结果如图13-59所示。

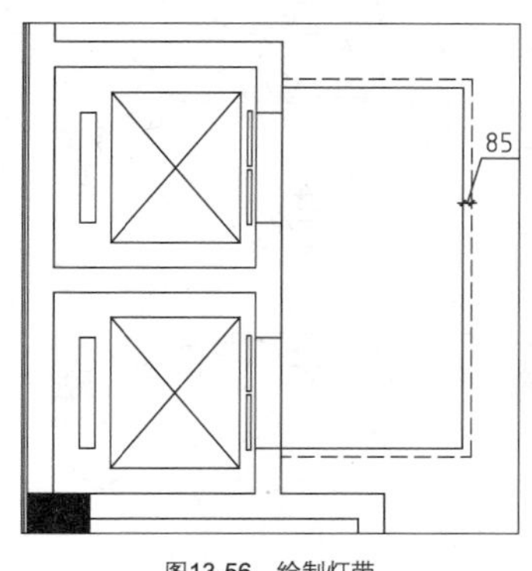

图13-56 绘制灯带

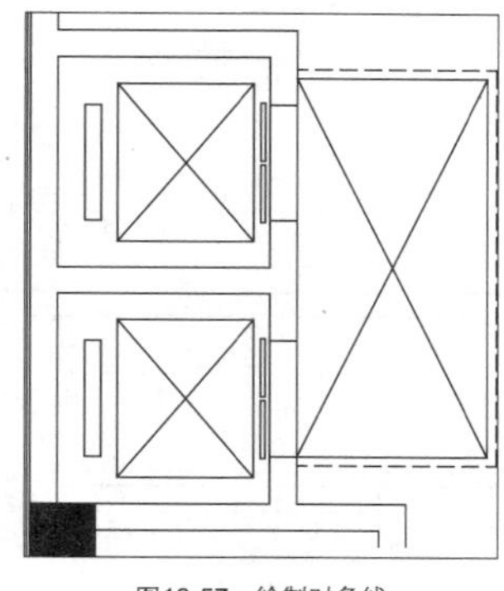
图13-57 绘制对角线

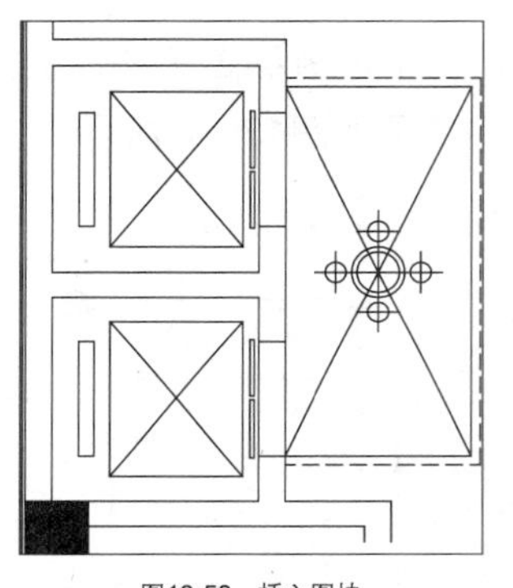
图13-58 插入图块

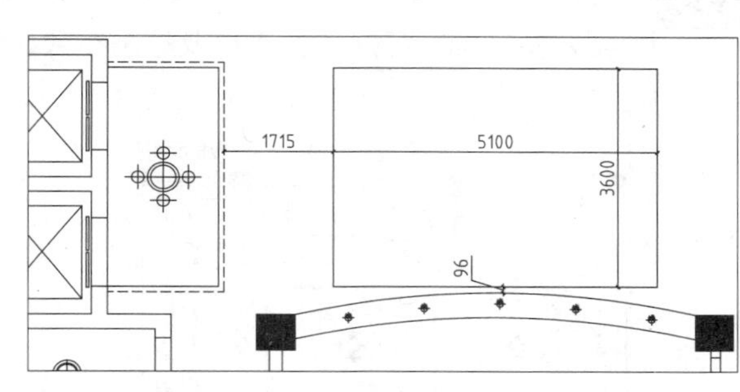

图13-59 绘制矩形

16 绘制灯带。调用O【偏移】命令，往外偏移矩形，并将偏移得到的矩形线型设置为虚线，结果如图13-60所示。

17 插入图块。按Ctrl+O组合键，打开配套光盘提供的“第13章\家具图例.dwg”文件，将其中的灯具图块复制、粘贴至当前图形中，结果如图13-61所示。

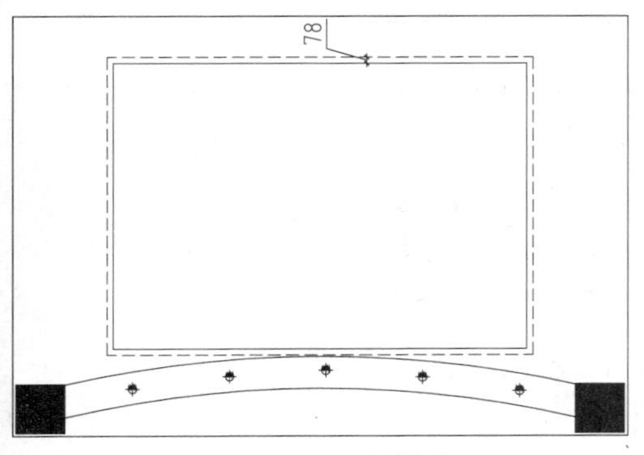

图13-60 绘制灯带

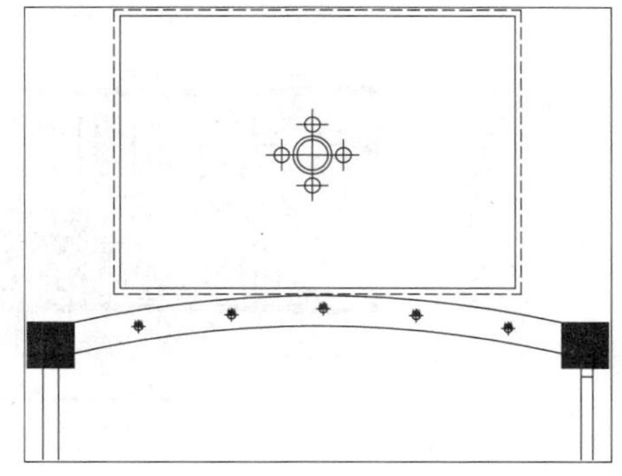
图13-61 插入图块

18 绘制门厅顶面图。

19 插入图块。按Ctrl+O组合键，打开配套光盘提供的“第13章\家具图例.dwg”文件，将其中的灯具图块复制、粘贴至当前图形中，结果如图13-62所示。

20 插入图块。按Ctrl+O组合键，打开配套光盘提供的“第13章\家具图例.dwg”文件，将其中的灯具图块复制、粘贴至当前图形中，结果如图13-63所示。

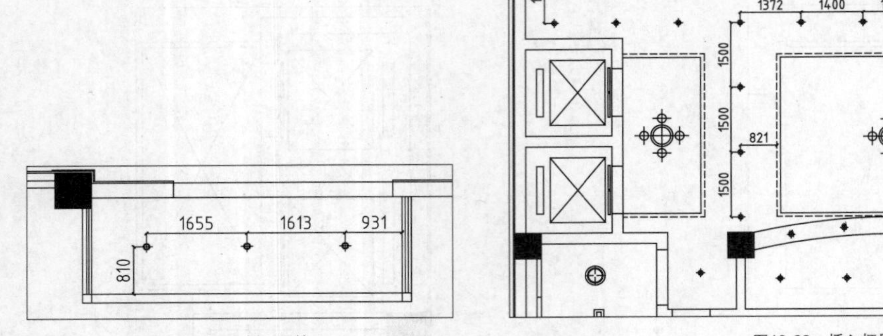

图13-62　插入图块　　　　图13-63　插入灯具图块

21　材料标注。调用MLD【多重引线】命令，绘制顶面材料标注，结果如图13-64所示。

22　标高标注。调用I【插入】命令，在弹出的【插入】对话框中选择标高图块，根据命令行的提示指定标高标注的插入点及标高参数，绘制标高标注的结果如图13-65所示。

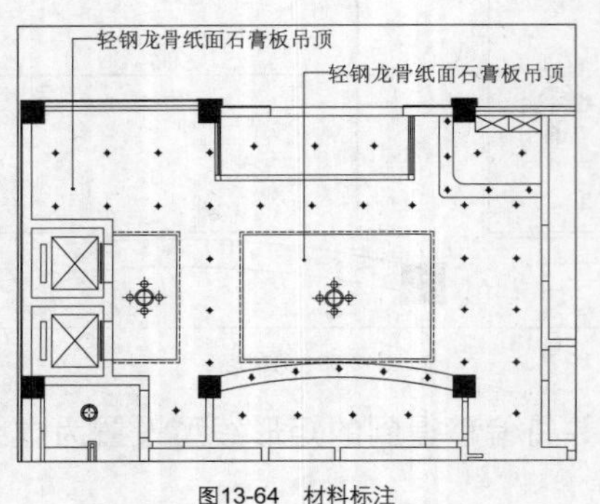

图13-64　材料标注　　　　图13-65　标高标注

23　酒店一层顶面图的绘制结果如图13-66所示。

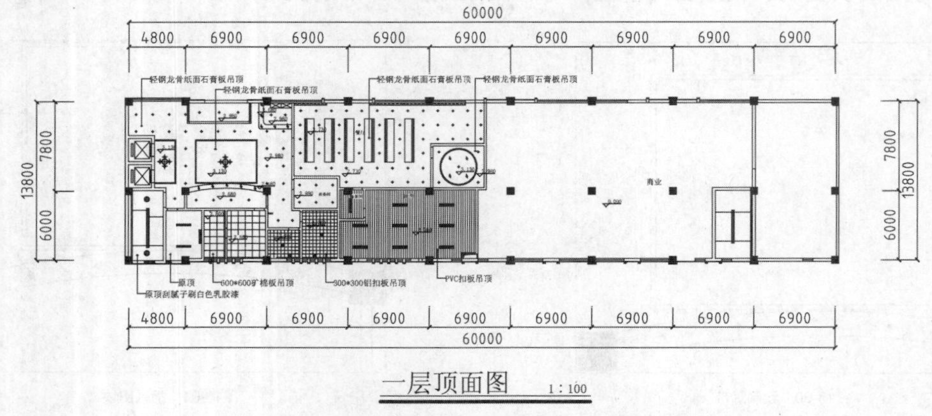

图13-66　绘制结果

13.5　绘制酒店大堂立面图

本节介绍酒店大堂A、B、C、D立面图的绘制方法，大堂四个立面图既有差异又有相同之处，在统一的设计风格引导下，求同存异，将酒店本身的特征与装饰材料相配合，呈现出在现代风格下的、具有自身特色的装潢效果。

13.5.1 绘制大堂A立面图

大堂A立面图主要表达的是休憩区与门厅所在的墙面。该墙面主要用钢化玻璃做装饰，辅以细木板、樱桃木做细部装饰，既采光通透，又不失贵气。

绘制大堂A立面图，主要调用【偏移】命令、【直线】命令以及【修剪】命令等。

01 插入立面指向符号。按Ctrl+O组合键，打开配套光盘提供的“第13章\家具图例.dwg”文件，将其中的立面指向符号图块复制、粘贴至当前图形中，结果如图13-67所示。

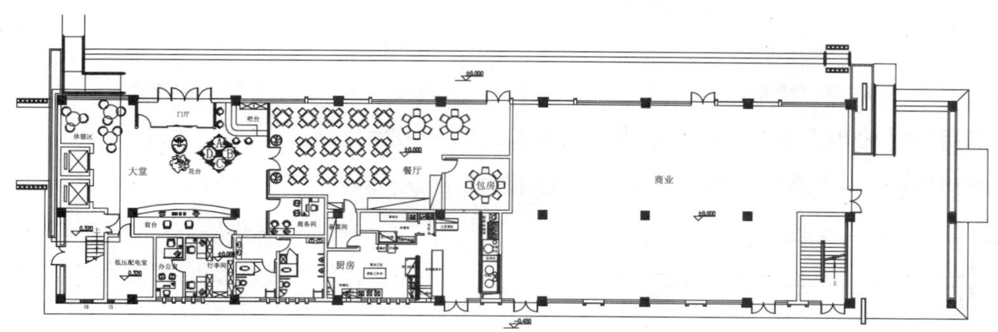

图13-67 插入立面指向符号

02 绘制立面外轮廓。调用REC【矩形】命令，绘制矩形；调用X【分解】命令，分解矩形；调用O【偏移】命令，偏移矩形边，结果如图13-68所示。

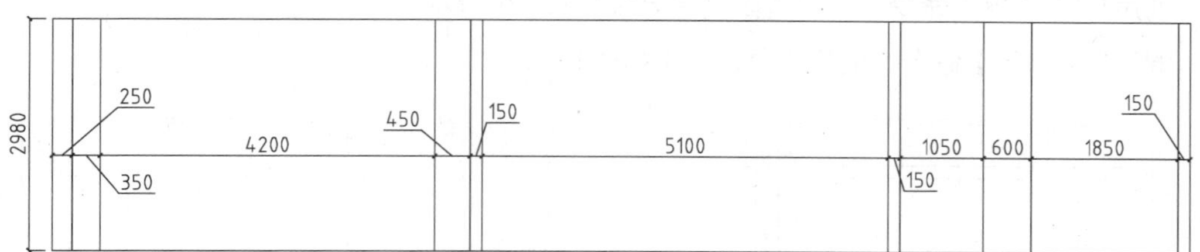

图13-68 绘制结果

03 调用O【偏移】命令，偏移矩形边，结果如图13-69所示。

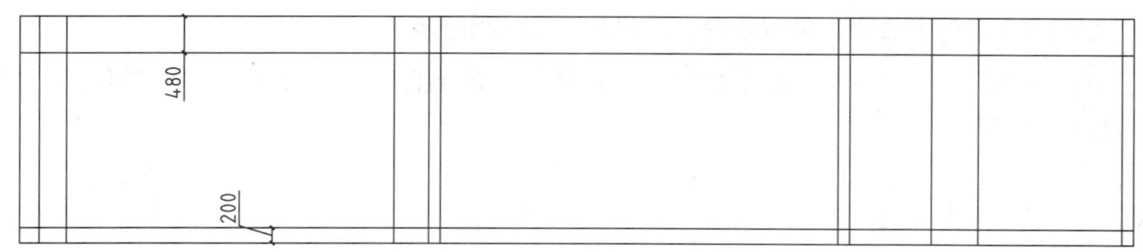

图13-69 偏移矩形边

04 绘制墙面钢化玻璃。调用TR【修剪】命令，修剪线段，结果如图13-70所示。

05 调用O【偏移】命令，偏移线段；调用TR【修剪】命令，修剪线段，结果如图13-71所示。

06 调用L【直线】命令，绘制直线，结果如图13-72所示。

07 绘制推拉门。调用O【偏移】命令，偏移线段，结果如图13-73所示。

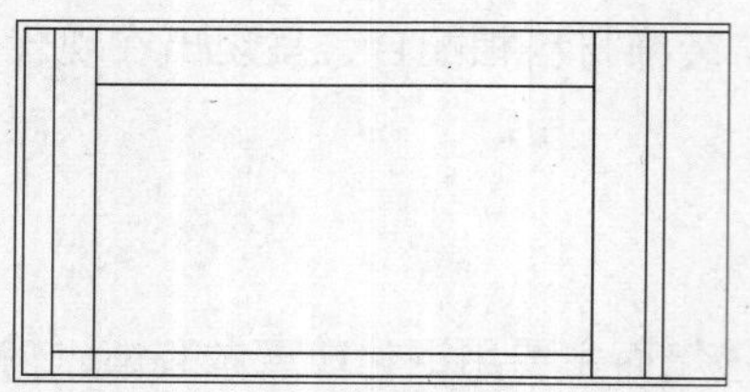
图13-70　修剪线段

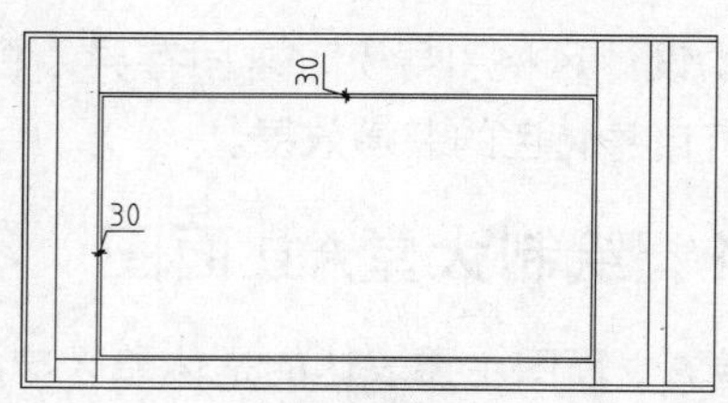

图13-71　修剪线段

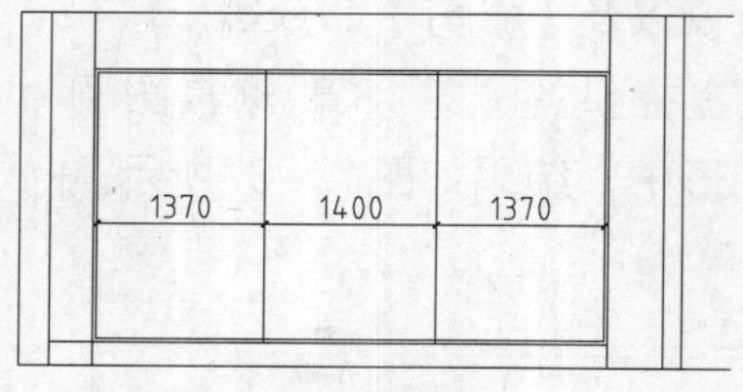

图13-72　绘制直线

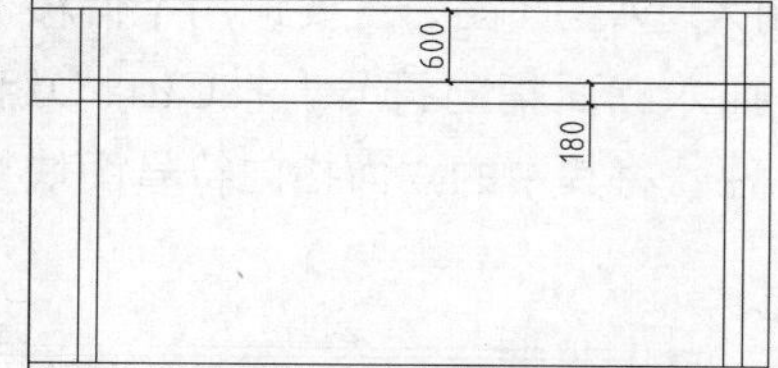

图13-73　偏移线段

08 调用TR【修剪】命令，修剪线段，结果如图13-74所示。

09 调用O【偏移】命令，偏移线段，结果如图13-75所示。

图13-74　修剪线段

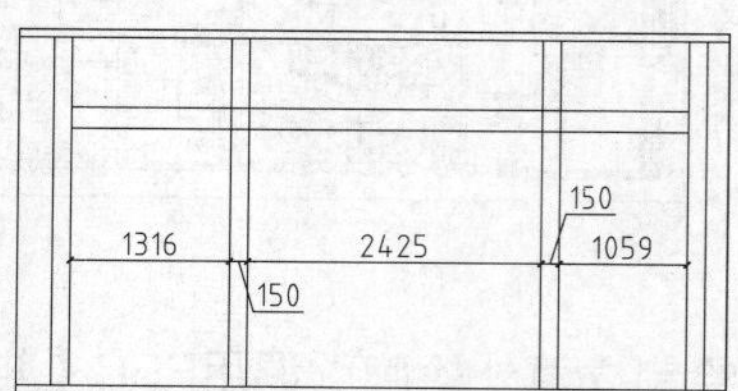

图13-75　偏移线段

10 调用TR【修剪】命令，修剪线段，结果如图13-76所示。

11 调用O【偏移】命令，偏移线段，结果如图13-77所示。

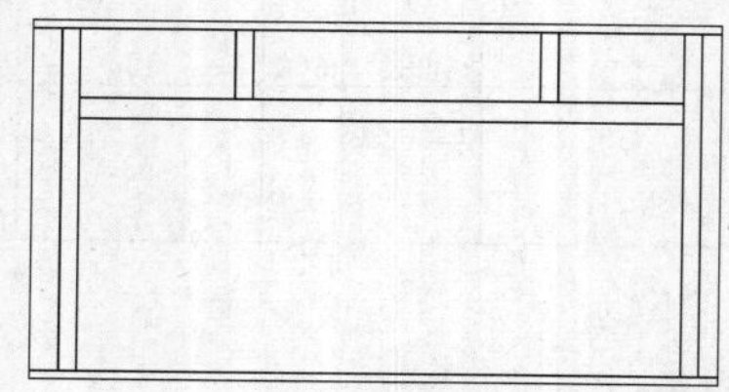
图13-76　修剪线段

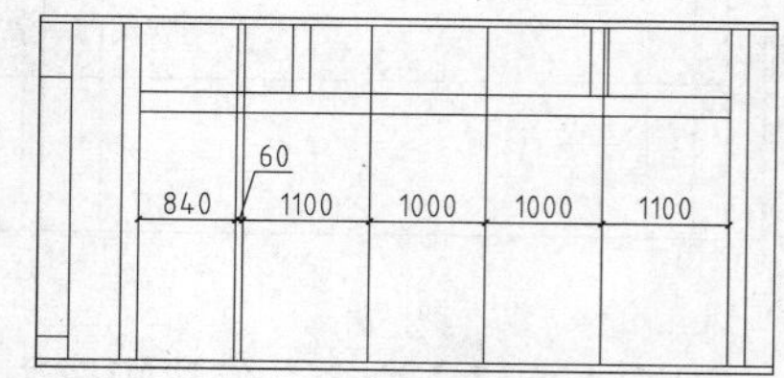

图13-77　偏移线段

12 调用TR【修剪】命令，修剪线段，结果如图13-78所示。

13 绘制平开门。调用O【偏移】命令，偏移线段；调用TR【修剪】命令，修剪线段，结果如图13-79所示。

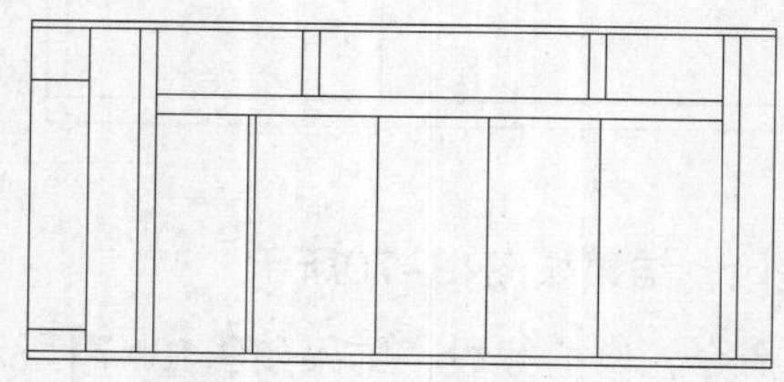
图13-78　修剪线段

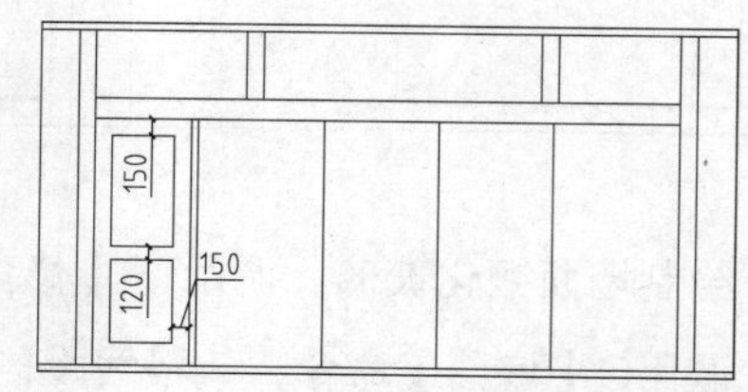

图13-79　绘制结果

14 调用O【偏移】命令，设置偏移距离分为5、15，向内偏移修剪完成的线段，结果如图13-80所示。

15 调用L【直线】命令，绘制对角线，结果如图13-81所示。

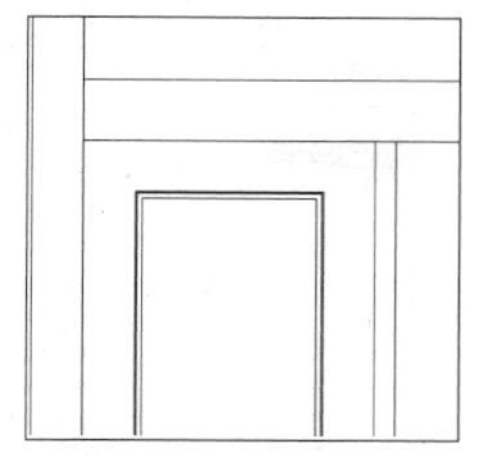
图13-80 偏移线段

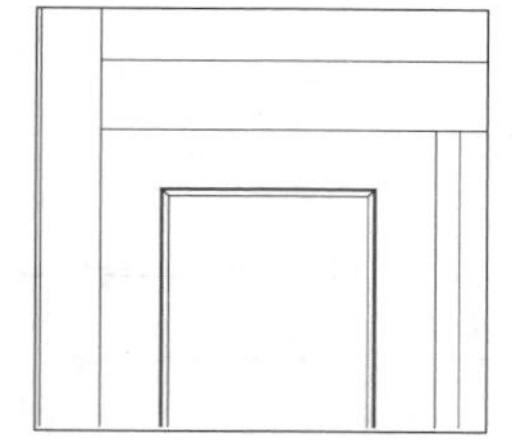
图13-81 绘制对角线

16 调用PL【多段线】命令，绘制门的开启方向线，并将多段线的线型设置为虚线，结果如图13-82所示。

17 绘制固定钢化玻璃外框。调用O【偏移】命令，偏移线段，结果如图13-83所示。

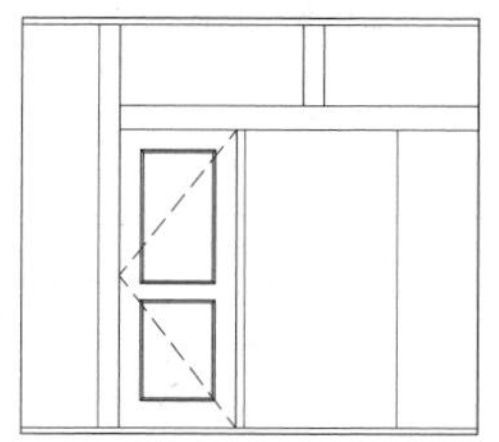
图13-82 绘制多段线

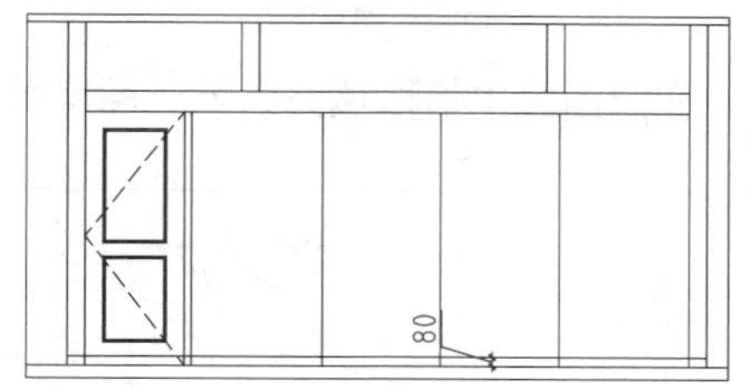

图13-83 偏移线段

18 调用TR【修剪】命令，修剪线段，结果如图13-84所示。

19 绘制固定钢化玻璃。调用O【偏移】命令，偏移线段，结果如图13-85所示。

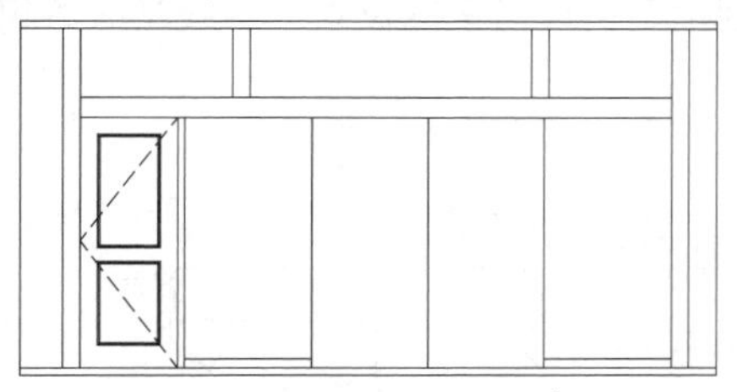
图13-84 修剪线段

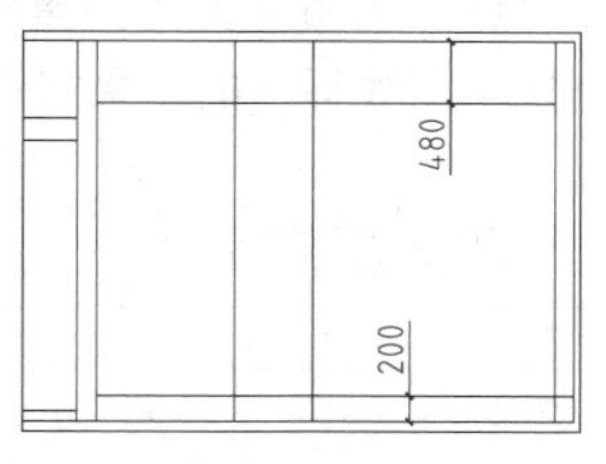

图13-85 偏移线段

20 调用TR【修剪】命令，修剪线段，结果如图13-86所示。

21 调用O【偏移】命令，偏移线段；调用TR【修剪】命令，修剪线段，结果如图13-87所示。

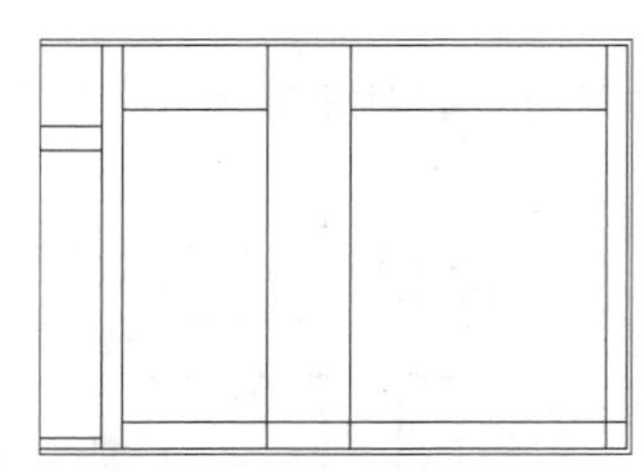
图13-86 修剪线段

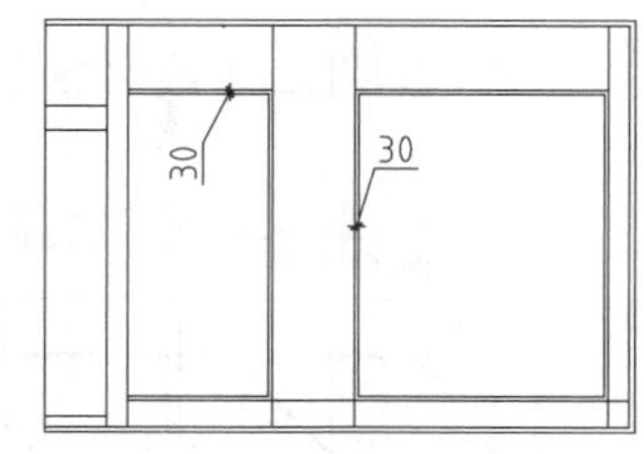

图13-87 修剪线段

22 绘制餐厅左侧固定玻璃。调用O【偏移】命令，偏移线段；调用TR【修剪】命令，修剪线段，结果如图13-88所示。

23 填充立面玻璃及推拉门图案。调用H【填充】命令，弹出【图案填充和渐变色】对话框，设置参数如图13-89所示。

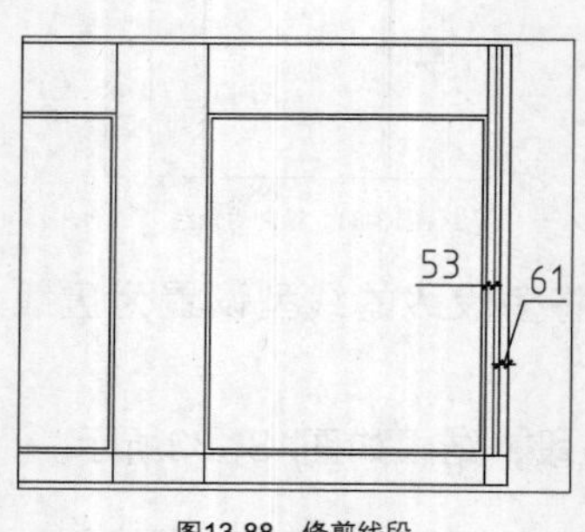

图13-88 修剪线段

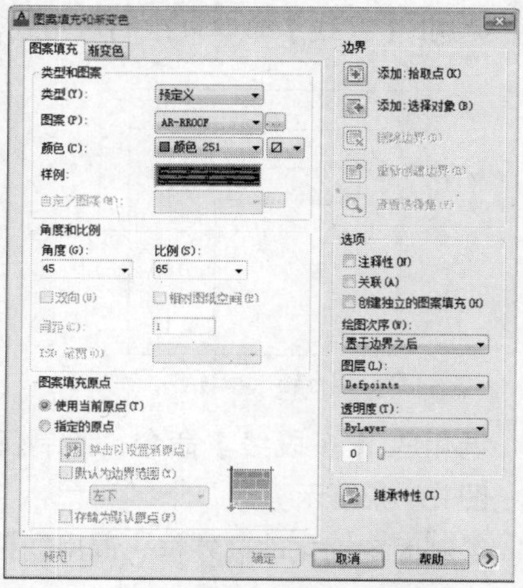

图13-89 设置参数

24 在绘图区中拾取填充区域，图案填充的结果如图13-90所示。

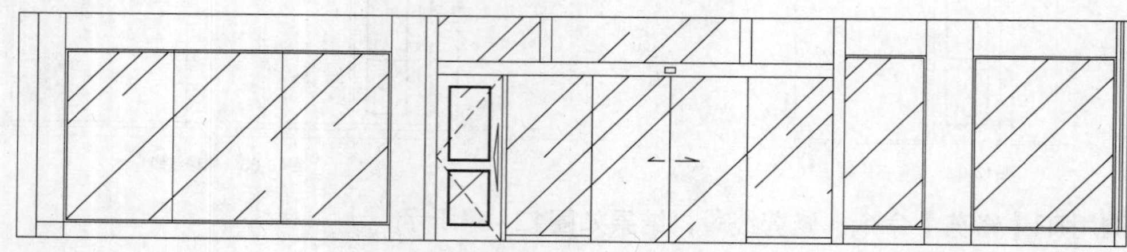

图13-90 图案填充

25 文字标注。调用MLD【多重引线】标注命令，分别指定引线箭头的位置、引线基线的位置，绘制多重引线标注的结果如图13-91所示。

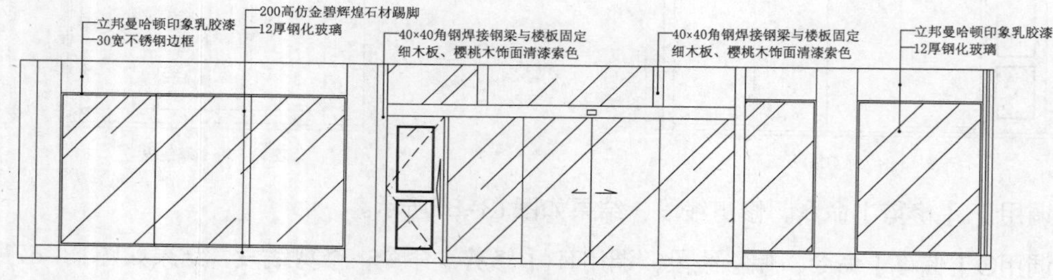

图13-91 文字标注

26 尺寸标注。调用DLI【线性标注】命令，为立面图绘制尺寸标注，结果如图13-92所示。

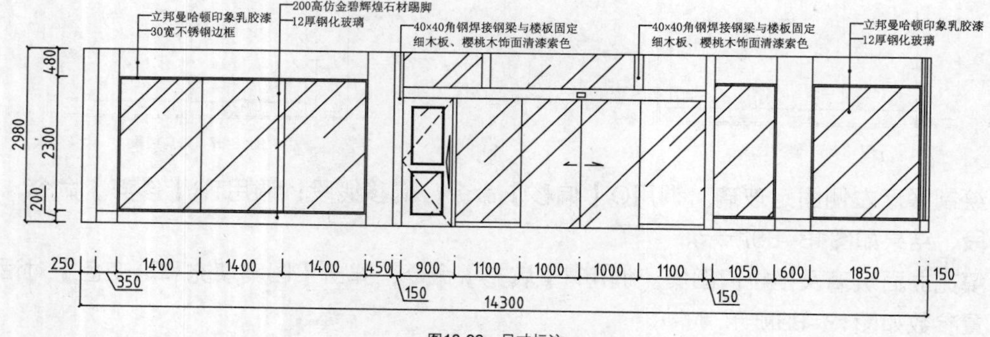

图13-92 尺寸标注

27 图名标注。调用MT【多行文字】命令、L【直线】命令，绘制图名标注，结果如图13-93所示。

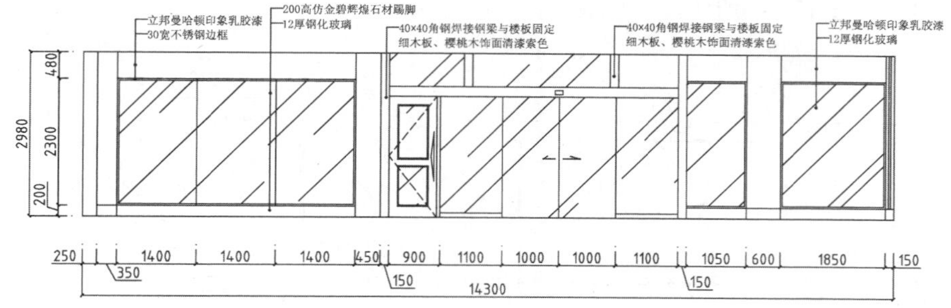

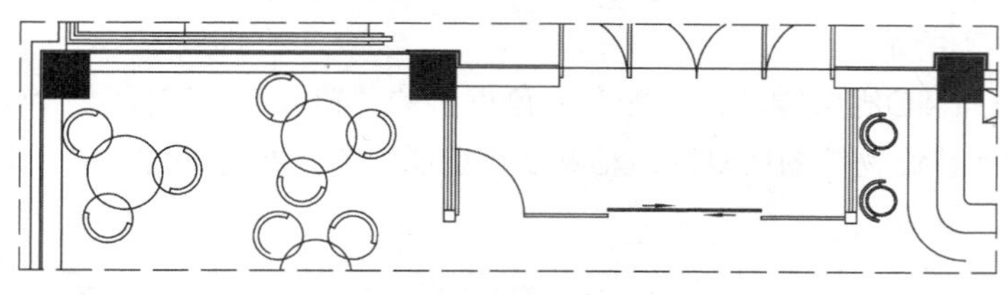

图13-93 图名标注

13.5.2 绘制大堂B立面图

大堂B立面图主要表达的是通往酒店餐厅的双开门装饰以及商务间的单扇平开门装饰，其墙面采用钢化玻璃做装饰，表面粘贴富有自然气息的原野贴画，是从现代风格的坚硬线条中追寻富有生命力的自然装饰，让人驻足观赏，并从中感受到设计者的良苦用心。

绘制大堂B立面图，主要调用【矩形】命令、【分解】命令以及【偏移】命令等。

01 绘制立面外轮廓。调用REC【矩形】命令，绘制矩形；调用X【分解】命令，分解矩形；调用O【偏移】命令，偏移矩形边，结果如图13-94所示。

02 调用O【偏移】命令，偏移矩形边，结果如图13-95所示。

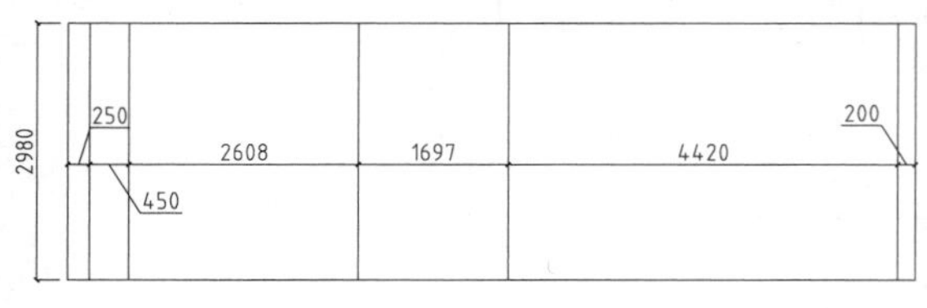

图13-94 绘制结果

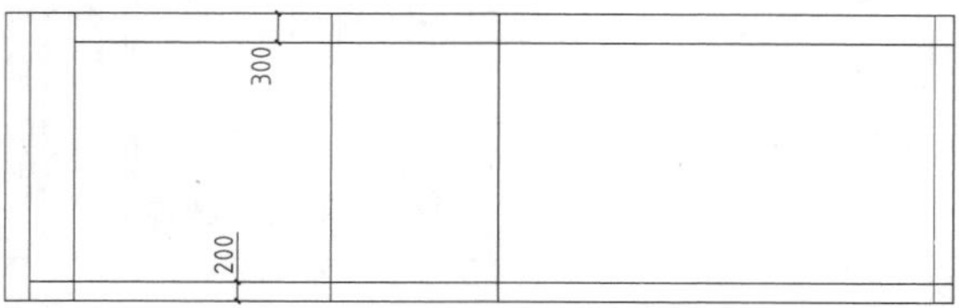

图13-95 偏移矩形边

03 调用TR【修剪】命令，修剪图形，结果如图13-96所示。

04 绘制墙面钢化玻璃轮廓。调用O【偏移】命令，偏移线段，结果如图13-97所示。

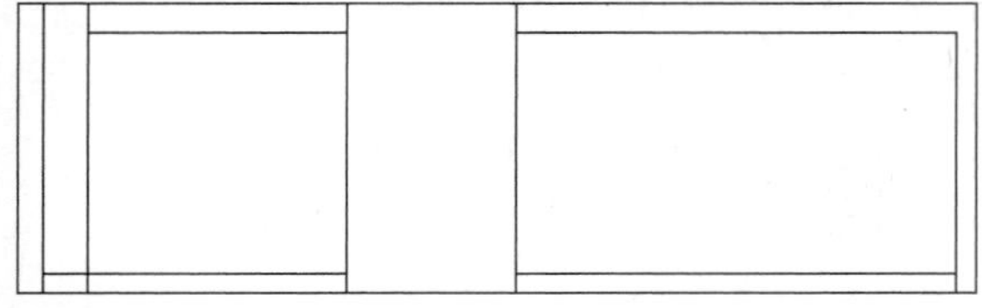

图13-96 修剪图形

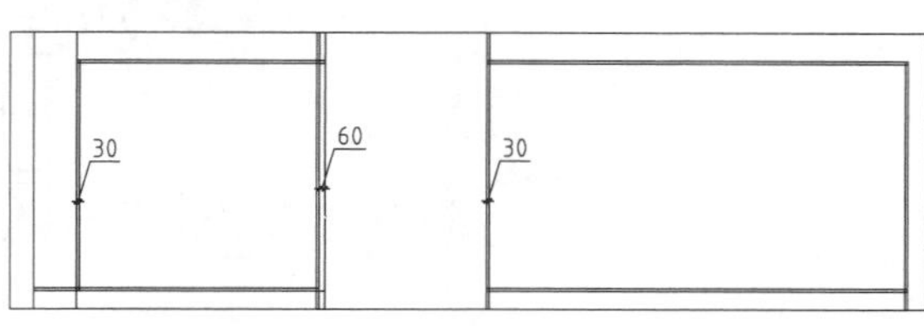

图13-97 偏移线段

05 调用TR【修剪】命令，修剪线段，结果如图13-98所示。

06 绘制吊顶及吧台侧立面。调用O【偏移】命令，偏移线段；调用TR【修剪】命令，修剪线段，结果如图13-99所示。

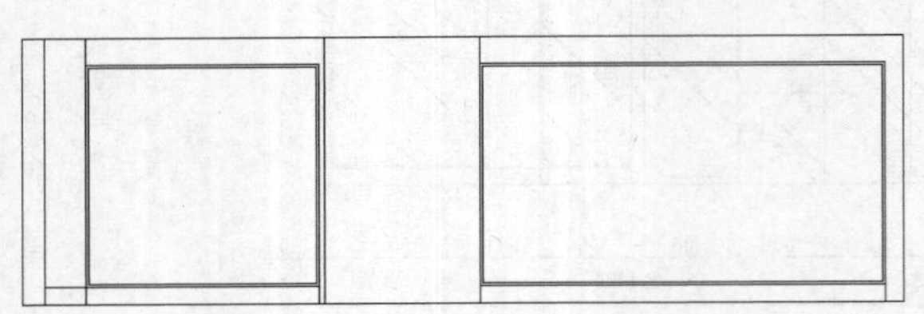
图13-98 修剪线段

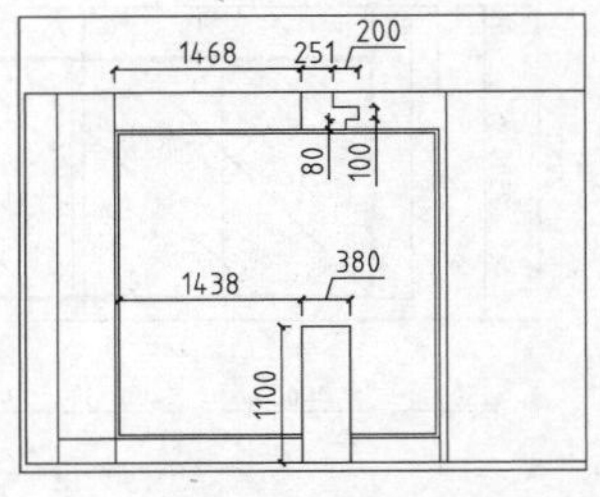

图13-99 绘制结果

07 绘制钢化玻璃门。调用调用O【偏移】命令，偏移线段；调用TR【修剪】命令，修剪线段，结果如图13-100所示。

08 插入图块。按Ctrl+O组合键，打开配套光盘提供的“第13章\家具图例.dwg”文件，将其中的双开门、墙面装饰物等图块复制、粘贴至当前图形中，结果如图13-101所示。

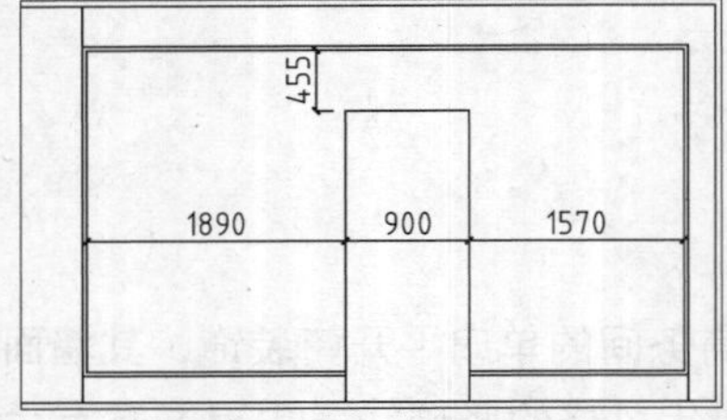

图13-100 修剪线段

图13-101 插入图块

09 文字标注。调用MLD【多重引线】标注命令，分别指定引线箭头的位置、引线基线的位置，绘制多重引线标注的结果如图13-102所示。

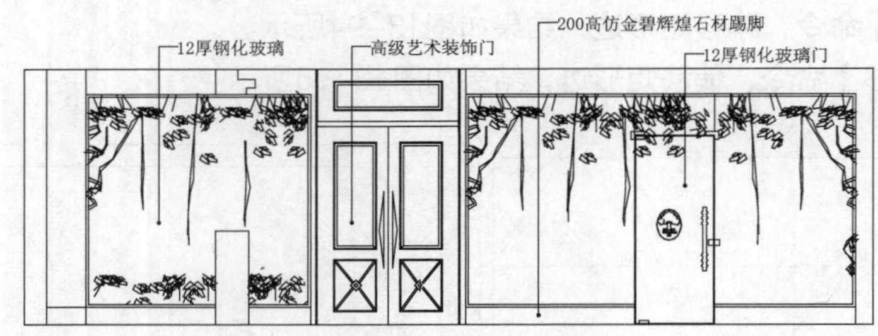

图13-102 文字标注

10 尺寸标注。调用DLI【线性标注】命令，为立面图绘制尺寸标注，结果如图13-103所示。

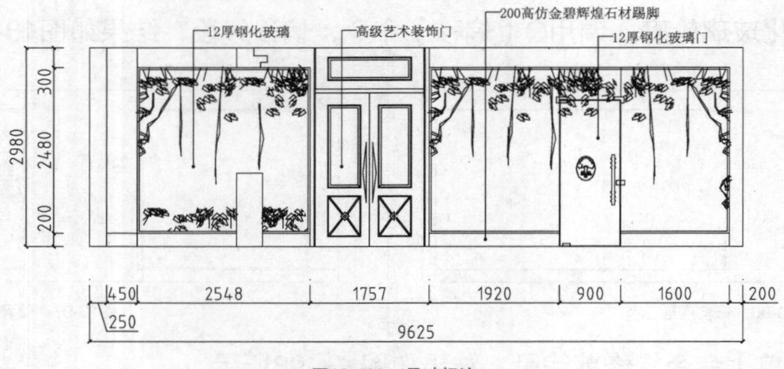

图13-103 尺寸标注

11 图名标注。调用MT【多行文字】命令、L【直线】命令，绘制图名标注，结果如图13-104所示。

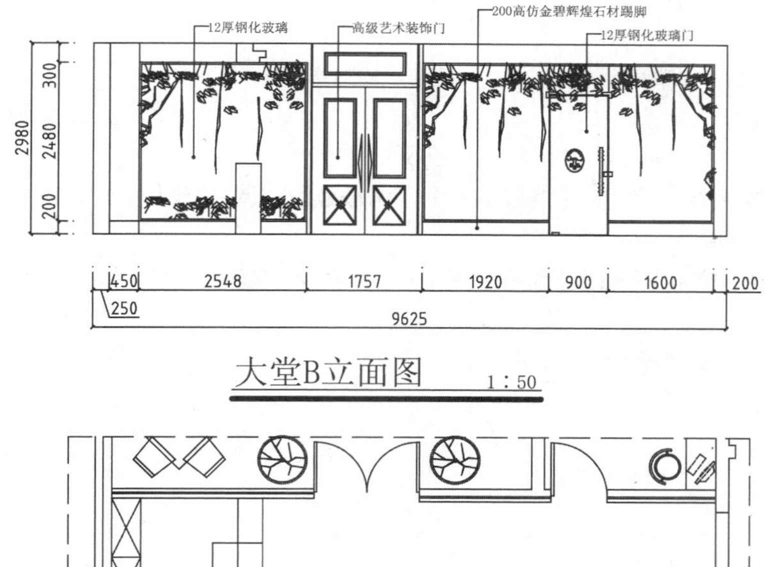

图13-104 图名标注

13.5.3 绘制大堂C立面图

大堂C立面图主要表达的是总服务台的正立面图，总服务台的背景墙以印象乳胶漆和樱桃木为主要材料，沿袭了设计风格，但是，与其他立面所不同的是，增添了木线条乳胶漆饰面，为该立面增添了亮点。

绘制大堂C立面图主要调用【矩形】命令、【直线】命令以及【复制】命令等。

01 绘制立面外轮廓。调用REC【矩形】命令，绘制矩形；调用X【分解】命令，分解矩形；调用O【偏移】命令，偏移矩形边，结果如图13-105所示。

图13-105 绘制结果

02 调用O【偏移】命令，偏移矩形边，结果如图13-106所示。

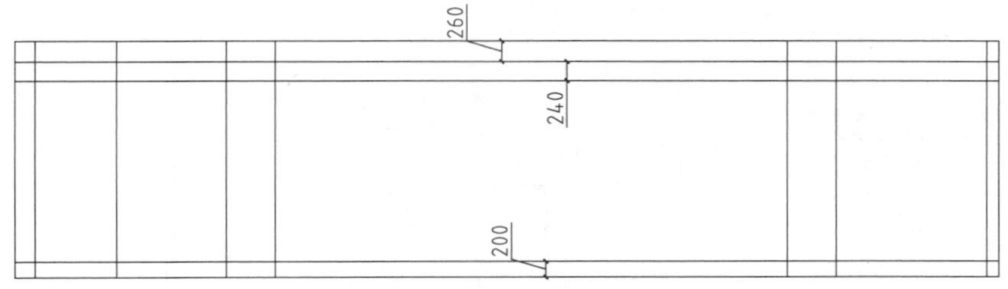

图13-106 偏移矩形边

03 调用TR【修剪】命令，修剪线段，结果如图13-107所示。

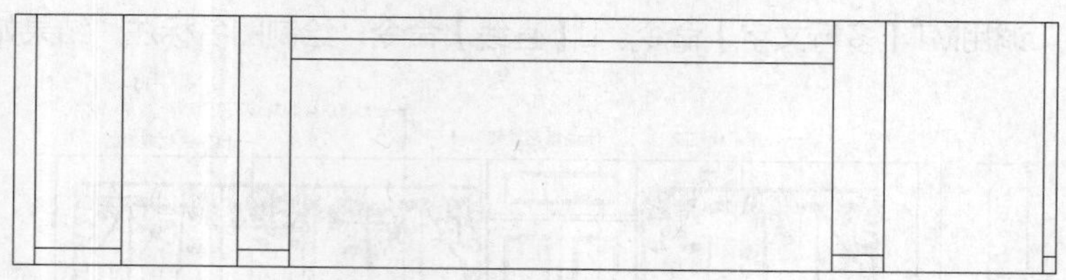
图13-107 修剪线段

04 绘制木线条装饰。调用O【偏移】命令，偏移线段；调用TR【修剪】命令，修剪线段，结果如图13-108所示。

05 绘制接待台。调用O【偏移】命令、TR【修剪】命令，偏移并修剪线段，结果如图13-109所示。

图13-108 绘制结果

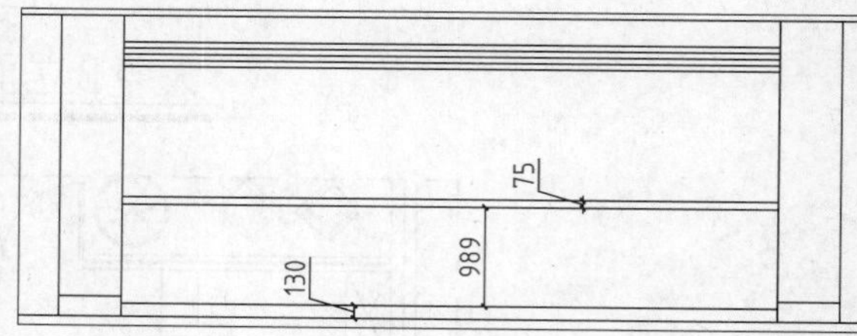

图13-109 绘制结果

06 调用O【偏移】命令，偏移线段；调用TR【修剪】命令，修剪线段，结果如图13-110所示。

07 调用O【偏移】命令、TR【修剪】命令，偏移并修剪线段，结果如图13-111所示。

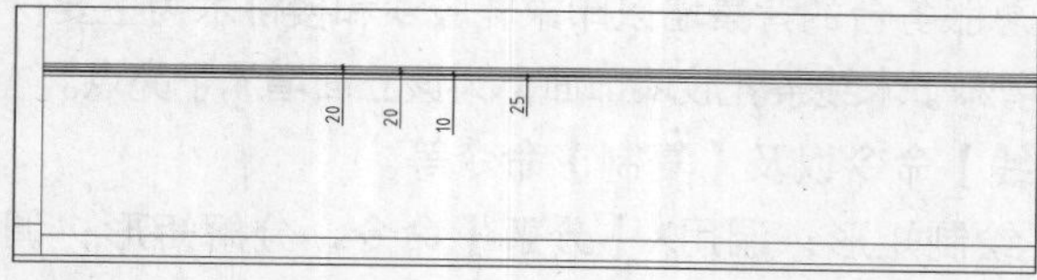

图13-110 修剪线段

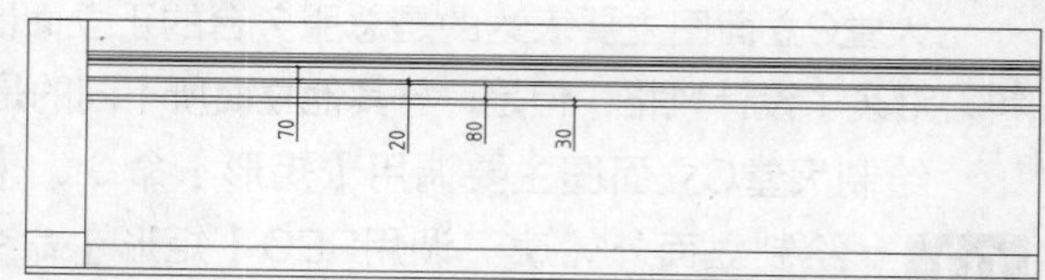

图13-111 绘制结果

08 调用O【偏移】命令，偏移线段；调用TR【修剪】命令，修剪线段，结果如图13-112所示。

09 绘制接待台立面装饰。调用REC【矩形】命令，绘制尺寸为550×500的矩形，结果如图13-113所示。

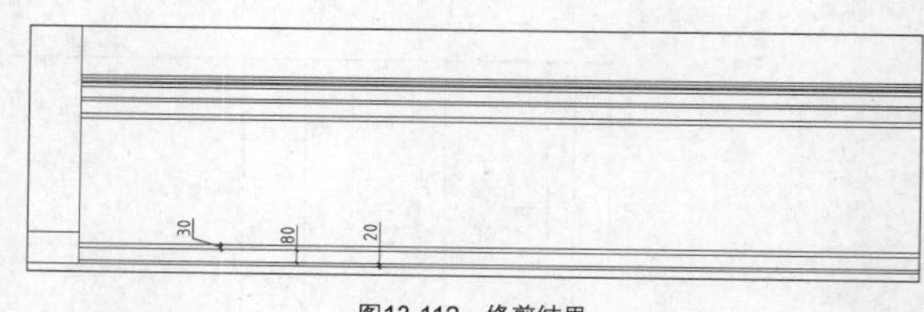

图13-112 修剪结果

10 调用O【偏移】命令，向内偏移矩形，结果如图13-114所示。

11 调用L【直线】命令，绘制对角线，结果如图13-115所示。

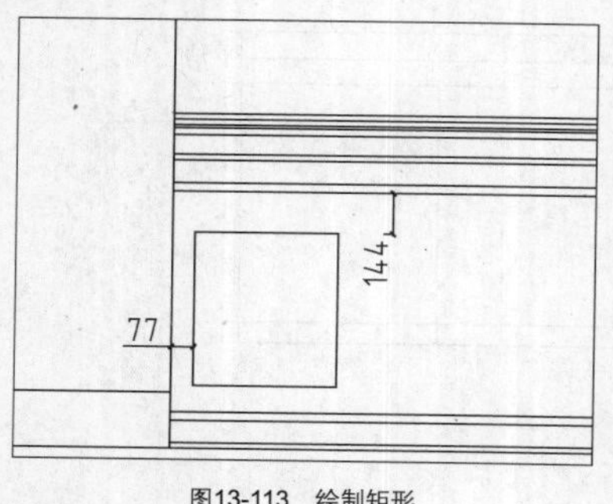

图13-113 绘制矩形

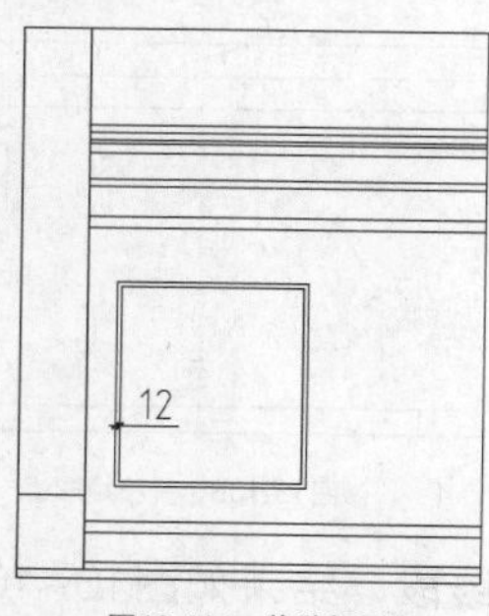

图13-114 偏移矩形

图13-115 绘制对角线

12 调用CO【复制】命令，移动、复制绘制完成的图形，结果如图13-116所示。

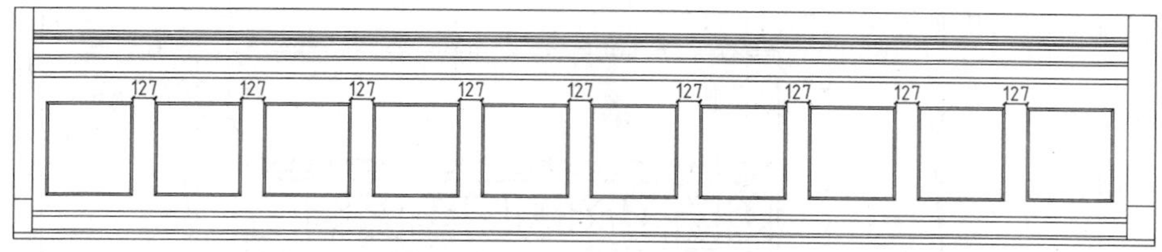

图13-116 移动复制

13 绘制装饰门。调用L【直线】命令，绘制直线；调用TR【修剪】命令，修剪直线，结果如图13-117所示。

14 调用PL【多段线】命令，在立面门洞处绘制折断线，结果如图13-118所示。

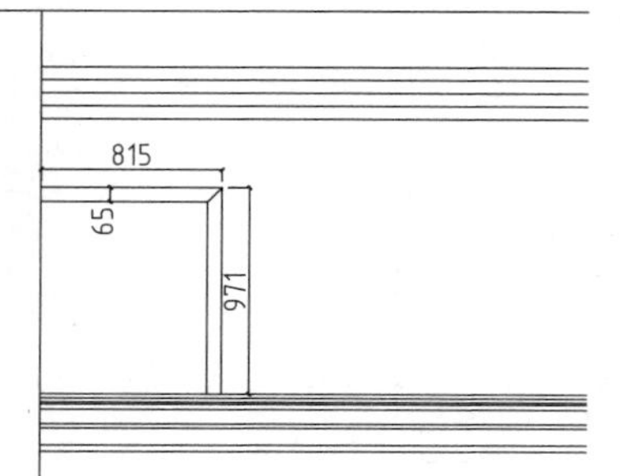

图13-117 绘制结果

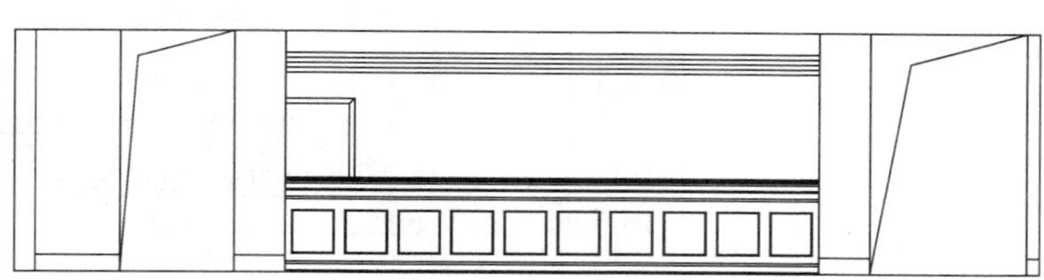
图13-118 绘制折断线

15 插入图块。按Ctrl+O组合键，打开配套光盘提供的“第13章\家具图例.dwg”文件，将其中的双开门、墙面装饰物等图块复制、粘贴至当前图形中，结果如图13-119所示。

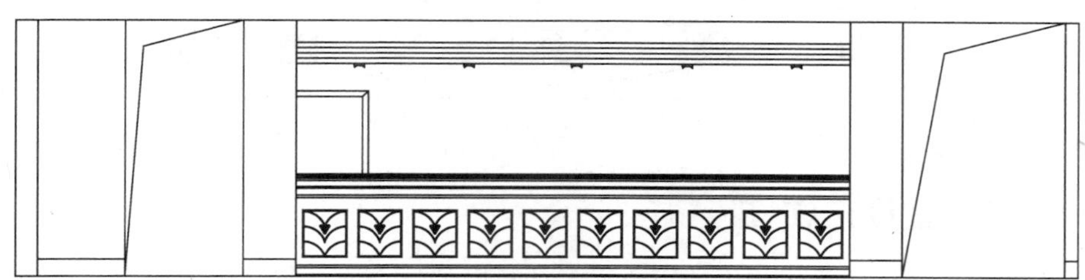
图13-119 插入图块

16 文字标注。调用MLD【多重引线】标注命令，分别指定引线箭头的位置、引线基线的位置，绘制多重引线标注的结果如图13-120所示。

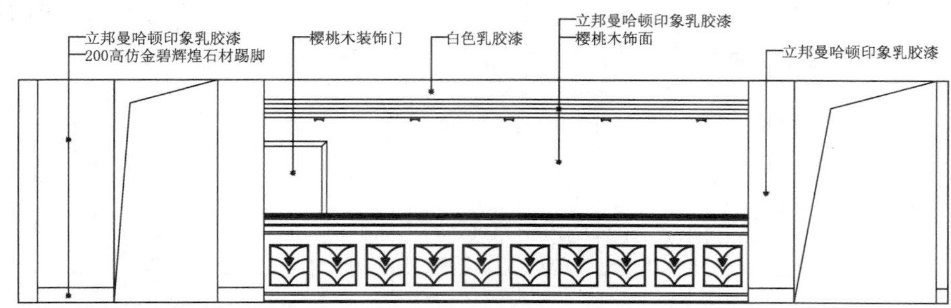

图13-120 文字标注

17 尺寸标注。调用DLI【线性标注】命令，为立面图绘制尺寸标注，结果如图13-121所示。

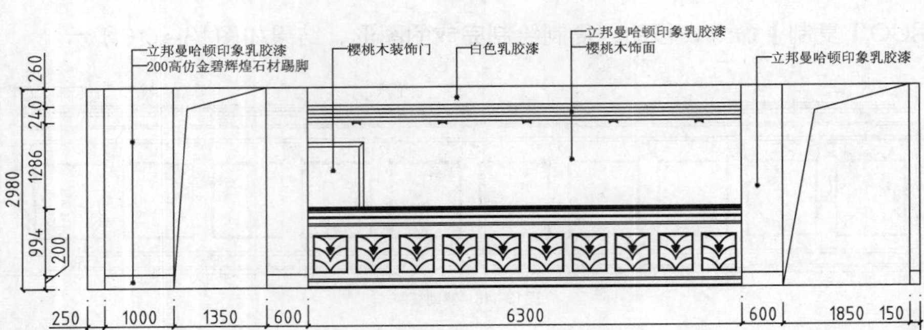

图13-121　尺寸标注

18 图名标注。调用MT【多行文字】命令、L【直线】命令，绘制图名标注，结果如图13-122所示。

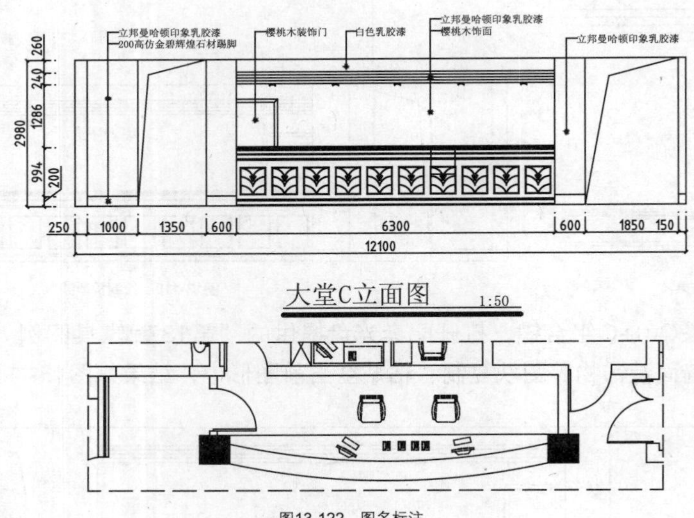

图13-122　图名标注

13.5.4　绘制大堂D立面图

大堂D立面图主要表达的是候梯区的正立面，休息区的侧立面。候梯区的墙面是用啡钻花岗岩和印象乳胶漆为主要装饰材料，花岗岩彰显大气风范，而细腻的乳胶漆装饰，正好缓和了其霸气的装饰，达到了中和的效果。

绘制大堂D立面图主要调用【偏移】命令、【修剪】命令以及【矩形】命令等。

01 绘制立面外轮廓。调用REC【矩形】命令，绘制矩形；调用X【分解】命令，分解矩形；调用O【偏移】命令，偏移矩形边，结果如图13-123所示。

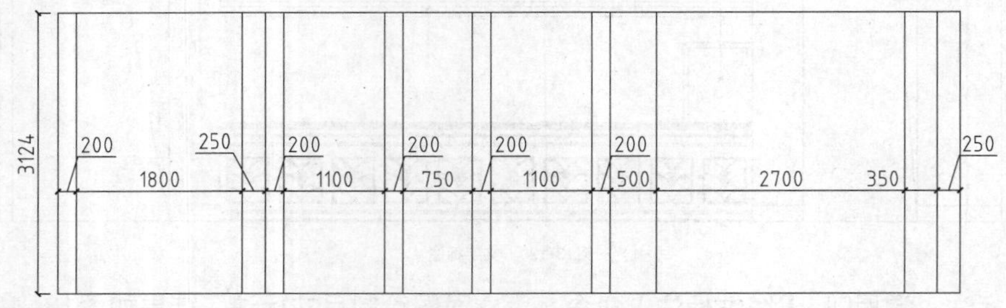

图13-123　绘制结果

02 调用O【偏移】命令，偏移矩形边，结果如图13-124所示。

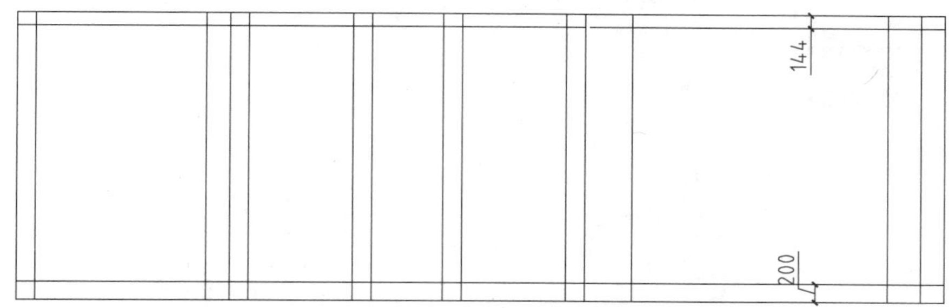

图13-124　偏移矩形边

03 调用TR【修剪】命令，修剪线段，结果如图13-125所示。

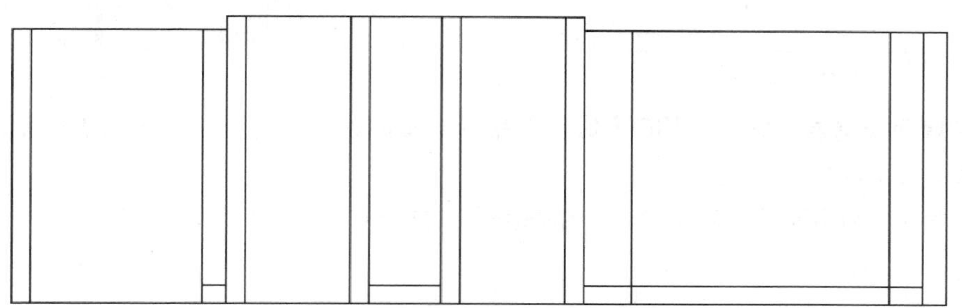
图13-125　修剪线段

04 绘制防火门门洞。调用O【偏移】命令，偏移线段；调用TR【修剪】命令，修剪线段，结果如图13-126所示。

05 绘制电梯门。调用L【直线】命令，绘制直线，结果如图13-127所示。

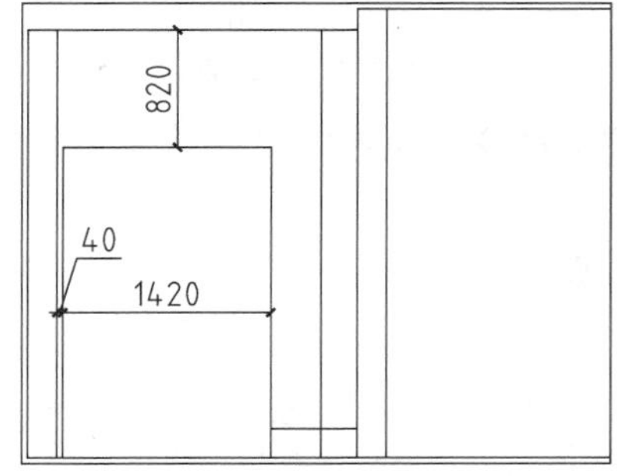

图13-126　绘制结果

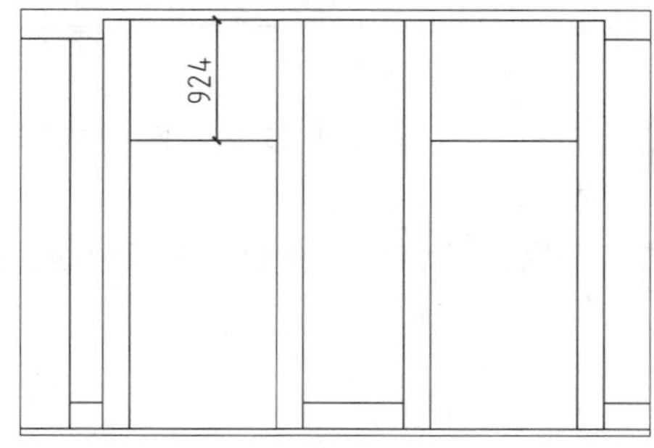

图13-127　绘制直线

06 调用O【偏移】命令，偏移线段；调用TR【修剪】命令，修剪线段，结果如图13-128所示。

07 填充电梯门图案。调用H【填充】命令，弹出【图案填充和渐变色】对话框，设置参数如图13-129所示。

08 在绘图区中拾取填充区域，图案填充的结果如图13-130所示。

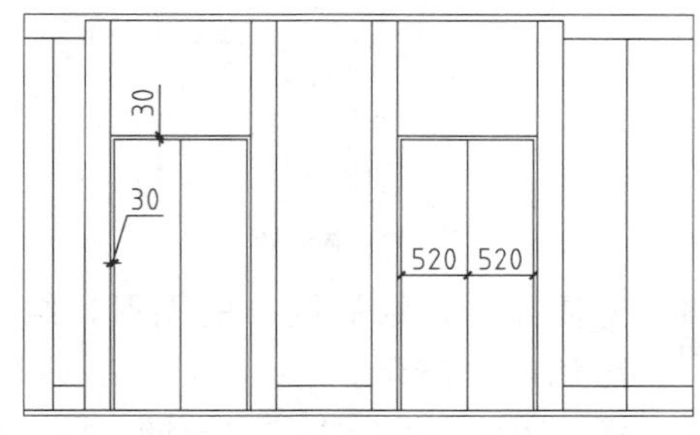

图13-128　绘制结果

图13-129 设置参数

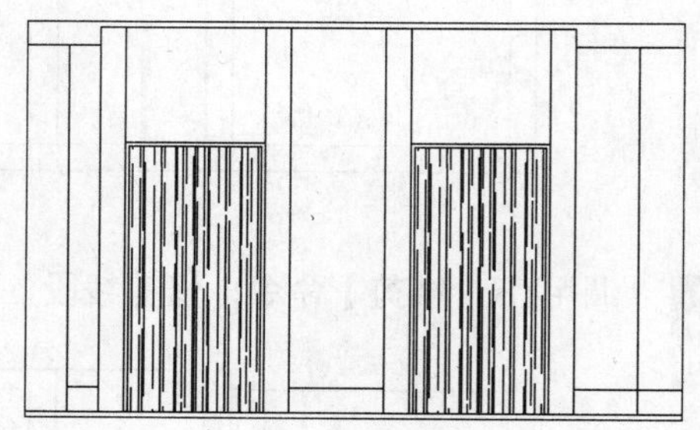
图13-130 图案填充

09 绘制墙面花岗岩装饰。调用O【偏移】命令，偏移线段；调用TR【修剪】命令，修剪线段，结果如图13-131所示。

10 绘制吊顶。调用O【偏移】命令，偏移线段，结果如图13-132所示。

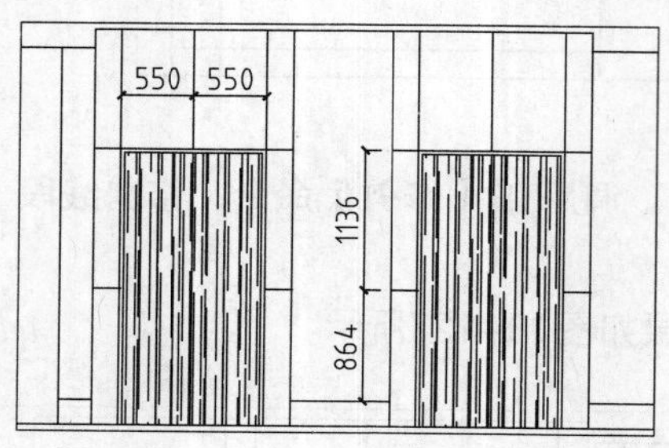

图13-131 修剪线段

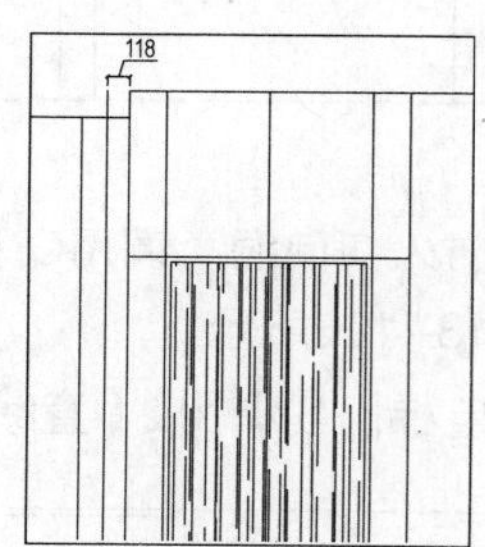

图13-132 偏移线段

11 调用TR【修剪】命令，修剪线段；调用EX【延伸】命令，延伸线段，结果如图13-133所示。

12 调用TR【修剪】命令，修剪线段，结果如图13-134所示。

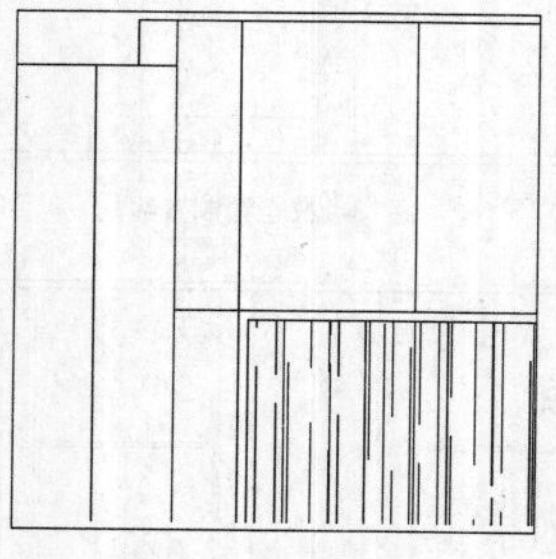
图13-133 编辑结果

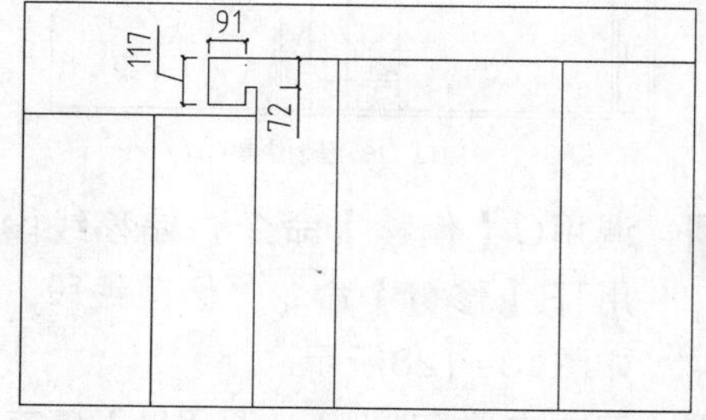

图13-134 修剪线段

13 重复操作，绘制同样的图形，结果如图13-135所示。

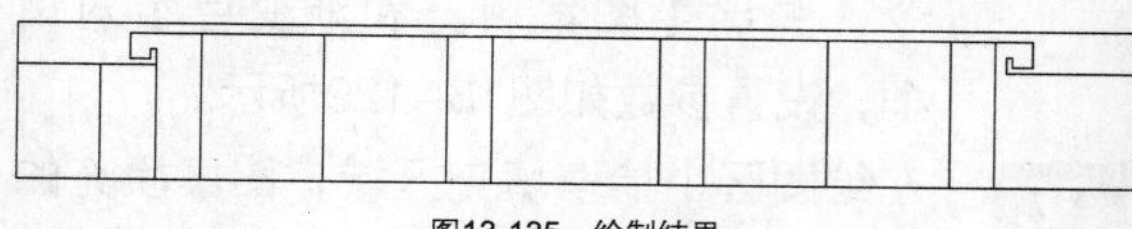
图13-135 绘制结果

14 插入图块。按Ctrl+O组合键，打开配套光盘提供的“第13章\家具图例.dwg”文件，将其中的防火门等图块复制、粘贴至当前图形中，结果如图13-136所示。

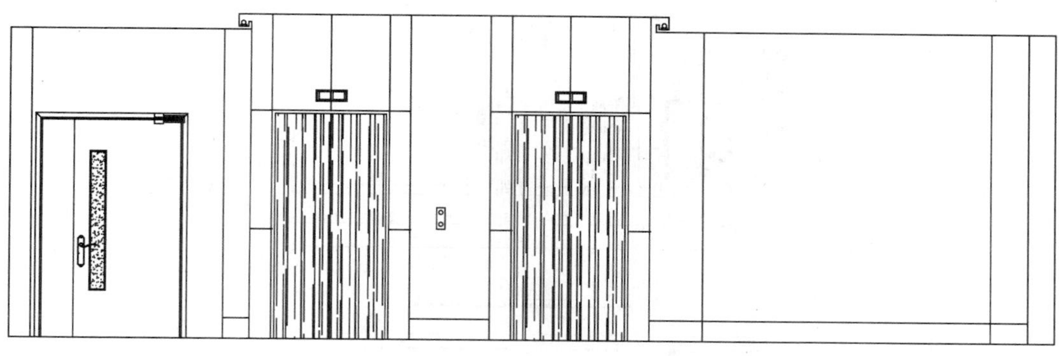

图13-136　插入图块

15 文字标注。调用MLD【多重引线】标注命令，分别指定引线箭头的位置、引线基线的位置，绘制多重引线标注的结果如图13-137所示。

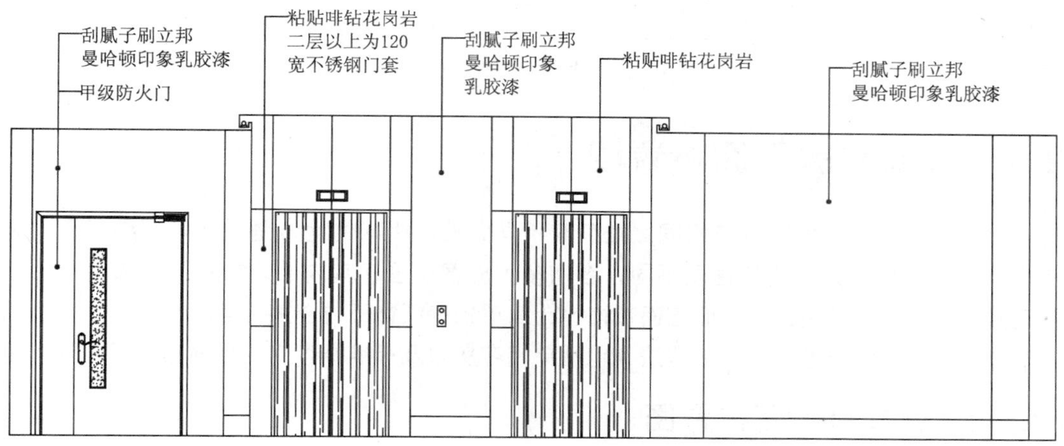

图13-137　文字标注

16 尺寸标注。调用DLI【线性标注】命令，为立面图绘制尺寸标注，结果如图13-138所示。

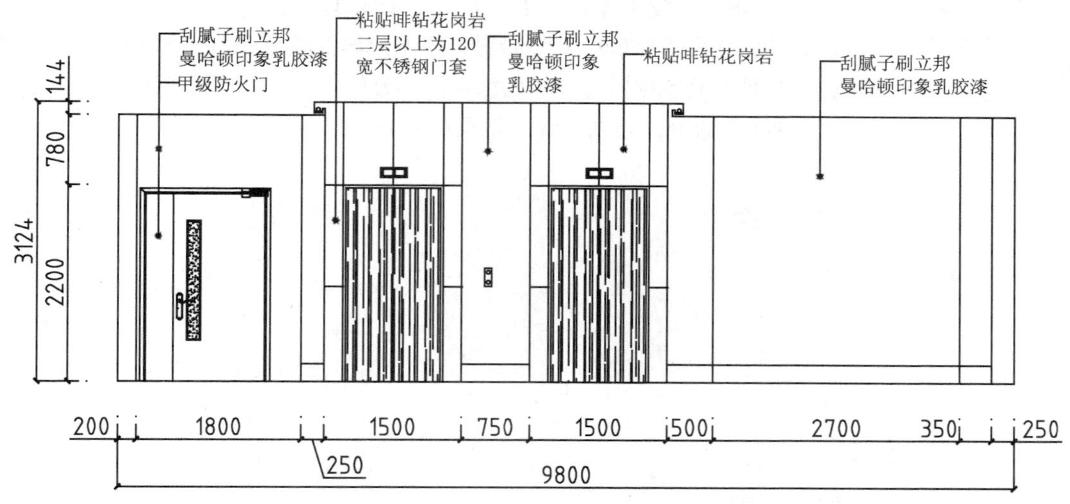

图13-138　尺寸标注

17 图名标注。调用MT【多行文字】命令、L【直线】命令，绘制图名标注，结果如图13-139所示。

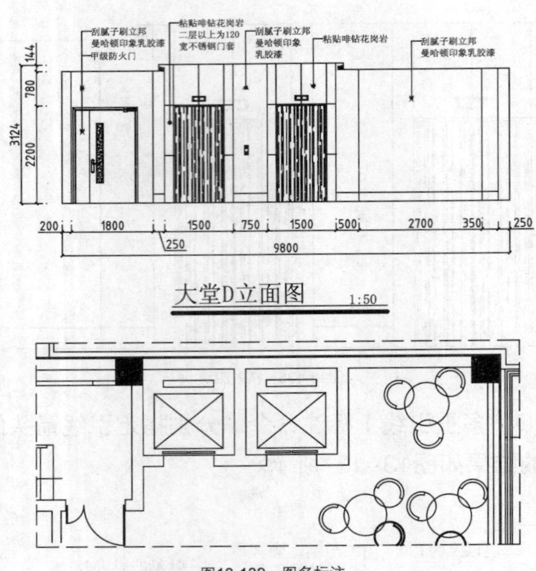

图13-139 图名标注

13.6 绘制客房平面布置图

酒店客房与家庭中的卧室既有相同之处又有不同之处。相同的地方是空间内都具有床、梳妆台以及衣柜；不同之处则是使用的性质不同，客房多为旅客设置，其内部装饰除了基本的生活必须用品外并无其他彰显个性的装饰物，而墙面装饰也为简单的壁纸饰面或墙漆饰面。

本节介绍客房平面布置图的绘制方法，包括单间客房以及标准间客房的平面布置图。

13.6.1 绘制单间平面布置图

单间客房里只放置一张床，可以是单人床或者双人床，然后，配备电视机、衣柜以及休闲桌椅，并带独立卫浴，满足最基本的休息需求以及盥洗需求。

绘制单间客房平面图主要调用的命令有【偏移】命令、【多段线】命令等。

01 调用酒店二至三层原始结构图。按Ctrl+O组合键，打开配套光盘提供的“第13章\酒店二至三层原始结构图.dwg”文件，将其中的单间原始结构图部分截取出来，结果如图13-140所示。

02 绘制衣柜。调用L【直线】命令，绘制直线，结果如图13-141所示。

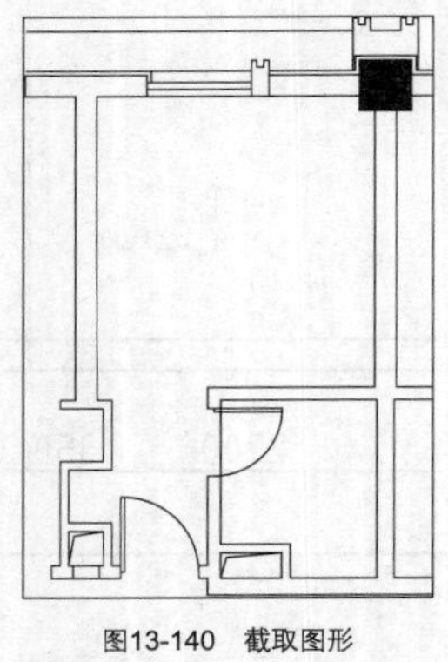

图13-140 截取图形

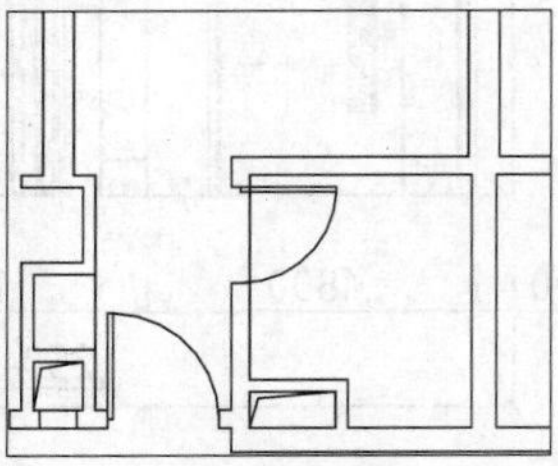

图13-141 绘制直线

03 调用O【偏移】命令，偏移线段，结果如图13-142所示。

04 绘制洗手台。调用PL【多段线】命令，绘制洗手台轮廓，命令行提示如下：

```
命令: PLINE↙
指定起点:                                          //指定多段线的起点
当前线宽为 0
指定下一个点或 [圆弧(A)/半宽(H)/长度(L)/放弃(U)/宽度(W)]: 450
                                                   //输入参数
指定下一点或 [圆弧(A)/闭合(C)/半宽(H)/长度(L)/放弃(U)/宽度(W)]: 268
                                                   //输入参数
指定下一点或 [圆弧(A)/闭合(C)/半宽(H)/长度(L)/放弃(U)/宽度(W)]: A
                                                   //输入A，选择"圆弧"选项
指定圆弧的端点或
[角度(A)/圆心(CE)/闭合(CL)/方向(D)/半宽(H)/直线(L)/半径(R)/第二个点(S)/放弃(U)/宽度(W)]: R
                                                   //输入R，选择"半径"选项
指定圆弧的半径: 341
指定圆弧的端点或 [角度(A)]: 565
指定圆弧的端点或
[角度(A)/圆心(CE)/闭合(CL)/方向(D)/半宽(H)/直线(L)/半径(R)/第二个点(S)/放弃(U)/宽度(W)]: L
                                                   //输入L，选择"直线"选项
指定下一点或 [圆弧(A)/闭合(C)/半宽(H)/长度(L)/放弃(U)/宽度(W)]: 268
指定下一点或 [圆弧(A)/闭合(C)/半宽(H)/长度(L)/放弃(U)/宽度(W)]: 450
指定下一点或 [圆弧(A)/闭合(C)/半宽(H)/长度(L)/放弃(U)/宽度(W)]: C
                                                   //输入C，选择"闭合"选项，绘制结果如图13-143所示
```

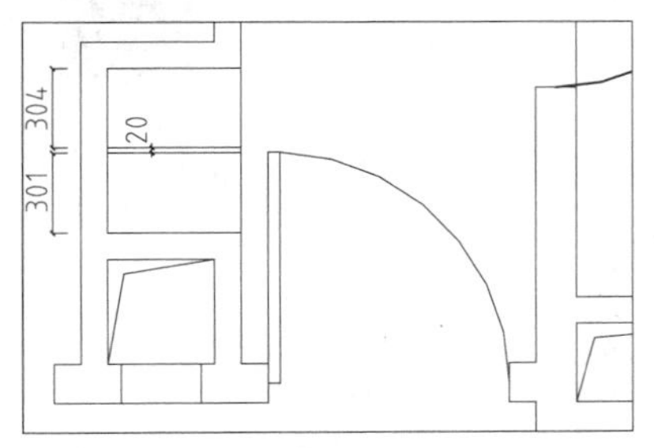

图13-142 偏移线段

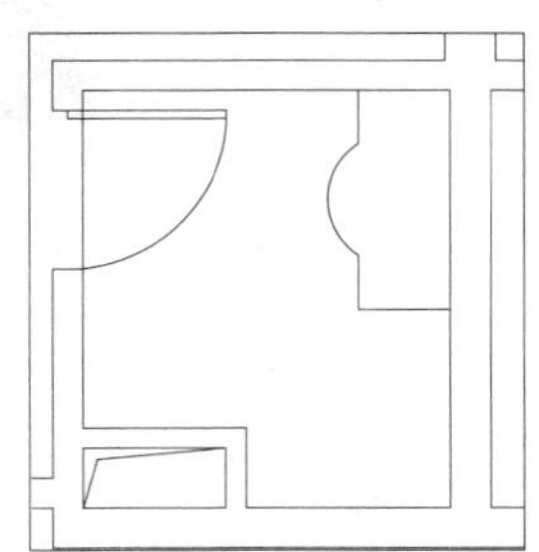
图13-143 绘制结果

05 插入图块。按Ctrl+O组合键，打开配套光盘提供的"第13章\家具图例.dwg"文件，将其中的家具图块复制、粘贴至当前图形中，结果如图13-144所示。

06 文字标注。调用MT【多行文字】标注命令，为平面图绘制文字标注，结果如图13-145所示。

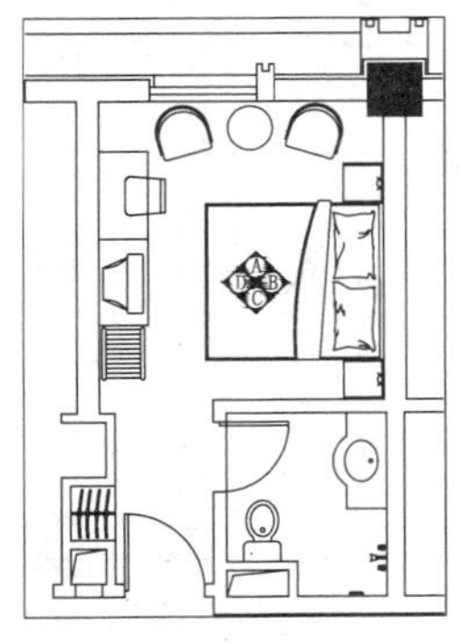
图13-144 插入图块

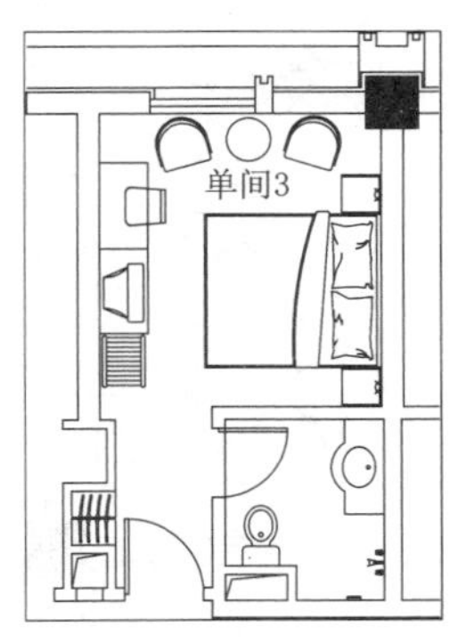

图13-145 文字标注

13.6.2 绘制标准间平面图

标准间客房内的配套设施与单间客房的相一致，不同的是，该空间内有两张单人床或双人床，可满足双人或四人的需求。

绘制标准间客房平面图，主要调用【直线】命令、【矩形】命令以及【多行文字】命令等。

01 调用酒店二至三层原始结构图。按Ctrl+O组合键，打开配套光盘提供的“第13章\酒店二至三层原始结构图.dwg”文件，将其中的标准原始结构图部分截取出来，结果如图13-146所示。

02 绘制衣柜挂衣杆。调用L【直线】命令，绘制直线，结果如图13-147所示。

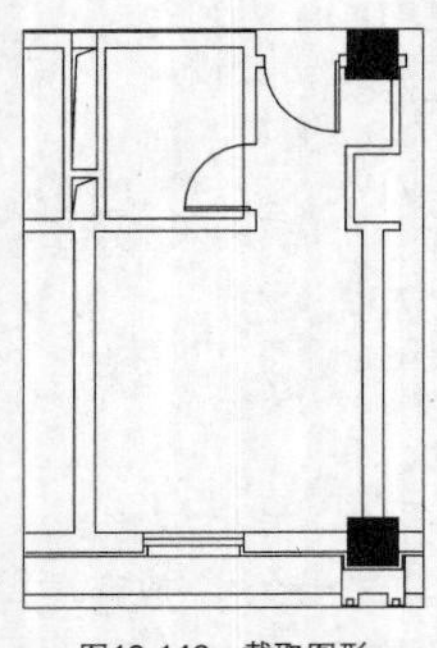

图13-146 截取图形

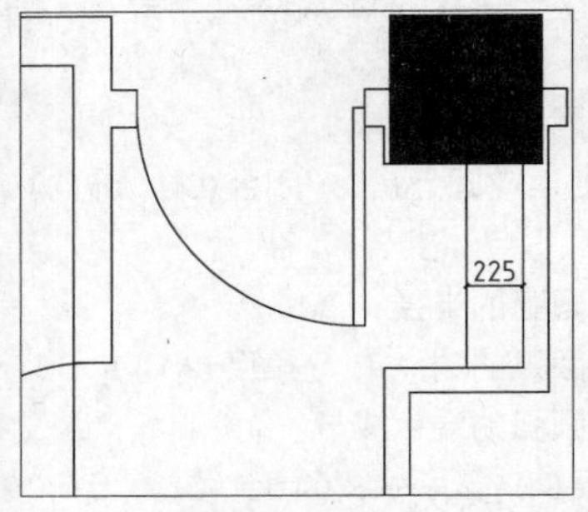

图13-147 绘制直线

03 绘制衣柜推拉门。调用REC【矩形】命令，绘制尺寸为428×21的矩形，结果如图13-148所示。

04 重复调用REC【矩形】命令，绘制尺寸为432×21的矩形，结果如图13-149所示。

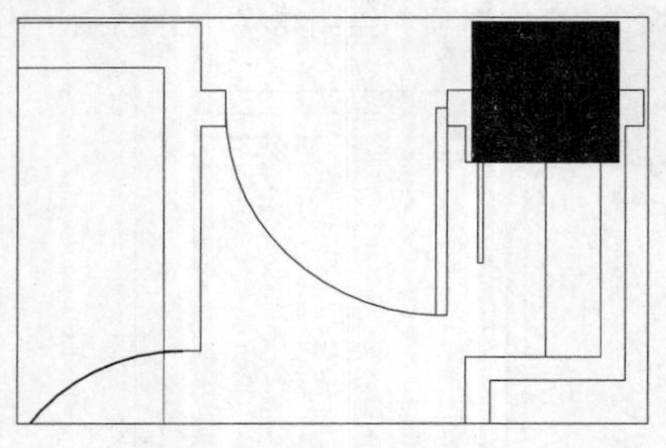

图13-148 绘制矩形

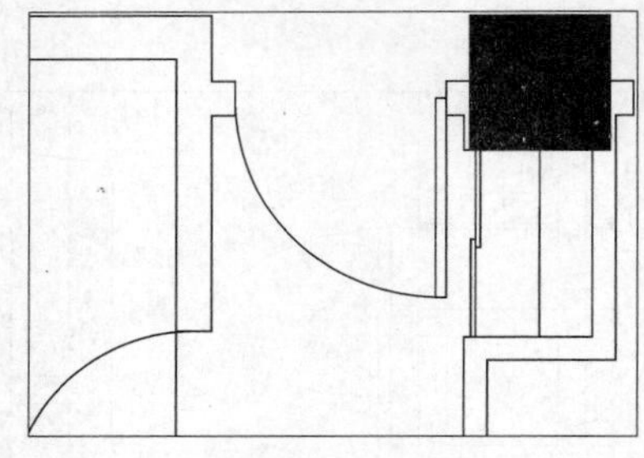

图13-149 绘制结果

05 插入图块。按Ctrl+O组合键，打开配套光盘提供的“第13章\家具图例.dwg”文件，将其中的家具图块复制、粘贴至当前图形中，结果如图13-150所示。

06 文字标注。调用MT【多行文字】标注命令，为平面图绘制文字标注，结果如图13-151所示。

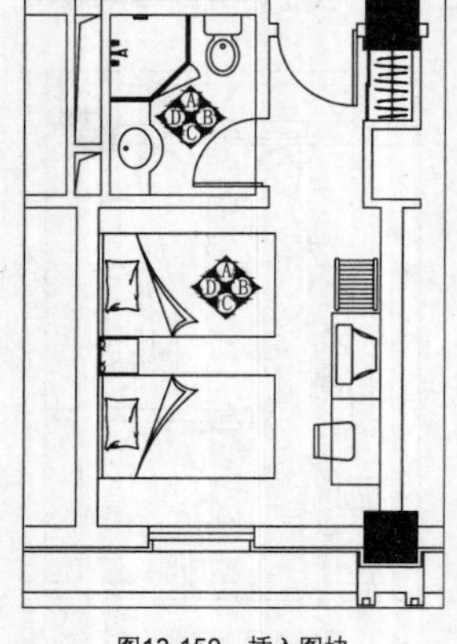

图13-150 插入图块

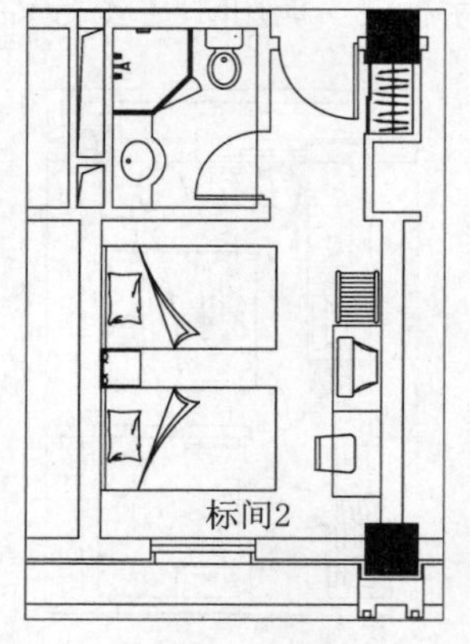

图13-151 文字标注

07 重复操作，完成酒店二至三层平面图的绘制，结果如图13-152所示。

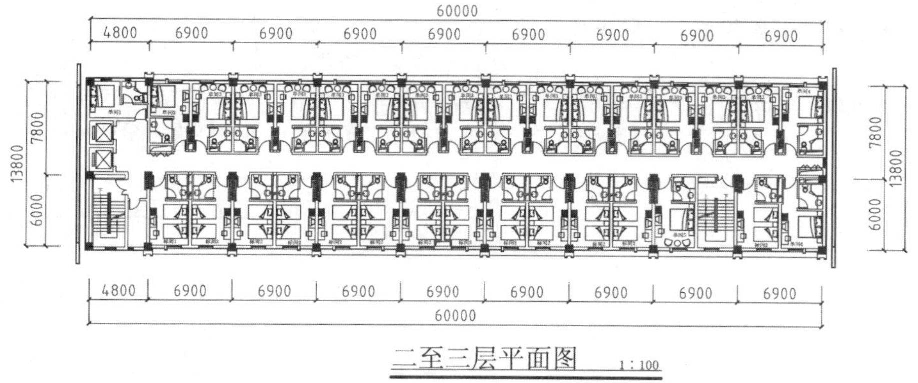

图13-152 绘制结果

13.7 绘制客房地材图

客房的地面铺设较为简单，主要有两种材料，分别是地毯和瓷砖。休息区为地毯饰面，过道与盥洗区则为防滑瓷砖饰面。在过道的地面铺设中，设计、制作了走边，为单调的地面装饰增加了多样的装饰元素。

下面，以单间客房地材图为例，介绍客房地材图的绘制方法。

01 调用单间地面布置图。调用CO【复制】命令，移动、复制一份单间平面图至一旁。

02 整理图形。调用E【删除】命令，删除平面图上的多余图形，结果如图13-153所示。

03 绘制门槛线。调用L【直线】命令，在门洞处绘制直线，结果如图13-154所示。

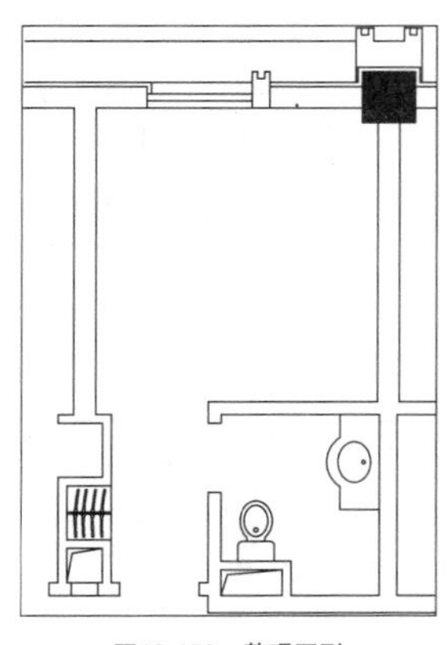
图13-153 整理图形

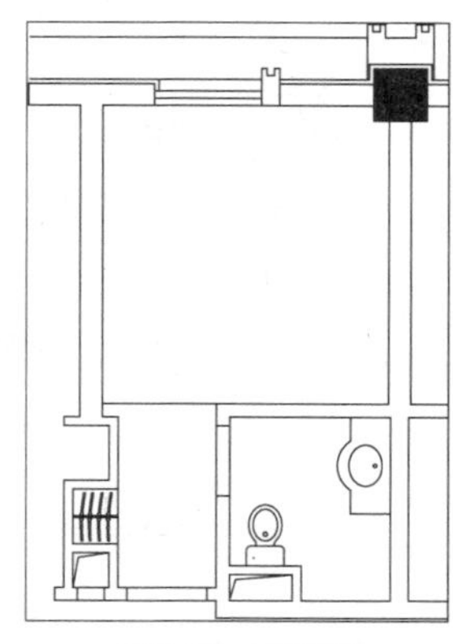
图13-154 绘制直线

04 绘制淋浴房。调用O【偏移】命令，偏移线段；调用TR【修剪】命令，修剪线段，结果如图13-155所示。

05 调用CHA【倒角】命令，命令行提示如下：

```
命令：CHAMFER↙
（“修剪”模式）当前倒角距离 1 = 0，距离 2 = 0
选择第一条直线或 [放弃(U)/多段线(P)/距离(D)/角度(A)/修剪(T)/方式(E)/多个(M)]： D
                                    //输入D，选择“距离”
```

```
指定第一个倒角距离<0>: 430
指定第二个倒角距离<0>: 430
选择第一条直线或 [放弃(U)/多段线(P)/距离(D)/角度(A)/修剪(T)/方式(E)/多个(M)]:
                                        //选择第一条直线
选择第二条直线，或按住 Shift 键选择直线以应用角点或 [距离(D)/角度(A)/方法(M)]:
                                        //选择第二条直线，倒角结果如图13-156所示。
```

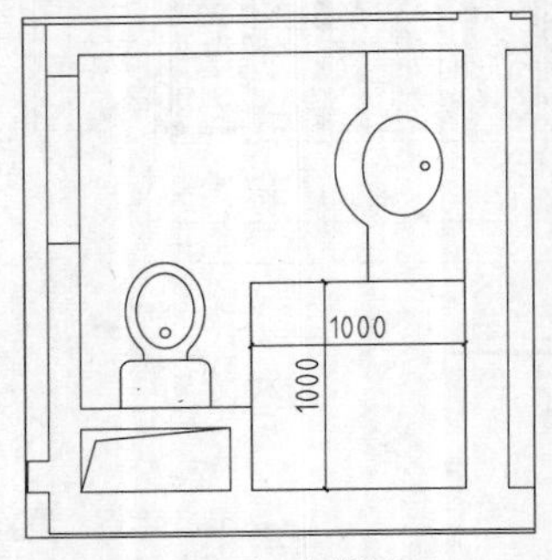

图13-155　修剪线段

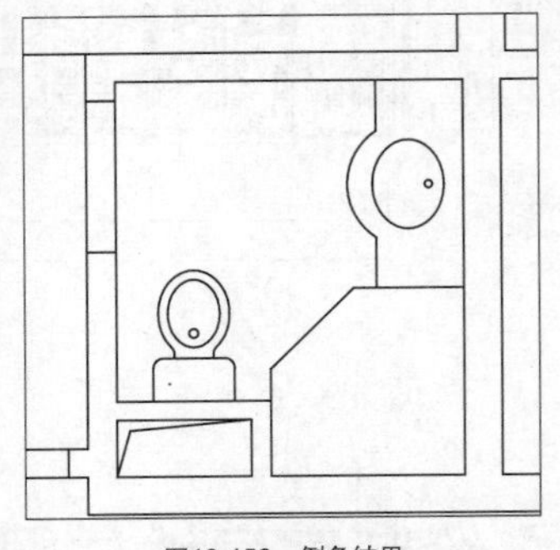
图13-156　倒角结果

06 调用O【偏移】命令，设置偏移距离为15、10、15，向内偏移线段，结果如图13-157所示。

07 调用F【圆角】命令，设置圆角半径为0，修剪偏移得到的线段，结果如图13-158所示。

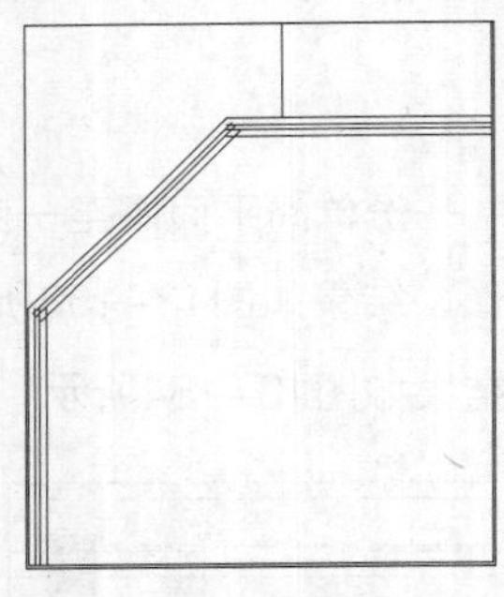
图13-157　偏移线段

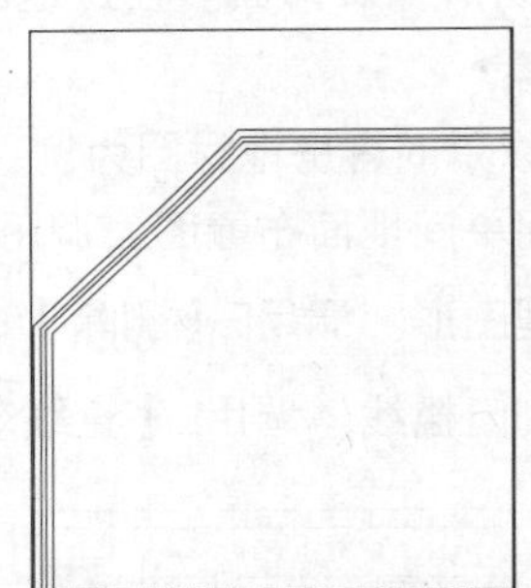
图13-158　修剪线段

08 绘制淋浴房房门。调用RO【旋转】命令，设置旋转角度为-19°，旋转复制直线，结果如图13-159所示。

09 调用A【圆弧】命令，绘制圆弧，结果如图13-160所示。

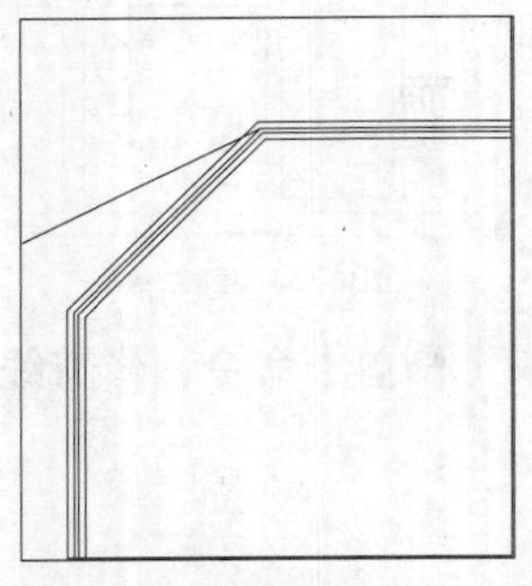
图13-159　旋转复制

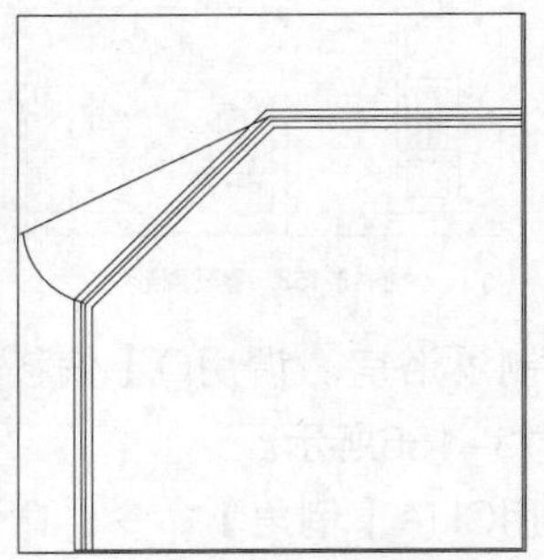
图13-160　绘制圆弧

10 填充门槛石图案。调用H【填充】命令，弹出【图案填充和渐变色】对话框，设置参数如图13-161所示。

11 在绘图区中拾取填充区域，图案填充的结果如图13-162所示。

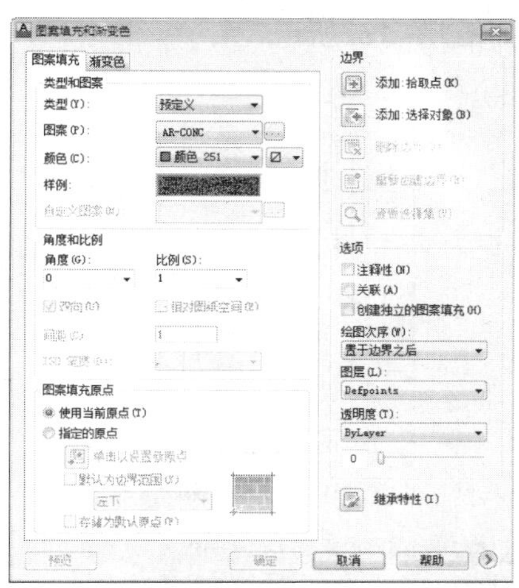

图13-161　设置参数

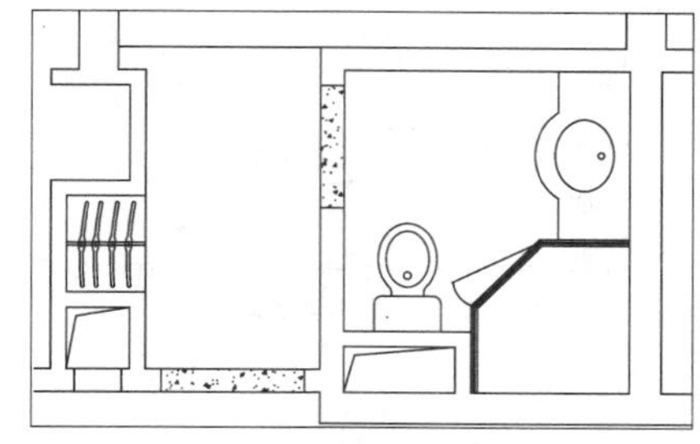

图13-162　图案填充

12 填充卫生间地面图案。调用H【填充】命令，弹出【图案填充和渐变色】对话框，设置参数如图13-163所示。

13 在绘图区中拾取填充区域，图案填充的结果如图13-164所示。

图13-163　设置参数

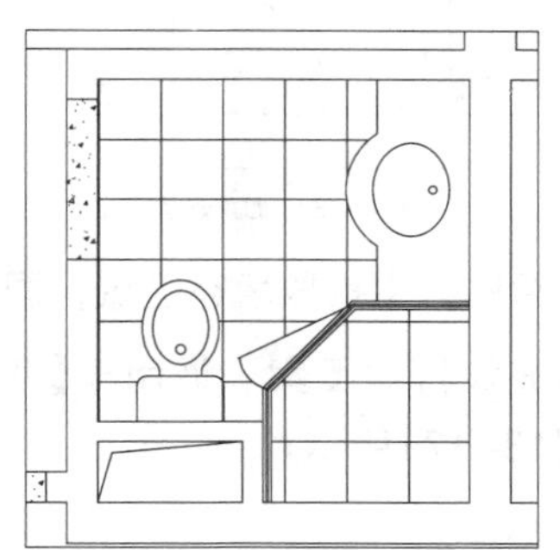

图13-164　图案填充

14 填充淋浴房地面图案。调用H【填充】命令，弹出【图案填充和渐变色】对话框，设置参数如图13-165所示。

15 在绘图区中拾取填充区域，图案填充的结果如图13-166所示。

16 绘制地面填充图案轮廓。调用O【偏移】命令，偏移线段，结果如图13-167所示。

17 调用F【圆角】命令，设置圆角半径为0，对偏移的线段进行圆角处理，结果如图13-168所示。

18 填充过地道面图案。调用H【填充】命

图13-165　设置参数

令，弹出【图案填充和渐变色】对话框，设置参数如图13-169所示。

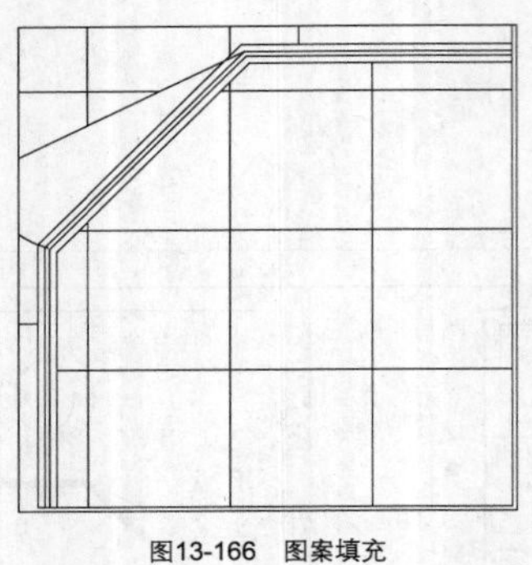

图13-166　图案填充

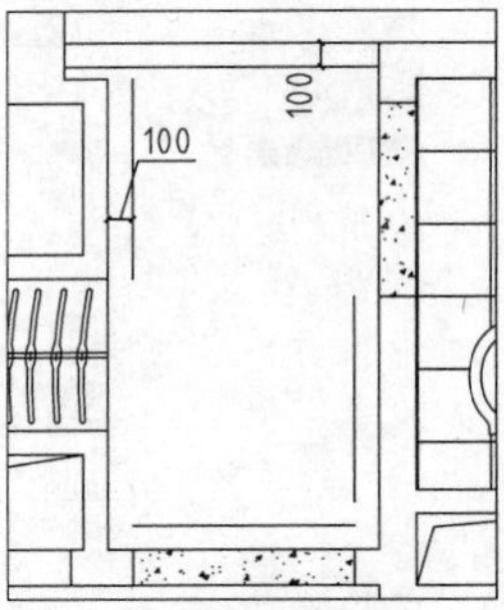

图13-167　偏移线段

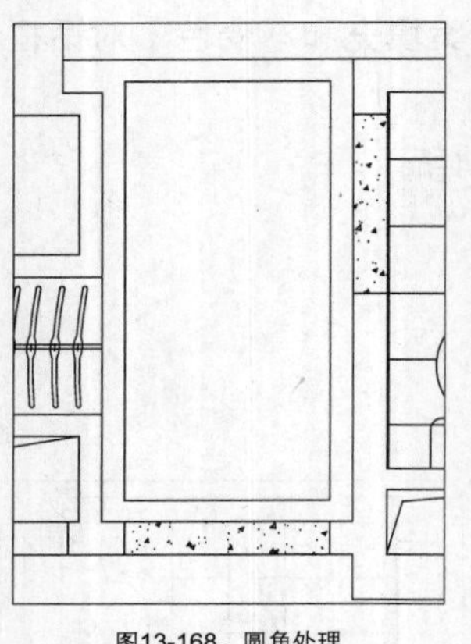

图13-168　圆角处理

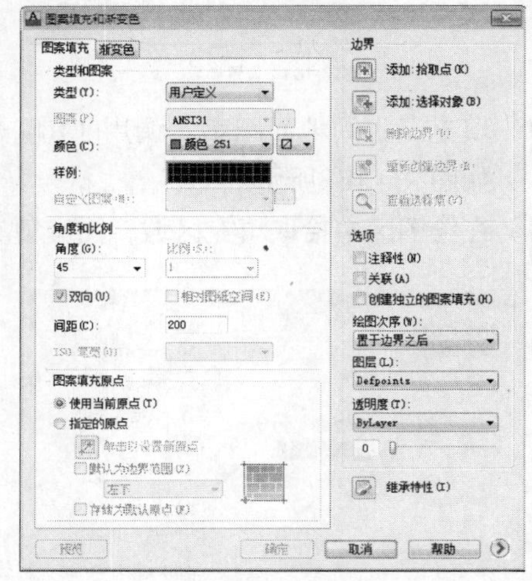

图13-169　设置参数

19 在绘图区中拾取填充区域，图案填充的结果如图13-170所示。

20 填充波打线图案。调用H【填充】命令，弹出【图案填充和渐变色】对话框，设置参数如图13-171所示。

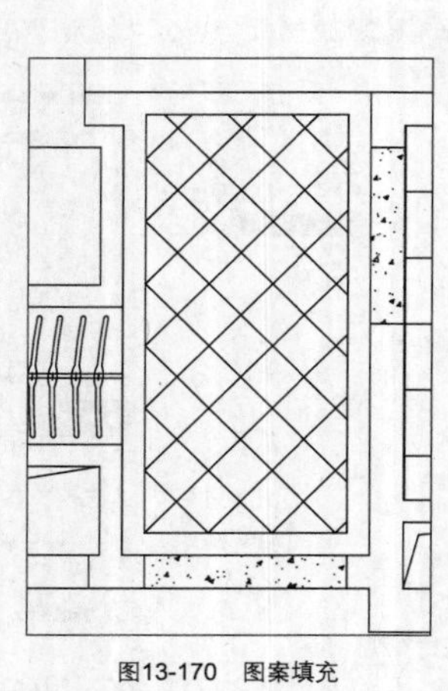

图13-170　图案填充

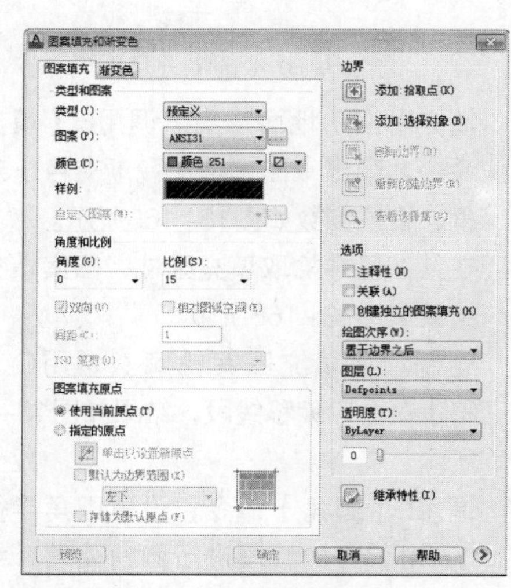

图13-171　设置参数

21 在绘图区中拾取填充区域，图案填充的结果如图13-172所示。

22 填充卧室地面图案。调用H【填充】命令，弹出【图案填充和渐变色】对话框，设置参数如图13-173所示。

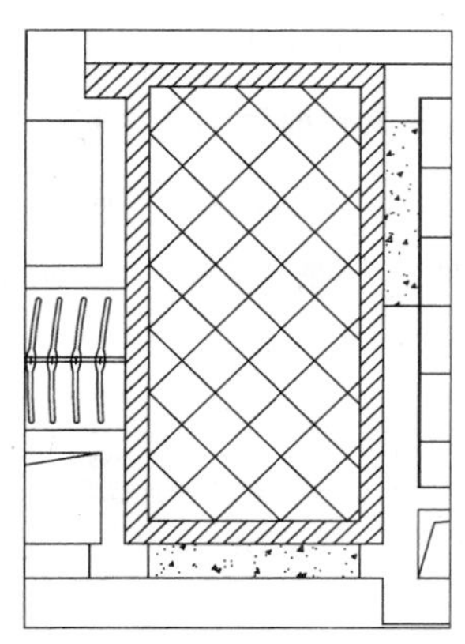

图13-172 图案填充

图13-173 设置参数

23 在绘图区中拾取填充区域，图案填充的结果如图13-174所示。

24 文字标注。调用MLD【多重引线】标注命令，分别指定引线箭头的位置、引线基线的位置，绘制多重引线标注的结果如图13-175所示。

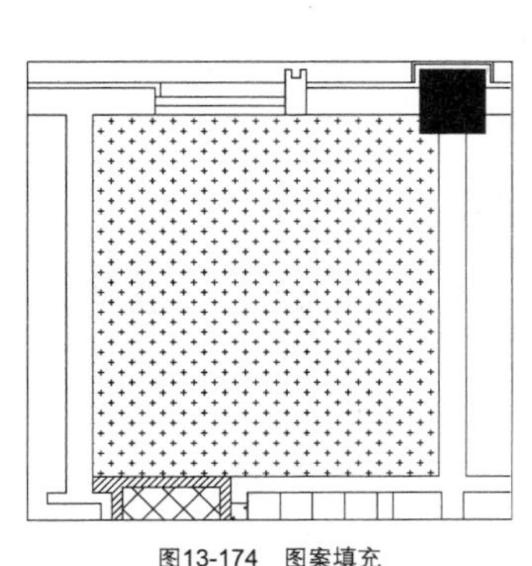

图13-174 图案填充

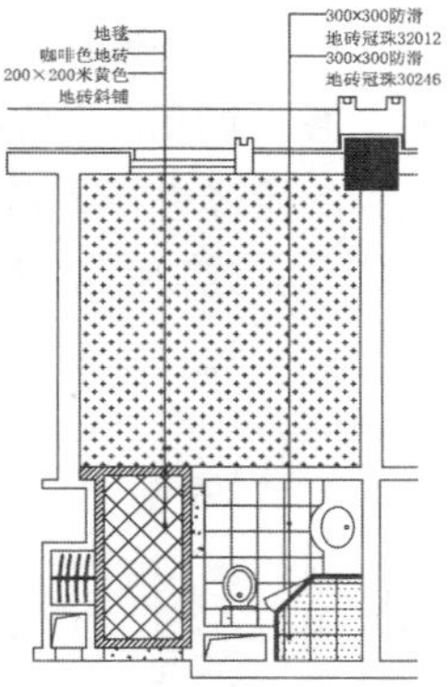

地毯
咖啡色地砖
200×200米黄色地砖斜铺
300×300防滑地砖冠珠32012
300×300防滑地砖冠珠30246

图13-175 文字标注

25 重复操作，完成酒店二至三层地面图的绘制，结果如图13-176所示。

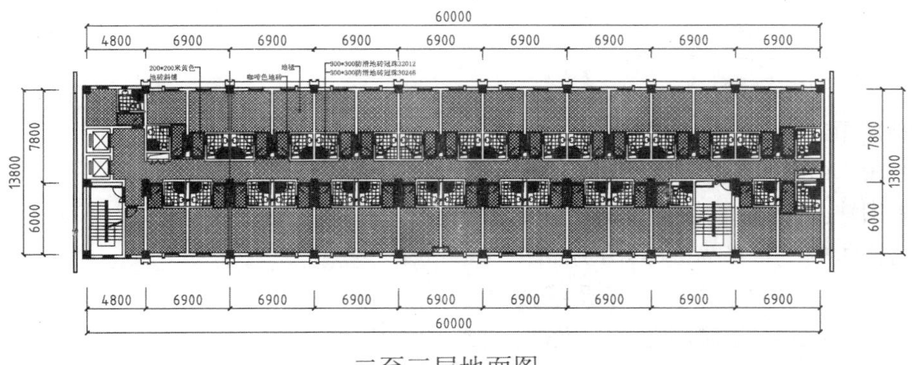

图13-176 绘制结果

13.8 绘制客房顶棚图

客房的顶面一般不制做造型吊顶，有特殊要求除外。单人间客房的休息区与过道的顶面都只设计、制作了石膏阴角线，卫生间则使用了铝扣板吊顶。

下面，以单间客房顶棚图为例，介绍客房顶棚图的绘制方法。

01 调用单间地材图。调用CO【复制】命令，移动、复制一份单间地材图至一旁。

02 整理图形。调用E【删除】命令，删除地材图上的多余图形，如图13-177所示。

03 绘制顶面轮廓。调用O【偏移】命令，偏移线段；调用TR【修剪】命令，修剪线段，结果如图13-178所示。

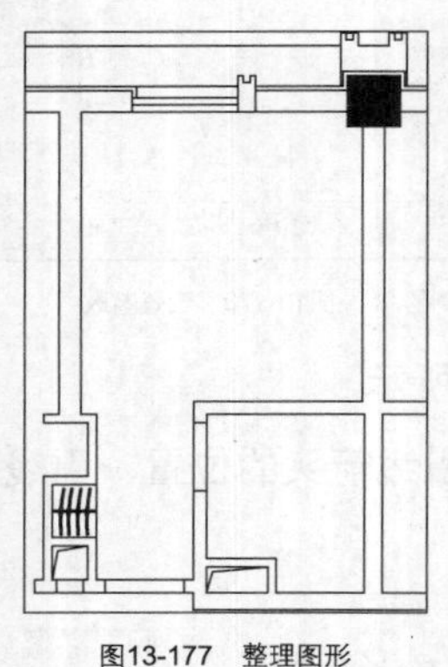

图13-177 整理图形

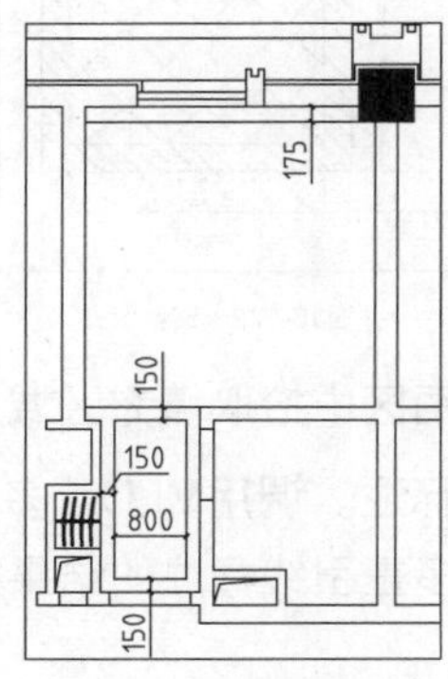

图13-178 修剪线段

04 绘制阴角线。调用O【偏移】命令，偏移线段；调用F【圆角】命令，设置圆角半径为0，对偏移得到的矩形进行圆角处理，结果如图13-179所示。

05 重复操作，完成顶面阴角线的绘制，结果如图13-180所示。

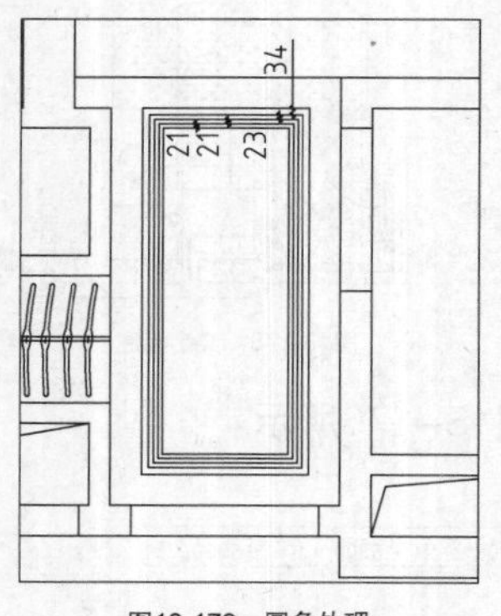

图13-179 圆角处理

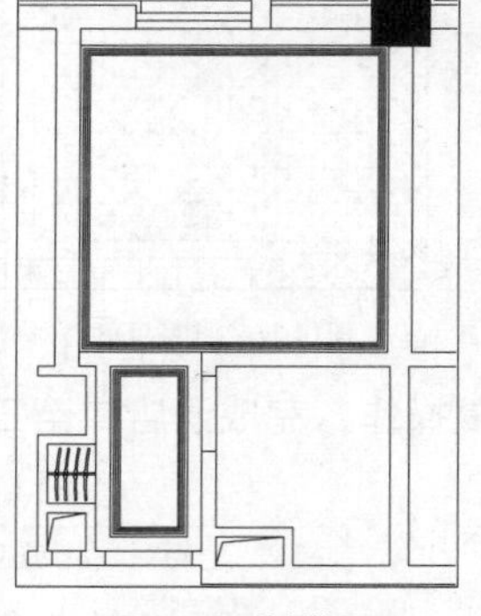

图13-180 绘制结果

06 绘制窗帘盒。调用O【偏移】命令，偏移线段，结果如图13-181所示。

07 插入图块。按Ctrl+O组合键，打开配套光盘提供的“第13章\家具图例.dwg”文件，将其中的窗帘、灯具等图块复制、粘贴至当前图形中，结果如图13-182所示。

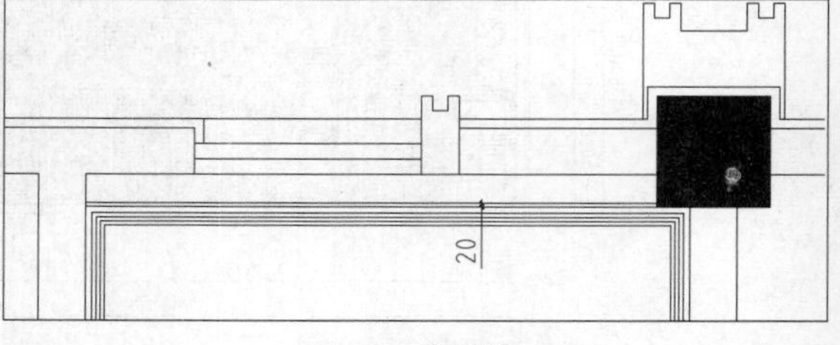

图13-181 偏移线段

08 填充卫生间顶面材料。调用H【填充】命令，弹出【图案填充和渐变色】对话框，设置参数如图13-183所示。

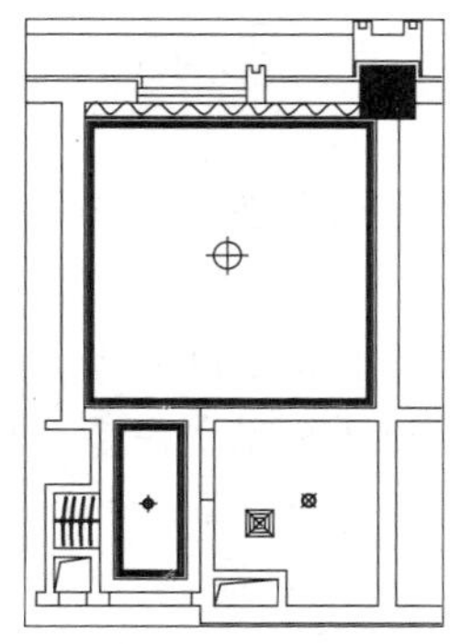

图13-182　插入图块

图13-183　设置参数

09 在绘图区中拾取填充区域，绘制图案填充的结果如图13-184所示。

10 标高标注。调用I【插入】命令，在弹出的【插入】对话框中选择标高图块，根据命令行的提示指定标高标注的插入点及标高参数，绘制标高标注的结果如图13-185所示。

11 文字标注。调用MLD【多重引线】标注命令，分别指定引线箭头的位置、引线基线的位置，绘制多重引线标注的结果如图13-186所示。

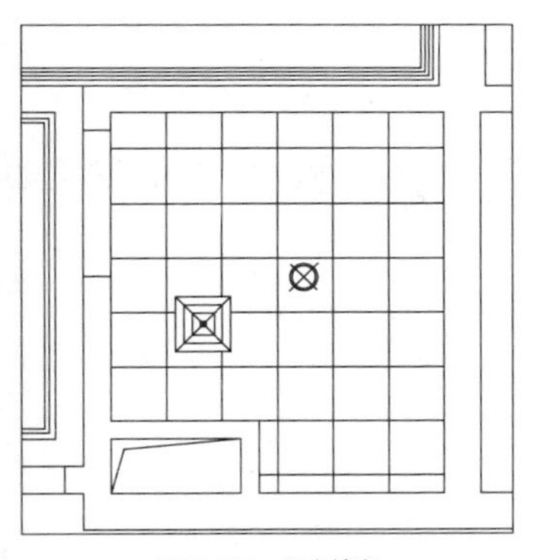

图13-184　图案填充

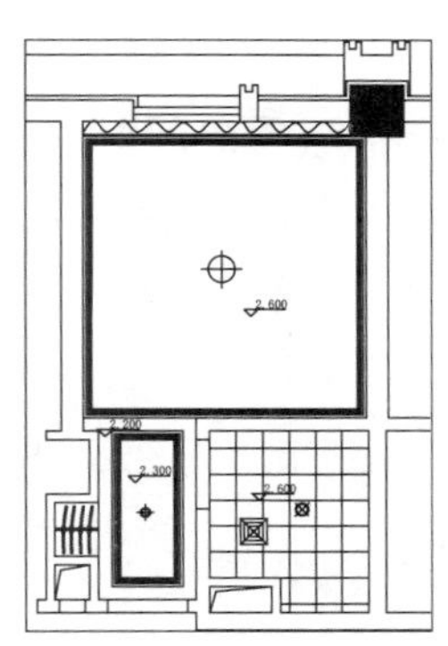

图13-185　标高标注

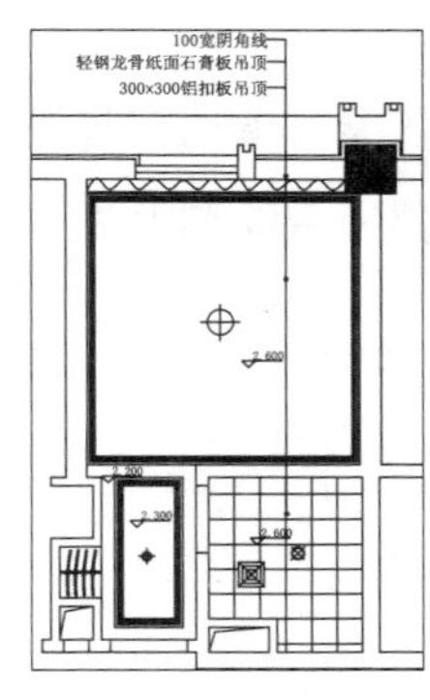

图13-186　文字标注

12 重复操作，完成酒店二至三层顶面图的绘制，结果如图13-187所示。

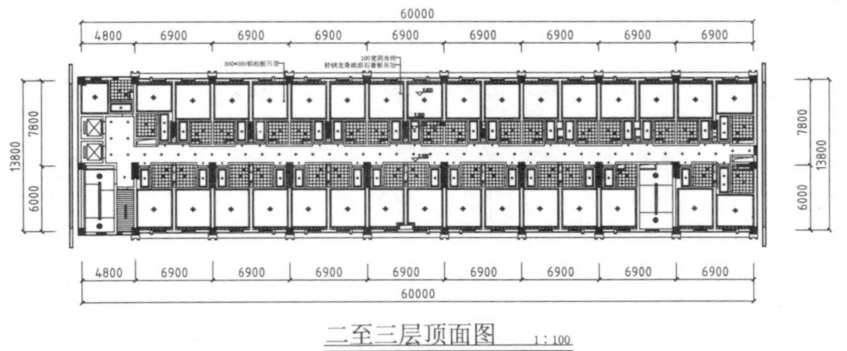

图13-187　绘制结果

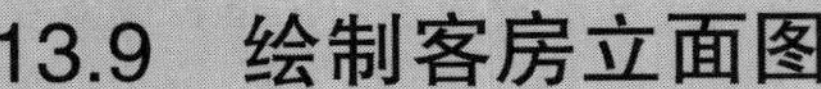

13.9 绘制客房立面图

客房的立面不制作造型，本着经济节约的原则，一般涂刷有色乳胶漆或者壁纸饰面。除了造型立面之外，乳胶漆和壁纸也能凸显一个酒店的品味。

本节以标准间和单间客房为例，介绍绘制客房立面图的方法。

13.9.1 绘制标准间D立面图

标准间D立面图为床头背景立面图，该酒店主要以墙面饰艺术乳胶漆为主要装饰手法，表达简单大方的风格。

绘制标准间D立面图主要调用【矩形】命令、【分解】命令以及【偏移】命令等。

01 绘制立面外轮廓。调用REC【矩形】命令，绘制矩形；调用X【分解】命令，分解矩形；调用O【偏移】命令，偏移矩形边，结果如图13-188所示。

02 调用O【偏移】命令，偏移矩形边，结果如图13-189所示。

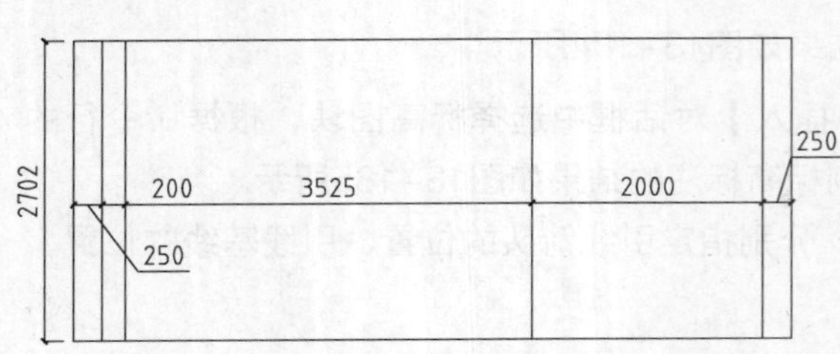

图13-188 绘制结果

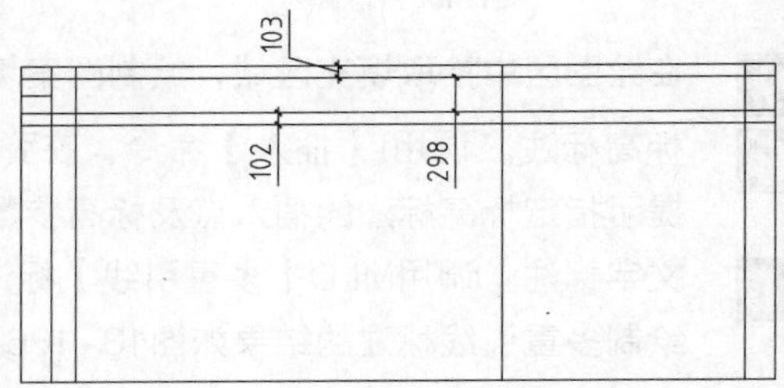

图13-189 偏移矩形边

03 调用TR【修剪】命令，修剪线段，结果如图13-190所示。

04 绘制卫生间门。调用O【偏移】命令，偏移线段；调用TR【修剪】命令，修剪线段，结果如图13-191所示。

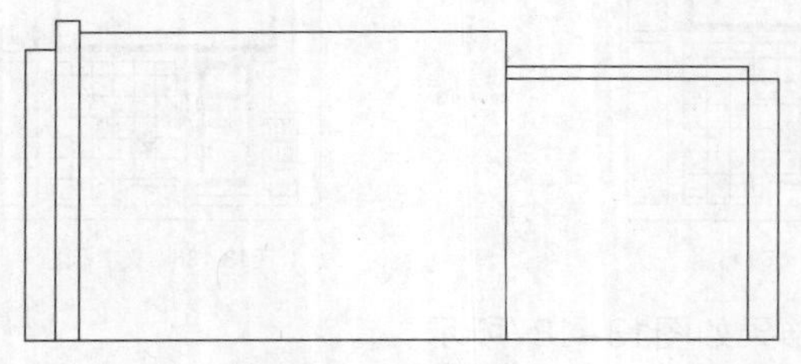

图13-190 修剪线段

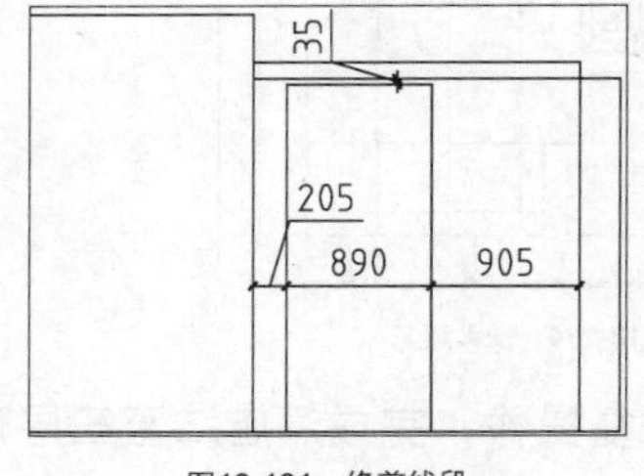

图13-191 修剪线段

05 绘制踢脚线。调用O【偏移】命令，偏移线段，结果如图13-192所示。

06 调用TR【修剪】命令，修剪线段，结果如图13-193所示。

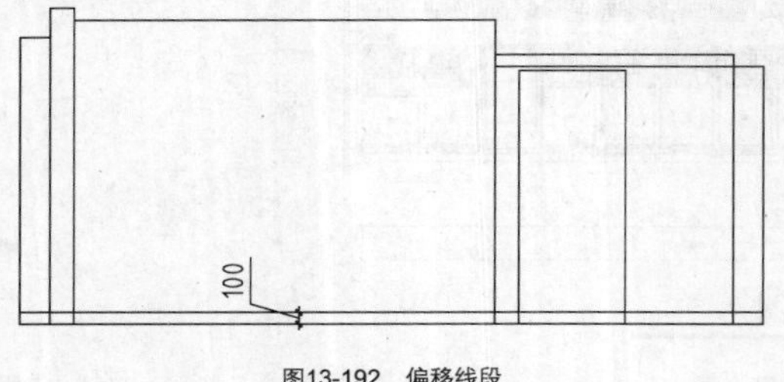

图13-192 偏移线段

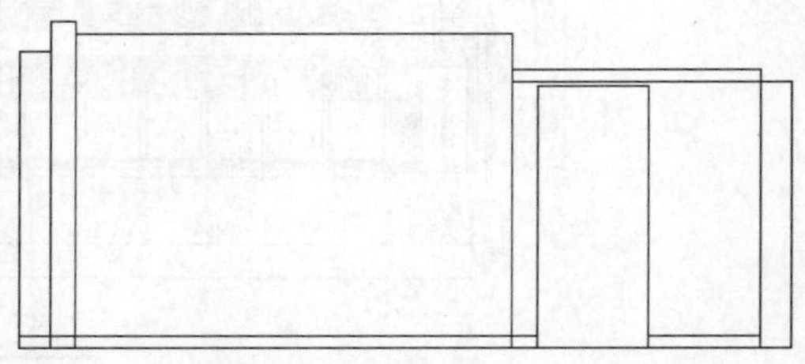

图13-193 修剪线段

07 绘制窗图形。调用O【偏移】命令，偏移线段；调用TR【修剪】命令，修剪线段，结果如图13-194所示。

08 绘制吊顶。调用L【直线】命令，绘制直线，结果如图13-195所示。

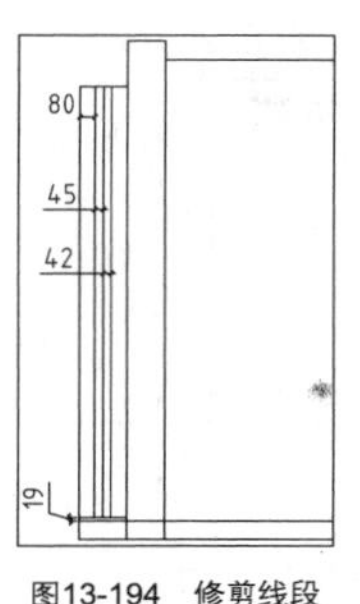

图13-194 修剪线段

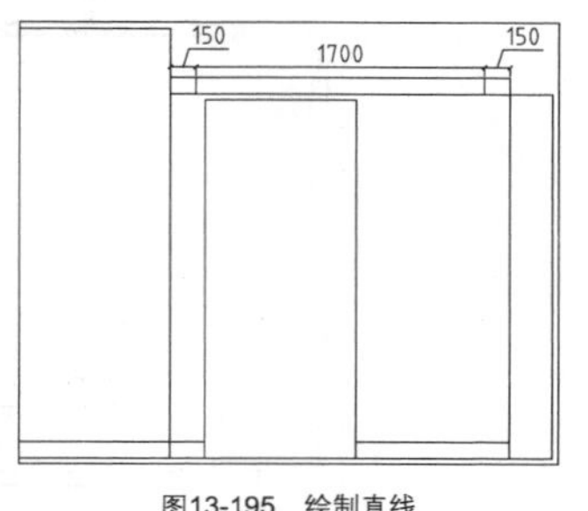

图13-195 绘制直线

09 调用TR【修剪】命令，修剪线段，结果如图13-196所示。

10 插入图块。按Ctrl+O组合键，打开配套光盘提供的“第13章\家具图例.dwg”文件，将其中的双人床、石膏角线等图块复制、粘贴至当前图形中，结果如图13-197所示。

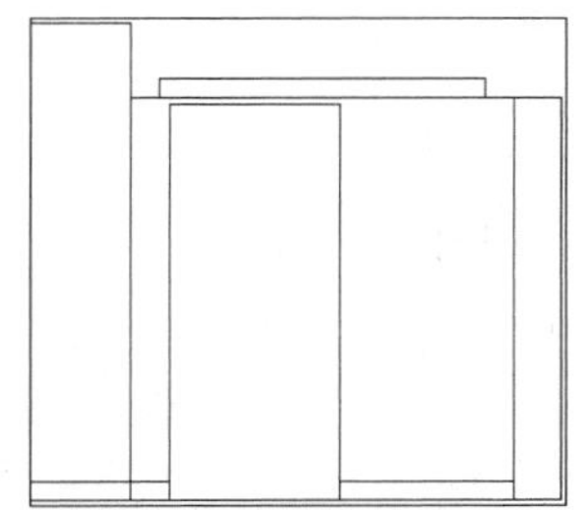
图13-196 修剪线段

图13-197 插入图块

11 绘制角线凹凸面。调用L【直线】命令，绘制连接直线，结果如图13-198所示。

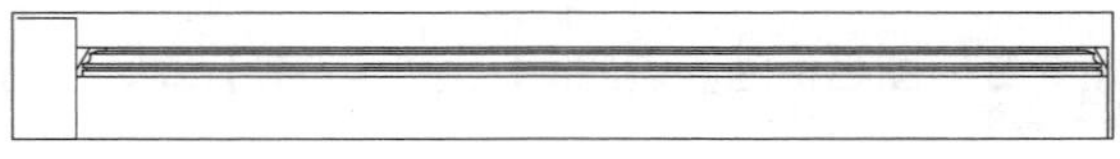
图13-198 绘制直线

12 填充瓷质踢脚线图案。调用H【填充】命令，弹出【图案填充和渐变色】对话框，设置参数如图13-199所示。

13 在绘图区中拾取填充区域，绘制图案填充的结果如图13-200所示。

图13-199 设置参数

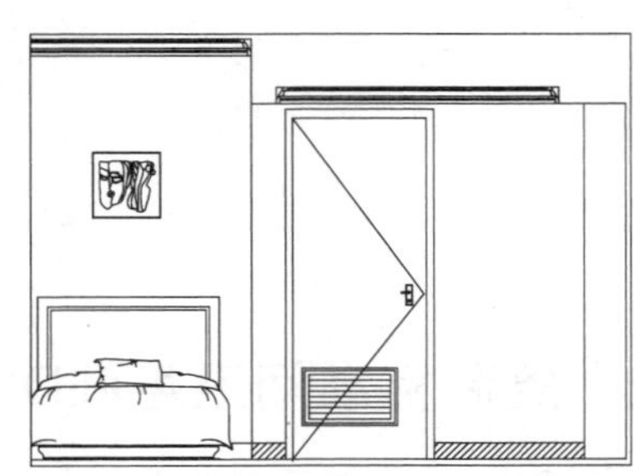
图13-200 图案填充

14 文字标注。调用MLD【多重引线】标注命令，分别指定引线箭头的位置、引线基线的位置，绘制多重引线标注的结果如图13-201所示。

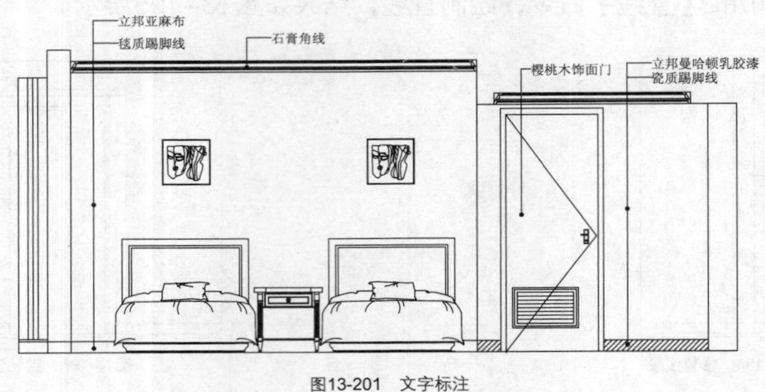

图13-201 文字标注

15 尺寸标注。调用DLI【线性标注】命令，为立面图绘制尺寸标注，结果如图13-202所示。

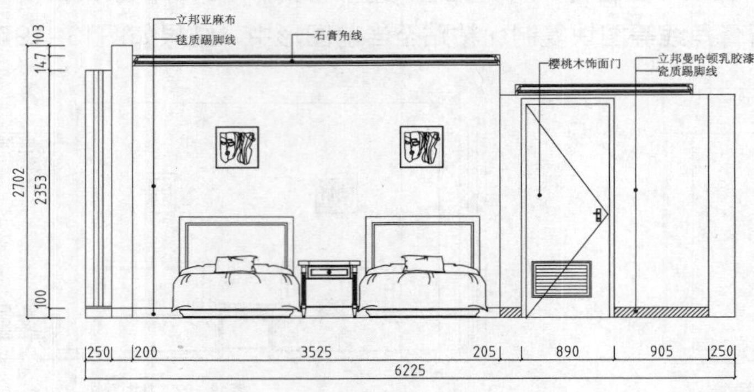

图13-202 尺寸标注

16 图名标注。调用MT【多行文字】命令、L【直线】命令，绘制图名标注，结果如图13-203所示。

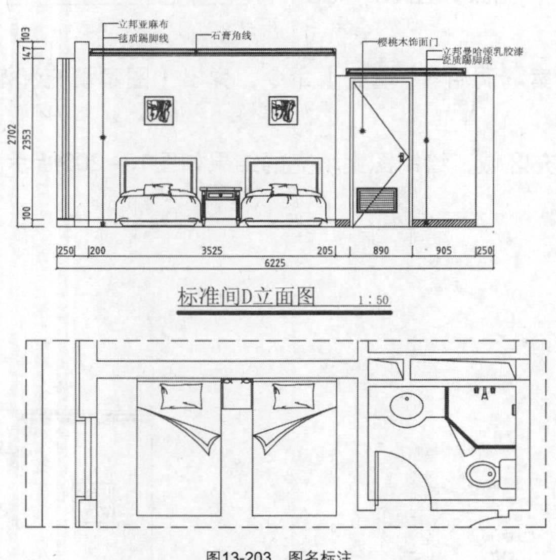

图13-203 图名标注

13.9.2 绘制标准间卫生间D立面图

标准间卫生间的D立面图主要表达洗手盆所在墙面的装饰手法。卫生间墙面以米黄色仿石材墙砖饰面，暖色调为烘托温馨的气氛提供了帮助。

绘制标准间卫生间的D立面图主要调用了【矩形】命令、【偏移】命令以及【修剪】命令等。

01 绘制立面外轮廓。调用REC【矩形】命令，绘制矩形；调用X【分解】命令，分解矩形；调用O【偏移】命令，偏移矩形边，结果如图13-204所示。

02 绘制洗手台。调用O【偏移】命令，偏移线段；调用TR【修剪】命令，修剪线段，结果如图13-205所示。

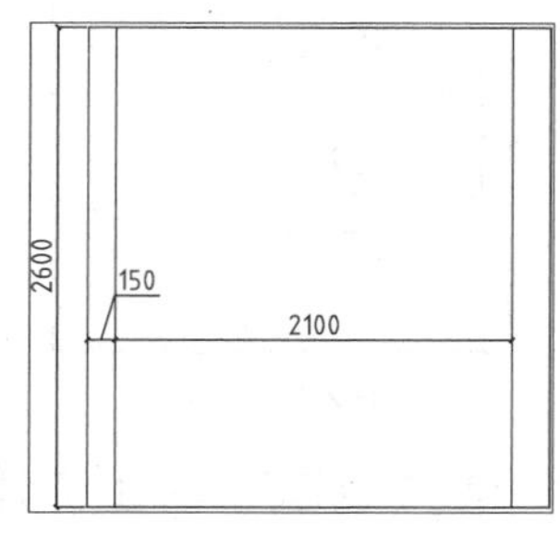

图13-204 绘制结果

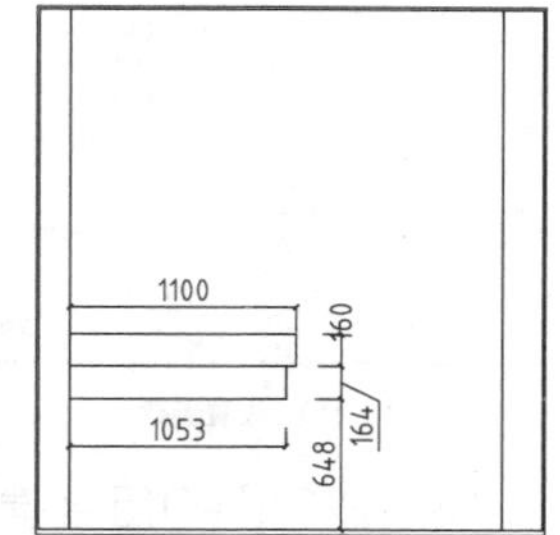

图13-205 修剪线段

03 调用O【偏移】命令，偏移线段；调用L【直线】命令，绘制直线，结果如图13-206所示。

04 绘制洗手盆水管。调用REC【矩形】命令，绘制矩形，结果如图13-207所示。

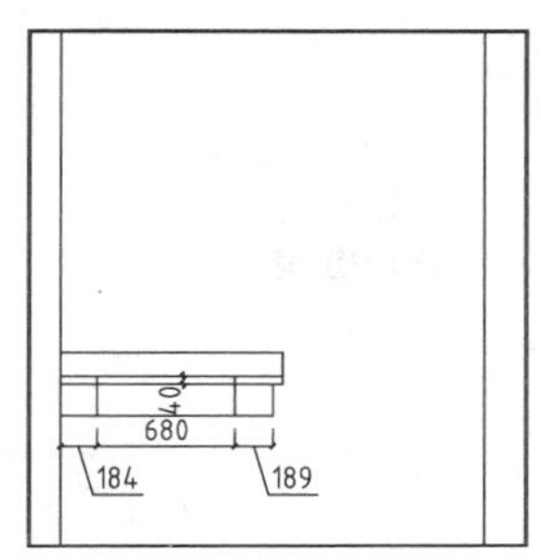

图13-206 绘制结果

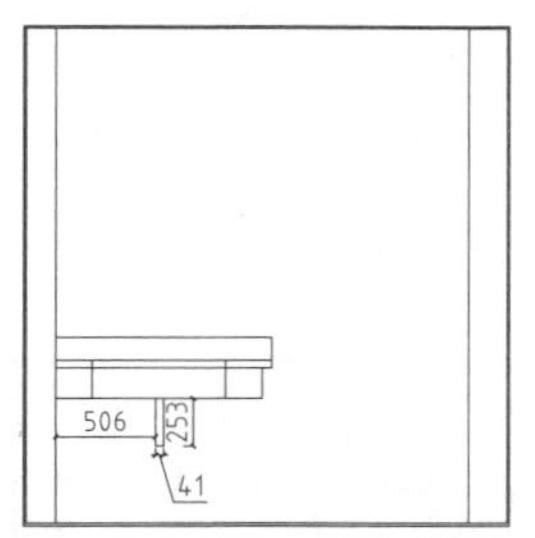

图13-207 绘制矩形

05 调用X【分解】命令，分解矩形；调用F【圆角】命令，设置圆角半径为20，对矩形进行圆角处理，结果如图13-208所示。

06 绘制水银镜。调用REC【矩形】命令，绘制矩形；调用O【偏移】命令，偏移矩形，结果如图13-209所示。

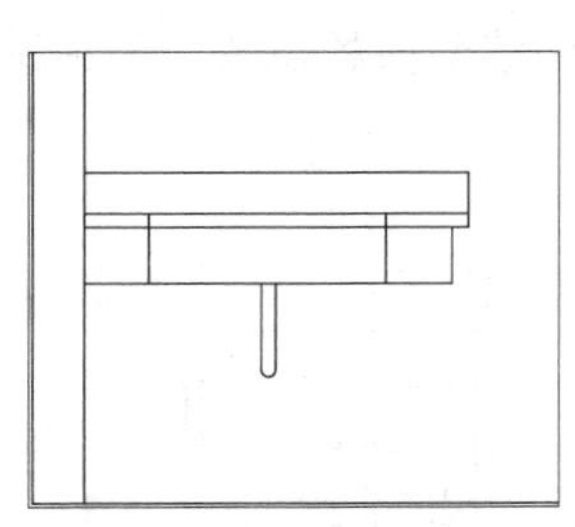
图13-208 圆角处理

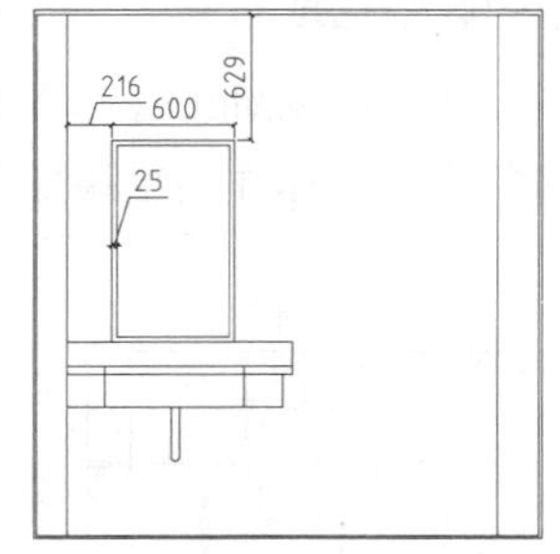

图13-209 偏移矩形

07 填充镜面图案。调用H【填充】命令，弹出【图案填充和渐变色】对话框，设置参数如图13-210所示。

08 在绘图区中拾取填充区域，图案填充的结果如图13-211所示。

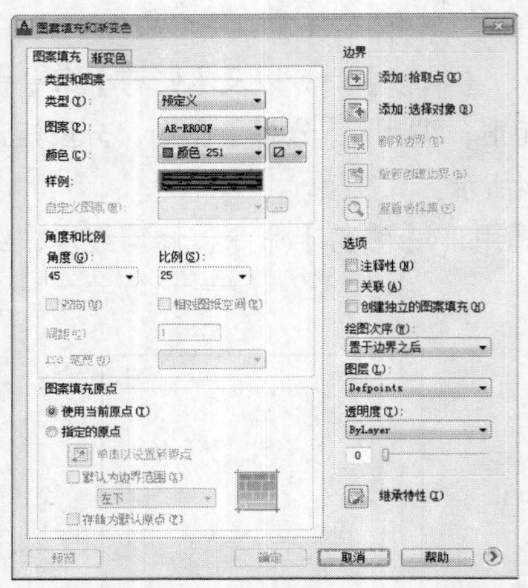

图13-210 设置参数

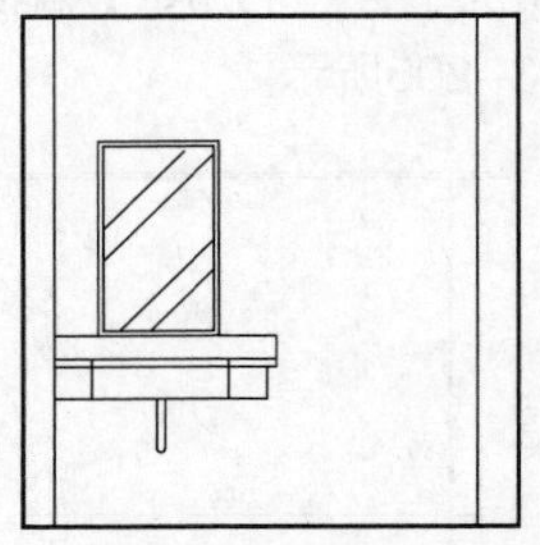

图13-211 图案填充

09 插入图块。按Ctrl+O组合键，打开配套光盘提供的“第13章\家具图例.dwg”文件，将其中的洁具图块复制、粘贴至当前图形中，结果如图13-212所示。

10 填充墙面瓷砖图案。调用H【填充】命令，弹出【图案填充和渐变色】对话框，设置参数如图13-213所示。

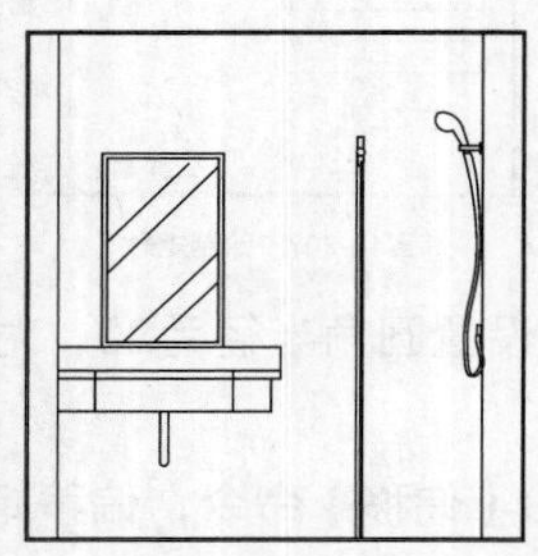

图13-212 插入图块

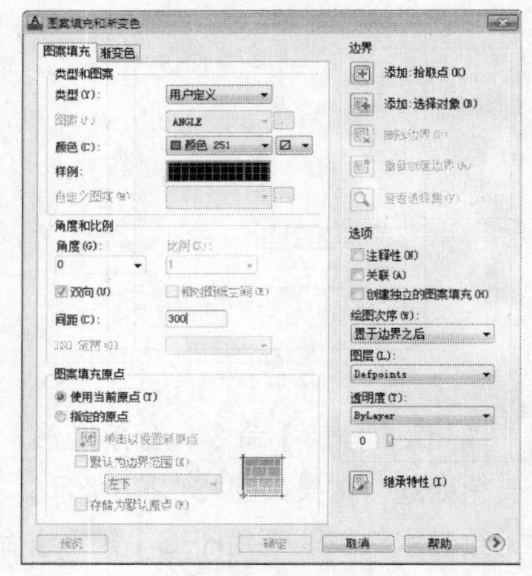

图13-213 设置参数

11 在绘图区中拾取填充区域，图案填充的结果如图13-214所示。

12 文字标注。调用MLD【多重引线】标注命令，分别指定引线箭头的位置、引线基线的位置，绘制多重引线标注的结果如图13-215所示。

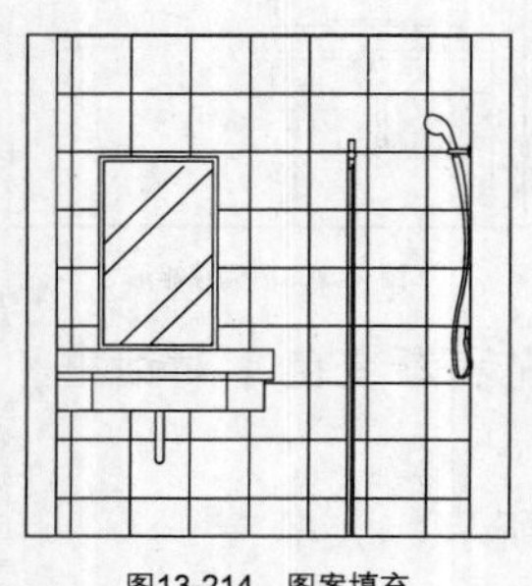

图13-214 图案填充

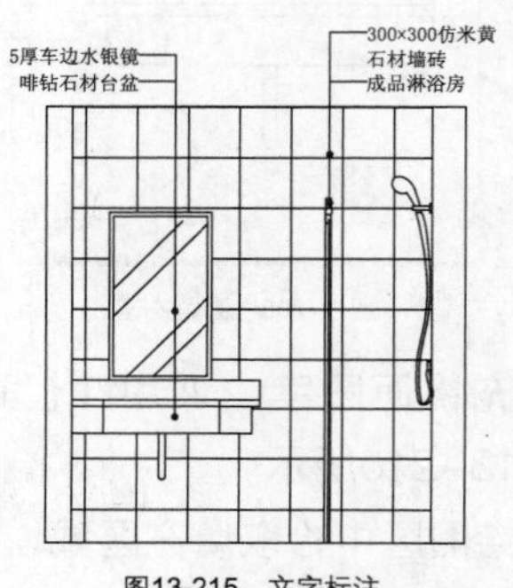

图13-215 文字标注

13 尺寸标注。调用DLI【线性标注】命令，为立面图绘制尺寸标注，结果如图13-216所示。

14 图名标注。调用MT【多行文字】命令、L【直线】命令，绘制图名标注，结果如图13-217所示。

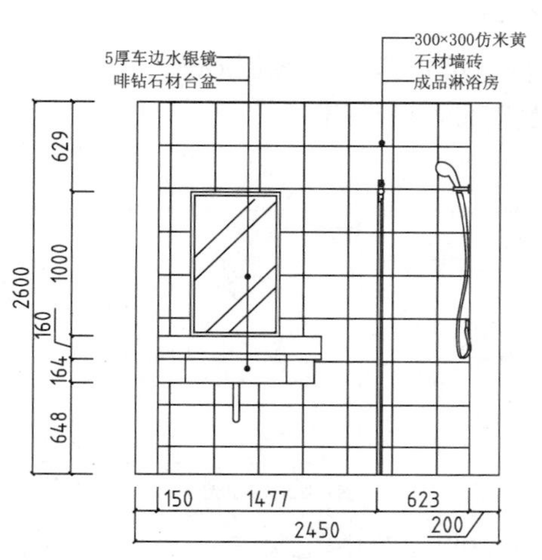

图13-216 尺寸标注

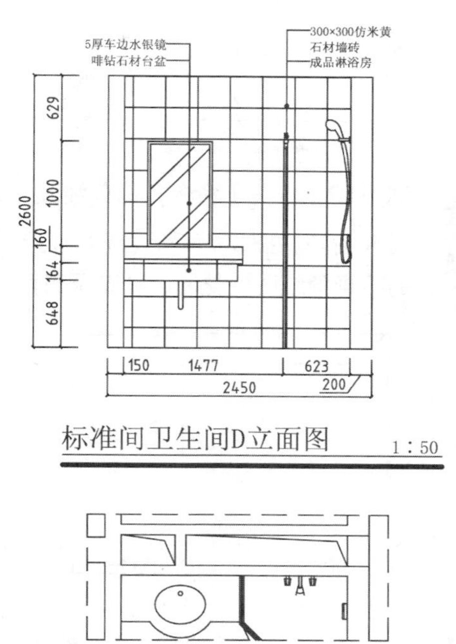

图13-217 图名标注

13.9.3 绘制单间D立面图

单间D立面图主要表达的是电视背景墙立面。沿袭了一贯的乳胶漆饰墙面手法，休息区采用了毯质的踢脚线，与地面所铺设的地毯相得益彰。而过道区则使用了瓷质踢脚线，与地面装饰相统一。

绘制单间D立面图主要调用【矩形】命令、【偏移】命令以及【多段线】命令等。

01 绘制立面外轮廓。调用REC【矩形】命令，绘制矩形；调用X【分解】命令，分解矩形；调用O【偏移】命令，偏移矩形边，结果如图13-218所示。

02 调用O【偏移】命令，偏移矩形边，结果如图13-219所示。

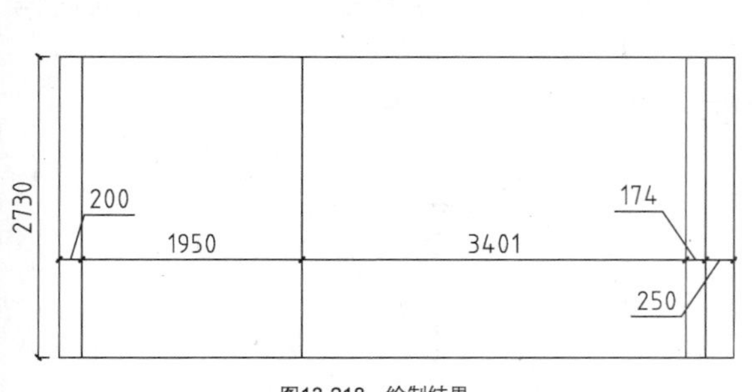

图13-218 绘制结果

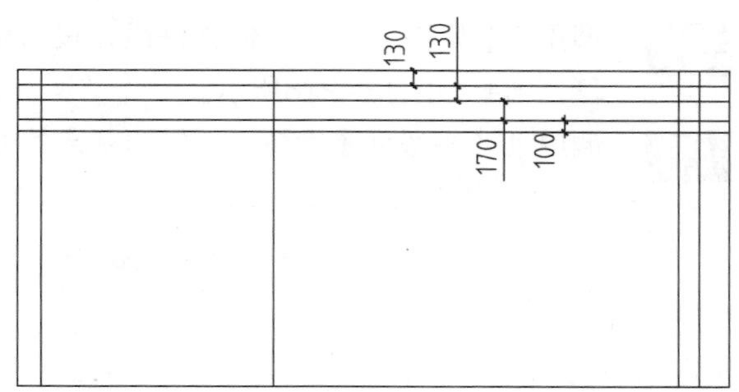

图13-219 偏移矩形边

03 调用TR【修剪】命令，修剪线段，结果如图13-220所示。

04 绘制吊顶。调用O【偏移】命令，偏移线段，结果如图13-221所示。

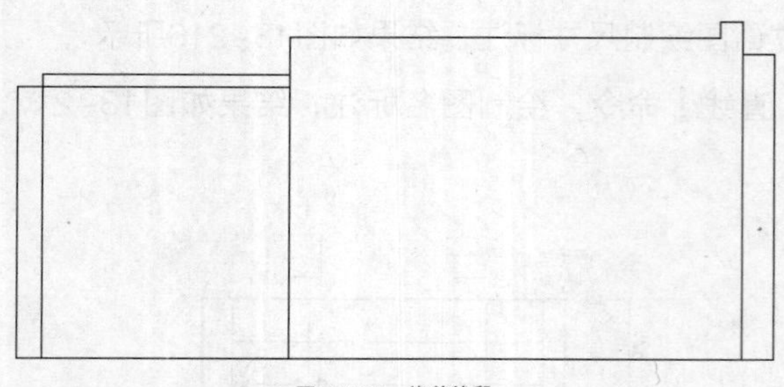

图13-220 修剪线段

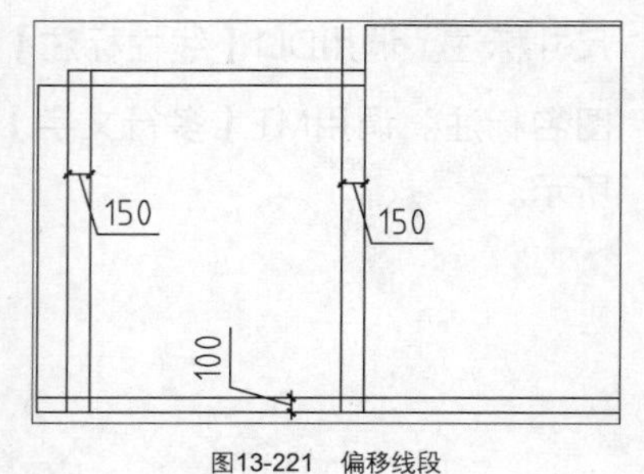

图13-221 偏移线段

05 调用TR【修剪】命令，修剪线段，结果如图13-222所示。

06 插入图块。按Ctrl+O组合键，打开配套光盘提供的“第13章\家具图例.dwg”文件，将其中的石膏角线图块复制、粘贴至当前图形中，结果如图13-223所示。

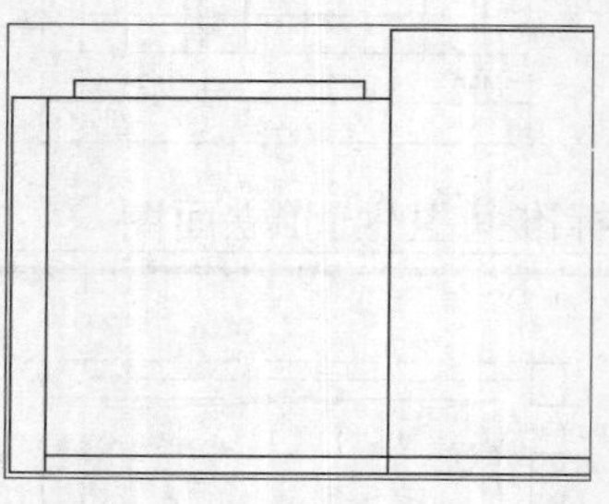

图13-222 修剪线段

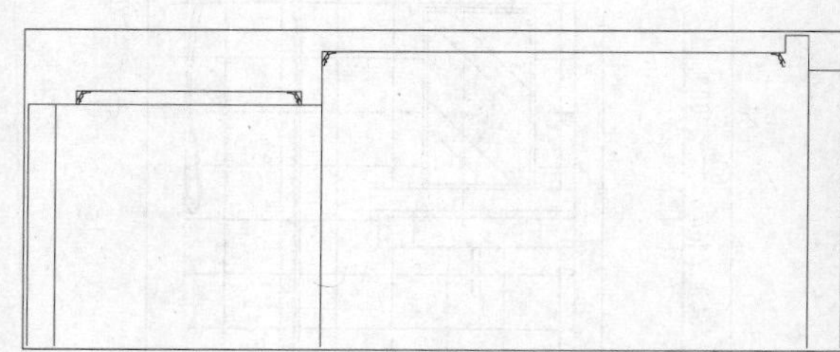

图13-223 插入图块

07 绘制角线凹凸面。调用L【直线】命令，绘制直线，结果如图13-224所示。

08 绘制柜门。调用O【偏移】命令，偏移线段；调用TR【修剪】命令，修剪线段，结果如图13-225所示。

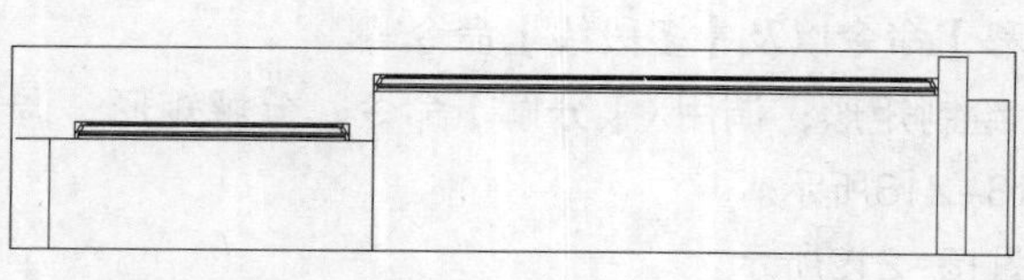

图13-224 绘制直线

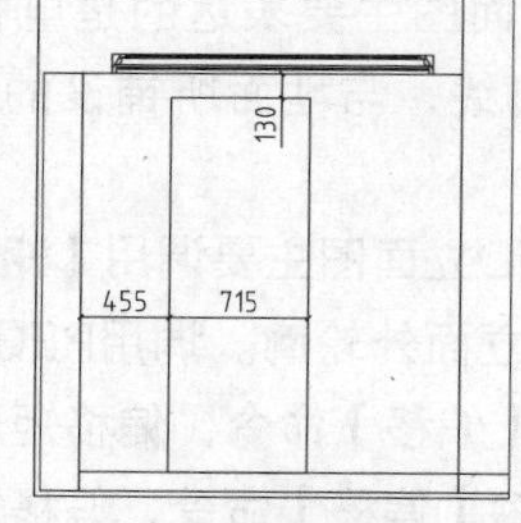

图13-225 修剪线段

09 调用O【偏移】命令，偏移线段，设置偏移距离为45、15，将绘制完成的柜门轮廓向内偏移，结果如图13-226所示。

10 调用PL【多段线】命令，绘制门开启的方向线，结果如图13-227所示。

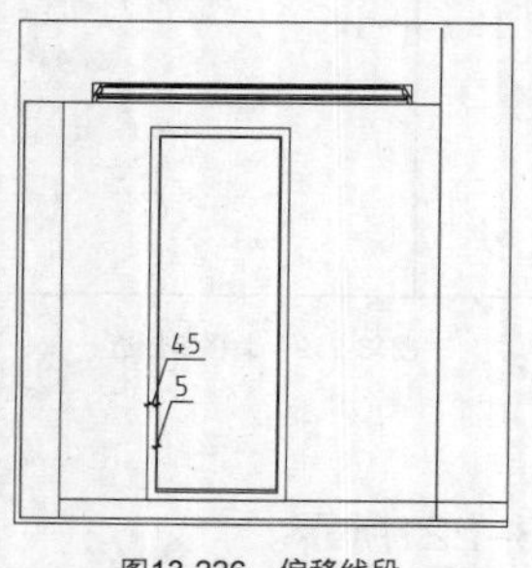

图13-226 偏移线段

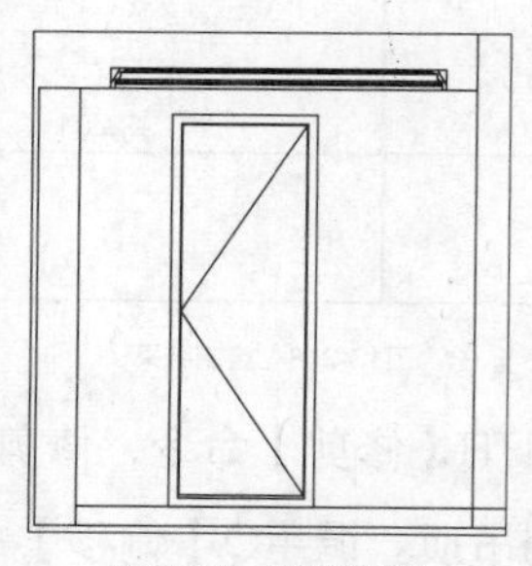

图13-227 绘制折断线

11 绘制矮柜。调用L【直线】命令，绘制直线，结果如图13-228所示。

12 调用O【偏移】命令，偏移直线；调用TR【修剪】命令，修剪线段，结果如图13-229所示。

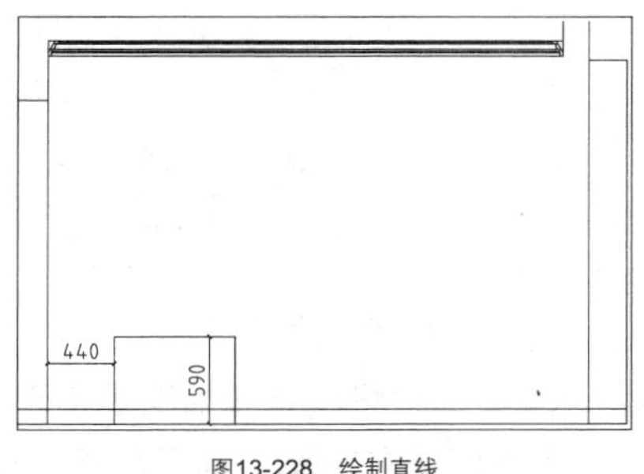

图13-228 绘制直线

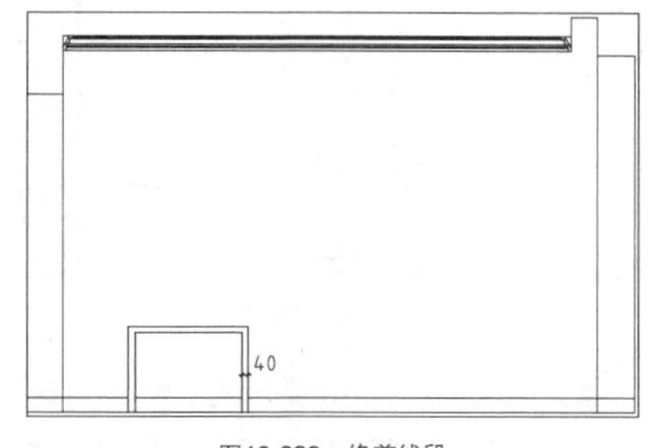

图13-229 修剪线段

13 绘制窗帘盒。调用O【偏移】命令、TR【修剪】命令，偏移并修剪线段，结果如图13-230所示。

14 绘制窗户图形。调用O【偏移】命令，偏移直线；调用TR【修剪】命令，修剪线段，结果如图13-231所示。

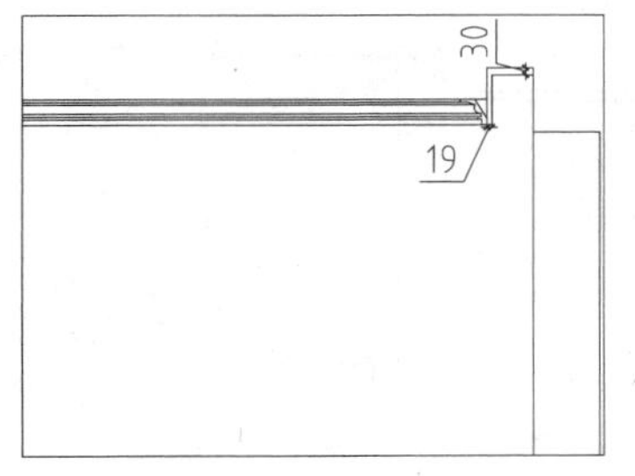

图13-230 绘制结果

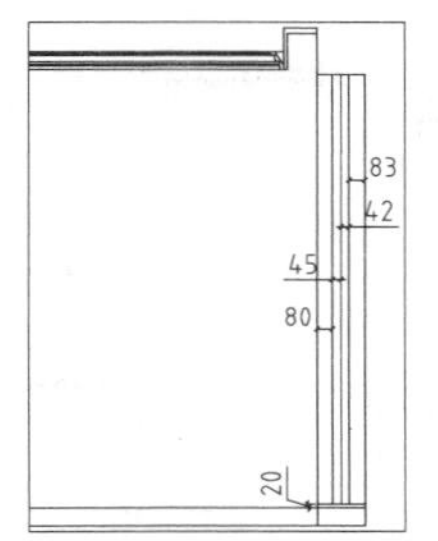

图13-231 修剪线段

15 插入图块。按Ctrl+O组合键，打开配套光盘提供的“第13章\家具图例.dwg”文件，将其中的家具图块复制、粘贴至当前图形中，结果如图13-232所示。

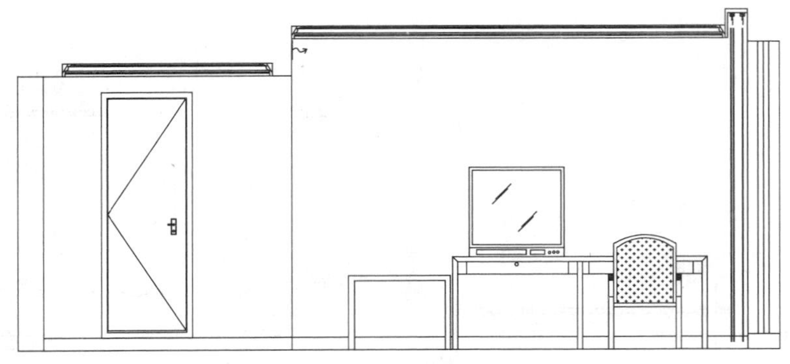
图13-232 插入图块

16 绘制梳妆镜。调用EL【椭圆】命令，命令行提示如下：

```
命令：ELLIPSE↙
指定椭圆的轴端点或 [圆弧(A)/中心点(C)]： //指定椭圆的起点
指定轴的另一个端点：810                     //输入参数
指定另一条半轴长度或 [旋转(R)]：250         //指定另一端的参数，绘制椭圆的结果如图13-233所示。
```

17 调用O【偏移】命令，设置偏移距离为50，向内偏移椭圆，结果如图13-234所示。

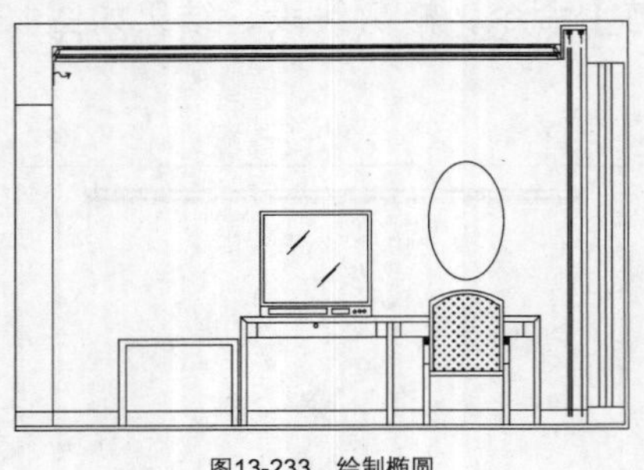
图13-233　绘制椭圆

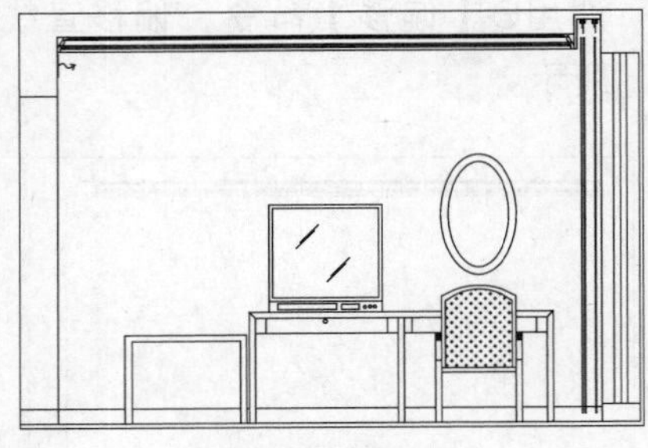
图13-234　偏移结果

18 填充镜面图案和瓷质踢脚线图案。调用H【填充】命令，在【图案填充和渐变色】对话框中选择AR-RROOF图案，填充角度为45°，比例为18，为镜面填充图案；选择ANSI31图案，设置填充比例为10，为瓷质踢脚线填充图案，结果如图13-235所示。

19 文字标注。调用MLD【多重引线】标注命令，分别指定引线箭头的位置、引线基线的位置，绘制多重引线标注的结果如图13-236所示。

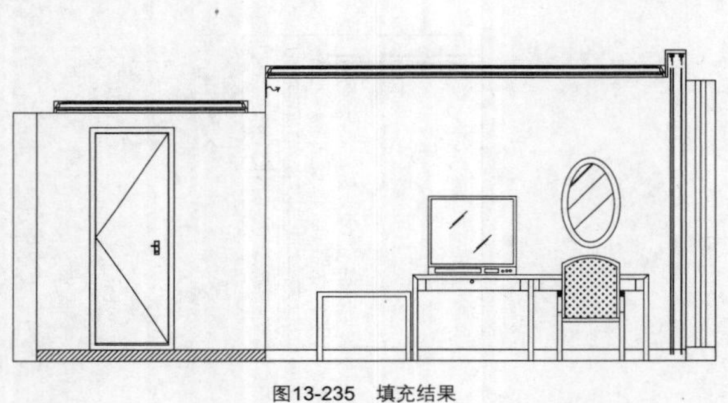
图13-235　填充结果

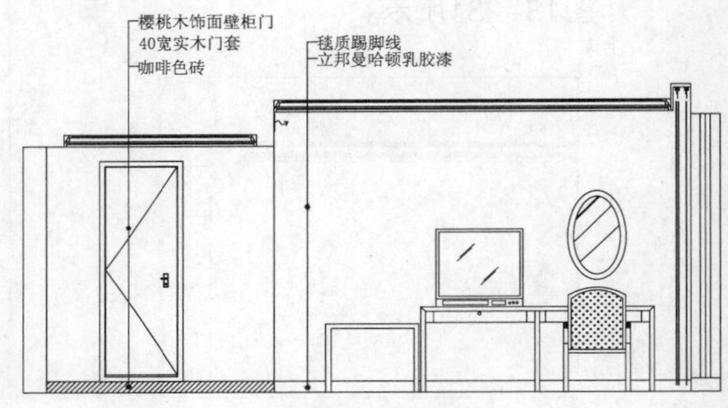

图13-236　文字标注

20 尺寸标注。调用DLI【线性标注】命令，为立面图绘制尺寸标注，结果如图13-237所示。

21 图名标注。调用MT【多行文字】命令、L【直线】命令，绘制图名标注，结果如图13-238所示。

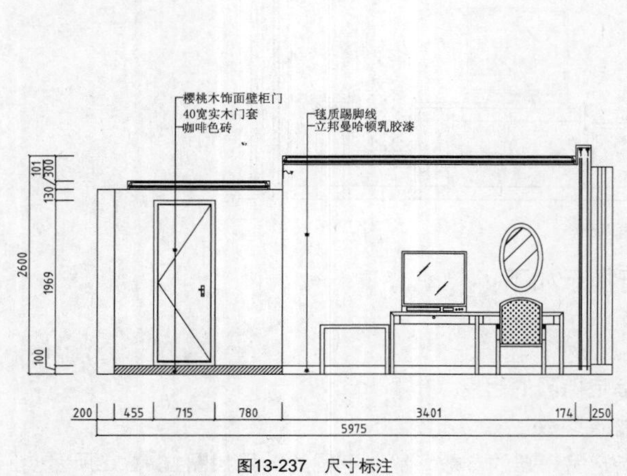

图13-237　尺寸标注

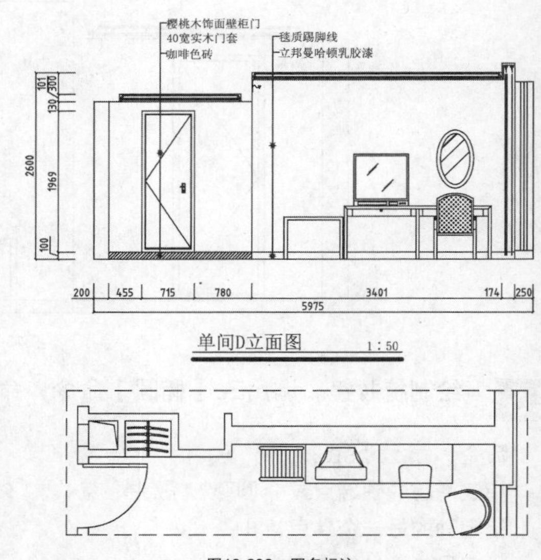

图13-238　图名标注

第14章

酒吧室内设计

酒吧不同于其他娱乐场所，在当今社会越来越快的生活节奏下，酒吧已经成为一个人与人之间沟通、交谈、交友，释放压力的空间。酒吧的风格也各有不同，并逐渐成为了一种文化。

本章介绍酒吧室内设计施工图的绘制方法。

14.1 酒吧室内设计概述

本小节对酒吧的风格、氛围营造、空间构筑等内容提出了一些设计理念，同时认为，酒吧设计应是基于酒吧文化基础上的理性规划。

1. 文化的风格定位

酒吧文化由很多方面组成，如音乐、人、环境、品酒、氛围等，所以，酒吧文化本身就是多种精神和文化的融合。在酒吧里，人们不但能感受到各种各样的文化，而且，他们也是各种文化的参与者。在这里，酒只是一种背景，文化才是主题，才是同人们心灵产生共鸣的事物。酒吧文化在现代都市中，已成为人们心理的一种抒写、一种释放。

在酒吧的设计中，后现代主义设计往往具有高度隐喻的设计风格，强调以历史风格为鉴，采用折中手法取得强烈的装饰效果。

神、风格是酒吧文化的核心，也是其最本质的东西。后工业时代的酒吧装修风格突出体现了颓废与华丽、个性与自由、张扬与艺术的特点。这里表现的颓废是一种艺术化的精神状态，是一种精神活动，只是，这种活动撇开了一般意义上的价值标准，追寻着不同于流行价值的价值，用非升华的方式来获取解除来自社会压抑的可能，用艺术化的创造来实现人生之精神。

2. 材质的选择

从某种意义上来说，材质是酒吧的表情。在营造酒吧氛围的众多因素中，各界面材料的质感对环境的变化起着重要的作用，材料和质感能让人通过不同肌理的视觉、触觉进行感知、对比，从而延伸出人们微妙的心理感受。

在酒吧设计中，要营造具有特色的、艺术性强的、个性化的空间。往往需要将若干种不同的材料组合起来，把材料本身具有的质地美和肌理美充分地展现出来。各界面的设计在选材时，既要组合好各种材料的肌理，又要协调好各种材料质感的对比关系。如酒吧的空间环境比较活泼、刺激，在选择材料、色彩、造型时都要具有一种动感。不论使用哪种材料，表现材料肌理时都应具有醒目、突出的触觉特征，以烘托酒吧独特的环境氛围。

3. 空间结构的设计

情感是生活中的一个重要组成部分，影响着人们如何感知、如何行动和如何思维。情感往往通过判断，向你呈现有关世界的直接信息。酒吧设计应从消费者的情感分析出发，在设计中以情感互动，通过人们的心理空间来划分酒吧的功能空间，如在平面规划中以中心吧台为核心，呈发散状分布各功能区域。依据功能要求，分别设置通道区、零点消费区、包间消费区、吧台区、演绎区、卫生间区和后厨区等，并根据人流动线形成环绕中心吧台的热点区域。

酒吧作为人际交往的场所，室内设计的焦点之一就是环境与人际交往的层面，酒吧设计表现为，设计师应从消费者的角度出发，基于场所的空间、装饰传达一种信息。现代社会的消费者，在进行消费时往往带有许多感性的成分，容易受到环境氛围的影响，在酒吧场所，这种成分尤为突出，所以，酒吧中环境的“场景化”、“情绪化”成为突出的重点。在空间结构设计中，错落有致的空间与平面的空间给人的感受是完全不同的。

4. 氛围的诠释

色彩、灯光是营造氛围的重要手段。色彩具有先声夺人的视觉艺术效果，能作用于人的感官，激发人的情感，是最直接、最敏锐的感受。色彩本身也包含着丰富的情感内涵，各种色彩具有独自鲜明的性格特征，或热情、或沉稳，或华丽、或朴素，色彩是创造视觉效果的重要因素。光是色产生的原因，色只是其感觉的结果，色彩的流动在光影中诞生。光反映着一切事物的形态、色彩、质感及环境的整个轮廓。不同的光色所造成的不同气氛，会使观众对舞台形象的感知在生理与心理上发生变化。所以，视觉想象不仅能满足观众的视觉要求，而且能影响到观众的审美心理空间的变化。舞台灯光不同的变化、不同的光束、不同的色彩都能直接触动观众的心。

酒吧设计中，设计师大多只注重室内的环境设计，而忽视了另外一个很重要的因素—音乐，音乐是酒吧的灵魂，是无形的装饰。它以抽象的方式体现着酒吧的文化和精神，这对营造酒吧氛围至关重要。不同的音乐可以营造出不同的氛围，我们要选择与酒吧风格相适应的音乐，以适应不同顾客的心理需要。现在的许多酒吧，由于在设计中忽略了音乐，以至于没有音乐主题，这样，就模糊了定位，影响了酒吧的形象。一般来说，每分钟60~70次的节奏令人同步感最强，趋近零点最大，共振度最高。这种节奏的音乐旋律具有抒情性，最令人陶醉。

酒吧是城市亚文化的栖居地。在酒吧中，如同沉醉于一种迥异于我们日常生活的氛围里，使人们心灵得到舒解和释放。以人为本，迎合现代都市人的心理，创造出酒吧的文化氛围，这就是酒吧设计理念的出发点与归属点。

图14-1所示为酒吧的设计效果。

图14-1　酒吧设计效果

14.2　绘制大厅和包间平面布置图

酒吧的大厅是人群比较集中的地方，是人们在酒吧内进行放松休闲的主要场所。因此，大厅内部的设计规划、环境氛围影响到人们对酒吧的第一印象。所以，设计师在对酒吧进行规划设计的时候，都把大厅作为设计重点。

而包间则私密性较强，可以提供小团体的聚会，内部独特的装饰手法，对环境氛围的烘托起到了作用。

本小节介绍大厅和包间平面布置图的绘制方法。

14.2.1　绘制散座区平面图

本节介绍大厅散座区平面图的绘制，主要包括门套图形的绘制，打单台图形的绘制，墙面装饰物等图形的绘制。散座区兼顾休闲和娱乐功能，地面抬高的做法，将大厅分为几个区域，人们聚集在各个区域，或品酒论友，或进行社会交际。

绘制大厅散座区平面图，主要调用【多段线】命令、【偏移】命令以及【矩形】命令等。

01 调用酒吧原始结构图。按Ctrl+O组合键，打开配套光盘提供的“第14章\酒吧原始结构图.dwg”文件，结果如图14-2所示。

02 绘制门套。调用PL【多段线】命令，绘制大厅出口门套图形，结果如图14-3所示。

03 重复操作，继续绘制门套图形，结果如图14-4所示。

04 绘制柱面装饰。调用O【偏移】命令，偏移柱面线；调用TR【修剪】命令，修剪线段，绘制柱面装饰的结果如图14-5所示。

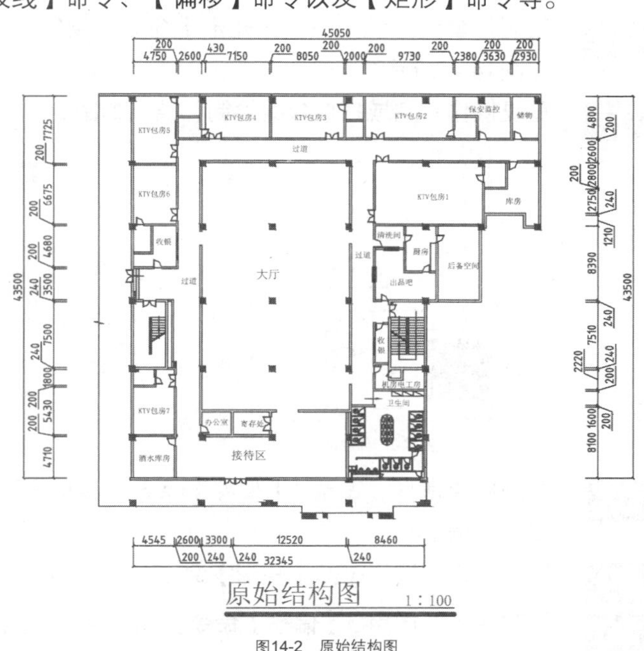

图14-2　原始结构图

05 重复操作，完成大厅柱面装饰的绘制，结果如图14-6所示。

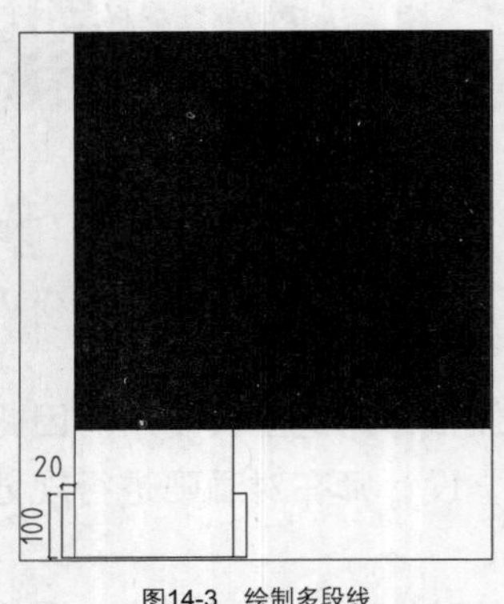

图14-3 绘制多段线

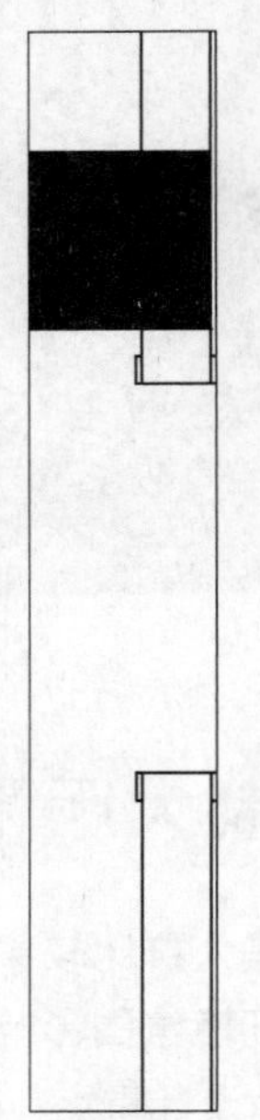

图14-4 绘制结果

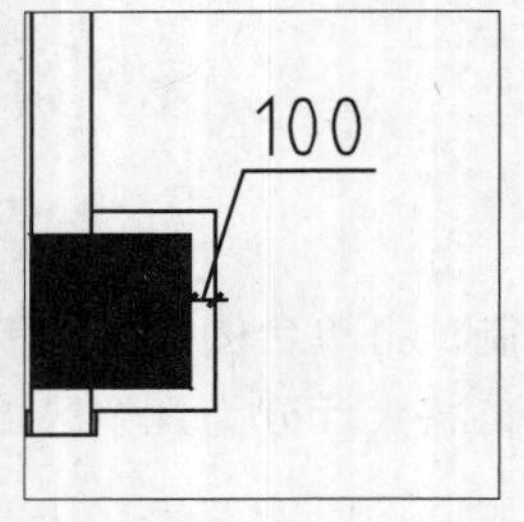

图14-5 绘制结果

图14-6 绘制柱面装饰

06 绘制打单台。调用REC【矩形】命令，绘制矩形；调用L【直线】命令，绘制对角线，结果如图14-7所示。

07 重复操作，完成打单台的绘制，结果如图14-8所示。

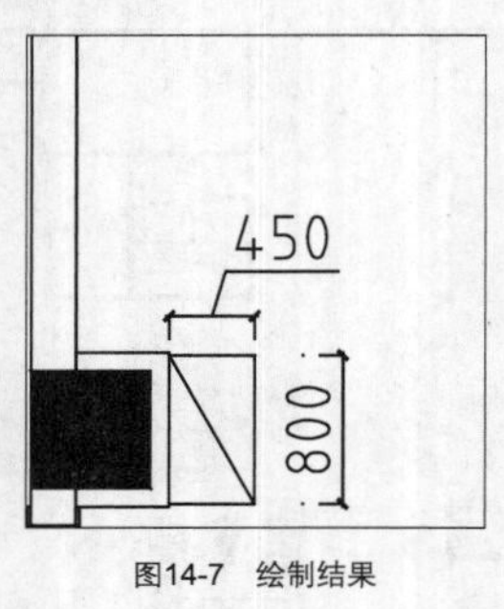

图14-7 绘制结果

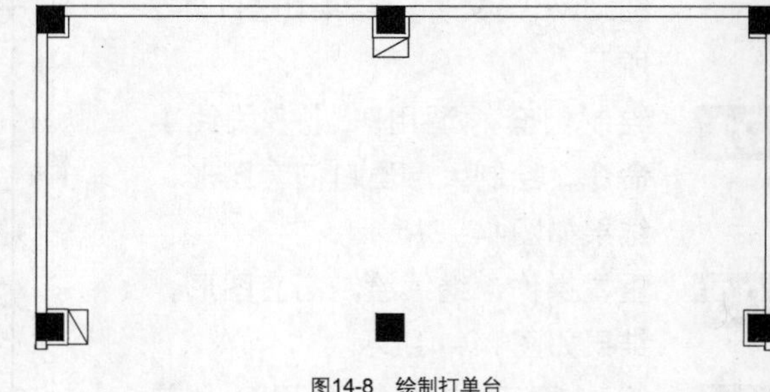

图14-8 绘制打单台

08 绘制库房楼梯。调用O【偏移】命令，偏移墙线；调用TR【修剪】命令，修剪墙线，结果如图14-9所示。

09 绘制栏杆。调用REC【矩形】命令，绘制矩形，结果如图14-10所示。

10 绘制踏步。调用O【偏移】命令，偏移线段，结果如图14-11所示。

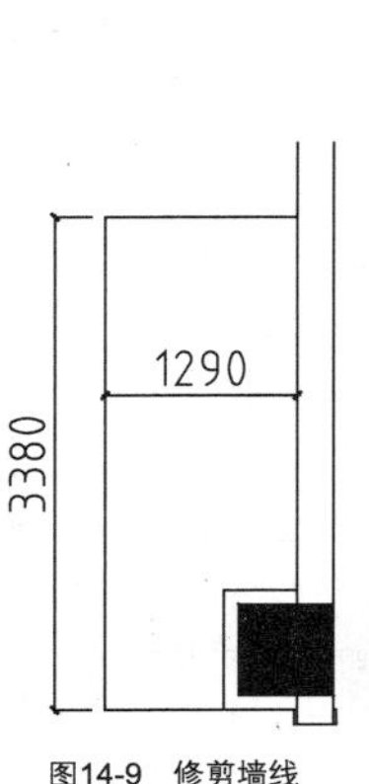

图14-9 修剪墙线

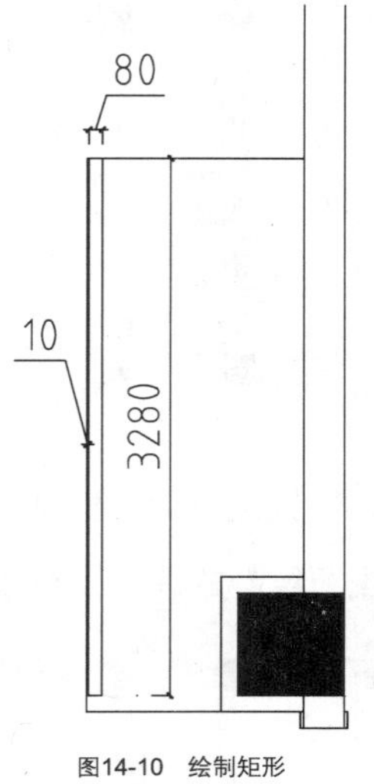

图14-10 绘制矩形

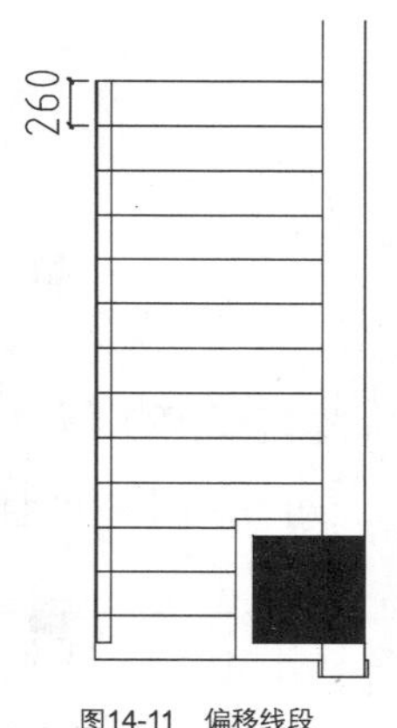

图14-11 偏移线段

11 调用TR【修剪】命令，修剪线段，结果如图14-12所示。

12 调用O【偏移】命令，设置偏移距离为5，选择表示栏杆的矩形向内偏移；调用X【分解】命令，即将偏移得到的矩形分解；调用E【删除】命令，删除矩形的上方边；调用EX【延伸】命令，向上延伸矩形的左方边和右方边，结果如图14-13所示。

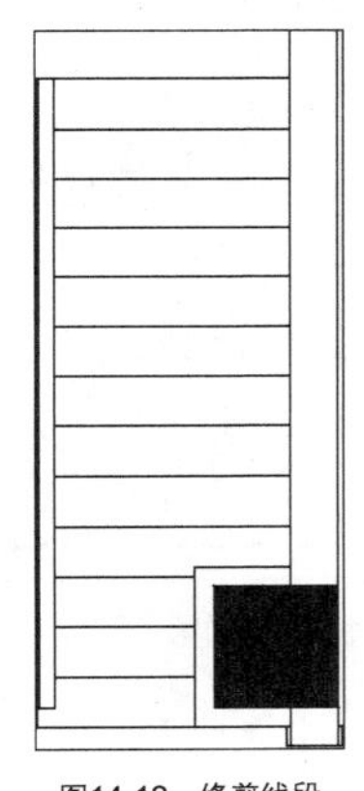

图14-12 修剪线段

图14-13 修改结果

13 绘制墙面装饰物。调用REC【矩形】命令，绘制矩形，结果如图14-14所示。

14 调用O【偏移】命令，偏移线段；调用TR【修剪】命令，修剪线段，结果如图14-15所示。

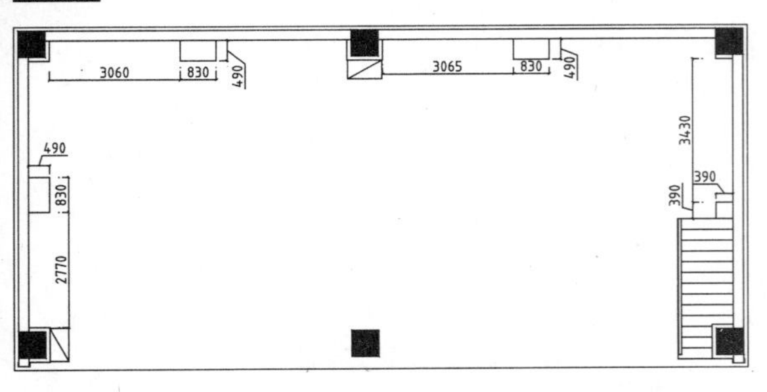

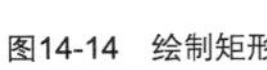
图14-14 绘制矩形

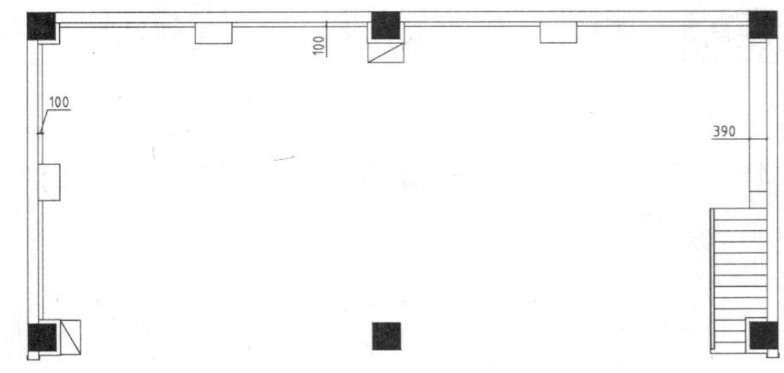

图14-15 修剪线段

15 绘制大厅区域轮廓线。调用L【直线】命令，绘制直线，结果如图14-16所示。

16 调用O【偏移】命令，偏移线段，结果如图14-17所示。

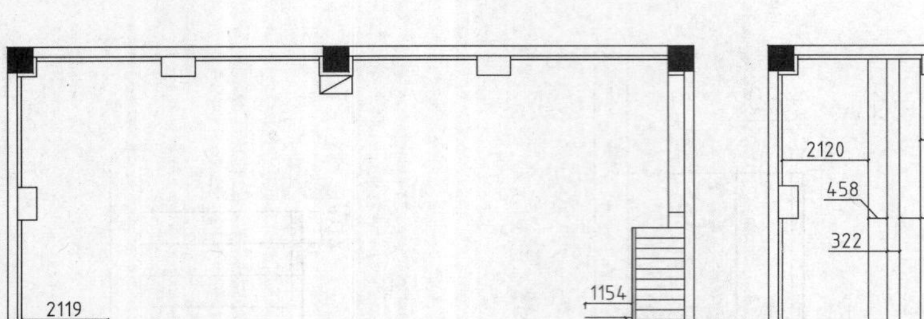

图14-16 绘制直线

图14-17 偏移线段

17 重复调用O【偏移】命令，偏移线段，结果如图14-18所示。

18 调用SPL【样条曲线】命令，根据所绘制的辅助线网格，绘制样条曲线，结果如图14-19所示。

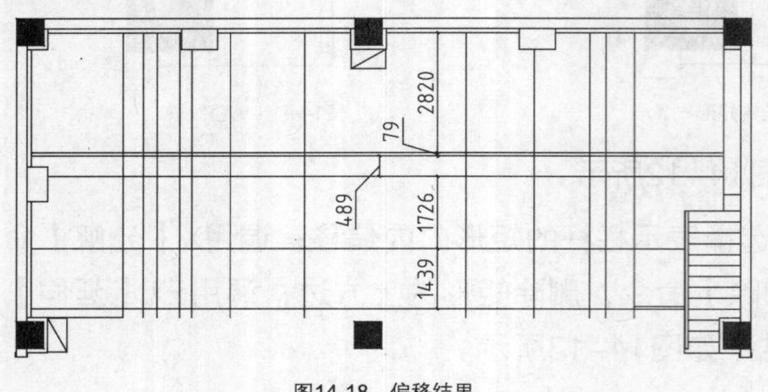

图14-18 偏移结果

图14-19 绘制样条曲线

19 调用E【删除】命令，删除辅助线网格，结果如图14-20所示。

20 调用O【偏移】命令，设置偏移距离分别为10、10、100、10，向上偏移绘制完成的区域轮廓线，结果如图14-21所示。

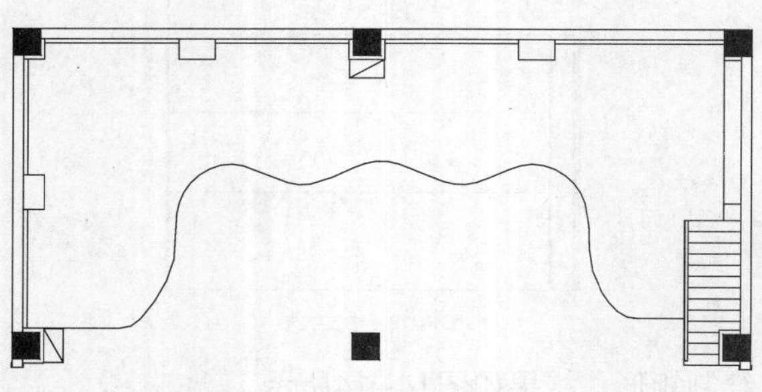

图14-20 删除辅助线

图14-21 偏移线段

21 绘制门洞。调用O【偏移】命令，偏移线段，结果如图14-22所示。

22 调用L【直线】命令，绘制直线，结果如图14-23所示。

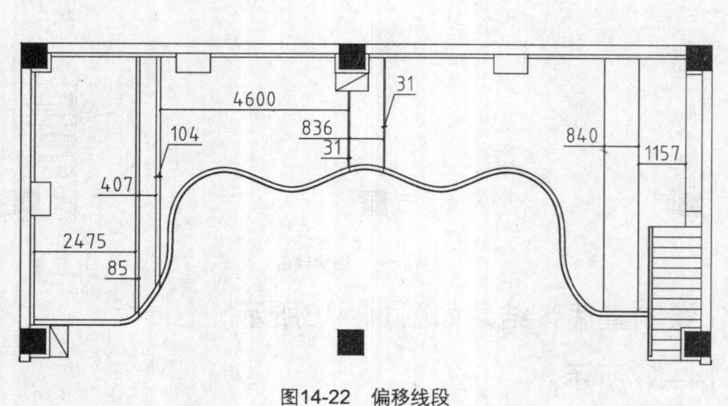

图14-22 偏移线段

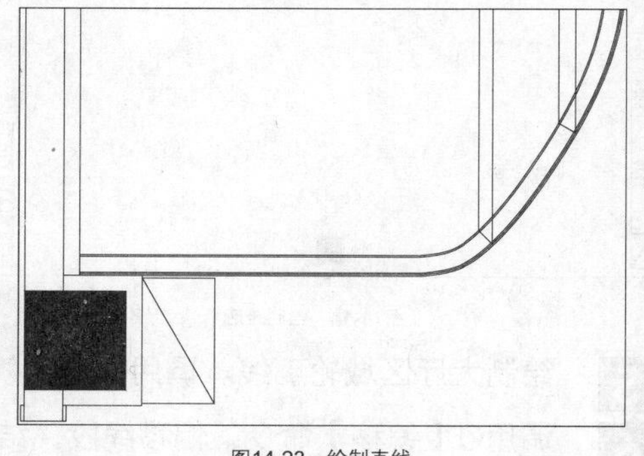

图14-23 绘制直线

23 重复操作，绘制连接直线，调用E【删除】命令，删除辅助线，结果如图14-24所示。

24 调用O【偏移】命令，偏移线段，结果如图14-25所示。

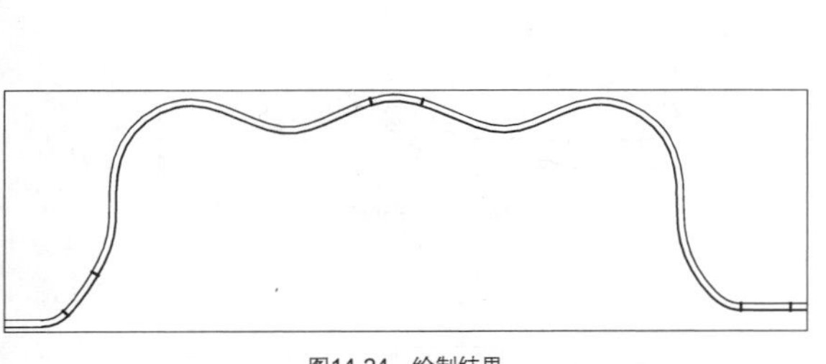
图14-24 绘制结果

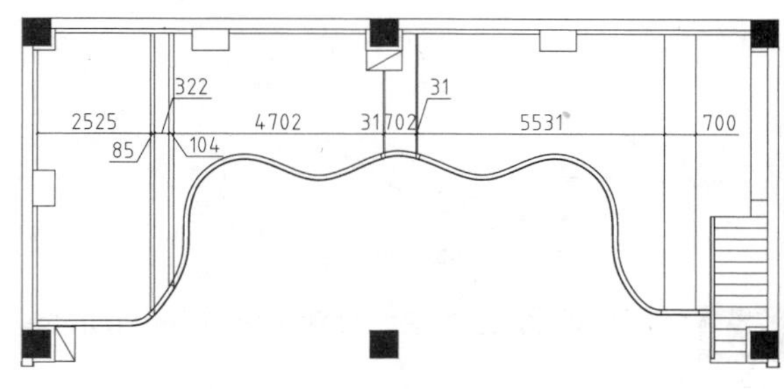

图14-25 偏移结果

25 调用L【直线】命令，绘制直线；调用E【删除】命令，删除辅助线，结果如图14-26所示。

26 绘制门洞装饰。调用A【圆弧】命令，根据辅助线绘制圆弧，结果如图14-27所示。

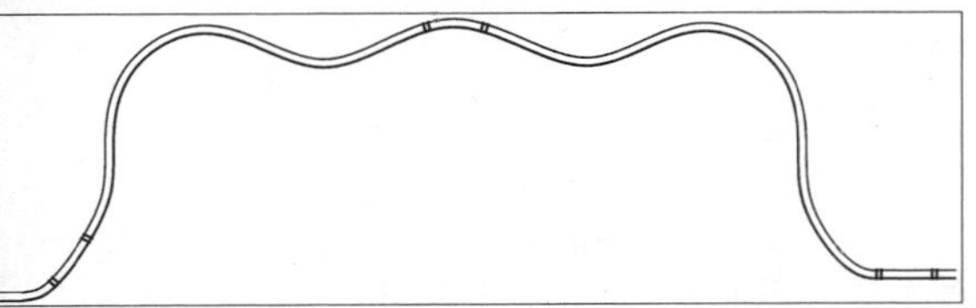
图14-26 绘制结果

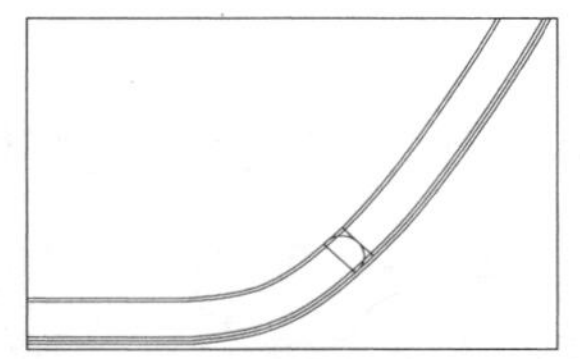
图14-27 绘制圆弧

27 调用O【偏移】命令，设置偏移距离为10，向内偏移圆弧，结果如图14-28所示。

28 调用TR【修剪】命令，修剪线段；调用E【删除】命令，删除辅助线，结果如图14-29所示。

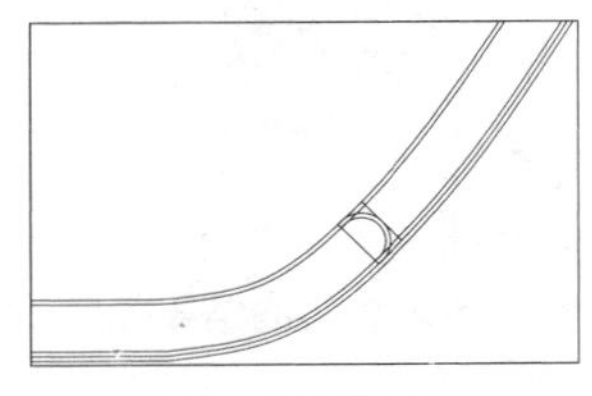
图14-28 偏移圆弧

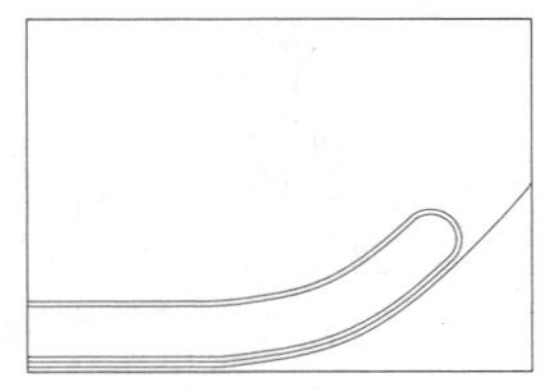
图14-29 修剪结果

29 重复操作，继续绘制门洞装饰，结果如图14-30所示。

30 调用C【圆】命令，绘制半径为40的圆形，结果如图14-31所示。

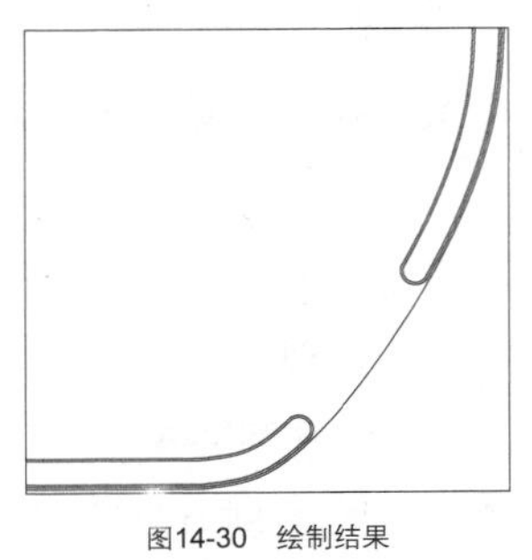
图14-30 绘制结果

图14-31 绘制圆形

31 调用O【偏移】命令，设置偏移距离为10、15，向内偏移圆形，结果如图14-32所示。

32 重复操作，继续绘制门洞处装饰，结果如图14-33所示。

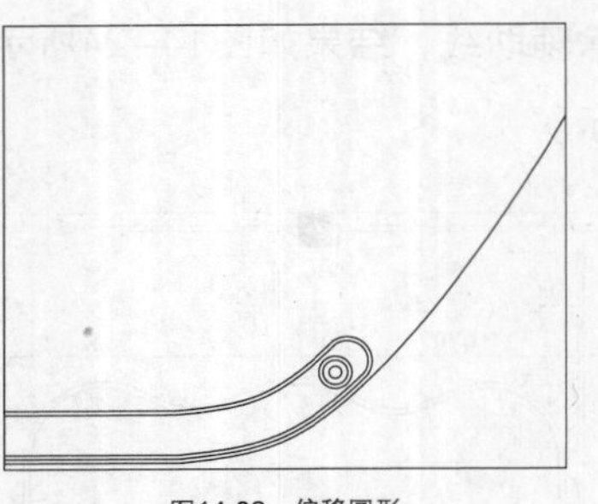
图14-32 偏移圆形

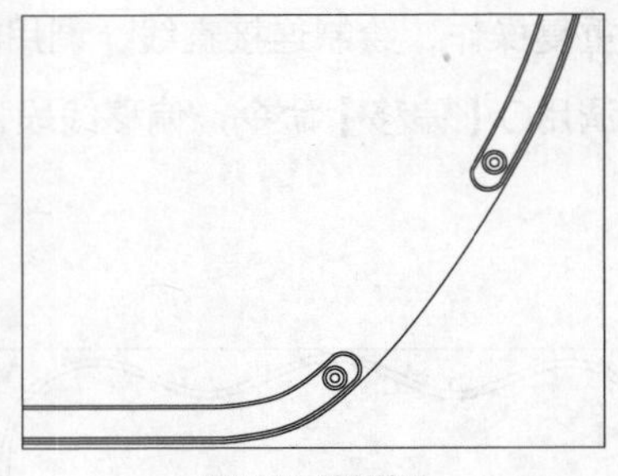
图14-33 绘制结果

33 门洞装饰物的绘制结果如图14-34所示。

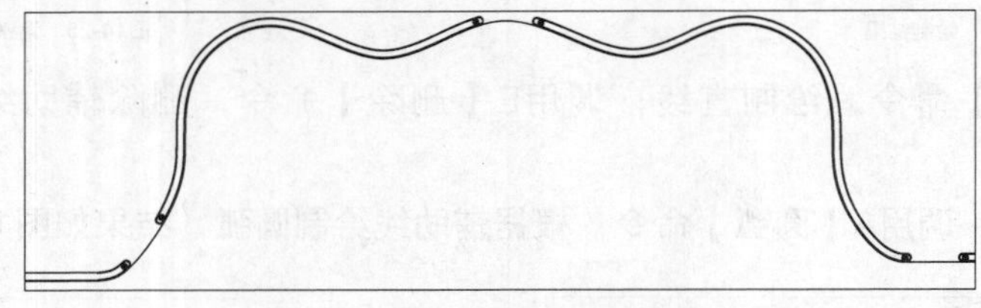
图14-34 绘制装饰物

34 绘制指示箭头。调用PL【多段线】命令，命令行提示如下：

```
命令：PLINE↙
指定起点：                                //指定多段线的起点
当前线宽为 0
指定下一个点或 [圆弧(A)/半宽(H)/长度(L)/放弃(U)/宽度(W)]：        //指定下一点
指定下一点或 [圆弧(A)/闭合(C)/半宽(H)/长度(L)/放弃(U)/宽度(W)]：W
                                          //输入W，选择"宽度"选项
指定起点宽度<0>：100
指定端点宽度<100>：0
指定下一点或 [圆弧(A)/闭合(C)/半宽(H)/长度(L)/放弃(U)/宽度(W)]：
指定下一点或 [圆弧(A)/闭合(C)/半宽(H)/长度(L)/放弃(U)/宽度(W)]：*取消*
                                          //指定箭头的起点和终点，绘制指示箭头的结果如图14-35所示。
```

35 插入图块。按Ctrl+O组合键，打开配套光盘提供的"第14章\家具图例.dwg"文件，将其中的桌椅图块复制、粘贴至当前图形中，结果如图14-36所示。

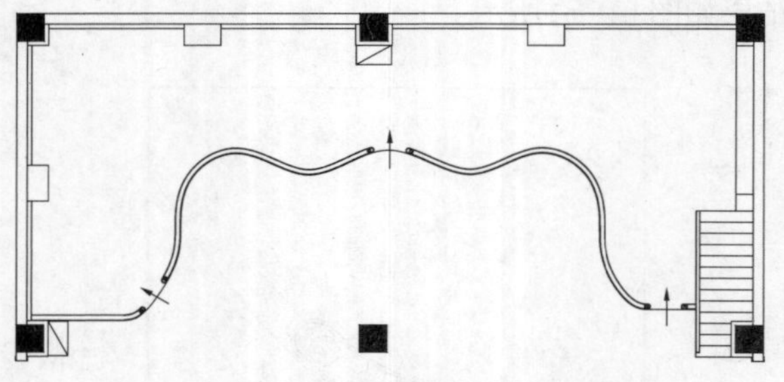
图14-35 绘制指示箭头

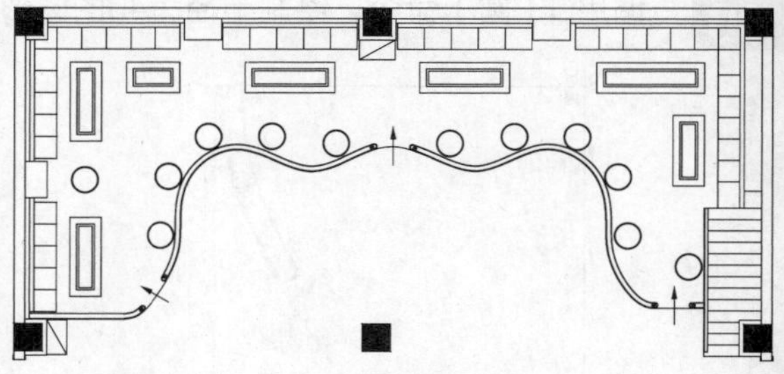
图14-36 插入图块

36 重复操作，按Ctrl+O组合键，打开配套光盘提供的"第14章\家具图例.dwg"文件，将其中的桌椅图块复制、粘贴至当前图形中，结果如图14-37所示。

37 文字标注。调用MT【多行文字】命令，为平面图绘制文字标注，结果如图14-38所示。

38 标高标注。调用I【插入】命令，在弹出的【插入】对话框中选择标高图块，根据命令行的提示指定标高点和输入标高参数，结果如图14-39所示。

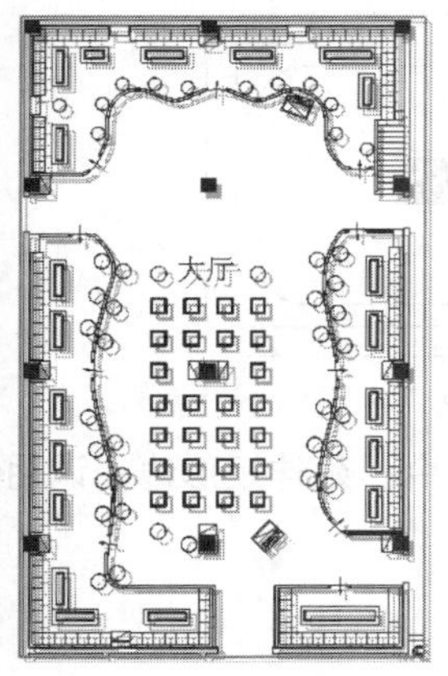
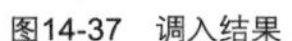
图14-37　调入结果

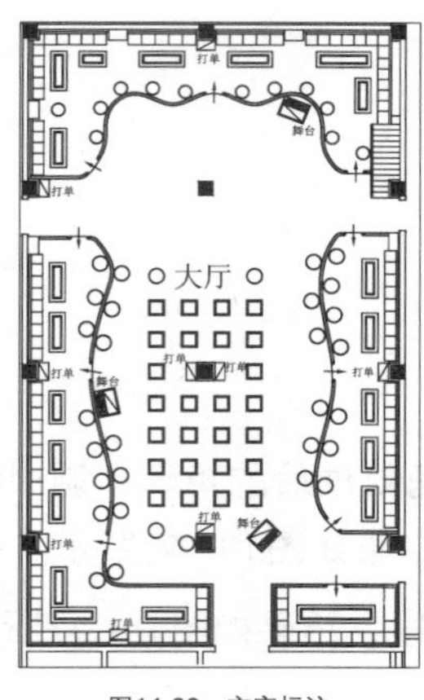
图14-38　文字标注

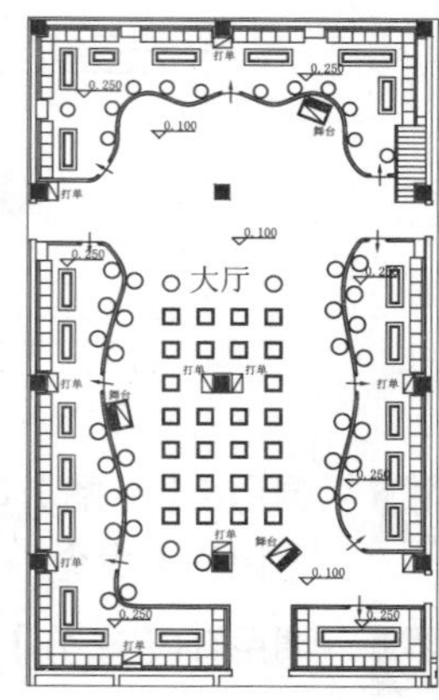
图14-39　标高标注

14.2.2　绘制吧台平面图

酒和音乐是酒吧不可或缺的元素。矩形吧台有利于散客的集中消费，也为酒吧本身节约了服务资源。舞台当然是必备的娱乐设备之一，舞台上演绎的音乐节目，可以带动消费者的情绪，影响其心情，从而达到放松的目的。

绘制吧台平面图，主要调用【偏移】命令、【矩形】命令以及【圆角】命令等。

01 绘制柱面装饰。调用O【偏移】命令，设置偏移距离为100，往外偏移柱面线，结果如图14-40所示。

02 绘制吧台。调用REC【矩形】命令，绘制矩形，结果如图14-41所示。

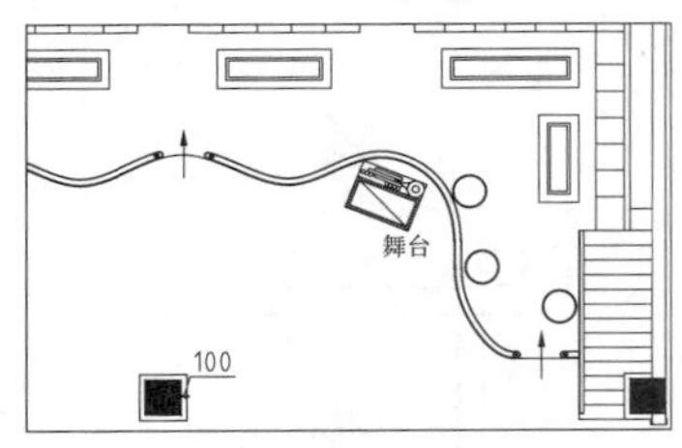

图14-40　偏移结果

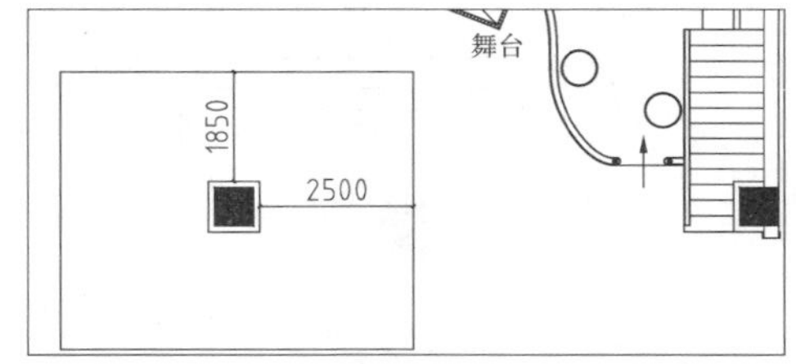

图14-41　绘制矩形

03 调用F【圆角】命令，设置圆角半径为600，对绘制完成的矩形进行圆角处理，结果如图14-42所示。

04 调用REC【矩形】命令，绘制矩形，结果如图14-43所示。

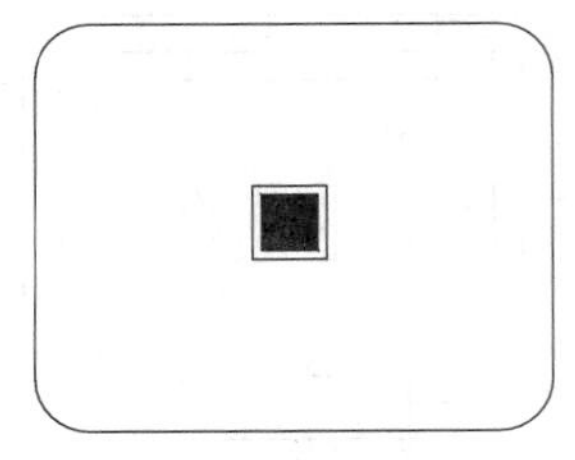
图14-42　圆角处理

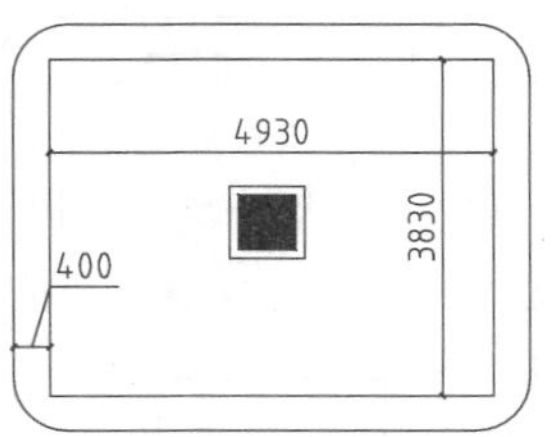

图14-43　绘制矩形

05 调用O【偏移】命令，向内偏移矩形，结果如图14-44所示。

06 调用F【圆角】命令，设置圆角半径为600，对偏移得到的矩形进行圆角处理，结果如图14-45所示。

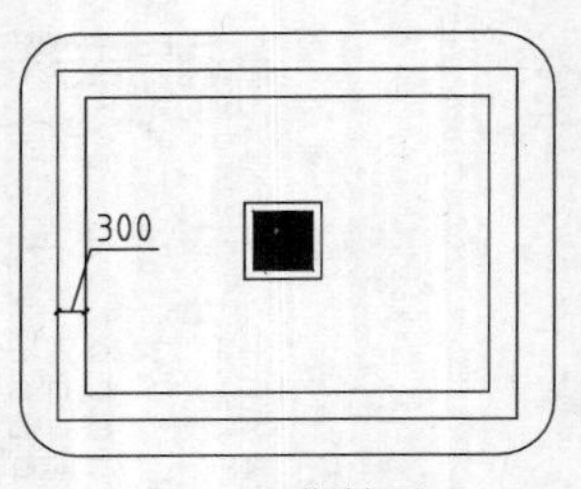

图14-44 偏移矩形

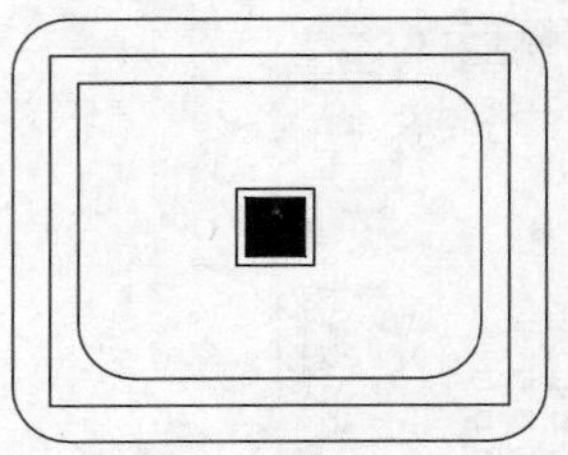
图14-45 圆角处理

07 调用X【分解】命令，分解圆角处理后的矩形；调用EX【延伸】命令，延伸矩形边；调用O【偏移】命令，偏移矩形边，结果如图14-46所示。

08 调用TR【修剪】命令，修剪线段，结果如图14-47所示。

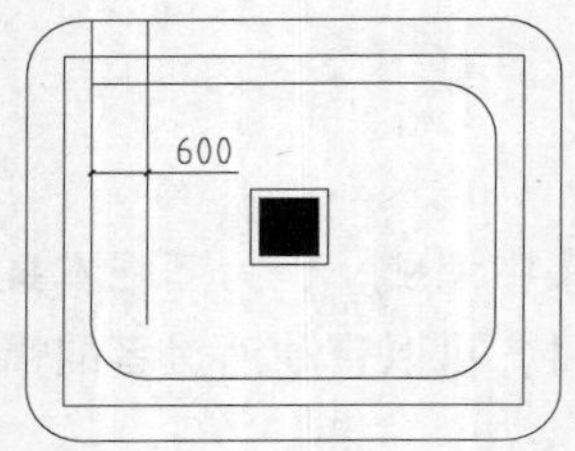

图14-46 绘制结果

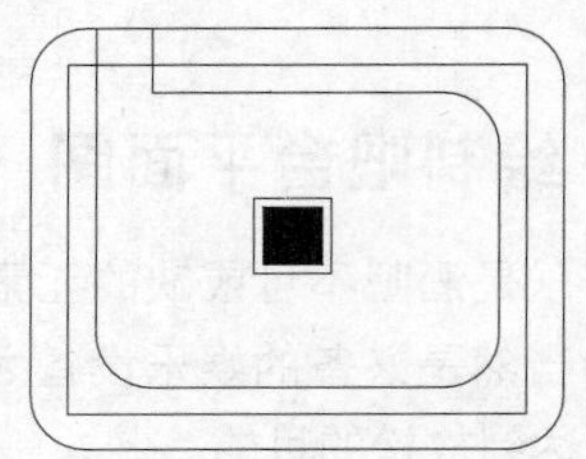
图14-47 修剪线段

09 调用L【直线】命令，绘制对角线，结果如图14-48所示。

10 绘制舞台。调用REC【矩形】命令，绘制矩形，结果如图14-49所示。

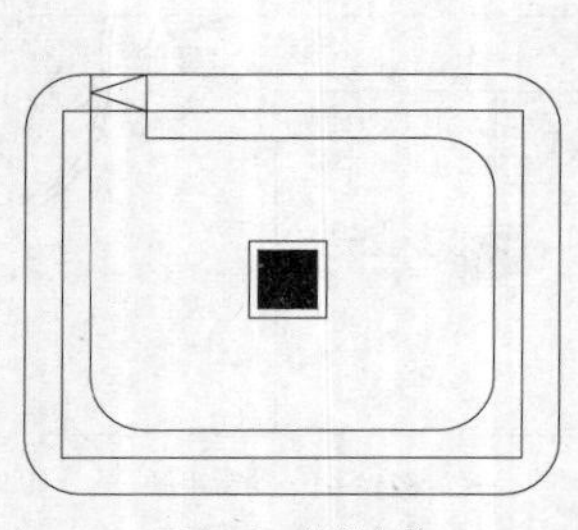
图14-48 绘制直线

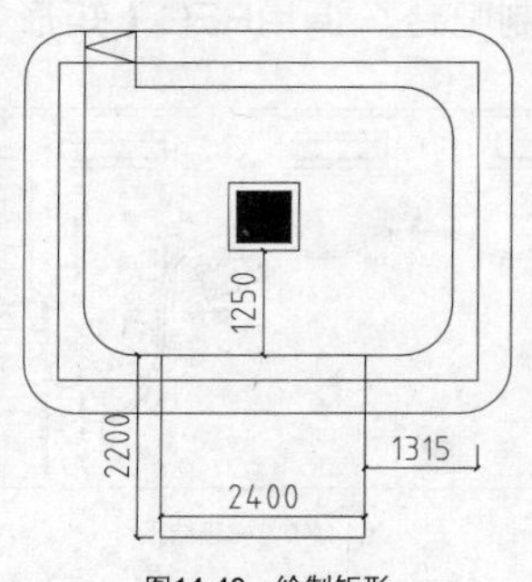

图14-49 绘制矩形

11 调用TR【修剪】命令，修剪矩形，结果如图14-50所示。

12 调用X【分解】命令，分解矩形；调用O【偏移】命令，偏移矩形边，结果如图14-51所示。

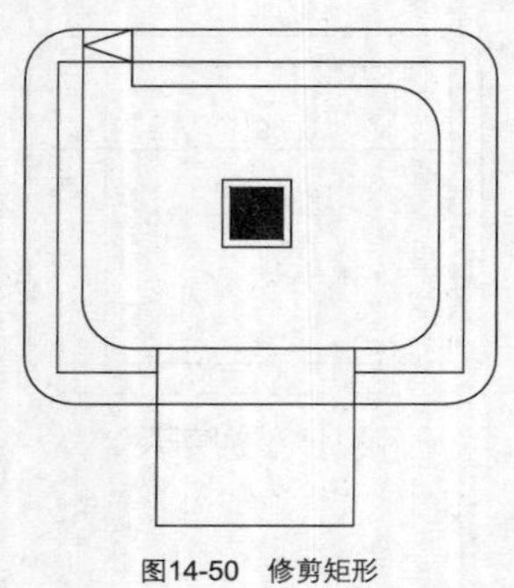
图14-50 修剪矩形

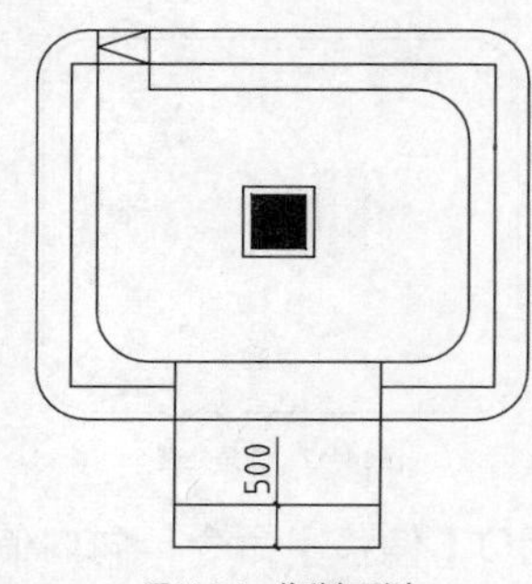

图14-51 偏移矩形边

13 绘制DJ台。调用REC【矩形】命令，绘制尺寸为856×337的矩形，结果如图14-52所示。

14 调用REC【矩形】命令，绘制尺寸为174×337的矩形，结果如图14-53所示。

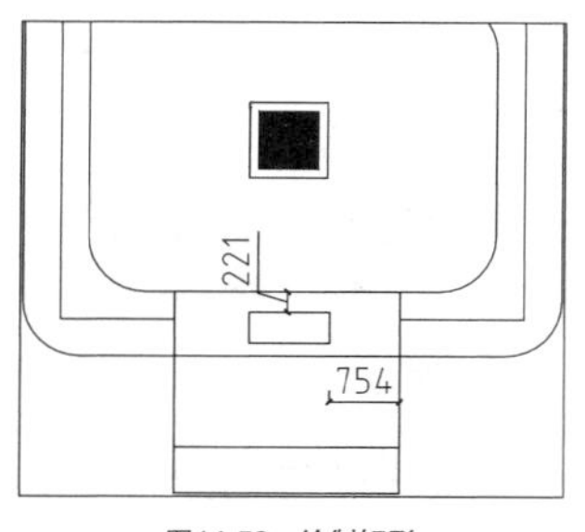

图14-52　绘制矩形

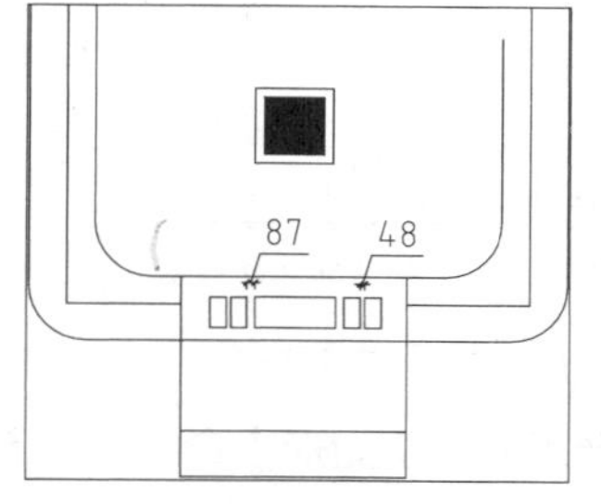

图14-53　绘制结果

15 绘制舞台踏步。调用REC【矩形】命令，绘制尺寸为800×600的矩形，结果如图14-54所示。

16 绘制吧椅。调用C【圆】命令，绘制半径为150的圆形，结果如图14-55所示。

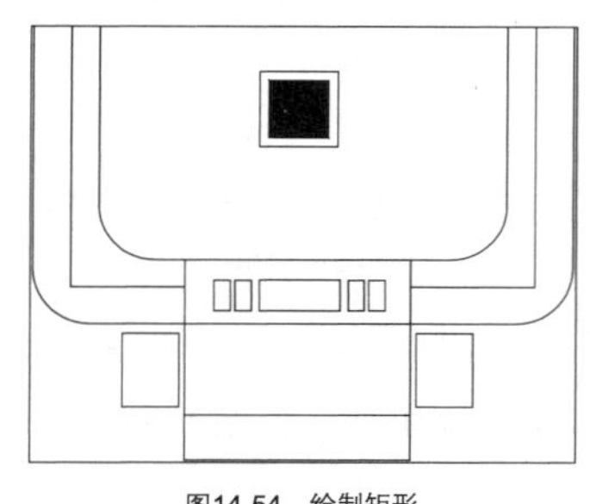
图14-54　绘制矩形

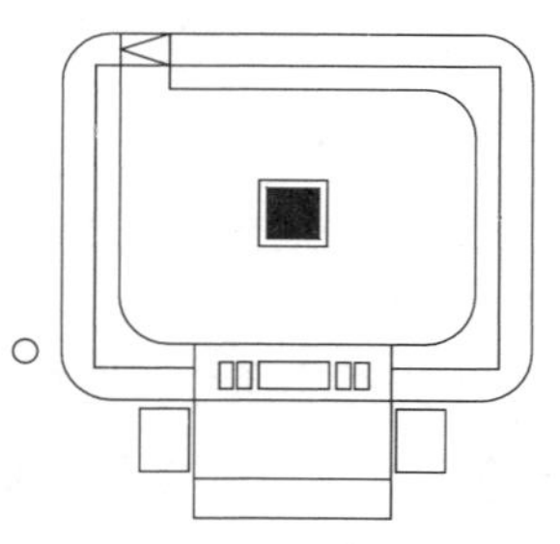
图14-55　绘制圆形

17 调用CO【复制】命令，移动、复制圆形，结果如图14-56所示。

18 文字标注。调用MT【多行文字】命令，为平面图绘制文字标注，结果如图14-57所示。

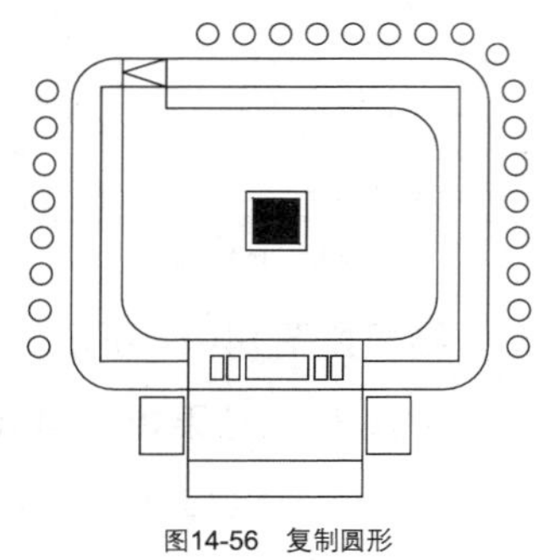
图14-56　复制圆形

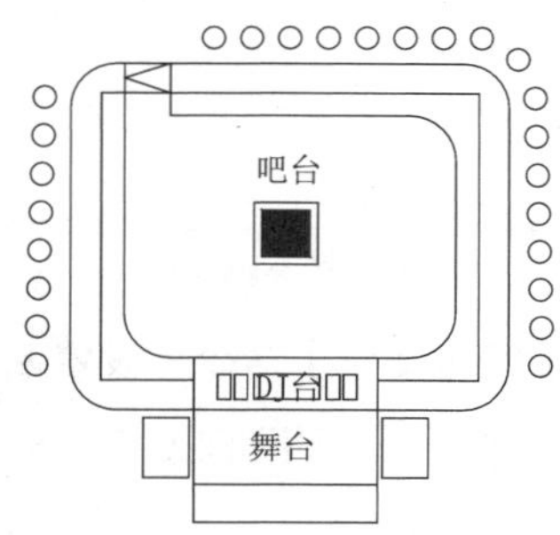

图14-57　文字标注

14.2.3　绘制包间3平面图

酒吧内的包间主要为有特定需要的顾客准备，在保证其休闲娱乐的前提下，更保证了环境的私密性，为团体的聚会提供了便利。

绘制包间平面图，主要调用【偏移】命令、【矩形】命令以及【直线】命令等。

01 绘制墙面装饰。调用O【偏移】命令，偏移墙线；调用TR【修剪】命令，修剪墙线，结果如图14-58所示。

02 绘制音箱。调用REC【矩形】命令，绘制尺寸为290×200的矩形，结果如图14-59所示。

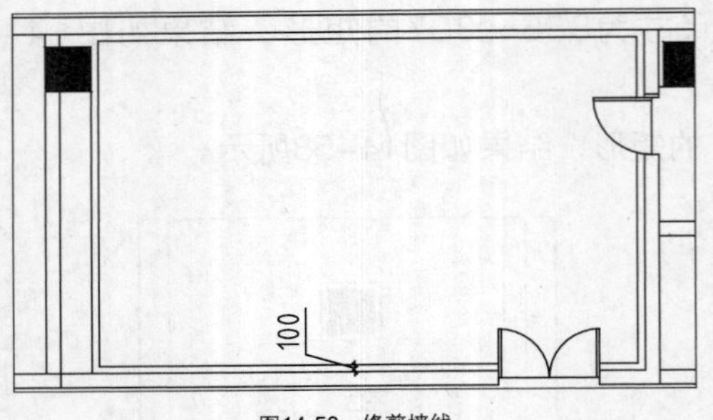

图14-58 修剪墙线

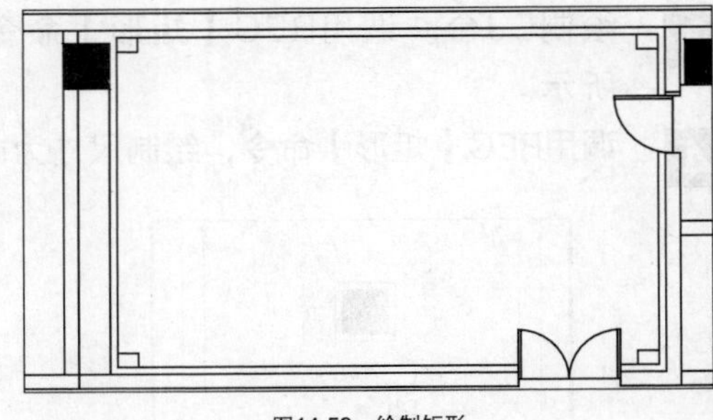
图14-59 绘制矩形

03 调用L【直线】命令，在矩形内绘制对角线，结果如图14-60所示。

04 调用REC【矩形】命令，绘制尺寸为600×200的矩形，结果如图14-61所示。

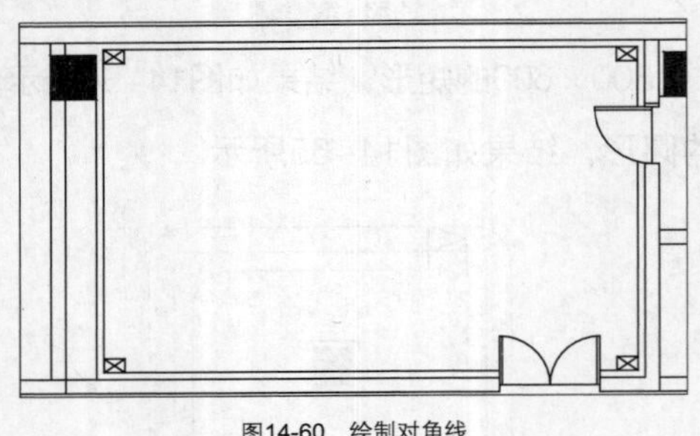
图14-60 绘制对角线

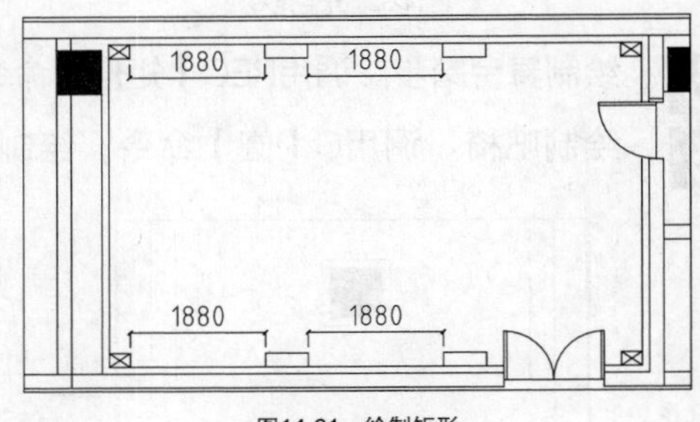

图14-61 绘制矩形

05 调用L【直线】命令，在矩形内绘制对角线，结果如图14-62所示。

06 绘制屏风。调用REC【矩形】命令，绘制尺寸为1500×200的矩形，结果如图14-63所示。

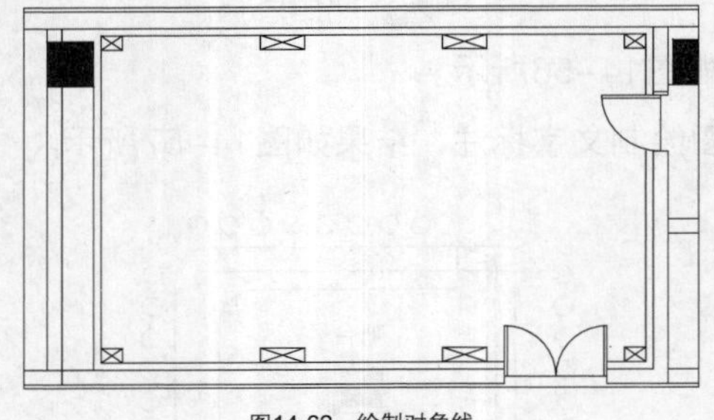
图14-62 绘制对角线

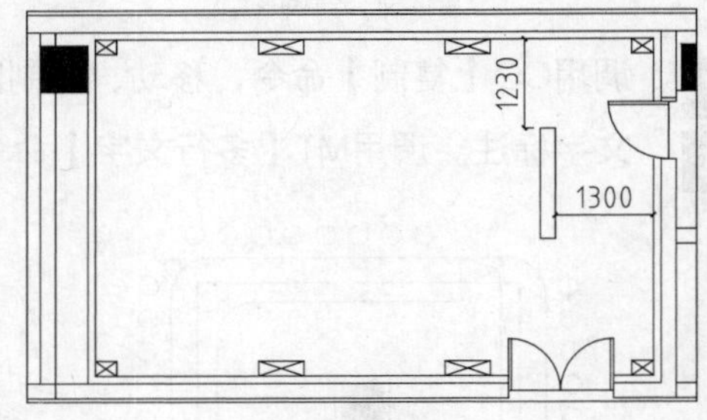

图14-63 绘制矩形

07 调用O【偏移】命令，设置偏移距离为50，向内偏移矩形，结果如图14-64所示。

08 绘制洗手台。调用REC【矩形】命令，绘制尺寸为1000×550的矩形，结果如图14-65所示。

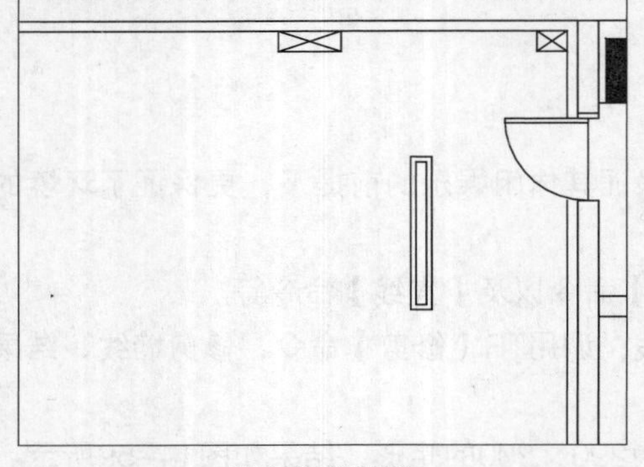
图14-64 偏移矩形

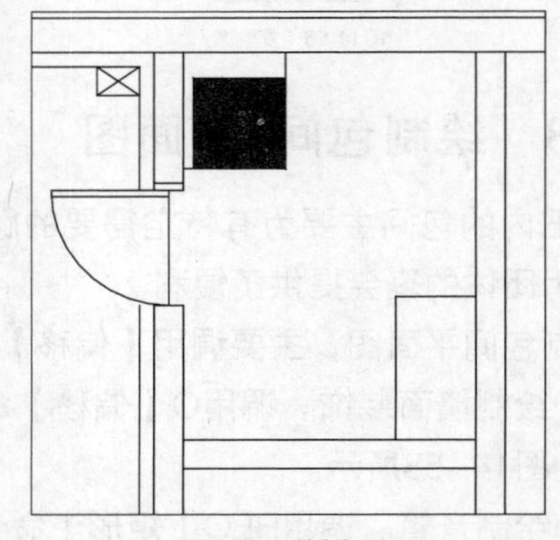
图14-65 绘制矩形

09 插入图块。按Ctrl+O组合键，打开配套光盘提供的“第14章\家具图例.dwg”文件，将其中的沙发、洁具图块复制、粘贴至当前图形中，结果如图14-66所示。

10 文字标注。调用MT【多行文字】命令，为平面图绘制文字标注，结果如图14-67所示。

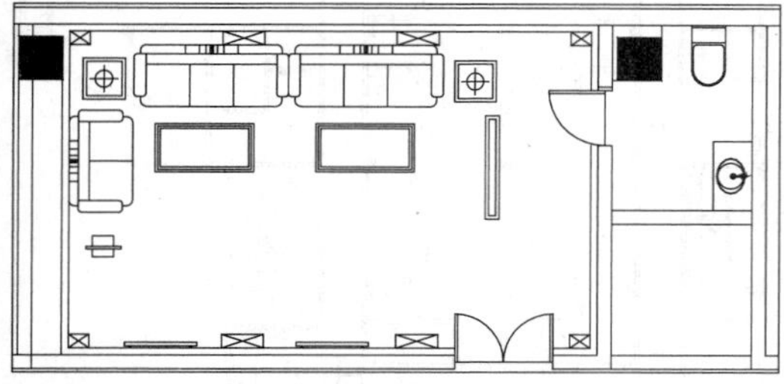

图14-66 插入图块

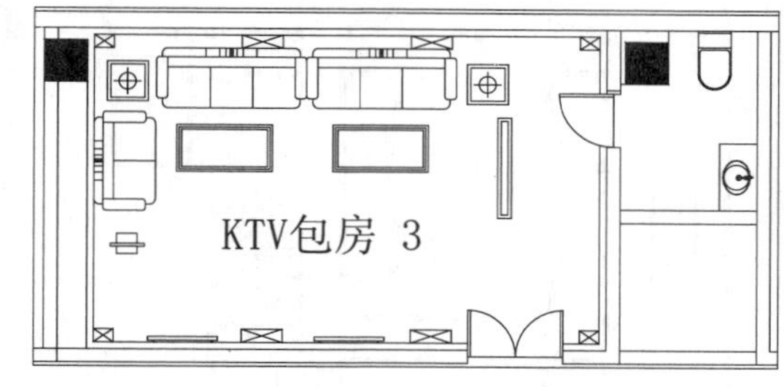

图14-67 文字标注

11 沿用上述介绍的绘制方法，继续绘制酒吧其他区域的平面布置图，结果如图14-68所示。

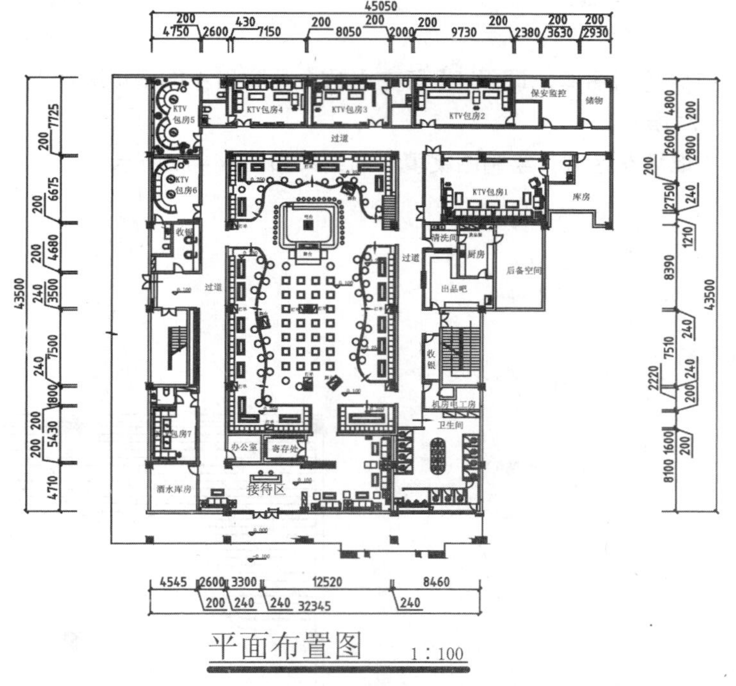

图14-68 酒吧平面布置图

14.3 绘制大厅地面图

由于酒吧被划分为不同的区域，所以，在地面铺装上，有必要对各区域进行划分。酒吧内部使用了地砖与木地板为主要的装饰材料，对地面各区域的划分进行了明确的表示。统一之中求变化，既不杂乱，又达到了装饰效果。

绘制大厅地面图，主要调用的命令有【复制】命令、【删除】命令以及【直线】命令等。

01 调用平面布置图。调用CO【复制】命令，复制一份平面布置图至一旁。

02 整理图形。调用E【删除】命令，删除多余图形，结果如图14-69所示。

03 绘制门槛线。调用L【直线】命令，在门洞处绘制直线，结果如图14-70所示。

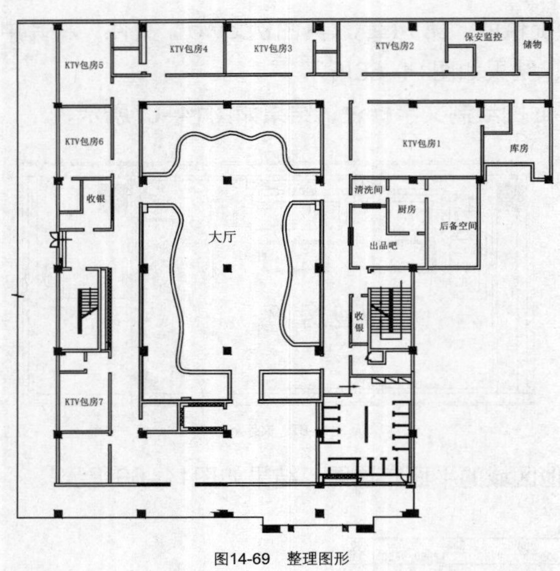

图14-69　整理图形

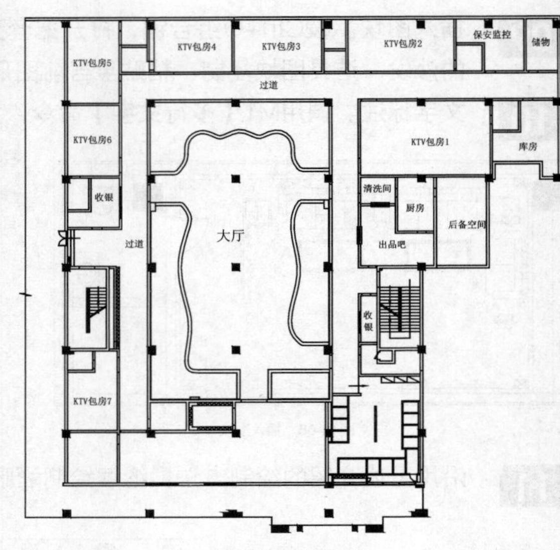

图14-70　绘制直线

04 填充大厅散座区地面图案。调用H【填充】命令，弹出【图案填充和渐变色】对话框，设置参数如图14-71所示。

05 在绘图区中拾取填充区域，绘制图案填充的结果如图14-72所示。

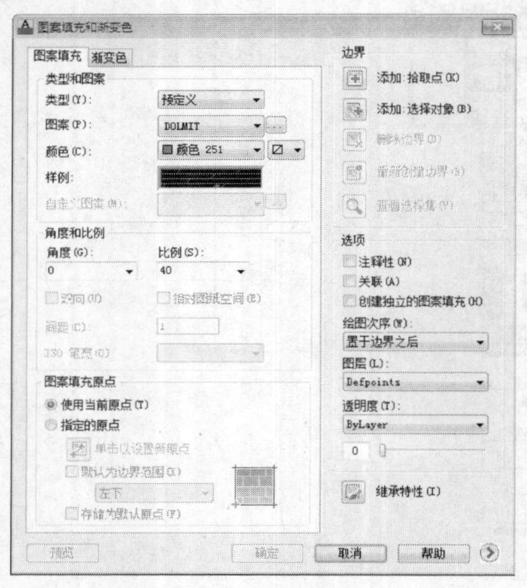

图14-71　设置参数

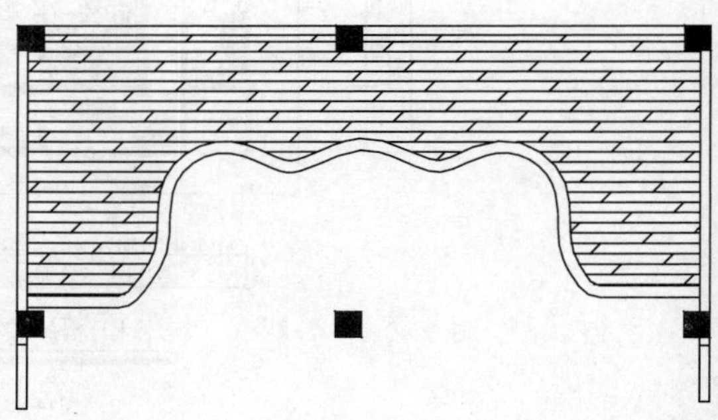

图14-72　图案填充

06 在【图案填充和渐变色】对话框中，修改填充图案的填充角度为90°，绘制图案填充的结果如图14-73所示。

07 重复操作，绘制木地板图案填充的结果如图14-74所示。

08 绘制门槛石填充图案。调用H【填充】命令，弹出【图案填充和渐变色】对话框，设置参数如图14-75所示。

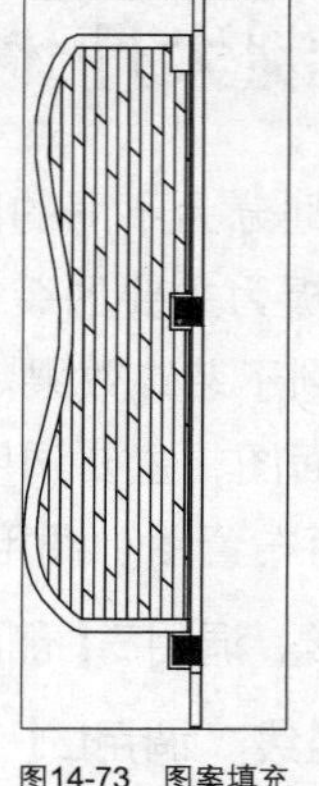

图14-73　图案填充

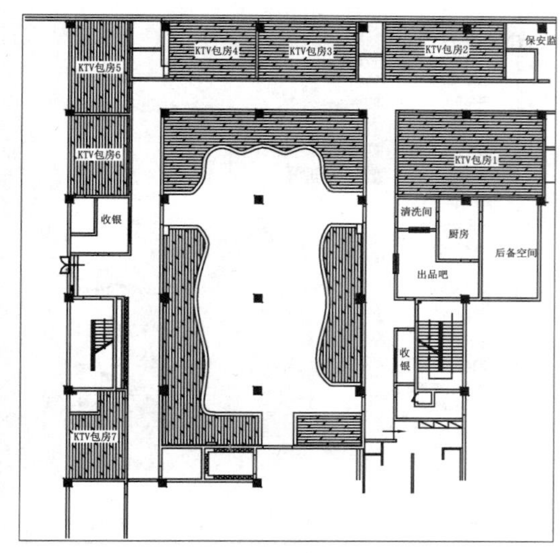

图14-74 绘制结果

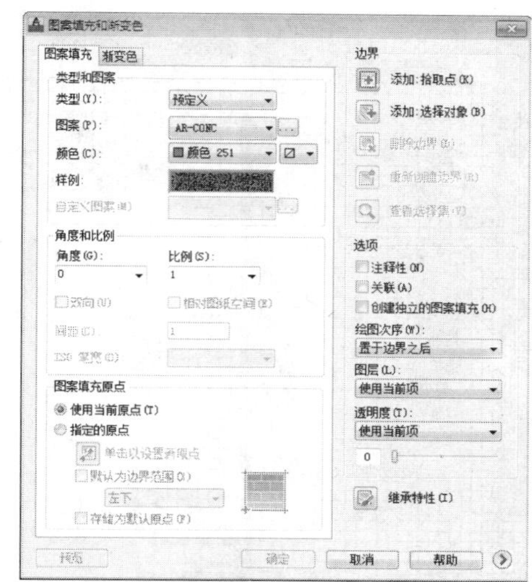

图14-75 设置参数

09 在绘图区中拾取填充区域，绘制图案填充的结果如图14-76所示。

10 绘制大厅地面图案。调用H【填充】命令，弹出【图案填充和渐变色】对话框，设置参数如图14-77所示。

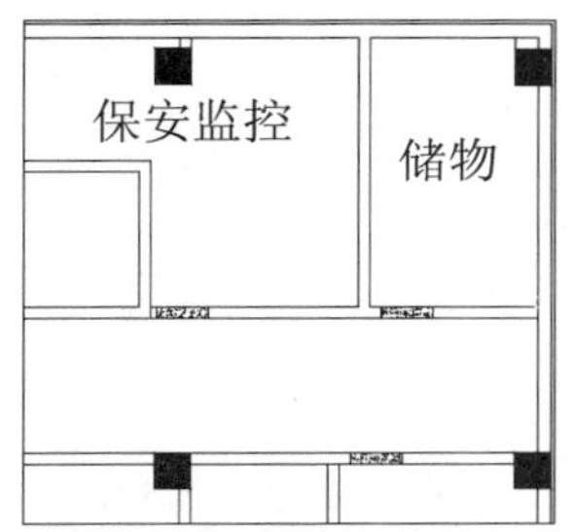

图14-76 图案填充

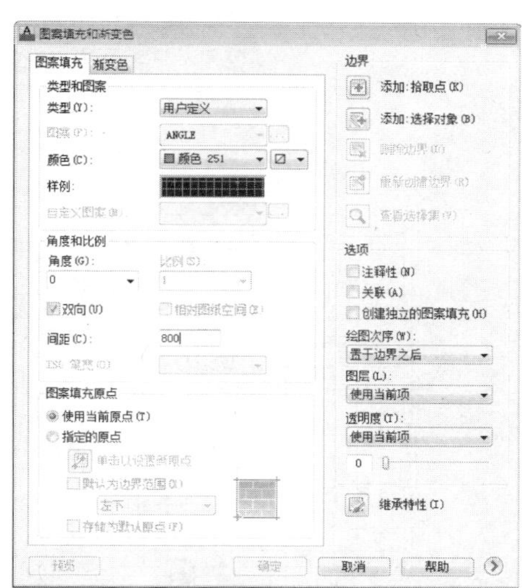

图14-77 设置参数

11 在绘图区中拾取填充区域，绘制图案填充的结果如图14-78所示。

12 重复操作，绘制其他地面填充图案，结果如图14-79所示。

13 绘制烹饪区地面图案。调用H【填充】命令，弹出【图案填充和渐变色】对话框，设置参数如图14-80所示。

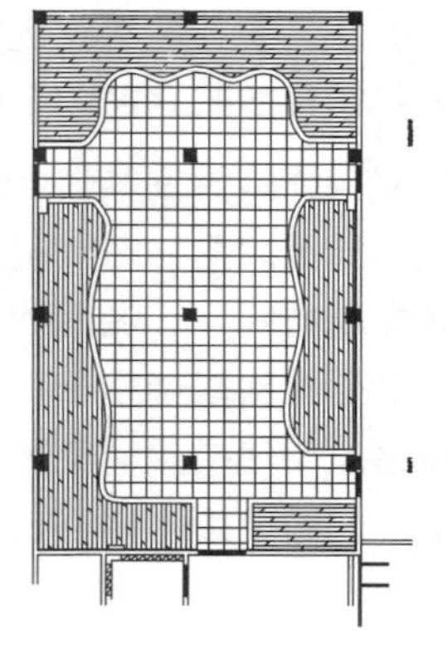

图14-78 图案填充

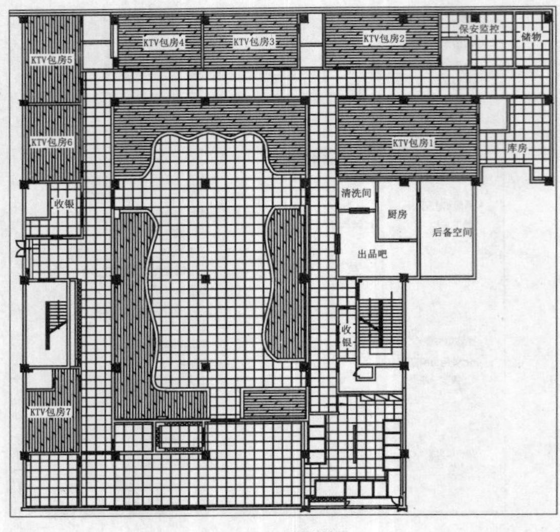

图14-79　绘制结果

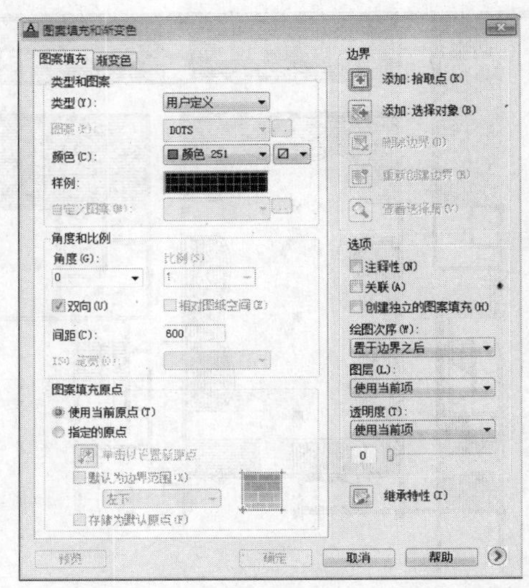

图14-80　设置参数

14 在绘图区中拾取填充区域，绘制图案填充的结果如图14-81所示。

15 绘制卫生间隔断地面图案。调用H【填充】命令，弹出【图案填充和渐变色】对话框，设置参数如图14-82所示。

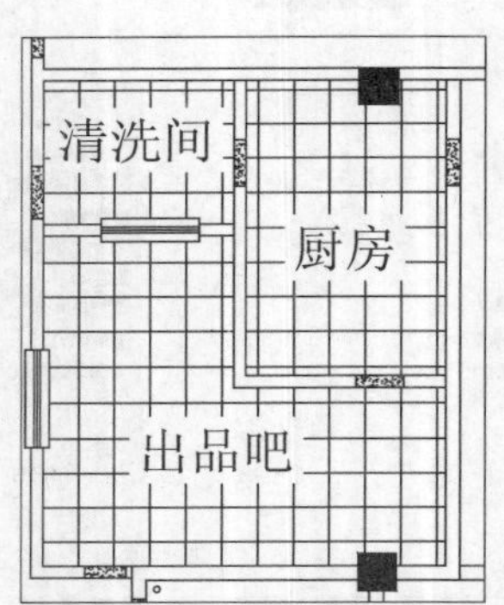

图14-81　图案填充

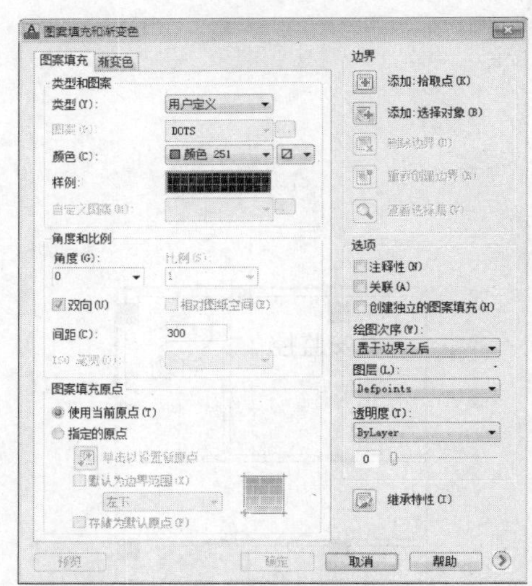

图14-82　设置参数

16 在绘图区中拾取填充区域，绘制图案填充的结果如图14-83所示。

17 重复操作，绘制其他区域的地面图案填充，结果如图14-84所示。

18 绘制材料标注。调用MLD【多重引线】命令，在绘图区中分别指定引线箭头的位置、引线基线的位置，绘制多重引线标注的结果如图14-85所示。

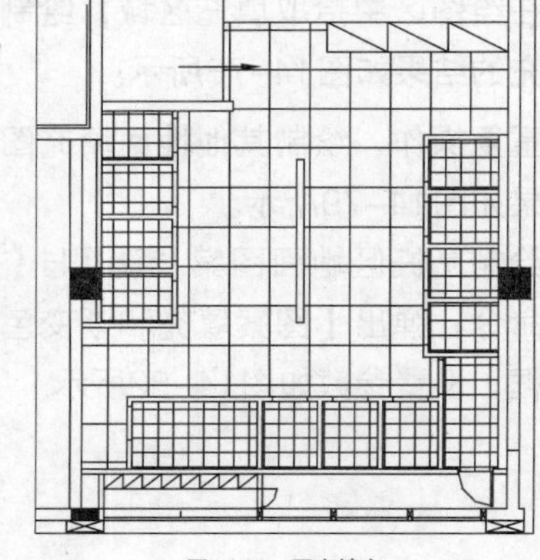

图14-83　图案填充

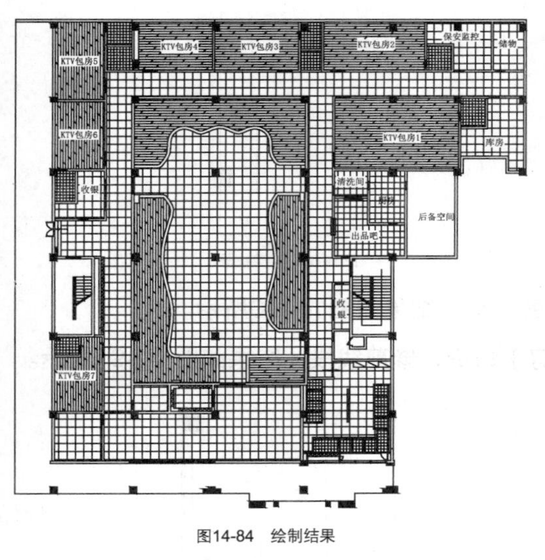

图14-84 绘制结果

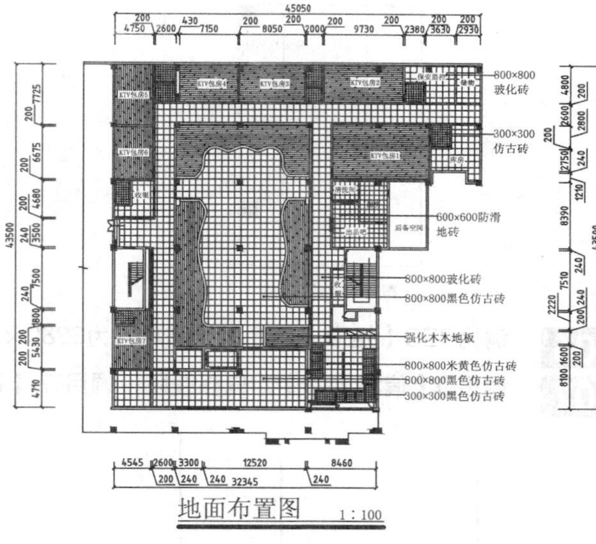

图14-85 绘制结果

14.4 绘制大厅顶面图

因酒吧内部必须具有灯光效果，所以，酒吧的顶面装饰较为繁杂。本节主要介绍大厅顶面图的绘制方法，大厅顶面设计制作了假梁，在假梁的基础上使用钢化玻璃、金属漆等材料进行再装饰，辅以艺术吊灯等灯具，可以在夜晚以绚烂夺目的灯光效果引领大众进行狂欢，从而达到缓解压力的效果。

绘制顶面图主要调用【复制】命令、【删除】命令以及【矩形】命令等。

01 调用地面布置图。调用CO【复制】命令，移动、复制一份地面布置图至一旁。

02 整理图形。调用E【删除】命令，删除多余图形，结果如图14-86所示。

03 绘制大厅上方酒水库房夹层。调用REC【矩形】命令，绘制矩形，结果如图14-87所示。

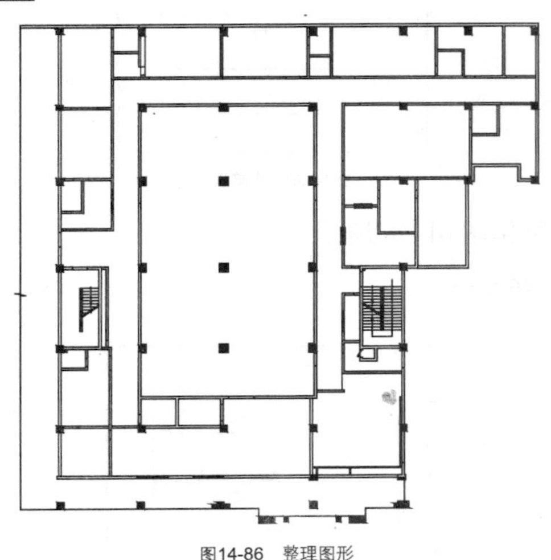

图14-86 整理图形

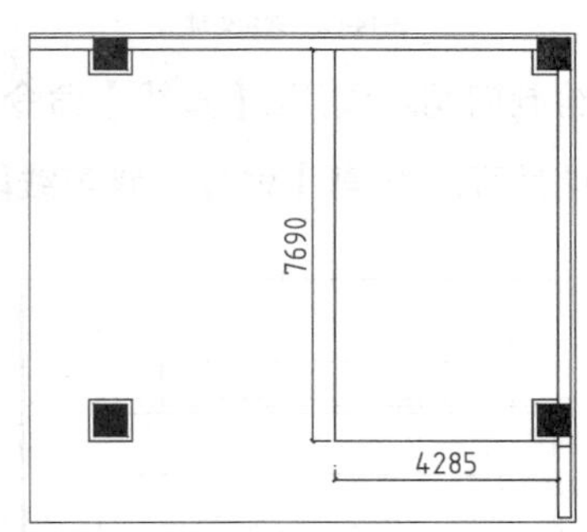

图14-87 绘制矩形

04 绘制楼梯。调用O【偏移】命令，偏移墙线，结果如图14-88所示。

05 调用O【偏移】命令，偏移墙线；调用TR【修剪】命令，修剪线段，结果如图14-89所示。

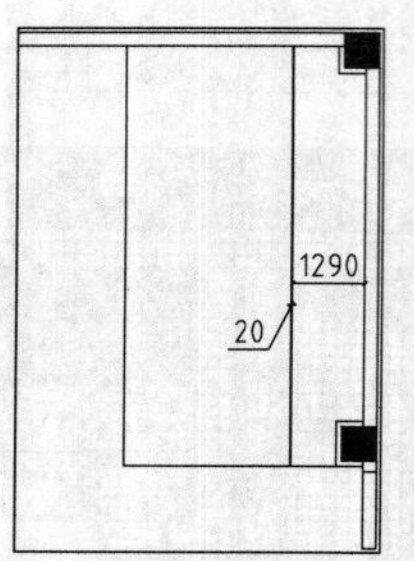

图14-88 偏移墙线

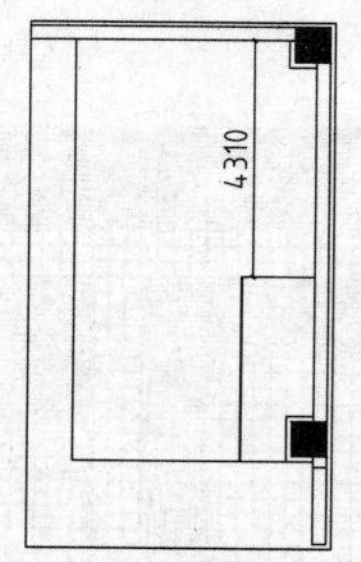

图14-89 修剪线段

06 调用REC【矩形】命令，绘制尺寸为3280×80的矩形，结果如图14-90所示。

07 调用O【偏移】命令，偏移线段；调用TR【修剪】命令，修剪线段，结果如图14-91所示。

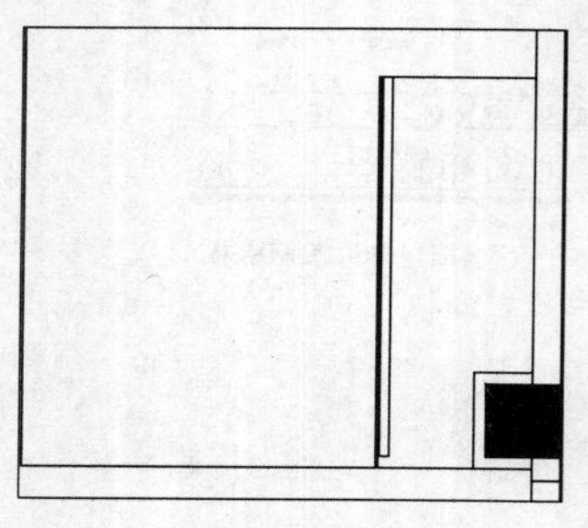
图14-90 绘制矩形

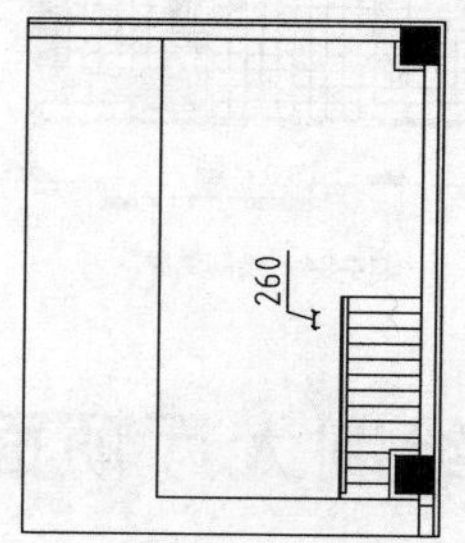

图14-91 修剪线段

08 绘制栏杆。调用O【偏移】命令，偏移线段；调用F【圆角】命令，设置圆角半径为0，对偏移得到的矩形进行圆角处理，结果如图14-92所示。

09 调用O【偏移】命令，设置偏移距离为25，向内偏移经圆角处理后的线段；调用TR【修剪】命令，修剪线段，结果如图14-93所示。

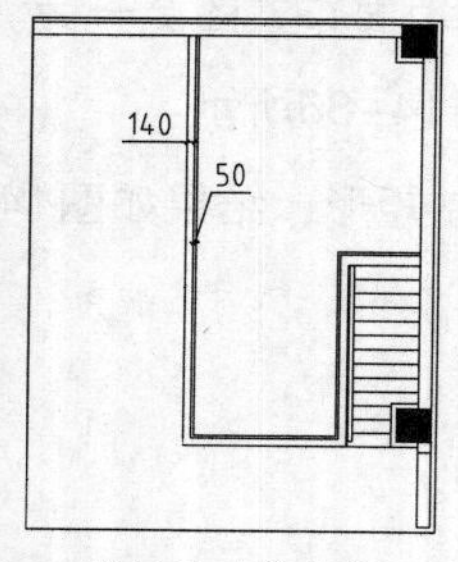

图14-92 圆角处理

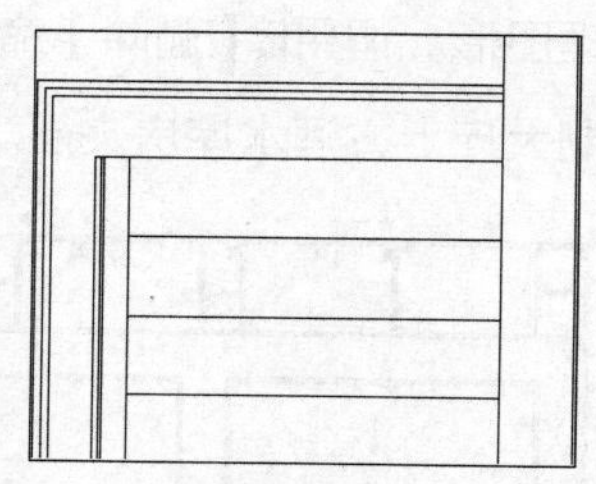
图14-93 修剪线段

10 绘制门洞。调用L【直线】命令，绘制直线，结果如图14-94所示。

11 调用TR【修剪】命令，修剪线段，结果如图14-95所示。

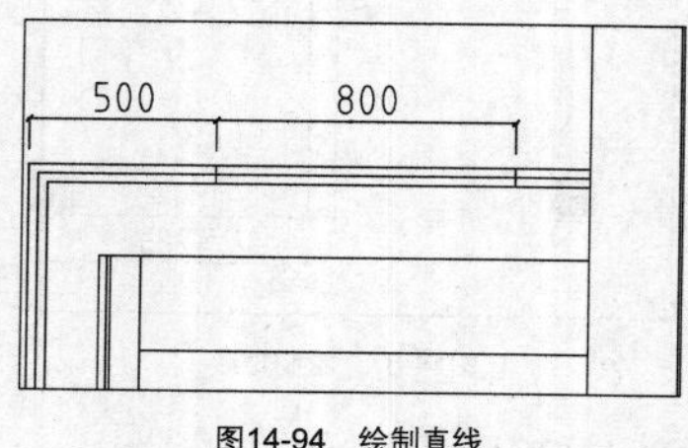

图14-94 绘制直线

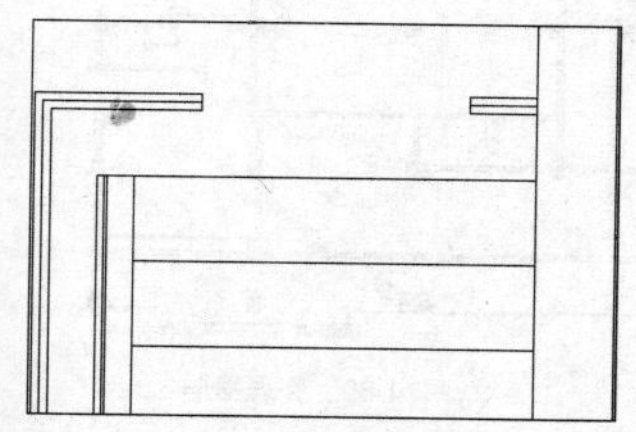
图14-95 修剪线段

12 绘制平开门。调用REC【矩形】命令，绘制尺寸为800×40的矩形；调用A【圆弧】命令，绘制圆弧，结果如图14-96所示。

13 文字标注。调用MT【多行文字】命令，绘制文字标注，结果如图14-97所示。

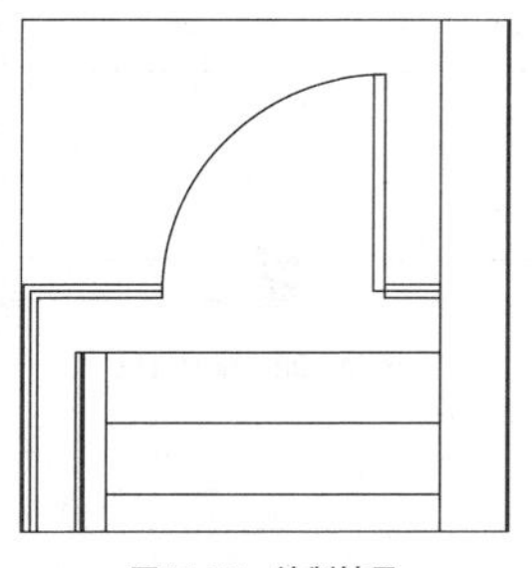
图14-96　绘制结果

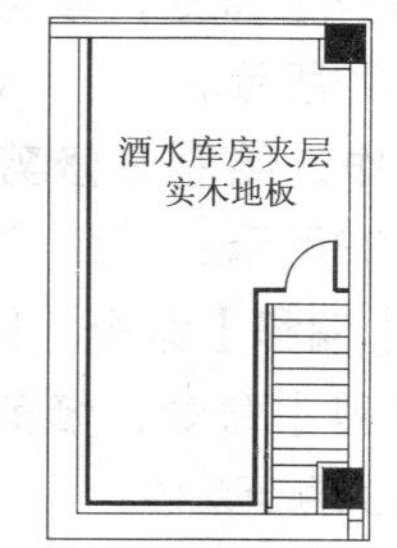

图14-97　文字标注

14 绘制库房地面图案。调用H【填充】命令，弹出【图案填充和渐变色】对话框，设置参数如图14-98所示。

15 在绘图区中拾取填充区域，绘制图案填充的结果如图14-99所示。

图14-98　设置参数

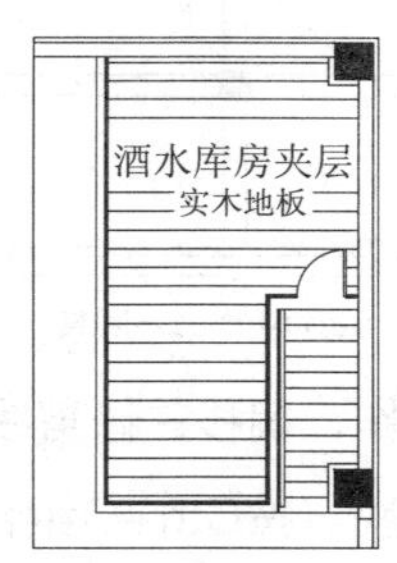

图14-99　图案填充

16 绘制顶面音响。调用REC【矩形】命令，绘制尺寸为830×490的矩形；调用L【直线】命令，在矩形内绘制对角线，结果如图14-100所示。

17 重复操作，调用REC【矩形】命令，绘制尺寸为830×260的矩形；调用L【直线】命令，在矩形内绘制对角线，结果如图14-101所示。

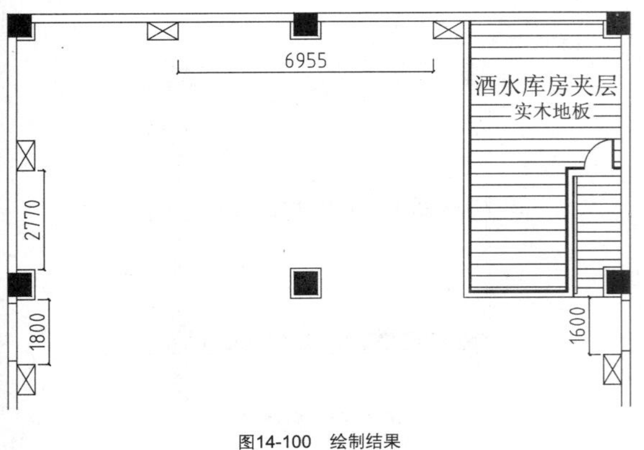

图14-100　绘制结果

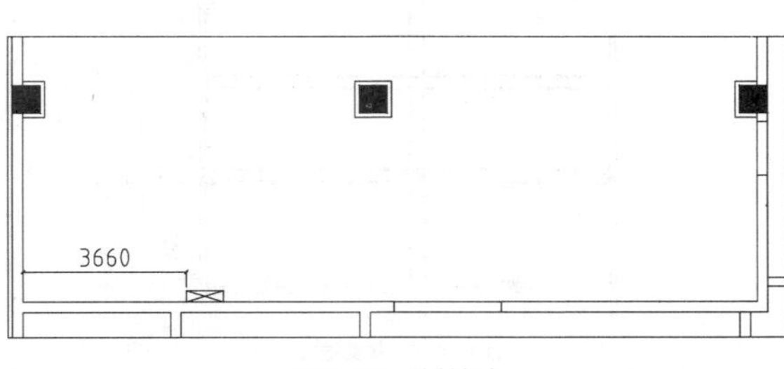

图14-101　绘制音响

18 绘制顶面装饰造型。调用L【直线】命令，在柱子间绘制连接直线；调用TR【修剪】命令，修剪线段，结果如图14-102所示。

19 重复操作，绘制并修剪直线，结果如图14-103所示。

20 调用O【偏移】命令，偏移直线；调用TR【修剪】命令，修剪直线，结果如图14-104所示。

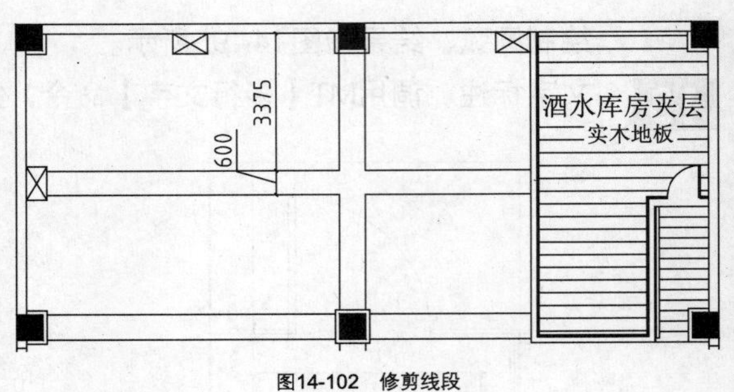

图14-102 修剪线段

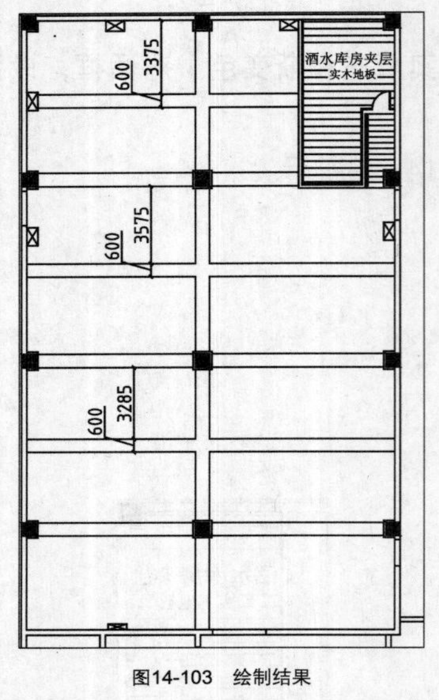

图14-103 绘制结果

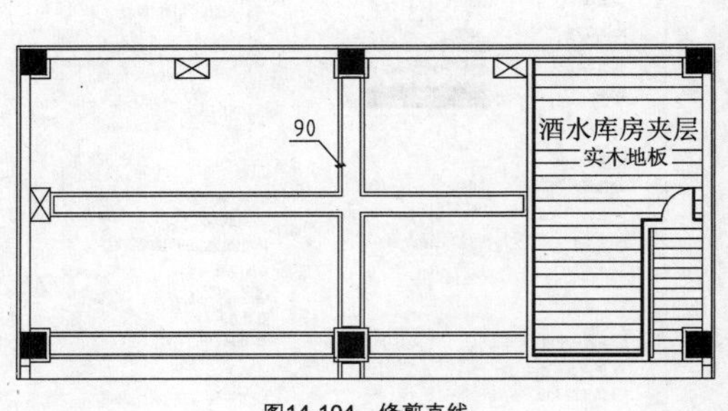

图14-104 修剪直线

21 重复操作，偏移并修剪线段，结果如图14-105所示。

22 插入图块。按Ctrl+O组合键，打开配套光盘提供的“第14章\家具图例.dwg”文件，将其中的彩绘钢化玻璃图块复制、粘贴至当前图形中，结果如图14-106所示。

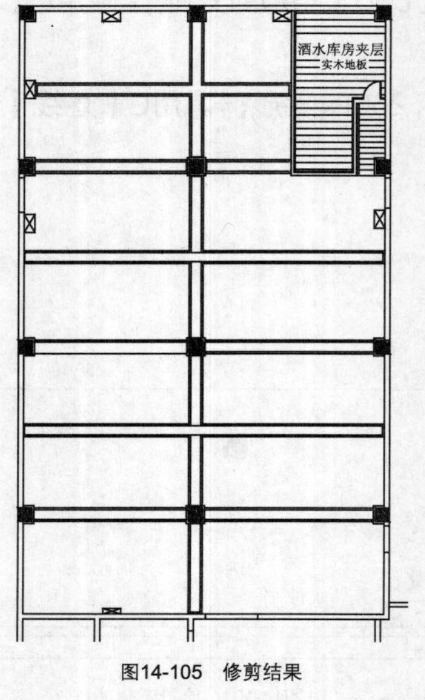

图14-105 修剪结果

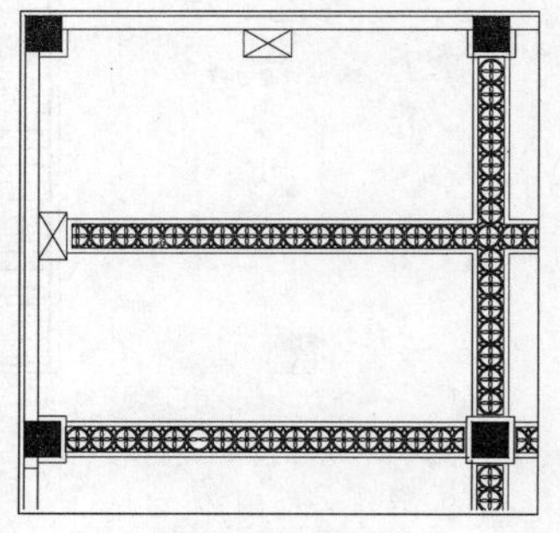
图14-106 插入图块

23 插入图块。按Ctrl+O组合键，打开配套光盘提供的“第14章\家具图例.dwg”文件，将其中的射灯图块复制、粘贴至当前图形中，结果如图14-107所示。

24 插入图块。按Ctrl+O组合键，打开配套光盘提供的“第14章\家具图例.dwg”文件，将其中的装饰吊灯图块复制、粘贴至当前图形中，结果如图14-108所示。

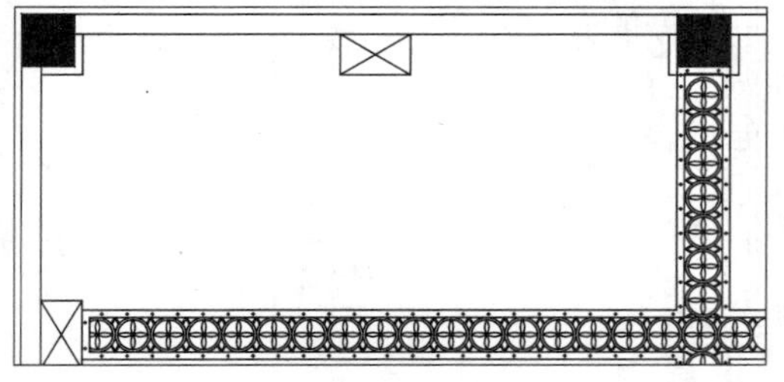

图14-107 复制结果

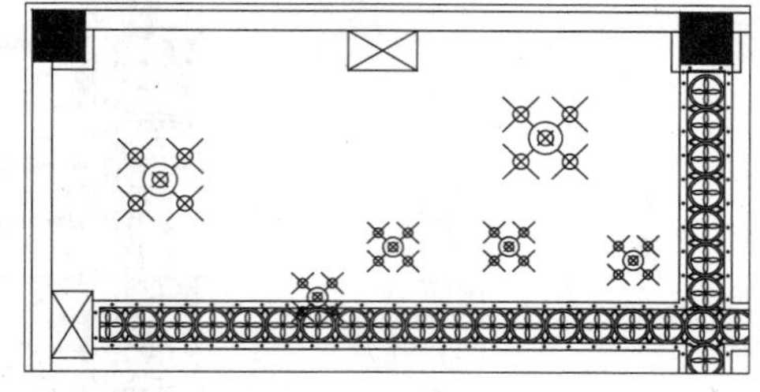

图14-108 插入图块

25 调入图块后，顶面图如图14-109所示。

26 标高标注。调用I【插入】命令，在弹出的【插入】对话框中选择标高图块，根据命令行的提示，指定标高点和设置标高参数，结果如图14-110所示。

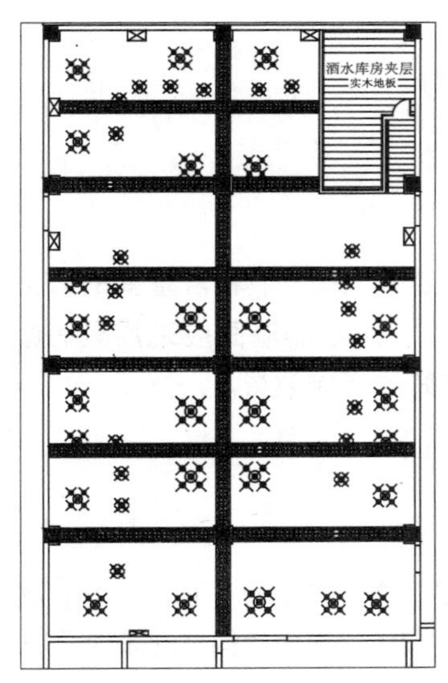

图14-109 复制结果

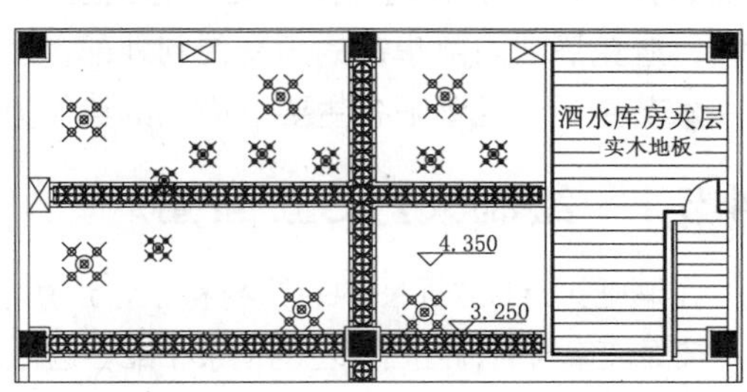

图14-110 标高标注

27 绘制材料标注。调用MLD【多重引线】命令，在绘图区中分别指定引线箭头的位置、引线基线的位置，绘制多重引线标注的结果如图14-111所示。

28 重复上述操作，完成酒吧顶面图的绘制，结果如图14-112所示。

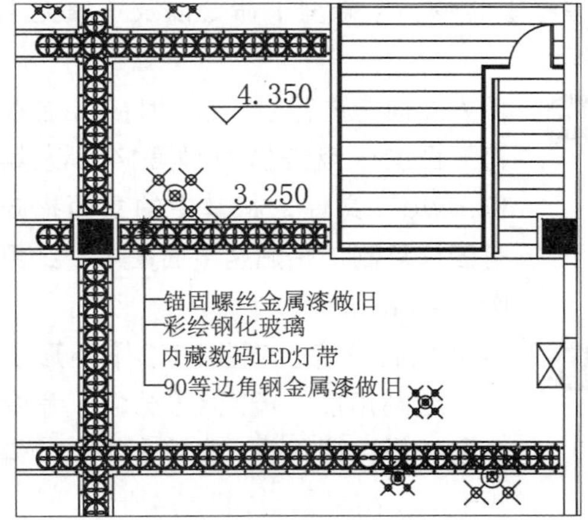

图14-111 文字标注

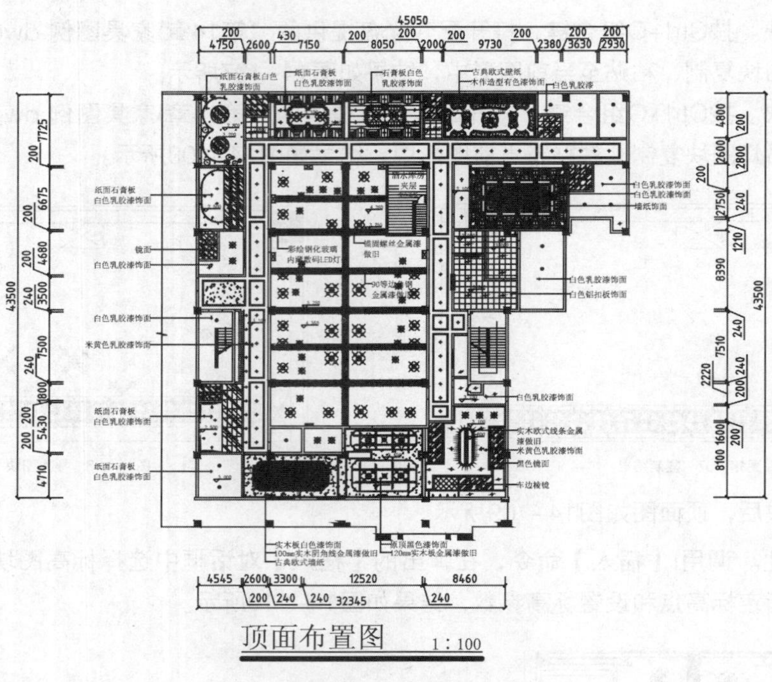

图14-112 绘制结果

14.5 绘制酒吧立面图

除了平面布置、顶面装饰以及地面装饰外，酒吧的立面装饰也是一个非常重要的方面。酒吧的立面装饰对于反映酒吧的文化元素起到至关重要的作用。另外，酒吧的墙面应采用具有吸音作用的材料，避免酒吧内部嘈杂的声音传到外部，也保证酒吧内部良好的音响效果。

本节主要介绍酒吧各主要立面图的绘制方法。

14.5.1 绘制大厅C立面图

在酒吧大厅C立面图的装饰材料上，运用了实木板和有色漆饰面，顶部灯槽以上则涂刷黑色漆，此外，镜面玻璃与面饰红古铜色的钢条相配合进行装饰，体现了在古典中寻求现代科技的表现手法。

绘制酒吧大厅C立面图，主要调用的命令有【偏移】命令、【修剪】命令以及【填充】命令等。

01 调入立面指向符号。按Ctrl+O组合键，打开配套光盘提供的“第14章\家具图例.dwg”文件，将其中的立面指向符号图块复制、粘贴至平面图中，结果如图14-113所示。

02 绘制立面轮廓。调用REC【矩形】命令，绘制矩形；调用X【分解】命令，分解矩形；调用O【偏移】命令，偏移矩形边，结果如图14-114所示。

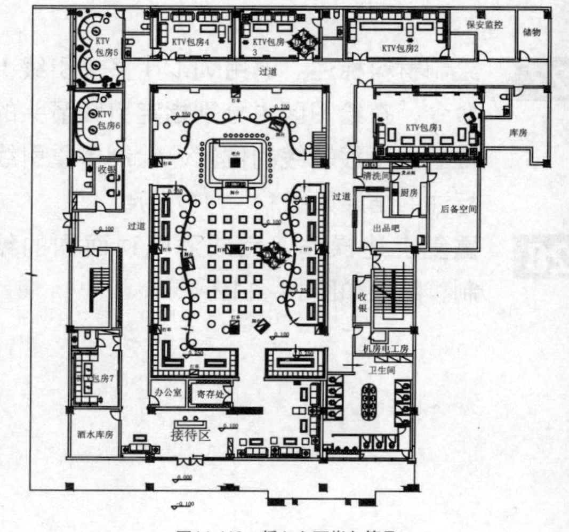

图14-113 插入立面指向符号

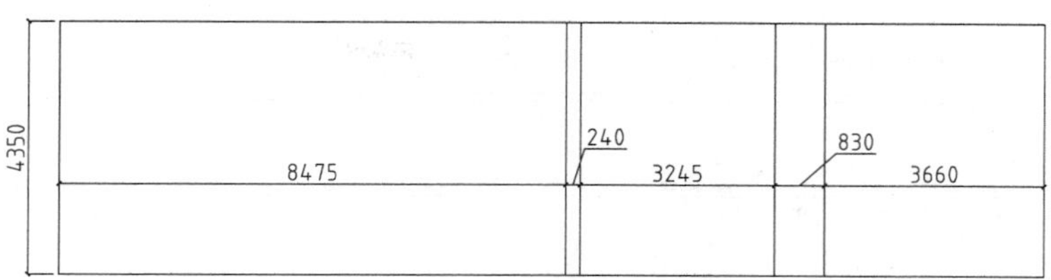

图14-114　绘制结果

03 调用O【偏移】命令，偏移矩形边，结果如图14-115所示。

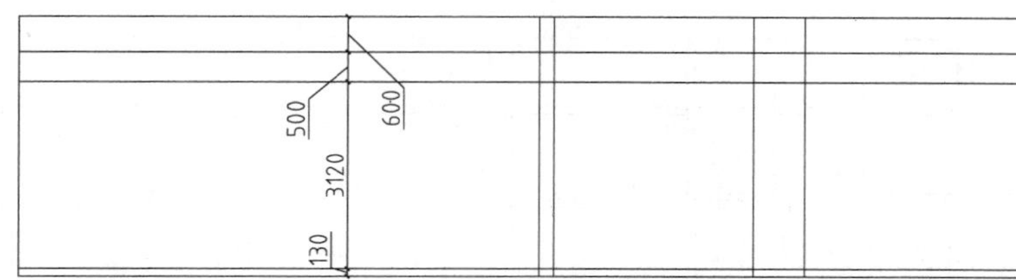

图14-115　偏移矩形边

04 调用TR【修剪】命令，修剪线段，结果如图14-116所示。

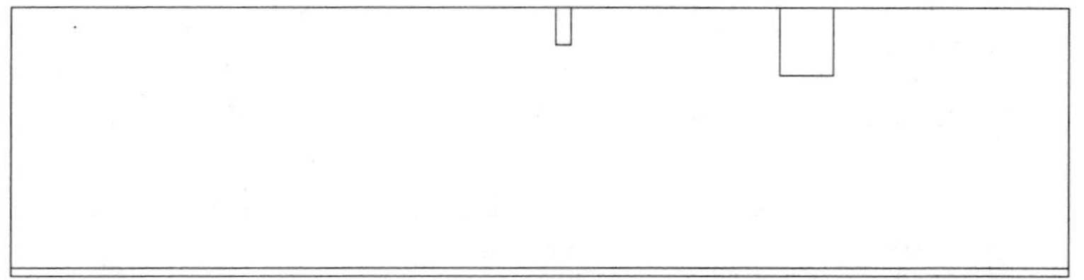

图14-116　修剪结果

05 绘制建筑现浇梁图案。调用H【填充】命令，弹出【图案填充和渐变色】对话框，设置参数如图14-117所示。

06 在绘图区中拾取填充区域，绘制图案填充的结果如图14-118所示。

图14-117　设置参数

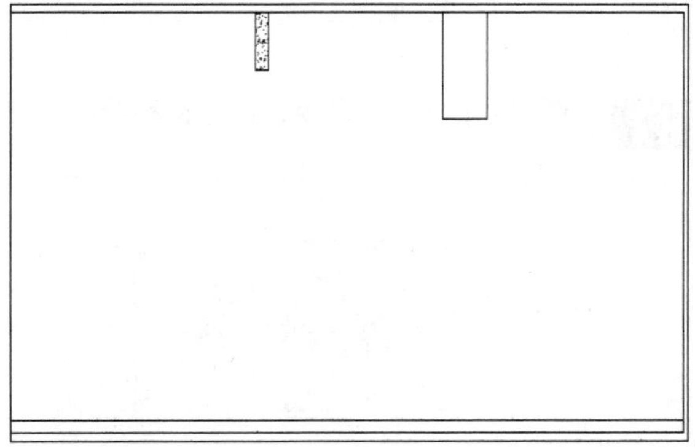

图14-118　图案填充

07 绘制墙面装饰木板条。调用O【偏移】命令，偏移矩形边，结果如图14-119所示。

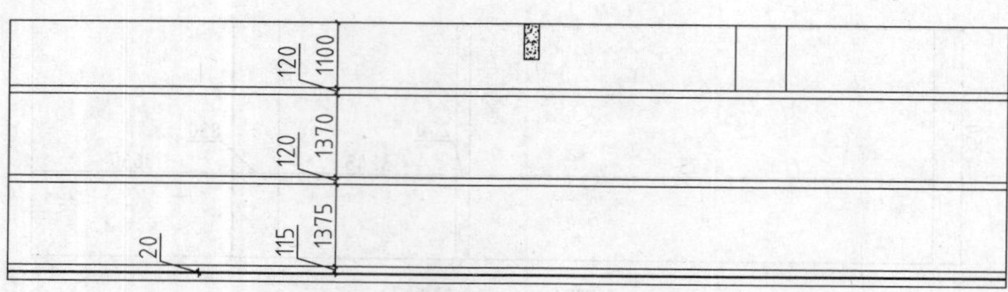

图14-119　偏移矩形边

08 调用O【偏移】命令，偏移矩形边，结果如图14-120所示。

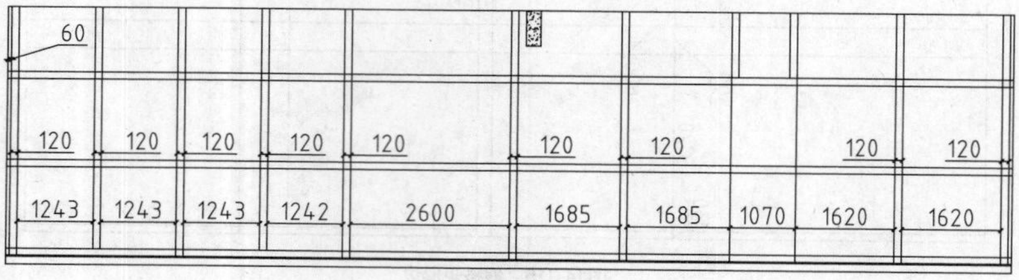

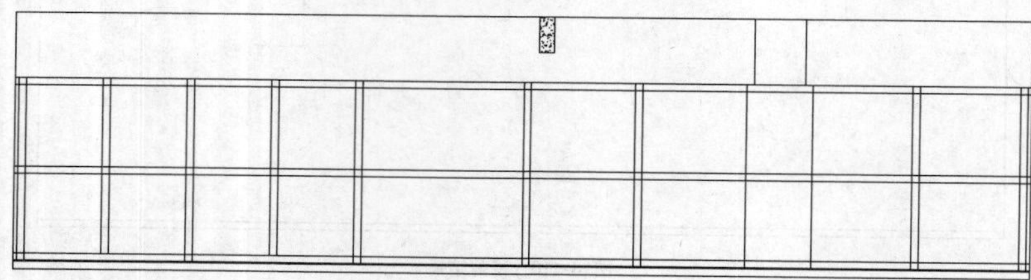

图14-120　偏移矩形边

09 调用TR【修剪】命令，修剪线段，结果如图14-121所示。

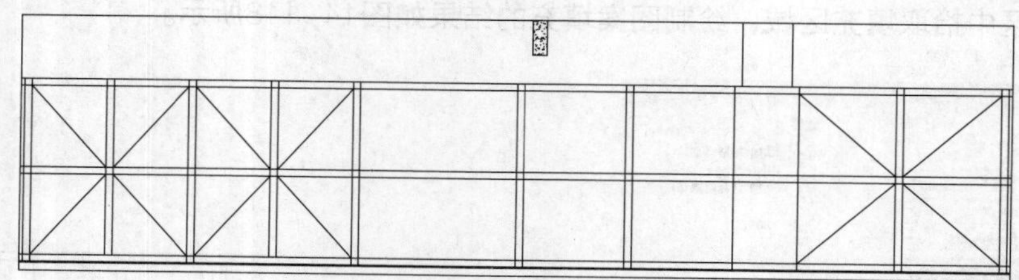

图14-121　修剪结果

10 调用L【直线】命令，绘制对角线，结果如图14-122所示。

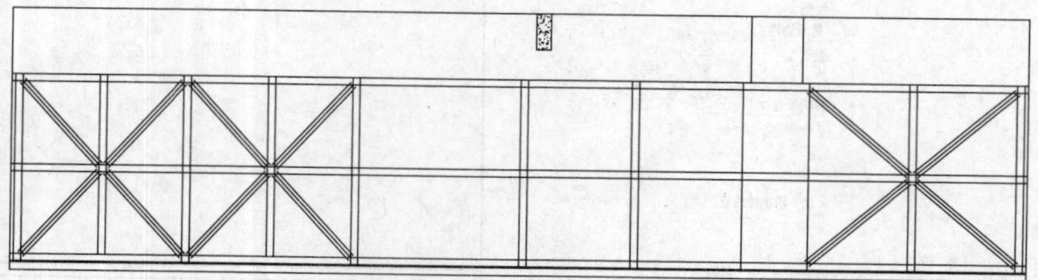

图14-122　绘制对角线

11 调用O【偏移】命令，设置偏移距离为55，选择对角线往两边偏移，结果如图14-123所示。

图14-123　偏移对角线

12 调用TR【修剪】命令，修剪偏移得到的线段，结果如图14-124所示。

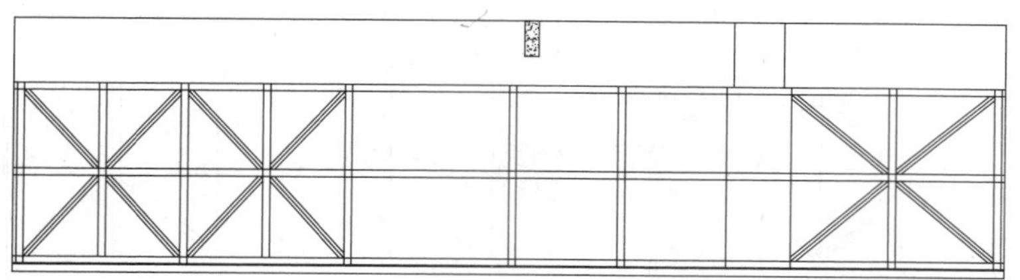

图14-124　修剪线段

13 调用E【删除】命令，删除对角线，结果如图14-125所示。

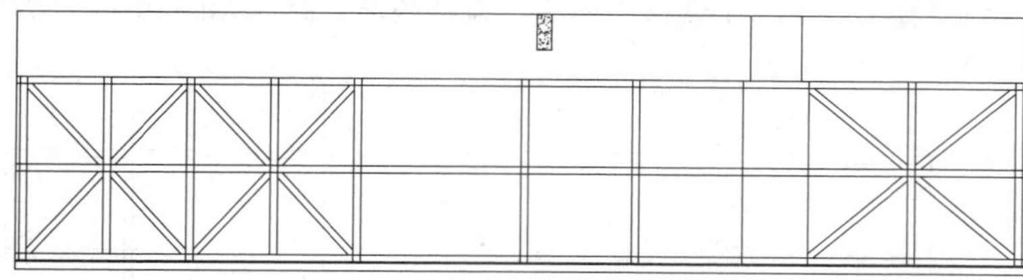

图14-125　删除对角线

14 绘制门洞。调用O【偏移】命令，偏移线段，结果如图14-126所示。

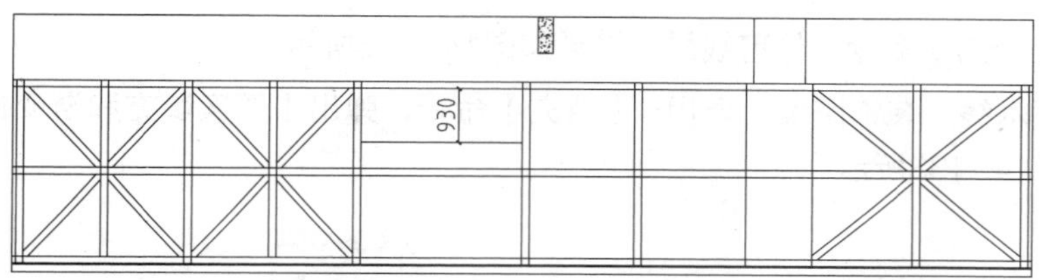

图14-126　偏移线段

15 调用TR【修剪】命令，修剪线段，结果如图14-127所示。

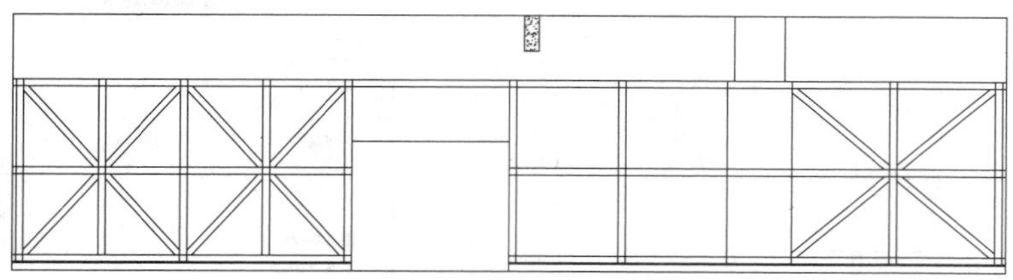

图14-127　修剪线段

16 绘制门套轮廓。调用O【偏移】命令，偏移线段；调用TR【修剪】命令，修剪轮廓，结果如图14-128所示。

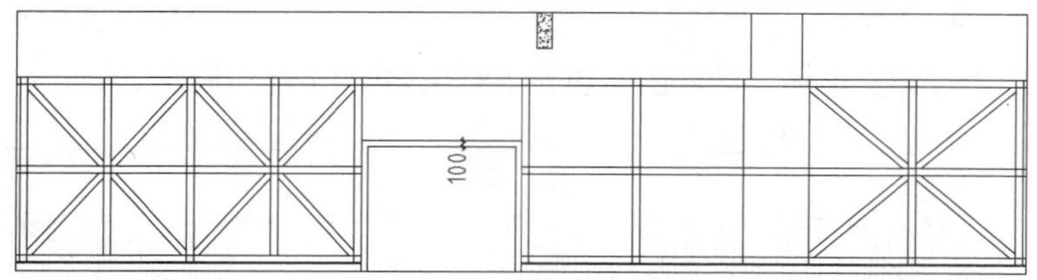

图14-128　修剪线段

17 调用L【直线】命令，绘制对角线；调用PL【多段线】命令，绘制折断线，结果如图14-129所示。

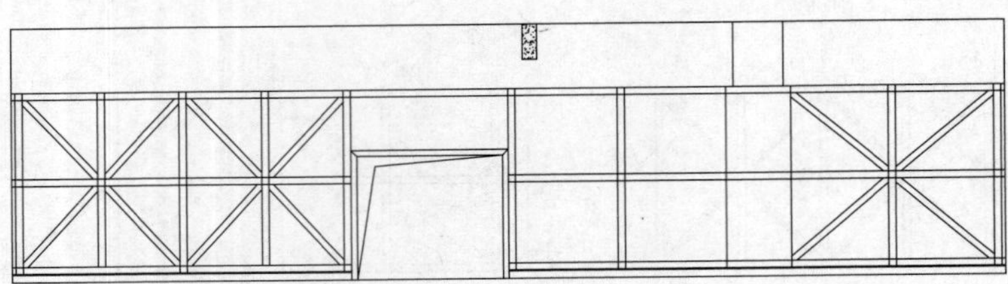

图14-129　绘制结果

18 调用O【偏移】命令，修剪线段，结果如图14-130所示。

19 绘制柱面装饰轮廓。调用O【偏移】命令，偏移线段，结果如图14-131所示。

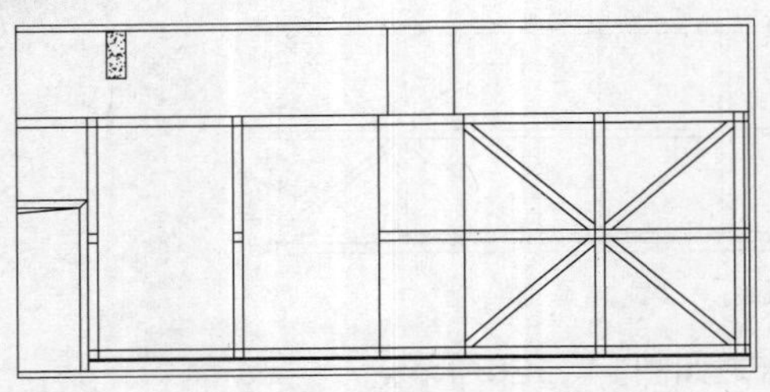

图14-130　修剪线段

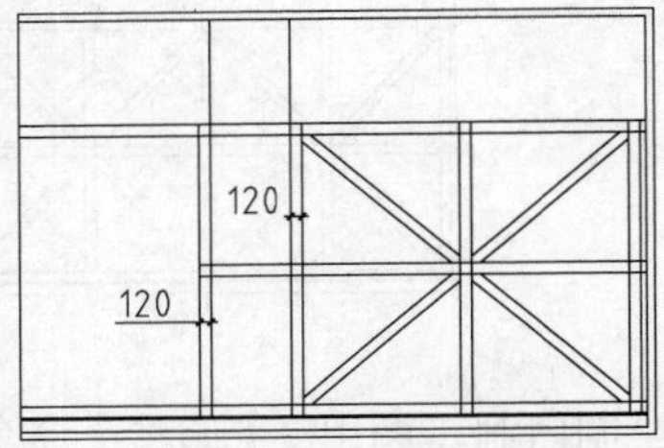

图14-131　偏移线段

20 调用TR【修剪】命令，修剪线段，结果如图14-132所示。

21 填充墙面木线条装饰图案。调用H【填充】命令，弹出【图案填充和渐变色】对话框，设置参数如图14-133所示。

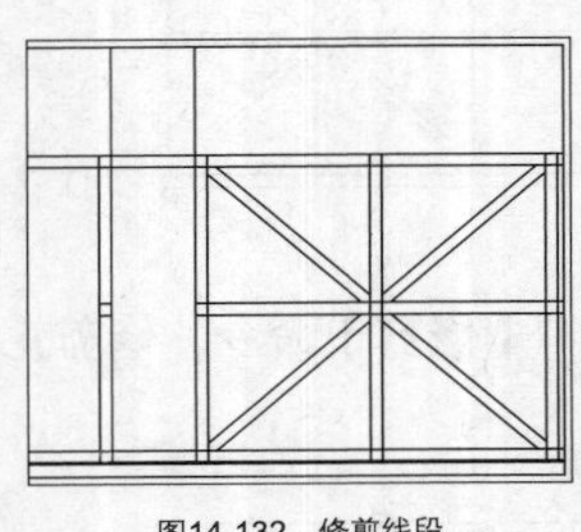

图14-132　修剪线段

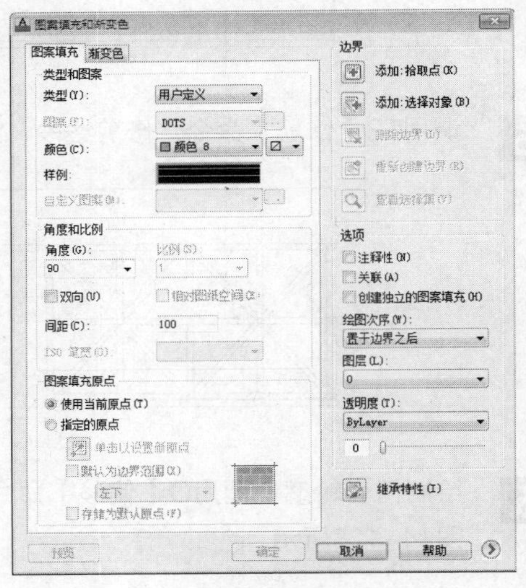

图14-133　设置参数

22 在绘图区中拾取填充区域，绘制图案填充的结果如图14-134所示。

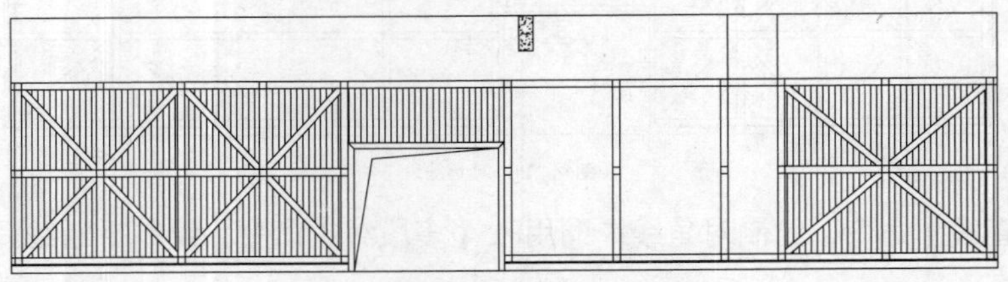

图14-134　图案填充

23 填充台阶踢面仿古砖图案。调用H【填充】命令，弹出【图案填充和渐变色】对话框，设置参数如图14-135所示。

24 在绘图区中拾取填充区域，绘制图案填充的结果如图14-136所示。

图14-135　设置参数

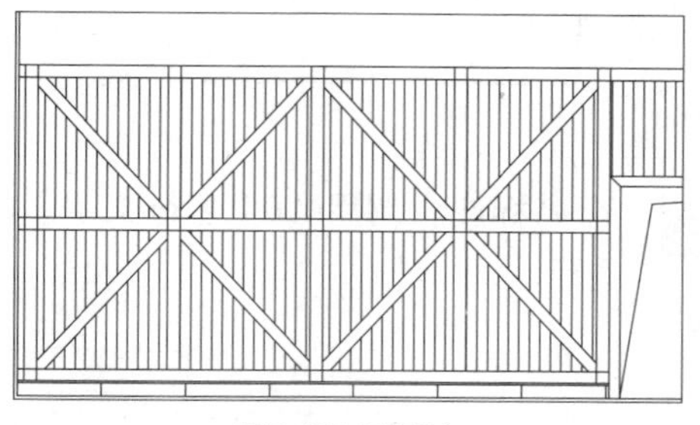

图14-136　图案填充

25 插入图块。按Ctrl+O组合键，打开配套光盘提供的“第14章\家具图例.dwg”文件，将其中的膨胀螺栓、实木雕花线条等图块复制、粘贴至当前图形中，结果如图14-137所示。

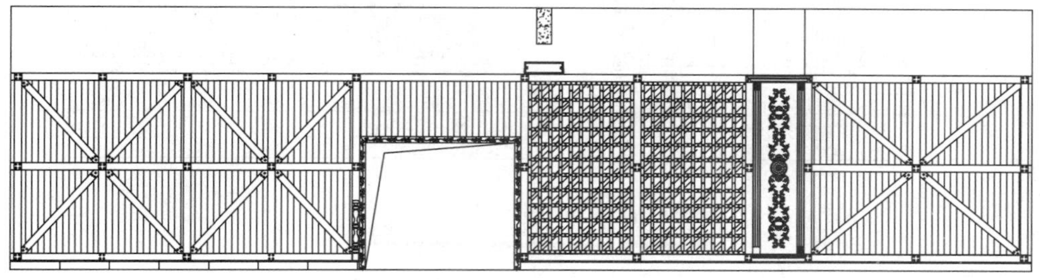

图14-137　插入图块

26 文字标注。调用MLD【多重引线】命令，在绘图区中分别指定引线箭头的位置、引线基线的位置，绘制多重引线标注的结果如图14-138所示。

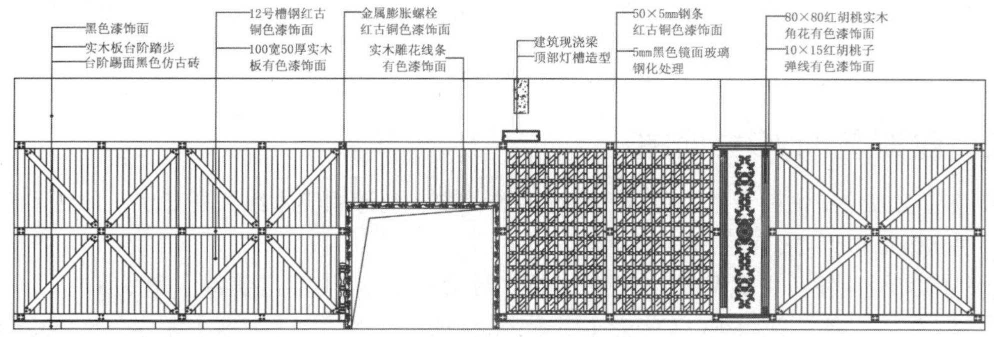

图14-138　文字标注

27 尺寸标注。调用DLI【线性标注】命令，为立面图绘制尺寸标注，结果如图14-139所示。

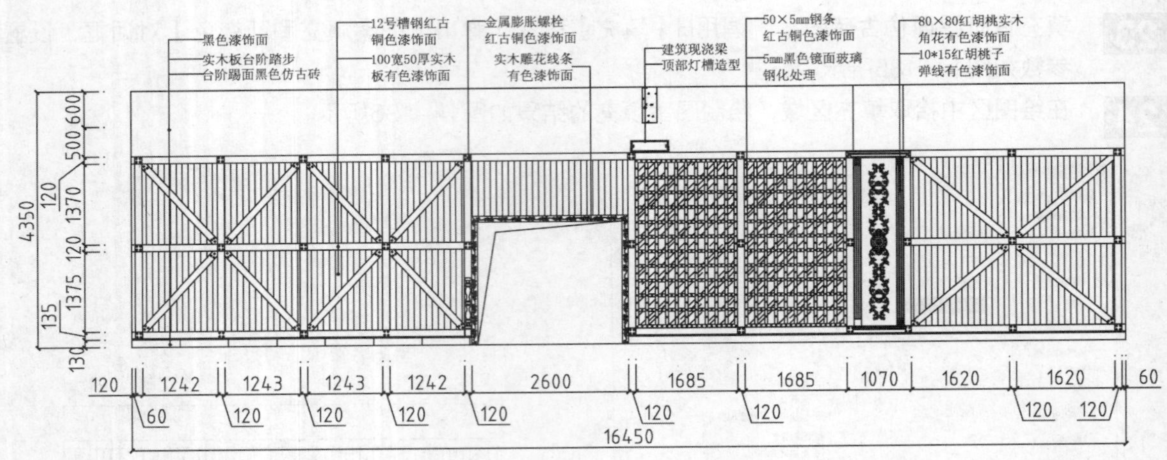

图14-139　尺寸标注

28 图名标注。调用MT【多行文字】命令、L【直线】命令，绘制图名标注，结果如图14-140所示。

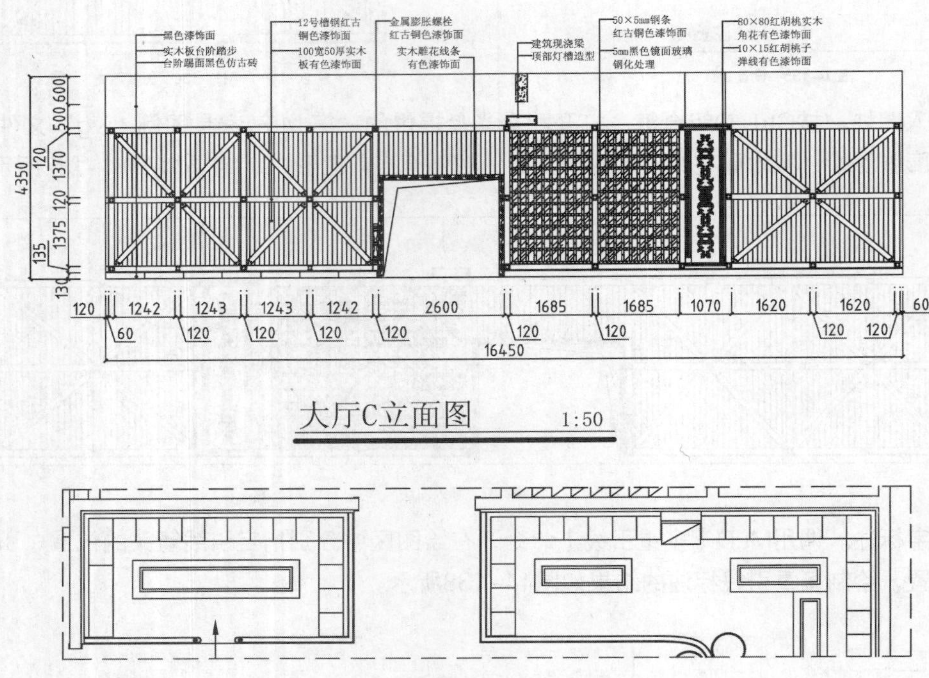

图14-140　图名标注

14.5.2　绘制包间3C立面图

包间立面图以墙纸饰面为主，辅以乳胶漆装饰，刷有色漆的实木线条是亮点，体现了中西融合的装饰手法，既简单大方，又不失端庄典雅。

绘制包间3C立面图，主要调用【矩形】命令、【分解】命令以及【直线】命令等。

01 绘制立面轮廓。调用REC【矩形】命令，绘制矩形；调用X【分解】命令，分解矩形；调用O【偏移】命令，偏移矩形边，结果如图14-141所示。

02 调用O【偏移】命令，偏移矩形边，结果如图14-142所示。

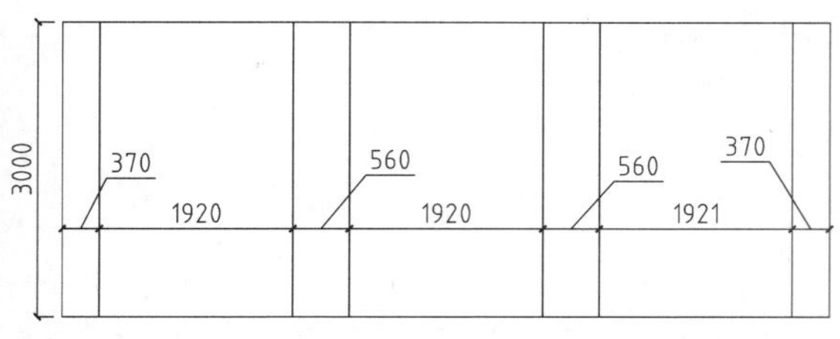

图14-141 绘制结果

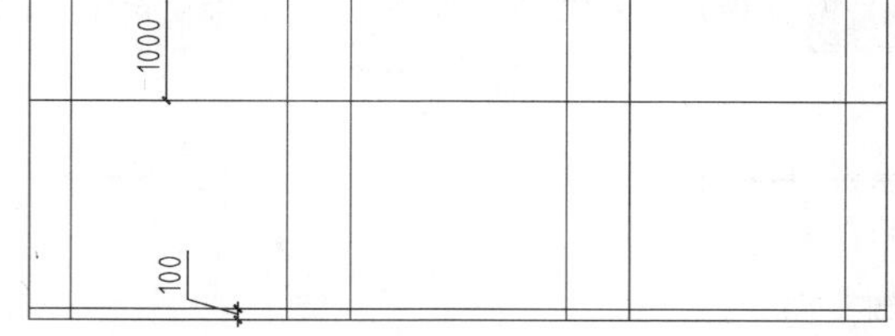

图14-142 偏移矩形边

03 调用TR【修剪】命令，修剪线段，结果如图14-143所示。

04 插入图块。按Ctrl+O组合键，打开配套光盘提供的“第14章\家具图例.dwg”文件，将其中的柱面装饰线条图块复制、粘贴至当前图形中，结果如图14-144所示。

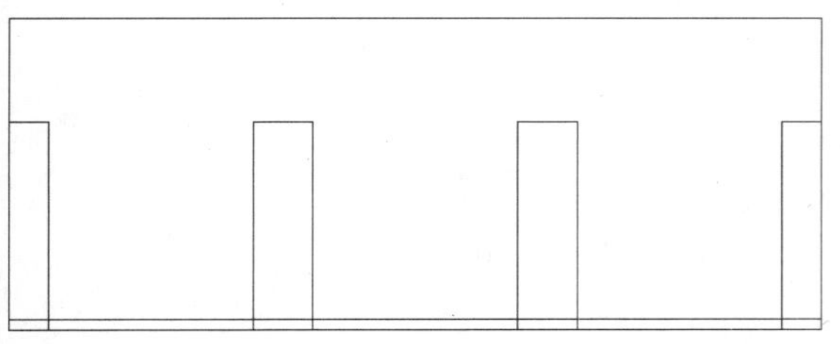

图14-143 修剪线段

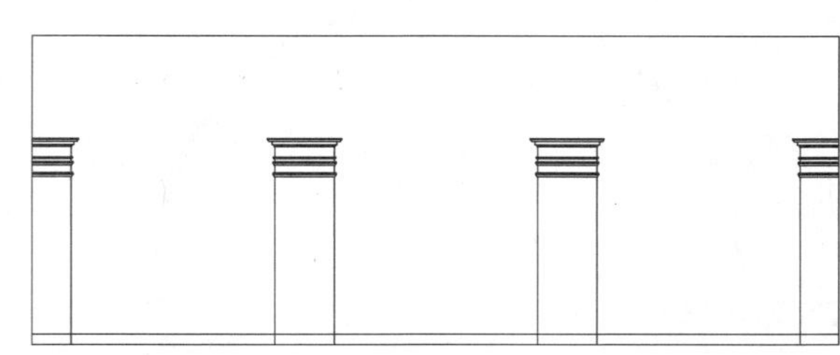

图14-144 插入图块

05 插入图块。按Ctrl+O组合键，打开配套光盘提供的“第14章\家具图例.dwg”文件，将其中的踢脚线立面图块复制、粘贴至当前图形中，结果如图14-145所示。

06 调用L【直线】命令，在踢脚线立面图块之间绘制连接直线，结果如图14-146所示。

图14-145 插入结果

图14-146 绘制直线

07 绘制立面装饰辅助线。调用O【偏移】命令，偏移线段，结果如图14-147所示。

08 调用O【偏移】命令，偏移线段，结果如图14-148所示。

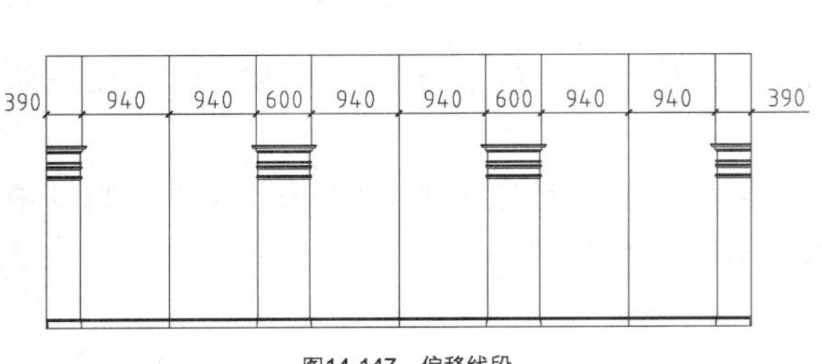

图14-147 偏移线段

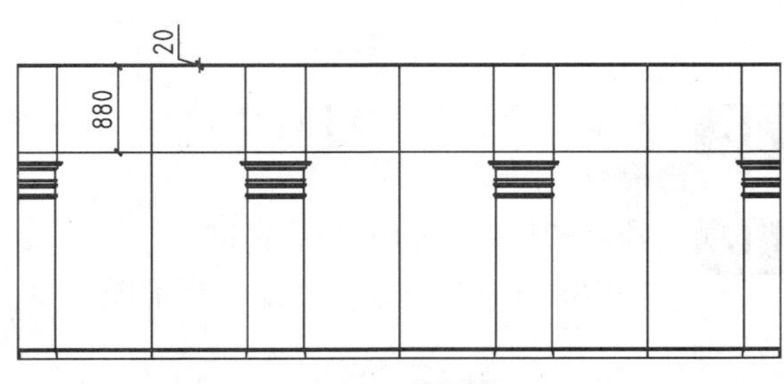

图14-148 偏移线段

09 调用TR【修剪】命令，修剪线段；调用E【删除】命令，删除线段，结果如图14-149所示。

10 绘制立面装饰轮廓。调用A【圆弧】命令，绘制圆弧，结果如图14-150所示。

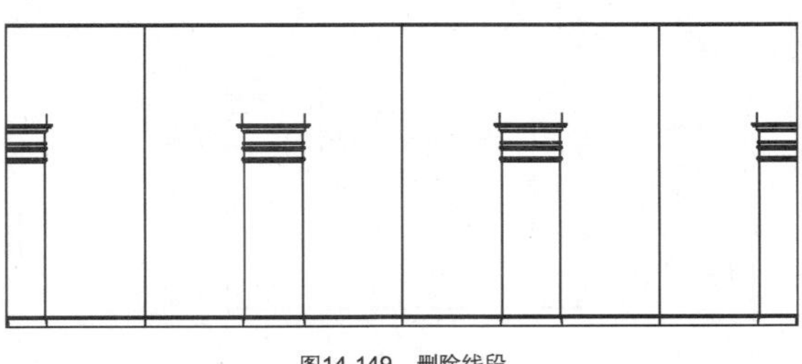

图14-149 删除线段

11 调用E【删除】命令，删除辅助线，结果如图14-151所示。

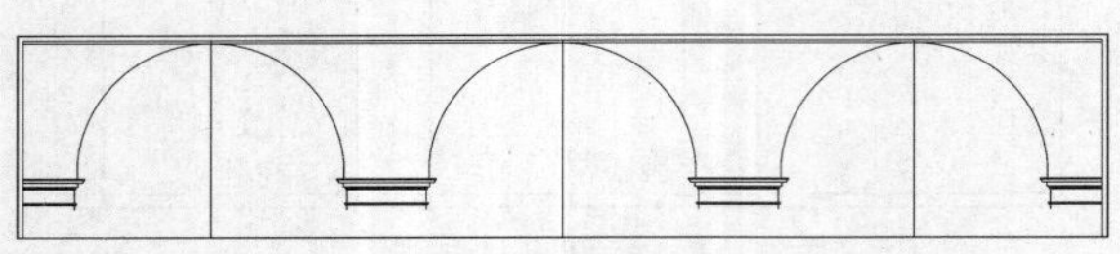
图14-150 绘制圆弧

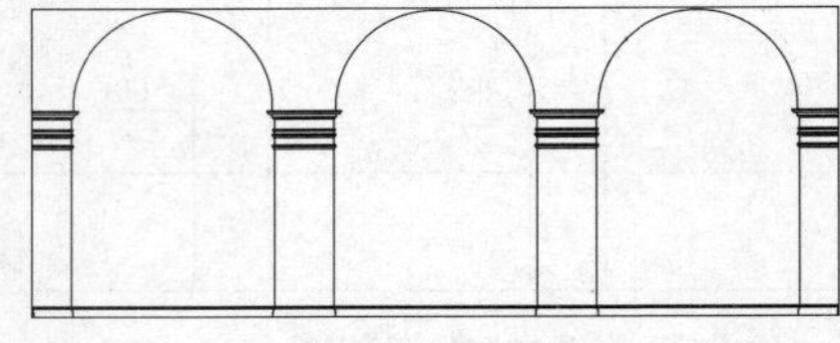
图14-151 删除辅助线

12 调用O【偏移】命令，设置偏移距离为10、10，向上偏移圆弧，结果如图14-152所示。

13 调用O【偏移】命令，偏移线段，结果如图14-153所示。

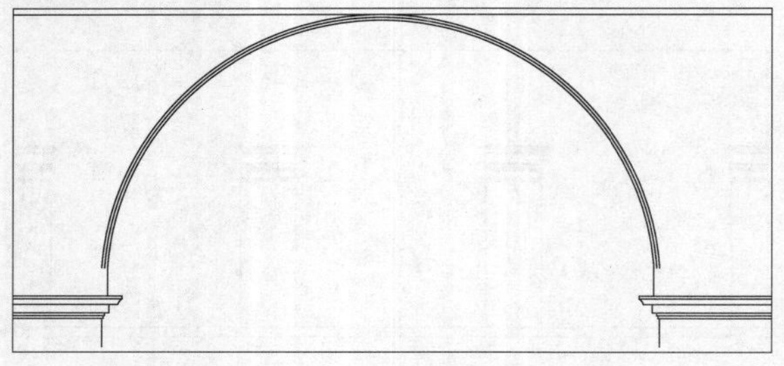
图14-152 偏移结果

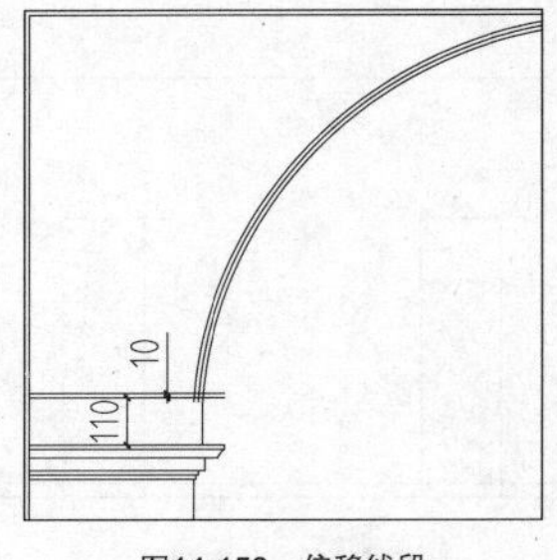

图14-153 偏移线段

14 调用F【圆角】命令，设置圆角半径为0，对偏移得到的线段进行圆角处理，结果如图14-154所示。

15 绘制墙面乳胶漆饰面。调用O【偏移】命令，偏移线段；调用TR【修剪】命令，修剪线段，结果如图14-155所示。

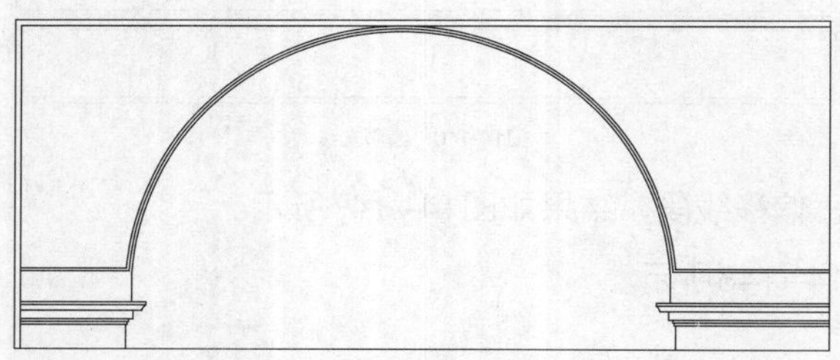
图14-154 圆角处理

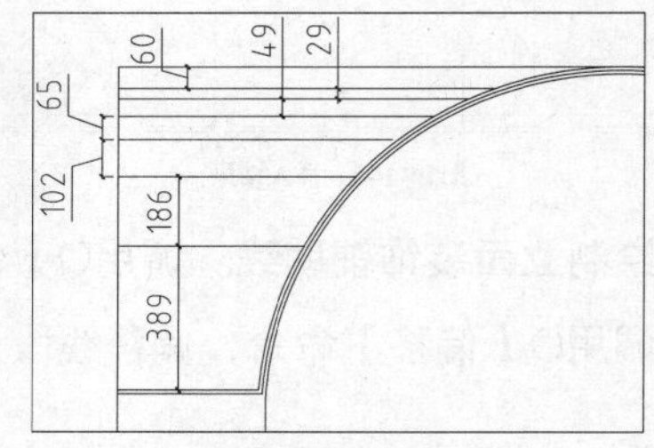

图14-155 修剪结果

16 绘制门套。调用O【偏移】命令，偏移线段；调用TR【修剪】命令，修剪线段，结果如图14-156所示。

17 插入图块。按Ctrl+O组合键，打开配套光盘提供的“第14章\家具图例.dwg”文件，将其中的门套线图块复制、粘贴至当前图形中，结果如图14-157所示。

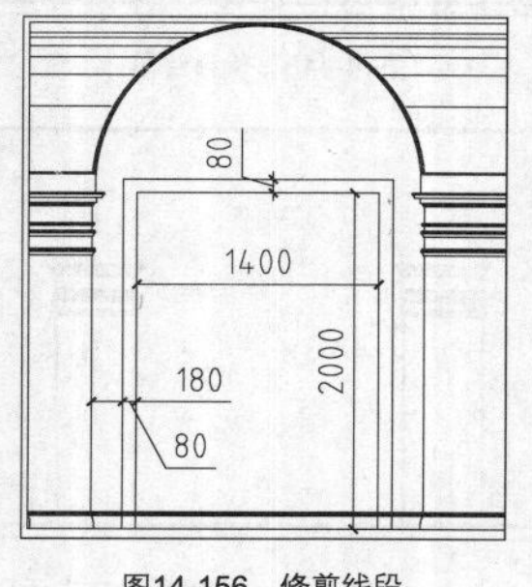

图14-156 修剪线段

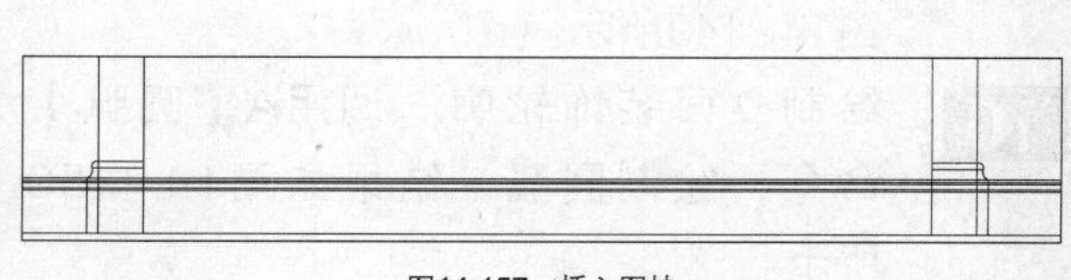
图14-157 插入图块

18 调用TR【修剪】命令，修剪线段，结果如图14-158所示。

19 插入图块。按Ctrl+O组合键，打开配套光盘提供的“第14章\家具图例.dwg”文件，将其中的实木门、投影仪图块复制、粘贴至当前图形中，结果如图14-159所示。

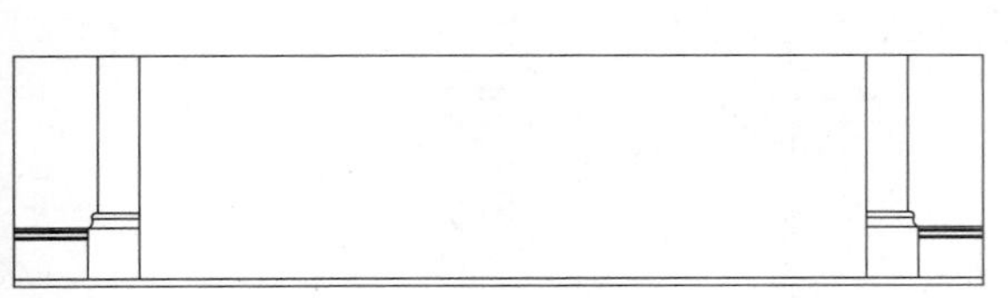

图14-158　修剪线段

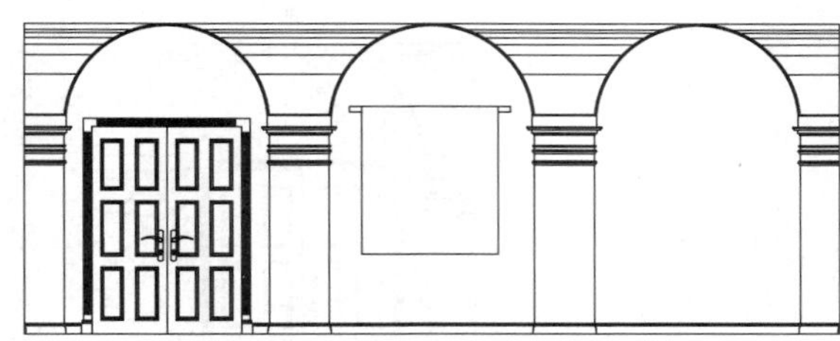

图14-159　插入图块

20 填充立面柱墙纸图案。调用H【填充】命令，弹出【图案填充和渐变色】对话框，设置参数如图14-160所示。

21 在绘图区中拾取填充区域，绘制图案填充的结果如图14-161所示。

图14-160　设置参数

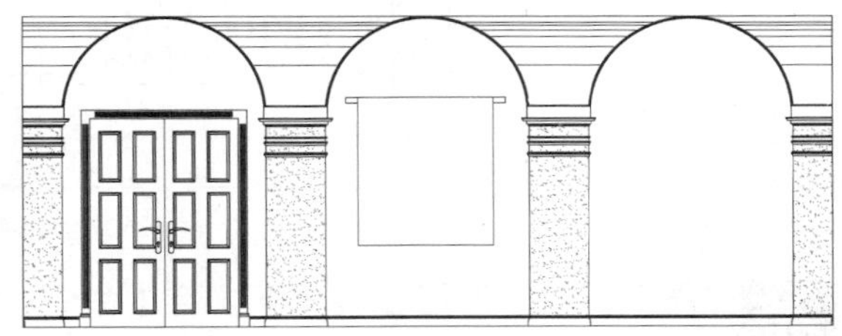

图14-161　图案填充

22 填充墙面墙纸图案。调用H【填充】命令，弹出【图案填充和渐变色】对话框，设置参数如图14-162所示。

23 在绘图区中拾取填充区域，绘制图案填充的结果如图14-163所示。

图14-162　设置参数

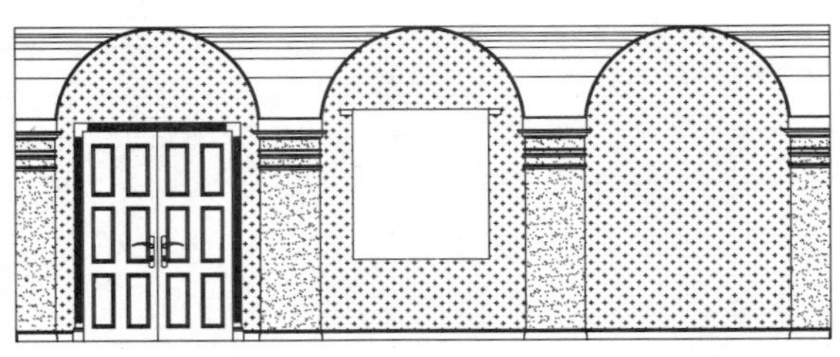

图14-163　图案填充

24 文字标注。调用MLD【多重引线】命令，在绘图区中分别指定引线箭头的位置、引线基线的位置，绘制多重引线标注的结果如图14-164所示。

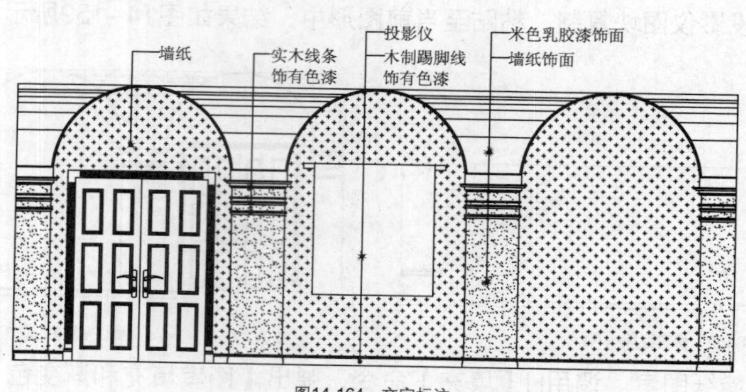

图14-164　文字标注

25 尺寸标注。调用DLI【线性标注】命令，为立面图绘制尺寸标注，结果如图14-165所示。

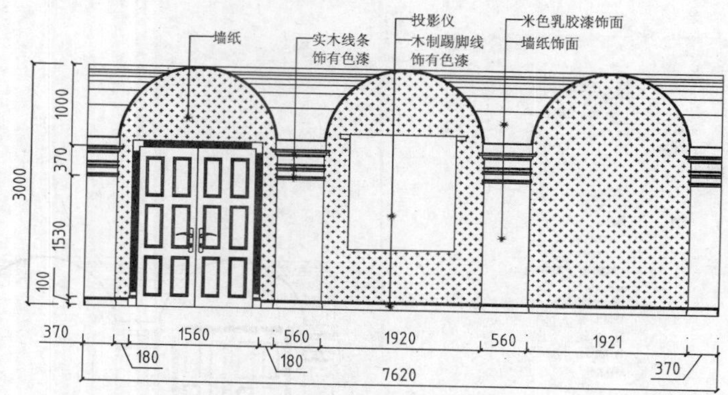

图14-165　尺寸标注

26 图名标注。调用MT【多行文字】命令、L【直线】命令，绘制图名标注，结果如图14-166所示。

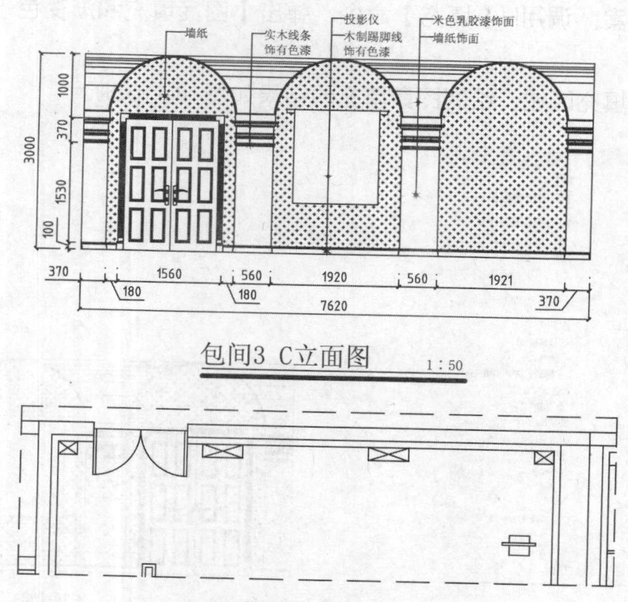

图14-166　图名标注

14.5.3 绘制包间3D立面图

包间D立面图与C立面图相比较，使用材料大同小异，但其立面造型较为简单，与造型独特的C立面图正好形成繁简之比，给人以视觉上的享受。

绘制包间3D立面图，主要调用【矩形】命令、【分解】命令以及【偏移】命令等。

01 绘制立面轮廓。调用REC【矩形】命令，绘制矩形；调用X【分解】命令，分解矩形；调用O【偏移】命令，偏移矩形边，结果如图14-167所示。

02 调用O【偏移】命令，偏移矩形边，结果如图14-168所示。

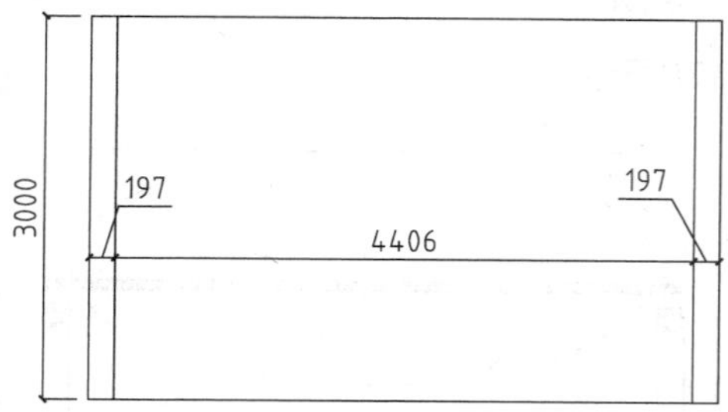

图14-167 绘制结果

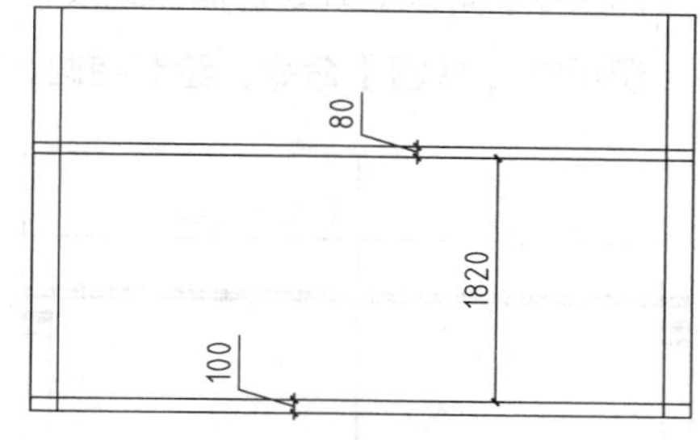

图14-168 偏移矩形边

03 插入图块。按Ctrl+O组合键，打开配套光盘提供的"第14章\家具图例.dwg"文件，将其中的立面柱线条、踢脚线立面图块复制、粘贴至当前图形中，结果如图14-169所示。

04 绘制立面线条凹凸面。调用TR【修剪】命令，修剪线段，结果如图14-170所示。

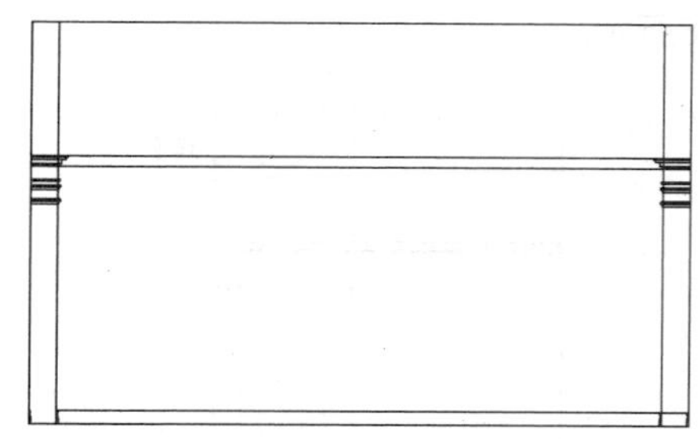
图14-169 插入图块

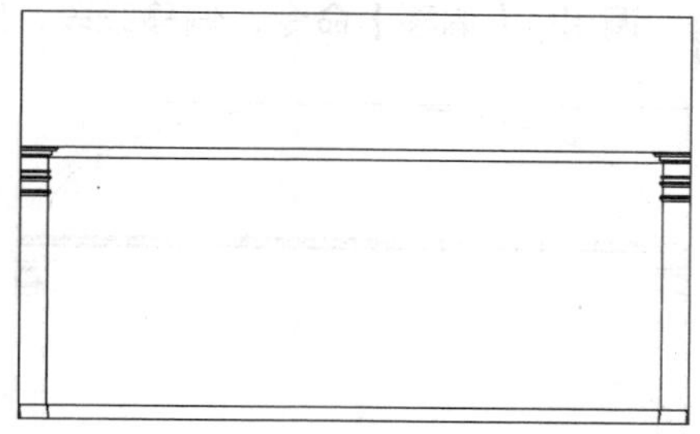
图14-170 修剪线段

05 调用L【直线】命令，绘制直线，结果如图14-171所示。

06 绘制墙面装饰轮廓。调用O【偏移】命令，偏移线段；调用TR【修剪】命令，修剪线段，结果如图14-172所示。

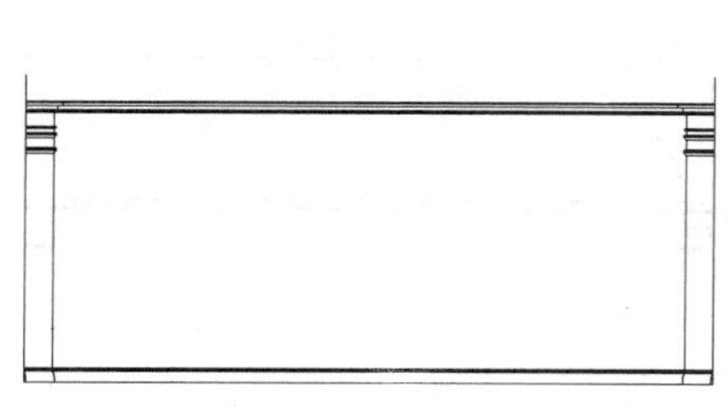
图14-171 绘制直线

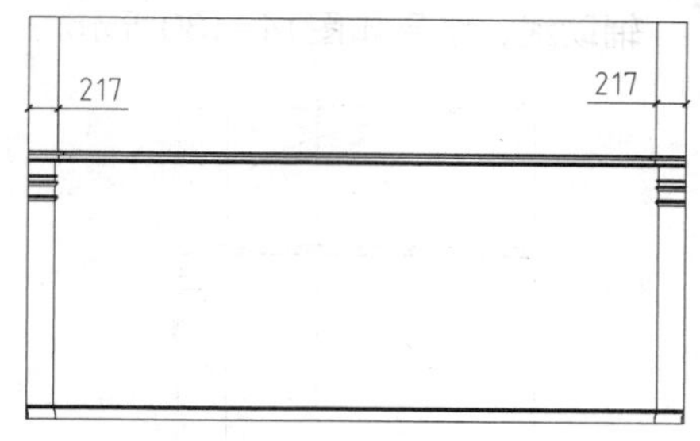

图14-172 修剪线段

07 调用O【偏移】命令，偏移线段，结果如图14-173所示。

08 调用TR【修剪】命令，修剪线段，结果如图14-174所示。

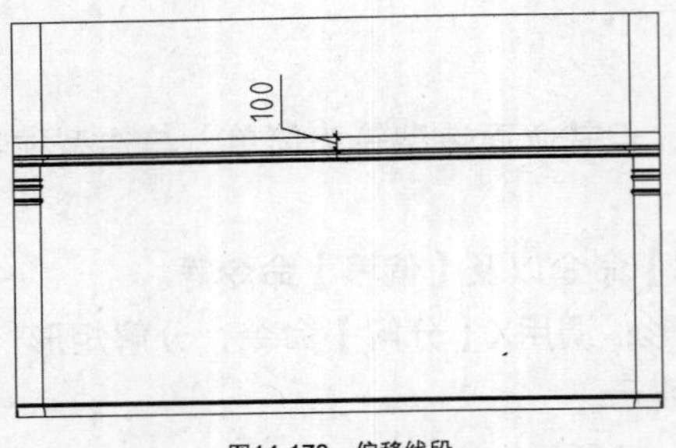

图14-173 偏移线段

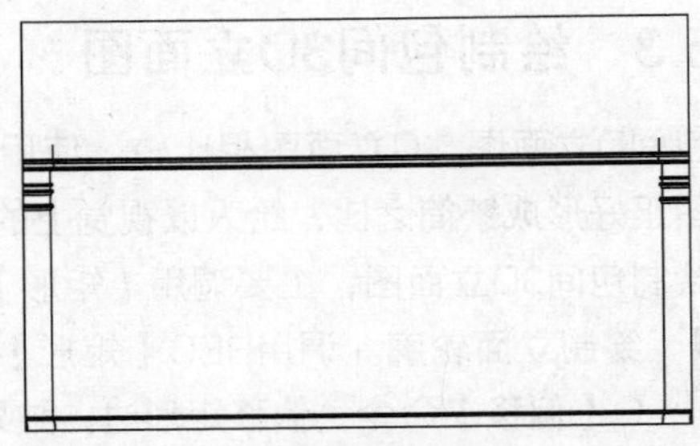
图14-174 修剪线段

09 调用O【偏移】命令，偏移线段，结果如图14-175所示。

10 调用EL【椭圆】命令，绘制椭圆，结果如图14-176所示。

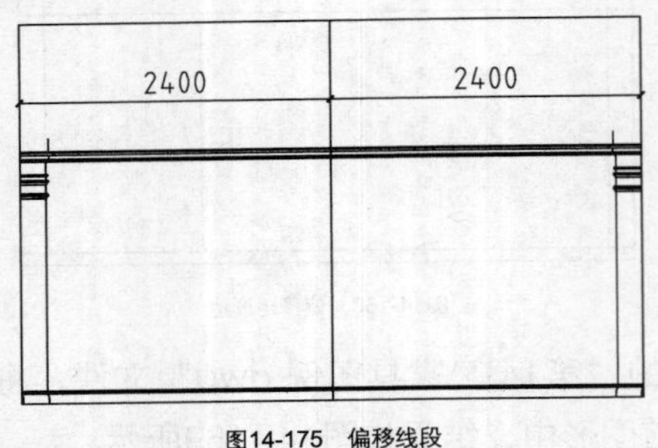

图14-175 偏移线段

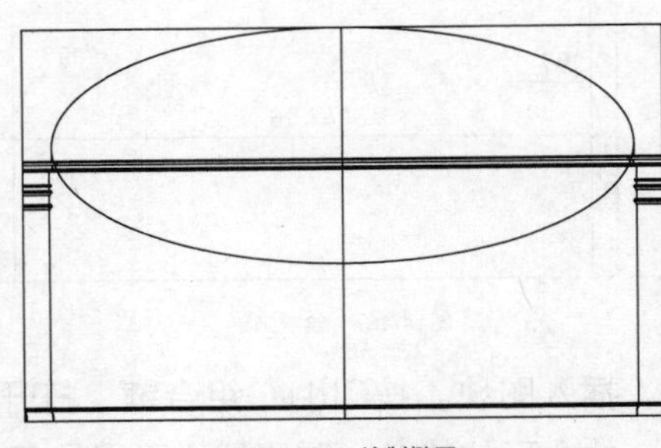
图14-176 绘制椭圆

11 调用TR【修剪】命令，修剪线段，结果如图14-177所示。

12 调用O【偏移】命令，偏移线段，结果如图14-178所示。

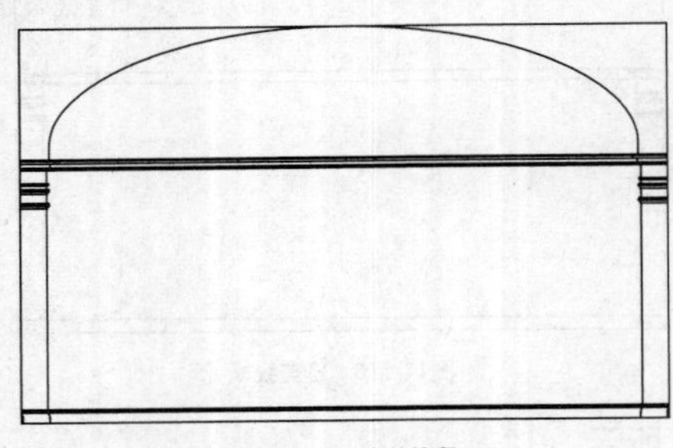
图14-177 修剪线段

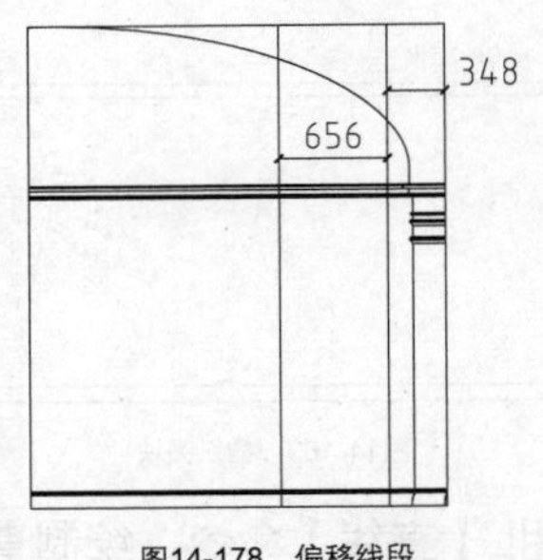

图14-178 偏移线段

13 调用A【圆弧】命令，绘制圆弧，结果如图14-179所示。

14 重复调用O【偏移】命令、A【圆弧】命令，绘制辅助线和圆弧；调用E【删除】命令，删除辅助线，结果如图14-180所示。

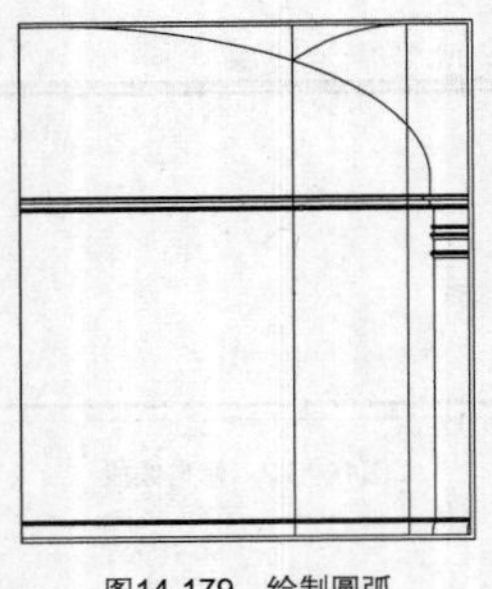
图14-179 绘制圆弧

图14-180 绘制结果

15 绘制墙面乳胶漆饰面。调用O【偏移】命令，偏移线段；调用TR【修剪】命令，修剪线段，结果如图14-181所示。

16 填充立面装饰图案。调用H【填充】命令，弹出【图案填充和渐变色】对话框，设置参数如图14-182所示。

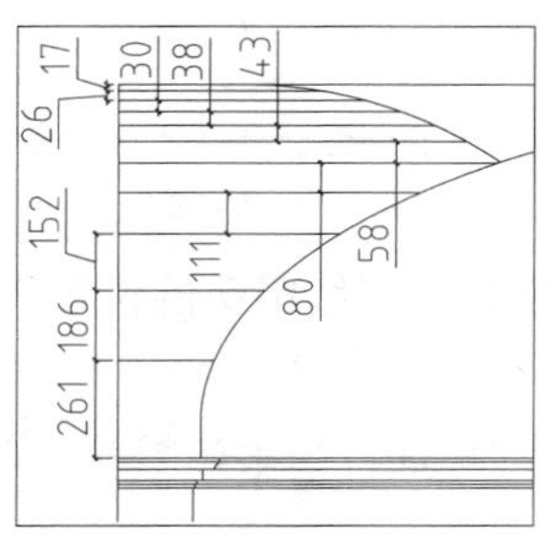

图14-181 修剪线段

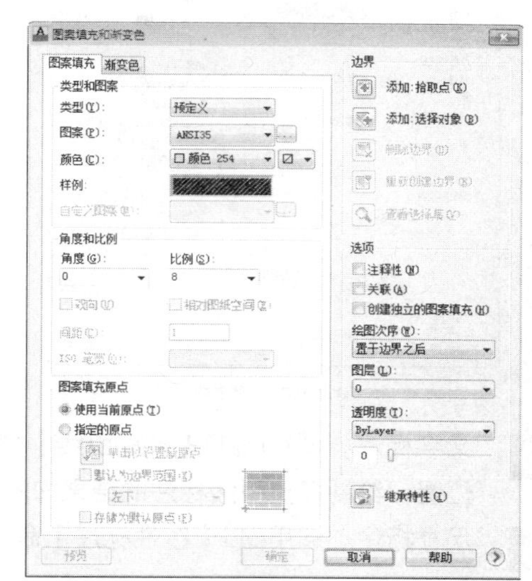

图14-182 设置参数

17 在绘图区中拾取填充区域，绘制图案填充的结果如图14-183所示。

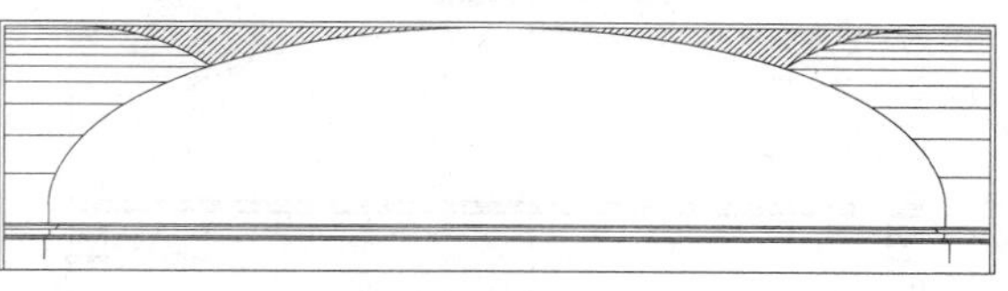

图14-183 图案填充

18 填充立面柱墙纸图案。调用H【填充】命令，弹出【图案填充和渐变色】对话框，设置参数如图14-184所示。

19 在绘图区中拾取填充区域，绘制图案填充的结果如图14-185所示。

图14-184 设置参数

图14-185 图案填充

20 填充墙面乳胶漆图案。调用H【填充】命令，弹出【图案填充和渐变色】对话框，设置参数如图14-186所示。

21 在绘图区中拾取填充区域，绘制图案填充的结果如图14-187所示。

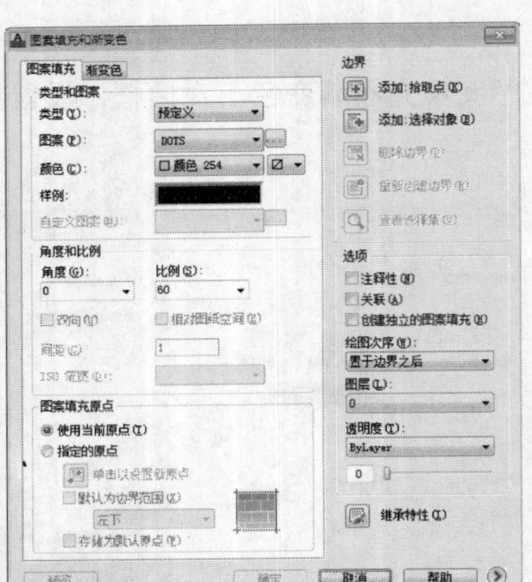
图14-186　设置参数

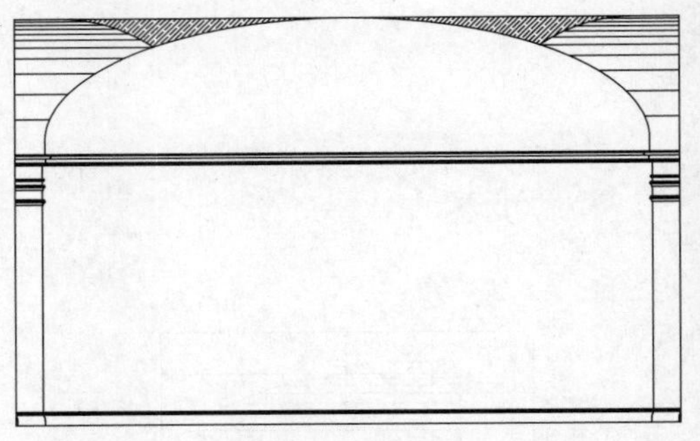
图14-187　图案填充

22 文字标注。调用MLD【多重引线】命令，在绘图区中分别指定引线箭头的位置、引线基线的位置，绘制多重引线标注的结果如图14-188所示。

23 尺寸标注。调用DLI【线性标注】命令，为立面图绘制尺寸标注，结果如图14-189所示。

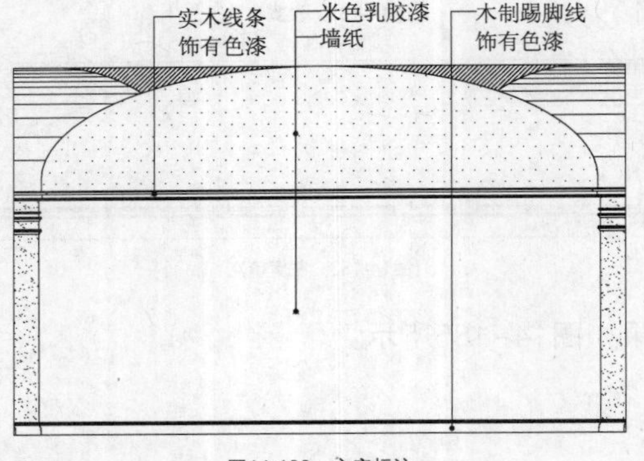

图14-188　文字标注

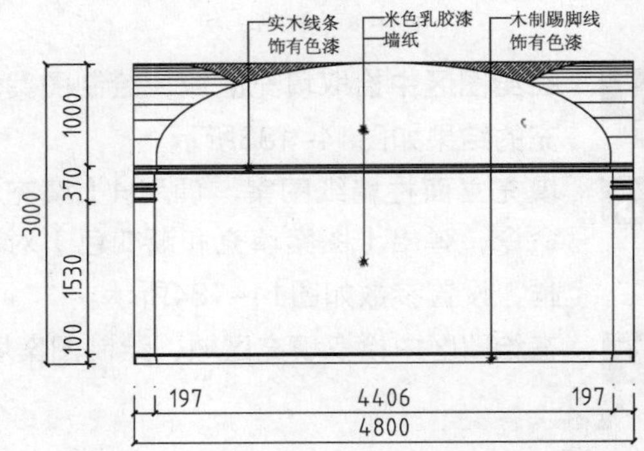

图14-189　尺寸标注

24 图名标注。调用MT【多行文字】命令、L【直线】命令，绘制图名标注，结果如图14-190所示。

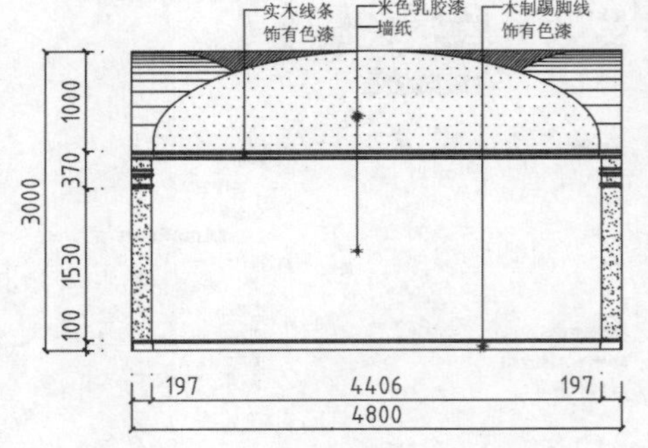

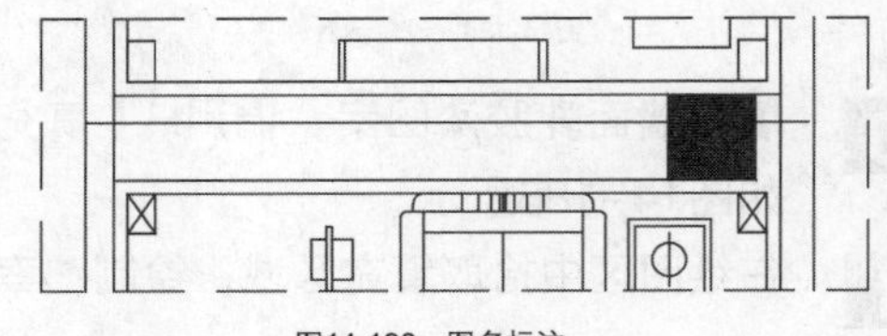
图14-190　图名标注

第15章

中式餐厅室内设计

中餐在我国的饭店和餐饮行业占有很重要的位置，并为中国大众乃至外国友人所喜闻乐见。中式餐厅在室内空间设计中通常运用传统形式的符号进行装饰与塑造，既可以运用藻井、宫灯、斗拱、挂落、书画、传统纹样等装饰语言组织空间或界面，也可以运用我国传统园林艺术的空间划分形式，如拱桥流水，虚实相形，内外沟通等手法组织空间，以营造中国民族传统的浓郁氛围。

本章介绍中式餐厅室内设计施工图的绘制方法。

15.1 中式餐厅设计概述

下面,介绍在餐饮建筑的室内设计中需要注意一些设计要点。

15.1.1 餐饮空间设计的基本原则

以下，就饮空间设计的基本原则问题，简单介绍在设计构思过程中所需要注意的问题。

1. 满足使用功能要求

了解餐厅的格局、经营理念、经营内容和方式以及消费阶层后，餐厅设计中空间大小、形式、组合方式必须从功能出发，注重餐厅空间设计的合理性。

2. 满足精神功能要求

精神功能是餐饮业发展的灵魂，餐饮空间设计需要针对特定的消费人群的精神需求，用不同的空间主题来迎合消费心理。

3. 满足技术功能的要求

了解材料的性能、加工、成型、搭配，作为表达设计理念的手段。满足技术功能的设计要求，包括声音环境、采光系统、采暖系统和消防系统的技术要求。

4. **具有独特个性的要求**

独特的个性是餐饮业的生命，餐厅空间设计应在“独特”上下工夫，塑造出本餐厅独一无二的个性，突出空间环境的特色。

5. **满足顾客目标导向的需求**

餐厅空间设计以目标市场为依据，设计者必须把握顾客的经济承受能力和心理需求，为顾客提供一个在经济和心理上都满意的餐厅。

15.1.2 餐厅设计的要点

下面，介绍餐厅设计中的要点，包括设施布局、面积指标以及设施的常用尺寸。

1. **设施布局**

➢ 独立设立餐厅和宴会厅，此种布局使就餐环境独立而优雅，功能设施之间没有干扰。

➢ 在裙房或主楼低层设餐厅和宴会厅为多数饭店所采用的布局形式，其功能连贯、整体、内聚。

➢ 主楼顶层设立观光型餐厅（包括旋转餐厅），此种布局特别受旅游者和外地客人的欢迎。

➢ 休闲餐厅（包括咖啡、酒吧、酒廊）布局比较自由灵活，大堂一隅、中庭一侧、顶层、平台及庭园等处均可设置，增添了建筑内休闲、自然、轻松的氛围。

2. **餐厅设施的面积指标**

餐厅的面积一般以1.85m^2／座计算，其中，中低档餐厅约1.5m^2／座，高档餐厅约2.0m^2／座。指标过小会造成拥挤，指标过大会增加工作人员的劳作活动时间与精力。饭店中的餐厅应大、中、小型相结合，大中型餐厅餐座总数约占总餐座数的70%～80%，小餐厅约占餐座数的20%～30%。影响面积的因素有：饭店的等级、餐厅等级、餐座形式等。

饭店中餐饮部分的规模以面积和用餐座位数为设计指标，因饭店的性质、等级和经营方式而异。饭店的等级越高，餐饮面积指标越大，反之则越小。我国饭店建筑设计规范中有明确说明，高等级饭店每间客房的餐饮面积为9～110m^2，床位与餐座比率约为1：1~1：20。

3. **餐饮设施的常用尺寸**

餐厅服务走道的最小宽度为900mm，通路最小宽度为250mm；餐桌最小宽度为700mm；餐桌尺寸（长×宽）为：四人方桌900mm×900mm，四人长桌1200mm×750mm，六人长桌1500mm×750 mm，八人长桌2300mm×750mm，圆桌最小直径为：1人桌750mm，2人桌850mm，4人桌1050mm，6人桌1200mm，8人桌1500mm；餐桌高720 mm，餐椅座面高440～450mm，吧台固定凳高750 mm，吧台桌面高1050 mm，服务台桌面高900 mm，搁脚板高250 mm。

图15-1所示为中式餐厅的设计效果，本章介绍中餐厅室内设计施工图的绘制方法。

图15-1 中式餐厅设计效果

15.2 绘制中式餐厅平面布置图

中餐厅平面布置图主要表达大厅、各包间以及其他辅助功能区的平面布置情况。本节抽取了中餐厅中接待区、大厅、备餐间、包厢以及卫生间平面布置图为例，介绍餐饮建筑室内设计平面图的绘制方法。

15.2.1 绘制接待区平面图

接待区主要是餐厅接待来客的区域，顾客光临餐厅，首先从接待区经过，在接待区与顾客进行沟通后，由服务人员为顾客提供服务。

绘制接待区平面图，主要调用【圆弧】命令、【复制】命令以及【镜像】命令等。

01 按Ctrl+O组合键，打开配套光盘提供的“第15章\中餐厅原始结构图.dwg”文件，结果如图15-2所示。

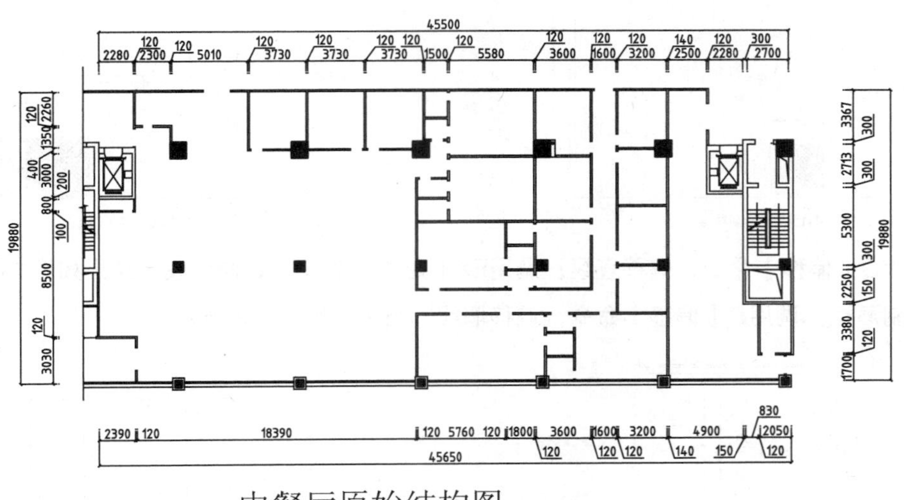

图15-2 中餐厅原始结构图

02 绘制接待区弹簧门。调用REC【矩形】命令，绘制尺寸为853×45的矩形，结果如图15-3所示。

03 调用A【圆弧】命令，绘制圆弧，结果如图15-4所示。

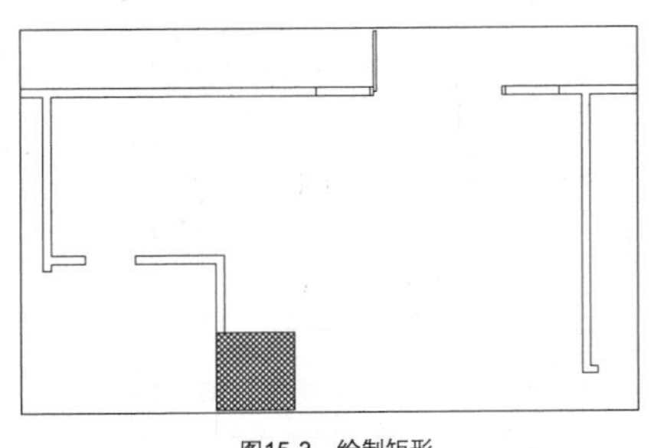

图15-3 绘制矩形

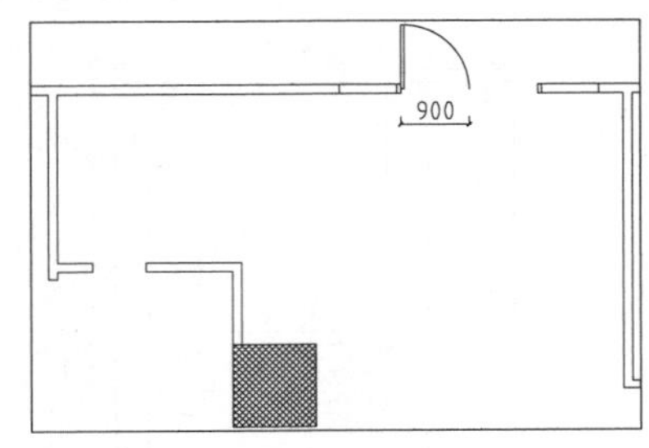

图15-4 绘制圆弧

04 调用CO【复制】命令，移动、复制矩形，结果如图15-5所示。

05 调用MI【镜像】命令，镜像复制绘制完成的双开门图形，结果如图15-6所示。

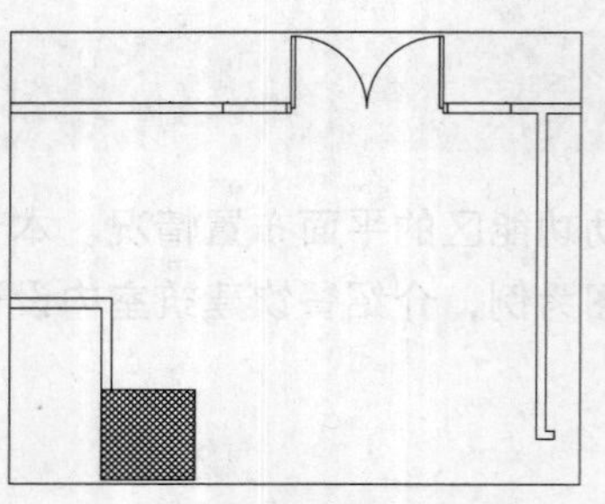
图15-5 复制矩形

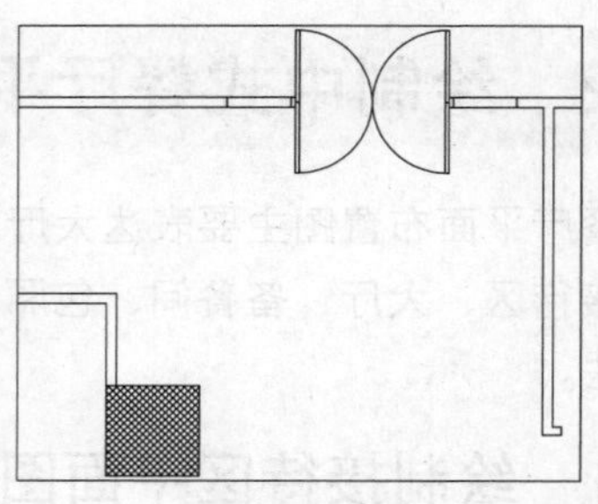
图15-6 镜像复制

06 绘制收银室平开门。调用REC【矩形】命令，绘制尺寸为664×35的矩形；调用A【圆弧】命令，绘制圆弧，结果如图15-7所示。

07 绘制吧台。调用L【直线】命令，绘制直线，结果如图15-8所示。

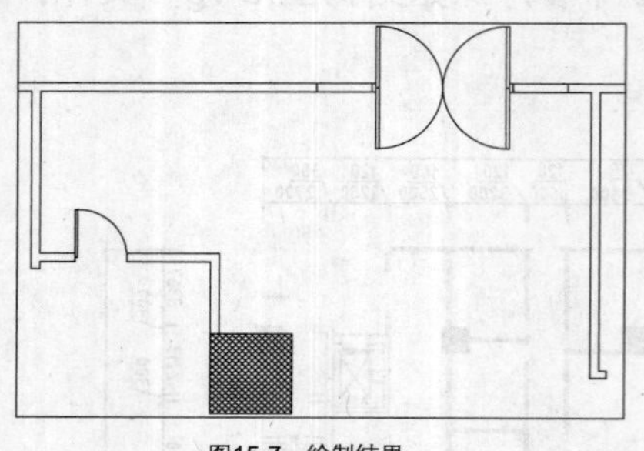
图15-7 绘制结果

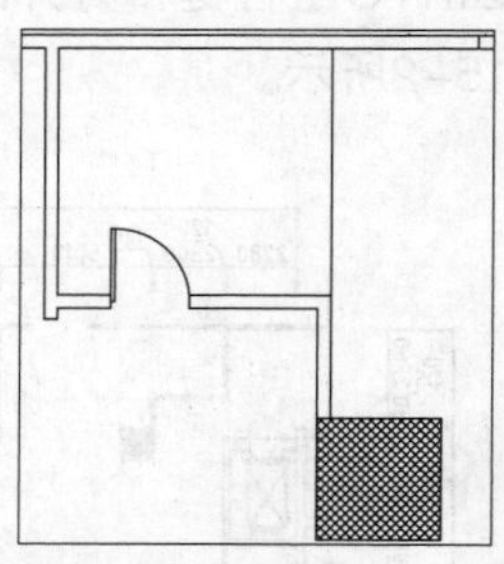
图15-8 绘制直线

08 调用O【偏移】命令，偏移直线；调用EX【延伸】命令，延伸线段，结果如图15-9所示。

09 绘制酒柜。调用O【偏移】命令，偏移墙线，结果如图15-10所示。

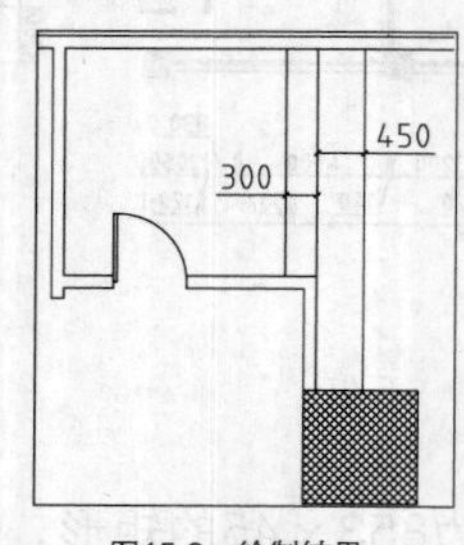

图15-9 绘制结果

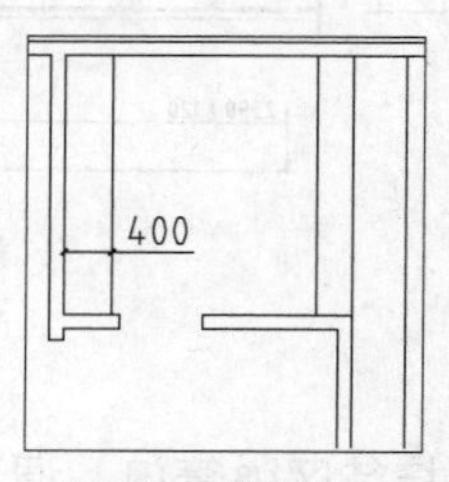

图15-10 偏移墙线

10 调用L【直线】命令，绘制直线，结果如图15-11所示。

11 调用PL【多段线】命令，绘制对角线，结果如图15-12所示。

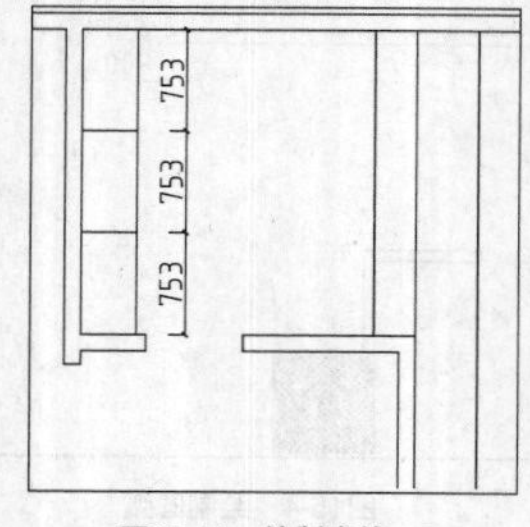

图15-11 绘制直线

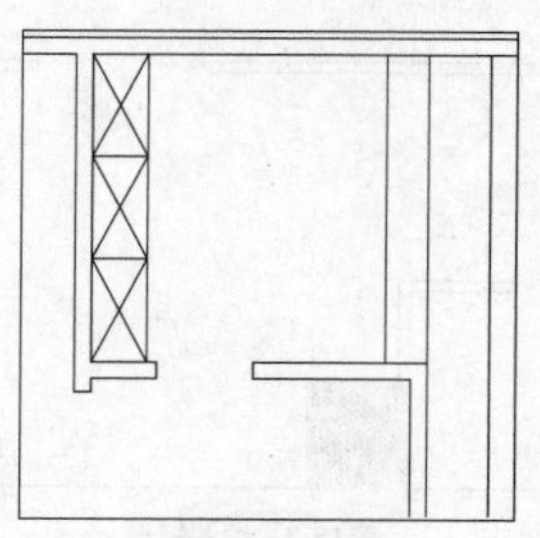
图15-12 绘制对角线

12 绘制门头装饰的平面图形。

13 调用REC【矩形】命令，绘制尺寸为600×300的矩形；调用CO【复制】命令，移动、复制矩形，结果如图15-13所示。

14 调用L【直线】命令，绘制对角线，结果如图15-14所示。

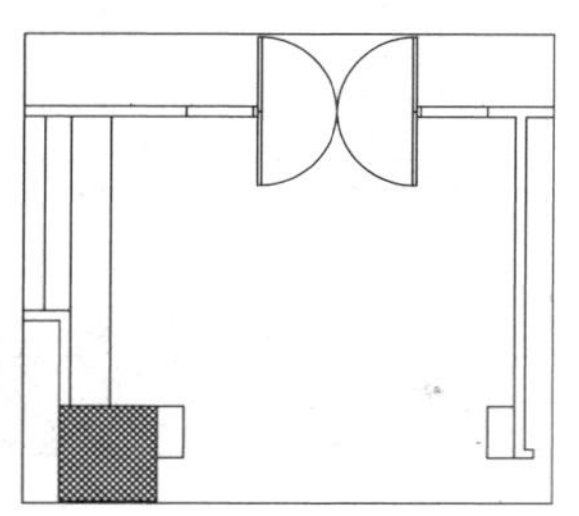
图15-13　绘制矩形

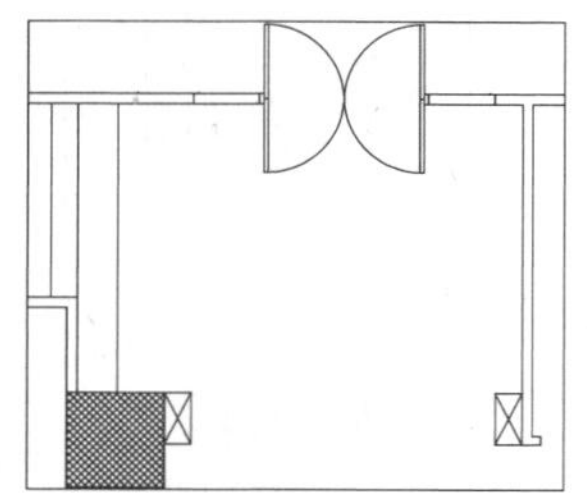
图15-14　绘制对角线

15 插入图块。按Ctrl+O组合键，打开配套光盘提供的“第15章\家具图例.dwg”文件，将其中的椅子、沙发等图块复制、粘贴至当前图形中，结果如图15-15所示。

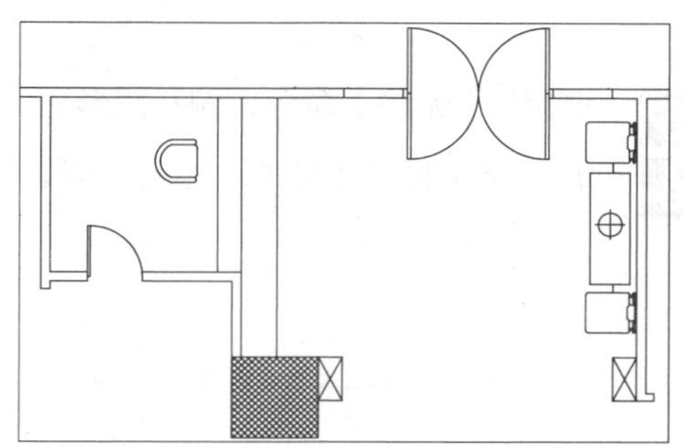
图15-15　插入图块

15.2.2　绘制大厅平面图

大厅主要为散客区，为零散顾客提供用餐服务。大厅的装饰最能反映一个餐厅的装饰风格，因此，大厅的装潢以及设施的布置就显得尤为重要。

在本例大厅平面图中，餐座椅的摆放尺寸合乎人体工程学原理，其中预留的鱼缸位则是为了后续装修完成后安放鱼缸。风水学上有说，水可生财。大厅摆放鱼缸除了风水上的原因外，还是为了增添观赏效果。

绘制大厅平面图，主要调用【倒角】命令、【偏移】命令以及【矩形】命令等。

01 绘制柱面装饰。调用O【偏移】命令，设置偏移距离为250，选择柱子轮廓线向外偏移，结果如图15-16所示。

02 调用CHA【倒角】命令，设置第一个、第二个倒角距离均为150，对偏移得到的矩形进行倒角处理，结果如图15-17所示。

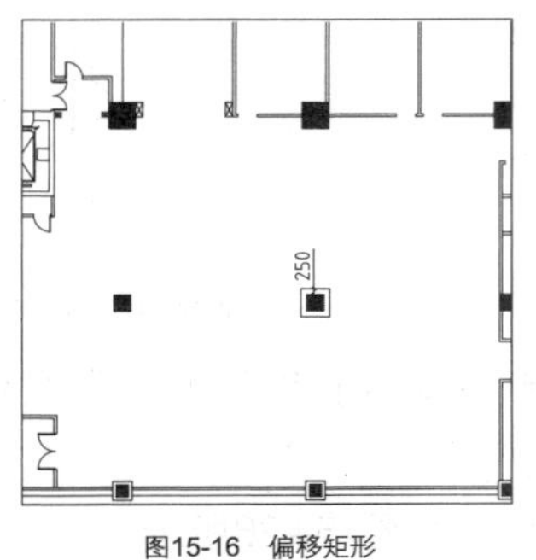

图15-16　偏移矩形

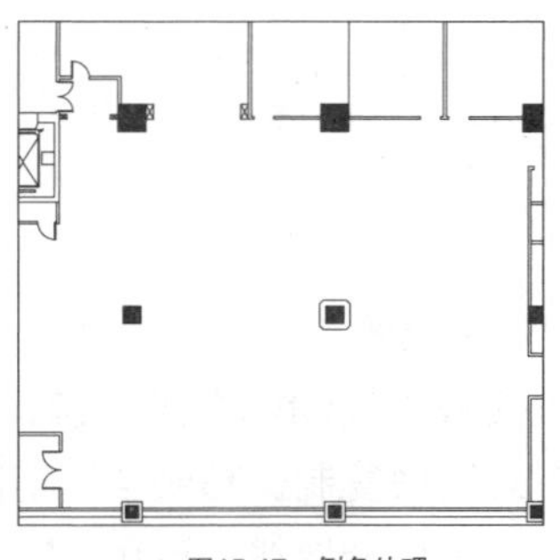
图15-17　倒角处理

03 绘制立面装饰背景的平面图形。调用REC【矩形】命令，绘制矩形，结果如图15-18所示。

04 调用X【分解】命令，分解矩形；调用O【偏移】命令，偏移矩形边，结果如图15-19所示。

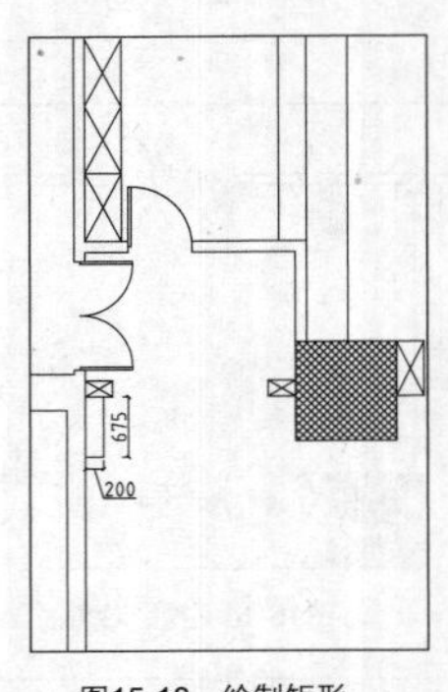

图15-18　绘制矩形

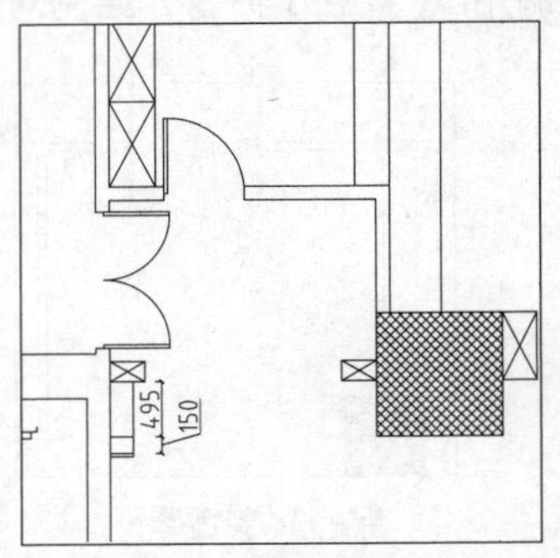

图15-19　偏移矩形边

05 调用O【偏移】命令，偏移矩形边，结果如图15-20所示。

06 调用TR【修剪】命令，修剪线段，结果如图15-21所示。

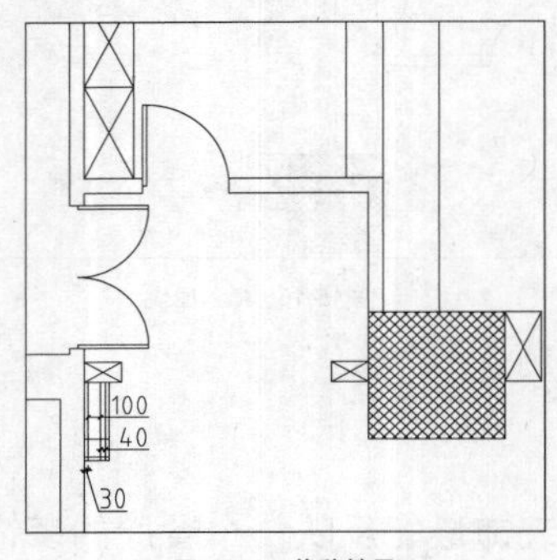

图15-20　偏移结果

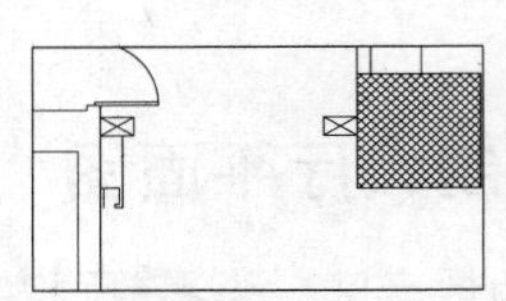
图15-21　修剪线段

07 重复操作，绘制另一平面图形，结果如图15-22所示。

08 调用L【直线】命令，绘制连接直线，结果如图15-23所示。

09 调用O【偏移】命令，偏移直线；调用TR【修剪】命令，修剪直线，结果如图15-24所示。

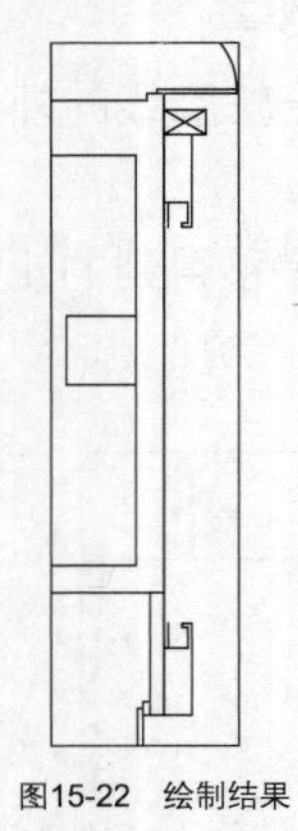
图15-22　绘制结果

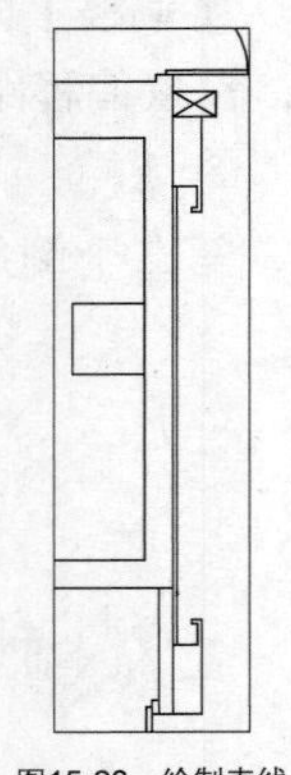
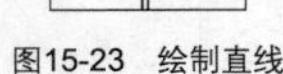
图15-23　绘制直线

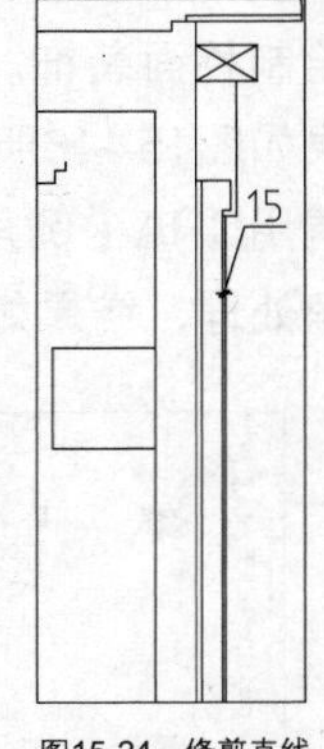

图15-24　修剪直线

10 插入图块。按Ctrl+O组合键，打开配套光盘提供的“第15章\家具图例.dwg”文件，将其中的射灯图块复制、粘贴至当前图形中，结果如图15-25所示。

11 绘制鱼缸位分界线。调用L【直线】命令，绘制直线，结果如图15-26所示。

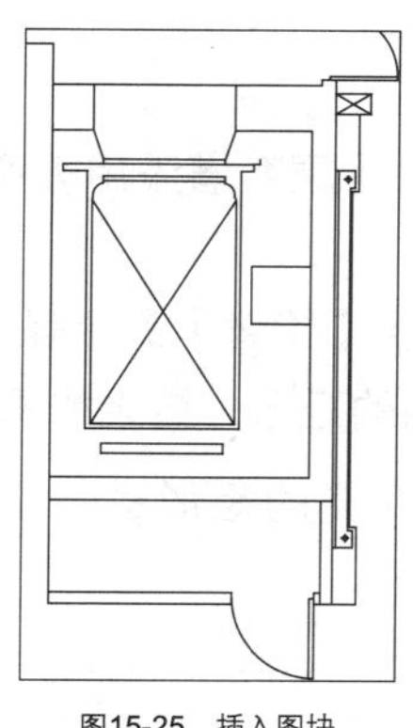

图15-25 插入图块

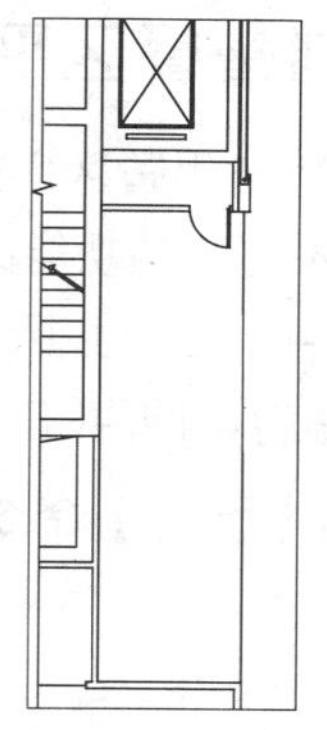

图15-26 绘制直线

12 绘制消防栓。调用REC【矩形】命令，绘制尺寸为700×240的矩形，结果如图15-27所示。

13 调用L【直线】命令，绘制对角线，结果如图15-28所示。

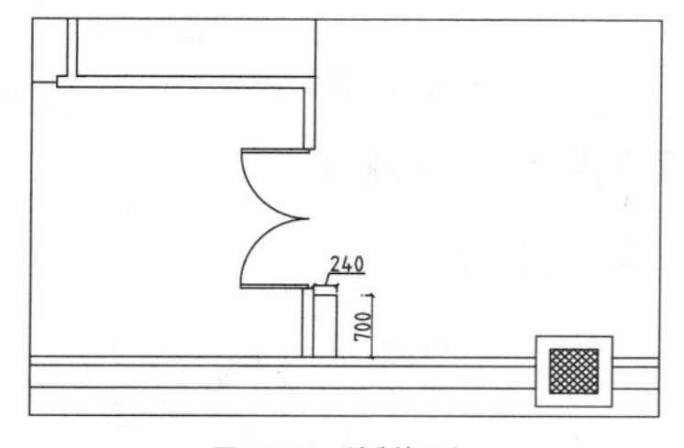

图15-27 绘制矩形

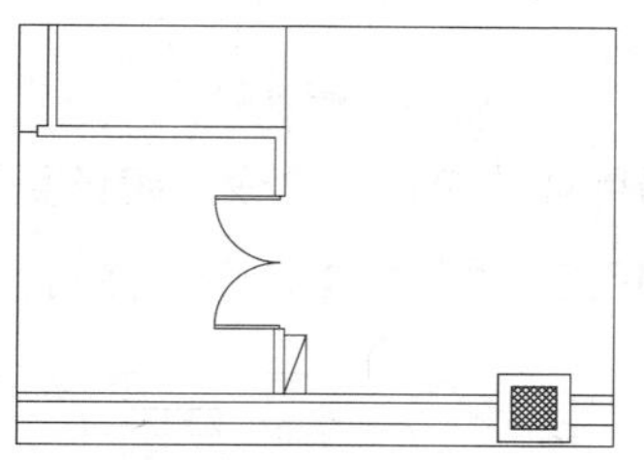

图15-28 绘制对角线

14 填充图案。调用H【填充】命令，弹出【图案填充和渐变色】对话框，设置参数如图15-29所示。

15 在绘图区中拾取填充图案，绘制图案填充的结果如图15-30所示。

图15-29 设置参数

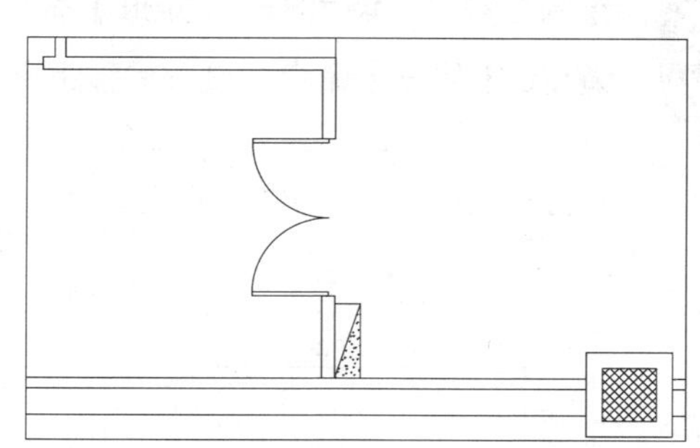

图15-30 图案填充

16 插入图块。按Ctrl+O组合键，打开配套光盘提供的“第15章\家具图例.dwg”文件，将其中的桌椅等图块复制、粘贴至当前图形中，结果如图15-31所示。

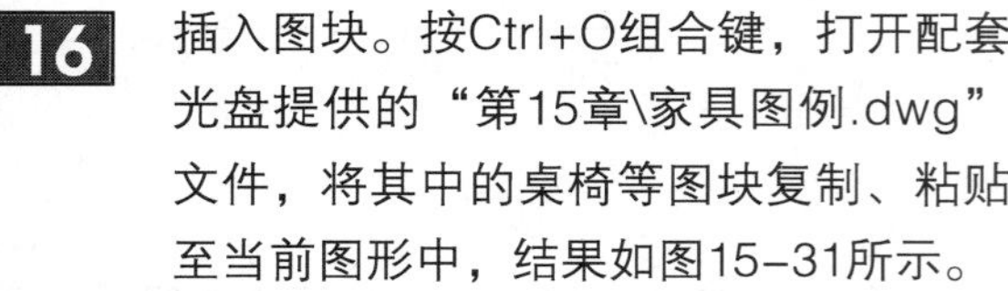

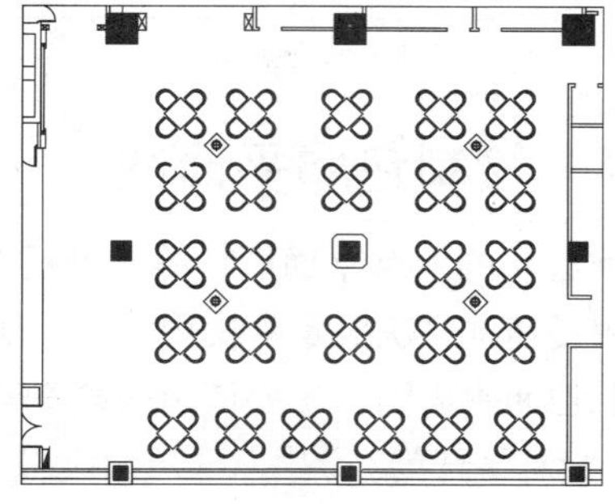

图15-31 插入图块

15.2.3 绘制备餐区平面图

备餐区是厨房与用餐区之间的一个缓冲地带，服务员可以在此为顾客增添用餐所需的物品，是中大型餐厅中必不可少的功能区域。

绘制备餐区平面图，主要调用【矩形】命令、【旋转】命令以及【镜像】命令等。

01 绘制折叠门。调用REC【矩形】命令，绘制尺寸为300×24的矩形，结果如图15-32所示。

02 调用RO【旋转】命令，设置旋转角度为45°，将绘制完成的矩形进行旋转，结果如图15-33所示。

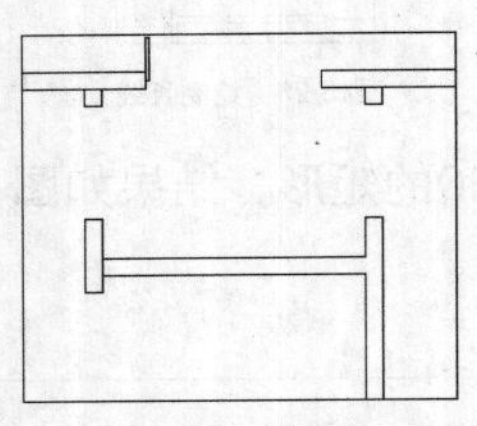

图15-32 绘制矩形

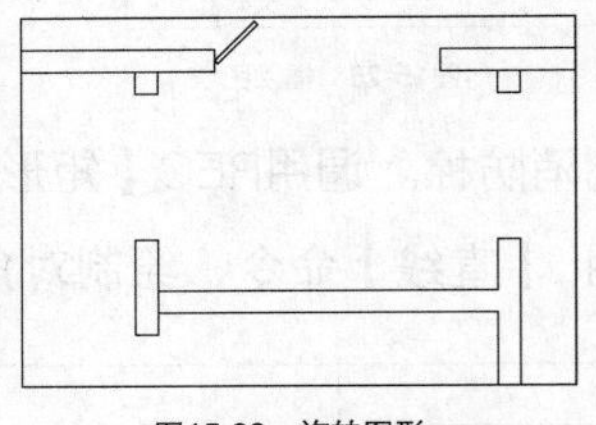

图15-33 旋转图形

03 调用MI【镜像】命令，镜像复制旋转后的矩形，结果如图15-34所示。

04 调用CO【复制】命令，移动、复制图形，结果如图15-35所示。

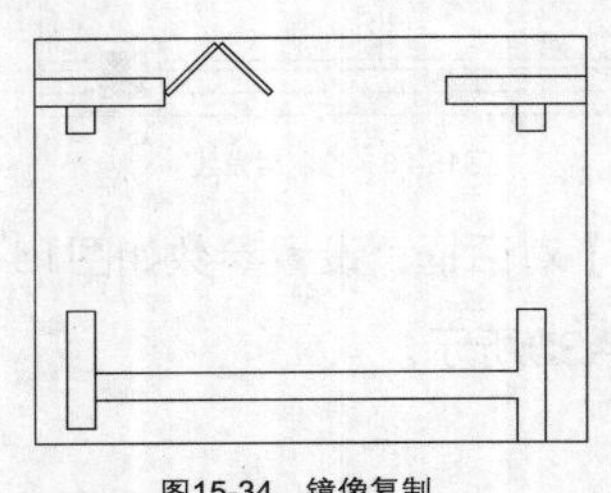

图15-34 镜像复制

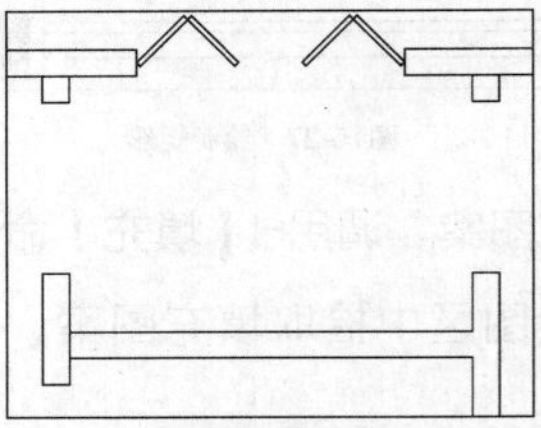

图15-35 移动复制

05 绘制备餐台。调用REC【矩形】命令，绘制矩形，结果如图15-36所示。

06 调用O【偏移】命令，设置偏移距离为30，向内偏移矩形，结果如图15-37所示。

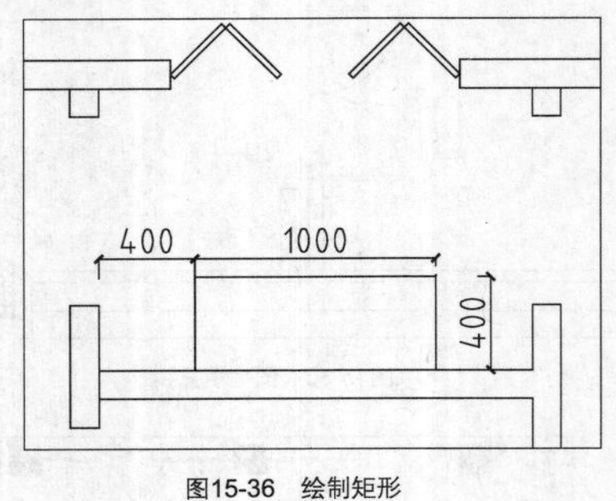

图15-36 绘制矩形

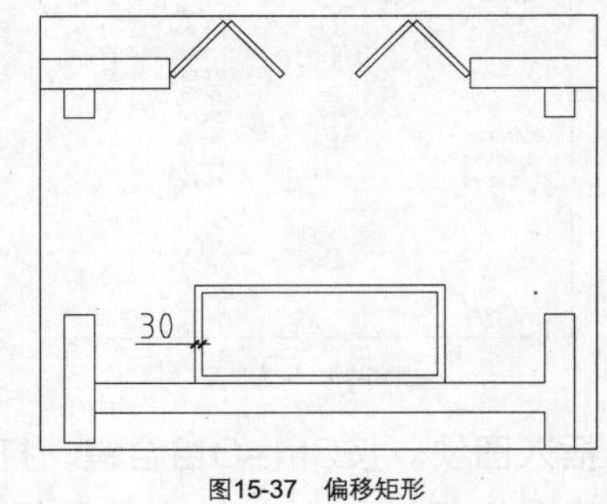

图15-37 偏移矩形

15.2.4 绘制包厢平面图

本例选用的包厢平面图，除了空间内必备的餐边柜之外，在包厢的中间还增设了活动隔断，可以依据用餐情况来决定是否使用隔断，从而增大了空间的灵活性。

绘制包厢平面图，主要调用的命令有【矩形】命令、【圆弧】命令以及【直线】命令等。

01 绘制平开门。调用REC【矩形】命令，绘制尺寸为900×45的矩形，结果如图15-38所示。

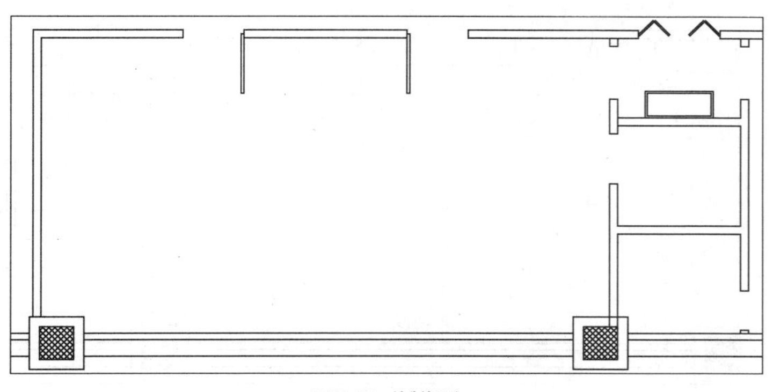
图15-38　绘制矩形

02 调用A【圆弧】命令，绘制圆弧，结果如图15-39所示。

03 调用REC【矩形】命令，绘制尺寸为758×40的矩形；调用A【圆弧】命令，绘制圆弧，结果如图15-40所示。

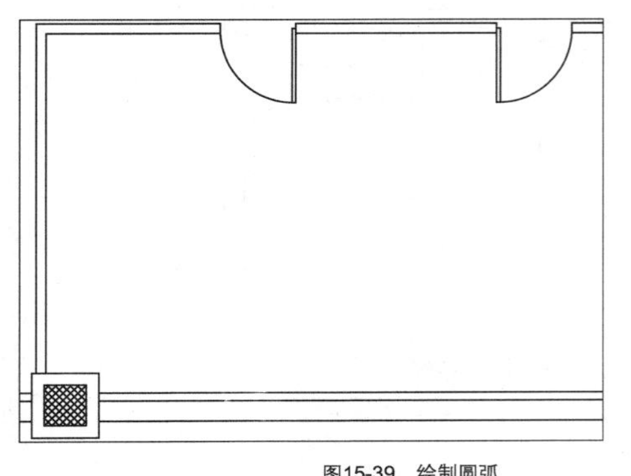
图15-39　绘制圆弧

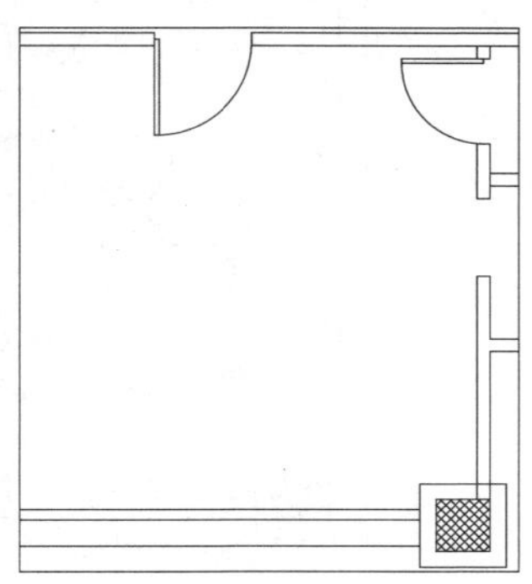
图15-40　绘制结果

04 绘制活动隔断。调用REC【矩形】命令，绘制矩形，结果如图15-41所示。

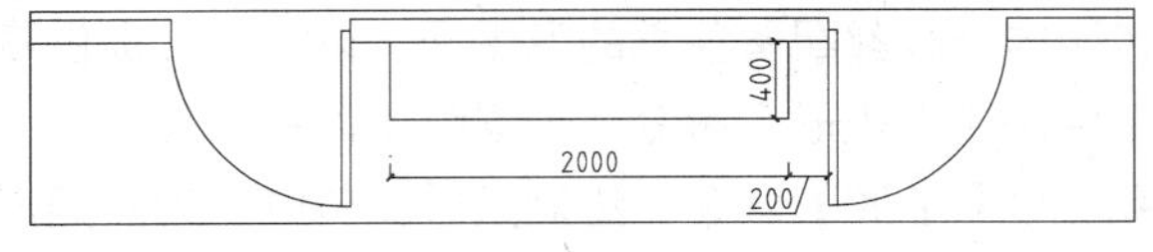

图15-41　绘制矩形

05 调用L【直线】命令，绘制直线，并将直线的线型更改为虚线，结果如图15-42所示。

06 绘制壁柜。调用REC【矩形】命令，绘制尺寸为1200×500的矩形，结果如图15-43所示。

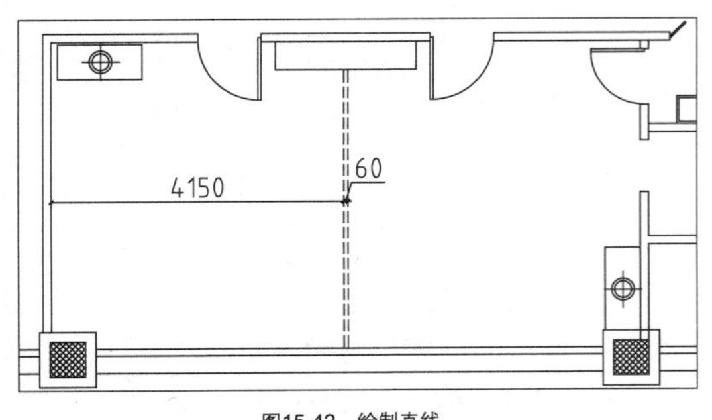

图15-42　绘制直线

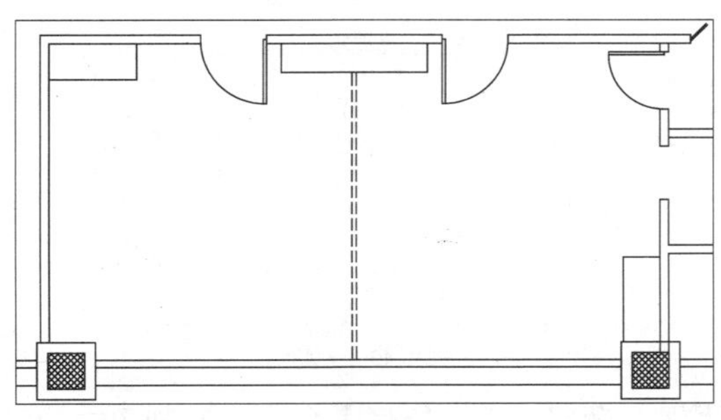
图15-43　绘制矩形

07 调用O【偏移】命令，设置偏移距离为30，向内偏移矩形，结果如图15-44所示。

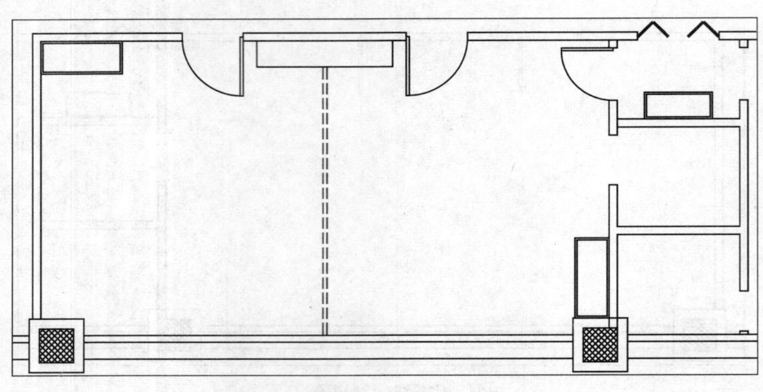

图15-44 偏移矩形

08 插入图块。按Ctrl+O组合键，打开配套光盘提供的“第15章\家具图例.dwg”文件，将其中的桌椅等图块复制、粘贴至当前图形中，结果如图15-45所示。

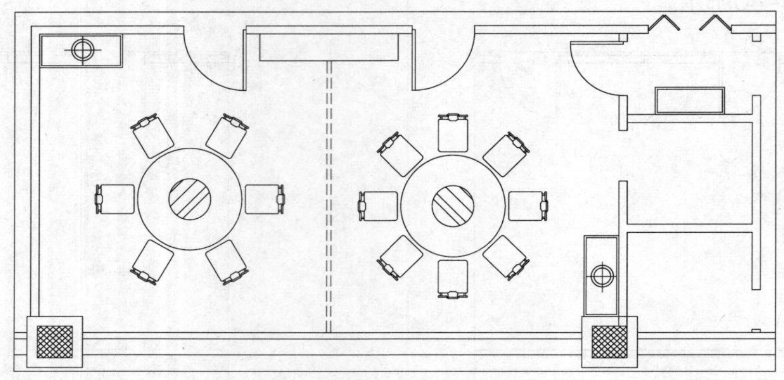

图15-45 插入图块

15.2.5 绘制卫生间平面图

依餐厅的等级不同，包厢内一般都配备独立的卫生间，以为顾客提供最大的便利。

绘制卫生间平面图，主要调用【矩形】命令、【圆弧】命令。

01 绘制平开门。调用REC【矩形】命令，绘制尺寸为700×50的矩形；调用A【圆弧】命令，绘制圆弧，结果如图15-46所示。

02 绘制洗手台。调用REC【矩形】命令，绘制矩形，结果如图15-47所示。

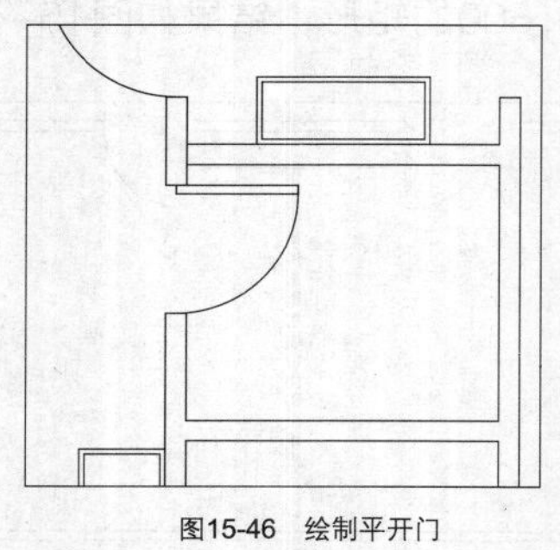

图15-46 绘制平开门

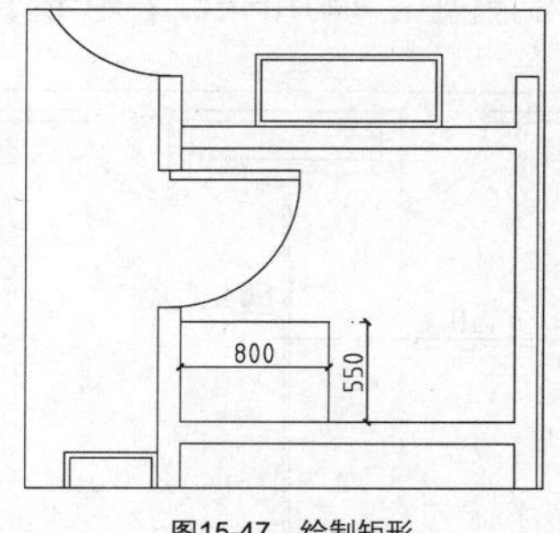

图15-47 绘制矩形

03 调用REC【矩形】命令，绘制尺寸为650×50的矩形，结果如图15-48所示。

04 插入图块。按Ctrl+O组合键，打开配套光盘提供的“第15章\家具图例.dwg”文件，将其中的洁具图形复制、粘贴至当前图形中，结果如图15-49所示。

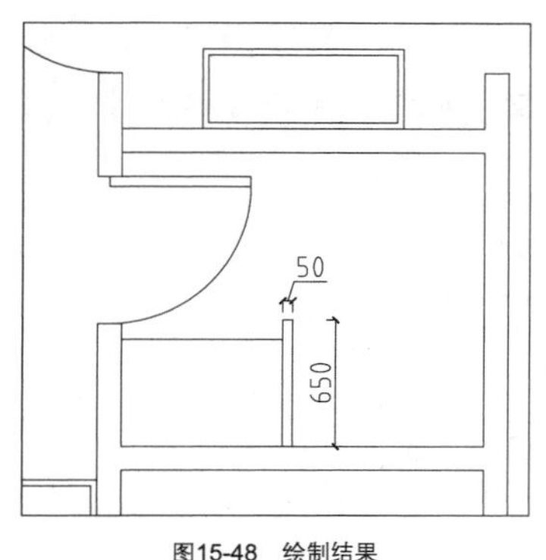

图15-48 绘制结果

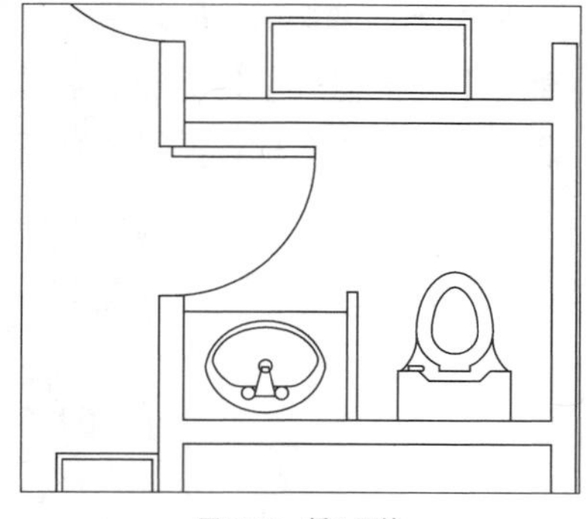
图15-49 插入图块

05 重复上述操作，完成中餐厅平面布置图的绘制，结果如图15-50所示。

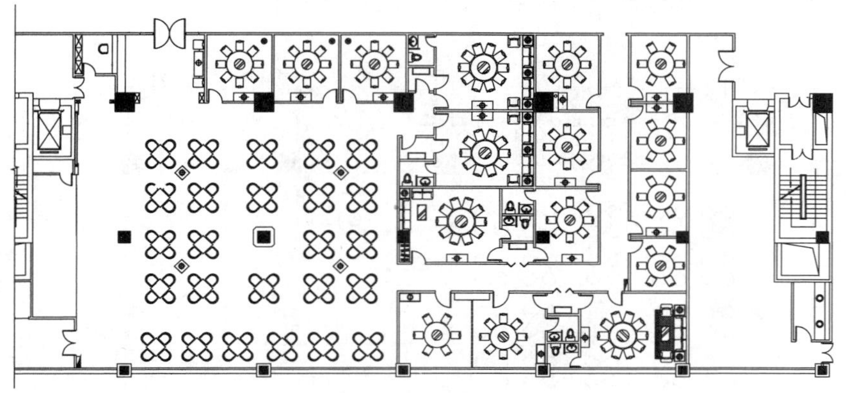
图15-50 绘制结果

15.2.6 文字标注

文字标注可以为识图提供便利，因为平面图上很多专业图形对有些非专业人士来说可能不易辨认，所以对其进行文字标注很有必要。

绘制文字标注命令，主要调用【多重引线】命令以及【多行文字】命令。

01 多重引线标注。调用MLD【多重引线】命令，在绘图区中分别指定引线箭头的位置、引线基线的位置，弹出【文字格式】对话框，在在位文字编辑器中输入标注文字，单击【确定】按钮，关闭对话框，完成引线标注的结果如图15-51所示。

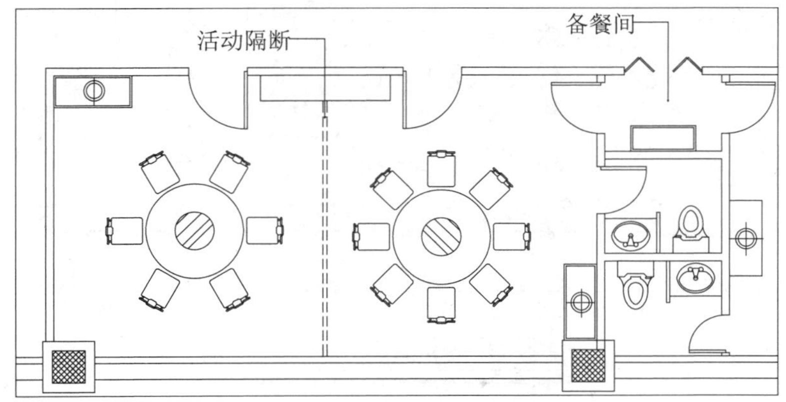

图15-51 标注结果

02 文字标注。调用MT【多行文字】命令，在需要进行文字标注的区域指定对角点绘制矩形，弹出【文字格式】对话框，在在位文字编辑器中输入文字标注，单击【确定】按钮，关闭对话框，完成文字标注的结果如图15-52所示。

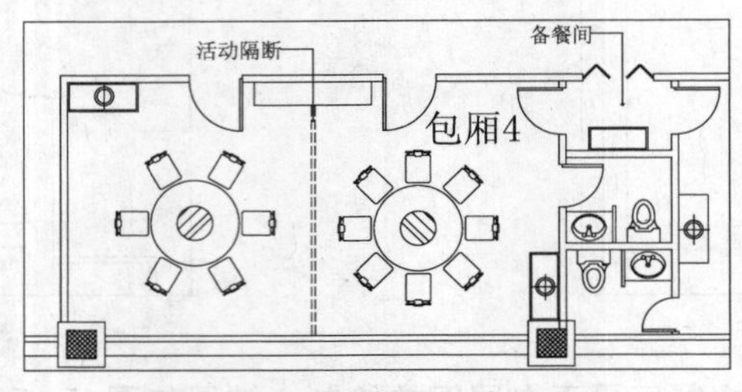

图15-52 文字标注

03 重复操作，为平面图绘制文字标注，结果如图15-53所示。

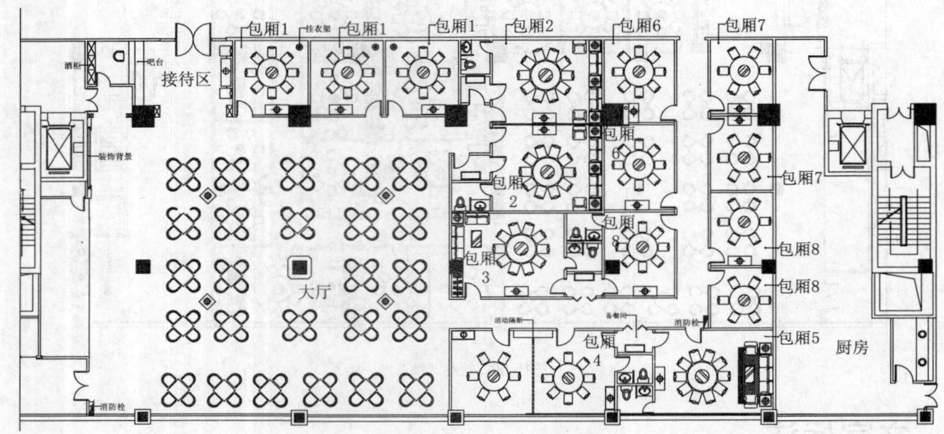

图15-53 标注结果

04 图名标注。调用MT【多行文字】命令，绘制图名和比例，调用L【直线】命令，在图名和比例下绘制两条下划线，并将最下面的下划线的线宽设置为0.3mm，结果如图15-54所示。

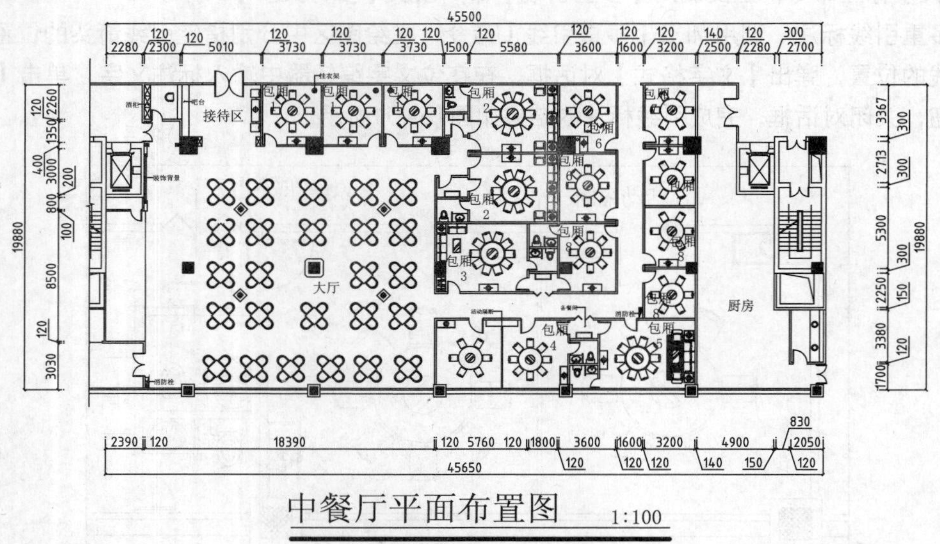

图15-54 图名标注

15.3 绘制中式餐厅地面布置图

餐厅地面主要以木地板为主，地毯和瓷砖为辅来进行铺装。接待区由于进出人流量较大，采用瓷砖铺设，既耐磨又易于清洗。而大厅则铺设羊毛地毯，为保证一个安静的用餐环境提供条件。包厢使用实木地板铺设，沿袭了中式的风格元素。

本节介绍绘制餐厅地面布置图，主要调用【复制】命令、【删除】命令以及【直线】命令等。

01 复制图形。调用CO【复制】命令，移动、复制一份平面布置图至一旁。

02 整理图形。调用E【删除】命令，删除平面图上的多余图形，结果如图15-55所示。

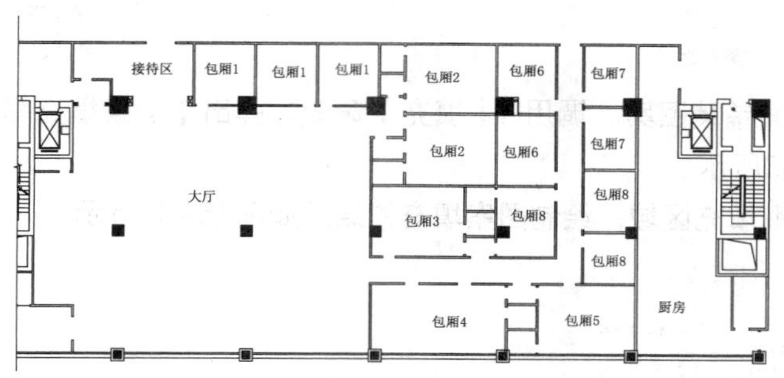

图15-55 整理图形

03 绘制门槛线。调用L【直线】命令，绘制直线，结果如图15-56所示。

图15-56 绘制直线

04 材料标注。调用MT【多行文字】命令，绘制地面图的材料标注，结果如图15-57所示。

图15-57 材料标注

05 绘制大厅地面铺装图案。调用H【填充】命令，弹出【图案填充和渐变色】对话框，设置参数如图15-58所示。

06 在绘图区中拾取填充区域，绘制图案填充的结果如图15-59所示。

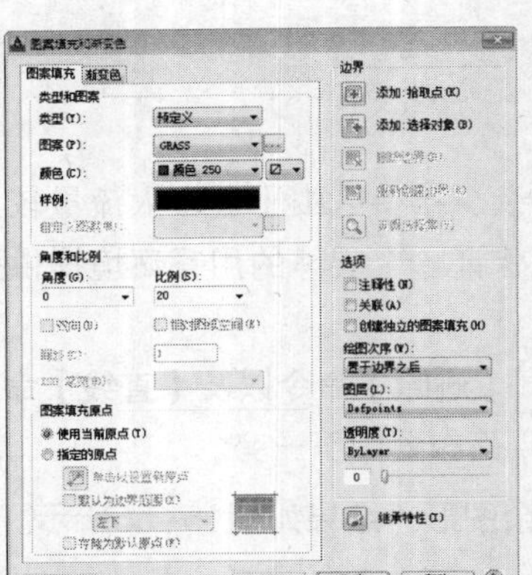

图15-58 设置参数

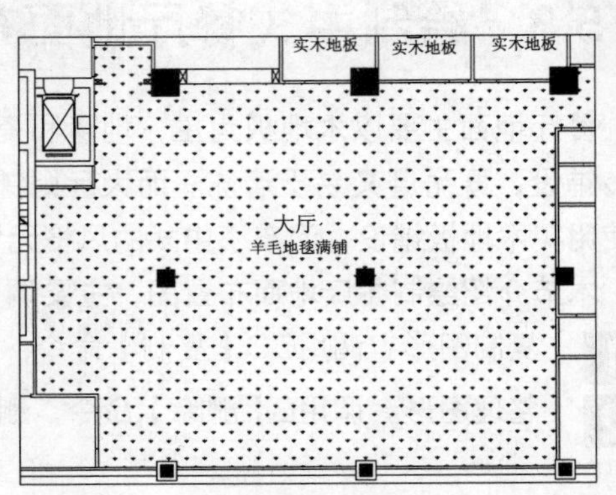

图15-59 图案填充

07 绘制接待区地面铺装图案。调用H【填充】命令，弹出【图案填充和渐变色】对话框，设置参数如图15-60所示。

08 在绘图区中拾取填充区域，绘制图案填充的结果如图15-61所示。

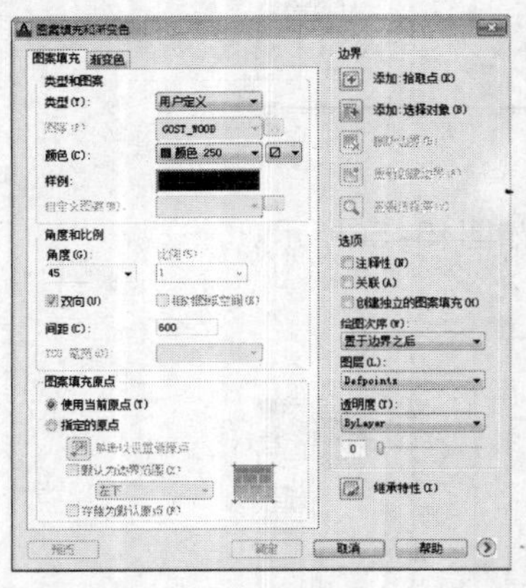

图15-60 设置参数

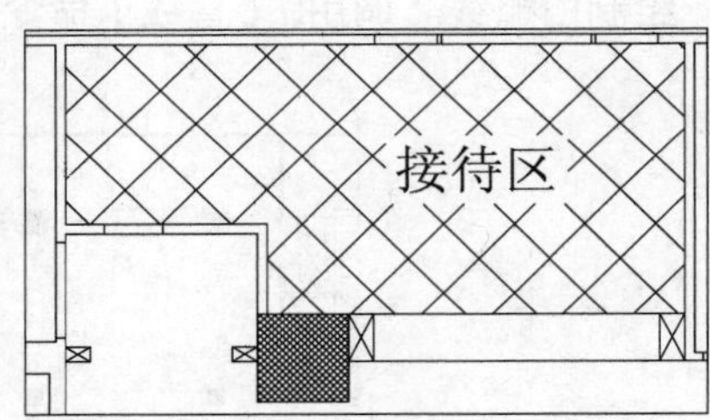

图15-61 图案填充

09 绘制包厢地面铺装图案。调用H【填充】命令，弹出【图案填充和渐变色】对话框，设置参数如图15-62所示。

10 在绘图区中拾取填充区域，绘制图案填充的结果如图15-63所示。

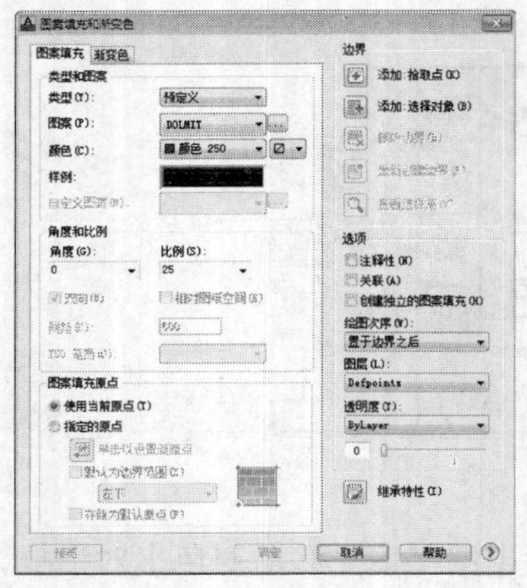

图15-62 设置参数

图15-63 图案填充

11 重复操作，沿用相同的参数，绘制其他包间的地面铺装，结果如图15-64所示。

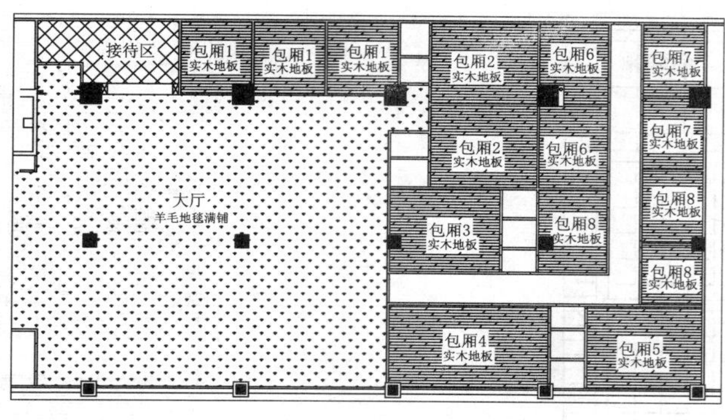

图15-64 填充结果

12 绘制厨房地面铺装图案。调用H【填充】命令，弹出【图案填充和渐变色】对话框，设置参数如图15-65所示。

13 在绘图区中拾取填充区域，绘制图案填充的结果如图15-66所示。

图15-65 设置参数

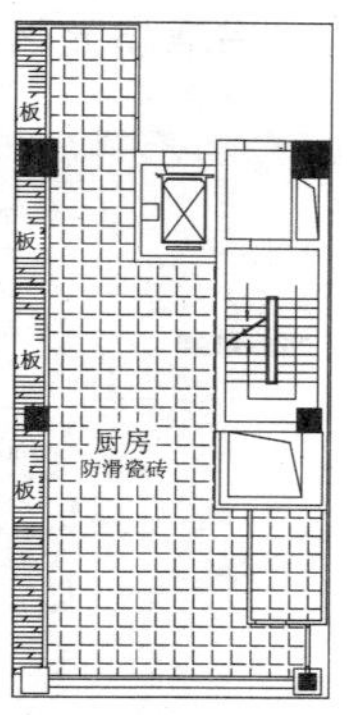

图15-66 图案填充

14 绘制卫生间地面铺装图案。沿用厨房地面的铺装图案，将其填充比例更改为40，绘制卫生间的地面填充图案，结果如图15-67所示。

15 绘制备餐区地面铺装图案。调用H【填充】命令，弹出【图案填充和渐变色】对话框，设置参数如图15-68所示。

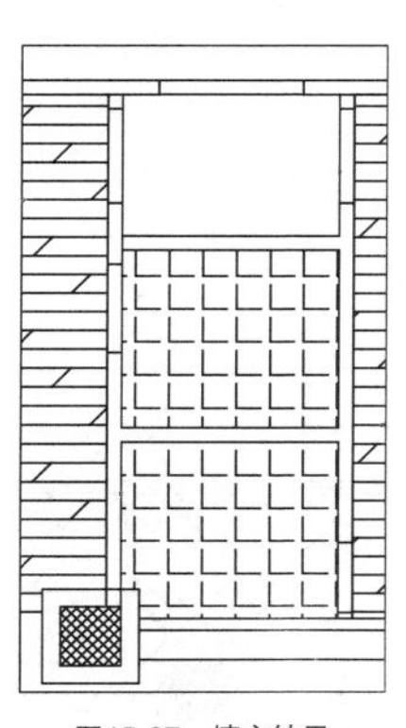

图15-67 填充结果

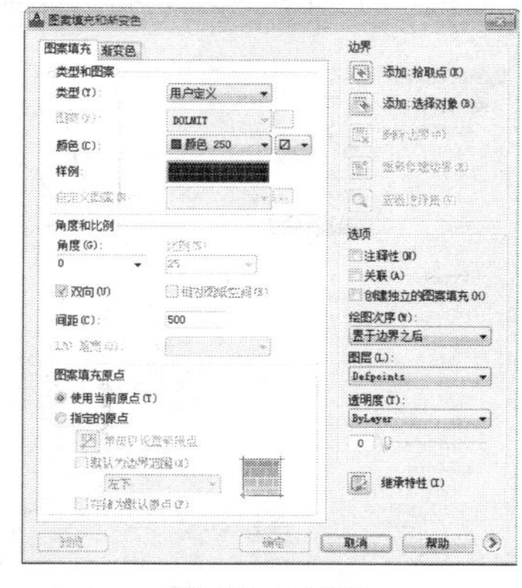

图15-68 设置参数

16 在绘图区中拾取填充区域，绘制图案填充的结果如图15-69所示。

17 沿用上述操作，绘制备餐区和卫生间的地面铺装图，结果如图15-70所示。

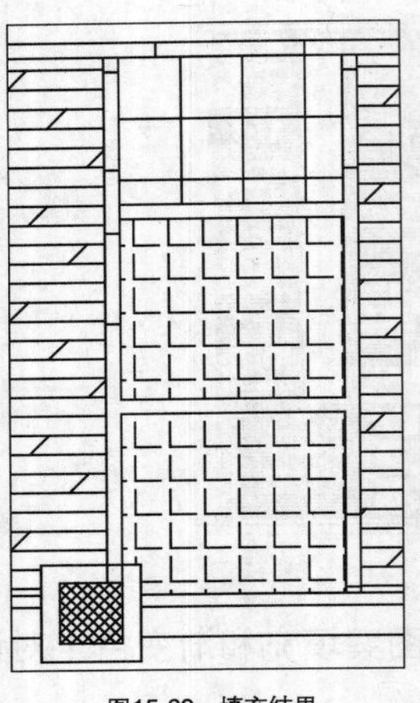

图15-69 填充结果

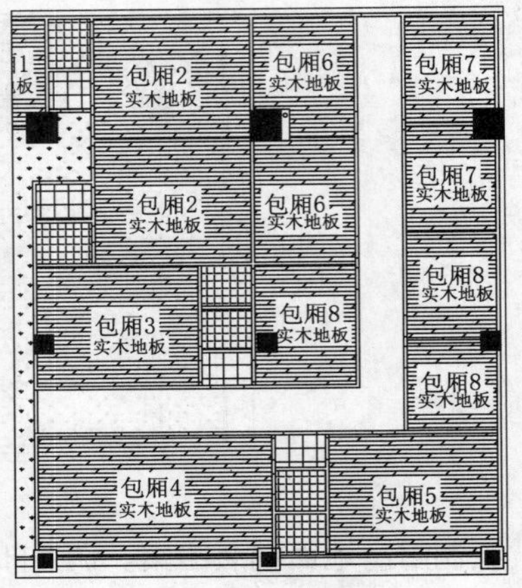

图15-70 绘制结果

18 绘制过道地面铺装图案。调用H【填充】命令，弹出【图案填充和渐变色】对话框，设置参数如图15-71所示。

19 在绘图区中拾取填充区域，绘制图案填充的结果如图15-72所示。

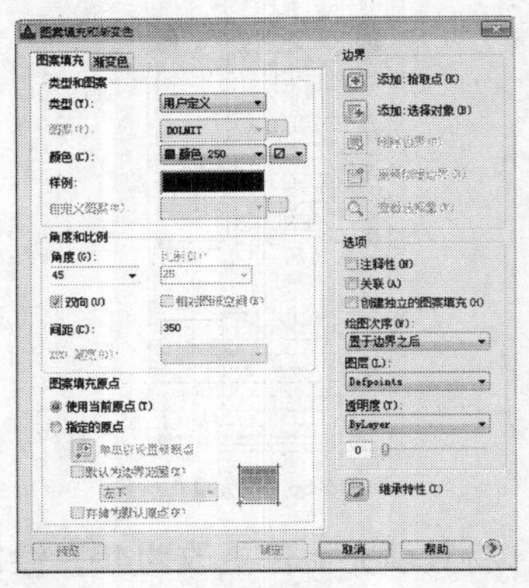

图15-71 设置参数

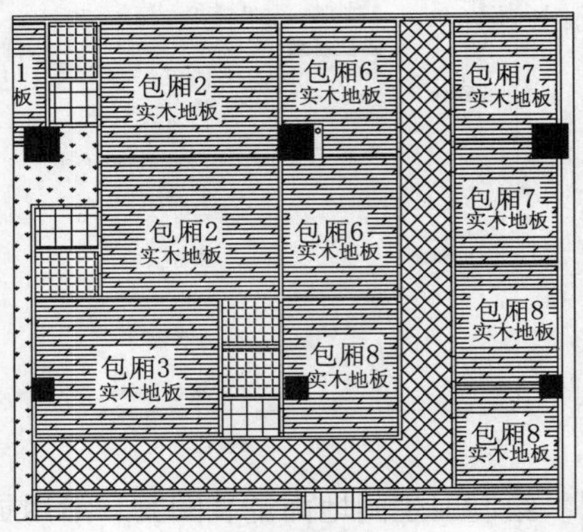

图15-72 填充结果

20 绘制门槛石地面铺装图案。调用H【填充】命令，弹出【图案填充和渐变色】对话框，设置参数如图15-73所示。

21 在绘图区中拾取填充区域，绘制图案填充的结果如图15-74所示。

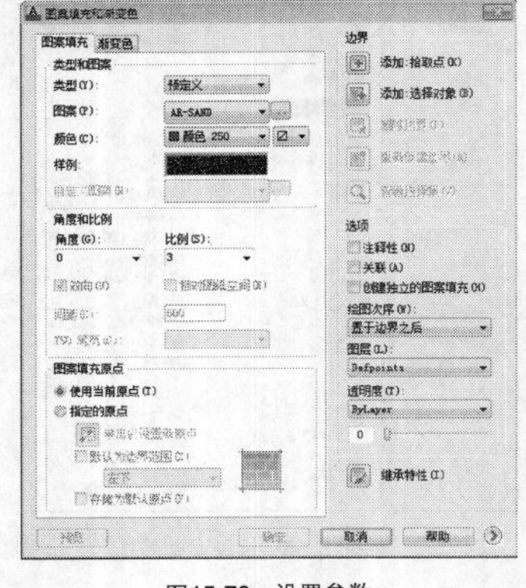

图15-73 设置参数

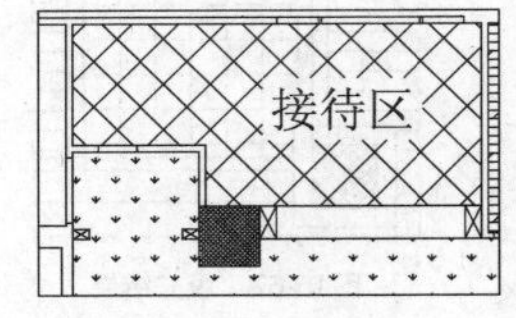

图15-74 填充结果

22 沿用相同的参数，绘制门槛石的地面铺装图案，填充结果如图15-75所示。

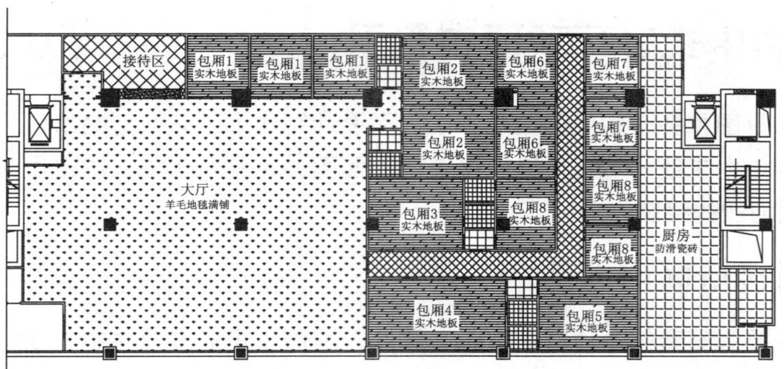

图15-75 填充结果

23 材料标注。调用MLD【多重引线】命令，为地面图绘制材料标注，结果如图15-76所示。

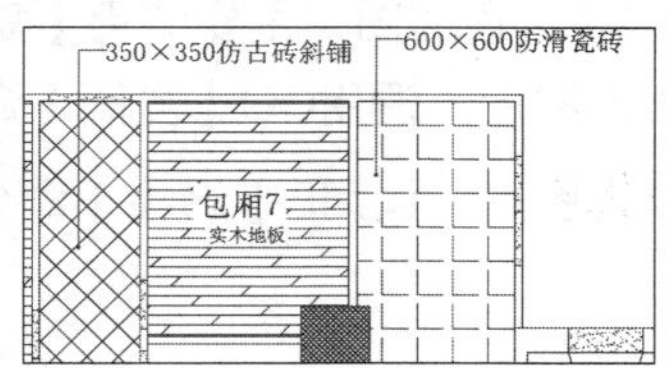

图15-76 材料标注

24 重复操作，为地面图绘制材料标注，标注结果如图15-77所示。

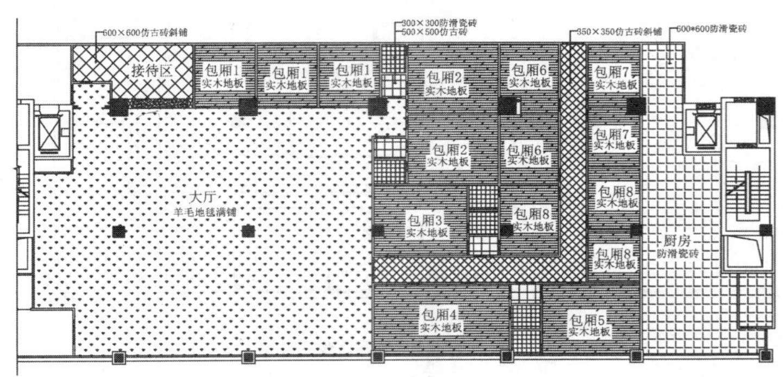

图15-77 标注结果

25 图名标注。调用MT【多行文字】命令，绘制图名和比例，调用L【直线】命令，在图名和比例下绘制两条下划线，并将最下面的下划线的线宽设置为0.3mm，结果如图15-78所示。

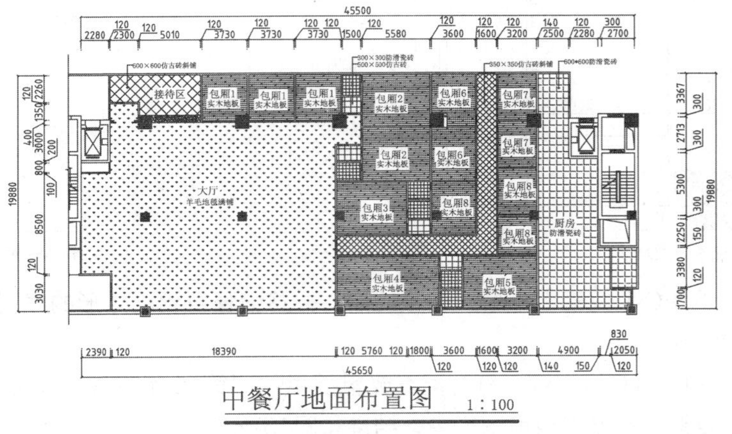

图15-78 图名标注

15.4 绘制中式餐厅顶面布置图

餐厅的顶面布置图依各个功能区域的不同，而设计制作了不同造型的吊顶。从造型外观到造型的选材，都在区别中力求统一。本节选取接待区顶面图、包厢顶面图、过道顶面为例，介绍中餐厅中主要功能区域顶面图的绘制方法。

15.4.1 绘制接待区顶面图

接待区顶面主要为石膏板吊顶面刷白色乳胶漆，右侧为矩形吊顶并制作了灯带，与大厅及包厢中复杂造型的吊顶相比，颇为清新自然。

绘制接待区顶面图，主要调用【复制】命令、【删除】命令以及【矩形】命令等。

01 复制图形。调用CO【复制】命令，移动、复制一份平面布置图至一旁。

02 整理图形。调用E【删除】命令，删除平面图上的多余图形，结果如图15-79所示。

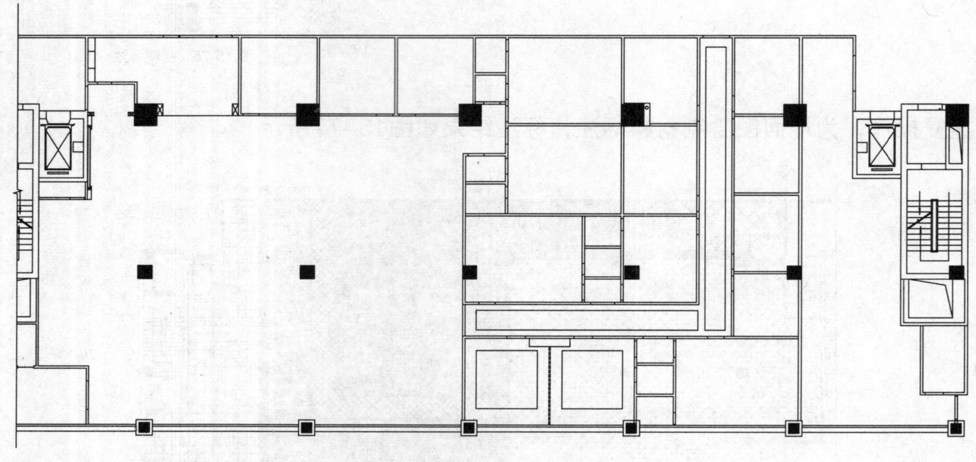

图15-79 整理图形

03 绘制顶面轮廓。调用REC【矩形】命令，绘制矩形，结果如图15-80所示。

04 调用O【偏移】命令，设置偏移距离为100，向内偏移矩形，结果如图15-81所示。

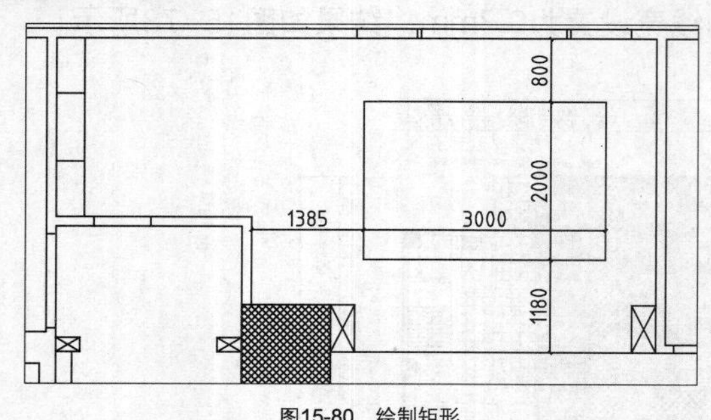

图15-80 绘制矩形

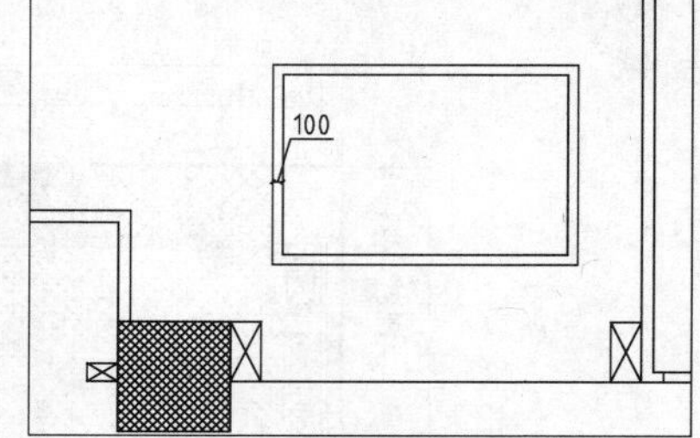

图15-81 偏移矩形

05 绘制灯带。调用O【偏移】命令，偏移矩形，并将偏移得到的矩形的线型设置为虚线，结果如图15-82所示。

06 插入图块。按Ctrl+O组合键，打开配套光盘提供的“第15章\家具图例.dwg”文件，将其中的灯具图形复制、粘贴至当前图形中，结果如图15-83所示。

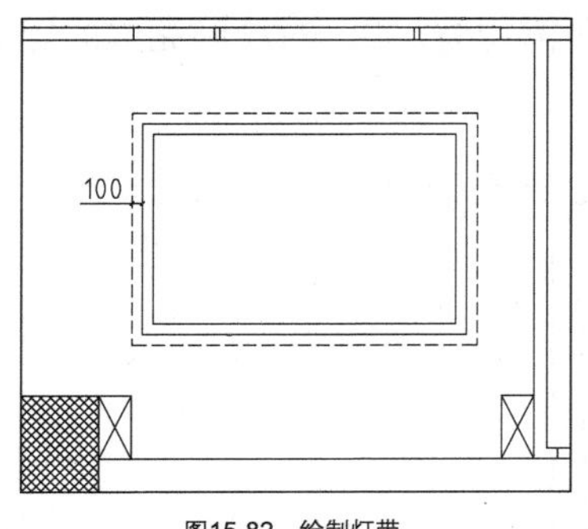

图15-82 绘制灯带

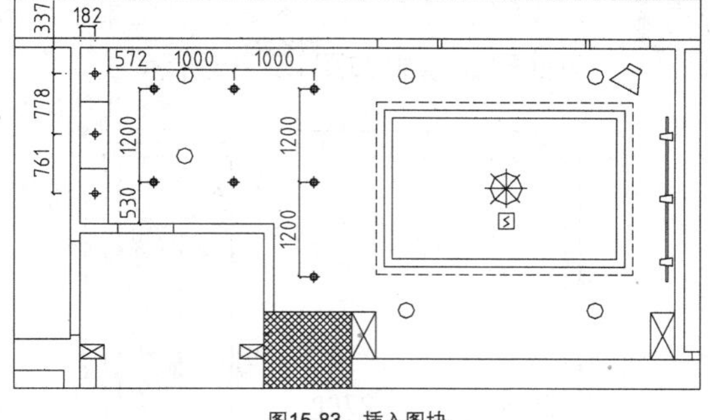

图15-83 插入图块

07 标高标注。调用I【插入】命令，弹出【插入】对话框，选择“标高”图块，结果如图15-84所示。

08 在对话框中单击【确定】按钮，根据命令行的提示，指定标高点，输入标高参数，完成标高标注的结果如图15-85所示。

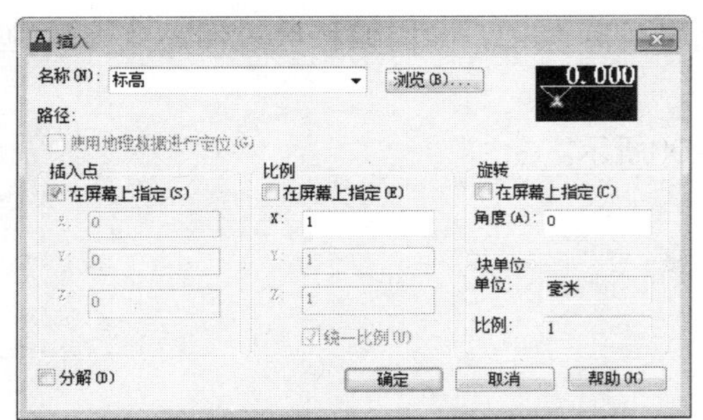

图15-84 【插入】对话框

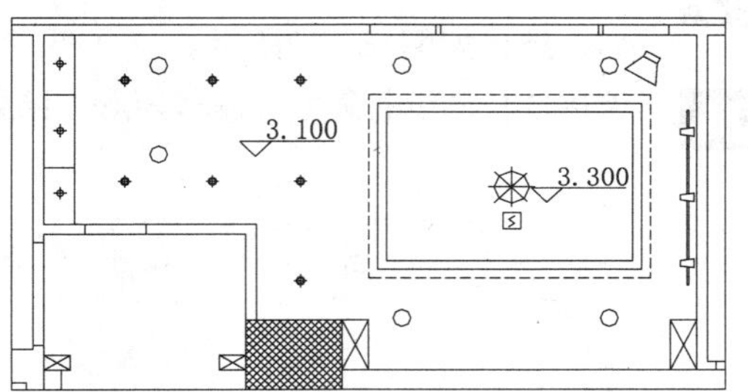

图15-85 标高标注

09 材料标注。调用MLD【多重引线】命令，为顶面图绘制材料标注，结果如图15-86所示。

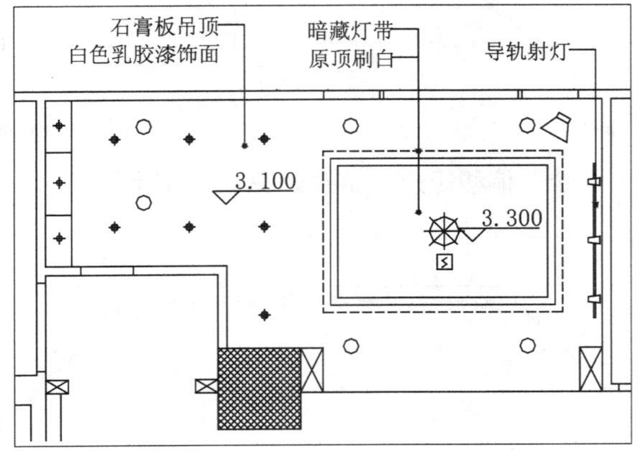

图15-86 材料标注

15.4.2 绘制包厢1顶面图

包厢1顶面使用中密度板设计制作了造型，并涂刷白色乳胶漆，与传统的古典中式装修风格相区分，又称新中式风格。

绘制包厢1顶面图，主要调用【矩形】命令、【倒角】命令以及【偏移】命令等。

01 绘制顶面轮廓。调用REC【矩形】命令，绘制矩形，结果如图15-87所示。

02 调用CHA【倒角】命令，设置第一个和第二个倒角距离均为790，对绘制完成的矩形进行倒角处理，结果如图15-88所示。

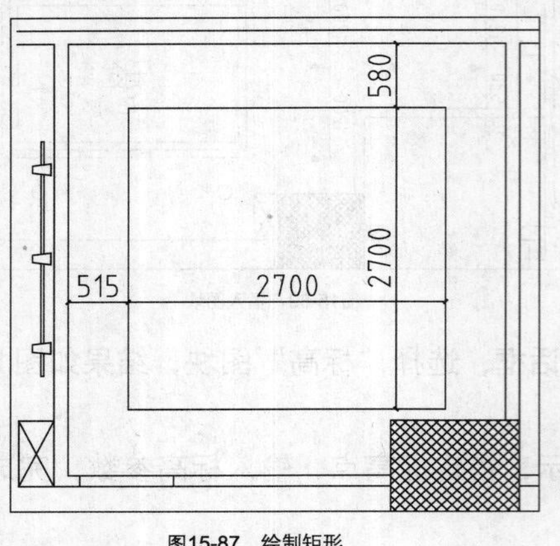

图15-87 绘制矩形

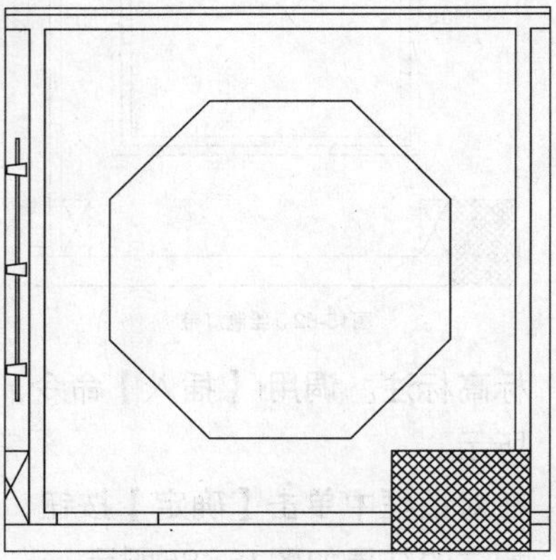

图15-88 倒角处理

03 绘制顶面造型。调用O【偏移】命令，设置偏移距离为30，向内偏移经过倒角处理后的矩形，结果如图15-89所示。

04 调用O【偏移】命令，偏移矩形，结果如图15-90所示。

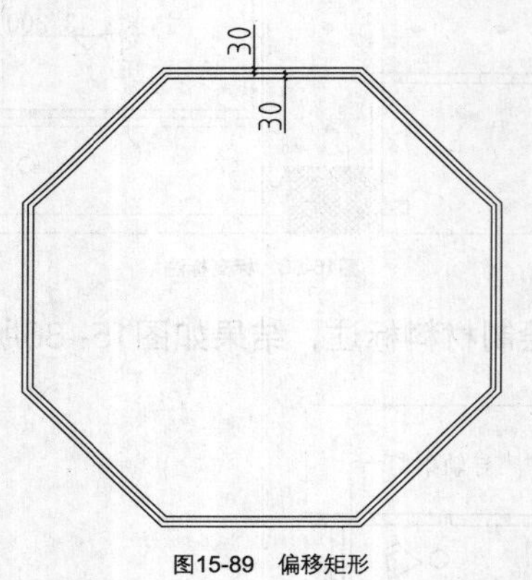

图15-89 偏移矩形

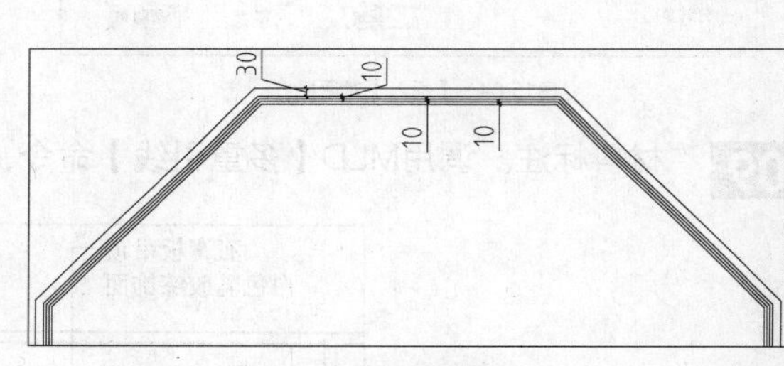

图15-90 偏移结果

05 继续调用O【偏移】命令，偏移矩形，结果如图15-91所示。

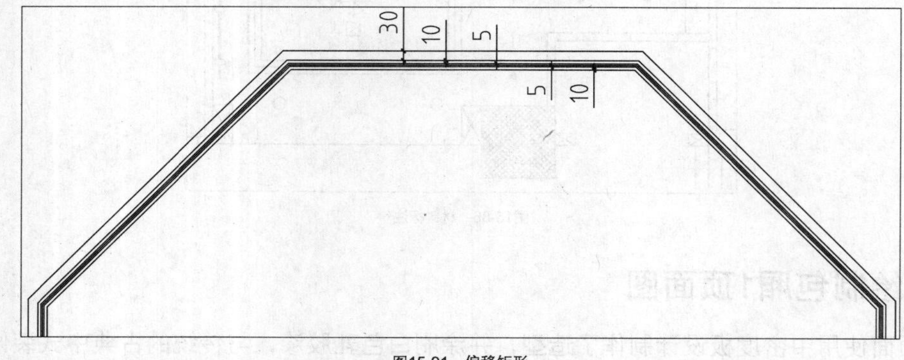

图15-91 偏移矩形

06 调用O【偏移】命令，偏移矩形，结果如图15-92所示。

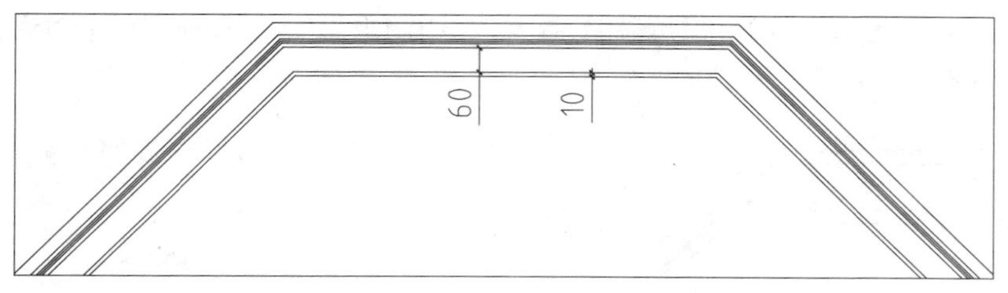

图15-92 偏移结果

07 继续调用O【偏移】命令，偏移矩形，结果如图15-93所示。

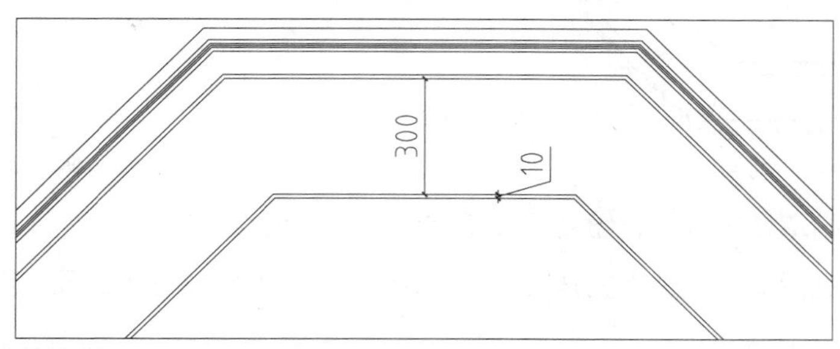

图15-93 偏移矩形

08 调用O【偏移】命令，偏移矩形，结果如图15-94所示。

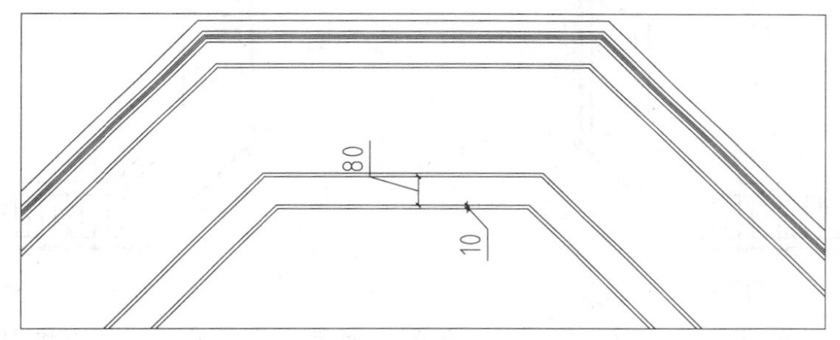

图15-94 偏移结果

09 调用L【直线】命令，绘制对角线，结果如图15-95所示。

10 调用O【偏移】命令，设置偏移距离为10，往两边偏移对角线，结果如图15-96所示。

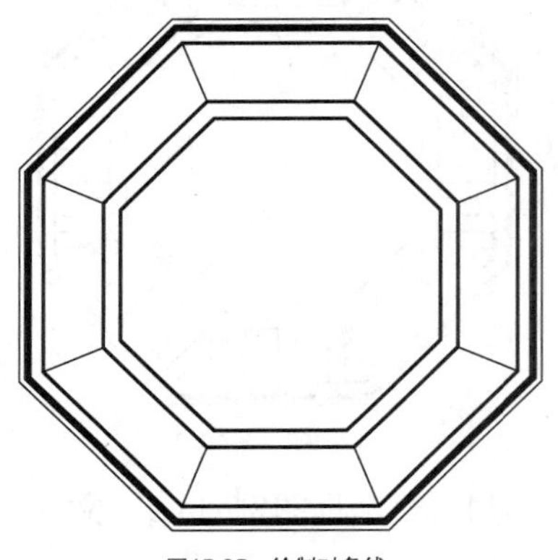

图15-95 绘制对角线

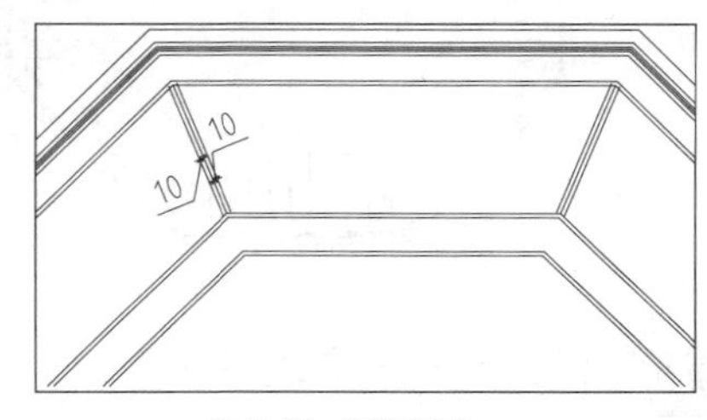

图15-96 偏移对角线

11 调用E【删除】命令，删除对角线；调用EX【延伸】命令、TR【修剪】命令，修剪偏移得到的线段，结果如图15-97所示。

12 填充顶面装饰图案。调用H【填充】命令，弹出【图案填充和渐变色】对话框，设置参数如图15-98所示。

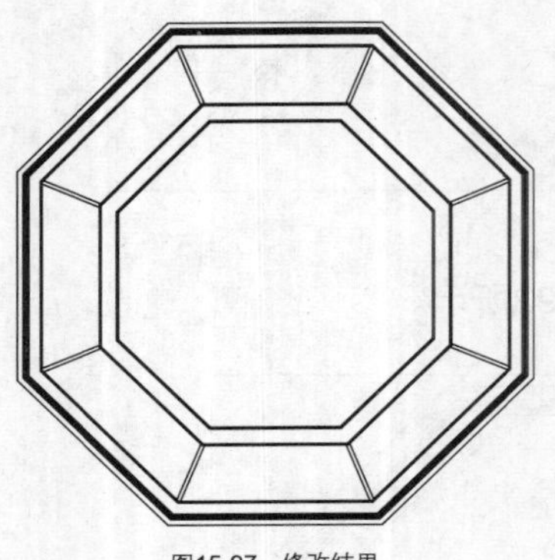

图15-97　修改结果

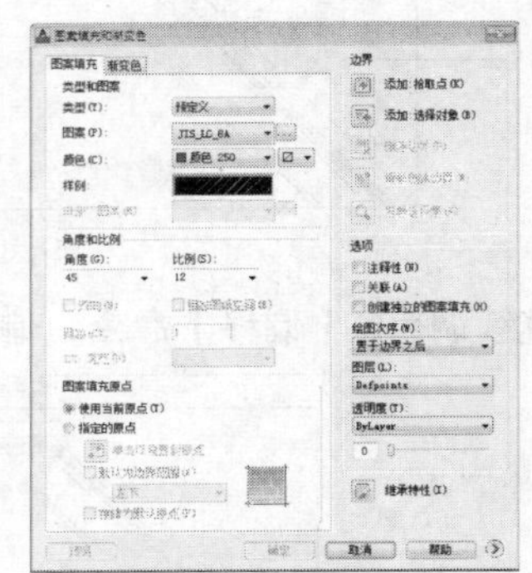

图15-98　设置参数

13 在绘图区中拾取填充区域，绘制图案填充的结果如图15-99所示。

14 沿用上述填充图案，将其填充角度改为315°，绘制图案填充的结果如图15-100所示。

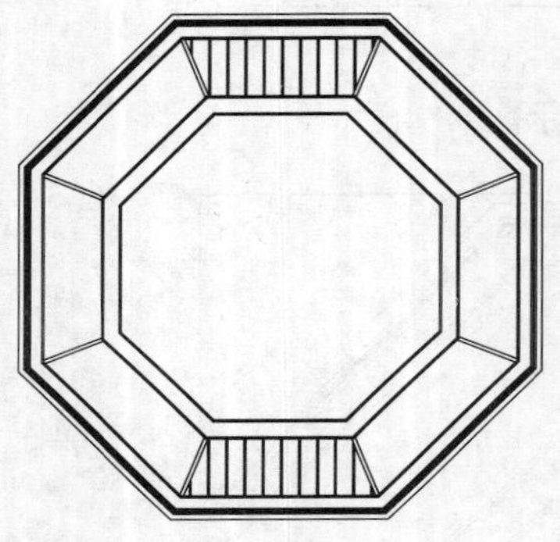

图15-99　填充结果

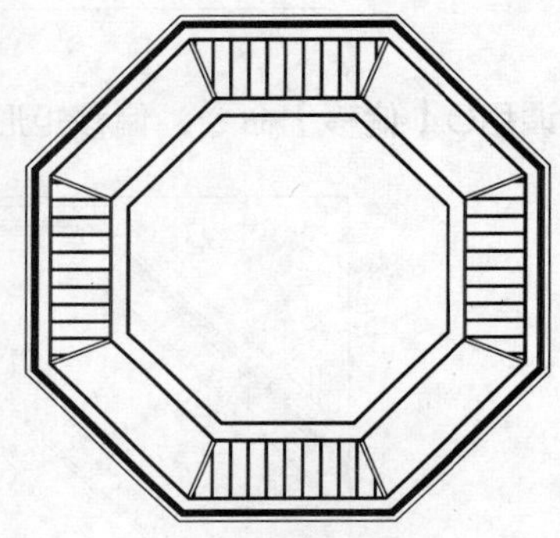

图15-100　图案填充

15 沿用上述填充图案，将其填充角度改为90°，绘制图案填充的结果如图15-101所示。

16 沿用上述填充图案，将其填充角度改为180°，绘制图案填充的结果如图15-102所示。

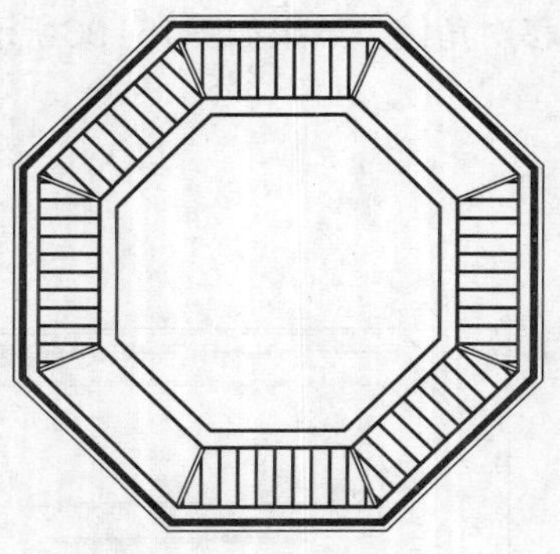

图15-101　填充结果

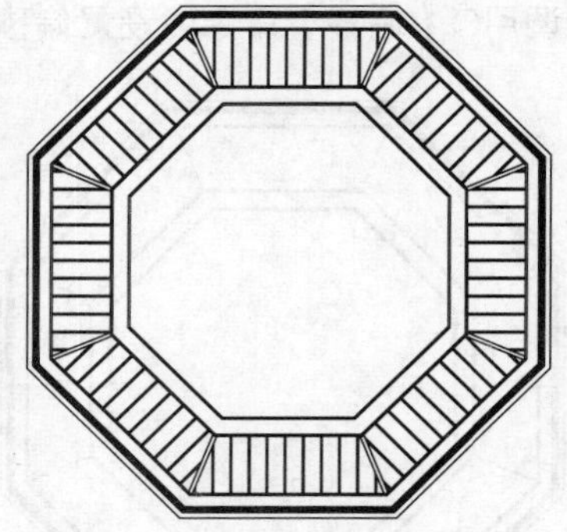

图15-102　图案填充

17 插入图块。按Ctrl+O组合键，打开配套光盘提供的“第15章\家具图例.dwg”文件，将其中的灯具图形复制、粘贴至当前图形中，结果如图15-103所示。

18 标高标注。调用I【插入】命令，弹出【插入】对话框，选择“标高”图块，在对话框中单击【确定】按钮，根据命令行的提示，指定标高点，输入标高参数，完成标高标注的结果如图15-104所示。

19 材料标注。调用MLD【多重引线】命令，为顶面图绘制材料标注，结果如图15-105所示。

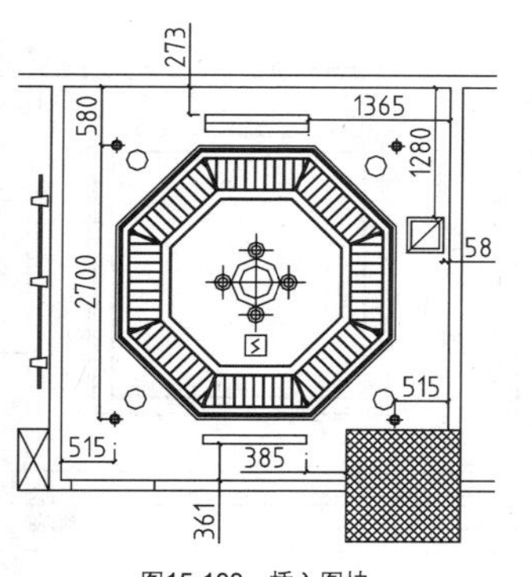

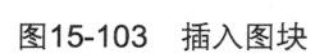
图15-103 插入图块

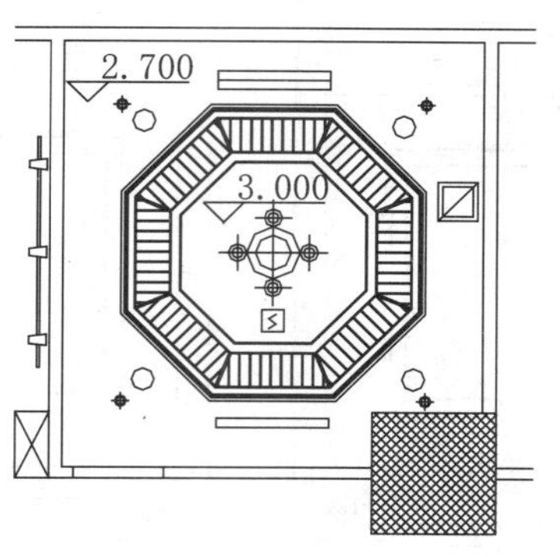

图15-104 标高标注

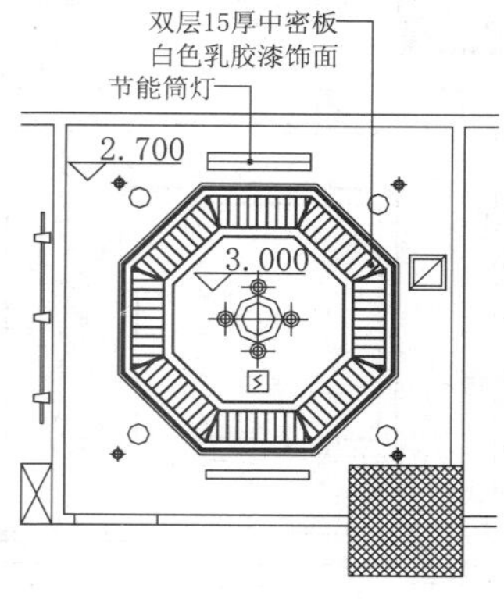

图15-105 材料标注

15.4.3 绘制包厢4顶面图

包厢4顶面为石膏板吊顶，辅以灰镜饰面，成为满目充斥着木结构装饰中的一个亮点。

绘制包厢4顶面图，主要调用【矩形】命令、【偏移】命令以及【直线】命令等。

01 绘制顶面轮廓。调用REC【矩形】命令，绘制矩形，结果如图15-106所示。

02 调用O【偏移】命令，设置偏移距离为200，向内偏移矩形，结果如图15-107所示。

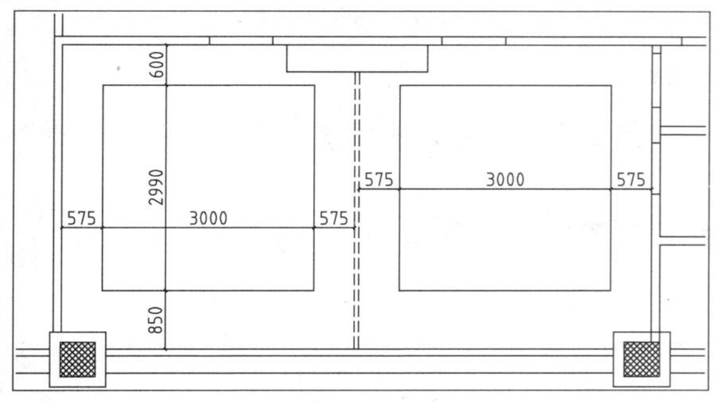

图15-106 绘制矩形

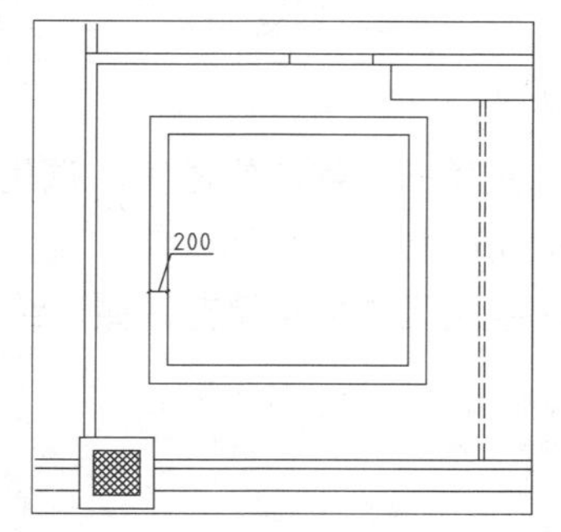

图15-107 偏移矩形

03 调用O【偏移】命令，向内偏移矩形，结果如图15-108所示。

04 绘制灯带。调用O【偏移】命令，偏移矩形；并将偏移得到的矩形的线型设置为虚线，结果如图15-109所示。

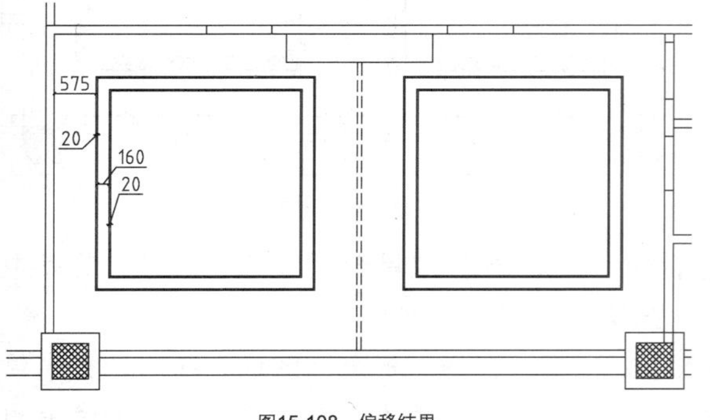

图15-108 偏移结果

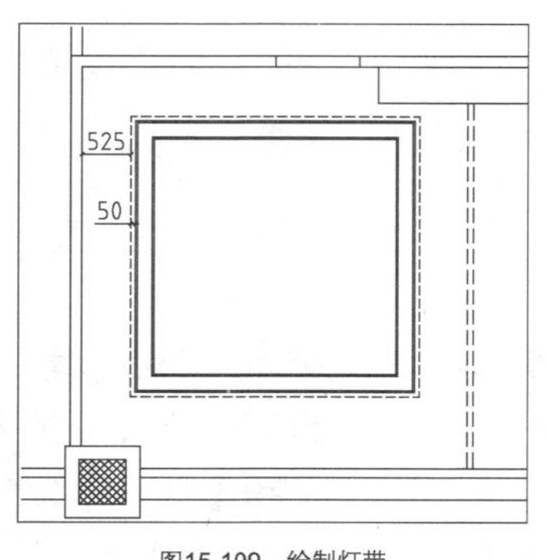

图15-109 绘制灯带

05 调用L【直线】命令，绘制对角线，结果如图15-110所示。

06 绘制窗帘盒。调用L【直线】命令，在标准柱之间绘制连接直线，结果如图15-111所示。

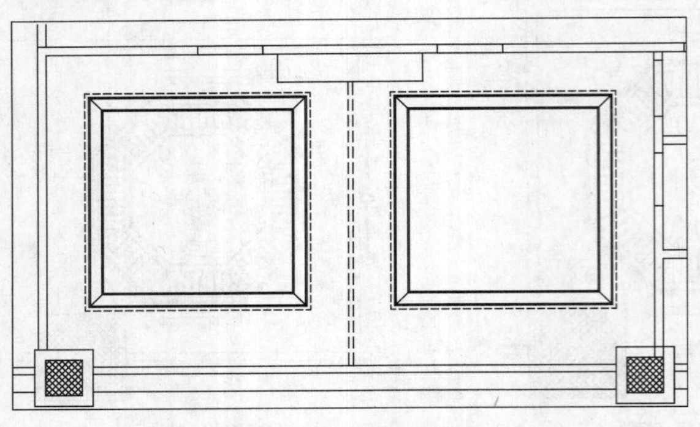

图15-110　绘制对角线

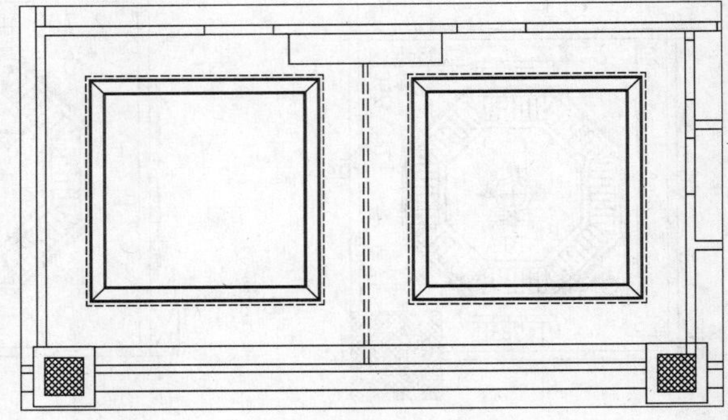

图15-111　绘制直线

07 调用O【偏移】命令，设置偏移距离为20，向下偏移所绘制的直线，完成窗帘盒的绘制，结果如图15-112所示。

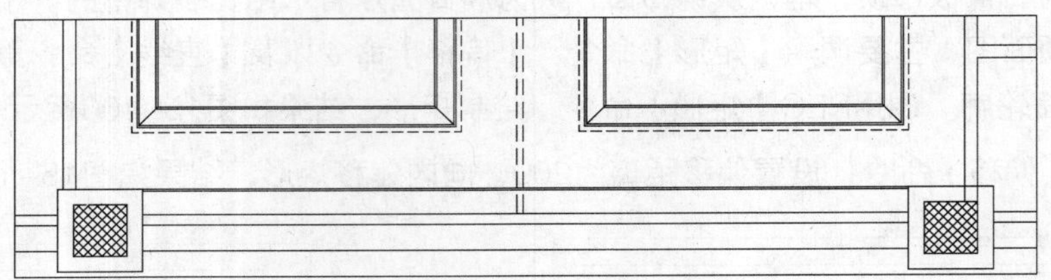

图15-112　绘制结果

08 填充顶面灰镜装饰图案。调用H【填充】命令，弹出【图案填充和渐变色】对话框，设置参数如图15-113所示。

09 在绘图区中拾取填充区域，绘制图案填充的结果如图15-114所示。

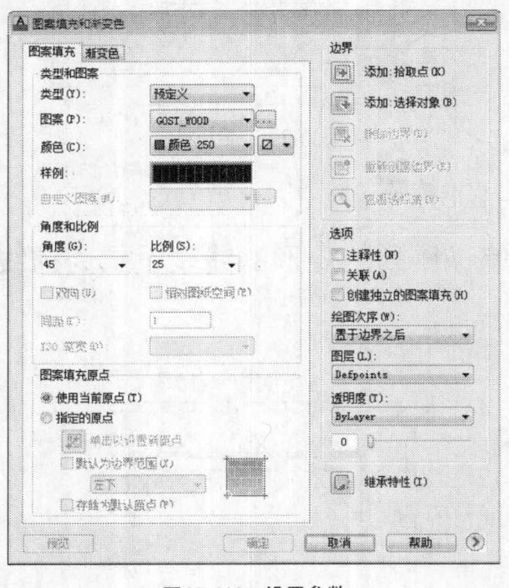

图15-113　设置参数

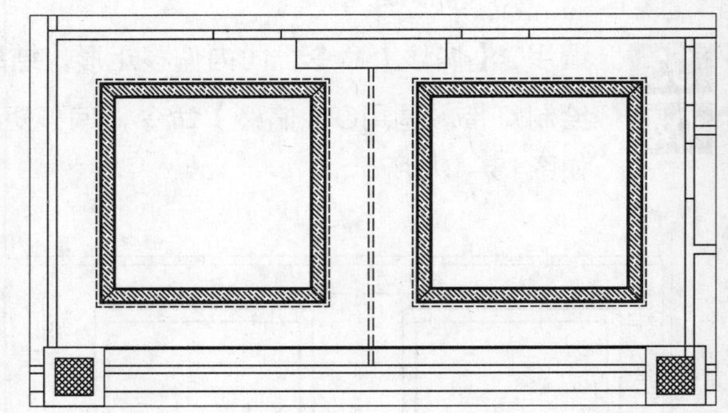

图15-114　图案填充

10 插入图块。按Ctrl+O组合键，打开配套光盘提供的“第15章\家具图例.dwg”文件，将其中的灯具、窗帘图形复制、粘贴至当前图形中，结果如图15-115所示。

11 标高标注。调用I【插入】命令，弹出【插入】对话框，选择“标高”图块，在对话框中单击【确定】按钮，根据命令行的提示，指定标高点，输入标高参数，完成标高标注的结果如图15-116所示。

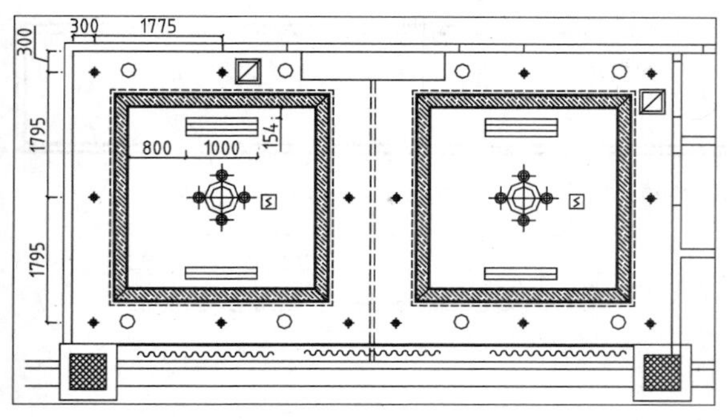

图15-115　插入图块

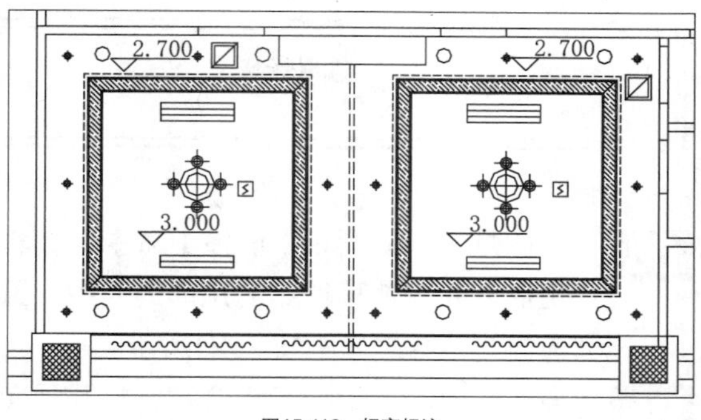

图15-116　标高标注

12 材料标注。调用MLD【多重引线】命令，为顶面图绘制材料标注，结果如图15-117所示。

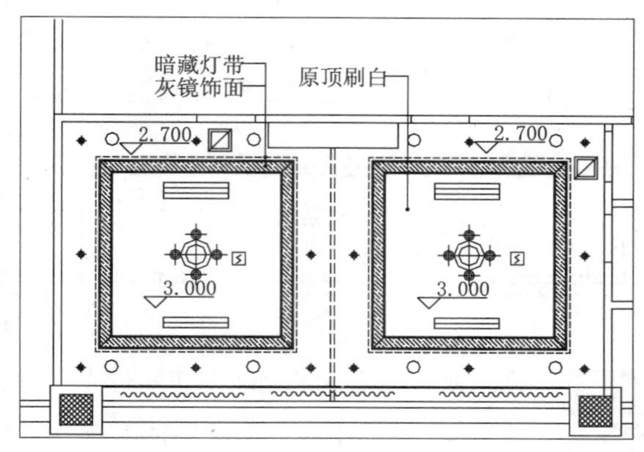

图15-117　材料标注

15.4.4　绘制过道顶面图

过道顶面的装饰元素与其他区域不同的是，顶面使用了马来漆饰面，肌理的效果别有一番韵味。另外，工艺木线条刷白也是新中式装饰风格中的又一元素。

绘制过道顶面图，主要调用【矩形】命令、【偏移】命令和【直线】命令等。

01 绘制顶面轮廓。调用REC【矩形】命令，绘制矩形，结果如图15-118所示。

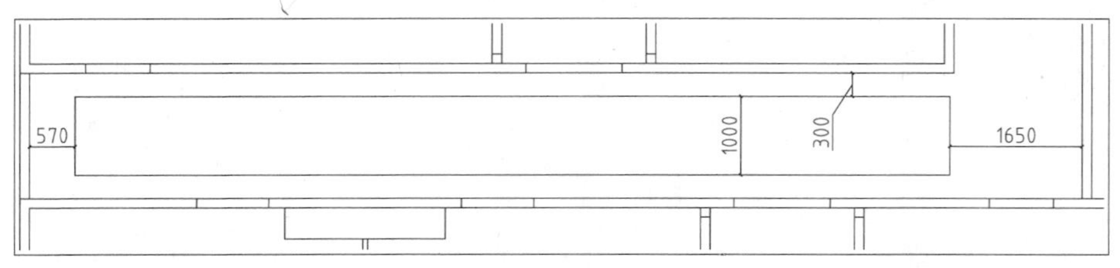

图15-118　绘制矩形

02 绘制顶面造型。调用O【偏移】命令，向内偏移矩形，结果如图15-119所示。

图15-119　偏移矩形

03 调用L【直线】命令，绘制对角线，结果如图15-120所示。

图15-120 绘制对角线

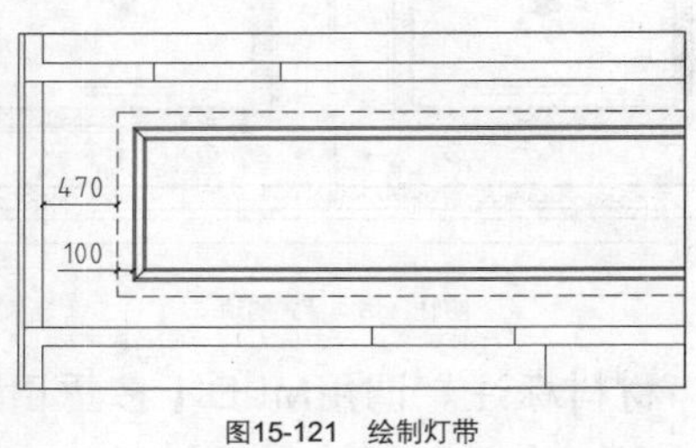

图15-121 绘制灯带

04 绘制灯带。调用O【偏移】命令，偏移矩形，并将偏移得到的矩形的线型设置为虚线，结果如图15-121所示。

05 插入图块。按Ctrl+O组合键，打开配套光盘提供的“第15章\家具图例.dwg”文件，将其中的灯具图形复制、粘贴至当前图形中，结果如图15-122所示。

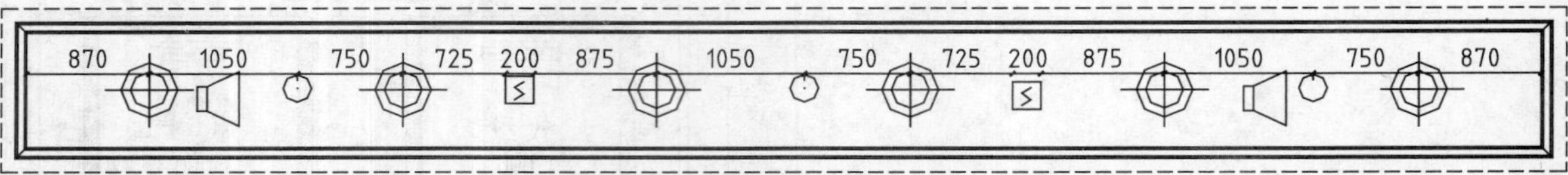

图15-122 插入图块

06 绘制顶面轮廓。调用REC【矩形】命令，绘制矩形，结果如图15-123所示。

07 调用O【偏移】命令，绘制顶面造型线及灯带，结果如图15-124所示。

08 插入图块。按Ctrl+O组合键，打开配套光盘提供的“第15章\家具图例.dwg”文件，将其中的灯具图形复制、粘贴至当前图形中，结果如图15-125所示。

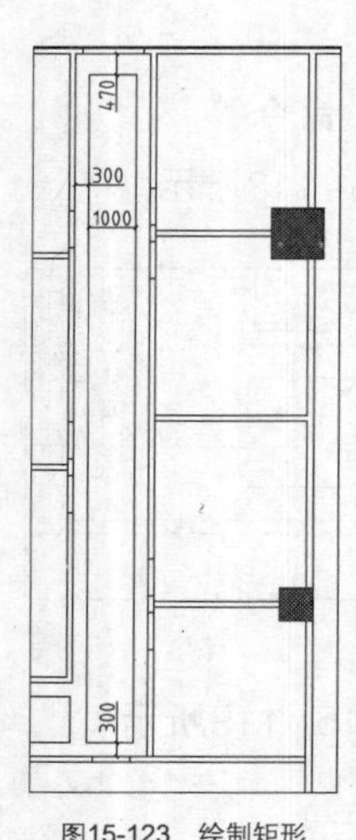

图15-123 绘制矩形

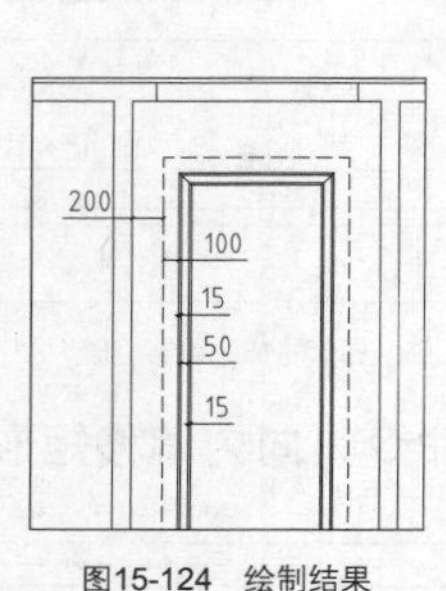

图15-124 绘制结果

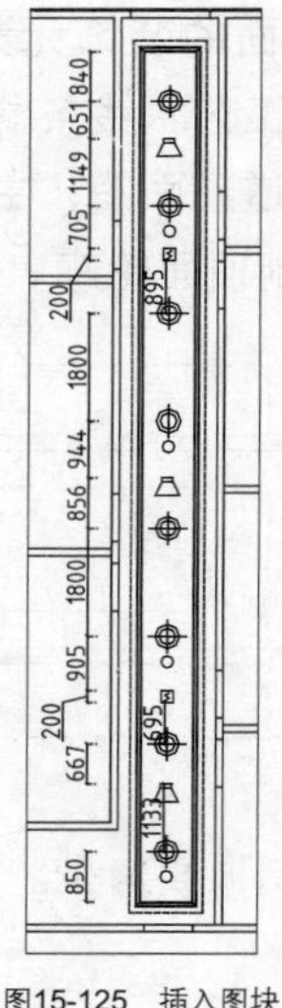

图15-125 插入图块

09 标高标注。调用I【插入】命令，弹出【插入】对话框，选择“标高”图块，在对话框中单击【确定】按钮，根据命令行的提示，指定标高点，输入标高参数，完成标高标注的结果如图15-126所示。

10 材料标注。调用MLD【多重引线】命令，为顶面图绘制材料标注，结果如图15-127所示。

11 沿用本节介绍的绘制各区域顶面图的方法，继续绘制中餐厅的顶面布置图，绘制结果如图15-128所示。

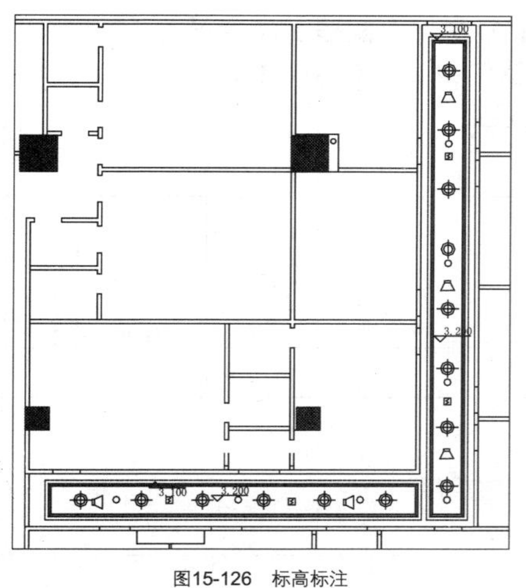

图15-126 标高标注

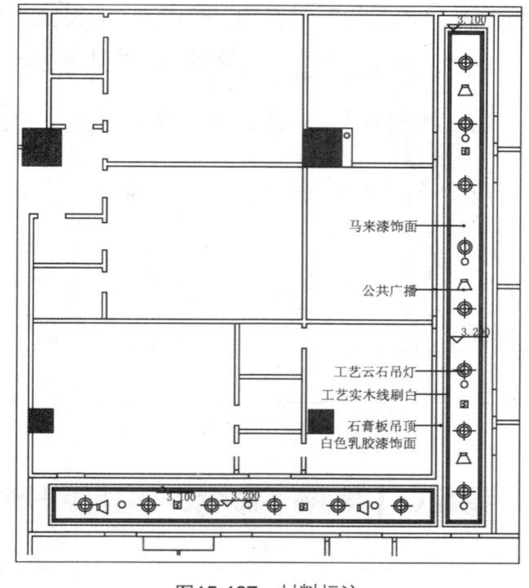

图15-127 材料标注

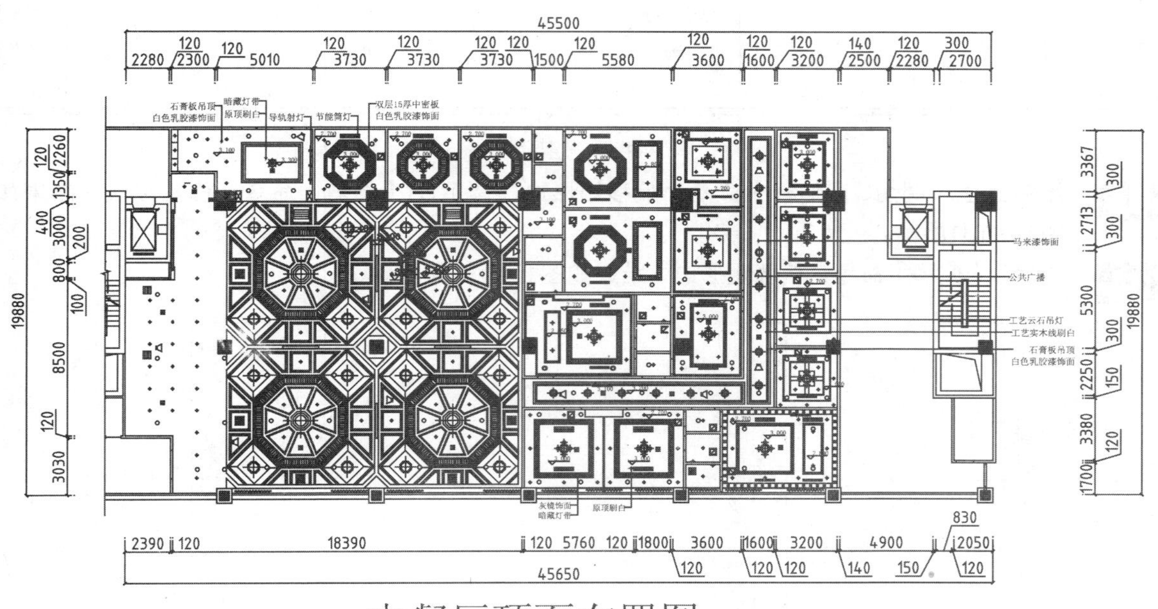

图15-128 绘制结果

15.5 中式餐厅立面设计

餐厅立面的装饰设计，是一个餐厅装饰的灵魂。因为，墙立面与顶面、地面不同，它是餐厅中第一个映入顾客眼帘的实质性物体。因此，到位的立面装饰对于衬托和诠释一个餐厅的主题装饰风格起到很大的作用。

本节选取大厅A立面图、过道B立面图为例，介绍餐厅立面图的绘制方法。

15.5.1 绘制大厅A立面图

大厅A立面的装饰，除了运用具有中式风格的实木花格、花罩外，还将现代风格中的车边镜运用其中，现代与古典相结合，碰撞出激烈的火花，增加了观赏效果。

绘制大厅A立面图，主要调用【矩形】命令、【分解】命令与【偏移】命令等。

01 绘制立面轮廓。调用REC【矩形】命令，绘制矩形；调用X【分解】命令，分解矩形；调用O【偏移】命令，偏移矩形边，结果如图15-129所示。

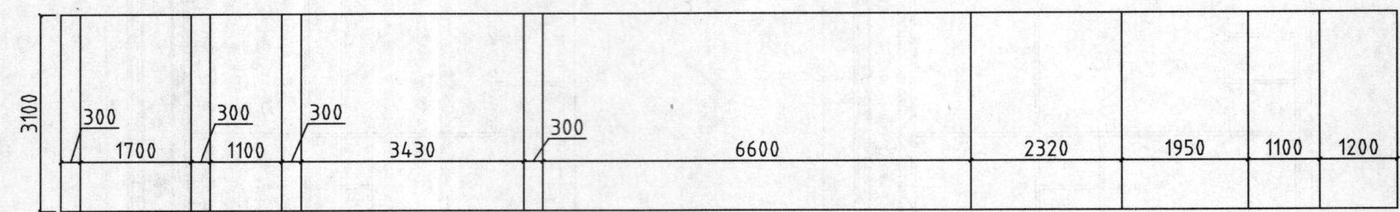

图15-129 绘制结果

02 调用O【偏移】命令，偏移矩形边，结果如图15-130所示。

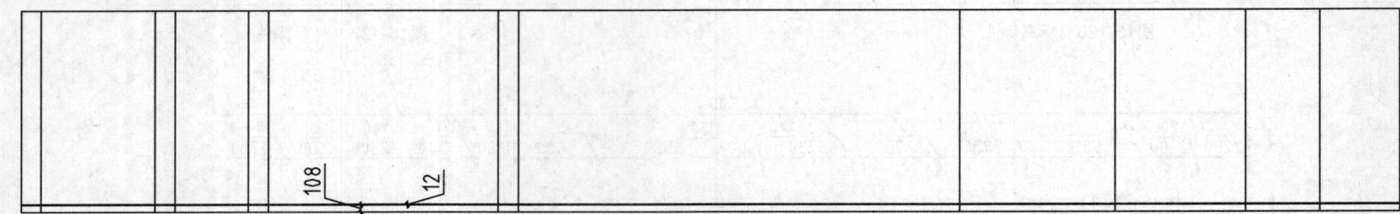

图15-130 偏移矩形边

03 绘制立柱。调用O【偏移】命令，偏移矩形边；调用TR【修剪】命令，修剪线段，结果如图15-131所示。

04 调用O【偏移】命令，偏移矩形边，结果如图15-132所示。

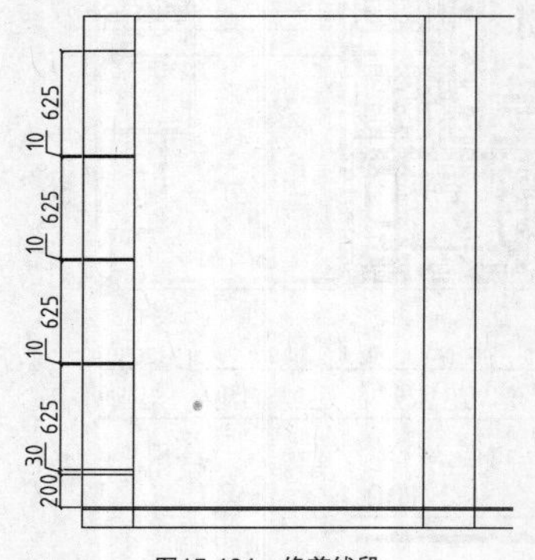

图15-131 修剪线段

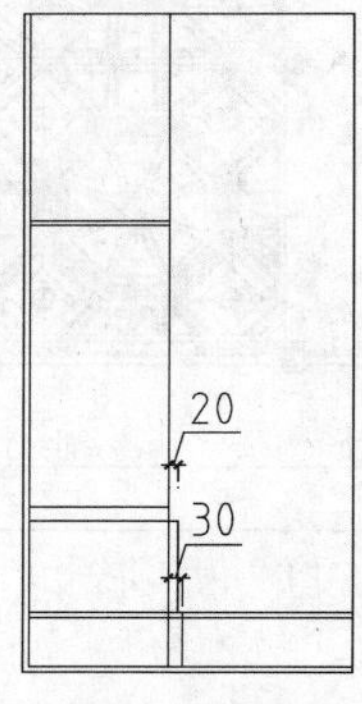

图15-132 偏移矩形边

05 调用TR【修剪】命令，修剪线段，结果如图15-133所示。

06 调用O【偏移】命令，偏移线段，结果如图15-134所示。

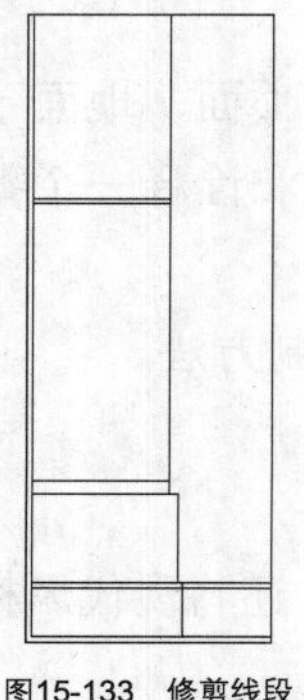

图15-133 修剪线段

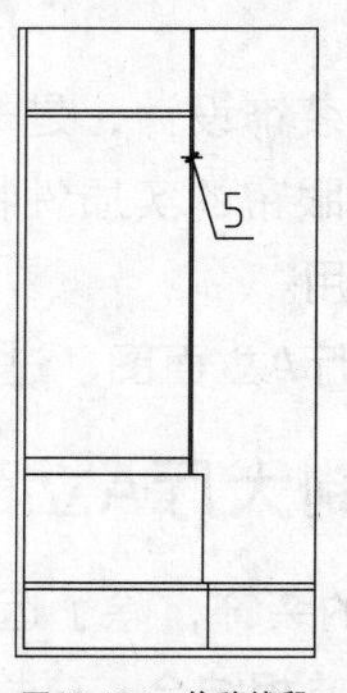

图15-134 偏移线段

07 调用TR【修剪】命令，修剪线段，结果如图15-135所示。

08 调用L【直线】命令，绘制直线，结果如图15-136所示。

09 调用TR【修剪】命令，修剪线段，结果如图15-137所示。

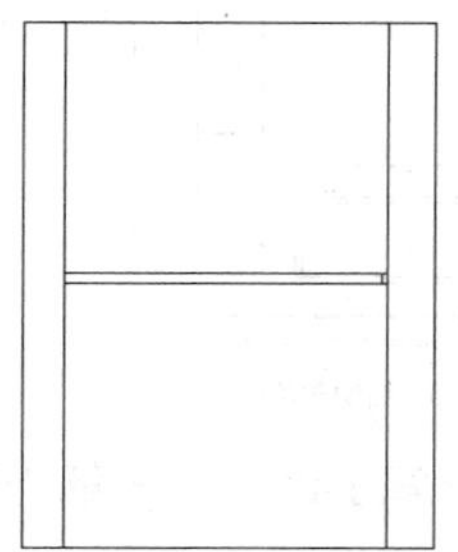
图15-135 修剪线段

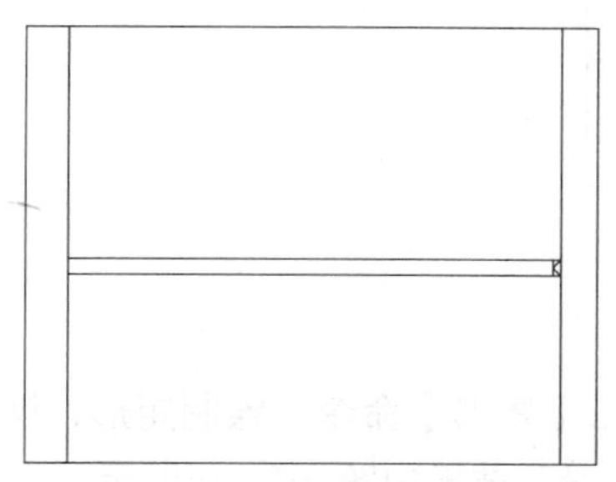
图15-136 绘制直线

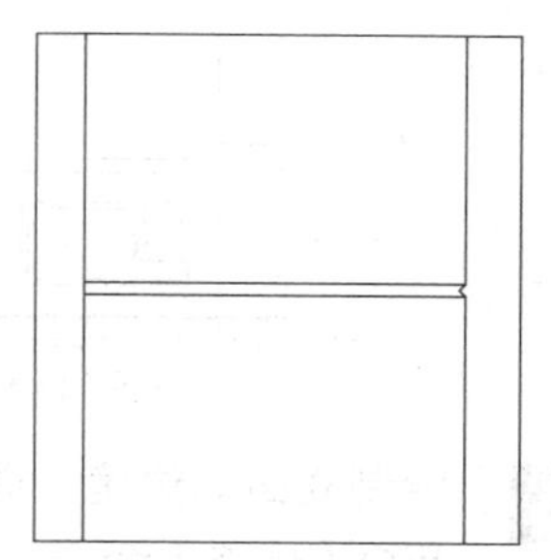
图15-137 修剪线段

10 重复操作，绘制立柱装饰，结果如图15-138所示。

11 调用MI【镜像】命令，镜像复制绘制完成的图形，结果如图15-139所示。

12 绘制墙裙装饰。调用O【偏移】命令，偏移线段；调用TR【修剪】命令，修剪线段，结果如图15-140所示。

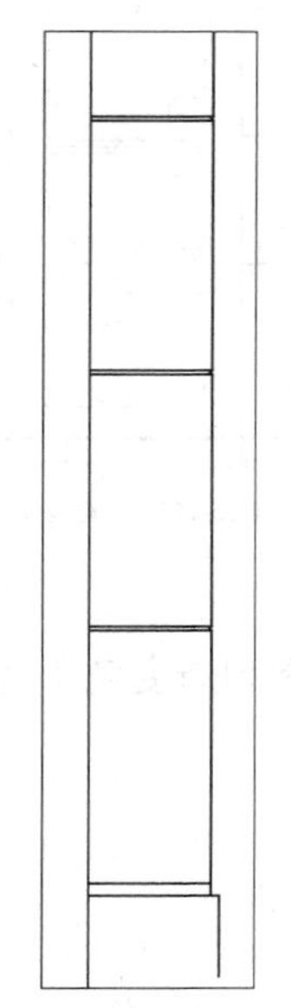
图15-138 绘制结果

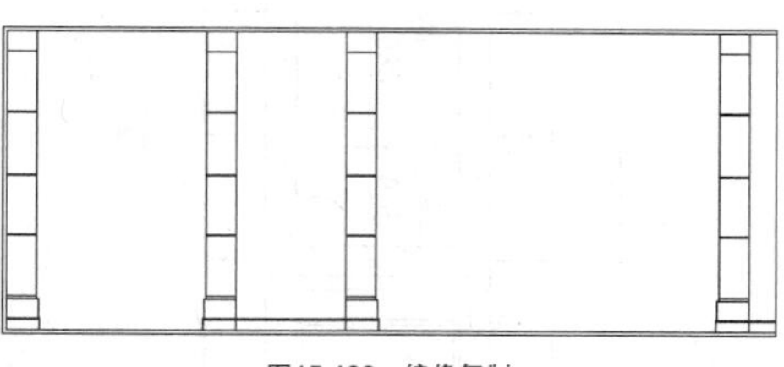
图15-139 镜像复制

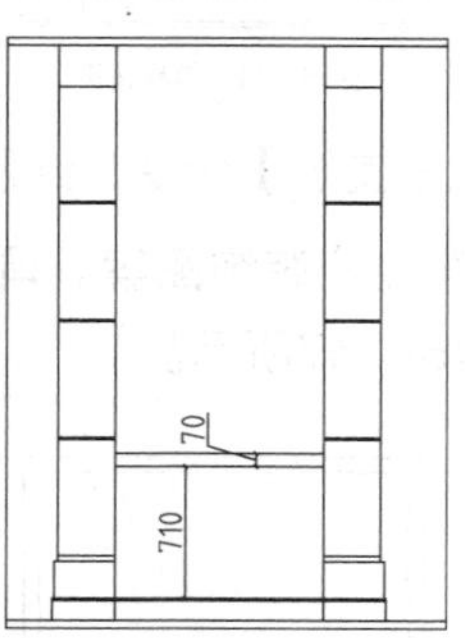

图15-140 修剪线段

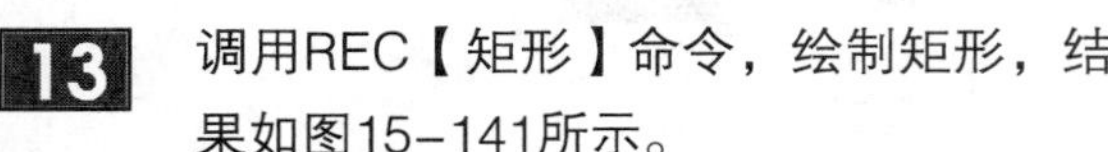
13 调用REC【矩形】命令，绘制矩形，结果如图15-141所示。

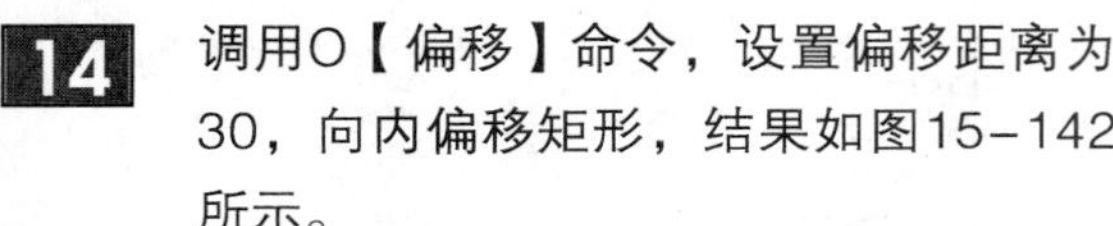
14 调用O【偏移】命令，设置偏移距离为30，向内偏移矩形，结果如图15-142所示。

15 调用L【直线】命令，绘制对角线，结果如图15-143所示。

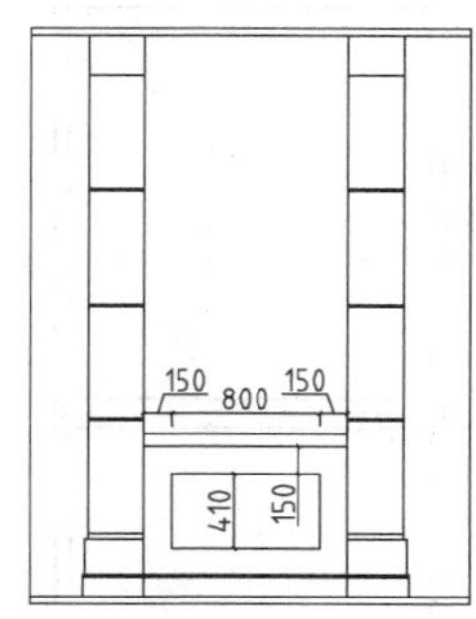

图15-141 绘制矩形

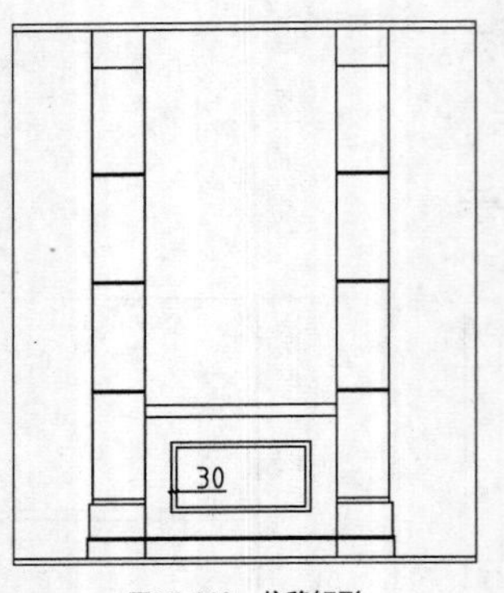

图15-142　偏移矩形

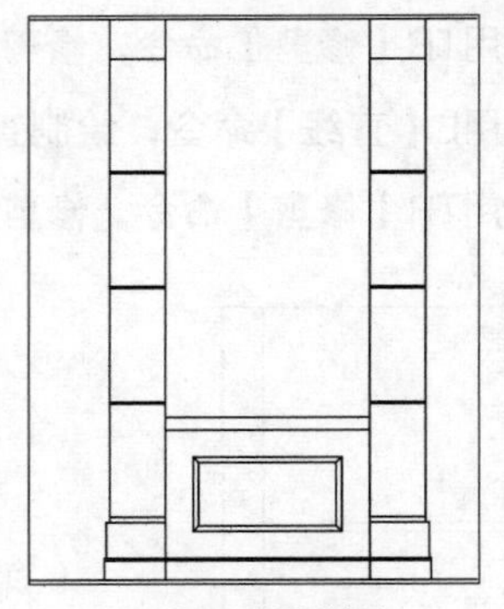
图15-143　绘制对角线

16 绘制立面车边境。调用REC【矩形】命令，绘制矩形；调用X【分解】命令，分解矩形；调用O【偏移】命令，偏移线段，结果如图15-144所示。

17 调用O【偏移】命令，偏移线段；调用TR【修剪】命令，修剪线段，结果如图15-145所示。

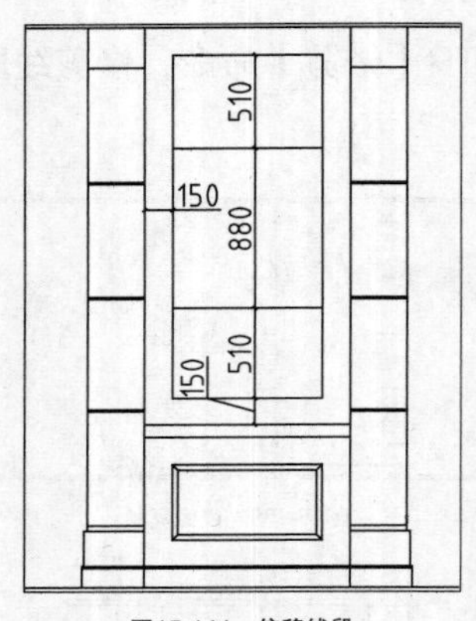

图15-144　偏移线段

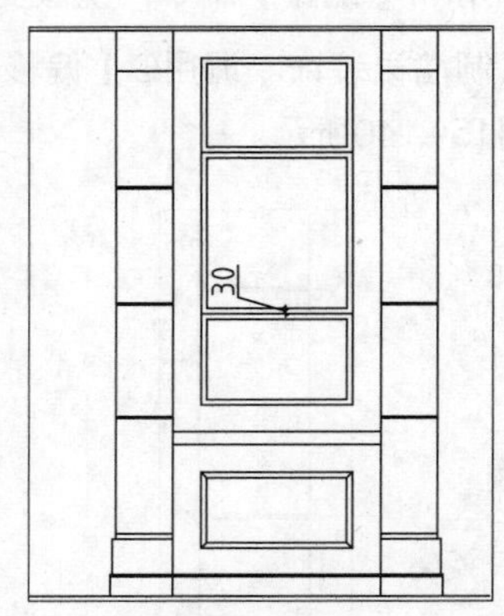

图15-145　修剪线段

18 调用L【直线】命令，绘制对角线，结果如图15-146所示。

19 绘制车边境装饰图案。调用H【填充】命令，弹出【图案填充和渐变色】对话框，设置参数如图15-147所示。

图15-146　绘制对角线

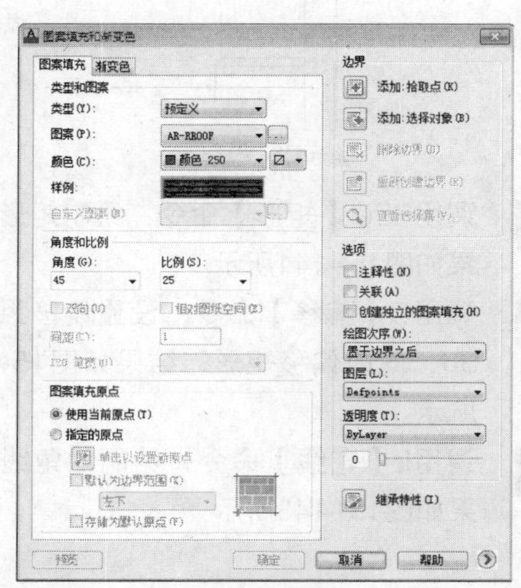

图15-147　设置参数

20 在绘图区中拾取填充区域，绘制图案填充的结果如图15-148所示。

21 绘制立面装饰轮廓。调用O【偏移】命令，偏移线段，结果如图15-149所示。

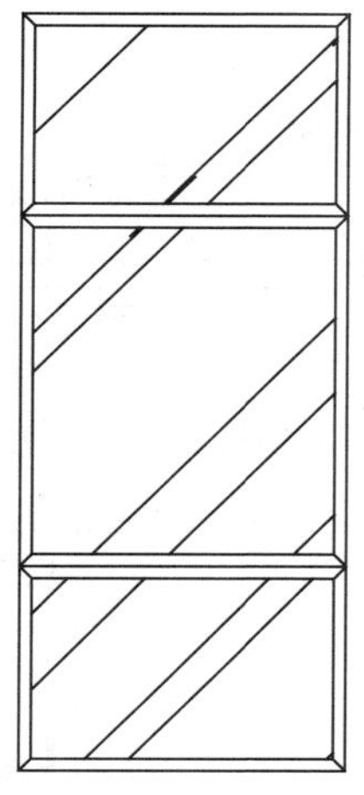

图15-148 图案填充

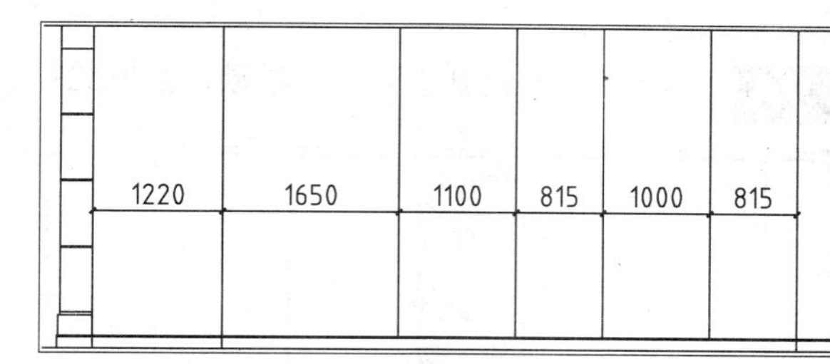

图15-149 偏移线段

22 调用O【偏移】命令，偏移线段，结果如图15-150所示。

23 调用TR【修剪】命令，修剪线段，结果如图15-151所示。

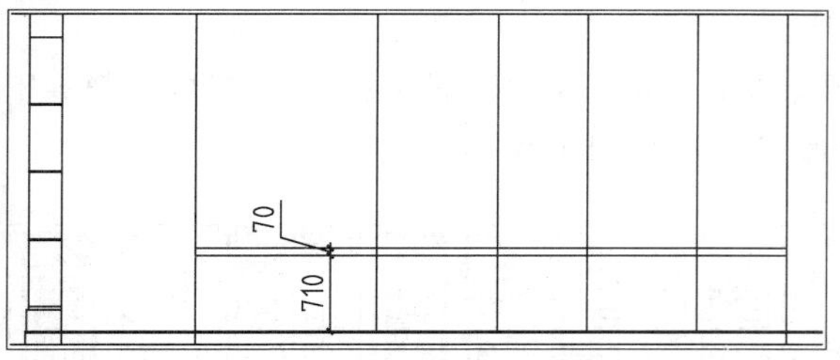

图15-150 偏移线段

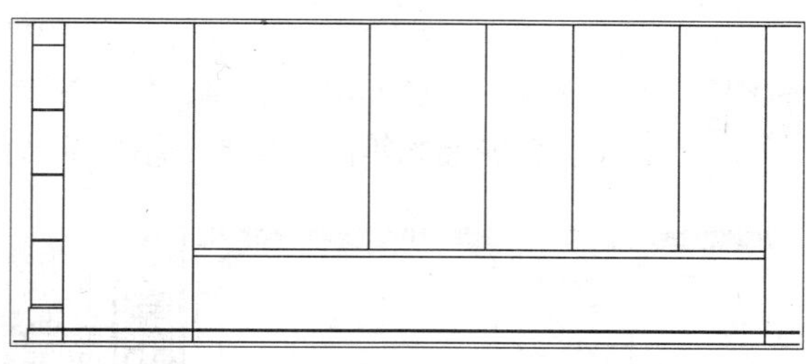

图15-151 修剪线段

24 绘制墙裙装饰。调用REC【矩形】命令，绘制矩形，结果如图15-152所示。

25 调用O【偏移】命令，设置偏移距离为30，向内偏移矩形，结果如图15-153所示。

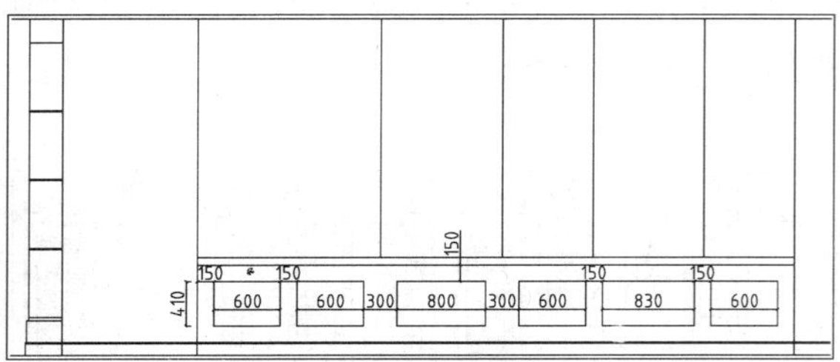

图15-152 绘制矩形

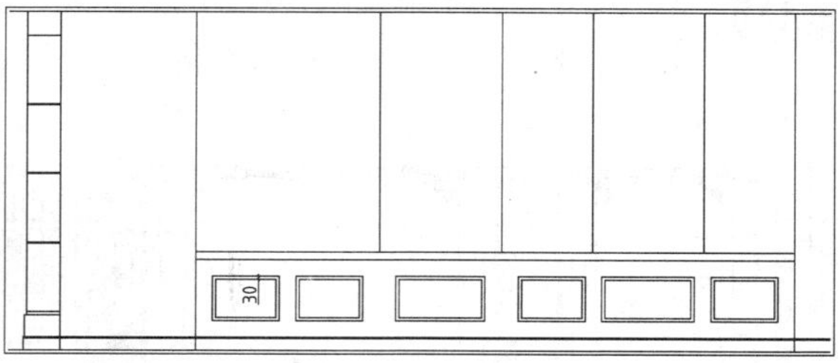

图15-153 偏移矩形

26 调用L【直线】命令，绘制对角线，结果如图15-154所示。

27 重复操作，绘制其他的墙裙装饰，结果如图15-155所示。

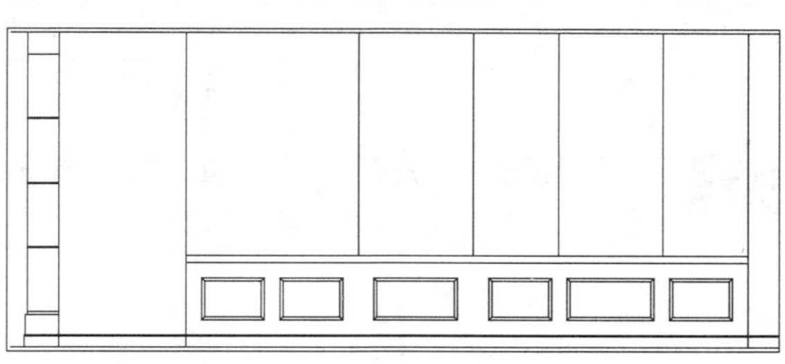

图15-154 绘制对角线

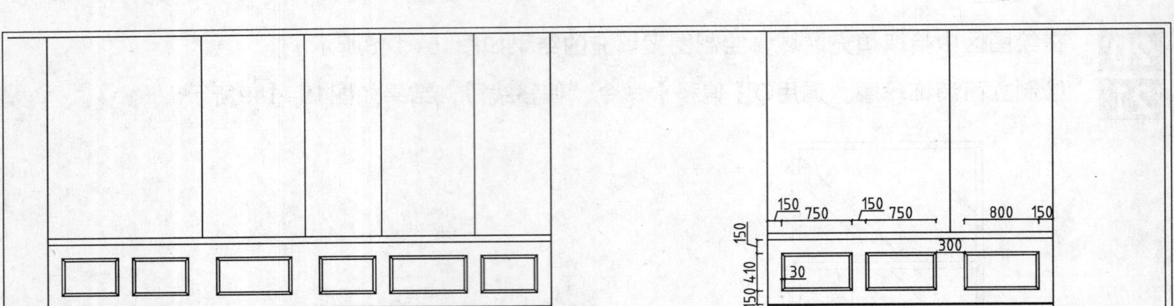

图15-155 绘制结果

28 调用CO【复制】命令，移动、复制绘制完成的墙面灰镜装饰图形，结果如图15-156所示。

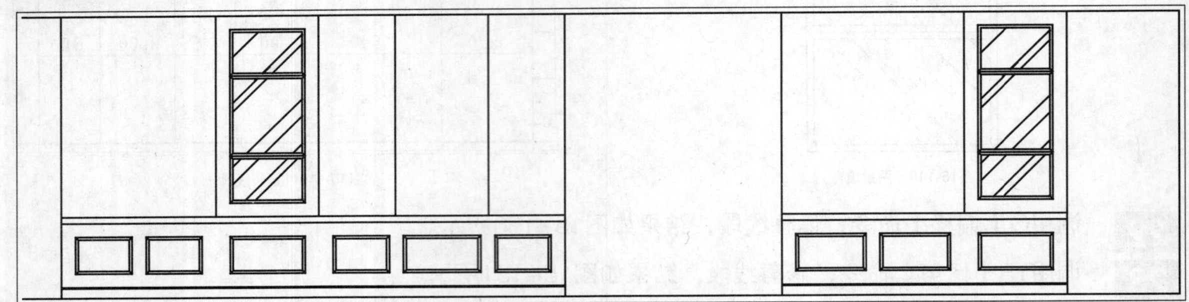

图15-156 复制结果

29 插入图块。按Ctrl+O组合键，打开配套光盘提供的“第15章\家具图例.dwg”文件，将其中的中式角花装饰等图形复制、粘贴至当前图形中，结果如图15-157所示。

图15-157 插入图块

30 尺寸标注。调用DLI【线性标注】命令，在绘图区中分别指定第一、第二个尺寸界线原点以及尺寸线位置，为立面图绘制尺寸标注，结果如图15-158所示。

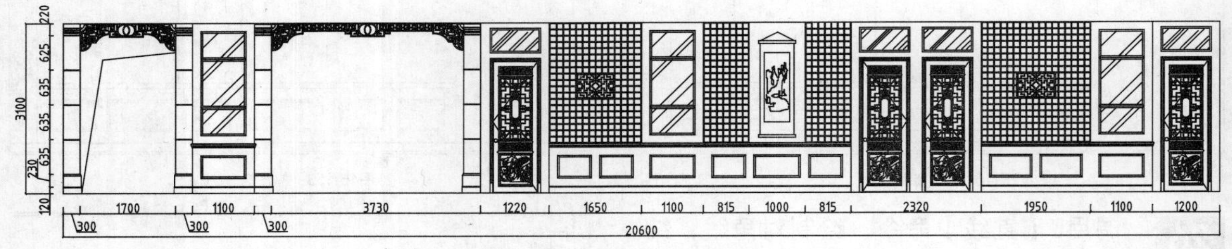

图15-158 尺寸标注

31 文字标注。调用MLD【多重引线】命令，在绘图区中分别指定引线箭头的位置、引线基线的位置，绘制多重引线标注的结果如图15-159所示。

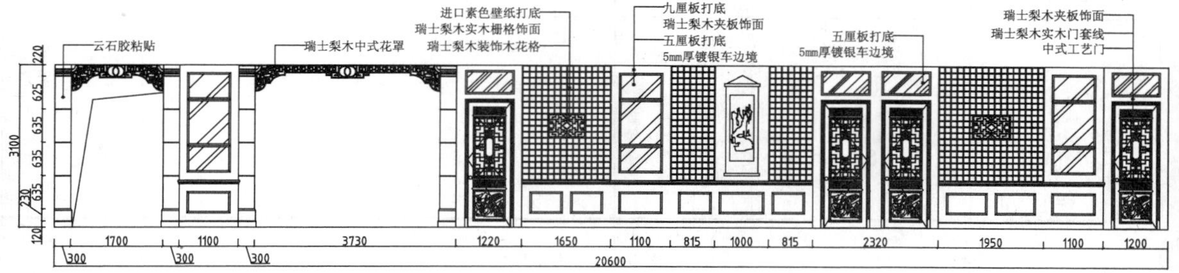

图15-159 文字标注

32 图名标注。调用MT【多行文字】命令、L【直线】命令，绘制图名标注，结果如图15-160所示。

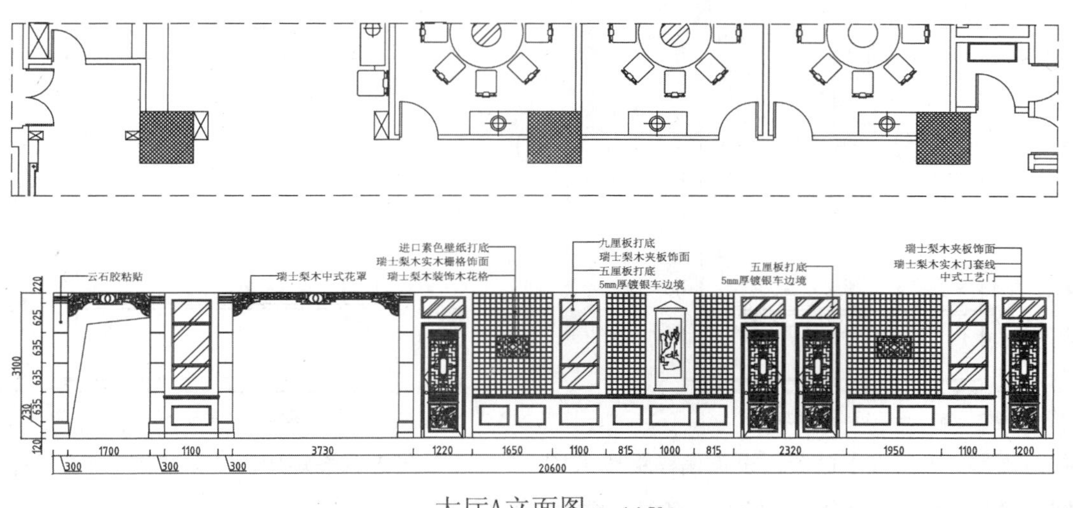

图15-160 图名标注

15.5.2 绘制过道B立面图

过道立面主要以沙比利夹板、瑞士梨木夹板饰面为主，辅以石膏角线与工艺金线板做装饰，是中式风格与欧式风格的融合。凸显中式风格的大气与欧式风格的细腻。

绘制过道B立面图，主要调用【矩形】命令、【分解】命令以及【偏移】命令等。

01 绘制立面轮廓。调用REC【矩形】命令，绘制矩形；调用X【分解】命令，分解矩形；调用O【偏移】命令，偏移矩形边，结果如图15-161所示。

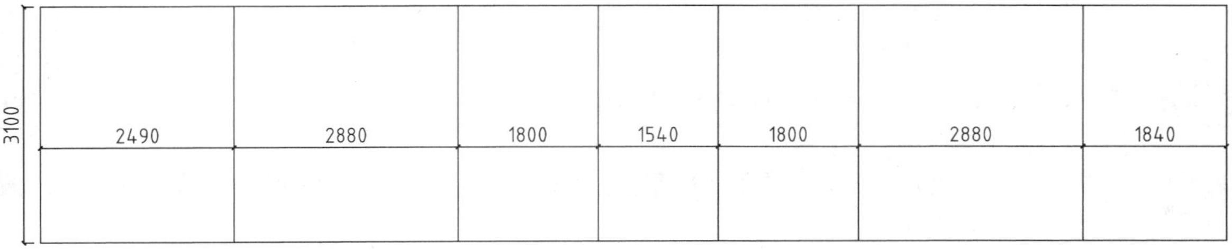

3100
2490 2880 1800 1540 1800 2880 1840

图15-161 绘制结果

02 调用O【偏移】命令，偏移矩形边，结果如图15-162所示。

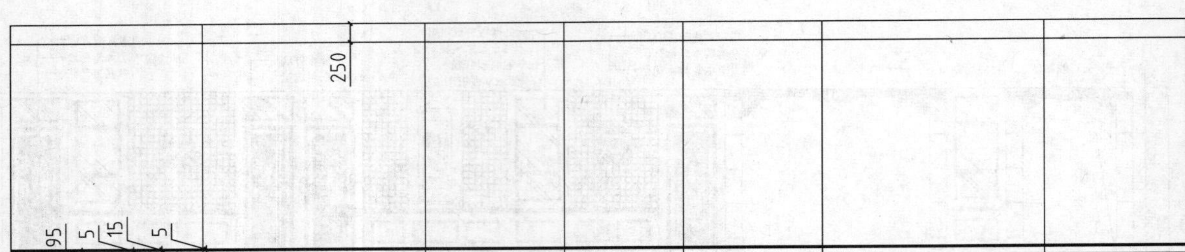

图15-162 偏移矩形边

03 绘制墙面沙比利木板装饰。调用O【偏移】命令，偏移线段；调用TR【修剪】命令，修剪线段，结果如图15-163所示。

04 调用REC【矩形】命令，绘制矩形，结果如图15-164所示。

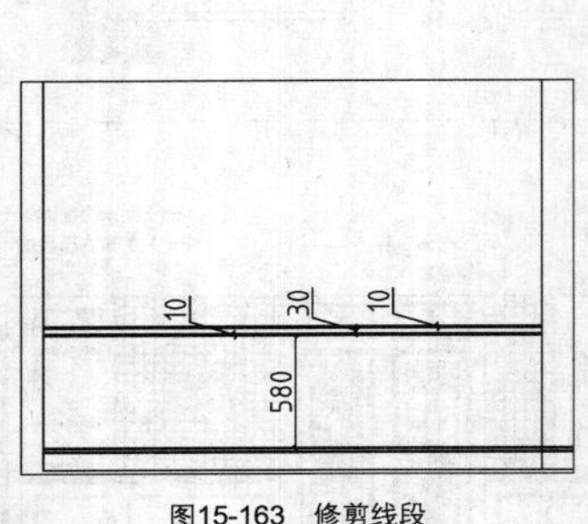

图15-163 修剪线段

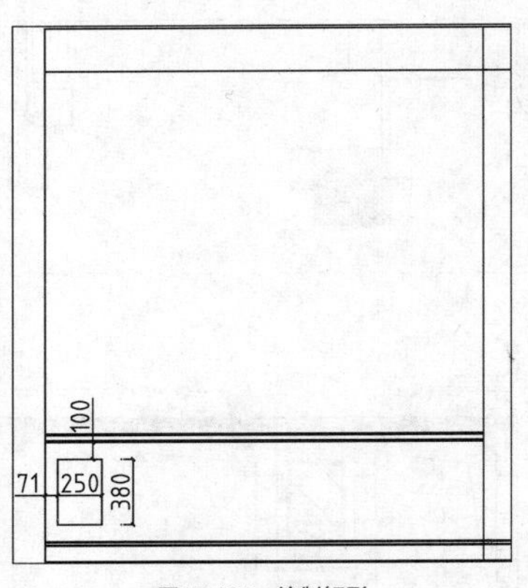

图15-164 绘制矩形

05 调用O【偏移】命令，设置偏移距离为10、15、5，向内偏移矩形，结果如图15-165所示。

06 调用L【直线】命令，绘制对角线，结果如图15-166所示。

图15-165 偏移矩形

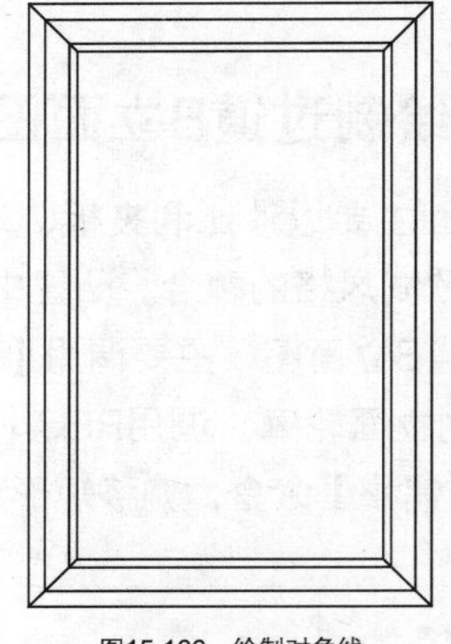
图15-166 绘制对角线

07 调用L【直线】命令，取最里面矩形边中点为起点和终点，绘制连接直线，结果如图15-167所示。

08 绘制沙比利木纹装饰图案。调用H【填充】命令，弹出【图案填充和渐变色】对话框，设置参数如图15-168所示。

09 在绘图区中拾取填充区域，绘制图案填充的结果如图15-169所示。

10 沿用上述填充图案，将其填充角度更改为45°，填充图案的结果如图15-170所示。

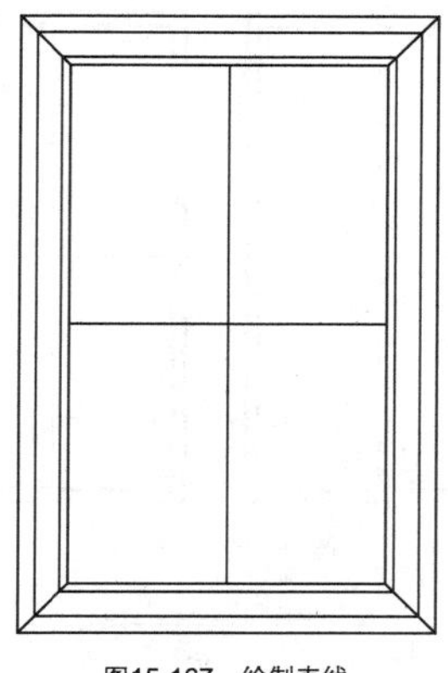

图15-167 绘制直线

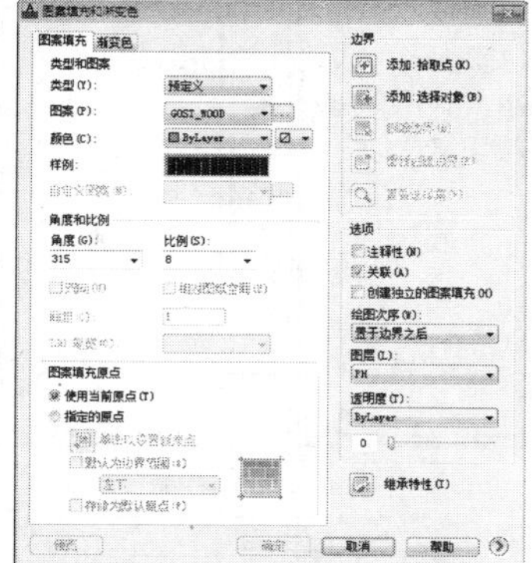

图15-168 设置参数

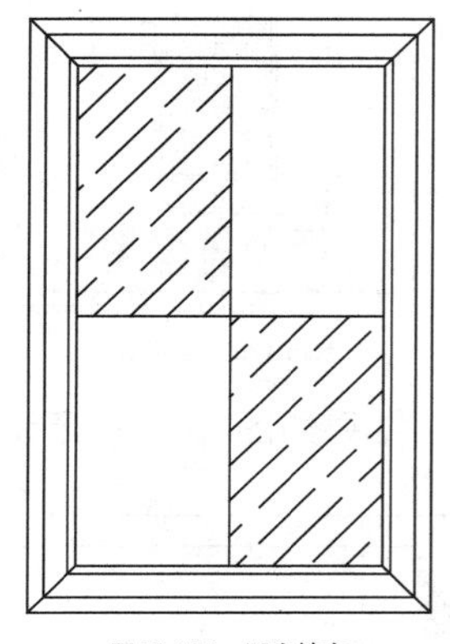

图15-169 图案填充

图15-170 填充结果

11 调用CO【复制】命令，移动、复制绘制完成的图形，结果如图15-171所示。

12 调用REC【矩形】命令，绘制矩形，结果如图15-172所示。

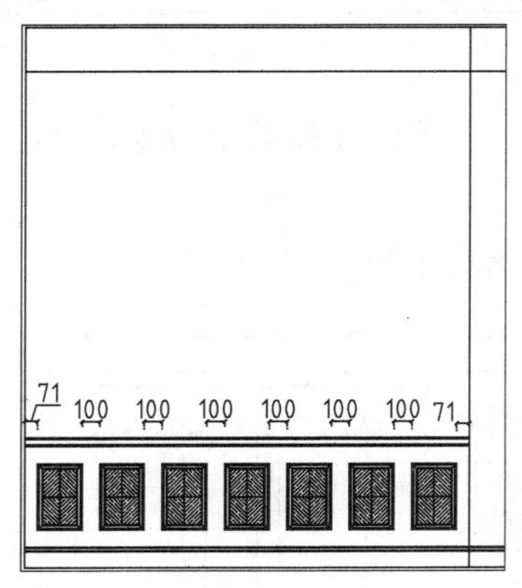

图15-171 移动复制

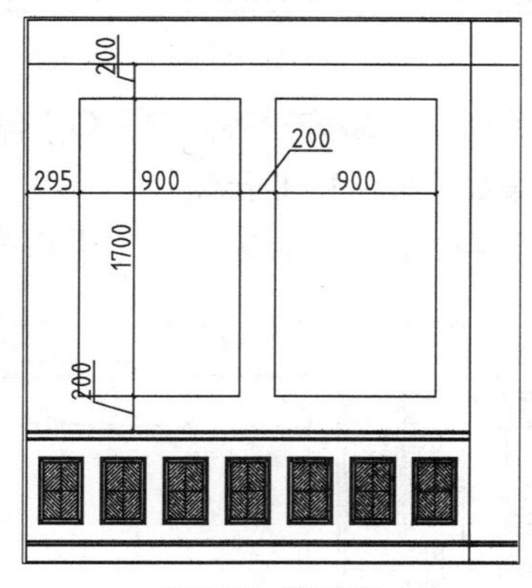

图15-172 绘制矩形

13 调用O【偏移】命令，设置偏移距离为10、15、5，向内偏移矩形，结果如图15-173所示。

14 调用L【直线】命令，取最里面矩形边中点为起点和终点，绘制连接直线，结果如图15-174所示。

15 沿用前面介绍的沙比利木纹的填充图案和填充比例，对矩形进行图案填充，结果如图15-175所示。

16 重复操作，绘制墙面沙比利木板装饰，结果如图15-176所示。

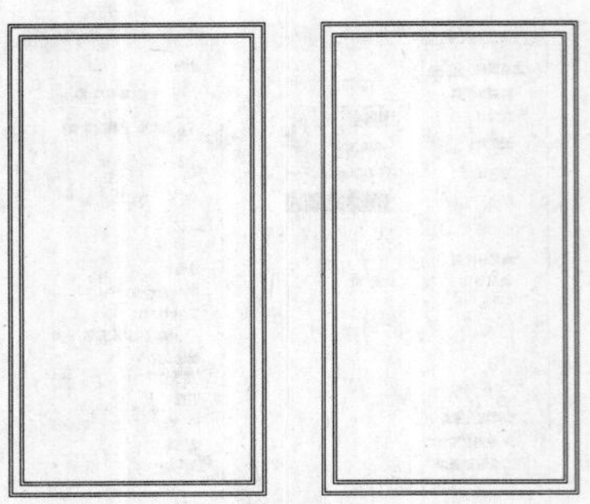
图15-173 偏移矩形

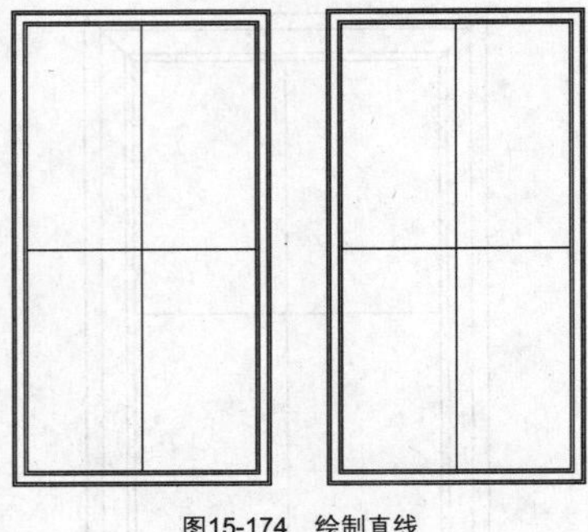
图15-174 绘制直线

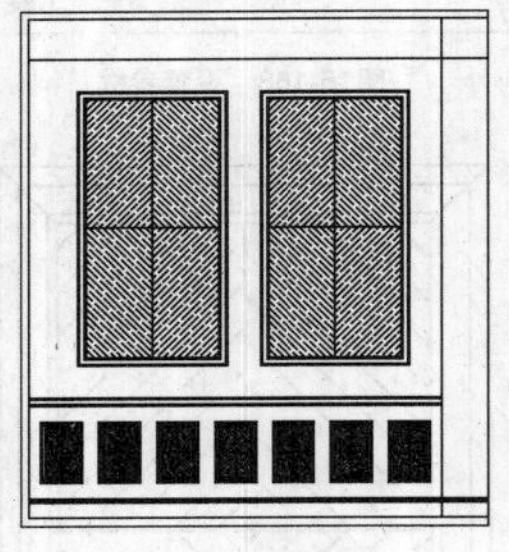
图15-175 填充矩形

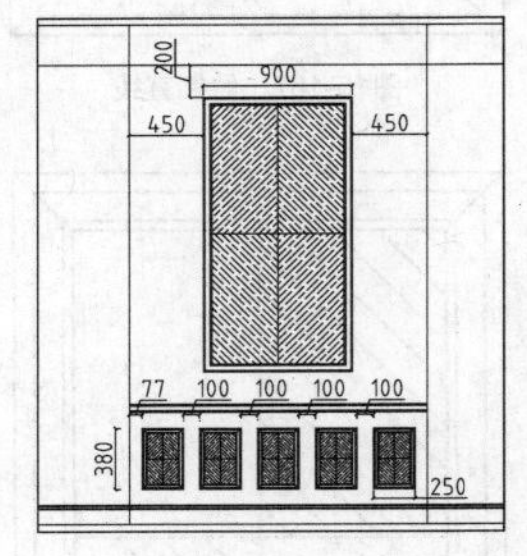

图15-176 绘制结果

17 调用CO【复制】命令，移动、复制墙面沙比利木板装饰，结果如图15-177所示。

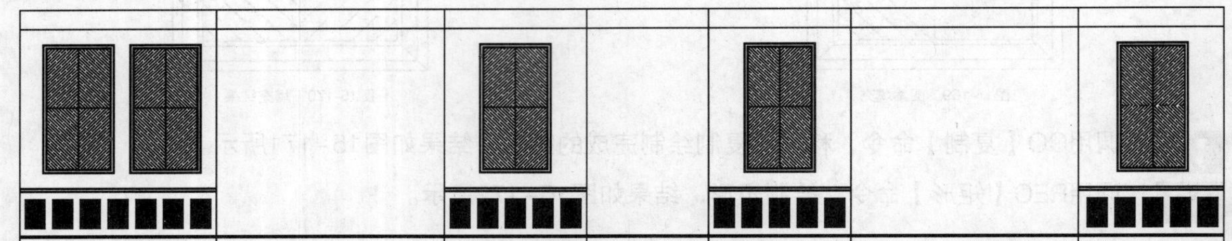
图15-177 复制结果

18 绘制门头装饰轮廓。调用O【偏移】命令，偏移线段；调用TR【修剪】命令，修剪线段，结果如图15-178所示。

19 调用O【偏移】命令、TR【修剪】命令，绘制图形，结果如图15-179所示。

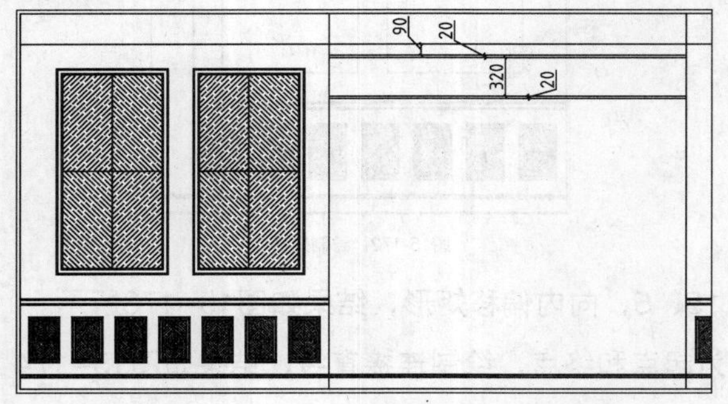

图15-178 修剪线段

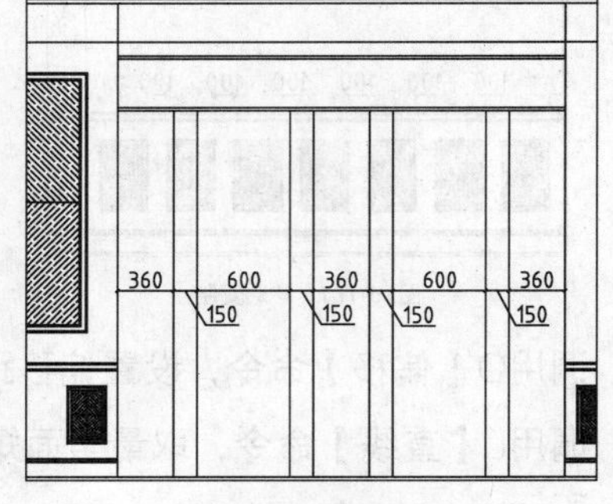

图15-179 绘制图形

20 绘制墙面夹板装饰。调用REC【矩形】命令，绘制矩形，结果如图15-180所示。

21 调用O【偏移】命令，设置偏移距离为20，向内偏移矩形，结果如图15-181所示。

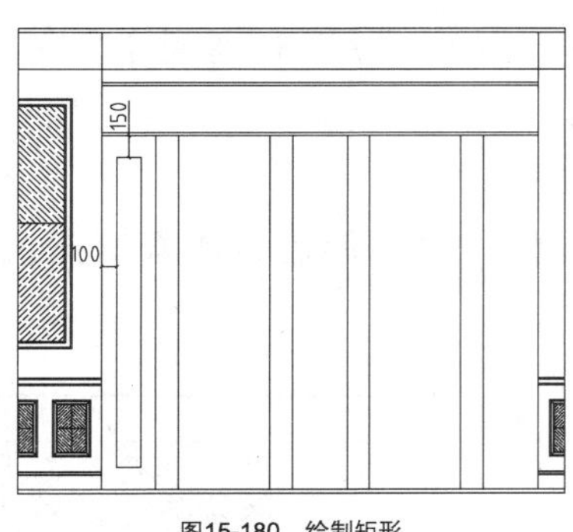

图15-180　绘制矩形

图15-181　偏移矩形

22 调用CO【复制】命令，移动、复制绘制完成的图形，结果如图15-182所示。

23 调用REC【矩形】命令，绘制矩形，结果如图15-183所示。

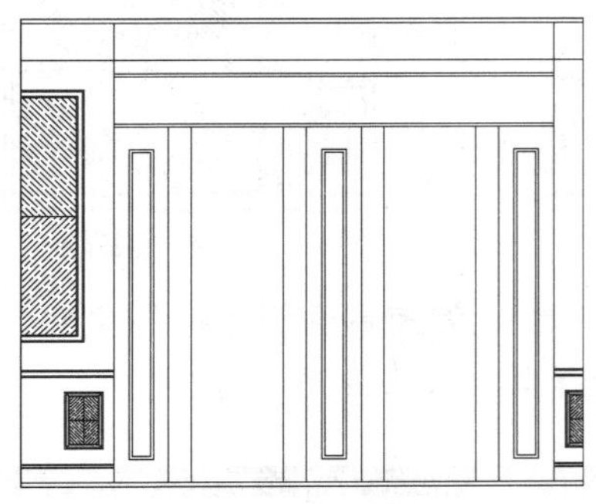
图15-182　复制图形

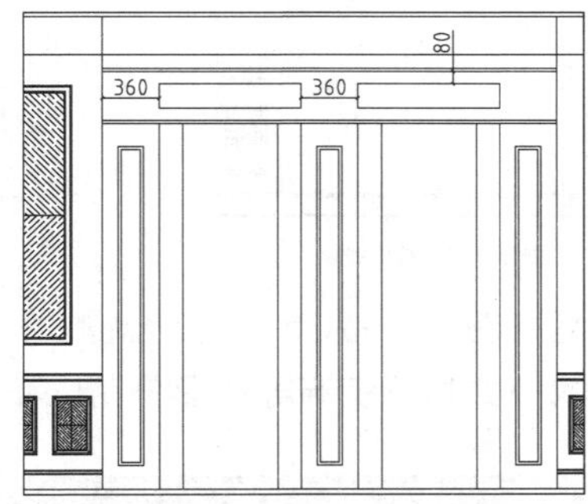

图15-183　绘制矩形

24 调用O【偏移】命令，设置偏移距离为20，向内偏移矩形，结果如图15-184所示。

25 调用PL【多段线】命令，绘制折断线，结果如图15-185所示。

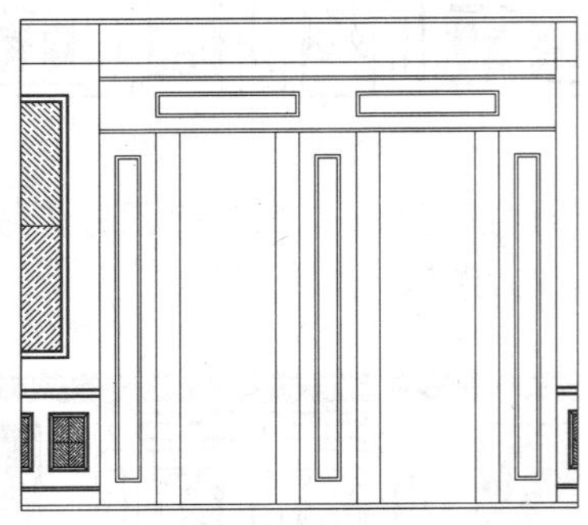
图15-184　偏移矩形

图15-185　绘制折断线

26 调用CO【复制】命令，移动、复制绘制完成的图形，结果如图15-186所示。

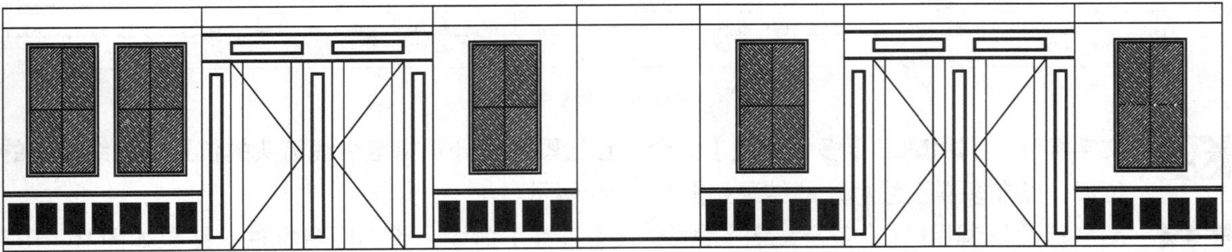
图15-186　复制结果

27 绘制墙面沙比利夹板装饰。调用O【偏移】命令，偏移线段；调用TR【修剪】命令，修剪线段，结果如图15-187所示。

28 调用O【偏移】命令，偏移线段，结果如图15-188所示。

29 沿用前面介绍的沙比利木纹的填充图案和填充比例，对图形进行图案填充，结果如图15-189所示。

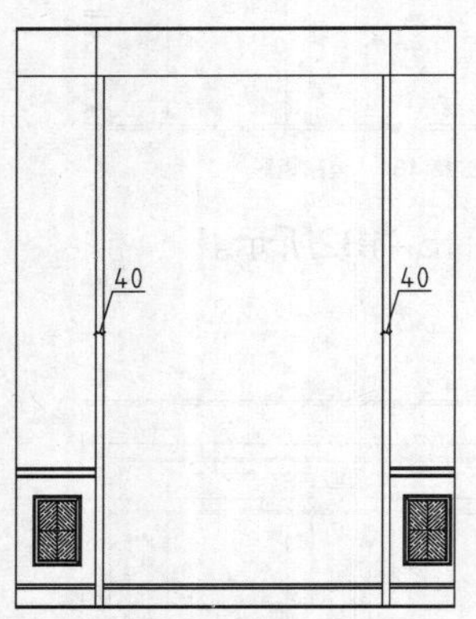

图15-187　修剪线段

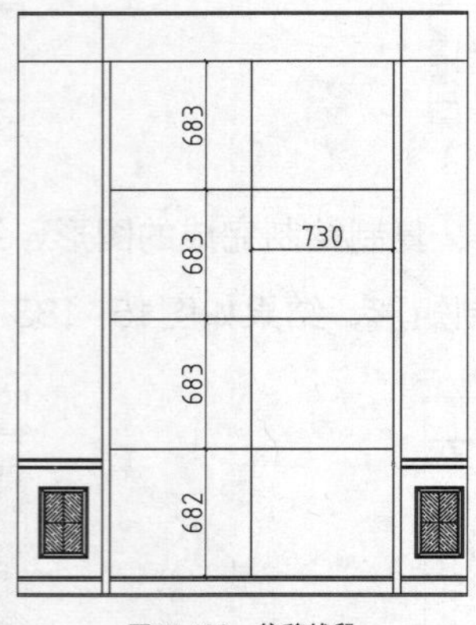

图15-188　偏移线段

图15-189　图案填充

30 插入图块。按Ctrl+O组合键，打开配套光盘提供的“第15章\家具图例.dwg”文件，将其中的中式角花装饰等图形复制、粘贴至当前图形中，结果如图15-190所示。

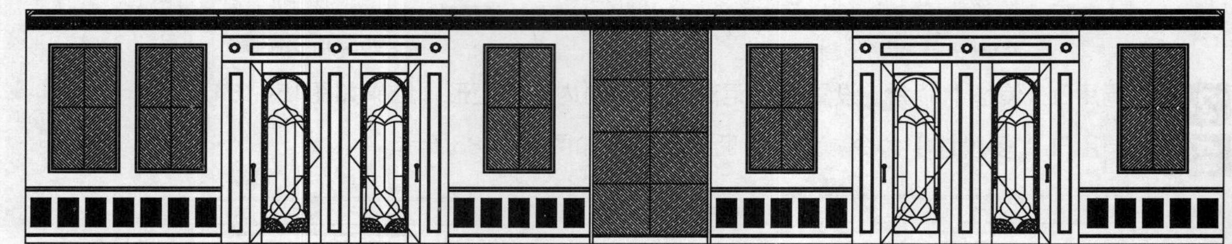
图15-190　插入图块

31 尺寸标注。调用DLI【线性标注】命令，在绘图区中分别指定第一、第二个尺寸界线原点以及尺寸线位置，为立面图绘制尺寸标注，结果如图15-191所示。

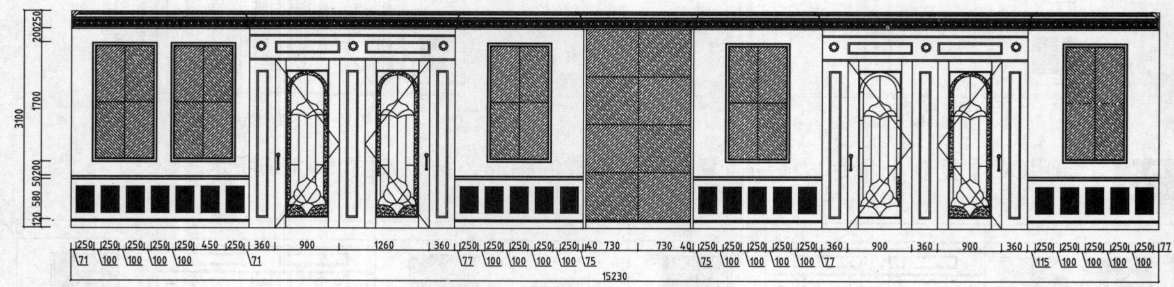

图15-191　尺寸标注

32 文字标注。调用MLD【多重引线】命令，在绘图区中分别指定引线箭头的位置、引线基线的位置，绘制多重引线标注的结果如图15-192所示。

33 图名标注。调用MT【多行文字】命令、L【直线】命令，绘制图名标注，结果如图15-193所示。

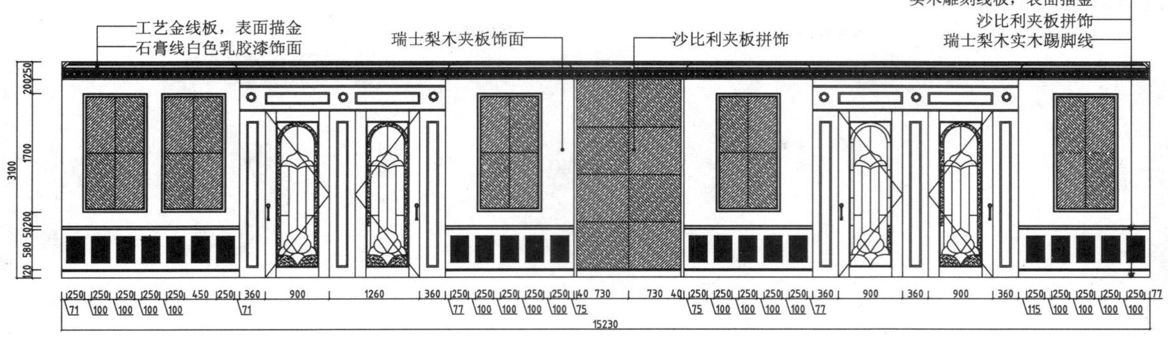

图15-192　文字标注

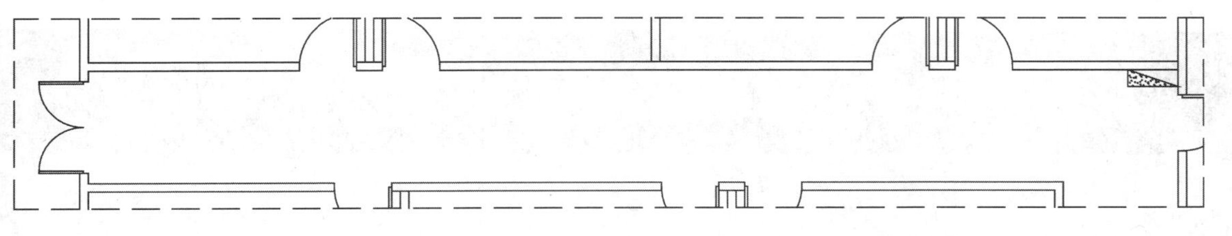

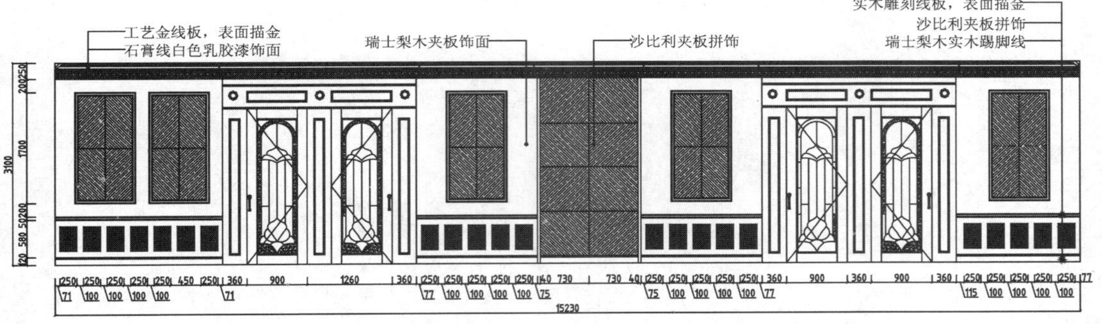

图15-193　图名标注

第16章

绘制电气图和冷热水管走向图

电气图和冷热水管走向图属于室内设计施工图中的系统图，为居室的强电、弱电系统，给水、排水系统的安装提供规范。鉴于电气图和冷热水管走向图的重要性，本书利用独立章节对其图例表和系统图的具体绘制进行讲解。

电气图是用来阐述电气工作原理，描述电气产品的构造和功能，并提供产品安装和使用方法的一种简图，主要以图形符号、线框或简化外表组成，用来表示电气设备或系统中各有关组成部分的连接方式。

冷热水管走向图表明居室内的给水、排水系统，以及冷水管和热水管在居室内的走向、布置。

16.1 电气设计基础

在绘制居室电气图之前，首先要对电气知识做基本的了解，例如，强电和弱点系统的区别、类型，常用电气名词的概念等；假如不对电气知识进行了解就绘制图形，不仅会导致图形的准确性下降，还会影响施工进度。

本节就常用的电气知识，为广大读者介绍一些基础的、绘制电气图必须了解的知识，希望读者在通读本节后，对电气知识有进一步的了解，为后续绘制电气图形打下基础。

16.1.1 强电和弱电系统

在电力系统中，36V以下的电压称为安全电压，1kV以下的电压称为低压，1kV以上的电压称为高压。

直接供电给用户的线路称为配电线路。例如用户家庭用电电压为380/220V，则称为低压配电线路，也就是家庭装修中所说的强电（因它是家庭使用最高的电压）。强电一般是指交流电电压在24V以上，例如家庭中的电灯、插座等，电压在110~220V。家用电气中的照明灯具、电热水器、取暖器、冰箱、电视机、空调、音响设备等用电器均为强电电气设备。

弱电主要有两类，一类是国家规定的安全电压等级及控制电压等低电压电能，有交流与直流之分，交流电压在36V以下，直流电压在24V以下，如24V直流控制电源，或应急照明灯备用电源。另一类是载有语音、图像、数据等信息的信息源，如电话、电视、计算机的信息。

弱电系统工程主要包括：1.电视信号工程，如电视监控系统，有线电视；2.通信工程，如电话；3.智能消防工程；4.扩声与音响工程，如小区中的背景音乐广播，建筑物中的背景音乐；5.综合布线工程，主要用于计算机网络。

16.1.2 常用电气名词解析

下面，为读者介绍一些常用的电气名词的概念和意义。

- 过流保护：当线路上发生短路时，线路中电流急剧增大，当电流超过某一预定数值（整定值）时，反应于电流升高而动作的保护装置。
- 小电流接地系统：中性点不接地或经消弧线圈接地称为小电流接地系统。
- 大电流接地系统：中性点直接接地系统称为大电流接地系统。
- 真空：气体的绝对压力小于大气压力的部分称为真空，也叫负压。
- 比容：单位质量的气体所具有的容积称为比容。
- 密度：单位容积内所具有的气体的质量称为密度。
- 比热容：单位数量的物质温度升高1℃（或降低1℃）所吸收（或放出）的热量称为该物质的比热容。
- 热容量：质量为M千克的物质温度升高1℃（或降低1℃）所吸收（或放出）的热量称为该物质的热容量。
- 热力循环：工质从某一状态点开始，经过一系列状态变化又回到原来这一状态点的封闭变化过程叫热力循环，简称循环。
- 经消弧线圈接地：为了降低单相接地电流，避免电弧过电压的发生，常常采用的一种接地方式。当单相接地时消弧线圈的感性电流能够补偿单相接地的容性电流，使流过故障点的残余电流很小，电弧可以自行熄灭。
- 感应电势：由磁通变化而在导体或线圈中产生的电动势的现象。
- 速断保护：不加时限，只要电流达到整定值可瞬时动作的过电流保护。
- 相序：各相电势到达最大值的顺序称为相序。
- 电力系统负荷频率特性：系统频率变化时，整个系统的负荷也随之改变的特性。
- 变比：变压器空载时，一、二次绕组间电压有效值之比。
- 互感电势：两个相互靠近的线圈，当一个线圈中的电流发生变化时，在另一个线圈中产生感应电动势，这种由相互感应现象产生的电动势叫互感电动势。
- 隔离开关：明显隔离带电部分与不带电部分的开关，必须有明显可见的隔断点。
- 短路：三相电路中，相与相和相与地之间不通过负荷而直接连接，从而导致电路中的电流剧增，这种现象叫短路。
- 线电压：三相电路中，不管哪一种接线方式都有三根相线引出，把三根相线之间的电压称为线电压。
- 主保护：指发生短路故障时，能满足系统稳定及设备安全的基本要求，首先，动作于跳闸，有选择地切除被保护设备和全线路故障的保护。

➢ 控制电源：是分、合闸控制以及信号自动装置等电源的总称。

➢ 相电压：三相电路中，每相头尾之间的电压。

➢ 有功功率：电流在电阻中消耗的功率。

16.1.3 电线护套管

下面，介绍电线护套管的概念、分类及解析。

1. 电线护套管的概念

电线护套管，又称绝缘套管，是一种复合了绝缘材料的新型复合材料管，它是以树脂为基体与其他增强材料复合而成的绝缘套管，用于穿用电线和保护电线，故称为电线护套管。

它具有抗压力强、重量轻、内壁光滑，摩擦系数小等特点。在穿用电线时轻松，不损伤电线；搬运时要比金属钢管和水泥管轻松、方便；施工安装简便，既省事又省力。同时，它还有耐腐蚀性能强、绝缘、非磁性、耐酸、耐碱、阻燃型、抗静电等特点。

2. 电线护套管的分类

在电工材料中，主要有玻璃纤维电线套管，PVC护套管，热缩套管等，都属于绝缘套管的一种。一般情况下，电线护套管可分为单一电线护套管、复合电线护套管、电容式电线护套管、不锈钢护套管。

3. 各类电线护套管的解析

单一电线护套管使用非磁性材料以减少发热，其绝缘结构分为有空气腔和空气腔短路两类。空气腔套管用于10kV及以下电压等级，导体与瓷套之间有空气腔作为辅助绝缘，可以减少套管电容，提高套管的电晕电压和滑闪电压。当电压等级较高时（20～30kV），空气腔内部将发生电晕而使上述作用失效，这时，采用空气腔短路结构。这种瓷套管的瓷套内壁涂半导体釉，并用弹簧片与导体接通，使空气腔短路，用以消除内部电晕。

复合电线护套管以油或气体作绝缘介质，一般制成变压器套管或断路器套管，常用于35kV以下的电压等级。其导体与瓷套间的内腔充满变压器油，起径向绝缘作用。当电压超过35kV时，在导体上套以绝缘管或包电缆线，以加强绝缘。复合电线护套管的导体结构有穿缆式和导杆式两种。穿缆式利用变压器的引出电缆直接穿过套管，安装方便。当工作电流大于600A时，穿缆式结构安装比较困难，一般采用导杆式结构。

电容式电线护套管由电容心子、瓷套、金属附件和导体构成。其电容心子用胶纸制造时，机械强度高，可以任何角度安装，抗潮气性能好，结构和维修简单，可不用下套管，还可将心子下端车削成短尾式，缩小其尺寸。缺点是，在高电压等级时，绝缘材料和工艺要求较高，心子中不易消除气隙，以致造成局部放电电压低。

不锈钢护套管，材质为304不锈钢或301不锈钢，用作电线、电缆、自动化仪表信号的电线电缆保护管，规格从3～150mm。超小口径不锈钢护套管（内径3～25mm）主要用于精密光学尺之传感线路保护、工业传感器线路保护，具有良好的柔软性、耐蚀性、耐高温性、耐磨损性、抗拉性。

16.2 绘制图例表

新出台的《房屋建筑室内装饰装修制图标准》中对室内制图的设备图例进行了规定，本节针对该标准中的图例规定，介绍常用电气图例的绘制方法。

16.2.1　绘制开关类图例

本节介绍常用的单极开关、双极开关等各类型开关的绘制方法。

1. 绘制双控单极开关

双控单极开关多用来控制单个灯具，例如在卧室的床头柜上方与门套线的旁边设置双控单极开关，可以两段控制卧室内的吸顶灯或吊灯。

01 调用C【圆】命令，绘制半径为40的圆，结果如图16-1所示。

02 单击【F10】键打开极轴追踪功能，并将增量角设置为45°　。

03 调用L【直线】命令，绘制直线，结果如图16-2所示。

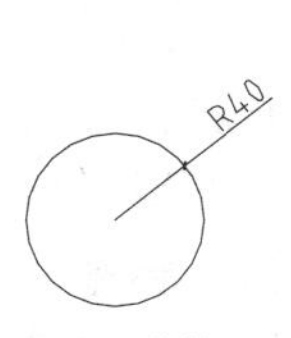

图16-1　绘制圆

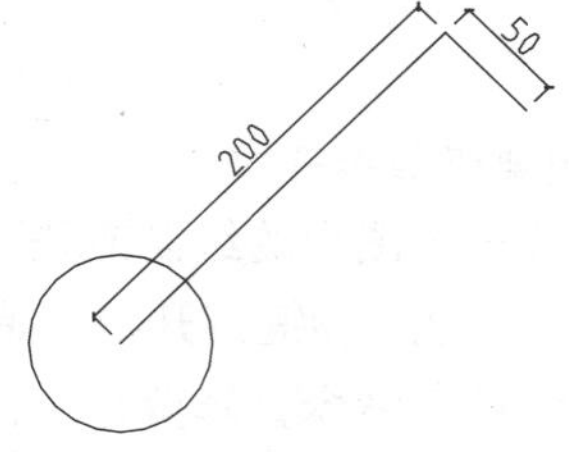

图16-2　绘制直线

04 重复调用L【直线】命令，绘制直线，结果如图16-3所示。

05 调用TR【修剪】命令，修剪线段，完成双控单极开关图形的绘制，结果如图16-4所示。

06 调用B【块】命令，打开【块定义】对话框，框选绘制完成的双控单极开关图形，设置图形名称，单击【确定】按钮，即可将图形创建成块，方便以后调用。

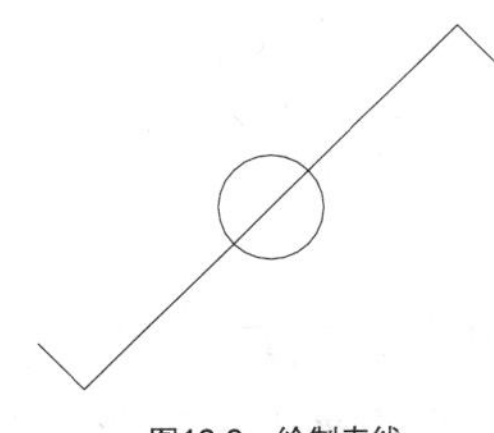

图16-3　绘制直线

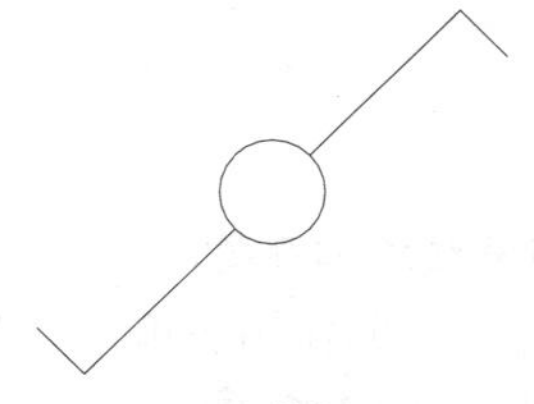

图16-4　双控单极开关

2. 绘制多极单控开关

多极单控开关多用来控制多个灯具。

01 调用C【圆】命令，绘制半径为40的圆，单击【F10】键打开极轴追踪功能，并将增量角设置为45°　。

02 调用L【直线】命令，绘制直线，结果如图16-5所示。

03 调用CO【复制】命令，复制直线，结果如图16-6所示。

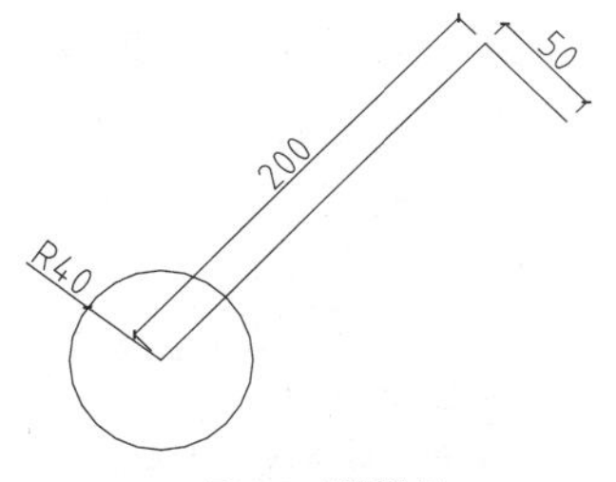

图16-5　绘制结果

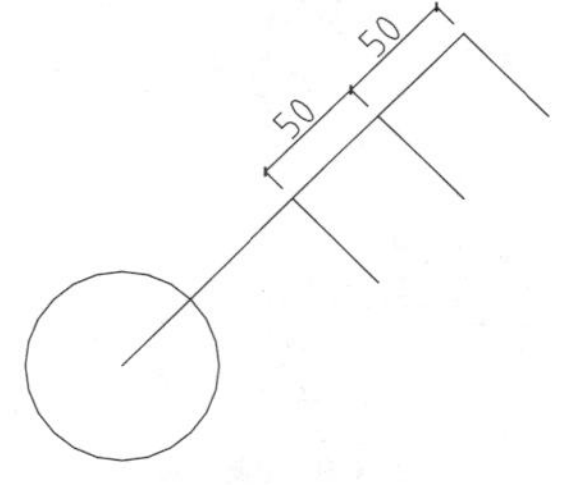

图16-6　复制直线

第16章　绘制电气图和冷热水管走向图

04 调用TR【修剪】命令，修剪线段，完成多极单控开关图形的绘制，结果如图16-7所示。

05 调用B【块】命令，打开【块定义】对话框，框选绘制完成的多极单控开关图形，设置图形名称，单击【确定】按钮，即可将图形创建成块，方便以后调用。

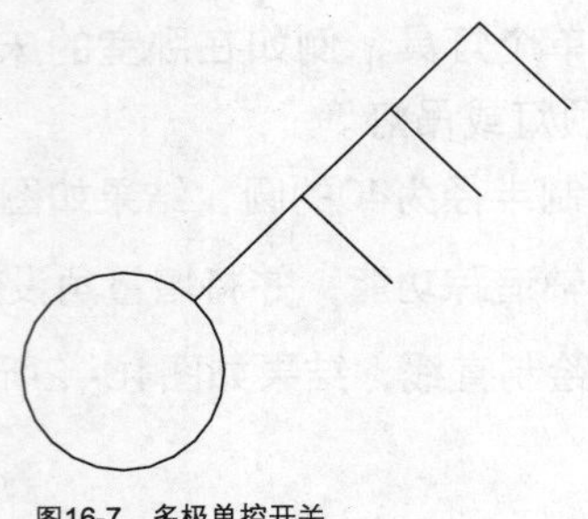

图16-7 多极单控开关

3. 绘制单极单控开关

单极单控开关图形的绘制方法可以沿用多极单控开关图形的绘制方法。首先，绘制半径为40的圆形，然后，单击F10键打开极轴追踪功能，并将增量角设置为45° ；调用【直线】命令，绘制直线；调用【修剪】命令，修剪直线；绘制结果如图16-8所示。调用【块】命令，将绘制完成的图形创建成块，完成图块的创建。

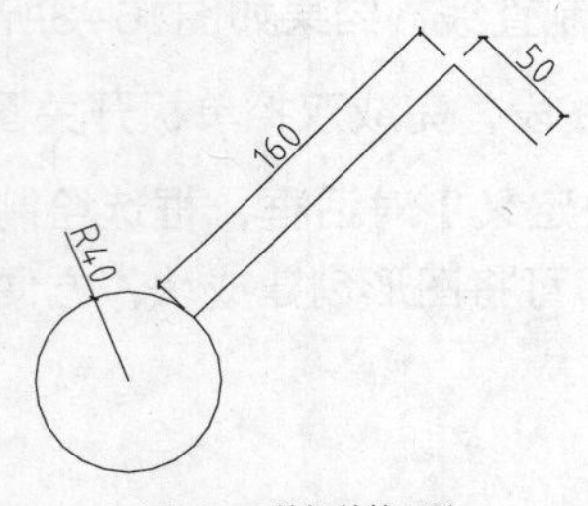

图16-8 单极单控开关

4. 绘制单联单控开关

单联单控开关的作用与单极单控开关相似，都可以用来控制单个灯具的开关。

01 调用C【圆】命令，绘制半径为40的圆，单击【F10】键打开极轴追踪功能，并将增量角设置为45° 。

02 调用L【直线】命令，绘制直线，结果如图16-9所示。

03 调用TR【修剪】命令，修剪线段，完成单联单控开关图形的绘制，结果如图16-10所示。

04 调用B【块】命令，打开【块定义】对话框，框选绘制完成的单联单控开关图形，设置图形名称，单击【确定】按钮，即可将图形创建成块，方便以后调用。

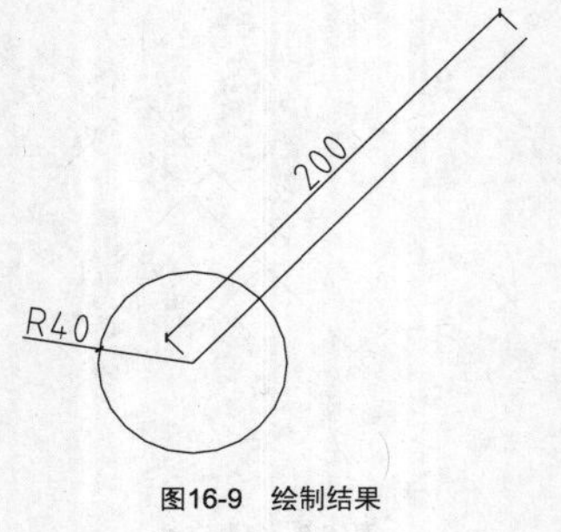

图16-9 绘制结果

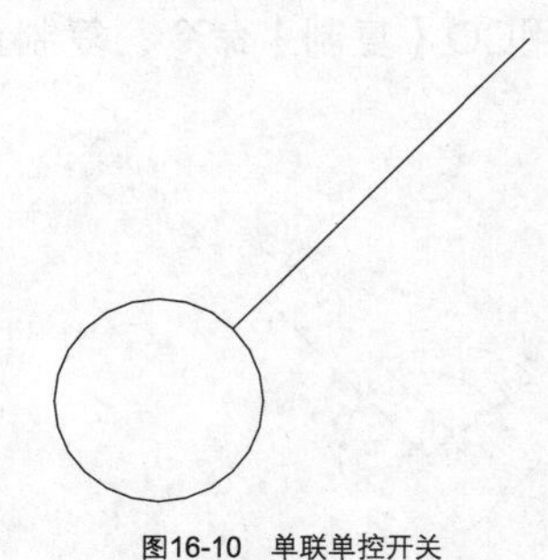

图16-10 单联单控开关

5. **绘制双联双控开关**

双联双控开关多用来控制多个灯具。

01 调用C【圆】命令，绘制半径为40的圆，单击【F10】键打开极轴追踪功能，并将增量角设置为45° 。

02 调用L【直线】命令，绘制直线，结果如图16-11所示。

03 调用CO【复制】命令，复制直线，结果如图16-12所示。

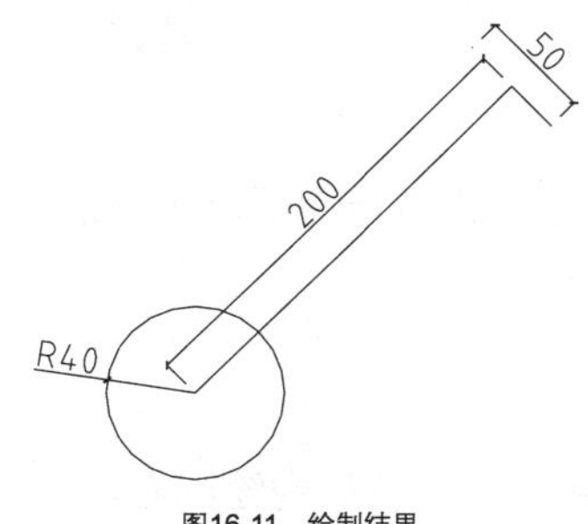

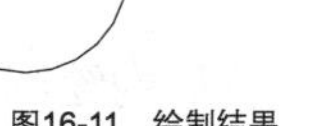

图16-11 绘制结果

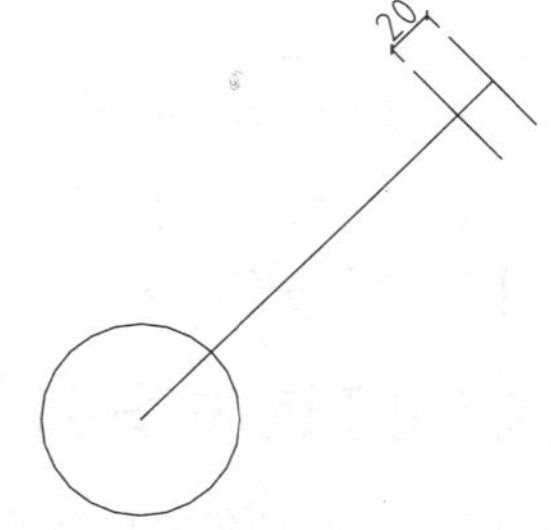

图16-12 复制直线

04 调用E【删除】命令，删除多余直线，结果如图16-13所示。

05 调用RO【旋转】命令，设置旋转角度为-30° ，旋转直线，结果如图16-14所示。

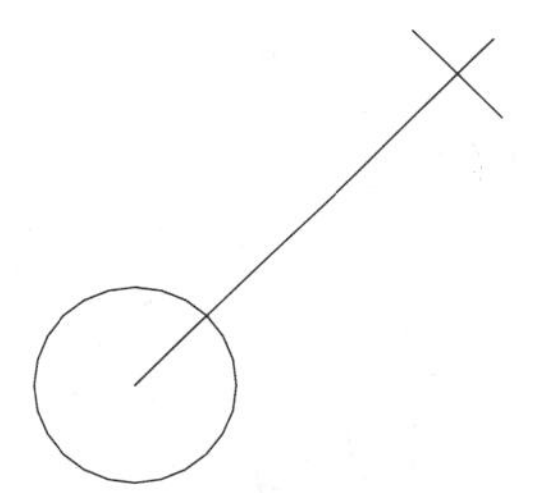

图16-13 删除直线

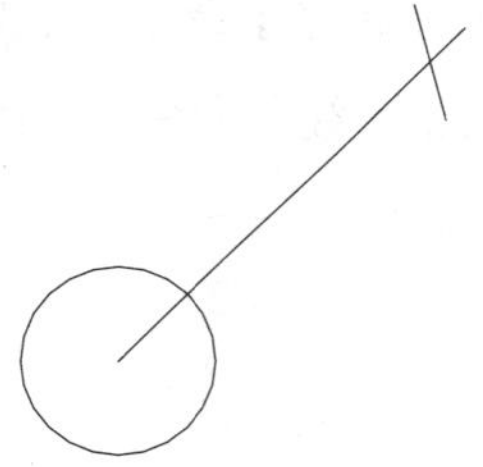

图16-14 旋转直线

06 调用CO【复制】命令，复制直线，结果如图16-15所示。

07 调用TR【修剪】命令，修剪多余直线，完成双联双控开关图形的绘制，结果如图16-16所示。

08 调用B【块】命令，打开【块定义】对话框，框选绘制完成的双联双控开关图形，设置图形名称，单击【确定】按钮，即可将图形创建成块，方便以后调用。

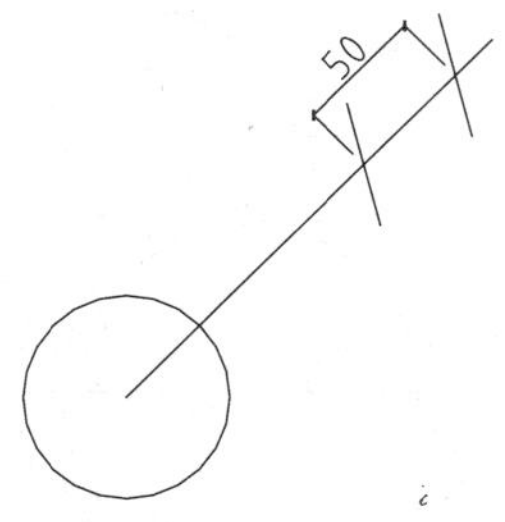

图16-15 复制直线

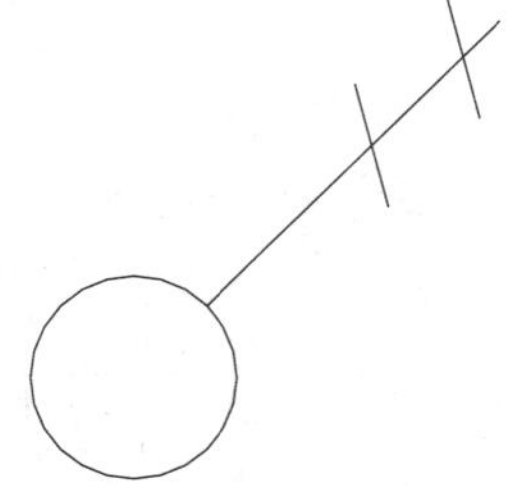

图16-16 双联双控开关

6. **绘制配电箱**

配电箱是控制居室内灯具的总开关，并可以分区控制灯具开关，例如，单独控制卧室的灯具、厨房的灯具开关等。

01 调用REC【矩形】命令，绘制矩形，结果如图16-17所示。

02 调用MT【多行文字】命令，绘制文字标注，结果如图16-18所示。

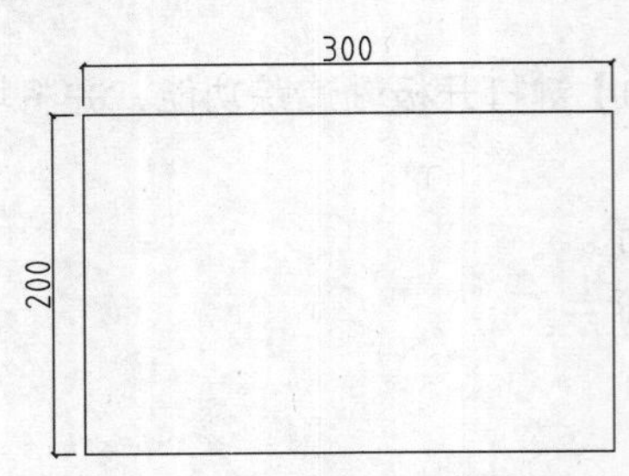

图16-17 绘制矩形

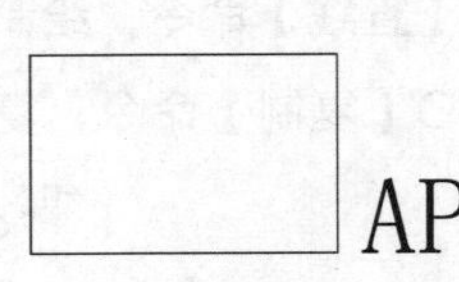

图16-18 文字标注

03 调用B【块】命令，打开【块定义】对话框，框选绘制完成的配电箱图形，设置图形名称，单击【确定】按钮，即可将图形创建成块，方便以后调用。

16.2.2 绘制灯具类图例

居室中的灯具有各种各样的类型，下面，分别介绍几种常用的灯具图形的绘制方法。

1. 绘制艺术吊灯

艺术吊灯多用于客厅或者餐厅区域，有些居室如果有起居室，也会使用艺术吊灯，用以烘托室内气氛。

01 调用C【圆形】命令，绘制半径为260的圆形，结果如图16-19所示。

02 调用L【直线】命令，过圆心绘制直线，结果如图16-20所示。

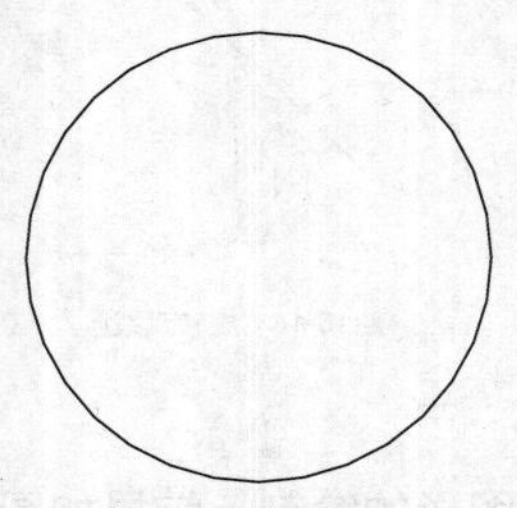
图16-19 绘制圆形

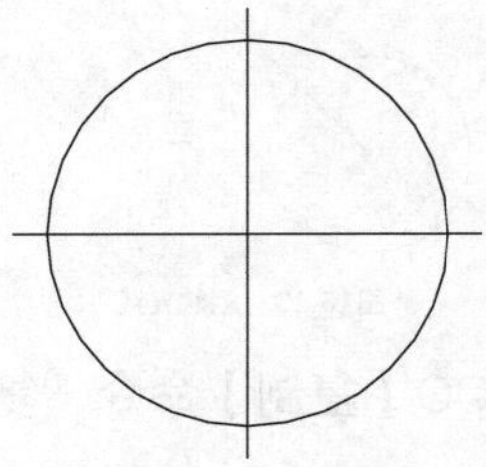
图16-20 绘制直线

03 调用O【偏移】命令，设置偏移距离为50，向内偏移圆形，结果如图16-21所示。

04 调用O【偏移】命令，设置偏移距离为20，选择偏移得到的圆形向内偏移，结果如图16-22所示。

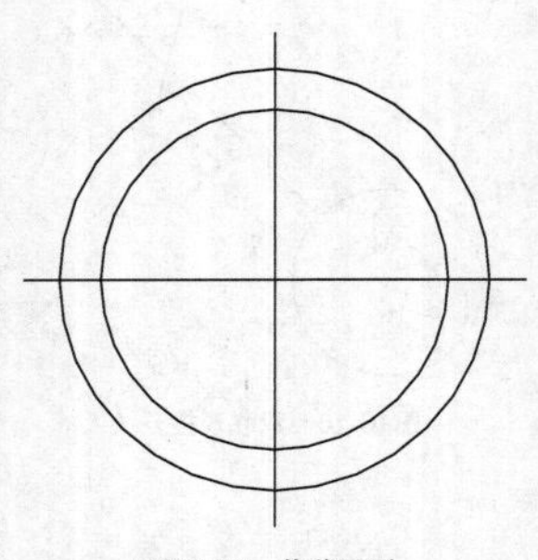
图16-21 偏移圆形

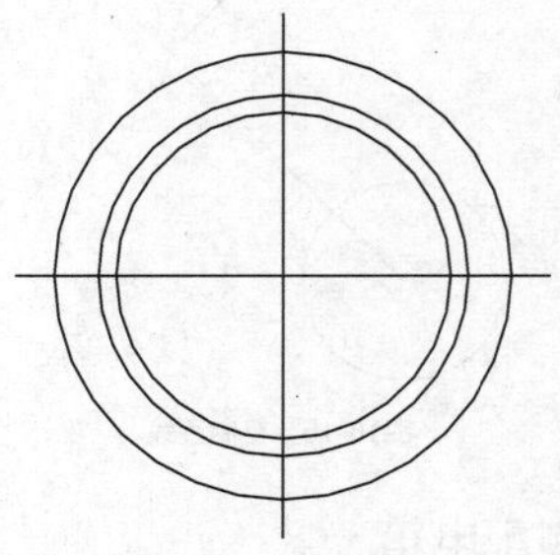
图16-22 偏移结果

05 调用RO【旋转】命令，设置旋转角度为45°，旋转复制直线，结果如图16-23所示。

06 调用TR【修剪】命令，修剪线段，结果如图16-24所示。

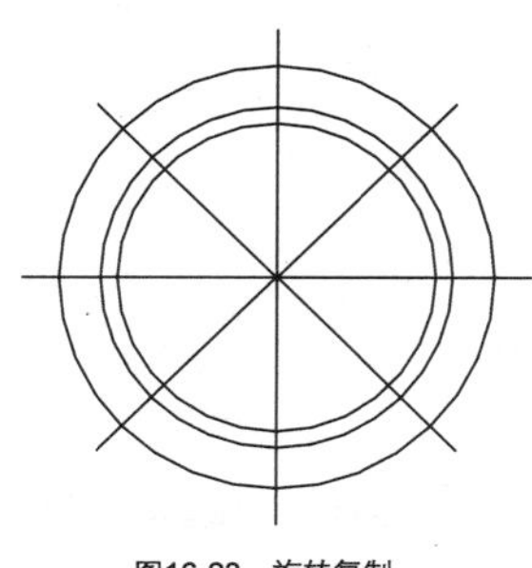

图16-23 旋转复制

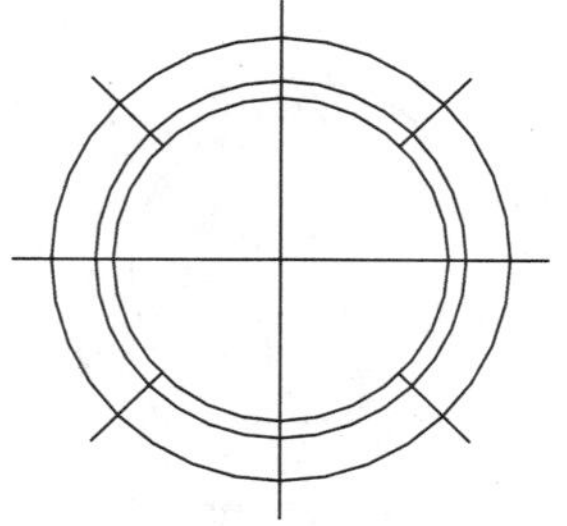

图16-24 修剪线段

07 调用E【删除】命令，删除多余圆形，完成艺术吊灯图形的绘制，结果如图16-25所示。

08 调用B【块】命令，打开【块定义】对话框，框选绘制完成的艺术吊灯图形，设置图形名称，单击【确定】按钮，即可将图形创建成块，方便以后调用。

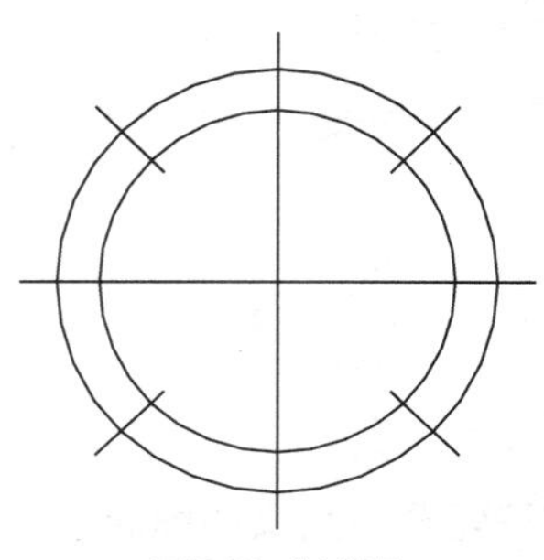

图16-25 绘制结果

2. 绘制吸顶灯

吸顶灯是使用最为普遍的灯具，其价格合理，照度较大，比较符合使用需求。

01 调用C【圆形】命令，绘制半径为100的圆形；调用O【偏移】命令，设置偏移距离为20，向内偏移圆形，结果如图16-26所示。

02 调用L【直线】命令，过圆心绘制直线，完成吸顶灯图形的绘制，结果如图16-27所示。

03 调用B【块】命令，打开【块定义】对话框，框选绘制完成的吸顶灯图形，设置图形名称，单击【确定】按钮，即可将图形创建成块，方便以后调用。

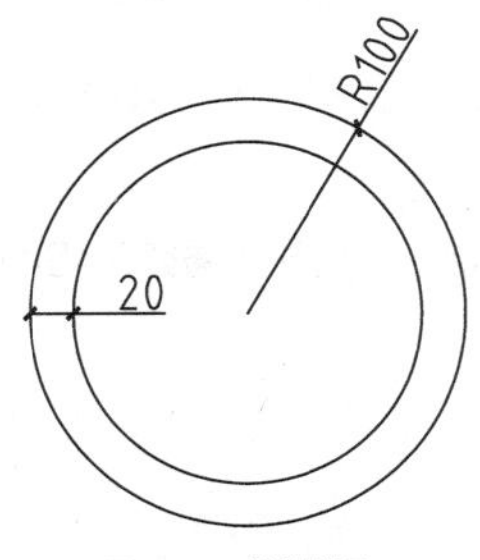

图16-26 绘制结果

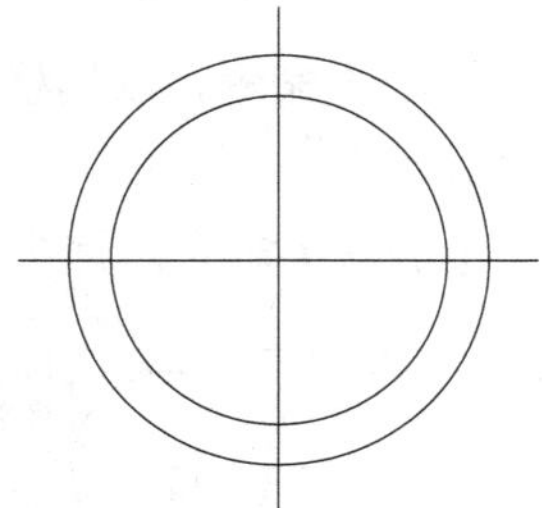

图16-27 绘制结果

3. 绘制筒灯

筒灯一般用作局部照明，居室中如有吊顶，一般会安置筒灯。

01 调用C【圆形】命令，绘制半径为50的圆形；调用O【偏移】命令，设置偏移距离为10，向内偏移圆形，结果如图16-28所示。

02 调用L【直线】命令，过圆心绘制直线，完成筒灯图形的绘制，结果如图16-29所示。

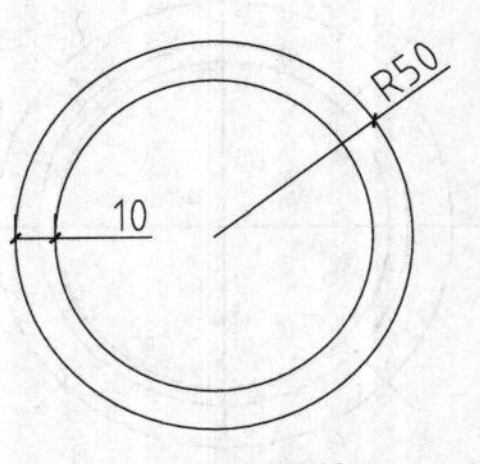

图16-28 绘制结果

图16-29 绘制结果

03 调用B【块】命令，打开【块定义】对话框，框选绘制完成的筒灯图形，设置图形名称，单击【确定】按钮，即可将图形创建成块，方便以后调用。

4. 绘制浴霸

浴霸集照明与采暖于一身，是卫生间中必不可少的灯具。

01 调用REC【矩形】命令，绘制矩形，结果如图16-30所示。

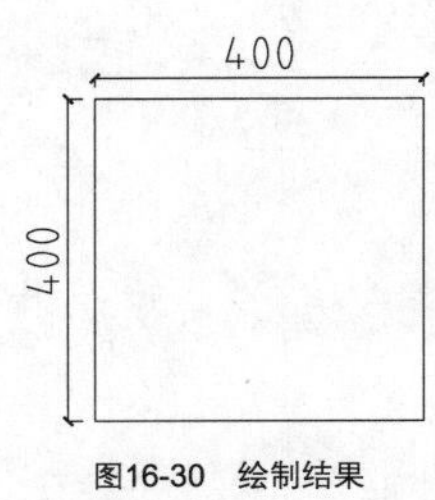

图16-30 绘制结果

02 调用O【偏移】命令，向内偏移矩形，结果如图16-31所示。

03 调用O【偏移】命令，设置偏移距离为90，选择偏移得到的矩形向内偏移，结果如图16-32所示。

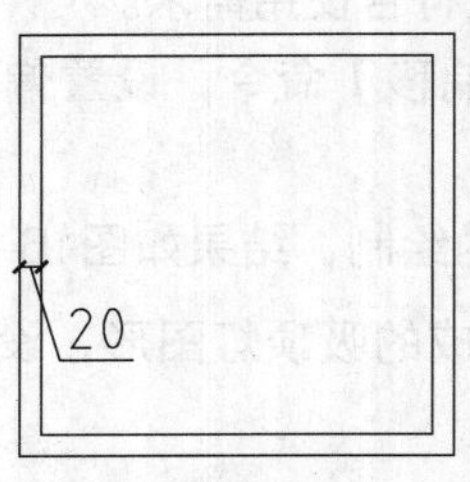

图16-31 偏移结果

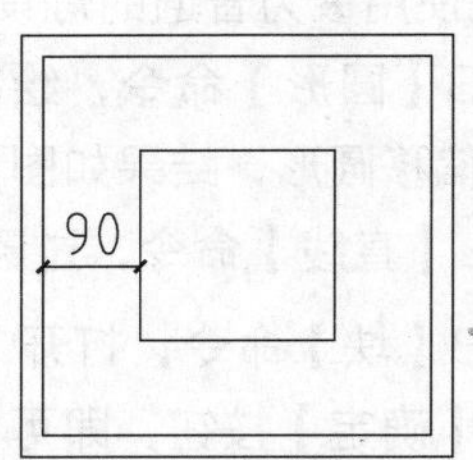

图16-32 偏移矩形

04 调用C【圆】命令，以偏移得到的矩形的四个顶点为圆心，绘制半径为90的圆形，结果如图16-33所示。

05 调用E【删除】命令，删除多余矩形，完成浴霸图形的绘制，结果如图16-34所示。

图16-33 绘制圆形

图16-34 删除矩形

06 调用B【块】命令，打开【块定义】对话框，框选绘制完成的浴霸图形，设置图形名称，单击【确定】按钮，即可将图形创建成块，方便以后调用。

16.2.3 绘制插座类图例

插座根据使用情况的不同，可以分为各种不同的类型，如电源插座、电视插座、空调插座等。下面，介绍常用插座的绘制方法。

1. 绘制电源插座

电源插座是居室中使用较为广泛的插座，其功率适合一般的家用电器使用。

01 调用C【圆】命令，绘制半径为107的圆形；调用L【直线】命令，过圆心绘制直线，结果如图16-35所示。

02 调用TR【修剪】命令，修剪多余线段，结果如图16-36所示。

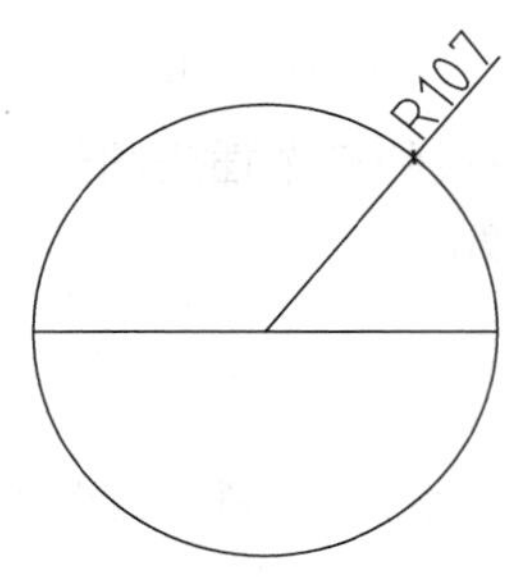

图16-35 绘制结果

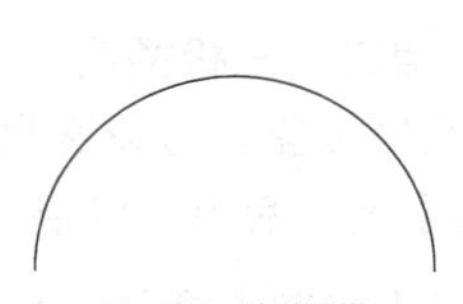

图16-36 修剪线段

03 调用L【直线】命令，绘制直线，完成电源插座图形的绘制，结果如图16-37所示。

04 调用B【块】命令，打开【块定义】对话框，框选绘制完成的电源插座图形，设置图形名称，单击【确定】按钮，即可将图形创建成块，方便以后调用。

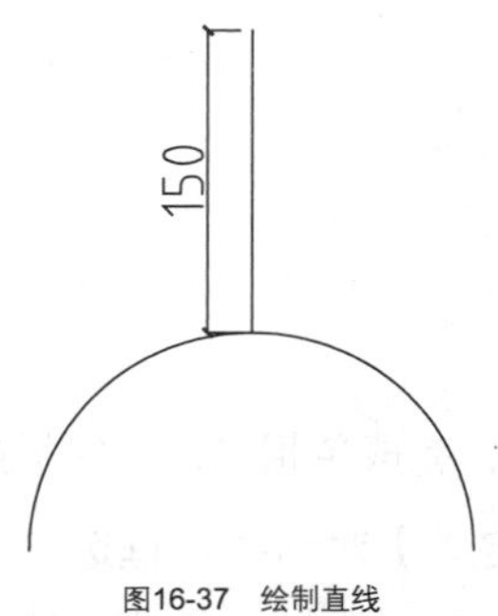

图16-37 绘制直线

2. 绘制三个插座图形

三个插座可以为临近家用电器的使用提供便利。

01 调用C【圆】命令，绘制半径为107的圆形；调用L【直线】命令，过圆心绘制直线。

02 调用TR【修剪】命令，修剪多余线段，结果如图16-38所示。

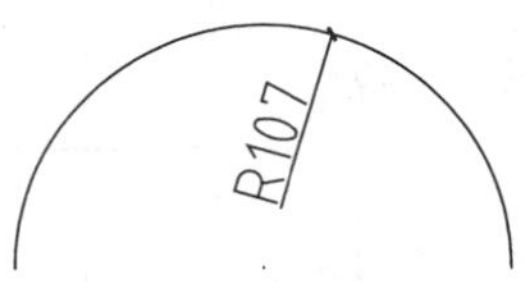

图16-38 绘制结果

03 调用CO【复制】命令，移动、复制修剪后的图形，结果如图16-39所示。

04 调用L【直线】命令，绘制直线，完成三个插座图形的绘制，结果如图16-40所示。

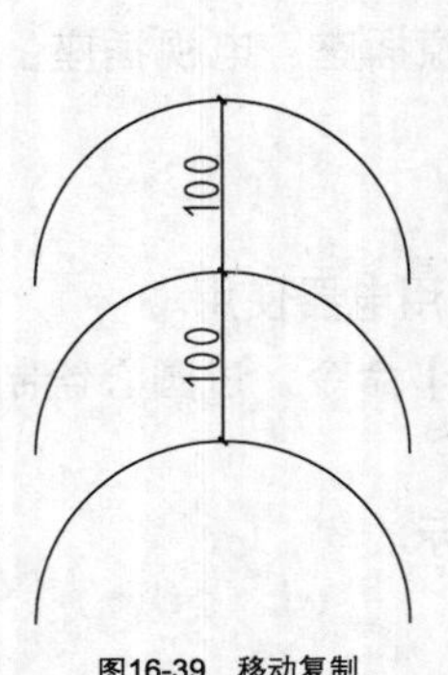

图16-39 移动复制

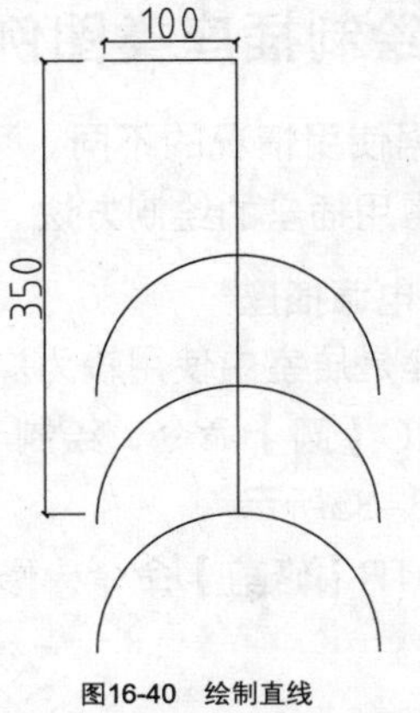

图16-40 绘制直线

05 调用B【块】命令，打开【块定义】对话框，框选绘制完成的三个插座图形，设置图形名称，单击【确定】按钮，即可将图形创建成块，方便以后调用。

3. 绘制单相二、三极插座

单相二、三极插座，可以满足不同插孔的家用电器的使用需求。

01 调用C【圆】命令，绘制半径为107的圆形；调用L【直线】命令，过圆心绘制直线。

02 调用TR【修剪】命令，修剪多余线段。

03 调用CO【复制】命令，移动、复制修剪后的图形，结果如图16-41所示。

04 调用L【直线】命令，绘制直线，结果如图16-42所示。

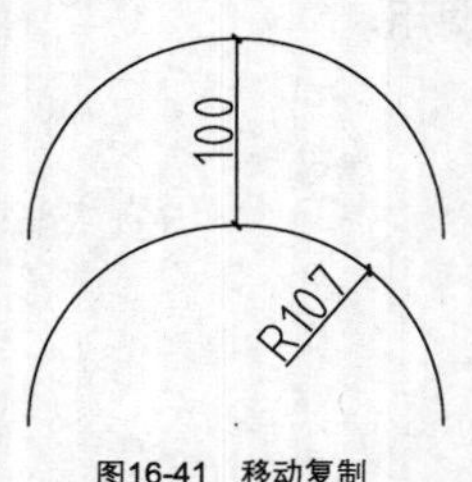

图16-41 移动复制

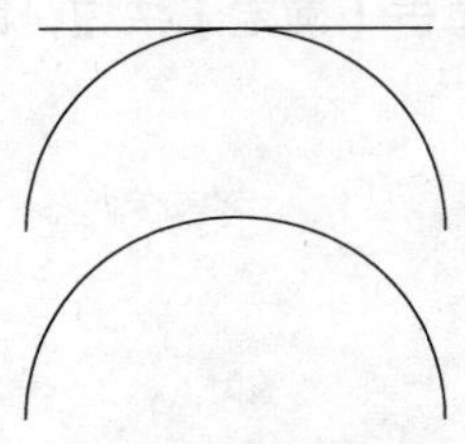
图16-42 绘制直线

05 调用L【直线】命令，绘制直线，完成单相二、三级插座图形的绘制，结果如图16-43所示。

06 调用B【块】命令，打开【块定义】对话框，框选绘制完成的单相二、三极插座图形，设置图形名称，单击【确定】按钮，即可将图形创建成块，方便以后调用。

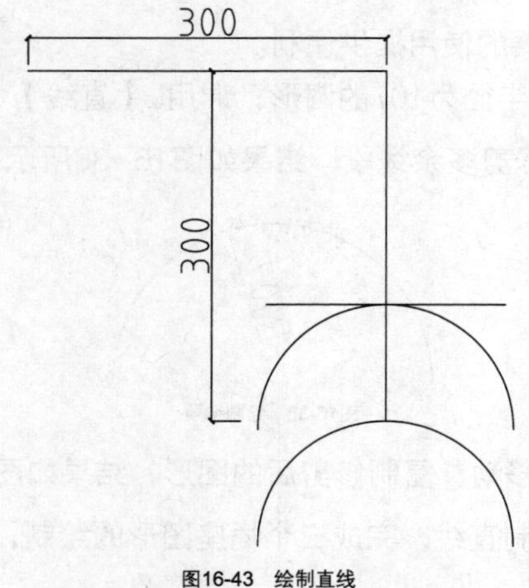

图16-43 绘制直线

4. 绘制电话插座

电话插座是专门为电话线而准备的插座。

01 调用REC【矩形】命令，绘制尺寸为180×230的矩形；调用X【分解】命令，分解矩形；调用O【偏移】命令，偏移矩形边，结果如图16-44所示。

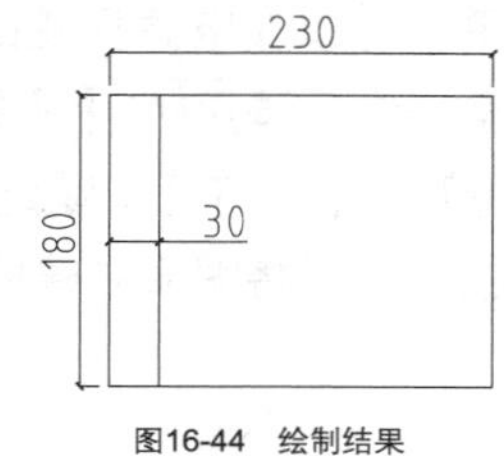

图16-44　绘制结果

02 调用L【直线】命令，绘制直线，结果如图16-45所示。

03 调用TR【修剪】命令，修剪多余线段，结果如图16-46所示。

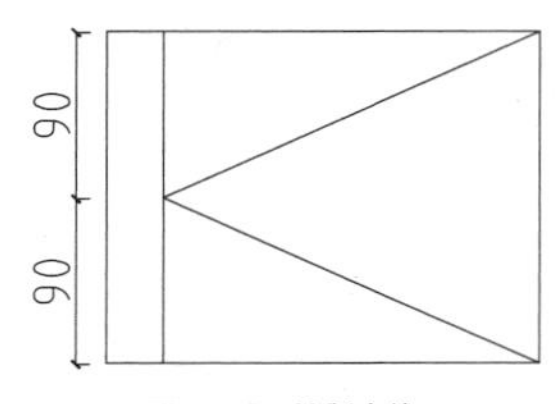

图16-45　绘制直线

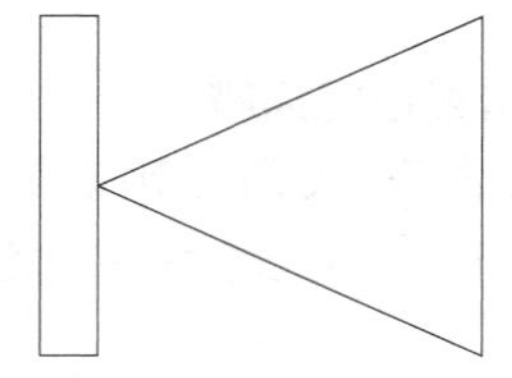
图16-46　修剪线段

04 调用O【偏移】命令，偏移线段，结果如图16-47所示。

05 调用TR【修剪】命令，修剪线段，结果如图16-48所示。

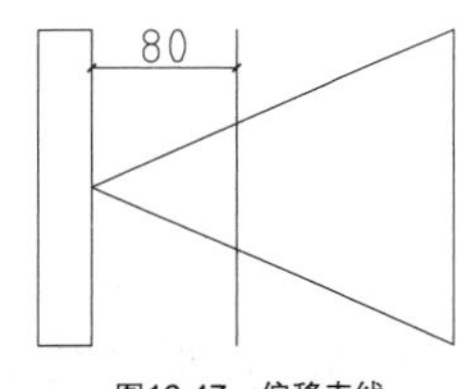

图16-47　偏移直线

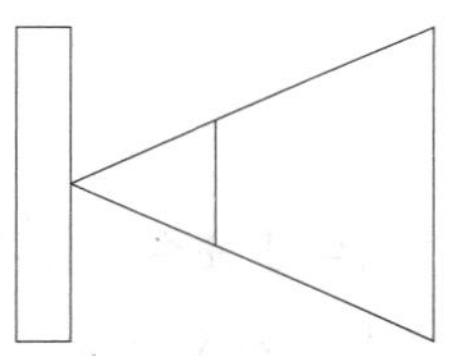
图16-48　修剪线段

06 调用H【填充】命令，弹出【图案填充和渐变色】对话框，设置参数如图16-49所示。

07 在绘图区中拾取填充区域，绘制图案填充的结果如图16-50所示，至此完成电话插座图形的绘制。

08 调用B【块】命令，打开【块定义】对话框，框选绘制完成的电话插座图形，设置图形名称，单击【确定】按钮，即可将图形创建成块，方便以后调用。

图16-49　设置参数

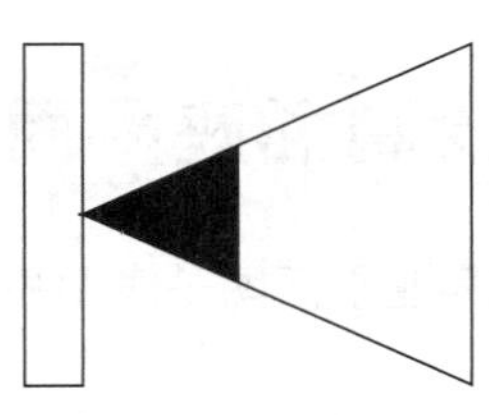
图16-50　图案填充

5. 绘制网络插座

网络插座是专门为网线提供的插座。

网络插座图形可以在电话插座图形的基础上修改得到。调用CO【复制】命令，移动、复制一份电话插座图形至一旁；调用MT【多行文字】命令，绘制文字标注，结果如图16-51所示。

调用B【块】命令，打开【块定义】对话框，框选绘制完成的网络插座图形，设置图形名称，单击【确定】按钮，即可将图形创建成块，方便以后调用。

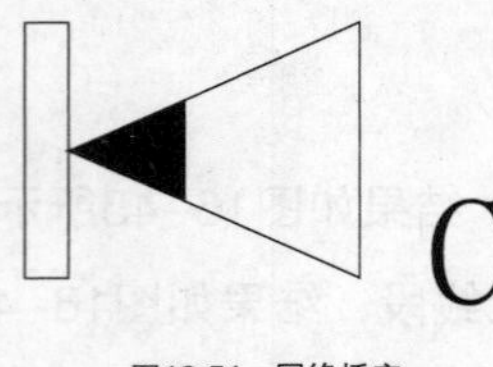

图16-51 网络插座

6. 绘制有线电视插座

有线电视插座是专门为电视信号的传输而准备的插座。

01 调用REC【矩形】命令，绘制矩形，结果如图16-52所示。

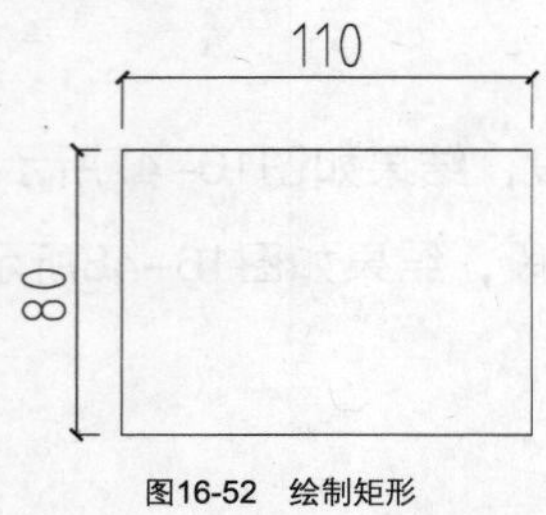

图16-52 绘制矩形

02 调用L【直线】命令，绘制直线，结果如图16-53所示。

03 调用MT【多行文字】命令，绘制文字标注，完成有线电视插座图形的绘制，结果如图16-54所示。

04 调用B【块】命令，打开【块定义】对话框，框选绘制完成的有线电视插座图形，设置图形名称，单击【确定】按钮，即可将图形创建成块，方便以后调用。

图16-53 绘制直线　　图16-54 文字标注

16.3 绘制插座平面图

居室中的插座平面图是表明插座分布情况的图纸，在施工过程中，该图纸是施工人员安装插座的主要依据。

16.3.1 绘制插座

下面，以第11章绘制的欧式别墅施工图为例，介绍绘制插座平面图的方法。

01 调用图形。按Ctrl+O组合键，打开第11章绘制的欧式别墅施工图，将其中的“平面布置图.dwg”文件复制、粘贴一份至一旁。

02 整理图形。调用E【删除】命令，删除平面图上不需要的图形，结果如图16-55所示。

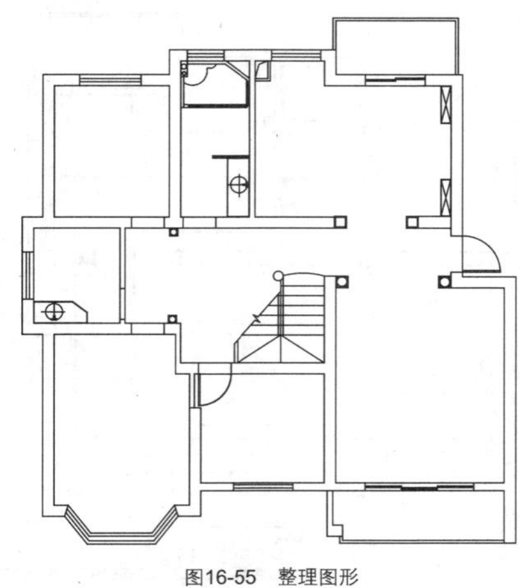

图16-55 整理图形

03 调入图块。调用CO【复制】命令，移动、复制绘制完成的电气图例至当前图形中，结果如图16-56所示。

04 重复操作，将其余的电气图形移动、复制至当前图形中，结果如图16-57所示。

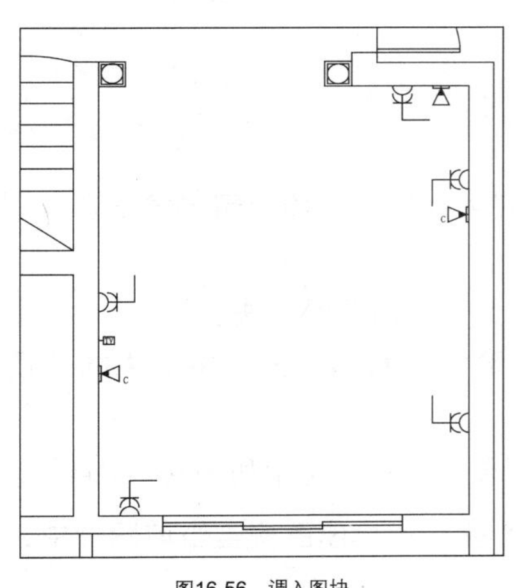

图16-56 调入图块

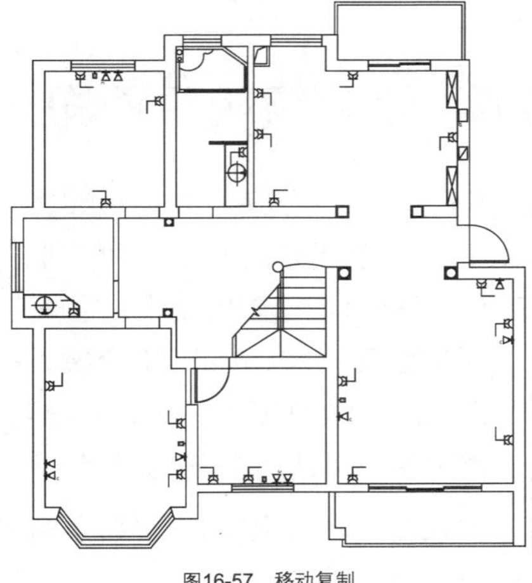

图16-57 移动复制

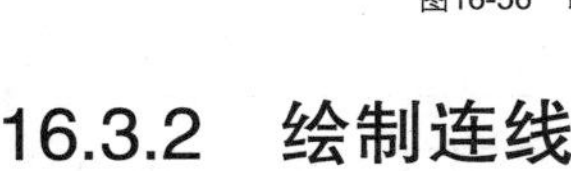

16.3.2 绘制连线

电话、网络插座属于弱电系统，而其他的电源插座则属于强电系统，所以，它们的接线工作是要分别进行的。本节介绍插座的弱电系统与强电系统接线的绘制方法。

01 调用L【直线】命令，绘制弱电数据线走向，并将直线的线型设置为虚线，结果如图16-58所示。

02 调用L【直线】命令，绘制强电电线走向，结果如图16-59所示。

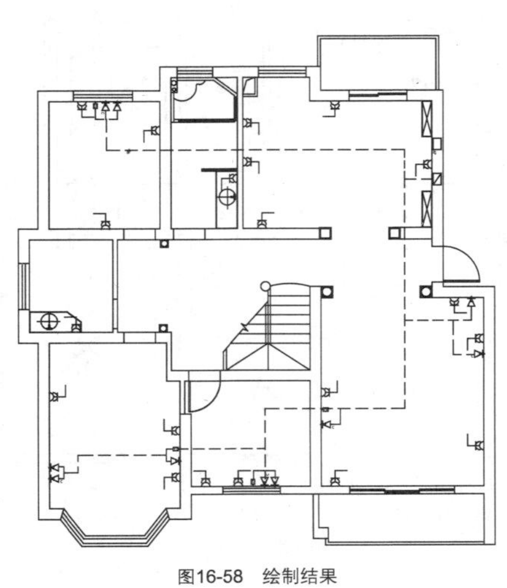

图16-58 绘制结果

03 调用MT【多行文字】命令，绘制图名；调用L【直线】命令，绘制下划线，并将其中一下划线的线宽设置为0.3mm，绘制图名和比例的结果如图16-60所示。

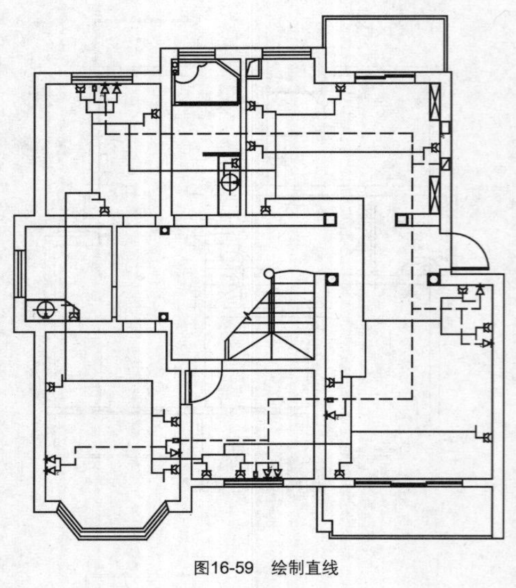
图16-59 绘制直线

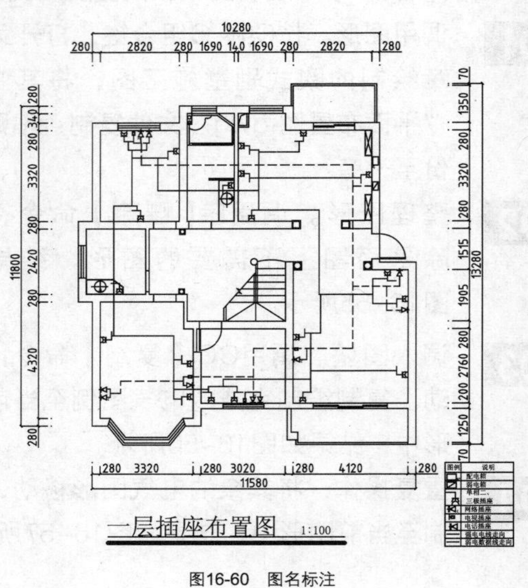

图16-60 图名标注

16.4 绘制照明平面图

照明平面图是表达居室开关与灯具之间的关系，每个开关根据实际的使用需求要安放不同类型的开关，以便为使用者提供最大的便利。

下面，以第11章绘制的欧式别墅施工图为例，介绍绘制照明平面图的方法。

01 调用图形。按Ctrl+O组合键，打开第11章绘制的欧式别墅施工图，将其中的“顶面布置图.dwg”文件复制、粘贴一份至一旁。

02 整理图形。调用E【删除】命令，删除顶面图上不需要的图形，结果如图16-61所示。

03 调入图块。调用CO【复制】命令，移动、复制绘制完成的插座图例至当前图形中，结果如图16-62所示。

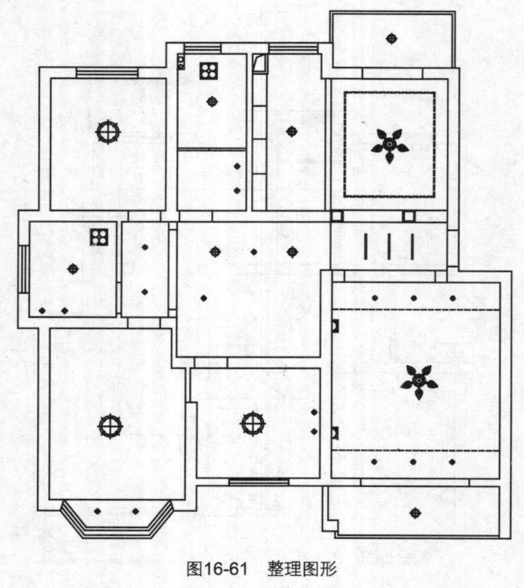
图16-61 整理图形

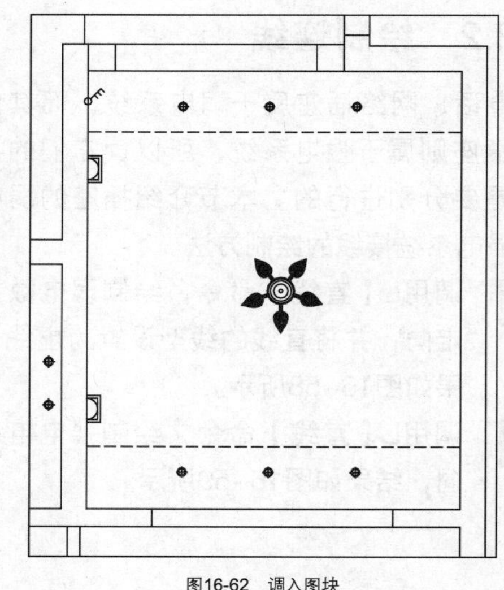
图16-62 调入图块

04 重复操作，将其余的插座图形移动、复制至当前图形中，结果如图16-63所示。

05 绘制连接直线。调用L【直线】命令，绘制直线，结果如图16-64所示。

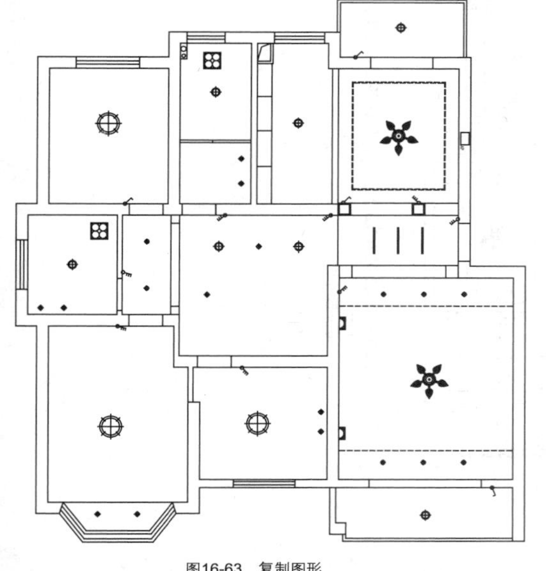

图16-63 复制图形

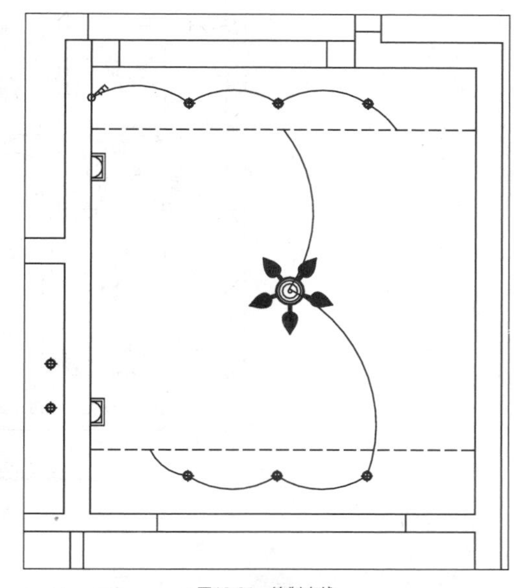

图16-64 绘制直线

06 重复调用L【直线】命令，绘制直线，结果如图16-65所示。

07 调用L【直线】命令，绘制开关之间的连接直线，结果如图16-66所示。

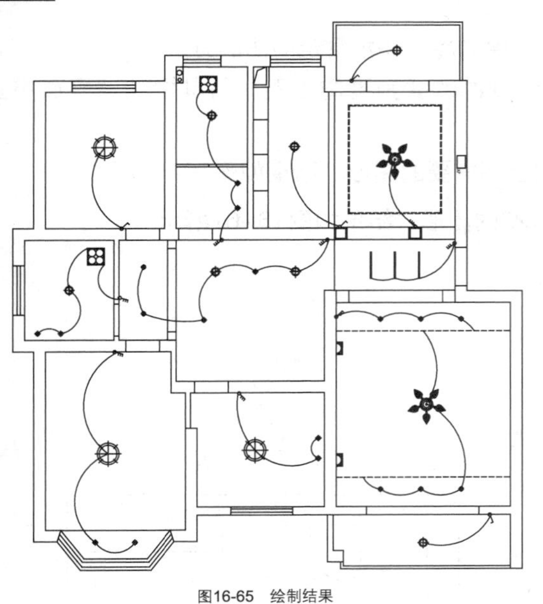

图16-65 绘制结果

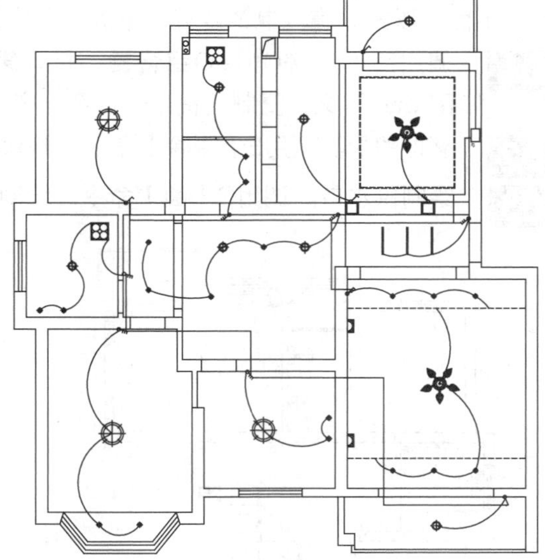

图16-66 绘制直线

08 调用MT【多行文字】命令，绘制图名；调用L【直线】命令，绘制下划线，并将其中一下划线的线宽设置为0.3mm，绘制图名和比例的结果如图16-67所示。

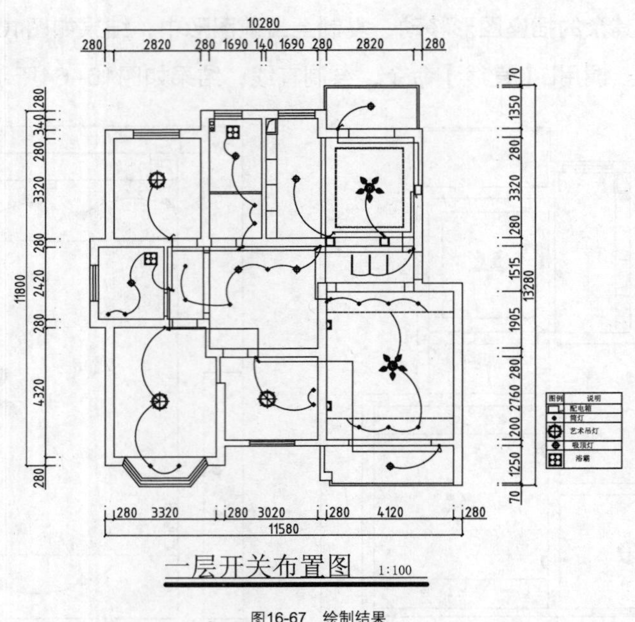

图16-67 绘制结果

16.5 绘制冷、热水管走向图

人们日常生活中需要使用冷水和热水，所以，在进行居室装潢的过程中，冷、热水系统必须提前构建好，才能方便使用。

下面，以第11章绘制的欧式别墅施工图为例，介绍绘制冷、热水管走向图的方法。

01 调用图形。按Ctrl+O组合键，打开第11章绘制的欧式别墅施工图，将其中的“平面布置图.dwg”文件复制、粘贴一份至一旁。

02 整理图形。调用E【删除】命令，删除平面图上不需要的图形，结果如图16-68所示。

03 绘制供水口。调用C【圆】命令，绘制半径为22的圆形，结果如图16-69所示。

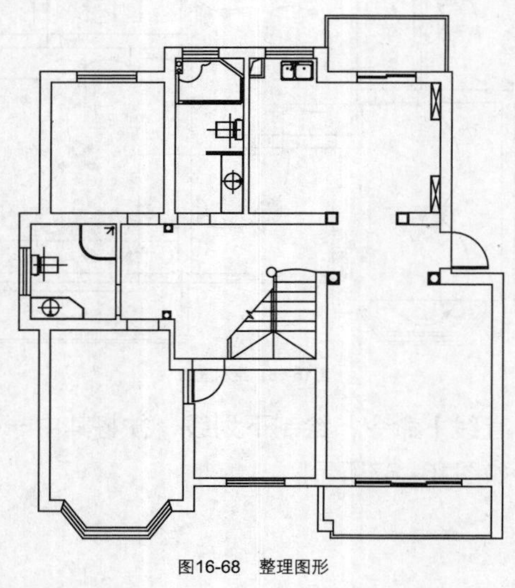

图16-68 整理图形

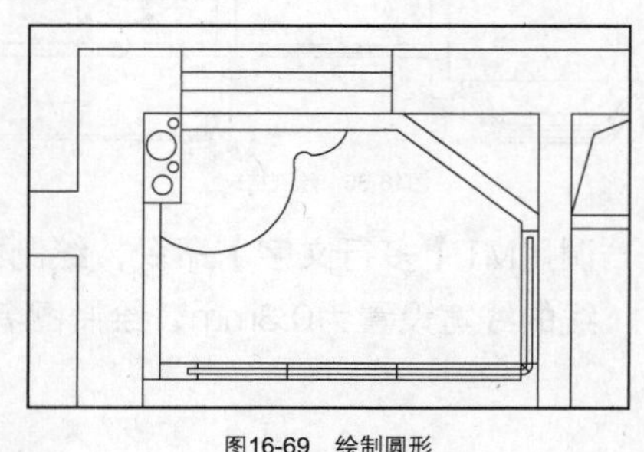

图16-69 绘制圆形

04 绘制冷水管走向。调用L【直线】命令，绘制直线，结果如图16-70所示。

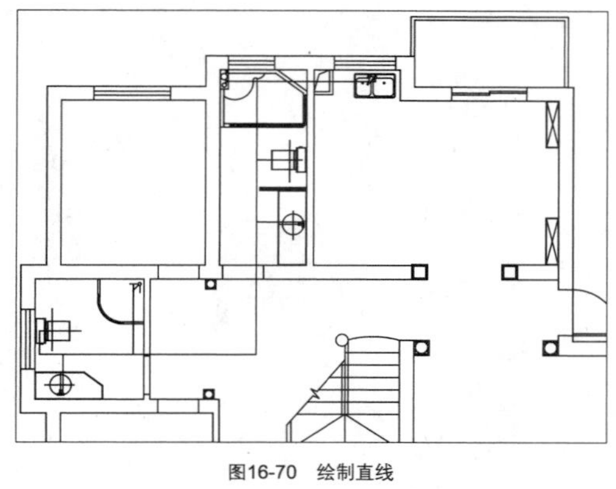

图16-70　绘制直线

05 绘制热水管走向。调用L【直线】命令，绘制直线，并将直线的线型设置为虚线，结果如图16-71所示。

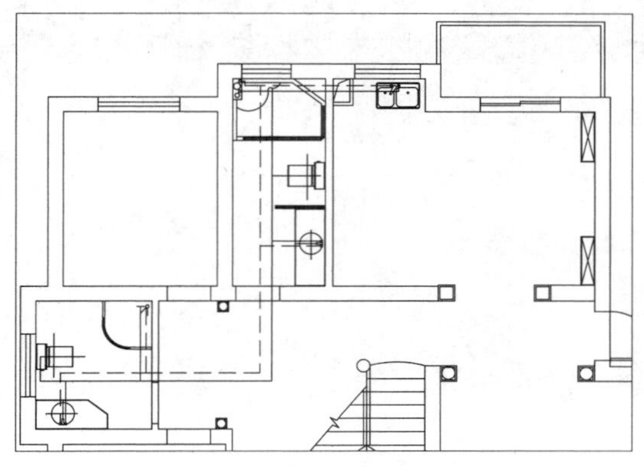

图16-71　绘制结果

06 调用MT【多行文字】命令，绘制图名；调用L【直线】命令，绘制下划线，并将其中一下划线的线宽设置为0.3mm，绘制图名和比例的结果如图16-72所示。

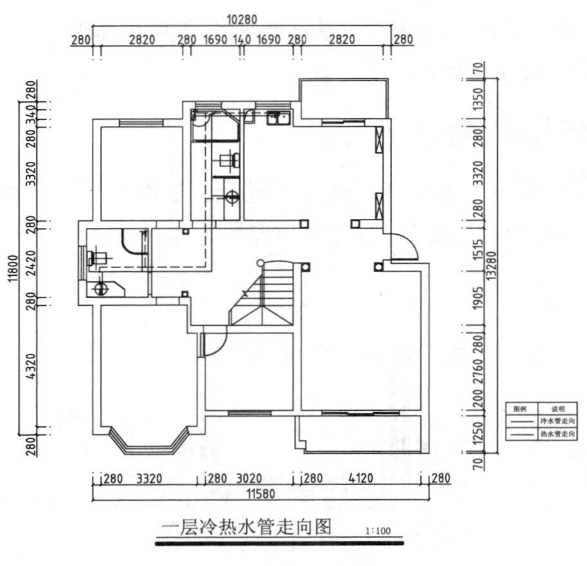

图16-72　图名标注

第17章

绘制室内装潢设计剖面图

在室内装潢设计中，平面图与立面图不能完全表达工程的细部做法与材料尺寸，所以，绘制剖面图与详图很有必要。剖面图与详图表达了工程的细部做法，为施工过程提供了有力的技术指导。
本章介绍室内装潢设计中剖面图的绘制方法。

17.1 绘制电视背景墙造型剖面图

电视背景墙的做法较为复杂，在立面图中只能表达制作完成的效果，而制作过程中的使用材料与构造尺寸都不能明确表达。所以，剖面图表达了电视背景墙中基层材料的做法、尺寸，以及大理石开V槽的具体尺寸，为施工提供了便利。

17.1.1 插入剖切索引符号

在立面图中插入剖切索引符号，才能明确表示所绘制的剖面图所表示的立面图中的具体部分。

01 按Ctrl+O组合键，打开第11章绘制的欧式别墅室内设计施工图中的“客厅D立面图.dwg”文件，结果如图17-1所示。

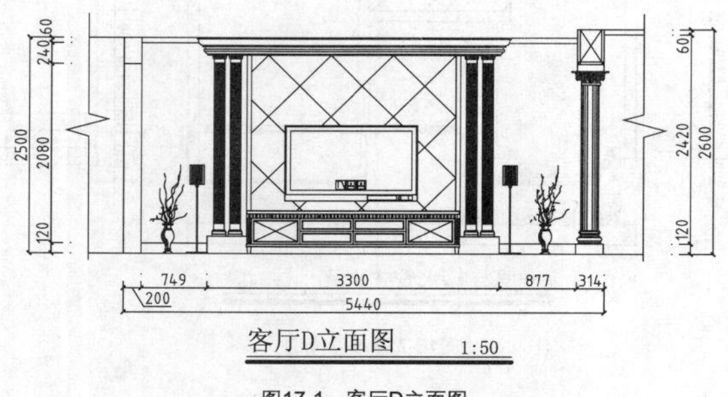

图17-1 客厅D立面图

02 按Ctrl+O组合键，打开第8章绘制的剖切索引符号图形，将其复制、粘贴至当前图形中，更改图名，结果如图17-2所示。

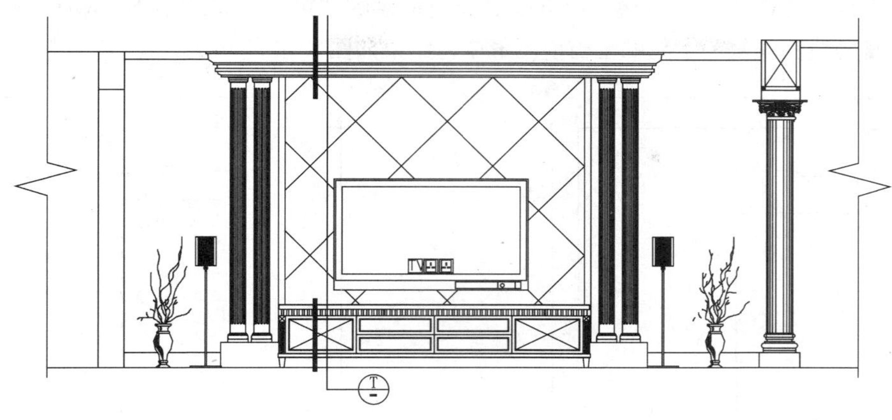

图17-2 加入剖切符号

17.1.2 绘制T–T剖面图

T–T剖面图为电视背景墙剖面图，表达了电视背景墙的具体做法、使用材料、尺寸等，下面，对其绘制方法进介绍。

01 绘制剖面外轮廓。调用L【直线】命令，绘制直线，结果如图17–3所示。

02 绘制石膏角线基层。调用REC【矩形】命令，绘制尺寸为88×247的矩形，结果如图17–4所示。

03 调用X【分解】命令，分解矩形；调用O【偏移】命令，偏移矩形边，结果如图17–5所示。

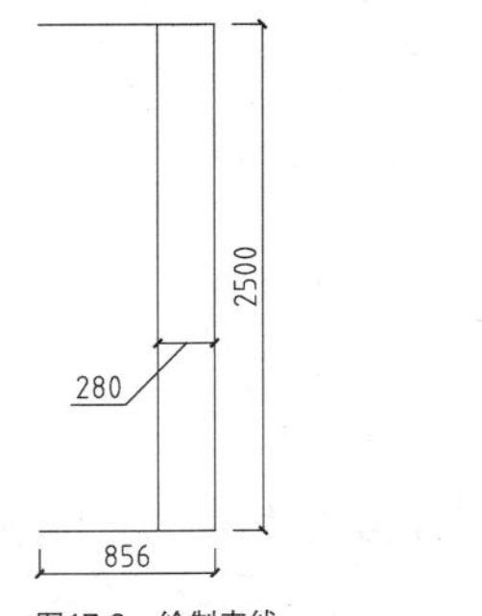

图17-3 绘制直线

图17-4 绘制矩形

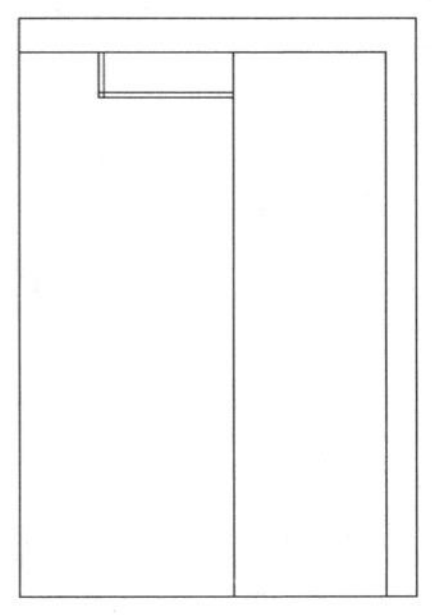
图17-5 偏移矩形边

04 调用TR【修剪】命令，修剪线段，结果如图17–6所示。

05 调用REC【矩形】命令，分别绘制尺寸为218×68、189×45的矩形，结果如图17–7所示。

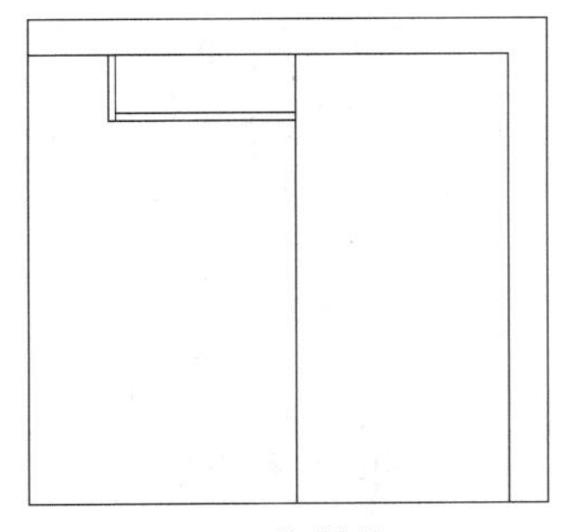

图17-6 修剪直线

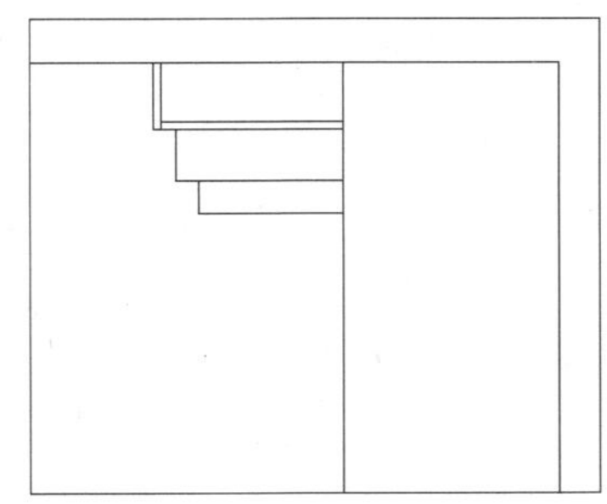
图17-7 绘制矩形

06 调用X【分解】命令，分解矩形；调用O【偏移】命令，设置偏移距离为10，偏移矩形边；调用TR【修剪】命令，修剪线段，结果如图17-8所示。

07 插入图块。按Ctrl+O组合键，打开配套光盘提供的“第17章\家具图例.dwg”文件，将其中的石膏角线图块复制、粘贴至当前图形中，结果如图17-9所示。

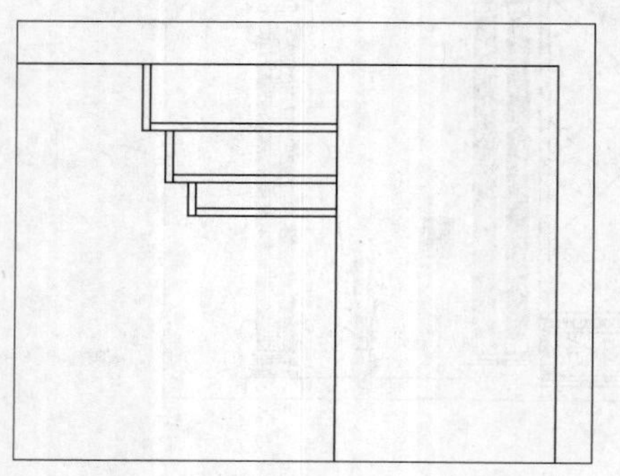
图17-8　绘制结果

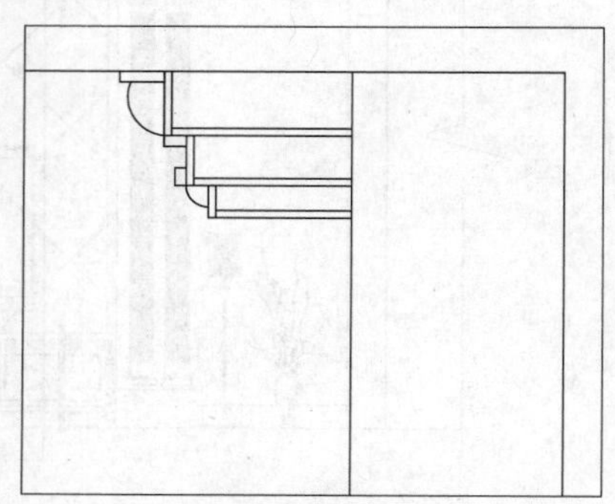
图17-9　插入图块

08 填充角线图案。调用H【填充】命令，弹出【图案填充和渐变色】对话框，设置参数如图17-10所示。

09 在绘图区中拾取填充区域，绘制图案填充的结果如图17-11所示。

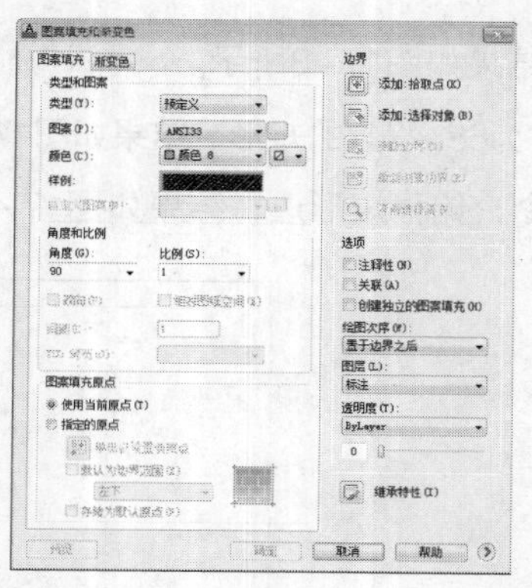
图17-10　设置参数

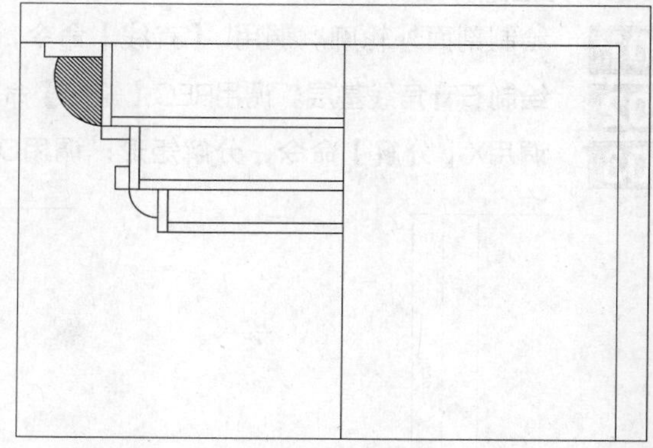
图17-11　图案填充

10 沿用上述填充图案及其填充比例，将图案的填充角度更改为0°，填充结果如图17-12所示。

11 绘制墙面大理石装饰及其基材。调用O【偏移】命令，偏移线段，结果如图17-13所示。

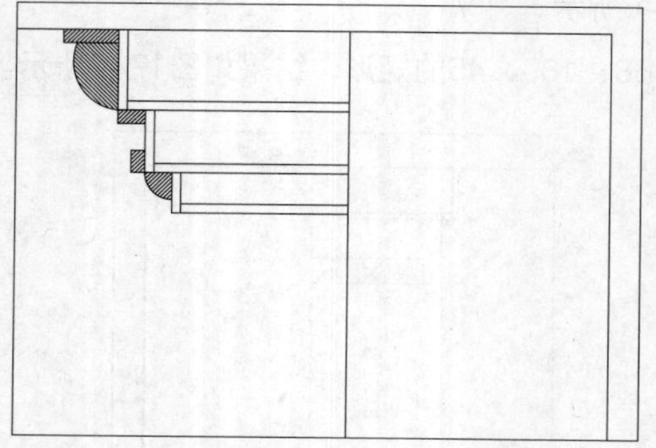
图17-12　填充结果

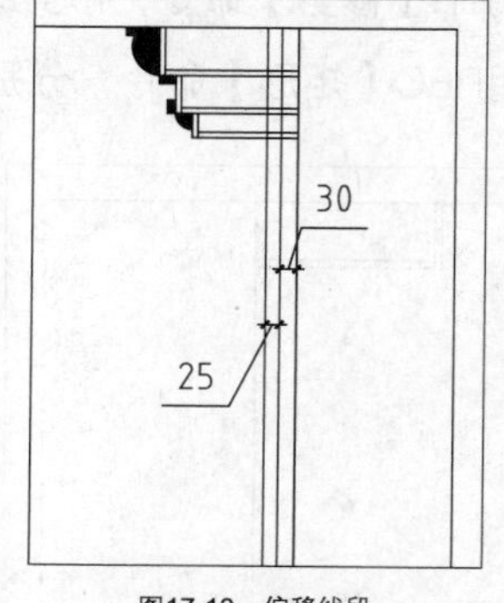

图17-13　偏移线段

12 调用TR【修剪】命令，修剪线段，结果如图17-14所示。

13 绘制墙面V槽。调用O【偏移】命令，偏移线段；调用L【直线】命令，绘制直线；调用TR【修剪】命令，修剪线段，结果如图17-15所示。

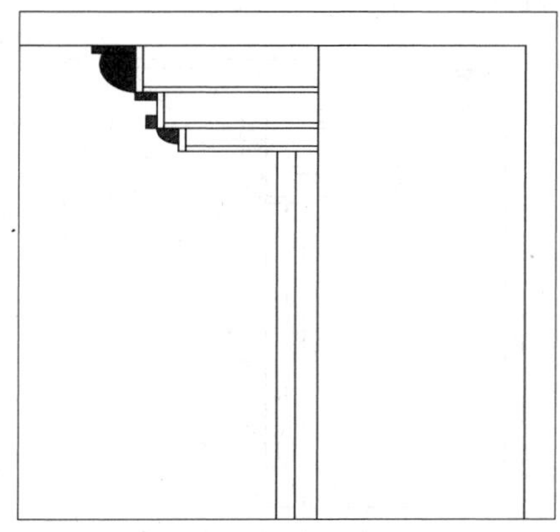

图17-14 修剪线段

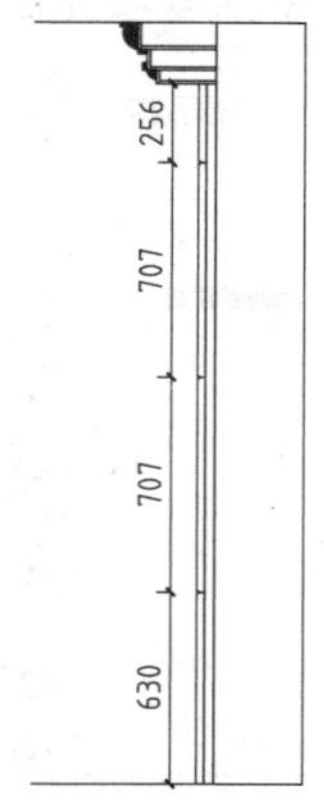

图17-15 绘制结果

14 填充墙体图案。调用H【填充】命令，弹出【图案填充和渐变色】对话框，设置参数如图17-16所示。

15 在绘图区中拾取填充区域，绘制图案填充的结果如图17-17所示。

图17-16 设置参数

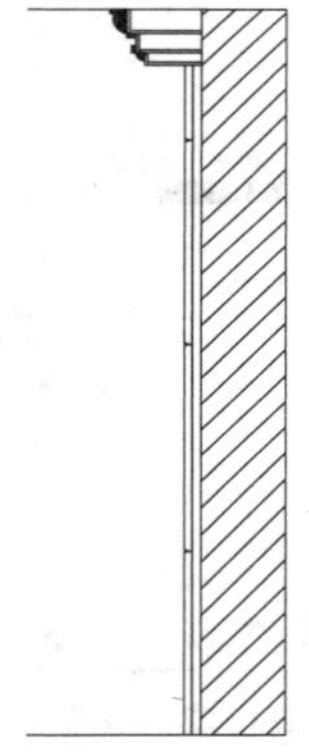

图17-17 图案填充

16 填充墙体图案。调用H【填充】命令，弹出【图案填充和渐变色】对话框，设置参数如图17-18所示。

17 在绘图区中拾取填充区域，绘制图案填充的结果如图17-19所示。

图17-18 设置参数

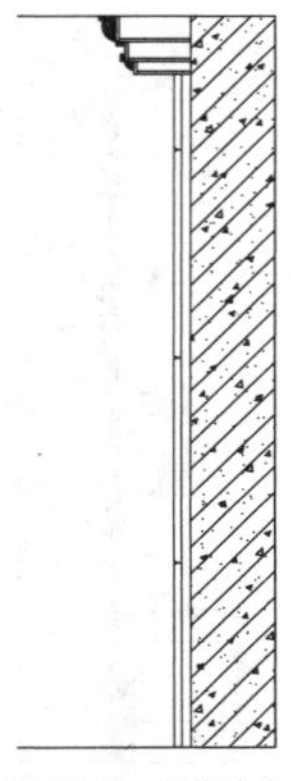

图17-19 图案填充

18 填充墙面水泥砂浆图案。调用H【填充】命令，弹出【图案填充和渐变色】对话框，设置参数如图17-20所示。

19 在绘图区中拾取填充区域，绘制图案填充的结果如图17-21所示。

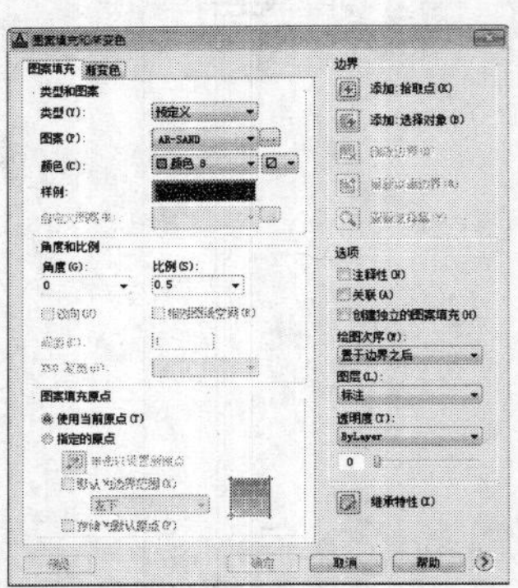

图17-20 设置参数

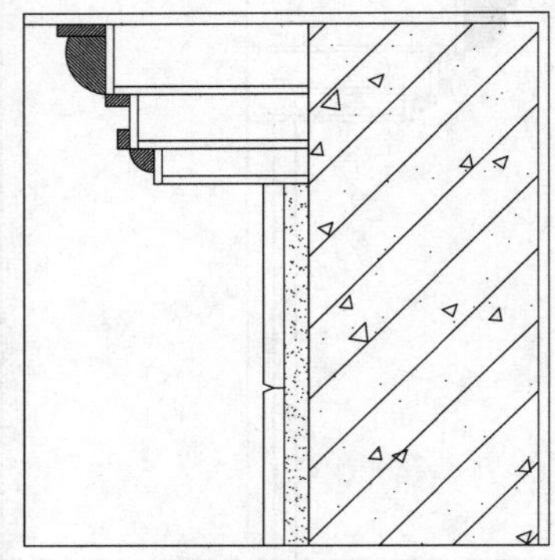

图17-21 图案填充

20 填充墙面大理石图案。调用H【填充】命令，弹出【图案填充和渐变色】对话框，设置参数如图17-22所示。

21 在绘图区中拾取填充区域，绘制图案填充的结果如图17-23所示。

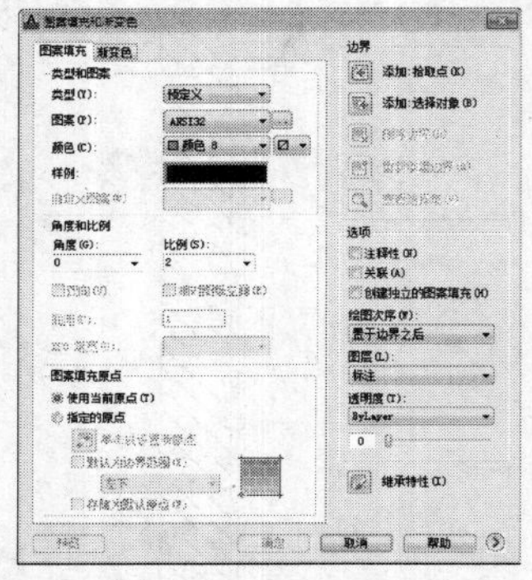

图17-22 设置参数

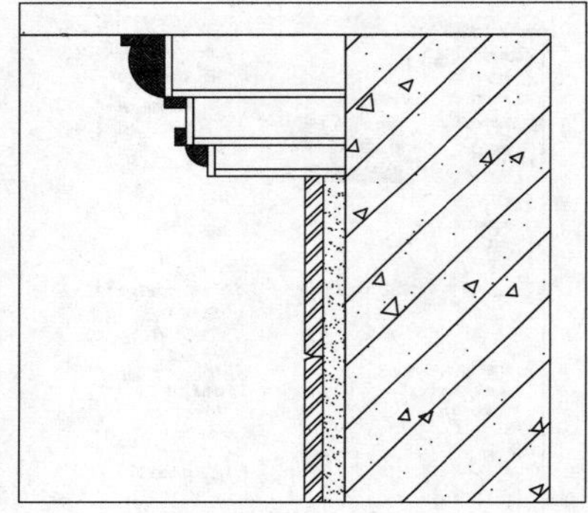

图17-23 图案填充

22 插入图块。按Ctrl+O组合键，打开配套光盘提供的“第17章\家具图例.dwg”文件，将其中的电视柜、电视机图块复制、粘贴至当前图形中，结果如图17-24所示。

23 尺寸标注。调用DLI【线性标注】命令，在绘图区中分别指定第一、第二个尺寸界线原点以及尺寸线位置，为剖面图绘制尺寸标注，结果如图17-25所示。

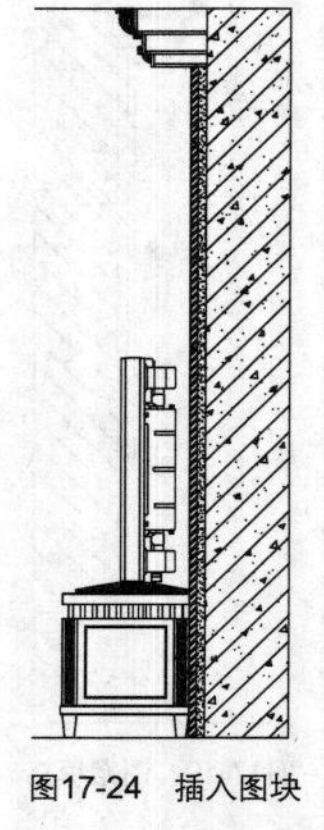

图17-24 插入图块

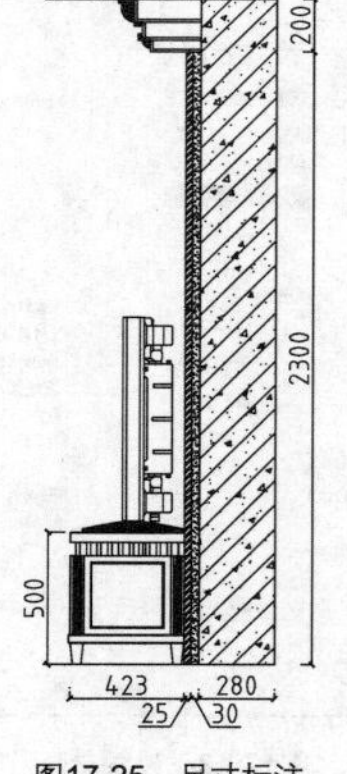

图17-25 尺寸标注

24 绘制墙面V槽大样图。调用C【圆】命令，绘制半径为104的圆形，并将圆形的线型设置为虚线，结果如图17-26所示。

25 调用C【圆】命令，绘制半径为376的圆形，并将圆形的线型设置为虚线，结果如图17-27所示。

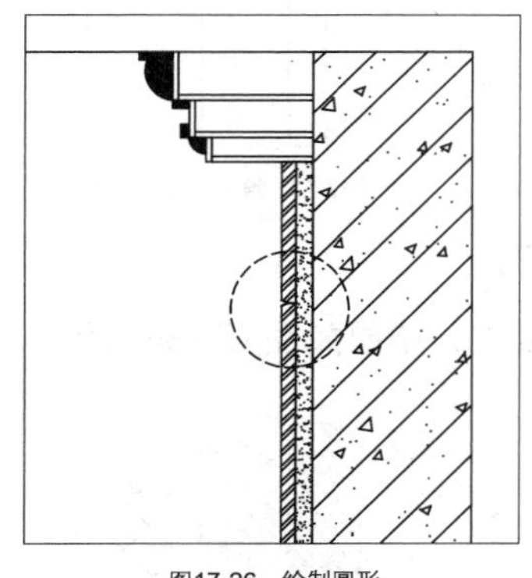
图17-26 绘制圆形

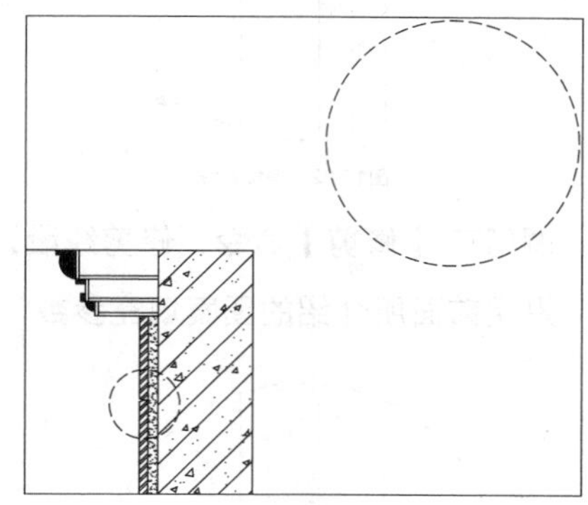
图17-27 绘制结果

26 调用A【圆弧】命令，绘制圆弧，并将圆弧的线型设置为虚线，结果如图17-28所示。

27 调用L【直线】命令，绘制直线，结果如图17-29所示。

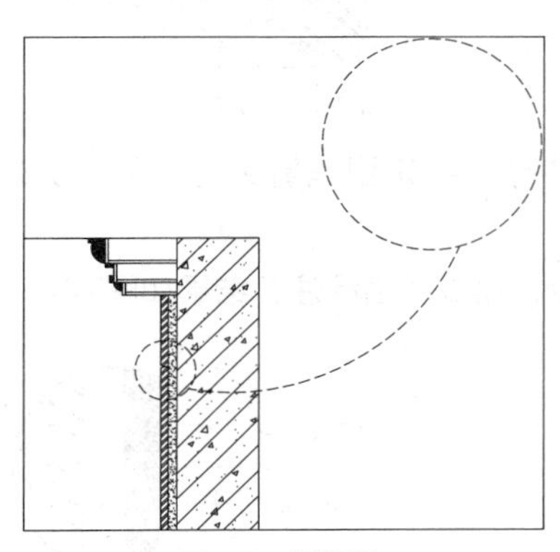
图17-28 绘制圆弧

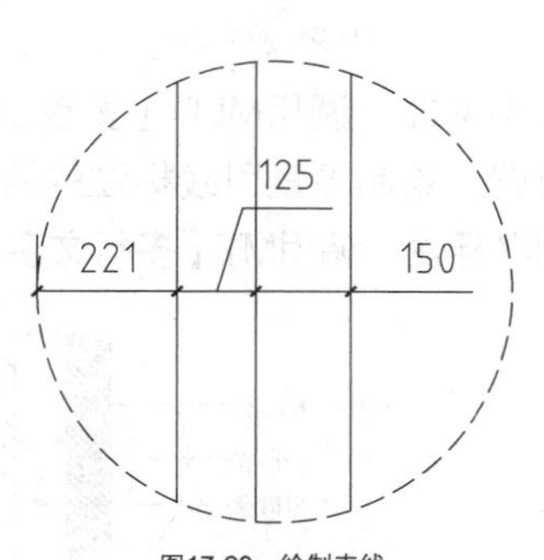

图17-29 绘制直线

28 调用L【直线】命令，绘制直线，结果如图17-30所示。

29 调用O【偏移】命令，选择上一步所绘制的直线，分别向上和向下偏移，结果如图17-31所示。

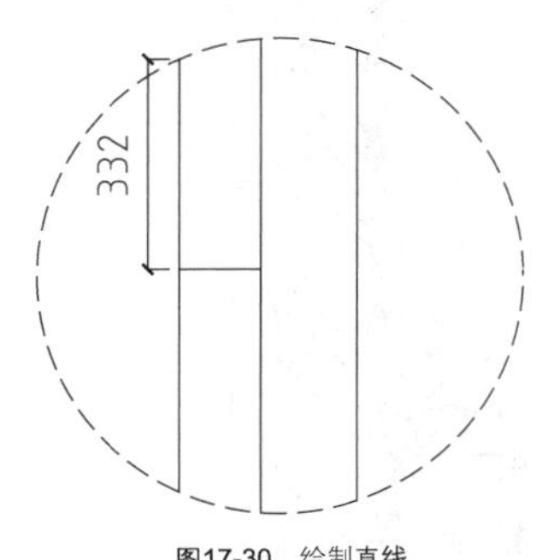

图17-30 绘制直线

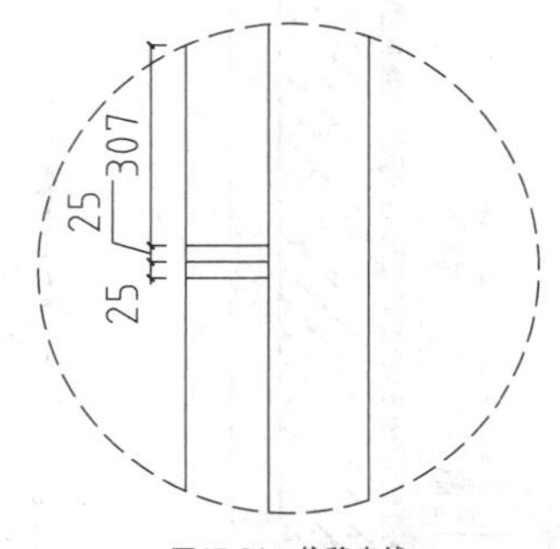

图17-31 偏移直线

30 调用O【偏移】命令，偏移直线，结果如图17-32所示。

31 调用L【直线】命令，绘制直线，结果如图17-33所示。

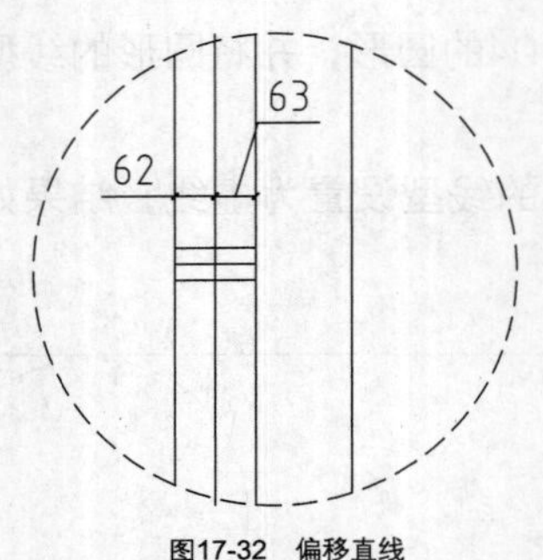

图17-32 偏移直线

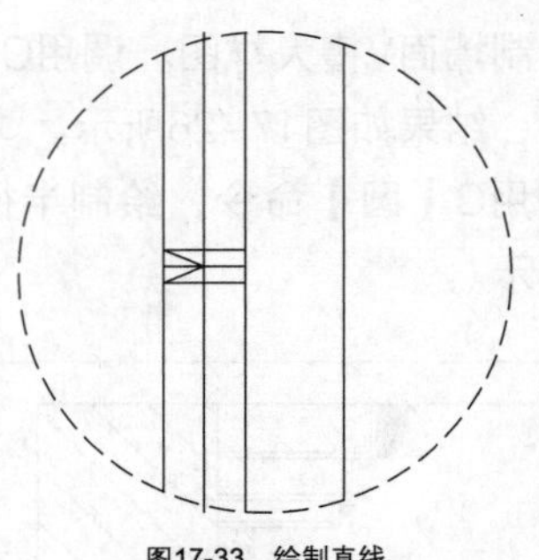
图17-33 绘制直线

32 调用TR【修剪】命令，修剪线段，结果如图17-34所示。

33 沿用前面所介绍的图案填充参数，为大样图绘制图案填充，结果如图17-35所示。

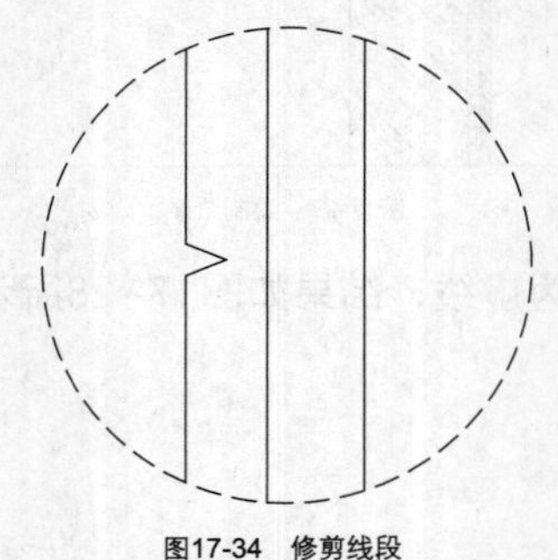
图17-34 修剪线段

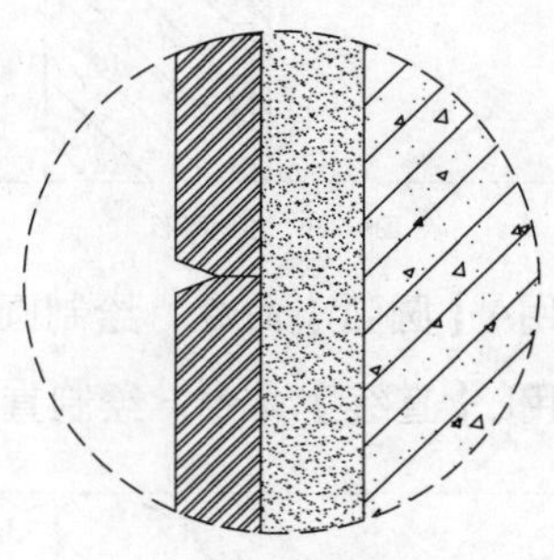
图17-35 图案填充

34 文字标注。调用MLD【多重引线】命令，在绘图区中分别指定引线箭头的位置、引线基线的位置，绘制多重引线标注的结果如图17-36所示。

35 图名标注。调用MT【多行文字】命令、L【直线】命令，绘制图名标注，结果如图17-37所示。

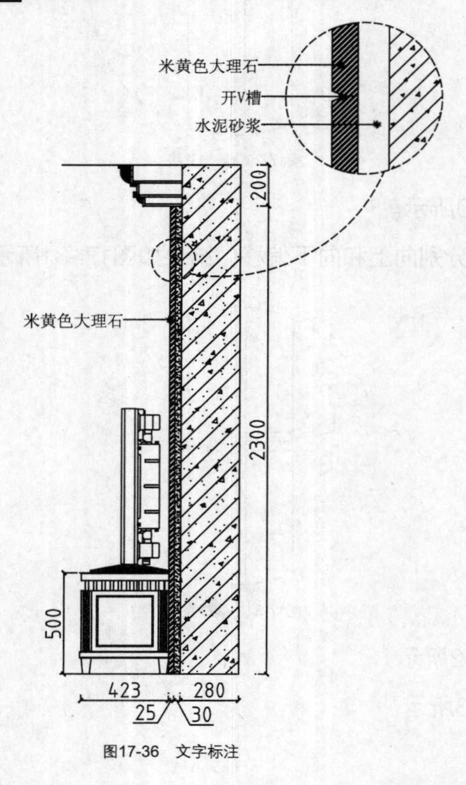

图17-36 文字标注

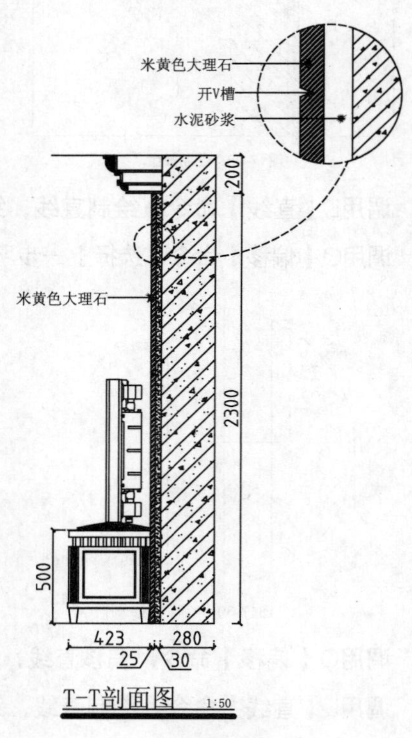

图17-37 图名标注

17.2 绘制衣柜剖面图

衣柜剖面图主要表达了将衣柜剖切后，侧立面的制作方法。主要包含的信息有，衣柜的用料、具体尺寸、角线的位置与尺寸、抽屉的尺寸等。

本节介绍衣柜剖面图的绘制方法。

17.2.1 插入剖切索引符号

在立面图中插入剖切索引符号，才能明确表示所绘制的剖面图所表示的立面图中的具体部分。

01 按Ctrl+O组合键，打开第11章绘制的欧式别墅室内设计施工图中的“母亲房衣柜立面图.dwg”文件，结果如图17-38所示。

02 按Ctrl+O组合键，打开第8章绘制的剖切索引符号图形，将其复制、粘贴至当前图形中，更改图名，结果如图17-39所示。

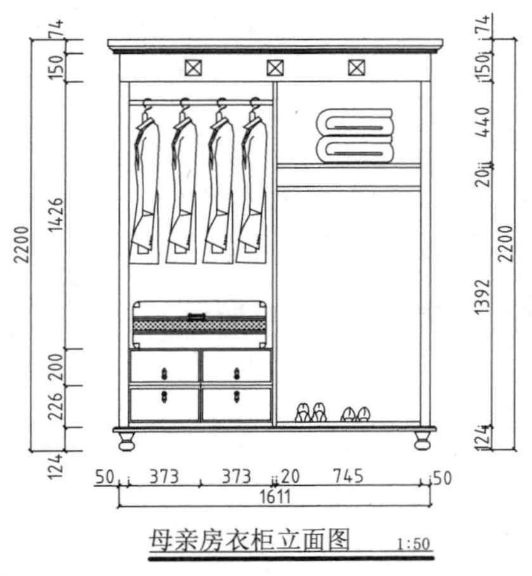

图17-38　母亲房衣柜立面图

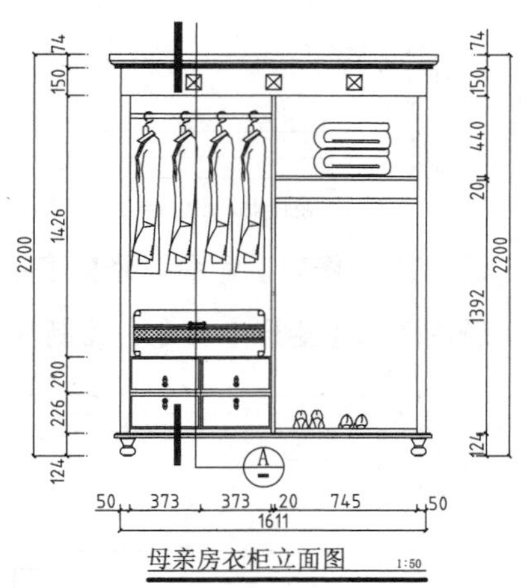

图17-39　加入剖切符号

17.2.2 绘制A–A剖面图

本节以欧式别墅施工图中母亲房衣柜剖面图为例，介绍衣柜侧面剖面图的具体绘制方法。

01 绘制剖面图外轮廓。调用REC【矩形】命令，绘制矩形，结果如图17-40所示。

02 绘制衣柜板材。调用X【分解】命令，分解矩形；调用O【偏移】命令，偏移矩形边，结果如图17-41所示。

03 调用O【偏移】命令，偏移矩形边，结果如图17-42所示。

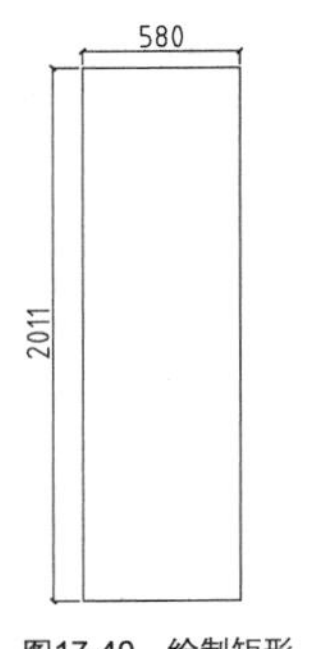

图17-40　绘制矩形

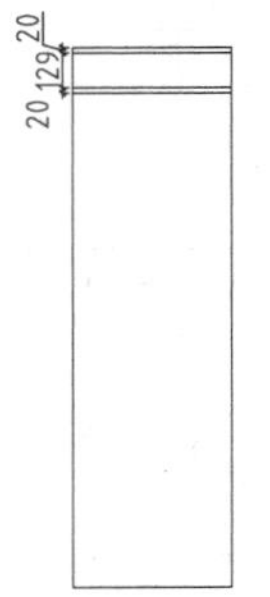

图17-41　偏移矩形边

图17-42　偏移结果

04 调用TR【修剪】命令，修剪线段，结果如图17-43所示。

05 调用O【偏移】命令，设置偏移距离为3，偏移矩形边，结果如图17-44所示。

图17-43 修剪线段

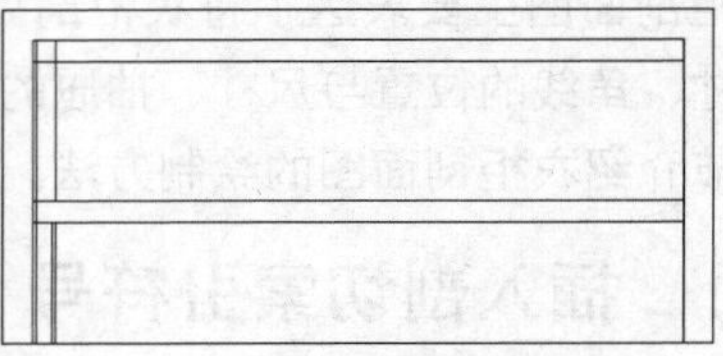
图17-44 偏移矩形边

06 调用TR【修剪】命令，修剪线段，结果如图17-45所示。

07 绘制封边木线条。调用REC【矩形】命令，绘制尺寸为10×20的矩形，结果如图17-46所示。

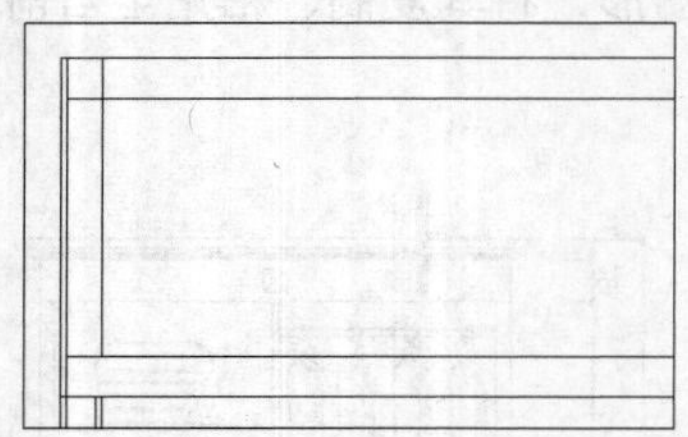
图17-45 修剪线段

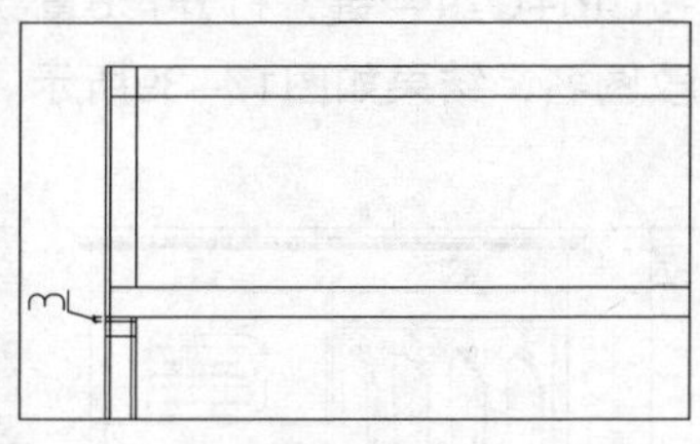

图17-46 绘制矩形

08 调用TR【修剪】命令，修剪多余线段，结果如图17-47所示。

09 调用REC【矩形】命令，绘制尺寸为20×20的矩形，结果如图17-48所示。

图17-47 修剪线段

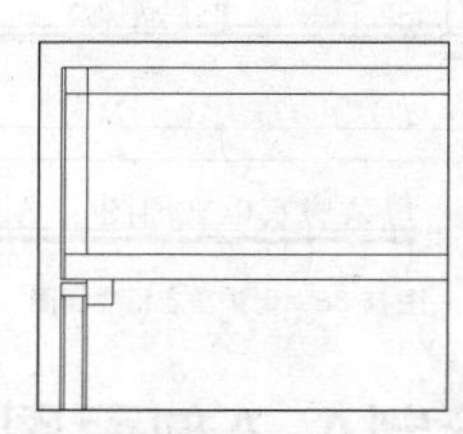
图17-48 绘制矩形

10 绘制衣柜顶部木线条基材。调用REC【矩形】命令，绘制尺寸为587×65的矩形，结果如图17-49所示。

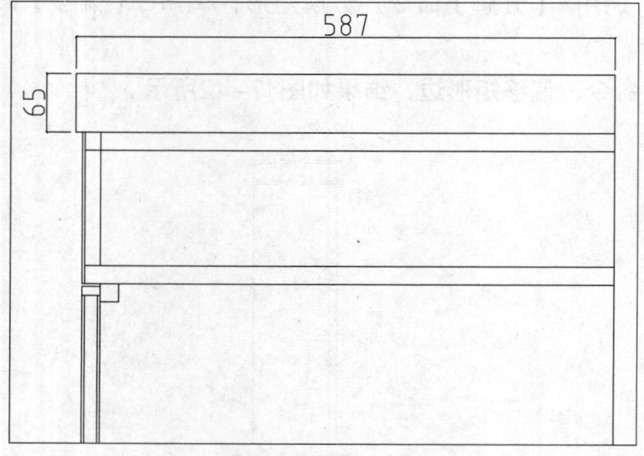

图17-49 绘制矩形

11 调用X【分解】命令，分解矩形；调用O【偏移】命令，偏移矩形边，结果如图17-50所示。

12 调用O【偏移】命令，偏移矩形边，结果如图17-51所示。

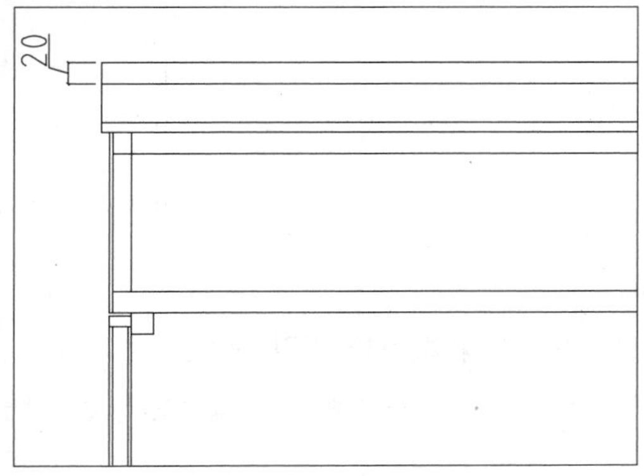

图17-50　偏移矩形边

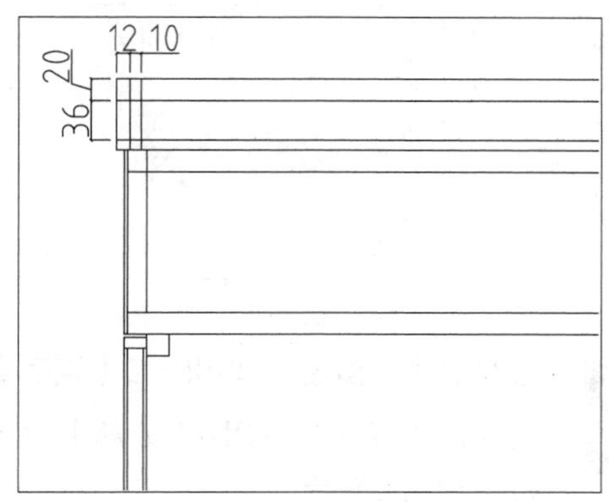

图17-51　偏移结果

13 调用TR【修剪】命令，修剪多余线段，结果如图17-52所示。

14 插入图块。按Ctrl+O组合键，打开配套光盘提供的“第17章\家具图例.dwg”文件，将其中的木线条图块复制、粘贴至当前图形中，结果如图17-53所示。

图17-52　修剪线段

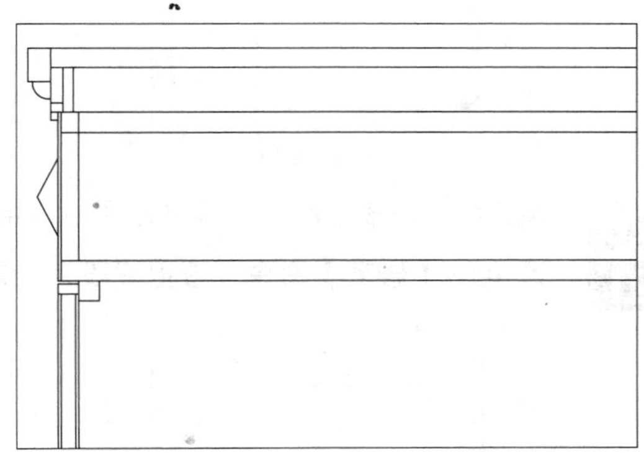

图17-53　插入图块

15 填充木线条图案。调用H【填充】命令，弹出【图案填充和渐变色】对话框，设置参数如图17-54所示。

16 在绘图区中拾取填充区域，绘制图案填充的结果如图17-55所示。

图17-54　设置参数

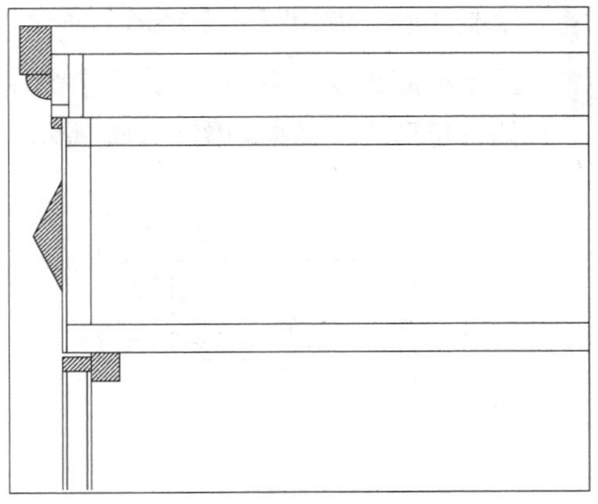

图17-55　图案填充

17 绘制衣柜门底部的封边木线条。沿用上述介绍的绘制封边木线条的方法和尺寸，绘制衣柜门底部的封边木线条，结果如图17-56所示。

图17-56 绘制结果

18 绘制抽屉剖面图。调用REC【矩形】命令，绘制矩形，结果如图17-57所示。

19 绘制抽屉隔板。调用X【分解】命令，分解矩形；调用O【偏移】命令，偏移矩形边，结果如图17-58所示。

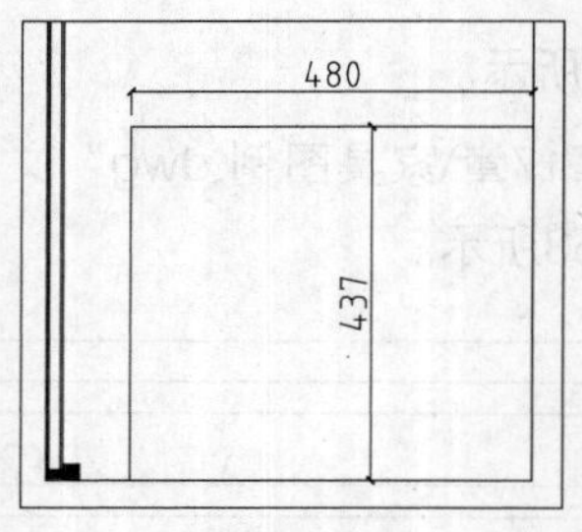

图17-57 绘制矩形

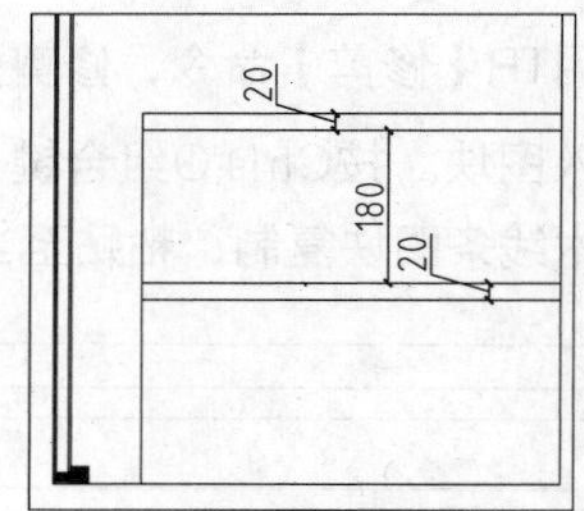

图17-58 偏移矩形边

20 调用O【偏移】命令，偏移矩形边，结果如图17-59所示。

21 调用TR【修剪】命令，修剪线段，结果如图17-60所示。

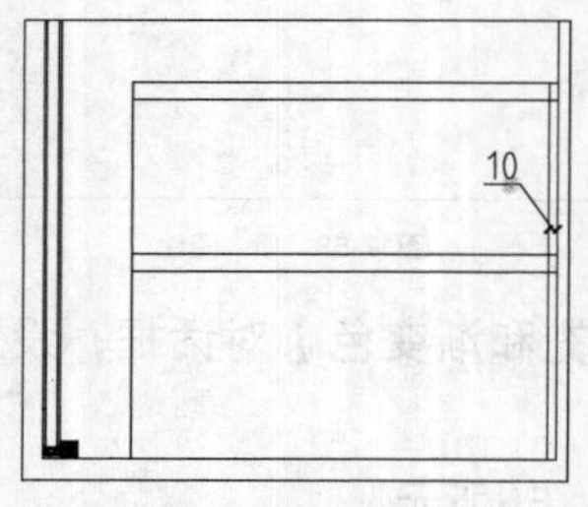

图17-59 偏移结果

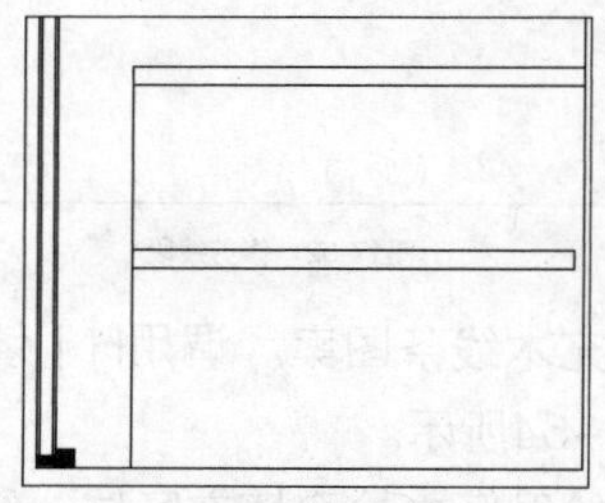

图17-60 修剪线段

22 绘制抽屉。调用REC【矩形】命令，绘制矩形，结果如图17-61所示。

23 绘制抽屉板材。调用X【分解】命令，分解矩形；调用O【偏移】命令，设置偏移距离为8，偏移矩形边，结果如图17-62所示。

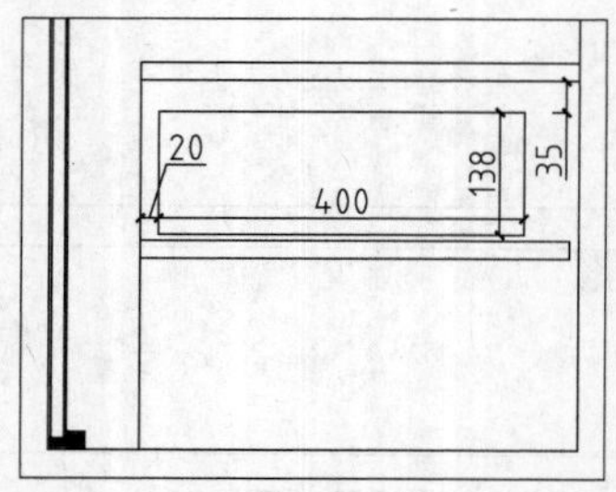

图17-61 绘制矩形

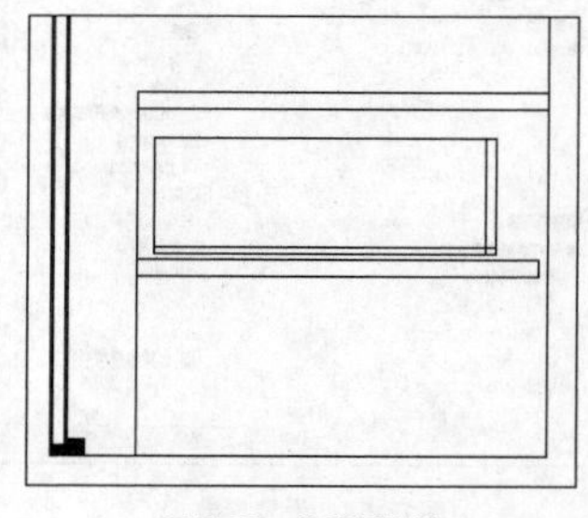

图17-62 偏移矩形边

24 调用TR【修剪】命令，修剪线段，结果如图17-63所示。

25 调用REC【矩形】命令，绘制矩形，结果如图17-64所示。

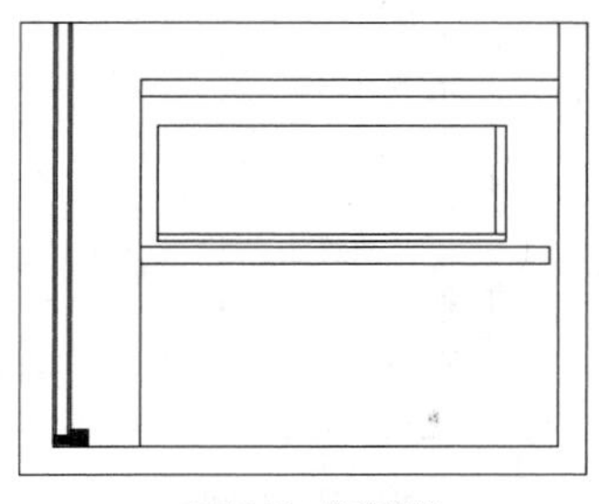
图17-63 修剪线段

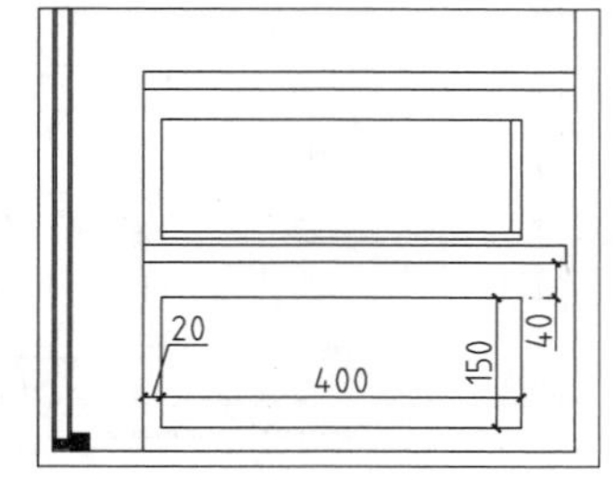

图17-64 绘制矩形

26 绘制抽屉板材。调用X【分解】命令，分解矩形；调用O【偏移】命令，设置偏移距离为8，偏移矩形边；调用TR【修剪】命令，修剪线段，结果如图17-65所示。

27 绘制抽屉封边木线条。调用REC【矩形】命令，绘制尺寸为20×25矩形，结果如图17-66所示。

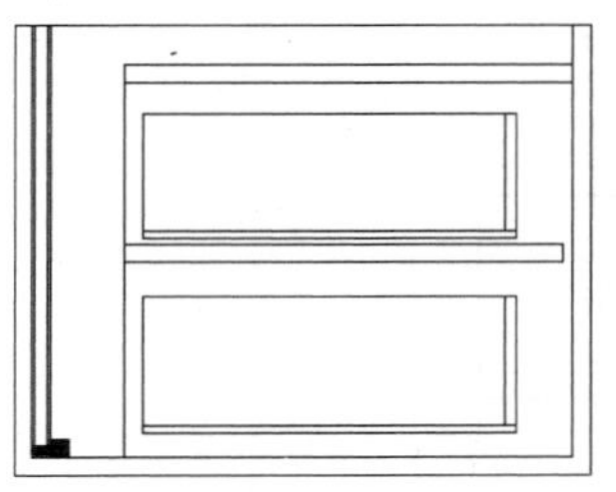
图17-65 绘制结果

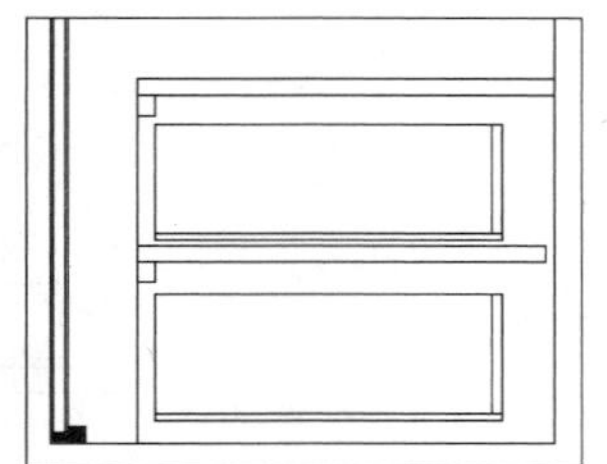
图17-66 绘制矩形

28 调用REC【矩形】命令，绘制尺寸为20×20矩形，结果如图17-67所示。

29 调用L【直线】命令，在表示封边木线条的矩形间绘制连接直线，结果如图17-68所示。

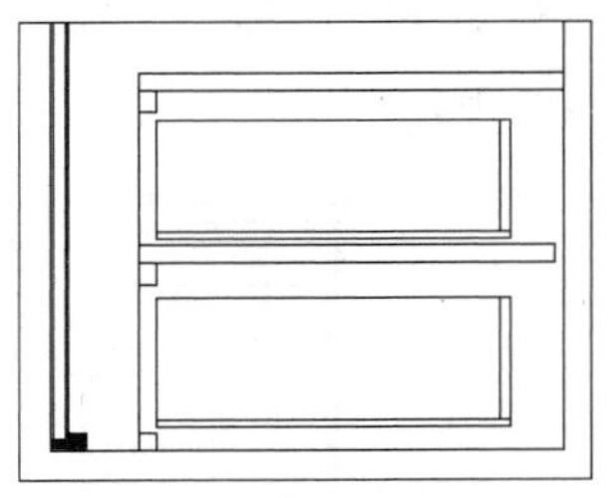
图17-67 绘制结果

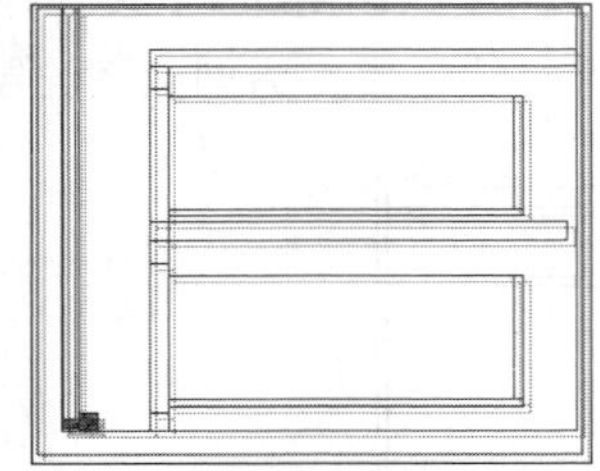
图17-68 绘制直线

30 绘制衣柜底板。调用REC【矩形】命令，绘制尺寸为602×24矩形，结果如图17-69所示。

31 调用X【分解】命令，分解矩形；调用O【偏移】命令，设置偏移距离为3，向内偏移矩形的上方边和下方边，结果如图17-70所示。

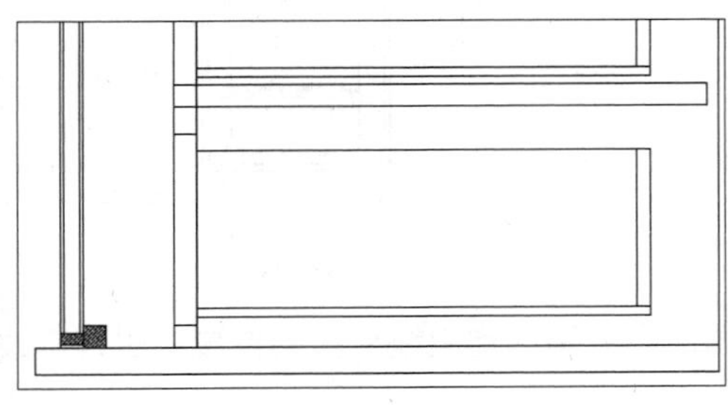
图17-69 绘制矩形

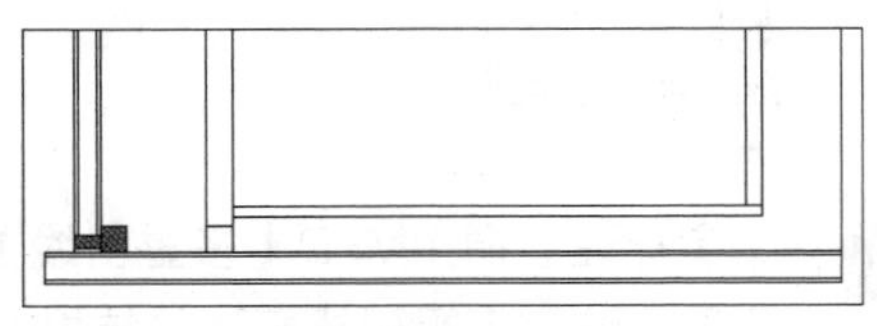
图17-70 偏移结果

32 绘制衣柜底板角线。调用REC【矩形】命令，绘制尺寸为16×8矩形，结果如图17-71所示。

33 调用A【圆弧】命令，绘制圆弧，结果如图17-72所示。

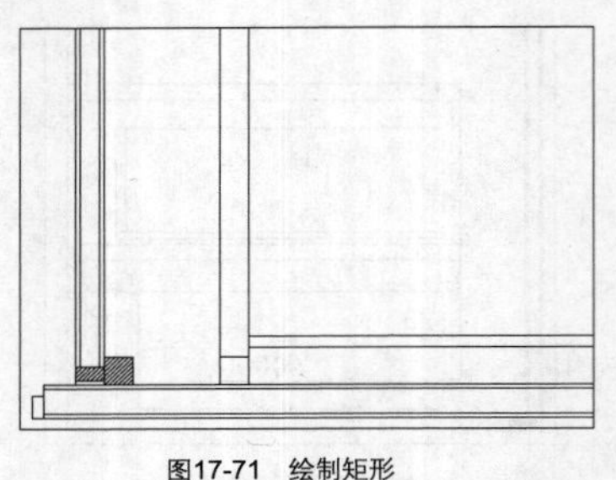

图17-71　绘制矩形

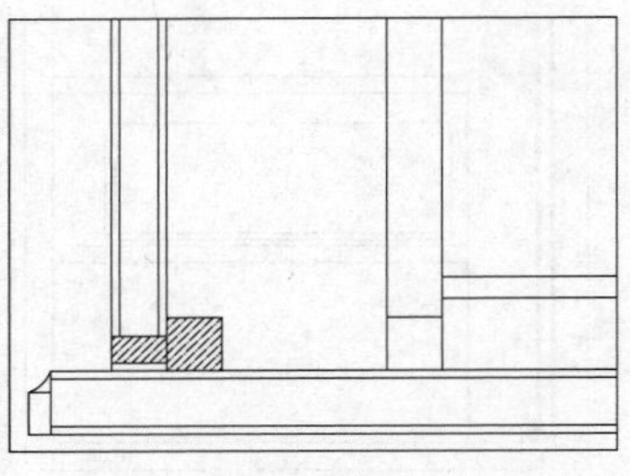

图17-72　绘制圆弧

34 参照前面所介绍的绘制角线图案填充的方法和参数，为角线绘制图案填充，结果如图17-73所示。

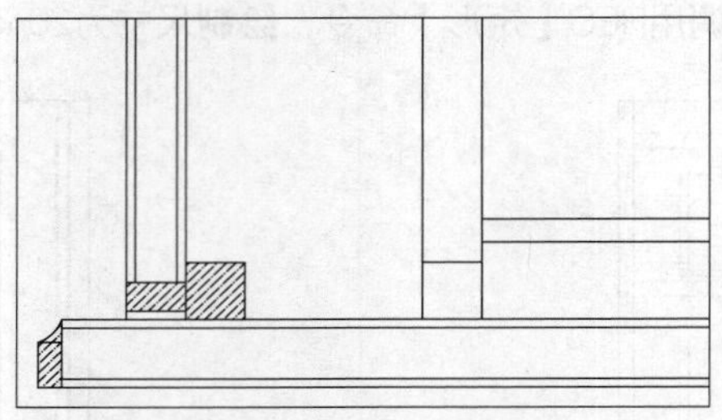

图17-73　图案填充

35 绘制衣柜背板。调用REC【矩形】命令，绘制尺寸为20×2100矩形，结果如图17-74所示。

36 插入图块。按Ctrl+O组合键，打开配套光盘提供的“第17章\家具图例.dwg”文件，将其中的衣柜柜脚图块复制、粘贴至当前图形中，结果如图17-75所示。

37 尺寸标注。调用DLI【线性标注】命令，在绘图区中分别指定第一、第二个尺寸界线原点以及尺寸线位置，为剖面图绘制尺寸标注，结果如图17-76所示。

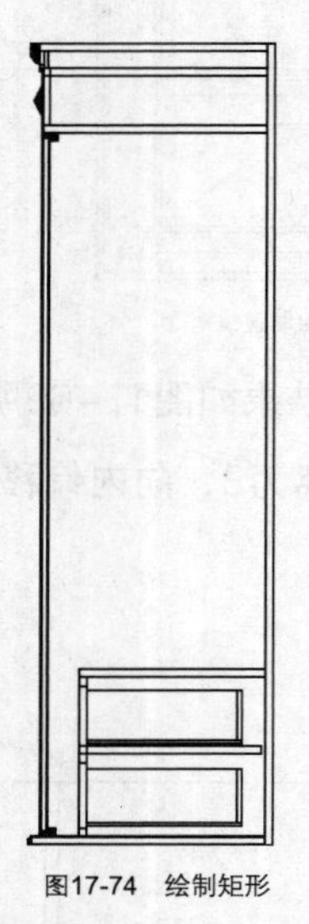

图17-74　绘制矩形

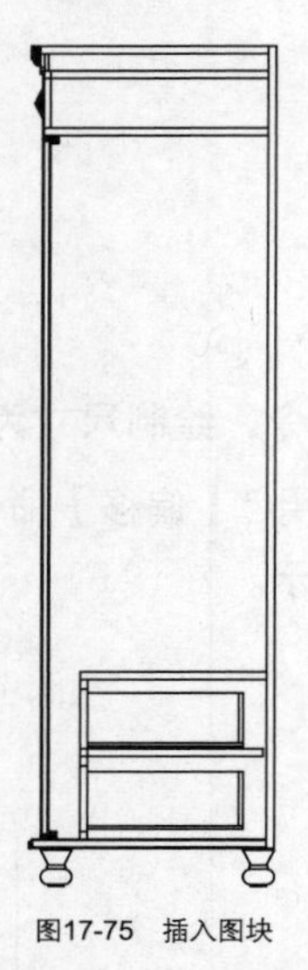

图17-75　插入图块

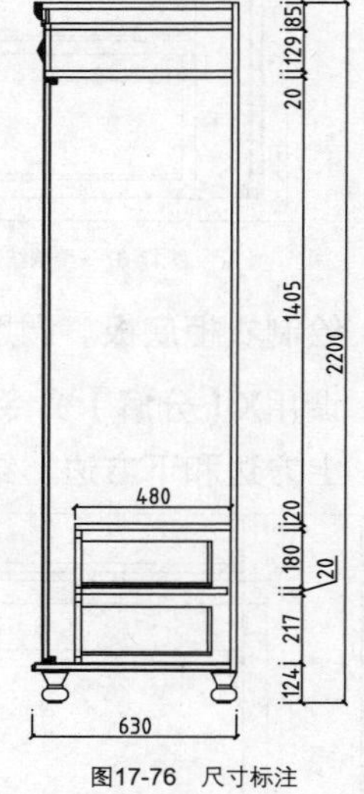

图17-76　尺寸标注

38 文字标注。调用MLD【多重引线】命令，在绘图区中分别指定引线箭头的位置、引线基线的位置，绘制多重引线标注的结果如图17-77所示。

39 图名标注。调用MT【多行文字】命令、L【直线】命令，绘制图名标注，结果如图17-78所示。

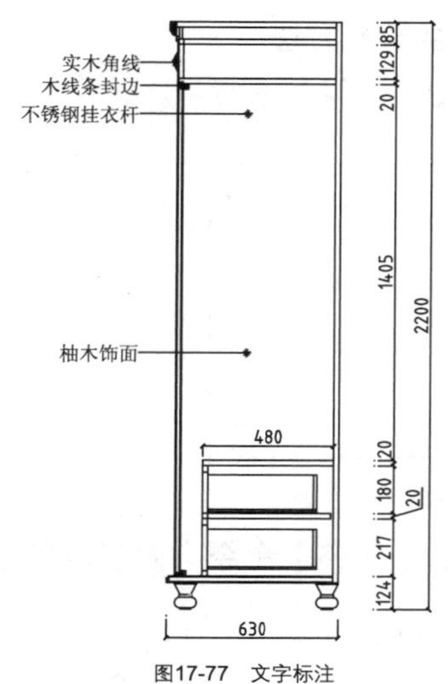

图17-77 文字标注

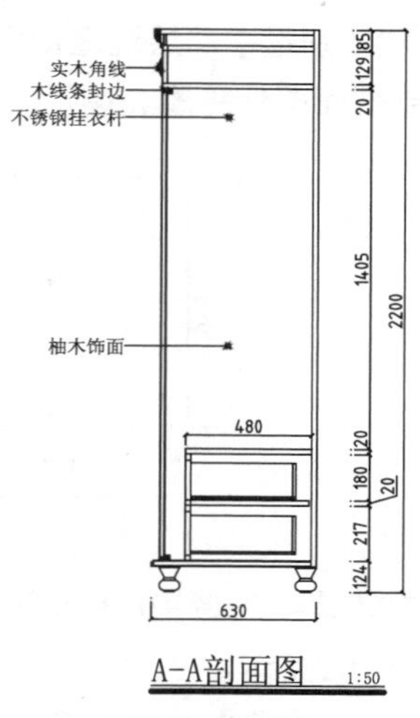

图17-78 图名标注

17.3 绘制顶棚图剖面图

因为顶棚造型比较复杂，而在顶面图中只能表现其完成的效果与表面材料，不能对其基层做明确的表示。所以，顶棚剖面图是用来表示复杂造型的顶棚的内部做法，包括使用材料、尺寸以及施工工艺等。

本节介绍顶棚剖面图的绘制方法。

17.3.1 插入剖切索引符号

在顶面图中插入剖切索引符号，才能明确表示所绘制的剖面图所表示的顶面图中的具体部分。

01 按Ctrl+O组合键，打开第11章绘制的欧式别墅室内设计施工图中的“二层顶面图.dwg”文件，结果如图17-79所示。

02 按Ctrl+O组合键，打开第8章绘制的剖切索引符号图形，将其复制、粘贴至当前图形中，更改图名，结果如图17-80所示。

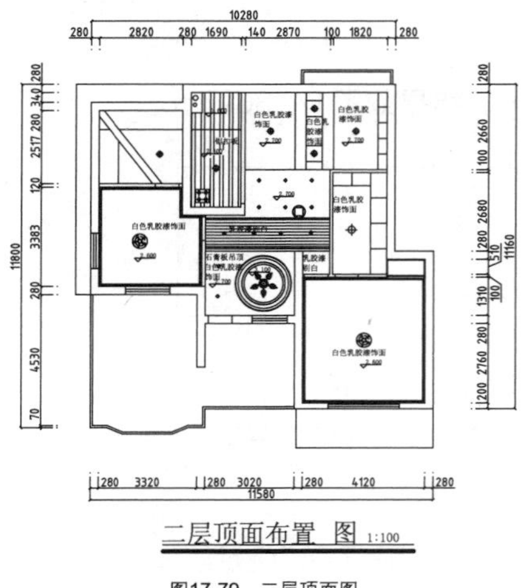

图17-79 二层顶面图

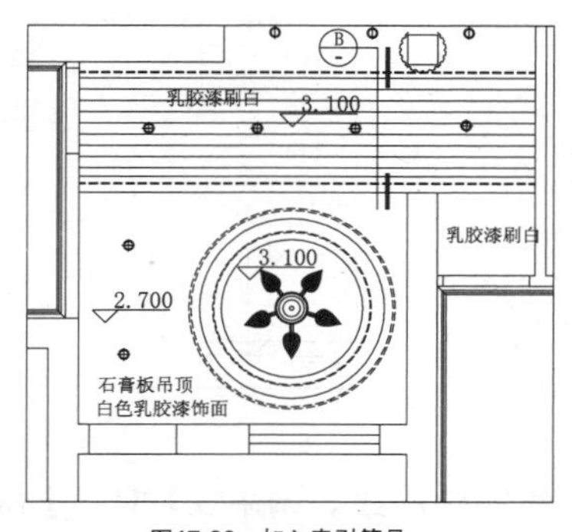

图17-80 加入索引符号

17.3.2 绘制B-B剖面图

本节以欧式别墅中二层过道顶面图为例，介绍顶棚剖面图的绘制方法。

01 绘制剖面图外轮廓。调用REC【矩形】命令，绘制矩形，结果如图17-81所示。

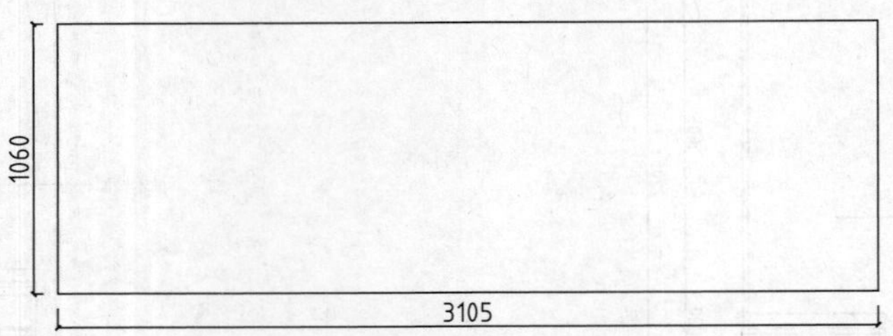

图17-81 绘制矩形

02 绘制辅助线。调用X【分解】命令，分解矩形；调用O【偏移】命令，偏移矩形边，结果如图17-82所示。

03 调用O【偏移】命令，偏移矩形边，结果如图17-83所示。

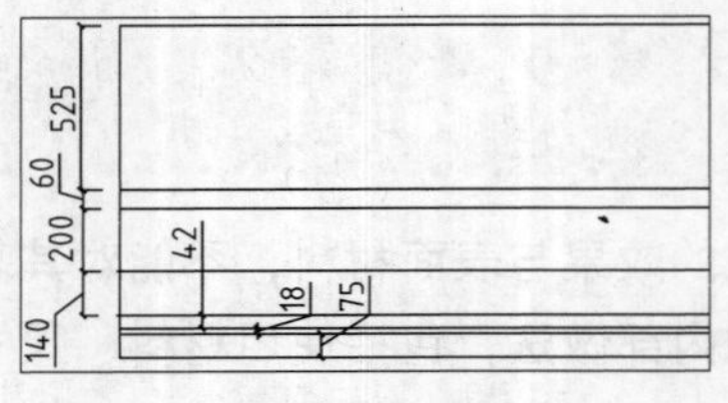

图17-82 偏移矩形边

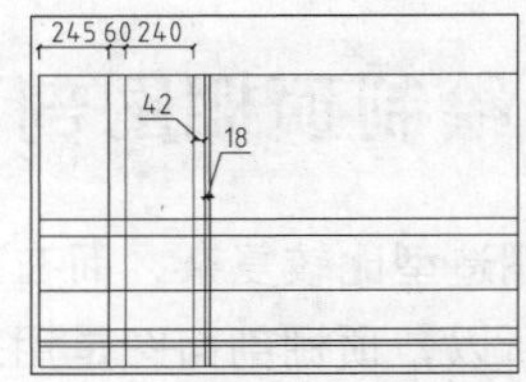

图17-83 偏移结果

04 绘制吊顶图形。调用TR【修剪】命令，修剪偏移线段，结果如图17-84所示。

05 绘制木龙骨。调用L【直线】命令，绘制对角线，结果如图17-85所示。

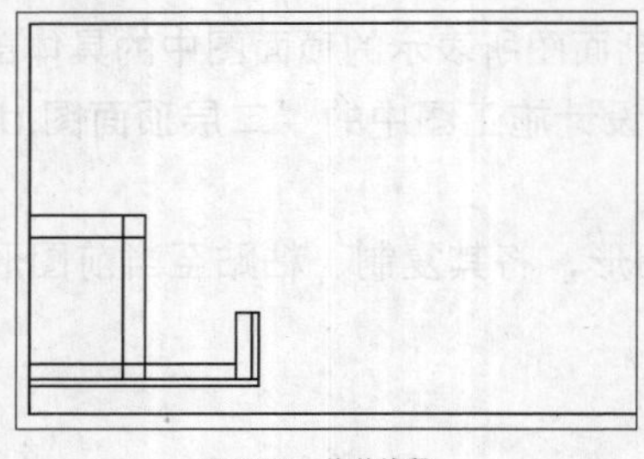

图17-84 修剪线段

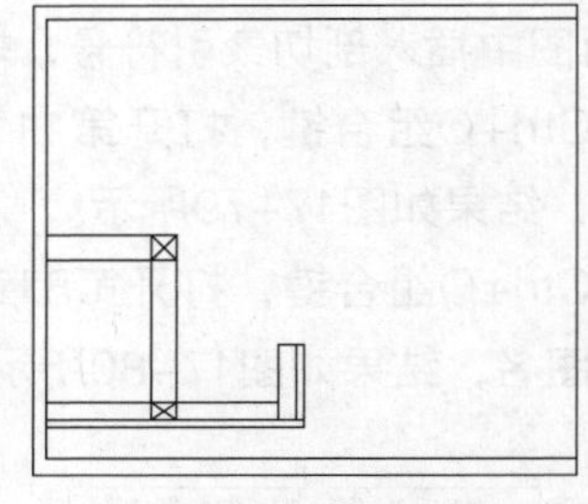

图17-85 绘制对角线

06 调用MI【镜像】命令，镜像复制所绘制完成的图形，结果如图17-86所示。

图17-86 镜像复制

07 绘制辅助线。调用O【偏移】命令，偏移矩形边，结果如图17-87所示。

08 绘制弧形吊顶。调用A【圆弧】命令，绘制圆弧，结果如图17-88所示。

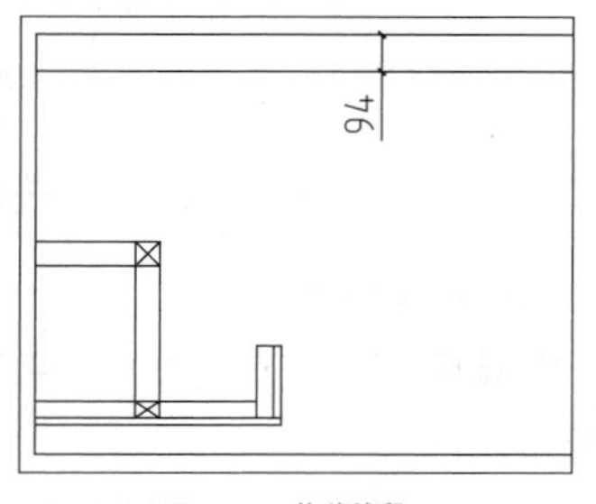

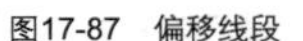
图17-87 偏移线段

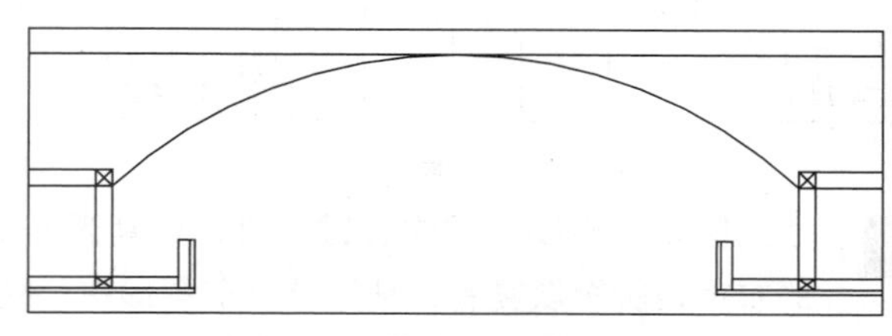
图17-88 绘制圆弧

09 调用E【删除】命令，删除辅助线，结果如图17-89所示。

10 调用O【偏移】命令，偏移圆弧，结果如图17-90所示。

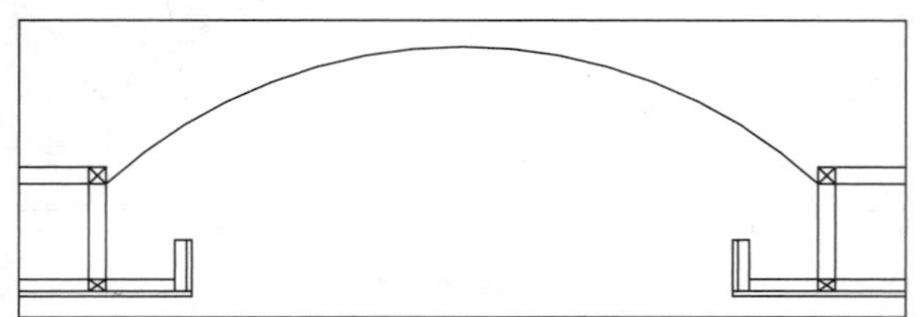
图17-89 删除辅助线

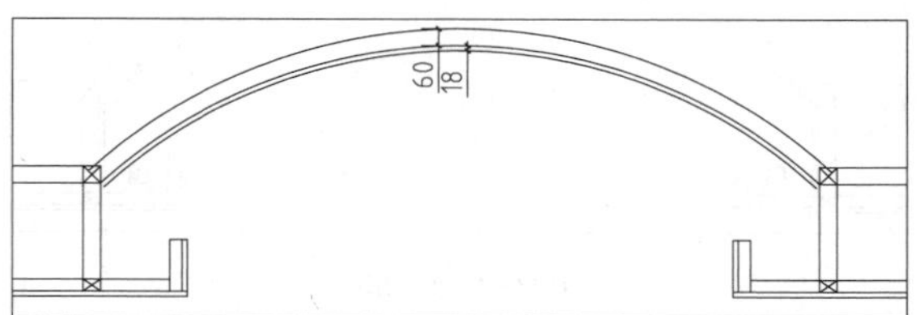

图17-90 偏移圆弧

11 调用TR【修剪】命令，修剪圆弧；调用O【偏移】命令，偏移线段，结果如图17-91所示。

12 调用F【圆角】命令，设置圆角半径为0，对线段进行圆角处理，结果如图17-92所示。

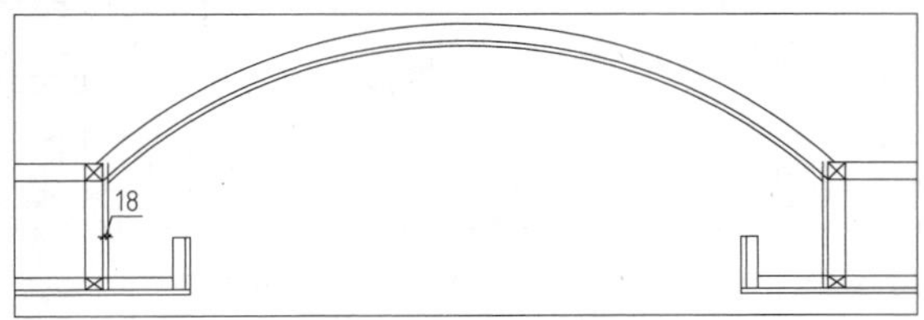

图17-91 偏移线段

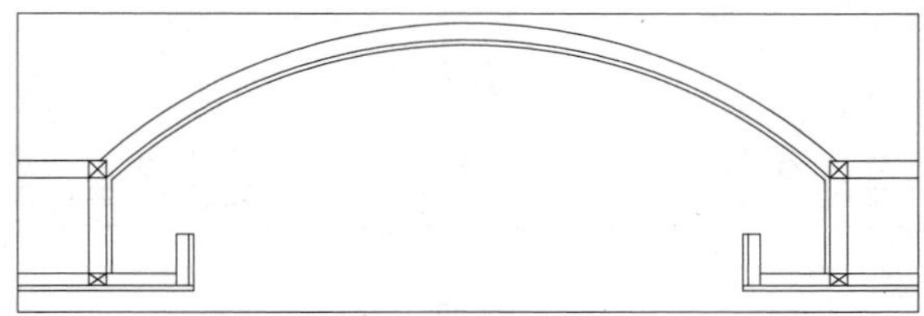
图17-92 圆角处理

13 绘制辅助线。调用O【偏移】命令，偏移线段，结果如图17-93所示。

14 绘制木龙骨。调用REC【矩形】命令，绘制尺寸为60×70的矩形，结果如图17-94所示。

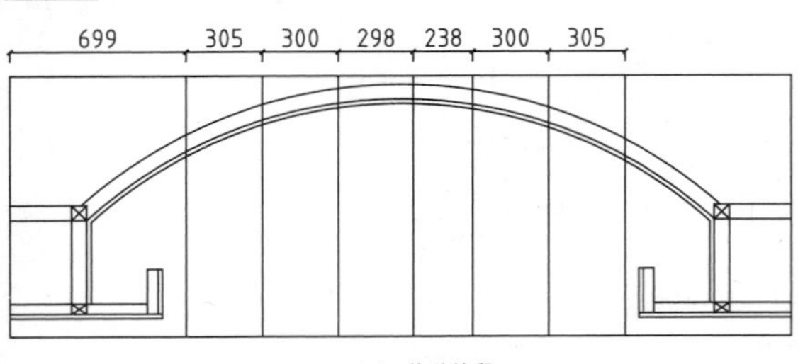

图17-93 偏移线段

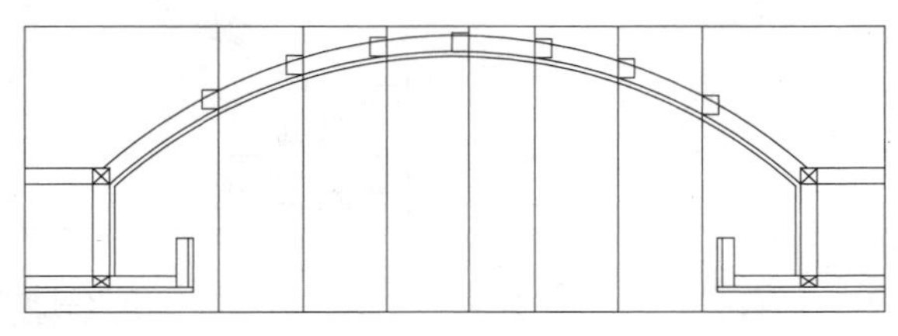
图17-94 绘制矩形

15 调用L【直线】命令，绘制对角线，结果如图17-95所示。

16 调用E【删除】命令，删除辅助线；调用TR【修剪】命令，修剪线段，结果如图17-96所示。

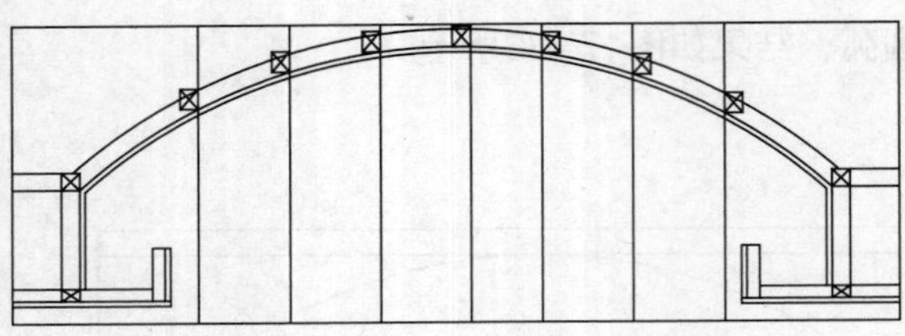
图17-95　绘制对角线

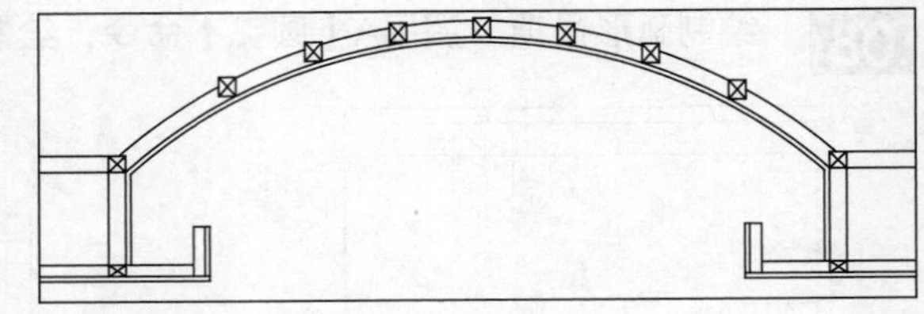
图17-96　修剪结果

17 插入图块。按Ctrl+O组合键，打开配套光盘提供的“第17章\家具图例.dwg”文件，将其中的衣柜柜脚图块复制、粘贴至当前图形中，结果如图17-97所示。

18 尺寸标注。调用DLI【线性标注】命令，在绘图区中分别指定第一、第二个尺寸界线原点以及尺寸线位置，为剖面图绘制尺寸标注，结果如图17-98所示。

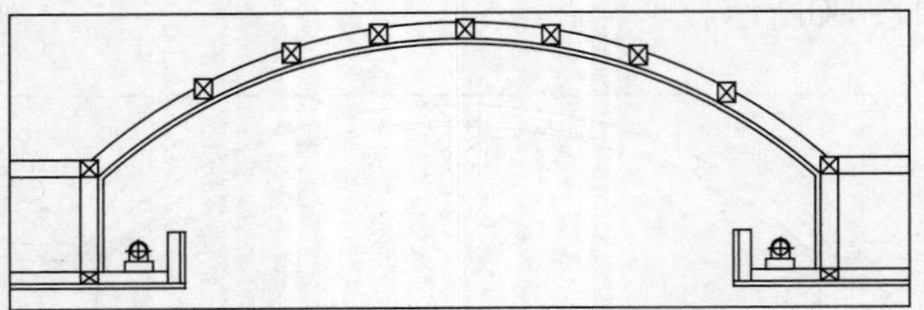
图17-97　插入图块

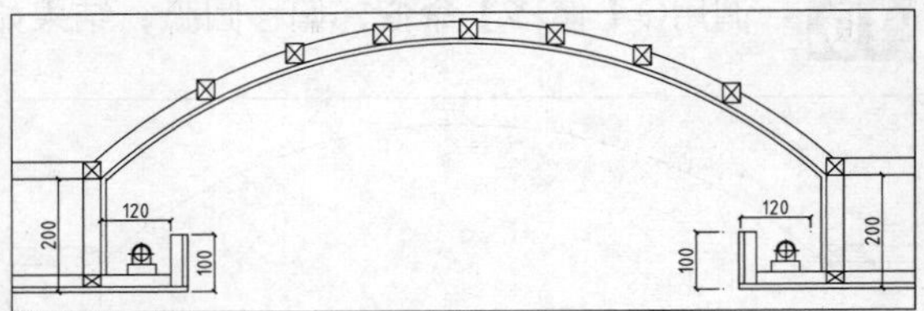

图17-98　尺寸标注

19 文字标注。调用MLD【多重引线】命令，在绘图区中分别指定引线箭头的位置、引线基线的位置，绘制多重引线标注的结果如图17-99所示。

20 将剖面图的外轮廓的线型设置为虚线，结果如图17-100所示。

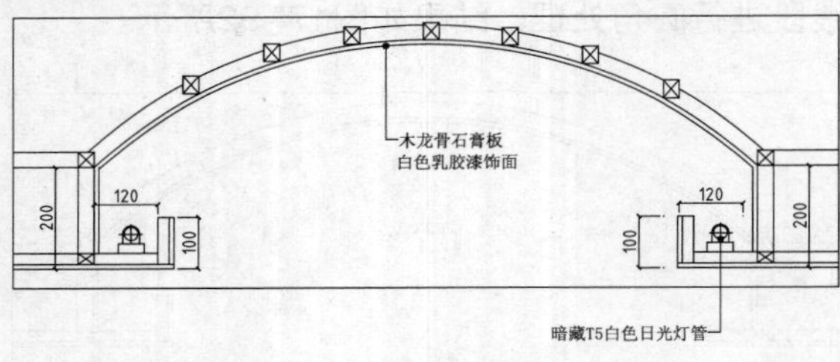

图17-99　文字标注

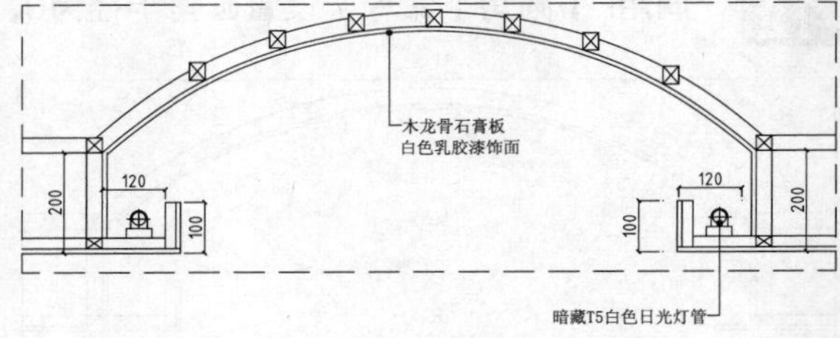

图17-100　更改线型

21 图名标注。调用MT【多行文字】命令、L【直线】命令，绘制图名标注，结果如图17-101所示。

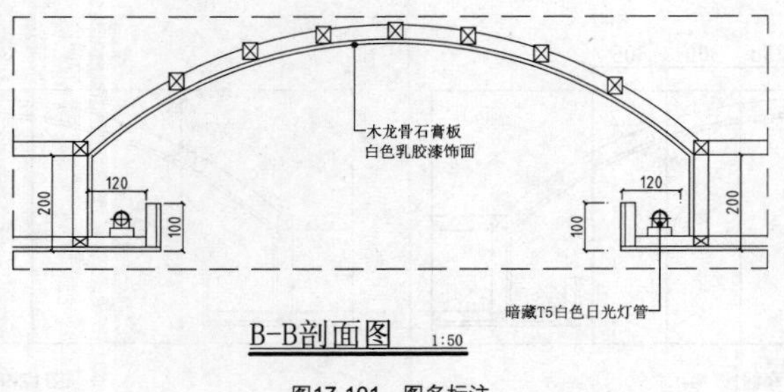

图17-101　图名标注

17.4　绘制卫生间剖面图

一般说来，卫生间的立面图都比较简单，只表示大概的立面做法以及完成效果。所以，要了解其立面的具体制作方法，必须要绘制立面的剖面图。

本节介绍卫生间剖面图的绘制方法，主要绘制洗手台墙面的剖切效果。

17.4.1 插入剖切索引符号

在立面图中插入剖切索引符号，才能明确表示所绘制的剖面图所表示的立面图中的具体部分。

01 按Ctrl+O组合键，打开第12章绘制的办公室室内设计施工图中的“男卫生间C立面图.dwg”文件，结果如图17-102所示。

02 按Ctrl+O组合键，打开第8章绘制的剖切索引符号图形，将其复制、粘贴至当前图形中，更改图名，结果如图17-103所示。

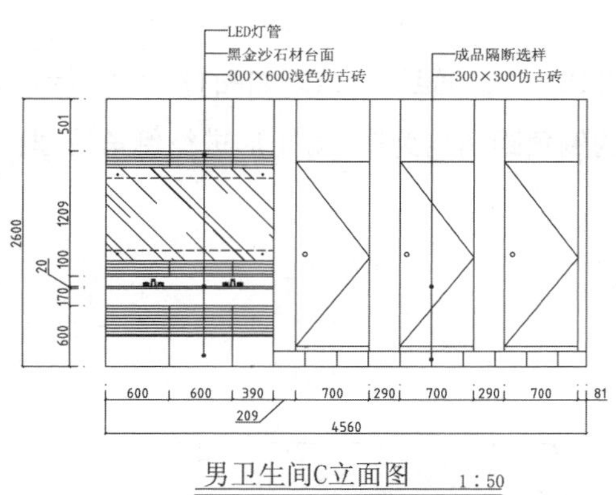

图17-102 男卫生间C立面图

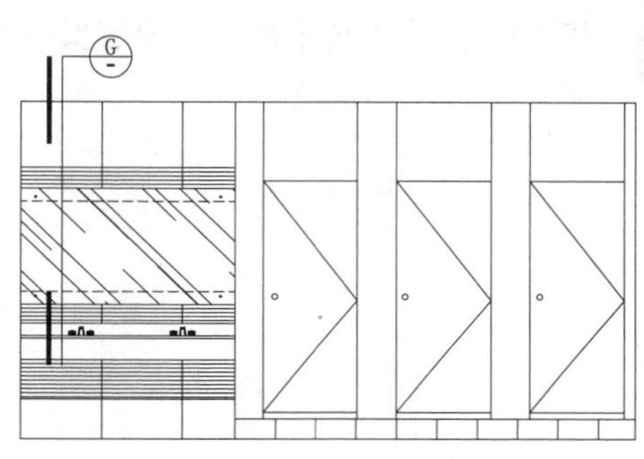

图17-103 加入索引符号

17.4.2 绘制G–G剖面图

下面，以办公空间男卫生间洗手台立面图为例，介绍卫生间剖面图的绘制方法。

01 绘制剖面图外轮廓。调用REC【矩形】命令，绘制矩形，结果如图17-104所示。

02 调用X【分解】命令，分解矩形；调用E【删除】命令，删除矩形的右方边。

03 调用PL【多段线】命令，绘制折断线，结果如图17-105所示。

04 绘制墙体。调用O【偏移】命令，偏移线段，结果如图17-106所示。

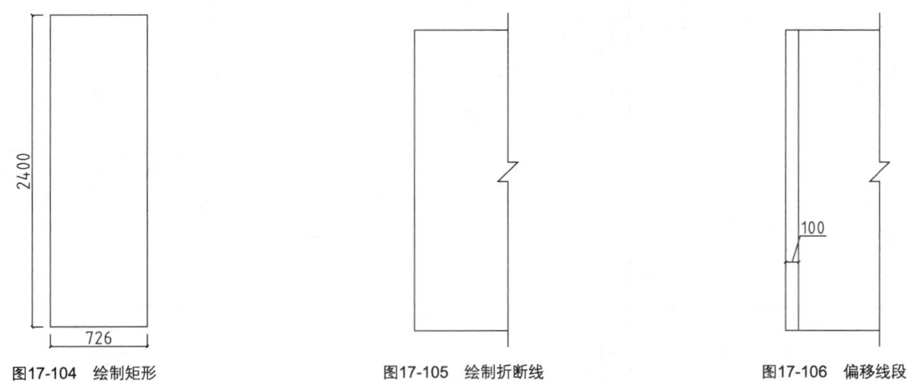

图17-104 绘制矩形　　图17-105 绘制折断线　　图17-106 偏移线段

05 填充墙体图案。调用H【填充】命令，弹出【图案填充和渐变色】对话框，设置参数如图17-107所示。

06 在绘图区中拾取填充区域，绘制图案填充的结果如图17-108所示。

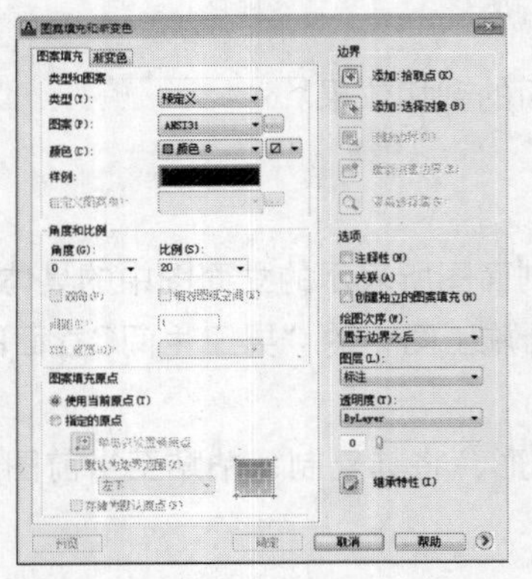

图17-107 设置参数

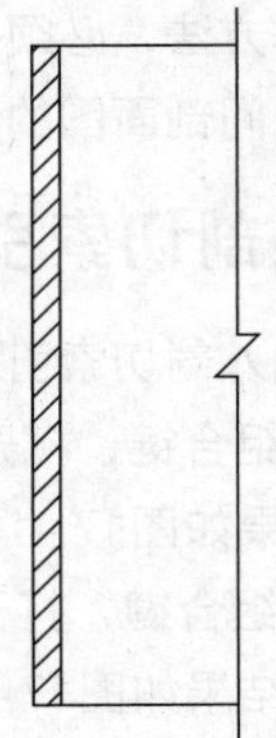

图17-108 图案填充

07 绘制洗手台台面。调用REC【矩形】命令，绘制597×20的矩形，结果如图17-109所示。

08 调用CHA【倒角】命令，设置第一个和第二个的倒角距离均为8，对矩形进行倒角处理，结果如图17-110所示。

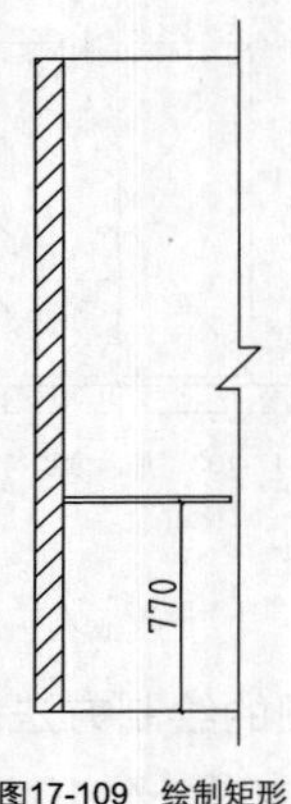

图17-109 绘制矩形

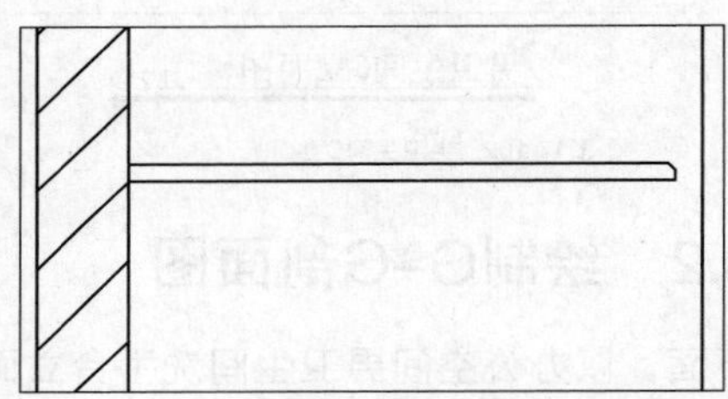

图17-110 倒角处理

09 调用REC【矩形】命令，绘制尺寸为482×17的矩形，结果如图17-111所示。

10 调用X【分解】命令，分解矩形；调用O【偏移】命令，偏移矩形边，结果如图17-112所示。

图17-111 绘制矩形

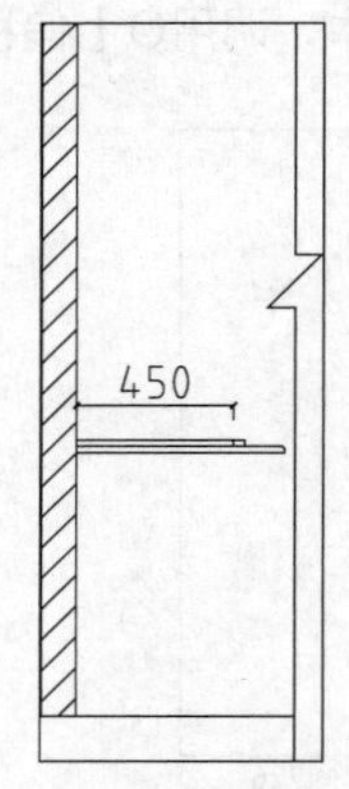

图17-112 偏移矩形边

11 调用A【圆弧】命令，绘制圆弧，结果如图17-113所示。

12 调用E【删除】命令、TR【修剪】命令，删除和修剪多余线段，结果如图17-114所示。

13 绘制梳妆镜剖面图。

14 绘制木龙骨。调用REC【矩形】命令，绘制尺寸为123×30的矩形，结果如图17-115所示。

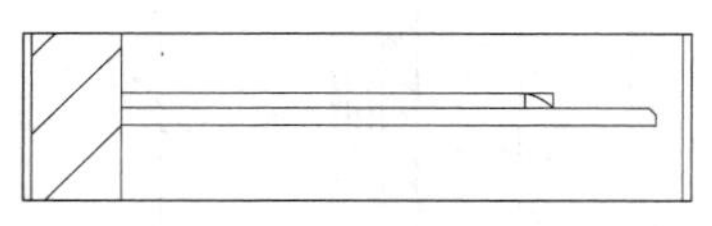
图17-113 绘制圆弧

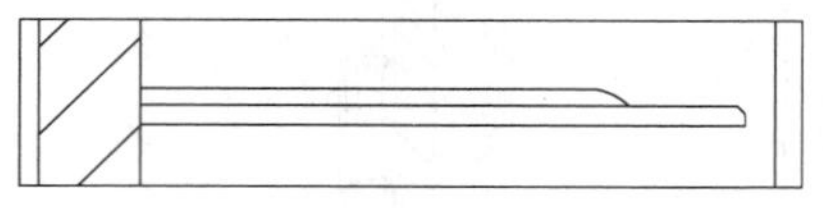
图17-114 修改结果

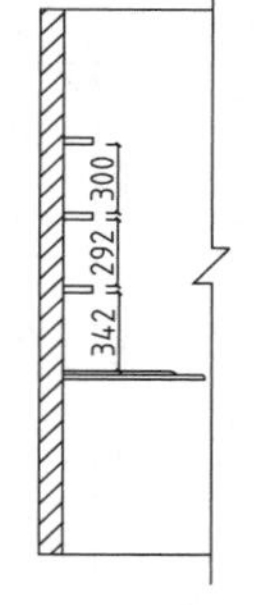

图17-115 绘制矩形

15 调用O【偏移】命令，偏移线段；调用TR【修剪】命令，修剪线段，结果如图17-116所示。

16 调用L【直线】命令，绘制对角线，结果如图17-117所示。

17 绘制九厘板。调用REC【矩形】命令，绘制尺寸为123×9的矩形，结果如图17-118所示。

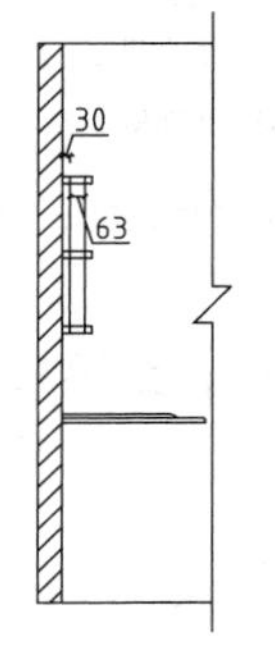

图17-116 修剪线段

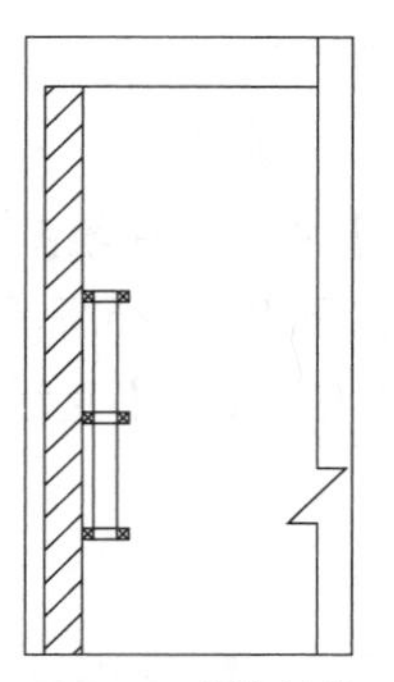
图17-117 绘制对角线

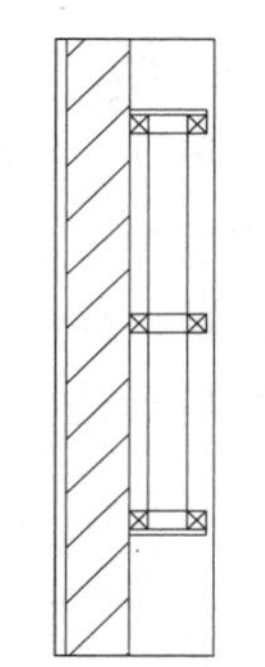
图17-118 绘制矩形

18 绘制细木工板。调用REC【矩形】命令，绘制尺寸为880×12的矩形，结果如图17-119所示。

19 绘制防潮镜面玻璃。调用REC【矩形】命令，绘制尺寸为900×5的矩形，结果如图17-120所示。

20 绘制广告钉。调用REC【矩形】命令，绘制尺寸为17×15的矩形，结果如图17-121所示。

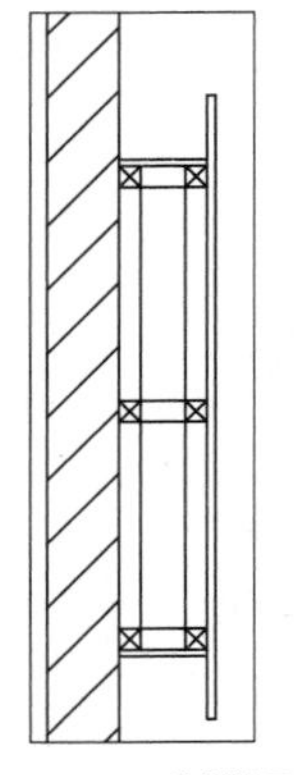
图17-119 绘制结果

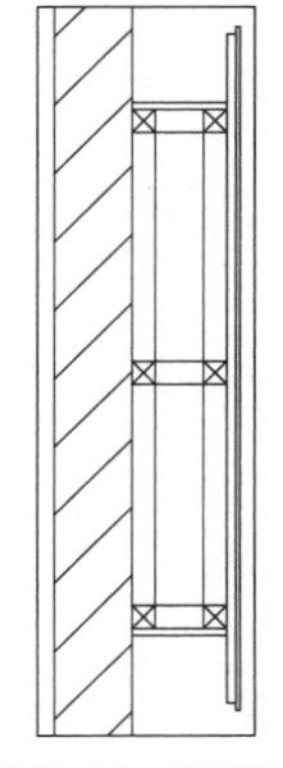
图17-120 绘制矩形

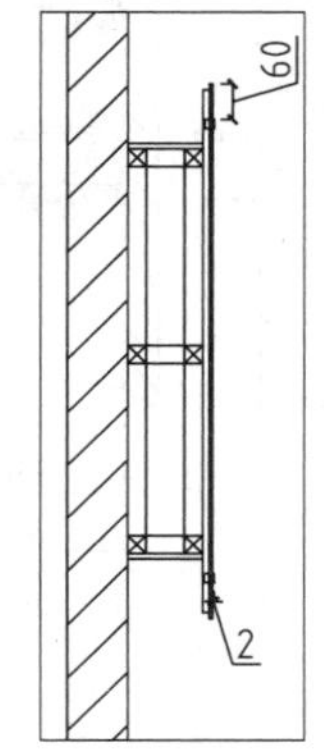

图17-121 绘制广告钉

21 调用TR【修剪】命令，修剪多余线段，结果如图17-122所示。

22 插入图块。按Ctrl+O组合键，打开配套光盘提供的“第17章\家具图例.dwg”文件，将其中的洁具等图块复制、粘贴至当前图形中，结果如图17-123所示。

23 尺寸标注。调用DLI【线性标注】命令，在绘图区中分别指定第一、第二个尺寸界线原点以及尺寸线位置，为剖面图绘制尺寸标注，结果如图17-124所示。

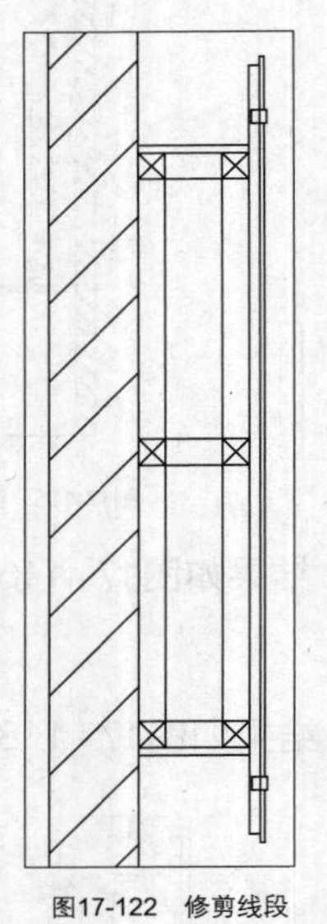
图17-122 修剪线段

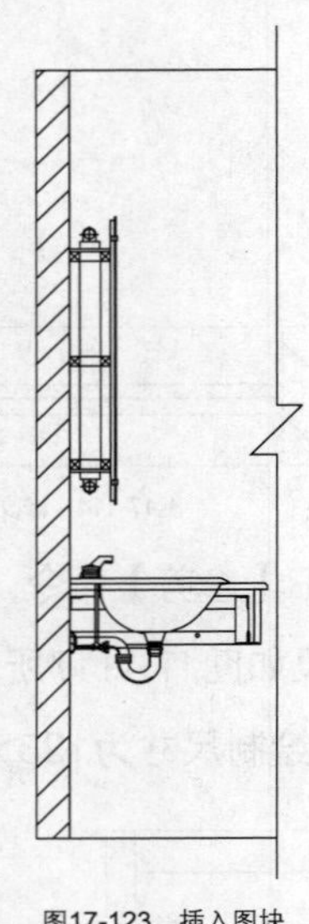
图17-123 插入图块

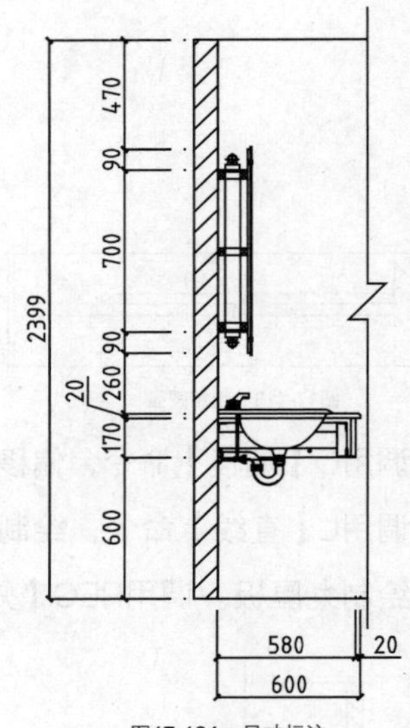

图17-124 尺寸标注

24 文字标注。调用MLD【多重引线】命令，在绘图区中分别指定引线箭头的位置、引线基线的位置，绘制多重引线标注的结果如图17-125所示。

25 图名标注。调用MT【多行文字】命令、L【直线】命令，绘制图名标注，结果如图17-126所示。

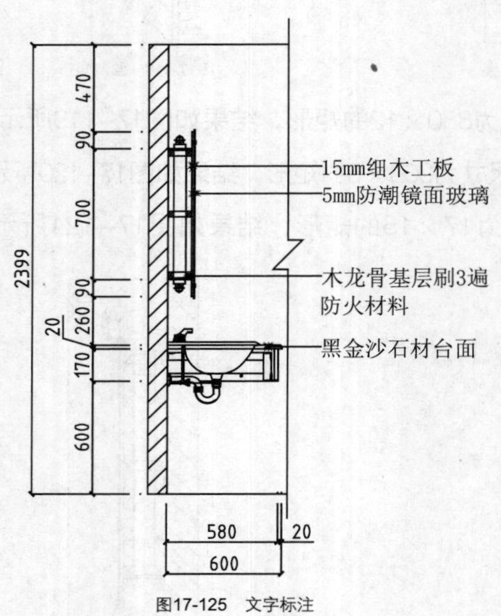

图17-125 文字标注

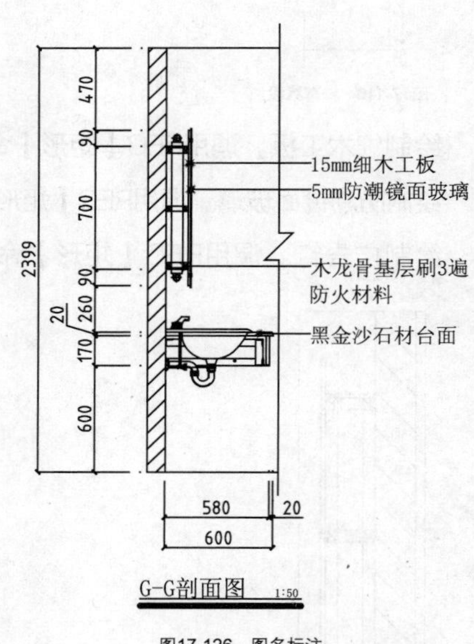

图17-126 图名标注

第18章

施工图打印方法与技巧

图纸绘制完成后，就需要对其进行打印输出以付诸实践。在AutoCAD中，主要有两种打印方式，分别是模型空间打印和布局空间打印。
本章为读者介绍在AutoCAD 2013中图纸打印输出的方法。

18.1 模型空间打印

模型空间是图形的设计、绘图空间，可以根据需要绘制多个图形用以表达物体的具体结构，还可以添加标注、注释等内容完成全部的绘图操作。

模型空间打印是指在模型窗口中进行相关设置并进行打印，当打开或新建AutoCAD文档时，系统默认显示的是模型窗口。

18.1.1 调用图签

施工图的图签是各专业人员绘图、审图的签名区以及工程名称、设计单位名称、图名、图号的标注区，因此，绘制完成的施工图必须要添加图签才能进行打印输出。

本小节介绍调用图签的方法。

01 按Ctrl+O组合键，打开配套光盘提供的“第18章\调用图签素材.dwg”文件，结果如图18-1所示。

02 调用I【插入】命令，弹出【插入】对话框，选择A3图签，结果如图18-2所示。

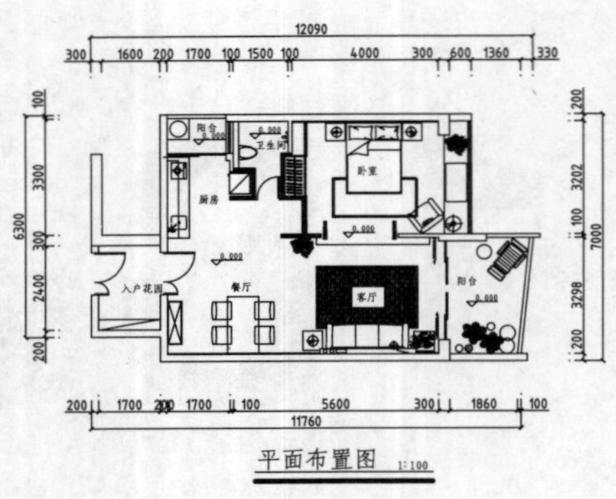
图18-1 打开素材

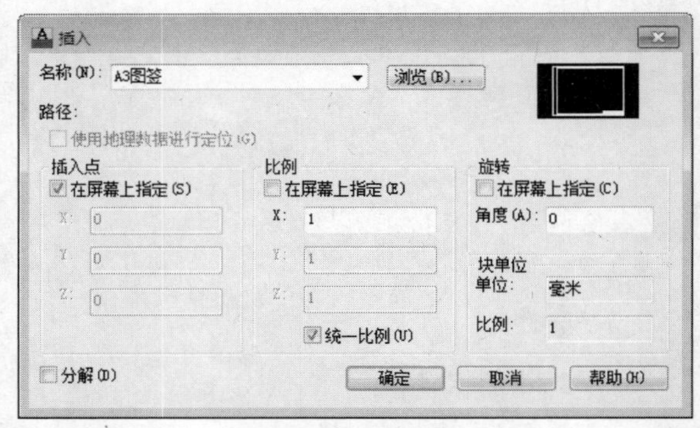
图18-2 【插入】对话框

03 在绘图区中单击指定图签的插入点。调用SC【缩放】命令，指定比例因子为55，将图签放大，结果如图18-3所示。

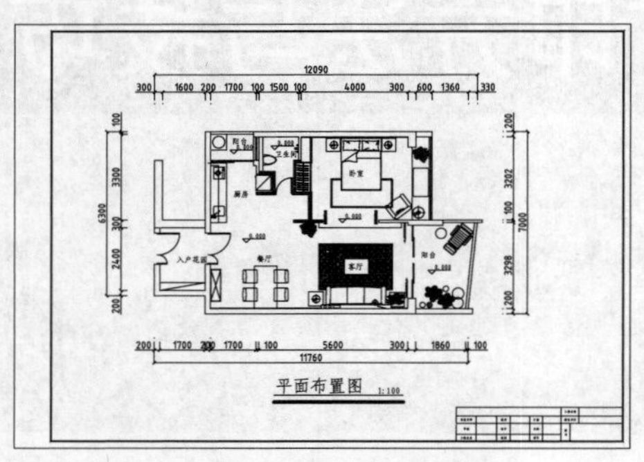
图18-3 缩放结果

18.1.2 页面设置

为施工图添加图签之后，就要进行页面设置。页面设置包括打印图纸的各项参数，如指定打印机，设定图纸的打印尺寸、打印范围、图形方向等。

本小节介绍页面设置的创建和设置方法。

01 执行【文件】|【页面设置管理器】命令，打开【页面设置管理器】对话框，结果如图18-4所示。

02 在对话框中单击【新建】按钮，打开【新建页面设置】对话框，设置新页面设置名，结果如图18-5所示。

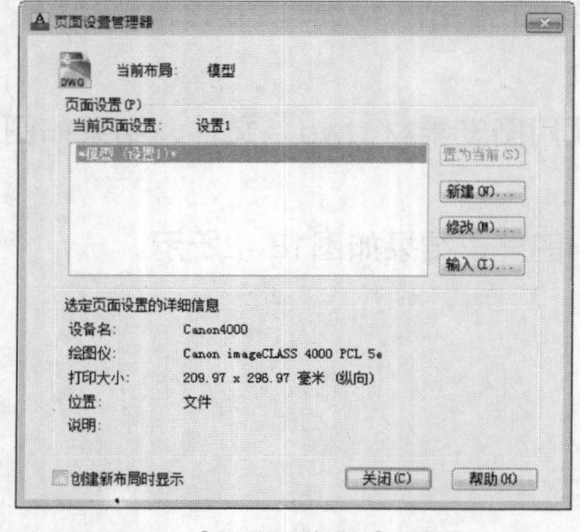
图18-4 【页面设置管理器】对话框

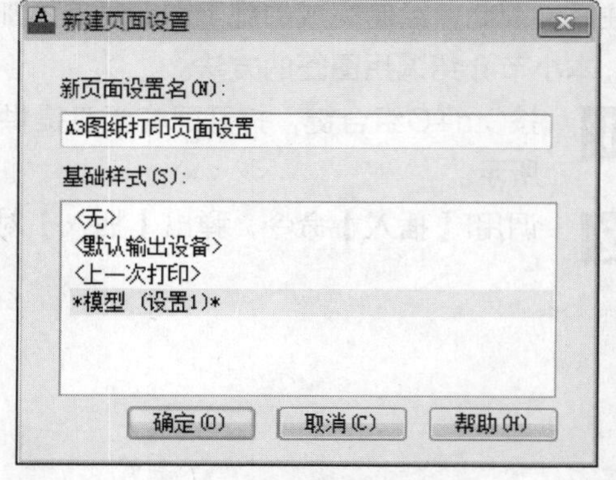
图18-5 【新建页面设置】对话框

03 在对话框中单击【确定】按钮，弹出【页面设置-模型】对话框，设置参数如图18-6所示。

04 单击【确定】按钮，返回【页面设置管理器】对话框，将“A3图纸打印页面设置”置为当前，如图18-7所示，单击【关闭】按钮关闭对话框。

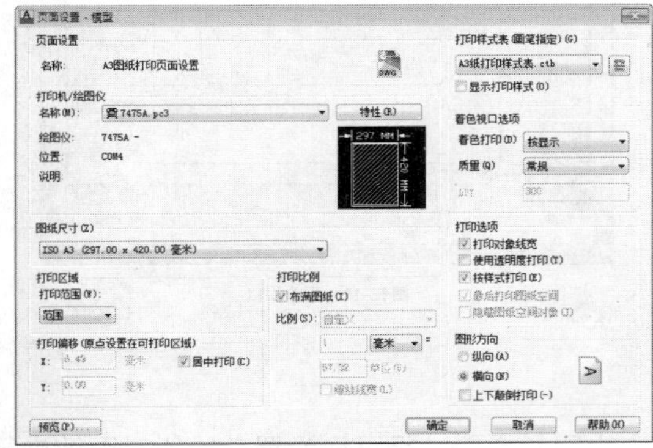

图18-6　设置参数

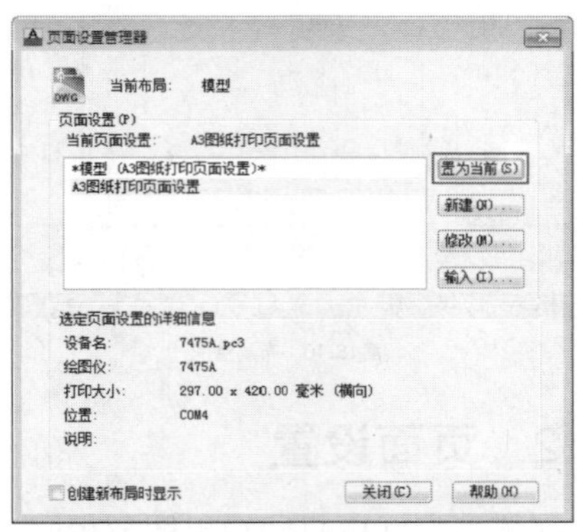

图18-7　【页面设置管理器】对话框

18.1.3　打印

页面设置操作完成之后，就可以对图纸打印输出。

01 按Ctrl+P组合键，弹出【打印-模型】对话框，如图18-8所示。

02 单击【预览】按钮，可以对图形进行打印预览，结果如图18-9所示。

03 单击“打印”按钮，即可对图纸进行打印输出。

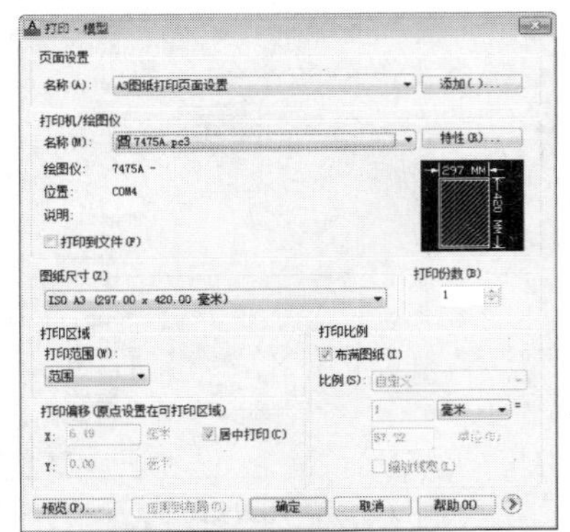

图18-8　【打印-模型】对话框

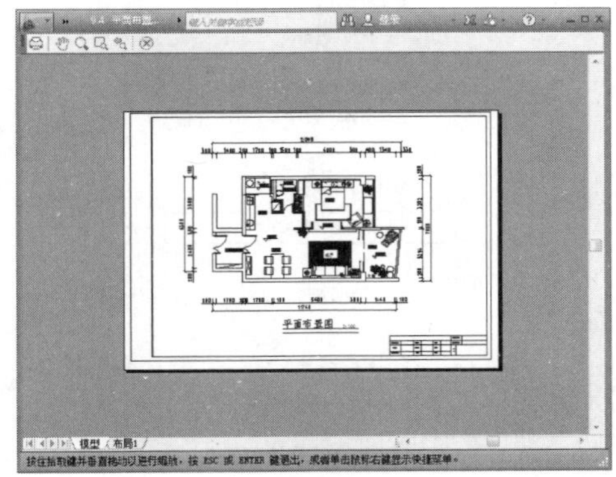

图18-9　打印预览

18.2　图纸空间打印

在图纸空间中打印图形，可以为图形设置不同的输出比例，并可在其中添加图签、尺寸标注等。本节介绍在图纸空间中打印图形的方法。

18.2.1　进入布局空间

在模型空间中单击绘图区左下角的【布局1】选项卡，就可以进入布局空间，结果如图18-10所示。第一次进入布局空间，AutoCAD会自动创建一个视口，该视口如不符合实际的使用需求，可以调用E【删除】命令将其删除，结果如图18-11所示。

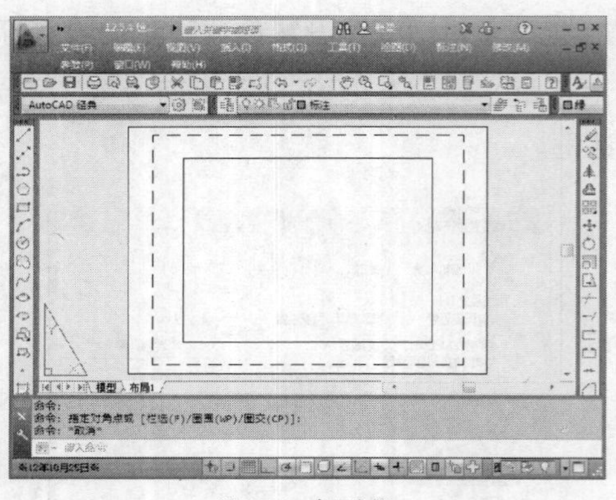

图18-10 布局空间

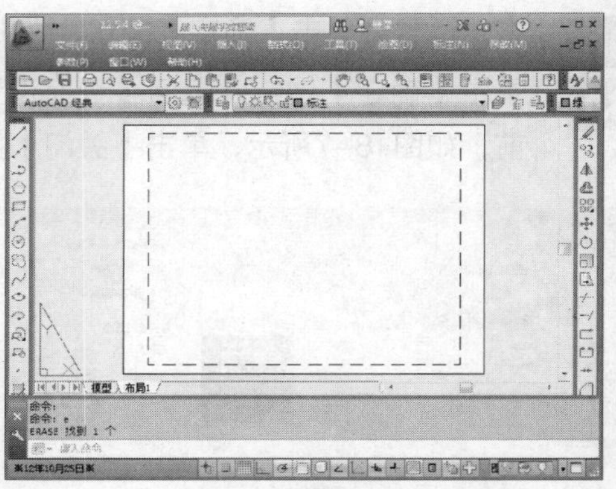

图18-11 删除视口

18.2.2 页面设置

与在模型空间中打印输出图形相同，在图纸空间中也同样需要进行页面设置，才能对图纸进行打印输出的操作。

01 将鼠标指针置于【布局1】选项卡上，右击，在弹出的快捷菜单中选择“页面设置管理器”选项，如图18-12所示。

02 系统弹出【页面设置管理器】对话框，单击【新建】按钮，在【新建页面设置】对话框中设置样式名称为“A3图纸打印页面设置”，单击【确定】按钮

03 在弹出的【页面设置-布局1】对话框中设置参数，结果如图18-13所示。

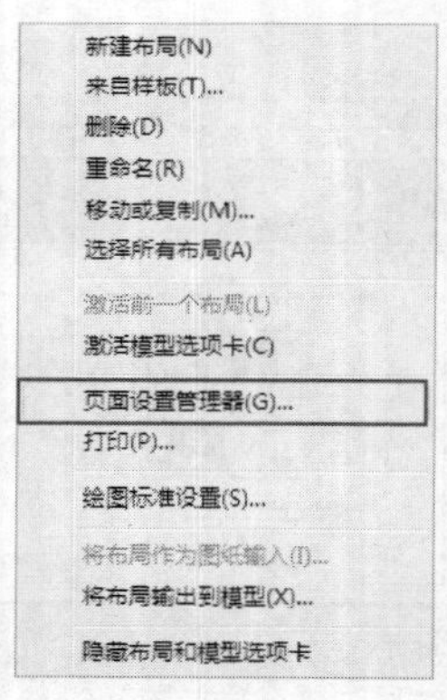

图18-12 快捷菜单

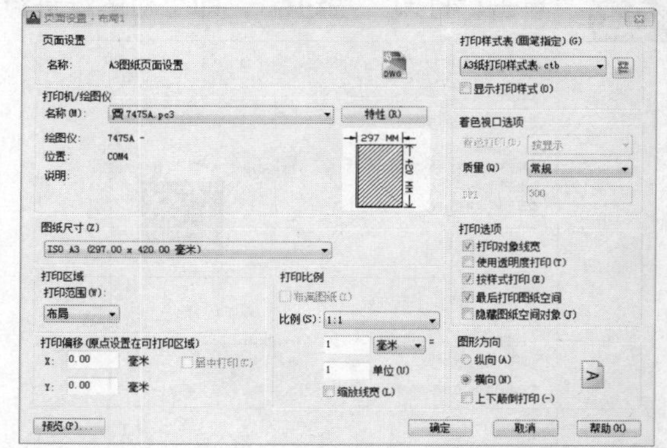

图18-13 设置参数

04 单击【确定】按钮，返回【页面设置管理器】对话框，将“A3图纸打印页面设置”置为当前，单击【关闭】按钮关闭对话框。

18.2.3 创建视口

通过创建视口，可以将图形使用不同的比例进行打印输出。本小节介绍创建视口的方法。

01 在【图层】工具栏上单击【图层特性管理器】按钮，弹出的【图层特性管理器】对话框，新建一个名称为“VPOSTS”的图层。

02 在命令行输入“VPOSTS”按回车键，弹出【视口】对话框，结果如图18-14所示。

03 在【视口】对话框中选择“单个”视口命令，在布局空间中指定视口的对角点，创建视口的结果如图18-15所示。

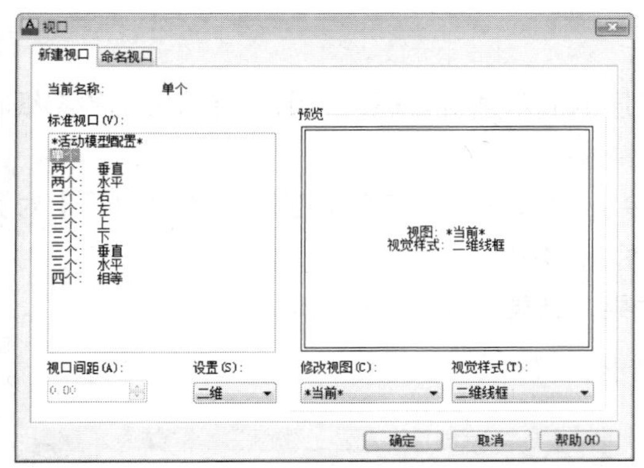
图18-14 【视口】对话框

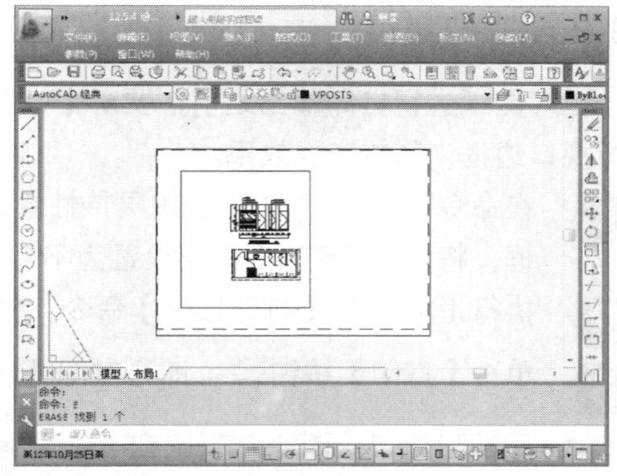
图18-15 创建视口

04 重复上述操作，创建另一个视口，结果如图18-16所示。

05 将鼠标指针置于视口内，双击视口，当视口边框呈黑色粗线框显示的时候，可以对视口内的图形大小进行调整，结果如图18-17所示。

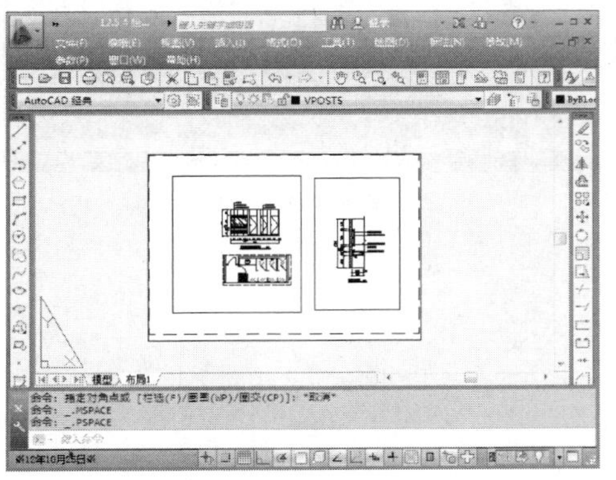
图18-16 创建结果

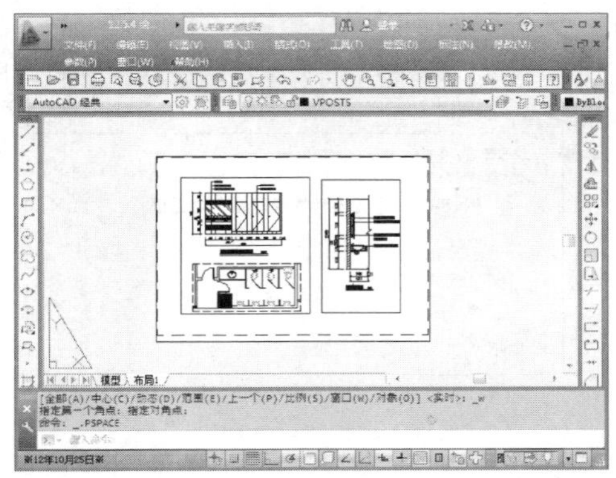
图18-17 创建视口

18.2.4 加入图签

在布局空间中可以直接为图纸添加图签。调用I【插入】命令，打开【插入】对话框，从中选择“A3图签”图块，在布局空间中指定插入点；调用SC【缩放】命令，将图形进行缩放，结果如图18-18所示。

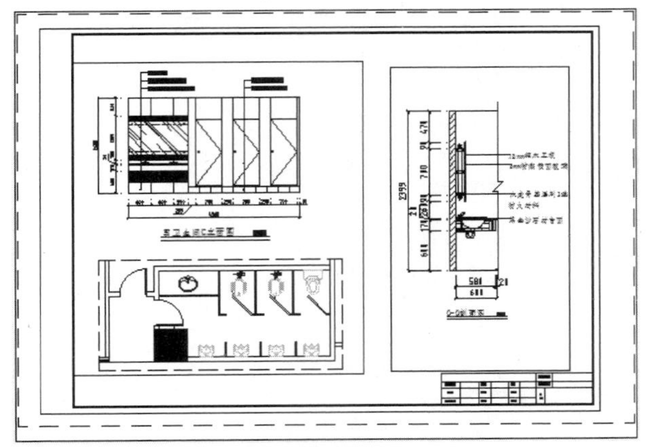
图18-18 加入图签

18.2.5 打印

在对图纸进行打印输出之前，要对【VPOSTS】图层的显示进行处理，否则，打印出来的图纸将保留视口边框，影响查看效果。

01 在命令行输入“LA”【图层特性管理器】命令并按回车键，打开【图层特性管理器】对话框，将【VPOSTS】图层设置为不可打印，如图18-19所示。

02 执行【文件】|【打印预览】命令，预览打印效果，结果如图18-20所示。

03 单击【打印】按钮，即可对图纸进行打印输出。

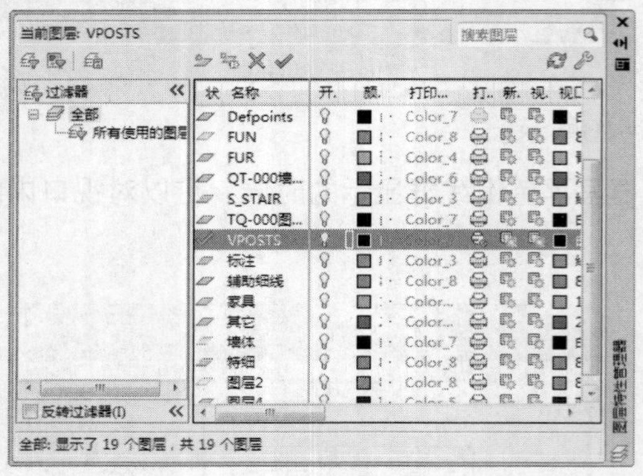

图18-19 【图层特性管理器】对话框

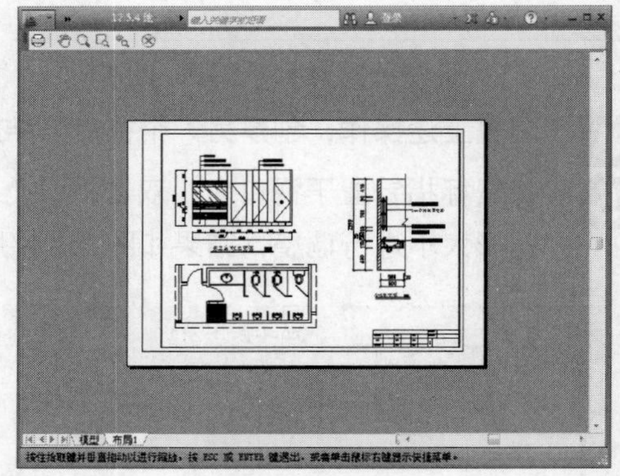

图18-20 打印预览